다중회귀분석과 구조방정식모형분석

다중회귀분석을 넘어 ── [원서 3판]

Timothy Z. Keith 저 | 노석준 역

학지사

역자 서문

　이 역서 『다중회귀분석과 구조방정식모형분석: 다중회귀분석을 넘어』는 텍사스대학교(University of Texas, Austin)에 재직 중인 Timothy Z. Keith 교수의 저서 『Multiple Regression and Beyond: An Introduction to Multiple Regression and Structural Equation Modeling』(3rd Ed.)을 번역한 것이다.

　이 제3판 역서는 총 2부 23장과 5개의 부록으로 구성되어, 총 2부 21장과 5개 부록으로 구성된 제2판에 비해 2개의 장이 새롭게 추가되었다. 저자가 '제3판 저자 서문' 중 '제3판에서 변화' 부분에서 밝힌 바와 같이, 제2판에서는 다소 개괄적으로 언급되던 매개와 조절이 제2판이 출판된 이후 연구에서 자주 사용되고 검정방법 또한 다양해짐에도 불구하고 두 개념이 빈번하게 혼동되어 사용되고 있는바, 제3판에서는 그것들을 별도의 장(제9장)으로 구성하여 구체적인 사례를 통해 해당 개념과 검정방법을 보다 명료하게 설명하였다. 저자는 또한 공통원인 역시 중요한 개념으로 대두되고 있는바, 매개 및 조절과 함께 이 주제 역시 해당 장에서 보다 구체적으로 설명하고 있다. 아울러, 저자는 고급 SEM 기법인 연속 잠재변수에 대한 상호작용 분석과 다수준 구조방정식모형분석을 새로운 장으로 구성하여(제22장) 소개하고 있다. 이 외에도 제3판에서는 제18~22장까지 고급 SEM 기법의 적용 범위를 확대하고, 국제적인 사례연구와 예를 추가하였으며, 교수자와 학습자를 위한 온라인 자원을 갱신하는 등의 변화가 있다.

　특히 역자가 제2판의 역자 서문에서 밝힌 바와 같이, 이 역서는 ① 다중회귀분석과 구조방정식모형분석의 개념, 분석방법, 주의사항 등을 구체적인 사례를 통한 분석방법과 해석방법까지도 제공하며, ② 부록을 통해 기초통계학에 대한 개념을 명료하게 설명하고, ③ 각 장(章)의 말미에 연습문제를 통해 해당 장에서 습득한 개념과 분석방법 등에 대한 이론적·실무적 역량을 동시에 증진하며, 역자가 추가적으로, ④ 생소하거나 익숙하지 않은 또는 명확하지 않은 용어 등에 대하여 [역자 주]를 추가하고, ⑤ 원서 발간 이후 발견된 오류나 부가설명 등에 대한 부분도 역서에 포함하여 번역·제공함으로써 학습자의 편의를 극대화하며, ⑥ 필요한 경우에는 한글버전의 화면도 동시에 제공하여 독자의 이해를 촉진함으로써 동일한 내용을 다루고 있는 다른 서적들에 비해 월등하게 우수한 장점을 지니고 있다.

　이 외에도 제3판에서는 제2판에서 역자에 따라 다소 상이하게 번역·제시된 일부 용어를 일관성 있게 번역·제시함으로써 독자의 혼란을 최소화하였으며, 그림이나 통계 결과값 등에서 사용된 변수명을 고딕체와 색상을 사용하여 제시함으로써 독자가 해당 변수명을 보다 쉽게 식별할 수 있도록 하였다.

　매번 역서를 낼 때마다 하는 말이지만, 역자가 최선을 다했음에도 불구하고 이 제3판 역서도 여전히 오역이나 미진한 부분이 있을 것이라 생각한다. 이에 대한 책임은 전적으로 역자의 몫이라 생각하며, 이후에 기회가 되는 대로 수정할 수 있도록 노력하고자 한다.

이번에도 번역 작업 등을 하는 데 지속적으로 배려와 희생을 해 주신 가족들에게 이 자리를 빌려 진심으로 감사를 드린다. 아울러 여러 가지 어려움에도 불구하고 또 한번 선뜻 제3판의 역서를 출간할 수 있도록 도와주신 학지사의 김진환 사장님과 디자인과 편집, 교정 등을 도맡아 훌륭한 역서가 나올 수 있도록 애써 주신 편집부 관계자 여러분께도 진심으로 감사의 마음을 전한다.

아무쪼록 이 역서가 독자 여러분에게 MR, CFA, SEM 등 이 책에서 다룬 내용을 익히고 활용하는 데 조금이나마 도움이 되기를 바라본다.

2024. 4. 17.

따사로운 햇살이 연구실 창을 통해 비추고 있는 성신여자대학교 교정에서

역자 노석준

일러두기

원서에는 모형이나 통계수치 등을 시각적으로 이해하기 쉽도록 제시하기 위하여 상당히 많은 그림이 사용되었다. 특히 원서에서는 AMOS를 사용하여 모형과 결과들을 제시하고 있으며, 변수명 등이 영어로 제시되고 있다. 그러나 역서에서는 독자가 한글버전 또는 영문버전 SPSS나 AMOS를 사용하여 분석하는 경우 모두를 염두에 두고, 변수명 등의 경우 [예시 1]의 왼쪽 그림을 오른쪽 그림처럼 가급적 한글(영어) 형태로 병기하였다.

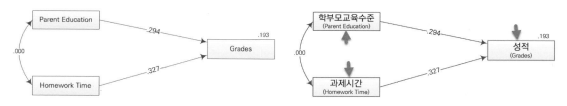

[예시 1] 오른쪽 그림에 제시된 화살표는 해당 부분을 강조하기 위하여 역자가 추가한 것임

또한 역서에서는 [예시 2]의 왼쪽 그림과 같은 AMOS의 분석결과 수치 제시 방법(수치가 선을 중심으로 주변에 제시됨)과는 달리 오른쪽 그림과 같이 해당 수치를 선의 중앙에 제시하는 방식으로 변경하였다. 이는 간단한 그림의 경우에는 문제가 되지 않지만, 복잡한 그림의 경우에는 어느 수치가 어느 것인지를 구분하기 어려운 점 등을 감안하여 독자가 해당 수치를 보다 쉽게 인지할 수 있도록 함과 동시에 가독성을 높이기 위하여 해당 그림을 다시 그리는 과정에서 수치 제시의 편의성을 높이기 위한 두 가지 목적 때문임을 밝혀 둔다. 따라서 독자는 AMOS 프로그램을 사용하여 분석 제시된 그림과 수치의 제시가 오른쪽 그림과 같은 역서의 제시 방식이 아닌 왼쪽 그림 형태로 제시된다는 점을 주의하며 보기를 바란다.

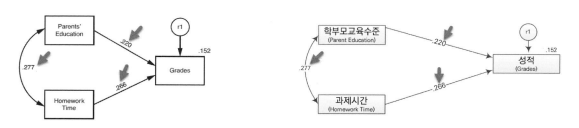

[예시 2] 이 그림에 제시된 화살표는 해당 부분을 강조하기 위하여 역자가 추가한 것임

저자 서문

이 책 『다중회귀분석과 구조방정식모형분석(Multiple Regression and Beyond)』은 다중회귀분석(Multiple Regression: MR)과 더불어 MR에서 자연스럽게 도출된 보다 더 복잡한 분석방법, 즉 경로분석(Path Analysis: PA), 확인적 요인분석(Confirmatory Factor Analysis: CFA), 구조방정식모형분석(Structural Equation Modeling: SEM)에 대한 개념적인 소개를 제공하기 위해 설계되었다. MR과 관련 분석방법은 오늘날의 사회과학연구자에게는 필수불가결한 도구가 되었다. MR은 일반선형모형(General Linear Model: GLM)을 엄격히 실행하며, 따라서 전통적으로 심리학과 교육학 연구에서 더 빈번하게 사용되어 왔던 분산분석(Analysis of Variance: ANOVA)과 같은 분석방법을 포함한다. 회귀분석(regression)은 비실험 연구(nonexperimental research)를 분석하는 데 특히 유용하며, 더미변수(dummy variables)와 '현대적인' 컴퓨터 패키지를 사용하여 복잡한 준실험 연구(quasi-experimental research) 또는 심지어 실험 연구(experimental research)의 결과를 분석하기 위해 MR를 사용하는 것이 종종 더 적절하거나 용이해졌다. MR의 확장(특히 SEM)은 부분적으로 연구에서 사용된 변수의 비신뢰성(unreliability)에 기인하는 위험을 피하고 변수 간의 복잡한 관계를 모형분석할 수 있도록 해 준다. 모든 사회과학 학술지를 재빨리 통독해 보면, 이러한 분석방법이 광범위하게 활용되고 있음을 알 수 있다.

그것의 중요성에도 불구하고, MR기반 분석방법은 아주 흔히 서투르게 수행되었으며, 불충분하게 보고되었다. 저자는 이러한 부조화(incongruity)에 대한 한 가지 이유가 내용이 제시되는 방식과 대부분의 학생이 가장 잘 학습하는 방법 간의 불일치 때문이라고 믿는다.

통계학이나 연구방법론 강좌를 가르치는 (또는 수강한 적이 있는) 사람은 많은 학생, 심지어 유능한 연구자가 될 수 있는 학생도 항상 숫자적인 표현을 통한 개념적인 이해를 제대로 하지 못한다는 것을 알고 있다. 통계학을 가르치는 많은 사람은 일련의 수식이 기초하고 있는 과정을 이해하고 그러한 수식을 통해서만 개념적인 이해를 할 수 있지만, 많은 학생은 그렇게 하지 못한다. 대신에 학생이 종종 그러한 이해를 하기 위해서는 철저한 개념적인 설명이 필요하며, 그런 후에 숫자적인 표현이 더 의미가 있을 것이다. 불행하게도 다중회귀분석에 관한 여러 교재는 학생이 행렬 대수학을 학습하고, 수식을 통해 힘들여서 익히며, 세부사항에 초점을 맞춤으로써 MR을 가장 잘 이해할 수 있다고 가정한다.

동시에, SEM과 CFA와 같은 분석방법은 MR의 확장으로서 쉽게 지도된다. 만약 적절하게 구조화되어 있다면, MR의 개념이 거의 완전히 전달될 뿐만 아니라 이러한 더 복잡한 주제를 자연스럽게 접하게 될 것이다. 경로모형(단순 SEM)은 MR의 문제에 관한 몇 가지를 설명하고 다룰 수 있도록 해 주고, CFA는 PA와 동일하며, 잠재변수(latent variable)를 이용한 SEM, 즉 잠재변수 SEM은 모든 이전의 주제를 강력하고 융통적인 방법론 속에 통합한다.

저자는 네 곳의 대학교(아이오와대학교, 버지니아폴리테크닉 주립대학교, 알프레드대학교, 텍사스대학교)에서 이러한 주제를 포함한 강좌를 가르쳐 왔다. 이러한 강좌는 여러 학문 분야 중에서 건축학, 공학, 교육심리학, 교육연구와 통계, 운동과학, 경영학, 정치학, 심리학, 사회복지학, 사회학 전공 교직원과 학생이 수강하였다. 이러한 경험은 저자로 하여금 수식의 도출과 계산(저자의 아내가 통계학을 학습하는 '플러그 앤 청(plug and chug)'[1] 방법이라고 일컫는 것)보다는 오히려 MR과 관련된 분석방법의 개념과 목적에 초점을 둠으로써 이러한 분석방법을 가르칠 수 있다는 것을 믿게 한다. 비양적으로 지향된 (non-quantitatively-oriented) 학생은 일반적으로 그러한 접근방법이 다른 접근방법보다 더 명확하고, 더 개념적이며, 덜 위협적이라는 것을 알게 된다. 이러한 개념적인 접근방법의 결과로 학생은 MR, CFA, 또는 SEM을 사용하는 연구를 수행하는 데 흥미를 가지고, 그러한 분석방법을 더 현명하게 사용할 가능성이 높다.

📈 이 책에 관한 오리엔테이션

이 책에서 저자의 가장 중요한 편견은 이러한 복잡한 분석방법이 개념적으로, 그러나 엄격한 방식으로 제시되고 학습될 수 있다는 것이다. 저자는 모든 주제를 모두 다른 책에서 제시한 것처럼 심도 있거나 상세하게 다루지는 않았음을 인정한다. 그러나 저자는 독자가 추가적으로 상세하게 알기를 원할 수도 있는 주제에 대해서는 다른 자료를 알려 준다. 저자의 글 쓰는 스타일은 또한 상당히 비공식적이다. 저자는 마치 저자가 수업시간에 가르치는 것처럼 이 책을 집필해 왔다.

자료

저자는 또한 독자가 이러한 분석방법을 직접 행함으로써 가장 잘 학습하며, '행하는 것(doing)'이 더 흥미롭고 적절할수록 더 좋다고 믿는다. 이러한 이유 때문에, 이 책 전반에 걸쳐 여러분이 이 책을 읽어 감에 따라 재현해 보도록 독려하기 위해 사용한 수많은 예제 분석이 있다. 이러한 재현을 더 용이하게 할 수 있도록 하기 위하여, 이 책과 함께 제공되는 웹사이트(www.tzkeith.com)는 널리 사용되고 있는 통계분석 프로그램에서 사용될 수 있는 형태로 된 자료를 포함하고 있다. 예제 중 상당수는 사회과학 분야의 실제 연구에서 도출되었으며, 저자는 다양한 분야의 연구에서 예제를 도출하려고 노력하였다. 대부분의 경우, 연구에서 사용된 실제 자료와 흡사하게 만든 모의화된(simulated) 자료가 제공되었다. 여러분은 원래 연구자의 분석을 재현하고 심지어 그의 분석을 향상시킬 수 있다.

그 자료의 위대함은 거기에서 끝나지 않는다! 그 웹사이트는 또한 주요한 연방 자료세트, 즉 국립교육

---

1) 수식(formulas) 속에 숫자를 집어넣고(plug) 계산기로 그 답을 계산해 내는(chug) 것을 말한다.

통계센터(National Center for Education Statistics)의 전국교육종단연구(National Education Longitudinal Study: NELS)로부터 추출된 1,000개의 사례로 구성된 자료가 포함되어 있다. NELS는 1988년에 8학년 학생을 대상으로 처음 조사된 이후 10학년과 12학년 때에 재조사되었으며, 그런 다음 고등학교를 졸업한 이후 두 번 더 재조사된 전국 규모의 대표적인 표집이었다. 해당 학생의 학부모, 교사, 학교 행정가도 조사되었다. 웹사이트에는 기준년도(8학년)의 학생 및 학부모 자료와 1차년도 추적조사(10학년)의 학생 자료를 포함하고 있다. NELS라는 명칭 속에 포함되어 있는 Education이라는 단어에 오도되지 말라. 학생은 마약 복용에서 심리학적 안녕, 미래에 대한 계획에 이르기까지 엄청나게 다양한 질문에 답하였다. 청소년에 대해 관심을 가지고 있는 사람은 이 자료에서 흥미로운 무언가를 찾을 수 있을 것이다. 〈부록 A〉는 www.tzkeith.com에 있는 자료에 대한 더 많은 정보를 포함하고 있다.

컴퓨터를 활용한 분석

마지막으로, 저자는 통계학이나 연구방법에 관한 모든 책이 통계분석 소프트웨어와 밀접하게 관련되어야 한다고 확고하게 믿는다. 대부분 사람의 경우, '통계 프로그램이 이해(understanding)에 관한 어떠한 손실도 없이 계산을 더 빠르고 정확하게 할 수 있는데, 왜 숫자를 수식(formulas) 속에 집어넣고(plug) 계산기로 그 답을 계산해 내는가(chug)? 손으로 계산하는 고된 일로부터 자유로워지면, 통계값을 계산하는 복잡한 사항에 집중하기보다는 오히려 중요한 연구문제를 묻고 대답하는 데 집중할 수 있다.'라고 생각한다. 컴퓨터를 활용한 계산에 대한 이러한 편견은 이 책에서 다루는 분석방법의 경우 특히 중요한데, 그 이유는 그러한 방법은 손으로 재빨리 분석할 수 없기 때문이다. 이 책을 읽을 때 통계 프로그램을 사용하라. 그 프로그램을 사용하여 저자가 제시한 예제와 각 장의 끝부분에 있는 문제들을 풀어 보라.

그럼 어떤 프로그램을 사용해야 하는가? 저자는 범용 통계분석 프로그램으로 SPSS를 사용하는데, 여러분이 대학생이라면 그 프로그램을 적정한 가격(이 책이 집필될 때 'Grad Pack'의 경우 연간 대략 $100)에 구매할 수 있다. 그러나 SPSS를 사용할 필요가 없다. 일반적인 통계 패키지(예: SAS 또는 Stata 또는 R) 중 아무거나 사용해도 된다. 그것은 결과를 텍스트로 출력하는 것이 일반적인데, 어떠한 주요 통계 패키지 출력 결과(output)로도 쉽게 변환되어야 한다. 더불어 그 웹사이트(www.tzkeith.com)는 다양한 통계 패키지로부터의 예제 MR과 SEM 출력 결과를 포함하고 있다.

이 책의 후반부에서는 SEM 프로그램에 접근할 수 있어야 한다. 다행히 그러한 많은 프로그램의 학생용 또는 시험용 버전이 온라인에서 이용 가능하다. 이 책에서 중점적으로 사용되는 프로그램인 Amos의 학생용 가격은 이 책을 집필할 때 SPSS의 추가물(add-on)로서 연간 약 $50에 이용 가능하다. 비록 프로그램(그리고 가격)이 바뀌지만, 현재 Amos가 지닌 문제점은 어떠한 Mac OS용 버전도 없다는 것이다. 만약 Amos를 사용하기를 원한다면, Windows를 실행할 필요가 있다. 개인적으로, Amos는 사용하기가 가장 쉬운 SEM 프로그램이다(그리고 이것은 정말로 멋진 그림을 만들어 낸다). 저자가 빈번하게 언급하게 될 다른 SEM 프로그램은 Mplus다. 이 책의 제2부에서는 SEM에 대해 더 많이 이야기하게 될 것이다. 이 책을 위한 웹사이트는 Amos와 Mplus를 사용한 많은 SEM 입력과 출력 예제를 가지고 있다.

이 책에 관한 개관

이 책은 두 부분으로 나뉜다. 제1부는 다중회귀분석에 초점을 둔다. 처음에는 단순, 이분산회귀분석(simple, bivariate regression)에 초점을 둔 후, 두 개, 세 개 그리고 네 개의 독립변수를 가진 MR 쪽으로 초점을 확대해 간다. 우리는 흥미롭고 중요한 연구문제에 답하는 하나의 방식으로서 MR의 분석과 해석에 집중할 것이다. 그러한 과정에서, 또한 여러분이 MR을 수행할 때 무슨 일이 일어나고 있는지를 이해할 수 있도록 하기 위하여 MR에 관한 분석적인 세부사항을 다룰 것이다. 여러분이 연구문헌에서 접하게 될 MR의 세 가지 다른 유형 또는 특색, 장단점 그리고 적절한 해석에 초점을 둘 것이다. 다음 단계로, 다중회귀분석에 범주형 독립변수를 추가할 것인데, 그 지점에서 MR과 ANOVA의 관계가 더 명확해질 것이다. 회귀선에서 상호작용과 곡선도표를 검정하는 방법과 이러한 방법을 흥미 있는 연구문제에 적용하는 방법을 학습할 것이다.

제1부의 끝에서부터 두 번째 장(章)은 MR에 대해 학습해 왔던 것을 요약하고 통합하는 검토의 장이다. 그것은 제1부를 학습한 사람에게 검토할 기회를 제공해 줄 뿐만 아니라, 주로 제2부의 내용에 관심이 있는 사람에게 유용한 도입부(introduction)가 될 것이다. 아울러 이 장은 이전 장들에서 완벽하게 다루어지지 않았던 몇 가지 중요한 주제를 소개한다. 제1부의 마지막 장은 두 개의 관련 분석방법, 즉 로지스틱 회귀분석(Logistic Regression: LR)과 다수준모형분석(Multilevel Modeling: MLM)을 MR에 대해 학습해 왔던 것을 사용하여 개념적인 방식으로 제시한다.

제2부는 이 책 부제의 '넘어(Beyond)' 부분인 SEM에 초점을 둔다. 우리는 PA 또는 측정변수가 있는 SEM에 관한 논의로 시작한다. 단순경로분석은 MR분석을 통해 쉽게 추정되며, MR의 적절한 활용과 해석에 대한 질문 중 상당 부분은 이러한 발견적인 도움(heuristic aid)으로 답해질 것이다. 이 장들에서는 인과성(causality)의 신뢰할 수 있는 대(對) 신뢰할 수 없는 추정의 문제에 관하여 좀 더 심층적으로 다룰 것이다. 오차(error, '연구의 골칫거리')의 문제는 PA에서 잠재변수를 포함하는 분석방법(CFA와 잠재변수 SEM)으로의 전환을 위한 출발점이 될 것이다. CFA는 측정오차를 구인(construct) 때문에 발생하는 편차(variation)에서 분리함으로써 연구에서 주요한 관심 구인에 좀 더 근접하게 접근한다. 잠재변수 SEM은 CFA의 장점과 함께 PA의 장점을 이 책을 읽어 감에 따라 우리가 논의하게 될 문제 중 상당 부분을 부분적으로 없애 주는 강력하고 융통적인 분석 시스템 속에 통합한다. SEM에 관한 심화 주제를 다룸에 따라, 우리는 SEM 모형에서 상호작용과 잠재변수의 평균 간 차이를 검정하는 방법을 학습하게 될 것이다. SEM은 잠재성장모형(Latent Growth Models: LGM)과 같은 분석방법을 통해 시간 경과에 따른 변화를 분석하는 데 매우 효과적이다. 심지어 상당히 복잡한 SEM을 논의할 때조차도, 우리는 일반적으로 비실험연구와 구체적으로 SEM의 일어날 수 있는 위험에 대해 한 번 더 반복한다.

📈 제2판에서의 변화

만약 여러분이 제1판을 읽은 후에 이 제2판을 다시 읽고 있다면, 감사드린다! 특히 제2부에는 몇 개의 새로운 주제를 포함하여, 이 책 전반에 걸쳐 변화가 있었다. 이러한 변화를 간략히 살펴보면 다음과 같다.

제1부에서의 변화

좀 더 명료성을 기하기 위하여 모든 장(章)이 갱신되었다. 몇몇 장에서 특정한 요점을 설명하기 위하여 사용된 예제가 새로운 예제로 대체되었다. 대부분의 장에서 저자는 또 다른 연습문제를 추가하였으며, 그러한 연습문제를 다양한 학문 분야로부터 표집하고자 노력하였다.

제1부에서 새로운 것은 LR과 MLM(제10장)에 관한 장(章)이다. LR과 MLM에 관한 이러한 간략한 소개는 이 중요한 주제에 대한 소개라기보다는 후속 학습과정에서 이 주제를 보다 더 심층적으로 탐구해 보고자 하는 학생을 도와주기 위한 교두보(bridge)의 역할을 수행한다. MR 수업을 할 때, 저자는 이 분석방법과 그것에 대해 어떻게 생각하는지, 그리고 어디에서 그것에 관해 더 많은 정보를 얻을 수 있는지에 대한 질문을 지속적으로 받았다. 제10장은 MR 수업과 LR과 MLM에 관해 좀 더 구체적으로 초점을 둔 수업 간의 격차를 메우기 위하여 MR, 특히 범주형 변수와 상호작용에서 지금까지 우리가 배워 왔던 것을 사용하는 데 초점을 둔다.

제2부에서의 변화

제1판을 집필한 이후, SEM에서 개론적인 내용으로 간주되었던 것이 상당히 확장되었다. 그 결과, 새로운 장들이 이러한 또 다른 주제들을 다루기 위해 추가되었다.

SEM에서 잠재평균(latent means)에 관한 장(제19장)은 SEM에서 평균구조(mean structures)에 관한 주제를 소개하는데, 이는 그다음 세 개의 장을 이해하기 위해서는 필수적이며 점점 더 SEM에서 개론적인 수업의 일부분이 되고 있다. 이 장에서는 SEM에서 평균구조를 포함하는 두 가지 방법, 즉 MIMIC형 모형(MIMIC-type models)과 다집단 평균 공분산 구조모형(multi-group mean and covariance structure models)을 설명하기 위하여 하나의 연구 예제를 사용한다.

CFA에 관한 두 번째 장(제20장)이 추가되었다. 잠재평균이 도입되었기 때문에, 이 장은 잠재평균의 추가와 함께 CFA를 재검토한다. 이전 장들에서 넌지시 말했던 집단 간 동일성 검정(invariance testing across groups)에 관한 주제가 보다 더 심층적으로 다루어졌다.

제21장은 LGM에 초점을 둔다. 종단적인 모형과 자료가 이 책의 몇몇 곳에서 다루어져 왔다. 여기에서는 LGM이 변화의 과정을 보다 직접적으로 연구하는 방법으로 소개되었다.

이러한 추가된 내용들과 더불어, 제18장(잠재변수모형 II: 다집단모형, 패널모형, 위험과 가정)과 마지막 SEM 요약 장(제23장)도 또한 광범위하게 수정되었다.

〈부록〉에서의 변화

이 책에서 사용된 자료세트에 초점을 둔 〈부록 A〉는 그 내용의 대부분이 웹(www.tzkeith.com)으로 옮겨졌기 때문에 상당히 축소되었다. 마찬가지로, 통계 프로그램과 SEM 프로그램 출력 결과를 보여 주는 이전 부록에 포함되어 있던 정보도 웹으로 옮겨져, 저자가 정규적으로 업데이트할 수 있게 되었다. 그러나 여전히 기초통계학의 개관(〈부록 B〉)과 편상관계수(partial correlation)와 준편상관계수(semipartial correlation)[2](〈부록 C〉)의 이해에 초점을 둔 부록이 있다. 이 책에서 사용된 기호를 보여 주는 표와 유용한 수식도 또한 이제 부록에 포함되었다.

📈 제3판에서의 변화

자료, 참고문헌, 수정본의 일반적인 업데이트 외에도 저자는 제3판을 위해 두 개의 새로운 장을 추가하였다. 제1부의 제9장에서는 매개, 조절, 공통원인에 대한 주제가 확장되었다. 매개와 조절에 대한 주제는 이전 장에서 소개되었는데, 저자는 이러한 시기적절한 주제가 여기에 잘 통합되었기를 희망한다. 또한 MR에서 매개를 위한 다양한 검정방법의 예가 포함되어 있다. 저자는 공통원인에 대한 주제가 매우 중요하다고 생각하며, 그래서 그것을 이 책 전반에 걸쳐 논의한다. 이 장에서는 이러한 논의의 일부를 통합하고, 이 주제를 매개와 조절이라는 때때로 혼동되는 주제와 구별한다.

제2부의 제22장에서는 매우 고급의 SEM 기법 두 가지, 연속 잠재변수에 대한 상호작용 분석과 다수준 구조방정식모형의 분석을 다룬다. 두 주제는 하나의 예와 함께 간략하게 소개되고 제시된다. 물론 다른 장들은 새로운 자료와 함께 번호가 다시 매겨졌고 여러 가지가 여기저기로 옮겨졌는데, 저자는 논리적인 흐름이 개선되었기를 바란다.

---

2) [역자 주] 역자에 따라서 'partial correlation'을 '부분상관계수', 'semipartial correlation'을 '준부분상관계수'로 번역·사용하기도 한다. 그러나 이 책의 제2장 중반부 이후에서 설명한 질문과 〈부록 C〉에서 저자가 자세히 설명하고 있는 바와 같이, 'semipartial correlation'은 'part correlation'이라고도 불리는데, 'part correlation'은 일반적으로 '부분상관계수'라 번역·사용되고 있다. 또한, 〈부록 C〉에서 알 수 있는 바와 같이, 편상관계수(partial correlation)와 준편상관계수(semipartial correlation)는 개념적으로 분명히 차이가 있다. 따라서 'partial correlation' 또는 'semipartial correlation'에서 'partial correlation' 부분을 '부분상관계수'로, 'part correlation'도 '부분상관계수'로 번역·사용하는 것은 혼선을 빚을 수 있다.

이러한 이유 때문에, 이 책에서 역자는 ① 이와 같은 혼선을 줄이고, ② 저자가 예제를 SPSS 프로그램을 활용하여 분석·제시하고 있기 때문에, SPSS 한글버전(IBM® SPSS® Statistics 22.0)에서 번역·사용하고 있는 용어로 통일하여 사용하기 위해 'partial correlation'은 '편상관계수', 'semipartial correlation'은 '준편상관계수', 그리고 'part correlation'은 '부분상관계수'라 번역·사용한다.

전체 차례

차례

제1부 회귀분석

PART I

회귀분석

Multiple Regression and Beyond

제1장 단순이분산회귀분석

이 책은 다중회귀분석(Multiple Regression: MR)과 더불어 MR로부터 자연스럽게 도출된 보다 복잡한 분석방법, 즉 경로분석(Path Analysis: PA), 확인적 요인분석(Confirmatory Factor Analysis: CFA), 구조방정식모형분석(Structural Equation Modeling: SEM)에 대한 개념적인 소개를 제공하기 위하여 설계되었다. 이 도입 장에서 우리는 단순회귀분석(simple regression) 또는 이분산회귀분석(bivariate regression)에 관한 논의 및 예제로 시작한다. 많은 독자에게 있어 이 장은 검토(review)의 장이 될 것이다. 그러나 심지어 그러한 경우라 하더라도 예제와 컴퓨터 출력 결과는 후속되는 장들과 MR로의 전환을 제공해 주어야 한다. 이 장은 또한 몇 가지 다른 관련 개념을 개관하고, 이 책에서 반복적으로 언급할 몇 가지 쟁점[예측(prediction), 설명(explanation), 인과성(causality)]을 소개한다. 마지막으로, 이 장에서는 회귀분석(regression)을 더 익숙할 수도 있는 분산분석(Analysis Of Variance: ANOVA)과 같은 다른 접근방법과 관련짓는다. 저자는 ANOVA와 회귀분석은 기본적으로 동일한 과정이며, 실제로 회귀분석은 ANOVA를 포함하고 있음을 보여 줄 것이다.

'저자 서문'에서 주장한 바와 같이, 하나의 예제로 곧바로 뛰어 들어가고 점진적으로 그것을 설명함으로써 이 여행을 시작한다. 이 도입부에서 저자는 여러분이 상관계수와 통계적인 유의도 검정에 관한 주제에 대해 상당히 익숙하며 평균을 비교하기 위한 t-검정 및 ANOVA와 같은 통계적인 절차에 대해 어느 정도 익숙하다고 가정한다.

만약 이러한 개념에 대해 익숙하지 않다면, 〈부록 B〉에 있는 기초통계에 대한 개관을 살펴보라. 〈부록 B〉는 기초 통계값, 분산, 표준오차와 신뢰구간, 상관계수, t-검정, 그리고 ANOVA를 개관한다.

📈 단순이분산회귀분석

단순회귀분석 또는 이분산회귀분석, 즉 단 하나의 영향[독립변수(independent variable)]과 하나의 결과[종속변수(dependent variable)]를 가지고 있는 회귀분석[3]에 관해 개관해 봄으로써 놀랄 만한 MR의 세계로의 모험을 시작해 보자. 여러분이 한 청소년의 학부모라고 가정해 보자.

학부모인 여러분은 청소년의 학교수행에의 영향에 관심이 있다. 무엇이 중요하고 무엇이 그렇지 않

---

3) 저자가 여기에서 회귀분석과 다른 분석방법 간의 교두보(bridge)를 제공하기 위하여 독립변수(independent variable)와 종속변수(dependent variable)라는 용어를 사용하지만, 독립변수라는 용어는 아마도 실험 연구의 경우에 더 적절할 것이다. 따라서 이 책 전체에서는 종종 독립변수라는 용어 대신 영향(influence) 또는 예측변수(predictor)라는 용어를 사용할 것이다. 마찬가지로, 저자는 종종 산출물(outcome)이라는 용어를 종속변수와 동일한 의미를 지니고 있는 것으로 사용할 것이다.

는가? 딸 수민이가 밤마다 과제(homework) 때문에 버둥거리는 것을 보고, 그것에 대해 매일 불평하는 소리를 들었기 때문에 특히 과제에 관심이 많다. 재빨리 인터넷을 검색해 보니 상충되는 증거들이 나타난다. 여러분은 과제와 과제 방침(policies)이 중요하다고 하는 책(Kohn, 2006)과 논문(Wallis, 2006)을 찾을 수 있다. 다른 한편으로, 과제가 학습과 학업성취도를 향상시킨다고 주장하는 연구(Cooper, Robinson, & Patall, 2006)를 찾을 수도 있다.

그래서 과제가 단순히 시간을 보내기 위해 시키는 학습활동(busywork)인지 또는 가치 있는 학습 경험인지 궁금하지 않은가?

예제: 과제(homework)와 수학 학업성취도(math achievement)

자료(data)

다행스럽게도, 당신의 훌륭한 친구가 8학년 수학선생이고 여러분은 연구자이다. 여러분은 질문에 대한 답을 찾을 수 있는 수단, 동기, 기회를 가지고 있다. 그러한 자료를 수집하기 위해서 허락을 받을 필요 없이, 모든 8학년생을 대상으로 신속하게 조사(survey)를 할 수 있는 방법을 고안해 냈다고 가정해 보자. 이 조사에서 핵심적인 질문은 다음과 같다.

> 지난달 동안의 수학과제에 대해서 생각해 보라. 일주일에 대략 얼마나 많은 시간을 수학과제를 하는 데 사용하였는가? 일주일에 대략 _____시간(빈 공간에 기입하라.)

한 달 뒤에 표준화 학업성취도 검사가 행해졌다. 그 검사를 이용 가능할 때, 여러분은 각 학생에 대한 수학 학업성취도 검사점수를 기록한다. 여러분은 이제 수학과제를 하는 데 사용하는 평균시간량과 100명의 8학년생의 수학 학업성취도 검사점수에 관한 보고서를 가지고 있다.

[그림 1-1]은 그 자료의 일부분을 보여 준다. 전체 자료는 이 책과 함께 제공된 웹사이트 www.tzkeith.com의 'Chapter 1' 폴더에 몇 가지 형식, 즉 SPSS 시스템 파일(homework & ach.sav), Microsoft Excel 파일(homework & ach.xls), 그리고 ASCII, 또는 일반텍스트 파일(homework & ach.txt)로 저장되어 있다. **수학과제**(Math Homework)를 하는 데 사용한 수치는 시간이며, 이는 수학과제를 전혀 하지 않은 학생의 경우 0시간에서부터 학생이 일주일 동안 가질 수 있는 자유시간의 한계값에 가까운 숫자 범위까지의 시간이다. **수학 학업성취도**(Math Achievement) 검사점수는 전국 평균이 50, 표준편차가 10이다(이 것은 T 점수라고 불리는데, t–검사와는 아무런 관련이 없다).[4]

---

4) 이 책 전반에 걸쳐 저자는 변수명은 대문자로 쓰지만, 변수가 의미하는 구인(construct)을 나타내기 위해서는 대문자를 사용하지 않을 것이다. 따라서 **학업성취도**(Achievement)는 변수 학업성취도(achievement)를 의미하는데, 그것이 학교에서 학생이 교과목에서 얻은 향상도를 의미하는 학업성취도(achievement)와 근접한 의미를 가지기를 희망한다.

[그림 1-1] 수학과제(Math Homework)와 수학 학업성취도(Math Achievement) 자료의 일부

전체 자료는 웹사이트의 'Chapter 1' 폴더에 있음

수학과제 (Math Homework)	수학 학업성취도 (Math Achievement)
2	54
0	53
4	53
0	56
2	59
0	30
1	49
0	54
3	37
0	49
4	55
7	50
3	45
1	44
1	60
0	36
3	53
0	22
1	56

(자료는 계속됨..................................)

　　이 분석을 살펴보자. 다행스럽게도 여러분은 좋은 자료 분석 습관을 가지고 있다. 즉, 여러분은 주요 회귀분석을 하기 전에 기본적인 기술(descriptive) 자료를 점검한다. 여기에서 저자의 규칙이 있다. **항상, 항상, 항상, 항상, 항상** 분석을 하기 전에 **자료를 점검하라!** [그림 1-2]는 변수 **수학과제**에 대한 빈도(frequencies)와 기술통계량(descriptive statistics)을 보여 준다. 보고된 수학과제는 주당 수학과제를 전혀 하지 않는다. 또는 0시간에서부터(19명) 10시간까지 분포하였다. 수치의 범위는 어떤 과도하게 높거나 불가능한 수치를 가지고 있지 않기 때문에 타당해 보인다. 예를 들어, 만약 누군가가 수학과제를 하는 데 주당 40시간을 사용한 것으로 보고하였다면 약간 미심쩍은 생각이 들 것이며, 따라서 원자료(original data)를 올바르게 입력했는지(예: 여러분은 '4'를 '40'으로 입력했을지도 모른다. 자료 문제 찾기에 대한 자세한 내용은 제10장 참고)를 확실히 하기 위하여 해당 원자료를 점검해야 한다. 여러분은 주당 수학과제에 사용하는 평균 시간량이 단지 2.2시간에 불과하다는 것에 약간 놀랄지도 모르지만, 그 수치는 확실히 그럴 듯하다('저자 서문'에서 언급한 바와 같이, 보여 주는 회귀분석과 다른 결과는 SPSS 인쇄출력의 일부분이지만, 제시된 정보는 다른 통계 프로그램에 의해 도출된 정보에 쉽게 일반화될 수 있다).

[그림 1-2] 주당 수학과제에 사용한 시간(MATHHOME)에 대한 빈도와 기술통계량

MATHHOME Time Spent on Math Homework per Week

		Frequency	Percent	Valid Percent	Cumulative Percent
Valid	.00	19	19.0	19.0	19.0
	1.00	19	19.0	19.0	38.0
	2.00	25	25.0	25.0	63.0
	3.00	16	16.0	16.0	79.0
	4.00	11	11.0	11.0	90.0
	5.00	6	6.0	6.0	96.0
	6.00	2	2.0	2.0	98.0
	7.00	1	1.0	1.0	99.0
	10.00	1	1.0	1.0	100.0
Total		100	100.0	100.0	

Statistics

MATHHOME Time Spent on Math Homework per Week

N	Valid	100
	Missing	0
Mean		2.2000
Median		2.0000
Mode		2.00
Std. Deviation		1.8146
Variance		3.2929
Minimum		.00
Maximum		10.00
Sum		220.00

다음으로, 수학 학업성취도 검사에 대한 기술통계량([그림 1-3])을 살펴보자. 다시 한번, 이 검사의 전국 평균이 50이라고 가정할 때, 점수는 22점부터 75점까지 분포하고 있어 8학년생의 평균 51.41은 타당해 보인다. 이와는 반대로, 예를 들어 기술통계량이 90점(평균보다 4표준편차 상위점수)이라면, 추가적인 조사가 요구된다. 그 자료는 좋은 모양(shape)인 것처럼 보인다.

[그림 1-3] 수학 학업성취도 검사점수(MATHACH)에 대한 기술통계량

Descriptive Statistics

	N	Range	Minimum	Maximum	Sum	Mean	Std. Deviation	Variance
MATHACH Math Achievement Test Score	100	53.00	22.00	75.00	5141.00	51.4100	11.2861	127.376
Valid N (listwise)	100							

회귀분석

다음으로 우리는 RA를 한다. 여러분은 **과제**를 하는 데 사용한 시간을 **수학 학업성취도** 점수에 회귀한다[이 진술의 구조에 주목하라. 즉, 영향(influence) 또는 영향들(influences)을 산출물(outcome)에 회귀한다].

[그림 1-4]는 평균, 표준편차, 두 변수 간의 상관계수를 보여 준다.

기술통계량은 앞에 제시된 것과 일치하기 때문에 상세히 설명하지 않겠다. 두 변수 간의 상관계수는 .320으로 그렇게 크지 않지만, 이 100명의 학생의 표집은 확실히 통계적으로 유의하다($p < .01$). 여러분이 MR을 사용한 논문을 읽을 때 0차 상관계수(zero-order correlation)[이것은 1차(first-order), 2차(second-order), 또는 다차 편상관계수(multiple-order partial correlations)와 구분되는데, 〈부록 C〉에서 논

의된 주제이다.]라고 언급되는 이러한 단순상관계수를 볼 수 있을 것이다.

[그림 1-4] 수학 학업성취도(MATHACH)의 수학과제(MATHHOME)에
대한 회귀분석 결과: 기술통계량과 상관계수

Descriptive Statistics

	Mean	Std. Deviation	N
MATHACH Math Achievement Test Score	51.4100	11.2861	100
MATHHOME Time Spent on Math Homework per Week	2.2000	1.8146	100

Correlations

		MATHACH Math Achievement Test Score	MATHHOME Time Spent on Math Homework per Week
Pearson Correlation	MATHACH Math Achievement Test Score	1.000	.320
	MATHHOME Time Spent on Math Homework per Week	.320	1.000
Sig. (1-tailed)	MATHACH Math Achievement Test Score	.	.001
	MATHHOME Time Spent on Math Homework per Week	.001	.
N	MATHACH Math Achievement Test Score	100	100
	MATHHOME Time Spent on Math Homework per Week	100	100

다음으로, 회귀분석 자체를 살펴보자. 단순회귀분석을 하였지만, 컴퓨터 출력 결과는 유연한 변환을 위해서 MR 형태로 제시된다. 첫째, [그림 1-5]의 모형 요약(Model Summary)을 살펴보자. R값을 볼 수 있는데, 그것은 일반적으로 다중상관계수(multiple correlation coefficient)를 나타내기 위해 사용된다. 예측변수가 하나인 경우, 그것은 단순 피어슨 상관계수(simple Pearson correlation)(.320)와 동일하다.[5] 다음은 R^2인데, 그것은 산출물변수(outcome variable)가 예측변수(predictor variables)에 의해서 설명되는 분산(variance)을 의미한다. 과제시간(MATHHOME)은 수학검사점수(MATHACH)의 분산의 .102(비율) 또는 10.2%를 설명 또는 차지하거나 예측한다. 이 회귀분석을 해 보면, 결과는 아마도 몇 가지 또 다른 통계값(예: 수정된 R^2)을 보여 줄 것이다. 그러나 잠시동안 이러한 통계값을 무시할 것이다.

---

5) 예측변수가 단 하나인 경우, r값은 부적(negative)일 수 있지만 R값은 부적일 수 없다는 것을 제외하고, R값은 r값과 동일할 것이다. 예를 들어, r값은 −.320이지만, R값은 .320이다.

[그림 1-5] 수학 학업성취도(MATHACH)의 수학과제(MATHHOME)에
대한 회귀분석 결과: 회귀분석의 통계적 유의도

Model Summary

Model	R	R Square
1	.320a	.102

a. Predictors: (Constant), MATHHOME Time
Spent on Math Homework per Week

ANOVAᵇ

Model		Sum of Squares	df	Mean Square	F	Sig.
1	Regression	1291.231	1	1291.231	11.180	.001a
	Residual	11318.959	98	115.500		
	Total	12610.190	99			

a. Predictors: (Constant), MATHHOME Time Spent on Math Homework per Week
b. Dependent Variable: MATHACH Math Achievement Test Score

그렇다면 이 회귀분석에서 다중(multiple) R과 R^2은 통계적으로 유의한가? 이미 0차 상관계수의 통계적 유의도(statistical significance)를 언급했기 때문에, 통계적으로 유의하다는 것을 알고 있으며, 이 '다중(multiple)' 회귀분석은 실제로 단 하나의 예측변수만을 가지고 있는 단순회귀분석이다. 그러나 다시 한번 뒤의 예제들을 가지고 그 결과가 일관성이 있는지를 검토할 것이다. 흥미롭게도 회귀식(regression equation)의 통계적 유의도를 검정하기 위하여 ANOVA에서처럼 다음과 같이 F 검정을 사용한다.

$$F = \frac{SS_{회귀모형}/df_{회귀모형}}{SS_{잔차}/df_{잔차}}$$

$SS_{회귀모형}$은 회귀모형의 제곱합(sum of square)을 나타내고, 독립변수(들)에 의해서 설명되는 종속변수의 차이척도(measure of the variation)이며, $SS_{잔차}$는 회귀모형에 의해 설명되지 않는 분산이다. 만약 이러한 수치를 손으로 계산하는 방법을 알고 싶다면, 각주를 참고하라.[6] 여기에서는 [그림 1-5]에 있는 통계 결과로부터 추출된 수치를 사용할 것이다. 회귀모형과 잔차(residual)의 제곱합은 분산분석(ANOVA) 표에서 볼 수 있다. 회귀분석에서 회귀모형의 자유도(degrees of freedom: df)는 독립변수의

---

6) 관심이 있다면, 여기에 $SS_{회귀모형}$과 $SS_{잔차}$를 손으로 계산하는 방법이 있다[실제로는 엑셀(Excel)을 활용함]. 자료의 'homework & ach.xls' 버전을 사용하라.

$$\sum x^2 = \sum X^2 - \frac{(\sum X)^2}{N}$$

$$\sum y^2 = \sum Y^2 - \frac{(\sum Y)^2}{N}$$

그리고 $\sum xy^2 = \left(\sum XY - \frac{(\sum X)(\sum Y)}{N}\right)^2$을 계산하기 위해서는 엑셀(Excel)에 있는 합계 함수(sum function)와 멱함수(power function)를 사용하라. 여기에서 대문자 X와 Y는 원점수(raw scores)를 말한다. 다음으로, $SS_{회귀모형}$은 $\frac{\sum xy^2}{\sum x^2}$이며, $SS_{잔차}$는 $\sum y^2 - SS_{회귀모형}$이다. [그림 1-5]의 출력 결과에서 보여 주는 바와 동일한 수치를 계산해 내야 한다. 이것과 다른 계산방법은 Pedhazur(1997)에서 보다 심도 있게 보여 준다.

수(k)와 동일하며, 잔차 또는 오차의 df는 수식에 있는 표본의 크기-독립변수의 수-1, 즉 $N-k-1$이다. df도 분산분석(ANOVA) 표에서 볼 수 있다. 그 수치를 다음과 같이 다시 한번 검정할 것이다.

$$F = \frac{1291.231/1}{11318.959/98}$$

$$= \frac{1291.231}{115.500}$$

$$= 11.179$$

이 결과값은 반올림의 오차 범위 내에서 분산분석 표에서 보여 주는 수치(=11.180)와 동일하다. 만약 이 두 변수가 실제로 모집단과 관련이 없다면, F값이 11.179 정도로 큰 값을 얻을 확률은 어느 정도인가? 분산분석 표에 따르면['유의확률'(Sig.)이라고 명명되어 있는 칼럼], 그러한 일은 단지 1,000번에 1번밖에($p=.001$) 일어나지 않을 것이다. 따라서 이 두 변수는 실제로 관련이 있다고 보는 것이 논리적일 것이다. df가 1과 98일 때의 F분포표를 참조해 봄으로써 이 확률을 재검토해 볼 수 있다. 수치 11.179가 분포표의 수치보다 더 큰가? 그러나 이렇게 하는 것 대신에 저자는 여러분이 이러한 확률을 계산하기 위하여 컴퓨터 프로그램을 사용할 것을 제안한다. 예를 들어, 엑셀(Excel)을 사용하면 이 책에서 논의된 모든 분포의 수치에 관한 확률을 찾을 수 있다. 간단히 한 칸(cell)에 계산된 F값(11.179)을, 다음 칸에는 회귀모형의 df값(1)을, 그리고 그다음 칸에는 잔차의 df값(98)을 입력하라. 다음 칸으로 간 다음, 삽입(Insert), 함수(Function), 통계(Statistical) 범주를 선택한 다음 F분포를 위해 F.DIST.RT를 찾을 때까지 화면을 아래로 스크롤하라.[7] (Excel에서 더 오래된 FDIST 함수도 이 정보를 제공한다.)

F.DIST.RT를 클릭한 후, 요구되는 정보를 담고 있는 칸을 마우스로 클릭하라. 다른 방법으로, 함수(Function)와 F.DIST.RT로 직접 가서 [그림 1-6]에서 한 것처럼, 이 숫자들을 간단히 입력할 수 있다. [그림 1-6]에서 보여 주는 바와 같이, 엑셀(Excel)은 .001172809 또는 .001 값을 보여 준다. 비록 저자가 여기에서 컴퓨터 출력 결과를 재검토하는 방법을 통해 이러한 확률 결정방법을 제시하였지만, 때때로 컴퓨터 프로그램은 관심을 두고 있는 확률을 보여 주지 않을 것이다. 그 경우에 이 방법이 유용할 것이다.

---

[7] **[역자 주]** 여기에서 설명한 엑셀(Excel)을 사용한 F값의 확률 계산방법은 아마도 Excel 2016 이전 버전인 경우인 것으로 보인다. 이 책을 번역하는 시점에서 가장 최신 버전인 Excel Office 365 한글버전을 기준으로 이 과정을 다시 설명하면 다음과 같다.
① 엑셀(Excel) 프로그램을 열고, 마우스로 시트(Sheet)의 적당한 빈 칸을 클릭한 후, '수식' 탭 클릭 → ② '수식' 탭을 클릭하면 왼쪽 첫 번째에 있는 '함수 삽입' 클릭 → ③ '함수 마법사' 팝업창에서 '함수 검색(S):' 아래 부분에 있는 입력상자에 'FDIST'를 직접 입력한 후 '검색(G)' 버튼을 클릭하거나 '함수 선택(N):' 아래에 있는 리스트를 아래로 스크롤하여 'FDIST'를 찾은 후 클릭 → ④ '함수 인수' 팝업창의 FDIST 부분에, 아래 그림과 같이, X 칸에는 계산된 F값(11.179), Deg_freedom1 칸에는 회귀모형의 df값(1), Deg_freedom2 칸에는 잔차의 df값(98) 입력 → ⑤ 해당 화면의 맨 아래 왼쪽 부분에 있는 '수식 결과' 값 확인

[그림 1-6] 확률 계산을 위해 엑셀(Excel) 사용

11.179의 $F_{(1, 98)}$의 통계적 유의도(위: 한글버전, 아래: 영문버전)

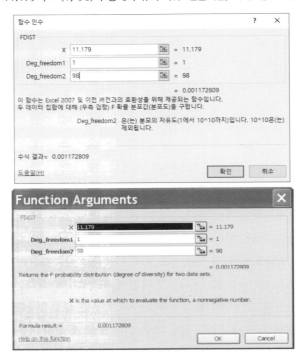

F값을 계산하기 위해서 사용할 수 있는 또 다른 수식이 있는데, 다음과 같은 확장판은 나중에 다루기 쉬울 것이다.

$$F = \frac{R^2/k}{1 - R^2/(N-k-1)}$$

이 수식은 회귀모형에 의해 설명된 분산의 비율(R^2)과 회귀모형에 의해 설명되지 못하고 남겨진 분산의 비율($1 - R^2$)을 비교한다. 이 수식은 ① k는 회귀모형의 df와 동일하며, $N-k-1$은 잔차의 df와 동일하고, ② 이전의 수식에서의 제곱합도 분산의 추정값(estimates)이라는 것을 기억할 때까지 이전에 제시되었던 수식과는 상당히 다른 것처럼 보일 수 있다. 동일한 결과(반올림의 범위 내에서)를 얻었는지를 확인해 보기 위해서 이 수식을 사용해 보라.

저자는 $SS_{회귀모형}$은 종속변수가 독립변수에 의해서 설명된 분산값이며, R^2은 설명된 분산을 나타낸다고 언급한 바 있다. 이러한 기술(descriptions)을 보면, 이 두 개념이 관련되어 있어야 한다는 것을 기대할 수 있다. 이 두 개념은 실제로 관련되어 있으며, $SS_{회귀모형}$, 즉 $R^2 = \dfrac{SS_{회귀모형}}{SS_{합계}}$로부터 R^2을 계산할 수 있다. 이 수식을 말로 기술할 수도 있다. 즉, 종속변수에는 상당량의 분산(전체 분산)이 있고, 독립변수는 이 분산의 일정 부분(회귀로 인한 분산)을 설명할 수 있다. R^2은 독립변수들에 의해 설명되어지는 종속변수의 전체 분산 중 일부분이다. 현재 예제의 경우, 종속변수 **수학 학업성취도**의 전체 분산

$(SS_{합계})$은 12610.190([그림 1-5])이며, 수학과제는 전체 분산의 1291.231을 설명하였다. 따라서 R^2은 다음과 같다.

$$R^2 = \frac{SS_{회귀모형}}{SS_{합계}}$$
$$= \frac{1291.231}{12610.190}$$
$$= .102$$

따라서 과제는 수학 학업성취도의 분산의 .102 또는 10.2%를 설명한다. 명백히 R^2은 0(설명되는 분산이 없음)에서 1(설명되는 분산이 100%임) 사이에 분포할 수 있다.

회귀식

다음으로, 회귀식(regression equation)의 계수(coefficients)를 살펴보자. [그림 1-7]은 계수의 주목할 만한 부분을 보여 준다. 회귀식의 일반수식(general formula)은 $Y = a + bX + e$인데, 말로 표현하면, 어떤 사람의 종속변수의 점수(이 경우, 수학 학업성취도)는 상수(a)+계수(b)×독립변수의 값(수학과제)+오차(e)의 결과다. a와 b 두 값은 [그림 1-7]에 있는 표의 두 번째 칸에서 볼 수 있다[비표준화 회귀계수(unstandardized coefficients), B; SPSS는 소문자 b보다는 오히려 대문자 B를 사용한다]. a는 절편(intercept)이라 불리는 상수이며, 이 과제-학업성취도 예제의 경우, 그 값은 47.032다. **절편은 독립변수가 0점인 어떤 사람의 독립변수의 예측값이다.** 비표준화 회귀계수 b값은 1.990이다. 우리는 오차의 직접적인 추정값을 가지고 있지 않기 때문에 다른 형태의 회귀식, 즉 $Y' = a + bX$에 초점을 두는데 여기에서 Y'는 Y의 예측값이다. 완전한 방정식은 $Y' = 47.032 + 1.990X$인데, 그것은 어떤 사람의 수학 **학업성취도** 점수를 예측하기 위해서, 응답자가 보고한 **수학과제**에 사용한 시간에 1.990을 곱한 후 47.032를 더함을 의미한다. 따라서 과제를 전혀 하지 않은 학생의 예측값은 47.032이며, 과제를 1시간 한 8학년 학생의 예측값은 49.022 (1×1.990+47.032), 과제를 2시간 한 8학년 학생의 예측값은 51.012(2×1.990+47.032) 등이다.

[그림 1-7] 수학 학업성취도(Math Achievement)의 수학과제(Math Homework)에 대한 회귀분석 결과: 회귀계수

Coefficients[a]

Model		Unstandardized Coefficients B	Std. Error	Standardized Coefficients Beta	t	Sig.	95% Confidence Interval for B Lower Bound	Upper Bound
1	Intercept (Constant)	47.032	1.694		27.763	.000	43.670	50.393
	MATHHOME Time Spent on Math Homework per Week	1.990	.595	.320	3.344	.001	.809	3.171

a. Dependent Variable: MATHACH Math Achievement Test Score

이 마지막 문장 뒤에 갑자기 몇 가지 질문이 떠오를 수 있다. 예를 들어, 이미 어떤 학생의 실제 학업성취도 점수를 알고 있는데, 왜 그 학생의 학업성취도 점수를 예측(Y')하기 원하는가? 그 대답은 모든 학생의 과제와 학업성취도 간의 관계를 동시에 요약하기 위해서 이 수식을 사용하기를 원한다는 것이다. 또한 다음과 같은 다른 목적, 즉 다른 집단의 학생의 점수를 예측하기 위해서, 또는 원래 목적으로 되돌아가서 수민이가 수학과제에 사용한 시간이 주어진다면, 그녀의 가능한 미래 수학 학업성취도를 예측하기 위해서 그 수식을 사용할 수도 있을 것이다. 또는 만약 어떤 학생 또는 한 집단의 학생이 수학과제에 사용하는 시간을 늘리거나 줄인다면 무슨 일이 일어날 것인지를 알고자 할 수도 있다.

해석

원래 질문으로 되돌아가서, 회귀계수($b = 1.99$)에 포함되어 있는 수민이에 관한 몇 가지 매우 유용한 정보를 가지고 있는데, 이 계수는 독립변수(Math Homework)에서의 매 1단위씩 변화를 주면 기대할 수 있는 결과변수(수학 학업성취도)의 분산을 알려 주기 때문이다. 과제 변수는 주당 사용하는 시간이기 때문에, 다음과 같이 기술할 수 있다. 즉, "학생이 매주 수학과제에 사용하는 시간을 한 시간씩 더 추가할 때마다, 학생은 수학 학업성취도 검사점수에서 2점 가까이 높아질 것으로 예측할 수 있다." 이제 학업성취도 검사점수들은 그렇게 쉽게 바뀌지 않는다. 예를 들어, 시험점수보다 성적(grades)을 향상하는 것이 훨씬 더 쉬운데(Keith, Diamond-Hallam, & Fine, 2004), 이것은 중요한 의미를 나타낸다. 그 시험점수들의 SD가 주어진다면(10점), 학생은 적어도 일주일에 다섯 시간 이상을 공부하면 자신의 점수를 $1SD$만큼 향상할 수 있을 것이다. 이것은 평균수준의 학업성취도에서 평균보다 더 높은 수준의 학업성취도로 이동함을 의미할 수 있다. 물론 이 명제(proposition)는 현재 이미 수학과제를 하는 데 많은 시간을 사용하고 있는 학생보다 이미 공부하는 데 시간을 매우 조금밖에 사용하지 않는 학생에게 더 흥미로울 수 있다.

회귀선

회귀식은 수학과제와 학업성취도 간의 관계를 그래프로 나타내기 위해서 사용될 수 있는데, 이 그래프는 또한 이전 단락에서 했던 예측을 잘 설명할 수 있다. 절편(a)은 X축(과제)이 0의 값을 가질 때의 Y축(학업성취도) 상의 값이다. 다시 말해서, 절편은 수학과제를 전혀 하지 않는 누군가가 받을 것으로 기대되는 학업성취도 값이다. 우리는 절편을 회귀선(regression line)을 그리기 위한 한 점($X=0$, $Y=47.032$)으로 사용할 수 있다. 두 번째 점은 간단히 X의 평균($M_x = 2.200$)과 Y의 평균($M_y = 51.410$)으로 정의된 점이다. [그림 1-8]은 앞에서 언급된 이 두 점을 사용하여 그려진 그래프를 보여 준다. 우리는 회귀식의 기울기(slope)와 동일한 b값의 계산을 점검하기 위하여, 이 그래프와 자료를 사용할 수 있다. 기울기는 X가 1단위 증가할 때의 Y의 증가분[또는 회귀선의 상승분(rise)을 회귀선의 증가분(run)으로 나눈 것]과 동일하다. 우리는 기울기를 계산하기 위해서 다음과 같이 그래프로 그려진 두 점을 사용할 수 있다.

[그림 1-8] 수학 학업성취도(Math Achievement)의 수학과제(Math Homework)에 대한 회귀선

회귀선은 절편과 X의 평균 및 Y의 평균이 접하는 점(joint means)으로 그려졌다.

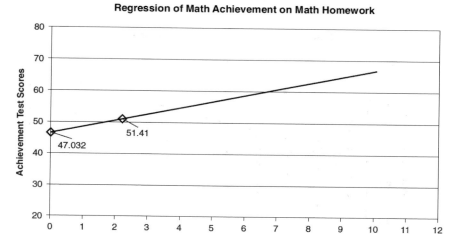

$$b = \frac{상승분}{증가분} = \frac{M_y - a}{M_x - 0}$$

$$= \frac{51.410 - 47.032}{2.200}$$

$$= 1.990$$

그래프와 이 수식을 잠시 살펴보자. 기울기는 X축이 1단위 증가할 때의 Y축에서 예측되는 증가를 나타낸다. 이 예제의 경우, 이것은 1단위, 이 경우에는 **과제**에서 매 1시간 증가할 때마다 **학업성취도** 점수가 평균 1.990점 증가한다는 것을 의미한다. 따라서 이것은 비표준화 회귀계수를 해석하는 것과 동일하다. 즉, 그것은 X가 1단위 증가할 때 기대되는 Y에서의 예측되는 증가이다. 독립변수가 매주 수학을 공부하는 데 사용한 시간과 같이 유의한 행렬(metric)을 가지고 있을 때, b를 해석하는 것은 쉽고 간단하다. 우리는 또한 이 집단에서 생성된 방정식으로부터 개개인에게로(그들이 회귀식을 생성했던 집단과 유사한 한에서는) 일반화할 수 있다. 따라서 그래프와 b는 수민이와 같이 다른 학생을 예측하기 위해서 사용될 수 있다. 수민이는 현재의 과제시간 수준을 체크하고 시간을 추가적으로 사용함으로써 기대할 수 있는 이익(payoff)이 얼마나 되는지(또는 자신이 공부를 덜 한다면 손실이 얼마나 될 것인지)를 예측할 수 있다. 절편은 또한 다음과 같은 점에 주목할 만한 가치가 있다. 즉, 절편은 과제를 전혀 하지 않은 학생의 평균 학업성취도 검사점수가 47.032라는 것을 보여 주는데, 이것은 전국 평균보다 약간 더 낮다.

[그림 1-9] SPSS 산점도/점도표(Scatter/Dot) 그래프 명령어로 만들어진
자료점을 가지고 있는 회귀선

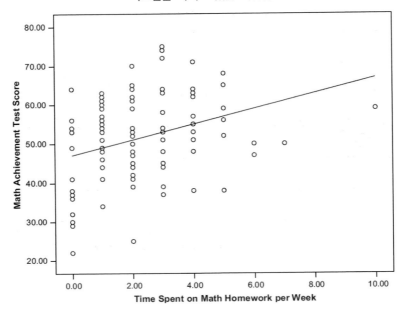

우리는 최신의 통계 패키지를 사용하고 있기 때문에, 우리가 직접 회귀선의 도면을 그릴 필요가 전혀 없다. 어떠한 프로그램도 우리를 대신해서 회귀선을 그려 줄 것이다. [그림 1-9]는 SPSS를 사용하여 그린 자료점(data point)과 회귀선을 보여 준다[산점도(scatterplot)는 그래프 기능을 사용하여 만들어졌다. 예제를 보려면, www.tzkeith.com을 참고하라]. 이 그림에 있는 작은 원은 실제 자료점이다. 그것이 얼마나 가변적인지(variable)에 주목하라. 만약 R이 더 크다면, 자료점은 회귀선 근처에 더 가깝게 모여 있을 것이다. 우리는 후속 장에서 이 주제로 다시 돌아올 것이다.

회귀계수의 통계적 유의도

뒤로 되돌아가서 결과의 의미를 더 심층적으로 고찰해 보기 전에, 이 회귀분석에 대해서 좀 더 상세히 공부해 볼 몇 가지 사항이 있다. 다중회귀분석을 할 때, 우리는 또한 회귀계수가 통계적으로 유의한지 여부에 관심을 가질 것이다. 회귀계수표(table)([그림 1-7])로 되돌아가서, t와 유의확률(Sig.)이라고 명명된 칼럼에 주목하라. 회귀계수에 대응되는 값은 간단히 회귀계수(b)의 통계적 유의도(statistical significance)의 t-검정 결과이다. t의 수식은 통계학에서 가장 흔히 볼 수 있는 것 중 하나이다(Kerlinger, 1986).

$$t = \frac{통계치}{통계치의 \ 표준오차}$$

또는 이 예제의 경우, $t = \dfrac{b}{SE_b} = \dfrac{1.990}{.595} = 3.345$

[그림 1-7]에서 볼 수 있는 바와 같이, t값은 3.344이며, 자유도($N-k-1$)는 98이다. 엑셀(Excel)에서 이 값을 찾는다면(T.DIST.2T 함수를 사용하며), 우연히 그러한 값을 얻을 확률이 .001171[쌍방검정(two-tailed test)], 반올림하여 .001(표에서 보여 주는 값)임을 알 수 있다. 우리는 회귀선의 기울기가 0이라는 영가설(null hypothesis)을 기각할 수 있다. 일반 원칙으로서 적당한 표본의 크기(예: 100 이상)를 가지고 있으며 t값이 2 이상이면 .05의 확률수준과 쌍방(비방향)검정(nondirectional test)에서 통계적으로 유의(statistically significant)할 것이다.

이러한 과제에 대한 회귀계수의 통계적 유의도 결과는 단순회귀분석과 비교해 볼 때 새로운 어떠한 것도 알려 주지 않는다. 즉, 그 결과는 전체 회귀모형의 F검정값과 동일하다. 여러분은 아마도 이전의 통계학 수업으로부터 $t^2 = F$라는 것을 기억할 수 있을 것이다. 여기에서도 t^2은 실제로 F(항상 그렇듯이, 반올림한 범위 내에서)와 동일하다. 그러나 MR을 학습해 나갈 때, 전체 회귀모형은 유의할 수 있지만, 독립변수 중 몇 개의 회귀계수는 통계적으로 유의하지 않을 수 있는 반면, 다른 것은 유의할 수 있다.

신뢰구간

우리는 이전에 회귀계수를 표준오차로 나눔으로써 t값을 계산하였다. 그러나 표준오차와 t값은 다른 활용도를 가지고 있다. 특히 우리는 회귀계수의 신뢰구간(Confidence Interval: CI)을 추정하기 위하여 표준오차를 사용할 수 있다. b는 추정값이라는 것을 염두에 둘 필요가 있지만, 우리가 정말로 관심이 있는 것은 모집단에서의 회귀계수(또는 기울기 또는 b)의 실제값이다. 신뢰구간을 사용하는 것은 이러한 기초가 되는 사고(thinking)를 더 분명하게 해 준다. [그림 1-7]은 또한 95% 신뢰구간(.809에서 3.171)을 보여 준다. 이 범위에 대한 일반적인 (그러나 덜 정확한) 해석은 "실제 (그러나 알려지지 않은) 회귀계수가 .809~3.171 범위 내에 있을 확률이 95%"이다. 우리가 가지고 있는 정보는 이 표본에 대한 것이고, 우리의 CI는 실제값이 아닌 이 표본을 기반으로 하기 때문에 이 해석은 부정확하다. 우리가 계산한 CI가 회귀계수에 대해 '확실한 값의 범위'를 제공한다는 가정(Cumming & Finch, 2005: 174)을 바탕으로 한 더 나은 해석은 ".809~3.171의 CI가 b의 실제(모집단)값을 포함한다고 95% 신뢰할 수 있다."이다. 또 다른 대안은 "이 연구를 수행하고 CI를 반복적으로 계산한다면, 약 95%의 CI가 회귀계수의 실제값을 포함해야 한다"(Cumming & Finch, 2005: 174-175로부터 수정됨. 또한 Cumming, Fidler, Kalinowski, & Lai, 2012 참고).

이 CI 범위에 0이 포함되지 않는다는 사실은 b가 통계적으로 유의하다는 연구결과와 동일하다. 만약 범위에 0이 포함되어 있다면, 우리의 결론은 계수가 0과 다르다고 확신할 수 없다는 것이다(신뢰구간에 대한 추가 정보는 Cumming & Finch, 2005; Cumming, Fidler, Kalinowski, & Lai, 2012; Thompson, 2006 참고). 여기에서 공유되는 해석은 이 두 개의 Cumming의 참고문헌에서 논의된 해석에 기초한다.

비록 t값이 회귀계수는 0과는 통계적으로 유의하게 다르다는 것을 알려 주지만, 신뢰구간은 회귀계수가 어떤 구체적인 값과 다른지의 여부를 검정하기 위해서 사용될 수 있다. 예를 들어, 선행연구는 수학 학업성취도의 고등학교 학생의 수학과제에 대한 회귀의 경우 회귀계수가 3.0임을 보여 준다고 가정해 보자. 이것은 학생이 수학과제를 완수한 매 시간마다 학업성취도는 3점 정도 상승했음을 의미한다. 8학년 학생에 관한 연구결과가 일관성이 없는지의 여부를 합리적으로 물을 수 있다. 즉, 95% 신뢰구간이 3.0의 값을 포함한다는 사실은 결과가 고등학교의 결과와 통계적으로 유의하게 다르지 않다는 것을 의미한다.

　또한 어떠한 신뢰수준에 대한 신뢰구간도 계산할 수 있다. 우리가 99%의 신뢰구간에 관심이 있다고 가정해 보자. 개념적으로, 계산된 b를 평균으로 하는 가능한 b의 정규분포를 만들 수 있다. 99%의 신뢰구간을 정규분포곡선(normal distribution curve) 아랫부분에 있는 영역의 99%를 포함하고 있어서 그 정규분포곡선의 두 개의 매우 끝부분만이 포함되지 않는다고 가정해 보자. 99%의 신뢰구간을 계산하기 위해서, 정규분포곡선 아래 부분의 영역과 관련된 숫자를 알아낼 필요가 있을 것이다. b의 표준오차와 $t-$검정표를 사용하여 그 숫자를 알아낼 수 있다. 엑셀(Excel)(또는 $t-$검정표)로 되돌아가서, 99%의 신뢰구간과 관련된 t값을 찾아보라. 그렇게 하기 위해서는 일반적인 t값 계산기(calculator)의 역(逆)을 사용해야 하는데, 그것은 엑셀(Excel)에서 함수로서 T.INV.2T를 선택했을 때 보일 것이다. 이것은 관심을 가지고 있는 확률수준(.01 또는 $1-.99$)과 자유도(98)를 입력할 수 있도록 해 줄 것이다. [그림 1-10]에서 볼 수 있는 바와 같이, 이 확률과 관련된 t값은 2.627이며, 그것을 표준오차와 곱한다(.5.95×2.627= 1.563). 그런 다음, 99%의 신뢰구간을 알아내기 위해서 b에서 이 값을 더하고 뺀다. 즉, 1.990±1.563 =.427−3.553이다. .427−3.553의 CI에 b의 실제(모집단)값이 포함된다고 99% 확신할 수 있다. 이 연구를 100번 수행하고 매번 신뢰구간을 계산하면, 100번 중 99번 신뢰구간에는 b의 실제값이 포함된다. 이 범위에는 0의 값이 포함되지 않으므로, 이 수준($p < .01$)에서도 통계적으로 유의하다는 것을 알 수 있으며 계산된 b가 또한 0이 아닌 다른 값인지 여부를 결정할 수 있다.

[그림 1-10] 특정 확률수준과 자유도에 대한 t값을 계산하기 위해 엑셀(Excel) 사용
(위: 한글버전, 아래: 영문버전)

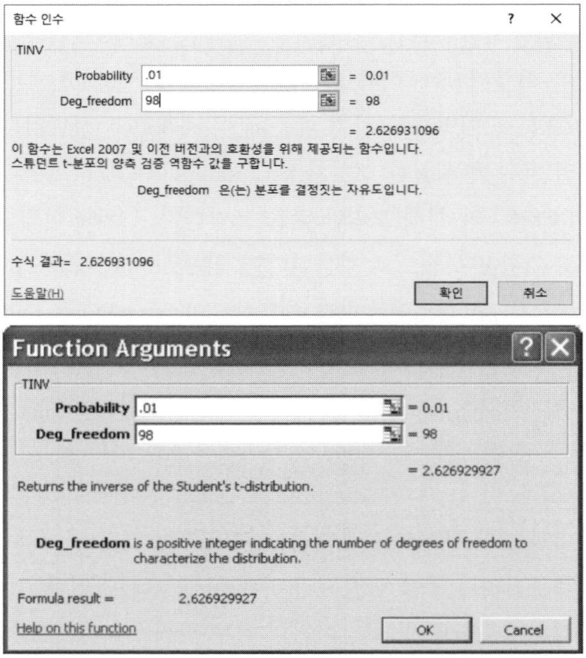

재검토해 보기 위해서 신뢰구간을 다음과 같이 계산하였다.

1. 신뢰도 수준을 고른다(예: 99%).
2. 확률로 바꾸고(.99), 1에서 그 확률을 뺀다(1−.99=.01).
3. [역(逆)] t값 계산기 또는 t−검정표에서 적절한 자유도를 사용하여 이 값을 찾는다(이 방향은 쌍방검정이라는 것을 주목하라). 이것이 관심을 둔 확률과 관련된 t값이다.
4. 이 t값을 b의 표준오차와 곱하고, b에서 그 값을 더하고 뺀다. 이것이 회귀계수의 신뢰구간이다.

표준화 회귀계수

우리는 [그림 1−7]에서 보여 준 회귀분석 출력 결과(printout)의 한 부분, 즉 표준화 회귀계수(standardized regression coefficient) 또는 베타(β)를 건너뛰었다. 비표준화 회귀계수는 영향(influence)에서 매 1단위가 변화할 때마다의 산출물(outcome)에서의 변화라고 해석된다는 것을 회상하라. 현재 예제에서, b가 1.990이라는 것은 과제에서 매 1시간이 변화할 때마다 예측된 학업성취도는 1.990점 정도 상승한다는 것을 의미한다. β도 비슷한 방식으로 해석되지만, 그 해석은 표준편차(Standard Deviation: SD) 단위이다. 현재 예제의 경우, β(.320)는 과제에서 매 1SD가 증가할 때마다 학업성취도가 평균 .320 표준편차 또는 SD의 약 1/3 정도 증가할 것이라는 것을 의미한다. β는 독립변수와 종속변수 양자를 표준화한다면(그것을 z점수로 변환하면) b와 동일하다.

각 변수의 SD을 참고하여 b에서 β, 또는 그 역으로 변환하는 것은 간단하다. 기본 수식은 다음과 같다.

$$\beta = b\frac{SD_x}{SD_y} \text{ 또는 } b = \beta\frac{SD_y}{SD_x}$$

따라서 [그림 1−3]과 [그림 1−6]을 사용하여 계산해 보면, $\beta = 1.990\frac{1.815}{11.286} = .320$ 이다.

표준화 회귀계수는 상관계수와 동일하다는 것에 주목하라. 이것은 단 하나의 예측변수를 가지고 있는 단순회귀분석의 경우이며, 여러 개의 예측변수를 가지고 있는 경우에는 그렇지 않을 수도 있다(그러나 그것은 상관계수 또한 표준화 계수의 한 유형임을 설명해 준다).

표준화 또는 비표준화 계수 중 하나를 선택해야 할 때, 어느 것을 해석해야 하는가? 사실 이것은 논쟁거리 중 하나이지만(Kenny, 1979, 제13장과 Pedhazur, 1997, 제2장을 비교해 보라), 저자의 입장은 단지 양자는 상이한 경우에 유용하다는 것이다. 뒤에서 각각의 장점과 각각을 해석할 때의 경험칙(rules of thumb)에 관하여 논의할 때까지 미루어 두자. 그동안에 간단히 하나를 다른 것으로 변환하기는 쉽다는 것을 기억하자.

📈 회귀분석에 대한 바른 이해

회귀분석과 다른 통계방법 간의 관계

이전에 그리고 이 책 전반에 걸쳐 논의된 방법이 여러분이 익숙한 다른 방법과 어떻게 어울리는가? 이 책의 여러 사용자는 $t-$검정, 분산분석(ANOVA)과 같은 분석방법에 관한 배경지식을 가지고 있을 것이다. 회귀분석과는 근본적으로 다른 어떤 것을 행할 때 이러한 방법에 관해 생각해 보고 싶어진다. 결국, ANOVA는 집단 간의 차이점에 초점을 둔 반면, 회귀분석은 다른 변수로부터 한 변수를 예측하는 데 초점을 둔다. 그러나 여기에서 학습해 가면서 알게 되겠지만, 그 과정은 근본적으로 동일하며, 실제로 ANOVA와 관련 방법은 MR에 포함되며 MR의 특별한 경우라고 간주될 수 있다(Cohen, 1968). MR에 대해서 생각하려면, 실제로 여러분의 사고(thinking)에서의 변화를 요구할 수 있지만, 실제적인 통계적 과정은 동일하다.

두 가지 방법에서의 동일성(equivalence)을 증명해 보자. 첫째, ANOVA에 관한 대부분의 현재 활용되고 있는 교재는 ANOVA를 일반선형모형(General Linear Model: GLM)의 한 부분으로 가르치거나 적어도 그렇게 논의한다(Howell, 2010; Thompson, 2006). 독립변수 Y에서의 어떤 사람의 점수는 전체평균 μ＋실험처치의 영향(effect)에 기인하는 차이(variation)(β)＋(또는 $-$) 오차의 영향에 기인하는 우연 차이(random variation)(e)의 합이라고 말로 진술할 수 있는 $Y = \mu + \beta + e$의 선(lines)과 관련된 수식을 기억하라.

이제 단순회귀식 $Y = a + bX + e$를 검토해 보자. 그런데 그것은 종속변수에서의 어떤 사람의 점수는 모든 개인에게 동일한 상수(a)＋독립변수(X)에 기인하는 차이(b)＋(또는 $-$) 오차의 영향에 기인하는 우연 차이(e)의 합이라고 말할 수 있다. 볼 수 있는 바와 같이, 이러한 것은 기본적으로 동일한 기본적인 해석을 하는 동일한 수식이다. 그 이유는 ANOVA가 GLM의 일부분이기 때문이다. MR은 실질적으로 GLM의 직접적인 수행이다.

[그림 1-11] 성별이 8학년 학생의 사회과 학업성취도 시험점수에 미치는 영향에 관한 $t-$검정 결과

Group Statistics

		N	Mean	Std. Deviation
Social Studies Standardized Scores	Male	499	51.14988	10.180993
	Female	462	51.58123	9.155953

Independent Samples Test

	t-test for Equality of Means				
	t	df	Sig. (2-tailed)	Mean Difference	Std. Error Difference
Social Studies Standardized Score	.689	959	.491	-.431346	.626385

둘째, 몇 조각의 컴퓨터 출력 결과를 검토해 보자. [그림 1-11]에서 볼 수 있는 바와 같이, 첫 번째 출력 결과는 전국교육종단연구(National Education Longitudinal Study: NELS) 자료에 있는 남학생 또는 여

학생이 8학년 사회과 시험(Social Studies Test)에서 더 높은 점수를 얻었는지를 검사해 보는 시험의 결과를 보여 준다(〈부록 A〉와 웹사이트 www.tzkeith.com은 NELS 자료에 대한 더 많은 정보를 제공한다. 사용된 실제 변수들은 BYTxHStd와 Sex_d이다). 우리는 지금 즉시 이 자료 또는 이 변수들을 심도 있게 살펴보지는 않을 것이다. 당분간 저자는 단지 분석방법 간에 결과에 있어서의 일관성(consistency)을 보여 주기를 원한다. 이 분석의 경우, **성별**(Sex)은 독립변수이며, **사회과 시험점수**(Social Studies Test)는 종속변수이다. 수치는 8학년 여학생이 8학년 남학생보다 약 .5점 더 높게 획득하였음을 보여 준다. 그 결과는 남학생과 여학생 간에 어떠한 통계적으로 유의한 차이도 없음을 시사한다. 즉, t값은 .689이었고, (모집단에 어떠한 차이도 없다고 가정할 때) 우연히 이 정도의 차이가 발생할 확률은 .491이었는데, 그것은 이 차이가 전혀 특이한 것이 아님을 의미한다. 만약 여러분이 확률이 .05보다 적은 것을 통계적으로 유의한 것으로 간주해야 한다는 관습적인 구분점(cutoff)을 사용한다면, 이 값(.491)은 분명히 .05보다 크며, 따라서 통계적으로 유의한 것으로 간주될 수 없다. 당분간, 출력 결과에서 이 값[유의확률(Sig.)이라고 명명된 확률 수준]에 초점을 두자.

출력 결과의 다음 조각([그림 1-12] 참고)은 일원분산분석(one-way analysis of variance: ANOVA) 결과를 보여 준다. 다시 한번, 유의확률(Sig.)이라 명명된 칼럼에 초점을 두자. 이 값은 t-검정의 경우의 값과 동일하다. 즉, 그 결과는 동일하다. 여러분은 아마도 두 집단의 경우 t-검정과 ANOVA는 동일한 결과를 산출하며, 실제로 $F = t^2$이라는 것을 기억하고 있기 때문에, 이러한 결과에 놀라지 않을 것이다 (출력 결과를 검토해 보라. 오차범위 내에서 $F = t^2$인가?).

[그림 1-12] 성별이 8학년 학생의 사회과 학업성취도 시험점수에 미치는 영향에 관한 ANOVA 결과

ANOVA Table

			Sum of Squares	df	Mean Square	F	Sig.
Social Studies Standardized Score	Between Groups	(Combined)	44.634	1	44.634	.474	.491
	Within Groups		90265.31	959	94.124		
	Total		90309.95	960			

이제 [그림 1-13]에 있는 세 번째 조각에 초점을 두자. 이 출력 결과는 8학년 사회과 시험점수의 학생의 성별에 대한 회귀분석 결과 중 일부를 보여 준다. 달리 표현하면, 이 결과는 8학년 사회과 점수를 예측하기 위해서 성별을 사용한 결과를 보여 준다. 유의확률(Sig.) 칼럼을 살펴보자. 그 확률은 t-검정 및 ANOVA의 결과, 즉 .491로 동일하다[그리고 성별과 관련된 t값을 점검해 보라]. 세 가지 분석 모두 동일한 결과와 동일한 답을 산출한다. 결론은 다음과 같다. 즉, t-검정, ANOVA, 회귀분석은 동일한 것을 알려 준다.

[그림 1-13] 8학년 학생의 사회과 학업성취도 시험점수의 성별(sex)에 대한 회귀분석 결과

Regression[a]

Model		Unstandardized Coefficients		Standardized Coefficients	t	Sig.
		B	Std. Error	Beta		
1	SEX	.431	.626	.022	.689	.491

a. Dependent Variable: Social Studies Standardized Score

이렇게 말하는 또 하나의 방법은 MR은 ANOVA를 포함하며(subsume), ANOVA는 t-검정을 포함한다는 것이다. 그리고 차례대로, MR은 이 책의 후반부의 초점이 되는 구조방정식모형분석(SEM) 방법에 포함된다. 또는 여러분이 도식적인 표현을 선호한다면 [그림 1-14]를 살펴보라. 이 그림은 다른 분석방법을 포함할 수 있으며 부분들은 다르게 정렬될 수 있지만, 현재 우리의 목적상 교훈(lesson)은 이러한 외관상 상이한 분석방법이 실제로는 모두 관련이 있다는 것이다.

[그림 1-14] 몇 가지 통계기법 간의 관계성

ANOVA는 MR의 부분집합으로 간주될 수 있다. 차례대로, MR은 SEM의 부분집합으로 간주될 수 있다.

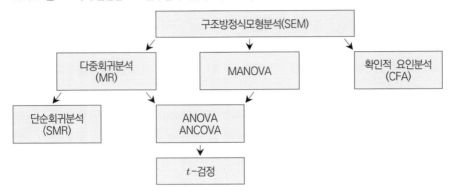

저자의 경험상, ANOVA에 훈련된 학생은 때때로 MR로 전환하는 것을 어려워한다. 그리고 단순히 학생뿐만 아니라. 학자가 MR을 통해 더 잘 수행되었을 법한 분석을 수행하기 위하여 ANOVA가 사용된 연구를 수행하는 것을 보는 것은 드문 일이 아니다. 이전 예제를 감안해 볼 때, 이것은 타당한 것처럼 보일 수도 있다. 결국 그것은 동일한 일을 하지 않는가? 그렇지 않다. 회귀분석은 ANOVA를 포함하며, ANOVA보다 더 일반적이고, 신뢰할 수 있는 장점을 가지고 있다. 우리는 이러한 장점을 간단히 논의할 것이며, 이 책이 진행됨에 따라 그 장점으로 되돌아올 것이다.

분산 설명

간단히 말해서, 과학(science)의 주요 임무는 현상을 설명하는 것이다. 사회과학에서 우리는 "왜 몇몇 아동은 학교에서 잘 수행하는 반면, 다른 아동은 빈약하게 수행하는가?" 또는 "심리상담의 어떤 측면이 긍정적인 변화를 도출하는가?"와 같은 질문을 한다. 학교수행(school performance)이나 상담산출물(consultation outcome)에 관한 현상을 설명하기를 원한다. 그러나 또 다른 수준에서 우리는 분산 설명(explaining variance), 즉 몇몇 아동은 잘 수행하지만 다른 아동은 그렇지 못하는 경우와 같은 학교수행에서의 차이(variation), 당면한 문제를 해결하고 많은 것을 학습한 피컨설턴트(consultees) 대 거의 진보가 없는 피컨설턴트의 경우와 같은 상담 결과에서의 차이에 대해 이야기한다. 의학이나 간호학에서는 왜 몇몇 환자는 수술 후의 지시(instructions)를 잘 준수하는 반면, 몇몇 환자는 그렇지 않은지를 물을 수 있다. 여기에서 우리는 환자의 준수에서의 차이를 설명하기를 원한다.

그러면 이러한 차이를 설명하기 위해서 어떻게 해야 하는가? 다른 변수에서의 차이를 통해! 우리는 더 많이 동기화된 아동이 학교에서 더 나은 수행을 하는 데 반해, 덜 동기화된 아동은 그렇지 못할 것이라고 추론할 수 있다. 이 경우, 동기에서의 차이를 통해 학교수행에서의 차이를 설명하고자 시도한다. 상담 예제에서 문제를 확인하는 데 있어 적절한 순차적인 단계를 따라 진행하는 컨설턴트가 단지 '즉흥적으로 하는' 컨설턴트보다 긍정적인 변화를 산출하는 데 더 성공적일 것이라고 추론할 수 있다. 여기에서는 상담수행에서 차이가 상담결과에서 차이를 설명한다고 가정해 왔다. 간호학에서는 시각적 지시와 언어적 지식의 조합이 언어적 지식만을 한 경우보다 더 잘 준수될 것이라고 추론할 수 있다. 이 예제에서는 지시에서 차이가 수술 후의 준수에서 차이를 유발할 것이라고 당연하게 생각하고 있다.

다중회귀분석의 장점

통계적 절차는 한 변수에서 차이를 다른 변수에서 차이의 함수로 분석한다. ANOVA에서는 어떤 결과 또는 종속변수(예: 상담 성공)에서 차이를 어떤 처치 또는 독립변수(예: 문제 확인에서 컨설턴트가 훈련을 받은 경우 대 어떠한 훈련도 받지 않는 경우)에서 차이를 통해 설명하고자 시도한다. 회귀분석을 사용해서 동일한 것을 행한다. 예를 들어, 독립변수인 학습동기척도(높은 점수로부터 낮은 점수까지)에 종속변수인 학교수행척도(예: 학업성취도 시험점수들이 높은 것에서 낮은 것까지)를 회귀할 수 있다. ANOVA와 같은 분석방법보다 MR이 가지고 있는 한 가지 장점은 (상담 예제에서처럼) 범주형 독립변수(categorical independent variables)나 (동기 예제에서처럼) 연속형 변수(continuous variables) 또는 둘 다를 사용할 수 있다는 것이다. 물론 ANOVA는 범주형 독립변수를 요구한다. 어떤 연속형 변수가 범주로 바뀌어서(예: 높은 동기 집단 대 낮은 동기 집단) 연구자가 분석에서 회귀분석보다 ANOVA를 사용할 수 있는 연구를 보는 것이 생소하지는 않다. 그러나 그러한 범주화는 일반적으로 헛된 것이다. 그것은 독립변수에서의 분산을 버리고 더 빈약한 통계적 검정을 초래한다(Cohen, 1983).[8]

그러나 왜 학교수행에 영향을 미치는 단 하나의 가능한 영향만을 연구해야 하는가? 의심할 여지없이 학생의 적성, 그가 받은 수업의 질, 또는 그가 받은 교수(instruction)의 양(Carroll, 1963; Walberg, 1981)과 같은 그럴듯한 여러 변수는 학교수행에서 차이를 설명하는 데 도움을 줄 수 있다. 이러한 변수에서 차이는 어떠한가? 이것이 다중회귀분석(MR)에서 다중(multiple)이 나온 곳이다. MR에서 한 독립변수에서 차이를 설명하기 위하여 다중 독립변수를 사용할 수 있다. MR의 언어로 표현하면, 다중 독립변수에 하나의 종속변수를 회귀할 수 있다. 즉, 학교수행을 동기, 적성, 교수(instruction)의 질, 그리고 교수(instruction)의 양의 척도에 동시에 회귀분석을 할 수 있다. 여기에 MR의 또 다른 장점이 있다. 즉, 그것은 이 네 개의 독립변수를 쉽게 통합할 수 있다. 네 개의 독립변수를 가지고 있는 ANOVA는 심지어 유능한 연구자라 하더라도 해석 능력이 필요하다.

MR의 마지막 장점은 연구설계(research design)의 본질에 초점이 있다. ANOVA는 종종 실험 연구(experimental research), 다시 말해 독립변수의 적극적인 조작과 피험자를 처치집단에 되도록이면 무선적으로 할당하는 연구에 더 적절하다. MR은 그러한 연구의 분석(비록 ANOVA가 종종 더 쉽지만)에 사용될 수도 있지만, 또한 '독립(independent)'변수들이 무선적으로 할당되지 않았거나 심지어 어떠한 방식

---

8) 다행히도, 이러한 범주화 실제는 점점 덜 흔해지고 있다고 생각한다. 그러나 여러분은 후속 장의 주제인 공분산분석(analysis of covariance: ANCOVA)에서 범주형과 연속형 변수 둘 다를 사용할 수 있다는 것 또한 주목하라.

으로 조작된 비실험 연구(nonexperimental research)의 분석을 위해서도 사용될 수 있다. 다시 한번 동기 예제에 대해 생각해 보자. 학생을 무선적으로 상이한 동기수준에 할당할 수 있는가? 그렇지 않다. 또는 아마도 여러분은 그렇게 하려고 시도해 볼 수는 있지만 보통은 동기화되어 있지 않은 영수에게, "영수야, 나는 네가 오늘 매우 동기화되어 있기를 원한다."라고 말함으로써 여러분 자신을 속이고 있을 수 있다. 실제로 이 예제에서 동기는 전혀 조작되지 않았다. 대신에 우리는 단지 기존의 동기수준을 높음에서 부터 낮음까지 측정하였다. 따라서 이것은 비실험 연구이다. MR은 거의 항상 ANOVA보다 비실험 연구의 분석에 더 적절하다.

우리는 ANOVA보다 MR의 다음과 같은 세 가지 장점을 다루어 왔다.

1. MR은 범주형과 연속형 독립변수 둘 다 사용할 수 있다.
2. MR은 다중 독립변수를 쉽게 통합할 수 있다.
3. MR은 실험 연구 또는 비실험 연구에 적절하다.

📈 다른 쟁점

예측 대 설명

관찰력이 예리한 독자는 저자가 MR과 관련하여 '설명(explanation)'이라는 용어(예: 동기에서 차이를 통한 학업성취도에서 차이 설명)를 사용한 반면, MR과 관련한 여러분의 이전 경험 중 상당부분은 '예측 (prediction)'이라는 용어(예: 학업성취도를 예측하기 위해 동기 사용)를 사용해 왔을 수 있다는 것을 알아차렸을 것이다. 그 차이는 무엇인가?

간단히 말해서, 설명은 예측을 포함한다. 어떤 현상을 설명할 수 있다면 그것을 예측할 수도 있다. 한편, 가치 있는 목적이지만 예측은 반드시 설명을 필요로 하지는 않는다. 일반적으로 여기에서 현상을 예측하는 것보다 그것을 설명하는 데 더 많은 관심이 있을 것이다.

인과성

관찰력이 예리한 독자는 또한 지금쯤이면 불안감을 느꼈을지 모른다. 결국, 비실험 연구의 또 다른 명칭은 상관연구(correlational research)가 아닌가?[9] 그리고 "동기는 학교수행을 설명하는 데 도움이 된다."와 같은 진술(statements)을 만들 때, 이것은 동기가 학교수행의 한 가지 가능한 원인이라고 말하는 또 다른 방법은 아닌가? 만약 그러하다면(그리고 두 질문에 대한 답은 '그렇다'이다), 저자는 모든 사람이 자신의 첫 번째 통계학 수업에서 기억하는 한 가지 교훈이 주어진다면, 저자가 권장한 "상관관계로부터 인과성을 추론하지 말라!"라는 교훈을 어떻게 정당화할 수 있는가? 저자는 이제 여러분이 통계학 입문의 그 한 가지 기본원리를 깨야 한다고 암시하고 있지는 않은가? 저자가 답하기 전에, 저자는 간단한 '퀴

---

9) 저자는 상관관계(correlational)라는 용어보다 비실험(nonexperimental)이라는 용어를 사용하기를 권장한다. 상관연구라는 용어는 통계방법(상관관계)과 연구의 한 유형(독립변수의 어떠한 조작도 없는 연구)과 혼동된다. 비실험 연구를 기술하기 위하여 상관연구를 사용하는 것은 실험 연구를 ANOVA 연구라고 부르는 것과 같다.

즈(quiz)'를 내고 싶다. 그것은 주로 반은 농담조이지만, 중요한 요점을 제시하기 위해서 설계되었다.

다음 진술은 참인가 거짓인가?
1. 상관관계 자료로부터 인과성을 추론하는 것은 부적절하다.
2. 독립변수의 능동적 조작(active manipulation)이 없다면, 인과성을 추론하는 것은 부적절하다.

저자가 주입해 왔을지도 모르는 의심에도 불구하고, 아마도 이러한 진술을 참이라고 답하고 싶었을 것이다. 이제 다음의 진술을 시도해 보라.

3. 흡연은 인간에게 폐암의 가능성을 높여 준다.
4. 부모의 이혼은 아동의 차후 학업성취도와 행동에 영향을 미친다.
5. 개성 특성(personality characteristics)은 삶의 성공에 영향을 미친다.
6. 중력은 달이 지구 궤도에 있도록 해 준다.

저자는 이러한 진술에 대해 "참" 또는 "아마도 참"이라고 답했을 것이라 생각한다. 그러나 만약 그랬다면, 답은 진술 1과 2에 대해 참이라고 답했던 것과 모순된다! 이 진술 각각은 인과적 진술(causal statement)이다. 예를 들어, 진술 5를 진술하는 또 다른 방법은 "개성 특성은 삶의 성공에 부분적으로 원인이 된다."이다. 그리고 이 진술들 각각은 관찰자료(observational data) 또는 상관관계 자료(correlational data)에 기초하고 있다! 한 가지의 경우, 저자는 달의 궤도에 무슨 일이 벌어지는지를 알아보기 위해서 지구의 중력을 조작하는 어떠한 실험도 알고 있지 못하다![10] 그리고 여러분은 차후의 삶의 성공을 조사하기 위한 노력의 일환으로 개성 특성을 무선적으로 할당할 수 있을 것이라고 생각하는가?
이제 이 마지막 진술을 시도해 보라.

7. 사회학, 경제학, 정치학에서의 연구는 지적으로 파산한 것이다.

저자는 여러분이 이 진술에 대해 "거짓"이라고 답해야 하며, 답하였다고 확신한다. 그러나 그렇게 하였다면, 이 답은 다시 한번 진술 1과 2에 대해 참이라고 진술한 답과 모순된다. 진실험(true experiments)은 이러한 사회과학 분야에서는 상대적으로 드물다. 그러나 비실험 연구가 훨씬 더 흔하다.
이 조그마한 퀴즈의 결론은 다음과 같다. 즉, 그것을 깨닫든 그렇지 못하든, 그것을 인정하든 그렇지 못하든, 우리는 종종 '상관관계(correlational)'(비실험) 자료로부터 인과적 추론을 한다는 것이다. 여기에

---

10) 마찬가지로, 연구자는 아동의 차후 학업성취도와 행동에 무슨 일이 벌어지는지를 알아보기 위해서 아동을 이혼한 가족 대 완전한 가족에 무선적으로 할당하지도 못하고, 결과적으로 무슨 일이 벌어지는지를 알아보기 위해서 어떤 사람에게 개성 특성을 무선적으로 할당할 수도 없다. 흡연 예제는 약간 더 다루기 힘들다. 확실히 동물은 흡연 대 비흡연 조건에 할당되어 왔지만, 저자는 인간은 그렇게 해 본 적이 없다는 것을 확신한다. 이러한 예제는 또한 우리가 그러한 진술을 만들 때, X는 하나이며 Y의 유일한 원인이라는 것을 의미하지는 않는다는 것을 분명하게 보여 준다. 흡연은 폐암의 유일한 원인이 아니며, 흡연을 하는 모든 사람이 폐암에 걸릴 것이라는 사례도 없다. 따라서 인과성은 확률적인 의미를 가지고 있다는 것을 이해해야 한다. 만약 여러분이 흡연을 하면, 폐암에 걸릴 확률이 높아질 것이다.

다음과 같은 중요한 요점이 있다. 즉, 어떤 조건에서 그러한 추론을 타당하게 그리고 과학적으로 존중받을 만하게 할 수 있다. 다시 말해서, 그러한 추론은 타당하지도 않고 일을 그르치기 쉽다. 따라서 이해할 필요가 있는 것은 그러한 인과적 추론이 타당한 때와 타당하지 않는 때이다. 나중에 이 주제로 되돌아올 것이다. 그동안 인과적 추론의 개념에 대해 곰곰이 생각해야 한다. 예를 들어, 우리는 왜 진실험이 행해졌을 때 인과적 추론을 하는 데 편안함을 느끼지만 비실험 연구에서는 그렇게 느끼지 못하는가? 이러한 두 가지 쟁점, 즉 예측 대 설명과 인과성은 이 책에서 반복적으로 되돌아볼 쟁점이다.

📈 몇 가지 기초 검토

본격적으로 MR을 살펴보기 전에 몇 가지 기초적인 것, 즉 여러분이 아마도 알고 있지만 생각해 볼 필요가 있을 수 있는 것을 검토해 볼 만한 가치가 있다. 이러한 신속한 검토가 필요한 이유는 즉시 명백해지지는 않겠지만, 이러한 토막정보(tidbits)를 간직한다면 새로운 개념을 학습할 때 종종 그것이 쓸모 있다는 것을 알게 될 것이다.

분산과 표준편차

첫 번째는 분산(variance)과 표준편차(standard deviation: SD) 간의 관계이다. SD는 분산의 제곱근, 즉 $SD = \sqrt{V}$ 또는 $V = SD^2$이다. 왜 이 두 가지를 사용하는가? SD는 원래 변수와 동일한 단위이다. 따라서 종종 SD를 사용하는 것이 더 용이하다는 것을 알게 된다. 한편, 분산은 종종 수식에서 사용하기가 더 용이하며, 비록 저자가 이미 이 책에서 수식을 최소한으로 사용할 것이라고 약속하였지만, 몇몇 수식은 필요하게 될 것이다. 쉽다. 최소한 비표준화 회귀계수에서 표준화 회귀계수로 변환하기 위해서 대안적인 수식, 즉 $\beta = b\sqrt{\dfrac{V_x}{V_y}}$ 을 위해서 이 토막정보를 사용할 수 있다.

상관계수와 공분산

다음으로, 공분산(covariance)이다. 개념적으로 분산은 한 변수가 그것의 평균을 따라 변화하는 정도이다. 공분산은 두 변수를 포함하며 그 두 변수가 함께 변화하는 정도를 말한다. 두 변수가 평균으로부터 변화할 때, 그것은 함께 또는 독립적으로 변화하는 경향이 있는가? 상관계수는 공분산의 특수한 유형이다. 본질적으로, 상관계수는 표준화 공분산(standardized covariance)이어서 우리는 공분산을 비표준화 상관계수(unstandardized correlation coefficient)라고 생각할 수 있다. 수식으로, $r_{xy} = \dfrac{CoV_{xy}}{\sqrt{V_x V_y}} = \dfrac{CoV_{xy}}{SD_x SD_y}$ 이다. 표준화 회귀계수와 비표준화 회귀계수처럼 만약 변수의 SD(또는 분산)를 알고 있으면 공분산(비표준화된)을 상관계수(표준화된)로, 그리고 그 반대로도 쉽게 변환할 수 있다. 개념적으로 상관계수를 공분산으로 생각할 수 있지만, X와 Y의 분산은 표준화되어 있다. 예를 들어, 공분산을 계산하기 전에 X와 Y를 z점수($M=0$, $SD=1$)로 변환하였다고 가정해 보자. z-점수는 1의 SD를 가지고 있기 때문에, 공분산을 상관계수로 변환하기 위한 수식은 그 변수가 표준화되었을 때, $r_{xy} = \dfrac{CoV_{xy}}{1 \times 1}$이 된다.

MR에 대해서, 특히 SEM에 대해서 읽을 때, 분산–공분산행렬(variance–covariance matrix)과 상관계수행렬(correlation matrix)을 접하게 될 가능성이 있다. 만약 SD(또는 분산)를 알면 하나에서 다른 것으로 쉽게 변환할 수 있다는 것을 기억하라. 〈표 1–1〉은 공분산행렬과 대응되는 상관계수행렬 및 SD의 예제를 보여 준다. 그러한 제시에서 일반적인 것으로서, 공분산행렬에서 대각선은 분산값을 포함하고 있다.

〈표 1-1〉 공분산행렬과 대응되는 상관계수행렬 예제

공분산행렬의 경우, 분산은 대각선에 제시되어 있다(따라서 그것은 분산–공분산행렬이다). 표준편차(SD)는 상관계수행렬의 아랫부분에 제시되어 있다.

	Matrix	Block	Similarities	Vocabulary
샘플 공분산				
Matrix	118.71			
Block	73.41	114.39		
Similarities	68.75	62.92	114.39	
Vocabulary	73.74	64.08	93.75	123.10
샘플 상관계수				
	Matrix	Block	Similarities	Vocabulary
Matrix	1.00			
Block	0.63	1.00		
Similarities	0.59	0.55	1.00	
Vocabulary	0.61	0.54	0.79	1.00
SDs	10.90	10.70	10.70	11.10

📈 현존 자료세트 사용

우리가 처음에 회귀분석 예제를 위해 사용한 자료는 실제가 아닌 모의화된(simulated) 것이었다. 그 자료는 전국교육종단연구(NELS)의 자료를 모방한 것이었는데, 그것의 일부가 이 책과 함께 제공되고 있는 웹사이트(www.tzkeith.com)에 있다.

이미 존재하는 또는 외부 자료는 굉장한 자원(resource)을 제공해 준다. 우리의 모의화된 연구의 경우, 우리는 한 학교에서 수집된 100개의 사례를 가지고 있다고 가정하였다. 여기에 포함된 NELS 자료의 경우, 여러분은 전국에 있는 학교에서 수집된 1,000개의 사례에 접근할 수 있다. 전체 NELS 자료세트의 경우, 표집크기는 24,000개 이상이며, 자료는 전국적으로 대표적(representative)이다. 8학년 때 처음 조사된 학생은 10학년과 12학년 때 추적조사되었으며, 그런 다음 고등학교 이후에 두 번 더 조사되었다. 만약 그 자료를 수집했던 연구자나 기관이 여러분이 관심을 가지고 있는 질문을 물었다면, 왜 대규모 자료를 사용하지 않고 조그맣고 지엽적인 표본자료를 사용하는가? 더 많은 교육용 자료세트를 보려면 https://nces.ed.gov/surveys/를 참고하라.

물론 잠재적인 약점은 처음에 그 자료를 수집했던 연구자가 여러분이 관심을 두고 있는 질문을 묻지 않았을 수도 있고, 그 질문을 최상의 가능한 방식으로 묻지 않았을 수도 있다는 것이다. 현존(extant) 자료의 사용자로서 여러분은 질문과 그에 대한 어떠한 통제소재도 가지고 있지 않다. 한편, 만약 관심을 두고 있는 질문에 대해서는 어떠한 추가적인 자료도 수집할 필요가 없다.

또 하나의 잠재적인 문제는 덜 명백하다. 그러한 각각의 자료세트는 상이하게 구성되고, 여러분에게 익숙하지 않은 방식으로 구성되어 있을 수 있다. 현존 자료는 질적으로도 다양하다. 비록 NELS 자료는 매우 깔끔하지만, 다른 자료세트는 매우 난잡할 수 있어서 그것을 사용하는 것이 실제적인 도전이 될 수 있다. 이 장(章)의 서두에서 저자는 훌륭한 자료 분석 습관에 대해 언급하였다. 그러한 습관은 기존의 자료를 사용할 때 특히 중요하다.

한 가지 예제를 들어 설명해 보자. [그림 1-15]는 과제를 다루고 있는 NELS 변수 중 하나의 빈도를 보여 준다. 그것은 수학과제에 사용한 시간에 관한 10학년 문항이다(변수에 포함된 F1이라는 접두사는 1차년도 추적조사를 상징한다. S는 그 질문을 학생에게 물었음을 의미한다). 외견상 그것은 우리가 가공한 과제 변수와 유사하였다. 그러나 NELS 변수는 시간단위(hour units)가 아니라 오히려 시간블록(blocks of hours)이라는 것에 주목하라. 따라서 만약 이 변수에 10학년 학업성취도 점수를 회귀한다면, 결과로서 도출된 b를 "과제를 하는 데 사용한 매 추가 시간마다……."의 의미로 해석할 수 없다. 대신에, '단위(unit)'가 애매모호하게 정의되었지만, 과제를 하는 데 사용한 매 추가 단위에 대한 어떤 것만을 말할 수 있다. 더 중요하게, 응답 옵션 중 하나가 '수학수업을 받지 않음(Not taking math class)'이었는데, 그것은 8의 값이 할당되었다는 것에 주목하라. 만약 이 값을 처리하지 않고[예: 8을 결측값(missing value)으로 재코딩함] 이 변수를 분석한다면, 해석은 올바르지 않을 것이다. 현존 자료를 사용할 때 분석 전에 항상 요약통계값, 즉 제한된 숫자값을 가지고 있는 변수에 대한 빈도(frequencies)(예: 과제에 사용한 시간)와 많은 값을 가지고 있는 변수(예: 학업성취도 시험점수)에 대한, 최소값과 최대값을 포함한, 기술통계량(descriptive statistics)을 살펴보아야 한다. 불가능하거나 범위 밖에 있는 값, 결측값으로 표시될 필요가 있는 값, 역코딩되어야 할 항목을 찾아보라. 필요한 변경과 재코딩(recoding)을 한 후, 새롭거나 재코딩된 변수에 대한 요약통계값을 살펴보라. 사용하는 소프트웨어에 따라 값의 명칭도 재코딩과 일치하게 바꿀 필요가 있을 수 있다. 변수가 적절한 형태를 갖추고 있다는 것을 명확히 한 이후에만이 관심을 둔 분석을 진행해야 한다.

[**그림 1-15**] NELS 자료의 1차년도 추적조사로부터 도출된 수학과제(Math Homework)에 사용한 시간

선택지 '수학수업을 받지 않음'의 값이 8임에 주목하라. 이 값은 통계분석 전에 결측값으로 분류될 필요가 있다.

F1S36B2 TIME SPENT ON MATH HOMEWORK OUT OF SCHL

		Frequency	Percent	Valid Percent	Cumulative Percent
Valid	0 NONE	141	14.1	14.9	14.9
	1 1 HOUR OR LESS	451	45.1	47.7	62.6
	2 2-3 HOURS	191	19.1	20.2	82.8
	3 4-6 HOURS	97	9.7	10.3	93.0
	4 7-9 HOURS	16	1.6	1.7	94.7
	5 10-12 HOURS	8	.8	.8	95.6
	6 13-15 HOURS	2	.2	.2	95.8
	7 OVER 15 HOURS	6	.6	.6	96.4
	8 NOT TAKING MATH	34	3.4	3.6	100.0
	Total	946	94.6	100.0	
Missing	96 MULTIPLE RESPONSE	8	.8		
	98 MISSING	19	1.9		
	System	27	2.7		
	Total	54	5.4		
Total		1000	100.0		

함께 제공된 웹사이트에 있는 NELS 파일 속의 변수 중 몇 개는 이미 정리가 되어 있다. 예를 들어, 방금 논의했던 변수의 빈도를 점검해 보면, '수학수업을 받지 않음(Not taking math class)'이라는 응답이 이미 결측값으로 재코딩되어 있음을 알 수 있다. 그러나 다른 많은 변수는 그렇게 정리되어 있지 않다. 다음과 같은 메시지가 남아 있다. 항상 검토하고 분석하기 전에 변수를 명확하게 이해하라. 자료를 항상, 항상, 항상, 항상, 항상 검토하라!

📈 요약

MR을 새롭게 익히는 많은 신참은 이 분석방법을 ANOVA와 같은 다른 기법과는 근본적으로 다른 어떤 것이라고 생각하고 싶어 한다. 이 장에서 살펴본 바와 같이, 그 두 분석방법은 사실상 둘 다 GLM의 일부이다. 실제로 MR은 GLM과 흡사한 수행을 하며, ANOVA 및 단순회귀분석과 같은 분석방법을 포함한다. ANOVA에 익숙한 독자는 MR을 이해하기 위해서 생각을 바꿀 필요가 있지만, 그 분석방법은 근본적으로 동일하다.

이렇게 중첩되어 있으므로 그 두 분석방법은 서로 교체할 수 있는가? 그렇지는 않다. MR은 ANOVA를 포함하기 때문에 ANOVA에 적합한 자료를 분석하는 데 사용될 수 있지만, ANOVA는 MR에 적합한 모든 문제를 분석하는 데는 적합하지 않다. 실제로 MR은 다음과 같은 많은 장점을 가지고 있다.

1. MR은 범주형과 연속형 독립변수 둘 다 사용할 수 있다.
2. MR은 다중 독립변수를 쉽게 통합할 수 있다.
3. MR은 실험 연구 또는 비실험 연구에 적절하다.

우리는 주로 예측 목적보다는 오히려 설명 목적으로 MR을 사용하는 데 관심이 있다. 따라서 종종 비

실험자료에서 잠정적인 인과적 추론을 할 필요가 있다. 이러한 것이 예측과 설명을 구별하기 위해서, 그리고 그러한 추론을 타당하게 하였다는 것을 보장하기 위하여, 후속 장들에서 종종 재고해 볼 두 가지 쟁점이다.

이 장에서는 MR의 서막(prelude)으로서 두 변수를 가진 단순회귀분석을 재검토하였다. 예제는 모의화된 자료를 사용하여 수학과제를 수학 학업성취도에 회귀하였다. 흔히 사용하는 통계 패키지의 출력결과의 일부를 사용하여, 수학과제가 수학 학업성취도의 분산의 약 10%를 설명했으며, 그것은 통계적으로 유의하다는 것을 알아냈다. 그 회귀식은 수학 학업성취도$_{예측된}$ $= 47.032 + 1.990 \times$ 수학과제이며, 그것은 수학과제에 사용한 매 시간마다 수학 학업성취도는 2점에 가깝게 증가한다는 것을 시사한다. 우리는 .809~3.171의 CI 범위는 회귀계수의 실제(모집단)값이 포함된다고 95% 신뢰할 수 있다. 즉, 그러한 신뢰구간은 회귀계수가 0(통계적 유의도의 표준점수)과 유의하게 다른지와 그것이 이전 연구에서 밝혀진 것과 같은 다른 값과는 다른지의 여부를 검정하기 위해서 사용될 수 있다.

마지막으로, 분산과 표준편차(SD) 간의 관계($SD = \sqrt{V}$)와 상관계수와 공분산 간의 관계(상관계수는 표준화된 공분산이다.)를 재검토하였다. 예제 중 많은 것이 기존 자료세트인 NELS(그것의 일부가 이 책을 위한 웹사이트에 포함되어 있다.)를 사용할 것이기 때문에, 기존 또는 현존 자료의 적절한 사용에 대해 논의하였다. 저자는 복잡한 분석을 하기 전에 사용하는 변수를 항상 검토해 보는 것과 같은 훌륭한 자료분석 습관이 현존 자료를 사용할 때 특히 중요하다고 지적하였다.

다음의 질문에 대해 생각해 보라. 다만 잠정적으로 답하라. 여러분이 이 책을 읽어가면서 이 질문을 종종 다시 살펴볼 것이다. 답이 바뀌었는가?

1. 왜 MR은 ANOVA를 포함하는가? 그것은 무엇을 의미하는가?

2. 설명과 예측 간의 차이가 무엇인가? 각각에 관한 하나의 연구 예제를 제시하라. 설명은 정말로 예측을 포함하는가?

3. 우리는 왜 상관관계로부터 인과성을 추론하는 것에 대해 경고를 받았는가? 그러한 추론을 하면 무엇이 잘 못되는가? 우리는 왜 비실험자료가 아닌 실험자료로부터 인과적 추론을 하는 것을 편안하게 느끼는가?

4. 이 장에서 예제로 사용된 회귀분석을 하라[그 자료는 웹사이트(www.tzkeith.com)의 'Chapter 1' 폴더에서 찾을 수 있다]. 여러분의 결과는 저자의 결과와 일치하는가? 출력 결과의 각 부분을 해석하는 방법을 명확하게 이해하라.

5. NELS 자료(www.tzkeith.com 참고)를 사용하여, 수학과제에 사용한 시간(ByS79a)에 8학년 수학 학업성취도(ByTxMStd)를 회귀하라. 회귀분석을 수행하기 전에 기술적인 정보(descriptive information)를 명확하게 점검하라. 그 결과를 이 장에서 사용된 예제의 결과와 어떻게 비교하는가? 그 결과의 어떤 부분이 비교될 수 있는가? 연구결과(findings)를 해석하라. 그것은 무엇을 의미하는가?

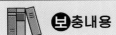 **보충내용**

Matthew Brenneman 학생이 저자가 기술(description)한 것보다 신뢰구간에 관한 더 정확한 기술을 지적하였다. 본문에서(31쪽) 저자는 다음과 같이 말하였다.

[그림 1-7]은 또한 95% 신뢰구간(.809에서 3.171)을 보여 준다. 이 범위에 대한 일반적인 (그러나 덜 정확한) 해석은 "실제 (그러나 알려지지 않은) 회귀계수가 .809~3.171 범위 내에 있을 확률이 95%이다".

여기에 Matthew로부터 인용한, 훨씬 더 정확한 기술이 있다.

100개의 신뢰구간(동일한 크기의 100개의 독립표집을 사용하여)을 계산한다면, 이 b값이 그 신뢰구간 중 95% 내에 있을 것으로 기대한다.

이것에 대해 생각하는 과정에서, 저자는 추가적인 공부를 위한 몇 가지 좋은 자료를 우연히 접하였다. Thompson의 책은 좋은 설명을 해 주고 있다(Thompson, 2006).

Geoff Cumming은 신뢰구간과 그것의 활용 및 장점에 대해 명확하게 기술한 훌륭한 자료이다. 여기에 다음과 같은 훌륭한 해석이 있다.

"……그 실험이 여러 번 반복되고 신뢰구간이 각각에 대해 계산된다면, 결국 신뢰구간 중 95%는 μ(또는 우리의 경우에는 b)를 포함할 것이다."(Cumming & Finch, 2005, p. 174)

한 훌륭한 웹페이지(http://inspire.stat.ucla.edu/unit_10/teaching_tips.php)를 소개한다. 여기에 출처에서 도출한 신뢰구간에 관한 창의적인 설명이 있다.

"학생의 머릿속에 새겨 넣을 수 있는 신뢰구간을 설명하기 위한 한 가지 방법은 다음과 같다. 개가 어떤 나무에 묶여 있는데, 이 개의 사슬은 3 표준오차 길이이다. 그 개는 나무의 그늘을 좋아하며, 여러분이 그 나무의 1 표준오차 내에서 그 개를 찾을 수 있는 확률은 68%다. 그 개가 나무로부터 2 표준오차 내에 있을 확률은 96%이며, 아주 드물게, 아마도 고양이가 지나갈 때, 그 개는 3 표준오차 멀리 떨어져 있다. 이제 어떤 이유 때문에, 그 나무는 볼 수 없게 되었으며, 여러분이 보는 모든 것은 그 개이다. 여러분은 그 나무가 어디에 있다고 말할 수 잇는가? 여러분은 그 나무가 그 개의 2 표준오차 내에 있다는 것을 95% 신뢰하는가?

[참고문헌]

Cumming, G., & Finch, S. (2005). Inference by eye: Confidence intervals and how to read pictures of data. *American Psychologist, 60*, 170-180. doi: 10.1037/0003-066X.60.2.170

Thompson, B. (2006). *Foundations of behavioral statistics*. New York: Guilford.

제 2 장   다중회귀분석 소개

수학과제에 사용한 시간이 수학성적에 미치는 영향에 대해 알고 싶어 했던, 제1장에서 사용되었던 예제로 되돌아가 보자. 분석 결과, 통계적으로 유의한 영향이 있었다면, 여러분은 수학과제가 수학 학업성취도에 미치는 영향에 대하여 여러분의 딸과 합리적으로 이야기를 할 수 있을 것이다. 여러분은 "수민아, 이 자료는 수학과제에 사용하는 시간이 정말로 중요하다는 것을 보여 준단다. 실제로 이 자료는 네가 매주 수학과제에 사용하는 매 추가적인 시간마다 너의 수학 학업성취도 시험점수가 대략 2점 정도 상승한다는 것을 보여 준단다. 그리고 그것은 단지 성적(grades)이 아니라 **시험점수(test scores)**이며, 그것은 바꾸기 더 어렵다. 너는 현재 수학과제를 하는 데 매주 대략 2시간을 사용하고 있다고 말했지. 만약 네가 주당 추가로 2시간을 더 사용한다면, 너의 수학 학업성취도 시험점수는 약 4점 정도 상승할 거야. 그것은 매우 크게 향상되는 거야!"[1]와 같은 뭔가를 말할 것이다.

그런데 수민이가 저자의 아이들과 같다면, 그녀는 심지어 여러분이 근거를 제공해 주는 확실한 자료를 가지고 있을 때조차도 학부모인 여러분이 이야기하는 어떠한 주장도 철저하게 무시할 것이다. 또 아마 그녀는 더 재치 있을 것이다. 그녀는 여러분의 추론과 분석에서 잠재적인 오류를 지적할 것이다. 그녀는 수학과제가 수학 학업성취도 시험점수에 영향을 미치는지 여부에는 조금도 관심이 없다고 말할지 모른다. 그녀는 단지 성적에만 관심이 있다. 또는 아마도 그녀는 여러분이 고려하였어야 하는 다른 변수를 지적할 것이다. 그녀는 "학부모는 어때요? 저희 학교 아이들 중 몇 명은 학부모가 매우 교육을 잘 받았으며, 그러한 아이들이 통상적으로 시험성적이 좋은 아이들이에요. 저는 그러한 아이들이 또한 더 많이 공부하는 아이들인데, 그것은 그 아이들 학부모가 공부가 중요하다고 생각하기 때문이라고 단언합니다. 아빠(또는 엄마)는 학부모의 교육수준을 고려할 필요가 있어요."라고 말할지 모른다. 여러분의 딸은 본질적으로 여러분이 잘못된 산출물변수(outcome variable)를 선택했으며, 우리가 독립변수와 종속변수의 '공통원인(common cause)'이라고 알게 될 것을 무시해 왔다고 주장하는 것이다. 여러분은 그녀의 말이 옳다고 생각할지 모른다.

---

1) 어떤 독자는 특히 R^2값이 좀 작은 것 같은 경우, 회귀 결과에 관한 이러한 개인적인 해석에 거북함을 느꼈다. 그러나 저자는 연구결과를 개별적인 수준에서 해석하는 것이 종종 우리가 그 결과로 할 수 있는 가장 유용한 것 중 하나라고 생각한다. 이 가설적인 연구결과는 의미 있고, 통계적으로 유의하며, 따라서 (개인적인 의견으로) 해석의 시기도 무르익었다. 그러나 모든 사람이 이 점에 대해 기분 좋게 느끼지는 않는다는 것을 명심하라.

📈 새로운 예제: 과제와 학부모교육수준을 성적에 회귀

계획 단계로 되돌아가 보자. 이 예제를 조금 더 나아가서 여러분이 딸의 비판을 해결하기 위해 새로운 연구를 궁리하였다고 가정해 보자. 이번에 여러분은 다음과 같은 정보를 수집한다.

1. 8학년 학생의 모든 교과목에서의 전체 GPA(표준 100점 척도로)
2. 학교교육 연수(years of schooling)로 표시한(즉, 고등학교 졸업은 12점, 대학교 졸업은 16점을 가질 것이다), 해당 학생의 **학부모교육수준**. 비록 여러분이 학부모 양자의 자료를 모두 수집하지만, 교육수준이 더 높은 학부모의 자료를 사용한다. 편부모나 편모와 사는 학생의 경우, 학생과 함께 살고 있는 학부모의 학교교육 연수를 사용한다.
3. 모든 교과목에서 시간으로 주당 **과제에 사용한 평균 시간**

그 자료는 웹사이트(www.tzkeith.com)의 'Chapter 2' 폴더 안에 세 개의 파일, 즉 chap2, hwgrades.sav(SPSS 파일), chap2, hw grades.xis (Excel 파일), chap2, hw grades data.txt (DOS 텍스트 파일)로 저장되어 있다. 이전 장(章)에서처럼, 그 자료는 모의화되어 있다.

자료

그 자료를 살펴보자. [그림 2-1]은 **학부모교육수준** 변수에 대한 요약통계값과 빈도를 보여 준다. [그림 2-1]은 또한 히스토그램(histogram) 도표로 제시된 빈도를 보여 준다(저자는 자료를 그림으로 표현하는 것을 매우 좋아한다). 그림에서 볼 수 있는 바와 같이, 학부모의 가장 높은 교육수준은 10학년에서 20년까지의 범위에 있었는데, 후자는 박사학위를 가지고 있는 학부모를 시사한다. 평균 교육수준은 고등학교를 졸업한 후 약 2년 정도(14.03년)였다. [그림 2-2]에서 볼 수 있는 바와 같이, 학생은 과제를 하는 데 주당 평균 약 5시간(5.09시간)을 사용하는 것으로 보고하였으며, 네 명은 주당 1시간을 사용하였다고 보고하였고, 한 명은 주당 11시간을 사용하였다고 보고하였다. 대부분의 학생은 주당 4~7시간 사이를 사용하였다고 보고하였다. 빈도와 요약통계값은 타당해 보인다. [그림 2-3]은 대부분 학생의 GPA에 대한 요약통계값을 보여 준다. 평균 GPA는 80.47, 즉 B-였다. GPA는 64~100까지 분포하였다. 다시 한번, 이 값은 타당해 보인다.

[그림 2-1] 8학년 학생의 학부모교육수준(Parent Education)에 대한 기술통계량

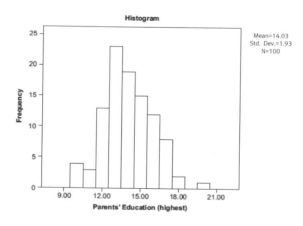

Statistics

pared Parents' Education (highest)

N	Valid	100
	Missing	0
Mean		14.0300
Median		14.0000
Mode		13.00
Std. Deviation		1.93038
Variance		3.726
Minimum		10.00
Maximum		20.00

pared Parents' Education (highest)

		Frequency	Percent	Valid Percent	Cumulative Percent
Valid	10.00	4	4.0	4.0	4.0
	11.00	3	3.0	3.0	7.0
	12.00	13	13.0	13.0	20.0
	13.00	23	23.0	23.0	43.0
	14.00	19	19.0	19.0	62.0
	15.00	15	15.0	15.0	77.0
	16.00	12	12.0	12.0	89.0
	17.00	8	8.0	8.0	97.0
	18.00	2	2.0	2.0	99.0
	20.00	1	1.0	1.0	100.0
Total		100	100.0	100.0	

회귀분석

다음으로, 학부모교육수준과 과제를 학생의 GPA에 회귀하였다. 설명변수(explanatory variables) 둘 다 (학부모교육수준과 과제) 회귀식에 동시에 입력되었는데, 우리는 그것을 **동시적** 회귀분석(simultaneous regression)이라 부르게 될 것이다. [그림 2-4]는 세 변수 간의 상관관계를 보여 준다. **과제와 성적** 간의 상관계수(.327)는 제1장의 **수학과제와 학업성취도** 간의 상관계수보다 약간 더 높다는 것에 주목하라. 그러나 **학부모교육수준**은 과제시간(.277) 및 GPA(.294) 모두와 상관이 있다. MR은 어떠할지를 알아보면 흥미로울 것이다.

[그림 2-2] 8학년 학생의 과제시간에 대한 기술통계량

Statistics

hwork Average Time Spent on Homework per Week

N	Valid	100
	Missing	0
Mean		5.0900
Median		5.0000
Mode		5.00
Std. Deviation		2.05527
Variance		4.224
Minimum		1.00
Maximum		11.00

hwork Average Time Spent on Homework per Week

		Frequency	Percent	Valid Percent	Cumulative Percent
Valid	1.00	4	4.0	4.0	4.0
	2.00	8	8.0	8.0	12.0
	3.00	8	8.0	8.0	20.0
	4.00	18	18.0	18.0	38.0
	5.00	24	24.0	24.0	62.0
	6.00	12	12.0	12.0	74.0
	7.00	14	14.0	14.0	88.0
	8.00	8	8.0	8.0	96.0
	9.00	2	2.0	2.0	98.0
	10.00	1	1.0	1.0	99.0
	11.00	1	1.0	1.0	100.0
Total		100	100.0	100.0	

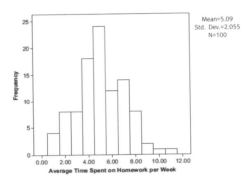

Mean=5.09
Std. Dev.=2.055
N=100

[그림 2-3] 8학년 학생의 결과변수인 GPA에 대한 기술통계량

Descriptive Statistics

	N	Minimum	Maximum	Mean	Std. Deviation	Variance
grades Grade Point Average	100	64.00	100.00	80.4700	7.62300	58.110
Valid N (listwise)	100					

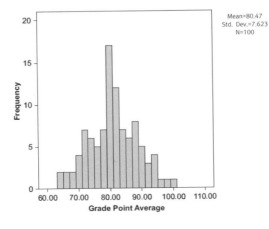

Mean=80.47
Std. Dev.=7.623
N=100

[그림 2-4] 성적, 학부모교육수준, 과제시간 간의 상관계수

Correlations

		GRADES Grade Point Average	PARED Parents' Education (highest)	HWORK Average Time Spent on Homework per Week
Pearson Correlation	GRADES Grade Point Average	1.000	.294	.327
	PARED Parents' Education (highest)	.294	1.000	.277
	HWORK Average Time Spent on Homework per Week	.327	.277	1.000
Sig. (1-tailed)	GRADES Grade Point Average	.	.001	.000
	PARED Parents' Education (highest)	.001	.	.003
	HWORK Average Time Spent on Homework per Week	.000	.003	.
N	GRADES Grade Point Average	100	100	100
	PARED Parents' Education (highest)	100	100	100
	HWORK Average Time Spent on Homework per Week	100	100	100

다중 R

[그림 2-5]는 다중상관계수(multiple correlation coefficient)(대문자 R로 표시하고, 그 값은 .390이며, 때때로 '다중(multi) R'이라고 칭함)이다. 또한 다중상관제곱(Squared Multiple Correlation: SMC) R^2이 .152인 것을 볼 수 있는데, 그것은 두 설명변수, 즉 **과제와 학부모교육수준** 양자가 학생의 **GPA** 분산의 15.2%를 설명한다는 것을 보여 준다.

[그림 2-5] 학부모교육수준과 과제를 성적에 회귀의 모형 요약과 통계적 유의도 검정

Model Summary

1	R	R Square	Adjusted R Square	Std. Error of the Estimate
Model	.390[a]	.152	.135	7.0916

a. Predictors: (Constant), HWORK Average Time Spent on Homework per Week, PARED Parents' Education (Highest)

ANOVA[b]

1		Sum of Squares	df	Mean Square	F	Sig.
Model	Regression	874.739	2	437.369	8.697	.000[a]
	Residual	4878.171	97	50.290		
	Total	5752.910	99			

a. Predictors: (Constant), HWORK Average Time Spent on Homework per Week, PARED Parents' Education (Highest)

b. Dependent Variable: GRADES Grade Point Average

R이 그렇게 크지 않다는 것이 놀랍지 않은가? R이 두 설명변수와 GPA의 상관계수의 합(즉, .294 +

.327)과 같을 것이라고 기대하지는 않았는가? 상관계수를 이러한 방식으로 더할 수는 없지만, 때때로 분산 또는 r^2은 더할 수 있다. 그러나 분산을 더하고자 할 때, $R^2 \neq r^2_{ParEdGPA} + r^2_{HWorkGPA}$[2]임을 알아야 한다. 즉, $.152 \neq .294^2 + .327^2$이다. 왜 동일하지 않는가? 간단하게 답하면, 두 설명변수도 서로 상관이 있기 때문에 R^2은 r^2의 합과 동일하지 않다. 나머지 회귀분석 결과를 살펴보는 동안 왜 그러한지를 깊이 생각해 보라.

또한 [그림 2-5]에서 볼 수 있는 바와 같이, ANOVA 표(table)는 회귀모형(regression)이 통계적으로 유의하다는 것을 보여 준다[$F[2,\ 97] = 8.697, p < .001$]. 이것은 무엇을 의미하는가? 그것은 몇몇 최적화된 가중값 조합을 종합해 보면, 과제와 학부모교육수준은 학생의 성적을 통계적으로 유의한 정도로 예측 또는 설명한다는 것을 의미한다[다음 장에서 '최적으로 가중된 조합(optimally weighted combination)'이 의미하는 바를 검토할 것이다].

F값을 계산하기 위해 제1장에서 도출된 두 가지 수식, 즉 $F = \dfrac{SS_{회귀모형}/df_{회귀모형}}{SS_{잔차}/df_{잔차}}$ 또는 $F = \dfrac{R^2/k}{1-R^2/(N-K-1)}$ 중 어떤 것도 MR에서 사용될 수 있다. 회귀모형(regression)에서 df는 k와 동일한데 그것은 독립(예측)변수의 수, 즉 이 경우에는 2와 동일하다는 것을 회상하라. 잔차(Residual)의 df는 합계(Total)($N-K-1$)(97)와 동일하다. 여러분의 답이 (반올림의 오차 범위 내에서) 그림에서 보여 주는 답과 동일한지를 알아보기 위해 이 수식을 모두 시도해 보라.

회귀계수

다음으로, 회귀계수([그림 2-6])를 살펴보자. 단순회귀분석의 경우 단 하나의 b가 있으며, 그 확률은 전체 회귀식의 확률과 같다. 대응하는 β값도 원래의 상관계수와 동일하다. 이 모든 것이 다중독립변수(multiple independent variables)에서는 변화한다. MR의 경우, 각 독립변수는 그것 자체의 회귀계수를 가지고 있다. 즉, 학부모교육수준(Parent Education)의 b값은 .871이고, 주당 과제에 사용한 평균 시간(Average Time Spent on Homework)의 b값은 .988이며, 절편은 63.227이다.

[그림 2-6] 학부모교육수준과 과제를 성적에 회귀의 비표준화 및 표준화 회귀계수

Coefficients[a]

Model		Unstandardized Coefficients		Standardized Coefficients	t	Sig.	95% Confidence Interval for B	
		B	Std. Error	Beta			Lower Bound	Upper Bound
1	(Constant)	63.227	5.240		12.067	.000	52.828	73.627
	PARED Parents' Education (Highest)	.871	.384	.220	2.266	.026	.108	1.633
	HWORK Average Time Spent on Homework per Week	.988	.361	.266	2.737	.007	.272	1.704

a. Dependent Variable: GRADES Grade Point Average

회귀식은 $Y = 63.227 + .871X_1 + .988X_2 + error$, 또는 예측된(predicted) 성적의 경우,

성적$_{예측값}$ = $63.227 + .871 \times$ 학부모교육수준 $+ .988 \times$ 주당 과제에 사용한 평균 시간이다.

---

2) [역자 주] $r^2_{ParEdGPA}$는 학부모교육수준과 GPA의 분산을, $r^2_{HWorkGPA}$은 수학과제와 GPA의 분산을 의미한다.

주당 과제에 사용한 평균 시간과 학부모교육수준에 관한 값에서 어떤 피험자의 GPA를 예측하기 위해서 이 수식을 사용할 수 있다. 만약 어떤 학생이 과제에 주당 5시간을 사용하고 학부모 중 한 분이 대학교를 마쳤다면(16년의 교육수준 연수), 그 학생의 예측되는 GPA는 82.103일 것이다.

MR의 경우, 각 독립변수마다 별도로 통계적 유의도를 검정할 수 있다. 특히 우리가 회귀식에 6개 정도의 변수를 가지고 있을 때, 통계적으로 유의한 R^2값을 갖지만 통계적으로 유의하지 않는 한 개 이상의 독립변수를 갖는 것(제4장에서 예제를 볼 수 있다.)은 특이하지 않다. 현재 사례의 경우, **학부모교육수준**과 관련된 $t(t = \frac{b}{se_b})$는 2.266($p = .026$)이며, b의 95% 신뢰구간은 .108~1.633이라는 것에 주목하라. 이 범위가 0을 포함하지 않는다는 사실은 우리에게 b의 유의도 수준과 동일하다는 것을 알려 준다. .05의 확률수준에서 볼 때, **학부모교육수준** 변수는 통계적으로 유의한 GPA 예측변수이다. 회귀계수(.871)는 주당 과제에 사용한 평균 시간을 고려하였을 때, 학부모의 학교교육 연수가 매 1년씩 증가할 때마다 학생의 GPA는 .871 정도 또는 100점 척도 GPA로 1점에 근접하게 상승할 것임을 시사한다.

더 큰 관심은 과제에 사용한 시간의 회귀계수 .988인데, 그것은 주당 공부하는 데 사용하는 매 추가 시간마다 GPA가 1점에 가깝게(학부모교육수준이 통제된 상태에서) 상승할 것을 시사한다. GPA를 5점 정도 높이려면, 학생은 공부하는 데 주당 5시간 이상의 추가 시간 또는 매일 밤 추가로 한 시간 정도를 사용할 필요가 있다. 그림에서 볼 수 있는 바와 같이, 이 값은 또한 통계적으로 유의하다($p = .007$).

이 두 변수, 즉 **학부모교육수준** 또는 **과제** 중 어느 것이 **성적**에 더 강력하게 영향을 미치는지 궁금할 것이다. b값의 비교에 기초하여, 그것이 **과제**라고 결론내리고 싶을지도 모른다. 옳기는 하지만, 잘못된 이유 때문에 옳았다. **학부모교육수준**과 **과제** 변수는 다른 척도를 가지고 있으며, 따라서 그것을 비교하기는 어렵다. **학부모교육수준**의 b값은 학교교육 연수와 관련이 있지만, **과제**의 b값은 과제 시간과 관련이 있다. 만약 이 두 변수의 상대적인 영향을 비교하기를 원한다면, β값, 즉 **표준화(standardized)** 회귀계수를 비교할 필요가 있다. 비교해 볼 때, **과제**($\beta = .266$)가 실제로 **학부모교육수준**($\beta = .220$)보다 GPA에 약간 더 강력한 영향을 미친다는 것을 알 수 있다. 과제에서 표준편차(SD)가 1씩 증가할 때마다 성적에서의 SD는 .266 증가하는 반면, 학부모교육수준에서 SD가 1씩 증가할 때마다 성적에서의 SD는 .220 증가할 것이다. 이 차이가 통계적으로 유의한지는 잠시 미루어 두자.[3]

이와는 별도로, 이 두 가지의 분석 결과 중 어느 것이 더 흥미로운지에 대해 생각해 보라. 과제시간은 잠재적으로 조정 가능한(manipulable) 반면, 학부모교육수준은 대부분 학생의 경우 바꿀 수가 없다는 단순한 이유 때문에, 저자는 대부분이 과제에 관한 결과에 투표할 것이라고 가정한다. 이렇게 말하는 또 다른 방법은 과제에 관한 결과는 중재(intervention) 또는 학교나 가정의 규칙(rules)에 대한 시사점을 가지고 있다는 것이다. 여전히 비슷한 요지(point)를 만들기 위한 또 다른 방법은 원래 관심이 **과제**가 GPA에 미치는 영향이었다는 것에 주목하는 것이며, 그래서 분석에서 **학부모교육수준** 변수를 배경 또는 '통제(control)' 변수로 포함하였다.

---

3) 이 장을 학습해 감에 따라, 그러한 비교를 위해 b값과 표준오차를 사용하고 싶을 수도 있을 것이다. 그것은 훌륭한 직감이지만, b값은 다른 행렬에서 나왔기 때문에 그렇게 비교할 수 없다. 몇몇 프로그램은 유용할 수 있는 β값의 표준오차를 산출할 수 있을 것이다.

해석

공식적

이 분석 결과에 관한 이러한 해석을 통합 정리한 후에, 몇 가지 다른 쟁점으로 넘어가 보자. 첫째, 공식적인 해석은 다음과 같은 어떤 것이 될 것이다.

> 이 연구는 **학부모교육수준(Parent Education)**이 통제된 상태에서 **과제(Homework)**에 사용한 시간이 8학년 학생의 GPA(Grade-point averages: 평균평점)에 미치는 영향을 결정하기 위하여 설계되었다. 학생의 8학년 GPA는 주당 과제에 사용한 평균 시간과 학부모 중 교육수준이 더 높은 사람에 회귀되었다. 전체 다중회귀모형은 통계적으로 유의하였으며 ($R^2 = 152$, $F[2,97] = 8.697$, $p < .001$), 두 변수(**과제**와 **학부모교육수준**)는 **성적** 분산의 15%를 설명하였다. 두 독립변수 각각은 또한 성적에 통계적으로 유의한 영향을 미쳤다. 학부모교육수준의 비표준화 회귀계수(unstandardized regression coefficient)(b)는 .871($t[97] = 2.266$, $p = .026$)인데, 그것은 과제에 사용하는 시간이 통제된 상태에서 학부모의 학교교육 연수가 매 1년씩 증가할 때마다 학생의 성적이 .871점 정도 높아진다는 것을 의미한다. 보다 더 직접적으로 관심이 있는 것은 과제에 사용한 시간과 관련된 b값($b = .988$, $t[97] = 2.737$, $p = .007$)이었다. 이 분석 결과는 학부모교육수준이 통제된 상태에서 학생이 주당 과제에 사용하는 시간마다 GPA는 .988점 정도 높아질 것임을 시사한다.

저자는 이 해석을 학술지에서 볼 수 있는 것처럼 작성하였지만, 이 간단한 예제는 출판되지 않을 수도 있다. 그러나 그것은 회귀분석 결과에 관한 해석을 설명하기 위해서 포함되었다. 저자의 해석은 비표준화 계수에 초점을 두었다는 것에 주목하라. 그것은 이 예제에서 사용된 세 개의 변수 모두의 행렬(metrics)이 의미가 있기 때문이다(이에 관해서는 나중에 좀 더 자세히 살펴본다).

우리는 이 해석을 한 단계 더 나아가서 이러한 분석 결과가 의미하는 바를 논의해야 한다.

> 이러한 결과는 과제가 실제로 학생의 성적에 중요한 영향을 미치며, 이러한 영향은 심지어 학생의 가족배경(학부모교육수준)을 고려한 후에도 그러함을 시사한다. 자신의 성적을 향상시키기를 원하는 학생은 과제에 추가적인 시간을 사용하여 그렇게 할 수 있을 것이다. 이러한 분석 결과는 매주 과제에 사용하는 시간을 추가적으로 1시간씩 늘릴 때마다 학생의 전체 GPA는 1점 가까이 높아질 것임을 시사한다.

실제 세계

저자는 또한 모든 적절한 전문용어(jargon)를 사용한 해석과 더불어, 이러한 분석 결과에 관한 실제 세계 [대(對) 통계적] 해석을 제공할 수 있다는 것이 중요하다고 믿는다. 그래서 예를 들어 여기에 다음과 같이 여러분이 이러한 분석 결과를 일련의 학부모에게 해석하는 방법을 제시한다.

> 저는 중학교 학생이 과제에 사용하는 시간이 그의 성적에 미치는 영향을 알아보기 위해서 연구를 수행했습니다. 저는 또한 그 학생의 학부모의 교육수준을 배경변수로 고려했습니다. 여러분이 기대하신 것처럼, 그 결과는 학부모의 교육수준이 실제로 학생의 성적에 영향을 미치는 것으로 나타났습니다. 더 많은 교육을 받은 학부모가 더 높은 성적을 획득한 학생을 가지고 있었습니다. 이것은 학부모가 제공하는 교육적 환경이나 무수한 다른 이유와 관련이 있을 수 있습니다. 그러나 중요한 것은 과제가 또한 성적에 강력하고 중요한 영향을 미친다는 것입니다. 실제로, 과제는 학부모교육수준보다 약간 더 강한 영향을 미쳤습니다(독자는 이 해석은 β값에 기초한다는 것에 주목하라). 이것이 의미하는 것은 학생은 (그의 배경에 상관없이) 과제에 추가적인 시간을 사용하는 단순한 행동을 통해 고등학교에서 더 높은 수준으로 수행할 수 있다는 것입니다. 이 분석 결과는 평균적으로 주당 과제에 사용하는 시간을 1시간씩 더 늘릴 때마다 전체 GPA가 1점 가까이

높아질 것이라는 것을 시사합니다. 그래서 예를 들어 여러분의 딸이 과제하는 데 일반적으로 주당 5시간을 사용하고 평균 80점을 받았다고 가정해 보시죠. 만약 그녀가 과제하는 데 주당 5시간을 추가로 (또는 평일 밤마다 추가로 1시간 씩) 사용한다면, 그녀의 평균은 85점에 가까울 것입니다. 이것은 평균이며, 과제의 영향은 개별 학생에 따라 다를 수 있다 는 것에 주의해 주십시오.

이 연구를 완수하기 위한 우리의 처음 이유는 여러분의 딸에 대한 관심 때문이었기 때문에, 여러분은 또한 그녀에 대한 해석을 전개해야 한다. 여러분은 다음과 같이 유사하게 말할 수 있다.

수민아. 학부모교육수준이 중요하다는 너의 말이 옳았다. 새롭게 한 연구는 더 높은 교육수준을 가지고 있는 학부모가 실제로 학교에서 더 높은 성적을 획득한 아동을 가지고 있음을 보여 주었다. 그러나 심지어 학부모의 교육수준을 고려할 때조차도, 과제는 여전히 중요하다. 그리고 과제는 시험점수(test scores)와 더불어 너의 성적(grades)에도 중요하다. 새롭 게 한 연구는 네가 주당 과제에 사용하는 시간을 1시간씩 더 늘릴 때마다 너의 GPA는 평균 1점 가까이 높아짐을 보여 준다. 그것은 많이 공부해야 하는 것처럼 느껴질 수도 있다. 그러나 그것에 대해 다음과 같이 생각해 보라. 네가 매일 밤 과제를 하는 데 1시간 대신에 2시간을 사용한다면, 너의 GPA는 5점 가까이 높아질 것이다. 그리고 그것은 단 한 번의 시험이 아니라 전체 성적평가 기간 동안의 너의 전체 GPA이다. 그것은 시도해 볼 만한 가치가 있을 것이다.

그림 표현

이 장(章)의 앞부분에서 언급했던 바와 같이, 저자는 자료나 분석 결과를 그림으로 표현하기를 매우 좋아한다. [그림 2-7]은 회귀분석 결과를 그림으로 제시하는 한 가지 방법을 보여 준다. 이 경로도(path diagram) 또는 경로모형은 MR에 포함된 변수를 사각형으로 보여 준다. 화살표 또는 경로는 회귀계수 (이 사례에서는 β)를 나타내기 위해 사용되었으며, 두 예측변수 간에 곡선으로 된 쌍방향 화살표는 그 변수 간의 상관관계를 나타낸다. 이미 언급한 바와 같이, 이 모형은 표준화 계수를 보여 준다. 그것은 또한 비표준화 회귀계수를 사용할 수도 있다[우리가 **학부모교육수준**과 **과제시간** 간의 상관관계(correlations) 보다는 공분산(covariances)을 포함하는 경우처럼]. 우리는 제2부에서 그러한 모형을 훨씬 더 심층적으로 다룰 것이다. 그러나 그것들이 MR의 여러 가지 측면을 이해하는 데 유용한 것으로 밝혀졌기 때문에 여 기에 소개하였다.

[그림 2-7] 경로모형으로 제시된 다중회귀분석(MR) 결과

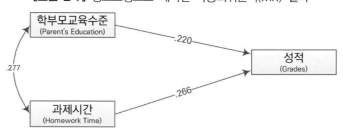

📈 질문

……이 통제된 상태에서

　앞에서 열거된 해석 중 많은 경우에서 여러분은 "학부모교육수준이 통제된 상태에서(controlling for), 그들의 GPA는 .988점 정도 높아질 것이다", 또는 "일단 변수 X가 고려되었을 때(once variable X is taken into account)"와 같은 표현을 알아차렸을 것이다. 가장 기본적인 수준에서 해석될 단 하나의 예측변수와 하나의 결과와는 다른 변수를 고려하고 있다는 것을 나타내기 위해서, 이러한 해석을 0차 상관계수 또는 단순회귀분석이나 이분산회귀분석에 초점을 둔 해석과 구별하기 위해 이러한 설명을 추가한다. 두 가지(단순회귀계수와 다중회귀계수)는 거의 동일하며, MR 계수가 종종 더 작다.

　이러한 진술의 또 하나의 변형은 "GPA는 학부모교육수준 내에서(within levels of parent education) .988점 정도 높아질 것이다."이다. 만약 10학년의 교육수준 연수를 가진 학부모의 학생, 그다음에 11학년을 마친 학부모의 학생, 그다음에 고등학교를 졸업한 학부모의 학생 등에서 박사과정을 마친 학부모의 학생까지의 과제를 성적에 회귀한다고 생각해 보라. 회귀계수를 위해 계산했던 .988은 이 모든 별도의 회귀분석을 수행한다면 얻을 수 있는 회귀계수의 평균과 개념적으로 동일하다.

　물론 이러한 비실험 연구에서의 '통제(control)'는 한 처치(treatment)에 대학교육을 마친 사람 대 실제로 그들이 받은 처치를 통제한, 다른 처치에 대학교육을 마친 사람을 할당할 수 있는 실험 연구의 사례에서의 통제와는 동일하지 않다. 대신에 우리는 통계적 통제(statistical control)에 대해 이야기한다. 통계적 통제의 경우, 우리는 필수적으로 모형 속에 있는 다른 변수에 의해 설명되는 차이를 고려한다. 우리는 과제가 성적에 미치는 영향을 검토할 때 학부모교육수준에 의해 설명되는 차이를 고려하며, 학부모교육수준이 성적에 미치는 영향을 검토할 때 과제로 인한 차이를 고려한다.

　저자는 그러한 해석적인 진술에 대해 "……이 통제된 상태에서(controlling for……)"라고 덧붙이는 것에 대해 엇갈리는 느낌을 가지고 있음을 고백한다. 한편으로, 이러한 단서는 기술적으로(technically) 옳으며 고려되는 다른 변수에 관한 어떤 느낌을 제공한다. 다른 한편으로, 만약 우리의 해석, 다시 말해서 과제가 GPA에 미치는 영향에 대한 논의가 옳다면 다른 무엇이 '통제되든(controlled)' 상관없이 영향은 영향이다(effects are effects). 다르게 말해서, 만약 우리가 적절한 변수를 통제한다면 그때 이것은 실제로 과제가 GPA에 미치는 영향에 관한 타당한 예측이다. 만약 우리가 적절한 변수를 통제하지 못한다면, 그때 그것은 타당한 예측이 아니다. **적절한 변수(proper variables)**를 파악하는 것은 우리가 이 책에서 반복적으로 되돌아보아야 하며, 최종적으로 제2부의 초반부에 있는 몇 개의 장(章)에서 해결되어야 할 쟁점이다. 어떻든, 아마도 이러한 종류의 단서("……이 통제된 상태에서")는 결과의 공식적인 해석을 위해서는 더 적절하지만, 영어(English)나 실제 세계 해석을 위해서는 그렇게 크게 적절하지 않다. 그러나 만약 그러하다면, 그때 "x가 통제된 상태에서"와 같은 어떤 단서를 포함하지 않는 어떤 해석의 경우, 우리는 또한 아마도 작은 소리로 "저자가 회귀식에 올바른 변수를 포함시켰다는 가정하에"라고 말하는 것을 이해해야 한다. 다시 한번, 영향에 의해 의미하는 바와 그러한 해석이 옳을 때는 우리가 이 책에서 반복적으로 되돌아볼 주제들이다.

　이러한 논의는 단순회귀분석보다 MR의 주요한 이점을 분명하게 드러내 준다. 즉, MR은 우리가 다른 관련된 변수를 통제할 수 있도록 해 준다. 여러분이 비실험(심지어 실험)연구를 수행하고, 한 변수가 다른 변수에 미치는 영향을 어떻게 해서든 밝혀내려고 시도할 때, 여러분은 종종 "좋습니다. 그러나 당신은 변수 x를 고려(통제)하였습니까?"와 유사한 질문을 받을 것이다. 우리는 학부모의 교육수준을 고려할 필요가 있었다고 주장했던 수민이의 질문으로 이 장을 시작하였다. MR은 여러분이 이러한 다른 변수를 고려함으로써 그것을 통계적으로 통제할 수 있도록 해 준다. 어려운 부분은 어느 변수가 통제될 필요가 있는지를 밝혀내는 것이다! 단순회귀분석보다 MR이 가지고 있는 또 다른 커다란 장점은 또 다른 변수를 통제함으로써 종속변수에서 설명할 수 있는 분산을 증가시킨다는 것이다. 즉, 관심을 가지고 있는 현상을 보다 더 완전하게 설명할 수 있다. 이러한 장점은 또한 현재 예제를 가지고 설명되었다.

편상관계수와 준편상관계수

바로 전의 논의는 세 번째 변수를 고려하는 동안 한 변수가 다른 변수에 미치는 **영향**(effect)에 초점을 두어 왔다. 또한 다른 변수에 영향을 미치는 또는 예측하는 어떤 변수에 대한 가정을 하지 않고도 다른 변수를 통제할 수 있다. 다시 말해서, 다른 변수를 통제한 상태에서 두 변수 간의 상관계수를 계산할 수 있다. 그러한 상관계수는 **편상관계수**(partial correlations)라고 명명되었으며, 또 다른 변수의 영향을 통제 또는 제거하거나 "(통계상의 상관에서 연관하는 변수의) 영향을 제거한(partialed)" 상태에서의 두 변수 간의 상관계수라고 생각할 수 있다. 예를 들어, 학부모교육수준의 영향을 과제와 성적에서 제거함으로써 과제와 성적 간의 편상관계수를 계산할 수 있다. 예를 들어, 우리는 학부모교육수준과 이전의 수학 학업성취도 양자를 통제한 상태에서 과제와 성적 간의 편상관계수를 계산하는 경우처럼, 몇 가지 그러한 통제변수를 가질 수 있다.

또한 상관되어 있는 두 변수 중 단 **하나의**(one) 변수에서 통제변수의 영향을 제거하는 것이 가능하다. 예를 들어, 과제와 (학부모교육수준을 통제한 상태에서) 성적의 상관관계를 조사할 수 있다. 이 예제에서 학부모교육수준의 영향은 성적 변수가 아닌 과제 변수에서만 제거되었다. 이러한 상관계수의 차이는 **준편상관계수**(semipartial correlation)라고 불린다. 그것은 또한 **부분상관계수**(part correlation)라고도 불린다.

비록 저자는 이 책의 몇몇 곳에서 편상관계수와 준편상관계수를 언급하겠지만, 그것은 이 책의 본문에서 상세하게 논의하기보다 오히려 〈부록 C〉에서 상세하게 논의한다. 이렇게 결정한 몇 가지 이유가 있다. 첫째, 그 주제는 제1부 MR의 주요 주제에서 다소 우회(detour)한다. 둘째, 저자의 경험상, 다른 교수자는 이 주제를 자신의 강의의 다른 곳에 끼워 넣기를 좋아한다. 그 내용을 〈부록 C〉에 놓는 것은 그러한 배치를 더 융통성 있게 만든다. 셋째, 비록 그 주제는 제1부에 개념적으로 더 잘 어울리지만, 저자는 편상관계수와 준편상관계수가 이 책 전반에서 사용되지만 제2부의 앞부분에 있는 장들에서 심층적으로 설명되는 도식모형(figural models) 또는 경로모형(path model)과 관련지어 설명하고 이해시키는 것이 훨씬 더 쉽다고 생각한다. 그러므로 편상관계수와 준편상관계수에 대하여 좀 더 학습하기를 원한다면 어디에서나 〈부록 C〉로 돌아가라.

• b 대 β

믿거나 말거나, 비표준화 회귀계수(b) 대 표준화 회귀계수(β) 중 어느 것을 해석할 것인지의 선택은 논쟁의 여지가 있다. 그러나 그것은 논쟁할 필요가 없다. 간단히, b와 β는 둘 다 유용하지만, 해석의 다른 측면들 때문에 그렇다. 예제들에서 이미 설명해 온 것처럼, b는 변수가 의미 있는(meaningful) 척도를 가지고 있을 때 매우 유용할 수 있다. 현재 예제에서 과제시간은 주당 시간으로 측정되었으며, 모든 사람은 표준 100점 성적 척도에 익숙하다. 따라서 "주당 과제하는 시간을 1시간씩 늘릴 때마다 전체 GPA는 .988점씩 높아질 것이다."와 같이 해석하는 것은 매우 이해하기 쉽다. 그러나 아주 종종 독립변수 또는 종속변수, 또는 둘 다의 척도가 특별히 의미가 있지 않는 경우가 있다. 제1장에서 사용된 시험점수 측정기준은 종종 T 점수를 접한 측정전문가를 제외한 대부분의 독자에게는 아마도 그렇게 익숙하지 않을 것이다. 현재 예제에서 사용된 **학부모교육수준** 변수의 척도는 비록 논리적이기는 하지만 매우 흔하지는 않다. 훨씬 더 흔한 척도는 1=고등학교 미졸업; 2=고등학교 졸업; 3=대학교 미졸업; 4=대학교 졸업 등등과 같은 어떤 것일 수 있다. 이러한 척도는 6년 동안 대학교에 다녔지만 결코 졸업을 하지 못한 사람과 같은 사례를 다루는 데 있어 측정의 관점에서 볼 때 더 나을 수는 있지만, 그것은 쉽게 해석할 수 있는 측정기준이 아니다. 우리는 의미 있는 측정기준을 가지고 있지 않는 다른 변수를 많이 접할 것이다. 이러한 사례들의 경우, b를 해석하는 것은 거의 의미가 없다. "X가 매 1점씩 증가할 때마다, Y도 4점씩 증가할 것이다." X가 매 1점씩 증가한다고 하는 것이 무슨 의미인가? Y도 4점씩 증가한다는 것이 무슨 의미인가? 관심을 가지고 있는 변수가 의미 있는 측정기준을 가지고 있지 않을 때, β를 해석하는 것이 더 의미가 있다. "X가 매 1 표준편차(SD)씩 증가할 때마다, Y도 .25 SD씩 증가할 것이다."

이미 살펴본 바와 같이, 하나의 회귀식에서 몇 가지 변수의 상대적 중요도를 비교하고자 할 때, β가 일반적으로 해석적인 선택이다. 회귀식에서 다른 변수는 일반적으로 다른 측정기준을 가지고 있어서, 비표준화 회귀계수(b)를 비교하는 것은 아무런 의미가 없다. 그것은 사과와 오렌지를 비교하는 것과 같다. 표준화 회귀계수(β)는 모든 변수를 동일한 측정기준[표준편차(SD) 단위]에 위치시켜서 양적으로 비교할 수 있다. 물론, 회귀식에 있는 독립변수가 동일한 측정기준을 사용하였다면 각 변수의 b가 비교될 수 있지만, 이러한 상황(동일한 측정기준을 공유하는 변수)은 그렇게 흔하지 않다.[4]

우리는 종종 회귀분석의 정책적 시사점에 관심이 있다. 현재 예제를 사용하여, 여러분은 수민이에게 더 많은 과제를 끝마치는 것의 영향에 대해 조언을 해 주기를 원한다. 더 넓게, 여러분은 지역교육위원회가 교사에게 과제를 늘려 줄 것을 독려하는 것을 강력히 추진하기를 원할 수도 있다. 여러분이 ("만약 과제를 하는 데 주당 5시간 이상을 더 사용한다면……") 무슨 일이 일어날 것인지에 대해 예측하는 데 관심을 가지고 있다면, 어떤 시스템에서의 변화 또는 해결책 모색에 관심을 가지고 있다면, 또는 회귀분석의 분석 결과에 기초한 정책을 개발하는 데 관심을 가지고 있다면, 만약 그 변수가 의미 있는 측정기준을

---

4) 비록 β가 어떤 회귀식에 있는 변수의 상대적인 영향을 비교하기 위한 가장 흔한 측정기준이지만, 그것은 가능한 단 하나의 측정기준도 아니며 문제가 없는 것도 아니다(특히 독립변수가 높게 상관되어 있을 때). 예를 들어, Darlington(1990, 제9장)은 독립변수의 상대적인 중요도의 척도로, β보다는 오히려, 준편상관계수를 사용해야 한다고 주장하였다. 그러나 β는 대부분의 분석에서 매우 효과적이며, 통계학 프로그램에 의해 흔히 산출되는 다른 통계값보다 이러한 비교의 역할을 수행하는 데 훨씬 더 적합하다. 우리는 계속해서 최소한 당분간은 다른 변수의 상대적인 영향에 대한 정보를 제공하는 것으로서 β에 초점을 둘 것이다. 이미 언급한 바와 같이, 편상관계수와 준편상관계수는 〈부록 C〉에서 논의되었다.

가지고 있다면, 그때는 아마도 b가 해석을 위한 더 나은 선택일 것이다.

마지막으로, 우리는 회귀분석 결과를 이전 연구의 분석 결과와 비교하기를 원할 수도 있다. 예를 들어, 우리는 이 예제에서의 과제의 영향과 출판된 연구에서의 과제의 분명한 영향을 비교하기를 원한다. 표본 또는 모집단 간을 비교하기 위해서는 b가 더 적절한다. 이러한 경험칙에 대한 이유는 상이한 표본은 동일한 변수를 위한 상이한 분포를 가지고 있을 가능성이 있기 때문이다. 만약 여러분이 8학년과 4학년의 과제시간을 측정한다면, 과제에 대한 평균과 표준편차는 두 학년 간에 다를 가능성이 있다. 분포(distributions)(그중에서도 특히 표준편차)에 있어서의 이러한 차이는 β에는 영향을 미치지만, b에는 영향을 미치지 않는다. 이 요점에 관한 직관적인 이해(understanding)를 위하여, [그림 2-8]에서 보여 주는 회귀선을 살펴보라. 회귀선의 기울기인 b는 .80이며, β도 .80이라고 가정해 보자. (어떻게 이렇게 될 수 있는가? 독립변수와 종속변수의 SD가 동일하다.) 이제 우리가 음영처리한 영역에 있는 자료를 제거한다고 가정해 보자. 이 새로운 예제의 경우, b는 동일하게 유지될 수 있다. 회귀선도 동일하지만 단지 더 짧으며, 그래서 그것의 기울기도 그대로 유지된다. 그러나 β는 어떠한가? 분명히 독립변수의 SD는 음영처리한 영역의 모든 자료를 버렸기 때문에 줄어들었다. 종속변수의 SD 역시 독립변수의 SD만큼은 아니지만 줄어들 것이다. 새로운 SD가 X의 경우는 7이고, Y의 경우는 9라고 가정해 보자. 이제 제1장에서 b를 β로 변환하는 방법, $\beta = b \dfrac{SD_x}{SD_y}$를 회상해 보라. b는 동일하게 유지되었지만 β는 바뀌었다. 원래의 요점, 즉 두 개의 다른 표집 또는 연구 간의 회귀분석 결과를 비교하는 것으로 되돌아가면 b가 더 적절하다(그 변수가 두 표집을 위하여 동일한 척도로 측정되었다고 가정할 때). 이러한 경험칙은 〈표 2-1〉에 요약되어 있다.

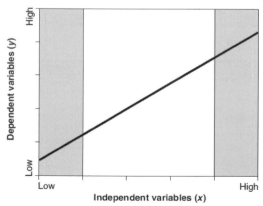

[그림 2-8] 회귀계수의 변이성(variability)에서의 변화의 영향

그림은 가설적인 종속변수의 가설적인 독립변수에 대한 회귀로부터의 회귀선을 보여 준다.

다시 한번, 여러분은 b 대 β 또는 그 역으로의 일상적인 해석을 위한 강력한 항변을 읽거나 들었을 수 있다. 단지 변수의 SD에 관한 지식을 사용하여, 어떤 하나에서 다른 하나로 쉽게 변환할 수 있다는 것을 기억해 두라. b와 β 둘 다 유용하다. 이는 단지 다른 목적을 위해서 유용하다.

<표 2-1> b 대 β를 해석할 때의 경험칙

b의 해석:
변수가 의미 있는 측정기준으로 측정되었을 때
해결책이나 정책적 시사점을 개발하기 위해서
표집이나 연구 간의 영향을 비교하기 위해서
β의 해석:
변수가 의미 있는 측정기준으로 측정되지 않았을 때
동일한 표집에서 상이한 예측변수의 상대적인 영향을 비교하기 위해서

표본 간 비교

저자는 표본 또는 연구 간 회귀계수의 비교에 관하여 언급해 왔다. 한 가지 예제로, 이 장(章)에서 살펴본 **과제**가 **성적**에 미치는 영향이 과제가 **학업성취도**에 미치는 영향을 검토하기 위해서 제1장에서 계산했던 추정값과 일관성이 있는지를 물어볼 수 있다. 불행하게도 이 두 분석은 상이한 종속변수(수학 학업성취도 검사점수 대 전체 GPA)를 사용했는데, 이것은 그러한 비교를 어렵게 만든다. 대신에 고등학교 학생을 표본으로 동일한 질문을 묻는 그 연구를 다시 수행한다고 가정해 보자. [그림 2-9]는 이 표본의 기술통계량을 보여 주며, [그림 2-10]은 해당 표본의 MR 결과를 보여 준다.

[그림 2-9] 고등학교 학생에 대한 변수 간의 기술통계량과 상관관계

Descriptive Statistics

	Mean	Std. Deviation	N
GRADES	81.5348	7.46992	100
PARED	13.8300	2.04028	100
HWORK	6.9800	2.14608	100

Correlations

		GRADES	PARED	HWORK
Pearson Correlation	GRADES	1.000	.191	.354
	PARED	.191	1.000	.368
	HWORK	.354	.368	1.000
Sig. (1-tailed)	GRADES	.	.028	.000
	PARED	.028	.	.000
	HWORK	.000	.000	.
N	GRADES	100	100	100
	PARED	100	100	100
	HWORK	100	100	100

이 새로운 회귀분석에서 과제와 관련된 b, 즉 과제에 사용한 시간이 고등학교 학생의 성적에 미친 영향의 추정값을 나타내는 1.143에 주목하라. 두 개의 추정값[고등학생의 경우, 1.143 vs. 이 장(章)의 앞에서 제시한 8학년 학생의 경우, .988]는 분명히 다르지만, 그 차이는 통계적으로 유의한가? 이러한 비교를 할 수 있는 몇 가지 방법이 있다. 가장 쉬운 방법은 신뢰구간을 사용하는 것이다. 그 질문을 다음과 같은 방식으로 표현해 보자. 즉, 현재의 추정값 1.143(고등학교 표집의 값)은 이전의 추정값 .988과 통계적으로

유의하게 다른가? 8학년 표집에 대한 회귀계수의 95% 신뢰구간을 살펴보라([그림 2-6]). .272～1.704. 추정값 1.143은 이 범위 내에 있어서, 현재의 값이 이전의 추정값과 통계적으로 다르지 않다고 자신 있게 말할 수 있다.

[그림 2-10] 고등학교 학생에 대한 과제 예제의 회귀분석 결과

Model Summary

Model	R	R Square	Adjusted R Square	Std. Error of the Estimate
1	.360[a]	.130	.112	7.03925

a. Predictors: (Constant), HWORK, PARED

ANOVA[b]

Model		Sum of Squares	df	Mean Square	F	Sig.
1	Regression	717.713	2	358.856	7.242	.001[a]
	Residual	4806.452	97	49.551		
	Total	5524.165	99			

a. Predictors: (Constant), HWORK, PARED
b. Dependent Variable: GRADES

Coefficients[a]

Model		Unstandardized Coefficients		Standardized Coefficients	t	Sig.	95% Confidence Interval for B	
		B	Std. Error	Beta			Lower Bound	Upper Bound
1	(Constant)	69.984	4.881		14.338	.000	60.297	79.671
	PARED	.258	.373	.071	.692	.490	-.482	.998
	HWORK	1.143	.355	.328	3.224	.002	.440	1.847

a. Dependent Variable: GRADES

이러한 결정을 하기 위한 또 하나의 방법은 훌륭한 오래된 t-검정을 사용하는 것이다. 현재의 값이 0과 다른 어떤 값과 다른지를 알아보기 위해서 수식을 약간 바꾸었다. $t = \dfrac{b-x}{SE_b}$. 여기에서 x는 b와 비교하기를 원하는 다른 값을 의미한다(Darlington, 1990, 제5장). 현재 예제의 경우, 그 수식은 다음과 같을 것이다.

$$t = \frac{.988 - 1.142}{.361}$$
$$= -.429$$

경험칙(t가 2 이상이면 유의하다. t가 양수인지 음수인지는 무시하라.)을 사용하여, 다시 한번 고등학교 학생의 값이 8학년 학생의 추정된 값보다 .05 수준에서 통계적으로 유의하게 다르지 않다는 것을 알 수 있다. 또는 엑셀(Excel)의 T.DIST.2T 함수를 사용하여, 이 t값이 우연에 의해서 흔하게 일어날 수 있음을 알 수 있다($p = .669$, 쌍방검정, $df = 97$, 엑셀에서 음의 부호 없이 그 값은 .427임). 이 검정은 신뢰구간과 함께 8학년 학생의 추정값을 특정 값에 비교한다는 점에 주목하라. 또한 두 개의 표준오차를 고려하여 두 회귀 추정값을 추정할 수 있다. 그 수식은 다음과 같다.

$$z = \frac{b_1 - b_2}{\sqrt{SE_{b_1}^2 + SE_{b_1}^2}}$$

이 수식은 두 개의 **별도(separate)**(독립) 회귀식에서 회귀계수를 비교하기 위하여 사용될 수 있다 (Cohen & Cohen, 1983: 111). 어느 b가 먼저 사용되는지는 중요하지 않다. 더 큰 회귀계수를 b_1로 하는 것이 가장 쉽다. 예를 들어, 현재 예제의 경우는 다음과 같다.

$$z = \frac{1.143 - .988}{\sqrt{.355^2 + .361^2}}$$
$$= \frac{.155}{\sqrt{.256}}$$
$$= .306$$

엑셀(Excel)에서 이 z값을 찾을 수 있다(표준정규분포를 위한 NORMSDIST 함수를 사용하여). .38의 확률의 경우, 1에서 엑셀에서 도출된 값(.620)을 뺄 필요가 있다. 두 회귀계수는 통계적으로 유의하게 다르지 않다. 한 번 더, 이러한 비교 간의 방향성(orientation)에서의 차이에 주목하라. 첫 번째는 계수에 특정 숫자를 비교했는데, 그 특정 숫자는 주어진 것이다. 그것은 현재의 회귀계수 추정값이 특정 값과 다른지를 물었다. 두 번째는 두 회귀계수가 통계적으로 유의하게 다른지를 묻는다.

주의사항

이러한 설명을 들어감에 따라, 이 장에서 도출된 결과를 단순회귀분석을 사용한 제1장에서 도출된 결과와 비교하고 싶을 수도 있다. 저자는 두 가지 분석이 상이한 독립변수를 사용하였기 때문에 이러한 비교를 하지 않을 것이다. 제1장에서 결론은 (수학) 과제에 추가적으로 1시간씩을 더 사용하면 수학 학업성취도 검사점수에서 2점 정도 높아질 것이라는 점이었다. 이 장에서 결론은 과제에 추가적으로 1시간씩을 더 사용하면 성적에서 1점 정도 높아질 것이라는 점이었다. 비록 성적과 검사점수는 확실히 관련이 있지만, 그것은 동일한 것이 아니다. 성적에서 1점이 상승한 것은 시험점수에서 1점이 높아진 것과는 동일하지 않다.

이 예제에서 저자는 경험칙에도 불구하고, 대신에 표준화 계수(β)에 기초한 통계적 해석(statistical interpretation)이라기보다 양적 해석(qualitative interpretation)을 하고자 한다. 한편으로, 두 값이 상이한 표본을 가진 별도 회귀분석에서 얻을 수 있다. 다른 한편으로, 최소한 표준화 계수를 사용하여, 동일한 척도(SD 단위)를 해석할 기회가 있다. 제1장에서 도출된 과제의 β값은 .320이었으며, 여기에서 β값은 .266이다. 이 값들은 그렇게 달라 보이지 않으며, 따라서 아마도 그 결과는 결국 일치할 것이다.

📈 β와 R^2의 직접 계산

지금까지는 b를 β로, 그리고 그 역으로 변환하는 방법을 보아 왔지만 이 값을 어떻게 직접 계산할 수 있는가? 그것은 도움이 되고 이 책의 후반부에 유용할 것이기 때문에 β를 직접 계산하는 데 초점을 둘 것이다. 단, 두 개의 독립변수로부터 β를 계산하는 것은 다음과 같이 꽤 쉽다.

$$\beta_1 = \frac{r_{y1} - r_{y2}r_{12}}{1 - r_{12}^2} \text{ 그리고 } \beta_2 = \frac{r_{y2} - r_{y1}r_{12}}{1 - r_{12}^2}$$

이 수식을 8학년 과제 예제에 다음과 같이 적용해 보자.

$$\beta_{숙제} = \frac{r_{성적 \cdot 과제} - r_{성적 \cdot 학부모교육수준} r_{학부모교육수준 \cdot 과제}}{1 - r_{학부모교육수준 \cdot 과제}^2}$$

부분적으로, 과제의 성적에 대한 β는 과제와 성적 간의 단순상관계수에 따라 다르다는 것에 주목하라. 그러나 그것은 또한 **학부모교육수준**과 성적 간의 상관계수와 과제와 **학부모교육수준** 간의 상관계수에 따라 다르다. β를 계산하면 다음과 같다.

$$\beta_{과제} = \frac{.327 - .294 \times .277}{1 - .277^2}$$

$$= \frac{.246}{.923}$$

$$= .267$$

이는 반올림의 오차 범위 내에서 SPSS로 계산한 값(.266)과 동일하다. β로부터, b를 다음과 같이 계산할 수 있다.

$$b = \beta \frac{SD_y}{SD_x}$$

$$= .266 \frac{7.623}{2.055}$$

$$= .987$$

이는 다시 한번 SPSS로부터 도출된 값과 동일하다. 기억해야 할 것은 각 β의 (그리고 b의) 값은 독립변수와 종속변수 간의 상관계수뿐만 아니라 모형에 있는 변수 간의 모든 **다른 상관계수**(other correlations)에 따라 달라진다는 것이다. 이것이 회귀계수를 해석하기 위한 한 가지 방법이 다음과 같은 진술인 이유이다. 즉, 과제는 심지어 **학부모교육수준**이 통제된 상태에서조차도 성적에 강력한 영향을 미친다. 회귀계수는 다른 변수를 고려한다. 따라서 마치 그것이 상관관계가 있는 것처럼 해석하려고 하지 말라. 동시에 6개 정도의 변수를 이러한 방식으로 회귀계수를 계산하는 것은 계산적인(computationally) 도전일 것이다!

마찬가지로, R^2을 계산하기 위한 다양한 수식에 주목할 만한 가치가 있다. 제곱합(sums of squares)에서 R^2을 다음과 같이 계산할 수 있다.

$$R^2 = \frac{SS_{회귀모형}}{SS_{합계}}$$

β를 사용하여 R^2을 계산하려면, $R_{Y \cdot 12}^2 = \beta_1 r_{y1} + \beta_2 r_{y2}$ 이다.

상관계수에서 R^2을 계산하려면, $R_{Y \cdot 12}^2 = \frac{r_{y1}^2 + r_{y2}^2 - 2r_{y1}r_{y2}r_{12}}{1 - r_{12}^2}$ 이다.

이 장의 서두에서 알아냈던 것처럼, R^2은 두 개의 r^2의 합과 동일하지 않다는 것에 주목하라. 대신에 그것은 어느 정도 줄어들었다. 단지 당분간 이러한 감소는 두 독립변수 간의 상관계수, 즉 r_{12}와 관련이 있음에 주목하라.

📈 요약

이 장에서는 두 개의 독립변수와 하나의 종속변수를 가지고 있는 MR을 소개하였다. 우리는 **학부모교육수준**이 통제된 상태에서 **과제에 사용한 시간**이 GPA에 미치는 영향을 측정하기 위하여 설계된 회귀분석을 수행하였다. 그 회귀식은 통계적으로 유의하였다. 단순회귀분석과는 달리, MR의 경우 전체 회귀모형은 통계적으로 유의할 수 있지만, 유의하지 않는 몇 개의 독립변수를 가질 수 있다. 그러나 여기에서 회귀계수는 각 변수(학부모교육수준과 과제에 사용한 시간)는 학생의 GPA에 영향을 미침을 보여주었다. 우리는 그 분석 결과를 다양한 측면에서 해석하였다. 그 회귀식에 있는 모든 변수가 의미 있는 척도를 사용하였기 때문에, 우리는 해석을 주로 비표준화 회귀계수에 초점을 맞추었다.

우리는 이 간단한 예제를 위해 MR에서 많은 중요한 통계값, 즉 β, b, 그리고 R^2을 계산하는 방법을 검토하였다. 우리는 표준화 회귀계수(β) 대 비표준화 회귀계수(b)의 해석의 장단점을 논의하였다. 표준화 회귀계수와 비표준화 회귀계수 둘 다 유용하지만, 그것들은 다른 목적을 위해 사용된다. 비표준화계수(b)는 변수가 의미 있는 행렬에서 측정되었을 때(예: 과제시간), 우리가 연구 간의 영향을 비교하고자 할 때, 그리고 연구에서 정책이나 해결책에 대한 시사점을 개발하는 데 관심이 있을 때 가장 유용하다. 표준화 계수(β)는 변수가 의미 있는 행렬에서 측정되지 않았을 때 또는 동일한 회귀식에서 상이한 예측변수의 상대적 중요도를 비교하는 데 관심이 있을 때 더 유용하다. 〈표 2-1〉은 회귀계수의 사용에 관한 경험칙을 보여 준다.

이 장에서 제시된 주제는 이 책의 나머지 중 많은 부분을 위한 기초를 형성하기 때문에, 그것을 완전히 이해해야 한다. 다음 장에서는 이러한 꽤 단순한 MR 예제를 더 심층적으로 탐구할 것이다.

1. 이 장의 과제(Homework)를 스스로 분석하라.

2. NELS 자료세트를 사용하여 유사한 분석을 하라. FFUGrad[10학년의 GPA(GPA in 10th Grade)]에 BYParEd[학부모의 가장 높은 교육수준(Parents' Highest Level of Education)]과 FIS36A2[학교 밖에서 과제수행 사용 시간(Time Spent on Homework out of School)]을 회귀시켜 보라. 기술통계량을 확실히 점검하라. 독립변수의 척도에 주목하라. 종속변수는 응답자의 영어, 수학, 과학, 그리고 사회과 성적의 평균이다. 이 교과목 각각의 경우, 척도는 '1=주로 D 이하'에서 '8=주로 A'까지 분포되어 있다.

3. 연습문제 2에서 도출된 회귀분석 결과를 해석하라. b 또는 β를 해석해야 하는가? 이 결과를 이 장에서 제시된 결과와 통계적으로 비교하는 것이 왜 부적절한가? 양적으로, 그 결과를 모의화된 자료에서 보여 준 결과와 비슷한가?

4. 이 장에서 제시한 예제들은 학생의 가정환경이 그의 학교수행에 영향을 미칠 수도 있음을 시사한다. 그러나 여러분은 중요한 것이 가정의 교육적 환경인지 또는 가정의 재정적인 자원인지 궁금할 수 있다. 'exercise 4, grades, ed, income.sav' 파일은 이 질문을 검정해 볼 수 있도록 해 주는 모의화된 자료를 가지고 있다[그 자료는 웹사이트(www.tzkeith.com)의 'Chapter 2' 폴더에 있다. 또한 그 자료의 엑셀(Excel)과 일반텍스트(plain text) 버전이 포함되어 있다]. GPA[성적(Grades), 표준 100점 척도], 학부모의 가장 높은 교육수준(ParEd, 단위: 연수), 그리고 가족수입[수입(Income), 단위: $1,000] 척도가 포함되어 있다. 학부모교육수준과 가족소득을 성적에 회귀시키라. 또한 요약통계값을 명확히 점검하라. 전반적인 회귀모형은 통계적으로 유의한가? 두 변수(학부모교육수준과 **가족수입**)는 학생의 성적을 통계적으로 유의하게 예측하는 변수인가? 이 회귀분석의 결과를 해석하라. 비표준화 회귀계수(b)와 표준화 회귀계수(β) 둘 다를 해석하라. b 또는 β 중 어느 해석이 더 의미 있는가? 왜 그러한가? 어느 가정(home) 변수가 학생의 학교수행에 더 중요한 것으로 보이는가?

제3장 다중회귀분석 심화

이 장(章)에서는 MR에 대해 조금 더 상세하게 탐구해 보고 몇 가지 개념을 조금 더 완전하게 설명할 것이다. 이 장은 아마도 대부분의 장보다도 더 많은 수식을 포함하겠지만, 저자는 적어도 하나의 설명이 모든 독자에게 이해될 수 있도록 명확하게 하기 위해서 개념을 몇 가지 다른 방식으로 설명하고자 시도할 것이다. 이 장은 짧지만, 여러분에게 수학과 통계학이 쉽지 않다면, 이 장을 한 번 이상 읽어 볼 필요가 있을 것이다. 여러분의 인내는 이해(understanding)로 보상을 받을 것이다!

왜 $R^2 \neq r^2 + r^2$인가?

저자는 제2장에서 일반적으로 R^2은 $r^2 + r^2$(2-변인 MR에서)과 동일하지 않음을 언급했으며, 이것은 독립변수 간의 상관관계에 기인한다고 간략히 언급하였다. 이 현상을 좀 더 상세히 설명해 보자. 복습해 보면, 제2장의 서두에서 사용된 예제에서 $r^2_{성적 \cdot 과제} = .327^2 = .107$이며, $r^2_{학부모교육수준 \cdot 성적} = .294^2 = .086$이었다.

과제와 학부모교육수준을 GPA에 회귀로부터 도출된 R^2은 .152였다. 분명히 .152 ≠ .107 + .086이다. 왜 동일하지 않는가? 우리는 이 질문을 몇 가지 다른 방식으로 접근해 볼 것이다. 먼저, 다음과 같은 R^2을 위한 수식 중 하나를 회상해 보라.

$$R^2_{Y \cdot 12} = \frac{r^2_{y1} + r^2_{y2} - 2r_{y1}r_{y2}r_{12}}{1 - r^2_{12}}$$

다중상관제곱(Squared Multiple Correlation: SMC)은 각 독립변수와 종속변수 간의 상관계수뿐만 아니라 두 독립변수 간의 상관계수, 즉 r_{12}에 따라 또는 이 사례의 경우 $r_{과제 \cdot 학부모교육수준}$값 .277에 따라 달라진다.

다음으로, [그림 3-1]을 살펴보자. 그림 속에 있는 원은 이 회귀분석에서의 각 변수의 분산을 나타내며, 그 원이 중첩되는 영역은 세 변수 간의 공유된 분산 또는 r^2을 나타낸다. (3이라고 표시된 영역을 포함하여) 1이라고 표시된 음영 영역은 성적과 과제에 의해서 공유된 분산을 나타내며, (3이라고 표시된 영역을 포함하여) 2라고 음영처리된 영역은 학부모교육수준과 성적에 의해 공유된 분산을 나타낸다. 그러나 중첩된 영역은 3이라고 표시된 이중으로 음영처리된 영역에서도 중첩된다는 것에 주목하라. 이러한 중첩은 **과제와 학부모교육수준** 그 자체가 자기상관되어(correlated) 있기 때문에 발생한다. **과제와 성적** 간의 그리고 **학부모교육수준과 성적** 간의 결합된 중복 영역(영역 3을 포함하여, 영역 1과 2)은 **과제와 학부모교육수준**에 의해서 **공동으로 설명되는**(jointly accounted) 성적의 분산 또는 R^2을 나타낸다. 그러나 공동 중첩(3)의 결과로서, 중첩의 전체 영역은 영역 1과 영역 2의 합과 동일하지 않다. 영역 3은 두 번이 아니라 한 번 계산되었다. 다시 말해서, R^2은 $r^2 + r^2$과 동일하지 않다.

[그림 3-1] 세 변수 간의 공유된 분산(공분산)을 도해해 주는 벤다이어그램

음영된 영역은 각 독립변수와 종속변수에 의해 공유된 분산을 보여 준다. 영역 3은 모든 세 변수에 의해서 공유된 분산을 보여 준다.

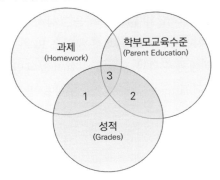

이 논리를 사용해 보면, 두 독립변수 간의 상관계수가 0이면, 그때 R^2은 $r^2 + r^2$과 동일할 것으로 추정된다. 그러한 상황이 [그림 3-2]에 묘사되었는데, 거기에서 중첩된 영역은 두 독립변수가 서로 중첩되지 않았기 때문에 실제로 영역 1과 영역 2의 합과 동일하다. 마찬가지로, R^2을 위한 수식으로 되돌아가서, r_{12}가 0일 때 무슨 일이 일어나는지 볼 수 있다. 그 수식은 다음과 같다.

$$R_{y \cdot 12}^2 = \frac{r_{y1}^2 + r_{y2}^2 - 2r_{y1}r_{y2}r_{12}}{1 - r_{12}^2}$$

r_{12}가 0으로 대치되었을 때,

$$R_{y \cdot 12}^2 = \frac{r_{y1}^2 + r_{y2}^2 - 2r_{y1}r_{y2} \times 0}{1 - 0}$$ 이며,

그 수식은 $R_{y \cdot 12}^2 = r_{y1}^2 + r_{y2}^2$로 축소된다.

[그림 3-2] 세 변수 간에 공유된 분산을 보여 주는 벤다이어그램

이 예제의 경우, 두 독립변수 간에는 어떠한 상관관계(그리고 어떠한 공유된 분산)도 없다.

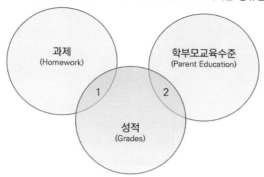

다시 한번 점검해 보자. [그림 3-3]은 **과제**와 **학부모교육수준** 간의 상관계수가 0인 (가능성 없는) 사건(event)에서 **과제** 및 **학부모교육수준**을 **성적**에 회귀한 분석 결과를 보여 준다(그 자료는 모의화되었다). **학부모교육수준**과 **성적** 간(.294)의, **과제**와 **성적** 간(.327)의 상관계수가 제2장에서 도출된 것과 동일하지만, **학부모교육수준**과 **과제** 간의 상관계수가 이제 0이라는 점에 주목하라. 그래서 앞에서의 우리의 추론과 일치하게 R^2은 이제 $r^2 + r^2$과 동일하다.

[그림 3-3] 두 독립변수 간에 어떠한 상관관계도 없을 때의 다중회귀분석 결과

Correlations

		GRADES	PARED	HWORK
Pearson Correlation	GRADES	1.000	.294	.327
	PARED	.294	1.000	.000
	HWORK	.327	.000	1.000
Sig. (1-tailed)	GRADES	.	.001	.000
	PARED	.001	.	.500
	HWORK	.000	.500	.
N	GRADES	100	100	100
	PARED	100	100	100
	HWORK	100	100	100

Model Summary

Model	R	R Square	Adjusted R Square	Std. Error of the Estimate
1	.440[a]	.193	.177	6.916656

a. Predictors: (Constant), HWORK, PARED

Coefficients[a]

Model		Unstandardized Coefficients B	Std. Error	Standardized Coefficients Beta	t	Sig.
1	(Constant)	58.008	5.382		10.778	.000
	PARED	1.161	.360	.294	3.224	.002
	HWORK	1.213	.338	.327	3.586	.001

a. Dependent Variable: GRADES

$$R^2_{성적 \cdot 과제 \cdot 학부모교육수준} = r^2_{성적 \cdot 학부모교육수준} + r^2_{성적 \cdot 과제}$$
$$.193 = .294^2 + .327^2$$
$$.193 = .193$$

또한 독립변수가 무상관되어(uncorrelated) 있을 때, β는 다시 한번 (단순회귀분석의 경우에서처럼) 그 상관계수에 대해 동일하다는 점에 주목하라. 물론 그 이유는 β의 수식 $\left(\beta_1 = \dfrac{r_{y1} - r_{y2}r_{12}}{1 - r_{12}^2}\right)$가 $r_{12} = 0$일 때 $\beta_1 = r_{y1}$로 축소된다.

[그림 3-4]는 이 회귀분석을 경로형태로 보여 준다. 두 독립변수 간의 상관계수가 0이라는 점에 주목하라. 이처럼 두 독립변수 간에 무상관되어 있을 경우, 표준화 계수는 상관계수와 동일하며, $R^2 = r^2 + r^2$이다.

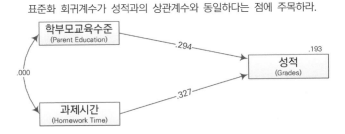

[그림 3-4] 두 예측변수 간의 상관계수가 0일 때, 학부모교육수준과
과제시간이 성적에 미치는 영향에 관한 경로 표현
표준화 회귀계수가 성적과의 상관계수와 동일하다는 점에 주목하라.

반복해서, R^2은 독립변수와 종속변수의 상관계수뿐만 아니라 독립변수 간의 상관계수에 따라 달라진다. 일반적으로, R^2은 독립변수와 종속변수 간의 상관제곱의 합(sum of the squared correlations)보다 작을 것이다.[5] $R^2 = r^2 + r^2$인 유일한 경우는 독립변수가 무상관되어 있을 때이며, 이는 실제 세계에서는 거의 일어나지 않는다.

📈 예측값과 잔차

예측값(predicted score)과 잔차(residual)와 같은 MR의 보다 더 상세한 측면을 살펴보는 데 약간의 시간을 사용할 만한 가치가 있다. 이러한 회귀분석 측면을 이해하면, MR에서 무슨 일이 일어나고 있는지를 좀 더 완전히 이해하는 데 도움을 줄 것이며, 또한 나중에 다루게 될 주제들을 위한 좋은 기초를 제공해 줄 것이다.

다른 것 중에서, 잔차(회귀식에서의 오차항)는 이상값(outliers) 또는 극단적인 값의 존재와 같은 회귀분석에서 문제를 진단하는 데 유용하다. 제9장에서는 진단 목적을 위해 잔차를 사용하는 것에 대해 다룰 것이다.

제2장에서 산출물(outcome)에서 어떤 개인의 점수를 예측하기 위해 회귀식을 사용하는 방법을 살펴보았다. 어떤 개인의 두 독립변수에 대한 값(즉, **학부모교육수준**과 **과제시간**)을 회귀식에 간단히 집어넣으

---

5) 만약 두 독립변수가 서로 부적으로 상관되어 있지만 종속변수와는 정적으로 상관되어 있다면, R^2은 실제로 $r^2 + r^2$보다 더 클 것이다. β도 r보다 더 클 것이다. 이러한 현상은 통계적 억제(statistical suppression)라고 불리는 것의 한 형태로 간주될 수 있을 것이다. 억제는 몇몇 다른 출처에서 더 상세하게 논의되었다(예: Cohen et al., 2003, 제3장; Pedhazur, 1997, 제7장; Thompson, 1999, 2006, 제8장).

면 그 사람의 예측된 GPA를 구할 수 있다. 그래서 이전 장에서의 첫 번째 회귀식을 사용하여, 과제를 수행하는 데 주당 5시간을 사용하고 학부모의 교육수준이 16(4년제 대학교)인 어떤 8학년 학생의 예측된 GPA는 82.103일 것이다. 우리는 또한 자료세트에 있는 **모든 사람**(everyone)의 예측된 산출물에 관심이 있을 수 있다. 이 경우, 다중회귀분석의 일환으로 예측값을 계산해 주는 통계 프로그램을 가지고 있으면 간단하다. 예를 들어, SPSS의 경우, 단순히 MR에 있는 저장(Save) 버튼을 클릭하고 예측값(Predicted Values)을 선택하라. [그림 3-5]에서는 '비표준화(U)(Unstandardized)'가 선택되었다. 우리가 그 화면에 있기 때문에, 우리는 또한 비표준화 잔차(unstandardized residual)를 요청할 것이다. SAS의 경우, OUTPUT문(statement)을 사용하여 예측값과 잔차를 구할 수 있다.

[그림 3-5] SPSS에서 예측값과 잔차 도출(왼쪽: 한글버전, 오른쪽: 영문버전)

저자는 다시 한번 제2장의 8학년 자료를 사용하여 **학부모교육수준**과 **과제**를 **성적**에 회귀시켰지만, 이번에는 예측값과 잔차를 저장하였다. [그림 3-6]은 제2장의 '과제 & 성적(Homework & Grades)' 자료의 첫 번째 34개 사례에 대한 **성적**(첫 번째 칼럼)과 **예측성적**(PredGrad)을 보여 준다. 몇몇 학생의 경우, 그들이 실제로 획득한 성적보다 회귀식에 기초한 성적이 더 높게 예측된 반면, 다른 학생들의 경우, 그들의 실제 성적이 예측성적보다 더 높았다는 점에 주목하라. 분명히 그 예측은 정확하지 않다. 다시 말해, 예측에 오차가 있다.

[그림 3-6] 컴퓨터 프로그램에 의한 출력 결과로서, 성적(Grades)(Y), 예측성적(Predicted Grades)(Y'), 그리고 잔차와 뺄셈(Y−Y')에 의해 계산된 오차항(error term)을 비교해 주는 일부 자료

GRADES	PREDGRAD	RESID_I	ERROR_I
78.00	76.52082	1.47918	1.47918
79.00	81.34282	−2.34282	−2.34282
79.00	75.53297	3.46703	3.46703
89.00	79.48435	9.51565	9.51565
82.00	80.12053	1.87947	1.87947
77.00	78.49651	−1.49651	−1.49651
88.00	79.48435	8.51565	8.51565
70.00	77.50866	−7.50866	−7.50866
86.00	81.22560	4.77440	4.77440
80.00	80.35498	−.35498	−.35498
76.00	78.14484	−2.14484	−2.14484
72.00	79.48435	−7.48435	−7.48435
66.00	76.63804	−10.63804	−10.63804
79.00	79.36713	−.36713	−.36713
76.00	75.88464	.11536	.11536
80.00	86.56656	−6.56656	−6.56656
91.00	84.18914	6.81086	6.81086
85.00	83.08407	1.91593	1.91593
79.00	82.44789	−3.44789	−3.44789
82.00	78.37928	3.62072	3.62072
94.00	81.57727	12.42273	12.42273
91.00	79.60157	11.39843	11.39843
80.00	80.35498	−.35498	−.35498
73.00	82.33067	−9.33067	−9.33067
77.00	78.61373	−1.61373	−1.61373
76.00	82.09622	−6.09622	−6.00622
84.00	76.63804	7.36196	7.36196
81.00	82.09622	−1.09622	−1.00622
97.00	87.03545	9.96455	9.96455
80.00	8221344	−2.21344	−2.21344
74.00	82.09622	−8.09622	−8.00622
83.00	87.15267	−4.15267	−4.15267
78.00	80.47220	−2.47220	−2.47220
64.00	84.94254	−20.94254	−20.94254

이 그림에서 세 번째 칼럼은 이 회귀분석에서 도출된 잔차(Resid_l)를 보여 준다. 잔차란 무엇인가? 개념적으로 잔차란 회귀식에 의해서 남겨진 것 또는 설명되지 않은 것이다. 그것은 우리가 실제 **성적 대 예측성적**을 비교할 때 알게 되었던 예측에서의 오차이다. 다음과 같은 (두 가지 독립변수를 가지고 있는) 회귀식의 한 가지 형태, 즉 $y = a + bX_1 + bX_2 + e$를 기억해 보라. 이 식에서 잔차는 그 회귀분석의 오차항인 e와 동일하다.

또한 Y의 예측값을 사용하는(Y'로 기호화됨) 회귀식의 다른 형태를 기억해 보라. 이 사례에서 **예측성적**은 다음과 같다. 즉, $Y' = a + bX_1 + bX_2$이다. 잔차 e를 해결하는 방법을 이해하기 위해서는 이 수식을 다음과 같이 첫 번째 수식으로부터 뺄 수 있다.

$$
\begin{aligned}
Y &= a + bX_1 + bX_2 + e \\
- Y' &= a + bX_1 + bX_2 \\
\hline
Y - Y' &= e
\end{aligned}
$$

따라서 현재 예제의 경우, 잔차는 단순히 실제 성적에서 예측성적을 **빼면** 된다. [그림 3−6]의 마지막 칼럼(Error_l)은 $Y - Y'$의 결과를 보여 주는데, 저자는 단순히 실제 성적에서 예측성적을 **뺐다**. 이 오차

항은 잔차(RESID_1)와 동일하다는 점에 주목하라. 잔차는 실제 결과변수에서 예측된 결과변수를 제거하고 남은 것이다. 즉, 잔차는 예측의 부정확한 값 또는 오차이다. 잔차에 관하여 생각해 볼 수 있는 또 다른 방법은 잔차가 독립변수(**학부모교육수준과 과제**)의 영향을 제거한 상태에서의 원래 독립변수(**성적**)와 동일하다는 것이다. 잔차에 대한 이러한 사고방식은 나중에 유용할 것이다.

📈 회귀선

단순회귀분석의 경우, 회귀선을 사용하여 예측값과 잔차를 이해할 수 있다. 또한, 다음과 같이 회귀선을 사용하여 예측값을 찾을 수 있다. 즉, X축에 있는 독립변수의 값을 찾고, 회귀선까지 똑바로 올라간 다음, 회귀선의 그 점에 대응하는 독립변수(Y축)의 값을 찾아라. 단순회귀분석의 경우, 회귀선은 단순히 X축의 각 값에 대응하는 **예측된**(predicted) Y값을 연결한 선이다. 그러나 MR의 경우, 여러 개의 (multiple) 회귀선이 있다(각 독립변수 당 하나씩). 그러나 잠시 다음과 같은 것을 생각해 보자. 만약 회귀선이 예측값과 동일하다면, 그때 예측값은 회귀선과 동일하다. 다시 말해서 MR의 경우, 본질적으로 우리는 실제값(Y축)에 대비하여 예측값(X축)을 도표로 나타냄으로써 전반적인 단 하나의 회귀선을 얻을 수 있다. 이것이 [그림 3-7]에서 보여 주는 회귀선인데, 그것은 **예측된 GPA** 대 **실제 GPA** 도표의 회귀선과 각 자료점을 포함하고 있다. 예측된 점수가 X축에 있는 이유는 무엇인가? 왜냐하면 이 변수에 대한 또 다른 사고방식은 X 변수(**학부모교육수준과 과제**)의 선형결합이기 때문이다.

[그림 3-7] 회귀선이 포함된, 성적(Grades)(Y) 대 예측성적(Predicted Grades)(Y') 도표

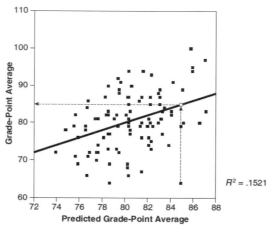

(과제와 **학부모교육수준**에 의해 예측성적과 더불어) 성적을 예측성적에 회귀에서 도출된 r^2([그림 3-7]의 오른쪽 아랫부분에서 볼 수 있는 .152)은 **과제**와 **학부모교육수준**을 성적에 MR에서 도출된 R^2(.1521)이 동일하다는 점에 먼저 주목하고, 더 나아가 이것은 **과제**와 **학부모교육수준**을 성적에 MR을 위한 전체 회귀선으로 생각할 수 있음을 입증한다. 이 분석 결과는 또한 R^2에 대해 생각할 수 있는 또 다른 방법을 시사

한다. 즉, Y와 예측된 $Y(Y')$ 간의 상관관계로서가 그것이다.

　그 선이 **예측성적**을 나타낸다면, 그때 그 선에서 각 실제 **성적**(한 자료점)의 편차(deviation)는 무엇을 나타내는가? 잔차—만약 여러분이 (Y축 상에 있는) 각 **자료점**(data point)의 값으로부터 (X축상에 있는) **회귀선**(regression line)의 값을 뺀다면, [그림 3-6]에서 볼 수 있는 바와 같은 잔차와 동일한 값이라는 것을 알 수 있다. 다시 한번, 이것은 간단히 $Y - Y'$이다. $X = 84.94$이고 $Y = 64$라고 규정된, 그래프의 오른쪽 아랫부분 구석에 있는 자료점에 초점을 두면 이것을 매우 쉽게 볼 수 있다. 이것은 또한 [그림 3-6]의 마지막 자료점이다. 이 자료점에서 회귀선까지의 선을 따라간 다음, Y축에서 끝마치라. Y축상에 있는 값이 또한 4.94이다. 따라서 잔차는 $64 - 84.92 = -20.94$이며, 그것은 또한 [그림 3-6]에서 보여 주는 잔차값과 동일한 값이다(여기에서 추가 점수 질문을 제시한다. 이 그림에서 회귀선상에 있는 모든 점은 X축과 Y축은 모두 동일한 값을 갖는데, b의 값은 어떠한가? b는 회귀선의 기울기라는 것을 기억하라). [그림 3-8]에 제시한 바와 같이, 또한 회귀 결과의 경로도에 잔차를 제시할 수 있다. 거기에서 r1이라고 명명된 작은 원은 잔차를 나타낸다. 원래 자료세트에 잔차의 실제 측정값을 가지고 있지 않다는 것을 나타내기 위해 사각형보다는 원이 사용되었다. 우리는 잔차의 추정값만을 생성할 수 있지만(그리고 단지 생성해 왔지만), 이 잔차는 원자료의 일부가 아닌 회귀분석의 산출물(product)이다. 경로모형(제2부)의 틀(framework)에서 이것은 '측정되지 않은(unmeasured)' 변수이다. 따라서 여러분은 그것을 모형에서 보여 주는 두 변수(학부모교육수준과 과제시간)와는 다른, **성적**에 영향을 미치는 모든 다른 영향이라고 생각할 수 있다. 이 그림은 편상관계수와 준편상관계수에 대해 학습할 때 유용할 것이다(〈부록 C〉 참조).

[그림 3-8] 잔차의 그림 (경로) 제시

변수 r1은 그것이 측정되지 않은 변수라는 것을 보여 주기 위하여 사각형이 아닌 원 속에 제시되었다.
그러한 변수는 제2부에서 더 심층적으로 탐구된다.

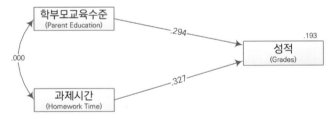

📈 최소제곱량

　제2장에서 저자가 두 독립변수는 '최적으로 가중된(optimally weighted)'이라고 말했던 것을 회상해 보라. 이것이 의미하는 바는 무엇인가? GPA를 예측하기 위해서 왜 두 변수 각각이 단순히 1/2씩 가중되지 않는가? 다시 말해서, 단순회귀분석을 사용하여 GPA를 예측하기 위해서 왜 두 독립변수를 단순히 표준화하고, 그것의 평균을 산출하며, 그 합성변수(composite)를 사용하지 않는가? 또는 그것들을 왜 몇 가지 다른 논리적인 조합으로 가중하지 않는가? 그 이유는 그렇게 효과적이고, 그렇게 정확하지 않을 수 있기 때문이다. 설명분산(R^2)이 그렇게 높지 않을 수 있으며, 비설명분산(unexplained variance)$(1 - R^2)$

이 더 높을 수도 있을 것이다. 이것을 말하는 또 다른 방법은 [그림 3-7]에서 볼 수 있는 회귀선이 이 자료점을 통해 도출할 수 있는 모든 가능한 (일직선의) 선에 최적이라고 말하는 것이다.

그렇다면 **최적(best fitting)**이 의미하는 바는 무엇인가? 다시 한번, 그것은 예측의 오차 또는 비설명분산을 최소화하는 선을 의미한다. 그 선을 다시 한번 보자. 여러분이 각 자료점부터 회귀선까지의 거리를 측정할 수 있고, 그것에서 회귀선에서의 대응되는 점을 뺀다고 가정해 보자. 이것이 하나의 자료점 (84.94, 64)을 위해 방금했던 것이며, 잔차와 동일하다는 것을 알았다. 이것은 예측에서의 오차이다. 만약 이 값을 더한다면, 그것은 0이 됨을 알 수 있다. 양의 값과 음의 값이 동일할 것이다. 음의 값을 없애기 위해, 각 잔차를 제곱한 다음에 그것을 합산할 수 있다. 만약 이렇게 한다면, 도출된 숫자는 **어떤 다른 가능한 직선(any other possible straight line)**보다도 더 작음을 알게 될 것이다. 따라서 이 최적선(best fitting line)은 예측의 오차를 최소화한다. 즉, 그것은 잔차제곱(squared residuals)을 최소화한다. 여러분은 때때로 단순회귀분석 또는 MR이 **최소제곱회귀분석(least squares regression)** 또는 OLS (ordinary least squares; 최소제곱)회귀분석이라고 언급되는 것을 들을 것이다. 그 이유는 회귀분석은 잔차**제곱**을 **최소화하기** 위해서 독립변수를 가중하기 때문이며, 따라서 **최소제곱**이 된다.

[그림 3-9]는 우리가 논의해 온 변수 중 몇 가지, 즉 성적(Y), 예측성적(Y'), 그리고 잔차(Residuals)에 대한 기술통계량을 보여 주며, 잔차제곱(ResidSq)에 대한 기술통계량도 보여 준다. 성적과 예측성적의 평균과 총합이 동일하다는 점에 주목하라. 예측성적(73.91~87.15)은 실제 성적보다(64~100) 더 좁은 범위(range)와 더 작은 분산(8.84 : 58.11)을 가지고 있는데, 그것은 회귀선을 보여 주는 그림을 살펴보면 분명해진다. [그림 3-7]에서 X축 대 Y축의 눈금에 주목하라. 그림의 Y축은 X축보다 훨씬 더 넓은 범위를 가지고 있다. 잔차의 합은 0이라는 점에 주목하라. 또한 잔차제곱합(sum of the squared residuals), 즉 4878.17에 주목하라. 이전 문단에서 언급한 바와 같이, 회귀선은 이 숫자를 최소화한다. 어떤 다른 가능한 직선도 잔차제곱합보다 더 큰 값을 가질 것이다. 만약 제2장으로 되돌아간다면 이 숫자를 [그림 2-4]의 잔차의 제곱합(Sum of Squares)[6]과 비교할 수 있다. 잔차의 제곱합은 동일하다(4878.17). 잔차의 제곱합(residual sums of squares)이 곧 잔차제곱합(sum of the squared residuals)이다.

[그림 3-9] 성적(Grades), 예측성적(Predicted Grades), 잔차(residuals), 잔차제곱(squared residuals)에 대한 기술통계량

Descriptive Statistics

	N	Minimum	Maximum	Sum	Mean	Variance
GRADES Grade Point Average	100	64.00	100.00	8047.00	80.4700	58.110
PREDGRAD Unstandardized Predicted Value	100	73.90895	87.15267	8047.000	80.47000	8.836
RESID_1 Unstandardized Residual	100	-20.94254	14.18684	.00000	-8.8E-15	49.274
RESIDSQ	100	.01	438.59	4878.17	48.7817	4431.695
Valid N (listwise)	100					

저자는 독립변수가 가중되어서 잔차제곱합이 최소화되고, R^2은 최대화된다고 주장하였다. 현재 예

---

6) **[역자 주]** 원서에는 [그림 2-4]라고 되어 있으나 잔차의 제곱합(Sum of Squares)을 볼 수 있는 것은 실제로 [그림 2-5]의 분산분석 (ANOVA) 표이다. [그림 2-5]의 ANOVA 표를 보면, 잔차의 제곱합은 4878.171이다.

제의 경우, 학부모교육수준은 .220(표준화 회귀계수) 가중되었으며, 과제는 50 : 50 비율에 근접하게 .266 정도 가중되었다. 만약 다른 가중값을 선택한다면 무슨 일이 벌어질까? 아마도 몇 가지 이유 때문에, 학부 모교육수준이 성적을 설명하는 데 거의 과제만큼 중요하지는 않다고 믿을 것이다. 그러므로 여러분은 성 적을 예측할 때 학부모교육수준은 .25 대 과제는 .75 정도 가중하기로 결정한다. 이 해결책은 다른 측면에 서는 만족스러울 수 있지만, 그 결과로서 도출되는 예측은 그리 정확하지 않으며, 더 많은 오차가 적재 되어 있다. 제2장의 MR의 최소제곱법을 사용하여, 성적 분산의 15.2%를 설명하였다($R^2 = .152$). 그러나 여러분이 논리적으로 결정된 해결책(solution)인 학부모교육수준을 .25 그리고 과제를 .75 정도 가중한 합 성변수를 성적에 회귀하면, 이 해결책은 성적을 약간 더 적은 분산, 즉 14%([그림 3-10] 참조) 설명한다는 것을 알게 될 것이다. 이미 언급한 바와 같이, 최소제곱법을 사용하면, 오차분산(잔차의 제곱합)은 4,878.171이었다. 이와는 대조적으로, 이 25/75 해결책을 사용하면, 잔차제곱합은 4,949.272로 더 커진 다([그림 3-10] 참조). 최소제곱다중회귀분석법은 잔차 또는 오차의 제곱합을 최소화했고, R^2 또는 학부 모교육수준과 과제에 의해 설명된 성적의 분산을 최대화하였다. 그 결과(그리고 필요한 가정을 고수한다 면), 최소제곱법에 의해 도출되는 추정값은 가능한 한 최상의 추정값(best possible estimates)이 되고 최 소 편향될(least biased) 것이다(모집단값을 재산출할 가능성이 가장 높음을 의미함).

[그림 3-10] 학부모교육수준이 25%, 과제가 75% 가중된 회귀분석 결과

R^2은 줄어들고, 잔차제곱합은 증가한다는 점에 주목하라.

Model Summary

Model	R	R Square	Adjusted R Square	Std. Error of the Estimate
1	.374	.140	.131	7.1065

ANOVA[b]

Model		Sum of Squares	df	Mean Square	F	Sig.
1	Regression	803.638	1	803.638	15.913	.000
	Residual	4949.272	98	50.503		
	Total	5752.910	99			

b. Dependent Variable: GRADES Grade Point Average

아마도 회귀선 주변의 자료점의 변산도(variability)는 예측에서의 정확도와 밀접하게 관련되어 있음 이 분명하다. [그림 3-7]에 있는 자료점이 회귀선 주변에 더 근접하게 밀집되어 있을수록, 예측과 관련 된 오차는 더욱 더 줄어든다. 더불어, 자료점이 회귀선에 근접할수록 이 낮아진 변산도가 잔차에서의 차 이를 줄여 줄 것이기 때문에 회귀모형이 통계적으로 유의할 가능성이 더 많아진다. F값은 부분적으로 잔차에서의 변산도에 따라 달라진다.

$$F = \frac{SS_{\text{회귀모형}}/df_{\text{회귀모형}}}{SS_{\text{잔차}}/df_{\text{잔차}}}$$

아울러, 잔차에서의 변산도는 회귀계수의 표준오차(se_b)와 관련이 있는데, 그것은 b의 통계적 유의도 ($t = b/se_b$)를 계산하기 위해서 사용된다.

📈 회귀식＝합성변수 만들기?

지난 몇 개의 절은 MR에서 무슨 일이 일어나는지를 개념화하는 다른 방법에 관하여 암시한다. 예측값과 잔차로 단 하나의 점수, 즉 예측된 종속변수(이 사례에서는 **예측성적**)를 만들 수 있으며, 단순회귀분석에서도 다중회귀분석의 다중독립변수(multiple independent variables)와 동일한 방식으로 기능한다는 것을 알았다. 예를 들어, MR로부터 도출된 R^2이 Y와 Y' 간의 r^2과 같다는 것을 알았다. 최소제곱법 절에서는 또한 다중독립변수를 가중함으로써 그러한 하나의 독립변수를 만들 수 있다는 것을 암시하였다. 그렇다면 예측값과 일치하는 하나의 독립변수를 만들기 위하여 이러한 가중방법을 사용하는 것이 가능한가?

대답은 '그렇다'이다. 표준화된 **과제**와 **학부모교육수준** 변수에 .75와 .25를 가중하는 것 대신에, 합성변수를 만들기 위하여 그 변수에 다중회귀식에서 도출된 β(.266과 .220)를 가중하였어야 한다. 심지어 더 직접적으로, 우리는 제2장에서 MR로부터 도출된 b값(각각 .988과 .871)에 따라 가중하는, **과제**와 **학부모교육수준**의 비표준화 값을 사용하여 합성변수를 만들 수 있다. 이러한 접근방법 중 어느 것이나 **예측성적** 변수가 그랬던 것처럼, 그리고 원래의 **과제**와 **학부모교육수준** 변수가 그랬던 것처럼, 성적을 예측했던 **과제**와 **학부모교육수준**의 합성변수를 만들어 왔다.

저자는 여러분에게 실제로 이렇게 하라고 주장하지는 않는다. 여러분을 위해 MR이 그것을 한다. 대신에, 여러분은 MR이 어떻게 작동하는지를 생각해 볼 수 있는 한 가지 방법이라는 것을 이해해야 한다. 즉, MR은 독립변수의 최적으로 가중된 조합, 즉 합성변수(synthetic variable)를 제공하며 이 하나의 합성변수에 종속변수를 회귀한다. 이러한 이해는 여러분이 MR과 다른 통계적 방법 간의 유사성을 깊이 생각할 때 여러분에게 큰 도움이 될 것이다. 실제로, 이는 ANOVA부터 SEM까지 거의 모든 통계적 방법에서 하는 것이다. "측정/관찰변수(measured/observed variables)에 관한 점수의 모든 통계적 분석은 실제로 관찰변수에게 가중값을 적용함으로써 도출된 합성/잠재변수(synthetic/latent variables)에 관한 점수의 상관관계 분석에 초점을 둔다"(Thompson, 1999: 5). Thompson은 계속해서 우리는 대학원생들에게 혼란을 주기 위해 다른 분석에서 이러한 가중값에 다른 명칭[예: 요인부하량(factor loadings), 회귀계수(regression coefficients)]을 부여한다는 여러분이 오랫동안 의구심을 가져왔을지 모르는 것을 (놀림조로) 언급한다.

📈 회귀의 가정과 회귀진단

이 책의 개념적인 특징으로서, 저자는 잔차와 최소제곱회귀분석에 관한 쟁점을 간단하게 다루었다. 잔차의 분석은 또한 MR과 이상값, 그리고 자료가 가지고 있는 다른 문제가 기초하는 가정(assumptions)의 위배를 감지해 내기 위한 한 가지의 유용한 방법이다. 저자는 여러분이 회귀분석을 전개하고, 분석하며, 해석하는 방법에 관하여 더 심층적인 이해를 할 때까지 회귀분석이 기초하는 가정에 관한 논의를 연기하고자 한다. 이러한 가정은 중요한 주제이며 추가적인 공부를 해 볼 만한 가치가 있는 것으로 제9장에서 제시된다. 마찬가지로, 우리는 그때까지 회귀분석에서의 다른 잠재적인 문제[예: 다중공선성

(multicollinearity)]의 진단과 더불어, 회귀진단(regression diagnostics)에 관한 논의를 연기할 것이다.

또한 잔차가 다른 용도를 가지고 있다는 점은 언급할 만한 가치가 있다. 예를 들어, 여러분이 다양한 연령대의 학생을 대상으로 한 어떤 시험에서의 학생의 수행을 연구하고 있지만, 이러한 분석에서의 고려사항에서 연령에 대한 영향을 제거하기를 원한다고 가정해 보자. 한 가지 가능한 해결책은 연령에 그 시험점수를 회귀하고 그 잔차를 연령을 교정한(age-corrected) 시험점수로 사용하는 것일 수 있다(예: Keith, Kranzler, & Flanagan, 2001). Darlington와 Hayes(2017)는 다른 연구 목적으로 잔차를 사용하는 것에 대해 논의하였다. 〈부록 C〉에서는 부분과 준편상관관계를 이해하기 위하여 잔차를 사용할 것이다.

📈 요약

이 장(章)은 r^2과 비교되는 R^2의 특징, 예측값과 잔차의 개념적이고 통계적인 의미, 그리고 MR이 "최적의(optimal)" 예측을 해내는 방법을 포함하여, 다중회귀분석에 관한 몇 가지 핵심적인 사항에 초점을 두었다. 우리는 R^2이 각 독립변수와 종속변수 간의 원래의 상관계수뿐만 아니라 독립변수 상호 간의 상관계수에 따라 달라진다는 것을 알았다. 그 결과, R^2은 항상 r^2의 합보다 더 작으며, 독립변수끼리 무상관되어 있을 때만이 r^2의 합과 동일하다. 마찬가지로, β는 원래의 r과 동일하지 않으며, 통상적으로 더 작다. 독립변수 간의 상관관계가 0일 때만이 β는 원래의 r과 동일하다.

잔차는 회귀식의 예측에서의 오차이며, 종속변수에서 피험자의 실제값으로부터 종속변수의 예측값(회귀식을 통해 예측된)을 뺀 결과이다. MR은 이러한 예측의 오차를 최소화하는 데 효과적이어서, 잔차의 제곱합(residual sums of squares), 즉 잔차제곱합(sum of the squared residuals)은 가장 작은 가능한 수(number)이다. 이러한 이유 때문에, 때때로 회귀분석이 최소제곱회귀분석이라고 언급되는 것을 볼 수 있을 것이다. MR에 대해 생각할 수 있는 한 가지 방법은 그것이 개별 변수의 최적으로 가중된 합성변수이며, 그것을 사용하여 산출물을 예측하기 위하여 합성변수(synthetic variable)를 만든다는 것이다. 그런 다음, 각 독립변수를 그것의 회귀가중값으로 가중한 이 합성변수(composite)는 결과변수를 예측하기 위하여 사용된다.

이 장에서 제시된 모든 개념이 매우 분명하게 이해되지 않았다고 지나치게 걱정하지 말라. 당분간은 분명치 않을 것이다! 그러나 저자는 여러분이 MR에 대해 더 익숙하고 유능해졌을 때 이 장에 주기적으로 되돌아오기를 권한다. 여러분이 이 장을 읽을 때마다 이 장을 더 잘 이해할 것이며, 또한 다른 주제들에 관한 여러분의 이해를 심화시켜 줄 것이다.

1. 제2장에서 소개한 성적(Grades), 학부모교육수준(Parent Education), 그리고 과제(Homework) 예제를 사용하라. 여러분은 이 장에서 학습한 잔차분석(다시 말해서, [그림 3-6], [그림 3-7], 그리고 [그림 3-9]에서 요약된 잔차분석)을 재현할 수 있어야 한다. 잔차와 예측값을 출력하고, 그것들의 기술통계량과 성적(Grades)과 서로 간의 상관관계를 검토해 보라. 여러분이 발견한 관계를 획득한 이유를 분명히 이해해야 한다.

2. 연습문제 1에서 알아냈던 것처럼, 학부모교육수준(Parent Education)과 과제(Homework)를 그것의 회귀 가중값으로 가중하는 합성변수를 만들라. 이 합성변수를 성적(Grades)에 회귀하라. 여러분은 비표준화회귀 가중값을 사용하여 원래 변수를 가중할 수 있거나 또는 학부모교육수준과 과제를 먼저 표준화한 다음 (그것을 z점수로 변환), 그 변수를 그 적절한 β로 가중할 수 있다는 점에 주목하라. R^2과 제곱합이 MR 결과와 어떻게 비교되는가?

3. 이제 학부모교육수준(Parent Education)과 과제(Homework)를 약간 다른 값(예: 25%와 75%)으로 가중하는 합성변수를 만들어 보라. 이렇게 하기 위해서는 먼저 변수를 표준화할 필요가 있다는 점에 주목하라. R^2과 잔차제곱합은 어떻게 되었는가?

4. 제2장의 연습문제 4에서 했던, 학부모교육수준(Parent Education)과 가족소득(Family Income)을 성적(Grades)에 회귀를 재분석하라. 비표준화 예측값과 잔차를 출력하라. 성적과 예측성적(Predicted Grades) 간의 상관계수를 계산하라. 그 값은 MR에서 도출된 R과 동일한가? 그것이 왜 그러해야 하는지를 설명하라. 회귀선과 더불어, 예측성적과 성적의 산포도(scatterplot)를 만들라. 원자료에서 하나의 자료점을 고르고, 성적에 대한 실제값, 예측성적, 그 잔차(Residual)를 적어 놓으라. 그 잔차가 성적-예측성적과 같은가? 이제 산포도상에서 동일한 자료점을 찾고, 그 사람의 성적과 예측성적을 그래프상에 표시하라. 그 잔차를 도표로 제시하라.

제4장 세 개 이상의 독립변수와 관련 쟁점

이 장에서는 MR의 예제를 두 개 더 제시하는데, 하나는 세 개의 독립변수를 사용하고, 다른 하나는 네 개의 독립변수를 사용한다. 그렇게 하는 목적은 MR을 수행하고 해석하는 데 있어 여러분의 편안함을 증진하는 것과 지금까지 제시된 개념을 굳건히 하는 것이다. 여러분은 설명변수(explanatory variables)의 추가가 그 결과를 설명할 때 논의할 것이 더 많다는 것을 제외하고, 회귀분석을 더 어렵게 만드는 것은 없다는 것을 알게 될 것이다. 우리는 몇 가지 중요하게 느껴지는 쟁점에 대응하기 위하여 이 예제를 사용할 것이다.

📈 세 가지 예측변수

과제 예제를 조금 더 자세히 살펴보자. 여러분이 학교에서 끝마친 과제의 영향 대 학교 밖에서 끝마친 과제의 영향에 관심이 있다고 가정해 보자. 저자는 실제로 우리 아이들 덕분에 이 주제에 관심을 갖게 되었다. 우리가 만약 그들에게 끝마쳐야 할 과제가 있는지를 묻곤 할 때, 그들은 "그것을 학교에서 끝마쳤어요."라고 응답하기 시작하였다. 그에 대한 우리의 반응은 "그것은 과제(homework)가 아니고, 학업(schoolwork)이야!"이었다. 우리의 현재의 조그마한 학부모-아동 간의 언쟁을 넘어, 저자는 학교에서 끝마친 '과제'가 집에서 끝마친 과제와 학습과 학업성취도에 동일하게 영향을 미치는지 궁금하기 시작하였다. 이 연구의 결과는 Keith, Hallam와 Fine(2004)에 기술되어 있다. 그 연구는 MR보다는 SEM을 사용하였지만 MR이 사용될 수도 있다.

어떻든, 여러분이 적어도 이 주제에 관한 저의 관심의 일부를 공감한다고 가정해 보자(우리는 후속 장에서 다른 예제로 바꿀 것이다). 학교에서 끝마친 과제 대 학교 밖에서 끝마친 과제가 학생의 성적에 미치는 상대적인 영향을 검토해 보기 위하여 NELS 자료를 사용할 것이다. 연구문제는 다음과 같은 어떤 것일 것이다. 즉, 학교에서 끝마친 과제는 학교 밖에서 끝마친 과제와 동일하게 고등학교 학생의 성적에 영향을 미치는가? 이 문제에 답하기 위하여, 학교에서 과제수행 사용 시간의 척도와 학교 밖에서 과제수행 사용 시간의 척도를 성적에 회귀한다. 이전 예제에서처럼 학부모교육수준을 통제한다. 이 예제에서 성적(FFUGrad)은 10학년 학생의 영어(English), 수학(Math), 과학(Science), 사회(Social Studies)에서의 성적의 평균이다. 학부모교육수준(BYParEd)은 각 학생의 아버지나 어머니의 교육수준(둘 중 더 높은 교육수준)이다. 과제(Homework) 변수는 10학년 학생이 여러 교과목에 걸쳐 주당 학교에서(In School)(FIS36Al) 그리고 학교 밖에서 과제수행 사용 평균시간의 양(Out of School)(FIS36A2)에 관한 보고 내용이다. 모든 변수는 NELS 자료의 복사본 속에 포함되어 있다. 여러분은 이 모든 변수에 대한 기술통계량을 검토해야 하며, 각 예측변수의 빈도도 검토해야 한다. 그것은 또한 다중회귀분석의 실행을 연습하기에 좋다! 또한 〈부록 A〉와 NELS 자료세트에 관한 논의를 다시 읽어 볼 만한 가치가 있을 것이다. [그림 4-1]은 회귀모형의 도식적 표상(figural representation)을 보여 준다. 경로는 회귀가중값을 나타내고, 곡선화살표는 독립변수 간의 상관관계를 나타낸다(MR에서 예측변수가 서로 상관된다).

[그림 4-1] 경로(path) 형식으로 제시된 다중회귀분석 예제

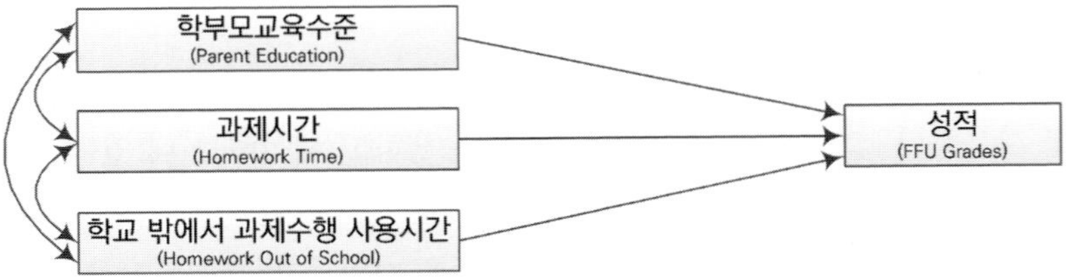

[그림 4-2]는 독립변수의 빈도를 보여 준다. 이 변수의 척도는 이전 장(章)들에서의 척도와 다르다는 것에 주목하라. 현재 예제에서 **학부모교육수준**은 '고등학교 졸업 미만(did not finish HS)'을 나타내는 1의 값부터 상위 대학원 학위(PhD., M.D. or other)를 나타내는 6의 값까지 분포한다. 과제 변수는 더 이상 시간(hours)이 아니며 0(과제가 전혀 없음)부터 7(주당 15시간 이상)까지 분포하는 시간의 묶음(chunks of hours)이다.

[그림 4-3]은 종속변수인 10학년 학생(첫 번째 추후조사)의 **성적 평균**에 대한 기술통계량을 보여 준다. 그 척도는 또한 일반적인 0에서 100까지의 척도에서 1에서 8까지의 척도로 변경되었는데, 1은 낮은 성적을 나타내고, 8은 높은 성적을 나타낸다. NELS 개발자들은 이 변수를 이러한 방식으로 척도화하는 것에 대하여 정당화할 수 있는 이유를 가지고 있었지만, 그 변수는 더 이상 이전 예제들만큼 적절한 논리적인 척도(예: 연수 또는 시간)를 가지고 있지 않다. 저자의 개인적인 의견으로, 이 변수는 실제적(real)이며 전국을 대표하는 자료(nationally representative data)이지만 이전 예제들은 모의화된 자료(simulated data)를 사용해 왔다는 사실에 의해 충분히 보충된다. [그림 4-4]는 이 변수 간의 상관계수를 보여 준다.

[그림 4-2] 세 개의 예측변수가 있는 MR 예제에서 사용된 독립변수의 빈도

BYPARED PARENTS' HIGHEST EDUCATION LEVEL

		Frequency	Percent	Valid Percent	Cumulative Percent
Valid	1 did not finish HS	97	9.7	9.7	9.7
	2 HS Grad or GED	181	18.1	18.1	27.8
	3 It 4 year degree	404	40.4	40.4	68.3
	4 college grad	168	16.8	16.8	85.1
	5 M.A. or equiv.	86	8.6	8.6	93.7
	6 PhD., M.D. or other	63	6.3	6.3	100.0
	Total	999	99.9	100.0	
Missing	8 missing	1	.1		
Total		1000	100.0		

F1S36A2 TIME SPENT ON HOMEWORK OUT OF SCHOOL

		Frequency	Percent	Valid Percent	Cumulative Percent
Valid	0 NONE	63	6.3	6.7	6.7
	1 1 HOUR OR LESS	232	23.2	24.6	31.3
	2 2-3 HOURS	264	26.4	28.0	59.3
	3 4-6 HOURS	168	16.8	17.8	77.1
	4 7-9 HOURS	80	8.0	8.5	85.6
	5 10-12 HOURS	66	6.6	7.0	92.6
	6 13-15 HOURS	31	3.1	3.3	95.9
	7 OVER 15 HOURS	39	3.9	4.1	100.0
	Total	943	94.3	100.0	
Missing	96 MULTIPLE RESPONSE	7	.7		
	98 MISSING	17	1.7		
	System	33	3.3		
	Total	57	5.7		
Total		1000	100.0		

F1S36A1 TIME SPENT ON HOMEWORK IN SCHOOL

		Frequency	Percent	Valid Percent	Cumulative Percent
Valid	0 NONE	76	7.6	8.1	8.1
	1 1 HOUR OR LESS	341	34.1	36.5	44.6
	2 2-3 HOURS	242	24.2	25.9	70.5
	3 4-6 HOURS	158	15.8	16.9	87.4
	4 7-9 HOURS	42	4.2	4.5	91.9
	5 10-12 HOURS	37	3.7	4.0	95.8
	6 13-15 HOURS	14	1.4	1.5	97.3
	7 OVER 15 HOURS	25	2.5	2.7	100.0
	Total	935	93.5	100.0	
Missing	96 MULTIPLE RESPONSE	9	.9		
	98 MISSING	23	2.3		
	System	33	3.3		
	Total	65	6.5		
Total		1000	100.0		

[그림 4-3] 종속변수 성적(Grades)에 대한 기술통계량

Descriptive Statistics

	N	Minimum	Maximum	Mean	Deviation Std.	Variance
FFUGRAD ffu grades	950	1.00	8.00	5.6661	1.4713	2.165
Valid N (listwise)	950					

[그림 4-4] 독립변수와 종속변수 간의 상관계수

Correlations[a]

		FFUGRAD ffu grades	F1S36A1 TIME SPENT ON HOMEWORK IN SCHOOL	F1S36A2 TIME SPENT ON HOMEWORK OUT OF SCHOOL	BYPARED PARENTS' HIGHEST EDUCATION LEVEL
FFUGRAD ffu grades	Pearson Correlation	1	.096	.323	.304
	Sig. (2-tailed)	.	.004	.000	.000
F1S36A1 TIME SPENT ON HOMEWORK IN SCHOOL	Pearson Correlation	.096	1	.275	.059
	Sig. (2-tailed)	.004	.	.000	.075
F1S36A2 TIME SPENT ON HOMEWORK OUT OF SCHOOL	Pearson Correlation	.323	.275	1	.271
	Sig. (2-tailed)	.000	.000	.	.000
BYPARED PARENTS' HIGHEST EDUCATION LEVEL	Pearson Correlation	.304	.059	.271	1
	Sig. (2-tailed)	.000	.075	.000	.

a. Listwise N=909

회귀분석 결과

[그림 4-5]는 회귀분석 결과의 일부를 보여 준다. 볼 수 있는 바와 같이, 세 변수, 즉 학부모교육수준, 학교에서 과제수행 사용 시간, 그리고 학교 밖에서 과제수행 사용 시간은 10학년 학생의 GPA 분산의 15.5% ($R^2 = .155$)를 설명하였으며, 전체 회귀식은 통계적으로 유의하였다($F[3,905] = 55.450$, $p < .001$). 그러나 [그림 4-5]에서 세 번째 표(Coefficients, 상관계수)는 모든 변수가 회귀분석에서 중요한 것은 아님을 보여 준다. 실제로 학부모교육수준은 성적에 상당히(substantial) 그리고 통계적으로 유의한 영향을 미쳤으며($b = .271$, $\beta = .234$, $p < .001$), 학교 밖에서 과제수행 사용 시간($b = .218$, $\beta = .256$, $p < .001$)도 마찬가지였다. 반대로, 학교에서 과제수행 사용 시간의 영향은 미미(tiny)하였으며 통계적으로 유의하지 않았다($b = .012$, $\beta = .012$, $p = .704$). 여러분 스스로 이 회귀분석을 할 때, 여러분은 b칼럼에 1.16E-02의 값을 얻을 수 있을 것이다. 당황하지 말라. 상관계수가 단지 지수(exponential number)로 제시된 것이다. 소수점을 왼쪽으로 두 자리 이동하라. 즉, .0116이다. 또한 비표준화 계수의 95% 신뢰구간에 주목하라. 학교에서 과제수행 사용 시간의 CI는 0을 포함하고 있다. 다시 한번, 우리는 '모집단 값은 0이 아니다.'라는 가설을 기각할 수 없다.

[그림 4-5] 세 개의 독립변수를 가진 MR 결과

Model Summary[b]

Model	R	R Square	Adjusted R Square	Std. Error of the Estimate
1	.394[a]	.155	.152	1.3500

a. Predictors: (Constant), F1S36A2 TIME SPENT ON HOMEWORK OUT OF SCHOOL, BYPARED PARENTS' HIGHEST EDUCATION LEVEL, F1S36A1 TIME SPENT ON HOMEWORK IN SCHOOL

b. Dependent Variable: FFUGRAD ffu grades

ANOVA

Model		Sum of Squares	df	Mean Square	F	Sig.
1	Regression	303.167	3	101.056	55.450	.000
	Residual	1649.320	905	1.822		
	Total	1952.486	908			

Coefficients[a]

Model		Unstandardized Coefficients		Standardized Coefficients	t	Sig.	95% Confidence Interval for B	
		B	Std. Error	Beta			Lower Bound	Upper Bound
1	(Constant)	4.242	.135		31.337	.000	3.977	4.508
	BYPARED PARENTS' HIGHEST EDUCATION LEVEL	.271	.037	.234	7.375	.000	.199	.343
	F1S36A1 TIME SPENT ON HOMEWORK IN SCHOOL	.012	.031	.012	.379	.704	-.048	.072
	F1S36A2 TIME SPENT ON HOMEWORK OUT OF SCHOOL	.218	.028	.256	7.780	.000	.163	.273

a. Dependent Variable: FFUGRAD ffu grades

결과는 제2장에서 모의화된 자료(물론 그것은 실제를 모방하기 위하여 설계되었다.)를 사용하여 밝혀냈던 결과와 매우 유사하다. β에 초점을 맞추어 볼 때, 우리는 학교 밖에서 과제수행 사용 시간이 매 1 SD만큼 증가할 때마다, 학부모교육수준과 학교에서 과제수행 사용 시간을 통제한 상태에서 학생의 GPA가 .256 SD씩 증가하였다고 결론지을 수 있다. 학부모교육수준이 추가적으로 매 1 SD 증가하면 (과제가 통제된 상태에서) 학생의 GPA는 .234 SD씩 증가되었다. 이미 언급한 바와 같이, 세 개의 독립변수(과제와 학부모교육수준)의 척도는 특별히 의미가 있지는 않다. **학부모교육수준**은 1(고등학교 졸업 미만)부터 6(PhD, MD, 또는 다른 박사학위)까지 분포하였다. 두 가지 과제 변수는 0, 즉 주당 과제에 사용하는 시간의 평균량이 '전혀 없음(None)'부터 7, 즉 '주당 15시간 이상(over 15 hours per week)'까지 분포했던 값을 가졌다. 이 변수의 척도는 **교육(Education)** 연수나 과제 시간과 같이, 어떠한 자연적으로 해석 가능한 척도를 따르지 않기 때문에, b값은 쉽사리 해석할 수 없다. 우리는 "학교 밖에서 **과제수행 사용 시간**이 매 1단위씩 증가할 때마다 GPA는 .218점씩 증가하였다."라고 말할 수 있다. 그러나 이것은 과제에서의 매 1 '단위(unit)'씩 증가가 무엇을 의미하는지를 설명할 필요가 있기 때문에 우리에게 많은 것을 알려 주지는 않는다. 마찬가지로, 성적을 위해서 사용된 척도도 또한 비관습적[그것은 대부분이 1, 즉 D 이하(Mostly below D)에서 8, 즉 대부분이 A(Mostly A's)까지 분포한다.]이기 때문에 도움이 되지 않는다. 그 변수의 척도가 의미 없는 측정 행렬(metric)일 때, 비표준화 회귀계수 또는 b값을 해석하는 것보다 표준화 회귀계수, 즉 β를 해석하는 것이 더 의미 있다. 그러나 여러분은 여전히 표준오차 또는 b값의 신뢰구간과 더불어 두 가지 모두를 보고해야 한다. 그렇게 하는 것이 비슷한 척도를 사용하는 다른 연구와의 비교 가능성을 허용할 것이다. 엄밀히 말해서, 그것은 또한 통계적 유의도를 검정하는 b이다.

해석

이 연구결과가 실제를 반영하고 있다고 믿는다고 가정할 때, 여러분은 그 결과를 학부모 또는 고등학교 학생에게 어떻게 해석해 줄 것인가? 중요한 연구결과, 즉 주요 관심사에 관한 연구결과는 **학교에서 끝마친 과제 대 학교 밖에서 끝마친 과제**의 영향에서의 차이이다. **학부모교육수준**은 주로 과제 변수가 GPA에 미치는 영향에 관한 추정값의 정확성을 향상시키기 위해서 포함된 통제변수로서 사용되었다(제2장에서 이 변수를 포함시킨 것에 대한 원래의 논거를 참고하라). 그것의 해석은 덜 흥미롭다. 이 경고를 염두에 두고, 저자는 이 연구결과를 다음과 같이 해석(학부모에게 말하는, 실제 세계 해석)할 것이다.

> 아시는 바와 같이, 많은 고등학교 학생은 자신의 과제의 일부 또는 전부를 학교에 있는 동안 끝마치는 데 반해, 다른 학생은 자신의 과제의 전부 또는 대부분을 자신의 집이나 학교 밖에서 끝마친다. 몇몇 학생은 학교나 가정 또는 학교 밖에서 조금씩 한다. 연구자는 이 두 가지 유형의 과제, 즉 학교에서 끝마친 과제 대 학교 밖에서 끝마친 과제가 학습을 산출하는 데 있어 동일하게 효과적인지의 여부에 관심이 있었다. 그것을 알아보기 위해, 연구자는 학교와 학교 밖에서 과제수행 사용 시간이 고등학교 학생의 학교 성적에 미치는 상대적인 영향력을 조사해 보기 위해 연구를 수행하였다. 연구자는 또한 학부모의 교육수준도 고려하였다. 그 결과는 이 두 가지 유형의 과제는 실제로 다른 영향을 가지고 있음을 시사한다. **학교에서 끝마친 과제(Homework completed In School)**는 학생의 **성적(Grades)**에 거의 아무런 영향도 미치지 않았다. 반대로 학교 밖에서, 아마도 가정에서 **끝마친 과제(Homework completed Out of School)**는 **성적**에 상당히 강력한 영향을 미쳤다. 즉, **학교 밖에서 끝마친 과제**를 더 많이 끝마친 학생들이, 심지어 **학부모교육수준(Parent Education)**을 고려한 후에도, 더 높은 **성적(Grades)**을 획득하였다. 연구자는 여러분에게 고학년 학생에게 학교에서 과제를 끝마치기보다 가정에서 과제를 끝마치기를 독려하기를 권한다. 만약 그가 그렇게 한다면, 그 과제는 그의 성적에 중대한 이익을 가져다줄 가능성이 있다. 그가 끝마친 과제가 더 많으면 많을수록, 그의 성적은 더 높을 가능성이 있다.

다시 한번, 이 연구결과가 이 변수 간의 관계를 설명한다고 믿는다면 이 설명은 가치가 있을 것이다. 아시다시피, 다음 회귀분석으로 도출된 연구결과는 이것에 대한 의구심을 야기할 것이다. 이 설명은 또한 다음과 같은 한 가지의 중요한 질문을 회피한다. 즉, 왜 학교 밖에서 끝마친 과제가 GPA에 영향을 미치지만 학교에서 끝마친 과제는 그렇지 못하는가? 저자는 적어도 두 가지의 가능성을 생각할 수 있다. 첫째, 학교 밖에서 과제를 하는 과정은 더 높은 주도권과 독립심을 요구하며, 그 주도권과 독립심은 차례로 성적을 향상시킬 수 있을 것이다. 둘째, 학생이 학교에서 과제를 끝마칠 때, 그 과제는 본질적으로 교수시간(instructional time)을 줄어들게 하고, 따라서 학습에 사용한 시간에 어떠한 순이익(net gain)도 초래하지 않을 수 있을 것이다. 이러한 가능성은 연구논문(Keith et al., 2004)에서 더 심층적으로 탐색되었다. 여러분은 이러한 차이가 존재하는 이유에 대한 다른 아이디어를 가질 수 있을 것이다. 그 차이에 대한 이러한 가능한 이유는 후속 연구에서 모두 검정 가능하다!

경험칙: 효과크기

저자가 답변해야 할 또 다른 쟁점은 저자가 몇몇 영향은 '미미한(tiny)' 반면, 다른 영향은 상당하였다(substantial)고 주장한 그 기준이다. 심리학 분야의 많은 연구 중 한 가지 비판은 많은 연구자가 효과크기(magnitude of effects)를 무시한 채 통계적인 중요도에만 초점을 두고 단지 그것만을 보고한다는 것이다(Cohen, 1994; Thompson, 1999). 연구자가 통계적인 중요도와 더불어 효과크기(effect size)를 보고하고 해석해야 한다는 것이 심리학 분야에서 점차 의견 일치가 되고 있으며, 그래서 많은 학술지에서 현재 효과크기를 보고할 것을 요구하고 있다(American Psychological Association, 2010). MR의 한 가지 장점은 그 통계값이 자연스럽게 효과크기(magnitude)에 초점을 두고 있다는 것이다. R^2과 회귀계수(b)는 확실히 그것의 통계적 유의도가 검정될 수 있다. 그러나 R, R^2, 그리고 회귀계수(특히 β)는 낮은 것에서 높은 것까지, R과 R^2의 경우에는 0에서 1.0까지 분포하는 척도이며(그리고 β는 항상 그러한 것은 아니지만 통상적으로 ±1 사이에 분포한다), 따라서 이러한 효과의 크기에 초점을 두는 것은 당연하다. 그렇다면, 무엇이 큰 효과 대 작은 효과에 해당하는가? 비록 다양한 통계값에 대한 일반적인 경험칙(rules of thumb)이 있기는 하지만(예: Cohen, 1988), 그것은 또한 Cohen과 다른 사람이 각 탐구영역은 효과의 크기를 판단하기 위한 그 영역 자체의 기준을 개발해야 한다고 주장해 왔던 사례이다.

저자의 연구 중 상당 부분은 학교학습에 미치는 영향, 즉 과제, 학부모참여, 학술적 수업활동(Academic Coursework) 등과 같은 영향에 초점을 두었다. 저자의 연구와 이 분야의 서적을 읽은 것에 기초하여, 저자는 학습산출물(예: 학업성취도, 성적)에 영향을 미치는 효과의 크기를 판단하기 위하여 다음과 같은 경험칙을 사용한다. 저자는 β가 .05 이하이면 심지어 그것이 통계적으로 유의하다고 하더라도 학교학습에 의미 있는 영향을 미치기에는 너무 작은 것으로 간주한다. β가 .05 이상이면 작지만 유의한 것으로 간주된다. β가 .10 이상이면 적절한 것으로 간주되며, .25 이상이면 큰 것으로 간주된다(Keith, 1999와 비교). 이러한 기준을 사용해 보면, 학교 밖에서 과제수행 사용 시간과 연계된 β는 큰 반면, 학교에서 과제수행 사용 시간과 연계된 β는 심지어 그것이 통계적으로 유의하였지만 미미한 것으로 간주된다. 그러나 이 경험칙은 학습과 학업성취도에 관한 연구에 적용된다는 것과 저자가 이 기준이 다른 영역으로 얼마나 잘 일반화되는지에 대해 거의 알지 못한다는 점에 유념하라. 비슷한 가이드라인을 개발하기 위하여, 여러분의 연구영역에서 여러분과 다른 사람의 전문적 지식을 사용할 필요가 있을 것이다.

회귀분석 결과는 또한 효과크기에 관한 다른 척도, 그중에서도 특히 수식 $f^2 = \dfrac{R^2}{1-R^2}$ 을 통해 Cohen의 f^2으로 쉽게 변환될 수 있다. f^2에 대한 일반적인 기준은 .02는 작은 효과, .15는 중간 정도 효과, 그리고 .35는 큰 효과를 나타낸다는 것이다(Cohen et al., 2003: 95). 그러나 이 저자들은 또한 연구자가 자신의 실재적인 연구영역을 위한 경험칙을 개발할 것을 권한다. 제5장에서 f^2에 관하여 좀 더 구체적으로 논의할 것이다. 이 변환을 사용하면 전체 회귀분석에서 .183의 Cohen의 f^2이 도출되는데, 이는 중간 효과이다. 각 예측변수의 효과를 검사하는 방법도 볼 수 있는 제5장에서 f^2을 더 자세히 논의한다.

📈 두 회귀계수 간의 차이 검정

제2장에서는 두 개의 다른 수식에서 도출된 회귀계수의 크기를 비교하였다. 또한 단 하나의 회귀식(**학부모교육수준** 대 **과제**)에서 도출된 두 개의 표준화 계수의 크기를 양적으로 비교하였지만, 통계적 비교를 수행하는 것을 연기했었다. 이제 그것을 할 것이다. 흥미롭게도, 이것은 수업시간에 종종 질문을 받지만 소수의 회귀분석에 관한 책에서만 다루어진 주제이다.

[그림 4–5]에서 보여 주는 회귀분석 결과에 주목하라. β를 공부할 때, **학교 밖에서 끝마친 과제**가 **학부모교육수준**보다 **성적**에 약간 더 큰 표준화된 영향을 미쳤음을 알아차릴 것이다. 또한 **과제**의 영향이 **학부모교육수준**의 영향보다 **통계적으로 유의하게** 더 큰지 상당히 궁금해할 것이다. 여기에 그러한 비교를 할 수 있도록 해 주는 간단한 방법이 있다(sci-tech.archive.net와 allexperts.com의 포스팅에서 추출함).

[그림 4-6] 학부모교육수준과 학교 밖에서 끝마친 과제의 표준화값(z-점수) 저장(SPSS의 경우)
(왼쪽: 한글버전, 오른쪽: 영문버전)

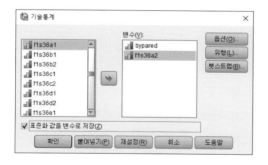
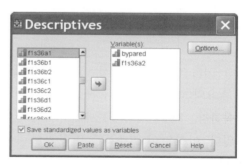

첫째, 비교하고자 하는 두 변수(이 사례에서는 BYParEd와 FlS36A2)를 표준화하라. SPSS에서 그렇게 하는 쉬운 방법은 기술통계량을 구하는 것이며, 이 변수의 표준화값을 저장하기 위해서 체크박스를 클릭하라([그림 4-6] 참조). 그리고 다음과 같은 두 개의 새로운 합성변수를 만드는데, 하나는 두 개의 새로운 표준화된 변수의 합이며, 다른 하나는 두 변수 간의 차이이다.

sum_pe_hw_z=zbypared+zfls36a2와

dif_pe_hw _z=zbypared−zfl s36a2.
(여기에서 저자는 SPSS에서 변수의 표준화값은 동일한 이름 앞에 z를 붙이는 관례를 사용하였다.)

둘째, 회귀분석을 다시 실행하지만, 원래 생성된 변수 대신에 두 개의 새로운 합성변수로 대체하라. 즉, 현재 예제의 경우에는 학교에서 끝마친 과제, 학부모교육수준/학교 밖에서 끝마친 과제를 합산한 변수, 그리고 학부모교육수준/학교 밖에서 끝마친 과제의 차이 변수를 10학년 GPA에 회귀하라. 이 두 표준화된 변수 간의 차이(diff_pe_hw_z)와 연계된 계수의 통계적 유의도는 표준화된 효과 간의 차이에 관한 통계적 유의도 검정이다.

[그림 4-7] 동일한 회귀식으로부터 도출된 두 회귀계수 간의 차이 검정

Model Summary

Model	R	R Square	Adjusted R Square	Std. Error of the Estimate
1	.394ª	.155	.152	1.34998

a. Predictors: (Constant), dif_pe_hw_zParent Education–Out HW Difference, sum_pe_hw_zParent Education–Out HW Sum, f1s36a1 TIME SPENT ON HOMEWORK IN SCHOOL

ANOVA

Model		Sum of Squares	df	Mean Square	F	Sig.
1	Regression	303.167	3	101.056	55.450	.000
	Residual	1649.320	905	1.822		
	Total	1952.486	908			

Coefficientsª

Model		Unstandardized Coefficients		Standardized Coefficients	t	Sig.	95% Confidence Interval for B	
		B	Std. Error	Beta			Lower Bound	Upper Bound
1	(Constant)	5.644	.077		72.913	.000	5.492	5.796
	f1s36a1 TIME SPENT ON HOMEWORK IN SCHOOL	.012	.031	.012	.379	.704	-.048	.072
	sum_pe_hw_zParent Education--Out HW Sum	.360	.029	.391	12.506	.000	.303	.416
	dif_pe_hw_zParent Education--Out HW Difference	-.015	.038	-.012	-.392	.695	-.089	.059

a. Dependent Variable: ffugrad ffu grades

[그림 4-7]은 이 회귀분석에서 도출된 의미 있는 출력 결과를 보여 준다. R^2과 통계적 유의도를 보여 주는 모형 요약(Model Summary)과 ANOVA 표가 이전 회귀분석의 그것([그림 4-5] 참조)과 동일하다는 것에 주목하라. 그러나 계수의 표에서 두 변수 간의 차이(diff_pe_hw_z)와 연계된 계수는 통계적으로 유의하지 않다. 이것은 이 (표준화된) 변수 간의 차이가 통계적으로 유의하지 않다는 것을 의미한다. 따라서 학교 밖에서 끝마친 과제의 효과가 학부모교육수준의 효과보다 약간 더 크게 보이지만([그림 4-4] 참조), 그 차이는 통계적으로 유의하지 않다.

📈 네 개의 독립변수

다음 예제도 또한 과제에 사용한 시간이 고등학교 학생의 학업성취도에 미친 영향에 관한 탐색을 계속할 것이다. 이 예제의 목적은 두 가지이다. 첫째, 그것은 우리의 분석을 네 개의 독립변수를 가진 예제

로 확장하는 것이다. 여러분은 그 분석과 해석이 이전에 완료했던 분석 및 해석과 매우 유사하기 때문에 지금쯤이면 이러한 확장에 상당히 편안함을 느껴야 한다. 그러나 둘째, 이러한 예제의 확장은 저자가 여러분을 이끌어 왔던 재미있는 분석과 해석의 길에 몇 개의 과속 방지턱을 세울 것이다. 여러분은 이 결과와 이전에 제시된 결과에서의 차이로 인해 어려움을 겪을 것이다. 그리고 비록 우리가 궁극적으로는 이러한 문제를 해결하겠지만, 이 예제는 다중회귀분석에서 이론과 판단의 중요성을 설명하기 시작해야 한다.

기타 통제변수

이전 예제들에서는 학생의 가족배경을 어느 정도 '통제(control)'하기 위하여 회귀분석에 학부모교육수준을 나타내는 변수를 추가해 왔다. 추론은 다음과 같은 어떤 것이었다. 즉, 자신을 위해서 교육을 가치 있게 보는 학부모는 또한 자신의 자녀를 위해서도 교육을 가치 있게 보는 경향이 있다. 그러한 학부모는 교육에 더 낮은 가치를 두는 학부모보다 학습, 학교 그리고 공부를 강조하는 경향이 있다[Walberg, 1981, 그러한 경향을 '가정의 교육과정(curriculum of the home)'이라고 일컬음]. 그 결과, 그러한 가정 출신의 아동은 공부하는 데 더 많은 시간을 사용하는 경향이 있으며, 또한 더 높은 성적을 받는 경향이 있다. 저자는 이전에 **학부모교육수준**의 영향에 대한 우리의 추측이 옳다면, 그것은 과제와 성적 양자의 잠재적인 공통원인(potential common cause)이기 때문에 **학부모교육수준**을 회귀분석에 포함시킬 필요가 있다고 언급하였다.

다른 잠재적인 공통원인은 어떠한가? 학생의 학업 적성(academic aptitude) 또는 능력(ability), 또는 이전 학업성취도(prior achievement) 또한 이러한 방식으로 기능할 것으로 보인다. 다시 말해서, 더 유능한 학생은 더 높은 성적을 받을 뿐만 아니라 공부하는 데 더 많은 시간을 사용하고 싶어 할 수도 있을 것으로 보이지 않는가? 만약 그러하다면, 학생의 이전 학업성취도 중 몇몇 척도는 또한 회귀분석에 포함되어야 하지 않는가?

다음의 MR 예제는 이러한 추측을 염두에 두고 설계되었다. 이전 예제에서처럼, 예제에서 저자는 학생의 학교에서 끝마친 과제(FIS36AI)와 학교 밖에서 끝마친 과제(FIS36A2) 둘 다를 10학년 GPA(FFUGrade)에 회귀하였다. 또한 다시 한번 이전 예제에서처럼, **학부모의 가장 높은 교육수준**(BYParEd)의 척도가 포함된다. 그러나 이 새로운 회귀분석은 또한 학생의 **이전 학업성취도** 척도(BYTests), 즉 8학년 때 행해진 읽기, 수학, 과학, 사회에서의 일련의 학업성취도 시험에서 받은 학생의 점수의 평균이 포함된다. 그다음, 이 새로운 회귀분석은 **학부모의 가장 높은 교육수준**과 학생의 **이전 학업성취도**를 통제한 상태에서 학교에서 끝마친 과제 대 학교 밖에서 끝마친 과제의 성적에 미치는 영향을 검정한다.

회귀분석 결과

[그림 4-8]과 [그림 4-9]는 기술통계량과 MR의 결과를 보여 준다. [그림 4-8]에서 볼 수 있는 바와 같이, 학부모교육수준, 이전 학업성취도, 학교에서 과제수행 사용 시간, 학교 밖에서 과제수행 사용 시간을 나타내는 변수의 선형 조합이 10학년 GPA 분산의 28.2%($R^2 = .282$)를 설명하였는데, 그것은 이전의 MR에 의

해 설명된 분산의 15.5%보다 상당히 증가한 것으로 보인다(후속 장들에서 통계적 유의도를 위한 R^2에서의 이러한 변화를 검정하는 방법을 학습할 것이다). 이전 예제에서처럼, 전체 회귀모형은 통계적으로 유의하다($F[4, 874] = 85.935$, $p < .001$).[1] 모든 것은 적절한 것 같다.

[그림 4-8] 독립변수가 네 개인 다중회귀분석: 기술통계량과 모형 요약

Descriptive Statistics

	Mean	Std. Deviation	N
FFUGRAD ffu grades	5.7033	1.4641	879
BYPARED PARENTS' HIGHEST EDUCATION LEVEL	3.22	1.27	879
F1S36A1 TIME SPENT ON HOMEWORK IN SCHOOL	2.09	1.53	879
F1S36A2 TIME SPENT ON HOMEWORK OUT OF SCHOOL	2.55	1.72	879
BYTESTS Eighth grade achievement tests (mean)	51.9449	8.6598	879

Model Summary

Model	R	R Square	Adjusted R Square	Std. Error of the Estimate
1	.531	.282	.279	1.2432

ANOVA[b]

Model		Sum of Squares	df	Mean Square	F	Sig.
1	Regression	531.234	4	132.808	85.935	.000[a]
	Residual	1350.728	874	1.545		
	Total	1881.962	878			

a. Predictors: (Constant), BYTESTS 8th-grade achievement tests (mean), F1S36A1 TIME SPENT ON HOMEWORK IN SCHOOL, F1S36A2 TIME SPENT ON HOMEWORK OUT OF SCHOOL, BYPARED PARENTS' HIGHEST EDUCATION LEVEL

b. Dependent Variable: FFUGRAD ffu grades

---

1) 여러분은 자유도에서의 상당한 변화에 대해 궁금할지 모른다. 그리고 궁금해야 한다. 이전 예제에서, 자유도는 3과 905이었는데, 성적의 세 독립변수에 대한 회귀의 자유도 3($df = k = 3$)과 잔차의 자유도 905($df = N - k - 1 = 909 - 3 - 1 = 905$)가 그것이다. 이제 자유도는 4와 874이다. 4는 이해가 되지만($df = k = 4$), 874는 그렇지 않다. 그 이유는 결측자료(missing data)의 처리 때문이다. 모든 대규모 설문조사는 결측자료를 가지고 있으며, NELS도 마찬가지이다. 이 회귀분석에서, 저자는 결측자료의 완전제거(listwise deletion) 방법을 사용하였는데, 그것은 분석에서 다섯 개 변수 중 어느 하나에라도 결측자료가 있는 사람은 분석에 포함되지 않았다는 것을 의미한다. 분명히 네 개의 변수(성적, 학부모교육수준, 학교에서 끝마친 과제, 학교 밖에서 끝마친 과제)를 사용했을 때 완전한 자료를 가지고 있었던 몇몇 학생은 새로운 변수 **이전 학업성취도**에 대한 결측자료를 가지고 있었다. 이 새로운 변수가 추가되었을 때, (결측사례 제거방법을 사용하여) 표집크기는 909에서 879로 줄었으며, 따라서 새로운 잔차의 자유도는 879 - 4 - 1 = 874와 같다. 결측사례 제거방법은 SPSS와 대부분의 다른 프로그램에서 결측자료의 기본적인 처리방법이지만, 또한 다른 옵션도 있다. 결측자료를 처리하기 위한 더 나은 옵션은 이 책의 제2부에서 논의된다.

[그림 4-9] 독립변수가 네 개인 다중회귀분석: 회귀계수

Coefficients[a]

Model		Unstandardized Coefficients		Standardized Coefficients	t	Sig.
		B	Std. Error	Beta		
1	(Constant)	1.497	.257		5.819	.000
	BYPARED PARENTS' HIGHEST EDUCATION LEVEL	9.12E-02	.037	.079	2.443	.015
	F1S36A1 TIME SPENT ON HOMEWORK IN SCHOOL	-1.2E-02	.029	-.013	-.423	.672
	F1S36A2 TIME SPENT ON HOMEWORK OUT OF SCHOOL	.158	.027	.186	5.876	.000
	BYTESTS 8th-grade achievement tests (mean)	6.80E-02	.006	.402	12.283	.000

a. Dependent Variable: FFUGRAD ffu grades

천국에서의 문제

그러나 [그림 4-9]에 초점을 둘 때, 이전 분석에서와는 다른 결론에 도달한다. 학부모교육수준과 학교 밖에서 과제수행 사용 시간은 여전히 성적에 통계적으로 유의한 영향을 미치지만, 그 영향의 크기는 매우 다르다. 이전 예제의 경우, 학부모교육수준과 연계된 비표준화 계수(b)와 표준화 계수(β)는 각각 .271과 .234이었으나 이제 그것들은 각각 .091과 .079이다. 실제로 〈표 4-1〉에서 볼 수 있는 바와 같이, 새로운 독립변수가 추가됨으로써 모든 계수가 바뀌었다.

〈표 4-1〉 독립변수가 세 개 대 네 개인 다중회귀분석의 회귀계수 비교

변수	세 개의 독립변수		네 개의 독립변수	
	b (SE_b)	β	b (SE_b)	β
학부모교육수준(Parent Education)	.271 (.037)	.234	.091 (.037)	.079
이전 학업성취도(Previous Achievement)	−	−	.068 (.006)	.402
학교에서 끝마친 과제(In-School Homework)	.012 (.031)	.012	−.012 (.029)	−.013
학교 밖에서 끝마친 과제(Out-of-School Homework)	.218 (.028)	.256	.158 (.027)	.186

이것이 의미하는 바는 이 회귀분석에서 도출했던 결과도 또한 매우 다를 것이라는 점이다. 주요 관심 변수들(두 개의 과제 변수)에 초점을 두고 있기 때문에, 세 개의 독립변수 MR로부터 학교 밖에서 과제수행 사용 시간은 저자의 경험칙을 사용할 때 성적에 크게 영향을 미쳤다고 결론지을 수 있지만, 네 개의 독립변수 MR에서는 과제가 성적에 단지 중간 정도의 영향을 미쳤다고 결론지을 수 있다. 학교에서 끝마친 과제의 영향은 작았으며, 비록 그 부호가 양수에서 음수로 바뀌었지만, 두 분석에서 통계적으로 유의하지 않았다. 무슨 일이 일어나고 있는가? 이전 분석에서 도출된 우리의 모든 결론이 잘못되었는가?(동일한

변수의 두 회귀분석에서 통계적으로 유의하게 대 통계적으로 유의하지 않게 유지되었기 때문에, 대신에 통계적인 유의도에만 초점을 두어야 한다고 결론내리고 싶은 생각이 들 수도 있을 것이다. 그러나 동일한 변수가 새로운 독립변수를 추가하더라도 항상 통계적으로 유의하게 유지되지는 않기 때문에, 이러한 결론은 옳지 않다.)

여러분은 이러한 새로운 사실에 어려움을 겪을 것이다. 그것은 한 변수가 다른 변수에 미치는 영향에 대한 결론은 분석에 포함된 다른 변수에 따라 달라진다는 것을 시사한다. 독립변수가 세 개인 회귀분석에 초점을 둘 때, 학교 밖에서 과제수행 사용 시간이 매 1단위(그것이 무엇이든)씩 추가될 때마다 GPA는 .218점씩 높아진다고 결론지을 수 있다. 그러나 만약 독립변수가 네 개인 회귀분석을 믿는다면, 학교 밖에서 과제수행 사용 시간이 매 1단위씩 추가될 때마다 GPA는 .158점씩 높아진다고 주장할 것이다. 어느 결론이 옳은가?

이 예제는 지금까지 설명했던 바와 같이 MR의 위험을 설명한다. 회귀계수는 (**항상은 아니지만**) **회귀식에 포함된 변수에 따라 종종 바뀔 것이다.** 그러나 이러한 새로운 사실은 확실히 연구결과의 과학적인 체면(scientific respectability)에 찬성을 주장하는 것도 아니며, 다중회귀분석의 과학적 체면에 관한 좋은 징조도 아니다! 만약 결론이 분석에 포함시킨 변수에 따라 달라진다면, 그때 지식과 결론은 분석을 위한 변수를 선택하는 데 있어 우리의 기술(skill)과 정직함에 따라 달라질 것이다. 연구결과가 이해, 지식, 그리고 이론의 기초를 형성한다면, 그것은 보다 더 일정하고 덜 단명한 것이어야 한다. 더 나아가, 연구결과와 결론에서의 이러한 변화는 우리가 회귀분석에 포함할 변수를 선택함으로써 어느 정도는 원하는 것을 찾아낼 수 있음을 의미한다. **학부모교육수준**이 GPA에 중간 정도에서 강력한 영향을 미친다는 것을 찾아내기를 원하는가? 분석에 이전 학업성취도를 포함시키지 말라. 대신에 **학부모교육수준**만이 적은 영향을 미친다고 결론짓기를 원하는가? 그런 경우, 회귀분석에 이전 학업성취도 척도를 포함시켜라.

저자가 이러한 위험은 전적으로 MR 그 자체의 결과는 아니라고 말한다면 약간 안도할지 모른다. 대신에 그것은 분석을 위해 어떠한 통계적 기법이 사용되든, 대부분의 비실험 연구에서 상존하는 위험이다. 이 어려운 문제는 그 결과가 분석되는 변수에 따라 달라지기 때문에, 많은 연구자가 비실험 연구로부터 인과적 결론을 내리는 것에 반대하는 한 가지 이유이다. 물론, 비실험 연구에 반대하는 경고가, 많은 가치 있는 과학적 질문(그리고 특히 행동과학 분야의 질문)은 다른 수단을 통해서 간단히 검정할 수 없기 때문에, 많은 과학적 탐구가 쉽게 가능한 것은 아니라는 것을 의미한다. 이러한 위험은 또한 많은 연구자가 설명보다 예측에 초점을 두는 한 가지 이유이다. 만약 "**학부모교육수준**과 **학교에서 끝마친 과제** 및 **학교 밖에서 끝마친 과제**가 GPA에 회귀될 때, **학교 밖에서 끝마친 과제**와 **학부모교육수준**은 통계적으로 유의한 GPA의 **예측변수(predictor)**인 반면, **학교에서 끝마친 과제**는 그렇지 않다."와 같은 진술을 한다면, 약간 더 안정적인 근거에 터하고 있을 수 있다. 그러한 예측적인 결론은 저자의 진술 속에 내재된 인과적 관계[예를 들어, 학교 밖에서 과제수행 사용 시간은 (원인과 결과처럼) GPA에 강력한 **영향(effect)**을 미친다.]를 피한다. 그러나 설명보다 예측에 더 초점을 두는 것은 또한 과학적으로 가치가 덜하다. 즉, 그것은 우리로 하여금 연구결과를 이론의 개발에 사용하거나 현재 상태를 바꾸는 것을 허용하지 않는다. 만약 우리가 결론지을 수 있는 모든 것은 과제가 학업성취도를 예측한다는 것이라면, 그때 우리는 아동, 학부모, 또는 교사가 과제를 학습을 향상시키기 위한 한 가지 방법으로 사용할 것을 정당하게 독려할 수 없다. 중재 사고(intervention thinking)는 인과적 사고(causal thinking)를 필요로 한다!(Tufte, 2001 참고) 다음으로, 인과적 사고는 이전 연구와 이론에 관한 주의 깊은 사고와 지식을 필요로 한다.

📈 공통원인과 간접효과

다행스럽게도, 이러한 딜레마에 대한 한 가지 해결책이 있다. 아이러니하게도, 그 해결책은 덜 형식적이고 인과적인 사고보다는 오히려 추가적이고 더 형식적인 인과적 사고를 필요로 하며, 그래서 제2부의 서두에서 심층적으로 다룰 것이다. 그동안에 저자는 희망컨대 여러분의 두려움을 상당히 완화시킬 만큼 다음에 무엇이 언급될 것인지에 관한 간단한 사전 검토(preview)를 제시할 것이다.

[그림 4-10]은 한 변수의 다른 변수에의 추정된 영향을 나타내는 모형에서 화살표 또는 경로가 포함되어 있는 네 개의 독립변수 MR에 기초가 되는 사고(thinking)의 한 모형을 보여 준다. 우리는 회귀분석 여행의 시작부터 그러한 모형을 사용해 왔다.

[그림 4-10] 그림 (경로) 형태로 제시한, 독립변수가 네 개인 MR

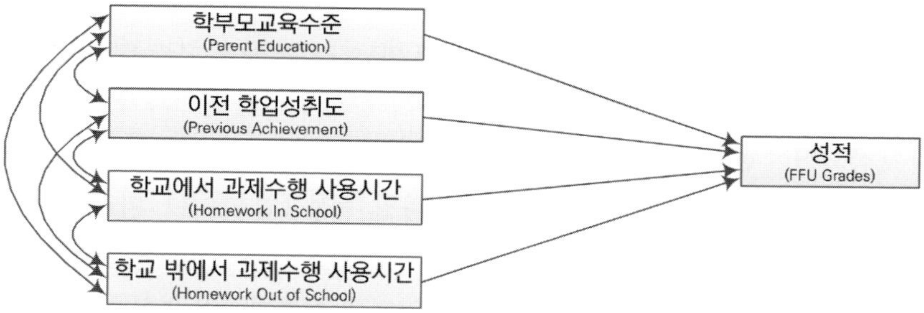

[그림 4-11]은 더 상세한 모형을 보여 준다. 이 모형의 명시화는 놀라운 것 같지만, 그래서는 안 된다. 그 경로 대부분은 그 MR에 포함된 변수에 대한 근거와 관련한 저자의 앞에서의 설명을 단순히 그림의 형태로 제시한 것이다. MR에 네 개의 독립변수를 포함한 것은 이러한 변수가 성적에 영향을 미칠 수 있다고 믿으며, 이러한 변수의 영향의 크기를 추정하기를 원한다는 것을 암시한다. 따라서 모형에 이러한 가능한 영향을 나타내는 경로를 포함시키는 것은 타당하다. 그 모형의 이러한 부분은 그것을 알아차렸든 그렇지 못했든 간에 다중회귀분석을 수행할 때마다 암시되어 있다. 우리가 **학부모교육수준**과 **이전 학업성취도** 변수가 성적과 과제 모두에 영향을 미칠 것이라고 생각했기 때문에 회귀분석에 이 두 변수를 포함시켰으며, 따라서 이러한 변수에서 두 과제 변수로의 경로 또한 타당하다는 것을 회상하라. 이러한 추론(reasoning)은 두 가지, 즉 **학부모교육수준**으로부터 **이전 학업성취도**로의 경로와 **학교에서 끝마친 과제**에서 **학교 밖에서 끝마친 과제**로의 화살표를 제외한 모든 경로를 설명해 준다. 그러나 **학부모교육수준**이 성적에 영향을 미친다면, 그것은 또한 학업성취도에도 영향을 미쳐야 한다는 것은 타당하다. **학교에서 끝마친 과제**에서 **학교 밖에서 끝마친 과제**로의 경로를 그리기 위한 저자의 추론은 학교에서 과제를 끝마친 학생이 학교에서 끝마치지 못했던 과제를 집으로 가지고 온다는 것이다. 비록 여기에서는 논의되지 않았

지만, 이러한 결정 대부분은 또한 적절한 이론에 의해 지지된다.

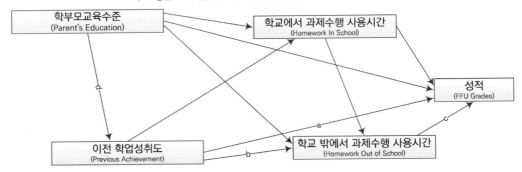

[그림 4-11] 네 개의 독립변수 경로모형의 보다 더 완전한 버전

이 모형은 그 독립변수의 추정된 순서를 명확하게 보여 준다.

a와 b라고 이름 붙여진 경로는 우리가 의미하는 것을 공통원인(common cause)으로 명시화해 준다. 우리의 모형은 이전 학업성취도는 성적에 직접적으로 영향을 미치며(경로 a), 그것은 학교 밖에서 끝마친 과제에도 영향을 미친다(경로 b)고 가정한다. 만약 그렇다면, 그리고 이 경로 둘 다 통계적으로 유의하며 의미 있다면, 그때 이전 학업성취도는 학교 밖에서 끝마친 과제가 성적에 미치는 영향의 정확한 추정을 위해서 포함되어야 한다. **회귀계수를 영향으로 해석하기 위해서, 추정된 원인과 추정된 결과의 모든 공통원인이 모형에 포함되어야 한다.** 만약 그것이 포함되지 않으면, 그때 그 회귀계수는 그 영향의 부정확한 추정값일 것이다. 많은 경우에, 그것은 이러한 영향의 과잉 추정값일 것이다. 따라서 이것이 세 개의 독립변수 회귀분석에서 네 개의 독립변수 회귀분석으로 바뀌었을 때 학교 밖에서 끝마친 과제가 성적에 미치는 명백한 영향이 감소한 이유였다. 즉, 과제와 성적 양자의 공통원인인 이전 학업성취도가 세 개의 독립변수 모형에서 잘못되어 배제되었다. 이러한 공통원인을 모형에 포함시킴으로써, 우리는 더 작고 더 정확한 영향의 추정값을 얻는다.

만약 여러분이 논리적으로 학교 밖에서 끝마친 과제와 성적 앞부분에 있지만 과제와 성적의 공통원인은 아닌 어떤 변수를 회귀분석에 포함시킨다면, 학교 밖에서 끝마친 과제에 대한 회귀가중값(weight)은 바뀌지 않을 것이다. 다시 말해서, 학교 밖에서 끝마친 과제에만 영향을 미치고 성적에는 영향을 미치지 않는 어떤 변수는 과제의 회귀계수를 바꾸지 않을 것이다. 마찬가지로, 성적에는 영향을 미치지만 학교 밖에서 끝마친 과제에는 영향을 미치지 않는 어떤 변수를 그 과제의 회귀계수를 바꾸지 않을 것이다.[2]

---

2) 이것이 왜 그러한지를 보여 주기 위해서, 저자는 제2부의 제12장에 제시한 몇 가지 개념으로 넘어갈 필요가 있다. 상관계수에서 β를 계산하기 위한 수식[예를 들어, $\beta_1 = (r_{y1} - r_{y2}r_{12})/(1 - r_{12}^2)$]은 우리가 상관계수가 아닌 영향이 0인 경우에 대해서 이야기하고 있기 때문에 효과가 없을 것이다. 따라서 여러분은 이 진술을 당분간은 받아들이거나 이 각주를 계속해서 읽을 수 있다. [그림 4-11]로부터의 모형의 훨씬 단순화된 버전인 [그림 4-12]에서 보여 주는 모형에 초점을 두라. 주요 관심 변수는 학교 밖에서 끝마친 과제(Homework Out of School)와 성적이다. 그 경로는 β와 동일하다. 경로 c는 X와 과제를 성적에 회귀할 때 과제에 대한 회귀가중값과 동일하며, 경로 b는 이 동일한 회귀분석에 대한 X의 회귀가중값과 동일하다. 우리는 제12장에서 $r_{성적 \cdot 숙제} = c + ab$라는 것을 볼 것이다. 그러나 X가 성적에 아무런 영향도 미치지 못하면(X가 공통원인이 아닌 첫 번째 방법), 그때 $b = 0$이며, 그 결과 $r_{성적 \cdot 숙제} = c$이다. 다시 말해서, 이 경우, β는 r과 동일하다. 이것은 X가 과제에 영향을 미치지만 성적에는 영향을 미치지 않을 때, 과제를 성적에 회귀에서 과제에 대한 β와 X는 성적과 과제 간의 상관계수와 동일할 것이라는 것을 의미한다. 제1장에서 단지 하나의 독립변수만이 있을 때, β는 r과 동일하다는 것을 회상하라. 따라서 저자의 코멘트는 "학교 밖에서 끝마친 과제에만 영향을 미치고 성적에는 영향을 미치지

첫 번째 회귀분석에서 두 번째 회귀분석으로 이동하는 데 있어 학부모교육수준이 성적에 미치는 명백한 영향이 감소(b = .271에서 b = .091로)한 또 다른 이유가 있다. 처음에 학부모교육수준이 성적에 미치는 영향으로 돌렸던 영향의 일부분이 이제 **간접효과(indirect effect)**로 나타난다. 현재 모형에서, 학부모교육수준은 이전 학업성취도(경로 d)에 영향을 미친다. 따라서 학부모교육수준은 이전 학업성취도를 통해 **간접적으로(indirectly)** 성적에 영향을 미친다. 이렇게 말하는 또 다른 방법은 이전 학업성취도는 학부모교육수준이 성적에 미치는 영향을 부분적으로 **매개한다(mediates)**이다. SEM과 경로분석을 논의할 때, 이 간접효과를 계산하는 방법을 학습할 것이며, 두 모형의 경우 학부모교육수준이 성적에 미치는 **총(total)**효과는 동일하다는 것을 알게 될 것이다. 당분간은 단지 영향의 정확한 추정값을 제공하기 위해서 MR를 위한 매개효과를 포함시킬 필요가 없지만, 동시적 회귀분석(우리가 현재 행하고 있는 MR의 한 유형)으로부터 도출된 회귀계수만이 매개가 아닌 **직접(direct)**효과에 초점을 둔다는 것만 기억하라. 제5장에서 우리는 MR의 다른 유형인 순차적 회귀분석(sequential regression)이 총효과(total effects)에 초점을 두기 위하여 사용될 수 있음을 알게 될 것이다. 우리는 제8장에서 매개(mediation)를 더 완전히 그리고 이 책의 제2부에서 여전히 더 완전히 논의할 것이다.

되돌아가서, 회귀계수를 한 변수가 다른 변수에 미치는 영향으로 해석하기 위해서는 추정된 원인과 추정된 결과의 공통원인이 회귀분석에 포함되어야 한다. 만약 여러분의 회귀분석이 이러한 공통원인을 **정말로 포함한다면(does include)**, 여러분은 실제로 그러한 해석을 할 수 있다(그렇지만 우리가 제9장에서 나중에 다루게 될 몇 가지의 다른 가정이 있다). 따라서 여러분은 비록 어렵기는 하지만 이러한 요건을 충족하는 것이 불가능한 것은 아니기 때문에 다소 안도감을 가질 수 있다. 반대로, 비록 만약 여러분이 추정된 원인과 추정된 결과 사이에 매개변수(mediating variables)를 포함한다면, 여러분의 회귀 결과는 단지 한 변수가 다른 변수에 미친 총효과만을 추정하고 있다는 것을 염두에 두어야 하지만, 회귀분석에 매개변수(intervening variables)를 포함할 필요는 없다. 우리는 이 주제를 다음 장과 이 책의 제2부 서두에서 더 광범위하게 다룰 것이다.

않는 어떤 변수는 과제의 회귀계수를 바꾸지 않을 것이다."이었다. 저자의 두 번째 코멘트는 "성적에는 영향을 미치지만 학교 밖에서 끝 마친 과제에는 영향을 미치지 않는 어떤 변수는 과제 회귀계수를 바꾸지 않을 것이다."이었다. 이 경우, 경로 a는 0일 것이다. 앞의 $r_{성적 \cdot 숙제}$ = $c+ab$와 동일한 수식을 사용할 때, a가 0이면, 그때 다시 한번 $r_{성적 \cdot 숙제}$ = c이다. 만약 X가 과제에 아무런 영향도 미치지 않는다면, 과제와 X를 성적에 회귀에서, 과제에 대한 회귀계수는 X가 회귀분석에 포함되지 않는 것과 동일할 것이다. 만약 어떤 변수가 과제와 성적의 공통원인이 아니라면, 회귀분석에 그것을 포함하는 것은 그 회귀계수에 변화가 없을 것이다. 자세한 내용은 제9장의 공통원인에 대한 논의를 참고하라.

[그림 4-12] 공통원인이 없으면 회귀계수식에 무슨 일이 일어나는지를 보여 주기 위해 사용된 [그림 4-7]의 단순화된 버전

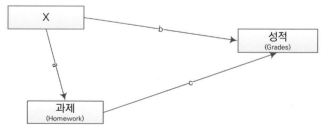

R^2의 중요성

독립변수가 세 개인 회귀분석에서 네 개인 회귀분석으로 바꾸었을 때, R^2이 증가했음을 언급하였다. 우리는 학생의 GPA 분산을 더 많이 설명하였다. 이 책을 읽어 가면서 알게 되겠지만, 몇몇 연구자는 어떤 특정 회귀분석에서 가능한 한 R^2의 크기를 더 크게 하고 더 많은 분산을 설명하려고 한다. 저자는 그렇게 하지 않으며, 이전의 몇 개 절(sections)을 조금만 검토해 보면 여러분은 그 이유를 이해할 수 있을 것이다. R^2을 증가시키는 것은 상대적으로 쉽다. 단지 산출을 예측하는 그 회귀분석에 더 많은 변수를 추가하라. 현재 사례에서는 그 회귀분석에 이전 GPA를 추가할 수 있는데, 그것은 설명된 분산에서 또 다른 유익한 증가를 초래할 것이다. 우리는 또한 동기 척도를 추가할 수 있는데, 그것은 또한 학생의 성적에서 설명된 분산을 증가시켜야 한다는 것을 가정한다. 그러나 이 회귀분석에서 우리의 주요 관심사는 학교에서 끝마친 과제와 학교 밖에서 끝마친 과제가 성적에 미치는 영향을 이해하는 것이었다는 것을 회상하라. 실제로, 이러한 변수가 과제와 성적의 공통원인이라면 그 변수를 회귀분석에 추가하는 것은 타당하다. 반대로, 우리의 목적을 가정했을 때 변수들이 과제와 성적의 공통원인이 아니라면 그 변수를 회귀분석에 추가하는 것은 거의 타당하지 않다. 따라서 비록 학생의 성적에 영향을 미쳤던 [그러나 과제에는 영향을 미치지 않았던] 변수를 회귀분석에 추가함으로써 R^2을 부풀릴 수는 있지만, 그러한 추가는 R^2을 부풀리는 목적 이외에 다른 목적에는 거의 기여하지 않는다. 즉, 그러한 추가는 과제가 성적에 미치는 영향을 더 잘 이해할 수 있도록 도와주지는 않을 것이다. 또한 과제와 성적 간에 매개변수를 추가함으로써 R^2을 증가시킬 수 있지만, 우리의 관심사가 과제가 성적에 미치는 간접효과를 이해하는 데 있지 않는 한, 이러한 추가도 또한 거의 타당하지 않을 것이다.

여러분이 설명해 왔던 분산이 더 많으면 많을수록 몇몇 현상을 이해하고 설명하는 데 점점 더 근접해 간다고 생각하고 싶을 것이다. 그러나 이것은 만약 여러분이 회귀분석에 **적절한**(proper) 변수를 포함시킬 때에만 그러하다. 또한 여러분이 높은 R^2을 찾으려면 회귀분석에 적절한 변수를 포함시켜야 한다고 생각하고 싶을 것이다. 이것도 또한 반드시 그러하지는 않다. 여러분이 학생의 고등학교 GPA에 그의 대학교 GPA를 회귀한다고 가정해 보자. 여러분은 상당히 높은 R^2을 얻을 가능성이 있지만, 대학교 성적은 고등학교 성적에 영향을 미치지 않는다(여러분은 원인과 결과를 혼동하였다). 여러분은 이 현상을 설명하지 못한다. 또는 아마도 여러분은 초등학생의 신발 크기를 읽기 능숙도에 회귀하기로 결정할 수 있다. 다시 한번, 높은 R^2을 얻을 가능성이 있지만, 여러분은 읽기 기능을 설명하지도 못하고, 회귀분석을 위한 올바른 변수를 선택하지도 못하였다. 높은 R^2은 가짜 연계(읽기 능숙도와 신발 크기 간에는 성장 또는 연령이라는 공통원인이 있다.)의 결과이다. 높은 R^2은 회귀분석에 포함시킬 올바른 변수를 선택하였다는 것을 보장하지는 않았다.

그렇다면 R^2을 무시해야 하는가? 아니다. 물론 그렇지 않으며, 여기에서 우리는 그렇게 무시해 오지도 않았다. 저자의 요점은 간단히 다음과 같다. 즉, 다른 것이 동일하다면, R^2이 높으면 높을수록 더 좋지만, 높은 R^2은 우리가 설명을 목적으로 회귀분석을 수행하고 있다면 일반적으로 가장 중요한 준거는 아니다. 저자가 주장하는 것은 R^2이 타당한지를 명확히 하는 것인데, 그것은 여러분이 연구하고 있는 구인(constructs)에 따라 다르며, 이 영역에서의 연구에 관한 약간의 지식이 필요하다. 예를 들어, 종속변수 성적의 경우, 저자는 일반적으로 성적 분산의 25% 정도가 설명되기를 기대하며, 그래서 우리의 독립변수가 네 개인 회귀분석은 이러한 기대와 일맥상통하다. 만약 학업성취도 시험점수에 초점을 두고 있다면, 저자는 더 높은 R^2을 기대하는 반면, 만약 종속변수가 자아개념이라면 저자는 더 작은 분산이 설명될 것으로 기대한다. 몇몇 현상은 다른 현상보다 설명하기가 더 용이하다. 보다 더 신뢰로운 종속변수는 또한 더 많은 설명분산을 도출해야 한다. 마찬가지로, 해석 이전에 다른 회귀분석 결과가 타당한지를 분명히 해야 한다. 이 장(章)에서 사용된 성적-과제 회귀분석에서 이전 학업성취도와 연계된 부적(negative) 회귀계수를 발견하였다고 가정해 보자. 그 결과는 매우 받아들이기 어려워서 저자는 R^2이 아무리 높다고 하더라도, 그리고 확실히 추가적인 조사 없이는 그 연구결과를 해석하지 않을 것이다.

저자가 성적 분산의 25% 정도만 설명하는 것이 타당하다고 생각한다고 하는 것에 놀랐는가? 이것은 성적 분산의 75%가 설명되지 않았다는 것을 의미한다! 저자는 몇 가지 답변을 가지고 있다. 첫째, 당연히 인간 행동을 설명하기는 어렵다. 우리는 예측할 수 없는 창조물이다. 달리 표현하면, 만약 저자가 여러분의 행동을 높은 정도의 정확성을 가지고 예측할 수 있다고 공언한다면, 여러분은 아마도 모욕을 당한 것이다. 만약 저자가 여러분의 성적에 미치는 영향을 줄줄 늘어놓으며 이러한 변수로 여러분의 미래 성적을 매우 정확하게 예측할 수 있다고 말한다면, 여러분은 심지어 화가 나거나 좌절감을 느낄 것이다. 그것을 이러한 식으로 생각할 때, 여러분은 성적 분산의 단지 25%만 설명한다는 것에 안도할 것이다. 또는 Kenny가 말한 바와 같이, "인간의 자유는 오차항에 남아있을 것이다"(즉, 설명되지 않은 분산)(Kenny, 1979: 9).

저자는 또한 일반적으로 종속변수 분산의 25%를 설명하는 것을 ANOVA에서는 **커다란** 효과크기로 간주할 것이라는 것을 ANOVA에 더 익숙한 사람의 혜택으로 언급해야 한다. "좋은 경험칙은 만약 분산의 50% 이상이 예측된다면, 그 사람은 자기 자신을 속이고 있다"(Kenny, 1979: 9). 그러한 경우가 일어날 수 있지만 빈번하지는 않다. 그러한 경우가 정말로 일어날 때는 두 시점에서 동일한 변수(종속변수와 독립변수 둘 다의 경우로서)가 측정된 종단자료(longitudinal data)를 분석하는 경우에 종종 그러하다. 마지막으로, 저자는 다른 사람은 저자보다 R^2을 더 크게 강조한다는 것을 언급해야 한다. 여러분을 가르치고 있는 교수자에게 물어보라. R^2의 중요도에 관한 교수자의 입장은 무엇인가?

📈 예측과 설명

우리가 지금까지 몇 번 말을 꺼내 왔던 주제, 즉 예측과 설명 간의 차이에 관해 시간을 조금만 더 할애해 보자. 예측 또는 설명 목적을 위한 연구의 기초가 되는 목적은 우리가 회귀분석을 위한 변수를 선택하고, 분석하며, 그 결과를 해석하는 방법에 대한 중요한 시사점을 가지고 있다. 제5장에서 살펴볼 수 있는 바와 같이, 다중회귀의 몇몇 방법은 다른 목적보다 어떤 목적에 더 적합하다. 저자는 대부분의 독자가 설명적 목적을 위해 다중회귀분석을 사용하는 데 관심이 있으며, 저자의 예제 중 대부분은 그러한 목적에 적합하게 마련되었다. 그러나 많은 연구자가 이러한 두 가지 목적이 불명확하며, 그래서 저자는 이전 장(章)들에서 동일하게 행하여 왔다. 그러나 그 차이를 더 명확하게 해야 할 시간이 되었다.

지금까지의 대부분의 예제에서 우리는 하나 이상의 변수가 산출물(outcome)에 미치는 **효과**(effects)

또는 **영향**(influences)에 관심을 가져왔다. 그러한 관심사는 설명적인 목적을 나타낸다. 우리는 부분적으로 효과가 어떻게 생기는지를 **설명하기**(explain) 원하며, 이러한 목적을 달성하기 위하여 독립변수 또는 설명변수를 사용한다. 이 예제의 설명적 의도는 해석에서 좀 더 구체적으로 드러난다. 예를 들어, 우리는 과제가 성적에 미치는 영향에 관해 이야기한다. 훨씬 더 잘 드러내기 위하여 우리는 학생의 과제수행 사용 시간을 늘리면 예상되는 결과에 관해 논한다. 그러한 해석은 원인과 결과의 명확한 추론을 드러내 주고, 그러한 추론은 설명의 핵심이다.

MR을 예측 목적으로 사용하는 것도 가능하다. 여러분은 미리 대학에 지원한 어느 응시자가 학교에서 수행을 잘할 가능성이 가장 높아서 그 학생을 합격시키고 빈약하게 수행할 가능성이 있는 학생은 불합격시킬 수 있는지를 예측하는 데 관심이 있는 대학입시 담당직원일 수 있다. 그러한 예제의 경우, 여러분은 설명에 어떠한 실제적인 관심도 없고 원인과 결과를 해석하는 데에도 아무런 관심이 없다. 여러분의 유일한 관심사는 이용 가능한 다양한 예측변수에서 가능한 한 정확한 예측을 하는 데 있다. 만약 예측이 목적이라면, 여러분은 (이전의 논의와는 대조적으로) R^2을 극대화하기를 원할 것이다.

이 장에서 이미 논의한 바와 같이, 만약 관심사가 설명에 있다면 회귀식을 위한 변수를 매우 주의 깊게 선택할 필요가 있다. 주요한 관심을 가지고 있는 종속변수 및 독립변수와 더불어, 회귀분석은 이러한 변수의 어떠한 가능하다고 생각되는 공통원인을 포함해야 한다. 동시에 어떤 부적절한 변수는 설명력을 약화시키고 연구결과를 흐리게 할 가능성이 있기 때문에(만약 그것이 공통원인이 아니라는 것을 보여주기 원치 않는다면), 그러한 변수를 포함시키는 것을 삼가야 한다. 설명적인 회귀분석에 포함할 변수를 선택하는 데 주의가 필요하기 때문에, 연구자는 적절한 이론과 선행연구에서 확고한 기초지식이 필요하다. 이론과 선행연구는 여러분에게 그러한 회귀분석에서 어느 변수가 포함되어야 하는지를 알려 주는 데 도움이 된다.

그러나 만약 여러분의 관심사가 예측에 있다면, 변수의 선택에 초조해할 필요가 훨씬 적다. 확실히 이론과 선행연구에 관한 지식은 성공적인 예측을 하는 것을 극대화하도록 도와줄 수 있지만, 그것은 중대한 것은 아니다. 실제로 만약 목적이 단순한 예측이라면, 심지어 '원인'을 예측하기 위해서 '결과'를 사용할 수 있다.

한 예제가 이 점을 설명하는 데 도움이 될 것이다. 지능(또는 적성 또는 이전 학업성취도)은 학교 학습이론에서 학생의 학습에 영향을 미치는 중요한 요인으로 일상적으로 나타난다. 따라서 학업성취도 시험, 성적 또는 산출로서의 학습에 관한 몇몇 다른 척도를 가지고 있는 설명적 회귀분석은 종종 이러한 구인(constructs)(지능, 적성 등) 중 하나의 척도를 포함한다. 지능을 설명하고자 하는 회귀분석에서 성적 척도를 독립변수로 포함하는 것은, 그 분석이 '원인'과 '결과'를 반대로 하곤 하기 때문에 그렇게 타당하지 않다. 그러나 만약 우리의 관심사가 단지 지능을 예측하는 데 있다면, 예측변수 속에 성적을 포함시키는 것은 전적으로 수용 가능하다. 만약 성적이 예측을 더 정확하게 해 준다면 그것을 사용하지 않을 이유가 있는가?

이미 언급한 바와 같이, 많은 연구자는 이러한 목적을 혼동하기 때문에 설명적 회귀분석을 수행할 때 변수를 주의 깊게 생각하지 않거나 실제 관심사가 설명에 있음에도 불구하고 결국에는 예측에 더 적합한 접근법을 사용하게 된다. 더 나쁜 것은 연구자가 예측지향적인 회귀분석을 설정하고 수행하지만 그 결과를 설명적인 방식으로 해석하는 것이 드문 일이 아니라는 것이다. 예를 들어, 저자는 연구논문 전반에 걸쳐 어떤 종류의 인과적 언어를 조심스럽게 삼가면서 예측에 관해 말하는 연구자를 보아 왔다. 그러나 논의 부분에서 그 연구자는 프로그램 또는 중재는 산출에서 변화를 초래하기 위하여 자신의 연구에서의 한 변수의 수준을 바꿀 필요가 있다고 주장한다. 그러나 그러한 주장은 인과적·설명적 사고(thinking)를 필요로 하고, 그것에 근거를 두고 있다. 아마도 의도적이지는 않지만, 이러한 유인상술(bait and switch)은 서투른 연습에 기인한 것이며, 심하게 잘못된 결론을 초래할 수도 있다(이전 예측 예제의 잘못된 설명적 해석에 대해 생각해 보라). 여러분 자신의 연구에서 또는 다른 사람의 연구를 읽을 때 이러한 유인상술의 희생물이 되지 말라. 목적이 설명적인지 또는 예측적인지를 분명히 하고, 방법을 그에 맞게 선택하며, 연구결과를 적절하게 해석하라.

📈 요약

이 장에서는 세 개와 네 개의 독립변수를 가진 MR을 설명하기 위하여 이전 장들에서 사용된 예제들을 확장하였다. 첫째 예제에서 우리는 학부모교육수준, 학교에서 과제수행 사용 시간, 그리고 학교 밖에서 과제수행 사용 시간을 성적에 회귀하였다. 그 결과는 학교 밖에서 끝마친 과제가 성적에 강력한 영향을 미치는 반면, 학교에서 끝마친 과제는 그러한 효과가 전혀 없었음을 시사하였다. 둘째 예제에서 우리는 그 회귀분석에 또 다른 변수, 즉 학생의 사전 학업성취도를 추가하였다. 이 회귀분석에서 학교 밖에서 끝마친 과제만이 성적에 중간 정도의 영향을 미쳤다. 앞에서 살펴본 바와 같이, 이러한 예제의 분석과 해석은 이전 장들에서의 분석 및 해석과 매우 비슷하였다. 우리는 독립변수를 쉽게 추가할 수 있으며, 분석과 해석도 쉽게 할 수 있다.

그러나 우리는 다중회귀식에 새로운 변수를 추가했을 때 회귀계수의 크기가 변한다는 혼란을 주는 발견을 하였다. 저자는 그러한 변화에는 두 가지 이유가 있다고 주장하였다. 첫째, 추정된 원인과 추정된 결과의 공통원인이 회귀분석에 포함되면, 회귀계수는 그러한 변수가 회귀분석에서 제외되었을 때 도출되는 회귀계수와는 다르게 변화할 것이다. 둘째, 추정된 원인과 추정된 결과 사이에 매개변수가 회귀분석에 포함되면, 회귀계수는 단지 직접효과에만 초점을 두기 때문에 회귀계수의 크기는 좋지 않게 변화한다. 회귀계수에서 변화에 대한 첫 번째 이유는 분석에서 심각한 오류를 초래하지만 두 번째는 그렇지 않다.

저자는 R^2의 고정뿐만 아니라 R^2을 극대화하기 위한 유혹도 권하지 않았다. 적절한 변수를 포함시켜야 하지만 회귀분석에 부적절한 변수를 가득 추가해서도 안 된다. 실제로 R^2이 .50 이상일 때 상당히 의심스러울 수 있다.

이러한 문제와 우려는 설명에 관심을 가지고 있는 회귀분석에만, 다시 말해서 한 변수가 다른 변수에 미치는 효과의 크기에 관심을 가지고 있을 때에만 해당된다. 그러한 문제와 우려는 주요 관심사가 일련의 다른 변수에서 하나의 변수를 단순히 예측하는 데 있을 때에는 별로 해당되지 않는다. 그러나 저자는 그러한 간단한 예측은 현 상태에 대하여 이론, 중재, 정책 또는 변화의 측면에서 생각해 보도록 하지 않기 때문에 과학적으로 덜 매력적이라고 주장해 왔다. 여러분이 **하지 말아야 할**(not) 한 가지는 간단한 예측에 관심이 있는 채 하고서는 설명적인 결론으로 바꾸는 것이다(예: 학교 밖에서 과제수행 시간이 더 많을수록, 성적은 향상될 것이다). 불행하게도, 그러한 유인상술 전략은 우울하게도 연구문헌에서 흔하다. 저자는 또한 설명적인 분석에서 무슨 일이 일어나고 있는지를 이해하기 위해서는 주의 깊게 생각해 볼 필요가 있다고 주장해 왔다. 경로도(path diagram)는 그러한 사고를 도와주는 유용한 경험적 보조물(heuristic aid)이다. 우리는 중요한 개념을 설명하기 위하여 이 책 전반에 걸쳐 그러한 도식을 사용할 것이다. 우리는 제2부에서 이러한 주제를 더 상세하게 다룰 것이다. 당분간, 우리는 계속해서 MR의 적절한 분석과 해석에 초점을 둘 것이다. 여러분은 또한 예측과 설명, 어느 변수가 회귀분석에 포함되어야 하는지에 대한 이해, 그리고 회귀계수의 적절한 해석을 포함하여, 우리가 정기적으로 재검토해야 할 몇 가지 주제가 있다는 것을 의심할 여지없이 알아차려 왔다. 저자는 여러분이 이러한 문제에 대해 생각해 볼 수 있도록 하기 위해서 그것을 초기에 소개하는 것이 중요하다고 믿는다. 여러분의 지식이 증가하고 궁극적으로는 그것을 해결할 수 있을 때까지 재검토할 것이다.

EXERCISE 연습문제

1. 이미 그렇게 하지 않았다면, 이 장에서 제시된 두 개의 다중회귀분석을 하라. 여러분의 결과를 저자의 결과와 비교하라. 여러분이 변수의 측정척도를 이해했는지를 확인하기 위해서 사용된 변수에 대한 기술통계량 [예: 모든 변수의 평균, 표준편차, 분산, 최소값과 최대값, **학부모교육수준(Parent Education), 이전 학업성취도(Previous Achievement), 학교에서 끝마친 과제(Homework In School), 학교 밖에서 끝마친 과제(Homework Out of School)**의 빈도분포]을 분석하라. 연구결과에 관한 공식적인 해석과 실제 세계(예: 학부모에게) 해석을 제공하라.

2. 청소년의 가족 규모는 **자아존중감(Self-Esteem)**에 영향을 미치는가? TV 시청은 자아존중감에 영향을 미치는가? NELS 자료를 사용하여, 학부모교육수준(BYParEd), 학업성취도(BYTests), 가족 규모(BYFamSiz), 그리고 TV시청시간(BYS42A와 BYS42B의 평균 계산에 의한 합성변수를 만들라.)을 자아개념 점수(F1Cncpt1)에 회귀하라. 측정척도(F1Cncpt1은 z점수의 평균이기 때문에 양수값과 음수값을 가진다. 양의 점수는 더 긍정적인 자아개념을 나타낸다.)를 이해했는지 확인하기 위해, 그 변수를 검토하라. 필요한 경우, 자료를 정리하고, MR을 실행하라. 연구결과를 해석하라. 연구결과 중 어떤 것이 여러분을 놀라게 하는가? 회귀계수를 효과로 해석하고 싶은가? 왜 그러한가? 또는 왜 그렇지 않은가?

3. 연령은 여성의 섭식장애(eating disorders)에 영향을 미치는가? Tiggeman과 Lynch(2001)는 평생 동안의 여성의 신체 이미지가 섭식장애에 미치는 영향을 연구하였다. 'Tiggeman & Lynch simulated.sav'라고 이름 붙여진 파일은 이 연구에서 도출된 변수 중 몇 개 변수의 모의화된 버전을 포함하고 있다(그 자료는 또한 동일한 이름을 가진 엑셀 파일과 일반 텍스트 파일에 저장되어 있다. 그러나 확장자는 '.xls' 또는 '.dat'다). 그 파일에 있는 변수는 **연령(Age)**(21~78세), 그 여성이 습관적으로 자신의 신체를 모니터하고 그것을 어떻게 보았는지에 대한 정도(Monitor), 그 여성이 자신의 신체가 자신이 기대했던 대로 보이지 않았을 때 수치심을 느꼈던 정도(Shame), 여성이 자신의 신체에 대해 우려감을 느꼈던 정도(Anxiety), 그리고 그 여성이 섭식장애증상을 인정한 정도(Eat_Dis)이다. 연령과 섭식장애 간에 상관관계는 통계적으로 유의한가? 연령(Age)과 다른 변수(Monitor, Shame, Anxiety)를 섭식장애(Eat_Dis)에 회귀할 때, 연령(Age)은 섭식장애에 영향을 미치는가? 이 변수 중 어느 것이 섭식장애를 설명하는 데 가장 중요한가? 연구결과를 해석하라.

4. 여러분이 선택한 네 개 또는 다섯 개의 변수에 관한 MR을 하라. NELS 자료를 철저히 살펴보고, 여러분이 설명하는 데 관심이 있는 한 변수를 찾으라. 이 종속변수를 설명하는 데 도움이 될 것이라고 생각하는 몇 가지 독립변수를 고르라. 이 변수의 척도를 이해했는지를 확인하기 위해서, 그 변수에 대한 기술통계량과 제한된 수의 응답선택지를 가지고 있는 변수에 대한 빈도를 점검하라. 필요한 경우, 자료를 정리하라. 즉, 그 변수가 적절한 순서로 코딩되었고 결측값이 적절하게 처리되었는지[예: '모름(Don't know)' 응답은 분석될 수 있는 어떤 값이 아니라 결측값으로 코딩되었다.] 확인하라. MR을 수행하고, 그 결과를 해석하라. 분석과 해석에 어떤 위협요인(예: 있을 법한 공통원인을 무시함)이 있는가?

5. 여러분이 약에 대해 본 모든 광고가 여러분의 질병에 대한 위험의 지각에 영향을 미치는가? Park와 Grow(2008)는 항우울증(antidepressants)에 대하여 소비자에게 직접 호소하는 광고(direct-to-consumer advertising)에 대한 노출이 사람의 우울 증상의 유행에 관한 지각과 우울증에 관한 위험도에 영향을 미쳤는지를 연구하였다. 파일 'depression advertising.sav'은 Park와 Grow의 연구에서 사용되었던 변수 중 몇 개의 변수에 관한 모의화된 버전을 포함하고 있다. 그 파일은 광고학개론 수업에 등록했던 221명의 (모의화된) 학부생으로부터 수집된 자료를 포함하고 있다. 그 파일에 있는 변수는 **연령(Age)**(연수), **경험(Experience)**(응답자가 우울 증상을 가지고 있는 사람을 알았고 우울 증상 치료를 받았는지 여부), 각각 1[no; 아니오] 또는 2[yes; 예]로 코딩된 세 가지 질문의 합, 우울 증상 치료약에 대한 광고에의 **익숙도(Familiarity)**(여섯 가지의 항우울증 광고에 대한 1에서 7까지의 척도에서의 익숙도의 합. 높은 점수는 더 많이 익숙함을 나타냄), 지각된 우울 증상 **유행(Prevalence)** 정도(미국에서 우울 증상의 유행에 관한 학생의 지각. 퍼센트로 표시했기 때문에, 높은 점수는 우울 증상 유행을 더 높이 추정함을 나타냄), 그리고 **위험도(Risk)**(자신의 삶에서 우울 증상으로 고통을 받을 위험성에 관한 학생의 지각. 퍼센트로 나타냄)이다. 변수가 타당한지(각 변수에 관한 간략한 설명이 제공됨)를 확인하기 위해서 그 변수에 대한 기술통계량을 검토하라. 핵심 변수는 지각된 위험도와 광고에 대한 익숙도이다. 이 두 변수 간에 상관계수는 얼마인가? 그것들은 상관이 있는가? **연령, 경험,** 그리고 **유행**을 통제한 상태에서, **익숙도를 위험도**에 회귀하라. 항우울증 광고에의 익숙도가 지각된 우울 증상 위험도에 영향을 미치는가? 어느 변수가 지각된 위험도를 설명하는 데 가장 중요한가? 연구결과에 관한 공식적인 해석과 실제 세계 해석을 제공하라.

6. 이 연습문제는 공통원인의 특성과 비공통원인(non-common causes)이 회귀분석에 포함되어 있을 때 무슨 일이 일어나는지를 좀 더 심층적으로 탐색해 보기 위해서 설계되었다. 우리는 여기에서 이러한 자료의 분석에서 시작하여 공통원인의 특성과 비공통원인을 더 완전히 탐색할 수 있는 도구를 가질 때인 제9장과 제2부에서 공통원인의 특성과 비공통원인으로 되돌아올 것이다. 이 연습문제를 위한 두 가지의 자료 파일이 있는데, 둘 다 X1, X2, X3과 Y1이라고 이름 붙여진 변수를 포함하고 있다. 두 파일에서, 세 개의 X 변수는 상관되어 있지만, 변수 X2는 변수 Y1과 변수 X3의 공통원인은 아니다. 첫 번째 파일(common cause 2.sav)에 있는 자료의 경우, 변수 X2는 Y1에 어떠한 영향도 미치지 않는다. 두 번째 파일(common cause 3.sav)에서, 변수 X2는 변수 X3에 어떠한 영향도 미치지 않는다. 'common cause 1.sav'을 사용하여, 변수 X1, 변수 X2, 변수 X3를 변수 Y1에 회귀하라. 다음으로, 변수 단지 변수 X1과 변수 X3만을 Y1에 회귀하라. 첫 번째 분석과 두 번째 분석에서 변수 X3의 회귀계수를 비교하라. 그것이 상당히 변했는가? 이제, 'common cause 3.sav'을 사용하여 이와 동일한 분석을 하라. 다시 한번, 변수 X3의 회귀계수는 첫 번째 회귀분석에서 두 번째 회귀분석으로 바뀜에 따라 변하는가? 이러한 연구결과의 의미를 수업시간에 논의하라.

제5장 세 가지 유형의 다중회귀분석

이 책에서 지금까지 사용해 왔던 MR 유형은 MR의 세 가지 주요한 유형 중 하나인, 일반적으로 동시적 또는 강제입력 회귀분석(simultaneous or forced entry regression)이다. 이 장에서는 동시적 회귀분석과 두 가지의 다른 MR 유형, 즉 순차적(위계적) 회귀분석[sequential (hierarchical) regression]과 단계적 회귀분석(stepwise regression)을 비교할 것이다.[1] 나중에 살펴보겠지만, 다른 유형의 MR은 다른 목적에 사용되며 다른 해석과 다른 장단점을 가지고 있다.

세 가지 회귀분석에서의 차이를 설명하기 위하여, 하나의 문제를 몇 가지 다른 방법으로 분석할 것이다. 자아인식(self-perception)이 학업수행(academic performance)의 어떤 측면에 영향을 미치는지에 관심을 가지고 있다고 가정해 보자. 특히 사회에 관심을 가지고 있다. NELS 자료와 역사, 시민론 그리고 지리 (또는 사회) 시험에서 10학년 학업성취도 표준화 점수(F1TxHStd)를 사용할 것이다. 자아인식 척도의 경우, 예제는 10학년 **자아존중감** 간이척도(F1Cncpt2)를 사용하는데, 그것은 "나는 다른 사람처럼 가치 있고 역량이 있는 사람이라고 느낀다(I feel I am a person of worth, the equal of other people)."와 "전체적으로, 나는 나 자신에 만족한다(On the whole, I am satisfied with myself)."와 같은 7개의 문항으로 구성되어 있다. 필요한 경우, 문항은 역코딩되었기 때문에 높은 점수는 높은 자아존중감을 나타낸다. 문항은 z점수로 변환된 뒤, 합성변수를 만들기 위해 평균값으로 계산되었다(NELS는 F1Cncpt1이라고 이름 붙여진 또 하나의 자아존중감 변수를 포함하고 있는데, 그것은 우리가 사용하는 F2Cncpt2 합성변수보다 더 적은 문항을 사용한다). 회귀분석에는 또한 **통제소재**에 관한 간이척도(F1Locus2)가 포함되어 있는데, 사람

---

1) [역자 주] SPSS 프로그램에서는 오른쪽 그림의 '방법(M)'에서 보여 주는 바와 같이 독립변수를 분석에 입력하는 방법을 선택할 수 있는 총 5개의 유형을 제시하고 있다. 각 방법별 기능을 간략히 설명하면 다음 표와 같다.

선택 방법	기능 설명
입력(Enter)	단 한 번에 지정한 독립변수를 모두 진입시킴 독립변수들을 지정하지 않았을 경우, 모든 독립변수를 진입시킴
단계 선택(Stepwise)	각 단계마다 독립변수를 유의도에 따라 진입과 탈락을 지정함
제거(Removed)	지정한 독립변수를 한꺼번에 탈락시킴
후진(Backward)	먼저 모든 변수를 진입시킨 후, 제거기준에 따라 독립변수를 한 번에 하나씩 제거시킴('후향변수제거법'이라고도 함)
전진(Forward)	진입기준에 따라 독립변수를 한 번에 하나씩 진입시킴('전향변수선택법'이라고도 함)

따라서 SPSS에서 사용하고 있는 용어와 비교해 볼 때, '동시적 또는 강제입력 회귀분석'은 '입력(Enter)' 방식 회귀분석을, '단계적 회귀분석'은 '단계 선택(Stepwise)' 방식 회귀분석, '후진(Backward)' 방식 회귀분석, '전진(Forward)' 방식 회귀분석을 포함한다 하겠다. '제거(Removed)' 방식 회귀분석은 명칭상 강제 '입력' 회귀분석이라고 보기는 어렵지만 동시적 회귀분석의 일종이라 할 수 있겠다.

이 자기 자신의 운명을 자신이 통제하고 있다고 믿는 정도의 척도(내적 통제소재) 대 외적인 힘이 자신을 통제한다고 믿는 정도에 관한 척도(외적 통제소재)가 그것이다. 샘플 문항으로는 "내 인생에서, 행운이 힘들게 노력하는 것보다 성공에 더 중요하다(In my life, good luck is more important than hard work for success)."와 "내가 앞으로 나아가려고 할 때마다, 어떤 것 또는 누군가가 나를 멈추게 한다(Every time I try to get ahead, something or somebody stops me)."와 같은 것을 들 수 있다. F1Locus2는 여섯 개의 문항을 포함하고 있으며, 점수가 더 높을수록 더 높은 내적 통제소재를 나타낸다.

[그림 5-1] 이 장(章)에서 사용된 NELS 변수의 기술통계량

Descriptive Statistics

	N	Minimum	Maximum	Mean	Std. Deviation	Variance
F1TXHSTD HIST/CIT/GEOG STANDARDIZED SCORE	923	28.94	69.16	50.9181	9.9415	98.834
BYSES SOCIO-ECONOMIC STATUS COMPOSITE	1000	-2.414	1.874	-3.1E-02	.77880	.607
BYGRADS GRADES COMPOSITE	983	.5	4.0	2.970	.752	.566
F1CNCPT2 SELF-CONCEPT 2	941	-2.30	1.35	3.97E-02	.6729	.453
F1LOCUS2 LOCUS OF CONTROL 2	940	-2.16	1.43	4.70E-02	.6236	.389
Valid N (listwise)	887					

우리는 또한 회귀분석에서 공통원인을 포함시키는 것의 중요성에 관한 이전 논의의 정신에 입각하여 두 개의 통제변수를 포함할 것이다. 학부모교육수준 대신에, 우리는 더 넓은 **사회경제적 지위** 변수(BySES)로 바꾼다. 이 SES 변수는 학부모의 교육수준에 관한 척도를 포함하지만, 또한 학부모의 직업상황과 가족소득에 관한 척도도 포함한다. BySES는 이 문항의 z점수의 평균이다. 그러한 SES 변수는 비록 그것이 SES보다는 **가족배경**이라는 이름으로 통할 수 있지만, 교육적 산출물(outcomes)에 관한 회귀분석에서 흔히 사용된다. 우리는 이 변수를 당분간 SES라고 부를 것이다. 그러나 그것은 가족소득에 관한 척도보다 훨씬 더 포괄적임을 기억하라. 표준 4점 척도로 되어 있는 학생의 6학년부터 8학년까지의 GPA(ByGrads)가 학생의 이전 학업수행에 관한 척도로서 회귀분석에 포함되었다. [그림 5-1]은 다섯 가지 변수에 대한 기술통계량을 보여 주며, 〈표 5-1〉은 그 변수의 상관행렬을 보여 준다. [그림 5-2]는 설정된 회귀분석의 경로모형을 보여 준다.

〈표 5-1〉 10학년 학생의 사회과 시험점수, 학부모의 SES, 이전 GPA, 자아존중감, 통제소재 간의 상관관계

변수		F1TxHStd	BySES	ByGrads	F1Cncpt2	F1Locus2
F1TxHStd	10학년 표준화검사	1.000				
BySES	사회경제적 지위 합성변수	.430	1.000			
ByGrads	성적 합성변수	.498	.325	1.000		
F1Cncpt2	자아개념 2 합성변수	.173	.132	.167	1.000	
F1Locus2	통제소재 2 합성변수	.248	.194	.228	.585	1.000

[**그림 5-2**] SES, 이전 성적, 자아존중감, 통제소재의 사회과 학업성취도에의 동시적 회귀분석에 관한 경로 표현

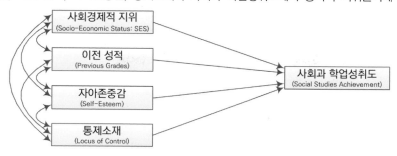

📈 동시적 다중회귀분석

분석

우리가 지금까지 사용해 왔던 MR의 유형에서, 모든 독립변수는 회귀식에 동시에 입력되었기 때문에 그 명칭이 **동시적 회귀분석**(simultaneous regression)이다. 이러한 유형의 회귀분석은 또한 모든 변수가 회귀식에 동시에 강제로 입력되기 때문에 **강제입력 회귀분석**(forced entry regression) 또는 **표준**(standard) 다중회귀분석이라고도 불린다.

[그림 5-3]은 동시적 다중회귀분석 결과를 보여 준다. 이 결과는 여러분이 살펴보아 왔던 결과의 유형이어서, 우리는 그것에 많은 시간을 소비하지 않을 것이다. 첫째, 우리는 R과 R^2, 그리고 그것들의 통계적 유의도에 초점을 둔다. 네 개의 설명적 변수의 조합은 10학년 학생의 사회과 시험성적 분산의 34%를 설명한다. 전체 회귀모형은 통계적으로 유의하다($F = 112.846$ [4, 882], $p < .001$). 다음 단계는 비표준화 회귀계수, 그것의 통계적 유의도와 신뢰구간, 그리고 표준화 회귀계수에 초점을 두는 것이다. [그림 5-3]의 이러한 부분에서 **자아존중감**을 제외한 모든 변수가 사회과 시험점수에 통계적으로 유의한 영향을 미친다는 것을 알 수 있다. SES와 **이전 성적**은 강력한 영향을 미치는 반면, **통제소재**는 작고 중간 정도의 영향을 미친다.

목적

동시적 회귀분석은 하나 이상의 변수가 어떤 산출에 미치는 영향의 정도를 결정하기 위한 탐색적 연구에 주로 유용하다. 현재 예제에서 SES와 이전 학업수행을 통제한 상태에서 자아존중감과 통제소재가 사회과 학업성취도에 미치는 영향의 정도를 결정하기 위하여 동시적 회귀분석을 사용할 수 있었다. 동시적 회귀분석은 또한 연구된 변수들 각각의 상대적인 영향을 결정하기 위해서도 유용하다. 실제로, 그것은 상대적인 영향을 결정하기 위한 가장 좋은 방법일 수 있다. 이전 장에서 언급한 바와 같이, 동시적 회귀분석은 각 독립변수가 종속변수에 미치는 직접효과를 추정한다.

[그림 5-3] SES, 이전 성적, 자아존중감, 통제소재의 사회과 시험점수에의 동시적 회귀분석

Model Summary

Model	R	R Square	Adjusted R Square	Std. Error of the Estimate
1	.582[a]	.339	.336	8.0412

a. Predictors: (Constant), F1LOCUS2 LOCUS OF CONTROL 2, BYSES SOCIO-ECONOMIC STATUS COMPOSITE, BYGRADS GRADES COMPOSITE, F1CNCPT2 SELF-CONCEPT 2

ANOVA[b]

Model		Sum of Squares	df	Mean Square	F	Sig.
1	Regression	29186.88	4	7296.721	112.846	.000[a]
	Residual	57031.03	882	64.661		
	Total	86217.92	886			

a. Predictors: (Constant), F1LOCUS2 LOCUS OF CONTROL 2, BYSES SOCIO-ECONOMIC STATUS COMPOSITE, BYGRADS GRADES COMPOSITE, F1CNCPT2 SELF-CONCEPT 2

b. Dependent Variable: F1TXHSTD HIST/CIT/GEOG STANDARDIZED SCORE

Coefficients[a]

Model		Unstandardized Coefficients		Standardized Coefficients	t	Sig.	95% Confidence Interval for B	
		B	Std. Error	Beta			Lower Bound	Upper Bound
1	(Constant)	35.517	1.226		28.981	.000	33.112	37.923
	SES	3.690	.378	.285	9.772	.000	2.949	4.431
	Previous Grades	5.150	.399	.380	12.910	.000	4.367	5.933
	Self-Esteem	.218	.501	.015	.436	.663	-.764	1.201
	Locus of Control	1.554	.552	.097	2.814	.005	.470	2.638

a. Dependent Variable: F1TXHSTD HIST/CIT/GEOG STANDARDIZED SCORE

그러나 설명은 예측을 포함하고 있기 때문에 동시적 회귀분석은 또한 일련의 변수가 산출을 **예측하고(predicts)** 다양한 예측변수의 상대적인 중요성의 정도를 결정하기 위하여 사용될 수도 있다. 현재 예제의 경우, **이전 성적**이 이러한 일련의 변수 중 가장 좋은 예측변수이며, 다음으로 SES와 **통제소재**라는 것을 결론내리기 위하여 β를 검토할 수 있다. 동시적 회귀분석은 또한 예측식(prediction equation)을 개발하기 위하여 사용될 수도 있다. 현재 예제의 경우, b값은 10학년 학생의 사회과 학업성취도를 예측하기 위하여 새로운 표본의 학생을 가진 어떤 식(equation)에서 사용될 수도 있다.

해석해야 할 것

동시적 MR에서 R^2과 연계된 통계량은 전체 회귀분석의 통계적 유의도와 중요도를 결정하기 위하여 사용된다. 회귀계수는 (다른 변수를 통제한 상태에서) 각 변수의 효과크기를 결정하기 위해서 사용되며, 우리가 살펴본 바와 같이 정책이나 해결책에 대한 권고(recommendations)를 하기 위하여 사용될 수 있다. 그러한 권고는 (현재 예제와는 달리) 사용된 변수가 비표준화 회귀계수를 사용하는 의미 있는 행렬을 가지고 있을 때 특히 유용하다. 표준화 회귀계수는 각 설명변수의 상대적인(relative) 중요도를 결정하고자 할 때 유용하다.

장단점

나중에 살펴보겠지만 동시적 MR은 모든 변수의 총효과와 각 변수 그 자체의 효과 양자에 초점을 둘 수 있기 때문에, 연구 목적이 설명일 때 매우 유용하다. 회귀계수는 해결책이나 정책이 바뀐다면 무슨

일이 일어날 것인지(예: 만약 누군가가 외적 통제소재에서 내적 통제소재로의 변화에 영향을 미칠 수 있다면, 학업성취도는 얼마나 많이 바뀌는가?)에 관한 예측을 하고자 할 때 유용하며, 표준화 회귀계수는 다양한 영향의 상대적 중요도에 관한 정보를 제공할 수 있다. 만약 어떤 사람이 회귀분석에 포함시키기 위한 변수를 선택하기 위하여 이론과 선행연구를 사용해 왔다면, 동시적 회귀분석은 실제로 독립변수가 종속변수에 미치는 영향의 추정값을 제공할 수 있다. 우리는 이미 동시적 회귀분석의 주요한 약점, 즉 회귀식에 포함된 변수에 따라 회귀계수는 아마도 엄청나게 바뀔 수 있다는 것을 언급해 왔다.

📈 순차적 다중회귀분석

순차적(또는 '위계적'이라 불림) 회귀분석은 또 하나의 흔히 사용되는 MR방법이며, 동시적 회귀분석과 마찬가지로, 종종 설명적인 방식으로 사용된다. 우리는 이 방법과 그것의 해석, 장·단점을 논의하는 데 상당한 시간을 사용할 것이다. 이 논의에서는 또한 동시적 회귀분석과의 유사점 및 차이점에 대해서도 지적할 것이며, 이 순차적 회귀분석에 관한 요약으로 끝마칠 것이다.

분석

순차적 회귀분석에서 변수는 연구자에 의해 미리 정해진 어떤 순서에 따라 한 번에 하나씩 회귀식에 입력된다. 현재 예제의 경우, 저자는 SES를 첫 번째 블록으로 회귀식에 입력했으며, 다음으로 이전 GPA를, 그다음에 자아존중감을, 마지막으로 통제소재를 입력하였다.

[그림 5-4]는 관심사의 주요 결과를 보여 준다. 그림의 첫 번째 표(입력/제거된 변수, Variables Entered/Removed)는 변수가 (한 개의 블록이라기보다) 네 개의 블록으로 입력되었다는 것과 변수의 입력순서(order of entry)를 보여 준다. 그림의 두 번째 부분(모형 요약, Model Summary)은 순차적 회귀분석의 각 블록과 관련된 통계값을 제공한다. 순차적 회귀분석의 경우, 회귀계수에 초점을 두는 대신에, 어떤 변수가 중요한지를 결정하고 회귀식에 있는 각 변수의 통계적 유의도를 검정하기 위하여 종종 $R^2(\triangle R^2)$에 초점을 둔다.

[그림 5-4] SES, 이전 성적, 자아존중감, 통제소재의 사회과 시험점수의 순차적 회귀분석

Variables Entered/Removed[b]

Model	Variables Entered	Variables Removed	Method
1	BYSES SOCIO-ECONOMIC STATUS COMPOSITE[a]	.	Enter
2	BYGRADS GRADES COMPOSITE[a]	.	Enter
3	F1CNCPT2 SELF-CONCEPT 2 [a]	.	Enter
4	F1LOCUS2 LOCUS OF CONTROL 2 [a]	.	Enter

a. All requested variables entered.

b. Dependent Variable: F1TXHSTD HIST/CIT/GEOG STANDARDIZED SCORE

Model Summary

Added to the Model	R	R Square	Change Statistics				
			R Square Change	F Change	df1	df2	Sig. F Change
SES	.430[a]	.185	.185	200.709	1	885	.000
Previous Grades	.573[b]	.328	.143	188.361	1	884	.000
Self-Esteem	.577[c]	.333	.005	6.009	1	883	.014
Locus of Control	.582[d]	.339	.006	7.918	1	882	.005

a. Predictors: (Constant), BYSES SOCIO-ECONOMIC STATUS COMPOSITE

b. Predictors: (Constant), BYSES SOCIO-ECONOMIC STATUS COMPOSITE, BYGRADS GRADES COMPOSITE

c. Predictors: (Constant), BYSES SOCIO-ECONOMIC STATUS COMPOSITE, BYGRADS GRADES COMPOSITE, F1CNCPT2 SELF-CONCEPT 2

d. Predictors: (Constant), BYSES SOCIO-ECONOMIC STATUS COMPOSITE, BYGRADS GRADES COMPOSITE, F1CNCPT2 SELF-CONCEPT 2, F1LOCUS2 LOCUS OF CONTROL 2

SES는 입력된 첫 번째 변수이었으며, SES와 연계된 $\triangle R^2$은 .185(SES가 회귀식에 입력되기 이전에 어떠한 분산도 설명되지 않았기 때문에 .185-0)이었다. 회귀식에 **이전 성적**이 투입됨에 따라 R^2은 .328로 증가하였고, 따라서 **이전 성적**에 대한 $\triangle R^2$은 .143(.328-.185)이며, **자아존중감**의 추가는 설명분산을 5%($\triangle R^2 = .005$) 정도 증가시켰다.

이러한 설명분산의 증가는 통계적으로 유의한가? 우리가 사용한 수식은 이전의 수식 중 하나를 간단히 확장한 것이다.

$$F = \frac{R_{12}^2 - R_1^2 / k_{12} - k_1}{1 - R_{12}^2 / (N - k_{12} - 1)}$$

다시 말해서, 우리는 더 많은 변수를 가지고 있는 $R^2(\triangle R^2)$으로부터 더 적은 변수를 가지고 있는 수식의 R^2을 뺀다. 이것은 (더 많은 변수를 가지고 있는 수식으로부터) 설명되지 않은 분산으로 나뉜다. 분자는 자유도(그런데 그것은 흔히 1이다.)에서의 변화를 사용하고, 분모는 더 많은 변수를 가지고 있는 수식에 대한 자유도를 사용한다. 이전의 동시적 회귀분석에서처럼, $N = 887$이다.

순차적 MR의 최종 단계와 연계된 F값을 계산하기 위해 그 수식을 사용할 것이다.

$$F = \frac{R_{1234}^2 - R_{123}^2 / k_{1234} - k_{123}}{1 - R_{1234}^2 / (N - k_{1234} - 1)}$$

$$= \frac{.339 - .333 / 1}{(1 - .339) / (888 - 4 - 1)}$$

$$= \frac{.006}{.661 / 882)} = 8.006$$

그것은 반올림의 오차 범위 내에서 그림에서 보여 주는 값(7.918)과 일치한다. 다시 말해서, 수식에 **통제소재**를 추가하는 것은 설명분산에서 R^2을 .006 증가 또는 1%의 6/10의 증가를 초래한다. 그러나 설명분산에서의 이러한 외관상 미세한 증가는 통계적으로 유의하다($F = 7.918$ [1, 882], $p = .005$).

물론, 우리는 또한 모든 변수를 입력한 채 전체 회귀식의 통계적 유의도를 검정할 수 있다. 전체 $R^2 = .339$, $F = 112.846$ [4, 882], $p < .001$인데, 그것은 우리가 동시적 회귀분석에서 얻었던 결과와 동일하다.

동시적 회귀분석과 비교

동일한 변수를 사용하여 순차적 회귀분석의 결과와 동시적 회귀분석의 결과([그림 5-3] 대 [그림 5-4])를 비교하는 것은 도움이 될 것이다. 가장 두드러진 차이 중 하나는 동시적 회귀분석의 경우 **자아존중감**이 통계적으로 유의하지 않은 반면, 순차적 회귀분석의 경우 그것은 통계적으로 유의하였다($\triangle R^2 = .005$, $F = 6.009$ [1, 883], $p = .014$)는 것이다. 왜 다른 방법을 사용하여 다른 답을 얻었는가? 또다른 차이는 순차적 회귀분석의 $\triangle R^2$에서 시사한 바와 같이, 효과크기가 동시적 회귀분석의 β값에 의해 시사되었던 효과보다 매우 다르고 훨씬 더 작은 것 같다. 예를 들어, 동시적 회귀분석에서 **통제소재가 학업성취도** 시험에 작고 중간 정도의 영향을 미쳤지만($\beta = .097$), 순차적 회귀분석에서 **통제소재는 사회과 학업성취도**의 설명분산에서 외관상 아주 적은 양인 .6%만 증가하였음을 발견하였다. 우리는 첫 번째 문제(통계적 유의도)를 먼저 다룬 후, 그다음으로 두 번째 문제(효과크기)를 다룰 것이다.

입력순서의 중요성

곧 알게 되겠지만, 순차적 회귀분석에서 변수의 통계적 유의도(그리고 효과크기)는 그것이 수식에 입력되는 순서에 따라 달라진다. [그림 5-5]를 살펴보라. 이 순차적 회귀분석에서 첫 번째 두 변수는 동일한 순서로 입력되었지만, **통제소재**는 세 번째 단계에서, 그리고 **자아존중감**은 네 번째 단계에서 입력되었다. 이 입력순서를 따를 때, **자아존중감** 변수는 다시 한번 통계적으로 유의하지 않았다($p = .663$). 물론 **자아존중감**이 한 순차적 회귀분석에서는 통계적으로 유의했으나 다른 순차적 회귀분석에서 그렇지 않았던 주요한 이유는 한 회귀분석 대 다른 회귀분석에서 **자아존중감**에 의해 설명되는 분산에서의 차이 때문이다([그림 5-4]에서는 $\triangle R^2 = .005$ 대 [그림 5-5]에서는 $\triangle R^2 = .001$).

[그림 5-5] SES, 이전 성적, 자아존중감, 통제소재의 사회과 시험점수의 순차적 회귀분석
순차적 회귀분석에서, 변수의 입력순서는 그것의 중요도에 영향을 미친다.

Variables Entered/Removed[b]

Model	Variables Entered	Variables Removed	Method
1	BYSES SOCIO-ECONOMIC STATUS COMPOSITE[a]	.	Enter
2	BYGRADS GRADES COMPOSITE[a]	.	Enter
3	F1LOCUS2 LOCUS OF CONTROL 2[a]	.	Enter
4	F1CNCPT2 SELF-CONCEPT 2 [a]	.	Enter

a. All requested variables entered.

b. Dependent Variable: F1TXHSTD HIST/CIT/GEOG STANDARDIZED SCORE

Model Summary

Added to the Model	R	R Square	Change Statistics				
			R Square Change	F Change	df1	df2	Sig. F Change
SES	.430[a]	.185	.185	200.709	1	885	.000
Previous Grades	.573[b]	.328	.143	188.361	1	884	.000
Locus of Control	.582[c]	.338	.010	13.797	1	883	.000
Self-Esteem	.582[d]	.339	.001	.190	1	882	.663

a. Predictors: (Constant), BYSES SOCIO-ECONOMIC STATUS COMPOSITE

b. Predictors: (Constant), BYSES SOCIO-ECONOMIC STATUS COMPOSITE, BYGRADS GRADES COMPOSITE

c. Predictors: (Constant), BYSES SOCIO-ECONOMIC STATUS COMPOSITE, BYGRADS GRADES COMPOSITE, F1LOCUS2 LOCUS OF CONTROL 2

d. Predictors: (Constant), BYSES SOCIO-ECONOMIC STATUS COMPOSITE, BYGRADS GRADES COMPOSITE, F1LOCUS2 LOCUS OF CONTROL 2, F1CNCPT2 SELF-CONCEPT 2

다음으로, [그림 5-6]에 초점을 두어 보자. 이 회귀분석의 경우, 순차적 회귀분석으로의 입력순서는 **통제소재, 자아존중감, 이전 성적, 그리고 SES**이었다. 분산에서의 급격한 변화는 다른 변수에 의해 설명되었다는 것에 주목하라. 회귀식에 처음 입력되었을 때 SES는 **학업성취도** 분산의 18.5%를 설명했으나([그림 5-3]과 [그림 5-4] 참조), 맨 나중에 입력되었을 때, SES는 그 분산의 단지 7.2%만을 설명하였다([그림

5-6] 참조). 요점은 다음과 같다. 즉, 순차적 회귀분석에서 각 독립변수에 의해 설명되었던 분산(다시 말해서, $\triangle R^2$)은 회귀식에 변수가 입력되는 순서에 따라 변화한다. $\triangle R^2$은 입력되는 순서에 따라 변화하기 때문에, 변수는 때때로 통계적으로 유의한 것에서 통계적으로 유의하지 않는 것으로 또는 그 역으로 바뀔 것이다. 결과가 보여 주는 바와 같이, 변수가 회귀분석에서 더 일찍 입력되면 일반적으로 나중에 입력되는 경우보다 설명되는 분산이 더 커진다. 다시 한번, 우리는 당황스러운 차이를 접하였다.

[그림 5-6] 통제소재, 자아존중감, 이전 성적, SES의 사회과 시험점수의 순차적 회귀분석
다시 한번, 입력순서는 순차적 회귀분석에서 변수의 효과에 커다란 차이를 만든다.

Model Summary

Added to the Model	R	R Square	R Square Change	F Change	df1	df2	Sig. F Change
Locus of Control	.248[a]	.061	.061	57.867	1	885	.000
Self-Esteem	.250[b]	.063	.001	1.099	1	884	.295
Previous Grades	.517[c]	.267	.204	246.158	1	883	.000
SES	.582[d]	.339	.072	95.495	1	882	.000

a. Predictors: (Constant), F1LOCUS2 LOCUS OF CONTROL 2
b. Predictors: (Constant), F1LOCUS2 LOCUS OF CONTROL 2, F1CNCPT2 SELF-CONCEPT 2
c. Predictors: (Constant), F1LOCUS2 LOCUS OF CONTROL 2, F1CNCPT2 SELF-CONCEPT 2, BYGRADS GRADES COMPOSITE
d. Predictors: (Constant), F1LOCUS2 LOCUS OF CONTROL 2, F1CNCPT2 SELF-CONCEPT 2, BYGRADS GRADES COMPOSITE, BYSES SOCIO-ECONOMIC STATUS COMPOSITE

만약 입력순서가 순차적 회귀분석 결과에서 그렇게 큰 차이를 만든다면, **올바른**(correct) 입력순서는 무엇인가? 냉소적이고 비윤리적인 답변은 여러분이 중요하게 보이기를 원하는 변수를 먼저 회귀식에 입력하는 것이지만, 이것은 옹호할 수 없고 열등한 해결책이다. 옵션은 무엇인가? [그림 5-4]부터 [그림 5-6]까지 보여 준 다양한 입력에 대한 저자의 생각은 무엇이었나? 한 가지 일반적이고 옹호할 수 있는 해결책은 변수를 추정된 또는 실제적인 **시간 우선**(time precedence) 순서로 입력하는 것이다. 이것이 첫 번째 예제에 대한 저자의 생각이었다. 많은 아동이 태어났을 때 대부분 어느 때 그 자리에 있었던 학부모 변수인 SES는 8학년과 10학년에 측정된 학생 변수보다 논리적으로 선행해야 한다. 6학년부터 8학년까지의 이전 성적은 10학년 때 측정된 자아존중감과 통제소재보다 이전이다. 자아존중감과 통제소재는 약간 더 어렵지만, 저자에게는 어떤 사람의 가치에 대한 인식은 드러나야 하며, 따라서 내적 대 외적 통제에 관한 인식보다 인과적으로 이전이어야 하는 것 같다. 또한 어떤 사람의 내적 대 외적 통제에 관한 인식은 [그림 5-5]의 두 번째 순차적 회귀분석 예제에서 조작적으로 정의되었던 추론인 자아가치(self-worth)에 관한 지각 이전일 수 있다. 실제적인 시간 우선과 논리를 넘어, 선행연구는 또한 그러한 결정을 도와줄 수 있다. 저자는 이러한 경쟁적인 가설들을 검정했던 하나의 연구를 알고 있으며, 그것은 상호적인 관계이거나 자아존중감이 통제소재보다 이전이라는 것을 지지하였다(Eberhart & Keith, 1989).

[그림 5-6]의 경우 변수는 가능한 **역**(reverse) 시간 우선으로 입력되었는데, 놀라울 정도로 다른 연구 결과를 보여 주었다. 그리고 확실히 입력순서를 결정하기 위한 다음과 같은 다른 방법이 있다. 즉, 지각된 중요도, 배경변수 대 관심변수, 고정된 변수 대 조작 가능한 변수 등이 그것이다. 그러나 다시 한번, 어느 방법이 옳은가? 그리고 왜 순서가 그렇게 중요한가?

왜 입력순서가 그렇게 중요한가?

왜 다른 입력순서가 연구결과에서 그렇게 차이를 만드는지 벤다이어그램으로 되돌아가는 것을 통해서 이해할 수 있다. [그림 5-7]은 세 개의 가설적 변수, 즉 종속변수 Y와 두 개의 독립변수 $X1$과 $X2$ 간의 관계를 보여 준다. 중첩된 영역은 세 변수 간에 공유된 분산을 나타낸다. (영역 3을 포함한) 1이라고 표시된 음영처리된 중첩영역은 $X1$과 Y에 의해서 공유된 분산을 나타내며, (영역 3을 포함한) 2라고 표시된 음영처리된 중첩영역은 $X2$와 Y에 의해서 공유된 분산을 나타낸다. 그러나 이러한 분산은 중첩되어 있고, 영역 3은 모든 세 변수에 의해 공유된 분산을 나타낸다. 순차적 회귀분석에서 변수의 입력순서에 따라 다르게 취급된 것은 이중으로 음영처리된 영역(3)이다. 만약 $X1$이 Y를 예측하기 위해서 수식에 먼저 입력되었다면, 이 분산(영역 1과 영역 3)은 변수 $X1$에 기인한다. 변수 $X2$가 추가되었을 때, $\triangle R^2$은 영역 2(영역 3을 제외한)와 동일하다. 반대로, 만약 변수 $X2$가 Y에 먼저 회귀되면, 그때 영역 2와 3 양자는 변수 $X2$에 기인할 것이며, 변수 $X1$이 계속해서 추가될 때, 단지 영역 1(영역 3을 제외하고)의 분산만이 변수 $X1$에 기인할 것이다. 이러한 경험적 보조물(heuristic aid)은 입력순서가 왜 차이를 만드는지를 설명하는 데 도움이 되지만, 어떤 순서가 올바른지에 관한 문제는 여전히 답하고 있지 않다.

[그림 5-7] 순차적 회귀분석에서 왜 입력순서가 그렇게 중요한지를 나타내는 벤다이어그램
모든 세 변수에 의해서 공유된 분산(영역 3)은 어떤 변수가 MR에 먼저 입력되었는지에 기인한다.

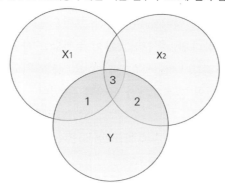

총효과

왜 입력순서에 따라 차이가 있는지를 좀 더 자세히 이해하고 적절한 순서를 이해할 수 있도록 도와주기 위하여 경로도로 다시 한번 되돌아가는 것이 유용하다. [그림 5-8]은 처음의 순차적 분석을 위해 사용되었던 순서([그림 5-4] 참조)를 나타내는 모형을 보여 준다. 이전 장들에서 논의했던 바와 같이, 실제로 동시적 MR에서 도출된 회귀계수는 최종 산물인 **사회과 학업성취도**에 대한 직접 경로 또는 직접효과의 추정값이다. 이러한 경로는 a, b, c, d로 표시되었으며, 우리는 단지 동시적 회귀분석에서 도출된 표준화 또는 비표준화 계수([그림 5-3] 참조)를 이 문자들 대신에 넣을 수 있다. 동시적 회귀분석은 그러한 모형에서 직접효과를 추정한다.

그러나 우리는 순차적 회귀분석에서 특정한 입력순서를 선택하였다. SES가 첫 번째로 입력되었고, 다음으로 **이전 성적**이, 그다음에 **자아존중감**이, 그리고 그다음에 **통제소재**가 입력되었다. 이러한 순서는

[그림 5-8]의 두 가지 방법에서 제시되었다. 첫째, 변수의 왼쪽에서 오른쪽 순서로, 둘째, SES가 먼저, 다음으로 **이전 성적** 등의 순으로 입력되었다는 것을 시사하는 한 변수에서 다른 변수로의 화살표별로이다.

[그림 5-8] 어떤 순차적 회귀분석의 경로 표현
이 모형은 첫 번째 순차적 회귀분석([그림 5-4]의 회귀분석)의 순서를 보여 준다.

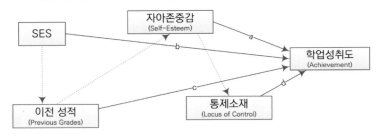

[그림 5-9]는 순차적 회귀분석의 훨씬 더 완전한 표현을 보여 준다. 그 모형은 여전히 직접효과(경로 a에서 d까지)를 포함하고 있으며, 다시 보게 되겠지만 이것은 실제로 그 순차적 회귀분석의 마지막 블록에서 추정된다. 이전 장들에서의 모형과는 달리, 이 모형은 또한 더 이전의 변수로부터 더 나중의 변수로의 간접적인 경로를 포함하고 있다는 것에 주목하라. 즉, 이 모형에 **간접효과(indirect effect)**도 있다. 따라서 **자아존중감**이 **학업성취도**에 미치는 가능한 직접효과(경로 a)뿐만 아니라, **자아존중감**은 또한 **통제소재**를 경유해 **학업성취도**에 간접적인 영향을 미치는데, 그것은 그림에서 두꺼운 화살표로 표시되었다(경로 e와 d). 만약 경로 e를 추정한다면, 이 간접효과의 추정값을 산출하기 위해서 실제로 경로 e에 경로 d를 곱할 수 있다. 또한 **자아존중감**이 **학업성취도**에 미치는 **총효과(total effect)**를 추정하기 위해서, **자아존중감**과 **학업성취도**의 직접효과와 간접효과를 합산할 수 있다.

[그림 5-9] 첫 번째 순차적 회귀분석 모형의 보다 더 완전한 버전

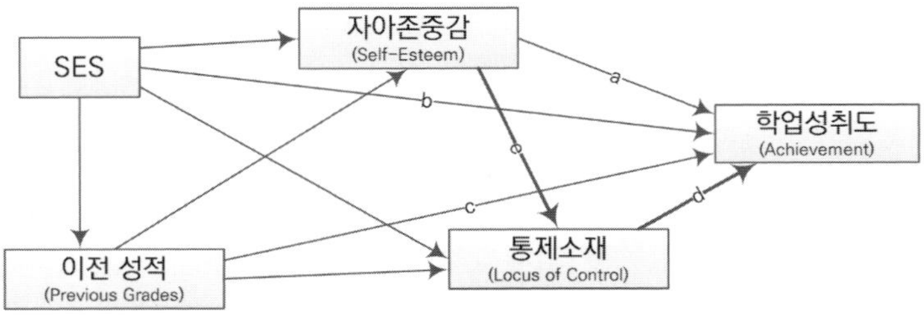

밝혀진 바와 같이, 순차적 MR은 이러한 **총효과**에 의해서 설명된 **분산(variance)**을 추정한다($\triangle R^2$은 전체 경로를 직접 추정한 것이 아니라 오히려 이러한 총효과에 기인하는 분산을 추정한 것이라는 것에 주목하라). 따라서 순차적 그리고 동시적 MR이 변수의 중요성에 대해 서로 다른 답을 줄 수 있는 이유는 그것들이 MR의 두 가지 다른 측면에 초점을 두고 있기 때문이다. 동시적 회귀분석은 **직접(direct)**효과의 추정값에 초점을 두는 반면, 순차적 회귀분석은 **총(total)**효과에 의해 설명된 분산에 초점을 두고 있다.

순차적 회귀분석에서 첫 번째로 입력된 변수는 초기에 입력된 변수가 최종 산출에 영향을 미칠 수 있는 훨씬 더 많은 (간접적인) 방법이 있기 때문에, 다른 것이 동일하다면 회귀식에 나중에 입력된 변수보

다 훨씬 더 큰 영향을 미친다. 예를 들어 SES는 그것이 **성적, 자아존중감, 통제소재**를 통해 **사회과 학업성취도**에 영향을 미칠 수 있기 때문에 순차적 회귀분석에서 첫 번째로 입력되었을 때 상대적으로 큰 영향을 미칠 것이다.

이러한 이해(understanding)로 무장을 했기 때문에, 적절한 입력순서에 관한 질문은 더 명확해질 것이다. 우리가 그것을 알아차리든 그렇지 못하든, 순차적 회귀분석을 설명적인 방식으로 사용할 **때마다**(any time) [그림 5–9]에서 보여 주는 바와 같은 모형을 암시해 왔다! 적절한 입력순서는 모형이 적절하게 설정되었다고 가정할 때 모형에 의해서 암시된 순서이다. 따라서 만약 순차적 회귀분석을 사용한다면, 먼저 분석이 기초하는 모형을 통해 약간 생각하는 시간을 갖는 것이 더 좋을 것이다. 만약 모형을 통해 올바르게 생각하지 못하면 분석은 한 변수가 다른 변수에 미치는 효과에 관한 잘못된 추정값을 산출하게 될 것이다. 변수가 너무 일찍 입력되었을 때, 순차적 회귀분석은 그 변수의 효과를 과대추정할 것이다. 변수가 분석에서 입력되어야 할 때보다 나중에 입력된 변수의 효과는 과소추정될 것이다. 만약 순차적 회귀분석을 사용한다면, 이 회귀분석이 기초하고 있는 모형을 옹호할 준비를 해야 한다. 다른 순차적 회귀분석의 결과를 읽어 갈 때, 모형이 타당한지를 확인하기 위해서 이러한 회귀분석이 기초하고 있는 모형을 설명해야 한다.

효과척도로서 R^2이 지니고 있는 문제

우리는 순차적 회귀분석에서 입력순서에 따라 중요도에서 분명한 차이를 보이는 변수에 관한 문제를 논의해 왔다. 이제 우리의 두 번째 걱정거리, 즉 순차적 분석에서 모든 영향은 왜 동시적 회귀분석에서 보다 훨씬 더 작게(예: [그림 5–3] 대 [그림 5–4] 참조) 나타나는가의 문제로 되돌아가 보자. 물론 그 이유는 동시적 회귀분석에서는 효과의 중요도의 척도로서의 회귀계수에 초점을 둔 반면, 순차적 회귀분석에서는 효과의 중요도의 지표로서의 ΔR^2, 즉 설명분산에 대한 증가에 초점을 두기 때문이다. 그리고 비록 분산이 많은 바람직한 속성(분산은 수식에서 활용하기 쉽고, 익숙한 행렬이다.)을 가지고 있지만, 설명분산은 한 변수가 다른 변수에 미치는 영향에 관한 인색하고 오해의 소지가 있는 척도이다(Rosenthal & Rubin, 1979; Schmidt & Hunter, 2014, 제5장). 이러한 진부한 문구에 관한 많은 가능한 예제가 있다. 예를 들어, 모든 사람은 폐암에서 흡연의 중요성을 알고 있다. 즉, 흡연은 폐암의 주요 원인 중 하나이다. 그렇다면 흡연이 폐암의 얼마나 많은 분산을 설명해 준다고 생각하는가? 30%? 50%? 무엇이라고 대답하든 상관없이 깜짝 놀랄 것이다. 흡연은 폐암 분산의 1~2%를 설명한다(Gage, 1978). 요점은 흡연이 중요하지 않다는 것이 아니다. 요점은 이러한 외간상 적은 양의 분산도 중요하다는 것이다.

어떤 통계값이 R^2보다 '중요도'를 나타내기에 더 적절한가? Darlington과 Hayes(2017)는 제곱행렬(squared metric)보다 비제곱행렬(unsquared metric)을 사용할 것을 추천하였다. 그것은 차이가 있다. .40의 다중상관계수는 .20의 다중상관계수보다 두 배 더 크지만, 만약 이 상관계수를 제곱하면, 첫 번째는 두 번째보다 4배 더 많은 분산을 설명한다(.16 대 .04). 순차적 MR에서, ΔR^2에 대한 제곱되지 않은 행렬은 $\sqrt{\Delta R^2}$ 행렬이다(그것은 ΔR과는 동일하지 않다). 밝혀진 바와 같이, $\sqrt{\Delta R^2}$은 수식에서 다른 변수가 통제된 상태에서 X에 대한 Y의 **준편상관계수**(semipartial correlation)로 알려진 것과 동일하다. 개념적으로, $X2$, $X3$ 등의 영향이 $X1$로부터 제거된 상태에서의 $X1$에 대한 Y의 상관계수이다. 그것은 $sr_{y(1 \cdot 23)}$으로 기호화될 수 있는데, 괄호는 $X2$와 $X3$의 영향이 $X1$로부터는 제거되었지만 Y로부터는 제거되지 않았다는 것을 보여 준다(편상관계수와 준편상관계수는 〈부록 C〉에서 좀 더 심층적으로 제시하였다). [그림 5-4]의 순차적 회귀분석으로 되돌아가 살펴보면, $\sqrt{\Delta R^2}$ 은 SES, 성적, 자아존중감, 통제소재가 각각 .430, .378, .071, .077과 동일할 것이다. 이 값은 ΔR^2보다 [그림 5-e]의 β와 최소한 조금 더 일치한다.

$\sqrt{\Delta R^2}$ 보다 ΔR^2(그리고 R보다 R^2, r보다 r^2 등)을 선호하는 또 다른 이유가 있다. 이러한 제곱되지 않은 계수는 일반적으로 제곱된 계수보다 대부분의 '중요도'에 관한 정의를 나타내는 데 더 다가갔다 (Darlington & Hayes, 2017). Darlington과 Hayes는 몇 가지 유용한 예제를 제공하였다. 한 가지 예제를 사용하기 위하여(p. 216), 저자가 여러분에게 두 개의 동전, 즉 10센트짜리 동전(Dime)과 5센트짜리 동전(Nickel)을 튕겨 올리라고 요청한다고 가정해 보자. 만약 두 개의 동전 중 어느 하나가 앞면이 나오면, 저자는 여러분에게 그 동전의 액수만큼(10센트 또는 5센트) 지불할 것이다. 오랫동안의 동전 던지기 과정에서 여러분은 던진 횟수의 25%(즉, 5센트짜리 동전=앞면, 10센트짜리 동전=뒷면)는 5센트를, 그 횟수의 25%는 10센트를, 그 횟수의 25%는 15센트를, 그리고 그 횟수의 25%(10센트 동전과 5센트짜리 동전 둘 다=뒷면)는 아무 것도 얻지 못할 것이다. 분명, 10센트짜리 동전이 5센트짜리 동전보다 2배나 많은 값어치가 있기 때문에 10센트짜리 동전은 여러분의 이윤을 결정하는 데 있어 5센트짜리 동전보다 2배만큼 중요하다. 만약 여러분이 각 동전의 결과(앞면=1, 뒷면=0; 이것은 후속 장들에서 논의될 **더미**(dummy) 변수의 예이다.)를 여러분의 이윤에 회귀하는 이 문제에 관한 MR을 수행한다면, 10센트짜리 동전과 연계된 ΔR^2은 5센트짜리 동전과 연계된 ΔR^2보다 2배만큼 큰 것이 아니라 4배만큼(5센트짜리 동전에 대한 $\Delta R^2 = .20$, 10센트짜리 동전에 대한 $\Delta R^2 = .80$) 클 것이다. 그러나 $\sqrt{\Delta R^2}$ 은 중요도를 적절한 행렬에 되돌려 놓는다. 실제로 10센트짜리 동전과 연계된 $\sqrt{\Delta R^2}$ (.894)은 5센트짜리 동전과 연계된 $\sqrt{\Delta R^2}$ 보다 2배만큼 크다(.447). 이러한 자료는 〈표 5-2〉에 요약되어 있다. 10센트짜리 동전은 받았던 돈의 액수를 결정하는 데 있어 5센트짜리 동전보다 2배만큼 중요하다. $\sqrt{\Delta R^2}$ 은 이러한 중요도를 보여 주지만, R^2은 그렇지 못하다. 또한 다른 예를 보려면, Darlington과 Hayes(2017)를 참고하라. 순차적 MR에서(그리고 다른 유형의 회귀분석에서), 제곱되지 않은 계수는 일반적으로 제곱된 계수보다 중요도에 관한 더 좋은 지표를 제공한다. 우리는 여전히 ΔR^2의 통계적 유의도를 검정하겠지만, 만약 우리가 효과크기를 비교하는 데 관심이 있다면, 우리는 $\sqrt{\Delta R^2}$ 을 사용할 것이다.[2]

---

2) Darlington과 Hayes(2017)는 또한 동시적 회귀분석에서 다른 변수의 효과를 비교하기 위해서 β 대신에 준편상관계수[또는 '**부분**(part) 상관계수'로 알려진]를 사용할 것을 추천하였다. 몇몇 컴퓨터 프로그램의 출력 결과의 일부분으로서 준편상관계수를 출력하도록 요구할 수 있지만, 다른 프로그램은 그것을 일상적으로 제공하지 않는다. 그러나 준편상관계수는 각 회귀계수 당 주어진 t값으로부터 다음과 같은 수식을 사용하여 계산할 수 있다. 즉, $sr_{y(1 \cdot 234)} = t\sqrt{\dfrac{1-R^2}{N-k-1}}$ (Darlington & Hayes, 2017: 226). Thompson(2006)은 β와 더불어 구조계수(structure coefficients)를 해석할 것을 주장한다. 구조계수는 산출의 각 예측변수의 상관계수를 다중상관계수로 나눈 것과 동일하다. 즉, $r_{구조계수} = r_{yx}/R$이다. 원래의 이변량 상관계수의 변환인 구조계수는 각 예측변수가 다른 변수가 통제되지 않았을 때 산출과 관련이 있는지에 대한 어떤 것을 알려 준다. 반대로, β는 각 예측변수가 다른 변수가 통제되어 있을 때 산출과 관련이 있는지에 대한 어떤 것을 알려 준다.

<표 5-2> 효과의 중요도에 관한 척도로서의 ΔR^2와 $\sqrt{\Delta R^2}$ 비교

중요도 척도 (Measure of Importance)	5센트짜리 동전의 중요도 (Importance of Nickels)	10센트짜리 동전의 중요도 (Importance of Dimes)
ΔR^2	.200	.800
$\sqrt{\Delta R^2}$	.447	.894

10센트짜리 동전은 받았던 돈의 액수를 결정하는 데 있어 5센트짜리 동전보다 2배만큼 중요하다. $\sqrt{\Delta R^2}$은 이러한 중요도를 보여 주지만 R^2은 그렇지 못하다.

효과척도로서 Cohen의 f^2

제4장에서 언급한 바와 같이, f^2은 또 하나의 흔히 사용되는 효과크기 척도이다. R^2이 f^2로 변환될 수 있는 것과 마찬가지로 ΔR^2도 그러하다.

$$f^2 = \frac{R_{y \cdot 12}^2 - R_{y \cdot 1}^2}{1 - R_{y \cdot 12}^2}$$

물론 f^2이 제곱된 행렬이기 때문에, 그것이 ΔR^2과 마찬가지로 '중요도'의 척도로서 동일한 문제로 시달린다는 것에 주목하라.

순차적 회귀분석의 다른 용도

순차적 MR을 수행하는 다른 방법이 있다. 저자가 여기서 개관해 온 방법은 저자의 경험상 가장 두드러지게 사용되는 방법이다. 또한 이 방법이 **분산분할**(variance partitioning)(Pedhazur, 1997) 또는 **순차적 분산분해**(sequential variance decomposition)(Darlington, 1990)라고 불리는 것을 알 수 있을 것이다.

회귀계수의 해석

또한 순차적 회귀분석의 각 단계로부터의 회귀계수를 각 변수가 산출에 미치는 **총**(total)효과의 추정값으로 사용하는 것이 가능하다. 이 경우, 우리는 각 단계에 입력된 그 변수와 연계된 b 또는 β를 수식에 더 이른 단계에서 입력된 변수에 대한 계수를 무시하고 총효과의 추정값으로 사용하곤 한다. 예를 들어, [그림 5-10]은 SPSS로부터 생성된 그러한 계수의 표(계수, coefficients)를 보여 준다. 관련된 계수는 이탤릭체로 진하게 되어 있다. 이것은 아마도 <표 5-3>과 같은 표와 더불어 저자가 연구의 투고에서 보고하곤 하는 계수이다. 그러나 저자는 경로분석 이외에서 이러한 접근방법이 사용된 것을 거의 본 적이 없으며, 따라서 그 주제를 시작할 때 그것을 좀 더 구체적으로 논의할 것이다(제12장 참조).

[그림 5-10] 각 변수가 산출에 미치는 총효과를 추정하기 위하여 사용된 순차적 회귀분석

이탤릭체로 진하게 된 계수가 비표준화 및 표준화 총효과의 추정값이다.

Coefficients[a]

Model		Unstandardized Coefficients		Standardized Coefficients	t	Sig.
		B	Std. Error	Beta		
1	(Constant)	51.090	.299		170.745	.000
	BYSES SOCIO-ECONOMIC STATUS COMPOSITE	*5.558*	.392	*.430*	14.167	.000
2	(Constant)	34.793	1.218		28.561	.000
	BYSES SOCIO-ECONOMIC STATUS COMPOSITE	3.875	.377	.300	10.280	.000
	BYGRADS GRADES COMPOSITE	*5.420*	.395	*.400*	13.724	.000
3	(Constant)	35.138	1.223		28.734	.000
	BYSES SOCIO-ECONOMIC STATUS COMPOSITE	3.798	.377	.294	10.068	.000
	BYGRADS GRADES COMPOSITE	5.291	.397	.391	13.318	.000
	F1CNCPT2 SELF-CONCEPT 2	*1.016*	.414	*.069*	2.451	.014
4	(Constant)	35.517	1.226		28.981	.000
	BYSES SOCIO-ECONOMIC STATUS COMPOSITE	3.690	.378	.285	9.772	.000
	BYGRADS GRADES COMPOSITE	5.150	.399	.380	12.910	.000
	F1CNCPT2 SELF-CONCEPT 2	.218	.501	.015	.436	.663
	F1LOCUS2 LOCUS OF CONTROL 2	*1.554*	.552	*.097*	2.814	.005

a. Dependent Variable: F1TXHSTD HIST/CIT/GEOG STANDARDIZED SCORE

<표 5-3> 순차적 회귀분석을 통해 추정된, SES, 이전 성적, 자아존중감, 통제소재가 10학년 사회과 학업성취도에 미친 총효과

변수(Variable)	$b(SE_b)$	β
사회경제적 지위(SES)	5.558(.392)[a]	.430
이전 성적(Previous Grades)	5.420(.395)[a]	.400
자아존중감(Self-Esteem)	1.016(.414)[b]	.069
통제소재(Locus of Control)	1.554(.552)[a]	.097

[a] $p < .01$

[b] $p < .05$

블록 입력

변수의 그룹을 블록(blocks) 또는 변수의 그룹뿐만 아니라 한 번에 하나씩 입력할 수 있다. 변수를 블록에 입력하는 주요한 이유는 변수의 어떤 유형 또는 범주가 산출에 미치는 영향을 추정하는 것이기 때문이다. 현재 예제를 사용해 볼 때, 배경변수의 영향에 더하여 심리학적 변수가 함께 학업성취도에 미치는 영향에 관심이 있을 것이다. 만약 이것이 우리의 관심사라면 우리는 두 개의 배경변수를 순차적으로, 그다음에 두 개의 심리적 변수를 하나의 블록에 입력할 수 있다(또한 두 개의 배경변수를 첫 번째의 블록에, 그리고 두 개의 심리학적 변수를 두 번째 블록에 입력할 수 있다). 이러한 심리학적 변수가 통계적으로 유의하게 더 많은 분산을 설명했는지를 결정하기 위하여 두 번째 블록과 연계된 도출된 ΔR^2의 통계적 유의도가 검토될 수 있으며, 이러한 심리학적 변수의 영향의 상대적 중요도를 결정하기 위하여 도출된

$\sqrt{\Delta R^2}$이 검토될 수 있다. [그림 5-11]은 그러한 분석에서의 출력 결과의 일부를 보여 준다. 이러한 결과는 두 개의 심리학적 변수는 결합하여 **사회과 학업성취도**에 중요하다는 것을 시사한다(그 예제는 이 장의 뒷부분에서 더 상세하게 해석될 것이다). 본질적으로, 이 예제는 순차적 회귀분석과 동시적 회귀분석의 한 가지 가능한 조합을 설명한다. 변수를 블록에 넣기 위한 또 다른 가능한 이유는 변수 중 몇 개에 관한 적절한 순서가 명확하지 않을 때이다. 현재 예제를 사용해 볼 때, 만약 **자아존중감**이 **통제소재** 다음이어야 하는지 또는 이전이어야 하는지를 결정할 수 없다면, 두 변수를 동일한 블록에 입력할 수 있다.

고유분산

순차적 회귀분석의 또 다른 활용은 연구자가 어떤 회귀분석에서 모든 다른 변수를 고려한 후에 각 변수에 의해 설명된 종속변수에서 고유분산(unique variance)을 분리해 내기를 원할 때이다. [그림 5-5]의 벤다이어그램으로 되돌아가 보자. 만약 한 변수에 기인하는 고유분산에 관심이 있다면, 변수 X_1에 기인하는 고유분산으로서 영역 1(영역 3이 제외된)과 연계된 분산과 변수 X_2의 고유분산으로서 영역 2(영역 3이 제외된)와 연계된 분산에 관심이 있을 것이다. 개념적으로, 이러한 접근방법은 각 변수의 마지막에 이러한 수식 중 하나를 입력하는 일련의 순차적 회귀분석을 수행하는 것과 같다. 실제로, 한 변수에 대한 고유분산을 분리하는 것은 이러한 방식으로 달성될 수 있지만 더 간단한 방법이 있다. 만약 주요 관심사가 각 고유분산의 통계적 유의도라면 동시적 회귀분석을 수행하는 것이 더 쉽다. 그 회귀계수의 통계적 유의도는 회귀식에 마지막으로 입력된 각 변수가 가지고 있는 ΔR^2의 통계적 유의도와 동일하다. [그림 5-4]부터 [그림 5-6]까지에서 입력된 마지막 변수에서 도출된 ΔR^2에 대한 통계적 유의도를 [그림 5-3]의 회귀계수의 통계적 유의도와 비교해 봄으로써 이것을 증명할 수 있다. 그래서 예를 들어, 동시적 회귀분석의 경우 **자아존중감**은 .663의 확률을 가졌다. 순차적 회귀분석에서 마지막으로 입력되었을 때([그림 5-5] 참조) **자아존중감**은 .663의 확률을 가졌다. 마찬가지로, [그림 5-3]에서 **자아존중감**과 연계된 t는 .436이었다. [그림 5-5]에서 F는 .190이었다($t^2 = F$라는 것을 회상하라). [그림 5-3]에서 SES와 연계된 t와 p를 SES가 순차적 회귀분석에서 마지막으로 입력되었을 때 그것과 연계된 F와 p([그림 5-6] 참조)와 비교하라. 동시적 회귀분석에서 변수와 순차적 회귀분석에서 마지막으로 입력된 변수의 통계적 유의도의 등가(equivalence)는 후속 장들에서 유용한 것으로 증명될 것이다.

[그림 5-11] 순차적 회귀분석에서 자아개념(Self-Concept)과
통제소재(Locus of Control)가 하나의 블록으로 입력되었다.

Variables Entered/Removed[b]

Model	Variables Entered	Variables Removed	Method
1	BYSES SOCIO-ECONOMIC STATUS COMPOSITE	.	Enter
2	BYGRADS GRADES COMPOSITE[a]	.	Enter
3	F1CNCPT2 SELF-CONCEPT 2, F1LOCUS2 LOCUS OF CONTROL 2[a]	.	Enter

a. All requested variables entered.
b. Dependent Variable: F1TXHSTD HIST/CIT/GEOG STANDARDIZED SCORE

Model Summary

Added to the Model	R	R Square	Change Statistics				
			R Square Change	F Change	df1	df2	Sig. F Change
SES	.430[a]	.185	.185	200.709	1	885	.000
Previous Grades	.573[b]	.328	.143	188.361	1	884	.000
Self-Esteem & Locus of Control	.582[c]	.339	.010	6.987	2	882	.001

a. Predictors: (Constant), BYSES SOCIO-ECONOMIC STATUS COMPOSITE
b. Predictors: (Constant), BYSES SOCIO-ECONOMIC STATUS COMPOSITE, BYGRADS GRADES COMPOSITE
c. Predictors: (Constant), BYSES SOCIO-ECONOMIC STATUS COMPOSITE, BYGRADS GRADES COMPOSITE, F1CNCPT2 SELF-CONCEPT 2, F1LOCUS2 LOCUS OF CONTROL 2

Coefficients[a]

Model		Unstandardized Coefficients		Standardized Coefficients	t	Sig.
		B	Std. Error	Beta		
1	(Constant)	51.090	.299		170.745	.000
	BYSES SOCIO-ECONOMIC STATUS COMPOSITE	5.558	.392	.430	14.167	.000
2	(Constant)	34.793	1.218		28.561	.000
	BYSES SOCIO-ECONOMIC STATUS COMPOSITE	3.875	.377	.300	10.280	.000
	BYGRADS GRADES COMPOSITE	5.420	.395	.400	13.724	.000
3	(Constant)	35.517	1.226		28.981	.000
	BYSES SOCIO-ECONOMIC STATUS COMPOSITE	3.690	.378	.285	9.772	.000
	BYGRADS GRADES COMPOSITE	5.150	.399	.380	12.910	.000
	F1CNCPT2 SELF-CONCEPT 2	.218	.501	.015	.436	.663
	F1LOCUS2 LOCUS OF CONTROL 2	1.554	.552	.097	2.814	.005

a. Dependent Variable: F1TXHSTD HIST/CIT/GEOG STANDARDIZED SCORE

만약 회귀식에서 마지막으로 입력되었을 때 각 변수에 대한 $\sqrt{\Delta R^2}$ 의 **값**(values)에 관심을 가지고 있다면, 이것은 준편상관계수와 동일하다는 것을 회상하라. 따라서 준편상관계수[또한 **부분**(part)상관계수라고 불림]를 요청하는 동시적 회귀분석을 수행할 수 있다. 예를 들어, [그림 5-12]의 표의 마지막 칼럼은 모든 다른 변수가 통제된 상태에서 각 변수와 사회과 시험과의 준편상관계수(SPSS는 이것을 부분상관계수라고 명명한다.)를 보여 준다. 따라서, 예를 들어 SES에 대한 [그림 5-12]에서 보여 주는 '부분' 상관의 값은 .268이다. 그것이 방정식에 마지막으로 입력되었을 때, SES에 대한 ΔR^2 에서 보여 주는 값은 .072이었다([그림 5-6] 참고). 그리고 $\sqrt{\Delta R^2} = \sqrt{.072} = .268$ 이다.

만약 사용하는 프로그램이 준편상관계수를 쉽게 산출하지 않지만 고유분산에 대한 정보를 원한다면, 차례대로 각 변수를 회귀식의 마지막에 입력하는 일련의 순차적 회귀분석을 수행함으로써 이 정보를 얻을 수 있다. 저자는 이러한 접근방법을 **순차적 고유 회귀분석**(sequential unique regression)이라 부를 것이다.

[그림 5-12] 각 변수와 사회과 학업성취도 산출과의 준편상관계수 또는 부분상관계수

준편상관계수는 순차적 회귀분석에서 마지막으로 입력된 각 변수의 $\sqrt{R^2}$ 와 동일하다.

Coefficients[a]

Model		Unstandardized Coefficients		Standardized Coefficients	t	Sig.	Correlations		
		B	Std. Error	Beta			Zero-order	Partial	Part
1	(Constant)	35.517	1.226		28.981	.000			
	BYSES SOCIO-ECONOMIC STATUS COMPOSITE	3.690	.378	.285	9.772	.000	.430	.313	.268
	BYGRADS GRADES COMPOSITE	5.150	.399	.380	12.910	.000	.498	.399	.354
	F1CNCPT2 SELF-CONCEPT 2	.218	.501	.015	.436	.663	.173	.015	.012
	F1LOCUS2 LOCUS OF CONTROL 2	1.554	.552	.097	2.814	.005	.248	.094	.077

a. Dependent Variable: F1TXHSTD HIST/CIT/GEOG STANDARDIZED SCORE

상호작용과 곡선도표

마지막으로, 상호작용항을 순차적 회귀분석에 마지막으로 추가함으로써 상호작용과 회귀선에서 곡선도표를 검정하기 위하여 순차적 회귀분석을 사용할 수 있다. 이것은 흔히 사용되며 우리는 후속 장들에서 논의할 것이다.

해석

이 책 전반에 걸쳐, 저자는 수많은 동시적 회귀분석의 결과를 해석해 왔다. 여기에 순차적 회귀분석의 그럴듯한 사용을 설명해 주는 어떤 순차적 회귀분석에 관한 간략한 해석이 있다. 이 분석을 위해, [그림 5-11]의 분석과 출력 결과를 사용할 것이다. 여기에 다음과 같은 가능한 해석이 있다.

이 연구의 목적은 심지어 관련된 배경변수의 영향을 통제한 후에도 학생의 심리학적인 특성이 고등학교 학생의 사회과 학업성취도에 영향을 미치는지를 판정하는 것이었다. 이러한 목적을 달성하기 위하여, 순차적 다중회귀분석을 사용하여, 10학년 표준화 사회과(역사, 시민권, 지리)에 관한 학생의 성적이 SES, 이전(8학년) 성적(Grades), 그리고 두 개의 심리학적 변수, 즉 통제소재(Locus of Control)와 자아존중감(Self-Esteem)에 회귀되었다.

〈표 5-4〉는 분석 결과를 보여 준다. 회귀분석에 입력된 첫 번째 배경변수인 SES는 설명분산에서 통계적의 유의한 증가를 초래했으며($\Delta R^2 = .185$, $F[1, 885] = 200.709$, $p < .001$). 회귀식에 입력된 두 번째 배경변수인 이전 성적(Previous Grades)도 그러하였다($\Delta R^2 = .143$, $F[1, 884] = 188.361$, $p < .001$). 더 큰 관심사는 순차적 회귀분석의 세 번째 단계의 결과이다. 이 단계에서, 통제소재와 자아존중감의 심리학적 변수는 하나의 블록으로 입력되었다. 표에서 볼 수 있는 바와 같이, 이러한 심리적 변수는 학업성취도(Achievement)의 분산에서 통계적으로 유의한 증가를 설명하였다($\Delta R^2 = .010$, $F[1, 882] = 6.987$, $p = .001$). 이러한 연구결과는 개인적·심리학적 변수가 실제로 학생의 고등학교 학업성취도에 중요할 수 있음을 시사한다. 만약 그러하다면, 고등학교 학생의 심리학적인 안녕(well-being)에 초점을 두는 것이 그의 학업성취도뿐만 아니라 안녕에도 중요할 수 있을 것이다.

<표 5-4> SES, 이전 성적, 자아존중감, 심리학적 특성이 10학년 사회과 학업성취도에 미친 영향

블록(Block)	ΔR^2	확률(Probability)
1 사회경제적 지위(SES)	.185	<.001
2 이전 성적(Previous Grades)	.143	<.001
3 통제소재(Locus of Control)와 자아존중감(Self-Esteem)	.010	.001

이러한 해석에서 저자는 표에 준편상관계수(또는 $\sqrt{\Delta R^2}$) 또는 각 블록에서의 β를 포함시킬 수 있지만, 저자는 총효과에 관한 논의나 해석이 없다면 이 통계값은 설명적이라기보다 훨씬 더 오해하게 한다고 생각한다. 연구자가 회귀분석의 마지막 단계로부터 도출된 β를 보고하는 것은 드물지 않다.

요약: 순차적 회귀분석

분석

순차적 회귀분석의 경우, 변수는 한 번에 하나씩 또는 블록으로 추가된다. 변수의 입력순서는 기초하는 인과적 모형과 일맥상통해야 한다. 그렇지 않으면, 그 결과는 변수가 산출에 미치는 영향의 정확한 추정값을 제공하지 않을 것이다.

목적

순차적 회귀분석의 주요 목적은 설명이다. 연구자는 어느 변수가 어떤 산출에 중요한 영향을 미치는지를 결정하는 데 관심이 있다. 기초하는 인과적 모형이 적절하다면, 또한 각 변수가 산출에 미치는 총효과의 정도를 결정하기 위하여 순차적 회귀분석을 사용할 수 있다. 그러나 이러한 사용은 ΔR^2을 보다 더 흔히 사용하기보다 분석에서 각 블록에서 도출된 b이나 β 중 일부를 사용할 것을 요구한다. 그것은 우리가 제2부에서 경로분석을 논의할 때(제11장 참조) 더 구체적으로 진술될 것이다. 모형에서 다른 변수가 통제된 후에, 어떤 산출에 대한 각 변수의 고유 기여도를 결정하기 위하여 순차적 고유 회귀분석이 사용될 수도 있다.

예를 들어, 순차적 회귀분석은 또한 어느 변수가 어떤 산출의 통계적으로 유의한 예측변수인지를 결정하기 위하여 예측 목적으로 사용될 수 있다. 또한 예측변수의 중요도를 순서 매기는 데 관심을 가지고 있을 수 있다. 이러한 경우, 입력순서는 차이가 나게 해서 최상의 접근방법은 준편상관에 초점을 두거나 예측에 대한 각 변수의 고유 기여도를 결정하기 위하여 회귀식에 각 변수를 마지막에 추가하는 것이다(순차적 고유 회귀분석). 그러나 이러한 두 가지 목적의 경우, 동시적 회귀분석이 그 동일한 목적을 훨씬 더 쉽게 달성할 수 있다. 예측을 위해 순차적 회귀분석을 사용하는 위험은 여러분이나 독자가 그 결과를 설명적인 방식으로 해석하도록 심하게 유혹할 수도 있다. 여러분이 "이것은 만약 X를 증가시키면, Y도 증가할 것이라는 것을 의미한다."와 같은 생각을 할 때마다, 예측에서 설명으로의 선을 넘었다는 것을 기억하라.

해석해야 할 것

순차적 회귀분석에서 우리는 일반적으로 각 변수의 통계적 유의도 척도로서의 설명분산에서의 차이 (ΔR^2)의 통계적 유의도에 초점을 둔다. 또한 ΔR^2을 각 변수의 중요도 지표로 보는 것이 일반적이지만, 살펴본 바와 같이 $\sqrt{\Delta R^2}$가 더 나은 중요도 척도이다. 아울러, 순차적 회귀분석에서 변수의 상대적 중요도에 대한 어떤 준거는 인과적 모형에 암시적 또는 명시적으로 기초한다. 또한 순차적 회귀분석의 각 블록에 입력된 변수와 연계된 회귀계수를 해석하는 것이 가능하다.

순차적 회귀분석은 암묵적인 인과적 모형을 필요로 한다는 규칙에 대한 예외는 산출변수에 대한 각 변수의 고유 기여도를 결정하기 위하여 각 변수가 회귀식에 마지막으로 추가될 때이다(순차적 고유 회귀분석). 이러한 접근방법은 동시적 회귀분석에서도 비슷하다.

장점

옹호할 수 있는 모형에 기초하고 있다면, 순차적 회귀분석은 일련의 변수가 어떤 산출에 미치는 총효과에 관한 훌륭한 추정값을 제공할 수 있다(비록 ΔR^2보다 b값이나 β를 검토하지만). 설명분산에 초점을 두고 있는 순차적 회귀분석은 ANOVA 방법에 더 익숙한 사람의 경우 동시적 회귀분석보다 더 편안함을 느낄 수 있다. 순차적 회귀분석은 어떤 새로운 변수가 기존의 일련의 변수에 더하여 어떤 산출의 예측을 향상하는지를 결정하고자 할 때 유용하다. 우리는 상호작용항과 곡선도표 구성요소의 통계적 유의도를 검정하기 위하여 순차적 회귀분석을 이러한 방식으로 사용할 것이다.

단점

순차적 회귀분석은 변수가 입력되는 순서에 따라 회귀분석에서 변수의 중요도에 관한 다른 추정값을 제공할 것이다. 다른 것이 동일하다면, 순차적 회귀분석에 더 일찍 입력된 변수가 나중에 입력된 변수보다 더 중요해 보일 것이다. 이것은 순차적 회귀분석이 분석에서 나중에 입력된 변수를 통한 간접효과를 포함하여 총효과를 추정하기 때문이다. 만약 암묵적이고 타당한 모형에 기초하지 않는다면, 순차적 회귀분석은 오해를 부르는 효과의 추정값을 제공할 수 있다. 저자의 경험상 순차적 회귀분석에 기초하는 그러한 모형을 사용하는 경우는 드물다. 순차적 회귀분석은 아주 늦게 입력된 변수의 효과를 과소추정하고, 아주 일찍 입력된 변수의 효과를 과대추정할 것이다.

결론

살펴본 바와 같이, 저자는 순차적 회귀분석을 상당히 제한적으로, 즉 곡선도표와 상호작용의 통계적인 유의도를 검정하고(제7장과 제8장에서 더 상세하게 논의됨) 단 하나의 변수나 변수들의 블록이 회귀식에 중요도를 추가하는지를 검정하며 어떤 인과적 모형 내에서 총효과를 계산하기 위해서(제2부에서 더 상세하게 논의됨) 사용할 것을 주장해 왔다. 동시적 회귀분석은 일반적으로 대부분의 문제를 위한 저자의 기본(default) 회귀분석 접근방법이다. 그런데 왜 저자는 이 주제(순차적 회귀분석)에 그렇게 많은 시간을 할애해 왔는가? 주요한 이유는 연구관심 분야에 따라 연구물을 읽을 때 순차적 회귀분석을 빈번하게 접하게 될 것이기 때문이다. 불행하게도, 그러한 많은 연구물은 순차적 회귀분석을 빈약하게 그리고 저자가 이 장에서 그렇게 해서는 안 된다고 주장해 왔던 방식으로 사용할 것이다. 저자는 여기에서 순차적 회귀분석의 가장 일반적인 사용을 제시하고 왜 어떤 사용은 적절하고 다른 사용은 그렇지 않은지를 설명하려고 노력해 왔다. 동시적 회귀분석과 순차적 회귀분석 간에는 중복이 있지만, 순차적 회귀분석을 여러분의 기본(default) 방법으로 사용할 수 있으며, 이것은 여러분의 연구 분야에서도 규범(norm)이 될 가능성이 있다. 중요한 점은 두 방법이 서로 어떻게 관련되어 있으며 그것이 회귀분석 접근방법의 다른 측면에 초점을 두는 정도(degree)를 이해하는 것이다.

📈 단계적 다중회귀분석

회귀분석에 관한 책을 읽을 때, 여러분은 단계적 회귀분석(stepwise regression)[또는 예를 들어, 전진 선택(forward selection) 또는 후진 제거(backward elimination)와 같은 그것의 변형 중 하나]이라 불리는 MR의 변형(variation)을 접할 수도 있다. 동시적(simultaneous) 또는 순차적(sequential) 회귀분석과는 달리, 단계적(stepwise) 회귀분석은 예측을 위해서만 사용되어야 한다. 불행하게도, 그것이 매우 쉽기 때문에 단계적 회귀분석은 설명을 시도하는 데에도 종종 사용되었다. 저자는 이러한 실수를 저지르지 말기를 계속해서 권고할 것이며, 일반적으로 단계적 방법의 사용을 권장하지 않을 것이다. 단계적 회귀분석의 제시는 확장된 논의 및 요약과 더불어 순차적 회귀분석을 위해 사용했던 형식을 따를 것이다.

분석

단계적 MR은 예측변수가 한 번에 하나씩 순차적인 순서로 입력된다는 점에서 순차적 회귀분석과 비슷하다. 차이점은 단계적 회귀분석의 경우 연구자라기보다는 컴퓨터가 입력순서를 선택한다는 것이다.

[그림 5–13]은 이 장 전반에 걸쳐 사용된 변수와 자료를 사용하여 단계적 회귀분석을 한 후 도출된 주요한 출력 결과를 보여 준다. **이전 성적**이 단계 1에서, SES가 단계 2에서, 그리고 **통제소재**가 단계 3에서 입력되었다. 회귀식에 대한 이러한 추가 각각이 ΔR^2에서 통계적으로 유의한 증가를 초래하였다는 것을 보여 주는 모형 요약(Model Summary) 표에 주목하라. 반대로, **자아존중감**은 그것의 추가가 R^2에 통계적으로 유의한 증가를 초래하지 않기 때문에 회귀식에 추가되지 않았다.

변수가 어떻게 회귀식에 추가되는가

입력/제거된 변수(Variables Entered/Removed)라고 이름 붙여진 표의 마지막 칼럼에서 볼 수 있는 바와 같이, 변수는 만약 ΔR^2과 연계된 확률이 .05보다 작으면 회귀식에 입력된다. 만약 이것이 변수가 회귀식에 입력될 수 있는 유일한 방법이라면, 이것을 **전진 입력** (단계적) 회귀분석[forward entry (stepwise) regression]이라 부른다.

[그림 5-13] 사회경제적 지위(SES), 이전 성적(Previous Grades), 자아존중감(Self-Esteem),
통제소재(Locus of Control)의 사회과 학업성취도(Social Studies Achievement)에로의 단계적 회귀분석

Variables Entered/Removed[a]

Model	Variables Entered	Variables Removed	Method
1	BYGRADS GRADES COMPOSITE	.	Stepwise (Criteria: Probability-of-F-to-enter <= .050, Probability-of-F-to-remove >= .100).
2	BYSES SOCIO-ECONOMIC STATUS COMPOSITE	.	Stepwise (Criteria: Probability-of-F-to-enter <= .050, Probability-of-F-to-remove >= .100).
3	F1LOCUS2 LOCUS OF CONTROL 2	.	Stepwise (Criteria: Probability-of-F-to-enter <= .050, Probability-of-F-to-remove >= .100).

a. Dependent Variable: F1TXHSTD HIST/CIT/GEOG STANDARDIZED SCORE

Model Summary

Added to the Model	R	R Square	Adjusted R Square	R Square Change	F Change	df1	df2	Sig. F Change
Previous Grades	.498[a]	.248	.247	.248	291.410	1	885	.000
SES	.573[b]	.328	.327	.080	105.682	1	884	.000
Locus of Control	.582[c]	.338	.336	.010	13.797	1	883	.000

a. Predictors: (Constant), BYGRADS GRADES COMPOSITE
b. Predictors: (Constant), BYGRADS GRADES COMPOSITE, BYSES SOCIO-ECONOMIC STATUS COMPOSITE
c. Predictors: (Constant), BYGRADS GRADES COMPOSITE, BYSES SOCIO-ECONOMIC STATUS COMPOSITE, F1LOCUS2 LOCUS OF CONTROL 2

ANOVA[d]

Model		Sum of Squares	df	Mean Square	F	Sig.
1	Regression	21357.16	1	21357.164	291.410	.000[a]
	Residual	64860.76	885	73.289		
	Total	86217.92	886			
2	Regression	28283.26	2	14141.630	215.781	.000[b]
	Residual	57934.66	884	65.537		
	Total	86217.92	886			
3	Regression	29174.59	3	9724.864	150.536	.000[c]
	Residual	57043.33	883	64.602		
	Total	86217.92	886			

a. Predictors: (Constant), BYGRADS GRADES COMPOSITE
b. Predictors: (Constant), BYGRADS GRADES COMPOSITE, BYSES SOCIO-ECONOMIC STATUS COMPOSITE
c. Predictors: (Constant), BYGRADS GRADES COMPOSITE, BYSES SOCIO-ECONOMIC STATUS COMPOSITE, F1LOCUS2 LOCUS OF CONTROL 2
d. Dependent Variable: F1TXHSTD HIST/CIT/GEOG STANDARDIZED SCORE

그러나 회귀식의 각 단계에서 입력된 변수의 분산이 그 회귀식의 나중 단계에서 입력된 몇 개의 변수의 분산에 의해서 재산출되는 것도 가능하다. 만약 이러한 일이 발생하고(현재 예제에서는 그렇지 않다.) 더 일찍 입력된 변수와 연계된 p가 .10 이상 증가하였다면 이 변수는 그 회귀식에서 탈락된다. 물론 이것은 많은 가능한 예측변수를 가지고 있는 문제에서 더 그러할 가능성이 높다. 만약 이것이 사용될 수 있는 유일한 접근방법이라면(즉, 모든 변수가 입력되었고 통계적으로 유의하지 않은 변수가 탈락되었음), 우리는 **후진 제거** (단계적) 회귀분석[backward elimination (stepwise) regression]을 수행하고 있는 것이다. **단계적 회귀분석(stepwise regression)**이라는 용어는 통상적으로 이러한 두 방법의 조합을 말하지만, 또한 전진 입력방법만을 언급하기 위해서도 사용된다. 입력과 제거를 위한 확률값은 변할 수 있다. 또한 단계의 수를 제한할 수도 있다. 예를 들어, 최대 두 단계를 설정하였다면, **성적(Grades)**과 SES만이 그 회귀식에 입력되었을 것이다.

프로그램이 어떻게 각 단계에서 어떤 변수를 추가할 것인지를 결정하는가

입력될 첫 번째 변수는 산출변수와 가장 큰 상관관계를 가지고 있는 변수이다. 현재 예제의 경우, 성적이 **사회과 학업성취도**와 가장 큰 상관관계를 가졌으며, 따라서 회귀식에 입력할 첫 번째 변수이었다.

그런 다음, 프로그램은 회귀식에 이미 입력된 변수(들)를 통제한 상태에서 각각의 나머지 변수와 산출과의 준편상관계수를 계산하며, 산출과 가장 큰 준편상관계수값을 가진 변수가 다음에 입력된다. 현재 예제의 경우, SES가 성적이 통제된 후에 **사회과 학업성취도**와 가장 큰 준편상관계수값을 가졌다. 달리 표현하면, ΔR^2에서 가장 큰 증가를 초래할 변수가 다음에 회귀식에 추가될 것이다. 그런 다음, 프로그램은 더 이상 포함되지 않은 변수가 입력 요건을 충족하지 않을 때까지 또는 최대 단계 수에 도달할 때까지 계속해서 이러한 단계(한 변수를 추가하고, 입력된 변수를 통제한 상태에서 포함되지 않은 변수의 준편상관계수를 계산한다)를 반복한다. 제곱된 준편상관계수가 ΔR^2과 동일하다는 것을 알고 있기 때문에, 이러한 과정은 각 단계에서 각 변수에 대한 가능한 ΔR^2을 계산하는 것과 동일하다.

위험: 단계적 회귀분석은 설명에 부적절하다

정말 대단하지 않은가? 더 이상 모형을 고안하기 위하여 힘들게 생각할 필요도 없으며, 이러한 모형이 잘못된 것으로 판명되더라도 더 이상 당혹스럽지도 않다! 여러분이 할 일은 어느 변수가 중요한지가 아니라 어느 변수를 분석에 포함시킬 것인지를 결정하는 것이다. 단지 컴퓨터가 결정하도록 내버려 두라! 그러나 힘든 일에 대한 어떠한 대체물도 없다. 단계적 회귀분석은 실제로 어떤 산출을 예측하는 데 유용한 변수의 일부분을 결정할 수 있도록 도와줄 수 있지만(그리고 우리는 심지어 나중에 이 진술에 대해 의구심을 제기할 것이다), 그것이 전부이다. 단계적 회귀분석은 어느 변수가 어떤 산출에 영향을 미치는지를 알려 줄 수 없다. 이것을 결정하기 위하여 어떤 산출에 그럴듯한 영향을 미칠 것이라는 옹호할 수 있는 이론과 연구에서 도출된 개념, 즉 모형이라고 불러왔던 것으로 시작해야 한다. 심지어 그러한 모형을 가지고 있더라도 적절한, 설명적인 회귀분석이 밝혀 주는 것은 **여러분의 모형이 적절하다는 가정하에(given the adequacy of your model)** 한 변수가 다른 변수에 미치는 영향의 정도이다. 다시 말해서, 암묵적 또는 명시적 모형은 MR의 설명적 해석을 위해 요구되며 그러한 모형은 통계 프로그램에서 도출되어 나오는 것이 아니라 면밀한 생각의 통합된 어떤 주제에 관한 이론과 연구에 관한 지식에서 도출되어 나온다.

아마도 그 답은 중요하고 적절한 변수가 포함되어 있는 비공식적인 설명적 모형에서 시작하는 것이며, 그런 다음 단계적 회귀분석을 실행하는 것이다. 이러한 기법은 단계적 회귀분석이 모형에서의 변수의 적절한 순서를 아무 것도 말해 주지 않기 때문에 전혀 도움이 되지 않는다. 당연히 단계적 회귀분석도 변수를 순서 매기지만, 그 변수가 분산을 순차적으로 설명하는 정도에 따라서만 순서를 매긴다. 이러한 순서는 변수의 인과적 순서와는 전혀 다를 수 있다. [그림 5-13]의 단계적 회귀분석 결과는 변수의 적절한 시간순위를 알려 주지 않는다는 것에 주목하라([그림 5-13]의 결과를 [그림 5-9]의 모형과 비교하라.). 그리고 우리는 훨씬 더 어리석게 될 수 있다. 우리는 SES, **자아인식**, 10학년 **사회과 학업성취도**를 이전 성적에 쉽게 회귀시켜 버릴 수 있으며, 단계적 회귀분석은 비록 예측변수(사회과 학업성취도)가 척도(criterion)(성적) 뒤에 발생했을지라도, **사회과 학업성취도**가 성적의 가장 좋은 단일 예측변수이며, 다음으로 SES 등이었다고 공손하게 말하였다! 요점은 다음과 같다. 단계적 회귀분석 결과는 변수가 산출에 어떻게 영향을 미치는지를 이해할 수 있도록 도와주지는 않는다. 이러한 이유 때문에, 방법론자는 설명적인 방법으로서의 단계적 회귀분석을 일상적으로 비난한다. 즉, "변수가 이론에 근거하지 않고 분석에 부주의하게 입력되며, 따라서 그 결과는 이론적인 쓰레기이다"(Wolfie, 1980: 206). 수업 시간에 이 점을 지적하기 위해서 저자는 학생들에게 반은 농담조로 단계적 회귀분석은 악마의 도구라고 말한다. 만약 일련의 변수가 어떤 산출에 미치는 영향을 이해하기를 원한다면, 단계적 회귀분석을 **사용하지 말라**(do not use). 만약 결과에 기초하여 정책이나 해결책에 대해 권고하기를 원한다면, 단계적 회귀분석을 **사용하지 말라**(do not use).

예측적 접근방법

그렇다면 단계적 회귀분석은 무엇을 알려 줄 수 있는가? 단계적 회귀분석은 일련의 예측변수 중 어느 일부분이 어떤 척도를 예측하기 위해서 사용될 수 있는지를 알려 줄 수 있다. 그것은 주어진 일련의 예측변수를 사용하여 어떤 척도를 예측하기 위한 어떤 회귀식을 개발하기 위해 사용될 수도 있다. 단계적 회귀분석은 예측을 위해 사용될 수도 있다. 몇 가지 예제가 이러한 점을 분명하게 보여 주는 데 도움이 될 것이다. 예측을 위해 회귀분석을 사용하는 가장 흔한 경우 중 하나는 선발에서이다. 예를 들어, 여러분이 대학교 입학담당 직원이며 대학교에서 성공할 수 있는 학생을 입학시키는 데 있어서의 정확도를 향상시키기를 원한다고 가정해 보자. 더 나아가 이용할 수 있는 많은 예측변수, 즉 고등학교 성적, 학급에서의 등수, SAT나 ACT 점수, 학술동아리와 운동경기에의 참여, 심지어 인성 척도를 가지고 있다고 가정해 보자. 여러분은 이러한 정보를 학생의 현재 GPA에 회귀함으로써 현재의 학생을 사용하여 어떤 예측 회귀식을 개발할 수 있으며, 그런 다음 그 예측 회귀식을 새로운 학생을 선택하는 데 있어 보조물(aid)로 사용할 수 있다. 다음과 같은 이러한 회귀식은 우리가 이 책의 앞부분에서 개발했던 회귀식과 매우 흡사할 것이다.

$$(예측)성적 = a + b_1 고등학교 \ 성적 = \ + b_2 고등학교 \ 등수 + b_3 SAT + \cdots$$
$$(Grades(predicted) = a + b_1 HSGrades = + b_2 HSRank + b_{3SAT} + \cdots)$$

이 예제는 동시적 회귀분석이 예측 목적으로 사용됨을 예증한다는 것에 주목하라. 그러나 더 나아가 이 모든 정보를 수집하는 것이 어려우며, 또한 만약 더 작은 수의 예측변수를 사용하여 거의 예측할 수 있다면 더 비용효과적(cost effective)일 것이라고 가정해 보자. 이 경우, 단계적 회귀분석은 회귀식에서의 변수의 수를 줄이면서 여전히 현재 상태보다 예측의 정확성을 향상시킬 방법일 수 있다. 심리학자들은 종종 어떤 처치(예: 특수교육 서비스나 중재 프로그램에의 참여)를 위한 참여자를 선택하기 위해서 개인적으로 행해진 검사를 사용한다. 이러한 검사는 비싸고 시간이 많이 소비된다. 만약 신뢰도나 타당도가 거의 손상되지 않은 더 간단한 검사를 개발할 수 있다면, 이것은 값어치 있는 교환(trade-off)이라고 할 수 있다. 만약 그러하다면, 여러분은 예를 들어 10개의 하위검사 중 어느 4개가 그 검사에서의 전체 점수를 가장 잘 예측했는지를 찾기 위하여 단계적 회귀분석을 사용할 수 있다. 그다음, 향후의 선택에서는 이 4개의 검사에서 도출된 전체 점수를 예측하기 위해 그 생성된 회귀식을 사용할 수 있다.

예측에 관한 이러한 예제의 경우, 이론과 모형은 중요하지 않다는 것에 주목하라. 그 입학담당 직원은 이 변수 중 어느 것이 대학교 성공에 영향을 미치는지에는 관심을 두지 않는다. 그녀는 단지 그 예측이 입학업무 처리과정을 향상시킨다는 것에만 관심을 둔다. 어떤 지능검사의 타당하지만 더 짧은 버전을 찾고 있는 심리학자는 하위검사가 왜 총점수의 예측에 도움이 되는지에는 관심을 두지 않는다. 실제로 비록 타당한 이론이 지능이 학업성취도에, 그 역으로보다는 영향을 미친다고 주장할지라도, 그는 아마도 예측을 도와주는 학업성취도 검사를 사용할 것이다. 마찬가지로, 여러분은 향후 주식 가격이나 어느 경주말이 경주에서 우승을 할 것인지를 예측하기 위한 어떤 신뢰할 수 있는 방법을 개발할 수 있다면, 여러분은 아마도 여러분의 회귀식이 왜 효과가 있는지에는(적어도 그것이 효과가 없을 때까지는) 관심을 두지 않을 것이다. 만약 우리의 목적이 단순히 예측에 있다면 그 척도에 대한 예측변수의 이론적인 관계는 문제가 되지 않는다. 그러나 중요한 것은 우리가 예측적인 결과를 설명적인 방식으로 해석하고자 하는 데 계속해서 유혹당해서는 안 된다는 것이다. 그러므로 그 입학담당 직원이 만약 잠재적인 지원자에게 고등학교 성적을 올리는 것이 그의 후속되는 대학교 GPA를 향상시킬 것이라고 말하는 것은 옳지 않다.

교차확인

이 예제들에서 연구자가 왜 변수가 단계적 회귀분석에서 회귀식에 입력되는지에 관심을 두지 않는 것처럼, 프로그램도 왜 변수가 그 회귀식에 입력되는지에 '관심을 두지' 않는다. 어떤 예측변수가 어떤 척도에서 설명하는 분산은 신뢰할 수 있고 타당한 차이(variation)일 수 있으며, 오차나 우연한 차이에 기인할 수도 있다. 다시 말해서, 단계적 회귀분석은 우연에 편승한다. 그 결과, 예측변수 또는 R^2에 의한 척도에서 설명분산에 의해 측정될 때 예측의 정확성은 부풀려질 것 같다. 마찬가지로, 후속되는 예측에서 사용된 회귀계수는 수용될 정도로 그렇게 정확하지는 않을 것이다.

그러한 예측을 탐색하고 향상시키기 위한 한 가지 방법은 **교차확인**(cross-validation)이라 불리는 방법을 통해서이다. 이 방법에서 하나의 표본은 회귀식을 개발하기 위해서 사용되는데, 그런 다음에 그것은 두 번째 표본에서 교차확인된다. 두 표본은 동일한 모집단에서 도출된 별도의 표본일 수 있고, 또는 하나의 더 큰 표본이 무선적으로 분할되기도 한다. 첫 번째 표본에서 도출된 회귀식은 두 번째 표본을 위한 가중된 예측 척도 점수(weighted predicted criterion score)인 합성변수를 생성하기 위하여 사용된다[예: SPSS에서는 변환(T) → '변수 계산(C)(compute)'을 통해]. 이것은 제3장에서 했던 합성변수 생성과 비슷하다. 그런 다음, 이러한 예측 척도는 두 번째 표본에서 실제 척도와 상관된다. 만약 이 상관관계가 초기 회귀식에서 도출된 R보다 상당히 더 적으면, 그것은 그 회귀식이 일반화되지 않으며, 따라서 의심스럽다는 것을 의미한다. 또한 각 표본이 다른 표본에서 검정될 어떤 회귀식을 생성하기 위해서 사용되는 중복 교차확인(double cross-validation)도 가능하다. 만약 교차확인이 성공적(두 번째 회귀분석에 대한 r이 첫 번째 회귀분석에서 도출된 R과 근접)이라면, 훨씬 더 안정적인 회귀가중값을 생성하기 위하여 그 두 표본을 통합하는 것이 일반적이다.

우리는 NELS 자료세트를 500개의 두 표본으로 분할할 수 있다. 첫 번째의 탐색적 예제를 위해, SES, 성적, **자아존중감**, 통제소재에서 **사회과 학업성취도**를 예측하기 위하여 단계적 회귀분석을 사용할 수 있다. 그런 다음, 그 생성된 회귀식은 두 번째 또는 교차확인 표본에서 사회과 학업성취도 점수를 예측한 합성변수를 만들기 위하여 사용될 수 있다. 그런 다음, 이 합성변수와 교차확인 표본에서 실제 사회과 학업성취도와의 상관계수가 설명적인 표본을 위한 R의 값과 비교될 수 있다. 만약 그 두 값이 근접하다면, [그림 5-13]의 b값이 사회과 학업성취도 점수를 예측하기 위하여 또 다른 표본에서 사용될 수 있다는 확신을 가질 수 있다. 또한 표본을 2/3(설명적 표본)와 1/3(교차확인 표본)의 비율로 분할하는 것이 일반적이다.[3]

분명히 교차확인은 더 큰 표본(또는 두 번째 표본)을 요구한다. 아이러니하게도, 회귀가중값이 안정적이고 회귀식이 일반화되었음을 명확하게 하기 위한 방법은 큰 표본과 더 적은 예측변수를 통해서이다. 따라서 이것은 다음과 같은 단계적 회귀분석의 또 다른 주요한 교훈이어야 한다. 즉, 큰 표본과 상대적으로 적은 예측변수를 사용하라. 불행하게도, 이러한 조언은 종종 실제로는 단계적 회귀분석의 사용에 역행한다. 아이러니한 점은 연구자가 표본이 작고 회귀방정식에서 예측변수의 수를 줄이려고 할 때 단계적 회귀분석을 종종 사용한다는 것이다.

수정된 R^2

R^2이 새로운 표본에서는 더 작은 것처럼, 또한 표본에서보다 모집단에서도 더 작은 것 같다. 표본 R^2으로부터 모집단 R을 추정하는 많은 방법이 있다. 일반적인 수식은 다음과 같다.

$$R^2_{수정된} = R^2 - \frac{k(1-R^2)}{N-k-1}$$

만약 계산을 한다면, 이것은 [그림 5-13]의 표에서 보고한 '수정된 R^2(adjusted R^2)'임을 알 수 있을 것이다(그리고 그것은 대부분의 컴퓨터 프로그램에서 사용된 것으로 보인다). 훨씬 더 자세한 사항과 대안을 보려면, Darlington과 Hayes(2017, 제7장, 또한 방법의 비교는 Raju, Bilgic, Edwards & Fleer, 1999 참고)를 보라. 저자가 말하고자 하는 요점은 다음과 같다. 모집단에서 구할 수 있는 R^2과 교차확인을 통해 구할 수 있는 R^2은 사용된 표본크기와 예측변수의 수에 따라 다르다. 다른 것이 동일하다면, 결과는 더 큰 표본과 더 적은 예측변수를 가지고 있을 때 더 안정적일 것이다.

저자는 이러한 문제, 즉 교차확인이나 수정된 R^2 중 어느 것도 단계적 회귀분석 또는 심지어 예측 목적의 회귀분석에만 해당되지는 않는다는 것을 지적해야 한다. 비록 덜 일반적이지만, 우리는 설명적인 회귀분석 결과를 쉽고 유익하게 교차확인할 수 있다. 실제로, 그러한 교차확인은 반복(replication)의 한 형태로 간주할 수 있다. 교차확인과 반복 모두 이전보다 더 흔히 수행되어야 한다.

---

3) 저자는 교차확인의 문제를 매우 단순화해 왔다. 그래서 만약 그 방법론을 사용한다면 추가적으로 관련 서적을 읽기를 권한다. 실제 R^2과 가능성 있는 교차확인 R^2을 추정하기 위한 많은 다른 수식이 있다. Raju와 동료들(1999)은 이것을 경험적으로 비교하였다. 훨씬 더 흥미롭게도, 이것과 다른 연구는 예측변수의 동일한 가중이 종종 MR 추정값에 기초한 가중보다 더 나은 교차확인을 산출한다는 것을 시사한다!

또 다른 위험

저자는 여러분에게 설명적 연구에서 단계적 회귀분석을 사용해서는 안 된다는 것을 확신시키는 데 성공했기를 바란다. 불행하게도, 단계적 회귀분석을 예측 목적으로 사용할 때에도 위험이 있다. 저자는 여기에서는 그중 몇 가지를 간략하게 개괄하겠다. 더 완전히 알고 싶으면 Thompson(1998)을 참고하라.

자유도

단계적 회귀분석의 각 단계에서 프로그램은 단지 그 단계에 추가된 변수만이 아니라 예측변수 세트 속에 있는 **모든(all)** 변수를 검토한다. 회귀모형과 잔차에 대한 자유도는 자료의 이러한 사용을 인식**해야 하지만(should)**, 컴퓨터 프로그램은 일반적으로 고려되었음에도 회귀식에 입력되지 않았던 모든 변수를 무시하고 마치 단 하나의 변수만이 고려된 것처럼 자유도를 출력한다. 다시 말해서, [그림 5-13]에서 보여 주는 회귀분석의 모든 단계에 대한 자유도는 네 개의 변수가 모든 단계에서 입력되거나 평가되었기 때문에 4와 882이어야 한다(그리고 비록 마지막 회귀분석에서 단 세 개의 변수만이 사용되었지만, 이러한 동일한 *df*가 마지막 회귀식에 적용된다). 그러한 수정의 결과는 실제 *F*값은 대부분의 출력 결과에서 열거된 *F*값보다 더 작다는 것이다. 마찬가지로, **수정된 R^2(adjusted R^2)**은 사용된 예측변수의 전체 수로 간주되어야 한다. 만약 표본크기가 적고 예측변수의 수가 크다면, 실제 수정된 R^2은 출력 결과에서 보여 주는 것보다 훨씬 더 작을 것이다.

반드시 최상의 예측변수는 아닐 수도 있다

단계적 회귀분석은 연구자가 예측을 하기 위해서 최상의 예측변수 하위세트를 찾고자 할 때 흔히 사용된다(실제로 이것이 저자가 제시한 앞의 예측 예제 이면에 있는 추론이었다). 그러나 단계적 회귀분석이 작동하는 방식, 즉 한 변수를 한 번에 하나씩 입력하는 방식 때문에, 최종 예측변수 세트는 심지어 '최상의' 하위세트가 아닐 수도 있다. 즉, 그것은 가장 높은 R^2을 가지고 있는 하위세트가 아닐 수도 있다. Thompson(1998)은 이 점을 잘 설명하였다.

일반화의 결여

다른 회귀분석 방법들보다 단계적 회귀분석은 특히 다른 표본이나 상황에 빈약하게 일반화되는 계수와 수식을 산출하는 것 같다. 교차확인은 단계적 회귀분석에서 특히 중요하다.

단계적 회귀분석에 대한 대안

저자의 경험상, 단계적 회귀분석을 사용한 대부분의 연구자는 어느 변수가 산출을 위해 약간 애매모호한 의미에서 '가장 중요한지'를 찾는 데 관심이 있다. 만약 누군가가 좀 더 깊이 탐구한다면, 일반적으로 의도된 목적은 본질적으로 설명적인 것으로 판명된다. 이미 논의해 온 바와 같이, 동시적 회귀분석 또는 순차적 회귀분석은 설명에 더 적절하다.

예측이 목적인 경우에 단계적 회귀분석은 수용할 수 있을 것이다. Cohen과 동료들(2003: 161-162)이 언급한 바와 같이, 단계적 회귀분석의 문제는 연구자가 단지 예측에만 관심이 있을 때, 표본크기가 크고 예측변수의 수가 상대적으로 적을 때, 그리고 그 결과가 교차확인되었을 때 덜 심각하다.

저자는 이미 동시적 회귀분석과 순차적 회귀분석 둘 다 예측을 위해 사용될 수 있다고 주장해 왔다. 만약 어떤 연구자가 일련의 예측변수에서 어떤 수식을 개발하는 데 관심이 있다면, 이것은 동시적 회귀분석을 통해 달성될 수 있다. 만약 예측의 목적을 위해 사용된다면, 그는 예측 수식을 개발하기 위하여 마지막 수식에서 도출된 계수를 사용하여, 변수를 얻는 것이 용이한지에 기초하여 순차적 회귀분석에 변수를 입력할 수 있다.

심지어 누군가가 단순히 더 큰 예측변수에서 '최상의' 예측변수 하위세트를 얻기를 원할 때조차도 대안이 있다. 예를 들어, **모든 하위세트(all subsets)** 회귀분석은 어느 하위세트가 최상의 예측을 제공해 주는지를 결정하기 위하여 한 세트의 예측변수 중에서 모든 가능한 하위세트를 검정할 것이다. 어떤 산출을 위해 25개의 예측변수 중 최상의 10개를 원한다고 해 보자. 모든 하위세트 회귀분석은 단계적 회귀분석보다 이러한 정보를 더 정확하게 제공해 줄 것이다. 이러한 방법은 SAS에서 변수 선택을 위한 옵션 중하나이다(MaxR). 그것은 다른 통계 프로그램에서는 일련의 회귀분석을 사용함으로써, 그리고 모든 가능한 하위세트의 변수에 의해 설명되는 분산을 비교함으로써 수동으로 수행될 수 있다.

저자의 단계적 회귀분석에 대한 경멸에 관한 마지막 경고는 다음과 같다. 때때로 여러분은 순차적 회귀분석이 사용되었지만, 그것을 단계적 회귀분석이라고 언급한 연구를 접할 수 있다. 아마도 이러한 혼동은 변수가 단계[여기에서 저자는 이러한 혼동을 피하기 위하여 순차적 회귀분석을 언급할 때 '단계(steps)' 대신에 '블록(blocks)'이라는 용어를 사용해 왔다.]에 추가되기 때문에 발생하는 것 같다. 순차적 회귀분석을 단계적 회귀분석으로 표현하는 것은 흔히 사용되지는 않지만, 저자는 그것을 이따금씩 본다. 따라서 어느 방법이 사용되었는지를 확실히 하기 위해서 연구의 세부내용을 읽어 볼 필요가 있을 것이다. 그러나 그것이 정말로 순차적 회귀분석이었다고 가정하지 말라. 많은 연구자는 동시적 또는 순차적 회귀분석이 더 나은 접근방법일 수 있을 때에도 단계적 회귀분석을 사용한다.

요약: 단계적 회귀분석

분석

단계적 회귀분석에서 변수는 한 번에 하나씩 추가된다. 변수의 입력순서는 통계 프로그램에 의해 통제된다. 즉, ΔR^2에서 가장 큰 증가를 초래할 변수가 각 단계에서 입력된다. 만약 이전에 변수가 나중의 변수를 추가함으로써 통계적으로 유의하지 않게 되면, 그것은 그 회귀식에서 탈락될 수 있다.

목적

단계적 회귀분석의 주요 목적은 예측이다. 그것은 어떤 척도의 효과적인 예측을 제공하는 이용 가능한 변수의 하위세트를 선정하기 위해서 사용된다. 단계적 회귀분석은 일련의 변수가 어떤 산출에 미치는 영향을 이해하기를 원할 때(예측) 사용해서는 안 된다.

해석해야 할 것

설명분산에서의 변화(ΔR^2)와 연계된 통계적 유의도가 단계적 회귀분석의 주요 초점이다. 여러분은 또한 후속되는 산출된 회귀계수(b값)를 후속되는 예측 회귀식에서 사용할 수도 있다.

장점

단계적 회귀분석은 가능한 예측변수의 수가 크고, 어느 것을 포함해야 하고 어느 것을 버려야 하는지를 알지 못할 때(물론 N이 커야 한다.) 사용될 수 있다. 단계적 회귀분석은 예측변수의 수를 줄이고도 여전히 그 산출을 효과적으로 예측하도록 도와줄 수 있다. 단계적 회귀분석의 예측변수를 선택할 수 있는 능력, 따라서 많은 어려운 생각을 피할 수 있도록 해 주는 것이 이 방법의 한 가지 장점이라고 생각된다. 대신에 저자는 그것이 한 가지 약점이라고 믿는다.

단점

저자는 단계적 회귀분석의 팬이 아님을 명확히 하고자 한다. 그것은 설명적 연구를 위해 사용되어서는 안 되며, 만약 그렇게 사용되었다면 그 결과는 쓸모가 없을 것이다. 단계적 회귀분석은 예측적인 연구를 위해서 사용될 수 있지만, 심지어 그런 경우라도 다른 접근방법이 더 생산적일 것이다. 저자는 이 방법의 사용처가 별로 없다고 믿는다.

저자와 많은 다른 사람이 그것의 사용을 권장하지 않으면서도 왜 이 방법을 논의하는 시간을 소비하는가? 저자의 경험상으로는 비록 점차 감소하고는 있지만, 단계적 회귀분석은 여전히 상당히 흔하게 사용되고 있다. 그리고 이러한 판단은 저자가 가장 익숙한 연구 분야에 한정되지 않는다. 이 장(章)을 준비하는 과정의 일환으로 저자는 단계적(stepwise)이라는 단어에 대한 일련의 문헌조사를 하였으며, 그 용어가 단계적 회귀분석과 연계되어 얼마나 빈번하게 나타나는지에 깜짝 놀랐다. 단계적 회귀분석은 회귀분석을 사용하는 심리학의 모든 영역, 교육학, 다른 사회과학 그리고 심지어 의학에서 흔한 것으로 보인다. 저자는 여러분이 책을 읽을 때 단계적 회귀분석을 우연히 접할 가능성이 있기 때문에 이를 제시하지만 비난한다. 저자는 여러분이 그 방법을 사용하지 않기를 원하며, 그래서 여기에 어떠한 해석도 제시하지 않는다.

📈 연구 목적

이 장에서는 두 가지 새로운 유형의 MR, 즉 순차적 회귀분석과 단계적 회귀분석을 소개했으며, 그것들을 동시적 회귀분석 및 서로 간에 비교하였다. 각 방법에 관한 분석방법, 해석, 목적, 장단점에 초점을 두었다. 〈표 5-5〉는 세 가지의 일반적인 회귀분석 접근방법의 목적, 장단점 등을 요약한 것이다.

<표 5-5> 세 가지 유형의 다중회귀분석 요약표

방법	동시적	순차적	단계적
절차	모든 변수가 회귀식에 동시에 강제로 입력됨	**연구자**(researcher)가 선행 지식이나 이론에 기초하여 한 변수를 한 번에 하나씩 입력함	**컴퓨터**(computer)가 설명분산의 증가에 기초하여 한 변수를 한 번에 하나씩 입력함
목적	**설명**(explanation): 상대적 중요도, 각 변수의 효과 **예측**(prediction): 예측식 생성	**설명**(explanation): 변수가 산출에 중요한가? **설명**(explanation): 상호작용, 곡선도표 구성요소의 통계적 유의도 검정	**예측**(prediction): 어느 변수가 예측 준거에 도움이 되는가?
해석해야 할 것	전체 R^2, b의 통계적 유의도, b과 β의 크기	$\triangle R^2$의 통계적 유의도, $\sqrt{\triangle R^2}$의 크기	$\triangle R^2$의 통계적 유의도
장점	1. 이론과 통합했을 때 설명에 매우 유용 2. 변수의 상대적 영향에 대한 결론 허용 3. 정책, 해결책 시사점에 대한 결론 허용 4. 암묵적인 모형에서 직접효과 추정 5. 암묵적 모형에서 변수의 순서는 중요하지 않음	1. 이론과 통합했을 때 설명에 유용 2. 곡선도표와 상호작용에 대한 검정에 유용 3. 암묵적 모형에서 총효과 추정 (더 자세한 정보는 이 책의 제2부 참조)	1. 효과적인 예측을 위해 어느 변수가 사용될 수 있는지를 알려 줄 수 있음 2. 생각이나 이론을 요구하지 않음
단점	1. 어느 변수가 입력되느냐에 따라 회귀값이 변화할 수 있음 2. 어떤 이론적인 모형을 상정 3. 직접효과만 추정	1. 변수의 입력순서에 따라 $\triangle R^2$이 변화함 2. 입력순서에 따라 변수의 중요도를 과대 또는 과소추정할 수 있음 3. 입력순서가 순차적·이론적인 모형을 상정함 4. 총효과만 추정	1. 생각이나 이론을 요구하지 않음 2. 컴퓨터에 대한 통제 포기 3. 설명을 위해 사용할 수 없음 4. '이론적인 쓰레기'

저자는 이 표의 최초 버전을 개발했던 Bettina Franzese에게 감사드린다.

이제 다음과 같은 중요한 질문이 있다. 어느 접근방법을 사용할 것인지를 어떻게 결정해야 하는가? 첫 번째 단계는 연구를 수행하는 목적에 대해 주의 깊게 생각하는 것이다. 연구결과에 대해 말할 수 있기를 원하는 것이 무엇인가? 그 결과를 어떻게 사용할 계획인가? 의도된 목적의 검토는 우선 설명에 관심이 있는지, 예측에 관심이 있는지를 이해할 수 있도록 도와줄 것이다. 이러한 결정을 한 다음에, 가장 적절한 방법에 관하여 정보에 근거한 선택을 할 수 있도록 도와주기 위하여 좀 더 구체적인 질문에 초점을 둘 수 있다.

설명

어떤 현상을 이해하는 데 관심이 있는가? 어떤 것이 어떻게 일어나는지를 설명할 수 있기를 원하는가? 연구에 기초하여 정책적인 제언을 하기를 원하는가? 어떤 가치 있는 산출을 최대화하기 위하여 어떤 변수가 바뀌어야 하는지에 관한 정보를 제공할 수 있기를 원하는가? 어떤 변수의 증가(또는 감소)의 가능한 영향을 기술하기를 원하는가?

만약 이러한 질문 중 어떤 것이 여러분의 연구의 초점을 기술하고 있다면, 여러분은 주로 설명의 목적에 관심이 있으며, 동시적 회귀분석이나 순차적 회귀분석 중 어느 것이든 적절한 방법일 것이다. 일반적으로 저자는 동시적 회귀분석이 순차적 회귀분석보다 훨씬 더 빈번히 유용하다는 것을 발견하지만, 이것은 부분적으로 개인적인 선호도이다. 또한 두 방법과 그것들이 제공하는 정보 간에 상당한 중복이 있다(대부분의 연구자가 실감하는 것보다 훨씬 더 그러하다). 그러나 그것들은 다른 문제들 때문에 고유한 장단점을 가지고 있다.

저자는 설명적 연구는 인과적 모형을 수반하며, 연구를 수행하기 전에 이러한 인과적 모형을 잘 생각하여 이해한다면, 훨씬 더 확고한 기초 위에 있을 것이라고 주장해 왔다. 동시적 회귀분석과 순차적 회귀분석의 한 가지 다른 점은 그것들이 이러한 암묵적인 모형의 다른 부분에 초점을 두고 있다는 것이다. 동시적 회귀분석은 모형에서 **직접**(direct)효과를 추정하는 데 반해, 순차적 회귀분석은 **총**(total)효과에 초점을 둔다. 그 결과, 모형과 회귀분석에서 변수의 순서는 순차적 회귀분석의 경우 매우 중요하지만, 동시적 회귀분석의 경우에는 별로 중요하지 않다. 이러한 차이의 실제적인 결론은 만약 어느 변수가 모형에 나타나야 하는지에 대해서는 확신을 하지만 그것의 순서가 덜 명료하다면, 동시적 회귀분석이 더 적절할 것이라는 것이다. 만약 순서에 확신이 있다면, 관심사가 직접효과 또는 총효과에 있는지에 따라 둘 중 어떤 접근방법이나 사용될 수 있다. 이 책의 제2부에서는 단일모형에서 직접효과와 총효과 둘 다를 추정하는 데 초점을 둘 것이다. 이 주제는 제9장(그리고 더 나아가 제2부)에서 논의된 매개 문제와 밀접하게 관련되어 있다.

예를 들어, 한 변수가 다른 변수에 미치는 영향에 관심이 있어서, 만약 어떤 핵심 변수를 바꾸면(이전의 과제—학업성취도 예제에서처럼) 무슨 일이 발생하는지에 대한 진술을 할 수 있는가? 만약 그렇다면, 동시적 회귀분석에서 도출된 비표준화 회귀계수가 아마도 여러분의 주요한 관심사일 것이다. 동시적 회귀분석에서 도출된 β는 모형에 있는 변수의 상대적인 중요도를 결정하기 위해서 사용될 수 있다.

어떤 변수에 의해 설명되는 고유분산에 관심이 있는가? 다르게 표현하면, 아마도 몇 개의 이미 존재하는 변수를 통제한 후 어떤 변수가 중요한지 궁금할 것이다. 이미 살펴본 바와 같이, 동시적 회귀분석은 동일한 정보를 제공할 수 있지만 순차적 회귀분석은 이러한 유형의 질문에 답하기 위해 흔히 사용되는 방법이다.

예측

만약 주요 관심사가 예측이라면, MR의 모든 세 가지 방법을 포함하여 더 많은 옵션을 가지고 있다. 그러나 연구자가 사실상 자신의 실제 관심사는 설명에 있을 때 예측에 관심이 있다고 가정하는 경우가 종종 있기 때문에, 저자는 이 기본적인 질문을 잘 생각하여 이해하는 데 상당한 시간을 보내기를 권한다.

유인상술의 죄(즉, 예측에만 관심이 있다고 주장하지만, 연구결과의 논의에서 설명적인 해석으로 전환하는 것)를 범하지 말라!

단순히 일련의 변수를 위한 어떤 예측 회귀식을 개발하는 데 관심이 있는가? 이 경우에, 동시적 회귀 분석에서 도출된 회귀계수가 효과적이다. 새로운 변수가 주어진 일련의 예측변수에 의해 제공되는 예측에 더하여 예측을 향상하는지에 관심이 있는가? 순차적 회귀분석이나 동시적 회귀분석 중 어느 것이나 효과적일 것이다.

또는 효과적인 더 작은 예측변수 하위세트를 찾는 데 관심이 있는가? 만약 그러하다면, 그것을 몇 가지 적절한 기준(예: 이러한 예측변수의 척도를 얻는 것의 용이성 또는 비용)에 근거하여 순위를 매길 수 있는가? 만약 그러한 순위를 매길 수 있다면, 입력순서에 관한 정보를 제공하는 순서를 가지고 있기 때문에, 순차적 회귀분석이 가장 좋은 대상이 될 것이다. 만약 그러한 순위를 매길 수 없고, 단순히 예측을 위해 더 적은 하위세트를 원하는 일련의 변수를 가지고 있다면, 단계적 회귀분석이 알맞을 수 있다(그러나 모든 하위세트 회귀분석은 아마도 더 효과적일 것이다).

📈 방법 조합

이 장에서는 부득이 MR의 고유한 범주로서 세 가지 방법에 초점을 두어 왔다. 그러나 또한 그 접근방법을 조합하는 것도 상당히 가능하다. 우리는 이미 순차적 회귀분석에 관한 논의에서 순차적 분석의 한 단계에서 두 변수를 (동시에) 추가했을 때, 이 주제를 언급하였다. 또한 다른 조합(combinations)도 가능하다. 우리는 한 그룹의 변수를 회귀식에 강제로 입력한 다음, 몇 가지 가능한 것에서 하나의 추가적인 변수를 선택하기 위하여 단계적 회귀분석을 사용할 수 있다. 변수의 블록이 순차적 회귀분석의 각 단계에서 추가될 수 있다.

접근방법이 무엇이든, 중요한 교훈은 연구를 수행하는 데 있어 의도를 철저하게 이해해야 한다는 것이다. 일단 이러한 이해를 하면, 회귀분석이 목적을 충족시켜 줄 수 있도록 명확히 하라.

📈 요약

이 장에서는 MR방법에 관한 우리의 목록을 확장하였다. 우리가 지금까지 사용해 왔던 방법, 즉 동시적 또는 강제입력 회귀분석은 실제로 MR의 몇 가지 유형 중 하나이다. 다른 방법에는 순차적 (또는 위계적) MR과 단계적 MR이 포함된다. 동시적 MR의 경우, 모든 변수는 동시에 회귀식에 입력된다. 전체 R^2과 회귀계수는 일반적으로 해석을 위해 사용된다. 동시적 회귀분석에서 b값과 β는 회귀식에 있는 다른 변수가 고려된 상태에서 변수가 산출에 미치는 직접효과를 나타낸다. 동시적 회귀분석은 설명적 연구에 매우 유용하며, 변수가 산출에 미치는 상대적인 영향에 관한 추정값을 제공할 수 있다. 동시적 회귀분석은 또한 예측을 위해 사용될 수 있는데, 그 경우에 표준화 회귀계수는 예측변수의 상대적 중요도를 추정한다. 동시적 회귀분석의 주요 단점은 회귀계수가 회귀분석에 입력된 변수에 따라 변할 수 있다는 것이다.

순차적 또는 위계적 회귀분석에서 변수는 연구자에 의해서 결정된 단계 또는 블록으로 입력된다. 시간순위(time precedence)는 그러한 입력순서를 위한 일반적인 기준이다. 한 단계에서 다음 단계로 갈 때, R^2에서의 변화는 일반적으로 각 변수의 통계적 유의도를 검정하기 위하여 사용되며, $\sqrt{\Delta R^2}$은 각 변수의 총효과의 상대적 중요도의 척도로 해석될 수 있다(변수가 올바른 순서대로 입력되었다고 가정할 때). 회귀분석의 각 단계에서 도출된 회귀계수는 만약 변수가 이론적인 모형과 일치하게 입력되었다면 각 변수가 산출에 미치는 총효과로 해석될 수 있다. 한 가지 변형, 즉 순차적 고유 MR은 원래 세트의 변수가 고려된 이후에 하나 또는 몇 개의 변수가 중요한지(추가적인 분산을 설명)를 결정하기 위하여 사용된다. 이러한 형태의 순차적 회귀분석은 흔히 상호작용과 회귀선에서의 곡선도표의 통계적 유의도를 검정하기 위하여 사용된다. 순차적 회귀분석은 만약 변수가 이론과 일치하게 입력되었다면 설명에 유용할 것이다. 그것은 또한 어떤 변수가 예측에 유용한지를 결정하기 위해서 사용될 수도 있다. 순차적 회귀분석의 주요 단점은 ΔR^2이 변수의 입력순서에 따라 바뀌며, 따라서 그것은 회귀분석에 변수가 입력되는 순서에 따라 변수의 중요도가 과대 또는 과소평가될 수 있다는 것이다.

단계적 회귀분석과 그것의 변형에서 변수는 또한 한 번에 하나씩 입력되지만, 컴퓨터 프로그램이 각 변수가 ΔR^2을 증가시키는 정도에 기초하여 입력순서를 선정한다. 비록 이러한 해결책이 변수의 '중요도'를 결정하는 데 있어서 동시적 회귀분석에서의 문제를 피하는 것 같지만 그렇지는 않다. 단계적 회귀분석이 변수의 중요도를 결정하는 데 도움이 되지 않는 이유는 **변수의 중요도의 척도로서 ΔR^2을 사용하는 것이 변수가 올바른 순서대로 입력되었다는 가정하에 예측되기** 때문이다. 그것은 또한 입력순서를 결정하기 위하여 ΔR^2을 사용하기 위한 완곡한 추론(그리고 그 질문을 회피하는 통계학적인 논리적 오류)일 수 있다. 이러한 이유 때문에, 단계적 회귀분석은 설명을 위해 사용해서는 안 된다. 단계적 회귀분석은 그 목적이 예측일 때에만 적절하며, 심지어 그러한 경우에도 동시적 회귀분석과 순차적 회귀분석이 더 적절할 수 있다. ΔR^2과 그것의 통계적 유의도는 단계적 회귀분석에서 해석의 주요한 초점이다. 만약 예측 회귀식을 개발하기 위하여 사용되었다면, 최종 회귀식에서 도출된 b값이 사용될 수 있을 것이다.

또한 이러한 방법을 조합하는 것도 가능하며 실제로 흔하다. 예를 들어, 다음 몇 개의 장에서 우리는 상호작용과 곡선도표를 검정하기 위하여 동시적 회귀분석과 순차적 회귀분석을 조합할 것이다. 이 장(章)은 MR을 사용하기 위해서 여러분의 목적을 철저하게 이해해야 한다는 염원으로 끝났다. 이러한 목적은 다음에 어떤 MR의 방법 또는 방법들을 사용해야 하는지를 결정하는 데 도움을 줄 것이다.

EXERCISE **연습문제**

1. NELS 자료에서 하나의 산출변수와 여러분이 이 산출을 설명하는 데 도움이 될 것이라고 생각하는 네 개나 다섯 개의 변수를 선택하라. 여러분의 변수를 사용하여 동시적 회귀분석, 순차적 회귀분석, 그리고 단계적 회귀분석을 수행하라. 각 회귀분석에 관한 적절한 해석을 제공하라. 이 세 가지 분석방법 간의 차이점을 이해하고 설명할 수 있어야 한다.

2. 한 급우와 짝을 지으라. 연습문제 1에서 그가 사용한 변수를 사용하여 여러분 자신의 순차적 회귀분석을 수행하라. 여러분 둘 다 동일한 순서를 선택했는가? 동료에게 여러분이 그렇게 순서를 매긴 이유를 분명하게 설명할 수 있어야 한다. 여러분의 문제를 위해 여러분이 선택했던 순서를 설명하는 '모형'을 그리라.

3. 논란이 되는 주제에 관한 어떤 흥미로운 연구에서, Sethi와 Seligman(1993)은 종교적 근본주의가 낙천주의에 미치는 영향을 연구하였다. 다음 문제에 대해서 생각해 보라. 종교적 근본주의자는 보다 더 '자유주의적인' 종교적 성향을 가지고 있는 사람보다 덜 낙천적이거나 더 낙천적인가? 아마도 근본주의자는 더 커다란 비관주의(따라서 더 적은 낙천주의)로 이끌 수 있는 엄격하고 완고한 종교적인 성향을 가지고 있을 것이다. 또는 아마도 보다 더 근본주의적인 견해를 가지고 있는 사람은 세계의 문제에 대해서 신이 걱정하도록 결정하며, 따라서 더 낙천적인 견해를 갖게 될 것이다. 어떻게 생각하는가?

    'Sethi & Seligman simulated'라고 명명된 파일[SPSS, 엑셀(Excel), 그리고 일반텍스트(.dat) 파일이 있다.]은 MR의 관점에서 Sethi & Seligman 자료를 모의화하기 위하여 설계되었다.[4] 주요 관심 변수는 근본주의(Fundamentalism)(높은 점수는 높은 종교적 근본주의를, 낮은 점수는 종교적인 자유주의를 나타내도록 코딩되었음)와 낙천주의(Optimism)(높은 점수=낙천주의적, 낮은 점수=비관주의적)이다. 또한 다음과 같은 종교적 특성에 관한 몇 가지 척도, 즉 자신의 일상생활에서의 종교의 영향의 정도(Influence), 종교적인 참여(involvement)와 참석(attendance)(Involve), 그리고 종교적인 희망(Hope)이 포함되었다. 근본주의가 낙천주의에 미치는 영향을 검정하는 데 이러한 변수를 통제하는 것이 중요할 수 있다. 동시적 회귀분석과 순차적 회귀분석 둘 다를 사용하여 이러한 변수들을 낙천주의에 회귀하라. 순차적 회귀분석의 경우, 참여(Involvement), 희망, 영향(Influence)의 효과에 더하여 근본주의가 낙천주의에 영향을 미치는지를 결정하기 위하여 여러분의 회귀모형을 설계하라. 동시적 회귀분석으로부터 도출된 정보와 동일한 정보를 얻었는가? 여러분의 결과를 해석하라.

4. 분석에서 단계적 회귀분석을 사용했던, 여러분의 연구 분야에서의 하나의 논문을 찾기 위하여 도서관 연구 데이터베이스(예: PsycINFO, Sociological Abstracts, ERIC, Google Scholar)를 사용하라. 그 논문을 읽으라. 저자(들)는 예측 또는 설명에 더 관심이 있는가? 특별히 논의에 관심을 쏟으라. 저자(들)는 이 회귀분석에서 만약 어떤 예측변수가 증가하거나 줄어든다면, 그때 사람은 그 산출에서 변화가 있을 것이라는 추론을 하는가? 단계적 회귀분석이 적절했는가? 몇몇 다른 방법이 더 적절하지는 않았을까?

---

4) 원래 연구에서, 아홉 개의 종교집단 구성원은 근본주의(Fundamentalist), 온건주의(Moderate), 또는 자유주의(Liberal) 범주형 변수로 범주화되었으며, 그 결과는 ANOVA를 통해 분석되었다. 이 MR 시뮬레이션의 경우, 저자는 그 대신에 연속형 근본주의 변수를 모의화하였다. 그러나 그 결과는 원래 연구의 결과와 일맥상통하다. 저자는 시뮬레이션 자료를 만들기 위한 출발점으로 David Howell에 의해 제공된 시뮬레이션을 사용하였다(www.uvm.edu/~dhowell/StatPages/Examples.html). Howell의 웹페이지는 수많은 우수한 예제를 가지고 있다.

5. 이 연습문제는 동시적 회귀분석을 사용하느냐 또는 순차적 회귀분석을 사용하느냐에 따라, 그리고 순차적 회귀분석에서 입력순서에 따라 연구결과에서의 차이를 보여 주기 위해서 설계되었다. Angela Duckworth 와 Martin Seligman(2005)은 자기훈련(self-discipline)이 학생의 학업성적에 미치는 영향에 관심이 있었다. 그들은 가을학기에 154명의 8학년생의 자기훈련(다양한 학문영역에서의 자기조절과 충동성의 결여 정도) 을 측정하였으며, 그것을 봄학기의 최종 GPA를 예측하기 위하여(또는 설명하기 위하여) 사용되었다. 또한 학생의 IQ와 이전 GPA는 통제되었으며, 가을학기에 측정되었다. 그 자료는 'Duckworth Seligman sim data.sav' 파일에 있다. 그 자료는 모의화되었지만, 원래 연구의 연구결과와 일맥상통한 결과를 산출하도록 설계되었다.

a. GPA의 IQ, **이전 GPA**(Pre_GPA), **자기훈련**(Self)에의 동시적 회귀분석을 수행하라. 어느 변수가 GPA 를 설명하는 데 중요한가? 특히 IQ와 **자기훈련**은 얼마나 중요한가?

b. GPA의 이 동일한 변수에의 순차적 회귀분석을 수행하라. 이 회귀분석을 위해, IQ, **자기훈련**(Self), **이전 GPA**(Pre_GPA)의 순서로 입력하라. 이 회귀분석이 암시하는 인과적 모형을 그리라. 각 변수의 $\sqrt{\Delta R^2}$ 과 β를 사용할 때(그것이 입력된 순서대로), 그 변수의 상대적 중요도에 주목하라. 다시 한번, 특히 IQ와 **자기훈련**에 초점을 두라.

c. 동일한 변수에 관한 또 하나의 순차적 회귀분석을 수행하라. 이번에 입력순서는 IQ, **이전 GPA**(Pre_GPA), **자기훈련**(Self)이어야 한다. 이 회귀분석이 암시하는 인과적 모형을 그리라. 특히 자기훈련 변수에 주의 를 쏟으면서, 이 결과를 앞의 단계 b에서 도출된 결과와 비교하라.

d. 다른 회귀분석에서 도출된 변수의 '중요도'에서 차이가 나는 이유를 설명하라.

제6장 범주형 변수 분석

지금까지의 분석은 하나의 연속형 종속변수에 하나 이상의 연속형 독립변수를 회귀함으로써 그 종속 변수를 설명하는 데 초점을 두어 왔다. 그러나 제1장에서 저자는 MR의 한 가지 주요한 장점은 연속형과 범주형 독립변수 둘 다를 분석하기 위해 사용될 수 있다는 점이라고 주장하였다. 우리는 이 장에서 범주형 독립변수의 분석을 시작한다.

범주형 변수는 연구에서 흔하다. 성별, 인종, 소속 종교, 지역 그리고 많은 다른 변수가 종종 연구자에게 수많은 가능한 산출에 대한 잠재적 영향 또는 통제변수로서 관심이 있다. 우리는 성별이나 인종이 아동의 자아존중감에 미치는 영향 또는 소속 종교나 거주지역이 성인의 투표행동에 미치는 영향에 관심이 있을 수 있다.[1] 그러나 이러한 변수는 지금까지의 MR 분석에서 고려해 왔던 변수와는 전혀 다르다. 과제, SES, 통제소재 등과 같은 변수는 낮은 것(예: 과제를 전혀 하지 않음)부터 높은 것(예: 15시간의 과제)까지 분포하는 연속형 변수이다. 그러나 성별 또는 인종과 같은 변수는 높거나 낮은 값을 가지고 있지 않다. 확실히 '남학생'에 0의 값을, 그리고 '여학생'에 1의 값을 할당할 수 있지만, 이러한 할당은 남학생에 1의 값을, 그리고 여학생에 0의 값을 할당하는 것과 아무런 의미가 없다. 마찬가지로, 북동부 (Northeast), 남동부(Southeast), 중서부(Midwest), 남서부(Southwest) 및 서부(West)에 각각 1, 2, 3, 4, 5의 값을 할당할 수 있지만 다른 순서도 마찬가지로 의미가 있다. 이러한 변수는 각각 명목(nominal) 또는 명명(naming)척도를 사용한다. 이름은 숫자보다 척도의 값에 대하여 더 의미가 있다. 그렇다면 그러한 변수는 중다회귀분석에서 어떻게 분석할 수 있는가?

📈 더미변수

간단한 범주형 변수

잘 알고 있는 바와 같이 우리는 어떤 범주에 속하는 구성원(membership)에게 1의 값을, 그리고 비구성원(nonmembership)에게는 0의 값을 할당하는 일련의 척도를 만듦으로써 그러한 범주형 변수를 분석할 수 있다. 따라서 성별 변수에 관한 최초의 코딩(남학생=0, 여학생=1)은 구성원을 1로 코딩하고 비구성원(즉, 남학생)은 0으로 코딩되었기 때문에 '여학생' 변수로 생각할 수 있다. 그러한 코딩은 더미변수

---

[1] 당분간 성별이 자아존중감에 영향을 미치거나 소속 종교가 투표행동에 영향을 미친다고 말하는 것이 의미하는 바를 탐색하는 것을 뒤로 미룰 것이다. 다음 장에서 이 문제를 다룰 것이다.

(dummy variable)를 만들기 때문에 **더미코딩**(dummy coding)이라고 부른다.[2]

[그림 6-1]은 NELS 자료를 사용하여 여학생과 남학생의 8학년 읽기 학업성취도를 비교한 t−검정 결과를 보여 준다. 분석을 위해, 기존의 **성별**(Sex) 변수(남학생=1, 여학생=2)를 남학생=0, 여학생＝1인 NEWSex 변수로 변환하였다. 읽기시험에서 남학생의 평균점수는 49.58이었으며, 여학생의 평균점수는 52.62이었다. 이러한 3점 차이는 상대적으로 작다. 예를 들어, 효과크기의 척도는 $d = .304$이고, $\eta^2 = .023$이다. 그러나 그 차이는 통계적으로 유의하다($t = 4.78$, $df = 965$, $p < .001$). 즉, 여학생이 남학생보다 8학년 읽기시험에서 통계적으로 유의하게 더 높은 점수를 획득하였다.

[그림 6-1] 남학생과 여학생의 읽기시험 점수 차이를 분석한 t−검정

Group Statistics

	NEWSEX Sex	N	Mean	Std. Deviation	Std. Error Mean
BYTXRSTD READING STANDARDIZED SCORE	1.00 Female	464	52.61781	9.83286	.45648
	.00 Male	503	49.58206	9.90667	.44172

Independent Samples Test

	t-test for Equality of Means						
						95% Confidence Interval of the Difference	
	t	df	Sig. (2-tailed)	Mean Difference	Std. Error Difference	Lower	Upper
BYTXRSTD READING STANDARDIZED SCORE	4.778	965	.000	3.03576	.63540	1.78884	4.28268

이제 [그림 6-2]에 관심을 가져 보자. 이러한 분석을 위해서, 저자는 NewSex 더미변수를 8학년 읽기시험 점수에 회귀하였다. [그림 6-2]와 [그림 6-1]을 비교해 보면 알 수 있듯이, 회귀분석의 결과는 t−검정 결과와 동일하다. NewSex 회귀계수와 연계된 t값은 4.78이었는데, 그것은 자유도가 965이며, 통계적으로 유의하다($p < .001$).

이 그림은 또한 또 다른 정보를 포함하고 있다. R^2이 저자가 앞에서 보고했던 η^2과 동일하다(.023)는 것에 주목하라. 실제로, η^2은 하나 이상의 독립변수에 의해 종속변수가 설명되는 분산의 척도이다(즉, R^2). 다시 말해서, 실험 연구에서 효과크기의 척도로 흔히 보고되는 η^2은 MR의 R^2과 동일하다. 다음으로, [그림 6-2]의 계수(coefficients) 표에 관심을 가져 보자. 제1장에서 절편(상수)은 독립변수(들)가 0점인 피험자의 종속변수에서 예측된 점수와 동일하다고 한 것을 회상해 보라. 더미코딩이 사용되었을 때, 절차는 더미변수가 0으로 코딩된 집단의 종속변수의 평균이다. 더미변수가 실험 연구의 결과를 분석하기 위해서 사용될 때, 0으로 코딩된 집단은 흔히 통제집단이다. 현재 예제에서 남학생이 0으로 코딩되었다. 따라서 남학생의 읽기점수의 평균은 49.58이다. 다음으로, 더미코딩에서 b는 다른 집단의 절편으로부터의 편차를 나타낸다. 따라서 현재 예제에서 여학생(1로 코딩된 집단)은 남학생(0으로 코딩된 집단)보다 읽기시험에서 3.04점이나 더 높게 획득하였다. 다시 한번, 그 결과는 t−검정의 결과와 일치한다.

---

2) 왜 그 이름이 '더미(dummy)' 변수인가? 더미(dummy)는 대역 표현, 즉 복사본을 의미한다. 더미의 경멸적인 속어적 사용보다 상점의 마네킹을 생각해 보라.

[그림 6-2] 읽기시험(Reading test) 점수의 성별(Sex)에의 회귀분석

그 결과는 t-검정의 경우와 동일하다.

Model Summary

Model	R	R Square	Adjusted R Square	Std. Error of the Estimate
1	.152[a]	.023	.022	9.87132

a. Predictors: (Constant), NEWSEX Sex

ANOVA[b]

Model		Sum of Squares	df	Mean Square	F	Sig.
1	Regression	2224.300	1	2224.300	22.827	.000[a]
	Residual	94032.55	965	97.443		
	Total	96256.85	966			

a. Predictors: (Constant), NEWSEX Sex

b. Dependent Variable: BYTXRSTD READING STANDARDIZED SCORE

Coefficients[a]

	Unstandardized Coefficients		Standardized Coefficients			95% Confidence Interval for B	
	B	Std. Error	Beta	t	Sig.	Lower Bound	Upper Bound
(Constant)	49.582	.440		112.650	.000	48.718	50.446
NEWSEX Sex	3.036	.635	.152	4.778	.000	1.789	4.283

a. Dependent Variable: BYTXRSTD READING STANDARDIZED SCORE

좀 더 복잡한 범주형 변수

동일한 기법이 또한 좀 더 복잡한 범주형 변수에서도 작동한다. 종교에 대한 한 질문을 고려해 보자. 우리는 "종교가 무엇입니까?"라고 물을 수 있으며, 그런 다음 〈표 6-1〉의 아랫부분에서 보여 주는 바와 같이 그 가능성을 열거할 수 있다. 대안으로, 우리는 〈표 6-1〉의 아랫부분에서 보여 주는 바와 같은 동일한 정보를 얻기 위해서 '예'와 '아니요'의 답변을 가지고 있는 일련의 네 개의 질문을 할 수 있다. 두 가지 방법은 대등하다. 만약 여러분이 열거되었던 종교와는 약간 다른 종교를 가지고 있다고 간주한다면, 여러분은 첫 번째 방법의 경우 마지막 선택지[other (or none), 기타(또는 종교 없음)]를 선택하거나 두 번째 방법의 경우에는 각 질문에 대해 간단히 '아니요'라고 답할 것이다. 본질적으로, 우리는 그것을 일련의 '예' 또는 '아니요' 또는 더미변수로 바꿈으로써 MR에서 범주형 변수를 분석하는 것과 비슷한 분석을 한다. 예제 연구는 더미변수의 코딩과 분석을 예시할 것이다. 그런 다음, 우리는 다른 가능한 코딩방법을 예시하기 위하여 동일한 연구를 사용할 것이다.

<표 6-1> 종교를 묻는(그리고 코딩하는) 두 가지의 다른 방법

What is your religion?		
1. Protestant		
2. Catholic		
3. Jewish		
4. Islam		
5. Other (or none)		

Are you:	*Yes*	*No*
Protestant?	1	0
Catholic?	1	0
Jewish?	1	0
Muslim?	1	0

잘못된 기억과 성적 학대

다음과 같은 유년시절의 성적 학대(sexual abuse)에 관한 성인의 자기보고를 둘러싸고 상당한 논쟁이 있다. 그러한 보고는 항상 타당하지만 억눌린 기억을 나타내는가? 또는 잘못된 기억인가?(Alexander et al., 2005; Lindsay & Read, 1994 참고) Bremner, Shobe와 Kihlstrom(2000)은 자기보고한 성적 학대와 외상후 스트레스 장애(Post−Traumatic Stress Disorder: PTSD)를 지닌 여성의 기억기능을 조사하였다. 간략하게 말하면, 아동기에 성적으로 학대를 받았던 여성과 받지 않았던 여성이 단어들의 리스트를 읽었고, 나중에 원래의 리스트에 **암시되었지만(implied)** 포함되어 있지 않는 단어['위험한 유혹' 또는 제1종 오류(false positives)[3]]와 더불어 자신이 들었던 단어를 포함하여 일련의 단어가 주어졌다.

[그림 6-3] 잘못된 기억 자료에 대한 기술통계량

Report

FALSEPOS percent of false positives

GROUP group membership	Mean	N	Std. Deviation
1.00 Abused, PTSD women	94.6000	20	10.3791
2.00 Abused, Non-PTSD women	68.0500	20	39.3800
3.00 Non-abused, non-PTSD women	63.5500	20	27.9143
Total	75.4000	60	31.2395

[그림 6−3]은 학대받았고 PTSD가 있는 여성(Abused women with PTSD), 학대받았지만 PTSD가 없는 여성(Abused women without PTSD), 그리고 학대받지 않았고 PTSD도 없는 여성(Non−abused, non−PTSD women)에 의해 기억되었던 이러한 제1종 오류의 (모의화된) 퍼센트를 보여 준다.[4] 자료는 또한 웹사이트에 있

---

3) **[역자 주]** 실제로는 참인데 귀무가설을 잘못 기각하는 오류 또는 실제 음성인 것을 양성으로 판정하는 오류로서, '거짓 양성', '알파 오류'(α error)', '오탐', '긍정 오류'라고도 불린다.

4) 실제 연구는 기억에 관한 다른 척도, 추가 집단[학대받지 않았고 PTSD도 없는 남성(Nonabused, non−PTSD men)], 그리고 집단 간에 동일하지 않는 사례 수(n)를 포함하였다. 여기에서 제시된 자료는 모의화되었지만, 원래 논문에서의 척도를 모방하기 위해서 설계되었다(Bremner et al., 2000).

다('false memory data, 3 groups.sav' 또는 'false.txt'). 그림에서 볼 수 있는 바와 같이, **학대받았고 PTSD가 있는 여성이 학대받지 않았고 PTSD도 없는 여성에 비해 리스트에 없는 더 많은 단어를 잘못 인식하였다.** 실제로, 그들은 잘못된 '위험한 유혹'의 거의 95%를 리스트에 있었던 것으로 '회상하였다'. 그 차이는 놀랍지만, 그것은 통계적으로 유의한가?

ANOVA와 사후검정

그러한 자료를 분석하는 가장 일반적인 방법은 분산분석(Analysis of Variance: ANOVA)을 통해서이다. [그림 6-4]는 그러한 분석을 보여 준다. 그림에서 볼 수 있는 바와 같이, 실제로 세 집단 간에 잘못된 회상의 퍼센트에서 통계적으로 유의한 차이가 있었다($F = 6.930$ [2, 57], $p < .002$). 비록 그림에는 제시되지 않았지만 집단 간의 차이는 중간에서 큰 효과크기($\eta^2 = .196$)를 나타냈는데, 그것은 아마도 주의 깊은 관찰자에게는 명확하다(Cohen, 1988 참고).

[그림 6-4] 사후검정방법으로 Dunnett 검정을 사용한, 잘못된 기억자료의 분산분석(ANOVA)

ANOVA

FALSEPOS percent of false positives

	Sum of Squares	df	Mean Square	F	Sig.
Between Groups	11261.70	2	5630.850	6.930	.002
Within Groups	46316.70	57	812.574		
Total	57578.40	59			

Multiple Comparisons

Dependent Variable: FALSEPOS percent of false positives

Dunnett t (2-sided)[a]

(I) GROUP group membership	(J) GROUP group membership	Mean Difference (I-J)	Std. Error	Sig.	95% Confidence Interval	
					Lower Bound	Upper Bound
1.00 Abused, PTSD women	3.00 Non-abused, non-PTSD women	31.0500*	9.0143	.002	10.6037	51.4963
2.00 Abused, Non-PTSD women	3.00 Non-abused, non-PTSD women	4.5000	9.0143	.836	-15.9463	24.9463

*. The mean difference is significant at the .05 level.

a. Dunnett t-tests treat one group as a control, and compare all other groups against it.

또한 [그림 6-4]는 몇 개의 집단을 하나의 집단과, 통상적으로 몇 개의 실험집단을 단 하나의 통제집단과 비교하기 위하여 사용하는 사후검정(post hoc test) 방법 중 하나인 Dunnett 검정 결과를 보여 준다. 여기에서 우리의 관심사는 학대받았던 여성[PTSD가 있거나 PTSD가 없는(with and without PTSD)]을 학대받았던 적이 없는 여성(Nonabused women)과 비교하는 것이었다. 그림에서 볼 수 있는 바와 같이, 학대받았고 PTSD가 있는 여성이 학대받았던 적이 없는 여성보다 통계적으로 유의하게 더 많은 제1종 오류를 범하였지만, 학대받았지만 PTSD가 없는 여성과 학대받았던 적이 없는 여성 간의 차이는 통계적으로 유의하지 않았다.

더미변수가 있는 회귀분석

물론 우리의 실제 관심사는 ANOVA 표에 있는 것이 아니라 MR을 통해 그러한 분석을 수행하는 방법에 있다. ANOVA는 비교 목적을 위해 포함하였다. 세 집단은 세 개의 범주를 가진 단일의 범주형 변수로 간주될 수 있다. 즉, 20명의 피험자는 1로 코딩된 학대받고 PTSD가 있는 집단이며, 20명의 피험자는 2로 코딩된 학대받았지만 PTSD가 없는 집단 등이다. 우리는 범주형 집단(Group) 변수를 더미변수로 변환할 필요가 있다.

단일의 범주형 변수에 담겨 있는 모든 정보를 포함시키기 위해서, 더미변수를 범주의 수−1만큼이나 많게 만들 필요가 있다. 예제는 세 가지 범주 또는 집단을 포함하고 있어서, 두 개($g-1$)의 더미변수를 만들 필요가 있다. 각 더미변수는 그 집단 중 하나에 속하는 구성원을 나타낸다. 〈표 6-2〉는 어떻게 저자가 원래의 단일의 범주형 변수를 두 개의 더미변수로 변환했는지를 보여 준다. 첫 번째 더미, 즉 AbusePTS[학대받고 PTSD가 있는 여성을 의미(Abused, PTSD)]가 학대받고 PTSD가 있는 집단의 구성원의 경우 1의 값을 가지며, 따라서 이 집단의 구성원은 다른 모든 집단 구성원과 대비된다. 두 번째 더미변수(No_PTSD)는 학대받았지만 PTSD가 없는 집단의 구성원을 1로 코딩하고 다른 모든 피험자는 0으로 코딩하였다. 이러한 더미변수를 만들기 위한 실제적인 컴퓨터 조작은 SPSS의 변환(RECODE) 또는 IF 명령어와 다른 프로그램은 비슷한 명령어를 통해 얻을 수 있다.

〈표 6-2〉 세 개의 범주를 가진 집단변수(Group Variable)를 두 개의 더미변수로 변환

집단 (Group)	학대받고 PTSD가 있음 (AbusePTS)	PTSD가 없음 (No_PTSD)
1. 학대받고 PTSD가 있음 (Abused, PTSD)	1	0
2. 학대받았지만 PTSD가 없음 (Abused, Non-PTSD)	0	1
3. 학대받지도 않고 PTSD도 없음 (Nonabused, Non-PTSD)	0	0

왜 학대받지도 않고 PTSD도 없는 집단과 다른 두 집단을 비교하는 세 번째 더미변수가 없는지 궁금할 수 있다. 그러나 그러한 세 번째 더미변수는 필요하지 않다. 왜냐하면 그것은 중복될 수 있기 때문이다. MR에서 회귀식에 있는 다른 변수가 **상수일 때**(held constant) 각 변수의 효과를 검토한다고 해 보자. 만약 단지 첫 번째 더미변수만을 제1종 오류의 비율에 회귀한다면, 결과는 다른 두 집단에 대조되는 학대받고 PTSD가 있는 피험자의 비교를 강조할 것이다. 그러나 우리는 **다중**(multiple) 회귀분석을 사용하며, 동시에 두 번째 변수를 통제할 것인데, 그것은 첫 번째 더미변수가 학대받았지만 PTSD가 없는 집단을 통제한 상태에서 학대(Abuse)와 PTSD의 효과를 보여 줄 것이라는 것을 의미한다. 그 결과는 MR에서 첫 번째 더미변수는 학대받고 PTSD가 있는 집단과 학대받지 않았던(Nonabused) [그리고 PTSD가 없는(Non−PTSD)] 집단을 대비하는 데 반해, 두 번째 더미변수는 학대받았지만 PTSD가 없는 집단과 학대받지 않았던 집단을 대비한다는 것이다. 이 장의 후반부에서는 이 질문(더미변수의 수)으로 되돌아올 것이다.

[그림 6-5]는 그 자료의 일부를 보여 준다. 그 결과가 의도된 바와 같은지를 확인하기 위하여 새로운 변수를 변환하거나 생성한 후에 원자료를 검토하는 것은 항상 좋은 생각이다. [그림 6-5]는 두 개의 더

미변수가 올바르게 생성되었음을 보여 준다.

[그림 6-5] 집단(Group) 변수가 두 개의 더미변수, 즉 학대받았고 PTSD가 있음(AbusePTS)과 PTSD가 없음(No_PTSD)으로 변환되었음을 보여 주는 잘못된 기억 자료의 일부

집단 (Group)	학대받았고 PTSD가 있음 (AbusePTS)	PTSD가 없음 (No_PTSD)
1	1	0
1	1	0
1	1	0
1	1	0
1	1	0
2	0	1
2	0	1
2	0	1
2	0	1
2	0	1
3	0	0
3	0	0
3	0	0
3	0	0
3	0	0

MR의 경우, 저자는 이러한 두 개의 더미변수를 제1종 오류의 퍼센트에 회귀하였다. [그림 6-6]은 그 결과를 보여 주는데, 두 변수가 제1종 오류 수의 분산의 19.6%를 설명한다. 이 R^2(.196)은 ANOVA로부터 도출된 η^2과 일치한다. 마찬가지로, 회귀분석과 연계된 F[6.930 (2, 57), $p = .002$]는 ANOVA로부터 도출된 F와 동일하다.

사후검정

또한 [그림 6-6]에서 볼 수 있는 바와 같이, 회귀계수는 사후비교를 위해서 사용될 수 있다. 더 간단한 예제에서처럼, 절편(상수)은 두 개의 더미변수에 0이 할당되었던 집단에 대한 종속변수의 평균점수(제1종 오류의 퍼센트)를 제공한다. 다시 한번, 이것은 흔히 '통제'집단이며 이 사례에서는 학대를 받지도 않았거나 PTSD로 고통도 받지 않은 피험자의 평균점수($M = 63.55$)이다. 다음으로, 회귀계수는 다른 두 집단 각각에 대한 이러한 평균에서의 편차를 나타낸다. **학대받았고 PTSD가 있는 여성**은 평균 94.60(63.55+31.05)의 제1종 오류를, 그리고 **학대받았지만 PTSD가 없는 여성**은 평균 68.05(63.5+4.50)의 제1종 오류를 보였다. 이러한 각 집단의 평균점수의 계산값을 [그림 6-3]에서 보여 준 계산값과 비교하라.

[그림 6-6] 두 개의 더미변수를 사용한 잘못된 기억에 관한 다중회귀분석

Model Summary

Model	R	R Square	Adjusted R Square	Std. Error of the Estimate
1	.442ᵃ	.196	.167	28.5057

a. Predictors: (Constant), NO_PTSD Abused, non-PTSD vs other, ABUSEPTS Abused, PTSD vs other

ANOVAᵇ

Model		Sum of Squares	df	Mean Square	F	Sig.
1	Regression	11261.70	2	5630.850	6.930	.002ᵃ
	Residual	46316.70	57	812.574		
	Total	57578.40	59			

a. Predictors: (Constant), NO_PTSD Abused, non-PTSD vs other, ABUSEPTS Abused, PTSD vs other

b. Dependent Variable: FALSEPOS percent of false positives

Coefficientsᵃ

Model		Unstandardized Coefficients		Standardized Coefficients	t	Sig.	95% Confidence Interval for B	
		B	Std. Error	Beta			Lower Bound	Upper Bound
1	(Constant)	63.550	6.374		9.970	.000	50.786	76.314
	ABUSEPTS Abused, PTSD vs other	31.050	9.014	.472	3.445	.001	12.999	49.101
	NO_PTSD Abused, non-PTSD vs other	4.500	9.014	.068	.499	.620	-13.551	22.551

a. Dependent Variable: FALSEPOS percent of false positives

• Dunnett 검정

두 개의 더미변수와 연계된 t값은 몇 가지 방식으로 사용될 수 있다. 첫째, ANOVA에서 그랬던 것처럼, 그것은 Dunnett 검정을 위해 사용할 수 있다. 그렇게 하기 위해서 출력 결과에 있는 t값과 연계된 확률을 무시할 필요가 있다. 그 대신에 다양한 표를 담고 있는 통계책(예: Howell, 2013; Kirk, 2013)에서 Dunnett 표에 있는 t의 확률값을 조사하거나, 온라인에서 예를 들어 'table Dunnett's test'를 검색하라. 세 처치집단과 자유도가 60(표에서 가장 가까운 값은 실제로 자유도가 57임)인 경우의 임계값(critical values)은 2.27(α = .05)과 2.90(α = .01)(쌍방검정, Kirk, 1995의 부록 E)이다. 따라서 회귀결과는 다시 한 번 ANOVA의 결과와 동일하다. 즉, 자료는 **학대받고 PTSD가 있는 여성이 학대받지 않았던 여성보다** 통계적으로 유의하게 단어를 더 많이 잘못 기억한 반면, **학대받았지만 PTSD가 없는 여성과 학대받지 않았고 PTSD도 없는 여성** 간의 차이는 통계적으로 유의하지 않았다.

왜 단지 [그림 6-6]의 t값과 연계된 확률을 사용하지 않는가? 그리고 왜 이러한 확률은 [그림 6-4]에서 보여 주는 확률과 다른가? 간단히 말해서 Dunnett 검정은 전체 유의수준(family-wise error rate: FEWR)을 통제하기 위한 노력의 일환으로 행해진 비교의 수를 고려한다. 예를 들어, 만약 각각 .05의 유의수준에서 20개의 t-검정을 수행한다면, 이러한 비교 중 하나가 단지 우연에 의해서만 통계적으로 유의할 수 있음을 발견할 가능성이 있다. 많은 사후검정은 다중비교로부터 초래되는 이러한 전체 유의수준에서의 증가를 통제하며, Dunnett 검정도 그러한 사후검정 비교 중 하나이다. 회귀분석에서 t값과 연계된 확률은 전체 유의수준으로 고려되지 않지만, Dunnett 표에서 t값을 찾을 때 이러한 전체 유의수준을 고려한다.[5]

---

5) 이 논의는 회귀계수와 연계된 t값에 대한 우리의 일반적인 해석은 비교 숫자에 대한 조정을 하지 않는다는 것을 명확히 해야 한다. Darlington(1990: 257)은 일반적인 회귀분석 실제는 'Fisher의 보호된 t(Fisher Protected t)' 방법에 속하는데, 만약 전체 R^2이 통계적

• 다른 사후검정 방법

또한 단지 t값과 전체 유의수준이 교정되지 않은, 회귀분석 출력 결과에서 연계된 확률에 초점을 둘 수 있다. 전체 회귀분석의 통계적 유의도가 주어졌을 때, 이 절차는 Fisher의 최소유의차(Least Significant Difference: LSD) 사후검정 절차와 동일하다. 대안적으로, 전체 유의수준을 통제하기 위해서 Dunn-Bonferroni 절차를 사용할 수 있다. 즉, 전체 α를 .05로 설정하고, 두 개의 비교를 하도록 결정한다. 그런 다음, 각 더미변수와 연계된 확률을 살펴보고, $p < .025(.05/2)$인 어떤 것을 통계적으로 유의한 것으로 계산한다. 현재 예제의 경우, 비록 모든 세 가지 접근방법(Dunnett, 다중 t-검정, Dunn-Bonferroni)은 다른 확률 수준을 가지고 있지만, 동일한 답변을 제공한다. 이것은 항상 그러한 것은 아닐 수 있다. Dunn-Bonferroni 절차는 가장 리버럴한(liberal) 절차 중에서 다중 t-검정의 사용보다 더 보수적(통계적으로 유의한 가능성이 가장 적음을 의미함)이다. Dunnett 검정은 LSD 절차보다 더 보수적이지만, 단지 모든 가능한 비교의 하위세트만을 만든다는 점에서 근본적으로 다르다.

세 번째의 가능한 비교, 즉 **학대받았고 PTSD가 있는 여성**과 **학대받았지만 PTSD가 없는 여성** 간의 차이가 통계적으로 유의한지 여부에 관심이 있다면 회귀분석 결과를 사용하여 두 결과 간의 평균 차이를 계산할 수 있다($94.60-68.05=26.55$). 각 집단의 n이 동일하면 이러한 차이의 표준오차는 모든 세 개의 가능한 비교의 경우에도 동일하다. 즉, [그림 6-6]에서 볼 수 있는 바와 같이, 표준오차는 9.014이다.[6] 따라서 **학대받았고 PTSD가 있는 집단**과 **학대받았지만 PTSD가 없는 집단**의 비교와 연계된 t값은 $26.55/9.014=2.95(p=.005)$이다. 그런 다음, 이 값을 LSD형 사후검정 비교에서 사용하거나 그것을 Dunn-Bonferroni 비교에서 $\alpha = .0167(.05/3)$과 비교한다. 어떤 경우이든, **학대받았고 PTSD가 있는 여성**은 또한 **학대받았지만 PTSD가 없는 여성**보다 통계적으로 유의하게 단어에 관한 더 많은 잘못된 기억을 갖는다고 결론짓는다. 이 자료에 관한 ANOVA 분석을 시행한 다음, 이러한 진술의 정확성을 점검하기 위해서 LSD와 Dunn-Bonferroni 두 가지 모두의 사후분석을 하라. 물론, MR에서 이러한 최종 비교를 하기 위해서 또한 더미코딩 만들기, 예를 들어 이러한 최종 비교를 조사하기 위해서 집단 1을 비교집단으로 만드는 것을 간단히 다시 할 수 있다.

$g-1$개의 더미변수만의 필요성 증명

저자는 이전에 단지 $g-1$개의 더미변수만이 필요하다고 주장했는데, 그 이유는 이러한 더미변수 수가 원래의 범주형 변수에 담겨 있는 모든 정보를 담고 있기 때문이다. 현재 예제의 경우, 연구에서 사용된 세 개의 범주에서의 모든 정보를 담기 위하여 단지 두 개의 더미변수만이 필요하다. $g-1$개의 더미변수가 원래의 범주형 변수의 모든 정보를 실제로 포함한다는 것을 믿지 않을 수 있지만, 그 동치(equivalence)를 쉽게 증명할 수 있다. 그렇게 하기 위해서, 저자는 저자가 집단(Group) 변수에 담겨있는 모든 정보를 담고 있다고 주장하는 두 개의 더미변수를 ANOVA 분석에서 사용된 원래의 집단 변수에 회귀하였다. 만약 그 두 개의 더미변수가 원래의 범주형 변수로부터의 모든 정보를 실제로 포함하고

으로 유의하면, 각 회귀계수의 t-검정에 의해 표시되었던 모든 개별적인 비교를 할 수 있다. 사후검정과 유의수준의 교정에 관한 우리의 논의는 단지 간략하게 소개하는 데 목적이 있었다. Darlington은 MR에서 다중비교 절차에 대한 더 많은 정보를 가지고 있는 뛰어난 출처이다.

6) 만약 각 범주당 사례 수가 다르다면, b값의 표준오차는 각 비교마다 다를 것이다.

있다면, 그 더미변수는 집단 변수의 분산의 100%를 설명해야 한다. 즉, R^2은 1.0일 것이다. 그러나 만약 세 집단을 비교하기 위하여 세 번째 더미변수가 필요하다면, R^2은 1.0보다 적은 값이어야 한다.

[그림 6-7]은 그러한 MR 결과를 보여 준다. 즉, 두 개의 새롭게 생성된 더미변수는 실제로 원래의 범주형 변수의 모든 변화량을 설명한다. 따라서 어떤 범주형 변수에 대응하기 위해서 단지 $g-1$개의 더미변수만 필요하다(실제로, 만약 g개의 더미변수를 사용하면 MR은 문제가 발생한다).

[그림 6-7] 단지 $g-1$개의 더미변수만이 필요하다는 것을 증명해 주는 MR

이러한 더미변수는 원래의 집단(Group) 변수의 분산의 100%를 설명한다.

Variables Entered/Removed[b]

Model	Variables Entered	Variables Removed	Method
1	NO_PTSD Abused, non-PTSD vs other, ABUSEPTS Abused, PTSD vs other[a]	.	Enter

a. All requested variables entered.
b. Dependent Variable: GROUP group membership

Model Summary

Model	R	R Square	Adjusted R Square	Std. Error of the Estimate
1	1.000[a]	1.000	1.000	.0000

a. Predictors: (Constant), NO_PTSD Abused, non-PTSD vs other, ABUSEPTS Abused, PTSD vs other

다중회귀분석이 필요하였는가?

그렇다면 이러한 연구결과를 분석하기 위해서 MR을 사용해야 할 이유가 있었는가? 그렇지 않다. 이 문제의 경우, ANOVA를 사용하여 그 자료를 분석하는 것이 더 쉬울 것이다. 그러나 그 간단한 예제는 몇 가지 이유 때문에 포함되었다. 첫째, MR과 ANOVA 간의 연속성을 이해하는 것이 중요하다. 둘째, 여러분은 범주형 변수를 ANOVA보다 MR을 통해 분석하는 것이 더 의미가 있는 보다 더 복잡한 실험설계를 당연히 접하거나 개발할 것이다. 셋째, 여러분은 범주형 변수와 연속형 변수가 모두 포함되어 있는 MR 분석을 수행하기 위한 기초로서 MR에서 범주형 변수를 분석하는 방법을 이해할 필요가 있다.

저자는 이 마지막 이유가 가장 중요하다고 생각한다. 우리 대부분은 간단하거나 복잡한 실험자료 중 하나를 분석하기 위해서 MR을 거의 사용하지 않을 것이다. 그러나 우리는 연속형과 범주형 변수가 혼합되어 있는 것을 분석하기 위해서 MR을 사용할 것이다. 범주형 변수의 분석에 관한 철저한 이해는 이러한 유형의 분석을 위한 기초를 제공한다.

📈 범주형 변수를 코딩하는 다른 방법

더미코딩과 더불어, 범주형 변수를 코딩하는 다른 방법이 있다. 우리는 이러한 것 중 몇 가지를 간략히 검토할 것이다. 염두에 두어야 할 중요한 것은 이러한 다른 방법 모두 동일한 전체 산출(즉, 동일한 R^2과 통계적 유의도 수준)을 도출한다는 것이다. 다시 말해서, 모형 요약(Model Summary)과 ANOVA 표는 방법 간에 동일할 것이다. 그러나 다른 방법은 부분적으로 행해지는 비교가 다르기 때문에 회귀계수에서 차이가 날 수 있다. 저자는 범주형 변수를 코딩하는 몇 가지 다른 방법을 설명하기 위해서 현재 예제를 사용할 것이다.

효과코딩

효과코딩(effect coding)은 범주형 변수를 코딩하는 또 다른 방법이기 때문에 MR에서 분석될 수 있다. 더미코딩에서 한 집단은 모든 더미변수에 0이 할당된다(통제집단 또는 비교집단). 효과코딩도 이러한 동일한 비교집단이 있다는 점에서 비슷하지만, 효과코딩의 경우 이러한 집단은 양쪽 효과변수에 0보다는 −1이 할당된다. 비교집단은 일반적으로 마지막 집단이거나 또는 여러분이 비교하는 데 거의 관심이 없는 집단일 수 있다(Cohen et al., 2003).

〈표 6-3〉은 학대/PTSD(Abuse/PTSD) 예제의 세 집단에 대한 효과코딩을 보여 준다. 첫 번째 효과 변수의 경우, **학대받았고 PTSD가 있는 집단**은 1로 코딩되었으며, −1이라고 코딩된 마지막 집단을 제외하고 모든 다른 집단을 0으로 코딩되었다. [이 예제에서, 이러한 '모든 다른 집단(all other groups)'만이 집단 1, 즉 **학대받았지만 PTSD가 없는 집단**에 포함되지만, 만약 우리가 예를 들어 집단 6과 5개의 효과변수를 가지고 있다면, 집단 4가 이 첫 번째 효과변수에서 0으로 코딩될 것이다.] 두 번째 효과변수의 경우, **학대받았지만 PTSD가 없는 집단**이 1로 코딩되었고, −1로 코딩된 마지막 집단을 제외한 모든 다른 집단은 0으로 코딩되었다.

〈표 6-3〉 세 개의 범주를 가지고 있는 집단(Group) 변수를 두 개의 효과변수로 변환

집단 (Group)	효과 1 (Effect 1)	효과 2 (Effect 2)
1. 학대받았고 PTSD가 있음 (Abused, PTSD)	1	0
2. 학대받았지만 PTSD가 없음 (Abused, Non−PTSD)	0	1
3. 학대받지도 않고 PTSD도 없음 (Nonabused, Non−PTSD)	−1	−1

[그림 6-8]은 두 개의 효과변수에 관한 제1종 오류의 퍼센트의 회귀분석 결과를 보여 준다. 분산의 동일한 퍼센트가 동일한 결과를 나타내는 F값과 확률을 가지고 있는 이전 회귀분석에서와 동일하게 (19.6%) 설명되었다. 유일한 차이는 계수(coefficients) 표에서 보여 준다.

[그림 6-8] 두 개의 효과변수를 사용한, 잘못된 기억 자료의 다중회귀분석

Model Summary

Model	R	R Square	Adjusted R Square	Std. Error of the Estimate
1	.442[a]	.196	.167	28.5057

a. Predictors: (Constant), EFFECT_2, EFFECT_1

ANOVA[b]

Model		Sum of Squares	df	Mean Square	F	Sig.
1	Regression	11261.70	2	5630.850	6.930	.002[a]
	Residual	46316.70	57	812.574		
	Total	57578.40	59			

a. Predictors: (Constant), EFFECT_2, EFFECT_1
b. Dependent Variable: FALSEPOS percent of false positives

Coefficients[a]

Model		Unstandardized Coefficients		Standardized Coefficients	t	Sig.	95% Confidence Interval for B	
		B	Std. Error	Beta			Lower Bound	Upper Bound
1	(Constant)	75.400	3.680		20.489	.000	68.031	82.769
	EFFECT_1	19.200	5.204	.506	3.689	.001	8.778	29.622
	EFFECT_2	-7.350	5.204	-.194	-1.412	.163	-17.772	3.072

a. Dependent Variable: FALSEPOS percent of false positives

왜 그러한 차이가 발생하는가? 절편과 b값은 더미코딩의 경우보다 효과코딩의 경우의 다른 비교를 강조한다. 절편은 모든 독립변수에서 0의 점수를 가지고 있는 변수에 대한 독립변수에서의 예측점수라는 것을 회상하라. 그러나 효과코딩의 경우, 어떠한 집단도 모든 영향변수에서 0으로 코딩되지 않는다. 효과코딩의 경우, [그림 6-8]에서 볼 수 있는 절편(상수)은 종속변수(제1종 오류의 퍼센트)에서의 모든 세 집단의 전체평균이다. 전체 또는 총(overall) 평균을 나타내는 절편은 75.40이다. 이 값은 [그림 6-3]에서 제시된 전체평균과 동일하다. 다음으로, b값은 각 집단의 전체평균에서의 편차이다. 첫 번째 집단을 나타내는 첫 번째 효과변수와 연계된 b는 19.20이었고, 종속변수에서 이 집단의 평균은 94.60 (75.40+19.20)이었다. 두 번째 집단의 평균은 68.05(75.40+[-7.35])이었다. 세 번째 집단의 평균점수를 찾으려면, 단순히 두 개의 b값을 합산하고(19.20+[-7.35]=11.85), 부호를 바꾸면 된다(-11.85). 이것은 세 번째 집단의 전체평균에서의 편차이며, 세 번째 집단의 평균은 63.55(75.40 + [-11.85])이다. 그 이유는 절편이 전체평균이기 때문이며, 각 b는 각 집단의 전체평균에서의 편차를 나타낸다. 전체평균에서의 세 개의 편차는 합이 0이어야 하며, 따라서 세 번째 편차는 절댓값이 다른 두 개의 편차의 합과 동일하지만 부호가 반대이다. 따라서 세 개의 편차는 합이 0(19.20-7.35-11.85=0)이다.

이러한 코딩방법에서 t값은 각 집단과 전체평균 간 차이의 통계적 유의도를 나타낸다. 즉, 각 집단은 통계적으로 유의한 수준이 모든 다른 집단과 다른가? 이는 흔하지 않는 사후검정 질문이지만, 몇몇 적용에서는 흥미로울 수 있다. 물론 집단 평균을 사용하여 다른 사후검정 비교를 계산할 수 있다(Pedhazur, 1997, 제11장 참고).

이전 장들에서 저자가 ANOVA를 $Y = \mu + \beta + e$와 같은 수식을 가지고 있는, 일반선형모형의 일종이라고 논의했던 것을 회상해 보라. 이 수식은 다음과 같이 진술될 수 있다. 즉, 종속변수 Y에서 어떤 사람의 점수는 전체평균(μ)+(또는 -) 처치의 효과에 기인하는 변화량(β)+(또는 -) 오차의 효과에

기인하는 무선 변화량(e)의 합이다. 우리는 효과코딩을 사용하여 정확히 동일한 방식으로 회귀식 ($Y=a+bX+e$)을 해석할 것이다. 즉, 종속변수에서 어떤 사람의 점수는 전체평균(a)+(또는 −) 집단에 기인하는 변화량+(또는 −) 오차에 기인하는 무선 변화량의 합이다. 효과코딩의 한 가지 장점은 그것이 ANOVA에서 일반선형모형을 잘 설명해 준다는 것이다.

기준 척도화

여러분이 어떤 범주형 변수에 대한 많은 수의 범주를 가지고 있고, 어떤 후속적인 사후비교도 하지 않고 단지 그 범주형 변수의 **전체(overall)**효과에만 관심을 가지고 있다고 가정해 보자. 하나의 예제로서, 물의를 일으키고 있는 책 『더 많은 총: 더 적은 범죄(More Guns: Less Crime)』(Lott, 2010)는 MR을 광범위하게 사용하였다. 관심을 끄는 한 범주형 독립변수는 50개 주(州)이었는데, 그것은 49개의 더미변수로 나타낼 수 있다. 그러나 **기준 척도화(criterion scaling)**라 불리는 한 방법을 통해 그렇게 다양한 주(州)를 고려하는 더 쉬운 방법이 있다.

기준 척도화의 경우, 어떤 **단일의(single)** 새로운 변수는 $g-1$개의 더미변수를 대체하기 위해서 생성된다. 이 단일 변수의 경우, 각 집단의 각 구성원이 종속변수에서의 그 집단의 평균점수로 코딩된다. 따라서 현재 예제의 경우, [그림 6-3]에서 제시된 집단평균을 사용하여 **학대받았고 PTSD가 있는 집단**의 모든 구성원은 이 새로운 변수에서 94.60점이 할당되는 데 반해 **학대받았지만 PTSD가 없는 집단**의 구성원은 68.05점이 할당되는 등이 된다. [그림 6-9]는 이러한 기준 척도화된 변수(Crit_Var)로 생성된 자료의 일부를 보여 준다.

[그림 6-9] 단일 기준 코딩된 변수로 변환된 집단변수를 보여 주는 잘못된 기억 자료의 일부

FALSEPOS	GROUP	CRIT_VAR
55.00	1.00	94.60
93.00	1.00	94.60
89.00	1.00	94.60
98.00	1.00	94.60
96.00	1.00	94.60
100.00	2.00	68.05
100.00	2.00	68.05
16.00	2.00	68.05
7.00	2.00	68.05
73.00	2.00	68.05
61.00	2.00	68.05
100.00	3.00	63.55
61.00	3.00	63.55
27.00	3.00	63.55
10.00	3.00	63.55
96.00	3.00	63.55

Crit_Var이 종속변수, 즉 제1종 오류 기억의 퍼센트에 회귀되었으며, [그림 6-10]은 그 결과를 보여 준다. 설명분산은 이전의 출력 결과와 동일하다는 점에 주목하라. 그러나 또한 F값과 그것과 연계된 확률은 다르다(그리고 틀리다)는 점에 주의하라. 기준 척도화가 사용될 때, 기준 척도화된 변수와 연계된 자

유도는 다를 것이다. 비록 우리가 $g-1$개의 더미변수를 하나의 단일한 기준 척도화된 변수로 줄였지만, 이 변수는 여전히 원래의 범주형 변수에 있는 g개의 집단을 나타내며, 그것과 연계된 df는 $g-1$이어야 한다. 현재 예제의 경우, Crit_Var는 여전히 세 집단을 나타내며 회귀모형의 df는 여전히 2이어야(그리고 1이 아니어야) 한다. 회귀모형의 df가 다르기 때문에 잔차의 df도 틀리고 F값도 다르다. 요지는 기준 척도화를 사용할 때 출력된 제곱합(Sums of Squares: SS), 그러나 올바른 자유도(df)를 사용하여 F값을 다시 계산할 필요가 있다는 것이다.

[그림 6-10] 기준 척도화를 사용한 다중회귀분석 결과

적절한 자유도(df)를 위해서, ANOVA 표는 수정될 필요가 있다.

Model Summary

Model	R	R Square	Adjusted R Square	Std. Error of the Estimate
1	.442[a]	.196	.182	28.2589

a. Predictors: (Constant), CRIT_VAR

ANOVA[b]

Model		Sum of Squares	df	Mean Square	F	Sig.
1	Regression	11261.70	1	11261.700	14.102	.000[a]
	Residual	46316.70	58	798.564		
	Total	57578.40	59			

a. Predictors: (Constant), CRIT_VAR

b. Dependent Variable: FALSEPOS percent of false positives

📈 동일하지 않는 집단크기

이 장에서 사용된 PTSD 예제의 경우, 세 PTSD/Abuse 집단 각각은 동일한 수의 여성이 있었다. 그러나 실제 연구세계에서는 종종 독립변수의 다른 수준에서의 피험자의 수가 다르다. 동일하지 않는 (unequal) 사례 수(n)는 비실험 연구에서 특히 일반적이다. 자연스럽게 생성된 집단(인종집단, 종교)은 각 집단을 동등한 숫자로 구성하고자 하는 연구에 거의 적합하지 않다(**성별** 변수는 때때로 예외적인데, 그 이유는 이 변수가 다양한 연령대에서는 거의 비슷하게 나누어지기 때문이다). 만약 단순히 모집단에서 표본을 구함으로써 연구를 수행한다면, 표본은 집단 간 표본크기(sample size)에서 이러한 차이를 반영할 것이다. 심지어 피험자가 다른 집단에 무선적으로 할당되는 실험 연구에서조차도 연구에서 중도탈락한 피험자가 있으며, 이러한 피험자 탈락율은 종종 집단별로 다양하다. 그 결과, 표본크기는 집단별로 동일하지 않다.[7]

다음에서 볼 수 있는 바와 같이, 동일한 숫자의 집단을 가지면 회귀분석 결과를 해석하기가 훨씬 더 쉬워진다. NELS 자료의 한 예제는 그 차이를 설명해 줄 것이다.

---

7) 민감한 독자는 PTSD 예제는 실제로 비실험 연구의 한 예제이며, 여성이 다른 집단에 할당된 것이 아니라 기존의 집단으로부터 표집되었다는 것을 인식할 것이다. 실제 연구에서 각 범주의 피험자 수는 동일하지 않았다(Bremner et al., 2000).

가족구조와 약물 복용

가족구조(Family Structure)는 청소년의 위험하고 불법적인 약물(substances) 사용에 영향을 미치는가? 양부모(both parents)가 계신 가족 출신 청소년은 술, 담배, 마약을 복용할 가능성이 더 적거나 더 많은 가? 이러한 질문에 답하기 위하여, 저자는 **가족구조**(양부모와 함께 살았던 학생은 1로, 편부모 및 보호자 한 분 또는 의붓 부모와 함께 살았던 학생은 2로, 편부모와 함께 살았던 학생은 3으로 코딩됨)가 술, 담배, 마리화 나의 복용에 관한 학생 보고의 합성변수인 **약물 복용**(Substance Use)에 미치는 영향을 분석하였다.[8] [그림 6-11]은 두 변수의 기술통계량을 보여 준다. 기대한 바와 같이, 양부모, 편부모 등을 가진 가구 출신의 학생 수는 동일하지 않았다. **약물 복용** 변수는 약물을 조금 복용한 것을 나타내는 음의 점수와 약물을 더 빈번히 복용한 것을 나타내는 양의 점수를 가진, z점수의 평균이었다.

[**그림 6-11**] NELS 자료를 사용하여 생성된 **가족구조**(Family Structure)와 **약물 복용**(Substance Use) 변수에 대한 기술적인(descriptive) 정보

FAMSTRUC Family Structure

		Frequency	Percent	Valid Percent	Cumulative Percent
Valid	1.00 Two-parent family	677	67.7	69.7	69.7
	2.00 One parent, one guardian	118	11.8	12.1	81.8
	3.00 Single-parent family	177	17.7	18.2	100.0
	Total	972	97.2	100.0	
Missing	System	28	2.8		
Total		1000	100.0		

Descriptive Statistics

	N	Minimum	Maximum	Mean	Std. Deviation
SUBSTANC Use of alcohol, drugs, tobacco	855	-.81	3.35	-.0008	.77200
Valid N (listwise)	855				

[그림 6-12]는 **약물 복용**을 종속변수로, **가족구조**를 독립변수로 사용한 ANOVA 결과를 보여 준다. 그림이 보여 주는 바와 같이, 가족구조의 효과는 비록 그 효과는 적지만($\eta^2 = .017$) 통계적으로 유의하였다 ($F[2, 830] = 7.252, p = .001$). 그림에서 그래프는 **약물 복용**의 집단별 평균 수준을 보여 준다. 즉, 양부모와 함께 살았던 학생은 편부모와 한 명의 보호자가 있는 가족 출신 학생보다 평균적으로 약물을 덜 복용하는 경향이 있으며, 편부모와 한 명의 보호자가 있는 가족 출신 학생은 편부모 가족 출신 학생보다 약물을 덜 복용하는 경향이 있다.

---

8) 두 변수는 다른 NELS 변수에서 생성되었다. **약물 복용**은 F1S77(하루에 담배를 피는 양), F1S78a(일생 동안, 술을 마셔 보았던 횟수), F1S80Aa(일생 동안, 마리화나를 복용했던 횟수) 변수의 평균이었다. 이러한 변수는 다른 척도를 사용하였기 때문에, 그것은 평균을 도출하기 전에 표준화되었다(z점수로 변화되었음). **가족구조**(FamStruc)는 기존의 NELS 변수 FamComp(가구 내 성인 구성비)에서 생성되었다. FamComp는 1=어머니 & 아버지(Mother & father), 2=어머니 & 남성 보호자(Mother & male guardian), 3=여성 보호자 & 아버지(Female guardian & father), 4=기타 두 명의 성인 가족(Other two-adult families), 5=성인 여성만(Adult female only), 그리고 6=성인 남성만(Adult male only)으로 코딩되었다. **가족구조**의 경우, 범주 1은 FamComp의 경우와 동일하였으며, 범주 2와 3, 범주 5와 6은 통합되었고, 범주 4는 결측값으로 처리되었다.

[그림 6-12] 가족구조가 청소년의 위험한 약물 복용에 미치는 영향에 관한 분산분석(ANOVA)

Descriptive Statistics

Dependent Variable: SUBSTANC Use of alcohol, drugs, tobacco

FAMSTRUC Family	Mean	Std. Deviation	N
1.00 Two-parent family	-.0585	.72621	597
2.00 One parent, one guardian	.1196	.76153	94
3.00 Single-parent family	.1918	.93617	142
Total	.0043	.77554	833

Tests of Between-Subjects Effects

Dependent Variable: SUBSTANC Use of alcohol, drugs, tobacco

Source	Type III Sum of Squares	df	Mean Square	F	Sig.	Partial Eta Squared
FAMSTRUC	8.594	2	4.297	7.252	.001	.017
Error	491.824	830	.593			
Corrected Total	500.418	832				

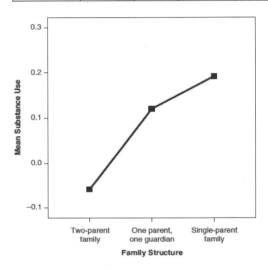

[그림 6–13]은 사후검정(Fisher의 LSD, Dunn–Bonferroni, Dunnett 검정)을 보여 준다. LSD 절차에 따르면, 양부모와 함께 살았던 가족 출신 학생과 편부모 및 부모–보호자(parent–guardian families) 가족 출신 학생 간의 차이는 둘 다 통계적으로 유의하였다. 부모–보호자와 편부모 가족 출신 학생 간의 차이는 통계적으로 유의하지 않았다. Dunn–Bonferroni 사후검정 비교에 따르면 양부모와 함께 살았던 가족 출신 학생과 편부모 가족 출신 학생 간의 비교는 유일하게 통계적으로 유의한 차이가 있었다. Dunnett 검정의 경우, 양부모 가족 출신 학생이 준거(또는 '통제')집단으로 사용되었다. Dunnett 검정은 또한 편부모 가족 출신 학생이 양부모 가족 출신 학생보다 통계적으로 유의하게 더 많은 약물을 복용하지만, 양부모 출신 학생과 부모–보호자 가족 출신 학생 간의 차이는 통계적으로 유의하지 않았다.

[그림 6-13] 세 가지 유형의 가족구조가 약물 복용에 미치는 영향에 관한 사후분석

Multiple Comparisons

Dependent Variable: SUBSTANC Use of alcohol, drugs, tobacco

	(I) Family Structure	(J) Family Structure	Mean Difference (I-J)	Std. Error	Sig.	95% Confidence Interval Lower Bound	95% Confidence Interval Upper Bound
LSD	1.00 Two-parent family	2.00 One parent, one guardian	-.1780*	.08542	.037	-.3457	-.0103
		3.00 Single-parent family	-.2503*	.07187	.001	-.3914	-.1092
	2.00 One parent, one guardian	1.00 Two-parent family	.1780*	.08542	.037	.0103	.3457
		3.00 Single-parent family	-.0723	.10236	.480	-.2732	.1286
	3.00 Single-parent family	1.00 Two-parent family	.2503*	.07187	.001	.1092	.3914
		2.00 One parent, one guardian	.0723	.10236	.480	-.1286	.2732
Bonferroni	1.00 Two-parent family	2.00 One parent, one guardian	-.1780	.08542	.112	-.3829	.0269
		3.00 Single-parent family	-.2503*	.07187	.002	-.4227	-.0779
	2.00 One parent, one guardian	1.00 Two-parent family	.1780	.08542	.112	-.0269	.3829
		3.00 Single-parent family	-.0723	.10236	1.000	-.3178	.1733
	3.00 Single-parent family	1.00 Two-parent family	.2503*	.07187	.002	.0779	.4227
		2.00 One parent, one guardian	.0723	.10236	1.000	-.1733	.3178
Dunnett t (2-sided)[a]	2.00 One parent, one	1.00 Two-parent family	.1780	.08542	.073	-.0132	.3692
	3.00 Single-parent family	1.00 Two-parent family	.2503*	.07187	.001	.0894	.4112

Based on observed means.

*. The mean difference is significant at the .05 level.

a. Dunnett t-tests treat one group as a control, and compare all other groups against it.

책을 더 읽기 전에, MR을 사용하여 이 자료를 어떻게 분석할 수 있는지를 잠깐 동안 숙고해 보라. 가족구조를 어떻게 더미변수로 변환할 것인지 (그리고 얼마나 많은 더미변수가 필요한지) 고찰해 보라. **가족구조를 어떻게 효과변수로 변환할 수 있는가?** 저자는 그러한 회귀분석 결과만을 간략하게 제시하지만, 연습문제 2에서 그 분석을 더 심도 있게 탐구할 필요가 있다.

더미변수 코딩과 분석

가족구조 변수의 세 범주에 담겨 있는 정보를 획득하기 위해서는 두 개의 더미변수가 요구된다. 〈표 6-4〉는 저자가 **가족구조** 변수를 두 개의 더미변수로 변환한 것을 보여 준다. Dunnett 비교에서처럼 저자는 양부모 가족(two-parent families)을 다른 가족구조와 비교하기 위한 준거집단으로 사용하였다. 따라서 양부모 가족은 두 개의 더미변수에서 0으로 코딩되었다. 저자에게 있어 그러한 분석에서 주요한 관심 질문은 다른 가족구조가 양부모 가족과 비교 가능한지 여부인 것 같다. 첫 번째 더미변수(Step)는 부모-보호자 가족 출신 학생과 양부모 가족 출신 학생을 대비하는 것이며, 두 번째 더미변수(Single)는 편부모 가족 출신 학생이 양부모 가족 출신 학생과 대비된다.

〈표 6-4〉 가족구조(Family Structure) 변수를 두 개의 더미변수로 변환

집단(Group)	Step	Single
양부모 가족(Two-parent family)	0	0
한 부모-한 보호자(One parent, one guardian)	1	0
편부모 가족(Single-parent family)	0	1

[그림 6-14]는 이러한 두 개의 더미변수의 **약물 복용**에의 MR 결과를 보여 준다. 두 개의 **가족구조** 더미 변수는 **약물 복용** 분산의 1.7%를 설명하였다($R^2 = \eta^2 = .017$). 표본이 크기 때문에 이 값은 통계적으로 유의하였다($F[2, 830] = 7.252$, $p = .001$). 그 값은 ANOVA로부터 도출된 값과 동일하다.

다음으로 [그림 6-14]에서 보여 주는 계수(Coefficients) 표에 초점을 두어 보자. 절편(상수)은 두 개의 더미변수에서 0으로 코딩된 집단인 대조집단, 즉 양부모 가족 출신 학생의 **약물 복용**의 평균점수와 동일하다. 이전 예제에서처럼, b값은 각 집단의 대조집단의 평균에서의 편차를 나타낸다. 따라서 예를 들어 편부모 가족 출신 학생의 약물 복용 평균점수는 .1918([그림 6-12] 참조)이었다. [그림 6-14]의 회귀계수 표에서, 편부모 가족 출신 학생의 종속변수의 평균점수를 $-.058 + .250 = .192$로 계산할 수 있는데, 그 것은 반올림의 오차 범위 내에서 동일한 값이다.

t값과 그것의 통계적 유의도에 관한 해석은 이전의 예제에서와 동일하다. Dunnett 표에서 t값을 찾고 Single 더미변수가 통계적으로 유의했던 반면, Step 더미변수는 그렇지 않았다는 것을 알 수 있었다. 이러한 연구결과는 또한 ANOVA로부터 도출된 연구결과와 일맥상통하며, 편부모 가족 출신 학생은 양부모 가족 출신 학생보다 통계적으로 유의하게 더 많은 약물을 복용한다는 것과 부모−보호자 가족 출신 학생과 양부모 가족 출신 학생 간의 차이는 통계적으로 유의하지 않다는 것을 시사한다.

[그림 6-14] 더미변수를 가진 MR를 사용한 약물 복용 자료의 분석

Model Summary

Model	R	R Square	Adjusted R Square	Std. Error of the Estimate
1	.131[a]	.017	.015	.76978

a. Predictors: (Constant), SINGLE, STEP

ANOVA[b]

Model		Sum of Squares	df	Mean Square	F	Sig.
1	Regression	8.594	2	4.297	7.252	.001[a]
	Residual	491.824	830	.593		
	Total	500.418	832			

a. Predictors: (Constant), SINGLE, STEP
b. Dependent Variable: SUBSTANC Use of alcohol, drugs, tobacco

Coefficients[a]

Model		Unstandardized Coefficients		Standardized Coefficients	t	Sig.	95% Confidence Interval for B	
		B	Std. Error	Beta			Lower Bound	Upper Bound
1	(Constant)	-.058	.032		-1.855	.064	-.120	.003
	STEP	.178	.085	.073	2.084	.037	.010	.346
	SINGLE	.250	.072	.121	3.483	.001	.109	.391

a. Dependent Variable: SUBSTANC Use of alcohol, drugs, tobacco

또한 t값과 그것의 연계된 통계적 유의도를 일련의 Dunn−Bonferroni 또는 LSD 사후검정 비교를 위한 기초로 사용할 수 있다. Fisher의 LSD를 사용할 때, MR 출력 결과에 열거된 것처럼 t값의 통계적 유의도를 간단히 사용할 것이다. 우리는 편부모 가족 출신 학생과 부모−보호자 가족 출신 학생은 전통적인 양부모 가족 출신 학생보다 위험한 약물을 복용할 가능성이 더 많다고 결론지을 것이다.

세 번째 가능한 비교, 즉 편부모 가족 출신 학생과 부모−보호자 가족 출신 학생 간의 비교와 연계된 b값을 계산하는 것은 쉬울 것이다. 우리는 그 두 집단의 평균을 알고 있다. 만약 그 집단 중 하나가 비교

집단(예: 부모-보호자 집단)으로 사용되면, 다른 집단(편부모 집단)의 b값은 그 두 개의 평균 간의 차이와 동일할 것이다. 즉, **편부모(Single)-[부모-보호자(Parent-Guardian)]**=.1918-.1196=.0722이다. 불행하게도, 동일하지 않은 표본크기를 가지고 있기 때문에, 각 집단과 연계된 표준오차는 다르다[그림 6-14]의 계수(Coefficients) 표에서 Single 및 Step과 연계된 표준오차를 비교함으로써 이것을 알 수 있다]. 다음의 수식을 사용하여 이러한 비교에 대한 표준오차를 계산할 수 있다.

$$SE_b = \sqrt{MS_r \times \left(\frac{1}{n_1} + \frac{1}{n_2} \right)}$$

MS는 [그림 6-14]의 ANOVA 표에서 볼 수 있는 잔차의 평균제곱이며, n은 두 집단(편부모 집단과 부모-보호자 집단)의 표본크기이다. 이 비교의 경우, SE_b는 .102이다. t값($t = b/SE_b$)은 .705이며, 우연으로만 이 t값을 얻을 수 있는 확률은 .481이다. 이것은 [그림 6-13]의 LSD 사후검정 비교에서 보여 준 표준오차 및 유의도와 동일한 값이라는 점에 주목하라. 이 비교는 편부모 가족 출신 학생이 부모-보호자 가족 출신 학생과 비교되었을 때 약물 복용에 어떠한 통계적으로 유의한 차이도 없다는 것을 보여 준다. 여러분도 저자가 얻었던 것과 동일한 결과를 얻는지 확인해 보기 위해서 이러한 계산을 직접 수행해 보아야 한다.

만약 이러한 계산을 직접 손으로 하는 것을 신뢰하지 못한다면, MR을 다시 실행하여 이러한 동일한 결과를 얻는 것이 쉬울 것이다. 부모-보호자 집단을 준거집단으로 사용하여 새로운 더미변수를 간단히 생성하고, 이러한 더미변수를 사용하여 회귀분석을 수행하라. 편부모 집단과 부모-보호자 집단 간의 비교와 연계된 더미변수는 앞에서 계산했던 것과 동일한 표준오차, t, p를 제공해야 한다. 어떠한 방법을 사용하든, Dunn-Bonferroni 교정을 사용하여 사후검정 비교를 하기 위해서 이러한 동일한 t와 p값을 사용할 수 있다. 예를 들어, 전체 유의수준을 .05로 설정할 수 있는데, 그것은 세 개의 비교 각각이 통계적으로 유의한 것으로 간주되기 위해서는 .0167($\alpha = \frac{.05}{3}$) 이하의 확률을 가질 필요가 있음을 의미한다.

효과변수 코딩과 분석

효과코딩의 경우, 한 집단은 모든 효과코딩된 변수에 -1의 값이 할당된다. 〈표 6-5〉에서 볼 수 있는 바와 같이, 저자는 양부모 가족을 -1이 할당된 집단으로 만들기로 선택하였는데, 이것은 평균과 비교하는 데 거의 관심이 없는 집단이기 때문이다. [그림 6-15]는 그 두 개의 효과코딩된 변수, 즉 Single_eff (편부모 가족의 경우)와 Step_eff(부모-보호자 가족의 경우)를 약물 복용에 회귀한 결과를 보여 준다.

〈표 6-5〉 가족구조(Family Structure) 변수를 두 개의 효과코딩된 변수(Effect-Coded Variables)로 변환

집단(Group)	Step_eff	Single_eff
양부모 가족(Two-parent family)	-1	-1
한 부모-한 보호자(One parent, one guardian)	1	0
편부모 가족(Single-parent family)	0	1

세 집단이 동일하지 않는 숫자를 가지고 있기 때문에, MR의 해석은 동일한 n을 가지고 있는 해석과는 단지 약간만 다르다. 표본크기가 동일할 경우, 절편은 종속변수에서 집단 간의 전체평균과 동일하다. 표본크기가 동일하지 않는 경우, 절편은 세 집단의 평균의 평균 또는 가중되지 않은 평균과 동일하다. 다시 말해서, 세 집단의 n에서의 차이를 고려하지 않고 다음과 같이 [그림 6-12]에서 보여 주는 세 평균을 평균하라. 즉, $(-.0585 + .1196 + .1918)/3 = .0843$이다. 이전과 같이, b값은 효과변수가 1로 코딩된 집단의 평균에서의 편차이다. 따라서 편부모 가족 출신 학생의 **약물 복용**의 평균은 $.084 + .108 = .192$이다. 다시 한번, 연습문제 2에서 이러한 분석을 더 심도 있게 탐구할 것이다.

[그림 6-15] 효과코딩된 변수를 사용하여 세 가족 유형 출신의 학생에 대한 약물 복용 차이에 관한 MR

Model Summary

Model	R	R Square	Adjusted R Square	Std. Error of the Estimate
1	.131[a]	.017	.015	.76978

a. Predictors: (Constant), single_eff, step_eff

ANOVA[b]

Model		Sum of Squares	df	Mean Square	F	Sig.
1	Regression	8.594	2	4.297	7.252	.001[a]
	Residual	491.824	830	.593		
	Total	500.418	882			

a. Predictors: (Constant), single_eff, step_eff
b. Dependent Variable: substanc Use of alcohol, drugs, tobacoo

Coefficients[a]

Model		Unstandardized Coefficients		Standardized Coefficients	t	Sig.	95.0% Confidence Interval for B	
		B	Std. Error	Beta			Lower Bound	Upper Bound
1	(Constant)	.084	.036		2.362	.018	.014	.154
	step_eff	.035	.058	.031	.607	.544	-.079	.149
	single_eff	.108	.052	.106	2.083	.038	.006	.209

a. Dependent Variable: substanc Use of alcohol, drugs, tobacoo

📈 또 다른 방법과 쟁점

여전히 간단하거나 복잡한 범주형 변수를 코딩하기 위한 또 다른 방법이 있다. 여기에서 설명했던 방법들처럼 다양한 방법이 R^2 및 그것의 통계적 유의도와 같은 동일한 전체 결과를 산출하지만, 범주형 변수의 다른 수준 간에 다른 대조를 할 수 있다. 직교코딩(orthogonal coding) 또는 대조코딩(contrast coding)은 범주형 변수의 수준 간에 직교대조를 산출한다(통상적으로 사후검정보다는 사전검정). 순차적 코딩(sequential coding)은 어떤 방식으로 순위가 매겨질 수 있는 범주를 비교하기 위해서 사용될 수 있으며, 네스티드 코딩(nested coding)은 범주들 내의 범주를 비교하기 위해서 사용될 수 있고, 이러한 것을 넘어 다른 코딩 설계가 가능하다. 아울러, 요인설계(factorial design)에서처럼 다중 범주형 변수를 가질 수 있으며, 이러한 변수 간의 가능한 상호작용을 검정할 수 있다. 다음 장에서 상호작용 검정에 대해 논의할 것이다.

어느 코딩방법을 사용해야 하는가? 저자는 대부분의 경우 범주형 변수에서 우리의 관심사는 다른 연속형 변수와 더불어 회귀분석에서 그러한 범주형 변수가 포함될 것이라고 예상한다. 아주 종종, 이러한 범주형 변수는 회귀분석에서 고려할 필요가 있지만 중요한 관심사는 다름 아닌 '통제(control)'변수일 것이다. 성별(sex), 지역, 인종은 종종 회귀분석에서 그러한 통제변수로 사용된다. 이러한 상황에서 여기 제시된 간단한 코딩방법은 충분하며, 간단한 더미코딩(dummy coding)이 종종 효과적일 것이다. 더미코딩은 또한 다른 집단과 대조하기를 원하는 분명한 대조집단(통제집단처럼)을 가지고 있다면 유용하다.

효과코딩(effect coding)은 각 집단을 모든 집단의 전체평균과 비교하기를 원할 때 유용하다. 예를 들어, 자아존중감이 다른 종교집단 간에 차이가 있는지에 관심이 있다고 가정해 보자. 만약 각 종교집단이 자아존중감의 평균, 전체수준에서 차이가 있는지 결정하기를 원한다면, 효과코딩은 종교변수를 코딩하기에 좋은 선택이다. 기준 척도화(criterion scaling)는 많은 범주를 가지고 있는 범주형 변수에 특히 유용하다. 언급된 좀 더 복잡한 코딩 설계 중 몇 가지에 대한 더 구체적인 정보를 참고하려면 다른 책을 보라 (예: Cohen et al., 2003; Darlington, 1990; Pedhazur, 1997).

📈 요약

이 장에서는 MR에서 범주형 변수의 분석을 소개하였다. 범주형 변수 또는 명목변수는 연구에서 흔하며, MR의 한 가지 장점은 연속형, 범주형, 또는 연속형과 범주형 독립변수의 조합을 분석하기 위해서 사용될 수 있다는 것이다.

MR분석에서 범주형 변수를 처리하는 일반적인 방법인 더미코딩의 경우, 범주형 변수는 집단 범주 수 $-1(g-1)$개만큼 많은 더미변수로 변환된다. 따라서 만약 범주형 변수가 네 집단을 포함하고 있다면, MR에서 분석을 위한 동일한 정보를 담아내기 위해서는 세 개의 더미변수가 필요하다. 각각의 그러한 더미변수는 어떤 범주에서 구성원(1로 코딩됨) 대 비구성원(0으로 코딩됨)을 나타낸다. 대조집단(contrast group)은 모든 더미변수에서 0의 값을 가진다. 하나의 간단한 예제로서, **성별** 변수는 여학생에게는 1을 할당하고, 남학생에게는 0을 할당하는 더미변수로 변환될 수 있다. 따라서 그 변수는 구성원을 여학생 범주로 나타낸다. 이 장에서 살펴본 바와 같이, 범주형 독립변수(여기에서 사용된 예제에서는 성적 학대와 외상후 스트레스장애)가 연속형 종속변수에 미친 영향에 관한 분석 결과는 ANOVA를 통해 분석되었든 MR을 통해 분석되었든 동일하다. 두 절차와 연계된 F값은 동일하며, ANOVA에서 도출된 효과크기 η^2은 MR에서 도출된 R^2과 동일하다. MR에서 도출된 계수(Coefficients) 표는 몇 가지의 다른 사후검정 절차를 사용하여 사후검정 비교를 수행하기 위하여 사용될 수 있다.

더미코딩(dummy coding)은 범주형 변수를 처리하는 유일한 방법이 아니기 때문에, 범주형 변수는 MR에서 분석될 수 있다. 효과코딩(effect coding)의 경우에 한 집단, 즉 종종 마지막 집단 또는 덜 관심이 있는 집단은 모든 효과코딩된 변수에 -1의 값이 할당된다. 반대로, 더미코딩의 경우 이 집단은 모두 0이 할당된다. 효과코딩은 각 집단의 종속변수의 평균이 전체평균과 대조된다. 기준 척도화(criterion scaling)의 경우, 각 집단은 단일한 기준 척도 값으로서 종속변수의 평균값이 할당된다. 그래서 예를 들어, 만약 남학생이 읽기시험(Reading test)에서 평균 50점을 그리고 여학생이 53점을 획득하였다면, **성별** 변수의 기준 척도화된 버전은 읽기 시험(Reading test) 점수의 **성별**에의 회귀에서 모든 남학생에게 50의 값이, 모든 여학생에게는 53의 값이 할당될 것이다. 기준 척도화는 많은 범주가 있을 때, $g-1$개의 변수 대신에 단 하나의 변수만 필요하기 때문에 유용하다. 그러나 기준 척도화가 사용될 때, df가 틀리기 때문에(df는 여전히 $g-1$과 동일하다.) 회귀분석에 의해 산출된 ANOVA 표를 수정해야 한다. 이러한 세 가지 코딩방법에 대한 절편과 회귀계수의 해석은 〈표 6-6〉에 요약·제시되었다.

〈표 6-6〉 범주형 변수를 코딩하는 다른 방법을 사용하여 도출된 절편과 회귀계수의 해석

코딩 방법	절편(intercept)	b
더미(dummy)	준거집단의 종속변수의 평균(그 집단은 모든 더미변수가 0으로 코딩됨)	1로 코딩된 집단의 평균으로부터의 편차
효과(effect)	종속변수에서 집단의 가중되지 않은 평균 또는 평균의 평균	1로 코딩된 집단의 가중되지 않은 평균으로부터의 편차
기준(criterion)	관심 없음	관심 없음

비록 MR을 사용하여 모든 독립변수가 범주형인 간단하거나 복잡한 실험 결과를 분석하는 것이 가능하지만, 일반적으로 ANOVA를 통해 분석하는 것이 더 쉽다. MR 분석에서 범주형 변수(그리고 더미코딩과 다른 코딩)의 보다 더 일반적인 활용은 범주형 변수가 비실험 연구에서 연속형 변수와 조합되어 분석될 때이다. 예를 들어, 연구자는 학업성취도가 자아존중감에 미치는 영향의 분석에서 **성별**을 통제하기를 원할 수도 있다. MR에서 이러한 범주형 변수와 연속형 변수 양자의 분석은 다음 장의 초점이다. 그러나 두 가지 유형의 변수를 분석하기 전에, MR에서 범주형 변수를 분석하는 방법을 이해할 필요가 있다. 따라서 이 장에서는 이 주제에 대하여 소개하였다.

EXERCISE 연습문제

1. 웹사이트(www.tzkeith.com)에서 이용할 수 있는 파일 'false memory data. 4 groups.sav' (또는 .xls, 또는 'false2.txt')는 이 장에서 분석된 잘못된 기억에 관한 모의화된 자료와 더불어 네 번째 집단, 즉 학대받지도 않았으며 PTSD로 고통을 받지도 않았던 남성의 자료(Bremner et al., 2000에서의 네 번째 집단)가 추가 · 포함되어 있다. 비교 목적을 위해, 그 자료를 ANOVA를 통해 분석하고 Fisher의 LSD 검정, Dunn–Bonferroni 절차, 그리고 Dunnett 검정(남성을 통제집단으로)을 사용하여 사후검정하라.

   a. 집단변수를 $g-1$ 또는 세 개의 더미변수로 변환하고, 그 자료를 MR을 사용하여 분석하라. 세 개의 사후 검정 절차를 수행하기 위하여 계수(Coefficients) 표를 사용하라. 그 결과를 ANOVA 결과와 비교하라.

   b. 집단변수를 세 개의 효과코딩된 변수로 변환하고, 그 자료를 MR을 사용하여 분석하라. ANOVA 결과와 더미코딩된 해결책을 통한 결과를 비교하라. 집단변수를 단일의 기준 척도화된 변수로 변환하고 그것을 사용하여 MR을 수행하라. 올바른 자유도를 위해 MR에서 도출된 ANOVA 표를 수정하고, 그 결과를 동일한 자료를 사용한 다른 분석 결과와 비교하라.

2. 이 장에서 개관된 것처럼, NELS 자료를 사용하여 **가족구조(Family Structure)**가 학생의 **약물 복용 (Substance Use)**에 미치는 영향을 분석하라. 이것은 연습하게 될 보다 더 복잡한 연습문제 중 하나인데, 그 이유는 그것이 몇 가지 새로운 변수의 생성을 필요로 하기 때문이다. 그것은 또한 아마도 보다 더 실제 적인 예제 중 하나일 것이다. 저자는 그것을 해결하고자 할 때 동료와 팀을 이루어 해결하기를 제안한다.

   a. **가족구조와 약물 복용** 변수를 생성하라[각주 31) 참조]. 각 변수의 기술통계량을 검토하고, 가족구조별 **약물 복용**의 평균과 표준편차를 계산하라.

   b. 양부모 가족 출신 학생과 부모–보호자 가족 출신 학생, 그리고 편부모 가족 출신 학생을 대조하는 더미 변수를 생성하라. 이 더미변수를 **약물 복용**에 회귀하라. 전체 회귀분석을 해석하라. 사후검정을 수행하기 위하여, 계수(Coefficients) 표를 사용하라. 편부모 가족 출신 학생과 부모–보호자 가족 출신 학생을 명확히 비교하라.

   c. 양부모 가족 출신 학생 집단의 모든 변수가 −1로 코딩된 효과변수를 생성하라. 이 효과변수를 **약물 복용**에 회귀하고, 그 회귀분석 결과를 해석하라.

   d. **가족구조** 변수를 단일의 기준 척도화된 변수로 변환하고 그것을 사용하여 MR을 수행하라. 올바른 자유도를 위해 MR에서 도출된 ANOVA 표를 수정하고, 그 결과를 동일한 자료를 사용한 다른 분석 결과와 비교하라.

3. 파일 'homework experiment data.sav'(또는 'homework experiment.xls')는 아동에게 다른 유형의 과제가 제공된 어떤 모의화된 실험에서 도출된 자료를 포함하고 있다. 6학년 학생이 다음과 같은 세 집단 중 하나 (자료의 Type 변수)에 무선적으로 할당되었다. 즉, 집단 1은 주당 최소한 세 번 사회과(Social Studies)에서 연습지 활용(drill sheet-derived) 과제가 할당되었으며, 집단 2는 또한 주당 최소한 세 번 연습(practice)과 제(그날의 사회과 수업에서 습득한 중요한 개념을 연습할 수 있도록 설계된 과제)가 할당되었고, 집단 3은 동일한 일정에 확장과제가 할당되었다. 확장과제(extension homework)는 종종 추가적인 내용으로 학교에 서 배웠던 수업을 확장하기 위하여 설계되었다. 6주 뒤에, 학생들은 6학년 사회과 학업성취도의 표준화척 도($M = 50$, $SD = 10$)가 시행되었다.

a. 연습지 활용 과제를 규준(norm)으로 간주하라. 더미코딩을 사용하여 이 실험의 결과를 분석하고, 다른 두 유형의 과제를 이 규준과 비교하라.

b. 그 실험을 효과코딩을 사용하여 분석하라. 어느 집단을 대조집단(효과코딩된 변수값이 −1인 집단)으로 선택하였는가? 그 이유를 설명하라.

제7장 범주형 변수와 연속형 변수를 사용한 회귀분석

이제 MR에서 범주형 변수를 분석하는 방법에 관한 새로운 인식과 더불어, MR을 사용하여 연속형 변수를 분석하는 방법에 관해 견고하게 이해해야 한다. 이 장에서는 단일 MR에서 범주형과 연속형 변수 둘 다를 분석하기 위하여 두 가지 유형의 변수를 조합할 것이다. 논의는 단일 MR에서 두 유형의 변수에 관한 직접적인 분석에서 시작한다. 그런 다음, 그러한 분석에 **상호작용(interaction)**을 추가하는 데 초점을 둔다. 연속형과 범주형 변수 간의 특별한 유형의 상호작용, 즉 적성-처치 상호작용(Aptitude-Treatment Interactions: ATIs)과 검사의 예언타당도(predictive validity)에서의 편향(bias)은 종종 심리학자와 다른 사회과학 연구자에게 특히 관심이 있다. 우리는 그러한 분석에 관한 예제를 다룬다. 다음 장에서는 두 개의 연속형 변수의 상호작용과 잠재적인 곡선(curvilinear)효과에 관한 분석을 다루기 위하여 상호작용에 관한 논의를 확장할 것이다.

📈 성별, 학업성취도 그리고 자아존중감

많은 연구자가 청소년 간에 자아존중감에서의 차이에 관하여 기술해 왔다. 선행 연구와 통념은 청소년기 동안 남학생과 비교했을 때 여학생의 자아존중감에 문제가 있음을 시사한다(Kling, Hyde, Showers, & Buswell, 1999; Rentzsch, Wenzler, & Schutz, 2016). NELS 자료에서 10학년 남학생과 여학생 간의 자아존중감의 차이를 발견할 수 있는가? 이전 학업성취도를 고려하더라도, 어떠한 차이가 지속되는가?

이러한 질문에 답하기 위하여, 저자는 성별[Sex; 여학생(Female)]과 이전 학업성취도(Previous Achievement, ByTests)를 10학년의 자아존중감(Self-Esteem) 점수(F1Cncpt2)에 회귀하였다. (질문: 회귀분석을 타당화하기 위하여 ByTests를 포함시킬 필요가 있는가?) 성별은 더미변수 여학생으로 변환되었는데, 남학생은 0으로 여학생은 1로 코딩되었다. 이 분석을 위해, 저자는 또한 기존의 자아존중감 변수(그것은 z점수의 평균이었다.)를 T점수($M = 50$, $SD = 100$)로 변환하였다. 새로운 변수는 이후의 그림에서 S_Esteem으로 명명되었다(그것은 웹사이트의 NELS 자료에는 없지만, 그것을 쉽게 생성할 수 있다[1]).

[그림 7-1]은 회귀분석에서 변수에 대한 기본적인 기술통계량을 보여 준다. 모든 통계값은 변수의 의

---

1) 예를 들어, SPSS에서 다음과 같이 함으로써 원래 척도의 z점수로부터 이 변수를 생성할 수 있다. ① 예를 들어, F1Cncpt2를 DESCRIPTIVES 명령어를 사용하여 z점수로 변환한다. ② compute 문을 사용하여 새로운 합성변수의 T점수 변수를 만든다. COMPUTE S_Esteem= ((ZF1Cncpt2*10)+50).

도된 코딩과 일맥상통한다. [그림 7-2]는 **자아존중감**의 **학업성취도**와 **여학생**에의 동시적 회귀분석 결과 중 일부를 보여 준다.

[그림 7-1] 자아존중감(Self-Esteem)의 성별[Sex; 여학생(female)]과
이전 학업성취도(Previous Achievement)에의 회귀에 대한 기술통계량

Descriptive Statistics

	N	Minimum	Maximum	Mean	Std. Deviation
S_ESTEEM	910	15.23	69.47	49.9602	10.01815
Female sex as dummy variable	910	.00	1.00	.4912	.50020
BYTESTS 8th-grade achievement tests (mean)	910	29.35	70.24	51.5758	8.76712
Valid N (listwise)	910				

Correlations

		S_ESTEEM	Female sex as dummy variable	BYTESTS 8th-grade achievement tests (mean)
Pearson Correlation	S_ESTEEM	1.000	-.106	.114
	Female sex as dummy variable	-.106	1.000	.064
	BYTESTS 8th-grade achievement tests (mean)	.114	.064	1.000

회귀분석의 해석은 간단하며, 이전의 회귀분석 해석과 일맥상통하다. 두 독립변수는 **자아존중감** 분산의 2.6%를 설명했는데, 그것은 비록 작기는 하지만 통계적으로 유의하다($F = 12.077$ [2, 907], $p < .001$). **학업성취도**는 **자아존중감**에 중간 정도의, 통계적으로 유의한 영향을 미쳤다. **여학생** 더미변수는 또한 통계적으로 유의했으며, 음수값($b = -2.281$)은 심지어 **학업성취도**를 통제한 상황에서도(여학생이라고 명명된 변수의 경우, 그 변수가 남학생=0, 여학생=1로 코딩되었다는 것을 기억하기는 쉽다.) **자아존중감** 척도에서 여학생이 실제로 남학생보다 더 낮은 점수를 획득하였다는 것을 의미한다. **여학생** 변수에 대한 비표준화 회귀계수값은 (학업성취도가 통제된 후) 여학생이 남학생보다 평균 2.28점을 더 낮게 획득했음을 시사한다. 우리가 관심을 가지고 있는 질문과 관련하여, 연구결과는 10학년 여학생이 동일 학년의 남학생보다 약간, 그러나 통계적으로 유의하게 더 낮은 자아존중감을 가지고 있음을 시사한다(비록 그 연구결과는 우리가 이러한 차이가 왜 존재하는지 이해하는 데 도움이 되지 않지만).

제6장에서는 더미변수를 사용하여 절편과 b값의 의미에 초점을 두었다. 하나의 범주형 변수와 하나의 연속형 변수를 가지고 있는 현재 예제의 경우 절편은 43.924이었다. 이전 예제에서처럼, 절편은 각 예측변수 변수에 0의 값을 가지고 있는 학생의 예측된 자아존중감을 나타낸다. 따라서 절편은 학업성취도 시험에 0의 점수를 가지고 있는 (0으로 코딩된) 남학생의 예측된 **자아존중감** 점수를 나타낸다. 그러나 학업성취도 시험의 실제 범위가 어떠한 0의 점수도 없이 단지 대략 29~70이었기 때문에, 절편은 이 사례에서 특별히 유용하지는 않다. **여학생**의 b값이 -2.281이라는 것은 다시 한번 여학생이 **자아존중감** 척도에서 남학생보다 평균 2.28점 더 낮게 획득했음을 의미한다. 범주형과 연속형 변수의 이러한 통합은 간단하다.

[그림 7-2] 동시적 회귀분석 결과

여성(Female)과 이전 학업성취도(Previous Achievement)가 자아존중감(Self-Esteem)에 미치는 영향

Model Summary

Model	R	R Square	Adjusted R Square	Std. Error of the Estimate
1	.161[a]	.026	.024	9.89826

a. Predictors: (Constant), BYTESTS 8th-grade achievement tests (mean), Female sex as dummy variable

ANOVA[a]

Model		Sum of Squares	df	Mean Square	F	Sig.
1	Regression	2366.444	2	1183.222	12.077	.000[b]
	Residual	88863.783	907	97.976		
	Total	91230.227	909			

a. Dependent Variable: S_ESTEEM
b. Predictors: (Constant), BYTESTS 8th-grade achievement tests (mean), Female sex as dummy variable

Coefficients[a]

Model		Unstandardized Coefficients B	Std. Error	Standardized Coefficients Beta	t	Sig.	95% Confidence Interval for B Lower Bound	Upper Bound
1	(Constant)	43.924	1.969		22.306	.000	40.059	47.788
	Female sex as dummy variable	-2.281	.658	-.114	-3.468	.001	-3.572	-.990
	BYTESTS 8th-grade achievement tests (mean)	.139	.038	.121	3.698	.000	.065	.212

a. Dependent Variable: S_ESTEEM

[그림 7-3]은 이러한 결과를 경로형태로 제시한 것이다. 비표준화 계수는 일반적으로 더미변수의 경우 더 유용하기 때문에 그것이 사용되었다. -2.281은 **성별**이 매 한 단위씩 증가할 때마다(0으로 코딩된 남학생에서 1로 코딩된 여학생으로 증가함), **자아존중감**은 2.281점씩 감소한다는 것을 의미한다. 곡선으로 된 양쪽화살표의 계수는 공분산(covariance), 즉 상관계수의 비표준화 계수이다(제1장 참조).

[그림 7-3] 성별(Sex)과 학업성취도(Achievement)가 10학년 학생의 자아존중감(Self-Esteem)에 미치는 영향에 관한 도식적 (경로) 표현

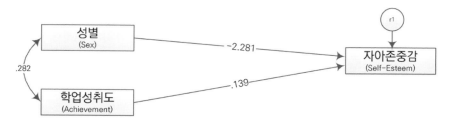

📈 상호작용, 일명 조절

이 절(section)에서 알게 되는 바와 같이, 범주형 변수와 연속형 변수 간의 (그리고 또한 몇 개의 범주형 변수 또는 몇 개의 연속형 변수 간의) 잠재적인 상호작용을 검정하기 위하여 또한 MR을 사용할 수 있다. 상호작용(interaction)은 한 변수의 효과가 다른 변수의 값에 따라 달라질 때의 경우이다. 실험 연구에서 어떤 처치의 효과는 피험자의 성별(sex)에 따라 다름을 알 수 있을 것이다. 예를 들어, 콜레스테롤 약은

여성보다 남성의 콜레스테롤을 낮추는 데 더 효과적일 수 있다. 이전 장들에서의 한 예제를 사용해 볼 때, 과제가 더 낮은 동기수준을 가지고 있는 학생보다 더 높은 동기수준을 가지고 있는 학생에게 더 효과적이라는 것을 알 수 있을 것이다. 다시 말해서, 한 변수[과제(homework)]의 효과는 다른 변수[학문적 동기(academic motivation)]의 값에 따라 다르다.

그러한 상호작용은 어떻게 보이는가? 이전 예제에서 우리는 10학년 여학생이 동일 학년의 남학생보다 약간, 그러나 통계적으로 유의하게 더 낮은 **자아존중감**을 가지고 있었음을 알았다. **이전 학업성취도**는 또한 10학년 학생의 **자아존중감**에 분명히 영향을 미쳤다. 그러나 여학생과 비교했을 때, 학업성취도가 남학생의 자아존중감에 미치는 영향을 다르다고 할 수 있는가? 예를 들어, 더 높은 학업성취도는 더 높은 자아존중감을 초래하기 때문에 아마도 여학생의 자아상(self−image)은 자신의 학교성적과 밀접한 관련이 있다. 반대로, 학업성취도는 남학생의 경우 다르게 작동하며 자신의 자아존중감은 자신의 학교성적과 관련이 없을 수도 있다. 세 명의 아들을 두고 있는 아버지로서 말해 보면, 저자는 이러한 후자의 가능성이 상당히 그럴듯하다는 것을 알고 있다.

학업성취도와 **자아존중감** 간의 이러한 유형의 차별적인 관계는 [그림 7−4]에 (과장된 방식으로) 제시되었다. 그림에서 두 개의 선은 남학생과 여학생 각각의 학업성취도의 자아존중감에의 회귀분석에서 도출된 가능한 회귀선을 나타낸다. 그러한 그래프는 상호작용을 이해하기 위한 우수한 방법이다. 그래프는 또한 한 독립변수(학업성취도)에 대한 회귀선의 기울기가 다른 독립변수(성별)의 값에 따라 다를 때 상호작용이 일어남을 분명하게 보여 준다. 다시 한번, 그래프는 **자아존중감**의 영향에서 **성별**과 **학업성취도** 간의 잠재적인 상호작용을 분명하게 보여 준다. 여학생의 경우, **학업성취도**가 **자아존중감**에 강력한 영향을 미치는 반면, 남학생에게는 아무런 영향도 미치지 않는다. 그러한 상호작용을 기술하기 위한 몇 가지 방법이 있다. 우리는 **자아존중감**에 미치는 영향에 있어 **성별**과 **학업성취도**가 상호작용한다고 말할 수 있다. 즉, **학업성취도**는 학생의 **성별**에 따라 **자아존중감**에 차별적인 영향을 미친다. 또는 **학업성취도**는 남학생보다 여학생의 **자아존중감**에 더 강한 영향을 미친다. 또는 **성별**은 **학업성취도**가 **자아존중감**에 미치는 영향을 조절한다(Baron & Kenny, 1986 참고). 저자의 한 동료가 대부분의 상호작용은 "상황에 따라 다르다 (it depends)."라는 구문을 사용하여 기술될 수 있다고 말한다. 학업성취도는 자아존중감에 영향을 미치는가? 상황에 따라 다르다. 또는 그것은 여러분이 남학생인지 여학생인지의 여부에 따라 다르다.

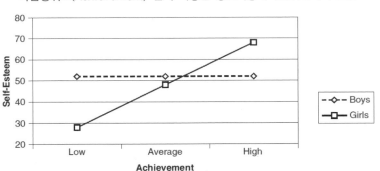

[그림 7-4] 자아존중감(Self-Esteem)에 미치는 영향에 있어 성별(Sex)과
학업성취도(Achievement) 간의 가능한 상호작용에 관한 도식적 표현

방법론자는 종종 서열적(ordinal) 상호작용과 비서열적(disordinal) 상호작용 간을 구별한다. 회귀선이 독립변수의 유효범위(effective range) 내에서 교차하는 상호작용은 종종 비서열적 상호작용이라고 불린다. [그림 7-4]는 비서열적 상호작용을 분명하게 보여 준다. 즉, 두 개의 선은 독립변수(학업성취도)의 유효범위 내에서 교차한다. 서열적 상호작용의 경우, 영향을 나타내는 선은 독립변수의 유효범위 내에서 교차하지 않는다. 다음 장에 있는 [그림 8-3]은 서열적 상호작용을 분명하게 보여 준다.

MR에서 상호작용 검정

외적(cross-product) 변수를 생성함으로써, 그리고 회귀식에 추가되었을 때, 외적항(cross-product term)이 통계적으로 유의한지 여부를 검정함으로써 MR에서 그러한 상호작용을 검정한다. 외적항은 두 관심변수를 곱함으로써 생성된다(Cohen, 1978). 이 사례에서는 **여학생** 변수와 **학업성취도** 변수를 곱함으로써 외적을 생성한다.[2] 비록 이러한 외적항이 상호작용항으로서 작용할 수 있지만, 곱셈 전에 연속형 변수를 먼저 중심화(centering)하는 것이 통계적이고 해석적인 장점이 있다(Aiken & West, 1991; Cohen et al., 2003; Hayes, 2018; Darlington & Hayes, 2017). 이러한 장점에는 불필요한 공선성(collinearity)의 감소와 이미 1을 가지고 있는 연속형 척도에 0점을 부여하는 것이 포함된다. 중심화의 장점은 다음 예제들에서 설명될 것이다. 중심화는 어떤 변수에서 그 변수의 평균점을 뺌으로써(예: SPSS에서 compute 문을 사용하여) 가장 쉽게 달성되는데, 그 결과 평균이 0이고 표준편차가 원래의 표준편차와 동일한 새로운 변수가 생성된다.

중심화와 외적: 학업성취도와 성별

관심사가 **성별**이 **자아존중감**에 미치는 영향과 **학업성취도**가 **자아존중감**에 미치는 영향 간의 가능한 상호작용을 검정하는 데 있었던 현재 예제를 위해, 저자는 두 개의 새로운 변수를 생성하였다. Ach_Cent는 개별 학생의 ByTests 점수에서 ByTests 평균([그림 7-1]에서 볼 수 있는 바와 같이, 51.5758)을 뺌으로써 기준년도 학업성취도 시험의 중심화된 변수로 생성되었다. 따라서 예를 들어, 원래 학업성취도 점수가 30점이었던 학생은 Ach_Cent에서 −21.5758 점수를 가지는 데 반해, 원래 점수가 70점이었던 학생은 Ach_Cent에서 18.4242점을 가질 것이다. 외적 Sex_Ach는 여학생[Female; 성별의 더미변수]과 Ach_Cent를 곱함으로써 생성되었다.

[그림 7-5]는 이러한 새로운 변수의 기술통계량을 보여 준다. 볼 수 있는 바와 같이, Ach_Cent의 평균은 사실상 0(실제로 −.00005이다.)이다. 그림은 또한 변수 간의 상관계수를 보여 준다. 중심화된 변수는 다른 변수와 원래의 중심화되지 않은 변수와 마찬가지로 동일한 상관계수를 가지고 있다([그림 7-1] 참조). 그러나 상호작용항(Sex_Ach)은 중심화되지 않은 변수에서 생성된 상호작용보다 구성요소 간(여학생과 학업성취도)에 다른 수준으로 상관되어 있다. 예를 들어, 중심화되지 않은 **학업성취도** 변수에 기반했

---

2) 이러한 외적은 종종 상호작용항(interaction term)이라고 불린다. 엄격히 말해서, 이러한 두 변수의 곱셈은 상호작용항(interaction term)이라기보다는 외적항(cross-product term)이라고 불러야 한다. 순수한 상호작용항을 생성하기 위하여, 외적으로부터 범주형과 연속형 변수에 기인하는 분산을 제거할 필요가 있다(예: 범주형과 연속형 변수를 외적에 회귀하고, 잔차를 상호작용 변수로 저장한다). 그러나 검정 과정은 동일하며, 따라서 저자는 일반적으로 외적과 상호작용이라는 용어를 상호교차하여 사용한다.

던 상호작용항은 **여학생**과 .975의 상관이 있는 반면, 중심화된 **학업성취도** 변수에 기반했던 상호작용항은 **여학생**과 .048의 상관이 있었다([그림 7-5] 참조). 이 두 예측변수 간의 매우 높은 상관관계는 공선성(collinearity) 또는 다중공선성(multicollinearity)이라 불린다. 공선성은 이상한 계수와 커다란 표준오차를 초래할 수 있으며, 해석을 어렵게 만들 수 있다. Cohen 등(2003)이 지적한 바와 같이, 중심화는 공선성을 제거하지는 않지만 불필요한 공선성을 줄인다. 중심화에 대한 보다 더 자세한 내용은 Hayes(2018)를 참고하라. 다중공선성에 관한 주제와 영향은 제10장에서 더 심도 있게 논의될 것이다.

[그림 7-5] 자아존중감(Self-Esteem)에 미치는 영향에 있어 성별(Sex)과 학업성취도(Achievement) 간의 가능한 상호작용 검정을 위한 기술통계량

Descriptive Statistics

	N	Minimum	Maximum	Mean	Std. Deviation
S_ESTEEM	910	15.23	69.47	49.9602	10.01815
Female sex as dummy variable	910	.00	1.00	.4912	.50020
ACH_CENT BY achievement, centered	910	-22.23	18.66	.0000	8.76712
SEX_ACH Sex by Achieve interaction	910	-22.23	17.51	.2814	5.91969
Valid N (listiwise)	910				

Correlations

		S_ESTEEM	Female sex as dummy variable	ACH_CENT BY achievement, centered	SEX_ACH Sex by Achieve interaction
Pearson Correlation	S_ESTEEM	1.000	-.106	.114	.103
	Female sex as dummy variable	-.106	1.000	.064	.048
	ACH_CENT BY achievement, centered	.114	.064	1.000	.677
	SEX_ACH Sex by Achieve interaction	.103	.048	.677	1.000

MR 분석

상호작용의 통계적 유의도를 검정하기 위하여, 먼저 (중심화된) **여학생**과 **학업성취도**를 **자아존중감**에 회귀하였다. 이러한 변수는 이 장의 첫 번째 예제와 비슷한 단계인 동시적 MR을 사용하여 입력되었지만, 이것은 또한 순차적 MR에서도 첫 번째 단계이었다. [그림 7-6]에서 볼 수 있는 바와 같이, 이러한 변수는 **자아존중감** 분산의 2.6%를 설명하였다([그림 7-2]에서와 동일함). 이 순차적 회귀분석의 두 번째 블록에서 상호작용항(Sex_Ach)이 회귀식에 추가되었다. 볼 수 있는 바와 같이, 상호작용항의 추가는 R^2에 통계적으로 유의한 증가를 초래하지는 않았다($\Delta R^2 = .001$, $F[1, 906] = 1.218$, $p = .270$). 이것은 상호작용이 통계적으로 유의하지 않다는 것을 의미한다. 즉, 상호작용항은 **여학생**과 **학업성취도**에 의해 제공되었던 설명을 넘어 **자아존중감**을 설명하는 데 도움이 되지 않는다. 우리는 **학업성취도**가 남학생만큼 여학생에게도 동일한 영향을 미친다는 영가설을 기각할 수 없다. 따라서 우리의 의구심과는 달리 남학생과 비교해 보았을 때, **학업성취도**가 여학생의 **자아존중감**에 미치는 영향은 아무런 차이도 없는 것으로 보인다. 즉, 학업성취도는 남학생과 여학생의 학업성취도에 동일한 효과크기를 가지고 있다.

[그림 7-6] 자아존중감(Self-Esteem)에 미치는 영향에 있어
성별[Sex; 여학생(Female)]과 학업성취도(Achievement) 간의 상호작용 검정

Model Summary

Model	R	R Square	R Square Change	F Change	df1	df2	Sig. F Change
1	.161ª	.026	.026	12.077	2	907	.000
2	.165ᵇ	.027	.001	1.218	1	906	.270

| | | | | Change Statistics | | | |

a. Predictors: (Constant), ACH_CENT BY achievement, centered, Female sex as dummy variable

b. Predictors: (Constant), ACH_CENT BY achievement, centered, Female sex as dummy variable, SEX_ACH Sex by Achieve interaction

상호작용을 검정하는 이러한 방법이 [그림 7-4]에서 보여 주는 것과 같은 상호작용에 관한 도식적 표현과 어떻게 관련되는지 궁금할 수 있다. 그림은 본질적으로 남학생과 여학생을 위한 별도의 회귀선을 보여 주지만, 두 집단을 위해 별도의 회귀분석을 수행해 오지는 않았다. 여기에서 설명했던 상호작용 검정방법은 남학생과 여학생을 위해 별도의 회귀분석을 수행한 것과 동일하다. 예를 들어, 남학생과 여학생을 위해 별도로 **학업성취도**를 **자아존중감**에 회귀하며, 그런 다음 남학생 대 여학생의 **학업성취도**에 대한 회귀계수를 비교할 수 있다. 만약 상호작용이 통계적으로 유의하다면, 이러한 회귀계수는 남학생 대 여학생의 경우 매우 다를 것이다. 예를 들어, [그림 7-4]에서 여학생의 회귀계수는 크고 통계적으로 유의할 것이지만 남학생의 회귀계수는 조그맣고 통계적으로 유의하지 않을 것이다. 현재 예제에서 상호작용이 통계적으로 유의하지 않다는 사실은 실제로 남학생과 여학생의 회귀선이 평행에 가깝다는 것을 의미한다[통계적으로 유의한 비평형(non-parallel)은 아님]. (회귀선은 평행하지만 절편이 다르기 때문에 일치하지는 않는다. 이러한 차이는 단순히 회귀선이 평행한지 여부만을 검정하는 상호작용항에서는 검정되지 않는다.) 회귀모형에 상호작용항을 추가하는 것은 다른 집단을 위해 별도의 회귀모형을 검정하는 것과 동일하다. 그러나 외적을 검정하는 방법은 한 단계에서 이것(상호작용에 대한 도식적 표현)을 하며, 또한 상호작용의 통계적 유의도를 검정한다.

해석

상호작용이 통계적으로 유의하지 않았기 때문에, 저자는 상호작용항을 추가하기 전에 MR의 첫 번째 단계에서 도출된 회귀계수의 해석에 초점을 둔다. 저자는 앞에서 살펴본 바와 같이, 상호작용의 통계적 유의도가 검정되었으며 통계적으로 유의하지 않은 것으로 밝혀졌다는 것을 명확히 보고하고, 그런 다음 [그림 7-7]에서 볼 수 있는 바와 같이 상호작용항 없이 그 회귀식에 대한 저자의 해석으로 돌아간다. **학업성취도** 변수의 중심화로 인해, 회귀식의 절편이 바뀌었다. 절편은 여전히 각 독립변수가 0인 학생의 예측된 **자아존중감** 점수를 나타내지만, 학업성취도 검사를 0점으로 중심화함으로써 이러한 학생의 **학업성취도**의 전체평균을 나타낸다. 따라서 절편은 이제 **학업성취도** 검사에서 (전체표본에 대한) 평균 점수를 받은 남학생의 예측된 **자아존중감** 점수를 나타낸다(이러한 해석의 용이성은 중심화의 한 가지 장점이다). 중심화는 변수의 표준편차를 바꾸지 않기 때문에, 회귀계수는 [그림 7-2]에서 보여 주는 것과 동일하다 [그리고 $b = \beta(SD_y)/(SD_x)$]. 다음은 이 연구결과에 관한 한 가지의 가능성 있는 해석이다.

이 연구는 두 가지 목적을 가지고 있었다. 첫째, 우리는 **성별**이 10학년 학생의 **자아존중감**에 미치는 영

향에 관심이 있었다. 특히 우리는 **이전 학업성취도**를 통제한 이후, 여학생이 남학생보다 10학년에서 더 낮은 자아존중감을 가지고 있는지를 검정하였다. 선행연구는 학업성취도는 남학생 대 여학생의 자아존중감에 차별적인 영향을 미친다(성별이 성취도에 미치는 영향을 조절하여 학업성취도는 남학생이 아닌 여학생의 자아존중감에 영향을 미친다.)는 것을 시사하였다(실제로는 그렇지 않으며, 저자는 단지 이것을 구성하였다). 이 연구의 두 번째 목적은 이러한 가능성 있는 차별적인 영향을 검정하는 것이었다.

[그림 7-7] 회귀계수: 여학생(Female)과 학업성취도(Achievement)가
자아존중감(Self-Esteem)에 미친 영향

Coefficients[a]

Model		Unstandardized Coefficients		Standardized Coefficients	t	Sig.	95% Confidence Interval for B	
		B	Std. Error	Beta			Lower Bound	Upper Bound
1	(Constant)	51.081	.460		110.929	.000	50.177	51.984
	Female sex as dummy variable	-2.281	.658	-.114	-3.468	.001	-3.572	-.990
	ACH_CENT BY achievement, centered	.139	.038	.121	3.698	.000	.065	.212

a. Dependent Variable: S_ESTEEM

이 연구의 첫 번째 목적을 해결하기 위하여 **성별**과 **이전 학업성취도**를 **자아존중감**에 회귀하였다. 다음으로, **자아존중감**에 미치는 영향에서 **성별**과 **학업성취도** 간의 가능한 상호작용을 검정하기 위하여, 외적항(성별 × 학업성취도)이 모형에 추가되었다(Aiken & West, 1991; Cohen, 1978 참조). **학업성취도** 변수는 중심화되었다.

성별과 **이전 학업성취도** 모두가 10학년 학생의 **자아존중감** 분산의 2.6%를 설명하였다($F[2, 907] = 12.077$, $p < .001$). 그러나 상호작용은 통계적으로 유의하지 않았는데($\Delta R^2 = .001$, $F[1, 906] = 1.218$, $p = .270$), 그것은 학업성취도가 남학생과 여학생 모두의 자아존중감에 동일한 영향을 미침을 시사한다.

〈표 7-1〉의 회귀계수는 **성별**(여학생, 여학생=1, 남학생=0)과 **학업성취도**가 **자아존중감**에 미치는 영향의 정도를 보여 준다. **성별**이 **자아존중감**에 미친 영향은 실제로 통계적으로 유의하였으며, 심지어 **이전 학업성취도**가 통계적으로 통제된 후에도 여학생이 남학생보다 **자아존중감** 척도에서 평균 2.28점 더 낮았다. 이러한 **성별**의 효과는 작은 것에서 중간 정도 효과가 있는 것으로 간주될 수 있다. 비록 이러한 결과는 청소년 여학생이 남학생보다 더 낮은 자아존중감을 가지고 있다는 것을 보여 주지만, 그 결과는 이것이 왜 그러한지 또는 남학생과 대조했을 때 여학생의 어떤 측면이 더 낮은 자아존중감을 초래하는지를 설명해 주지는 않는다. 학업성취도는 또한 후속되는 **자아존중감**에 중간 정도의, 통계적으로 유의한 영향을 미쳤다. 따라서 학업성취도는 남학생과 여학생의 자아존중감에 동일한 영향을 미치는 것으로 보이며, 이러한 영향은 양 집단에게 중간 정도 그리고 통계적으로 유의하다.

〈표 7-1〉 성별(Sex)과 학업성취도(Achievement)가 10학년 학생의 자아존중감(Self-Esteem)에 미친 영향

변수	β	$b(SE_b)$	p
성별(여성)[Sex(Female)]	-.114	-2.281(.658)	.001
학업성취도(Achievement)	.121	.139(.038)	< .001

이 예제는 MR에서 상호작용(조절)을 검정하는 기본적인 방법을 설명해 준다. 그리고 비록 저자가 하나의 범주형 변수와 하나의 연속형 변수 간의 상호작용의 맥락에서 그 방법을 소개해 왔지만, 그 방법은 연속형 변수 간(다음 장에서 설명하는 바와 같이) 또는 범주형 변수 간의 상호작용을 검정하기 위해서도 동일하다. 이 예제는 또한 그러한 상호작용은 특히 작거나 중간 정도의 표본크기를 가지고 있는 비실험 연구에서는 매우 일반적인 것은 아니라는 간단한 사실을 설명해 준다. 비실험 연구에서 상호작용을 빈번하게 보지 못하는 몇 가지 이유가 있다. 첫째, 상호작용 검정의 본질은 원래의 변수에 기인하는 변화량이 통계적으로 제거된 후, 상호작용에 기인하는 고유효과에 초점을 둔다(예: 순차적 회귀분석에서). 둘째, 또한 측정오차[비신뢰도(unreliability)와 비타당도(invalidity)]가 MR에서 상호작용을 찾아내기 위한 통계력(statistical power)을 줄이는 경우가 있다(Aiken & West, 1991). 상호작용항의 비신뢰도는 그것의 구성요소 양자의 비신뢰도의 결과물이다. 그 결과, MR에서 상호작용의 검정은 주효과를 찾아내기 위한 검정보다 솔직히 덜 민감하다. 셋째, 모의(simulation)연구는 집단 간의 오차분산에 관한 동질성(homogeneity) 가정이 위배되었을 때(그러한 가정은 제9장에서 더 구체적으로 논의될 것이다.), 상호작용 검정력(power to detect)은 상당히 다를 수 있다는 것을 보여 준다. 이러한 변화성(variability)은 표본크기가 집단 간에 다를 때 특히 문제가 될 수 있다(Alexander & DeShon, 1994). 마지막으로, "실질적인 상호작용은 솔직히 실제 세계에서는 그렇게 빈번하게 존재하지 않을 것이다"(Darlington & Hayes, 2017: 429). 이러한 이유 때문에, 저자는 구체적인 가설을 검정할 때 주로 상호작용에 대한 검정을 할 것을 권한다. 즉, 저자는 모든 가능한 상호작용을 검정하는 대신에 선행연구에서 시사했던 상호작용이나 구체적인 연구문제를 답하기 위하여 설계되었던 상호작용을 검정하기를 권한다. 따라서 예를 들어, 학부모 참여(parent involvement), 과제(homework), TV 시청(TV viewing)이 학업성취도에 미치는 영향에 관한 검정에서, Keith, Reimers, Fehrmann, Pottebaum과 Aubey(1986)는 선행연구들이 TV 시청과 학업성취도 간의 상호작용의 존재를 시사해 왔기 때문에 TV 시청과 학업성취도 간의 상호작용을 검정하였다(이 예제는 다음 장에서 좀 더 구체적으로 논의된다). 또한 적절하거나 커다란 표본크기가 요구된다(Alexander & DeShon, 1994).

📈 통계적으로 유의한 상호작용

또 다른 예제가 통계적으로 유의한 상호작용을 설명해 줄 것이다. 이론, 선행연구, 또는 심지어 설득력 있는 주장에 기초하여 후속되는 자아존중감에 미치는 영향에서 학업성취도가 학생의 (성별보다는) 인종과 상호작용하는 것이 아닌지 의심할 수 있다. 마치 남학생 대 여학생에 대해 추측했던 것처럼 학업성취도가 백인 청소년의 자아존중감에 정적인(positive) 영향을 미치지만 다른 소수집단 출신 청소년의 자아존중감에는 거의 또는 아무런 영향도 미치지 않는다고 추측할 수 있다. 이러한 가설을 검정하기 위하여 NELS 자료에서 **인종(Race)**변수가 새로운 소수민족-주류변수[소수민족(Minority)]로 변환되었으며, 백인 비히스패닉(non-Hispanic) 학생은 0으로 코딩되고 모든 다른 인종집단의 구성원은 1로 코딩되었다. 이전 학업성취도별 인종의 외적항을 만들기 위해 **소수민족**과 **학업성취도** 변수의 중심화된 변수(Ach_Cen2, BYTests−51.589590)가 곱해졌다.[3)]

학업성취도는 자아존중감에 영향을 미치는가? 그것은 상황에 따라 다르다

[그림 7-8]은 그러한 상호작용의 유의도를 검정하기 위한 순차적 회귀분석 결과 중 일부를 보여 준다. 첫 번째 단계에서 **인종**(Ethnic, 소수민족)과 **이전 학업성취도**(Ach_Cen2)가 **자아존중감**(Self-Esteem)에 회귀되었다. 두 번째 단계에서 **인종-학업성취도**(Ethnic-Achievement) 상호작용항(Eth_Ach)이 입력되었다. 상호작용항의 추가는 설명분산에서 통계적으로 유의한 증가를 초래하였다($\triangle R^2 = .008$, $F[1, 896] = 7.642$, $p = .006$). 다시 말해서, 상호작용은 통계적으로 유의하다.

[그림 7-8] 순차적 회귀분석을 사용한, 자아존중감(Self-Esteem)에
미치는 영향에서 인종(Ethnic)과 학업성취도(Achievement) 간의 상호작용 검정

Model Summary

| Model | R | R Square | Change Statistics | | | | |
			R Square Change	F Change	df1	df2	Sig. F Change
1	.148[a]	.022	.022	10.089	2	897	.000
2	.174[b]	.030	.008	7.642	1	896	.006

a. Predictors: (Constant), ACH_CEN2 Achievement, centered, Minor Minority vs majority.

b. Predictors: (Constant), ACH_CEN2 Achievement, centered, Minor Minority vs majority, ETH_ACH Ethnicity achievement interaction

상호작용 이해

통계적으로 유의한 상호작용이라 했을 때 그것은 무엇을 의미하는가? 아마도 상호작용을 이해하는 가장 쉬운 방법(MR이나 ANOVA에서)은 그것을 도식화하는 것이다. MR에서 범주형 변수와 연속형 변수 간의 상호작용은 두 (또는 그 이상의) 집단의 회귀계수가 다름을 나타낸다는 것을 회상하라. **자아존중감**에 미치는 영향에서 **학업성취도와 인종**이 상호작용한다고 말할 때, **학업성취도**가 (이 예제에서) 민족적인 소수민족(minority) 구성원과 비소수민족(non-minority) 백인 청소년의 **자아존중감**에 다르게 영향을 미친다는 것을 의미한다. 이러한 다른 영향은 소수민족 청소년과 백인 청소년에 대해 별도의 회귀분석(학업성취도가 자아존중감에 회귀함)을 수행한다면, 학업성취도와 연계된 회귀계수(*b*값)가 다를 것임을 의미한다. 다른 회귀계수는 더 나아가 회귀선의 기울기가 두 집단의 경우가 다를 것임을 의미한다(*b*값은 회귀선의 기울기이기 때문에). 따라서 필요한 것은 소수민족 청소년과 백인 청소년 각각에 대한 학업성취도가 자아존중감에 미치는 영향에 관한 회귀선 그래프이다.

---

3) 주요 목적이 정말로 민족/인종 집단의 상호작용과 성취도가 자아존중감에 미치는 영향에 대한 조사였다면, NELS 인종(Race) 변수를 표본에서 여러 민족집단을 나타내는 여러 범주형 변수로 변환하는 것이 더 나을 것이다. 예를 들어, 아시아(Asian), 히스패닉(Hispanic) 및 흑인(Black) 학생에 대해 각각 1로 코드화된 세 개의 범주형(더미 또는 효과 코드화된) 변수를 만들 수 있으며, 각각에 대해 백인(White)이 대조집단(0으로 코드화된)이다. 그러나 주요 목적은 통계적으로 유의한 상호작용/조절을 상당히 간단한 예로 설명하는 것이다. 그러나 추가 분석은 tzkeith.com을 참고하라.

[그림 7-9] 자아존중감(Self-Esteem)에 미치는 영향에 있어
인종(Ethnic)과 학업성취도(Achievement)의 상호작용을 보여 주는 회귀선

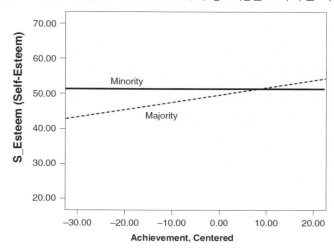

다행히도 표준 통계분석 프로그램을 사용하여 그러한 그래프를 산출하는 것은 상대적으로 쉽다. [그림 7-9]는 소수민족 청소년과 주류 청소년을 위한 별도의 회귀선을 보여 준다(SPSS의 Scatterplot 명령어를 사용하고, 그런 다음 약간의 수정을 하여 제작되었다). 그래프에서 볼 수 있는 바와 같이, 그것은 실제로 **학업성취도**가 백인 비히스패닉 청소년의 **자아존중감**에 정적 영향을 미치지만, 소수민족집단 청소년의 **자아존중감**에는 거의 영향을 미치지 않거나 아마도 작은 부적 영향을 미치는 것으로 보인다. 만약 이러한 연구결과가 맞다면, 그 연구결과는 백인 청소년의 학업성취도를 향상시키는 것은 자아존중감의 증가를 초래한다는 것을 시사한다. 그러나 소수민족 청소년의 경우, 학업성취도의 증가는 자아존중감에 어떠한 증가도 초래하지 않을 것으로 보인다.

심화 분석

이제 다음과 같은 또 다른 질문에 봉착한다. 즉, 비록 상호작용이 통계적으로 유의하다는 것을 알고 있고, 상호작용의 본질을 이해하고 있지만, **학업성취도**가 **자아존중감**에 미치는 영향이 두 집단에게 통계적으로 유의한지 여부를 모른다. 이러한 명확성의 결여는 소수민족 학생의 회귀선을 살펴볼 때 특히 명확하다. 즉, **학업성취도**는 소수민족 학생의 **자아존중감**에 어떠한 통계적으로 유의한 영향도 미치지 않는가? 또는 그것은 실제로 부적(−) 영향이 있는가? 보다 더 심층적으로 조사하기 위하여, [그림 7-9]의 회귀선이 나타내 주는 두 개의 별도의 회귀분석을 쉽게 수행할 수 있다(이는 통계적으로 유의한 상호작용을 검정하기 위하여 ANOVA에서 단순주효과 검정을 수행하는 것과 비슷하다. 이 접근방법의 문제는 b의 표준오차가 약간 어긋나기 때문에, 계수가 그렇지 않을 때 또는 그 반대일 때 통계적으로 유의하게 보일 수 있다는 것이다. 우리는 다음 예에서 이 문제로 돌아갈 것이다. 또한 제7장을 위해 tzkeith.com의 보충 자료도 참고하라). 그럼에도 불구하고, 만약 별도의 회귀분석을 수행하면 학업성취도의 자아존중감에의 회귀분석은 백인 청소년의 경우 통계적으로 유의하지만 소수민족 청소년의 경우에는 통계적으로 유의하지 않음을 알 수 있다.

또한 상호작용항을 포함하여 전체 회귀분석에서 도출된 계수에서 별도의 회귀식에 대한 계수를 계산할 수 있다([그림 7-10] 참조). 이 그림은 MR에서 도출된 계수(Coefficients) 표의 아래쪽 반을 보여 준다(일단 외적이 회귀분석에 입력되었다). 상호작용항을 가지고 있는 회귀분석의 절편은 0으로 코딩된 집단의 학업성취도의 자아존중감에의 별도의 회귀분석의 절편과 동일하다. 따라서 백인 학생의 학업성취도의 자아존중감에의 회귀분석의 절편은 49.250이다. 1로 코딩된 집단의 절편은 전체절편 + 소수민족 범주형 (더미코딩된) 변수의 계수와 같다(49.250 + 1.627 = 50.877). 따라서 만약 별도의 회귀분석을 수행한다면, 소수민족 학생의 절편은 50.877이고, 주류 학생의 절편은 49.250일 것이다. 마찬가지로, 0으로 코딩된 집단에 대한 별도의 회귀분석에서 학업성취도의 b값은 상호작용항을 가지고 있는 전체 회귀분석의 학업성취도의 b값과 동일하다. 따라서 백인 학생의 b값은 [그림 7-10]의 학업성취도(Ach_cen2)의 b값과 동일하다(.230). 다음으로, 소수민족 학생(1로 코딩된 집단)의 b값은 [그림 7-9]의 학업성취도의 b값 + 상호작용항과 연계된 b값과 동일하다[.230 + (−.237) = −.007]. 따라서 만약 주류 청소년과 소수민족 청소년에 대하여 별도의 회귀분석을 수행한다면, 소수민족 학생의 회귀식은 자아존중감$_{예측된}$=50.877−.007학업성취도일 것이며, 주류 학생의 회귀식은 자아존중감$_{예측된}$=49.250+.230학업성취도일 것이다. 다양한 회귀계수에 관한 이러한 해석은 〈표 7-2〉에 요약되어 있다. 여러분의 결과가 인종별 학업성취도가 자아존중감에 미치는 영향에 관한 별도의 회귀분석 결과와 일치하는지를 알아보기 위하여, 인종별 학업성취도가 자아존중감에 미치는 영향에 관한 별도의 회귀분석을 수행해 보라. 또한 전체 회귀분석 출력 결과에서 도출된 이러한 별도의 회귀계수의 통계적 유의도를 계산할 수 있지만, 이러한 계산은 더욱 더 복잡하다(더 많은 정보를 얻으려면, Aiken & West, 1991 참조). 일반적으로, 별도의 회귀분석을 간단히 수행하는 것이 더 쉽다(추가정보, 경고, 별도의 회귀식의 통계적 유의도를 검정하는 코딩 방법에 대한 더 많은 정보를 얻으려면, website www.tzkeith.com을 참고하라. 또한 제9장에서 더 자세히 논의된 PROCESS 매크로가 그러한 조절분석에도 유용하다는 점에 주목하라. 그것은 또한 개별 회귀분석에 대한 통계적 유의도도 검정한다. Hayes, 2018을 참고하라). 추가 사례로 넘어가기 전에, 마지막으로 유의해야 할 사항은 다음과 같다. 이러한 분석에서 회귀계수의 모든 해석은 비표준화된 계수에 초점을 두어야 한다. 표준화된 계수는 일반적으로 상호작용/조절분석에서 해석되지 않는다.

[그림 7-10] 회귀계수: 인종(Ethnic), 학업성취도(Achievement),
그것의 상호작용이 자아존중감(Self-Esteem)에 미친 영향

Coefficients[a]

Model		Unstandardized Coefficients		Standardized Coefficients	t	Sig.	95% Confidence Interval for B	
		B	Std. Error	Beta			Lower Bound	Upper Bound
2	(Constant)	49.250	.392		125.555	.000	48.480	50.020
	Minor Minority versus majority	1.627	.786	.072	2.069	.039	.084	3.170
	ACH_CEN2 Achievement, centered	.230	.46	.201	4.967	.000	.139	.321
	ETH_ACH Ethnicity achievement interaction	-.237	.086	-.114	-2.764	.006	-.405	-.069

a. Dependent Variable: S_ESTEEM

<표 7-2> 범주형 변수와 연속형 변수 간에 유의한 상호작용이 있을 때 집단별로 별도의 회귀식을 개발하기 위하여 전체회귀분석에서 도출된 회귀계수의 사용

모든 계수는 외적이 포함되어 있는 블록으로부터 도출되었다.

계수	해석
절편	0으로 코딩된 집단의 절편
더미변수의 회귀계수	다른 집단의 절편에서의 차이
연속형 변수의 회귀계수	0으로 코딩된 집단의 회귀계수(기울기)
외적의 회귀계수	다른 집단의 회귀계수(기울기)에서 차이

확장과 다른 예제

저자는 예제 중 가장 단순한 것, 즉 하나의 연속형 변수와 하나의 범주형 변수를 가지고 있는, 그리고 범주형 변수는 또한 단지 두 개의 범주만 포함했던 예제를 설명해 왔다는 것에 주목하라. 확장(extension)은 간단하다. 분석에 학생의 SES 또는 그의 성별뿐만 아니라 인종과 같은 몇 가지의 다른 변수를 쉽게 포함시킬 수 있다. 또한 이러한 변수와의 상호작용항(예: 학업성취도×SES 또는 성별×인종)을 포함시킬 수 있다. 그러나 저자가 이미 상호작용에 대한 '탐색(fishing expedition)'을 수행하는 것이 아니라 검정하는 데 특별히 관심이 있고 검정해야 할 어떤 이유(예: 어떤 특정 가설을 검정하기 위하여)가 있는 상호작용항만을 포함시키기를 권하였다는 것을 회상하라. 마찬가지로, 인종변수를 다중범주형 변수[아시아-태평양 도서(Asian-Pacific Islander), 히스패닉(Hispanic), 히스패닉이 아닌 흑인(black not Hispanic), 히스패닉이 아닌 백인(white not Hispanic), 미국계 인디언-알라스카 원주민(American Indian-Alaskan Native)]로 나눌 수 있는데, 그 경우 네 개의 더미변수와 네 개의 상호작용항(각 더미변수×중심화된 학업성취도 변수의 수)을 만들 필요가 있다. 그런 다음에 이러한 네 개의 상호작용항은 그 상호작용의 통계적 유의도를 검정하기 위하여 순차적 회귀분석의 두 번째 단계에서 하나의 블록에 추가되곤 한다. 분석의 핵심적인 사항은 이 경우에서도 동일할 것이다.

사회과학자가 이 과정을 위해 다른 항(상호작용항과는 다른)을 사용할 수 있다는 것을 인식해야 한다. 접할 가능성이 있는 가장 일반적인 항(term)은 조절(moderation)을 위한 검정이다. 따라서 현재 예제에서, 우리는 인종배경이 학업성취도가 자아존중감에 미치는 영향을 조절했는지를 검정하였다고 말할 수 있다. 다른 항도 또한 가능하다. 예를 들어, Krivo와 Peterson(2000)은 폭력에 영향을 주는 변수(자살률)가 아프리카계 미국인과 백인에 대해 동일한 효과크기를 가지고 있는지를 조사하였다. 다시 말해서, 그 저자들은 인종이 폭력에 미치는 영향에 있어 일련의 영향과 상호작용하는지를 검정하였지만, 그들은 이것을 잠재적인 상호작용의 검정이라고 명명하지는 않았다. 그러나 연구자들이 집단 간의 영향의 크기(b값)에서의 차이를 주장할 때마다, 그들은 실제로 범주형과 연속형 변수(들) 간의 잠재적인 상호작용을 주장하고 있다. 이 예제는 또한 수많은 다른 측면에서 흥미롭다. 주요한 질문을 검정하기 위해서, 그 저자들은 추측건대 인종(Race)과 모든 변수의 잠재적인 상호작용에 관심이 있었기 때문에 일련의 상호작용항을 사용하기보다 집단 간의 별도의 회귀분석을 수행하였다. 그 저자들은 집단 간의 영향을 비교하기 위하여 비표준화 계수를 (올바르게) 사용하였다. 그러나 아프리카계 미국인 피험자에 대한 별도의 모형 내에서 그 저자들은 몇 개의 상호작용(외적)항을 추가했으며 그것들을 그렇게 명명하였다.

MR에서 상호작용 검정: 요약

검토로, 다음은 MR에서 상호작용 검정과 관련된 단계이다.

1. 어떤 범주형 변수와 상호작용할 것으로 기대되는 연속형 변수를 새로운 변수에 있는 개별 사람의 점수에서 그 변수의 평균을 뺀 어떤 새로운 변수를 만듦으로써 중심화하라.

2. 외적(상호작용)항을 만들기 위해서 더미변수별로 그 중심화된 변수를 곱하라. 해석이 어려울 수 있지만, 효과코딩과 같은 다른 유형의 코딩도 사용될 수 있다(예를 보려면, tzkeith.com을 참고하라). 더미/범주형 변수를 중심화할 수도 있지만, 여기에서는 그렇게 하지 않았다.

3. 동시적 회귀분석을 사용하여 관심을 가지고 있는 독립변수를 산출변수에 회귀하라. 적절한 변수의 중심화된 변수를 사용하지만, 상호작용항은 제외하라.

4. 그 상호작용항을 순차적으로 추가하라. 그 상호작용이 통계적으로 유의한지를 결정하기 위하여, ΔR^2의 통계적 유의도를 검토하라. 만약 ΔR^2이 통계적으로 유의하다면, 그 상호작용을 그래프로 그리라. 각 집단별로 별도의 회귀식을 계산함으로써 또는 범주형 변수의 각 수준별로 별도의 회귀분석을 수행함으로써 사후검정을 하라.

5. ΔR^2이 통계적으로 유의하지 않다면, MR의 첫 번째 부분에서 도출된(상호작용항을 추가하기 전의) 연구결과를 해석하라.

📈 범주형 변수와 연속형 변수 간의 특별한 상호작용 유형

범주형 변수와 연속형 변수 간의 몇 가지 특별한 상호작용 유형은 종종 심리학, 교육, 공공정책 그리고 다른 사회과학에서 관심이 있다. 심리학자는 어떤 심리검사가 다양한 산출을 예측하는 데 있어 소수민족 학생에게 부당하게 편향되어(biased) 있는지에 관심이 있을 수 있다. 보다 더 넓게, 어떤 정책입안자는 동일한 경험과 생산성 수준을 가지고 있는 남성과 비교했을 때 여성이 임금을 덜 받는지에 관심이 있을 수 있다. 어떤 교육자는 어떤 중재(intervention)가 어떤 영역에서 높은 적성을 가지고 있는 아동 대 동일한 영역에서 더 낮은 적성을 가지고 있는 아동을 가르치는 데 더 효과적인지에 관심이 있을 수 있다. 각 예제는 하나의 범주형 변수와 하나의 연속형 변수 간의 상호작용을 검정해 봄으로써 MR을 통해 검토될 수 있다.

검사 (그리고 다른) 편향

심리학적, 교육적 그리고 다른 검사는 편향되지 않고 검사를 받는 모든 사람에게 공정해야 한다. 피해야 할 한 가지 유형의 편향은 예언타당도에서의 편향이다. 다시 말해서, 만약 어떤 검사가 어떤 관련된 산출을 예언하기 위해서 설계되었다면, 그 검사는 해당 검사가 주어질 수 있는 모든 집단에 대해 그 산출을 동등하게 잘 예측해야 한다. 예를 들어, 학업적성검사(Scholastic Aptitude Test: SAT)는 대부분 어느 학생이 대학에서 성공하고 어느 학생은 그렇지 못하는지를 결정하기 위해서 설계되었으며, 따라서 대학은 그것의 예언력(predictive power)에 기초하여 학생을 선발하기 위해서 SAT를 사용한다. 만약 SAT가 남학생보다 여학생의 대학 GPA에 관한 더 좋은 예측변수라면, 어떤 예비학생은 관련성이 없어야 되는 성별에 기초하여 특정 대학에 선발될 차별적인 기회를 가질 수 있다. 이러한 경우, SAT는 편향되어 있다고 말하는 것은 당연하다. 마찬가지로, 어떤 지능검사가 영재학생을 위한 어떤 프로그램에 참여(또는 불참)할 아동을 선발하기 위하여 사용될 수도 있다. 만약 그 지능검사가 소수민족 학생보다 백인 학생에게 더 나은 예측변수라면 그 검사는 편향되어 있다.[4]

심리측정학 연구자는 MR을 사용하여 이러한 유형의 편향을 평가할 수 있다. 본질적으로 우리가 말하고 있는 것은 편향된 검사는 집단(남성과 여성, 주류와 소수민족)에 대해 다른 회귀선을 가진다는 것이다. 그러므로 우리는 예언타당도에서 편향을 어떤 산출(예: 대학 GPA)에 미치는 영향에 있어 하나의 범주형 변수(예: 남학생 대 여학생)와 하나의 연속형 변수(예: SAT)의 가능한 상호작용의 문제로 인식할 수 있다. 이 예제에 조금 더 완전하게 살을 붙여 보자. 그 이후에, 예측편향에 관한 한 연구예제를 살펴볼 것이다.

예언편향

여러분이 선발식 대학의 입학업무 담당자이며 학생을 선발하기 위해 사용하는 한 가지 유형의 정보가 학생의 SAT 점수라고 가정해 보자. [그림 7-11]은 비록 과장되기는 하였지만, SAT와 대학 GPA 간의 관계에 관한 있을 법한 기대를 보여 준다. 아마도 공개 입학허가 기간 동안 수집된 자료에 기초하여, SAT점수가 낮은 학생은 일반적으로 대학에서 좋지 않은 수행을 보이는 반면, SAT점수가 높은 학생은 일반적으로 잘 수행하여, 대부분의 강좌에서 높은 성적을 받을 것이다. 아울러, 그래프는 미래의 GPA를 예측하기 위한 이러한 SAT의 능력은 남학생과 여학생에게 동일하다는 것을 보여 준다. 예를 들어, SAT 1,000점을 탈락기준(cutoff)으로 사용하기로 결정한다면, 남학생과 여학생 모두에게 동일하게 공정(또는 불공정)할 것이다. 예를 들어, 입학허가를 해 준 SAT 1,200점을 받은 여학생은 1200점을 받은 남학생과 대학에서 동일한 수준으로 수행할 가능성이 있다.

---

4) 예언편향(predictive bias)은 몇 가지 유형의 잠재적 편향 중 단지 하나에 불과하다는 것에 주목하라. 그것은 또한 편향의 회귀모형 (regression model of bias) 또는 고(故) T. Anne Cleary가 예측에서 편향의 본질을 해명한 후에(Cleary, 1968), Cleary의 검사편향에 관한 정의라고 불린다. 여기에서 저자의 목적은 검사편향에 관하여 철저하게 논의하는 것이 아니라 회귀분석에서 상호작용 검정에 관한 광범위한 적용 가능성 중 한 사례를 설명하는 것이다. 검사편향에 관하여 더 많은 정보를 얻을 수 있는 하나의 규범적인 출처는 Jensen (1980)이다. 이 절의 끝부분에서 언급한 바와 같이, 이러한 유형의 분석은 결코 편향에 관한 철저한 검사는 아니다.

[그림 7-11] 가능한 회귀선: SAT는 남학생과 여학생 모두의 대학 GPA를 동일하게 잘 예측한다.

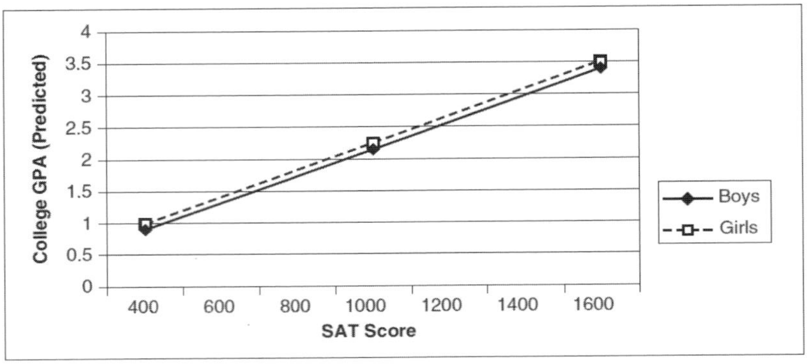

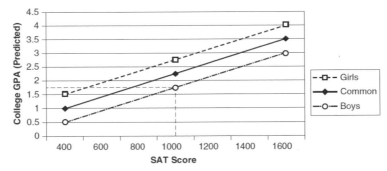

그러나 [그림 7-12]는 다른 가능성을 보여 준다. 이 예제에서, 회귀선은 평행하지만 여학생의 선이 남학생의 선보다 더 높다. 이것이 의미하는 것은 만약 입학업무 담당자로서 여러분이 [성별(sex)을 고려하지 않고] 공통된 회귀선을 사용한다면, 본질적으로 남학생과 여학생을 다르게 취급할 것이다. 1,000점을 입학허가 탈락기준으로 사용한다면, 결국 여학생보다 더 낮은 수준을 수행할 가능성이 있는 한 집단의 남학생을 선발하게 될 것이며, 따라서 남학생만큼 또는 더 잘 수행할 가능성이 있는 여학생을 탈락시킬 것이다. 남학생의 회귀선에서 SAT 점수가 1,000점을 나타내는 X축상의 지점에서 수직으로 점선까지 쭉 올라간 다음, 수평으로 Y축까지 따라가라. 볼 수 있는 바와 같이, SAT 1,000점의 탈락기준은 여러분이 예측되는 대학 GPA가 약 1.75인 남학생을 입학시킨다는 것을 의미한다. 그러나 모의화된 예제에서 여러분은 대학에서 동일한 수준(GPA가 1.75인)을 달성할 가능성이 있는 SAT에서 대략 500점 정도를 받은 여학생을 입학시킬 수 있다. 만약 여러분이 입학허가 결정을 하기 위하여 (별도의 회귀선 대신에) 공통의 회귀선을 사용한다면, 여러분은 500점 이상 그러나 1,000점 이하의 점수를 받았던 여학생을 차별한다. 만약 그렇다면, 그 SAT는 그러한 목적을 위해 사용될 때 편향될 것이다. 이러한 유형의 편향은 두 집단의 절편이 사실상 다르기 때문에 **절편 편향(intercept bias)**이라 명명되었다.

[그림 7-12] 가능한 회귀선: 대학 GPA를 예측하기 위한 SAT의 사용에서의 절편 편향

그러나 [그림 7-13]은 또 다른 가능성을 보여 주는데, 남학생과 여학생의 회귀선의 기울기가 다르다. 볼 수 있는 바와 같이, SAT는 여학생보다 남학생의 대학 GPA를 예측하는 데 있어 더욱 급경사의 기울기

를 가지고 있다. 이 예제는 **기울기 편향**(slop bias)을 명확하게 보여 준다. 이 예제에서 공통의 회귀선을 사용하면 입학허가를 위한 SAT 탈락기준을 어디에 두느냐에 따라 남학생이나 여학생 중 하나에 편향될 것이다. SAT 탈락기준이 800점인 경우, 몇몇 자질을 갖춘 여학생(입학허가를 받았던 일부 남학생만큼 잘 수행할 것으로 기대되었던 여학생)에게 입학을 허가하지 않을 것이기 때문에, 입학허가는 여학생에게 불리하게 편향될 것이다. 그러나 만약 탈락기준이 1,200점인 경우, (별도의 회귀선 대신에) 공통의 회귀선을 사용하면 입학허가를 받지 못한 일부 남학생은 입학허가를 받았던 일부 여학생만큼이나 잘 또는 더 잘 수행할 가능성이 있기 때문에 남학생에게 불리하게 편향될 것이다. 어떤 의미에서 기울기 편향은 절편 편향보다 더 문제가 있다. 절편 편향의 경우, 만약 두 집단을 위해 별도의 회귀선을 사용한다면 우리의 선발은 공평하다는 신념을 가질 수 있다. 그러나 기울기 편향의 경우, 심지어 별도의 회귀선을 사용한다 하더라도 우리의 예측은 종종 한 집단보다 다른 집단에 솔직히 더 좋다.

[그림 7-13] 가능한 회귀선: 남학생과 여학생의 대학 GPA의 예측에서 SAT의 기울기 편향

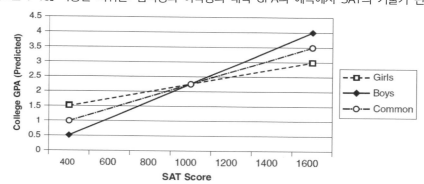

연구 예제: 검사편향 조사

학교심리학자의 한 가지 공통된 직무는 학습이나 행동문제를 개선하기 위한 중재(interventions)를 개발하기 위하여 다른 정보와 더불어 사용될 사정 결과를 가지고 학습이나 행동문제를 가지고 있는 아동을 사정(assessment)하는 것이다. 그러한 사정의 한 가지 가능한 산출은 특수교육 프로그램에 배치하는 것이다. 교육과정기반 측정(Curriculum-Based Measurement: CBM)은 한 학생의 교육과정 내용이 그 학생을 사정하는 데 사용되는 하나의 사정 방법이다. 예를 들어, 읽기 CBM의 경우 심리학자는 어떤 학생에게 그 학생의 읽기책에 있는 구절을 읽게 하고 2분 내에 정확하게 읽은 단어의 수를 센다. CBM의 한 가지 장점은 그 측정은 간단하고 심지어 일주일에 몇 번씩이나 빈번하게 반복할 수 있다는 것이다. 따라서 CBM은 학문적 중재가 제대로 작동하고 있는지를 결정하는 데 특히 유용하다.

CBM이 신뢰롭고 타당할 수 있다는 많은 증거가 있지만(VanDerHeyden, Witt, Naquin, & Noell, 2001), CBM에서 잠재적인 편향을 해결하고자 하는 연구는 별로 없다. Kranzler, Miller와 Jordan(1999)은 예언타당도에서 잠재적인 인종-민족(racial-ethnic)과 **성별** 편향을 위한 일련의 읽기 CBM을 검토하였다. 그들의 연구는 2~5학년까지의 아동을 포함했으며, 캘리포니아학업성취도검사(California Achievement Test: CAT)에서 읽기 이해력(Reading Comprehension) 점수를 예측하기 위하여 읽기 CBM을 사용하였다. 그

들의 연구결과는 4학년에서 가능한 절편 편향(인종-민족에 대한)과 5학년에서 절편(성별과 인종-민족에 대한) 및 기울기 편향(성별에 대한) 둘 다를 시사하였다.

'Kranzler et al simulated.sav' 또는 'Kranzler.txt' 자료세트는 5학년 남학생과 여학생에 대한 Kranzler 등(1999)의 연구에서 보고되었던 자료를 모의화하기 위하여 설계된 자료를 포함하고 있다. 우리는 예측 편향을 검사하기 위하여 필요했던 단계를 경험하기 위하여 이 모의화된 자료를 사용할 것이다. [그림 7-14]는 전체표본에 대한 그리고 이 표본에서의 남학생과 여학생에 대한 요약 통계량을 보여 준다.

[그림 7-14] Kranzler 등(1999)의 모의화된 자료에 대한 기술통계량

Report

SEX		CAT California Achievement Test, Reading Comprehension	CBM Curriculum based measurement, reading
.00 girls	Mean	631.9200	118.8000
	N	50	50
	Std. Deviation	47.26384	68.10916
	Minimum	499.00	3.00
	Maximum	732.00	258.00
1.00 boys	Mean	790.6000	123.7800
	N	50	50
	Std. Deviation	69.13548	49.22306
	Minimum	673.00	29.00
	Maximum	985.00	228.00
Total	Mean	711.2600	121.2900
	N	100	100
	Std. Deviation	99.14530	59.17331
	Minimum	499.00	3.00
	Maximum	985.00	258.00

예언타당도에서의 편향을 검정하기 위한 MR은 범주형과 연속형 변수 간의 상호작용을 위한 보다 더 일반적인 검정과 유사하다. 첫 번째 단계에서, Girl(그리고 여학생은 1로, 남학생은 0으로 코딩되었음)이라고 명명된 **성별** 변수와 예측변수인 **중심화된 읽기 CBM**(Reading CBM) 점수를 CAT 점수에 회귀하였다. 두 번째 단계에서, **성별** × CBM(중심화된) 외적이 Girl과 CBM 간의 가능한 상호작용(즉, 기울기 편향)을 검정하기 위하여 회귀식에 추가되었다. [그림 7-15]는 MR의 기본적인 결과를 보여 준다.

[그림 7-15] 모의화된 Kranzler 등(1999)의 예측 편향 연구에 대한 회귀분석 결과

Model Summary

Model	R	R Square	Change Statistics				
			R Square Change	F Change	df1	df2	Sig. F Change
1	.834[a]	.696	.696	111.123	2	97	.000
2	.874[b]	.763	.067	27.217	1	96	.000

a. Predictors: (Constant), CBM_CEN CBM, centered, SEX

b. Predictors: (Constant), CBM_CEN CBM, centered, SEX, SEX_CBM Sex by centered CBM crossproduct

ANOVA[c]

Model		Sum of Squares	df	Mean Square	F	Sig.
1	Regression	677467.0	2	338733.520	111.123	.000[a]
	Residual	295682.2	97	3048.270		
	Total	973149.2	99			
2	Regression	742778.7	3	247592.898	103.177	.000[b]
	Residual	230370.5	96	2399.693		
	Total	973149.2	99			

a. Predictors: (Constant), CBM_CEN CBM, centered, SEX

b. Predictors: (Constant), CBM_CEN CBM, centered, SEX, SEX_CBM Sex by centered CBM crossproduct

c. Dependent Variable: CAT California Achievement Test, Reading Comprehension

Coefficients[a]

Model		Unstandardized Coefficients		Standardized Coefficients	t	Sig.	95% Confidence Interval for B	
		B	Std. Error	Beta			Lower Bound	Upper Bound
1	(Constant)	632.847	7.812		81.014	.000	617.344	648.351
	SEX	156.826	11.052	.795	14.190	.000	134.890	178.761
	CBM_CEN CBM, centered	.372	.094	.222	3.968	.000	.186	.559
2	(Constant)	632.065	6.932		91.174	.000	618.305	645.826
	SEX	156.110	9.807	.791	15.918	.000	136.644	175.577
	CBM_CEN CBM, centered	5.84E-02	.103	.035	.568	.571	-.146	.262
	SEX_CBM Sex by centered CBM crossproduct	.915	.175	.320	5.217	.000	.567	1.263

a. Dependent Variable: CAT California Achievement Test, Reading Comprehension

읽기 CBM, **성별** 그리고 상호작용항을 CAT 읽기 이해력(CAT Reading Comprehension)에 회귀한 결과는 통계적으로 유의하였다($R^2 = .763$, $F = 103.177$ [3, 96], $p < .001$). 더 나아가 **성별** × CBM 외적항의 추가는 설명분산에서 통계적으로 유의한 증가를 초래하였는데($\triangle R^2 = .083$, $F[1, 96] = 11.484$, $p < .001$), 그것은 Girls와 CBM 간의 상호작용이 통계적으로 유의하였다는 것을 의미한다. 다음으로, 이러한 통계적으로 유의한 상호작용은 **읽기** CBM(이 모의화된 자료에서)은 실제로 **읽기 이해력**을 예측할 때 5학년 학생의 경우 **성별**과 관련된 기울기 편향을 보여 줄 수 있음을 시사한다[이는 계수(Coefficients) 표의 중반 이후에 있는 통계적으로 유의한 외적의 b값을 보면 알 수 있다는 것에 주목하라. $b = .414$, t [96] = 3.389, $p < .001$].

다음 단계의 경우, 통계적으로 유의한 상호작용을 보였기 때문에, 저자는 상호작용을 보다 더 완전하게 이해하기 위하여 그 상호작용을 그래프로 제시하였다. 두 집단에 대한 별도의 회귀선을 결정하기 위해 추가적인 추적 작업이 수행되었다. 비록 기울기와 b값이 두 집단 간에 차이가 있다는 것을 알고 있지만, CBM이 두 집단에게 유의한 예측변수이더라도 다른 집단과 비교했을 때 한 집단에 단순히 더 나을 수도 있다. [그림 7-16]은 해당 그래프를 보여 주는데, 이는 **읽기** CBM이 5학년 여학생의 **읽기 이해력**과 강력하게 관련되어 있지만 5학년 남학생에게는 그렇게 좋은 예측변수가 아니라는 것을 시사한다. 해당 그래프에 관한 이러한 해석은 여학생과 남학생에 대한 **읽기** CBM의 **읽기 이해력**에의 별도의 회귀분석 결

과에 의해 확인되었는데, [그림 7-17]은 그 결과의 일부분을 보여 준다. 따라서 그 결과는 읽기 CBM이 여학생에게는 읽기 이해력에 관한 우수한 예측변수이지만($r = .667$, $r^2 = .445$), 남학생에게는 좋지 않은 예측변수임을 시사한다($R^2 = .046$). 다시 말해서, 읽기 CBM은 여학생에게는 타당해 보이지만 이 연령의 남학생에게는 그렇지 않아 보인다(이 자료는 모의화된 자료라는 것을 기억하라).

[그림 7-16] CBM에서 기울기 편향을 보여 주는 남학생과 여학생에 대한 회귀선의 도표

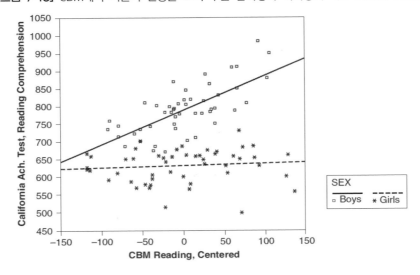

[그림 7-17] 남학생과 여학생의 CBM의 캘리포니아 학업성취도 검사에의 별도의 회귀분석

Coefficients^a,b

Model		Unstandardized Coefficients		Standardized Coefficients	t	Sig.	95% Confidence Interval for B	
		B	Std. Error	Beta			Lower Bound	Upper Bound
1	(Constant)	632.065	6.734		93.862	.000	618.526	645.605
	CBM_CEN CBM, centered	5.84E-02	.100	.084	.585	.561	-.142	.259

a. Dependent Variable: CAT California Achievement Test, Reading Comprehension

b. Selecting only cases for which SEX = .00 girls

Coefficients^a,b

Model		Unstandardized Coefficients		Standardized Coefficients	t	Sig.	95% Confidence Interval for B	
		B	Std. Error	Beta			Lower Bound	Upper Bound
1	(Constant)	788.176	7.130		110.546	.000	773.840	802.511
	CBM_CEN CBM, centered	.974	.146	.693	6.662	.000	.680	1.267

a. Dependent Variable: CAT California Achievement Test, Reading Comprehension

b. Selecting only cases for which SEX = 1.00 boys

계수(Coefficients) 표에 있는 모든 계수가 무엇을 의미하는지를 재검토하기 위하여 [그림 7-15]로 되돌아가 보자. 표의 아랫부분(상호작용항이 포함되어 있는 부분)의 경우는 다음과 같다.

1. 상수 또는 절편은 연속형 (중심화된) 독립변수에서 0의 값인, 0으로 코딩된 집단의 예측된 독립변수의 값을 나타낸다. 그래프상에서 이것은 **중심화된** CBM 점수가 0점인 여학생의 예측된 CAT 점수

(632.065)를 나타낸다. **중심화된 CBM** 점수는 차례로 원래의 CBM 변수의 전체평균을 나타낸다.

2. Girl(sex)의 비표준화 계수는 더미변수에서 1점을 받은 집단의 절편에서의 변화(change)를 나타낸다. 따라서 CBM 변수에서 평균 점수를 받은 여학생의 예측된 CAT 점수는 남학생보다 20.014점 더 낮다.

3. 연속변수의 계수는 더미변수에서 0점을 가지고 있는 학생의 회귀선의 기울기를 나타낸다. 따라서 여학생의 **중심화된** CBM의 CAT에의 회귀의 기울기는 .058이다.

4. 상호작용항의 계수는 더미변수에서 1점인 집단의 회귀선의 변화이다. 따라서 여학생에 대한 별도의 회귀선은 .543(.129+.414)의 기울기를 가질 것이다.

따라서 계수표의 하위 절반에서 다음과 같은 여학생과 남학생에 대한 별도의 회귀방정식을 생성할 수 있다.

$$\text{남학생: } CAT_{\text{예측된}} = 675.571 + .129 \, CBM$$
$$\text{여학생: } CAT_{\text{예측된}} = 655.557 + .543 \, CBM$$

이러한 값을 개별 회귀분석을 사용하여 절편 및 기울기에 대해 표시된 값과 비교하라([그림 7-17]). 그것들은 반올림 오차 내에서 일치한다.

[그림 7-17]의 개별 회귀분석 결과를 보고, CBM이 여학생에게는 통계적으로 유의한 예측변수이지만 남학생에게는 통계적으로 유의하지 않다는 결론을 내리는 것은 유혹적이다. 불행하게도, 이것은 조금 이상하다. **중심화된 CBM** 변수의 경우, [그림 7-17]에서 남학생(Boys) 회귀분석에서 보여 주는 값 ($b = .129$, $SE_b = .085$, $t = 1.54$, $p = .134$)에 주목하라. 이제 [그림 7-15]의 **중심화된 CBM**(CBM centered) 과 관련된 값을 주목하고, 출력 결과의 이 행은 외적항의 분석에서 0으로 코드화된 집단의 값, 즉 남학생 (Boys) 값을 나타낸다는 것을 회상하라. 여기에서 그 값은 $b = .129$, $SE_b = .082$, $t = 1.57$, $p = .120$ 이다. b값은 동일하지만, 표준오차와 도출된 t 및 확률값은 다르다. 간단히 말해서 [그림 7-17]에 제시된 표준오차값은 정확하지 않으며 도출된 t와 p값도 정확하지 않다. 그것은 크게 다르지 않지만, 충분히 우리가 남학생에 대한 (그리고 여학생에 대한) 예측변수의 통계적 유의도에 대해 잘못된 결론에 도달할 수 있다. 따라서 CBM 점수가 각 집단에 대해 통계적으로 유의한지 여부를 판단하기 위해 이것을 사용한다면 우리는 오도될 수 있다.

다행히도 [그림 7-15]에 표시된 표준오차는 정확한 값이다. 자유도가 부정확하기 때문에 [그림 7-17] 에 제시된 값이 부정확하다. 개별 회귀분석을 수행할 때, SPSS에 여학생에 대한 자료만 분석하고, 그런 다음 남학생에 대한 자료만 분석하도록 하였다. 따라서 각 후속 회귀분석에서 자료의 절반만 사용되어 표준오차를 오도할 수 있다. 우리는 [그림 7-15]에 제시된 올바른 SE를 가지고 있기 때문에, 이것은 남학생의 회귀분석에는 별로 중요하지 않다. 그러나 [그림 7-17]에 제시된 여학생의 회귀분석값도 부정확하며, 따라서 우리의 원래 회귀분석도 여학생에 대한 정확한 표준오차를 제공하지 않았다.

이것은 연속형 예측변수가 범주형 예측변수의 모든 값에 대해 통계적으로 유의한지 여부를 결정하기 위해 별도의 회귀분석 접근방식을 사용할 때 발생하는 문제에 대한 장황한 설명이다. 후속조치의 일환으로 해당 정보가 필요한 경우 다른 접근방법이 필요할 것이다. 이것은 손으로 계산할 수 있지만, 그러한 계산은 이 책의 범위를 벗어난다. 아마도 이 정보를 얻는 가장 쉬운 방법은 [그림 7-15]에 제시된 회귀분석을 다시 순서대로 수행하여 여학생이 0으로 코딩되고, 남학생이 1로 코딩되며(이를 'Boy' 변수로 만든다), 외적항이 이 새로운 더미변수를 사용하여 다시 생성되도록 하는 것이다(Aiken & West, 1991 참고). 그러면 **중심화된 CBM** 변수에 대한 선은 b와 여학생에 대한 정확한 표준오차 t와 p를 보여 줄 것이다. 보다 우아한 접근방법은 tzkeith.com에서 제7장의 보충자료를 참고하라. 마지막으로, 앞에서 언급한 바와 같이 제9장에서 더 자세히 논의된 PROCESS 매크로도 남학생과 여학생 모두에 대해 정확한 표준오차, 오차, t, p를 생성할 것이다(Hayes, 2018).

만약 이 예제에서 어떠한 기울기 편향도 발견하지 못한다면(통계적으로 유의하지 않은 상호작용), 두 집단의 절편에서 차이가 있는지를 결정하기 위하여 상호작용항 없이 회귀식의 첫 번째 단계에 초점을 두어야 한다[계수(Coefficients) 표의 위쪽 부분]. 이것은 그 자체가 절편 편향의 증거이다.

편향 연구가 둘 이상의 집단에 초점을 두었다고 가정해 보자. 그때, 우리는 하나 이상의 더미변수를 가질 것이다. 우리는 더미변수를 동시적 회귀분석과 순차적 회귀분석이 조합된 블록에 추가함으로써 이 경우에 절편 편향이 존재하는지를 결정할 수 있다. 예를 들어, 우리는 첫 번째 블록에 연속형 변수를 입력한다. 두 번째 블록에는 범주형 변수를 나타내는 더미변수를, 그리고 세 번째 블록에는 상호작용항 세트를 입력한다.

예언 편향: 조사단계

MR을 사용하여 예언 편향을 조사하기 위한 단계를 요약해 보자(Pedhazur, 1997, 제14장에서 수정과 함께 요약함).

1. 모든 세 개의 항(범주형 변수, 연속형 변수, 상호작용)을 포함한 회귀분석에 의해서 설명되는 분산이 통계적으로 유의하고 의미가 있는지를 결정한다. 만약 그렇지 않다면 계속 진행하는 것은 거의 의미가 없다. 만약 R^2이 의미가 있다면 2단계로 간다.

2. 상호작용이 통계적으로 유의한지를 결정한다. 그렇게 하는 가장 일반적인 방법은 범주형과 연속형 변수를 사용하여 동시적 회귀분석을 수행한 다음, 순차적으로 외적(상호작용)항을 추가하는 것이다. 만약 외적의 $\triangle R^2$이 통계적으로 유의하면, 범주형과 연속형 변수 간의 상호작용은 통계적으로 유의하다. 예측 편향의 맥락에서 이것은 기울기 편향이 나타남을 시사한다. 상호작용이 통계적으로 유의하면 3단계로 간다. 상호작용이 통계적으로 유의하지 않다면(기울기 편향이 없음을 시사함) 4단계로 간다.

3. 상호작용을 그래프로 도식하고 연속형 변수에 대한 결과변수의 후속 회귀분석을 수행하라. 이 단계는 상호작용과 기울기 편향의 본질을 결정하는 데 도움이 될 것이다. 종료. (그리고 다시 한번, 보다 더 심도깊은 내용은 www.tzkeith.com을 참고하라.)

4. 연속형 변수가 집단 간에(회귀식에서 외적항 없이) 통계적으로 유의한지를 결정한다. 이것을 두 가지 방법으로 할 수 있다. 범주형 변수를 산출에 회귀한 다음, 연속형 변수를 $\triangle R^2$ 및 연계된 통계

적 유의도 검정에 초점을 두고 있는 회귀식에 추가할 수 있다. 대안적으로 회귀식에서 범주형 변수를 가지고 있는 연속형 변수와 연계된 b[현재 예제에서 [그림 7-15]의 계수(Coefficients) 표의 윗부분에 있는 CBM과 연계된 b]의 통계적 유의도에 초점을 둘 수 있다. 연속형 변수가 통계적으로 유의하다면(그 검사가 집단 간의 산출의 타당한 예측변수라는 것을 의미함) 5단계로 간다. 그렇지 않다면(집단 간에 예언타당도가 없음을 의미함) 6단계로 간다.

5. 절편이 회귀식에서 연속형 변수를 가지고 있는 집단마다 다른지를 결정한다. 가장 일반적으로, 순차적으로 범주형 변수를 추가함으로써 연속형 변수를 산출에 회귀하고, ΔR^2과 그것의 통계적 유의도에 초점을 둘 수 있다. 단지 두 개의 범주와 하나의 더미변수를 가지고 있는 현재 예제에서 [그림 7-15]에서 볼 수 있는 계수(Coefficients) 표의 위쪽 부분에서 범주형 변수(**성별**)와 연계된 b의 통계적 유의도에 초점을 둠으로써 동일한 정보를 얻을 수 있다. 절편에서의 차이는 절편 편향을 시사하는 반면, 어떠한 차이도 없으면 절편 편향도 없음을 시사한다. 어떠한 절편이나 기울기 편향도 없다면, 단일 회귀식은 모든 집단에 동일하게 잘 기능한다. 6단계로 간다.

6. 집단이 회귀식에 연속형 변수도 없이 차이가 있는지를 결정한다. 범주형 변수만을 산출에 회귀하고 통계적 유의도를 검토한다. 범주형 변수가 통계적으로 유의하다면 이것은 그 집단이 편향을 만들어 내지 않는 다른 평균을 가지고 있음을 의미한다.

다음 절로 진행하기 전에, 저자는 기울기 편향에 관한 연구결과(범주형과 연속형 변수의 보다 더 일반적인 상호작용에 관한 연구결과처럼)는 상대적으로 흔치 않다(Jensen, 1980). 저자는 또한 비록 이미 언급한 바와 같이 교육과정기반 사정과 관련하여 연구가 거의 행해지지 않았지만, CBM에 대한 기울기 편향을 시사하는 어떠한 다른 증거도 없는 것으로 알고 있다. 저자는 어떠한 그러한 편향도 없다는 것을 시사하는 다른 연구를 알고 있다(Hintze, Callahan, Matthews, Williams, & Tobin, 2002). 현재 예제는 이러한 특별한 유형의 상호작용을 예증하고 있고 잘 수행되고 잘 작성된 연구였기 때문에 선정되었다.

비록 저자는 여기에서 예언타당도에서 편향에 관한 협소한 문제를 논의해 왔지만, 이러한 방법론은 검사 편향을 넘어 다른 유형의 편향으로까지 확장된다는 것은 언급할 만한 가치가 있다. 예를 들어, 남성과 여성 대학교수 간의 임금 불균형의 존재와 본질이 관심이 있었다고 가정해 보자. 그러한 불균형이 편향을 나타내는지 여부는 또한 연속형과 범주형 변수를 사용하여 MR을 통해 해결될 수 있다. 예를 들어, 여러분은 경험, 생산성, **성별**뿐만 아니라 외적항[**성별** × **경험**(Experience), **성별** × **생산성**(Productivity)]을 나타내는 변수를 **봉급**(Salaries)에 회귀할 수 있다. 집단 간의 기울기에서 차이와 절편에서의 차이는 봉급에서의 불균형을 시사한다(Birnbaum, 1979 참고). 마지막으로, 그러한 예언 편향에 대한 검정은 어떤 검사(또는 다른 척도)가 어떤 산출의 편향된 예측변수인지 여부에 관한 질문에 대한 불완전하고, 아마도 오해하기 쉬운 답을 제공한다는 것을 언급할 필요가 있다. 보다 더 완전한 검사는 먼저 측정동일성(제19장 참조)을 설정한 다음, 그 모형 내에서 예측동일성을 검정하는 것을 수반한다. 사실상, 여기에서 수행된 것과 같은 검사에서 보여 주는 동일성 없이 실제 편향을 갖는 것 또는 그 반대도 가능하다(Borsboom, 2006; Millsap, 2007; Wicherts & Millsap, 2009).

적성-처치 상호작용

심리학자와 교육자는 종종 중재(interventions)와 처치(treatments)의 효과성은 부분적으로 해당 중재를 받은 사람의 특성에 따라 다르다는 믿음으로 중재과 처치를 개발한다. 아동은 어떤 교수방법은 어떤 집단에게 더 효과적인 반면, 다른 교수방법은 또 다른 집단에게 더 효과적이라는 믿음으로 자신의 사전 읽기 학업성취도에 기초하여 다른 읽기집단(상, 중, 하)에 배치될 수 있다. 어떤 심리학자는 우울 증상이 있는 내담자에게 어떤 유형의 처치법(therapy)을 사용하지만, 어떤 다른 접근법은 우울 증상이 없는 사람에게 더 효과적이라고 믿을 수 있다. 이것은 잠재적인 적성-처치 상호작용(Aptitude-Treatment Interactions: ATis)의 예인데, 또한 속성-처치 상호작용(Attribute-Treatment Interactions: ATis) 또는 특성-처치 상호작용(Trait-Treatment Interactions: TTis)이라고 알려져 있다. 그 전문용어가 무엇이든, ATis는 개인의 어떤 특징(characteristic)과 어떤 처치 또는 중재 간의 상호작용이어서 그 처치는 그 사람의 특징(characteristics), 속성(attributes), 특성(traits) 또는 적성(aptitudes)에 따라 다른 효과를 가지고 있다. 이러한 속성은 일반적으로 연속형 척도(예: 읽기기능, 우울 증상)로 측정될 수 있는 반면, 그 처치는 종종 범주형 변수(예: 두 가지의 다른 읽기 접근법, 두 가지 유형의 처치법)이다.

다음으로, ATis는 일반적으로 범주형과 연속형 변수 간의 상호작용이다. 따라서 그것은 외적항의 통계적 유의도를 검정함으로써 우리가 잠재적인 예언 편향을 검정하는 것과 동일한 방식으로 MR을 사용하여 적절하게 검정된다. 하나의 예제가 그것을 명확하게 보여 줄 것이다.

언어기능과 기억전략

낮은 언어추론기능을 가지고 있는 아동이 좋은 언어추론기능을 가지고 있는 아동보다 다른 기억 방법을 학습하는 것에서 더 많은 이점을 얻는가? 예를 들어, 낮은 언어추론기능을 가지고 있는 아동이 기억 보조물(aid)로써 시각매핑전략(visual mapping strategy)[언어시연전략(verbal rehearsal strategy)과 대조되는 것으로]을 사용하면 기억이 더 정확할까? 반대로, 높은 언어추론기능을 가지고 있는 아동은 언어시연기억전략을 사용하여 더 큰 정확도를 보여 줄까? 이러한 질문에 답하기 위하여, 이러한 가능한 속성-처치 상호작용을 검정하기 위한 어떤 실험을 개발할 수 있다. 예를 들어, 여러분은 언어추론 척도에서의 아동의 점수에 기초하여 아동을 순위대로 순서를 매김으로써 아동의 언어추론기능을 사정할 수 있다. 첫 번째 쌍의 학생(가장 높은 점수를 가지고 있는 학생과 두 번째로 높은 점수를 가지고 있는 학생)을 뽑아서 한 명은 언어시연집단에(무선적으로) 그리고 다른 한 명은 시각매칭집단에 할당하라. 각 쌍의 아동을 가장 낮은 점수를 받은 아동과 두 번째로 가장 낮은 점수를 받은 아동에 이르기까지 계속해서 한 집단 또는 다른 집단에 할당하라. 언어시연집단에 속한 아동은 언어시연에 기초한 기억전략을 사용하여 사물(예: 단어, 리스트, 색깔)을 기억하는 법을 배우는 반면, 시각매핑집단에 속한 아동은 한 지도의 정지점에서 기억되어야 할 대상의 배치를 시각화함으로써 기억하는 기억전략을 배운다.

'ATI Data.sav'는 그러한 실험의 가능한 결과를 모의화하기 위해서 설계된 자료세트이다(그 자료는 Brady & Richman, 1994에 대략 기초하고 있다). 만약 우리의 추측이 옳다면, 언어시연전략은 높은 언어기능을 가지고 있는 아동에게 효과적이어야 하며, 시각매핑전략은 낮은 언어기능을 가지고 있는 아동에게 더 효과적이어야 한다. [그림 7-18]은 그 자료를 도표로 나타낸 것이다. 그것은 우리의 추측이 옳다는 것을 분명하게 보여 준다. 즉, 시각기억(Visual Memory)기능에 미치는 영향에 있어 속성(언어추론)과 처치(기억전략 유형) 간에 상호작용이 있다. 상호작용의 통계적 유의도를 검정해 보자(저자는 그 자료가 어떤지를 보여 주기 위해서 상호작용 검정 전에 그래프를 제시하였다).

[그림 7-18] 적성-처치 상호작용을 명확하게 보여 주는 회귀선 도표

언어추론(Verbal Reasoning)은 적성이며, 배운 기억전략(Memory Strategy) 유형이 처치이다.

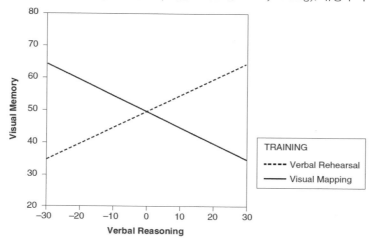

ATI의 검정 과정은 예언 편향에 대한 검정과 동일하다. 동시적 회귀분석에서 기억전략(0으로 코딩된 언어시연 또는 1로 코딩된 시각매핑)과 언어추론(T-점수, 중심화되었음)을 시각기억(아동이 색상조각의 증가된 수를 회상함으로써 측정되었으며, T-점수로 표현되었음)에 회귀하였다. 두 번째 단계에서 상호작용

[그림 7-19] 적성[언어추론(Verbal Reasoning)], 처치[기억전략(Memory Strategy)],
그리고 그것의 상호작용의 시각기억(Visual Memory)에의 회귀

Model Summary

Model	R	R Square	R Square Change	F Change	df1	df2	Sig. F Change
			Change Statistics				
1	.015[a]	.000	.000	.011	2	97	.989
2	.529[b]	.280	.280	37.332	1	96	.000

a. Predictors: (Constant), TRAINING Type of Memory Strategy, VERBAL Verbal Reasoning

b. Predictors: (Constant), TRAINING Type of Memory Strategy, VERBAL Verbal Reasoning, V_TRAIN Training by Verbal crossproduct

Coefficients[a]

Model		Unstandardized Coefficients B	Unstandardized Coefficients Std. Error	Standardized Coefficients Beta	t	Sig.	95% Confidence Interval for B Lower Bound	95% Confidence Interval for B Upper Bound
1	(Constant)	50.000	1.421		35.178	.000	47.179	52.821
	VERBAL Verbal Reasoning	-1.49E-02	.102	-.015	-.147	.884	-.216	.187
	TRAINING Type of Memory Strategy	.000	2.010	.000	.000	1.000	-3.989	3.989
2	(Constant)	50.000	1.212		41.244	.000	47.594	52.406
	VERBAL Verbal Reasoning	.514	.122	.514	4.199	.000	.271	.757
	TRAINING Type of Memory Strategy	.000	1.714	.000	.000	1.000	-3.403	3.403
	V_TRAIN Training by Verbal crossproduct	-1.058	.173	-.748	-6.110	.000	-1.402	-.714

a. Dependent Variable: VIS_MEM Visual Memory

의 통계적 유의도를 검정하기 위해 외적(기억전략 × 언어추론)이 회귀분석에 순차적으로 추가되었다. [그림 7-19]는 출력 결과의 관련된 부분을 보여 준다. 비록 해석은 약간 다르지만, 편향을 분석하기 위해서 사용했던 결과를 평가하기 위한 것과 동일한 기본적인 단계를 사용할 수 있다.

ATI 검정 단계

1. 전체 회귀분석은 의미 있는가? R^2은 실제로 의미 있고(meaningful) 통계적으로 유의하다(significant) ($R^2 = .280$, $F[3, 96] = 12.454$, $p < .001$). 2단계로 가라.

2. 상호작용항은 통계적으로 유의한가? 회귀식에 외적항의 추가는 $\Delta R^2(.280$, $F[1, 96 = 37.332$, $p < .001)$에 대한 통계적으로 유의한 증가를 초래했는데, 그것은 상호작용의 통계적 유의도를 시사한다. ATIs의 맥락에서 이것은 속성-처치 상호작용(Attribute-Treatment Interaction)이 통계적으로 유의하다는 것을 시사한다. 현재 예제에서 상호작용에 관한 연구결과는 두 가지의 기억전략이 아동의 언어기능에 따라 사실상 다르게 효과적임을 시사한다(3단계로 가라).

3. 통계적으로 유의한 상호작용을 사후검정하라. 상호작용은 이미 [그림 7-19]에 그래프로 제시하였다. (제시되지는 않았지만) 별도의 회귀분석은 **언어추론의 시각기억에의 회귀**는 두 집단(두 처치)에서 통계적으로 유의하였다. 기억전략으로써 시각시연을 훈련받은 아동의 경우, 그림에서 보여 주는 회귀선의 기울기(b)는 .514($b = .514$, $t[48] = 4.199$, $p < .001$)이었다. 시각매핑집단에 속한 아동의 경우, 기울기는 음수($b = -.544$, $t[48] = 4.442$, $p < .001$)이었다. 이러한 연구결과는 무엇을 의미하는 가? (그것이 모의화된 자료라기보다 실제 자료라고 가정할 때) 그 연구결과를 해석하는 한 가지 방법은 리스트를 기억하기 위해서 언어시연을 사용하도록 배운 아동에게 언어추론기능은 유용하지만, 시각지도를 기억 보조물로써 사용하도록 배운 아동에게 언어추론기능은 효과적인 기억의 방해물이라는 것이다. 저자는 이러한 해석이 특별히 도움이 되는지는 알지 못한다. 대신에 한 가지 더 유용한 해석은 시각매핑전략이 언어추론에 어려움이 있는 아동에게 더 효과적인 반면, 언어시연기억전략은 훌륭한 언어추론기능을 가지고 있는 학생에게 더 유용해 보인다는 것이다. 평균수준의 언어추론기능을 가지고 있는 학생의 경우, 그 접근방법은 동일하게 효과적인 것으로 보인다. 종료.

4. 상호작용이 통계적으로 유의하지 않다면, 우리는 이전의(예언 편향: 조사단계) 4단계 리스트(연속형 변수의 통계적 유의도)로 가서 수행한 다음, 5단계(범주형 변수의 통계적 유의도)로 진행해야 한다. ATIs의 맥락에서 연속형 변수와 범주형 변수의 통계적 유의도는 ANOVA에서의 주효과의 검정과 비슷하다.

비록 MR이 ATIs의 분석에 이상적이지만, 그것의 활용은 매우 흔한 것은 아니다. 앞의 예제에 직면했을 때, 많은 연구자는 연속형 변수를 범주화함으로써 그 자료를 전통적인 ANOVA 설계에 맞추려고 시도한다. 즉, ATIs의 이러한 적절한 분석에 익숙하지 않은 연구자는 언어추리척도에서 중간 이하의 점수를 받은 사람을 '낮은 언어(low verbal)' 집단에, 중간 이상의 점수를 받은 사람을 '높은 언어(high verbal)' 집단에 배치하고, 그 자료를 2 × 2 ANOVA 분석을 한다. 이러한 접근방법은 최소한 연속형 변수의 변화량을 무시하고 버려서 통계적 분석력을 줄인다. 불행하게도, 저자의 경험상 이러한 부적절한 접근방법은 여기에서 개관했던 더 적절하고 더 강력한 MR 접근방법보다 더 흔하다.

ATIs에 대한 탐색은 심리학과 교육학에서 가장 흔하다. 실제로 많은 특수교육이 ATIs가 중요하다는 가정에서 예측된다. 학습문제를 가지고 있는 아동은 때때로 부분적으로 두 집단에게 다른 교수방법이 사용되어야 한다는 가정에 기초하여 다른 분반(예: 경도 지적 장애를 가지고 있는 아동을 위한 분반 대 학습 장애를 가지고 있는 아동을 위한 분반)에 배치된다. 그러나 이러한 설계는 또한 다른 연구영역에도 적용 가능하다. 두 개의 다른 유형의 심리치료(처치)는 우울 증상이 있는 내담자 대(對) 우울 증상이 없는(속 성) 내담자에게 차별적으로 효과적인가? 어떤 경영스타일(처치)은 더 생산적인 고용인에게 더 효과적인 다른 스타일과 더불어 덜 생산적인(속성) 고용인에게 더 효과적인가? ATI 설계는 광범위한 활용 가능성 을 가지고 있다. 더 많은 정보를 얻으려면 Cronbach와 Snow(1977)의 ATIs와 그 분석에 관한 결정적인 자 료를 참고하길 바란다.

📈 ANCOVA

여러분이 연구방법론에서 인터넷기반 교수(Internet−based instruction)의 효과성에 관심이 있다고 가 정해 보자. 예를 들어, 인터넷기반 연구 강좌는 전통적인 면대면 교수(face to face instruction)만큼 효과 적인가? 이러한 문제를 연구하는 한 가지 방법은 전통적인 사전검사−사후검사 통제집단 설계(pretest− posttest control group design)를 통해서일 것이다. 즉, 여러분은 연구방법론 강좌를 온라인 강좌 대 전통 적인 교실 강좌를 통해 들어온 학생으로 무선적으로 할당할 수 있다. 여러분은 강의의 효과성은 부분적 으로 피험자의 사전지식에 따라 달라질 수 있다고 믿기 때문에, 피험자에게 연구방법론 지식에 관한 사 전검사를 부과한다. 강좌를 마친 후, 피험자는 연구방법론에 관한 지식의 또 다른 척도가 부과된다. 이 러한 실험 결과에 관한 한 가지의 간단한 분석방법은 사전검사가 공분산으로 사용되고 인터넷 대 정규 강좌에의 할당이 관심을 가지고 있는 독립변수인 공분산분석(Analysis of Covariance: ANCOVA)을 통해 서일 것이다. ANCOVA는 피험자의 연구방법론에 관한 사전지식을 통제한 상태에서 강좌 유형이 연구 지식에 미치는 영향을 조사하기 위해서 사용된다. ANCOVA는 피험자의 개별적인 차이를 통제함으로 써 오차분산을 줄이기 위해서 사용되며, 따라서 간단한 ANOVA보다 더 민감한 통계적 검정을 제공 한다.

[그림 7-20] 사전검사−사후검사 통제집단설계에서 잠재적인 상호작용

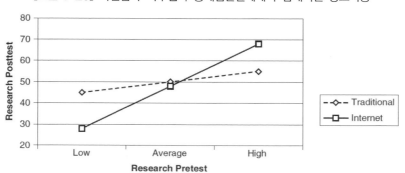

저자는 ANCOVA 또한 하나의 연속형 변수와 하나의 범주형 변수를 가지고 있는 MR로서 분명히 인식될 수 있기를 바란다. MR은 ANCOVA를 포괄한다. 따라서 만약 이 동일한 자료를 동시적 MR을 사용하여 분석한다면, 그 결과는 ANCOVA의 결과와 동일할 것이다. 그러나 MR을 통한 분석에는 한 가지 장점이 있다. ANCOVA가 기초하고 있는 한 가지 가정은 공분산상에 있는 종속변수의 회귀선은 다른 집단(예: 인터넷 강좌 대 전통적인 강좌)과 평행하다는 것이다. 다시 말해서, ANCOVA는 독립(또는 범주형)변수와 공분산(연속형 변수) 간의 상호작용이 존재하지 않는다는 것을 가정하지만 일반적으로 그것을 검정하지 않는다. 인터넷기반 교수가 강한 사전지식을 가지고 있는 학생에게 더 효과적이지만 사전연구 지식이 약한 학생에게는 덜 효과적일 것이다. 만약 그러하다면, 연구결과에 관한 그래프는 하나의 범주형과 연속형 변수 간의 상호작용에 관한 간단한 도식인 [그림 7-20]과 같은 어떤 것처럼 보일 것이다. 여러분은 분명히 이 가정을 이 장 전체에서 설명하였던 동일한 방법, MR을 사용하여 검정할 수 있지만, 대부분의 소프트웨어 패키지는 ANCOVA에서의 상호작용을 무시한다.[5]

ATI와 ANCOVA에 대해 생각하는 한 가지 방법은 다음과 같다. 즉, 만약 상호작용이 ATI 설계에서 통계적으로 유의하지 않다면, 그것을 간단한 ANCOVA 분석으로 생각할 수 있다. 만약 사전검사-사후검사 설계에서 사전검사(공분산)가 처치와 상호작용하면, 그것을 하나의 ATI 설계로 간주할 수 있고, 그것을 그에 따라서 분석할 수 있다.

📈 경고와 추가 정보

범주형 피험자 변수의 '영향'

이 장과 다른 곳에서, 저자는 **성별** 및 **인종배경**과 같은 변수가 **자아존중감**과 같은 산출에 미치는 영향을 논의해 왔다. 그러나 저자는 이러한 유형의 변수와 다른 변수(예: 도시와 시골, 지역, 종교)는 매우 광범위한 범주가 있으며, 많은 다른 것을 의미할 수 있음을 명확하게 하기를 바란다. 만약 **성별**이 **자아존중감**에 영향을 미친다고 말한다면, 그것은 무엇을 의미하는가? 남학생과 여학생 간의 생물학적인 차이가 다른 수준의 자아존중감을 초래하는가? 또는 남학생과 여학생이 사회화하는 방식이 자아존중감에서의 차이를 초래하는가? 또는 남학생 또는 여학생과 연계되어 있는 무수한 차이 중 어떤 다른 것이 차이를 초래하는가? 우리는 (비록 우리가 구조방정식모형분석에서 간접효과에 대한 검정에 관하여 논의할 때, 여러분은 그 가능성 중 몇 가지를 조사하기 위해서 사용할 수 있는 하나의 도구를 가지게 되겠지만) 알 수 없다. 그것이 의미하는 모든 것은 정말로 남학생 대 여학생에 대한 어떤 것이 자아존중감에서 차이를 초래한다는 것이다. 마찬가지로, 만약 **성별**과 **학업성취도**가 **자아존중감**에 미치는 영향에서 상호작용한다고 또는 학업성취도가 남학생 대 여학생의 자아존중감에 다른 영향을 미친다고 말한다면, 우리는 그러한 상호작용이 일어날 것인지와 그것이 무엇을 의미하는지에 관한 많은 가능한 이유에 대한 의구심을 남겨 놓을 것이다. **성별** 및 **인종배경**과 같은 '커다란(big)' 범주형 변수는 많은 하위범주가 있어서, 때때로 우리가 그것과 어떤

---

5) 사용하는 소프트웨어에 따라 ANCOVA 분석에서 하나의 공분산을 가지고 있는 독립변수의 상호작용을 검정하는 것이 가능하다(예를 들어, SPSS에서는 그것이 가능하다). 그러나 그러한 상호작용에 대한 검정은 저자의 경험상 그렇게 흔하지는 않다.

다른 변수 간의 상호작용을 발견했을 때 우리는 의미에 대한 새로운 질문들에 직면한다.

몇몇 방법론자는 이를 주요한 문제로 간주하지만, 저자는 그렇지 않다. 저자는 **성별**이 **자아존중감**에 영향을 미친다는 진술이 "**자아존중감**에서 차이를 초래하는 남학생 대 여학생에 대한 (무엇인지 알지 못하는) 어떤 것이 있다."라는 것을 의미한다는 것을 알고 있는 한, **성별**이 **자아존중감**에 영향을 미친다고 말하는 것은 문제가 없다고 생각한다. 마찬가지로, 저자는 이것이 의미하는 바가 (현 시점에서 알려지지 않은) 어떤 이유 때문에 **학업성취도**가 한 집단 대 다른 집단의 청소년의 **자아존중감**에 다른 영향을 미친다는 것을 알고 있는 한, **인종배경**과 **학업성취도**는 **자아존중감**에 미치는 영향에서 상호작용한다고 말하는 것은 괜찮다고 생각한다. 그러한 진술의 이면에 있는 의미를 이해하라. 그런 다음, 아마도 다음 단계는 그러한 영향이 왜 발생하는지에 대한 가설을 설정하고 검정하는 것이 될 것이다.

상호작용과 외적

이전 각주에서 저자는 외적항과 상호작용 간의 차이에 관하여 논의하였다. 엄격히 말해서, 부분(partialed) 외적(외적에서 사용된 두 변수가 통제된 상태에서)은 상호작용항이다. 물론 이러한 변수는 모든 것이 동시적이든 순차적이든(외적이 마지막으로 입력되어야 함) MR식에 입력되었을 때 통제되며, 매우 많은 연구자가 그 항을 상호교차적으로 사용한다.

통계적으로 유의한 상호작용의 심층 검정과 도식 제시

이 장의 몇몇 예제에서처럼, 하나의 범주형 변수와 하나의 연속형 변수 간에 통계적으로 유의한 상호작용을 발견하였다고 가정해 보자. 상호작용을 어떻게 더 심층적으로 탐색할 수 있는가? 여기에서 저자는 상호작용을 그래프로 그린 다음 범주형 변수의 다른 범주별로 별도의 회귀분석을 수행할 것을 제안해 왔다. 그러나 심층적인 탐색도 가능하다. 여러분은 회귀선이 연속형 변수의 특정 값에서 통계적으로 유의하게 다른지를 알고자 할 수 있다. ATI 예제에서, 여러분은 언어점수가 10점인 한 학생이 두 접근방법에서 정말로 다른지 또는 그렇지 않은지가 궁금할 수 있다. 여러분은 또한 유의도의 범위, 다시 말해서 두 회귀선이 통계적으로 유의하게 달라지는 지점에 관심이 있을 수 있다.

이것은 시간을 들일 만한 주제이지만 이 책의 범위를 넘는다. 이 장 전반에 걸쳐 제시된 몇몇 참고문헌은 유의한 상호작용을 여기에서 논의된 것보다 더 심층적으로 검정하는 방법에 대한 추가적인 세부 내용을 제공한다(Aiken & West, 1991; Cohen et al., 2003; Cronbach & Snow, 1977; Darlington & Hayes, 2017; Hayes, 2018; Pedhazur, 1997). 그 절차 중 몇 가지는 상대적으로 복잡하다. 만약 여러분이 보다 더 복잡한 검정을 요하는 어떤 상호작용을 접한다면, 저자는 이러한 참고문헌을 참고할 것을 권한다.

그러나 일반적인 통계 프로그램의 그래프 특성을 사용하여 이러한 종류의 질문에 대한 덜 공식적인 답변을 개발하기는 상대적으로 쉽다. 예를 들어, [그림 7-21]은 원래 [그림 7-18]에서 보여 주었던 ATA 예제 그래프의 또 다른 버전을 보여 준다. 그러나 이 버전에서 저자는 어떤 지점에서 두 회귀선이 서로 통계적으로 유의하게 달라지는지에 관한 최소한의 일반적인 의미를 제공해 주는 두 회귀선 주변의 95%의 신뢰 간격을 요구하였다.

[그림 7-21] 95% 신뢰구간을 가지고 있는, ATA 분석을 위한 회귀선

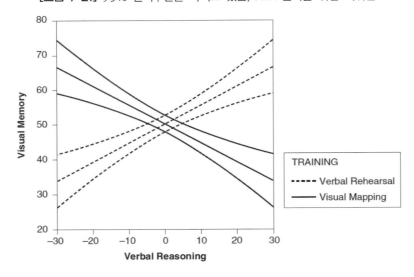

[그림 7-22] 자아존중감에 미치는 영향에 있어 인종과 학업성취도 간의 상호작용을 설명하는 한 가지 방법

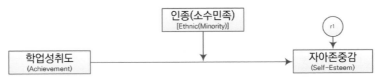

이 책 전반에 걸쳐, 저자는 경로모형을 사용하여 회귀분석을 도식 형태(figural form)로 설명해 왔다. 여러분은 이 장에서 다루었던 상호작용, 즉 어떤 산출에 미치는 영향에서 범주형과 연속형 변수 간의 상호작용 유형을 어떻게 설명해야 하는지 궁금할 것이다. 상호작용 또는 조절(moderation)을 설명하는 일반적인 방법은 [그림 7-22]에서 보여 주는 것과 같은 제시(display)를 통해서이다. 이 모형, 즉 **자아존중감**에 영향을 미치는 **인종**과 **학업성취도** 간의 상호작용(우리의 첫 번째의 통계적으로 유의한 상호작용) 검정에 관한 도식적 표현은 **인종**부터 **학업성취도**에서 **자아존중감**으로 그려진 경로를 가지고 있다. 이러한 개념적인 모형은 **인종**이 **학업성취도**가 **자아존중감**에 미치는 영향에 영향을 미친다(또는 조절한다)는 것을 시사한다. 그러한 모형은 상호작용의 본질(학업성취도가 자아존중감에 영향을 미치는가? 그것은 어떤 사람의 인종에 따라 다르다.)을 전하지만, 일반적으로 결과를 제시하기 위해서 사용되지는 않는다. 즉, 그것은 일반적으로 첨부된 숫자를 가지고 있지 않다.

[그림 7-23]은 연구결과를 경로형태로 제시하는 또 다른 방법을 보여 준다. 이 모형은 회귀분석의 마지막 블록에서 도출된 회귀계수를 보여 준다([그림 7-10] 참고). 이것은 비표준화 계수이다. [그림 7-24]는 통계적으로 유의한 상호작용의 결과를 경로형태로 제시하는 마지막 방법을 보여 준다. 이 방법(이번에는 표준화 계수임)은 소수민족 학생의 경우 **학업성취도**는 **자아존중감**에 어떠한 영향도 미치지 않지만, 주류 학생의 경우 상당한 영향을 미친다는 것을 시사한다. 이러한 제시방법은 우리가 통계적으로 유의한 상호작용에 관한 연구결과 다음에 수행해 왔던 사후검정과 비슷하다.

[그림 7-23] 하나의 범주형 변수와 하나의 연속형 변수 간의 상호작용에 대한 회귀분석 결과의 경로 도해

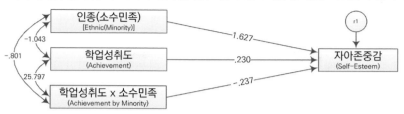

이 책의 웹사이트(www.tzkeith.com)는 편향 예제를 위한 효과코딩의 활용에 관한 도해를 포함하여, 범주형과 연속형 변수의 상호작용 검정에 관한 주제에 대한 추가적인 자료를 포함하고 있다. 그것은 또한 단일 회귀분석에서 별도의 회귀식의 통계적 유의도를 검정(사후검정)하는 방법에 대한 설명도 포함하고 있다.

저자는 이 장에서 우리가 흔히 상호작용, 특히 실험적이지 않은 연구에서 조절이라고 언급한다는 것을 여러 번 지적하였다. [그림 7-24]는 연구수업유형이 사전검사 점수가 연구지식에 미치는 영향을 조절하는 정도를 보여 주는 것으로 기술될 수 있다. 조절에 대한 주제는 '제9장 매개, 조절, 그리고 공통원인'에서 보다 더 심도 있게 논의될 것이다. 이 책의 제2부에서 중요한 주제인 다집단(multigroup) SEM은 구조방정식모형분석에서 범주형 변수와 연속형 변수 간의 조절을 검정하는 방법이다.

[그림 7-24] 조절(상호작용) 결과를 경로형태로 제시하는 또 다른 방법

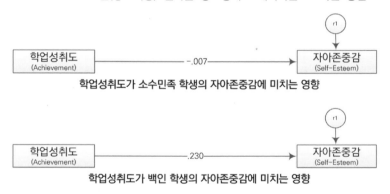

학업성취도가 소수민족 학생의 자아존중감에 미치는 영향

학업성취도가 백인 학생의 자아존중감에 미치는 영향

요약

이 장에서는 동일한 MR에서 범주형과 연속형 변수의 분석에 초점을 두었다. 첫 번째 예제는 성별과 학업성취도가 청소년의 자아존중감에 미치는 영향을 조사하였다. 예제에서 설명했던 바와 같이, 범주형과 연속형 변수 둘 다를 포함하고 있는 분석은 단지 연속형 변수만을 포함하고 있는 분석과는 분석적으로나 개념적으로 거의 다르지 않다. 범주형 변수가 단일 더미변수일 때, 그것과 연계된 b는 회귀식에서 다른 변수가 통제된 상태에서 두 집단 간의 종속변수에서의 차이를 나타낸다.

상호작용할 수 있는 두 변수를 곱하고 두 개의 원래의 변수와 더불어 외적항을 회귀식에 입력함으로

써 변수 간의 상호작용을 검정할 수 있다. 각 개인의 어떤 변수에서의 점수에서 그 변수의 평균을 뺌으로써 그러한 외적항을 만들기 위해서 사용된 어떤 연속형 변수의 중심화하는 것이 바람직하다. ΔR^2 (만약 순차적 회귀분석이 사용된다면) 또는 외적항과 연계된 t(동시적 회귀분석이 단일의 외적항과 함께 사용된다면)가 상호작용의 통계적 유의도를 검정하기 위하여 사용된다. 동일한 절차가 두 개의 범주형 변수, 두 개의 연속형 변수, 또는 하나의 범주형 변수와 하나의 연속형 변수 간의 상호작용을 검정하기 위하여 사용된다. 이 장은 범주형과 연속형 변수 간의 상호작용에 관한 몇 가지 예제를 설명하였다. 우리는 자아존중감에 미치는 영향에서 성별과 학업성취도 간에 어떠한 통계적으로 유의한 상호작용도 없음을 발견하였지만, 자아존중감에 미치는 영향에서 인종과 학업성취도 간에 통계적으로 유의한 상호작용이 있음을 발견하였다. 통계적으로 유의한 상호작용을 검정하기 위해서 그래프와 집단 간에 별도의 회귀선이 사용되었다. 백인 청소년의 경우, 학업성취도는 자아존중감에 영향을 미치지만, 다양한 소수민족 배경 출신 청소년은 그렇지 않은 것으로 보인다. "학업성취도는 자아존중감에 영향을 미치는가?"라는 질문에 대한 답변에서, 우리는 "그것은 ……에 따라 다르다."라고 답할 필요가 있다. "그것은 ……에 따라 다르다(it depends)."라는 구문은 일반적으로 우리가 상호작용의 존재를 기술하고 있다는 단서이다. 상호작용은 비실험 연구에서는 흔하지 않다.

몇 가지의 구체적인 연구문제는 범주형과 연속형 변수 간의 상호작용으로 가장 잘 인식된다. 이러한 것에는 예측 편향과 속성 또는 적성−처치 상호작용(ATIs)에 관한 조사가 포함된다. 선행연구를 모방하기 위하여 설계된 모의화된 자료를 사용하여 각각에 관한 예제가 제공되었다. 공분산분석(ANCOVA)도 연속형(공분산)과 범주형(처치변수 또는 독립변수) 변수 양자와 관련된 다중회귀분석으로 간주될 수 있다. ANCOVAs을 분석하기 위하여 MR을 사용할 때의 한 가지 잠재적인 이점은 공분산과 처치 간의 상호작용을 검정하는 것이 간단하기는 하지만, 대부분의 ANCOVAs에서는 단순히 가정된다는 것이다.

저자는 성별과 같이 포괄적인 기존의 범주형 변수가 다양한 산출에 미치는 '영향(effects)'을 논의하는 것은 모든 것이 그러한 범주형 변수의 의미 속에 포함되어 버릴 수 있기 때문에 부정확한 활용이라고 언급하였다. 저자의 신념은 그러한 활용은 만약 여러분이 그 의미를 분명히 알고 있다면 수용 가능하다는 것이다. 마찬가지로, 외적은 비록 그것이 상호작용항을 검정하기 위하여 사용되지만 엄격히 말해서 상호작용항은 아니다. 그러나 많은 사람은 이러한 항을 상호교차적으로 사용한다. 마지막으로, 저자는 이 책의 제1부와 제2부의 후속 장들을 포함하여 MR에서 상호작용 검정에 관한 좀 더 세부적인 내용을 다루고 있는 몇 가지 추가적인 자료에 관해 논하였다.

1. NELS 자료를 사용한 이 장에서 사용된 처음 세 개의 예제, 즉 성별과 학업성취도의 자아존중감에의 회귀분석, 학업성취도 × 성별 외적항을 추가한 동일한 회귀분석, 인종, 학업성취도, 또한 인종 × 학업성취도 외적항의 자아존중감에의 회귀분석을 수행하라. 여러분의 결과가 이 장에서 제시된 결과와 일치하는지 확인하라.

2. 웹사이트(www.tzkeith.com)에서 찾을 수 있는 'Kranzler et al simulated.sav'(또는 'Kranzler et al simulated.xls' 또는 'Kranzler.txt') 자료세트를 사용하라. CBM 점수를 중심화하고, 그 중심화된 변수를 사용하여 성별 × CBM 외적을 만들라. 중심화된 자료를 사용하여 예언 편향을 위한 분석을 수행하라. 그 결과는 여기에서 제시되었던 결과와 동일한가? Kranzler 등(1999)에서 행했던 것처럼 중심화되지 않은 자료(그리고 중심화되지 않은 자료에 기초한 외적)를 사용하여 그 분석을 수행해 보라. 두 분석에서 도출된 계수와 상관관계를 비교하라. 여러분의 해석은 동일한가? 절편은 중심화하지 않더라도(그리고 외적이 있더라도) 통계적으로 유의하게 다르지 않지만, 중심화된 연속형 변수와 그 중심화된 연속형 변수에서 생성되었던 상호작용항을 사용하면 다르다는 것을 알아야 한다. 그 두 개의 출력 결과를 비교하라. 이러한 차이가 왜 발생하는지에 관한 감각을 개발할 수 있는지 알아보라(힌트: 저자는 여러분이 중심화된 자료와 중심화되지 않은 자료 둘 다를 사용하여 얻은 그래프에 초점을 둘 것을 권한다. 그것은 또한 상관관계 행렬과 회귀계수의 표준오차에 초점을 둘 만한 가치가 있다. 중심화의 장점을 논하고 있는 절을 다시 읽으라).

3. NELS 수학시험은 여학생에게 불리하게 편향되어 있는가? 산출로서의 10학년 수학 GPA(FIS39a)와 더불어, 기준년도 시험(ByTxMStd)과 성별을 사용하여 예언 편향에 관한 분석을 수행하라. 여러분은 명확하게 성별을 더미변수로 변환하고 수학시험 점수를 중심화해야 한다.

4. 파일 'ATI Data b.sav'(또는 이 자료의 엑셀 또는 일반텍스트 파일)은 이 장에서 설명했던 적성−처치 상호작용 문제에 대한 또 다른, 아마도 더 실제적인, 모의화된 자료를 포함하고 있다. ATI 분석을 수행하고 그 결과를 해석하라.

5. 파일 'ancova exercise.sav'는 이 장에서 제시했던 ANCOVA 예제에 대한 모의화된 자료를 포함하고 있다 (또한 이 파일의 엑셀 또는 일반텍스트 파일을 보라). 이것은 연구방법론 강좌에 등록했던 60명의 학생이 전통적인 수업과 인터넷기반 수업에 무선적으로 할당된 사전검사−사후검사 두 집단 설계였다. 모든 학생은 연구지식에 관한 사전검사가 주어졌던 오리엔테이션에 참가하였다. 사후검사 점수는 그 수업에 대한 학생의 성적이다. 다중회귀분석을 사용하여 그 실험의 결과를 분석하라. 사전검사와 처치(수업 유형) 간에 상호작용이 있는지를 검정하라. 사후검정이 필요하다면 그것을 수행하라. ANCOVA를 수행하고, 이 분석의 결과를 MR의 결과와 비교하라.

6. Carter, Greenberg와 Walker(2017)는 수업 중 노트북과 태블릿 허용 대 금지 효과가 경제학 수업에서 웨스트포인트(West Point) 학교 학생의 수행에 미치는 영향을 조사하는 무선통제 연구를 보고하였다. 저자들은 많은 분석과 흥미로운 결과를 보고하였다. 한 흥미로운 후속연구는 ACT 점수(대학입학시험)가 컴퓨터 사용이 기말고사 점수에 미치는 영향을 조절할 수 있음을 시사하였다. 파일 'Carter et al computers.sav'는 이 연구결과를 반영하기 위해 느슨하게 설계된 시뮬레이션 자료를 보여 준다. MR을 사용하고 ACT와 실험 처치 간의 상호작용을 검정하기 위하여 그 자료를 분석하라. 또한 필요한 후속 분석도 수행하라. 분석 결과는 무엇을 보여 주는가? 노트북(그리고 태블릿)은 도움이 되는가, 해로운가? ACT 점수가 경제학 수업 수행을 예측하는가? 노트북이 준비가 잘 된(ACT 점수에 기반한) 학생과 준비가 덜 된 학생에게 똑같이 도움이 되는가? 해로운가? 전체 회귀분석에서 얻은 계수의 최종 표에 초점을 두라. 출력 결과(output)에서 어느 줄이 노트북 집단의 절편을 보여 주는가? 결과에서 어느 줄이 노트북이 없는 집단의 절편에서의 차이를 보여 주는가?

7. Kristen Alexander 등(Alexander et al., 2005)은 트라우마적인 사건(아동의 성적 학대)의 충격이 그 사건에 관한 그 사람의 후속 기억을 예측하는지(설명하는지)에 관심이 있었다. 해당 연구에서 연구자들은 외상후 스트레스 장애 증상의 고통이 학대 희생자가 12~21년 후에 자신의 학대에 관한 세부사항을 얼마나 정확하게 기억하는지를 설명하는 데 도움이 되었는지에 관심이 있었다. 파일 'Alexander et al abuse.sav'는 그 연구에서 중요한 변수 중 몇 가지를 모의화하기 위하여 설계되었던 자료를 포함하고 있다. 산출변수 Ncorrect는 올바르게 기억되었던 학대의 세부내용의 숫자이다. 성별은 남성 희생자의 경우 0으로, 여성 희생자의 경우 1로 코딩되었다. 지원(Support)은 학대 노출에 대한 어머니의 지원 여부(0=없었음, 1=있었음)였고, MTE는 성적 학대가 그들 모두가 경험했던 가장 트라우마적인 사건이었는지의 여부(0=아니오, 1=예)이었으며, NPTSD는 현재 가지고 있는 외상후 스트레스장애의 기준 수(the number of criteria)였다. NPTSD 척도는 모의화된 자료에서는 0~9까지 분포하였으며, 다시 경험하고 있는 사건과 일상생활에서 장애와 같은 기준을 포함하였다. 이러한 변수가 기억의 정확성(Ncorrect)을 설명하는 데 중요한지의 여부를 결정하기 위해서 MR을 사용하라. Ncorrect에 미치는 영향에서 MTE와 NPTSD 간의 상호작용을 검정하라. 필요한 사후분석(예: 그래프 그리기와 별도의 회귀분석)을 수행하라. 여러분의 연구결과를 설명하라. 그 결과는 무엇을 의미하는가?

8. 아버지의 열망은 아동에게 영향을 미치는가? 아버지의 열망은 남학생 대 여학생에게 차별적인 영향을 미치는가? NELS 자료와 MR을 사용하여, 자녀에 대한 아버지의 교육적 열망(ByS48a)이 8학년 아동의 GPA(ByGrads)에 어떠한 영향을 미치는지를 검정하라. 또한 성별이 아버지의 열망이 성적(Grades)에 미치는 영향을 조절하는지를 검정하라. 여러분은 또한 이 분석에서 가족배경 특성(BySES)을 통제해야 한다. 주의할 점은 여러분은 열망 변수를 연속형 변수로 처리해야 한다. 그것에 대해 어떠한 수정도 필요치 않다. 남학생을 준거집단으로 처리하라. 필요한 사전분석과 사후분석이 있으면 수행하라. 여러분의 분석은 무엇을 보여 주는가? 아버지의 열망은 중요한가? 그것은 남학생과 여학생에게 중요한가? 그것은 한 성별 대 다른 성별에게 더 중요한가? 전체 회귀분석에서 도출된 마지막 계수(Coefficients) 표에 초점을 두라. 출력 결과의 어느 줄(line)이 남학생의 절편을 보여 주는가? 출력 결과의 어느 줄(line)이 여학생의 절편에서의 차이를 보여 주는가?

보충내용

통계적으로 유의한 상호작용을 위한 추후검정으로서 별도의 회귀분석 수행: 경고

이 장에서 저자는 여러분이 범주형과 연속형 변수 간의 통계적으로 유의한 상호작용(외적)을 접할 때, 여러분은 다음과 같은 것을 해야 한다고 주장하였다. 즉, ① 상호작용의 본질을 이해하기 위해서 그것을 그래프로 그려라. ② 연속형 변수가 모든 집단에서 통계적으로 유의한지를 결정하기 위해서 집단별로 별도의 회귀분석을 수행하라. 이 두 번째 단계와 관련된 사소한 문제를 설명해 보자.

[그림 7-15], 즉 계수(Coefficients) 표의 아랫부분에 있는 CBM_CEN과 연계된 회귀계수에 주목하라. 이것은 회귀식에 외적을 가지고 있는 연속형 변수의 회귀계수이다. 여러분은 이 계수(Coefficients) 표에 관한 설명에서, 만약 여러분이 여학생과 남학생에 대한 별도의 회귀분석을 수행한다면 이 회귀계수는 또한 0점을 받았던 집단(이 사례의 경우, 여학생)이 얻게 될 회귀계수와 동일하다는 것을 알고 있다. 그 값([그림 7-15]에서 볼 수 있는 바와 같이, .058 또는 5.84E-02)은 [그림 7-17]에서 보여 주는 별도의 회귀분석에 대한 계수(Coefficients) 표([그림 7-17]에서 위쪽 표, 여학생에 대한 회귀분석)에서와 마찬가지로 이 표에서도 동일하다. 그 회귀계수는 동일하다.

그러나 이 회귀계수와 연계된 표준오차(Standard Errors: SEs)는 두 개의 표에서 다르다는 것에 주목하라. 그것은 [그림 7-15]의 경우 .103이며, [그림 7-17]의 경우 .100이다. 그 차이는 미약하지만, 그것은 그 계수가 통계적으로 유의한지 또는 그렇지 않은지의 여부에서 차이가 나게 할 수도 있다.

어느 값이 옳은가? 첫 번째 값이 옳다. 두 번째 값은 자유도가 틀리기 때문에 옳지 않다. 우리가 별도의 회귀분석을 수행했을 때, 우리는 SPSS에게 단지 여학생의 자료만을 분석하라고 한 후, 단지 남학생의 자료만을 분석하라고 하였다. 따라서 각 회귀분석은 단지 그 자료의 반씩만 사용하였다. 그 결과, 표준오차를 계산하기 위해서 사용된 $df(N-k-1)$는 틀렸다. 이것은 우리가 [그림 7-15]에서 보여 주는 올바른 SE를 가지고 있기 때문에, 여학생의 회귀분석의 경우에는 실제로 문제가 되지 않는다. 그러나 [그림 7-17]에서 보여 주는 남학생의 회귀분석의 SE 값도 틀리며, 원래의 회귀분석은 남학생에 대한 올바른 SE도 제공하지 않았다.

이 마지막 어려운 문제(우리가 더미변수에서 1로 코딩된 집단에 대한 올바른 SE를 가지고 있지 않다는 사실)은 또한 우리가 그것을 어떻게 얻을 수 있는지에 대한 단서를 제공한다. 즉, 우리는 그 회귀분석을 단순히 다시 하지만, 이번에는 여학생은 1, 남학생은 0으로 코딩한다. 다음의 [그림 1]은 그러한 회귀분석의 계수(Coefficients) 표를 보여 준다. 표의 아랫부분에 있는(회귀식에 외적을 가지고 있는) cbm_c 열(row)은 0으로 코딩된 집단의 CBM 점수에 대해 회귀된 CAT 점수의 회귀값을 보여 준다. 이 회귀분석에서 남학생은 0으로 코딩되었기 때문에, CAT의 남학생의 CBM에 대한 회귀값은 .974고, SE는 .142이다. 따라서 기대한 바와 같이 이 책의 [그림 7-17]에서 보여 주는 남학생의 표는 남학생의 회귀계수에 대한 올바른 값을 보여 주지만, SE는 약간 벌어졌다(.142 대신에, .146). 여러분은 이제 올바른 SEs를 구하는 방법을 알고 있다.

다음의 절 '단일의 회귀분석에서 별도의 기울기 검정'은 회귀계수를 구하는 또 다른 방법을 보여 주는데, 그것은 또한 올바른 SEs도 제공한다.

외적항을 생성하기 위한 범주형 변수를 코딩하는 다른 방법

제6장에서 언급한 바와 같이, 범주형 변수를 MR에서 분석할 수 있는 변수로 코딩하는 방법은 많다. 우리는 세 가지, 즉 더미코딩, 효과코딩, 기준 코딩을 다루었다. 우리는 제7장에서 외적항(상호작용항)의 생성을 위

한 기초로 더미코딩을 사용하였지만 다른 코딩방법을 사용할 수도 있다. 여기에서는 두 가지의 다른 코딩방법을 논의한다. 비교 목적을 위해, 제7장에서의 관련 회귀 결과(더미코딩과 함께)가 [그림 1]에 제시되었다.

[그림 1] 0으로 코딩된 남학생과 1로 코딩된 여학생의 회귀분석에서 도출된 계수표(제7장에서)

표의 아래쪽 부분의 cbm_cen 행은 더미변수에서 0으로 코딩된 집단(남학생)의 회귀계수, 표준오차 등을 보여 준다.
이 표는 남학생의 경우 회귀계수에 대한 올바른 표준오차를 제공하지만, 여학생의 경우에는 제공하지 않는다.

Coefficients[a]

Model		Unstandardized Coefficients		Standardized Coefficients	t	Sig.	95.0% Confidence Interval for B	
		B	Std. Error	Beta			Lower Bound	Upper Bound
1	(Constant)	677.176	5.125		132.140	.000	667.005	687.347
	cbm_cen	.317	.064	.446	4.941	.000	.189	.444
	Girl Sex, girls=1	-19.675	7.289	-.244	-2.699	.008	-34.141	-5.209
2	(Constant)	675.571	4.891		138.117	.000	665.862	685.280
	cbm_cen	.129	.082	.182	1.570	.120	-.034	.292
	Girl Sex, girls=1	-20.014	6.925	-.248	-2.890	.005	-33.760	-6.268
	sex_cbm	.414	.122	.391	3.389	.001	.172	.657

a. Dependent Variable: CAT California Achievement Test, Reading Comprehension

범주형 변수의 효과코딩을 사용한 상호작용 검정

효과코딩(effect coding)은 제6장에서 제시되었으며, 그것은 더미코딩(dummy coding)처럼 MR에서 상호작용(매개)을 검정하기 위하여 외적을 생성하기 위한 기초로 사용될 수 있다. 비록 효과코딩과 외적이 하나의 범주형 변수가 단 두 개의 범주(세 개 이상의 범주와 대비했을 때)를 가지고 있을 때 덜 유용하지만, 그것은 우리가 범주형과 연속형 변수 간의 상호작용을 가장 완전하게 설명하기 위해서 사용했던 자료이기 때문에, 저자는 여기에서 Kranzler 등의 모의화된 자료를 가지고 효과코딩을 사용할 것이다.

효과코딩의 경우, 한 집단은 효과코딩된 변수에 1의 값이 할당되고, 다른 집단은 0의 값이 할당되며, 한 집단은 모든 효과코딩된 변수에 −1의 값이 할당된다는 것을 기억하라. 제6장에서, 우리는 통제집단, 즉 더미코딩을 사용했을 때 모든 변수에 0의 값이 할당되었던 대조집단에 −1의 값을 할당하였다.

검사편향 예제에서 단 두 개의 집단(남학생과 여학생)만 있는 경우, 우리는 한 집단에 1의 값을 할당하고 다른 집단에 −1의 값을 할당할 수 있다. 저자는 Kranzler 등의 모의화된 자료에서 그러한 코드를 생성했으며, 그것을 girls_eff라고 명명하였다. 여학생은 1의 값이 할당되었고, 남학생은 −1의 값이 할당되었다. [그림 2]는 더미코딩된 변수와 대비하여 이러한 효과코딩된 성별 변수를 비교한다. girls_eff × cbm_cen(중심화된 CBM 점수)으로 생성된 외적 변수는 cbm_girleff로 명명되었다.

[그림 2] Kranzler 등의 모의화된 자료에서 더미코딩과 비교된, Girls/Sex 변수의 효과코딩

**Girl Sex, girls=1 * Girl_eff Girl, effect coded
Crosstabulation**

Count

		Girl_eff Girl, effect coded		Total
		-1.00	1.00	
Girl Sex, girls=1	.00 Boys	50	0	50
	1.00 Girls	0	50	50
Total		50	50	100

[그림 3] 외적항을 생성하기 위한 기초로 사용된 효과코딩을 한 회귀결과

Model Summary

Model	R	R Square	Adjusted R Square	Std. Error of the Estimate	R Square Change	F Change	df1	df2	Sig. F Change
					Change Statistics				
1	.475[a]	.226	.210	36.02877	.226	14.163	2	97	.000
2	.556[b]	.309	.287	34.22655	.083	11.484	1	96	.001

a. Predictors: (Constant), cbm_cen, Girl_eff Girl, effect coded

b. Predictors: (Constant), cbm_cen, Girl_eff Girl, effect coded, CBM_girleff

ANOVA[a]

Model		Sum of Squares	df	Mean Square	F	Sig.
1	Regression	36770.411	2	18385.206	14.163	.000[b]
	Residual	125912.997	97	1298.072		
	Total	162683.408	99			
2	Regression	50223.551	3	16741.184	14.291	.000[c]
	Residual	112459.857	96	1171.457		
	Total	162683.408	99			

a. Dependent Variable: CAT California Achievement Test, Reading Comprehension

b. Predictors: (Constant), cbm_cen, Girl_eff Girl, effect coded

c. Predictors: (Constant), cbm_cen, Girl_eff Girl, effect coded, CBM_girleff

Coefficients[a]

Model		Unstandardized Coefficients		Standardized Coefficients	t	Sig.
		B	Std. Error	Beta		
1	(Constant)	667.338	3.603		185.224	.000
	Girl_eff Girl, effect coded	-9.838	3.644	-.244	-2.699	.008
	cbm_cen	.317	.064	.446	4.941	.000
2	(Constant)	665.564	3.462		192.223	.000
	Girl_eff Girl, effect coded	-10.007	3.462	-.248	-2.890	.005
	cbm_cen	.336	.061	.474	5.501	.000
	CBM_girleff	.207	.061	.289	3.389	.001

a. Dependent Variable: CAT California Achievement Test, Reading Comprehension

[그림 3]은 효과코딩된 성별 변수와 그 변수의 외적항, 그리고 중심화된 CBM 변수를 사용한 회귀분석 결과를 보여 준다. 이 결과를 (더미코딩에 기초한) 이 장의 결과와 비교하라. 외적항과 연계된 ΔR^2은 이 장에서 보여 준 값과 동일하다. 범주형 변수를 코딩하고 외적항을 생성하기 위해서 어느 방법이 선정되었는지는 문제가 되지 않는다. 만약 그것을 올바르게 수행한다면, 외적과 연계된 ΔR^2과 이 블록의 통계적 유의도는 항상 동일할 것이다.

그러나 계수(Coefficients) 표에서 b값은 이 장의 b값과 다르다는 것에 주목하라. 효과코딩과 외적은 더미코딩과는 다른 비교를 하기 때문에, 이것은 이치에 맞다. 또한 t값 중 하나와 그 통계적 유의도 수준이 다르다는 것에 주목하라. 과제용 과업(take-home lesson)은 다른 계수는 계수(Coefficients) 표에서 유의할 수도 그렇지 않을 수도 있다는 것(부분적으로 다른 비교가 행해지기 때문에), 그러나 ΔR^2의 통계적 유의도는 코딩방법 간에 동일하게 유지되어야 하며, 거기에 외적이 얼마나 많이 있는지는 문제가 되지 않는다는 것이다. 따라서 만약 어떤 세 수준의 범주형 변수를 가지고 있다면 두 개의 더미 또는 효과코딩된 변수($g-1$)를 가질 것이며, 따라서 상호작용을 검정하기 위해서 두 개의 외적항이 요구될 것이다. 우리가 회귀분석의 두 번째 블록에서 그 외적항 둘 다를 추가하는 한, ΔR^2은 코딩방법 간에 동일하게 유지되어야 한다.

계수는 무엇을 나타내는가? 효과코딩은 전체평균 또는 평균들의 평균을 비교해 볼 때 일반선형모형과 동일한 결과를 산출한다는 것을 회상해 보라. 그리고 비록 다양한 계수가 해석될 수 있지만(더 자세한 사항에 대한 예로는 Cohen et al., 2003을 참고하라), 그 해석은 더미코딩이 사용되었을 때만큼 간단하지는 않다.

통계적으로 유의한 상호작용을 위한 추후검정

이 장에서 저자는 여러분이 범주형과 연속형 변수 간의 통계적으로 유의한 상호작용(외적)을 접할 때, 상호작용의 본질을 이해하기 위해서 그것을 그래프로 그려야 한다고 주장했다. 여러분은 또한 연속형 변수가 모든 집단에서 통계적으로 유의한지 여부를 결정하기 원할 수도 있다. 이 책에서 언급한 바와 같이, 전체 회귀분석에서 모든 집단에 대한 올바른 회귀계수를 얻을 수 있지만, 더미변수에서 코딩된 집단 1에 대한 SE와 통계적 유의도는 잘못되었다. 저자는 추후검정을 이 정보가 필요하다면 그 정보를 얻는 간단한 방법은 단순히 회귀분석을 다시 하고 반대 방향으로 더미변수를 재코딩하는 것이라고 제안하였다.

회귀계수를 얻고 올바른 SE를 제공하는 또 다른 방법은 다음에 제시되었다.

단일의 회귀분석에서 별도의 기울기 검정

Cohen 등(2003)은 개별 집단에 대한 회귀방정식의 계산[우리가 성별(Sex) 변수에 대한 더미코딩을 사용했을 때 했던]과 개별 집단에 대한 기울기의 통계적 유의도를 모두 허용하는 깔끔한 요령을 보여 주었다. 전체 회귀분석에서는 두 집단 모두에 대해 올바른 계수를 알려 주지만 0으로 코딩된 집단에 대해서만 올바른 SE를 알려 주기 때문에 이 책에서 이러한 별도 기울기의 통계적 유의도를 결정하려면 역더미변수와 새로운 외적을 사용하여 회귀분석을 다시 수행하는 것이 가장 쉬운 방법이라고 제안하였다. Cohen 등의 이러한 '단순 기울기(simple slopes)' 방법은 그 정보를 얻는 더욱 우아한 방법이다.

기술(記述)하기는 약간 힘들지만, 저자는 예증(例證)과 조합된 이러한 기술이 그 방법을 명확하게 하기를 희망한다. 지금까지 우리의 방법론에서 우리는 g−1 더미 또는 효과코딩된 범주형 변수를 만들어 왔다. 우리가 그러한 것과 중심화된 연속형 변수를 곱할 때 우리는 또한 g−1개의 외적을 가지고 있다. 회귀분석의 첫 번째 단계에서 우리는 그 코딩된 범주형 변수(들)과 중심화된 변수를 추가한다. 두 번째 단계에서 우리는 그 외적을 추가해 왔으며, 또는 그 범주형 변수에 두 개 이상의 범주가 있을 때 외적항을 곱한다.

Cohen 등이 '단순 기울기(simple slopes)' 방법이라고 한 것은 필수적으로 두 번째 단계에 있는 연속형 변수를 없애지만, 외적과 연속형 예측변수의 조합을 포함한 g개(g−1개가 아닌)의 외적을 추가한다. 첫 번째 단순 기울기 변수는 첫 번째 집단의 중심화된 연속형 변수와 동일한 값을 가지지만, 모든 다른 집단에는 0의 값 등이 주어진다. 두 번째 단순 기울기 변수는 두 번째 집단의 중심화된 연속형 변수와 동일한 값을 가지지만, 모든 다른 집단에는 0의 값 등이 주어진다. 다시 한번, 그 회귀분석은 코딩된 범주형 변수와 단순 기울기 변수(중심화된 연속형 변수가 아닌)만을 포함한다. 단순 기울기 변수의 도출된 비표준화 계수는 각 집단의 별도의 회귀분석의 계수(그리고 올바른 SEs와 통계적 유의도)를 보여 준다.

여기에서 Kranzler 등의 모의화된 자료를 사용하여 그것이 어떻게 작동하는지를 보여 준다. [그림 4]는 포함된 이러한 두 개의 단순 기울기 변수를 가지고 있는 자료의 일부를 보여 준다. 이것은 'cbm_boy'와 'cbm_girl'로 명명되었다. 기술한 바와 같이, 남학생의 경우 cbm_boy 변수의 값은 남학생의 중심화된 CBM 변수와 동일하지만 여학생은 0과 동일하다는 것에 주목하라. 그리고 cbm_girl 변수는 여학생의 중심화된 CBM 변수와 동일하지만 남학생은 0의 값이라는 것에 주목하라.

[그림 4] 새로운 '단순 기울기' 변수가 추가된 Kranzler 등의 모의화된 자료의 일부

*kranzler 2017 w cross product & simple slopes.sav [DataSet1] - IBM SPSS Statistics Data Editor

File Edit View Data Transform Analyze Graphs Utilities Extensions Window Help

1 : cbm_boy -63.44

	Girl	CBM	CAT	cbm_cen	cbm_boy	cbm_girl	var
42	.00	140.00	709.86	25.56	25.56	.00	
43	.00	114.00	635.53	-.44	-.44	.00	
44	.00	140.00	636.20	25.56	25.56	.00	
45	.00	121.00	697.88	6.56	6.56	.00	
46	.00	91.00	614.74	-23.44	-23.44	.00	
47	.00	169.00	716.22	54.56	54.56	.00	
48	.00	117.00	648.91	2.56	2.56	.00	
49	.00	117.00	647.37	2.56	2.56	.00	
50	.00	133.00	637.58	18.56	18.56	.00	
51	1.00	76.00	646.12	-38.44	.00	-38.44	
52	1.00	19.00	668.41	-95.44	.00	-95.44	
53	1.00	171.00	665.53	56.56	.00	56.56	
54	1.00	184.00	697.26	69.56	.00	69.56	
55	1.00	152.00	677.92	37.56	.00	37.56	
56	1.00	86.00	617.84	-28.44	.00	-28.44	
57	1.00	111.00	638.16	-3.44	.00	-3.44	
58	1.00	244.00	773.53	129.56	.00	129.56	
59	1.00	101.00	640.48	-13.44	.00	-13.44	
60	1.00	110.00	607.49	-4.44	.00	-4.44	
61	1.00	183.00	672.57	68.56	.00	68.56	
62	1.00	179.00	704.99	64.56	.00	64.56	

Data View Variable View

[그림 5]는 CAT 읽기 이해력(CAT Reading Comprehension) 검사의 더미코딩된 **성별**(Sex) 변수, 즉 cbm_boy와 cbm_girl에 대한 MR의 결과 중 일부를 보여 준다. R과 R^2이 이 장에서 보여 준 MR의 블록 2의 값([그림 7−15] 참조), 즉 각각 .556과 .309와 동일하다는 것에 주목하라. 우리는 이 값을 [그림 7−15]에서 보여 주는 순차적 회귀분석의 블록 1의 값과 비교해 봄으로써 상호작용항의 ΔR^2과 통계적 유의도를 정당하게 계산할 수 있다. 여러분이 상호작용항을 어떻게 입력하는지는 문제가 되지 않으며, 상호작용항을 하나의 블록으로 입력한다면(그리고 그것을 올바르게 입력한다면) ΔR^2, F 등은 동일할 것이다.

[그림 5] 단순 기울기 방법을 사용한 회귀분석 결과

Model Summary

Model	R	R Square	Adjusted R Square	Std. Error of the Estimate
1	.556[a]	.309	.287	34.22655

a. Predictors: (Constant), cbm_girl, cbm_boy, Girl

Coefficients[a]

Model		Unstandardized Coefficients		Standardized Coefficients	t	Sig.	95.0% Confidence Interval for B	
		B	Std. Error	Beta			Lower Bound	Upper Bound
1	(Constant)	675.571	4.891		138.117	.000	665.862	685.280
	Girl	-20.014	6.925	-.248	-2.890	.005	-33.760	-6.268
	cbm_boy	.129	.082	.134	1.570	.120	-.034	.292
	cbm_girl	.544	.091	.513	6.006	.000	.364	.723

a. Dependent Variable: CAT

[그림 5]는 또한 계수(Coefficients) 표를 보여 주는데, 각 계수의 의미는 다음과 같다.

1. 절편(원래의 더미코딩된 분석에서처럼)은 더미코딩된 **성별**(Sex) 변수[남학생(Boys)]에서 0으로 코딩된 집단의 절편을 나타낸다.

2. 여학생(Girls)의 b는 **여학생**(Girls) 변수에서 1로 코딩된 집단의 절편에서의 차이이다. 따라서 별도의 회귀식에 대한 여학생의 절편은 675.571 − 20.014 = 655.557이다. 물론 처음의 분석에서 이러한 동일한 정보를 얻었다.

3. cbm_boy의 b계수는, 만약 남학생에 대한 별도의 회귀분석을 수행한다면 그 회귀선의 기울기에 대해 얻을 수 있는 값과 동일하다. 그 표는 또한 이 값이 통계적으로 유의하지 않다는 것을 보여 준다. 이 기울기의 SE는 올바르다는 것에 주목하라. 또한 이 값과 SE는 이 책에 표시된 것과 동일하다(처음의 분석에서는 소년이 0으로 코딩되었기 때문이다).

4. cbm_girl의 b계수는, 만약 여학생에 대한 별도의 회귀분석을 수행한다면 그 회귀선의 기울기에 대해 얻을 수 있는 값과 동일하다. 그러나 SE는 다르다(그리고 현재의 분석에서는 올바르다). 또한 그것이 통계적으로 유의하다는 것에 주목하라.

다시 한번, 우리는 처음의 회귀분석에서 보여 준 값에서([그림 7−15] 참조) 남학생과 여학생에 대한 별도의 회귀분석의 회귀계수(절편과 b값)를 알아야 하고 또 알았지만, 통계적 유의도를 구하기 위하여 남학생과 여학생을 위한 별도의 회귀분석을 수행할(또는 여학생을 준거집단으로 사용하여 그 분석을 다시 할) 필요가 있을 것이다. Cohen 등은 연구자가 특정 변수가 모든 집단에서 통계적으로 유의한 예측변수인지 또는 그렇지 않은지를 알고자 할 때, 이 방법이 유용하다는 데 주목한다. 저자는 대부분의 연구자가 여전히 상호작용(외적 또는 두 개 이상의 집단을 가지고 있는 경우 외적)이 통계적으로 유의한지를 결정하기 위하여 처음의 순차적 회귀분석을 수행하기를 원할 것이라고 기대한다. 따라서 저자는 우리 대부분이 추후검정으로 그 방법을 사용할 것이라고 기대한다. 여전히 그것은 세련된 방법이다.

제8장 연속형 변수를 사용한 상호작용과 곡선 검정

제7장에서 언급한 바와 같이 어떤 결과에 미치는 영향에 대해서 두 개 이상의 연속형 변수(continuous variable) 간의 상호작용(interaction)을 고려할 수 있다. 이 장에서는 이러한 상호작용과 곡선(curve)이 있는 회귀선(regression line)을 논의할 것이다. 앞으로 살펴보겠지만, 이러한 곡선은 변수가 결과변수(result variable)에 미치는 영향에서 한 변수가 그 자신과 상호작용하는 경우로 간주할 수 있다.

📈 연속형 변수 간의 상호작용

개념상 두 연속형 변수 간의 상호작용을 검정(testing)하는 것과 범주형(categorical) 변수와 연속형 변수 간의 상호작용을 검정하는 것은 약간 차이가 있다. 통계적으로 유의한 상호작용을 규명하는 것은 두 변수가 연속형일 때 조금 더 복잡하지만 기본 조사단계는 동일하다. 첫째, 두 개의 연속형 변수를 고려하는 경우, 두 변수가 중심화(평균을 빼 주는 과정)된 후 중심화된 두 변수를 곱하여 외적항(cross-product term)을 만든다. 결과변수는 두 개의 중심화된 연속형 변수(그리고 동시에 고려해야 할 다른 변수와 함께)로 동시에 회귀식을 적용한다. 둘째, 순차적인 단계에서 외적항(상호작용)을 회귀식에 입력한다. 만약 외적항을 추가하는 것이 설명계수(R^2)의 유의한 통계적 증가를 초래한다면, 상호작용은 통계적으로 유의해진다. 다음 예제는 이러한 기본 조사단계를 보여 준다.

학업성취도에 대한 TV시청시간의 영향

제7장에서 저자는 학업성취도(Academic Achievement)에 미치는 영향에서 TV시청시간(TV Time)과 지적 능력 간의 상호작용을 검증하기 위한 연구를 언급하였다(Keith et al., 1986). 이 연구의 주된 목적은 학부모참여, 과제 및 TV시청시간이 학업성취도에 미치는 영향을 사정하고 비교하는 것이었다. 그러나 이전 연구는 TV시청(TV viewing)이 **학업성취**(Achievement)에 미치는 영향에서 **지적 능력**(Ability)과 상호작용할 수도 있다는 것을 시사하였다(Williams et al., 1982). TV시청은 학업성취도에 부적 영향을 미치지만, 그 영향의 정도는 TV를 시청하는 학생의 지적 능력수준에 따라 다를 수 있다('~따라 다르다'는 종종 상호작용을 의미한다). 특히 TV시청은 지적 능력이 뛰어난 청소년에게는 해롭고, 그렇지 않은 청소년에게는 덜 해롭다(Williams et al., 1982). Keith 등(1986)은 TV를 시청하는 데 소비하는 시간과 사춘기 학생의 학업성취도에 대한 지적 능력 간의 상호작용을 검정할 수 있는 방법을 찾고자 하였다. 우리의 관심사를 표현하는 또 다른 일반적인 방법은 TV시청이 학업성취도에 미치는 영향을 **지적 능력**이 **조절하는지**

(moderates) 여부를 알아보는 것이다.

자료: 중심화(centering)와 외적(cross-products)

'tv ability interact2.sav', 'tv ability interact2.xls' 및 'tv_abil.txt'라는 자료세트는 Keith 등(1986)의 결과를 실험하기 위해 설계된 500개의 사례(case)를 포함한다. 이 자료세트에 있는 변수는 **지적 능력**(Ability)[여섯 개의 언어검사(verbal test)와 비언어검사(non-verbal test)의 합성변수, 평균과 표준편차는 각각 100시간과 15시간], TV(하루 평균 TV시청시간), **학업성취도**(Achieve)[T점수로 표현된, 읽기(Reading)와 수학(Math)의 **학업성취도** 합성변수]를 포함한다. 또한 배경변수인 SES(z점수: 부모의 교육성취도, 부모의 직업 상태, 가족 소득 및 집 소유) 등이 있다. 이 자료세트에서 중심화된 두 연속형 독립변수(TV_Cen과 Abil_ Cen)와 이 변수들의 외적항(TV×Abil)을 생성하였다. 이러한 변수들에 대한 기초통계량은 [그림 8-1]과 같다.

[그림 8-1] 'tv ability interact.sav' 자료의 기술통계량

Descriptive Statistics

	N	Minimum	Maximum	Mean	Std. Deviation
SES Family Background	500	-2.84	3.12	.1099	1.01568
ABILITY Ability	500	75.00	130.00	100.4040	9.47504
TV TV Time, weekdays	500	0	8	4.01	1.754
ABIL_CEN Ability (centered)	500	-25.40	29.60	.0000	9.47504
TV_CEN TV Time, weekdays (centered)	500	-4.01	3.99	.0000	1.75445
TVXABIL TV by Ability crossproduct	500	-74.53	58.37	-2.9192	16.46830
ACHIEVE Achievement Test Score	500	29.00	75.00	50.0960	8.71290
Valid N (listwise)	500				

왜 저자가 TV시청(TV viewing)과 SES 간, 또는 SES와 **지적 능력** 간의 상호작용을 반영한 외적항을 만들 지(그리고 사용하지) 않는지 궁금해할지도 모르겠다. 제7장에서 저자가 모든 가능한 상호작용을 검정하 기보다는 연구자가 관심을 가지는 특정 가설을 확인하기 위해 고안된 특정한 상호작용만을 검정해야 한다고 주장했던 것을 기억하라. 현재 예제는 이전 연구에서 제안한 관심 분야의 상호작용만을 검정함 으로써 이 접근방법을 예시한다.

회귀분석

학업성취도는 동시적 회귀분석에서 SES, (중심화된) **지적 능력**, (중심화된) TV시청으로 회귀되었고, 순 차적 회귀분석에서는 TV시청 × **지적 능력**의 외적항으로 회귀되었다. 회귀분석 결과 중 일부가 [그림 8-2]에 나와 있다. 모형 요약(Model Summary)에서 볼 수 있는 바와 같이, 최초 3개의 독립변수는 학업 성취도의 51% 정도를 설명하고($F[3, 496] = 172.274, p < .001$), TV시청 × **지적 능력**의 외적항을 추가하면 학업성취도의 4.4%를 추가로 설명하며, 이는 통계적으로 유의한 증가를 의미한다($F[1, 495] = 49.143,$

$p < .001$). 따라서 지적 능력과 TV시청시간 간의 상호작용은 통계적으로 유의하다는 것을 알 수 있다.

또한 [그림 8-2]에서처럼 회귀계수(coefficients) 표는 TV시청이 학업성취도에 미치는 영향에 대한 추가 정보를 제공한다. 표의 윗부분에서 볼 수 있는 바와 같이, 외적항을 고려하기 전에 각 독립변수는 학업성취도에 통계적으로 유의한 영향을 미쳤다. 실제로 지적 능력은 학업성취도에 커다란 영향을 미치고 있고(능력이 더 뛰어날수록 학업성취도가 높게 나타난다), SES는 중간 정도의 영향을 미쳤으며(SES 수준이 더 높을수록 더 높은 학업성취도 점수를 얻는다), TV시청은 학업성취도에 약간의 부적 영향을 미치고 있다. 다른 조건이 동일할 때, 청소년이 TV시청에 더 많은 시간을 소비할수록 학업성취도는 더 낮아진다. 표의 아랫부분은 다시 한번 상호작용의 통계적 유의도를 보여 준다.

[그림 8-2] TV시청에 소비한 시간과 능력 간의 상호작용이 학업성취도에 미치는 영향에 대한 회귀분석 결과 검정

Model Summary

Model	R	R Square	R Square Change	F Change	df1	df2	Sig. F Change
			Change Statistics				
1	.714a	.510	.510	172.274	3	496	.000
2	.745b	.555	.044	49.143	1	495	.000

a. Predictors: (Constant), TV_CEN TV Time, weekdays (centered), SES Familty Background, ABIL_CEN Ability (centered)

b. Predictors: (Constant), TV_CEN TV Time, weekdays (centered), SES Familty Background, ABIL_CEN Ability (centered), TVXABIL TV by Ability crossproduct

Coefficients^a

Model		Unstandardized Coefficients B	Std. Error	Standardized Coefficients Beta	t	Sig.	95% Confidence Interval for B Lower Bound	Upper Bound
1	(Constant)	49.937	.275		181.324	.000	49.396	50.479
	SES Family Background	1.442	.294	.168	4.909	.000	.865	2.020
	ABIL_CEN Ability (centered)	.561	.032	.610	17.794	.000	.499	.623
	TV_CEN TV Time, weekdays (centered)	-.423	.159	-.085	-2.655	.008	-.737	-.110
2	(Constant)	49.616	.267		185.892	.000	49.092	50.140
	SES Family Background	1.373	.281	.160	4.892	.000	.822	1.925
	ABIL_CEN Ability (centered)	.555	.030	.604	18.427	.000	.496	.614
	TV_CEN TV Time, weekdays (centered)	-.278	.154	-.056	-1.806	.072	-.580	.024
	TVXABIL TV by Ability crossproduct	-.113	.016	-.213	-7.010	.000	-.144	-.081

a. Dependent Variable: ACHIEVE Achievement Test Score

연속형 변수 간의 상호작용에 대한 조사

범주형 변수와 연속형 변수 간의 상호작용에 있어서 그래프를 통해 상호작용을 조사하는 것이 상대적으로 쉬운데, 그 이유는 하나의 변수가 이미 제한된 수준의 범주만을 가지기 때문이다. 따라서 이러한 범주는 다른 (연속적인) 독립변수에 대한 종속변수의 그래프에 별도의 선으로 표시될 수 있으며, 개별 회귀모형이 다른 범주에 걸쳐 실행될 수 있다. 두 개의 연속형 변수 간의 통계적으로 유의한 상호작용을 조사하는 것은 조금 더 복잡하다. 연속형 변수 간의 상호작용에 대한 본질을 이해할 수 있는 몇 가지 방법을 간략하게 설명하고, 보다 완전한 사후 조사방법은 간단히 언급하고자 한다.

상호작용에 대한 비교적 이해하기 쉬운 방법 중 하나는 하나의 연속형 변수를 제한된 수의 순서를 가진 범주형 변수로 변환한 후 하나의 변수가 범주형 변수일 때 사용한 것과 동일한 분석을 수행하는 것이

다. 현재 예제에서 지적 능력 변수를 3개의 수준을 가지는, 순서가 부여된 새로운 변수(Abil_3, 데이터세트에도 포함되어 있다)로 변환하였다. 이 새로운 Abil_3이라는 변수에서 1의 값은 (지적 능력에서) 응답자의 대략 하위 33%를 포함하였다. 지적 능력 변수의 응답자 중 가운데 33%는 Abil_3에서 2로 입력되었다. 지적 능력 변수의 상위 1/3은 Abil_3 변수에 3의 값이 지정되었다. 따라서 Abil_3 변수에서 3, 2, 1의 점수는 각각 상, 중, 하의 지적 능력을 의미한다. 따라서 3개의 순서 범주를 가지는 지적 능력을 사용하여 상호작용을 그래프화하고 개별적인 회귀분석을 수행할 수 있다.

[그림 8-3]은 이러한 지적 능력의 세 가지 수준에 대하여 TV시청시간의 학업성취도에 대한 회귀분석에서 세 가지 회귀선을 보여 주고 있다(SES는 그래프에서 고려되지 않았다). 이 그래프는 상호작용의 본질을 명확하게 보여 준다. TV시청은 뛰어난 지적 능력을 가진 청소년의 학업성취도에 훨씬 더 심각한 영향을 미치는 것으로 나타났는데, TV시청시간이 한 시간 늘어날수록 지적 능력이 뛰어난 청소년의 학업성취도가 현저하게 낮아지는 것으로 나타났다. 이와는 대조적으로, 평균 이하의 지적 능력을 지닌 학생의 경우 TV시청은 학업성취도에는 거의 영향을 미치지 않고 있다. 그 결과는 TV시청의 효과에 대한 이전 연구와 일치한다(예를 들어, Williams et al., 1982). 여기에 언급되지는 않았지만, 후속조치(follow-up) 회귀분석에서 세 가지 순서를 부여한 지적 능력 변수를 사용함으로써 사후검정을 계속 고려할 수 있다. SES와 TV시청시간의 학업성취도에 대한 회귀분석에서 TV시청시간은 뛰어난 능력을 가진 학생에게는 통계적으로 대단히 유의하고 그 효과가 부적이며($\beta = -.371$), 평균적인 지적 능력을 가진 학생의 경우 통계적으로 유의하지 않았고($\beta = -.081$), 지적 능력이 낮은 청소년의 경우에는 통계적으로 유의하고 그 효과가 정적이었다($\beta = .165$). 후자의 조사 결과에 따르면, TV시청은 낮은 지적 능력을 지닌 청소년의 학업성취도에 약간의 정적 영향을 미침을 알 수 있다.

[그림 8-3] 연속형 변수 간의 상호작용을 탐색하는 한 가지 모형
세 가지 수준의 지적 능력별 TV시청시간이 학업성취도에 미치는 영향에 관한 회귀분석

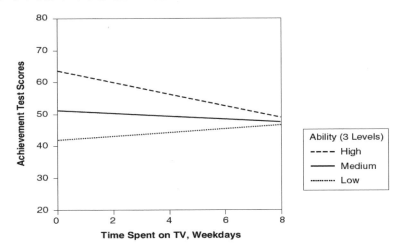

또한 [그림 8-4]에서와 같이, 상호작용의 특성을 파악하기 위하여 TV시청시간의 수준과 세 가지 순서로 범주화한 지적 능력에 따라 평균 학업성취도 점수를 그려볼 수 있다(Keith et al., 1986). 상호작용을 그

래프화하는 이러한 방법은 개별적인 회귀선을 사용하는 방법을 대체할 수 있는 하나의 대안이다. 회귀선의 차이가 흥미롭다는 점에서 후자의 개별 회귀선을 사용하는 방법이 가지는 장점이 있지만, 회귀선이 아닌 평균점을 의미하므로 회귀선의 차이에 대한 특성이 분명하지 않다는 단점도 있다. 이 방법은 또한 X축에 그려지는 독립변수가 비교적 제한된 수준의 수를 가지는 경우 또는 표본크기가 상당한 경우에 한하여 적용할 수 있다. 주어진 예제에서는 TV시청에 대한 변수가 여덟 가지 수준밖에 되지 않기 때문에 이러한 조건을 충족한다.

[그림 8-4] 상이한 수준의 TV시청시간과 지적 능력별 학업성취도의 평균 수준

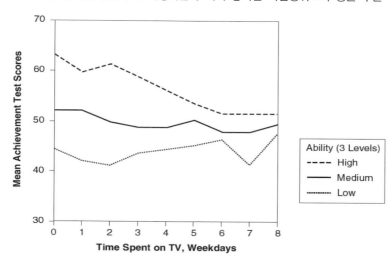

후속조치를 위해 전체 회귀방정식 사용

또한 회귀방정식에서 지적 능력을 적절한 값으로 대체한다면, 전체 회귀방정식을 사용하여 어떤 특정한 지적 능력의 값에 대한 회귀방정식을 계산할 수도 있다. 회귀방정식은 다음과 같다.

학업성취도$_{예측된}$
$$= 49.616 + 1.373SES + .555 \times 지적\ 능력 - .278TV - .113TV \times 지적\ 능력$$

어떤 값으로 대체해야 하는가? 보편적인 값은 연속형 독립변수(Aiken & West, 1991; Cohen & Cohen, 1983)에서 $-1SD$, 평균, 그리고 $+1SD$이다. 현재의 회귀분석에서는 중심화된 지적 능력 변수에 대하여 약 $-9, 0, 9$이다(M과 SD는 [그림 8-1]에 나와 있다). 임상적으로 관련된 값이나 보편적으로 사용되는 경계값뿐만 아니라 다른 값도 사용 가능하다. 예를 들어, 낮은 지적 능력을 지닌 학생에 대한 이 연구의 의미에 특히 관심이 있다면, 지적 능력이 평균보다 표준편차 이상 낮은 학생의 회귀방정식을 계산하는 것이 바람직하다.

이 방정식에서 지적 능력에(그리고 지적 능력 × TV시청 상호작용에서) $-9, 0, 9$의 값을 대체하면 세 개의 새로운 방정식이 생성된다. 뛰어난 지적 능력을 가진 청소년을 위한 방정식은 다음과 같은데, 지적 능력

이 9로 대체되었고 방정식을 단순화하기 위해 SES(모집단 평균)에 0을 대입하였다.

$$학업성취도_{예측된} = 49.616 + 1.373\,(0) + .555\,(9) - .278TV - .113TV\,(9).$$

다시 한번, 이 방정식의 경우 전체 회귀방정식에서 발생하는 모든 곳에서 +9가 지적 능력으로 대체되었다. 저자는 또한 방정식을 단순화하기 위해 SES(모집단 평균)를 0으로 대체하였다. 이 방정식은 다음과 같이 단순화된다.

$$학업성취도_{예측된} = 49.616 + 4.995 - .278TV - 1.011TV$$
$$= 54.611 - 1.29TV.$$

중간 정도의 지적 능력을 지닌 청소년의 경우, 지적 능력이 0으로 대체되고, 회귀방정식은 다음과 같다.

$$학업성취도_{예측된} = 49.616 + 1.373\,(0) + .555\,(0) - .278TV - .113TV\,(0)$$
$$= 49.616 - .278TV.$$

낮은 지적 능력을 지닌 청소년의 경우, 지적 능력이 −9로 대체되어 다음과 같은 회귀방정식이 된다.

$$학업성취도_{예측된} = 49.616 + 1.373\,(0) + .555\,(-9) - .278TV - .113TV\,(-9)$$
$$= 49.616 - 4.995 - .278TV + 1.017TV$$
$$= 44.621 + .739TV.$$

그러면 이것들은 고, 중, 저능력 청소년의 TV시청시간의 학업성취도로의 회귀에 대한 회귀방정식이다. 그런 다음, 이러한 방정식은 상호작용의 특성을 나타내기 위하여 그림으로 그려질 수 있다([그림 8-5] 참고). [그래프는 Excel에서 생성되었다. 과제(Homework) 변수는 의미 있는 행렬(metic)이기 때문에, 저자는 이 제시를 위해 중앙화된 버전을 사용하기보다 그 행렬로 다시 변환하였다.] 요약된 다른 방법보다 조금 더 복잡하지만, 이 방법은 (세 가지의 새로운 회귀방정식보다) 원래의 회귀방정식을 기반으로 한다는 장점이 있다. 아울러, 그것은 또한 계산된 회귀방정식의 기울기에 대한 통계적 유의도를 검정할 수 있다. 이 주제는 이 책의 범위를 벗어나지만, Aiken과 West(1991), Cohen 등(2003), 그리고 Hayes(2018)에 자세히 제시되어 있다. 조절, 매개 그리고 그 둘의 조합을 검정하기 위해 고안되었던 Hayes의 PROCESS 프로그램은 새로운 방정식을 계산하고 통계적 유의도를 검정한다. PROCESS에 대한 자세한 내용은 제9장을 참고하라.

[그림 8-5] 다른 지적 능력수준별 TV시청시간이 학업성취도에 미치는 영향을 도식화하기 위하여 전체 회귀방정식 사용

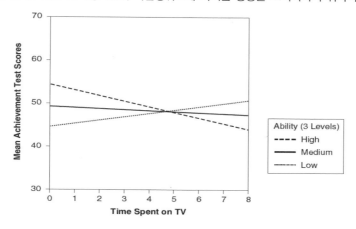

다시 한번, 그래프를 통해 두 개의 연속형 변수 간의 통계적으로 유의한 상호작용을 조사할 수 있는 몇 가지 방법이 있다. 역순으로 소개하면 다음과 같다.

1. 원래의 회귀방정식은 하나의 연속형 변수의 여러 수준에 대한 그래프 직선을 나타내기 위해 원래의 회귀방정식을 사용한다. 예를 들어, $-1SD$, 평균 그리고 $+1SD$와 같은 값을 상호작용을 구성하는 하나의 변수에 대체하고, 이 변수에 대해 높은 값, 중간 값 및 낮은 값을 가진 참가자를 나타내는 3개의 회귀방정식을 구성한다.
2. 상호작용을 구성하는 하나의 변수의 수준(예를 들어, 상, 중, 하와 같은)에 따라 표본을 나눈다. 대안으로 상호작용을 구성하는 변수의 범주 구분을 $-1SD$, 평균 그리고 $+1SD$로 할 수도 있다. 상호작용을 구성하는 또 다른 변수의 각 수준에 대한 종속변수의 평균을 보여 주는 각 범주의 직선을 그린다. 이 절차는 표본크기가 비교적 커야 하고 상호작용을 구성하는 나머지 변수의 수준 수가 제한되어야 하는 조건이 필요하다.
3. 상호작용을 구성하는 한 변수의 범주에 따라 표본을 나눈다. 대안으로, 상호작용을 구성하는 변수의 범주 구분을 $-1SD$, 평균 그리고 $+1SD$로, 또는 다른 유의한 변수에 대해 진행할 수도 있다. 이렇게 구분한 각 수준에 대해 상호작용을 구성하는 나머지 변수에 대한 반응변수의 회귀선을 그린다.

고려해야 할 점

이 예제에서는 여러 측면을 고려할 필요가 있다. 먼저, 어떤 연속형 변수를 범주화할 것인가를 고려해야 한다. **지적 능력** 측면에서의 세 가지 수준(상, 중, 하) 대신 **TV시청시간**의 세 가지 수준(상, 중, 하)에 대해서도 쉽게 분석할 수 있었을 것이다. 이 경우 그래프는 **TV시청시간**의 세 가지 수준에 따라 **지적 능력**에 대한 **학업성취도**의 회귀선을 보여 준다. 이러한 결과는 앞에서 제시된 것보다는 유용하지 않다. 예를 들어, 자녀의 TV시청시간에 대해 걱정해야 하는지를 궁금해하는 학부모는 이 결과에 대해 그리 큰 관심을 가지지 않을 것이다. 기본적으로 이러한 상호작용을 그래프로 작성하고 분석하는 방법은 관심 있는 질문에 따라 다르다. 상이한 표현은 상이한 질문에 대한 답을 주므로, 그래프 및 추가 분석을 적절히 처리

하고 언급하려는 질문에 대해 보다 명확히 구성해야 한다. 우리의 원래 의도대로 분류하기 위해 종종 변수에 대한 단서를 얻을 수 있다. 여기에서 우리는 **지적 능력**이 TV시청이 **학업성취도**에 미치는 영향을 조절하는지 의문을 가지게 된다. 따라서 조절변수인 **지적 능력**에 대한 개별 회귀선을 사용하여, TV시청 대비 **학업성취도**를 표시하는 것이 좋을 것이다.

둘째, 그래프로 나타내는 경우에는 TV시청시간을 중심화된 측정단위보다 원래 측정단위를 사용하였다. 어느 것이든 효과가 있지만, TV시청의 측정단위가 유의미하기 때문에(하루에 몇 시간), 원래 측정단위의 해석에 대한 이점을 무시할 필요는 없다. 그러나 이러한 유의미한 측정단위를 굳이 고려할 필요가 없는 변수(예를 들어, 자부심)를 그래프로 표현하는 경우에는 중심화된 측정단위를 선택하는 것이 바람직하다.

셋째, 이전에 비판한 방법(때로는 AVOVA로 분석할 수 있도록 연속형 변수를 범주화하도록 유도하는 방식)을 무슨 이유로 사용하였는지 궁금해할 것이다. 그리고 이것이 범주화를 옹호하는 것처럼 보일 수도 있다. 그러나 상호작용을 검정하기 이전 단계에서는 **지적 능력**에 대한 범주화를 고려하지 않았다. 그리고 통계적으로 유의한 상호작용이 발견되고 이 상호작용의 본질을 조사하는 데 도움이 된다고 판단되는 경우에 한해서 연속형 변수를 범주형 변수로 변환하였다. 분석에 앞서 연속형 변수를 범주화하는 것에 대해 비판은 여전히 유효하다.

📈 곡선회귀

지금까지 다루었던 모든 회귀선은 직선이었다. 실제로 제9장에서 살펴보겠지만, 선형성은 회귀의 기본 가정 중 하나이다. 그러나 회귀선에 곡선이 있을 수도 있다. 예를 들어, 시험 수행(test performance)에 대한 불안의 관련성을 생각해 보자. 곧 다가올 시험에 대해 전혀 걱정하지 않는다면 시험을 위해 공부를 하지도 않을 것이고, 시험을 치른다 하더라도 대수롭지 않게 여길 수도 있다. 결과적으로는 시험에서 특별한 수행을 하지 못할 것이다. 이와는 대조적으로, 동일한 시험에 대해 극도로 걱정한다면 불안이 수행을 방해할 것이다. 중간 정도의 불안이 가장 유익하다. 어느 정도의 충분한 불안은 더 열심히 공부하도록 동기를 부여하지만 시험 수행을 방해하는 정도는 아니다. 불안과 시험 수행에 대한 이러한 기대가 정확하다면(Teigen, 1995), 이에 대한 적절한 그래프는 [그림 8-6]과 같을 것이다.

[그림 8-6] 곡선효과: 시험 수행(test performance)과 불안(anxiety) 간의 관계

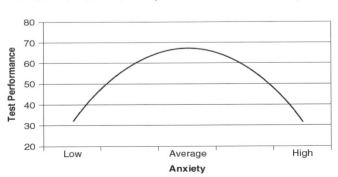

일반적인 선형회귀분석을 사용한다면, 불안에 근거한 이러한 시험 수행의 차이를 설명하지 못할 것이다. 회귀선이 직선으로 되어 있기 때문이다. 그러나 회귀선에서 곡선을 고려하는 것이 가능하다. 어떻게? "~에 따라 다르다(it depends)."라고 표현한 상호작용의 결과를 어떻게 설명했는지 기억하라. 시험 수행에 불안이 미치는 영향을 설명하는 경우, 이것과 동일한 언어를 사용할 필요가 있다. 불안은 시험 수행에 어떤 형태의 영향을 미치는가? 그것은 불안의 수준에 따라 다르다. 불안의 수준이 낮은 경우 시험 수행에 정적인 영향을 미치지만, 불안의 수준이 높으면 시험 수행에 부적인 영향을 미친다. "~에 따라 다르다."라는 용어의 사용이 가능한 상호작용을 나타내는 신호라면, 본질적으로 우리가 말하고자 하는 것은 불안이 시험 수행에 미치는 영향에서 그 자신과 서로 상호작용한다는 것이다. 회귀선의 곡선이 변수와 다른 변수의 상호작용으로 설명될 수 있다면, 분석방법도 분명해진다. 상호작용하는 두 변수를 곱하고(여기에서는 불안 × 불안), 원래 변수에 이어서 회귀방정식에 해당 외적항을 포함시킨다. 방법을 설명하기 위해 실제 자료를 살펴보자.

GPA에 대한 과제의 곡선효과

우리는 **과제**가 **학업성취도** 및 **성적**에 미치는 영향을 몇 가지 방법으로 조사해 왔다. 그러나 과제가 학습에 미치는 영향이 곡선으로 되어야 하는 것은 아닌가? 물론, 과제는 학습을 향상시키지만 과제를 완성하는 데 1시간을 추가할 때마다 그 학습의 효과가 줄어들 것이라고 생각하지는 않는가? 즉, 주당 10시간에서 11시간으로 늘어날 때보다 주당 0시간에서 1시간으로 늘어날 때가 학습에 대한 결과가 더 커지지 않을까? 사실, 과제에 대한 연구는 정확하게 이와 같은 형태의 곡선적 관계를 제안하고 있다. 과제가 학습에 미치는 영향에 대한 회수율(returns)이 줄어든다(Cooper, 1989와 Fredrick & Walberg, 1980 비교).

자료: 과제 변수 및 그 변수의 제곱

과제에 대한 회수율의 감소에 대한 이러한 기대는 실제로 적어도 어느 정도는 NELS 자료에 포함되어 있다. 과제 변수의 값을 보자([그림 8-7] 참조). 과제 변수값이 작은 경우는 1시간 이내(예를 들어, 0시간에서 1시간 이하)인 반면, 이후 그 값은 증가한다(예를 들어, 6은 13, 14, 15시간의 과제를 의미한다). 상단에 놓인 과제 변수의 척도를 압축하면 과제가 학습에 미치는 그럴듯한 곡선효과를 고려할 수 있다. 그 영향이 여전히 곡선적인지를 여기에서 살펴보자.

조금 더 명료하게 해 보자. 학생의 10학년에서 **학교 밖에서 과제 수행 소비 시간**이 학생의 10학년 GPA에 미치는 영향을 검정할 것이다. **과제**에 대한 가능한 곡선효과를 검정하는 데 관심이 있기 때문에, 회귀분석에서 **과제** 변수와 **제곱된 과제**(Homewotk-squared) 변수 모두를 사용할 것이다. 상호작용에 대한 검정과 마찬가지로, **과제** 변수를 제곱하기 전에, 먼저 연속형인 **과제** 변수를 중심화한 후, 회귀분석에서 중심화된 **과제**와 중심화된 **제곱된 과제**를 사용할 것이다. SES와 이전 학업성취도가 과제와 그에 따른 성적에 영향을 줄 수 있다고 생각하여, 학생의 가족배경 또는 SES와 **이전 학업성취도**를 통제할 것이다.

[그림 8-7] NELS에서 과제(Homework) 시간 변수의 척도

F1S36A2 TIME SPENT ON HOMEWORK OUT OF SCHOOL

		Frequency	Percent	Valid Percent	Cumulative Percent
Valid	0 NONE	63	6.3	6.7	6.7
	1 1 HOUR OR LESS	232	23.2	24.6	31.3
	2 2-3 HOURS	264	26.4	28.0	59.3
	3 4-6 HOURS	168	16.8	17.8	77.1
	4 7-9 HOURS	80	8.0	8.5	85.6
	5 10-12 HOURS	66	6.6	7.0	92.6
	6 13-15 HOURS	31	3.1	3.3	95.9
	7 OVER 15 HOURS	39	3.9	4.1	100.0
	Total	943	94.3	100.0	
Missing	96 MULTIPLE RESPONSE	7	.7		
	98 MISSING	17	1.7		
	System	33	3.3		
	Total	57	5.7		
Total		1000	100.0		

[그림 8-8]은 분석에 사용된 변수에 대한 기술통계량(Descriptive Statistics) 및 상관관계(Correlations)를 보여 준다. 이 모든 변수는 HW_CEN과 HW_SQ 두 가지를 제외하고 NELS 자료에 포함되어 있다. HW_CEN은 F1S36A2에서 F1S36A2의 평균을 빼서 만든 과제 변수의 중심화된 형태이다(Hw_CEN=F1S36A2-2.5446). HW_SQ는 HW_CEN을 제곱하여 생성되었다. HW_SQ와 HW_CEN 간의 상관관계를 확인하면 .582이다. 만약 과제 변수를 제곱하기 전에 과제 변수를 중심화하지 않으면, 과제와 제곱된 과제 간의 상관계수는 .953이다.

[그림 8-8] 곡선회귀 예제에서 사용된 변수의 기술통계량

Descriptive Statistics

	Mean	Std. Deviation	N
FFUGRAD ffu grades	5.6866	1.4726	896
BYSES SOCIO-ECONOMIC STATUS COMPOSITE	2.17E-02	.77097	896
BYTESTS 8th-grade achievement tests (mean)	51.8150	8.7000	896
HW_CEN Homework out of school, centered	-1.5E-13	1.7110	896
HW_SQ Homework centered, squared	2.9243	4.3862	896

Correlations

	FFUGRAD ffu grades	BYSES SOCIO-ECONOMIC STATUS COMPOSITE	BYTESTS Eighth grade achievement tests (mean)	HW_CEN Homework out of school, centered	HW_SQ Homework centered, squared
Pearson Correlation	1.000	.311	.494	.325	.097
	.311	1.000	.467	.285	.134
	.494	.467	1.000	.304	.138
	.325	.285	.304	1.000	.582
	.097	.134	.138	.582	1.000

10학년 GPA는 SES, **이전 학업성취도**, 그리고 HW_CEN를 하나의 블록으로 회귀되었으며, HW_SQ는 회귀분석에서 두 번째 블록으로 순차적으로 추가되었다. 회귀선에서 곡선의 통계적 유의도를 결정하기 위해 모든 변수를 하나의 블록으로 추가할 수 있다(HW_SQ의 회귀계수에 대해 t-검정을 사용하였다).[1]

회귀분석

[그림 8-9]는 다중회귀분석의 결과를 보여 준다. 모형 요약(Model Summary)에서 알 수 있는 바와 같이, 회귀모형에 HW_SQ를 추가하면, 회귀모형에 의해 설명되는 분산이 통계적으로 유의하게 증가한다($\Delta R^2 = .008$, $F[1,891] = 10.366$, $p = .001$). 회귀선에 통계적으로 유의한 곡선이 포함된다. 물론, 회귀계수(Coefficients) 표의 아랫부분(Model 2)에 있는 HW_SQ의 통계적 유의도 또한 동일한 결론을 도출하고 있다.

[그림 8-9] 과제(Homework)가 GPA에 미치는 곡선효과에 대한 회귀분석 결과 검정

Model Summary[c]

Model	R	R Square	R Square Change	F Change	df1	df2	Sig. F Change
				Change Statistics			
1	.531[a]	.282	.282	116.543	3	892	.000
2	.538[b]	.290	.008	10.366	1	891	.001

a. Predictors: (Constant), HW_CEN Homework out of school, centered, BYSES SOCIO-ECONOMIC STATUS COMPOSITE, BYTESTS 8th-grade achievement tests (mean)

b. Predictors: (Constant), HW_CEN Homework out of school, centered, BYSES SOCIO-ECONOMIC STATUS COMPOSITE, BYTESTS 8th-grade achievement tests (mean), HW_SQ Homework centered, squared

c. Dependent Variable: FFUGRAD ffu grades

Coefficients[a]

Model		Unstandardized Coefficients B	Std. Error	Standardized Coefficients Beta	t	Sig.	95% Confidence Interval for B Lower Bound	Upper Bound
1	(Constant)	2.115	.290		7.296	.000	1.546	2.683
	BYSES SOCIO-ECONOMIC STATUS COMPOSITE	.133	.062	.069	2.132	.033	.011	.255
	BYTESTS 8th-grade achievement tests (mean)	6.89E-02	.006	.407	12.421	.000	.058	.080
	HW_CEN Homework out of school, centered	.156	.026	.181	5.993	.000	.105	.207
2	(Constant)	2.258	.292		7.741	.000	1.686	2.831
	BYSES SOCIO-ECONOMIC STATUS COMPOSITE	.128	.062	.067	2.074	.038	.007	.250
	BYTESTS 8th-grade achievement tests (mean)	6.82E-02	.006	.403	12.359	.000	.057	.079
	HW_CEN Homework out of school, centered	.214	.031	.248	6.786	.000	.152	.275
	HW_SQ Homework centered, squared	-3.8E-02	.012	-.112	-3.220	.001	-.060	-.015

a. Dependent Variable: FFUGRAD ffu grades

곡선의 그래프화

곡선이 포함된 회귀선은 [그림 8-10]에 나타나 있다(SPSS의 scatterplot 명령에서 차트 옵션으로 2차 적합선을 지정하여 작성되며, SES 및 **이전 학업성취도**는 이 그래프에서 통제되지 않았다). 여기에서의 결과는 이전의 연구와 일치하는데, 과제 변수의 수준이 낮은 경우, 성적이 과제의 단위 증가로 인해 급격하게 향

---

1) 기술적으로는 모형에 여러 독립변수가 포함되어 있기 때문에, 회귀선에서 곡선효과를 검정하는 것이 아니라 회귀평면 내에서 곡선효과를 검정한다.

상되지만 수준이 높아질수록 급속도로 평평해진다. 따라서 상당한 양의 과제를 이미 마친 학생의 경우, 과제의 단위를 증가시킨다 하더라도 학점에는 거의 영향을 미치지 않는다. 이 초기 그래프는 중심화된 과제 변수를 사용하고 있지만, 중심화되지 않은 과제 변수를 사용한 회귀선은 [그림 8-11]에 나와 있다. 두 그래프는 본질적으로 동일하며 유일한 차이는 X축의 범위이다.

[그림 8-10] 과제(Homework)가 10학년 GPA에 미친 곡선효과에 관한 그래프
[중심화된 과제(Homework) 변수 사용]

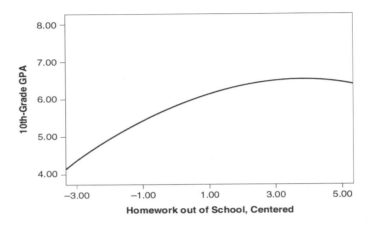

[그림 8-11] 과제(Homework)가 10학년 GPA에 미친 곡선효과에 관한 다른 그래프
[원래 과제(Homework) 변수 사용]

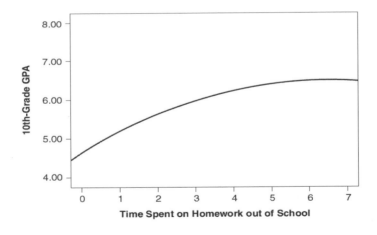

회귀선의 모양에 주의하라. 주로 위로 볼록한 모양(convex shape)이다. 이 모양 또한 [그림 8-9]의 회귀계수 표의 아랫부분(Model 2)에 있는 회귀계수의 추정값에 의해 나타난다. HW_CEN에 대한 **양(+)의** 계수는 회귀선의 일반적인 상승 경향을 나타내지만, 곡선 성분(curve component)에 대한 음(-)의 계수 (HW_SQ)는 점차 평평한 볼록한 모양을 나타낸다. 이와는 대조적으로, 회귀선에 일반적으로 하향 추세를 나타내는 독립변수에 대한 음의 계수, 그리고 제곱된 독립변수에 대한 양의 계수는 오목한 모양

(concave shape)을 보여 주고 있다. 회귀계수와 회귀선 간의 관계는 〈표 8-1〉에 요약되어 있다. 이러한 설명하에서 [그림 8-6]과 관련된 회귀계수는 어떠하리라 생각하는가? 불안감에 대한 회귀계수는 0이 될 것이고, 제곱된 불안감의 회귀계수는 음수가 될 것이다.

<표 8-1> 곡선회귀분석에서 회귀계수와 회귀선의 추세(trend) 및 모양(shape)과의 관계

관련된 회귀계수	설명	값	
		양수	음수
비제곱된 변수	회귀선의 추세	상향 추세	하향 추세
제곱된 변수(곡선성분)	회귀선의 모양	오목한 모양	볼록한 모양

다른 변수에 대한 통제

다중회귀분석에서 GPA에 대한 과제의 선형효과와 곡선효과를 조사할 때, SES와 이전 학업성취도를 통제하였지만 SES와 이전 학업성취도는 그래프에서 고려하지 않았다. 물론 이 그래프에서 SES와 이전 학업성취도를 고려하는 것은 가능하다. 잔차에 대한 논의과정을 통해, 잔차가 독립변수의 영향을 제거한 종속변수로 간주될 수 있음을 발견하였다. 현재 예제에서는 이전 학업성취도와 SES의 영향을 GPA에서 제거한 상태로, 과제가 GPA에 미치는 영향을 그래프화하는 데 관심이 있다. 따라서 SES와 이전 학업성취도를 GPA에 쉽게 회귀할 수 있고, 이제 SES와 이전 학업성취도의 영향이 제거된 학점을 의미하는 잔차를 얻을 수 있다. [그림 8-12]는 SES와 이전 학업성취도가 제거된 상태에서 과제를 GPA에 회귀한 곡선 회귀선을 보여 준다. 10학년 GPA[SES, 이전 학업성취도가 제거된(Ach removed)]로 명시된 변수는 SES와 이전 학업성취도를 GPA에 회귀분석한 GPA의 잔차이다.

[그림 8-12] 과제(Homework)가 10학년 GPA에 미친 곡선효과에 관한 그래프
사회경제적 지위(SES)와 이전 학업성취도(Previous Achievement)가 통제됨

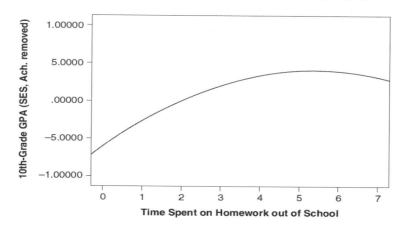

추가적인 곡선 검정

회귀선에 둘 이상의 곡선을 가질 수 있는가? 가질 수 있다. 예를 들어, 학생의 재학 중 취업이 학업성취도에 미칠 수 있는 영향을 고려해 보자. 일주일에 몇 시간 일하는 것이 실제로 학생의 학업성취도에 도움이 될 수 있지만, 이보다 더 많은 시간 동안 일하는 경우, 학업성취도는 떨어질 것이다(이것은 회귀선에서 하나의 곡선을 의미한다). 그러나 특정 시간을 초과하면 추가 시간의 효과가 없어지므로 회귀선이 평평해질 것이다(기울기가 음수에서 0으로 바뀌는 경우, 또 다른 곡선이 나타난다). [그림 8-13]은 이러한 가능성을 설명한다(Quirk, Keith, & Quirk, 2001 참고; 학생 고용 참고문헌에 관한 검토는 Neyt, Omey, Baert, & Verhaest, 검토 중을 보라).

[그림 8-13] 두 개의 곡선은 가진 회귀선 그래프

이 곡선은 회귀방정식에 2차항 고용(Employment-squared)과 3차항 고용(Employment-cubed)을 나타내는 변수를 추가함으로써 검정될 수 있다.

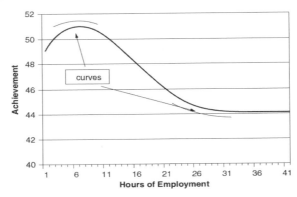

추가 곡선효과를 검정하려면, 해당 독립변수의 추가되는 설명력을 검정하기만 하면 된다. 회귀선에서 하나의 곡선을 검정하기 위해, 우리는 회귀방정식에 중심화된 독립변수의 제곱항(2차항)을 추가하게 된다. 두 개의 곡선을 검정하기 위해서는 중심화된 독립변수의 3차항(cubic term)을 회귀방정식에 추가하게 되며, 세 개의 곡선을 검정하기 위해서는 중심화된 독립변수의 4차항을 추가하는 방식으로 진행된다. [그림 8-14]는 통제변수인 **과제**(1차항), **과제**의 제곱(2차항) 및 **과제**의 3차항에 대한 **GPA**의 회귀분석 결과 중 일부를 보여 준다. 제시된 바와 같이, 3단계에 포함된 **과제**의 3차항은 통계적으로 유의하지 않다. 따라서 회귀선에는 단 하나의 곡선만 있고, 회귀선의 모양은 이전 그림에 잘 나타나 있다. 통계적으로 유의하지 않은 결과가 나타날 때까지 이러한 고차항의 독립변수를 검정하는 것은 충분한 가치가 있다 하겠다.

[그림 8-14] 회귀방정식에서 두 곡선 검정

Model Summary

Model	R	R Square	Change Statistics				
			R Square Change	F Change	df1	df2	Sig. F Change
1	.531a	.282	.282	116.543	3	892	.000
2	.538b	.290	.008	10.366	1	891	.001
3	.539c	.290	.000	.364	1	890	.547

a. Predictors: (Constant), HW_CEN Homework out of school, centered, BYSES SOCIO-ECONOMIC STATUS COMPOSITE, BYTESTS 8th-grade achievement tests (mean)

b. Predictors: (Constant), HW_CEN Homework out of school, centered, BYSES SOCIO-ECONOMIC STATUS COMPOSITE, BYTESTS 8th-grade achievement tests (mean), HW_SQ Homework centered, squared

c. Predictors: (Constant), HW_CEN Homework out of school, centered, BYSES SOCIO-ECONOMIC STATUS COMPOSITE, BYTESTS 8th-grade achievement tests (mean), HW_SQ Homework centered, squared, HW_CUBE Homework centered, cubed

이 장에서 논의된 제곱근 변환(독립변수의 2차항, 3차항 등) 이외의 다른 방식으로 자료를 변환하는 방법이 있다. 예를 들어, 제곱근 변환과 마찬가지로, 대수(로그)변환이 가능하다. Cohen 등(2003: 221)에 따르면, 이러한 변환을 고려하는 주된 이유는 예측변수와 결과변수 간의 관계를 단순화하고자 함이다. 예를 들어, 회귀분석에서 소득 그 자체보다는 소득의 로그변환을 사용하는 것이 보편적이다. 또 다른 이유는 분산의 동질성 및 오차의 정규성(이 주제는 제10장에서 논의한다.)과 같은 회귀모형의 가정에 대한 위배를 다루기 위함이다. 마지막으로, 복잡한 비선형모형의 경우로서 일반적인 다중회귀분석으로 수행할 수 있는 회귀모형에 곡선을 모형화하는 것을 넘어서는 비선형 회귀분석을 위한 방법이 있다.

다중회귀분석의 상호작용에서와 같이, 회귀선의 곡선은 상대적으로 흔치 않은데, 특히 둘 이상의 곡선을 가진 회귀선은 더욱 그러하다. 상호작용의 경우와 마찬가지로 곡선효과가 드물게 나타나거나 직선이 대부분인 경우에는 곡선에 대한 합리적인 근사치가 될 수 있다. 그렇지만 이러한 검정은 설명력의 부족으로 인해 통계적으로 유의하지 않은 경우도 있다. 이와 더불어, 비정상적인 자료값(이상값)으로 인해 회귀선에 곡선이 있는 것으로 잘못 판단하게 만드는 경우도 있다. 이러한 비정상적 상황에 대비해 항상 자료를 잘 살펴보아야 한다. 이상값에 대한 내용은 제9장에서 보다 더 자세히 논의할 것이다.

요약

이 장에서는 다중회귀분석에서 연속형 변수와 관련된 상호작용에 대한 검정에 대해 논의하였다. 발간된 연구에서 얻은 자료를 시뮬레이션하면서 **TV시청시간**이 **학업성취도**에 미치는 영향에서 **지적 능력**과 상호작용하는지 여부를 결정하기 위하여, **지적 능력**, **TV시청시간**, 그리고 **TV시청시간**과 **지적 능력**의 외적(cross product)을 **학업성취도**에 회귀하였다. 연구결과, 실제로 상호작용이 존재한다는 것을 시사하였다. 이러한 상호작용의 본질을 탐구하기 위한 몇 가지 방법을 논의하였다. 먼저, **지적 능력** 변수를 세 가지 수준의 범주로 나누고, 이러한 세 수준의 **지적 능력**별 **TV시청시간**을 **학업성취도**에 회귀한 회귀선을 그래프로 나타냈다. 둘째, **TV시청시간**과 **지적 능력**의 각 단계별로 **학업성취도**의 평균 수준을 그래프화하였다. 셋째, 전체 회귀방정식을 사용하여 **지적 능력**의 상, 중, 하를 나타내는 값($+1SD$, M, 그리고 $-1SD$)을 회귀방정식에 대입하여 3개의 회귀방정식을 생성하였다. 이 3개의 회귀방정식은 상호작용의 본질을 탐구하기 위해 그래프로 나타내었다. 이 방법은 상호작용의 본질을 이해하고 설명하는 데 도움이 될 것이다.

우리는 이 장에서 곡선을 포함하는 회귀선을 소개하고, 곡선의 구성요소를 특정 결과에 대한 영향에서 변수 자체의 상호작용으로 개념화하였다. 이전 예제로 돌아가서, 과제는 실제로 GPA에 곡선효과를 미칠 수 있으므로, 과제에 소비되는 각 추가 시간은 이전 시간보다 GPA에 더 작은 영향이 미친다는 것을 보여 준다. 또한 제곱된 과제 변수를 회귀방정식에 추가하고 그것의 통계적 유의도를 검정함으로써 이 곡선효과를 밝혀내었다. 회귀선에서 추가적인 곡선을 검정하기 위해 고차항(과제 변수의 3차항과 같은)을 추가할 수도 있다. 다시 한번, 곡선효과의 본질을 이해하기 위해 그래프를 이용하였다.

EXERCISE 연습문제

1. 아직 수행하지 않았다면, 이 장의 앞부분에서 수행한 TV시청시간과 **지적 능력**의 상호작용을 **학업성취도**에 회귀하는 다중회귀분석을 수행하라. 그 결과를 이 장에 제시된 결과와 비교하라. 변수를 중심화하고 상호 작용에 해당하는 변수를 만들라. 상호작용을 그래프로 나타내기 위한 여러 가지 방법을 시도해 보라. 자료 는 웹사이트(tzkeith.com)에 있다('tv ability interact2.sav', 'tvability interact2.xls' 및 'tv_abil.txt').

2. NELS 자료를 이용하여 유사한 분석을 수행하라. F1S45A를 TV시청시간으로, 10학년 시험점수의 평균 (F1TxRStd, F1TxMStd, F1TxSStd, F1TxHStd)을 산출물(outcome)로 사용하라. NELS에는 **지적 능력**(Ability) 의 측정값이 포함되어 있지 않기 때문에 TV시청시간과 **이전 학업성취도**(bytests)의 상호작용을 검정하라. 또한 기준년도의 SES(BySES)를 통제하라. 상호작용이 통계적으로 유의한가? 상호작용이 있는 경우(또는 상호작용이 없는 경우)를 그래프로 나타내라. 이 결과와 문제 1의 차이점을 어떻게 설명할 수 있을까?

3. 이 장의 앞부분에서 진행한 **과제**가 **성적**에 미치는 곡선효과를 검증하는 다중회귀분석을 수행하라. 그 결과 를 앞서 제시한 결과와 비교하라. 변수를 중심화하고 **제곱된 과제항**을 만들 수 있는지 확인하라. 곡선으로 나타나는 회귀선을 그래프화하라.

4. TV시청시간은 성적에 곡선효과를 미치는가? 이 질문에 대해 잠시 생각해 보라. 만약 **TV시청시간**이 이와 같은 영향을 미친다고 믿는다면, 회귀선의 모양은 어떠할 것이라고 생각하는가? 오목한 모양일까? 아니면 볼록한 모양일까? NELS를 사용하여 이 질문에 답하라. **TV시청시간**의 척도로 F1S45A를 사용하고, 10학 년 GPA의 척도로 FFUGrad를 사용하라. 또한 SES와 **이전 학업성취도**(BySES 및 bytests)를 통제하라.

제9장   매개, 조절, 그리고 공통원인

이전 두 개의 장에서는 다중회귀분석에서의 상호작용에 초점을 맞추었다. 앞서 언급한 바와 같이, 상호작용은 다른 표현인 조절(moderation)과 그 의미를 함께한다. 다른 장에서, 우리는 매개(mediation)의 개념에 대해 간략히 논의하였다. 저자는 노련한 연구자를 포함한 많은 사람이 이 두 개념을 혼동하고 있다는 것을 발견한다. 이 장에서는 이 두 개념을 함께 논의하여 차이점을 도출하고자 한다. 아울러, 이 책의 몇몇 곳에서(특히 제4장을 보라.) 다루었던 주제인 조절과 매개 둘 다를 공통원인과 구분할 것이다. 저자는 이 세 가지 개념 간의 구분이 명확하기를 희망하지만, 경험상 학생은 종종 이 세 개념의 본질과 이것들이 다중회귀모형에서 어떻게 나타나는지를 혼동한다. 혼란을 야기하는 것은 아마도 이러한 개념들이 모두 하나의 변수가 다른 변수에 미치는 영향과 그 효과가 제3의 변수에 의해 어떻게 변하는가이다. 여기에서는 매개와 조절(매개된 조절과 조절된 매개)의 결합에 대해서도 간략하게 탐색해 본다. 이전 장들에서와 같이, 우리는 중요한 개념을 제시하기 위하여 경로 다이어그램을 사용할 것이다.

📈 조절

조절(moderation)이란 상호작용과 동일한 의미를 지닌다. 지적 능력이 학업성취도에 대한 TV시청의 효과를 조절한다는 것은 능력과 TV시청시간이 학업성취도에 대해 서로 영향을 미친다는 것과 동일하다. 마찬가지로, TV시청시간 영향이 각기 다른 지적 능력 수준에 따라 다르다거나 뛰어난 지적 능력을 가진 청소년과 낮은 수준의 지적 능력을 가진 청소년에 대해 TV시청시간이 서로 다른 영향을 미친다는 것은 동일하다. 달리 말하면, 학업성취도에 대한 TV시청시간의 영향의 정도는 지적 능력 수준에 따라 다르다고 할 수 있다. 회귀계수는 회귀선의 기울기를 나타내므로, 조절은 집단 전체의 기울기 차이로 설명되는 경우가 많다. 상호작용 또는 조절은 "~에 따라 다르다(it depends……)."라는 말을 사용하여 종종 기술되기도 한다. 예를 들어, 성별은 학업성취도에 대한 동기의 영향을 조절한다는 것을 알게 되었고, 다른 누군가가 동기가 학업성취도에 미치는 영향에 대해 물었다면 "당신이 남학생인지 여학생인지에 따라 다르다."와 같은 말을 해야 할 것이다. 그리고 '조절된 회귀분석(moderated regression)'이라는 단어를 듣게 된다면, 지금까지 개략적으로 설명한 회귀분석 절차를 통해 얻은 조절(상호작용)을 검정한다는 것을 의미한다. 조절을 설명하는 또 다른 방법은 고전적인 R&B 음악을 좋아한다면 쉽게 기억할 수도 있는 "사람마다 제각각(different slopes for different folks)"이라는 구절을 생각하는 것이다.

제7장에서 언급한 바와 같이, 경로도를 사용하여 조절을 표현하는 몇 가지 방법이 있다. [그림 9-1]은 **소속집단** 변수가 산출물에 미치는 **영향**의 효과를 조절한다는 것을 보여 준다. 즉, **산출물**에 미치는 **영향**의 정도는 **소속집단**에 따라 달라진다는 것을 의미한다.

[그림 9-1] 조절을 나타내는 한 가지 방법
소속집단이 산출물에 미치는 영향의 효과를 조절한다.

[그림 9-2]는 조절을 나타내는 또 다른 방법을 보여 준다. 여기에서 경로도는 **소속집단**이 **산출물**에 대한 **영향**의 효과에 영향을 미친다(또는 조절한다)는 것을 보여 준다. [그림 9-3]은 두 소속집단에 대해 그려지는 회귀선을 통해, 이와 동일한 조절의 예제이다. [그림 9-1]과 마찬가지로, **소속집단 1**(Group 1)에서의 **영향**은 **산출물**에 큰 영향을 미치지만, **소속집단 2**(Group 2)에서는 그 영향이 크지 않음을 보여 준다.

[그림 9-2] 조절을 나타내는 두 번째 방법
소속집단이 산출물에 미치는 영향의 효과를 조절한다(영향을 미친다).

이전 두 개의 장에서 설명한 바와 같이, MR에서 조절을 검정하는 주요한 방법은 상호작용이 의심되는 두 변수의 외적항을 생성하고 외적항을 회귀분석에 순차적으로 추가하는 것이다. $\triangle R^2$에서 통계적으로 유의한 증가는 상호작용이 통계적으로 유의하며, 한 변수의 영향이 다른 변수에 의해 실제로 조절된다는 것을 시사한다. 그러나 이 방법론은 조절을 도식적으로 제시하기 위한 또 다른 방법을 시사한다. [그림 9-4]는 **산출물** 변수가 **영향**, **소속집단**, 그리고 **영향** × **소속집단** 외적에 회귀되었다는 것을 보여 준다.

[그림 9-3] 소속집단 1(Group 1)과 소속집단 2(Group 2)의 회귀선을 통해 도식화된 조절

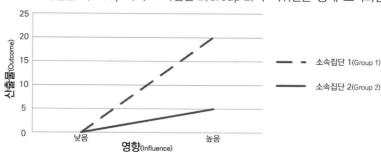

[그림 9-4] 회귀분석에서 외적항의 추가를 통해 도식화된 조절
이것은 상호작용(조절)을 검정하기 위해 사용된 방법이다.

MR에서 조절을 검정하는 이러한 방법은 비록 추후분석이 다르지만, 범주형 변수와 연속형 변수의 경우 동일하다. [그림 9-3]과 같이 그래프 작성은 둘 중 하나에 유용한 후속조치이다.

📈 매개

매개(mediation)라는 용어는 간접효과(indirect effect)와 동일한 의미를 가진다. 동기가 과제를 통해 학업성취도에 영향을 미친다는 것은 동기가 과제를 통한 학업성취도에 간접적인 영향을 미친다거나 과제가 학업성취도에 대한 동기의 영향을 매개한다고 말하는 것과 동일하다. 동기가 더 많이 되어 있는 학생은 더 많은 과제를 완성하게 되고, 이를 통해 자신의 학업성취도를 증가시키는 것을 보임으로써 이 관계를 설명할 수 있다. 따라서 매개는 영향이 어떻게 발생하게 되는지를 이해하는 데 유용하다. 동기가 학업성취도에 영향을 미친다고 하면 어떻게 영향을 미치는지를 궁금해할 것이다. 매개역할을 하는 변수들이 이것을 설명하게 된다(동기가 과제를 하는 데 소요되는 시간에 영향을 줌으로써 학업성취도에 영향을 미치는 방식, 동기부여가 더 많이 되어 있는 학생들은 더 많은 과제를 완성하고 결과적으로 과제는 학업성취도를 향상시키는 방식).

매개 또는 간접효과는 [그림 9-5]에서 제시된 것과 같은 경로도를 통해서도 잘 제시된다. 비록 매개 또는 간접효과에 관해 논의해 왔지만(예를 들어, 제4장과 제5장을 보라), MR을 사용하여 매개를 검정하는 방법은 실제로 논의되지 않았다. 몇 가지 가능한 방법이 있다.

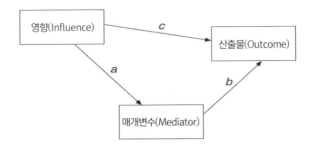

[그림 9-5] 도식화된 매개

영향이 매개변수를 통해 부분적으로 산출물에 영향을 미친다.

Baron과 Kenny의 인과단계법

이 주제에 대한 고전적인 논문에서, Baron과 Kenny(1986)는 매개가 다음 조건에서 존재한다고 가정할 수 있음을 보여 주었다(또한 Judd & Kenny, 1981을 보라).

1. **영향**의 **산출물**([그림 9-5]와 [그림 9-6]의 명칭을 사용하여)에 대한 회귀분석에서 **산출물**에 대한 **영향**의 효과는 통계적으로 유의하다. 이 회귀분석에는 **매개변수**가 포함되어 있지 않다. 그것은 [그림 9-6]에서 경로 d로 제시되었다.
2. **영향**에 대한 **매개변수**의 회귀분석은 통계적으로 유의한 영향을 초래한다([그림 9-5]에서, 경로 a).
3. **산출물**에 대한 **영향**과 **매개변수**의 회귀분석은 영향을 통제한 상태에서 **매개변수**가 **산출물**에 통계적으로 유의한 영향을 초래한다([그림 9-5]에서, 경로 b).
4. **산출물**에 대한 **영향**과 **매개변수**의 회귀분석은 1단계에서 얻은 **영향**의 효과를 감소시킨다([그림 9-6]에서, 경로 d). 다시 말해서, [그림 9-5]에서 경로 *c*에 의해 나타난 영향은 회귀분석에서 **매개변수**가 없는 영향([그림 9-6]에서, 경로 d)보다 더 작다. 4단계의 엄격한 버전에서, 완전한 매개는 회귀분석에 **매개변수**를 추가하면 계수 c([그림 9-5])가 0으로 감소할 때 존재한다. 부분매개는 그 영향이 단순히 감소될 때 존재한다.

[그림 9-6] Baron과 Kenny(1986)의 매개 검정, 1단계

이러한 조건들은 Kenny 등에 의해 수년간 논의되고 조정되었지만, 이러한 제시는 우리의 목적에 도움이 될 것이다(이것과 다른 방법에 대한 자세한 내용은 Kenny의 훌륭한 웹 자료 www. davidakenny.net을 보라).

Joint 유의도

Baron과 Kenny의 인과단계 접근방법의 가장 엄격한 버전에서는 매개변수(mediator)가 추가될 때

d값([그림 9-6])이 통계적으로 유의한 값에서 0으로 변할 것을 요구한다([그림 9-5]의 경로 c). Fritz와 MacKinnon(2007)에서 볼 수 있는 바와 같이, 이 검정은 검정력이 매우 낮은 검정이므로, 큰 효과나 큰 표본크기가 없으면 통계적 유의도를 찾을 수 없다. 덜 엄격한 버전(부분매개)이 더 많은 검정력을 갖는다. 아울러, Baron과 Kenny의 접근방법은 매개를 위한 일련의 검정이라기보다 매개가 일어나기 위한 필요조건의 집합으로 생각하는 것이 더 나을 수 있다. 그러나 MacKinnon 등(MacKinnon, Lockwood, Hoffman, West, & Sheets, 2002)은 2단계와 3단계에 집중하는 것이 매개의 유용한 검정을 제공할 수 있음을 보여 주었다. 즉, 경로 a와 b([그림 9-5])가 모두 통계적으로 유의하다면 매개가 발생한다고 결론지을 수 있다. 경로 a와 b는 먼저 **영향**과 **매개변수**(경로 b의 경우)를 회귀시킨 다음, **매개변수**를 **영향**(a)에 회귀시킴으로써 추정할 수 있다. 시뮬레이션 연구는 이 접근방법이 엄격한 Baron과 Kenny의 접근방법 또는 Sobel 검정(다음 참고)보다 더 나은 검정력을 제공한다는 것을 보여 주었다(Fritz & MacKinnon, 2007).

Sobel 검정

매개 검정에서 실제로 평가되어야 할 것은 **매개변수를 통한** 산출물에 미치는 **영향**의 간접효과의 크기(그리고 통계적 유의도)이다. 이러한 간접효과는 [그림 9-5]에서 경로 a와 b의 곱(product)으로 쉽게 계산된다. 따라서 MR에서 이를 구하는 방법은 다음과 같다.

1. 산출물을 **영향**과 **매개변수**로 회귀하라. **영향**(경로 c)과 **매개변수**(경로 b)에 대한 회귀계수에 주목하라.
2. **매개변수**를 **영향**으로 회귀하라. 그 회귀계수(경로 a)에 주목하라.
3. 경로 b의 회귀계수와 경로 a의 회귀계수를 곱하여 간접효과를 계산하라.

매개 추정의 까다로운 부분은 이러한 간접효과가 통계적으로 유의한지 여부를 결정하는 것이다. 모든 구조방정식모형분석 프로그램은 이 책의 제2부에서 다룰 주제인 이러한 간접효과와 통계적 유의도를 쉽게 계산할 수 있다는 점에 주목할 필요가 있다. 그러나 MR의 맥락에서 이러한 효과를 검정하는 방법에 대해 계속 논의해 보자.

간접효과의 통계적 유의도를 결정하는 전통적인 방법 중 하나는 경로 a 및 경로 b와 관련된 비표준화 회귀계수의 표준오차를 기반으로 간접효과의 표준오차를 계산하는 것이다. 일반적인 방법은 Sobel 검정이다(Sobel, 1982). 그런 다음, 제1장에서 회귀계수에 대해 처음 수행한 것처럼 간접효과를 표준오차와 비교한다. 표준오차는 또한 간접효과 주위에 신뢰구간을 만드는 데 사용할 수 있다. 저자는 대부분의 사람이 'Sobel 검정'이라는 용어를 꽤 일반적으로 사용한다고 생각하지만, 다른 몇 가지 검정이 있다. 이는 또한 '정규이론 접근방법(normal theory approach)'이라고 불린다.

이 글을 쓰는 시점에 Vanderbilt 대학교의 Kris Preacher는 그러한 계산을 대화식으로 수행할 수 있는 훌륭한 웹사이트를 운영하고 있다(http://quantpsy.org/sobel/sobel.htm). 회귀계수와 표준오차(또는 t-값)를 입력하기만 하면 된다. 이 웹사이트는 매개에 대한 훌륭한 논의를 제공한다(Sobel 검정이 종종 매개 검정을 위한 최선의 선택이 아닌 이유가 포함되어 있다).

부트스트래핑과 PROCESS

앞서 언급한 바와 같이, Sobel 검정과 그것의 변형은 일반적으로 매개를 검정하기 위한 최선의 옵션은 아니다. 간접효과의 표준오차를 계산하는 이 방법은 커다란 표본 없이는 의심스러운 가정인 정규분포를 기반으로 하고 있다. 이 검정은 또한 상대적으로 검정력이 낮은데, 그것은 종종 그렇지 않을 때 비통계적으로(non-statistically) 유의한 간접효과를 시사한다는 것을 의미한다(Fritz & MacKinnon, 2007; Hayes, 2018). 시뮬레이션 작업의 상당 부분을 기반으로, 방법론자는 현재 일반적으로 부트스트랩된 표준오차의 사용을 권장하고 있으며, 실제로 이것은 간접효과의 통계적 유의도를 계산하기 위해 SEM 프로그램에 의해 일반적으로 사용되는 방법이다. 부트스트래핑(bootstrapping)을 사용하면 기존 자료에서 반복된 무선표본을 추출하여 표준오차를 추정하므로 분포의 정규성에 대한 가정이 줄어든다. 앞서 언급한 바와 같이, 이것은 SEM 프로그램을 통해 달성될 수 있다. 언급된 웹사이트 중 몇 가지(www.quantpsy.org/sobel/sobel.htm, www.davidakenny.net)는 부트스트래핑을 통한 MR에서 매개를 검정하는 SPSS, SAS 또는 R 매크로(macro)를 가지고 있거나 암시한다.

저자가 아는 한 매크로의 가장 완전하고 최신 시리즈는 SPSS 및 SAS용 Andrew Hayes의 PROCESS 매크로(www.processmacro.org)이다. PROCESS는 부트스트랩(그리고 요청 시 Sobel 검정), 조절분석, 그리고 조건부 프로세스 분석[conditional process analysis, 종종 조절된 매개(moderated mediation)라고 불리는, 매개와 조절의 조합]을 통해 매개분석을 수행한다. 이러한 주제를 더 깊이 탐구하는 데 관심이 있는 사람을 위해, 저자는 Hayes의 매개, 조절 그리고 PROCESS 접근방법에 대한 서적(Hayes, 2018)을 강력히 추천한다.

매개 예제

저자는 학습동기, 과제, 학업성취도와 관련된 예를 사용한 장의 전반부에 매개가 어떻게 작용하는지를 예시를 들어 설명하였다. 여러분이 학습동기(학교에서 열심히 공부하는 것, 학교 학습이 중요하다고 믿는 것 등)가 이후의 성취도에 미칠 수 있는 영향을 조사하는 연구를 수행한다고 가정해 보자. 만약 그러한 영향을 발견하였다고 가정한다면, 다음에 그러한 영향이 어떻게 발생하는지 궁금해할 것이다. 어떤 메커니즘에 의해 동기가 성취도에 영향을 미치거나 향상되는가? 다음으로, 여러분은 동기가 더 많은 학생이 과제에 더 많은 시간을 보낼 것 같고, 과제가 더 많아지면 성취도가 향상되어야 한다는 이유를 댈 수 있다. 이것을 말하는 또 다른 방법은 과제가 동기가 성취도에 미치는 영향을 매개한다는 것을 의심하는 것이다.

[그림 9-7]은 이 예제를 위한 자료를 시뮬레이션하기 위해 사용된 모형을 보여 준다. 이 모형에서 과제시간은 학습동기와 학업성취도 간에 하나의 가능한 매개변수이다. 또한 두 가지의 가능한 배경변수/공분산, 즉 가족배경(SES)과 지적 능력도 있다. 이 예제는 특정 연구에 기초한 것이 아니다. 저자는 이러한 관계가 그럴듯하고 여기에 제시한 관계보다 작을 것으로 의심하지만, 여기에서의 목적은 매개 검정을 설명하기 위한 것이다. [그림 9-8]은 시뮬레이션 자료에 대한 기술통계량을 보여 준다. 학습동기와 학업성취도는 T-점수($M = 50$, $SD = 10$)로, 지적 능력은 편차 IQ 척도($M = 100$, $SD = 15$)로, 가족배경은 z-점수의 평균으로, 과제시간은 주당 시간 단위로 설정되었다. 모든 기술통계량은 타당해 보인다.

[그림 9-7] 매개 모형

학습동기, 과제시간, 학업성취도

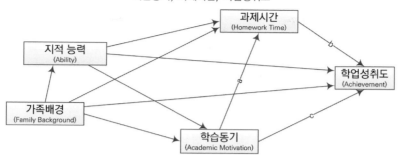

[그림 9-8] 학습동기-과제시간 매개 예제 자료에 대한 기술통계량

Descriptive Statistics

	N	Minimum	Maximum	Mean	Std. Deviation
FamBack	579	-3.267687	2.970156	-.02129082	1.006706031
Ability	579	60.00	147.00	102.2021	15.17894
Motivate	579	22.00	78.00	49.1088	10.36047
HWork	579	.00	7.00	2.4991	1.52644
Achieve	579	19.00	85.00	50.8463	11.22168
Valid N (listwise)	579				

Baron과 Kenny 접근방법을 사용하여 매개를 검정하는 데 필요한 일련의 회귀분석을 고려해 보자. 만약 배경변수가 포함된다면(그리고 포함하지 말아야 할 어떠한 이유도 없다), 학업성취도를 가족배경, 지적 능력, 학습동기에 회귀할 필요가 있을 것이다. 이는 이 접근방법의 1단계에 필요한, [그림 9-9]에서 d라고 명기된 회귀계수/경로를 제공한다. 다음으로는 과제시간을 학습동기에 회귀하라. 이는 Baron과 Kenny 접근방법의 2단계에 필요한, [그림 9-7]의 경로 a에 대한 추정값을 제공한다. 마지막으로 가족배경과 지적 능력을 통제하면서, 학업성취도를 학습동기와 과제시간 둘 다에 회귀하라. 이 회귀분석은 [그림 9-7]에서 회귀계수 b와 c를 제공하며, 이 접근방법에서 3단계와 4단계에 대한 정보를 제공한다. 회귀분석을 실제로 수행할 때는 다른 순서로 수행하는 것이 더 합리적일 수 있지만, 예시를 위해 1, 2, 3, 4 접근방법을 고수하자.

[그림 9-9] 1단계, Baron과 Kenny의 매개 검정

Baron과 Kenny의 인과단계법

이러한 회귀분석에 대한 계수(coefficients)에 관한 표(tables)는 관심을 두는 계수를 굵은 글씨로 표시

하여 [그림 9-10]에 제시되었다. 그 계수는 또한 [그림 9-7]과 [그림 9-8]의 경로에 대하도록 a, b, c, d로 명기되었다. Baron과 Kenny의 인과단계는 다음과 같다.

1. 영향을 산출물에 회귀([그림 9-5]와 [그림 9-6]의 명칭을 사용하여)에서, 영향이 산출물에 미치는 영향은 통계적으로 유의하다. 이 예제에서 학습동기를 학업성취도에 회귀에서, 학습동기가 학업성취도에 미치는 영향은 통계적으로 유의하다. 계수 표에서 볼 수 있는 바와 같이, 이 회귀계수는 실제로 통계적으로 유의하고 β는 보통이다($b = .123$, $SE_b = .035$, $p = .001$, $\beta = .114$).

2. 영향(학습동기)을 매개변수(과제)에 회귀는 통계적으로 유의한 결과를 초래한다. 2단계도 충족된다($b = .047$, $SE_b = .005$, $p < .001$, $\beta = .320$).

3. 영향(학습동기)과 매개변수(과제) 모두를 산출물(학업성취도)에 회귀는 매개변수(과제)가 산출물(학업성취도)에 통계적으로 유의한 영향을 초래한다. 다시 한번, 이 조건은 충족된다($b = 1.566$, $SE_b = .299$, $p < .001$, $\beta = .213$).

4. 영향(학습동기)과 매개변수(과제) 모두를 산출물(학업성취도)에 회귀는 1단계에서 영향(학습동기)의 영향을 감소시킨다. 1단계에서 학습동기에 대한 회귀가중값은 중간 정도 크기였으며, 통계적으로 유의하였다($b = .123$, $SE_b = .035$, $p = .001$, $\beta = .114$). 3단계에서 해당 계수는 더 작고 더 이상 통계적으로 유의하지 않다($b = .049$, $SE_b = .037$, $p = .188$, $\beta = .045$).

이 일련의 단계에 따르면, 과제는 학습동기가 학업성취도에 미치는 영향을 실제로 매개한다. 학습동기가 학업성취도에 영향을 미치는가? 그러하다. 학습동기가 학업성취도에 어떠한 영향을 미치는가? 그것은 과제를 통해 간접적으로 작용하는 것으로 보인다. 즉, 학습동기가 더 높은 학생이 더 많은 과제를 완성하고, 그 과제는 결국 더 높은 학업성취도를 만들어 낸다.

몇 가지 주의할 점이 있다. 첫째, 학습동기에서 학업성취도로 가는 경로가 4단계에 비해 1단계에서 유의한 영향에서 유의하지 않은 영향으로 감소하였다는 사실은 과제가 학습동기가 학업성취도에 미치는 영향을 완전히 매개한다는 것을 시사한다(davidakenny.net/cm/mediate. htm에서 4단계 참조). 둘째, 제12장에서 보게 될 것이고, 제5장에서 암시했던 바와 같이, 1단계에서 학습동기의 학업성취도에 대한 계수는 학습동기의 학업성취도에 대한 **총효과**(total effect)(직접효과와 간접효과의 조합)로 간주될 수 있다.

Joint 유의도

매개에 대한 joint 유의도 기준은 [그림 9-7]의 경로 a와 b의 통계적 유의도에 초점을 두고 있다. 이러한 계수, 표준오차 등은 [그림 9-10]에서 2단계와 3-4단계의 출력 결과(output)에서 보여 준다. 둘 다 통계적으로 유의하다(학습동기에서 과제시간으로 가는 경로 a의 경우, $b = .047$, $SE_b = .005$, $p < .001$, $\beta = .320$; 과제시간에서 학업성취도로 가는 경로 b의 경우, $b = 1.566$, $SE_b = .201$, $p < .001$, $\beta = .213$). 이 기준에 따르면, 학습동기가 학업성취도에 미치는 영향을 과제시간이 매개한다.

[그림 9-10] Baron과 Kenny의 매개 검정에 대한 회귀분석 결과

Coefficients: Baron and Kenny Step 1[a]

Model		Unstandardized Coefficients		Standardized Coefficients	t	Sig.	95.0% Confidence Interval for B	
		B	Std. Error	Beta			Lower Bound	Upper Bound
1	(Constant)	.554	3.035		.182	.855	-5.408	6.515
	FamBack	.616	.399	.055	1.543	.123	-.168	1.399
	Ability	.433	.027	.586	16.284	.000	.381	.485
	Motivate (d)	**.123**	**.035**	**.114**	3.473	.001	.053	.193

a. Dependent Variable: Achieve

Coefficients: Step 2[a]

Model		Unstandardized Coefficients		Standardized Coefficients	t	Sig.	95.0% Confidence Interval for B	
		B	Std. Error	Beta			Lower Bound	Upper Bound
1	(Constant)	-3.721	.413		-9.001	.000	-4.534	-2.909
	FamBack	.280	.054	.185	5.151	.000	.173	.387
	Ability	.038	.004	.381	10.570	.000	.031	.045
	Motivate (a)	**.047**	**.005**	**.320**	9.764	.000	.038	.057

a. Dependent Variable: HWork

Coefficients: Step 3[a]

Model		Unstandardized Coefficients		Standardized Coefficients	t	Sig.	95.0% Confidence Interval for B	
		B	Std. Error	Beta			Lower Bound	Upper Bound
1	(Constant)	6.381	3.170		2.013	.045	.154	12.607
	FamBack	.177	.399	.016	.444	.657	-.606	.961
	Ability	.373	.028	.505	13.129	.000	.317	.429
	Motivate (c)	**.049**	**.037**	**.045**	1.317	.188	-.024	.123
	HWork (b)	**1.566**	**.299**	**.213**	5.231	.000	.978	2.154

a. Dependent Variable: Achieve

Sobel 검정

학습동기/과제시간/학업성취도 사례에 관한 Sobel 검정을 수행하려면 [그림 9-10]의 2단계와 3-4단계의 굵은 글씨로 표시된 정보, 즉 회귀계수(b)와 표준오차가 필요하다. 온라인 계산기(www.quantpsy.org/sobel/sobel.htm)에서의 출력 결과는 [그림 9-11]에 제시되었다. Sobel 검정과 두 가지의 대안이 제시되었는데, 해당 웹사이트에 설명되어 있다. 모두 간접효과가 작지만($a*b$=.07, 표준화된 계수) 통계적으로 유의하다는 것을 시사한다.

[그림 9-11] 학습동기, 과제시간, 학업성취도 예제에 대한 간접효과의 통계적 유의도에 관한 Sobel 검정 결과

http://qnantpsy.org/sobel/sobel.htm의 온라인 계산기로부터 추출함

Input:		Test statistic:	Std. Error:	p-value:
a	.047	Sobel test: 4.5752105	0.01608713	0.00000476
b	1.566	Aroian test: 4.55558121	0.01615645	0.00000522
s_a	.005	Goodman test: 4.59509573	0.01601751	0.00000433
s_b	.299	Reset all	Calculate	

PROCESS

PROCESS V3.0 SPSS 매크로(Hayes, 2018)는 SPSS 내에서 동일한 자료를 분석하기 위해 사용되었다. 10,000개의 부트스트랩된 표본이 사용되었으며, 95% 신뢰구간이 설정되었다. **학습동기**는 X, **학업성취도**는 Y, **과제시간**은 매개변수로 설정되었다. **가족배경**과 **지적 능력**은 모형에 공변량으로 포함되었다.

PROCESS 출력 결과(output)의 일부가 [그림 9−12]에 제시되었다. 총효과와 직접효과를 보여 주는 행의 경우, 비표준화된 효과(b)가 표준오차, t값, 확률, 이러한 효과에 대한 신뢰구간의 하한과 상한(각각 LLCI와 ULCI), 부분적으로(partially) 그리고 완전하게(completely) 표준화된 효과(예: c_ps와 c_cs)와 함께 나열되었다. 보다 직접적인 관심사는 'X가 Y에 미치는 간접효과'와 관련된 선이다. 이것은 간접효과(a*b), 부트스트랩 표준오차 및 부트스트랩 신뢰구간을 보여 준다. 이 분석의 경우, **학습동기**가 **학업성취도**에 미치는 간접효과에 대한 95% CI는 .044−.106이었다. CI가 0 값을 포함하지 않는데, 이는 간접효과(**과제시간**에 의해 **학습동기**가 **학업성취도**에 매개)가 통계적으로 유의하였다는 것을 의미한다. 표준화된 간접효과는 해당 그림의 하단에(.0681) 제시되었다. PROCESS는 또한 Sobel 검정을 수행한다는 것을 주목하며, 이는 '간접효과를 위한 정규이론검정[Normal theory test for indirect effect(s)]'이라고 명명된 선에 제시되었다.

[그림 9-12] 학습동기, 과제시간, 학업성취도에 관한 PROCESS 부트스트랩된 분석의 일부

```
Total effect of X on Y
        Effect      se        t           p        LLCI      ULCI    c_ps    c_cs
        .1230     .0354     3.4732      .0006      .0534    .1925    .0110   .1135
Direct effect of X on Y
        Effect      se        t           p        LLCI      ULCI    c'_ps   c'_cs
        .0492     .0374     1.3171      .1883     -.0242   .1226    .0044   .0455
Indirect effect(s) of X on Y:
        Effect    BootSE    BootLLCI    BootULCI
HWork   .0737     .0160      .0438        .1064
Normal theory test for indirect effect(s):
        Effect      se        Z           p
HWork   .0737     .0161     4.5921      .0000
Partially standardized indirect effect(s) of X on Y:
        Effect    BootSE    BootLLCI    BootULCI
HWork   .0066     .0014      .0039        .0094
Completely standardized indirect effect(s) of X on Y:
        Effect    BootSE    BootLLCI    BootULCI
HWork   .0681     .0146      .0404        .0979
```

이 예제에서, 사용된 네 가지 방법은 모두 **과제시간**이 **학습동기**가 **학업성취도**에 미치는 영향을 매개한다는 것을 시사한다. 다시 말해서, 만약 이러한 자료가 진짜였다면 그 결과는 더 높은 수준의 학습동기를 가진 학생이 과제에 더 많은 시간을 소비하고, 그 결과 과제시간이 성취도를 향상시킨다는 것을 시사할 것이다. 다른 방법은 이 예에서 일치하지만, 항상 그러한 것은 아니다. 이 예제의 경우, 심지어 간접효과가 상대적으로 작음에도 불구하고(표준화된 간접효과와 총효과는 각각 .07과 .11) 그것은 방법 전반에 걸쳐 통계적으로 유의하였다. 이러한 연구결과는 부분적으로 매개 검정의 표본크기가 상대적으로 큰($N = 579$) 결과이다. Fritz와 MacKinnon(2007)은 2000~2003년간 두 개의 응용심리학 학술지에서 매개를 검정한 166개 논문에 관한 조사에서 187의 중간 표본크기를 보고하였다. 이미 언급한 바와 같이, 다른 방법은 실제 효과(true effect)를 탐지할 가능성이 가장 높은 PROCESS가 사용하는 편견교정 부트스트랩 방법으로, 매개를 탐지하기 위한 검정력에서 다양하다(Fritz & MacKinnon, 2007).

여기에서 사용된 예제는 단일 매개변수를 가지고 있어 매우 간단하였다. 그것은 여러 매개변수를 검정하거나 다른 수준의 매개변수를 추가할 수 있다. 예를 들어, 우리는 관람시간(screen time)도 학습동기가 학업성취도에 미치는 영향을 매개하고, 따라서 두 개의 잠재적인 매개변수를 가지고 있다고 추측할 수 있다. 더 구체적으로, 우리는 학습동기가 과제에 어떠한 영향을 미치는지 궁금해할 수 있다. 아마도 우리는 더 많은 학습동기가 있는 학생이 고등학교에서 더 많은 학문적 혼합 강좌(academic mix of courses)를 수강하고, 그 과정이 차례로 더 많은 숙제를 내준다고 추측할 수 있다. 만약 수업활동에 관한 척도를 가지고 있다면, **학습동기 → 수업활동 → 과제시간 → 학업성취도**의 매개 사슬을 가진 모형을 검정할 수 있을 것이다. 이미 언급한 바와 같이, 매개와 조절 둘 다를 갖는 것도 가능하다. 예를 들어, **과제시간**은 여학생의 경우, **학습동기**가 **학업성취도**에 미치는 영향을 매개하지만, 남학생의 경우에는 그렇지 않다. PROCESS 매크로는 이러한 모든 가능성을 검정할 수 있으며, 그러한 분석은 Hayes의 책(2018)에서 잘 설명된다. PROCESS 매크로는 또한 단순하거나 복잡한 조절을 검정할 수 있다. 매개분석의 최근 발전에 대해 검토하려면 Prior(2015)를 보라.

저자는 매개와 간접효과가 동일한 것을 의미한다는 것을 주목하면서 이 절(section)을 시작했으며, 그 용어들을 종종 서로 바꾸어 사용한다. 모든 사람이 동의하지는 않지만, 몇몇 사람은 간접효과라는 용어가 더 광범위하며 매개라는 용어는 종단설계에만 사용되어야 한다고 주장한다(예: Kline, 2016: 134-135). 만약 여러분이 이 생각에 동의한다면, 매개는 간접효과의 부분집합이다. 저자는 확신하기 어렵다. 제2부에서 좀 더 심도 있게 논의하겠지만, 종단자료는 인과성에 대한 타당한 추론의 요건인 시간 우선순위(time precedence)에서 우리의 신뢰를 확실히 높일 수 있다. 그것은 또한 횡단매개설계(cross-sectional mediational designs)가 실제 효과를 과대평가하거나 과소평가하는 경우이다(Maxwell & Cole, 2007). 그럼에도 불구하고, 저자에게는 우리가 간접효과와 매개를 확립하기 위해 동일한 과정을 거치는 것 같고, 그래서 우리는 일반적으로 그것들을 동일한 방식으로 해석한다. 아울러 저자의 의견으로, 인과적 순서짓기(causal ordering)를 설정하는 것은 통계(대신에 우리의 인과적 추론의 시사점을 알려주는)보다는 이론, 논리 그리고 선행연구에 더 기초해야 한다(Heyes, 2018, 제1장 참고). 따라서 저자의 판단으로는 실패자이다. 그러나 우리는 제2부에서 인과적 추론과 그것의 요구사항에 대해 더 자세히 논의할 것이다. Hayes가 지적한 바와 같이, "인과성(causality)은 사회과학의 시나몬 빵이다". 그것은 (우리가 인정하든 말든) 탐스럽고 맛있지만 무척 끈적거린다(2018: 18).

📈 공통원인

공통원인(common cause)은 추정된 **영향**과 **산출물** 모두에 영향을 미치는 변수를 말한다. [그림 9-5]의 경로 *a*와 *c*가 나타내는 회귀계수가 모두 통계적으로 유의한 경우, **영향**은 매개변수와 산출물의 공통원인이다. 공통원인은 교락변수(confounding variable) 또는 '제3의 변수 문제'라고도 할 수 있다. 제4장에서 언급한 바와 같이, 하나의 변수가 다른 변수에 미치는 영향에 대한 타당한 추정값을 제공하기 위해서는 회귀모형에 중요한 공통원인이 **포함되어야 한다**. 중요한 공통원인이 분석에서 무시되는 경우, 회귀계수는 한 변수가 다른 변수에 미치는 영향에 대한 추정값을 잘못 예측하게 된다. 그러한 공통원인이 포함되지 않은 분석은 때로 잘못 설정된 분석 또는 모형이라고 한다.

[그림 9-13]은 산출물에 관한 세 가지 영향을 가지고 있는 모형을 보여 준다. 이 예제에서 사용된 자료 중 일부는 원래 제4장의 연습 6에 제시되었다. 이를 '실제(true)' 모형으로 간주하자. 즉, X1, X2 및 X3 변수는 이 그림에 제시된 것처럼 Y1에 영향을 미친다. 그림에서 볼 수 있는 바와 같이, 변수 X2는 실제로 변수 X3와 Y1의 공통원인이다. 그것은 의미 있고, 우리가 보게 될 것처럼, X3와 Y1 모두에 통계적으로 유의한 영향을 미친다. 변수 X1은 또한 X3와 Y1의 공통원인이라는 것에 주목하지만, 후속 예제들은 변수 X2에 대한 변경과 이러한 변경이 X3에서 Y1으로의 추정값에 어떤 영향을 미치는지에 초점을 두고 있으므로 여기에서도 동일한 작업을 수행할 것이다. 우리의 주요한 초점은 변수 X2가 변수 X3와 Y1의 공통원인인지 아닌지에 따라 X3에서 Y1까지의 β(표준화된 경로계수)에 어떠한 일이 일어나는지에 맞추어질 것이다.

[그림 9-13] 공통원인 예제 1
변수 X2가 X3와 Y1의 공통원인이다.

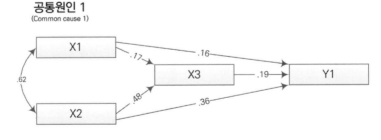

[그림 9-14] 공통원인 예제 1에 대한 회귀분석 결과

변수 X2는 X3과 Y1의 공통원인이다. 회귀분석에서 이 값을 무시하면 X3 효과의 추정값이 변경된다.

Coefficients: Common Cause Example 1[a]

Model		Unstandardized Coefficients		Standardized Coefficients	t	Sig.	95.0% Confidence Interval for B	
		B	Std. Error	Beta			Lower Bound	Upper Bound
1	(Constant)	-.020	.037		-.553	.580	-.093	.052
	X1	.132	.039	.156	3.373	.001	.055	.208
	X2	.260	.036	.362	7.175	.000	.189	.332
	X3	**.188**	**.045**	**.187**	4.200	.000	.100	.276

a. Dependent Variable: Y1

Coefficients: Variable X2 not in the Model[a]

Model		Unstandardized Coefficients		Standardized Coefficients	t	Sig.	95.0% Confidence Interval for B	
		B	Std. Error	Beta			Lower Bound	Upper Bound
1	(Constant)	-.035	.039		-.902	.367	-.111	.041
	X1	.269	.036	.320	7.567	.000	.199	.339
	X3	**.323**	**.043**	**.321**	7.583	.000	.239	.406

a. Dependent Variable: Y1

[그림 9-14]는 이 첫 번째 모형에 대한 회귀분석 결과를 보여 준다. 그림 맨 위에 있는 첫 번째 회귀분석은 X1, X2, X3에서 Y1으로의 회귀분석을 보여 준다. 이 회귀는 [그림 9-13]의 변수 Y1으로의 경로를 추정하는 데 사용된다. 계수가 반올림 오차 내에서 일치한다는 것에 주목하라(이 경우, 표준화 계수 β). 또한 변수 X3의 β가 .188($b = .188$, $SE_b = .045$, $t = 4.20$, $p < .001$)인 출력 결과(output)의 굵은 글씨 부분에 주목하라. [그림 9-14]의 하단은 X2가 실시로 회귀분석에 포함되지 않은 계수들을 보여 준다. X3과 관련된 계수는 그림 상단의 .187에서 하단의 .321로 바뀐다. 간단히 말해서, 변수 X2는 X3과 Y1의 공통원인이다. 모형에서 제외되었을 때, X3이 Y1에 미치는 영향에 대한 부정확한 추정값을 얻었다.

[그림 9-15] 공통원인 예제 2

변수 X2는 X3에 영향을 미치지만, Y1에는 영향을 미치지 않는다. 그것은 공통원인이 아니다.

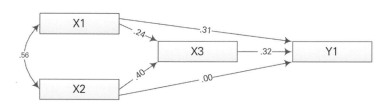

공통원인 2
(Common cause 2)

이제 [그림 9-15]에 초점을 두어 보자. 이 모형의 경우, 다른 변수를 고려했을 때, X2는 Y1에 0의 영향을 미치기 때문에 X2는 더 이상 X3과 Y1의 공통원인이 아니다. 다시 한번 [그림 9-16]의 상단 절반은 [그림 9-15]에서 이를 가리키는 세 변수에 대한 Y1의 회귀를 보여 주며, 다시 한번 계수가 일치한다. [그림

9-16]의 하단 부분은 변수 X2를 포함하지 않는 회귀분석 결과를 보여 준다. 그러나 이 예제에서 X3에서 Y1에 대한 계수는 변하지 않는다. 즉, 그림의 위쪽 절반에서 $\beta = .319$이고, 그림의 아래쪽 절반에서 $\beta = .319$이다. X2는 X3의 공통원인이 아니며 Y1은 X3에 영향을 미치지 않으므로, X3에서 Y1까지의 경로와 관련된 계수는 변하지 않는다.

다음 예시로 이동하기 전에 [그림 9-15]는 변수 X2가 Y1에 미치는 영향을 완전히 매개하는 변수 X3의 예를 보여 준다. 따라서 모형에서 X2를 제외하거나 포함해도 변수 X3의 외향상 효과는 변하지 않지만, 모형에서 변수 X2를 사용하면 이러한 변수가 어떻게 작동하는지 더 완벽하게 이해할 수 있다. 즉, 변수 X2는 변수 X3에 영향을 미치며 이는 변수 Y1에 영향을 미친다.

[그림 9-16] 공통원인 예제 2에 대한 회귀분석 결과

여기에서 X2는 X3과 Y1의 공통원인이 아니다. X3의 효과의 추정값은 X2가 회귀분석에 포함되지 않을 때 변하지 않는다.

Coefficients: Common Cause Example 2[a]

Model		Unstandardized Coefficients		Standardized Coefficients	t	Sig.	95.0% Confidence Interval for B	
		B	Std. Error	Beta			Lower Bound	Upper Bound
1	(Constant)	-.022	.039		-.553	.580	-.099	.055
	X1	.265	.039	.315	6.713	.000	.188	.343
	X2	-.001	.041	-.001	-.024	.981	-.081	.079
	X3	**.322**	**.046**	**.319**	6.939	.000	.230	.413

a Dependent Variable: Y1

Coefficients: Variable X2 not in the Model[a]

Model		Unstandardized Coefficients		Standardized Coefficients	t	Sig.	95.0% Confidence Interval for B	
		B	Std. Error	Beta			Lower Bound	Upper Bound
1	(Constant)	-.022	.039		-.553	.580	-.098	.055
	X1	.265	.036	.314	7.389	.000	.194	.335
	X3	**.321**	**.043**	**.319**	7.488	.000	.237	.405

a Dependent Variable: Y1

마지막으로, [그림 9-17]에 초점을 두어 보자. 여기에서도 X2는 X3과 Y1의 공통원인이 아니다. 그것은 Y1에는 영향을 미치지만 X3에는 영향을 미치지 않는다. 이러한 효과는 [그림 9-18]의 처음 두 부분에도 나타나 있다. X2는 Y1에 대해 .36의 표준화된 효과($b = .378$, $SE_b = .028$, $p < .001$)를 가지며, X2는 X3에 대해 0의 효과($b = -.001$, $SE_b = .046$, $p = .980$, $\beta = -.001$)를 갖는다. 그리고 그림의 하단 부분에서 볼 수 있는 바와 같이, 변수 X2가 회귀분석에 포함되지 않은 경우 Y1에 대한 X3의 효과 추정값은 첫 번째 회귀분석과 동일하다([그림 9-17] 참고). 추정된 원인의 추정효과에 대한 정확한 추정값을 얻으려면, 결과에 영향을 미치는 회귀분석에 모든 배경변수를 포함해야 한다는 것이 일반적인 믿음이다. 이 예제는 그 가정이 부정확하다는 것을 보여 준다. 추정된 효과의 모든 원인이 아니라 추정된 원인과 추정된 효과의 공통원인을 포함해야 한다.

[그림 9-17] 이 예제는 조절에 관한 도식화는 아니다

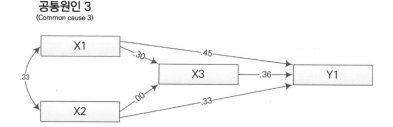

공통원인 3
(Common cause 3)

저자의 경험상, 공통원인과 조절을 혼동하는 것은 그리 드문 일은 아니다. [그림 9-19]에서 설명한 것과 같은 문제에 직면했을 때, 때때로 신참 연구자는 **집단** 변수가 다른 변수들과 효과적으로 '상호작용'한다고 (종종 모호하게) 가정한다. 그러나 그 모형에서는 상호작용(조절)이 설명되지 않는다. **집단**이 실제로 **변수 1**과 **변수 2**에 모두 영향을 주면 공통원인이 된다. 분산분석(ANOVA) 유형의 용어를 사용한다면, [그림 9-18]는 **변수 1**과 **변수 2** 모두에 주효과(main effect)가 있는 **집단**을 나타내며, 조절은 ANOVA에서의 상호작용과 유사하다.

[그림 9-18] 이 예제는 조절에 관한 도식화는 아니다

| 소속집단 (Group) | → | 변수 1 (Variable 1) |
| | → | 변수 2 (Variable 2) |

📈 언어에 관한 추가 언급

연구자가 특정 변수가 한 변수와 다른 변수 간의 관계(relation 또는 relationship)를 매개하는지 여부를 검정한다고 말하는 것은 드문 일이 아니다. 결과(effect)나 영향(influence)보다는 관계(relation 또는 relationship)라는 단어를 사용하는 것은 비실험적 연구에서 인과성과 같은 언어를 피하고자 하는 의지에서 비롯된다. 그러나 이러한 언어를 보다 자세히 살펴보면, 실제로는 명확성보다는 혼란이 가중된다. 매개는 인과관계를 기반으로 할 뿐만 아니라 필수적이다. 매개는 중개변수를 통해 다른 변수에 영향을 주는 하나의 변수에 관한 것이다. 불가능하지는 않더라도 결과를 고려하지 않는 매개를 생각하는 것은 쉽지 않다. 이와는 대조적으로, 관계라는 단어의 사용은 근본적인 사고를 흐리게 만든다. 무엇이 추정된 원인(presumed cause)이며, 무엇이 추정된 결과(presumed effect)인가? 관계란 상관관계, 즉 우리가 생각하는 변수를 영향을 받는 것으로 생각하는 변수와 영향을 미치는 것으로 생각하는 변수에 대한 불가지론을 의미한다. 한 변수에 대한 다른 변수의 회귀분석을 수행함으로써 어떤 변수가 다른 변수의 영향을 받았다고 암묵적으로 가정하는 경우, 그 변수를 추정된 원인으로, 다른 변수를 추정된 결과로 볼 수 있음을 의미한다. **매개적 사고(mediation thinking)는 인과적 사고를 필요로 한다!** 비인과적 언어는 매개적 사고를 혼동하게 한다. 예를 들어, 과제가 학습에 대한 동기의 효과를 매개하는지와 같이, 한 변

수가 다른 변수의 결과(또는 추정된 결과)를 매개하는지를 검정하는 것은 매우 바람직하다.

저자는 조절적 사고(moderation thinking)는 인과적 사고(causal thinking)를 필요로 하며, 인과관계 언어의 사용을 통해 보다 명확해진다고 믿는다. 성별이 학습동기와 학업성취도 간의 관계를 조절하는지를 검정한다고 가정해 보자. 만약 '관계'라는 단어가 상관관계를 암시한다면, 이는 무엇을 의미하는가? 심지어 그것이 가능한 것인가? 아마도 가능하겠지만(예를 들어, 서로 다른 집단에 대한 서로 다른 상관관계), 일반적으로 이 부정확한 문구는 의도한 것과는 다른 의미를 가지게 된다. 다시 말해서, 우리는 성별이 학업성취도에 대한 학습동기의 추정된 결과를 조절하는지(성별과 학습동기가 학업성취도에 미치는 영향에 있어 서로 상호작용하는지)에 많은 관심을 가지고 있다. 비인과적 언어의 사용은 명확하게 하기보다는 더욱 혼란을 야기하므로 이를 피해야 한다. 조절적 사고는 인과적 사고를 필요로 하고, 인과관계의 언어를 피하는 것은 오히려 혼란을 야기한다. 우리는 하나의 변수가 다른 변수에 미치는 잠재적 영향에 대해 관심을 가지지 않는 체해서는 안 된다. 더욱이 그것이 정확히 우리가 관심을 가지고 있는 것이라면 말이다.

어쩌면 인과관계 언어의 무분별한 사용은 아마도 불편함을 느끼게 만들 수 있다. 그렇지 않다면, 이 의견에 동의하지만, 다음과 같이 답변할지도 모른다. "나는 당신의 요점을 이해하지만, 나의 지도교수(또는 심사위원)는 내가 그러한 종류의 언어를 사용하게 하지 않을 것이다. 그(들)는 영향(influence)이나 결과(effect)보다 관계(relation)를 고집한다." 한 가지 가능한 타협안은 우리가 실제로 그러한 언어로 의미하는 바를 설명하는 다음과 같은 단락을 그것이 처음 언급되었을 때 추가하는 것이다.

> 이 연구에서 사용된 자료는 본질적으로 비실험적이라는 점에 유의해야 한다. 학업성취도에 대한 후속 결과를 결정하기 위한 학습동기의 실험적 조작은 없을 것이다. 결과적으로, 한 변수의 다른 변수에 대한 '결과'를 논하는, 또는 산출물을 설명하는 변수들에 초점을 맞춘 모든 기술(statement)은 회귀모형의 타당성에 달려 있음을 이해해야 한다. 다시 말해서, 만약 모형이 현실성을 합리적으로 표현한 것이라면 그 모형으로부터의 추정 결과는 실제로 한 변수가 다른 변수에 미치는 영향의 정도를 나타낸다. 모형이 현실을 합리적으로 나타내지 못한다면, 그 추정 결과는 그러한 결과의 정확한 결과는 아니다.

우리는 다시 한번 이 주제를 탐구할 것이고, 특히 제2부에서 무엇이 모형을 타당하게 만드는지에 대해 보다 완벽하게 설명할 것이다.

마지막으로, 실제로 비인과적 관계에 대해 이야기할 때, '관계(relation)' 또는 '관계(relationship)' 중 어느 것이 옳은가? 저자의 초기 연구 주제 중 하나는 Kerlinger(1986)의 「행동연구의 기초」인데, 그는 사람 간에는 관계(relationship)가 있지만, 변수 간에는 관계(relations)가 있다고 주장하였다(p. 58). 이러한 설명은 항상 일리가 있다.

📈 요약

이 장에서 우리는 조절, 매개 및 공통원인에 대한 개념을 명확히 하였다. 경험상, 이 세 가지 개념은 종종 혼란을 야기하므로 약간의 시간을 투자하여 차이점을 이해하는 것이 중요하다. 조절은 상호작용의 또 다른 용어이며, 한 변수가 다른 변수에 미치는 영향의 크기가 제3의 변수에 따라 달라지는 상황을 설명하는 데 사용된다. "~에 따라 다르다."라는 표현의 사용은 우리가 조절에 관해 언급하고 있음을 시사한다. 제7장과 제8장에서는 범주형 변수(제7장) 및 연속형 변수(제8장)에 대한 조절에 중점을 두었다.

매개는 간접효과의 또 다른 용어이며, 영향이 어떻게 발생하는지 설명하는 데 유용하다. 학습동기가 학업성취도에 어떤 영향을 미치는가? 아마도 더 많은 학습동기가 부여된 학생이 더 많은 과제를 완성할 것이며 과제가 학업성취도를 높일 것이다. 여기에서 과제가 학습동기가 학업성취도에 미치는 영향을 매개할 수 있다고 가정하였다. 이 장에서는 또한 매개된 효과의 통계적 유의도를 검정하는 방법에 대해서도 설명하였지만, 구조방정식모형을 위한 프로그램을 사용하는 것이 더 쉽다는 것을 알게 될 것이다 (제2부를 참조하기 바란다). 우리는 제4장에서 처음으로 간접효과/매개에 관한 주제를 소개하였고, 이를 제2부에서 다시 논의할 것이다.

공통원인은 추정된 원인과 영향 모두에 영향을 미치는 변수를 의미한다. 영향에 대한 정확한 추정을 제공하기 위해 공통원인에 대한 회귀계수가 회귀모형 또는 경로모형에 포함되어야 한다. 공통원인에 대한 주제는 이 책 전반에 걸쳐 다루어졌으며, 앞으로도 계속해서 저자의 관심사가 될 것이다. 이 장에서는 조절과 매개가 어떻게 다른지를 이해하도록 논의하였다. 우리는 또한 회귀분석에 공통원인 대 비공통원인을 포함하지 않는 영향을 보여 주기 위해 제4장의 연습의 예를 분석하였다. 이 예제는 회귀분석계수가 공통원인을 모형에서 제외할 경우 오해의 소지가 있지만, 비공통원인을 제외할 경우 안정적이라는 것을 보여 준다.

EXERCISE 연습문제

1. 선행연구 데이터베이스를 사용하여 제목 또는 초록 내에 **매개(mediation)**라는 단어를 가진 관심 분야의 논문을 찾아라. 매개라는 용어가 통계적 의미의 매개(즉, 규범적인 매개라기보다는)인지 확인하기 위해 초록을 읽어 보자. 논문을 읽자. 저자(들)는 매개를 간접효과로도 언급하는가? 그들은 매개를 어떻게 검정하는가? 이 장에서 설명한 것과 유사한 단계를 사용하는가? 아니면 구조방정식모형을 사용하는가? 사용된 검정방법을 이해하는가?

2. 제목이나 초록에 **조절(moderation)** 또는 **조절된 회귀분석(moderated regression)**으로 관심 분야의 논문을 검색하자. 그러한 회귀분석이 사용되었는지 확인하기 위해 초록을 읽어 보자. 논문을 읽자. 조절을 상호작용이라고도 부르는가? 어떤 변수가 상호작용하는가? 그 변수는 연속형인가? 그렇지 않으면 범주형인가? 저자(들)는 제7장과 이 장에서 설명한 방법을 사용했는가? 외적항을 생성하기 전에 관심 있는 변수를 중심화하였는가? 이 장과 제7장의 관점에서 해당 논문을 이해할 수 있었나?

제10장 다중회귀분석: 요약, 가정, 진단, 검정력, 문제점

이제 다중회귀분석의 기초에 대해 개념적으로 완벽하게 이해해야 한다. 이 장은 제1부에서 다룬 주제를 요약하면서 시작할 것이다. 다중회귀분석을 능수능란하게 다루기 위해 이해해야 하는 몇 가지 쟁점을 접하게 될 것이고, 제1부 전반에서 논의된(그리고 제2부에서 해결할) 난제와 모순으로 이 장을 마무리할 것이다.

📈 요약

'표준' 다중회귀모형

실험설계에 적합한 통계분석(ANOVA 및 변형된 형태)을 토대로 훈련된 사회과학자에게 다중회귀모형이라는 것은 흔히 낯선 어떤 생명체로 여기는 경향이 있다. 그러나 그렇지 않다. 다중회귀모형은 일반선형모형을 현실적으로 가장 근사하게 구현한 것으로서, 실제로 다중회귀모형은 ANOVA를 포함하며 이 책의 여러 부분에서 볼 수 있듯이 다중회귀모형을 사용하여 실험(ANOVA 유형의 문제)을 쉽게 분석할 수 있다. 그러나 다중회귀모형은 범주형 및 연속형 독립변수를 모두 처리할 수 있는 반면, ANOVA는 범주형 독립변수가 필요하므로 반대의 경우는 불가능하다. 이러한 실험적 배경을 가진 사람은 분석의 본질에 대한 생각을 바꿀 필요가 있지만, 저변에 깔린 통계원리는 근본적으로 크게 다르지 않다. 경험상, 심리학이나 교육학을 배경으로 하는 사람이 다중회귀모형으로의 전환을 좀 더 어려워하는 경향이 있다. 사회학이나 정치학과 같은 사회과학에서는 실험[즉, 처치집단에 대한 무선할당(random assignment) 등과 같은]이 보편적이지 않다. 그러나 심리학 및 교육학에서 학생의 연구를 위한 훈련 초기에는 일반선형모형 및 다중회귀분석에 초점을 맞추는 경향이 점차 나타나므로, 여기에서 언급한 전환의 어려움이 적용되지 않을 수도 있다.

앞서의 여러 장에서는 다중회귀분석과 관련된 근본적인 통계를 계산하는 방법을 다루었다. 보다 실제적으로는 통계분석 프로그램을 사용하여 다중회귀분석을 수행하고 이를 이해 및 해석하는 방법을 논의하였다. R은 다중상관계수이고 R^2은 다중상관계수의 제곱이다. 이것은 여러 개의 독립변수를 모두 조합한 함수에 의해 설명되는 종속변수의 분산 추정량이다. $R^2 = .2$는 독립변수가 종속변수가 가진 분산의 20%를 공동으로 설명한다는 것을 의미한다. 응용사회과학연구에서 어떤 종류의 예비조사가 일부 사후조사 결과의 예측인자로 포함되지 않는 한 R^2은 종종 .5(분산의 50%) 미만이고 $R^2 = .10$이 그렇게 드문 일은 아니다. 높은 R^2이 반드시 좋은 모형임을 의미하지는 않는다. 그것은 설명하고자 하는 종속 변수에 따라 달라진다. R^2은 F 표[독립변수의 개수(k)와 표본크기에서 이 수를 빼고 1을 뺀 값($N_c - k - 1$)을 자유도(df)로 가지는]를 사용하여 설명되는 분산(회귀)을 설명되지 않는 분산(잔차)과 비교함으로써 통계적 유의도를 검정할 수 있다.

R^2은 회귀모형에 대한 정보를 전체적으로 제공한다. MR은 또한 모형의 다른 독립변수를 통제하면서 각 독립변수에 대한 정보만을 생성한다. 일반적으로 b(때로는 B)로 표기되는 비표준화 회귀계수(non-standardized regression coefficient)는 사용된 변수의 원래 척도에 놓이며, 이는 독립변수의 각 1단위 증가(다른 독립변수들을 제어한 상태에서)에 대한 종속변수의 예상 변화의 추정량을 제공한다. 예를 들어, 연봉이 수천 달러인 급여(Salary)는 여러 변수와 함께 여러 해 동안의 교육적 성취도(Educational Attainment)에 의해 회귀될 수 있다. 교육적 성취도와 관련된 비표준화 회귀계수가 $b = 3.5$인 경우, 이는 학교교육이 1년 추가될 때마다 연봉이 평균 3.5천 달러가 증가한다는 것을 의미한다. b는 회귀선의 기울기와 동일하다. b는 간단한 t-검정($t = b/SE_b$)를 통하여 통계적 유의도를 검정할 수 있으며, 이때 자유도는 전체 F-검정의 잔차 자유도와 동일하다. 이 t-검정은 단순히 회귀계수가 0과 통계적으로 유의하게 차이가 있는지를 검정한다. 더욱 흥미로운 것은 t-검정을 수정하거나 b의 95%(또는 90% 또는 다른 신뢰수준하에서의) 신뢰구간을 계산하여 b가 0이 아닌 어떤 값과 차이가 있는지를 결정할 수도 있다. 예를 들어, 이전 연구에서 교육적 성취도가 급여에 미치는 영향이 $b = 5.8$이라고 주장하였다고 가정해 보자. 현재의 추정값을 기준으로 한 95% 신뢰구간이 2.6~4.4라면, 이는 현재의 추정값이 이전 연구의 추정값보다 통계적으로 현저히 낮음을 의미한다. 이러한 신뢰구간의 사용은 여러 학술지에서 점차 요구되고 있다(예: American Psychological Association, 2010).

우리는 또한 일반적으로 β로 표기되는 각각의 독립변수와 관련된 표준화된(standardized) 회귀계수를 살펴볼 수 있다. β는 표준편차(SD) 단위이므로 다른 척도를 갖는 회귀계수와 비교 가능하다. 급여에 대한 교육적 성취도의 $\beta = .30$은 교육적 성취도의 표준편차만큼의 증가가 평균적으로 급여에서의 $.30 SD$만큼의 증가를 의미하는 것으로 해석된다.

표준화 및 비표준화 회귀계수는 서로 다른 목적을 가지며 서로 다른 장점이 있다. 비표준화 회귀계수는 독립변수와 종속변수의 척도가 의미가 있을 때, 표본과 연구 간의 결과를 비교할 때, 연구에서 정책적 함의나 중재를 개발하고자 할 때, 그리고 상호작용(조절) 분석 결과를 해석할 때 유용하다. 표준화 회귀계수는 회귀분석에 사용된 변수의 척도가 의미가 없거나 동일한 회귀방정식에서 독립변수의 상대적 중요성을 비교하고자 할 때 유용하다.

또한 회귀분석은 절편항이나 상수를 산출한다. 절편항은 모든 독립변수가 0의 값을 가질 때, 종속변수의 예측값을 나타낸다. 회귀계수와 절편항은 하나의 회귀방정식(예를 들어, $Y_{예측된} = 절편 + b_1 X_1 + b_2 X_2 + b_3 X_3$)으로 결합될 수 있으며, 이는 독립변수에서의 결과값을 예측하는 데 사용될 수 있다.

본질적으로 회귀방정식은 결과변수를 예측하기 위해 독립변수의 최적 가중값 합성변수를 만든다. 이 합성변수는 예측을 최대화하고 예측의 오류를 최소화하도록 가중값이 부여된다. 예측된(적합된) 결과(X-축)에 대한 실제 결과(Y-축)를 산점도(scatter plot)의 형태로 나타낼 수 있다. 회귀선 주위에 놓인 자료점(data point)의 퍼진 정도는 예측의 정확성과 예측오차(the errors of prediction)를 보여 준다. 예측오차는 잔차(residuals)라고도 하며 실제 결과점수에서 예측된(적합된) 결과점수를 뺀 값으로 계산할 수 있다. 잔차는 또한 통계적으로 독립변수의 효과를 제거한 상태에서의 결과변수로 간주될 수 있다.

설명력과 예측력

MR은 다양한 목적으로 사용될 수 있지만, 일반적으로 예측(prediction) 또는 설명(explanation)이라는 두 가지 광범위한 범주 중 하나에 속하게 된다. 주요 관심사가 설명에 있다면, 다중회귀분석을 사용하여 종속변수에 대한 독립변수의 영향을 추정하게 된다. 우리가 인정하든 그렇지 않든, 이 목적의 기초가 되는 것은 원인과 결과에 대한 관심이다. 이러한 결과를 타당하게 추정하기 위해서는 회귀방정식에 포함된 변수를 신중하게 선택해야 한다. 특히 추정된 원인(presumed cause)과 추정된 결과(presumed effect)의 공통원인을 포함시키는 것이 중요하다. 관련 이론 및 이전 연구를 이해한다면 변수를 현명하게 선택할 수 있다. 이 책 전반에 걸친 대부분의 예제는 설명을 목적으로 한 다중회귀분석의 사용에 주안점을 두었다.

이와는 달리, 다중회귀분석은 예측의 일반적인 목적에도 사용할 수 있다. 예측이 목적이라면 하나의 변수가 다른 변수에 미치는 영향에 대한 기술에 굳이 관심을 가질 필요는 없다. 오히려 결과를 예측할 때 단지 가능한 한 정확하게 할 수 있기를 원할 뿐이다. 예측 목적은 종종 선택과 관련이 있다. 대학은 학생의 입학을 결정하는 데 도움을 주기 위해 학생의 1학년 GPA를 예측하는 데 관심을 가질 수 있다. 예측이 목적이라면 R^2이 증가할수록 더 좋고, 공통원인이나 인과관계조차 걱정할 필요가 없으며, 예측을 위한 변수선택이 그리 중요하지 않다. 결과적으로, '원인'을 예측하는 '결과'를 갖는 것이 완전히 허용될 수도 있다. 이론과 이전 연구는 결과를 성공적으로 예측할 수 있는 변수를 선택하는 데 도움을 줄 수 있지만, 설명을 위해 다중회귀분석을 사용하는 경우와 마찬가지로 이전 연구가 결과의 해석에 반드시 필요한 것은 아니다. 그러나 예측에 관심이 있는 경우, 한 변수가 다른 변수에 미치는 영향에 대한 설명을 하거나 결론을 내리는 것을 삼가야 한다(설명을 위한 목적으로). 유감스럽게도 그 목적이 예상대로 진행되는 연구를 보는 것이 보통이지만, 논의를 검토하는 동안 설명적인(인과적인) 결론을 내리게 된다. 다중회귀분석을 사용하여 중재나 변화를 위한 권장사항('X가 증가하면 Y도 증가할 것이다'와 같은)을 작성하고자 할 때, 주요 관심사는 예측이 아니라 설명이다. 설명은 예측을 포함한다. 현상을 잘 설명할 수 있다면 일반적으로 잘 예측할 수 있다. 그러나 그 반대는 성립되지 않는다. 무엇인가를 잘 예측할 수 있다는 것이 그것을 잘 설명할 수 있다는 것을 의미하지는 않는다.

세 가지 유형의 다중회귀분석

다중회귀분석에는 몇 가지 유형 또는 종류가 있다. 이 책의 앞부분에서 사용된 다중회귀분석의 유형은 일반적으로 동시적(simultaneous), 또는 강제입력(forced entry), 또는 표준(standard) 다중회귀분석이다. 동시적 회귀분석에서는 모든 독립변수가 회귀방정식에 동시에 입력된다. 회귀계수와 통계적 유의도는 각 독립변수의 중요성과 상대적 중요성을 추론하는 데 사용된다. 동시적 회귀분석은 설명이나 예측에 유용하다. 설명의 관점에서 사용될 때, 동시적 회귀분석에서의 회귀계수는 결과에 대한 각 독립변수의 직접효과의 추정값을 제공한다(나머지 독립변수를 고려하면서). 이것은 동시적 다중회귀분석의 주요 이점 중 하나이다. 가장 큰 단점은 회귀방정식에 어떤 변수가 포함되는지에 따라 회귀계수가 달라질 수 있다는 것이다. 이 단점은 공통원인의 배제 또는 중재변수나 매개변수의 존재 여부와 관련이 있다.

순차적(sequential) 또는 위계적(hierarchical) 회귀분석에서는 각 독립변수(또는 독립변수의 집단 또는 블록)가 연구자에 의해 정해진 순서대로 회귀방정식에 포함된다. 순차적 회귀분석에서는 일반적으로 각 독립변수의 통계적 유의도를 판단하기 위해 각 단계에서의 ΔR^2(설명력의 변화)에 중점을 둔다. ΔR^2은 독립변수의 중요성에 대한 인색하고 오도된 추정값이다. 오히려 ΔR^2의 제곱근이 각 독립변수의 중요성에 대한 더 나은 평가를 제공한다(입력순서가 주어졌다는 조건하에서). 순차적 회귀분석에서 초기에 입력된 독립변수는 다른 독립변수가 모두 동일할 때 이후에 입력되는 독립변수보다 중요하기 때문에 입력순서가 중요하다. 시간적 우선순위와 예상되는 인과적 순서는 입력순서를 결정하는 일반적인 방법이다. 순차적 회귀분석에 입력되는 블록 내의 각 독립변수에 대한 회귀계수는 후순위로 입력되는 독립변수를 통한 간접적 매개효과를 포함하여 결과에 대한 해당 독립변수의 총효과(total effect)로 해석될 수 있다. 이러한 방식으로 순차적 회귀분석의 결과를 해석하려면, 독립변수가 올바른 인과적 순서로 입력되어야 한다. 인과모형 또는 경로모형(path model)은 순차적 및 동시적 회귀분석 모두에 유용하며, 제1부 전체에서 회귀모형 및 분석 결과를 보여 주기 위해 사용되었다. 제2부에서는 더욱 세밀하게 연구될 것이다. 순차적 회귀분석은 설명이나 예측에 사용될 수 있다. 장점은 올바른 입력순서가 주어지면, 하나의 독립변수가 다른 독립변수에 미치는 영향을 추정할 수 있다는 것이다. 가장 큰 단점은 독립변수의 명백한 중요성이 순차적 회귀방정식에 입력되는 순서에 따라 달라진다는 것이다.

동시적 및 순차적 회귀분석은 다양한 방법으로 조합을 이룰 수 있다. 하나의 조합은 순차적 고유회귀분석(sequential unique regression)이라는 방법이다. 관련된 다른 독립변수를 고려한 이후, 하나의 독립변수 또는 독립변수의 그룹에 의해 설명되는 '고유'분산을 결정하는 데 사용된다. 이 방법에서는 다른 독립변수는 동시적 회귀분석을 위한 첫 번째 블록에 입력되고, 관심 있는 독립변수 또는 독립변수의 그룹은 두 번째 블록에 입력된다. 단일 변수가 관심의 대상인 경우 동시적 회귀분석을 동일한 목적으로 사용할 수 있다. 관심 변수가 독립변수의 블록에 의해 설명되는 분산에 있다면 이러한 동시적 및 순차적 회귀분석의 조합을 사용해야 한다. 회귀선에서 상호작용과 곡선을 검정할 때 이러한 종류의 조합을 이미 광범위하게 사용해 왔다.

다중회귀분석의 마지막 일반적인 유형은 단계적(stepwise) 회귀분석과 그 변형이다. 단계적 회귀분석은 연구자가 아닌 컴퓨터 프로그램이 독립변수의 입력순서를 선택한다는 점을 제외하면 순차적 회귀분석과 비슷한 방식으로 작동한다. 각 단계에서 어떤 독립변수가 ΔR^2의 가장 큰 증가를 일으키는지에 따라 다르다. 이 방법은 축복인 것처럼 보이지만(많은 어려운 사고와 잠재적으로 인과적 순서에 관한 당황스러운 진술을 피할 수 있다.) 사실은 그렇지 않다. 변수의 중요성에 대한 척도로서 ΔR^2 또는 ΔR^2의 제곱근을 사용한다는 것은 독립변수가 적절한 순서로 회귀방정식에 입력되었다는 가정에 근거한다. 따라서 ΔR^2을 사용하여 입력순서를 결정하려면 순환 추론(circular reasoning)이 필요하다. 이러한 이유로 단계적 방법은 설명이 아닌 예측에만 사용해야 한다. 저자의 지인인 Lee Wolfle에 의하면, 단계적 회귀분석은 "이론적인 쓰레기"(Wolfle, 1980: 206)로, 설명을 위한 연구에 사용하면 그 결과를 알려 주기보다는 잘못 이해시키는 경향이 있다. 그리고 실제로 단계적 회귀분석은 예측을 위해서는 좋은 선택이 아닐 수도 있다. 단순히 효율적인 예측을 위한 독립변수의 부분 집합을 선택하는 것이 관심사라면 단계적 회귀분석이 효과적일 수 있다(여전히 권장하지는 않지만). 차라리 표본을 늘리는 방법이나 교차타당법(cross-validation)을 권장한다. 다중회귀분석의 유형이 무엇이든 간에 연구의 주된 목적을 분명히 하고 그 목적을 달성하기 위한 적절한 회귀분석을 선택해야 한다.

MR에서 범주형 독립변수

다중회귀분석에서 범주형 또는 명목형 독립변수를 분석하는 것은 상대적으로 쉽다. 가장 쉬운 방법 중 하나는 범주형 변수를 하나 이상의 더미변수(dummy variable)로 변환하는 것이다. 더미변수를 사용하면 어떤 집단에 속하는지 아닌지를 1 또는 0의 점수로 지정할 수 있다. 예를 들어, 범주형 변수인 성별은 남성을 1, 여성을 0으로 코드화하여 여성은 점수 0으로, 남성은 점수 1로 변환된다. 더 복잡한 범주형 변수의 경우에는 변수의 범주 개수에 1을 뺀 만큼의 더미변수가 필요하다. 범주형 변수에 둘 이상의 범주가 있고, 따라서 하나 이상의 더미변수가 필요한 경우, 어떤 집단은 모든 더미변수 값으로 0을 갖는다. 이것은 본질적으로 참조집단(reference group) 또는 종종 통제집단(control group)이라고 한다. 더미변수가 다중회귀분석에서 분석될 때, 절편은 참조집단에 대한 종속변수의 평균 점수와 동일하고, b는 참조집단 대비 각 집단의 평균 편차와 동일하다.

독립변수가 모두 범주형일 때, 다중회귀분석의 결과가 ANOVA의 결과와 일치함을 보여 주었다. 두 절차의 F-검정은 동일하고 ANOVA의 효과크기 η^2은 MR의 R^2과 동일하다. 다중회귀분석의 회귀계수는 다양한 사후 절차를 수행하는 데 사용될 수 있다. MR에서 분석을 위한 범주형 변수를 코딩하기 위한 더미변수 코딩 외에 다른 방법이 있다. 우리는 효과코딩(effect coding)과 기준 척도화(criterion scaling)를 설명하였다. 이러한 방법은 모형 전반에 대한 동일한 결과를 제공하지만, 회귀계수에서는 서로 다른 대비(contrasts)를 이룬다.

범주형 변수와 연속형 변수, 상호작용, 그리고 곡선

MR에서 범주형 변수의 분석에 대해 논의하면서 우리의 주요 관심사는 MR에서 범주형 변수와 연속형 변수를 함께 결합하기 위한 준비과정이었다. 범주형 변수와 연속형 변수를 모두 포함하는 분석은 개념적으로나 분석적으로 연속형 변수만을 포함하는 분석과는 조금 다르다. 범주형 변수와 연속형 변수 간의 상호작용을 검정할 수도 있다. 이를 위해 우리는 연속형 변수를 중심화하고, 더미변수와 중심화된 연속형 변수의 외적항의 형태인 새로운 변수를 만들었다. 더미변수가 여러 개인 경우, 여러 외적항도 고려할 수 있다. 그런 다음, 다른 모든 독립변수(외적항의 생성에 사용된 범주형 및 연속형 변수를 포함하여)와 함께 동시적 회귀분석을 수행한 후인 두 번째 단계에 이 외적항이 입력된다. 외적항과 관련된 ΔR^2의 통계적 유의도는 상호작용의 통계적 유의도에 대한 검정이다. 여러 개의 더미변수와 여러 개의 외적항으로 인해 외적 블록과 관련된 ΔR^2이 상호작용의 통계적 유의도를 결정하는 데 사용된다.

통계적으로 유의한 상호작용의 존재를 가정한다면, 다음 단계는 그 본질에 대한 이해를 위해 범주형 변수 또는 다른 사후 조사의 값에 대한 개별적인 회귀분석에 이어서 상호작용을 그래프화하는 것이다. 예측에 관한 편향(bias) 및 속성(attribute)-처치(treatment) 간의 상호작용에 대한 검정은 다중회귀분석을 사용해야 하는 구체적인 예이다. ANCOVA(공분산분석)는 범주형 및 연속형 변수가 있는 MR로 간주될 수도 있지만, 다중회귀분석을 사용하는 연구자는 공분산(covariate)과 처치(treatment) 간의 가능한 상호작용을 검정할 수도 있다.

MR에서 두 개의 연속형 변수 사이의 상호작용을 검정하는 것도 물론 가능하다. 동일한 기본 절차가 사용된다. 연속형 변수가 중심화되고 곱해져서 이 외적항이 회귀방정식에 순차적으로 입력된다. 이 유형의 상호작용에 대한 후속 조치로 첫 번째 단계는 일반적으로 상호작용을 그래프로 나타내는 것이다. 그래프를 작성하고 연속형 변수 간의 상호작용을 탐색하기 위한 몇 가지 방법이 논의되었다. 모든 유형의 상호작용은 종종 "~에 따라 다르다."라는 구절을 사용하여 잘 묘사된다.

연속형 변수 간의 특별한 상호작용에 대한 유형은 한 변수가 그 자신과 상호작용할 때, 해당 변수의 영향이 변수의 수준에 따라 달라지는 것을 의미한다. 예를 들어, 과제의 영향이 과제의 양에 따라 달라진다는 것을 발견하였다. 높은 수준의 과제에 비해 한두 시간짜리 과제인 경우에 학업성취도에 더 많은 영향을 미친다는 것이었다. 이러한 유형의 상호작용은 회귀선에서 곡선으로 나타난다. 우리는 회귀선에서 한 변수와 그 자신을 곱한 다음 제곱항을 마지막으로 동시적 및 순차적 회귀분석에 입력함으로써 회귀선에서의 곡선효과를 검정한다. 추가적인 고차항(3차항, 4차항 등)을 입력하여 하나 이상의 곡선을 검정할 수도 있다. 그래프는 이러한 곡선효과의 본질을 이해하는 방법으로 권장되었다.

조절, 매개 및 공통원인

다중회귀분석에서의 상호작용은 또한 '조절(moderation)'이라는 이름으로 해석된다. 성별이 자아개념의 학업성취도에 미치는 영향을 조절한다는 것은 성별과 자아개념이 학업성취도에 미치는 영향에 상호작용한다는, 또는 자아개념은 성별에 따른 학업성취도에 차별적인 영향을 미친다는 의미이다. 본질적으로 동일한 것을 의미하는 데 다른 용어를 사용하는 이유는 무엇인가? 우리가 "대학원 학생을 혼란스럽게" 하기 위해 그렇게 한다는 Thompson의 주장은 다른 어떤 것보다 그럴듯해 보인다(Thompson, 2006: 4). 조절이라는 용어는 때로 매개라는 용어와 혼용된다. 매개는 한 변수가 매개변수를 통해 다른 변수에 간접효과를 미치는 과정을 설명한다. 과제가 학업성취도에 대한 동기의 영향을 매개한다면, 이는 동기가 과제에 영향을 미친 후 학업성취도에 영향을 미친다는 것을 의미한다. 제9장에서는 다중회귀분석에서 매개를 검정하기 위한 몇 가지 방법을 논의하였지만, 경로분석 및 구조방정식모형(제2부)과 관련하여 매개를 이해하고 검정하는 것이 훨씬 쉽다는 점에 주목하였다. 실제로, 우리는 매개를 설명하기 위해 경로도를 광범위하게 사용하였다. 비록 저자는 '매개(mediation)'라는 용어와 '간접효과(indirect effect)'라는 용어를 상당히 상호교환적으로 사용하는 경향이 있지만, 다른 사람은 매개라는 용어를 종단자료를 포함하는 분석을 위해 남겨 두어야 한다고 제안한다(예: Kline, 2016, 제6장). 소수의 저자들만이 공통원인과 관련된 문제에 대해 논의하고 있다(또한 이 개념을 논의하는 데 사용되는 여러 용어가 있다). 공통원인은 추정된 원인과 추정된 결과 모두에 영향을 미치는 변수이고, 이러한 변수는 '결과'에 대한 타당한 추정값을 제공하기 위해 다중회귀분석에 포함되어야 한다. 이 개념이 조절과 혼동되는 것은 드문 일이 아니다. 두 변수가 어떤 식으로든 상호작용할 가능성이 있다는 것을 막연하게나마 듣게 된다면 주의를 기울일 필요가 있다. 그것이 정말로 상호작용/조절을 의미하는가? 그렇지 않으면 잠재적인 공통원인에 대해 실제로 이야기하고 있는가? 다시 말해서, 이것은 경로도(제8장에서 사용된)의 표현으로 보다 명확한 주제이고 이 책의 제2부에서의 중요한 주제이다.

📈 가정과 회귀진단

여러 회귀분석에 대해 보다 완전히 이해하고 회귀분석의 결과를 수행 및 해석할 때까지 몇 가지 중요한 주제에 대한 논의를 미룬 바 있다. 이제 회귀분석에 영향을 미칠 수 있는 다양한 문제를 진단하는 방법뿐만 아니라 이러한 문제에 대해 고려해야 할 일을 비롯하여 다중회귀분석의 기본이 되는 가정에 대해 논의할 시간이다. 참고문헌은 이 주제에 대한 자세한 내용을 제공하는 출처로 주어진다.

회귀분석이 기반하고 있는 가정

다중회귀분석의 근거가 되는 가정은 무엇인가? 다중회귀분석의 결과를 신뢰하고 회귀계수를 해석할 수 있다면 다음과 같이 가정할 수 있다.

1. 종속변수는 독립변수의 선형함수이다.
2. 각 개체(또는 관찰개체)는 모집단에서 독립적으로 추출해야 한다. 회귀방정식의 하나의 일반적인 형태를 생각해 보자. $Y = a + b_1 X_1 + b_2 X_2 + e$. 이 가정은 각 개체의 오차($e$)가 다른 개체의 오차($e$)와 독립적이라는 것을 의미한다.
3. 오차의 분산은 독립변수와는 별개인 함수이다. 회귀선 주위의 값에 대한 분산은 X의 모든 값에 대해 일정하게 유지되어야 하며, 이를 등분산성(homoscedasticity)이라고 한다.
4. 오차는 정규분포(normal distribution)를 따른다.

첫 번째 가정인 선형성이 가장 중요하다. 만약 이를 위배하게 되면 회귀분석으로 얻는 모든 추정 결과, 예컨대 R^2, 회귀계수, 표준오차, 통계적 유의도 검정 등이 편향될 수 있다. 추정값이 편향되어 있다는 것은 실제 모집단의 진점수(true score)를 재현하지 못할 가능성이 있음을 의미한다. 가정 2, 3, 4를 위배하는 경우, 회귀계수가 편향되지는 않지만 표준오차와 유의도 검정은 정확하지 않을 것이다. 즉, 가정 1의 위배는 추정된 회귀계수의 의미가 위협받게 되지만, 다른 가정의 위배는 이러한 회귀계수의 해석을 위협하게 된다(Darlington, 1990: 110). 회귀모형은 가정 3과 4에 대해서는 상당히 강건하기 때문에 그렇게 심각한 것은 아니다(Kline, 1998). 가정 4의 위배는 표본크기가 작은 경우에만 심각하다. 이미 한 가지 형태의 비선형성(곡선성, 제8장에서)을 다루는 방법을 논의하였으며, 나머지 가정의 위배를 탐지하고 다루는 방법을 여기에서 그리고 이후에 논의할 것이다.

이러한 기본적인 가정에 덧붙여서, 회귀계수를 독립변수가 종속변수에 미치는 영향으로 해석하기 위해서는 오차가 독립변수와는 상관관계가 없다고 가정할 수 있어야 한다. 이 가정은 다음을 의미한다.

5. 종속변수는 독립변수에 영향을 미치지 않는다. 다시 말해서, 독립변수는 원인이 되어야 하며, 종속

변수는 결과가 되어야 한다.

6. 독립변수는 오차 없이 완벽하게 신뢰도와 타당도를 가지고 측정된다.

7. 회귀모형에는 추정된 원인과 추정된 결과의 모든 공통원인이 포함되어야 한다(Kenny, 1979: 51).

우리는 이미 가정 5와 7에 대해 논의하였고, 제2부에서 더 발전시켜 나갈 것이다. 사회과학에서는 완벽한 측정이 이루어지는 경우가 드물기 때문에, 가정 6이 문제가 된다. 다시 말해서, 제2부에서 이 가정의 위배에 대한 의미를 논의할 것이다. 이러한 일곱 가지의 가정에 대해 가독성이 매우 높고 상세한 설명을 기술한 많은 연구가 있다. 특히 Allison(1999), Berry(1993) 및 Cohen 등(2003)이 유용하다 하겠다.

회귀진단

이 장과 이전 장에서 자료분석에 있어서의 좋은 습관은 그 자료값이 그럴 듯하고 합리적인지를 확인하기 위해 자료를 조사하는 것이라고 지적하였다. 항상, 항상, 항상 여러분의 자료를 검토하라. 회귀진단(Regression Diagnostics)은 이 조사를 다른 수준으로 가져가서 가정의 위배를 조사하고 불가능하거나 일어날 가능성이 희박한 자료값 및 자료의 다른 문제를 발견하는 데 사용할 수 있다. 이 절에서는 회귀분석에 대해 간략히 설명하고 이전 장의 자료에 대한 사용 예제를 상세히 설명하며 회귀진단의 결과와 관련된 사항들을 논의할 것이다. 이를 위해 그래프를 이용한 접근방법을 강조할 것이다.

가정 위배 진단

• 선형성 위배

제8장에서는 회귀방정식에 어떤 독립변수의 고차항을 더함으로써 비선형 자료를 처리하는 방법을 살펴보았다. 근본적으로, 과제와 제곱된 과제항을 회귀방정식에 추가하여 회귀선의 비선형 부분을 선형으로 변환하였고, 결과적으로, 다중회귀분석을 사용하여 효과적으로 곡선을 모형화할 수 있었다.

따라서 이 접근방법은 선형성 가정을 위배했는지 여부를 결정하는 한 가지 방법을 시사한다. 독립변수가 곡선과 같은 결과와 관련이 있다고 의심할 실제적인 이유가 있는 경우, 곡선 요소(독립변수의 제곱)를 회귀방정식에 추가하여 이로부터 설명되는 분산이 어느 정도 증가하는지를 확인해 보라.

이 접근방법의 잠재적 단점은 독립변수의 제곱으로 모형화된 곡선이 선형성에서의 이탈을 적절하게 설명하지 못할지도 모른다는 것이다. 따라서 산점도를 사용하여 자료를 더 자세히 검토하여 이 접근방법을 보완하는 것이 유용하다. 그러나 독립변수에 대한 관심 있는 종속변수를 도식화하는 대신 독립변수에 대한 잔차를 도식화한다. 잔차는 선형성에서 벗어났는지를 확대하여 알려 준다. 잔차는 종속변수의 실제값에서 종속변수의 적합값을 뺀 것으로서($Y - Y'$) 예측오차이다.

예를 들어, 다중회귀분석(SES, 이전 학업성취, 그리고 과제를 완성하는 데 소비되는 시간을 성적에 회귀분석)에서의 곡선효과에 대한 검정을 설명하기 위해 제8장의 예제를 사용할 것이다. 제곱된 과제 변수를 추가한 것이 통계적으로 유의하며, 이는 선형성의 위배를 의미한다. 산점도를 활용하여 이러한 비선형성을 선택할 수 있는지를 살펴보자.

제곱된 과제 변수를 사용하지 않고 중심화하지 않은 원래의 척도를 사용한 원래의 회귀분석을 수행한 후 잔차를 저장하였다(회귀분석을 수행하는 프로그램은 일반적으로 비표준화 잔차를 저장할 수 있게 해 준다). [그림 10-1]은 원래 독립변수인 과제에 대한 잔차의 도식화를 보여 준다. 그래프에서 두 개의 선을 주목하라. 직선으로 이루어진 수평선은 잔차의 평균이다. 또한 이 선은 과제에 대한 잔차의 회귀선을 의미한다. 잔차는 과제(및 다른 독립변수)의 영향이 제거된 성적을 나타내므로, 이 회귀선은 수평을 이룬다. 과제 변수가 제거되었기 때문에 더 이상 잔차와는 아무런 관련이 없다. 두 변수가 관련이 없는 경우, 종속변수인 Y에 대한 최선의 예측은 독립변수인 X의 모든 값에 대한 평균이다. 따라서 회귀선은 잔차의 평균을 통해 그려진 선과 같다. 거의 직선에 가까운 또 다른 적합선은 선형성 가정이 부여되지 않은 비모수적인 최적의 적합을 나타내는 추세(Lowess)(또는 Loess)선이라고 불리는 것이다. 대부분의 컴퓨터 프로그램은 산점도에 이 회귀선을 쉽게 추가할 수 있다.

[그림 10-1] 한 독립변수(과제)에 대한 비표준화 잔차 산점도
추세(lowess) 적합선은 거의 직선이다.

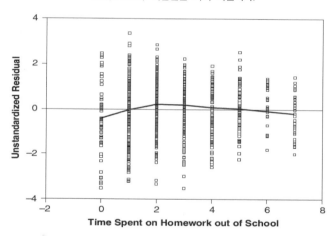

만약 자료에 선형성의 위배가 없다면, 우리는 추세(Lowess)선이 회귀선과 매우 유사하다고 기대할 것이다. Cohen 등(2003: 111)은 추세(Lowess)선은 "아동이 직선을 자유롭게 그리는 것"처럼 보일 것이라고 지적하고 있다. 만약 선형성에서 크게 벗어난다면, 추세(Lowess)선은 곡선의 형태를 띤, 제8장의 곡선회귀선([그림 8-15])과 유사하지만 증가하는 기울기가 없는 경우로 예상할 수 있다. 이 도식의 추세(Lowess)선은 실제로 직선 회귀선에 근접한다. [그림 10-2]는 또 다른 유용한 도식인 잔차와 성적 종속변수의 도식을 보여 준다. 제3장에서는 예측된 종속변수 Y가 독립변수의 최적 가중값 합성변수임을 보여 주었다. 그리고 그 합성변수는 모든 독립변수를 조합하여 나타내는 변수이다. 다시 말해서, 추세(Lowess)선은 회귀선에 가깝고 선형성에서 벗어난 것은 아니다.

[그림 10-2] 예측성적(독립변수들의 선형결합) 대비 비표준화 잔차 산점도

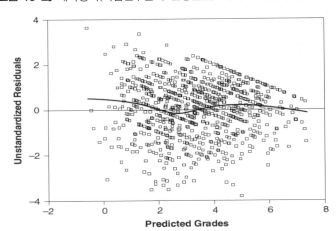

이 예제에서 곡선효과의 추가에 대한 검정(제8장)은 산점도를 통해 자료를 조사하는 것보다 선형성의 위배를 발견하는 것이 더 성공적이었다. 그러나 항상 그런 것은 아니므로 이 가정이 위배되는 것으로 의심되는 경우, 두 가지 방법을 모두 사용하는 것이 좋다. 이론이나 조사가 선형성의 위배를 암시하는 경우, 이를 수정하기 위한 주요 방법은 비선형항(예: 제곱이나 대수 등)을 회귀모형에 포함하는 것이다. 이 방법은 제8장에서 설명하였다. 좀 더 깊이 있는 설명을 위해 Cohen 등(2003), Darlington과 Hayes (2017)를 참조하기 바란다.

• 오차의 비독립성(nonindependence)

자료가 모집단으로부터 독립적으로 추출되지 않았다면, 오차(잔차)의 독립성 가정이 위배될 위험이 있다. 다음 장에서 소개할 다수준모형분석(multilevel modeling)에 의하면, 학교 내에서 군집화된 학생의 NELS 자료는 이 가정이 위배될 수도 있다. 이 가정의 위배는 회귀계수에는 영향을 미치지 않지만 표준오차에는 영향을 미친다. 이 설명대로 군집화가 이루어지면, 표준오차를 과소추정(under-estimation)하게 되고, 결과적으로, 통계적으로 유의한 변수로 잘못 분류될 위험이 있다. 여기에서 사용되는 NELS 자료와 같은, 표본크기가 큰 표본인 경우에는 이 위험을 어느 정도 방지할 수 있다. 특히 통계적 유의도보다는 영향력의 크기에 더 큰 관심을 가지는 경우는 더욱 그러하다.

SES, 이전 학업성취도 및 과제를 성적에 회귀한 회귀분석으로 얻은 잔차는 독립이 아닌가? 학교 내에서 상당한 차이가 있는가? 불행히도 이 가정은 웹사이트에 포함된 NELS 자료로는 검정하기 어렵다. 그 이유는 1,000건의 하위표본에 대하여 한두 학생 이상을 관측한 학교가 거의 없기 때문이다. 따라서 원래 NELS 자료를 사용하여 13개 학교에서 414건을 선택하였다. 앞에서의 경우와 비슷한 회귀분석(SES, 이전 학업성취도 및 과제를 성적에 회귀)을 수행하고 잔차를 저장하였다.

이 가정의 위배를 조사하는 한 가지 방법은 상자수염그림(상자그림, boxplot)이라고 하는 그래프 기법을 사용하는 것이다. 학교에 의해 군집화된 잔차의 상자그림을 [그림 10-3]에 나타내었다. 각 상자그림의 중심은 중위수를 의미하고, 상자의 양 끝은 자료의 중앙을 이루는 50%의 자료값(25% 분위수에서 75%

분위수)를 나타낸다. 상자에서 확장된 선은 이상값 및 극단값을 제외한 상한값 및 하한값을 나타낸다. 오차의 독립성에 대한 가정을 탐구하기 위해 상자그림의 차이에 관심을 가지게 된다. 학교마다 차이는 약간의 차이가 있고, 따라서 이 군집화는 실제로 고려해야 할 만한 가치가 있다 하겠다. 관찰개체 간의 독립성에 대한, 또 다른 양적 검정은 집단 간(이 경우 학교 간)의 차이를 전체 분산(예: Stapleton, 2006를 참조하기 바람)을 비교하는 급내 상관계수(intraclass correlation)를 사용하는 것이다. 급내 상관계수는 학교마다 다를 수 있다고 생각되는 변수(예: 과제) 또는 잔차를 통해 계산할 수 있다.

[그림 10-3] NELS 원자료로부터 추출된 학생의 학교별 잔차 상자그림

NELS 원자료로부터 414명이 추출되었다.

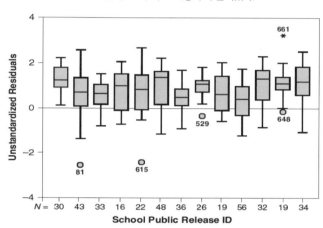

오차의 독립성 위배를 처리하는 한 가지 방법은 군집화된 변수를 고려한 범주형 변수(예를 들어, 제6장의 기준 확장을 사용하는)를 포함하는 것이다. 또 다른 옵션은 다수준모형분석 또는 위계적 선형모형분석을 사용하는 것으로, 다음 장에서 간단히 설명한다. 이 가정은 동일한 검사나 척도를 반복적으로 시행하는 종단적 설계에서도 위배될 수 있다. 제2부에서 이 문제를 간단히 다룰 것이다.

• 등분산성(Homoscedasticity)

회귀선 주위에 놓이는 오차의 차이는 독립변수의 수준에 따라 상당히 일정하다고 가정한다. 다시 말해서, 잔차는 X의 수준에 따라 일정한 범위 내에서 지속적으로 퍼져 있어야 한다. 이 가정의 위배는 표준오차와 통계적 유의도(회귀계수가 아니라)에 영향을 미치며, 회귀분석은 이 가정의 위배에는 민감하게 반응하지 않는다. 독립변수와 잔차의 산점도 또는 종속변수의 예측값과 잔차의 산점도는 이 가정의 위배 여부를 조사하는 데 도움이 된다.

SES, 이전 학업성취도 및 **과제**를 성적에 회귀한 회귀분석으로 얻은 잔차와 **과제**의 산점도([그림 10-1]) 로 되돌아가 보자. 잔차는 **과제** 변수의 상위 수준보다 하위 수준에서 더 많이 퍼져 있지만, 그 차이는 미미하다. 육안으로 이루어지는 검사에서는 이분산성(heteroscedasticity, 등분산성의 반대)이 문제가 되지 않는다는 것을 시사한다. 이분산성의 일반적인 경향은, 예를 들어 **과제**의 수준이 낮으면 차이가 작고, 수준이 높을수록 차이가 큰 부채꼴 모양으로 나타난다. 나비 모양도 가능한데, **과제**의 중급 수준에서는

잔차의 차이가 수축되는 경우가 이에 해당된다.

[그림 10-2]를 다시 주목하라. 예측된 Y값의 상위 수준에서 잔차가 어떻게 묶여 있는지 주목하라. 예측된 Y값의 상위 수준에서 차이의 폭이 작아지는 부채꼴 모양을 가진다. 이 자료는 등분산성 가정을 위배한 것인가? 이 가능성을 검정하기 위해 예측성적 변수를 5개의 동등한 범주로 축소하여 각 단계에서 잔차의 분산을 비교하였다. 주어진 자료를 [그림 10-4]와 같이 막대그래프(bar chart)와 표의 형태로 표현하였다. 이 표에서 알 수 있듯이, 가장 낮은 수준의 Y 예측값들에 대해 잔차의 분산값은 2.047인 반면 가장 높은 수준의 경우에는 .940으로 나타났다. 차이가 있지만 심각한 정도는 아니다. 경험칙(경험에 근거한 법칙)은 가장 큰 분산값과 가장 작은 분산값의 비율이 10 미만인 경우는 그리 큰 문제가 되지 않는다는 것이다. 이에 대한 통계적 검정 역시 가능하다(Cohen et al., 2003).

[그림 10-4] 예측성적의 여러 수준에 따른 잔차의 분산 비교

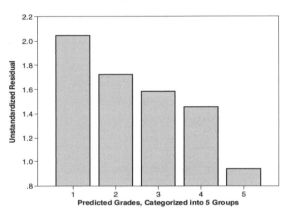

Report

RES_2 Unstandardized Residual

NPRE_2 predicted	Mean	N	Std. Deviation	Variance
1	.1813529	173	1.43089123	2.047
2	−.2252563	178	1.31232697	1.722
3	−.0820244	182	1.25877627	1.585
4	.0519313	182	1.20728288	1.458
5	.0784449	181	.96944000	.940
Total	.0000000	896	1.24815811	1.558

• **잔차의 정규성**(normality)

마지막 가정은 오차 또는 잔차가 정규분포를 따른다는 것이다. 이 가정이 의미하는 것은 잔차 값을 도식화하면 정규곡선으로 근사할 수 있다는 것이다. 대부분의 다중회귀분석을 수행하는 프로그램에는 이러한 검정을 허용하는 도구가 내장되어 있으므로 이 가정은 매우 쉽게 밝힐 수 있다.

[그림 10-5] 잔차의 정규성 검정

잔차가 거의 정규곡선을 따른다.

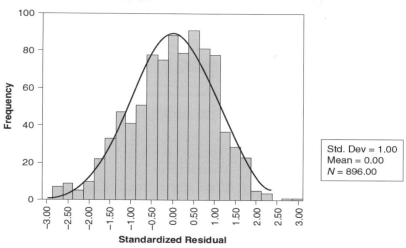

Histogram
Dependent Variable: Grades

Std. Dev = 1.00
Mean = 0.00
N = 896.00

[그림 10-5]는 SES, 이전 학업성취도 및 과제를 성적에 회귀한 NELS 자료에 근거한 회귀분석의 잔차 막대그래프이다(이 그래프는 SPSS의 회귀분석에서 도식 옵션 중 하나로 생성된다). 막대그래프에 겹쳐 놓은 정규곡선은 이 회귀분석의 잔차가 실제로 정규분포를 따른다는 것을 의미한다. 보다 정확한 또 다른 방법은 잔차의 q-q 도면(plot)(또는 대안으로, p-p 도면)으로 알려져 있다. 잔차의 q-q 도면은 한 축에 잔차의 실제값과 다른 축에 잔차의 예상값(정규분포를 따른다는 가정하에서)을 보여 준다. [그림 10-6]은 SES, 이전 학업성취도 및 과제를 성적에 회귀한 회귀분석으로 얻은 잔차의 q-q 도면을 보여 준다. 만약 잔차가 정규분포를 따르는 경우, 두꺼운 실선(잔차의 예측값과 잔차의 실제값)은 대각선에 가까워야 한다. 그래프를 통해 알 수 있듯이, 점으로 표시된 잔차의 순서쌍들이 대각선과 상당히 일치한다. 이 방법이 더 정확한 이유는 정규곡선보다는 직선에서 벗어나는 것을 더 쉽게 발견할 수 있다는 것이다(Cohen et al., 2003). SPSS와 같은 몇몇 프로그램은 다중회귀분석에서 잔차의 p-p 도면을 옵션으로 생성한다. p-p 도면은 누적 빈도를 사용하며 q-q 도면의 경우와 동일한 방식으로 해석된다(대각선에서의 이탈을 찾는다).

[그림 10-6] 잔차의 q-q 도면

잔차가 대각선 주위에 놓여 있다는 것은 정규성의 충족을 의미한다.

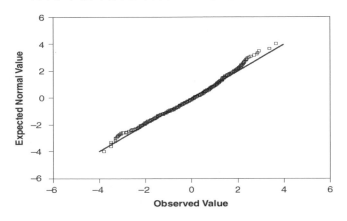

과도한 이분산성과 비정규성하에서의 잔차는 종속변수의 변환을 통해 때때로 교정될 수 있다. 회귀분석에서 하위표본(subgroups)을 제거하는 것도 유용할 수 있다. 마지막으로, 이 가정이 심각하게 위배되었을 때 기존 방법의 대안으로 고려할 수 있는 유용한 회귀추정법(예: 가중최소제곱추정법)이 있다. 보다 자세한 내용은 Cohen 등(2003)과 Darlington(1990)을 참조하기 바란다.

자료 자체의 문제점 진단

문제가 되는 자료점을 찾아내는 회귀분석은 거리(distance), 지렛대(leverage) 및 영향(influence)이라는 세 가지의 일반적인 특성에 초점을 맞춘다. 개념적으로 이상값(outliers) 또는 극단값(extreme cases)이라고 불리는 비정상적이거나 문제가 있는 개체를 어떻게 발견할 것인가? 앞서 소개한 [그림 3-7]과 동일한 [그림 10-7]을 주목하라. 이 그래프는 **학부모교육수준**과 **과제**를 **성적**에 회귀한 회귀분석의 부산물이다. 산출을 가장 잘 예측할 수 있도록 가중값을 부여한 두 개의 독립변수의 최적 가중값 합성변수인 **예측성적**을 저장하였다. 이 그림은 학생의 GPA와 그의 **예측 GPA** 간의 산점도이다. 이 그림의 오른쪽 아래에 동그라미로 표시된 개체를 주목하라. 이 개체는 회귀선에서 가장 멀리 떨어진 개체 중 하나이다. 이는 거리라고 불리는 것으로, 극단값을 구분하는 하나의 방법이다. 지렛대란 독립변수에 대한 비정상적 패턴을 말하며 종속변수는 고려하지 않는다. 전반적인 GPA를 예측하기 위해 서로 다른 학업 영역에서의 과제를 고려하는 경우, 수학과제에 1시간씩 소비하는 학생을 찾는 것은 영어 과제에 주당 8시간을 소비하는 학생을 찾는 것과 마찬가지로 드문 일은 아닐 것이다. 이 두 가지 모두에 해당하는 학생(수학과제에는 주당 1시간씩을 소비하는 반면, 영어 과제에는 주당 8시간씩을 소비하는)을 찾는 것은 드문 일일 것이다. 이 개체에는 높은 지렛대 효과가 있을 것이다. 지렛대는 종속변수와 관련하여 계산되지 않기 때문에, 여기에 표시된 그래프로 지렛대에 대한 정보를 얻기에는 유용하지 않을 수 있다. 그러나 두 독립변수의 그래프가 더 유용할 수 있고 곧 이를 알게 될 것이다. 마지막 특성은 영향이다. 명칭에서 알 수 있듯이, 영향이 큰 개체는 이를 회귀분석에서 제외하게 되면 회귀분석의 결과가 크게 달라진다. 영향이 큰 개체는 거리와 지렛대 효과가 모두 높은 경우에 해당하며 동그라미로 표시된 개체도 당연히 이에 부합할 것이다. 회귀분석에서 이 개체를 삭제하면, 회귀선의 기울기는 이 그래프에 나타난 기울기보다 조금 더 가파르게 된다.

[그림 10-7] 제3장의 실제성적(actual Grades) 대비 예측성적의 산점도

회귀직선으로부터 멀리 떨어진 개체는 동그라미 표시되어 있다.

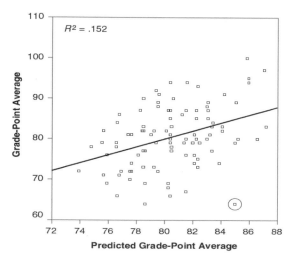

• **거리**(distance)

거리의 일반적인 측정도구는 잔차로 얻어진다. [그림 10-7]에서 동그라미로 표시된 개체의 잔차는 실제값보다 큰 예측값(대략적으로 85)에서 실제값(64)을 뺀 값이다. 이 정의는 앞서 주어진 거리의 개념적 정의와 잘 일치한다.

실제로는 비표준화 잔차(non-standardized residuals)는 표준화 잔차보다 유용하지 않다. 〈표 10-1〉은 이 자료세트의 일부 사례를 보여 준다. 첫 번째 열부터 개체번호, **성적**인 종속변수 및 두 개의 독립변수인 **학부모교육수준**과 **과제**를 나타낸다. 다섯 번째 열은 [그림 10-7]에서 그래프를 생성하는 데 사용된 **성적**의 예측값을 나타낸다. 나머지 열은 다양한 회귀진단의 결과를 보여 준다. 표의 첫 번째 행에는 SPSS에서 이들 변수에 할당된 이름이 표시되며, 간단한 설명이 포함되어 있다. ZRE_1로 표시된 여섯 번째 열은 표준화 잔차를 나타내며, 이는 대략적으로 정규분포를 따르도록 표준화한 잔차이다. 0(회귀선에 매우 가깝게 놓이는)에서 ±3 이상에 이르는 값을 가지는 Z-점수와 같이 생각하면 된다. 다음 열(SRE_1)은 t-분포로 변환된 표준화 잔차를 나타내는데(t-분포는 스튜던트 t-분포), 흔히 스튜던트화 잔차(studentized residuals) 또는 t-잔차라고도 한다. 이 변환의 장점은 t-잔차가 통계적 유의도를 위해 검정될 수 있다는 것이다(Darlington, 1990: 358). 그러나 현실적으로 연구자는 대개 큰 양수 또는 음수의 표준화 잔차 또는 스튜던트화 잔차, 또는 합리적인 표본크기하에서 그 절대값이 2보다 큰 경우를 주로 조사한다(표본크기가 매우 큰 경우, 이 중 상당수가 이에 해당될 수 있다).

〈표 10-1〉에 나타난 개체들은 거리, 지렛대 또는 영향이 높기 때문에 이를 표시하기 위해 선택되었다. 표에 제시된 것처럼, 개체번호 34(-3.01) 및 83(2.06)은 스튜던트화 잔차의 절대값이 매우 큰 개체임을 보여 준다.

<표 10-1> 학부모교육수준과 과제를 성적에 회귀한 회귀분석에 대한 회귀진단 결과(제3장의 자료 참조)

Casemum	Grades	Pared	Hwork	Predgrad	ZRE_1 standardized residual	SRE_1 standardized, t residual	SDR_1 tResid, deleted	COO_1 Cook	LEV_1 Leverage	SDB0_1 Standardized DF Beta intercept	SDB1_1 pared	SDB2_1 hwork
12.00	72.00	13.00	5.00	79.48435	−1.05539	−1.06231	−1.06302	0.00495	0.00299	−0.07044	0.05836	−0.01163
13.00	66.00	12.00	3.00	73.63804	−1.50010	−1.52071	−1.53122	0.02134	0.01693	−0.19095	0.12503	0.11783
14.00	79.00	14.00	4.00	79.36713	−0.05211	−0.05211	−0.05184	0.00001	0.00303	−0.00098	−0.00072	0.00287
15.00	76.00	10.00	4.00	75.88464	0.01673	0.01673	0.01664	0.00001	0.04405	0.00377	−0.00347	0.00009
16.00	80.00	20.00	6.00	86.56656	−0.98069	−0.98069	−0.98049	0.02901	0.09848	0.30209	−0.32258	0.04489
17.00	91.00	15.00	8.00	84.18914	0.97535	0.97535	0.97510	0.00994	0.02038	−0.04474	0.01145	0.13224
32.00	83.00	15.00	11.00	87.15267	−0.58558	−0.61536	−0.61338	0.01317	0.08446	0.03559	0.01979	−0.18448
33.00	78.00	13.00	6.00	80.47220	−0.34861	−0.35156	−0.34996	0.00070	0.00669	−0.02205	0.02422	−0.02180
34.00	64.00	17.00	7.00	84.94254	−2.95316	−3.00886	−3.14360	0.11492	0.02668	0.45737	−0.42923	−0.16864
35.00	82.00	13.00	4.00	78.49651	0.49404	0.49765	0.49571	0.00121	0.00448	0.03445	−0.02020	−0.01998
36.00	81.00	17.00	1.00	79.01546	0.27984	0.29462	0.29322	0.00313	0.08776	−0.03788	0.06746	−0.07800
37.00	73.00	13.00	4.00	78.49651	−0.77508	−0.78075	−0.77917	0.00298	0.00448	−0.05430	0.03175	0.03141
80.00	72.00	10.00	5.00	76.87248	−0.68708	−0.70760	−0.70576	0.01012	0.04714	−0.15793	0.15778	−0.04060
81.00	79.00	17.00	4.00	81.97900	−0.42008	−0.42961	−0.42780	0.00283	0.03391	0.05808	−0.07712	0.04376
82.00	93.00	14.00	7.00	82.33067	1.50451	1.51942	1.52989	0.01533	0.00954	0.02337	−0.04408	0.15087
83.00	100.00	18.00	7.00	85.81316	2.00052	2.05698	2.09249	0.08073	0.04414	−0.41586	0.40491	0.08101
84.00	90.00	13.00	4.00	78.49651	1.62214	1.63401	1.64841	0.01307	0.00448	0.11487	−0.06717	−0.06645
85.00	69.00	10.00	4.00	75.88464	−0.97082	−0.99817	−0.99815	0.01898	0.04405	−0.22643	0.20833	−0.00511

[그림 10-8]은 성적의 예측값과 실제값의 산점도를 보여 주며, 스튜던트화 잔차의 절대값이 매우 큰 몇 개의 개체가 확인되었다. 원래 동그라미로 표시되었던 개체는 개체번호 34로, 가장 큰 음수의 스튜던트화(표준화) 잔차를 가진다. 매우 큰 양수의 표준화 잔차를 가지는 개체번호 83 또한 회귀선에서 멀리 떨어져 있음을 알 수 있다. 절대값이 큰 잔차를 가지는 이러한 개체를 조사하여 올바르게 입력되었는지를 확인하는 것은 매우 중요하다.

[그림 10-8] [그림 10-7]에 주목할 만한 개체를 추가로 표시한 산점도

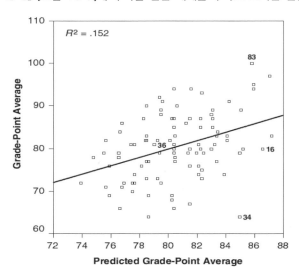

• **지렛대**(leverage)

지렛대는 종속변수에 관계없이 독립변수 패턴의 특이성에서 얻어진다. LEV_1로 표시된 〈표 10-1〉

의 열은 지렛대 효과의 추정값을 제공한다(이 측정값을 종종 h라고 한다). h는 평균이 $(k+1)/N$인 0에서 1까지의 범위를 가진다(k는 독립변수의 개수이다). 이 평균값의 두 배 정도를 높은 지렛대 효과로 간주하는 경험칙이 제안되었다(Pedhazur, 1997: 48). 표의 개체번호 16은 가장 큰 지렛대 값(.098)을 가지고 개체번호 36(.088)과 개체번호 32(.084)가 그 뒤를 이었다. 이 두 값은 모두 경험칙보다 높은 값을 나타낸다.

$$2\left(\frac{k+1}{N}\right) = 2\left(\frac{3}{100}\right) = 0.06$$

[그림 10-8]에서 볼 수 있는 바와 같이, 개체번호 16이 시각적으로 판단했을 때 비정상적인 것으로 의심할 수 있다(그래프의 한쪽 가장자리에 있기 때문에). 그러나 개체번호 36은 그래프 중간에 놓여 있다. 한편, 지렛대 효과는 종속변수에 의존하지 않는다는 것을 기억하라. [그림 10-9]는 두 개의 독립변수 간의 산점도를 보여 준다. 개체번호 16, 36 및 32는 대부분의 경우 '무리(swarm)'의 외부에 놓여 있다. 이 개체들은 실제로 독립변수의 비정상적인 조합을 나타낸다. 이러한 개체들 또한 확인해 볼 만한 가치가 있다.

[그림 10-9] 도식화된 지렛대

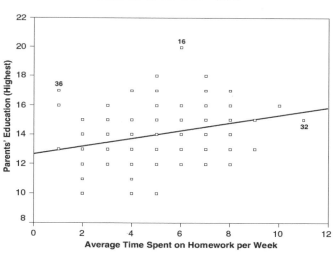

• **영향**(influence)

영향은 그 이름을 통해 알 수 있듯이, 회귀선(회귀계수)에 큰 영향을 미치는 경우를 의미한다. 〈표 10-1〉에서 [쿡의 거리(Cook's D)에 대한] Coo_1로 표시된 열은 영향의 추정값을 제공한다. 영향의 추정값이 큰 개체는 조사할 가치가 있다. 쿡의 거리값이 가장 큰 개체는 개체번호 34(.115)와 83(.081)이다. 이 개체들을 제거한다면 회귀선이 가장 크게 변하게 된다.

대부분의 컴퓨터 프로그램은 또한 부분(partial) 영향의 추정값을 계산한다(다른 독립변수의 효과를 고려한 상태에서). 마지막 세 개의 열에 나열된 표준화된 DF Beta는 부분 영향의 추정값이다. 세 개의 열

중 첫 번째 열(SDB0_1)은 회귀선의 절편과 관계가 있고, 두 번째 열(SDB1_1)은 첫 번째 독립변수(학부모교육수준), 세 번째 열(SDB2_1)은 두 번째 독립변수(과제)와 관련이 있다. 이 측정값은 특정 개체가 제거된 경우 각 회귀계수의 변화를 나타낸다. 음수값은 특정 개체가 회귀계수를 과소추정(under-estimation)하였음을 나타내는 반면, 양수값은 특정 개체가 회귀계수를 과대추정(over-estimation)하였음을 나타낸다. 예를 들어, 개체번호 34는 표준화 DF Beta의 추정값으로 .457, −.429 및 −.169를 가진다. 따라서 개체번호 34는 절편항은 높이고 **학부모교육수준** 및 **과제**에 대한 회귀계수는 낮추는 역할을 한다. 비표준화 DF Beta는 〈표 10−1〉에 제시되지는 않았지만, 2.29, −.158 및 −.058이다. 개체번호 34를 제외한 후 회귀분석을 수행하면, 절편이 2.29만큼 감소하고, 학부모교육의 b는 .158만큼, 그리고 과제의 b는 .058만큼 증가한다는 것을 알 수 있다.

표준화 DF Beta에 의한 조사를 통해 개체번호 83은 절편이 매우 큰 음수값(−46)을, 개체번호 34 또한 매우 큰 양수값(.457)을 갖는다는 것을 알 수 있다. 이 두 개체는 학부모교육의 회귀계수에도 매우 큰 영향을 미치지만, 개체번호 34(−.429)와 개체번호 83(.405)의 순서가 바뀌었다. 과제 변수에 대한 부분 영향은 상당히 작았다. 개체번호 21과 29는 가장 큰 부분 영향(.334와 .335)을 나타내었다.

● 사용(uses)

이러한 다양한 회귀진단의 결과는 무엇을 말하는가? 이 예제에서 개체번호 34와 개체번호 83은 여러 측정 항목을 통해 발견하게 된다. 이 개체들은 조사할 만한 가치가 있었다. 그러나 무엇을 위해 조사하였는가? 때로는 이러한 진단 결과가 잘못 입력된 자료에 기인한다. 코딩의 단순 오류로 인해 과제 수행의 5시간을 50시간으로 표시할 수 있다. 이 경우, 회귀진단에서 의심할 여지없이 발견되고, 따라서 그 실수를 알아차리게 된다. 물론, 자료를 초기에 주의 깊게 조사하면 이 개체를 쉽게 발견할 수 있을 것이다. 그러나 지렛대 효과를 설명하기 위해 사용한 예제에서 수학과제에 1시간을, 영어 과제에 8시간을 보고한 사람을 생각해 보자. 이 두 가지 값은 합리적이며 함께 사용했을 때 그 자체로 단지 흥미로운 정도의 수준에 불과하기 때문에 자료의 간단한 조사로는 이 개체가 발견되지 않는다. 이 개체는 지렛대와 영향 모두에 대한 분석에서 발견될 것이다. 물론 이 자료를 입력할 당시에 오류가 발생하였다는 것을 발견할지도 모른다.

회귀진단을 통해 발견된 변수에 대한 명백한 오류가 없다면 무엇이 필요한가? 현재 예제에서 개체번호 34와 83은 이상값이지만 충분히 관측될 수 있는 값이다. 원자료(raw data)를 살펴보면 개체번호 34는 학부모교육수준이 높았으며, 과제 점수가 평균보다 높았으나 성적은 낮았다. 개체번호 83은 성적이 탁월하고 과제 점수가 평균보다 높았다. 추가 조사를 통해, 개체번호 34에 학습장애가 있음을 발견할 수 있었고, 이 개체와 몇 가지 다른 유사한 개체를 삭제할 수 있었다. 또는 차이라는 것이 현재 연구하고 있는 현상의 일부분으로 개체번호 34를 분석에 남겨 둘 수도 있었다. 또 다른 옵션은 추가 분석이다. 다수의 이상값이 공통적으로 어떤 특성을 공유하고 다른 개체와는 체계적으로 상이한 경우, 이 개체들에게는 다른 회귀모형이 필요하거나 분석에서 상호작용을 포함하는 것이 바람직하다고 제안할 수 있다 [예: **장애상태**(Disability Status) × **학부모교육수준**(Parent Education)]. 또한 중요한 공통원인(예: 과제에 소요되는 시간과 그 이후의 성적 양자에 영향을 미치는 장애상태)을 포함시킬 수도 있다.

분명한 것은 명확한 오류가 관련되어 있지 않으면 회귀진단의 검사에 상당한 판단이 필요하다는 것이다. 개체번호 34를 삭제하면 **과제**에 대한 회귀계수가 증가한다. 이 개체를 삭제한다는 것은 연구자의 연구결과에 대한 명백한 중요성을 고의로 부풀리고자 하는 욕구보다는 극단적 상황에 대한 우려에 의한 것이어야 한다. 이와 같이 어떤 개체를 삭제하는 경우, 이와 관련한 연구의 기록 및 그 이유를 꼼꼼히 메모해 두어야 한다. 현재 예제와 모든 회귀진단 결과를 통해 극단값을 가지는 개체를 검토한 결과와 원자료와의 비교를 통해 이중으로 확인한 후 결국 모든 개체가 단순히 정상적인 차이를 보이고 있다고 결론내릴 수 있다. 그러한 다음 자료를 현재 형태로 남겨 둔 것이다.

다시 한번 중요한 주제를 단편적으로나마 다루었다. 이에 대한 추가적인 연구를 진행할 만한 가치가 있다. Darlington(1990, 제14장), Darlington과 Hayes(2017), Fox(2008) 그리고 Pedhazur(1997)는 각각 회귀진단에 대한 자세한 내용을 담고 있으므로 참고하기 바란다.

다중공선성

상호작용을 논의할 때 다중공선성(multicollinearity) 또는 공선성(collinearity)의 잠재적인 문제에 대해 간단히 언급하였다. 간단히 말하면, 다중공선성은 여러 독립변수가 지나치게 높은 수준으로 서로 연관되어 있거나 하나의 독립변수가 다른 독립변수의 거의 완벽한 선형조합으로 표현될 때 발생한다. 다중공선성은 오해의 소지가 있고 때로는 기괴할 정도의 회귀분석 결과를 초래한다.

[그림 10-10]은 두 독립변수, Var1과 Var2의 **산출물**이라는 종속변수에 대한 회귀분석의 결과를 보여준다. 세 변수 간의 상관관계도 표시되어 있다. 이 결과는 이례적인 것은 아니며, 두 독립변수 모두 **산출물**에 대해 통계적으로 유의한 정적(+) 영향을 미치는 것으로 나타났다.

[그림 10-10] Var1과 Var2에 의한 산출물(Outcome)의 회귀분석 결과
합리적인 결과가 도출되었다.

Correlations

		OUTCOME	VAR1	VAR2
Pearson Correlation	OUTCOME	1.000	.300	.200
	VAR1	.300	1.000	.400
	VAR2	.200	.400	1.000
Sig. (1-tailed)	OUTCOME	.	.000	.000
	VAR1	.000	.	.000
	VAR2	.000	.000	.
N	OUTCOME	500	500	500
	VAR1	500	500	500
	VAR2	500	500	500

Coefficients[a]

Model		Unstandardized Coefficients B	Std. Error	Standardized Coefficients Beta	t	Sig.	95% Confidence Interval for B Lower Bound	Upper Bound	Collinearity Statistics Tolerance	VIF
1	(Constant)	64.286	5.133		12.524	.000	54.201	74.370		
	VAR1	.262	.046	.262	5.633	.000	.171	.353	.840	1.190
	VAR2	9.52E-02	.046	.095	2.048	.041	.004	.187	.840	1.190

a. Dependent Variable: OUTCOME

이제 [그림 10-11]에 초점을 두어 보자. 이 분석에서는 두 독립변수와 종속변수의 상관관계가 앞의 예제(.3과 .2)와 동일한 수준이지만, Var1과 Var2는 .9의 상관계수를 가지고 있다(앞의 예제에서는 .4). 여기에서 회귀계수를 주목하라. 모든 독립변수가 서로 양의 상관관계가 있음에도 불구하고, Var1은 산출물에 정적(+) 영향을 미치는 반면, Var2는 부적(−) 영향을 미치고 있다. 앞에서 언급한 바와 같이, 다

중공선성은 이와 같은 기괴한 결과를 만들어 낸다. 표준화 회귀계수가 1보다 크게 나타나는 것 또한 일반적인 현상이다. 그리고 b의 표준오차는 첫 번째 예제보다 두 번째 예제에서 상당히 크게 추정되었다. 이처럼 다중공선성은 표준오차를 부풀린다. 때로는 두 독립변수가 유사한 수준에서 산출물과 상관관계가 있다 하더라도 한 독립변수는 산출물의 통계적으로 유의한 예측변수일 수 있지만, 다른 한 독립변수는 다중공선성의 결과로서 그렇지 않을 수 있다.

[그림 10-11] 서로 강한 연관성을 가진 Var1과 Var2에 의한 산출물의 회귀분석 결과
결과가 왜곡되어 있고 해석상 많은 문제점을 내포하고 있다.

Correlations

		OUTCOME	VAR1	VAR2
Pearson Correlation	OUTCOME	1.000	.300	.200
	VAR1	.300	1.000	.900
	VAR2	.200	.900	1.000
Sig. (1-tailed)	OUTCOME	.	.000	.000
	VAR1	.000	.	.000
	VAR2	.000	.000	.
N	OUTCOME	500	500	500
	VAR1	500	500	500
	VAR2	500	500	500

Coefficients[a]

Model		Unstandardized Coefficients		Standardized Coefficients	t	Sig.	95% Confidence Interval for B		Collinearity Statistics	
		B	Std. Error	Beta			Lower Bound	Upper Bound	Tolerance	VIF
1	(Constant)	73.684	4.373		16.848	.000	65.092	82.277		
	VAR1	.632	.097	.632	6.527	.000	.441	.822	.190	5.263
	VAR2	-.368	.097	-.368	-3.807	.000	-.559	-.178	.190	5.263

a. Dependent Variable: OUTCOME

개념적으로, 다중공선성은 여러 독립변수가 서로 완벽하게 또는 거의 완벽하게 겹치는지를 예측하는 데 사용된다. 이러한 정의하에서 다중공선성이 표준오차에 영향을 준다는 것은 직관적으로 일리가 있다. 변수들이 더 많이 겹칠수록 한 변수의 효과를 다른 변수의 그것과 구분할 수 있는 정확도는 떨어지게 된다. 다중공선성은 연구자가 회귀분석에서 동일한 개념에 대한 다양한 척도를 되도록 많이 포함하려는 노력의 결과인 경우가 대부분이다. 이 경우, 문제를 피할 수 있는 한 가지 방법은 합성변수(composite)를 사용하거나(예: 변수의 선형결합), 제2부에서처럼 잠재변수(latent variable)의 표시자(indicators)로 사용하는 방법으로, 중복된 변수를 합치는 것이다. 다중공선성은 또한 연구자가 부엌싱크 접근방법(kitchen-sink approach), 즉 많은 예측변수를 회귀로 던지고, 단계적 회귀를 사용하여 어떤 것이 중요하고 어떤 것이 중요하지 않은지를 가려낼 것이라고 생각하는 접근방법을 사용할 때 종종 문제가 된다.

변수 간의 단순 상관관계를 조사한 후 잠재적인 문제임을 경고하는 강한 상관관계를 통해 다중공선성이 쉽게 파악된다고 생각할 수도 있다. 그러나 변수 간의 상관관계가 과하지 않은 경우에도 다중공선성은 발생한다. 이러한 경우의 보편적인 예는 연구자의 부주의로 인해 종종 합성변수와 이 합성변수를 만드는 데 사용한 독립변수를 동일한 회귀모형에 사용하는 경우이다. 예를 들어, [그림 10-12]에서 합성변수인 BYGrads 이외에 이 합성변수를 만드는 데 사용한 각 학문 분야의 성적을 이용하여 BYTests라는 종속변수에 대한 회귀분석을 수행하였다. 결과를 살펴보자. 전체 R^2은 통계적으로 유의하지만, 예측변수 중 어느 것도 통계적으로 유의하지 않다. 이 예제에서 가장 큰 상관계수는 .801로 지나치게 크지는 않다. 따라서 단순 상관관계가 다중공선성을 발견하는 데 항상 유용한 것은 아니다.

[그림 10-12] 다중공선성의 또 다른 원인

합성변수와 그 변수를 생성하기 위해 사용한 변수가 모형에 모두 포함되어 있다.

Model Summary

Model	R	R Square	Adjusted R Square	Std. Error of the Estimate
1	.558[a]	.311	.307	7.10940

a. Predictors: (Constant), BYGRADS GRADES COMPOSITE, BYS81B math88-grades, BYS81A English88-grade, BYS81D sstudies88-grades, BYS81C science88-grades

ANOVA[b]

Model		Sum of Squares	df	Mean Square	F	Sig.
1	Regression	20119.51	5	4023.903	79.612	.000[a]
	Residual	44579.48	882	50.544		
	Total	64699.00	887			

a. Predictors: (Constant), BYGRADS GRADES COMPOSITE, BYS81B math88-grades, BYS81A English88-grade, BYS81D sstudies88-grades, BYS81C science88-grades

b. Dependent Variable: BYTESTS 8th-grade achievement tests (mean)

Coefficients[a]

Model		Unstandardized Coefficients B	Std. Error	Standardized Coefficients Beta	t	Sig.	Collinearity Statistics Tolerance	VIF
1	(Constant)	33.123	5.370		6.168	.000		
	BYS81A English88-grade	8.19E-02	1.501	.009	.055	.956	.027	36.744
	BYS81B math88-grades	-.698	1.490	-.077	-.469	.639	.029	34.153
	BYS81C science88-grades	.767	1.499	.090	.511	.609	.025	39.871
	BYS81D sstudies88-grades	-.125	1.487	-.015	-.084	.933	.026	38.350
	BYGRADS GRADES COMPOSITE	6.241	6.008	.538	1.039	.299	.003	343.374

a. Dependent Variable: BYTESTS 8th-grade achievement tests (mean)

다중공선성의 영향을 어떻게 피할 수 있는가? 컴퓨터 프로그램은 다중공선성 진단결과를 제공한다. [그림 10-10]부터 [그림 10-12]까지 이와 관련한 여러 통계량이 제시되어 있다. 공차(tolerance)는 각 독립변수가 나머지 독립변수와 어느 정도 독립적인지(또는 겹치지 않는지)를 측정하는 척도이다(Darlington & Hayes, 2017). 공차의 범위는 0(다른 독립변수와의 독립성이 성립하지 않는다.)부터 1(완전한 독립성이 성립한다.)까지이다. 큰 값을 가질수록 바람직하다. 분산팽창지수(Variance Inflation Factor: VIF)는 공차(tolerance)의 역수이며, "관련이 없는, 서로 독립인 변수의 회귀계수에 비해 특정 회귀계수의 분산이 증가하는 양의 지수"(Cohen et al., 2003: 423)이다. 공차가 작고 VIF가 큰 값을 가지면 이는 다중공선성이 존재한다는 신호이다. Cohen 등(2003: 423)은 VIF의 큰 값에 대한 경험칙으로 10을 제안하였다. 이는 b의 표준오차가 연관되지 않은 변수의 표준오차보다 3배 이상 크다는 것을 의미하지만($\sqrt{10} = 3.16$), 경험상 이 값은 조금 과하다. 이 값을 사용하면 [그림 10-12]의 결과는 조사대상이 되지만, [그림 10-11]의 결과는 다중공선성이 발생하지 않은 것으로 판단할 수 있다. VIF가 6 또는 7을 가지면, 과도한 다중공선성의 신호로 여기는 것도 합리적일 수 있다(Cohen et al., 2003). VIF 값은 .10(VIF가 10), .14(VIF가 7) 및 .17(VIF가 6)의 공차에 각각 해당한다.

독립변수 및 '모든 하위조합'의 회귀분석에 대한 요인분석은 문제 진단에 유용할 수 있다. 예상하지 못한 회귀분석의 결과가 나오면 하나의 가능한 원인으로 다중공선성을 고려하여 조사해야 한다. 사실 이러한 통계를 정기적으로 검사하는 것이 바람직하다. 자료가 지나치게 연관이 되어 있다면, 능형회귀분석(ridge regression analysis)이라는 방법을 사용할 수도 있다.

중요한 주제를 단편적으로나마 다루었다. 이에 대한 추가적인 연구를 진행할 한한 가치가 있다. Pedhazur(1997)는 Darlington(1990, 제5장과 제8장)과 마찬가지로 이 주제에 대해 읽기 쉽고 상세한 설명을 제공한다. Darlington과 Hayes(2017, 제4장)는 공선성을 다루는 데 유용한 시사점을 제공한다.

📈 표본크기와 검정력

"얼마나 큰 표본이 필요한가?" 다중회귀분석(또는 다른 통계적 방법)의 사용에 관해 다른 사람에게 조언하는 입장에서 이 질문을 예상보다 훨씬 더 많이 듣게 된다. 이 질문은 여러 가지를 내포한다. 어떤 사람은 실제로 "다중회귀분석에서 더 이상 작아져서는 안 되는 최소 표본크기가 있는가?"라고 질문한다. 다른 사람은 경험칙을 찾고 있으며, 각각의 독립변수에 대해 10명에서 20명이라는 보편적인 규칙이 있다. 이 규칙을 사용하면, 다중회귀모형에 5개의 독립변수가 포함되는 경우 최소 50명(또는 100명)의 참가자가 필요하다. 이러한 경험칙을 여러 번 들었지만 그것이 어디서 왔는지 전혀 모른다. 연구하고 있는 다중회귀분석의 문제 유형에 따라 이 경험칙이 타당한지를 검토할 것이다. 마지막으로, 보다 정교한 연구자는 통계적 유의도를 발견할 합리적인 기회를 얻기 위해 필요한 표본크기에 대해 질문할 것이다.

이 질문의 최종버전을 MR의 **검정력(power)**에 대한 질문으로 이해하기 바란다. 이 책의 몇 가지 사항(예: 다중회귀모형에서의 상호작용에 대한 논의)에서 검정력에 대해 언급하였으나, 이 시점까지는 NELS 자료를 사용하였기 때문에 이 문제를 회피하여 왔다. 표본크기가 1,000인 경우, 수행된 모든 분석에 대해 적절한 검정력을 보였다. 그러나 수천의 표본크기를 항상 기대할 수는 없으므로 검정력과 표본크기 문제에 대해 간략하게 다루겠다.

간단히 말해서, 일반적으로 검정력은 거짓인 영가설을 정확하게 기각할 수 있는 능력을 가리킨다. 이는 효과크기(magnitude of the effect)의 함수이다(예: **과제**가 **성적**에 대해 작거나 큰 영향을 미치는지 여부). 여기에서 효과크기는 통계적 유의도를 위해 선택된 유의수준, α(예: .05, .01, 또는 일부 다른 수준) 그리고 연구에 사용되는 표본크기가 이에 해당한다. 마찬가지로, 필요한 표본크기는 효과크기, 선택된 유의수준 및 희망하는 검정력에 따라 달라진다. 원하는 표본크기는 원하는 검정력이 증가할수록, 효과크기가 감소할수록, 유의수준이 더욱 엄격해질수록(즉, 선택된 확률이 작아질수록) 증가한다. 검정력의 일반적인 값은 .8 또는 .9이며, 이것은 특정한 효과크기가 주어진 상태에서 거짓인 영가설을 기각할 확률이 80% 또는 90%라는 것을 의미한다. 유의수준과 마찬가지로, 경험칙에도 불구하고 특정 연구의 필요에 따라 검정력의 수준을 결정해야 한다.

물론 이 짧은 절(section)로는 검정력을 충분히 분석하였다고 할 수 없다. 여기에서 언급하고자 하는 바는 사전에 주어진 경험칙에 대한 검정력과 표본크기뿐만 아니라 이 책에서 사용한 예제 중 일부를 조사하여, 여러 문제를 해결하는 데 필요한 표본크기에 대한 이해를 돕고자 하는 것이다. 다행히 Cohen(1988)을 비롯하여 검정력 분석에 대한 훌륭한 책들이 있다. Darlington과 Hayes(2017)와 Cohen 등(2003)은 이 주제뿐만 아니라 다른 주제에서도 유용하다. 실험 연구의 경우 Howell(2010)의 검정력에 대한 소개가 특히 명확하다. 다중회귀분석(또는 다른 방법)을 사용하여 연구를 수행하는 경우 이 중요한 문제에 관해 더 자세히 읽어 보기 바란다. 또한 검정력 분석을 수행하는 프로그램을 잘 다루어야 한다. 다음 예제는 무료로 다운로드할 수 있는 검정력 분석 프로그램인 G*Power 3.1(Faul et al., 2009; Faul et al., 2007)을 사용하였다(www.gpower.hhu.de/또는 'GPower'로 검색하기 바란다). 또한 SPSS의 SamplePower와 NCSS의 PASS(검정력 분석 및 표본크기)프로그램(www.ncss.com)도 있다. 이 프로그램들 또한 사용하기 쉽고 잘 작동한다.

먼저, 몇 가지 예제를 살펴보자. 제4장에서는 **학부모교육수준, 학교에서 끝마친 과제,** 그리고 **학교 밖에서 끝마친 과제**를 동시에 고려하여 10학년의 GPA를 회귀분석하였다. 전체 회귀모형에 대한 R^2은 .155이고, 표본크기는 909이다. 이 동시적 다중회귀분석으로 어느 정도의 검정력을 얻었는가? G*Power에 따르면 이 예제는 전체 회귀모형에 대해 1.0의 검정력을 나타내고 있다(이 예제뿐만 아니라 다른 예제에서도 .05의 유의수준을 가정한다). 즉, 이전의 정보가 주어졌을 때 거짓인 영가설을 정확하게 기각할 수 있는 100%의 기회를 가짐을 의미한다. [그림 10-13]은 관련된 화면을 보여 준다. 우리는 F−검정에 관심이 있으며 전반적인 회귀모형(예: 전체 회귀모형에 대한 R^2의 통계적 중요성)에 관심이 있으므로, 'Fixed model, R^2 deviation from zero'를 선택한다. G*Power는 효과크기의 척도로 f^2을 사용하지만, R^2과 ΔR^2을 f^2으로 쉽게 변환할 수 있다(제4장과 제5장을 참조하기 바란다). 실제로 G*Power는 작은 오른쪽 화면(이 화면을 얻으려면, 왼쪽 화면에서 'Input Parameters' 아래의 'Determine' 버튼을 클릭한다.)에 표시된 것과 동일한 계산을 수행한다.

[그림 10-13] 학부모교육수준, 학교에서 끝마친 과제, 학교 밖에서
끝마친 과제를 성적에 회귀한 전체 회귀분석에 대한 검정력 분석(제4장 참조)

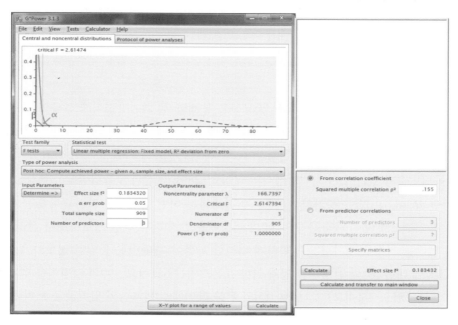

이러한 결과는 사후(post-hoc) 검정력 분석을 위한 것이다. 다시 말해서, 회귀분석을 수행한 후 검정력이 얼마인지가 궁금하다. 대부분의 연구자에게는 연구를 계획하고 거짓인 영가설을 기각할 많은 기

회를 갖기 위해 필요한 표본크기를 계산함에 있어서 사전(priori) 검정력 분석이 훨씬 더 유용하다. 이 세 가지 변수(표본크기, 유의수준, 효과크기)와 R^2이 .155인 경우, 64명의 표본에 대응하는 검정력은 .8이고, 82명의 표본에 대응하는 검정력은 .9이다. [그림 10-14]는 .05의 유의수준과 .155의 R^2이 주어진 경우, 표본크기의 함수로서의 검정력(Y-축)의 그래프를 보여 준다.

[그림 10-14] 표본크기의 함수로서 통계적으로 유의한 설명계수(R^2)를 탐지하기 위한 검정력

이 그림은 [그림 10-13]과 동일한 회귀분석의 결과를 의미한다(제4장 참조).

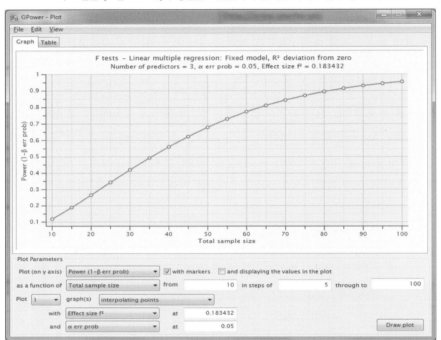

종종 배경변수(background variable) 또는 공분산을 통제한 후 회귀방정식에 하나의 변수 또는 변수 블록을 추가했을 때의 검정력에 관심이 있다. 예를 들어, 제5장에서 SES와 **이전 성적**이라는 독립변수가 이미 포함된 회귀모형에 **통제소재**와 **자아존중감**이라는 독립변수를 추가한 순차적 회귀분석을 고려하였다. 두 개의 독립변수가 있는 초기 회귀방정식의 R^2은 .328이고, 심리적 독립변수들(**통제소재**와 **자아존중감**)을 추가하면 R^2이 .010만큼 증가한다. 이 변수 블록과는 어떤 검정력이 관련되어 있는가? 표본크기가 887인 경우, 회귀모형의 마지막 블록은 .92의 검정력을 가진다. 이러한 정보하에서 심리적 변수들에 대한 효과가 없다는 거짓된 영가설을 정확하게 기각할 확률이 92%이다. 동일한 정보가 주어진 상태에서 이 변수 블록에 대한 .80의 검정력을 얻기 위한 표본크기는 641이고, .90의 검정력을 얻기 위한 표본크기는 841이다([그림 9-15] 참조). [그림 9-15]의 위쪽 화면에 G*Power의 입력값을 보여 준다. 그리고 아래쪽 화면은 표본크기의 그래프를 나타내고 있다.

회귀모형에 상호작용을 추가한 회귀분석을 고려해 보자. 제7장에서는 **이전 학업성취도**와 **인종 기원**(Ethnic origin)의 상호작용이 **자아존중감**에 미치는 가능한 영향을 검정하였다. 범주형 및 연속형 변수는 **자아존중**

감의 설명력에 2%를 차지하고 외적항은 표본크기가 약 900인 상황에서, 설명력의 .8%(1%로 반올림한다.)를 추가로 차지하였다. 이 예제에서 상호작용은 .86(사후)의 검정력을 가지고 표본크기가 764(사전)인 경우 .80의 검정력이 달성된다. 상호작용은 원래 변수들보다 낮은 검정력을 가짐에도 불구하고 이 표본크기하에서 여전히 통계적 유의도를 조사할 만큼 어느 정도의 검정력을 가지고 있다.

[그림 10-15] 제5장의 순차적 회귀분석에 대한 ΔR^2의 검정력

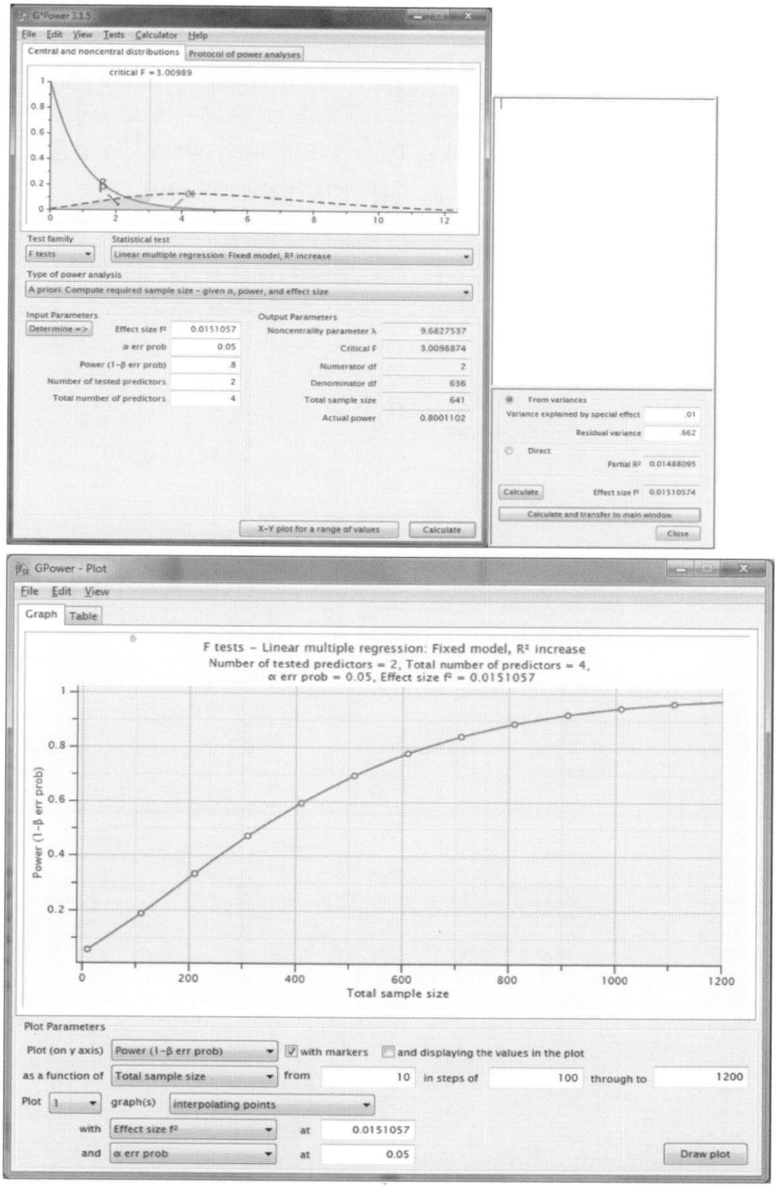

마지막으로, 경험칙에 의거하여 각 독립변수당 10∼20명의 참여자를 고려해 보자. 여기에서 논의된 다른 회귀분석에 대해 이것을 모형화해 보자. 4개의 독립변수가 종속변수 분산의 20%($f^2 = .25$)를 차지

한다고 가정해 보자(이 값은 여러 예제를 고려해 볼 때 합리적인 것으로 보인다). 40~80명의 표본크기가 적절한 검정력을 도출할 것인가? 40명의 경우, 단지 .65의 검정력이 발생되지만, 80명의 표본크기는 .95의 검정력을 갖는다. 관련 그래프는 [그림 10-16]과 같다. 이 네 가지 변수에 대한 R^2이 .20 대신 .30($f^2 = .43$)인 경우, 40명의 표본크기와 관련된 검정력은 .89이다(그래프로는 제시하지 않았다). 그 대신, 회귀분석의 첫 번째 네 변수로부터의 $R^2 = .20(\Delta f^2 = .067)$에 .05만큼씩 R^2을 증가시키는 어떤 변수와 관련한 검정력을 고려해 보자. 이 최종 독립변수에 대해 .80의 검정력을 얻으려면, 120명의 표본크기가 필요하다(그림 10-17 참조). 경험칙은 때로는 정확하지만, 현실세계의 많은 연구문제에서는 비교적 낮은 검정력을 도출한다.[2]

[그림 10-16] $R^2 = 0.20(f^2 = 0.25)$에 대한 표본크기의 함수로서의 검정력

이 예제는 다중회귀모형에서의 표본크기에 대한 경험칙의 잠재적 문제점을 나타내고 있다.

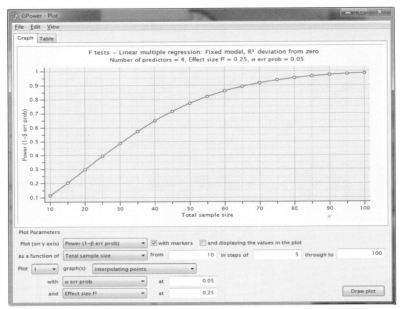

2) 두 가지의 비교적 정교한 경험칙에 따르면, 전체 회귀분석에서 적절한 검정력에 필요한 N을 계산하면 $N > 50 + 8k$이고(k는 독립변수의 수를 나타냄), 단일 독립변수의 통계적 유의도를 검정하기 위해서는 $N > 104 + k$이다. Green(1991)은 이러한 경험칙을 평가했으며, 이 규칙이 이 장에서 언급한 단순한 규칙인 $N > 10k$보다 다소 효과적일지라도 효과크기를 고려하지 않기 때문에 좋지 않다는 것도 알려져 있다. 실제로, 두 번째 규칙($N > 104 + k$)은 여기에 주어진 마지막 예제에 필요한 표본크기를 과소추정하였다. Green(1991)은 또한 효과크기를 고려한 경험칙을 추가로 개발하였으며 이 방법은 유용하다. 경험칙보다는 검정력 분석 프로그램을 사용하는 것이 좋지만, 해당 논문은 여전히 읽을 만한 충분한 가치가 있다 하겠다.

[그림 10-17] $\Delta R^2 = .05(1 - R^2 = .25)$에 대한 표본크기의 함수로서의 검정력

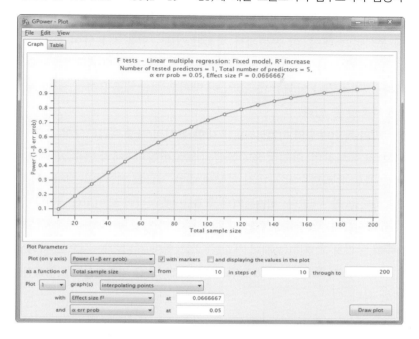

실제 연구에서는 필요한 크기의 표본을 수집하기 위해 조사에 앞서 이러한 검정력을 당연히 계산해야 한다. 정확한 효과크기는 알 수 없지만, 일반적으로 이전 연구와 해당 분야의 관련 이론에 대한 지식으로 추정할 수 있다. 대부분의 프로그램은 효과크기의 측정값으로 R^2이나 ΔR^2을, 또는 계산이 용이한 f^2이나 Δf^2을 사용할 수 있다(이전 예제에서와 마찬가지로). 연구자가 순차적 회귀분석을 사용하거나 부분 상관계수를 제곱함으로써(물론 필요한 경우 t-값을 사용하여 계산할 수 있다.) ΔR^2의 추정값을 얻을 수 있다. 이전의 연구가 없다면, 일반적인 경험칙을 사용할 수도 있다(예를 들어, R^2의 .01, .09, .25, f^2의 .02, .13, .35는 사회과학 분야에서 고려하는 작은, 중간 정도의, 큰 효과크기를 의미한다. Cohen et al., 2003). 중간 정도의 효과크기는 일반적으로 연구자에게 고려할 만한 것으로 인식된다(Howell, 2010).

자신의 연구를 계획하는 경우, 검정력을 더 완전하게 조사하고 조사에 필요한 표본크기를 추정하는데 많은 시간을 할애하는 것이 바람직하다(NELS 자료와 같은 대규모 자료세트를 사용하지 않는다고 가정할 때). 연구가 진행되고 통계적으로 유의한 것을 찾지 못한 뒤에 표본을 10명 또는 100명이라도 더 수집했었더라면 하고 뒤늦게 후회하지 않기를 바란다.

📈 MR이 가지고 있는 문제점?

이 장에서 전반적으로 다루었던 해석상 문제점을 다시 살펴보자. **가족배경(SES), 지적 능력, 학습동기, 학술적 수업활동**을 **고등학교 학업성취도**에 회귀한 세 가지 회귀분석을 수행하였다. 이 연구의 관심은 학생의 **고등학교 학업성취도**에 이러한 변수들이 미치는 영향에 있다. 동시적·순차적·단계적 다중회귀분석의 결과를 간략하게 살펴보고, 여러 방법을 사용하여 얻을 수 있는 다양한 결론에도 초점을 맞

출 것이다. 주요 관심사는 여러 방법 간의 차이점이므로, 변수들을 더 자세히 정의하지는 않겠다. 만약 변수들에 대해 더 많이 배우고자 한다면, Keith와 Cool(1992)의 자료를 사용하면 된다. 이 예제에서는 자료를 실제 분석하는 대신, 이 논문에서 제시된 상관행렬을 사용하여 회귀분석을 수행하였다. 'problems_w_MR_3.sps'라는 파일은 SPSS에서 상관행렬을 사용하여 다중회귀분석을 수행하는 방법을 알려 준다. 이 파일은 저장하거나 인쇄할 수 있다. 이 방법은 대단히 유용하며, 이미 게재된 어떤 상관행렬이라도 재분석에 사용할 수 있다.

[그림 10-18]은 4개의 독립변수의 **학업성취도**에 대한 동시적 다중회귀분석의 주요 결과를 보여 준다. 회귀모형은 통계적으로 유의하며, 학업성취도 분산의 60% 이상이 4개의 변수($R^2 = .629$)에 의해 설명된다. 그림의 회귀계수 표는 독립변수의 상대적 영향에 대한 정보를 제공한다. 모든 독립변수는 **학습동기**를 제외하고는 중요하다고 볼 수 있다. **학습동기**의 효과는 매우 작아 보이고($\beta = .013$), 통계적으로도 유의하지 않다. 따라서 **학습동기**는 **고등학교 학업성취도**에 아무런 영향을 미치지 않는다고 할 수 있다. 다른 변수와 β에 기초하여 살펴보면, **지적 능력**이 가장 중요한 영향을 미치는 것으로 나타났고, 고등학교의 **수업활동**이 그 뒤를 이었다. 이 두 변수의 효과가 크다. 대조적으로 **가족배경**은 **학업성취도**에 유의한 영향을 주지만 그 효과는 작다.

[그림 10-18] 가족배경, 지적 능력, 학습동기 및 학술적 수업활동을 학업성취도에 회귀한 동시적 회귀분석 결과

Model Summary

Model	R	R Square	Change Statistics				
			R Square Change	F Change	df1	df2	Sig. F Change
1	.793[a]	.629	.629	421.682	4	995	.000

a. Predictors: (Constant), COURSES, FAM_BACK, MOTIVATE, ABILITY

Coefficients[a]

Model		Unstandardized Coefficients		Standardized Coefficients	t	Sig.	95% Confidence Interval for B	
		B	Std. Error	Beta			Lower Bound	Upper Bound
1	(Constant)	6.434	1.692		3.803	.000	3.114	9.753
	FAM_BACK	.695	.218	.069	3.194	.001	.268	1.122
	ABILITY	.367	.016	.551	23.698	.000	.337	.398
	MOTIVATE	1.26E-02	.021	.013	.603	.547	-.028	.054
	COURSES	1.550	.120	.310	12.963	.000	1.315	1.785

a. Dependent Variable: ACHIEVE

[그림 10-19]는 동일한 자료를 순차적 회귀분석으로 분석한 결과를 보여 준다. 이 예제에 있어서 독립변수들은 예상되는 관측 시기의 순서대로 입력되었다. 학부모 배경 특성은 일반적으로 자녀의 특성에 앞서 있다. 어린 나이부터 상대적으로 안정화되는 특성인 **지적 능력**은 학생의 다른 특성 앞에 온다. **학습동기**는 학생이 고등학교에서 수강하는 수업활동을 부분적으로 결정한다. 그리고 이러한 수업활동은 고등학생의 **학업성취도**를 부분적으로 결정한다. 따라서 **학업성취도**는 **가족배경**, **지적 능력**, **학습동기**, 그리고 마지막으로 **수업활동**에 의해 회귀된다. 이 순차적 회귀분석의 관련 결과는 [그림 10-19]와 같다.

[그림 10-19] 동일 자료에 대한 순차적 회귀분석 결과

Model Summary

Model	R	R Square	R Square Change	F Change	df1	df2	Sig. F Change
1	.417[a]	.174	.174	210.070	1	998	.000
2	.747[b]	.558	.384	865.278	1	997	.000
3	.753[c]	.566	.009	19.708	1	996	.000
4	.793[d]	.629	.063	168.039	1	995	.000

Change Statistics 는 R Square Change, F Change, df1, df2, Sig. F Change 를 포함한다.

a. Predictors: (Constant), FAM_BACK
b. Predictors: (Constant), FAM_BACK, ABILITY
c. Predictors: (Constant), FAM_BACK, ABILITY, MOTIVATE
d. Predictors: (Constant), FAM_BACK, ABILITY, MOTIVATE, COURSES

Coefficients[a]

Model		Unstandardized Coefficients B	Std. Error	Standardized Coefficients Beta	t	Sig.	95% Confidence Interval for B Lower Bound	Upper Bound
1	(Constant)	50.000	.288		173.873	.000	49.436	50.564
	FAM_BACK	4.170	.288	.417	14.494	.000	3.605	4.735
2	(Constant)	4.557	1.559		2.923	.004	1.498	7.617
	FAM_BACK	1.328	.232	.133	5.729	.000	.873	1.782
	ABILITY	.454	.015	.682	29.416	.000	.424	.485
3	(Constant)	.759	1.766		.430	.667	-2.706	4.224
	FAM_BACK	1.207	.231	.121	5.221	.000	.753	1.661
	ABILITY	.445	.015	.667	28.768	.000	.414	.475
	MOTIVATE	9.53E-02	.021	.095	4.439	.000	.053	.137
4	(Constant)	6.434	1.692		3.803	.000	3.114	9.753
	FAM_BACK	.695	.218	.069	3.194	.001	.268	1.122
	ABILITY	.367	.016	.551	23.698	.000	.337	.398
	MOTIVATE	1.26E-02	.021	.013	.603	.547	-.028	.054
	COURSES	1.550	.120	.310	12.963	.000	1.315	1.785

a. Dependent Variable: ACHIEVE

이 결과를 동시적 다중회귀분석의 결과와 비교하면 몇 가지 차이점이 있다. 가장 우려되는 점은 조사 결과에 따라 서로 다른 결론을 내릴 수 있다는 것이다. 첫째, 순차적 회귀분석의 각 단계에서, ΔR^2의 통계적 유의도에 초점을 맞춘 결과, **학습동기**가 실제로 **학업성취도**에 통계적으로 유의한 영향을 미친 것으로 나타났다($\Delta R^2 = .009$, $F[1,996] = 19.708$, $p < .001$). 둘째, 여전히 **지적 능력**이 가장 중요한 변수라는 결론을 내릴 수 있지만, **가족배경**이 두 번째로 중요하다는 결론에 도달하게 된다(**지적 능력, 가족배경, 수업 활동** 및 **학습동기**에 대해, 각각 .620, .417, .251, .095의 $\sqrt{\Delta R^2}$을 가지고, ΔR^2을 사용하는 경우에도 중요도의 순위는 동일하게 유지된다).

[그림 10-20]은 이러한 동일한 변수들의 단계적 회귀분석 결과이다. 다시 한번, **학습동기**는 결코 회귀 방정식에 포함되지 않았기 때문에 중요하지 않다고 할 수 있다. 그리고 다시 한번, '중요도'의 순서가 바뀌었다. 단계적 회귀분석에서는 **지적 능력**이 가장 먼저 회귀방정식에 입력되고, **수업활동**과 **가족배경**이 차례로 입력되었다. 따라서 단계적 회귀분석은 **고등학교 학업성취도**를 설명하기 위한 독립변수의 중요도에 대한 또 다른 그림을 그리는 것으로 보인다.

[그림 10-20] 동일 자료에 대한 단계적 회귀분석 결과

Model Summary

Model	R	R Square	Adjusted R Square	R Square Change	F Change	df1	df2	Sig. F Change
				Change Statistics				
1	.737ᵃ	.543	.543	.543	1186.615	1	998	.000
2	.791ᵇ	.625	.624	.082	217.366	1	997	.000
3	.793ᶜ	.629	.628	.004	10.453	1	996	.001

a. Predictors: (Constant), ABILITY
b. Predictors: (Constant), ABILITY, COURSES
c. Predictors: (Constant), ABILITY, COURSES, FAM_BACK

이러한 차이점을 어떻게 해결할 수 있는가? 첫째, 이것은 하나의 설명적 연구이고, 단계적 회귀분석은 설명적 연구에는 적절하지 않기 때문에, 그 결과를 무시할 수 있다. 그러나 동시적 회귀분석과 순차적 회귀분석의 차이점은 여전히 가지고 있다. 둘 다 설명적 연구에 적절하다.

이전 장에서 이러한 차이점을 다루었다. 제5장에서 주로 언급한 바와 같이, 동시적 회귀분석은 독립변수가 종속변수에 직접적으로 미치는 영향에 초점을 두는 반면, 순차적 회귀분석은 총효과에 초점을 둔다. 따라서 두 가지 접근방법은 동일한 기본모형을 기반으로 하고 심지어 동일한 통계량을 바탕으로 해석하지만, 다른 추정 결과를 산출하게 된다. 〈표 10-2〉는 [그림 10-18](동시적 회귀분석)과 [그림 10-19](순차적 회귀분석)의 관련 회귀계수의 추정값을 보여 준다. 순차적 회귀분석의 경우, 회귀계수는 각 독립변수가 입력된 단계에서 추정된 값이다([그림 10-19]의 회귀계수 표에서 진한 이탤릭체로 표시되어 있다). 회귀계수 추정값의 차이에 주목하라. 대부분의 회귀계수값이 큰 차이를 보이고 있다. 예를 들어, **가족배경**은 동시적 회귀분석에서는 .069(표준화 회귀계수)의 영향을 주지만, 순차적 회귀분석에서는 그 효과가 .417인 것으로 나타났다.

〈표 10-2〉 가족배경, 지적 능력, 학습동기, 학술적 수업활동이 학업성취도에 미치는 영향에 관한 동시적 대 순차적 회귀분석 결과에 기초한 회귀계수의 추정 결과

변수	동시적 회귀분석	순차적 회귀분석
가족배경(Family Background)	.69 (.218) .069	4.170 (.288) .417
지적 능력(Ability)	.367 (.016) .551	.454 (.015) .682
학습동기(Academic Motivation)	.013 (.021) .013	.095 (.021) .095
학술적 수업활동(Academic Coursework)	1.550 (.120) .310	1.550 (.120) .310

주: 각 변수의 첫 번째 줄은 비표준화 계수(unstandardized coefficient)와 표준오차(standard error)(괄호 안)를 보여 준다. 두 번째 줄은 표준화 계수(standardized coefficient)를 보여 준다.

다시 한번 동시적 회귀분석은 직접효과에, 순차적 회귀분석은 총효과에 각각 초점을 두고 있다는 것을 알고 있다면 이러한 차이는 그리 놀랍지 않다. 그러나 다중회귀분석을 사용하는 많은 사용자는 이

차이를 잘 인식하지 못한다. 마찬가지로 회귀분석이 설명을 위한 목적인 경우, 회귀분석이 모형을 의미하고, 그 모형이 분석을 잘 이끌어 내야 한다는 것을 생각하지는 않는다. 이러한 회귀분석의 기본이 되는 모형은 [그림 10-21]과 같고, 동시적 회귀분석과 순차적 회귀분석 간의 회귀계수의 차이를 설명하는 데 해당 모형을 사용할 수 있다. 동시적 회귀분석은 그림에서 a, b, c 및 d로 표시된 직접효과를 추정한다. 순차적 회귀분석은 총효과를 추정한다. 따라서 학습동기 변수의 경우, **학습동기**의 회귀계수는 **학습동기**가 **학업성취도**에 미치는 직접효과(경로 b)와 **학습동기**가 **학술적 수업활동**을 거쳐 **학업성취도**에 이르는 간접효과(경로 e × 경로 a)의 합을 의미한다.

[그림 10-21] 가족배경, 지적 능력, 학습동기, 학술적 수업활동을
학업성취도에 회귀한 동시 및 순차적 회귀분석을 토대로 한 모형 경로도

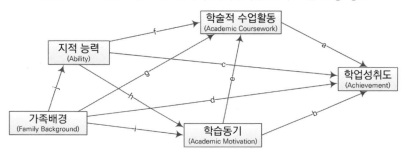

이 책의 제2부에서는 그러한 모형을 보다 자세하게 개발할 것이며, 그 과정에서 다중회귀분석에 대한 깊은 이해와 해석의 어려움을 접하게 될 것이다. 이 책을 다중회귀분석에 관한 수업에서만 사용하고 제1부에만 초점을 맞춘다 하더라도, 제2부(적어도 처음 두 장)를 읽어 보기 바란다. 저자는 그것들이 다중회귀분석을 사용하고 해석할 때 우리를 (그리고 분명히 다른 사람을) 괴롭혔던 많은 문제를 해결하도록 도와줌을 알게 될 것이라고 생각한다. 다른 책이 없다면, 이 내용이 다중회귀분석의 결과를 이해하는 데 많은 도움을 줄 것이다.

EXERCISE 연습문제

1. NELS자료로 수행한 첫 번째 회귀분석으로 돌아가 보자. 학부모교육수준(BYParEd)과 학교 밖에서 과제를 끝마친 소비한 시간(F1S36A2)을 10학년 GPA(FFU-Grad)에 회귀하라(제2장의 연습문제를 참조하기 바람). 비표준화 잔차와 예측값을 저장하라. 과제 변수의 선형성과 전체 회귀모형을 검정하기 위해 잔차를 사용하라. 잔차는 정규분포를 따르는가? 오차의 분산은 독립변수의 수준에 대해 일관성을 갖는가?[이 최종 분석을 수행하려면, 예측성적 변수를 더 적은 수의 범주로 줄이기를 권함]

2. 회귀분석을 재연하라. 표준화 잔차 및 스튜던트화 잔차, 지렛대, 쿡의 거리, 표준화된 DF Beta를 저장하라. 이상값 및 영향을 가진 관측개체를 확인하라. 이들 개체가 해당 변수 및 다른 변수에게 합리적으로 보이는 가? 여러분은 무엇을 제안하고자 하는가? 수업에서 여러분의 선택과 결정에 대해 토론하라(이 분석을 하려면, 개체번호와 동일한 변수를 새로 만들어야 함. 예를 들어, SPSS의 COMPUTE CASENUM=$ CASENUM. 그런 다음, 각 회귀분석을 기준으로 개체를 정렬하여 높은 값을 찾을 수 있고, 자료를 원래의 순서로도 환원할 수 있음).

3. 동일한 회귀분석을 수행하여 BYSES를 독립변수에 추가한다(BYP-arEd는 BYSES의 구성요소임). 이 예제의 다중공선성을 진단하라. 어떤 문제가 있는가?

제11장 회귀분석과 관련된 방법: 로지스틱 회귀분석과 다수준모형분석

이 장에서는 다중회귀분석과는 유사하지만 일반적인 통계 프로그램에서 선형회귀분석 절차와는 다른 어떤 것을 가지고 있어 전문화된 분석을 필요로 하는 두 가지 방법, 즉 로지스틱 회귀분석(logistic regression analysis)과 다수준모형분석[multilevel modeling, '위계적 선형모형분석(hierarchical linear modeling)'이라고도 함]에 초점을 맞추고자 한다. 이러한 방법은 여러분이 이 책을 읽을 때 마주칠 가능성이 높기 때문에, 그것을 개념적으로 이해하는 것이 유용하다. 로지스틱 회귀분석은 관심 있는 종속변수가 이분형(또는 세 개 이상의 수준이 있는 범주형)인 경우에 유용하다. 다수준모형분석은 학교 내 아동 또는 가족 내의 개인과 같이 자료의 내재적 속성 또는 군집의 특성을 고려한다.

이 장의 목적은 그러한 분석을 수행하는 방법을 알려 주는 데 있지 않다. 대신에 지금은 어느 정도 친숙해진 다중회귀분석의 사전지식으로 이 방법들을 설명하고자 한다. 이 장에서는 각 방법의 예제를 이용하여 분석의 결과와 의미를 간략하게 살펴볼 것이다. 이 장을 읽은 후에도 그 방법들에 능숙해지지 않을지 모르지만, 이 방법들에 대한 개념적 이해와 더 많은 것을 배우기 위해 무엇을 해야 하는지에 대한 아이디어를 갖기 바란다. 결과적으로, 이 방법들을 배우거나 일련의 수업활동을 통해서 이러한 방법들을 마주할 때, 좀 더 완전히 이해할 수 있도록 머릿속으로 개념적인 그림을 그려 보길 희망한다.

로지스틱 회귀분석

이 책의 모든 회귀분석 예제에서 산출물변수(outcome variable)는 연속형이다. 학업성취도 검사 점수, 성적, 자아존중감 평가 등은 모두 연속형 변수이다.

제6장부터는 범주형 독립변수를 분석하기 위해 더미변수 및 효과코딩을 사용하는 방법에 대해 논의하는 데 상당한 시간을 보내었다. 그러나 범주형 종속변수가 있는 경우 어떻게 해야 하는가? 로지스틱 회귀분석은 이 문제를 처리하는 한 가지 방법이다. 그것은 연속형 독립변수가 여러 개인 경우 또는 연속형 및 범주형 독립변수가 함께 포함된 경우에서 이분형 종속변수를 예측하는 데 가장 일반적으로 사용된다. 예시를 보여 주면서 그 방법을 설명해 보겠다.

낙관주의와 비관주의 간의 예측

미래에 대한 학생의 전망(F1S64A부터 F1S64K까지)에 관한 일련의 질문의 평균으로 낙관주의(Optimism)라는 합성변수를 생성하였다. 미래가 어떠할지 생각해 보라. 다음의 가능성을 생각해 보라.

고등학교를 졸업할까요?

대학에 갈까요?

당신은 보수가 좋은 직업을 구할까요?

자신의 집을 소유할까요?

당신은 자신이 즐기는 직업을 얻게 될까요?

행복한 가정생활을 하게 될까요?

대부분의 시간 동안 건강하게 생활하게 될까요?

당신은 당신의 나라에서 원하는 곳 어디에서도 살 수 있을까요?

당신은 지역 사회에서 존경받게 될까요?

의지할 수 있는 좋은 친구가 있을까요?

부모님보다 더 좋은 인생을 영위하게 될까요?

가능한 답은 1(매우 아니다)에서 3(그저 그렇다), 5(매우 그렇다)까지이다. 합성변수가 높은 학생은 미래에 대해 상당히 낙관적인 견해를 보이나 점수가 낮은 학생은 미래에 대해 더 비관적이다. 이 합성변수는 부분 상관관계에 대한 〈부록 C〉의 연속형인 형태로 사용된다. 로지스틱 회귀분석을 설명하기 위해, 이 연속형 변수를 낙관주의(Optimism)/비관주의(Pessimism)라는 이분형 변수로 나누었다. 평균 점수가 4점 미만인 학생은 비관주의인 것으로 분류되었고, 평균 점수가 4점 이상인 학생은 낙관주의인 것으로 분류되었다(4점은 각 항목에서 "그렇다."라고 답한 것이다). 많은 사람이 이러한 이분화를 범주형 변수라고 생각하기 때문에, 이러한 변환은 합리적으로 보인다(이분법을 더 논의할 필요가 있다). [그림 11-1]에서 볼 수 있는 바와 같이, 이러한 범주화를 사용하면 NELS 자료의 약 36%가 비관주의로, 64%는 낙관주의로 분류된다.

[그림 11-1] 낙관주의(Optimistic)/비관주의(Pessimistic)라는 이분형 변수로의 분할

Optim_Press Optimistic or Pressimistic

		Frequency	Percent	Valid Percent	Cumulative Percent
Valid	.00 Pessimistic	321	32.1	35.5	35.5
	1.00 Optimistic	583	58.3	64.5	100.0
	Total	904	90.4	100.0	
Missing	System	96	9.6		
Total		1000	100.0		

한 고등학생이 미래에 대해 낙관적인지, 비관적인지를 예측하는 데 관심이 있다고 가정해 보자. 어떤 변수를 사용할 수 있을까? 사용 가능한 여러 변수 중 두 개의 변수를 선택하였다. NELS자료에는 BYSES로 명명되어 있는 **가족배경 또는 SES**와 **8학년 학업성취도 검사 점수**(BYTests)이다. 더 우월한 가족배경(BYSES가 큰 값을 가지는)을 가진 학생과 높은 수준의 학업성취도에 도달한 학생은 이 두 변수의 값이 작은 학생에 비해 미래에 대해 보다 낙관적인 경향을 가질 것이라고 예상할 수 있다.

[그림 11-2] 로지스틱 회귀분석의 예제에 사용된 독립변수와 종속변수의 히스토그램

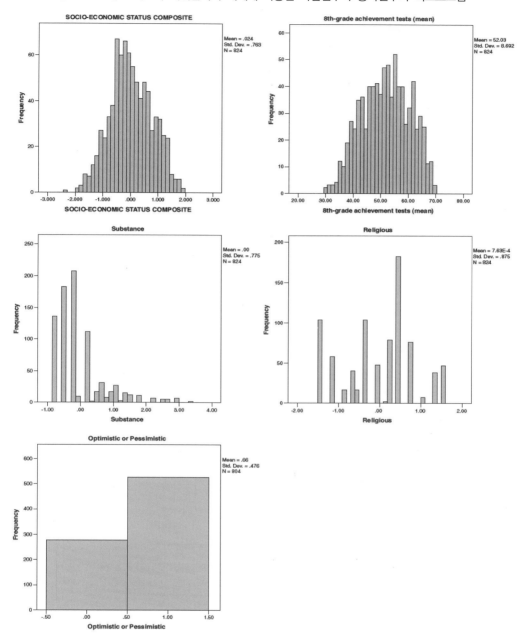

두 개의 합성변수가 생성되어 예측에 사용되었다. **약물**(Substance) 변수는 10학년 때 자기보고식 약물 사용에 대한 척도이고, F1S77(하루에 담배를 피우는 횟수), F1S78(지금까지 술을 마신 횟수) 및 F1S80aa (지금까지 마리화나를 사용한 횟수)로 생성한 합성변수이다. **종교**(Religious)라는 합성변수는 F1S82(종교 행사에 참여한 횟수)와 F1S83(신앙수준)의 평균이다. 이 모든 항목은 10학년 때 측정되었으며, 평균을 산출하기 전에 z점수로 변환되었다. 약물 사용이 낮고 신앙수준이 높다고 답한 학생은 약물 사용이 높고 신앙수준이 낮다고 답한 학생에 비해 낙관적인 경향이 강할 것으로 보인다. 이 예측이 정확한지를 알아

볼 것이다. 모든 변수에 대한 막대그래프는 [그림 11-2]에 나와 있다.

다중회귀분석

이분형 종속변수라는 것을 제외하면, 이것은 전형적인 다중회귀분석처럼 들린다. 즉, 4개의 독립변수에서 종속변수를 예측하거나 설명한다. 실제로 다중회귀분석처럼 취급해서 네 가지 예측변수를 낙관주의/비관주의에 회귀시킬 수 있다. 이 회귀분석의 출력 결과 중 일부가 [그림 11-3]에 제시되었다. 그림에서 볼 수 있는 바와 같이, 네 가지 독립변수는 이분형 낙관주의/비관주의 산출변수에서 분산의 약 12%를 설명하고 있으며, 이는 통계적으로 유의하였다($F[4, 799] = 28.288$, $p < .001$). 또한 네 가지 독립변수는 각각 통계적으로 유의한 것으로 나타났으며(표준화 회귀계수인 β로 판단할 수 있다), 신앙수준(Religiosity), SES, 8학년 때의 **학업성취도** 모두 중간 정도의 영향을 미쳤고, **약물 사용**은 작지만 통계적으로 유의한 부적(−) 영향을 미쳤다. **학업성취도**가 높고, SES가 더 우월하며, **신앙수준**이 높은 학생일수록

[그림 11-3] 이분형인 낙관주의 종속변수를 사용한 다중회귀분석 결과

Descriptive Statistics

	Mean	Std. Deviation	N
Optim_Press Optimistic or Pessimistic	.6555	.47551	804
Substance	-.0008	.77350	804
Religious	.0098	.87918	804
byses SOCIO-ECONOMIC STATUS COMPOSITE	.02206	.762524	804
bytests 8th-grade achievement tests (mean)	52.0521	8.62075	804

Model Summary

Model	R	R Square	Adjusted R Square	Std. Error of the Estimate
1	.352[a]	.124	.120	.44615

a. Predictors: (Constant), bytests 8th-grade achievement tests (mean), Religious, Substance, byses SOCIO-ECONOMIC STATUS COMPOSITE

ANOVA[b]

Model		Sum of Squares	df	Mean Square	F	Sig.
1	Regression	22.523	4	5.631	28.288	.000[a]
	Residual	159.043	799	.199		
	Total	181.566	803			

a. Predictors: (Constant), bytests 8th-grade achievement tests (mean), Religious, Substance, byses SOCIO-ECONOMIC STATUS COMPOSITE
b. Dependent Variable: Optim_Press Optimistic or Pessimistic

Coefficients[a]

Model		Unstandardized Coefficients		Standardized Coefficients	t	Sig.
		B	Std. Error	Beta		
1	(Constant)	.276	.109		2.539	.011
	Substance	-.052	.021	-.084	-2.439	.015
	Religious	.098	.019	.181	5.214	.000
	byses SOCIO-ECONOMIC STATUS COMPOSITE	.099	.024	.158	4.179	.000
	bytests 8th-grade achievement tests (mean)	.007	.002	.131	3.485	.001

a. Dependent Variable: Optim_Press Optimistic or Pessimistic

이러한 척도에서 낮은 또래 학생보다 더 낙관주의적일 가능성이 높으며, 담배, 술, 마리화나와 같은 약물을 경험한 10학년 학생은 이러한 약물을 경험하지 않거나 덜 사용한 또래 학생보다 더 비관주의적일 가능성이 높았다.

다중회귀분석의 문제점

이 분석에 무슨 문제가 있는가? 그것은 제대로 작동하였고 해석 가능한 것이다. 그렇지 않은가? 그러나 MR 접근방법이 최선의 접근방법이 아닌 이유가 있다. 첫째, 이분형 종속변수와 독립변수 간의 상관계수의 크기는 부분적으로 이분화에 사용된 분할에 따라 달라지며, 50 대 50 분할에서 벗어날수록 최대 상관계수가 감소한다(이것은 사실상 연속형 변수를 범주형 변수로 바꾸는 것에 대한 비판과 관련이 있고, 이 절의 끝 부분에서 이 문제를 다시 다룰 것). 물론 R^2과 모든 회귀계수를 포함한 다중회귀분석 결과는 종속변수와 독립변수의 상관관계에 따라 달라진다(제3장 참조). 따라서 예를 들어, [그림 11-3]에서 보여 주는 회귀분석에서의 독립변수를 사용하면, 35.5%의 학생이 비관적인 것으로 나타나고, 64.5%는 낙관적인 것으로 분류되었다. 이러한 이분화에 따라 8학년 때의 학업성취도 검사점수(BYTests)와 낙관주의/비관주의 이분형 종속변수 간의 상관계수는 .210이다. 그러나 원래의 (연속적인) 낙관주의 척도에서 3점을 경계값으로 사용한다면, 낙관주의/비관주의로의 이분형 분할은 2.9%와 97.1%가 되었을 것이다. 이러한 종속변수와 8학년 때의 학업성취도 검사점수(BYTests) 간의 상관계수는 .172이다.

제10장에서는 다중회귀분석의 근간을 이루는 가정과 이러한 가정을 검정하는 다양한 방법에 대해 논의하였다. MR 접근방법이 범주형 종속변수의 예측을 다루는 최선의 방법이 아니라는 또 다른 이유는 우리가 이러한 가정 중 많은 것을 위배하기 때문이다. [그림 11-4]의 그래프를 살펴보라. 첫 번째 그래프는 MR의 비표준화 예측값에 대해 회귀된 낙관주의/비관주의 이분형 종속변수의 산점도를 나타낸다. 제3장과 제10장에서 언급한 바와 같이, 이 예측값은 4개의 독립변수의 선형결합이므로, 이 산점도는 선형결합된 독립변수에 대한 종속변수의 회귀분석을 나타낸다. 모든 자료점이 Y축의 상단 또는 하단에 군집되어 있다. 이는 종속변수가 오직 0 또는 1의 두 가지 값만을 취할 수 있기 때문이다. 이전의 많은 산점도와 마찬가지로, 산점도는 회귀선을 함께 표시하고 있다. 선형 적합선이 이러한 자료점 중에서 가능한 최상의 선은 아니라는 것을 명확히 이해하기 바란다. 즉, 비선형 관계가 더 나은 적합을 생성할 수 있다. 두 번째 그래프는 예측값에 대한 표준화 잔차의 산점도를 추세(Loess) 적합선과 함께 표시한 것이다. 제10장에서는 다중회귀분석의 선형성 가정을 평가하기 위해 이 적합선을 사용하는 방법을 살펴보았다. 이 추세(Loess) 적합선은 분명히 직선으로부터 상당한 편차를 보여 주며, 중요한 가정을 위배하였음을 시사한다. 실제로 비선형 적합선(누적분포도수곡선)이 주어진 자료에 더 잘 맞는 적합선이다. 그러한 적합선은 [그림 11-5]에 나와 있다.

[그림 11-4] 이분형 측정값과 예측값 간의 비선형적 연관성을 나타내는 산점도
이를 통해 일반적인 다중선형회귀모형은 좋은 선택이 아님을 알 수 있다.

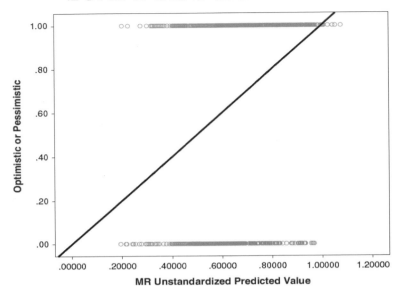

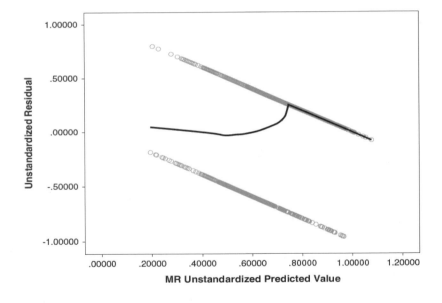

[그림 11-5] 네 개의 독립변수에 의한 예측값과 예측확률 간의 관계

우수한 적합도를 보이고 있다.

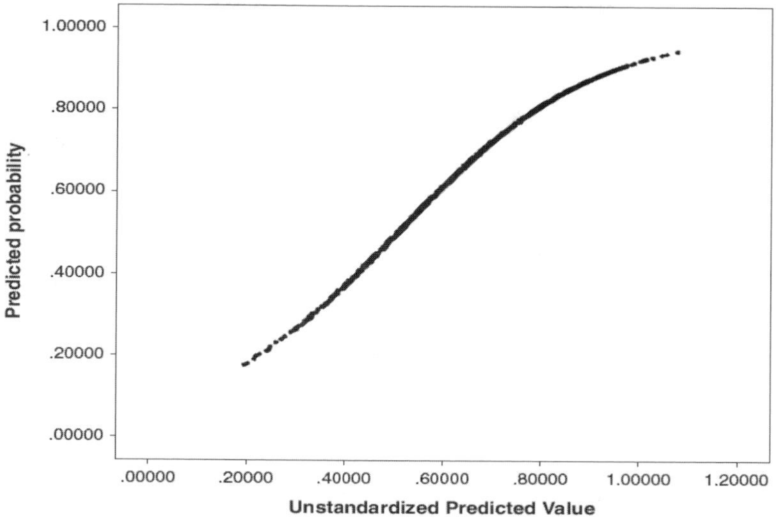

제10장에서 논의된 회귀분석에 대한 또 다른 가정은 오차 또는 잔차가 정규분포를 따른다는 것이다. [그림 11-6]은 이 가정을 검증하는 데 사용할 수 있는 두 개의 그래프를 보여 준다. 상단 그래프는 이 자료를 사용한 다중회귀분석에서 얻은 잔차의 히스토그램을 보여 준다. 이 봉우리가 여러 개인 그래프는 정규분포에서 벗어나 있음을 명확히 보여 준다. 하단 그래프는 잔차의 p-p 도면이다. 정규분포를 따르는 잔차는 대각선을 주위에 모여 있게 되는데, 이 그래프에서는 정규성에서의 명백한 이탈이 존재하고, 이 자료를 이용한 일반적인 MR은 회귀모형에 대한 가정을 분명히 위배한 것으로 나타난다.

로지스틱 회귀분석: 종속변수의 로그오즈(Log Odds)로의 변환

때로는 그러한 가정 위배가 관련 변수의 변환을 통해 해결될 수 있다는 것이 제10장에서 언급되었다. 그것은 로지스틱 회귀분석에서 일어나는 일에 대해 생각해 볼 만한 한 가지 방법이다. 로지스틱 회귀분석에서 이분형 종속변수에 초점을 맞추는 대신 해당 변수의 오즈(odds, 실패 대비 성공의 가능성)에 초점을 맞춘다. 따라서 독립변수에 대해 특정한 값을 고려하는 경우, 비관적이거나 낙관적일 가능성은 어떠한지를 질문하게 된다. 이 책에서는 오즈를 논의하지는 않았지만 우리 대부분, 특히 도박을 좋아하는 사람에게는 조금이나마 익숙한 개념이다. 오즈는 확률과 관련이 있으며, 특정 사건이 발생할 확률을 그 사건이 발생하지 않을 확률로 나눈 값으로 계산된다. 이 예제의 경우, 오즈는 낙관주의일 확률을 비관주의일 확률로 나눈 값으로 계산된다(독립변수에 대해 구체적인 값이 주어진 상태에서).

오즈비(odds ratio)는 쉽게 해석될 수 있고 확률과는 다른 부분이 있지만, 관련이 되어 있다는 것을 기억할 필요가 있다. 오즈비가 2인 것은 오즈가 2배인 것을 의미하며 오즈비가 .5인 것은 오즈가 절반인 것을 의미한다. 현재 예제에서 오즈의 사용은 단일 독립변수와 가능한 경우의 수가 제한된 변수로 설명하는 것이 더 용이하다. **신앙수준(Religiosity)**이라는 변수는 이 조건을 충족시키며, 낙관주의에 대한 가장 강력한 예측요인이기도 하다(적어도 회귀분석에서는). [그림 11-7]은 신앙수준과 이분형 결과변수

(Optim_Pess) 간의 분할표를 보여 준다. 신앙수준이라는 변수의 −1.43의 값에 대해 이분형으로의 변환은 56.4%(비관주의)와 43.6%(낙관주의)이었다. 따라서 신앙수준이 −1.43인 사람에게는 비관주의일 확률이 .564, 낙관주의일 확률이 .436이었다. 이러한 신앙수준에 대해 낙관주의일 오즈는 .436/.564 또는 .773(또는 .773/1.000)이다. 따라서 신앙수준에 대해 비관주의일 기회가 1번 있을 때마다 낙관주의일 기회는 .773이다. 이와 대조적으로, 신앙수준의 가장 높은 값(1.59)에 대해 낙관주의일 오즈는 .655/.345 또는 1.900이다. 이 정도 수준의 신앙심을 응답한 10학년 학생에게는 비관주의보다는 낙관주의 경향이 훨씬 크다.

[그림 11-6] 로지스틱 회귀분석을 통해 얻은 잔차는 정규분포를 따르지 않는다

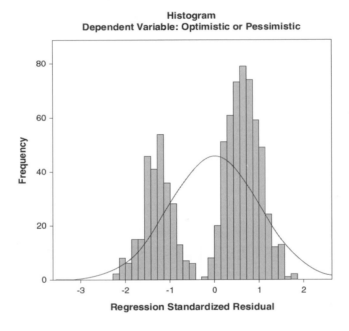

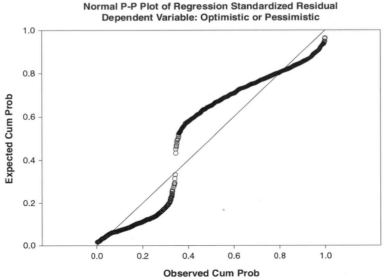

[그림 11-7] 신앙수준에 따른 10학년 학생들의 비관주의 대 낙관주의 비율

Religious *Optim_Press Optimistic or Pessimistic Crosstabulation

			Optim_Press Optimistic or Pessimistic		Total
			.00 Pessimistic	1.00 Optimistic	
Religious	-1.43	Count	57	44	101
		% within Religious	56.4%	43.6%	100.0%
	-1.15	Count	22	35	57
		% within Religious	38.6%	61.4%	100.0%
	-.87	Count	10	7	17
		% within Religious	58.8%	41.2%	100.0%
	-.62	Count	15	23	38
		% within Religious	39.5%	60.5%	100.0%
	-.59	Count	12	5	17
		% within Religious	70.6%	29.4%	100.0%
	-.34	Count	28	51	79
		% within Religious	35.4%	64.6%	100.0%
	-.31	Count	9	11	20
		% within Religious	45.0%	55.0%	100.0%
	-.06	Count	19	23	42
		% within Religious	45.2%	54.8%	100.0%
	-.04	Count	2	2	4
		% within Religious	50.0%	50.0%	100.0%
	.20	Count	0	2	2
		% within Religious	0.0%	100.0%	100.0%
	.22	Count	19	56	75
		% within Religious	25.3%	74.7%	100.0%
	.48	Count	1	3	4
		% within Religious	25.0%	75.0%	100.0%
	.50	Count	44	133	177
		% within Religious	24.9%	75.1%	100.0%
	.76	Count	0	3	3
		% within Religious	0.0%	100.0%	100.0%
	.78	Count	20	53	73
		% within Religious	27.4%	72.6%	100.0%
	1.03	Count	1	7	8
		% within Religious	12.5%	87.5%	100.0%
	1.31	Count	9	30	39
		% within Religious	23.1%	76.9%	100.0%
	1.59	Count	9	39	48
		% within Religious	18.8%	81.2%	100.0%
Total		Count	277	527	804
		% within Religious	34.5%	65.5%	100.0%

　　그러나 또 하나의 변화가 필요하다. 오즈로부터 로그오즈(오즈에 자연로그를 취한)로 옮겨 갈 필요가 있다. 이에 대한 근본적 이유는 로그오즈(log odds)가 단순한 오즈보다 종속변수로서 더 나은 특성을 갖고 있다는 것이다(예를 들어, 로그오즈는 음의 무한대에서 양의 무한대까지의 범위를 갖는 반면, 오즈는 0의 하한을 갖는다). 따라서 로지스틱 회귀분석에서는 로그오즈로 알려진 오즈의 자연로그에 중점을 둔다. 출력 결과에는 오즈비(odds ratio)로 재변환된 결과의 해석이 포함되어 있으니 걱정하지 않아도 된다. 이 책의 다른 곳에서 인용한 일부 참고문헌은 오즈, 오즈비 및 로그오즈의 계산에 대한 추가 정보를 제

공한다(Darlington, 1990; Darlington & Hayes, 2017). 이 예제의 분석 목적을 위해 종속변수를 변환하였다는 것을 고려하라. 즉, 로지스틱 회귀분석에서 종속변수를 이분형 산출로부터 해당 산출의 로그오즈로 변환하였다.

로지스틱 회귀분석 수행과 결과 이해

로지스틱 회귀분석은 통계 프로그램에서 로지스틱 회귀분석의 명령문을 사용하여 수행되며, 하나 이상의 독립변수(이분형 또는 연속형)로 이분형 종속변수를 회귀함으로써 다중회귀분석과 동일한 방법으로 로지스틱 회귀분석을 수행한다. [그림 11-8]은 이러한 분석에 대한 SPSS 출력 결과의 일부를 보여 준다. 첫 번째 표(Logistic Regression)는 분석에 사용된 표본크기를 보여 준다. 다음은 종속변수의 분석을 위해 코딩된 방법을 보여 준다. 여기에서 0으로 코딩된 값(비관주의)은 실제로 분석에서 0으로, 1로 코딩된 값(낙관주의)은 분석에서도 1로 취급되었다. 이 표는 코딩된 값이 예상대로 코딩되었는지 확인하는 데 가치가 있다. 코딩된 값이 예상한 것과 반대로 취급될 수 있는데[비관주의(0)가 1로, 낙관주의(1)가 0으로 취급된다], 그러한 경우 개체수가 예상한 것과 반대가 될 가능성이 있다.

[그림 11-8] 네 개의 독립변수에 의한 이분형 종속변수의 로지스틱 회귀분석 일부 결과

독립변수가 없는 로지스틱 회귀모형(초기 블록)의 분석 결과

Logistic Regression

Case Processing Summary

Unweighted Cases[a]		N	Percent
Selected Cases	Included in Analysis	804	80.4
	Missing Cases	196	19.6
	Total	1000	100.0
Unselected Cases		0	.0
Total		1000	100.0

a. If weight is in effect, see classification table for the total number of cases.

Dependent Variable Encoding

Original Value	Internal Value
.00 Pessimistic	0
1.00 Optimistic	1

Block 0: Beginning Block

Classification Table[a,b]

			Predicted		
			Optim_Press Optimistic or Pessimistic		
	Observed		.00 Pessimistic	1.00 Optimistic	Percentage Correct
Step 0	Optim_Press Optimistic or Pessimistic	.00 Pessimistic	0	277	.0
		1.00 Optimistic	0	527	100.0
	Overall Percentage				65.5

a. Constant is included in the model.
b. The cut value is .500

Variables in the Equation

		B	S.E.	Wald	df	Sig.	Exp(B)
Step 0	Constant	.643	.074	75.111	1	.000	1.903

출력 결과([그림 11-8])의 다음 부분에는 Block 0 : Beginning Block이라고 명명되어 있다. 로지스틱 회귀분석은 예측요인을 블록에 추가함으로써 순차적 회귀분석과 유사하게 작동하게 된다. 두 분석방법의 차이점은 Block 0에서는 예측변수가 포함되지 않은, 절편항만 포함된 로지스틱 회귀모형을 고려한다는 것이다. 구조방정식모형분석(제2부의 주제이다.)과 마찬가지로, 로지스틱 회귀분석은 최소제곱추정법(least squares estimation)과는 달리 최대우도추정법(maximum likelihood estimation)을 사용한다(최소제곱추정법에 대한 자세한 내용은 제3장을 참조하기 바란다). 또한 회귀모형의 각 블록이 예측력을 향상시키는지 여부를 결정하기 위해 회귀모형의 각 블록에서 카이제곱검정을 사용한다(ΔR^2과 관련된 F-검정과는 반대이다). 이 절의 목적이 MR의 관점에서 로지스틱 회귀분석(LR)에서 일어나는 일을 이해하려고 시도하는 것이기 때문에, 여기에서는 LR의 관점에서 확장하지는 않을 것이다. 그 대신, LR을 순차적 회귀분석과 동일한 것으로 간주하고 회귀모형의 통계적 유의도를 이해하기 위해 다른 여러 통계량에 집중하고자 한다. 따라서 Block 0은 후속 비교를 위해 예측의 성공에 대한 기준을 설정한다.

Block 0은 또한 비관주의 대비 낙관주의일 전체 확률만을 사용하여 예측의 성공을 보여 준다. 'Classification Table'이라는 분류표는 집단 1(group 1, 낙관주의)에 속한 모든 개체에 대한 예측 확률을 계산한다. 낙관주의로 예측되는 확률이 0.5보다 큰 경우, 집단 1(낙관주의)에 속하는 것으로 예측된다. .5 미만이면, 집단 0(group 0, 비관주의)으로 예측된다. 모형에 예측변수가 포함되지 않은 경우, 이 확률은 비관적인 학생 대비 낙관적인 학생의 전체 학생 수를 기반으로 한다. 낙관적인 804명의 학생 중 527명이 있으므로(다른 정보가 없는 상황에서는) 낙관적일 확률은 527/804 = .655이다. 이 값은 .5보다 크므로 표에 표시된 것처럼 Block 0에서 LR은 모든 사람이 낙관적이라고 예측하게 된다. 즉, 표본에 포함된 학생의 66%가 낙관적이었다는 것을 알고 있다면(그리고 다른 정보가 없다면), 최고의 내기는 한 학생이 낙관적이라는 것이다.

'Variables in the Equation'이라는 회귀모형에 포함된 변수는 MR의 회귀계수표(coefficients)와 같이 읽힌다. 하나의 b가 있으며 통계적 유의도를 검정한다. 또한 b는 해석하기가 더 쉬운 다른 계수로 변환된다. 회귀방정식에 예측변수가 있을 때까지 이 표의 세부사항을 미루어 둘 것이다.

[그림 11-9]는 LR의 Block 1에서 출력한 첫 부분을 보여 준다. 이 회귀분석에서는 모든 예측변수를 하나의 블록(즉, 동시적 LR)에 입력하였다. 또한 블록(예: 순차적 LR)이나 다양한 기준을 사용한 단계적 방식으로 독립변수를 입력할 수도 있다(일반적으로 설명적 연구에는 권장하지 않는다. 자세한 내용은 제5장을 참조하기 바란다). 'Omnibus Tests of Model Coefficients(모형 회귀계수에 대한 전체 검정)'은 전체 모형(Model) 및 변수가 포함된 블록(Block)과 그것과 관련한 카이제곱검정의 결과[실제로는, 카이제곱검정통계량의 차이(감소)인 $\Delta\chi^2$]를 보여 준다. $\Delta\chi^2$은 통계적 유의도에 대해 검정하는데, $\Delta\chi^2 = 105.133$이고, 네 개의 예측요인으로 인해 $df = 4$이며, 우연에 의해 $\Delta\chi^2$의 감소가 발생하게 될 확률은 $p < .001$이다. 따라서 이 표는 일반적인 MR에서의 통계적 유의도를 위해 R^2을 검정하는 것과 유사하다. 순차적 접근방법을 사용하는 경우, 전체 모형(Model) 및 블록(Block)에 대해 표시된 $\Delta\chi^2$의 값은 Block 2에서 달라진다. 단계적 접근방법을 사용하는 경우, 각 단계(step)에서의 $\Delta\chi^2$의 값은 Block 2 이상의 모형에서의 값과 다를 수 있다. 이러한 접근방법 중 어떤 것을 사용하더라도, 관련된 $\Delta\chi^2$을 통한 통계적 유의도는 순차적 또는 단계적 회귀분석에서의 ΔR^2과 관련한 통계적 유의도와 유

사하다. 'Model Summary(모형 요약)' 표의 −2배의 로그우도(log likelihood) 값은 이전 표에 표시된 χ^2으로 계산된다. 순차적 LR을 수행하고 특정 블록에서의 −2배의 로그우도 값을 그다음 블록의 그것으로 빼 주는 경우, 해당 블록과 연관된 χ^2의 값과 일치한다는 것을 알 수 있다. 그러면 왜 −2배의 로그우도인가? 비관주의 대비 낙관주의라는 오즈의 자연로그를 검정하고 있음을 기억할 필요가 있다. 바로 그것이 '로그'가 나오는 곳이다. 모두 음수인 것을 뒤집기 위해 음수를 고려한 것이고, 숫자 2는 이것을 χ^2분포로 변환하기 위함이다. 개념적으로, MR의 관점에서 로그우도를 회귀분석(작은 값일수록 더 좋고, 증가시키는 것보다 감소시키려고 시도한다는 것을 제외하고)으로 얻은 R^2(또는 제곱합)과 유사하고, χ^2검정은 R^2에 의한 F검정과 유사하다고 볼 수 있다. 이 표는 또한 R^2의 두 가지 추정값을 포함하고 있다. LR은 최소제곱 추정방법을 사용하지 않으므로 설명할 수 없는 분산 대비 설명되는 분산의 비에 대한 척도는 생성하지 않는다. 그러나 MR에 대한 배경지식이 있는 연구자는 설명되는 분산의 비율과 같은 추정값을 선호하고, SPSS에서는 이 두 가지 추정값을 산출한다. 표에서 볼 수 있는 바와 같이, 그것은 R^2에 대한 일관된 추정값을 산출하지는 않으므로 신중하게 사용해야 한다.

[그림 11-9] 네 개의 독립변수를 모두 포함한 로지스틱 회귀분석 결과(Block 1)

Block 1: Method = Enter

Omnibus Tests of Model Coefficients

		Chi-square	df	Sig.
Step 1	Step	105.133	4	.000
	Block	105.133	4	.000
	Model	105.133	4	.000

Model Summary

Step	-2 Log likelihood	Cox & Snell R Square	Nagelkerke R Square
1	930.408[a]	.123	.169

a. Estimation terminated at iteration number 4 because parameter estimates changed by less than .001.

[그림 11-10]의 아랫부분('Variables in the Equation')에 있는 표는 회귀분석의 결과에 익숙한 사람에게는 대단히 친숙하게 보일 것이고 이전과 동일한 방식으로 해석할 수 있다. 두 번째 열에 표시된 b는 각 독립변수의 한 단위 증가에 따른 종속변수의 변화량을 나타낸다. MR에서처럼 이러한 회귀계수는 독립변수에서 종속변수를 예측하기 위한 방정식을 생성하는 데 사용될 수 있다. 이 경우, 회귀방정식은 다음과 같다.

로그오즈(낙천주의)

$= \log odds(Optimism)$

$= -1.137 - 0.249약물 + 0.481종교 + 0.497\,BYSES + 0.036\,BYTests$

종속변수는 로그오즈(log odds)의 단위이기 때문에, 이러한 회귀계수와 회귀방정식 그 자체는 기대만 큰 유용하지는 않다. Wald 검정과 $(b/SE_b)^2$의 공식을 통해 표준오차는 다른 모든 변수가 통제된 상태에서 각 독립변수의 통계적 유의도를 검정하기 위해 사용된다. 회귀계수를 중심으로 신뢰구간을 만드는 데에도 사용할 수 있다. 다중회귀분석에서의 t-검정과는 달리, Wald 검정에서는 df가 각각 1이다. 그러나 유의확률(p-값)은 동일한 방식으로 해석되며, 이는 네 가지 예측변수 각각이 통계적으로 유의하다는 것을 보여 준다.

[그림 11-10] 로지스틱 회귀분석의 추가결과(Block 1)

첫째 표는 소속집단을 예측하는 로지스틱 회귀모형의 적합도를 보여 주고 둘째 표는 회귀계수의 추정 결과를 보여 준다.

Classification Table[a]

	Observed		Predicted		
			Optim_Press Optimistic or Pessimistic		
			.00 Pessimistic	1.00 Optimistic	Percentage Correct
Step 1	Optim_Press Optimistic or Pessimistic	.00 Pessimistic	87	190	31.4
		1.00 Optimistic	62	465	88.2
	Overall Percentage				68.7

a. The cut value is .500

Variables in the Equation

		B	S.E.	Wald	df	Sig.	Exp(B)
Step 1[a]	Substance	-.249	.102	5.906	1	.015	.780
	Religious	.481	.095	25.477	1	.000	1.617
	byses	.497	.122	16.722	1	.000	1.644
	bytests	.036	.010	11.638	1	.001	1.036
	Constant	-1.137	.543	4.380	1	.036	.321

a. Variable(s) entered on step 1: Substance, Religious, byses, bytests.

마지막 열은 더 쉽게 해석할 수 있는 b의 지수화된 버전(exponentiated version)을 보여 준다. 이것의 해석을 위하여, 이분형 종속변수는 여전히 오즈 형식이지만 더 이상 대수적으로 변환되지 않는다. 따라서 해석은 낙관주의일 가능성에 근거한다. 1 대 1 오즈는 비관적이거나 낙관적일 가능성이 동등하다는 것을 의미한다. 오즈가 1보다 크다는 것은 독립변수의 증가가 비관주의에서 낙관주의로 변할 가능성을 증가시킨다는 것을 의미하는 반면, 1 미만의 오즈값은 독립변수의 증가가 종속변수의 오즈를 작아지게 만든다. 약물 사용(Substance)과 신앙수준(Religiosity)에 초점을 맞추어 보자. 신앙수준에 대한 1.617의 값은, 다른 변수가 동일하다면, 신앙수준이 한 단위 증가하면 낙관주의일 가능성이 증가 이전의 1.617배가 된다는 것을 의미한다. 다시 말해서, 이러한 1점의 증가가 낙관주의일 오즈를 61.7% 증가시킨다는 것이다. 다른 변수가 동일하다면, 신앙수준이라는 독립변수는 미래에 대한 낙관주의를 증가시키는 것으로 보인다.

약물 사용에 대한 .780의 값은 해석하기가 약간 어렵지만, 1 미만의 값은 약물 사용의 증가가 낙관주의일 가능성을 감소시키고, 따라서 비관주의일 가능성을 증가시킨다는 것을 의미한다. 약물 사용의 1단위 증가는 낙관주의일 오즈가 증가 이전의 78%라는 것을 의미한다. 달리 표현하면, 오즈의 역수를 취하여 (1/0.780 = 1.282) 낙관주의 대비 비관주의일 확률을 계산하기 위해 1보다 작은 이 오즈비를 사용할 수도 있다. 그렇다면 약물 사용이 1단위 증가하면 비관주의일 가능성이 증가 이전에 비해 28% 증가한다고 해석할 수 있다. 정리하면, 회귀계수는 BYTests와 BYSES가 낙관주의일 가능성에 통계적으로 유의한 정적 (+) 영향을 미친다는 것을 보여 준다. SES에서 1단위 증가는 낙관주의일 가능성을 64% 증가시키고, BYTests에서 1단위 증가는 그 가능성을 3.6% 증가시킨다. 이것들은 여전히 비표준화 회귀계수값이므로, '1단위 증가'는 독립변수 각각에 대해 서로 다른 의미임을 명심해야 한다. [그림 11-2]를 재차 확인해 보면, BYSES, **약물 사용**, 그리고 **종교** 변수는 모두 z점수의 평균값이므로, 이들 중 한 변수에 대한 1단위 증가는 t-점수의 평균인 BYTests에서의 1단위 증가보다 훨씬 더 큰 변화이다. 그 분석 결과에는 표준화 회귀계수인 β와 비교할 만한 계수가 없으므로, 실제로 계수의 크기를 서로 비교할 수는 없다. 독립변수를 표준화함으로써 LR에서 표준화 회귀계수와 유사한 것을 도출하는 여러 방법은 Thompson(2006: 413)을 보라. 그는 또한 LR에서 구조계수(structure coefficients)의 사용을 제안하였다.

최종 출력 결과는 [그림 11-10]의 상단에 있는 'Classification Table(분류표)'에 나와 있다. 이 LR 회귀방정식은 소속집단(비관주의/낙관주의)을 예측하는 데 사용되는데, 이러한 예측결과를 각 개체의 실제 소속집단(비관주의/낙관주의)과 비교한다. 표의 마지막 열에서 볼 수 있는 바와 같이, 표본의 68.7%는 올바르게 분류되었지만 비관적인 사람보다 낙관적인 사람을 분류하는 것이 정확하였다. 이 결과는 모형에 예측변수가 없는 경우에 비해 분류가 약간 개선되었음을 보여 준다([그림 11-8], 65.5%).

연속형 변수의 범주화

이 예제의 시작 부분을 다시 한번 살펴보자. **낙관주의**라는 연속형 합성변수를 범주형(비관주의/낙관주의) 변수로 변환하였다. 이렇게 변환한 이유는 흥미롭고 쉽게 이해할 수 있는 예제로 만들기 위함이었다. 그러나 이것이 좋은 생각인가? 한마디로 말하면 아니다. 본문의 초반에 연속형 변수를 범주형 변수로 변환하지 않겠다고 주장했으며, 이 권고사항을 이 책의 다른 부분에서도 반복적으로 언급한 바 있다(예: 제8장). 다시 한번 강조하면, 일반적으로 연속형 변수를 범주형 변수로 변환하는 것은 좋지 않다. 여기에서는 예를 들기 위해 그렇게 하였으나, 그것이 아주 좋은 생각이라는 것을 의미하지는 않는다.

[그림 11-11] 원래의 연속형 종속변수(낙관주의라는 합성변수)를 이용한 다중선형회귀분석 결과

연속형 변수를 이분형 변수로 변환한 결과를 살펴보기 위해 [그림 11-3]의 결과와 비교할 필요가 있다.

Model Summary

Model	R	R Square	Adjusted R Square	Std. Error of the Estimate
1	.370[a]	.137	.133	.54777

a. Predictors: (Constant), bytests 8th-grade achievement tests (mean), Religious, Substance, byses SOCIO-ECONOMIC STATUS COMPOSITE

Coefficients[a]

Model		Unstandardized Coefficients		Standardized Coefficients	t	Sig.
		B	Std. Error	Beta		
1	(Constant)	3.707	.134		27.747	.000
	Substance	-.057	.026	-.076	-2.213	.027
	Religious	.139	.023	.207	6.024	.000
	byses SOCIO-ECONOMIC STATUS COMPOSITE	.131	.029	.170	4.540	.000
	bytests 8th-grade achievement tests (mean)	.008	.003	.122	3.258	.001

a. Dependent Variable: Optimism

원래 연속형 변수인 낙관주의를 이용한 다중선형회귀분석의 결과인 [그림 11−11]을 주목하자. 이분형 종속변수를 사용한 로지스틱 회귀분석에서와 마찬가지로, 동일한 변수가 통계적으로 유의하고 회귀계수값이 동일한 방향[약물 사용은 부적(−) 방향, 나머지 변수는 정적(+) 방향]으로 나타내고 있다는 것에 안심하게 된다. 그러나 [그림 11−3](이분형 종속변수의 다중로지스틱 회귀분석)과 비교하여 [그림 11−9]의 'Model Summary(모형 요약)' 표에 주목할 필요가 있다. 연속형 종속변수를 사용한 경우, $R = .370$이고, $R^2 = .137$이다. 이와는 대조적으로, 이분형 종속변수의 경우 $R = .352$이고, $R^2 = .124$이다. 연속형 변수를 범주화하면 설명되는 분산의 비율을 감소시키고, 다른 변수와의 상관관계도 약화시키며, 결과적으로 R 및 R^2이 줄어든다. 이 상관계수의 감소는 50 대 50의 분할에서 벗어날수록 커지게 된다. Thompson(2006: 386−390)은 이러한 범주화를 '자료 절단(data mutilation)'이라고 부르며, 저자는 이에 동의한다(또한 Cohen, 1983을 보라).

저자의 경험상, 이러한 이분화는 로지스틱 회귀분석 연구에서 실망스럽게 흔한 일이다. 연구자는 그 자체로도 완벽한 연속형 종속변수를 이분형 종속변수로 변환시킨다. 다시 한번 저자의 제한된 경험에 비추어 볼 때, 우울 증상 척도 점수를 우울하지 않음/우울함으로, 또는 신생아의 출생 시 체중을 정상체중/저체중으로 분류하는 의학 및 진단 연구에서 특히 그러하다. 환자의 우울 증상 여부를 결정하는 것과 같이, 겉보기에 관련되어 있고 범주화가 필요한 적용 사례에서는 종종 이러한 이분형 변환이 타당한 것처럼 보인다. 따라서 예측변수 또는 이러한 산출물에 대한 영향에 관한 결과 연구는, 예를 들어 의사가 어떤 환자가 저체중 출생아를 가질 가능성이 있는지를, 또는 심리학자가 어떤 내담자가 우울 증상을 앓을 가능성이 있는지를 예측하는 데 도움을 줄 수 있다. 그러나 이러한 예측은 범주형 변수보다는 연속형 변수를 사용하는 경우에 보다 쉽고 정확하며 타당하다. 예측 방정식이 실제로 사용된다면, 관심 있는 변수에서 연속형인 출생 시 체중을 예측하고, 그 예측에 기초하여 특정 수준 이하의 값을 표시해도 아무런 상관이 없다. 여기에서의 요점은 일반적으로 분석을 위한 목적으로는 연속형 변수를 범주화하는 것이 타당하지 않다는 것이다. 분석 후 해석상의 용이함을 위해 연속형 변수를 범주화하는 것은 일리가 있을 수도 있다(제8장에서 논의한 바와 같이). 변환해야 할 특별한 이유가 없다면 변수를 연속형의 형태로 두는 것이 좋다.

로지스틱 회귀분석의 적절한 사용

연속형 변수를 범주화하는 것에 관한 저자의 냉혹한 비판은 로지스틱 회귀분석이 거의 알려지지 않았다는 인상을 주기 위함이 아니다. 저자는 연속형 변수의 범주화를 권하지 않는다. 그러나 여러 연구에서 자연적으로 발생하는 수많은 범주형 산출물(outcomes)변수가 있다. LR은 실제로 그러한 산출을 예측하거나 설명하고자 할 때 적절한 분석적 선택이다. 어떠한 이유로 인해 어떤 학생이 수업이나 학교를 그만두고 어떤 학생은 학업을 계속 이어가는지, 그리고 그러한 산출물을 어떻게 예측할 수 있는지 궁금해할지 모른다. 어떤 청소년은 담배를 피우거나 마약을 사용하지만 어떤 청소년은 그렇지 않다. 정신건강의 문제가 있는 어떤 사람은 상담을 받으려 하고 어떤 사람은 가족의 도움을 구하는 반면, 또 다른 사람은 아무런 도움도 구하지 않는다. 수감자 중 일부는 감옥을 벗어나지 못하지만, 어떤 수감자는 그렇지 않다. 이 모든 사례는 자연적으로 얻어지는 범주형 산출물을 포함하며 LR에 적절하다. 의심할 여지 없이, 여러분의 연구 분야에서도 다른 사람을 생각할 수 있다.

로지스틱 회귀분석 대 판별분석

MR의 방식으로 범주형 종속변수를 분석하는 또 다른 전통적인 방법이 있는데, 바로 판별분석 (discriminant analysis)이다. 이분형 산출에 대하여 판별분석은 출력 결과(output)가 다소 다르게 보일지라도, 일반적인 다중회귀분석과 수학적으로 동일하다(Cohen et al., 2003). 로지스틱 회귀분석은 최근 들어서 더 많이 사용되는 방법인데, 여기에서 보여 주는 바와 같이 부분적으로는 다중회귀분석에 대해 학습한 내용 중 대부분이 로지스틱 회귀분석에 직접적으로 적용 가능하기 때문이다. 로지스틱 회귀분석은 또한 범주형 변수와 연속형 변수를 모두 독립변수로 포함할 수 있다는 점에서 판별분석보다 유리하지만, 엄밀히 말하면 판별분석에는 연속형 독립변수만 포함되어야 한다. 로지스틱 회귀분석은 또한 더적은 수의 합리적인 가정을 필요로 한다. 판별분석은 두 개 이상의 범주를 포함하는 범주형 종속변수에 대한 더 나은 선택이지만, 최신의 로지스틱 회귀분석 프로그램은 이분형뿐만 아니라 다항식(polytomous) 범주형 변수를 처리할 수 있다. 『Sage Quantitative Applications in the Social Science』 시리즈에는 Pituch와 Stevens(2016)와 마찬가지로 두 가지 방법에 대한 훌륭한 소개가 포함되어 있다(Klecka, 1980; Menard, 1997). 이미 언급된 여러 참고문헌에서도 LR에 대한 유용한 소개를 제공하며(Darlington, 1990; Darlington & Hayes, 2017; Thompson, 2006), Hosmer, Lemeshow와 Sturdivant(2013)의 교재에서는 더 깊은 지식을 제공한다. UCLA 통계 도움 웹사이트도 매우 유용하다(예: "FAQ: 로지스틱 회귀분석에서 오즈비를 어떻게 해석합니까?").

📈 다수준모형분석

이전 장에서 간략히 논의된 다중회귀분석의 가정 중 하나는 관측개체가 모집단에서 독립적으로 추출된다는 것이다. 이 가정이 위배될 수 있는 한 가지 경우는 일부 관측개체가 서로 관련되어 있거나 겹치거나 어떤 방식으로든 묶이는 것이다. 예를 들어, NELS 자료에 대해 생각해 보자. 전체 NELS 설문조사설계(design)는 국가 목록에서 학교를 선택하고 학교당 약 24명의 학생을 무선으로 선택하는 것이었다. 우리는 NELS 자료의 관측개체가 서로 관련이 없는 것처럼 취급하였다. 그러나 특정 학교의 학생은 다른 학교의 학생보다 같은 학교의 학생과 다소 유사하다고 기대할 수 있다. 부분적으로 학교에 의해 통제될 수 있는 변수(예를 들어, 과제와 같은)에 집중한다면, 이 유사성은 더 강해질 것이다. 이것이 의미하는 것은 NELS 자료의 관측개체는 기대만큼 독립적이지 않다는 것이며, 결과적으로 회귀계수의 표준오차를 축소시키고 실제로는 그렇지 않음에도 변수가 통계적으로 유의한 것처럼 보이게 할 수 있다는 것이다. 보다 극단적인 사례를 들어 보자. 연령, 교육수준, 직업 상태와 같은 변수를 결혼만족도에 회귀하는 회귀분석을 한다고 가정해 보자. 그리고 부부마다 두 명의 자료를 모두 수집하였다고 가정해 보자. 결혼한 커플은 이 모든 특성에 대해 두 명의 낯선 사람보다 서로 비슷할 가능성이 높고, 따라서 이러한 관찰개체는 독립적이지 않다. 이러한 문제를 해결하는 방법은 위계적 선형모형분석(Hierarchical Linear Modeling: HLM) 또는 보다 일반적인 분석방법인 다수준모형분석(Multilevel Modeling: MLM)을 사용하는 것이다. MLM은 학교 내 학생, 부부의 남편/아내 등과 같이 어떤 식으로든 군집화된 자료를 고려할 수 있는 회귀분석방법이다. NELS 자료를 예제로 MLM을 사용하여 개인수준(individual level)과 학교수준 양자에서 과제가 학업성취도에 미치는 영향을 조사할 수 있다. 관측개체 간의 독립성이 결여되어 있다는 문제를 다루는 것 외에도, 다수준모형은 집단수준(group-level) 변수가 개인수준(individual-level) 변수에 어떻게 영향을 미칠 수 있는지에 대하여 보다 풍부한 이해를 제공할 수 있다.

SES가 학업성취도에 미치는 영향

SES가 학생의 학업성취도에 미치는 영향에 초점을 둔 간단한 예제를 생각해 보자. 이 책에서 SES 또는 SES의 일부 구성요소(예: 학부모교육수준)를 학생수준의 변수로 상당히 일관성 있게 사용해 왔다. 그러나 주위에 있는 학교를 생각해 보면, SES가 학교수준의 변수라고 감히 말할 수 있을 것이다. 즉, 대부분의 지역사회에는 SES가 높은 학교와 SES가 낮은 학교가 있다. 대부분의 학부모는 SES가 높은 학교에서 일반적으로 학업성취도 수준이 더 높다고 생각한다(이것이 사실이라고 생각하지 않으면, 부동산 중개인에게 학교 및 학군에 관해 몇 가지 질문을 해 보기 바란다). 학부모에게 좀 더 깊은 질문을 해 보면, 자신의 자녀가 높은 SES와 높은 학업성취도를 보이는 학교에 다닐 때 더 높은 수준의 학업성취도에 도달할 것이라고 믿거나, 적어도 희망을 가지게 될 것이다. 따라서 학교수준의 SES가 학교수준의 학업성취도에 영향을 미칠 수 있으며, 학교수준의 SES가 또한 개인수준의 학업성취도에 영향을 미칠 수 있다는 몇 가지 가능한 가설이 이러한 견해에 포함되어 있다. 어떻게 그러한 가설을 검정할 수 있는가?

이 가설을 검정하는 데 필요한 첫 번째 조건은 관측개체의 군집화가 이루어지는 자료, 즉 여러 학교 내 여러 학생의 SES 및 학업성취도를 측정할 수 있는 자료를 가지고 있어야 한다는 것이다. 이 책에서 사용된 NELS 자료가 이 조건에 부합하는 것으로 보일지라도, 보다 큰 NELS 자료에서 선택된 1,000명 학생의 무선 하위표본이므로 이 조건에 해당하지는 않는다. 결과적으로, 하위표본으로 대표되는 대부분의 학교에서 우리는 한 명 또는 두 명의 학생만 있다. 그러나 보다 큰 NELS 자료는 실제로 이 기본 요구사항을 충족시키며, 원자료의 1,000개 학교에서 무선으로 선발된 평균 24명의 학생에 대한 자료를 포함한다. 따라서 이 예제에서는 이 원자료의 다른 하위표본을 사용하였다. 이를 위해, 원자료에서 30명 이상의 학생이 속한 학교의 모든 학생을 선택하였다. 그 결과, 12개 학교에서 4,630명의 학생을 선택하였다. 자료는 웹사이트(www.tzkeith.com의 'nels smaller 3.sav')에 있으며, 이 분석에 사용되는 변수와 몇 가지 다른 변수만 포함되어 있다.

다음으로, 가설을 검정하는 데 필요한 변수를 고려해야 한다. 물론 SES척도(우리가 종종 사용해 왔던 BYSES), 학업성취도척도(BYTests) 및 각 학생이 어떤 학교에 다니는지를 알려 주는 변수(SCH_ID 변수)가 필요하다. 첫 번째 가설은 학교의 평균 SES가 학교의 평균 학업성취도 수준에 영향을 미친다는 것이다. 이 가설을 검정하기 위해, 학교별 평균 SES와 학업성취도에 대한 척도를 만들 필요가 있다. SPSS에서 이것은 DATA 메뉴의 AGGREGATE 명령문을 사용하여 쉽게 수행할 수 있으며, 다른 통계 프로그램에서도 쉽게 수행할 수 있다. 이 명령문을 사용하면, 이러한 집계된 변수를 원래의 학생수준의 자료세트에 다시 추가하거나 학교수준의 자료세트를 새로 만들 수 있다. 이 첫 번째 옵션(개인수준의 자료세트에 집단수준의 변수를 삽입한다.)은 종종 분해(disaggregation)라고 부르고, 그 변수는 (MLM 전문용어로) '맥락적(contextual)'

변수라고 한다. 맥락적 변수(Hox, Moerbeek, & van de Schoot, 2018, 제1장)는 개인수준의 산출물에 영향을 줄 것으로 생각되는 집단수준 변수(이 예제에서와 같이 개인수준의 변수에서 파생된)를 의미한다.

다중회귀분석

혹시라도 학교수준의 데이터세트를 생성한 다음, 평균 SES를 평균 학업성취도에 회귀할 수 있는가? 그 결과는 학교수준의 SES가 학교수준의 학업성취도에 매우 강력한 영향을 미친다($R^2 = .743$, $\beta = .862$)는 것을 보여 주며, 이는 개인수준의 SES가 개인수준의 학업성취도에 미치는 영향을 조사한 이전의 분석 결과보다 훨씬 강력한 효과이다($\beta = .525$). 꽤 흥미로운 결과이다.

두 번째 가설은 학교수준의 SES가 개인수준의 학업성취도에 영향을 미친다는 것이다. 과연 학생수준의 자료세트에서 학교수준의 평균 SES를 학생수준의 학업성취도에 회귀할 수 있는가? 그리고 개인수준의 SES를 포함시켜야 하는 것은 아닌가? 이 분석은 아마도 학생의 학업성취도에 대한 학생의 SES뿐만 아니라 학교수준의 SES의 영향을 알려 줄 것이다. 이러한 분석에 대한 회귀계수표는 [그림 11-12]에 나와 있다. 이 결과는 학교수준의 SES가 개인수준의 학업성취도에 큰 영향을 미친다는 것을 보여 주며($\beta = .504$, $b = 8.16$), 학생수준의 SES도 비록 작지만 통계적으로 유의한 효과를 보이고 있다($\beta = .251$, $b = 3.74$). 이 표에서는 앞의 설명과 약간의 차이가 있다는 것에 유의하자. 이 회귀분석에서는 원래(개인수준)의 SES 변수를 사용하는 대신 중심화 변수(SES_C)를 사용하였다. 이 변수를 만들려면, 각 학생의 SES에서 학교수준의 SES(ses_mean)를 빼 준다. 이 중심화는 SES를 학교수준과 개인수준의 구성요소로 분리하기 위해 생성하였다. 중심화의 결과로 ses_mean과 SES_C 간의 상관관계는 없어진다. 원래의 SES가 사용되는 경우, ses_mean과의 상관관계가 상당히 높다($r = .675$).

[그림 11-12] 학교수준의 SES와 개인수준의 SES에 의한 학생의 학업성취도의 다중선형회귀분석 결과

Coefficients[a]

Model		Unstandardized Coefficients		Standardized Coefficients	t	Sig.	95.0% Confidence Interval for B	
		B	Std. Error	Beta			Lower Bound	Upper Bound
1	(Constant)	50.906	.112		452.514	.000	50.685	51.126
	ses_mean average SES for school	8.159	.201	.504	40.643	.000	7.766	8.553
	SES_C SES centered by school	3.744	.185	.251	20.217	.000	3.381	4.107

a. Dependent Variable: bytests 8th-Grade Achievement

이 두 가지 분석은 우리의 질문에 적절한 답을 한 것으로 보이며, 적어도 MLM을 어느 정도 이해하는 데 도움이 되었을 것이다. 그러나 여전히 개념적으로나 통계학적으로 많은 문제가 있으며, MLM에 대한 대부분의 교재에서 이 문제가 잘 정리되어 있다(Hox et al., 2018; Raudenbush & Bryk, 2002). 개인수준의 분석을 통하여 이러한 문제 중 하나를 설명하겠다.

회귀선을 학교별로 분리

개인수준의 자료세트(학교수준의 영향을 무시한 채)에 대한 일반적인 회귀분석을 수행할 때, 학교수준의 회귀선이 분석에 포함된 모든 학교에 대해 동일하다고 가정한다. 그러나 일부 학교는 다른 학교보다

는 좋다고 가정하는 것이 합리적이지 않은가? 그리고 SES 배경이 높던 낮던 간에, 그 학교에 다니는 모든 학생의 학업성취도를 올릴 것이라고 가정하는 것이 합리적이지 않은가? 모든 학교에 대해 개별적인 회귀분석을 수행해야 한다면, 이 학교는 아마 더 큰 절편항을 가져야 할 것이다. 그리고 일부 학교에서는 SES와 학업성취도의 관계를 깨뜨리는 것이 더 효과적이라고 생각하는 것도 이치에 맞지 않는가? 즉, 일부 학교는 SES 배경이 낮은 학생과 협력하는 것이 효과적일 것이고, 다른 학교는 SES 배경이 높은 학생에게 더 성공적인 곳이 아닌가? 이러한 경우, 학교마다 개별적인 회귀분석을 수행한다면, 학교마다 차이가 서로 다른 기울기로 나타날 수 있다. SES에 대한 **학업성취도** 영향을 깨뜨리는 데 더 효과적인 학교는 회귀선에서 덜 가파른 기울기를 보이게 된다.

[그림 11-13] SES에 의한 8학년 학업성취도의 선형회귀분석 결과

전체 모형의 적합선은 굵은 실선으로 표현되어 있고, 나머지 적합선은 개별 학교의 SES에 대한 선형회귀분석의 결과이다.

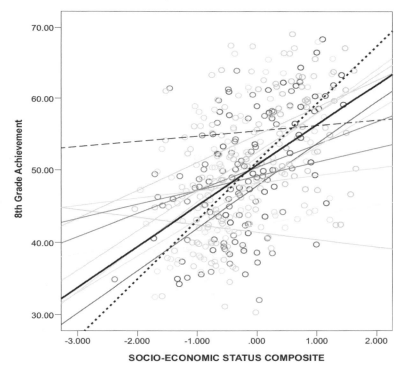

[그림 11-13]은 그러한 회귀선을 보여 준다. 이 그래프에서 12개 학교로부터 428명의 학생을 선택하여 그래프를 쉽게 이해할 수 있도록 하였다. 먼저, Y축 위의 약 32점에서 시작되는 굵은 실선(solid line)의 회귀선을 주목하자. 이것은 학교에 상관없이 모든 학생에 대해 SES를 **학업성취도**로 회귀시킨 표준회귀분석에서의 회귀선이다. 그것은 어떤 의미에서 평균 회귀선이라고 생각하라. 다른 회귀선은 학교별로 별도로 SES를 **학업성취도**에 회귀한 것을 보여 준다. 학교마다 회귀선이 얼마나 심하게 변하는지 주목할 필요가 있다. 일부 회귀선은 매우 가파른 기울기를 보이고(SES와 학업성취도 간에 강한 상관관계가 보여줌), 다른 회귀선은 상당히 평평하여 SES가 그 학교 학생의 **학업성취도**에는 그다지 중요하지 않다는 것을 시사한다. 그리고 학교마다 절편항(원래 SES변수가 0의 값을 가질 때의 학업성취도 수준)에서 상당한 차

이가 있음을 주목하라. 어떤 학교는 다른 학교보다 학업성취도를 더 잘 만드는 것처럼 보인다. 특히 X축의 약 -2.9에서 시작하는 점선(dotted line)으로 표시된 회귀선을 주목하라. 이것은 SES와 학업성취도 간에 매우 강한 관련성을 가진 학교를 나타내는 매우 가파른 회귀선이다. 이 학교는 아마도 높은 SES를 가진 학부모라면, 자녀가 다니기를 희망하는 학교일 것이다. 다음으로, Y축의 약 54점에서 시작하는 꺾은선(dashed line)으로 표시된 회귀선을 주목하라. 이 학교는 SES와 학업성취도의 관계가 매우 약한 것으로 보인다. 낮은 SES를 가진 학부모라면, 이 학교는 자녀가 다니기를 희망하는 곳이 될 것이다. 마지막으로, 이 두 학교의 절편이 거의 동일하다(이 그래프에서 적합선이 X축의 0과 교차하는 절편항은 X축의 중간 근처에 있다). 중간수준의 SES 가족의 경우에도 둘 중 하나가 잘 작동할 것으로 보인다. 그 밖의 다른 조건이 주어지지 않는다면, 이 그래프는 분명히 개별 학교의 회귀분석 검증의 중요성을 시사하는 것 같다!

개별 집단에 대한 서로 다른 기울기?

이전에 이러한 종류의 그래프를 어디서 본 적이 있는지를 잠깐 생각해 보자. 그리고 중심화의 중요성에 대해 언제 논의하였는지 생각해 보자. 그렇다. '상호작용에 관해 논의할 때'이다. 이 그래프가 보여 주는 것은 학업성취도에 미치는 영향에서 학교와 SES 간의 상호작용이다. 이것이 MLM의 마지막 장점, 즉 산출물에 미치는 영향에서 수준 2(이 예제에서는 학교수준 변수)와 수준 1(개인수준 변수) 간의 상호작용을 모형분석할 수 있는 능력이다. 일반적인 다중회귀분석에서도 그렇게 할 수 있지만, MLM을 사용하면 더 잘 할 수 있다.

먼저, 회귀분석을 통해 이것이 어떻게 달성될 수 있는지를 살펴보자. [그림 11-14]는 학교수준 SES (ses_mean), 개인수준 SES(각 학생의 학교 SES로 중심화한 SES_C), 그리고 이 두 가지 변수의 외적항 (sesM_by_sesC)을 학생수준 학업성취도(BYTests)에 회귀한 회귀분석 결과 중 일부를 보여 준다. 이전에, 조절이라고 알려진 상호작용을 검정하기 위해 외적항을 사용하였다는 것을 기억하라. 분석 결과는 학교수준 SES와 개인수준 SES 모두 학생의 학업성취도를 예측하는 데 중요함을 시사한다. 그러나 sesM_by_sesC 외적항이 통계적으로 유의하지 않다는 것은 이 두 변수가 학업성취도에 미치는 영향에서 상호작용하지 않는다는 것을 시사한다. 달리 말하면, 학교수준 SES는 학생수준 SES가 학업성취도에 미치는 영향을 조절하지 못한다. 또는 회귀선의 명백한 차이에도 불구하고, 이 자료에 대한 최상의 요약은 모두 동일한 기울기를 갖는 일련의 회귀선이 된다는 것이다.

[그림 11-14] 학교수준과 개인수준 SES, 그리고 그 두 변수의 외적(상호작용)을 개인수준 학업성취도에 회귀한 다중회귀분석 결과

Coefficients[a]

Model		Unstandardized Coefficients		Standardized Coefficients	t	Sig.	95.0% Confidence Interval for B	
		B	Std. Error	Beta			Lower Bound	Upper Bound
1	(Constant)	50.905	.113		452.480	.000	50.685	51.126
	ses_mean average SES for school	8.160	.201	.504	40.642	.000	7.766	8.554
	SES_C SES centered by school	3.725	.188	.250	19.825	.000	3.357	4.093
	sesM_by_sesC	-.230	.382	-.008	-.602	.547	-.979	.519

a. Dependent Variable: bytests 8th-Grade Achievement

더불어, [그림 11-13]의 그래프는 이 회귀분석의 결과([그림 11-14])와 정확히 일치하지는 않는다. [그림 11-15]는 이 회귀분석의 결과에 더 근접한 그래프를 보여 준다. *X*축은 학교별 중심화된 SES이고, 굵은 실선은 학교수준 SES를 나타낸다([그림 10-13]에서 했던 것처럼 학교와는 반대). 그러나 그 결과는 우리가 이전에 초점을 맞췄던 꺾은선과 점선뿐만 아니라 전반적인 회귀선을 포함하여 상당히 유사하다.

[그림 11-15] SES에 의한 학업성취도의 전체 선형회귀분석 결과와
개별 학교에 대한 선형회귀분석 결과를 보여 주는 산점도
이 산점도에는 중심화된 SES(X-축의 0은 각 학교 SES의 평균을 의미한다)를 사용하고 있다.
[그림 11-13]에서의 0은 NELS 자료에 포함된 모든 학생의 SES 평균을 의미한다.

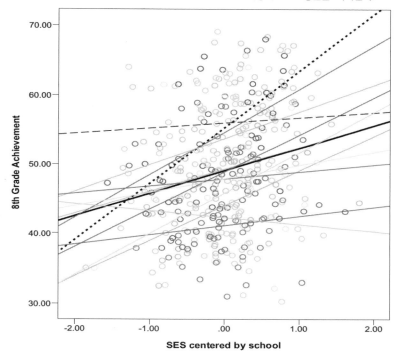

SES가 학업성취도에 미치는 영향에 관한 다수준분석

다음으로, 이 동일한 문제에 대한 MLM 분석을 살펴보자. MLM은 특별한 프로그램을 필요로 하는데, HLM(Hierarchical Linear Modeling, Raudenbush, Bryk, Cheong, Congdon, & du Toit, 2011)과 MLwiN (Rasbash, Steele, Browne, & Goldstein, 2017)을 포함한 프로그램은 여전히 우수하고 정기적으로 업데이트되고 있다. 당연히 주요 통계 프로그램에는 MLM의 기능도 추가되어 있는데, SAS의 PROC MIXED 및 SPSS의 Mixed Procedure를 통해 MLM을 수행할 수 있다. 구조방정식모형분석(이 책의 제2부에서 논의됨)을 위한 Mplus 프로그램(Muthén & Muthén, 1998-2012)도 잠재변수 MLM을 포함하여 MLM을 수행할 수 있다. 이 장의 출력 결과는 SPSS Mixed Procedure에서 나온 것이다. 이 책은 MLM을 수행하는 방법에 대한 자습서가 아니라 회귀분석의 관점에서 MLM을 이해할 수 있는 가교임을 감안하여, 지금까지 사용해 온 출력 결과를 심층적으로 제시하지는 않을 것이다.

[그림 11-16]부터 [그림 11-19]는 학교수준과 개인수준 SES을 통한 학생 학업성취도의 예측을 결정하기 위해 설계된 MLM 분석 결과를 보여 준다. 이 그림들은 또한 분석을 수행하는 데 사용된 명령문도 보여 준다. MLM 분석은 일반적으로 수준 2(이 경우, 학교수준)와 수준 1(개인수준) 예측변수와 그것들의 상호작용을 점차적으로 추가하는 순차적 방식으로 수행된다. 또한 이 그림에는 제시되지 않았지만, 로지스틱 회귀분석과 같은 MLM 분석은 최대우도추정법을 사용하기 때문에, 로지스틱 회귀분석에서 발생하는 것처럼, -2배의 로그우도값을 포함한 '적합도지수'도 표시된다. 그리고 로지스틱 회귀분석과 마찬가지로, -2배의 로그우도값을 사용하여 각각의 새로운 단계가 모형에 의한 자료의 더 나은 적합도 또는 설명력으로 이어지는지 여부를 검정할 수 있다. 내포모형(nested model)의 경우, -2배의 로그우도값을 서로 차감할 수 있으며, 그 차이는 통계적 유의도를 검정할 수 있는 χ^2분포와 동일하게 된다. 여기에서는 이러한 적합도지수를 모형에 예측변수를 추가할 만한 가치가 있는지 여부를 알려 주는 MR에서의 R^2 및 ΔR^2과 유사한 것으로 생각하자. 모형의 적합도는 모형을 비교하기 위해 $\Delta\chi^2$을 사용하는 제2부에서 광범위하게 논의될 것이다. 최대우도추정법에 대한 자세한 내용 또한 제2부에서 다루도록 하겠다.

무조건모형

[그림 11-16]은 어떠한 예측변수도 없지만 학교수준 대 개인수준 학업성취도에 관심 있음을 명시하는 모형의 결과를 보여 준다. 이 모형은 종속변수가 어떠한 예측변수에도 '조건화'(회귀)되어 있지 않기 때문에, 종종 무조건모형(unconditional model)이라고 한다. 분석에서 이 단계가 필요한 이유는 종속변수(BYTests)의 분산을 학교 간 분산 대비 학교 내 분산(개인수준 분산)으로 고려할 수 있는 정도에 관한 아이디어를 제공하기 때문이다. 이 정보는 'Estimates of Covariance Parameters(공분산 모수 추정값)'라는 레이블이 붙은 표에 포함되어 있으며, 공분산(후속 모형에서)과 분산(분산-공분산행렬 고려)을 모두 포함한다. 'Intercept[subject=school_id]'에 대한 추정값은 학교 간 분산이고, 'Residual(잔차)'은 나머지 또는 학교 내 분산이다. 이 정보는 급내 상관계수(intra-class correlation coefficient), 즉 다음의 공식을 사용하여 집단 간 분산 대비 총분산의 비율을 계산하는 데 사용할 수 있다.

$$\rho = \frac{V_b}{V_w + V_b} \text{ 또는 이 경우, } \rho = \frac{\text{절편}}{\text{잔차 + 절편}} = \frac{24.780}{56.302 + 24.780} = .306$$

이 연구결과는 학업성취도 검사점수의 분산 중 약 31%가 학교 간 분산에 의해 설명되며, 그것은 매우 많음을 의미한다. MLM 분석은 적절하다고 볼 수 있다.

[그림 11-16] 무조건모형(독립변수를 고려하지 않은 모형)의 분석 결과

이 모형은 학교 내 및 학교 간 분산 추정값을 보여 준다.

```
MIXED bytests
/print=solution testcov
/method=ml
/fixed=intercept
/random=intercept | subject(sch_id).
```

Estimates of Fixed Effects[a]

Parameter	Estimate	Std. Error	df	t	Sig.	95% Confidence Interval	
						Lower Bound	Upper Bound
Intercept	50.786663	.459064	126.203	110.631	.000	49.878203	51.695123

   a. Dependent Variable: bytests 8th-Grade Achievement

Estimates of Covariance Parameters[a]

Parameter		Estimate	Std. Error	Wald Z	Sig.	95% Confidence Interval	
						Lower Bound	Upper Bound
Residual		56.301644	1.211400	46.477	.000	53.976711	58.726719
Intercept [subject= sch_id]	Variance	24.779558	3.330467	7.440	.000	19.040960	32.247665

   a. Dependent Variable: bytests 8th-Grade Achievement

수준 2 공분산 추가

[그림 11-17]은 평균 학교수준 SES를 학교수준 학업성취도에 회귀한 MLM 분석 결과를 보여 준다. MLM의 용어로, 이것은 종종 수준 2 공분산 추가라고 한다. 'Estimates of Fixed Effects(고정효과 추정값)' 표를 MR의 회귀계수표와 같은 방식으로 읽을 수 있다. 학교수준 SES의 영향이 통계적으로 유의한데, 이는 학교수준 SES가 평균 학교 학업성취도 수준에 실제로 중요하다는 것을 시사한다. MLM 결과가 표준화계수를 포함하고 있지 않지만, 회귀분석을 위해 익힌 공식을 사용하여 그것을 계산할 수 있다. $\beta = \dfrac{b \times SD_x}{SD_y}$ (Hox et al., 2018). 그림에 제시되지는 않았지만, SES_mean 및 BYTests의 표준편차는 각각 .560 및 9.058이고, $\beta = \dfrac{8.194 \times 0.560}{9.058} = .507$ 이며, 이 표준화 회귀계수는 커다란 효과로 분류될 수 있다(MR에서 사용된 동일한 기준을 사용한다고 가정했을 때). 다시 한번, MR 관점을 사용하여 MLM 해석에 대한 사고방식을 제공하는 아이디어로, 제시된 나머지 출력 결과를 살펴보자. [그림 11-17]의 첫 번째 표에 제시된 절편(Intercept)은 평균 SES 학교의 예상 평균 학업성취도이다(SES는 z점수의 평균이기 때문에 0에 중심화되어 있다는 가정하에서). 두 번째 표 'Estimates of Covariance Parameters(공분산 모수 추정값)'에 제시된 분산은 모형에 예측변수가 없는 이전 분석의 분산과 비교할 수 있다([그림 11-16]). 잔차, 즉 개인수준 학업성취도에 의해 설명되지 않은 분산은 학업성취도의 설명할 수 없는 학교 내 분산을 보여 준다. 모형에 수준 1(개인수준) 예측변수가 없기 때문에, 이것은 이전 모형과 상대적으로 유사하다. 이와는 대조적으로, 학교수준 잔차 분산('Intercept [subject=sch_id]')은 이전 모형의 24.780에서 현재 모형의 4.922로 감소한다. 학교수준 SES는 학업성취도에서 학교수준 분산을 설명하는 데 매우 효과적이다(그리고 학업성취도에서 학교수준 차이가 전체 차이의 약 31%를 차지하고 있다는 것을 기억하라).

[그림 11-17] 학교수준 SES를 학교수준 학업성취도에 회귀한 MLM 분석 결과

```
MIXED bytests with ses_mean
/print=solution testcov
/method=ml
/fixed=intercept ses_mean
/random=intercept | subject(sch_id).
```

Estimates of Fixed Effects[a]

Parameter	Estimate	Std. Error	df	t	Sig.	95% Confidence Interval	
						Lower Bound	Upper Bound
Intercept	50.862076	.228727	124.976	222.370	.000	50.409396	51.314756
ses_mean	8.193784	.419393	121.308	19.537	.000	7.363507	9.024061

a. Dependent Variable: bytests 8th-Grade Achievement

Estimates of Covariance Parameters[a]

Parameter		Estimate	Std. Error	Wald Z	Sig.	95% Confidence Interval	
						Lower Bound	Upper Bound
Residual		56.305034	1.211488	46.476	.000	53.979932	58.730286
Intercept [subject= sch_id]	Variance	4.921789	.827835	5.945	.000	3.539587	6.843739

a. Dependent Variable: bytests 8th-Grade Achievement

수준 1 공분산 추가

다음 단계([그림 11−18])는 평균 학교 SES(SES_mean) 이외에, 수준 1 공분산 분석, 즉 학교 내 SES (SES_C)에 의한 BYTests의 예측에 대한 추가를 보여 준다. SES_C는 학교 내에서 중심화된 SES라는 것을 기억하라. 이는 본질적으로 학교 간 SES 분산이 제거된, 개별(학교 내) SES 척도이다. 고정효과 추정값 ('Estimates of Fixed Effects') 표에서 볼 수 있듯이, 학교 내 SES(학교수준 SES가 제거된 개인수준 SES)는 개인수준 학업성취도에 대한 통계적으로 유의한 예측변수이었다($b = 3.684$, $p < .001$). 따라서 학교 내 학생의 SES가 증가할수록 학업성취도가 증가한다. SES_C의 표준화 회귀계수는 .247로 크지만 학교수준 SES 예측변수(.510)만큼 크지는 않다. '고정효과 추정값(Estimates of Fixed Effects)'이라고 레이블된 위쪽 표에서 절편(50.852)은 SES 수준이 학교수준 평균에 있고 평균 SES가 있는 학교에 다니는 학생의 예상 학업성취도를 나타낸다.

'공분산 모수 추정값(Estimates of Covariance Parameters)' 표([그림 11−18]의 아랫부분)에서, 잔차는 학교 내 수준 대비 학교 간 수준 SES를 고려한 후 BYTests의 잔차분산을 보여 준다. [그림 11−16]에 제시된 모형에서의 동일한 값과 비교할 때, 이 값(50.55)은 이 두 예측변수를 추가함으로써, [그림 11−16]의 모형으로는 설명할 수 없었던 분산에서 약 10%의 감소(50.55/56.30=.90)를 나타낸다. 이것이 다중회귀 분석이라면, 설명되지 않은 분산에서의 이러한 감소를 R^2의 증가로 설명할 수 있다. 이 표는 또한 두 가지 분산[UN(1,1) 및 UN(2,2)]과 하나의 공분산[UN(2,1)]을 포함하고 있다. 첫 번째 분산[UN(1,1)]은 절편에서 분산 또는 학교 전체에서 학업성취도 평균의 차이를 나타낸다. 이것을 [그림 11−15]의 회귀선 높이의 차이로 생각하자. 이러한 절편에는 상당한(그리고 통계적으로 유의한) 차이가 존재하는데, 이는 학교마다 SES가 다를 뿐만 아니라 각 학교 내의 학생도 SES가 다르기 때문에 이 연구결과는 놀랍지 않다. 두 번째 분산[UN(2,2)]은 기울기 분산, 즉 [그림 11−15]의 기울기 차이, 또는 학생 SES가 학교 전체 학업성취도에 미치는 영향의 차이를 나타낸다. 그 결과는 학교 전체의 기울기에 통계적으로 유의한 차이가 있음을 보여 준다($p < .05$를 사용하고 있는 경우). 이 값을 [그림 11−18]의 '고정효과 추정값(Estimates of Fixed

Effects)' 표에 있는 SES_C와 관련된 계수와 비교해 보라. **학교 내 SES로부터 학업성취도**를 예측하는 경우, 고정효과의 SES_C 회귀계수(3.684)를 학교 전체의 평균 기울기로 생각할 수 있다. 그러나 SES 기울기와 관련된 (잔차) 분산[UN(2,2)]의 값은 학교 전체에서 기울기에 유의한 차이가 있음을 보여 준다. 다음 단계에서는 교차수준(cross-level) 상호작용(학업성취도에 미치는 영향에서 학교수준 및 개인수준 SES의 상호작용)항을 추가하여, 그것이 학교 전반의 기울기 차이를 설명하는 데 도움이 되는지 확인할 것이다. 공분산[UN(2,1)]은 일반적으로 해석하지 않는다.

[그림 11-18] 수준 1 공분산 추가: 학교수준 SES 및 학교 내 SES에 기초한 학업성취도(Achievement) 예측

```
MIXED bytests with SES_mean SES_C
/CRITERIA=MXITER(500)
/print=solution testcov descriptive
/method=ml
/fixed=intercept SES_mean SES_C
/random=intercept SES_C | subject(sch_id) covtype(UN).
```

Estimates of Fixed Effects[a]

Parameter	Estimate	Std. Error	df	t	Sig.	95% Confidence Interval	
						Lower Bound	Upper Bound
Intercept	50.851845	.228039	124.915	222.996	.000	50.400524	51.303166
ses_mean	8.255060	.411689	123.005	20.052	.000	7.440147	9.069973
SES_C	3.683728	.207082	118.132	17.789	.000	3.273653	4.093803

a. Dependent Variable: bytests 8th-Grade Achievement

Estimates of Covariance Parameters[a]

Parameter		Estimate	Std. Error	Wald Z	Sig.	95% Confidence Interval	
						Lower Bound	Upper Bound
Residual		50.545718	1.101435	45.891	.000	48.432394	52.751255
Intercept + SES_C	UN (1,1)	5.046839	.823190	6.131	.000	3.665894	6.947986
[subject= sch_id]	UN (2,1)	1.148305	.540769	2.123	.034	.088418	2.208193
	UN (2,2)	1.326492	.637371	2.081	.037	.517258	3.401744

a. Dependent Variable: bytests 8th-Grade Achievement

학교수준과 개인수준 SES의 상호작용을 검정하기 위한 외적항의 추가

이 MLM의 최종 분석은 [그림 11-19]에 나와 있으며, 가장 흥미롭고 동일한 자료에 대한 다중회귀분석에 가장 근접한 것이다. 고정효과(Fixed Effects) 표의 절편(50.851)은 학교 내 SES의 평균 수준과 학교수준 SES(전체표본에 대한 평균과 학교평균) 학생의 예상 **학업성취도**를 나타낸다. SES_mean과 SES_C의 회귀계수는 학교수준 SES가 학교수준 **학업성취도**에 미치는 영향(또는 예측)과 학교 내 SES가 개인수준 **학업성취도**에 미치는 영향을 나타낸다. 두 회귀계수 모두 통계적으로 유의하다. 〈표 11-1〉은 이러한 영향과 관련된 표준화 계수를 보여 준다. 학교수준 SES가 학교 내 SES보다 학업성취도를 더 잘 예측하는 것으로 보이지만, 두 영향 모두 상당히 크다. 마지막으로, 학교 수준 및 학교 내 SES의 상호작용을 나타내는 SES_Mean*SES의 회귀계수는 통계적으로 유의하지 않았다. 산점도를 보면, 학교 간 회귀의 기울기가 다르다는 것을 알 수 있지만, 일단 학교수준 및 학교 내 SES를 통제하면, 이러한 기울기의 차이는 통계적으로 유의한 차이가 없다. 이 계수에 대한 또 다른 사고방식은 학교수준 SES가 예를 들어 [그림 11-15]에 제시된 기울기에서 차이의 유의하지 않은 부분을 설명했다는 것이다.

[그림 11-19] 학교수준과 학교 내 SES의 외적항 추가

```
MIXED bytests with SES_mean SES_C
/CRITERIA=MXITER(500)
/print=solution testcov
/method=ml
/fixed=intercept SES_mean SES_C SES_mean*SES_C
/random=intercept SES_C | subject(sch_id) covtype(UN).
```

Estimates of Fixed Effects[a]

Parameter	Estimate	Std. Error	df	t	Sig.	95% Confidence Interval	
						Lower Bound	Upper Bound
Intercept	50.851333	.228036	124.934	222.997	.000	50.400020	51.302647
ses_mean	8.212505	.418401	121.619	19.628	.000	7.384211	9.040798
SES_C	3.668397	.208706	124.952	17.577	.000	3.255341	4.081453
ses_mean * SES_C	-.236231	.414750	161.947	-.570	.570	-1.055246	.582784

a. Dependent Variable: bytests 8th-Grade Achievement

Estimates of Covariance Parameters[a]

Parameter		Estimate	Std. Error	Wald Z	Sig.	95% Confidence Interval	
						Lower Bound	Upper Bound
Residual		50.543328	1.101331	45.893	.000	48.430203	52.748654
Intercept + SES_C	UN (1,1)	5.046617	.823085	6.131	.000	3.665831	6.947494
[subject= sch_id]	UN (2,1)	1.138532	.539929	2.109	.035	.080290	2.196774
	UN (2,2)	1.318330	.635190	2.075	.038	.512746	3.389575

a. Dependent Variable: bytests 8th-Grade Achievement

<표 11-1> [그림 11-19]의 비표준화 회귀계수로부터 계산된 표준화 회귀계수의 추정값 및 표준오차

계수	b	SE	p	β
SES_Mean	8.213	.418	$< .001$	.507
SES_C	3.668	.210	$< .001$	.246

　　이 수치는 다중회귀분석을 사용하여 얻은 회귀계수와 어떻게 비교하는가?([그림 11-14]) 비표준화와 표준화 계수 모두 크게 다르지 않으며, 적어도 이 예제에서는 학교 수준 및 학교 내 SES가 모두 학업성취도의 중요한 예측변수라는 동일한 이야기를 한다. 두 결과의 큰 차이점은 회귀계수에 대한 표준오차에 있으며, 이 차이는 주로 계산에 사용되는 표본크기 때문이다. 이것은 각 분석에 대한 자유도(df)에 가장 분명하게 나타난다. 다중회귀분석의 경우, 학생이 학교 내에 내포되어(nested) 있다는 것을 알지 못하고 계산된 $df_{잔차}$ = 4442로, df는 각 회귀계수에 대해 동일하다. MLM에서 df는 각 회귀계수에 대해 별도로 계산되며, 회귀분석의 df보다 훨씬 작다는 것에 유의할 필요가 있다. 그것은 또한 자료의 내포관계의 특성을 고려하여 계산되며 MR에서의 df보다 더 정확하다. 이 주제의 소개에서 언급한 바와 같이, 자료의 내포관계는 추정값 자체보다는 효과의 표준오차(따라서 통계적 유의도)에 훨씬 큰 영향을 미친다.

　　[그림 11-19]의 공분산계수(Covariance Parameter) 표는 학교의 절편항에 대한 잔차분산[UN(1,1)] 및 학교의 기울기에 대한 잔차분산[UN(2,2)]과 마찬가지로, **학업성취도**에서 개인수준의 잔차분산([Residual]) 역시 통계적으로 유의함을 보여 준다. [그림 11-18]에서 보여 주는 바와 같이, 기울기에 대한 잔차분산 [UN(2,2)]은 상대적으로 조금 감소하였다. 종합해 보면, 이 연구결과는 실제로 각 학교에 대한 **학업성취** 도 예측과 관련된 다른 기울기가 존재하지만, 학교수준 SES는 이러한 차이를 설명하는 데 도움이 되지 않는다는 것을 시사한다. 아마도 이러한 나머지 분산을 설명하는 데 도움이 될 수 있는 다른 변수가 있

을 것이다(이 예제를 계속 연구하기 원한다면, SES_C와 사립학교 간 상호작용과 더불어 수준 2의 예측변수로 공립학교/사립학교/가톨릭 학교를 나타내는 범주형 변수를 사용해 보라).

지금까지 단순한 예제를 통해서 MR의 개념과 MR에 대해 이야기하기 위해 개발한 전문용어(jargon)를 사용하여 MLM을 설명하고자 노력해 왔다. 다중회귀분석부터 다수준모형분석에 이르는 전환을 도와주기 위해, 저자는 또한 MLM방법론자가 사용하는 일부 전문용어를 소개하였다. MLM 논의는 또한 종종 고정효과(fixed effects) 대 무선효과(random effects)로 일컬어진다. MLM에 대한 대부분의 논의는 회귀방정식 결과[여기에서는 '고정효과 추정값(Estimates of Fixed Effects)'으로 표기된 표의 절편과 회귀계수]는 정확히 고정효과를 의미하는 반면, SPSS에서 '공분산 모수 추정값(Estimates of Covariance Parameters)'이라고 표시된 표에 포함된 정보는 종종 무선효과를 의미한다. 이를 다음과 같이 생각해 보자. 회귀분석 결과는 표본의 모든 학교에 적용된다. 예를 들어, [그림 11-19]의 SES_C의 회귀계수(3.668)는 전체 학교에서 평균화된 학교 내 SES의 효과이다. 대조적으로, '공분산 모수(Covariance Parameters)'의 추정결과는 학교마다 서로 다른 절편과 기울기를 의미하므로 고정효과가 아니라 무선효과이다. [그림 11-16]에서 [그림 11-19]로 이동하면서, 이러한 무선효과의 차이를 설명하기 위해 회귀방정식에 새로운 예측변수를 점진적으로 추가하였다. 이 짧은 절(section)은 MR을 이해한다는 점에서 MLM을 이해하기 위한 전환으로 제시되었기 때문에, 다른 것 중에서 중심화(centering)의 대안적인 방법과 다른 유형의 최대우도 추정과 같은 MLM의 많은 중요한 측면을 다루지 못함을 양해하기 바란다.

MLM: 다음 단계

저자는 몇 가지 이유로 MLM을 설명하기 위해 이러한 간단한 예제를 선택하였다. 첫째, 그것은 흥미로우며 학교수준의 효과에 대한 근본적인 추론을 쉽게 이해할 수 있다. 둘째, 그것은 비록 이전 자료세트(High School and Beyond: HSB)의 자료를 사용하고 집단수준인 공분산(공립학교/가톨릭학교)을 포함하고 있지만, MLM 분석에 대한 기본교재 중 하나(Raudenbush & Bryk, 2002)에서 사용했던 예제와 유사하다. Raudenbush와 Bryk(2002)의 HSB 예제는 더 나아가 SAS(Singer, 1998)를 사용하는 MLM과 syntax을 사용하는 SPSS(Peugh & Enders, 2005)를 수행하는 방법은 설명하는 데 사용되었다. 이 모든 참고자료는 MLM을 보다 더 자세히 배우고자 하는 사람에게 훌륭한 자료가 될 것이다. 다른 두 가지 훌륭한 참고자료는 이 장에서 앞서 언급한 Joop Hox의 서적(Hox et al., 2018)과 MLM을 수행하기 위한 SPSS 사용에 초점을 맞춘 간단한 교재(Heck, Thomas, & Tabata, 2014)이다. Pituch와 Stevens(2016)의 또 다른 유용한 교재는 MLM과 로지스틱 회귀에 대해 소개하는 장을 포함하고 있다.

📈 요약

이 장에서는 다중회귀분석(MR)의 확장으로 간주될 수 있는 두 가지 방법을 다루었다. 로지스틱 회귀분석(LR)은 관심 있는 산출물변수가 범주형일 때 유용하다. 이 예제에서는 범주형 비관주의/낙관주의 변수를 예측하기 위하여 네 가지 변수(BYTests, BYSES, 약물사용, 신앙수준)를 사용하였다. 이 예제는 먼저 MR을 통해 분석된 다음, 로지스틱 회귀모형을 통해 분석되었다. 이 분석에 MR을 사용하는 것의 문제점은 그러한 분석이 제10장에서 설명한 방법에 대한 많은 가정을 위배했다는 것이다. LR에 대한 한 가지 사고방식은 MR과 같지만, 범주형 변수가 이러한 위배를 피하기 위한 척도로 변환된다는 것이다. LR의 경우 범주형 종속변수는 한 집단(낙관주의) 대 다른 집단(비관주의)에 속하는 가능성의 자연로그로 변환된다.

LR의 실제 출력 결과는 MR의 출력 결과와 유사하지만 약간 차이가 있음을 확인하였다. LR은 최소제곱추정방법과는 다른 최대우도추정법을 사용하기 때문에, 회귀방정식의 통계적 유의도를 평가하기 위한 전혀 다른 통계량이 사용된다. LR의 경우, $\Delta\chi^2$으로부터 변환된 -2 로그우도값은 통계적 유의도가 검정되었으며, 종종 자료에 대한 모형의 '적합도(fit)'라 불리는, 4개의 독립변수에서 **낙관주의**의 예측이 통계적으로 유의한지를 여부를 사정하기 위하여 R^2 대신 사용되었다. LR의 결과로 생성되는 회귀계수표는 각 독립변수가 종속변수의 예측에 통계적으로 유의하게 추가되었는지 여부를 보여 준다. 그러나 이 표의 회귀계수 b는 로그오즈(log odds)의 단위를 위한 것이었고, MR에서 β와 유사한 어떠한 LR도 없다. b의 지수화된 값(exponentiated value)을 보여 주는 열은 각 독립변수의 해석을 위한 주안점이고, 이것을 오즈비(odds ratio), 즉 비관주의 대비 낙관주의 비율로 쉽게 해석할 수 있다. 따라서, 예를 들어 1.644의 BYSES 오즈비값은 SES에서 1점이 증가할 때마다 낙관주의일 확률이 1.644의 값만큼 증가하거나 SES가 1단위 증가할 때마다(비관주의와는 대조적으로) 낙관주의일 확률이 64.4% 증가한다는 의미로 해석될 수 있다. MR 출력 결과에는 또한 MR 방정식이 집단 소속 여부를 예측하는 데 얼마나 잘 작용했는지를 보여 주는 분류표가 포함되어 있다. 먼저, 방정식에 예측변수가 없는 경우의 분류 결과와 모든 예측변수가 포함된 경우의 분류 결과가 들어 있다. 물론, LR을 순차적으로 수행하여 변수를 한 번에 하나씩 또는 블록 단위로 추가한 후 각 블록에 대한 모형적합도의 변화를 평가할 수 있을 뿐만 아니라, 각 블록의 예측성능의 개선 정도를 평가할 수도 있다. 저자는 (LR을 설명하기 위해 했던 것처럼) 연속형 변수를 분석을 위해 정기적으로 범주형 변수로 전환하는 것에 대한 이전의 권고를 반복하면서 이 짧은 설명을 마치고자 한다. 다시 말해서, 저자는 "내가 한 대로 하지 말고 말한 대로 하라!"라고 제안했다.

위계적 선형모형분석(HLM)이라고도 알려진 다수준모형분석(MLM)은 분석하는 자료의 위계적 또는 군집화된 특성을 고려하는 데 유용하다. 군집화된 특성을 지닌 자료의 예로는 학교 내 학생(NELS 자료의 경우), 부부 내 개인, 서로 다른 장소 내 실험 중재 참가자 등을 들 수 있다. MLM 예는 학교수준 및 개인수준 SES가 학업성취도에 미치는 영향을 조사하기 위해 보다 더 큰 NELS 자료의 하위자료를 사용하여 설명되었다. 일반적인 MR에서는 학교 또는 다른 가능한 군집화 변수에 상관없이 표본의 모든 사람에게 적용되는 하나의 회귀방정식이 있다고 가정한다. 결과적으로, 회귀방정식에서 SES에 대한 절편과 기울기 추정값은 고정효과라고 하는 동일한 값으로 고정될 것이다. 그러나 학교 전체의 산점도와 회귀방정식에 대한 우리의 조사는 그렇지 않음을 시사했다. 결과적으로, 학교별 SES를 학업성취도에 회귀하는 회귀방정식에 차이가 있을 수 있음을 시사했다. 즉, 학교수준 회귀분석의 절편과 기울기가 학교마다 다를 수 있음을 의미한다. 이를 밝히기 위한 또 다른 방법은 주어진 산점도를 통해 무선효과(고정효과와는 반대인)를 가진 모형이 더 적합할 수 있다는 가능성을 제시하는 것이다. 이것은 일반적인 MR에 비해 MLM이 가지는 주요 장점 중 하나이다. 즉, 참가자가 군집화된 집단에 대해 별도의 회귀방정식을 허용하는 기능이다. MLM의 또 다른 장점은 학교수준 SES 대 개인수준 SES가 학업성취도에 미치는 영향의 경우, 다른 수준에서 그 영향을 분리해 낼 수 있는 능력이다.

학교별 산점도와 개별 회귀선은 MR에서 상호작용의 유의도 검정을 위해 이전 장에서 수행한 추가 작업을 떠올리게 한다. 이것은 MR을 기반으로 MLM의 이해를 돕는 한 가지 방법이다. 우리는 결과변수에 대한 다양한 수준에서의 영향에 대해 변수 간의 잠재적인 상호작용에 대한 검정을 수행하게 된다. 이 경우, 학교마다 기울기와 절편에서 발생할 수 있는 차이, 즉 학업성취도에 대한 학교수준과 개인수준 SES의 상호작용 가능성에 대해 검정하였다.

일단 MLM에서 수행되는 작업에 대한 이러한 개념적 이해가 이루어지면, MLM에서 발생하는 다소 다른(MR과는 다른) 결과를 이해하는 것이 더 쉽다. 일반적으로 MLM에서는 예측변수를 점진적으로 추가하고, LR과 마찬가지로, 이러한 새로운 예측변수의 결과로 모형의 적합도를 검정(여러 통계량 중 −2배의 로그우도값을 사용하여)한다. 이 예제에서는 학교수준 SES에서 학업성취도를 예측한 후, 학교 내 SES(학교수준 SES를 보정한 개인수준 SES)를 추가하고, 이 두 가지 예측변수의 외적항을 추가하였다. 분석의 각 단계에서 방정식의 변수와 관련된 회귀계수가 고정효과(Fixed Effects) 표에 나타나 있는데, MR에서 회귀계수의 표와 모양 및 해석이 유사하다. MR과 마찬가지로, MLM에는 표준화 회귀계수가 제시되지 않았지만 계산할 수는 있다. 기울기와 절편의 잔차 변동 추정값(이 경우, 학교별)은 공분산계수(Covariance Parameters) 표에 나타나 있다. 이 후자의 표는 방정식에 이미 있는 변수 이외의 기울기와 절편 차이를 설명하는 데 도움이 될 수 있는 다른 변수가 있는지 여부를 확인하는 데 유용하다. 종합하면, 이 예제는 학교 간 절편과 기울기에 실제로 차이가 있었고, 학교수준 SES가 절편 차이를 설명하는 데 도움이 되었지만, 기울기에는 그렇지 않다는 것을 시사했다.

이 장에서 제시된 두 가지 주제에 대해, 저자의 의도는 방법론에 대한 상세한 설명을 제공하는 것이 아님을 밝힌다. 대신, MR과 같이 이미 이해하고 있는 것을 사용하여 관련된 분석을 이해하는 방법을 제공하는 것이 목적이었다. 향후 연구를 위해 두 가지 분석방법 모두에 대한 참고문헌이 제공되어 있다.

1. 여러분의 관심 영역에서 분석에 로지스틱 회귀분석을 사용한 연구논문을 찾으라. 종속변수는 두 개의 범주 또는 두 개 이상의 범주인가? 그것은 자연적으로 범주형이었는가, 아니면 저자가 연속형 변수로 분류하였는가? 저자는 어떻게 예측변수를 추가하기 시작하였는가? 여러분은 이 장에서의 제안사항을 사용하여 LR의 결과를 해석할 수 있는가? 보고된 연구결과의 어떤 측면이 여전히 여러분을 곤혹스럽게 하는가?

2. 여러분의 관심 영역에서 MLM을 사용한 연구논문을 찾으라. 해당 연구가 잠재변수(구조방정식모형분석 관점에서)가 아닌 측정된 변수(회귀분석 관점에서)에 초점을 두고 있는지 확인하라. MLM을 수행하기 위해 어떤 프로그램이 사용되었는가? 수준(level) 1 대 수준 2 변수는 무엇인가? 수준이 두 개 이상인가? 모형 검정의 순서는 무엇인가(무조건모형, 그다음에 무엇이 추가되는가)? 여기에서 사용된 순서는 비슷하였는가? 이 장에서의 제안사항을 사용하여 MLM의 결과를 해석할 수 있는가? 보고된 연구결과의 어떤 측면이 여전히 여러분을 곤혹스럽게 하는가?

PART II

다중회귀분석을 넘어: 구조방정식모형분석

Multiple Regression and Beyond

제12장 경로모형분석: 관측변수를 이용한 구조방정식모형분석

이 장에서는 다중회귀분석을 넘어서 구조방정식모형분석(Structural Equation Modeling: SEM)에 대한 논의를 시작하고자 한다. 여기에서는 가장 단순한 형태의 SEM으로 간주되는 경로분석(path analysis) 기법에 중점을 둔다. 이 책의 제1부에서 회귀모형을 표현하고 이해하는 방식으로 일종의 경로로 표현되는 모형을 사용하였기 때문에, 경로모형분석(path modeling)의 공식적인 강의로의 전환이 지금까지의 작업에 대한 자연스러운 확장일 것이다. 앞으로 언급할 내용이지만, 많은 경로분석은 다중회귀분석을 사용하여 해결될 수 있다. 그러나 단순한 경로모형과 복잡한 경로모형 모두를 위해 전문화된 SEM 소프트웨어를 사용할 것이다.

제1부의 마지막 두 번째 장에서는 다중회귀분석의 문제점 중 하나를 검토하였는데, 이는 어떤 유형의 회귀분석을 사용하느냐와 어떠한 통계량을 해석하느냐에 따라 특정 변수가 다른 변수에 미치는 영향에 대해 서로 다른 결론을 도출할 수 있다는 사실이다(여기에서부터 이 책을 읽는다면, 다중회귀분석에 대한 검토로 제10장을 먼저 읽기를 권장한다). 앞에서 보았듯이, 경로분석과 SEM은 이러한 어려움을 피할 수 있다. 구조방정식모형에서는 직접효과뿐만 아니라 간접효과 및 총효과(직접효과와 간접효과의 합)에도 초점을 맞추는 것이 당연하다. 경로분석에서는 동시적 및 순차적 MR 모두를 사용할 것이며, 이 두 가지 방법 간의 관계를 명확히 할 수 있다. 이 과정에서 설명뿐만 아니라 원인 및 결과에 대한 문제에 더 명시적으로 초점을 맞출 것이다. 경로분석은 MLM의 많은 측면을 보다 쉽게 이해하도록 만들고, 종종 비실험적 자료의 탐색적 분석을 위한 좋은 선택이라고 할 수 있다.

시작하기 전에, 몇 가지 전문용어를 다루고자 한다. 여기에서 논의되는 일반적인 유형의 분석인 SEM은 공분산분석(analysis of covariance structures) 또는 인과관계분석(causal analysis)이라고도 한다. SEM의 한 가지 형태인 경로분석은 이 장과 다음 두 장에서 다루게 될 주제인데, SEM의 한 구성요소로 간주될 수 있다. 확인적 요인분석(Confirmatory Factor Analysis: CFA)은 또 다른 구성요소이다. 보다 복잡한 형태의 SEM은 '잠재변수(latent variable) SEM' 또는 간단히 SEM이라고도 한다. SEM은 때때로 LISREL 분석이라고도 하는데, 실제로 잠재변수 SEM을 수행하기 위한 최초의 컴퓨터 프로그램 이름이며, 선형 구조 관계(linear structural relations)를 나타낸다. 우리는 LISREL 및 다른 SEM 컴퓨터 프로그램을 포함하여, 다음 장에서 이것과 다른 주제에 대해 논의할 것이다. 이제 경로분석을 소개하고자 한다.

📈 경로분석 소개

단순모형

가족배경, 지적 능력, 학습동기 및 학술적 수업활동이 고등학교 학업성취도에 미치는 영향에 대해 살펴보았던 제10장의 예제로 돌아가 보자. 단순화를 위해, 지적 능력, 학습동기 및 학업성취도의 세 가지 변수에만 초점을 맞추고자 한다. 그렇다면 학습동기가 학업성취도에 미치는 영향에 관심을 가지고 있다고 가정해 보자. 학습동기는 조작 가능할 수도 있지만 무선으로 지정할 수 있는 변수는 아니므로, 아마도 제10장에서처럼 비실험적 분석을 수행해야 할 것이다. 지적 능력은 학습동기를 통제하는 모형에 포함되어 있다. 보다 구체적으로, 지적 능력이 학습동기와 학업성취도 모두에 영향을 미칠 수 있다고 믿으며, 한 변수가 다른 변수에 미치는 영향을 정확하게 추정하려면 이러한 공통원인을 통제하는 것이 중요하다는 것을 우리는 이미 알고 있다.

[그림 12-1] 지적 능력, 학습동기 및 학업성취도 간의 상관관계
'불가지론적' 모형.

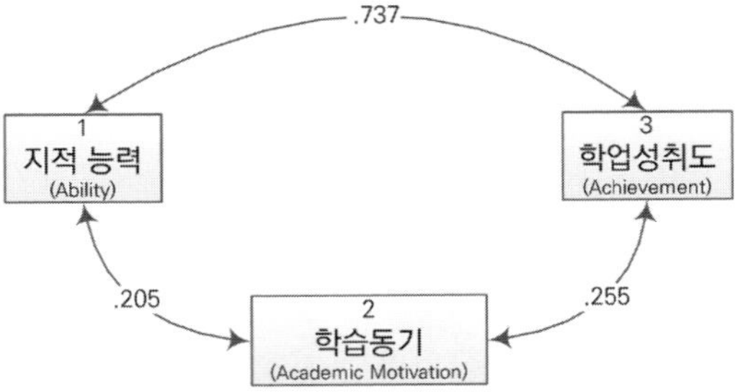

[그림 12-1]은 수집된 자료를 보여 준다. 학습동기는 학습동기를 반영하는 문항들(학교에서의 관심도가 높은 학생의 평점, 학교에서 열심히 공부하고자 하는 의지, 고교졸업 후 교육을 위한 계획)의 합성변수이다. 학업성취도는 읽기, 수학, 과학, 윤리학 및 작문의 학업성취도 검사의 합성변수이다. 지적 능력(두 가지 언어적 추론능력 검사의 합성변수)에 관한 자료도 수집하였는데, 능력은 학습동기와 학업성취도 모두에 영향을 미칠 수 있기 때문에 통제되어야 한다는 개념이다. 그림에서 곡선은 세 변수 간의 상관관계를 나타낸다. 이 그림은 본질적으로 상관행렬을 그래픽 형태로 보여 준다. 예를 들어, 지적 능력과 학습동기의 상관관계는 .205이다(상관계수는 제10장에서 사용된 상관행렬에서 나온 것이다).

불행하게도, [그림 12-1]에 제시된 자료는 학습동기가 학업성취도에 미치는 영향을 이해하는 등의 관심 있는 질문에 대해 거의 아무 것도 알려 주지 않는다. 상관계수는 통계적으로 유의하지만, 한 변수가 다른 변수에 미치는 영향에 대한 어떠한 정보도 없다. 이러한 그림을 '불가지론적' 모형으로 생각할 수 있다. [그림 12-2]에서는 추정된 원인부터 추정된 결과에 이르는 경로(또는 화살표)를 그려서 이 난제를 해결하는 데 있어 처음으로 과감한 조치를 취하게 된다. 이 연구의 목적은 학습동기가 학업성취도에 미치는 영향(effect)을 결정하기 위한 것이므로, 학습동기에서 학업성취도에 이르는 경로를 구성하는 것이 타당하다. 지적 능력은 학습동기와 학업성취도 모두에 영향을 미칠 수도(affect) 있기 때문에 연구에 포함되

었다. 따라서 **지적 능력**으로부터 **학습동기** 및 **학업성취도**에 이르는 경로는 이 가정을 구체화한 것이다. 추정된 원인 및 결과를 주장하는 경로를 구성하는 것은 그리 대담한 것이 아니며, 이 연구와 자료에 내재된 추론을 명확하게 만든다.

이러한 경로는 정확히 무엇을 의미하는가? 이 경로는 소위 **약한 인과적 순서**(weak causal ordering)라고 한다. **학습동기**부터 **학업성취도**에 이르는 경로는 **학습동기**가 직접적으로 **학업성취도**에 영향을 미치는 것이 아니라, **만약 학습동기**와 **학업성취도** 간의 인과관계가 존재하는 경우, 원인이 화살표의 방향에 놓여 있음을 의미한다(결과가 화살표의 방향에 놓여 있는 것은 아니다). 인과관계에 대한 이러한 추론을 설정하기 위해 상관관계나 자료를 사용하지는 않았다는 점에 유의할 필요가 있다. 그 대신, 인과관계에 대한 비공식적인 사고를 자료에 투영하였다. [그림 12-2]는 이 세 변수가 어떻게 연관되어 있는지에 대한 개념을 공식화하고 이 세 변수 간의 본질적 상관관계에 대한 모형을 나타낸다.

[그림 12-2] 세 변수 간의 추정된 인과구조

인과관계의 방향에 대한 가정이 상관관계로부터 비롯된 것이 아님을 주목하자.

[그림 12-1]에 제시된 상관계수값은 [그림 12-2]에 표시된 모형의 경로를 추정할 때 사용된다. 이를 위한 가장 쉬운 방법은 다음의 추적 규칙(tracing rule)이다. "두 변수 X와 Z 간의 상관관계는 X와 Z 간의 모든 가능한 추적 경로의 곱에 대한 합과 같다([그림 12-2]에서). 이 추적에는 X와 Z 사이의 모든 가능한 경로가 포함된다. 단, 다음의 예외가 있다. ① 동일한 변수가 각 추적마다 두 번 입력되지 않으며, ② 한 변수가 화살표 머리 방향이라면 입력과 종료가 동시에 일어나지 않고 둘 중 하나만 일어난다"(Keith, 1999: 82; Kenny, 1979: 30 참고). 따라서 **지적 능력**과 **학업성취도** 간의 상관계수(r_{13})는 경로 b뿐만 아니라 경로 a와 경로 c의 곱의 합(＝$b+a\times c$)과 같다. 다른 두 개의 상관계수에 대한 공식 또한 도출될 수 있다($r_{23}=c+a\times b$, $r_{12}=a$). 세 번째 방정식에 bc가 포함되지 않은 이유가 궁금할 것이다. 그 이유는 이 추적이 두 번째 예외(동일한 변수가 화살표의 머리 방향이라면 입력과 종료 둘 중 하나만 일어난다.)를 위배할 수 있기 때문이다.

이제 3개의 방정식과 3개의 미지수(3개의 경로)를 가지게 된다. 고등학교 대수학을 기억한다면, 세 가지 미지수를 풀 수 있다(만약 고등학교 대수학을 기억하지 못한다면, 다음의 이 세 방정식에 대한 유도과정을 살펴보기 바란다).[1]

---

1) 대수를 사용하여 경로를 푸는 방법에 대해 자세히 설명하고자 한다. 세 방정식은 다음과 같다.

$$r_{13} = b+ac$$
$$r_{23} = c+ab$$
$$r_{12} = a$$

이 방정식을 재정렬하여 경로 a, b 및 c를 다음과 같이 풀 수 있다.

$$b = r_{13} - ac$$

$$a = r_{12}$$

$$b = \frac{r_{13} - r_{12}r_{23}}{1 - r_{12}^2}$$

$$c = \frac{r_{23} - r_{12}r_{13}}{1 - r_{12}^2}$$

이 세 방정식에 실제 상관계수를 대체하면 다음과 같다.

$$a = r_{12} = .205$$

$$b = \frac{r_{13} - r_{12}r_{23}}{1 - r_{12}^2} = \frac{0.737 - 0.205 \times 0.255}{1 - 0.205^2} = .715$$

$$c = \frac{r_{23} - r_{12}r_{13}}{1 - r_{12}^2} = \frac{0.255 - 0.205 \times 0.737}{1 - 0.205^2} = .108$$

계산된 경로는 [그림 12-3]의 모형에 포함되어 있다. 그 모형은 **지적 능력**과 **학습동기**가 **학업성취도**에 미치는 영향과 **지적 능력**이 **학습동기**에 미치는 영향을 보여 주는 것으로 해석할 수 있다(몇 가지 가정하에서). 표시된 경로는 표준화 경로계수(path coefficients)이며, 표준편차 단위로 해석된다. 따라서 **학습동기**부터 **학업성취도**까지의 .108이라는 경로는 해당 모형이 적정하다는 가정하에서, **학습동기**에서 SD만큼의 증가는 **학업성취도**에서 .108만큼의 증가를 의미한다.[2]

$$c = r_{23} - ab$$
$$a = r_{12}$$

첫 번째 방정식에 세 번째 방정식(a) 및 두 번째 방정식(c)을 대입하여 b에 대한 방정식으로 풀 수 있다.

$$b = r_{13} - r_{12}(r_{23} - r_{12}b)$$
$$= r_{13} - (r_{12}r_{23} - r_{12}^2 b)$$
$$= r_{13} - r_{12}r_{23} + r_{12}^2 b$$
$$b - r_{12}^2 b = r_{13} - r_{13}r_{23}$$
$$b(1 - r_{12}^2) = r_{13} - r_{12}r_{23}$$
$$b = \frac{r_{13} - r_{12}r_{23}}{1 - r_{12}^2}$$

동일한 접근방법을 사용하여 c에 대해 풀 수 있는지 확인하라.

[2] 경로를 풀 수 있는 방정식을 개발하는 방법을 경로분석의 첫 번째 법칙이라고 부른다(Kenny, 1979: 28). Y와 X 사이의 상관관계(r_{xy})는 모든 원인에서 Y에 이르는 각 경로와 X에 포함된 변수의 상관계수의 곱(p)의 합으로 표현된다. $r_{yx} = \sum p_{yz}r_{xz}$. 첫 번째 법칙을 사용하면, 학습동기와 학업성취도 간의 상관계수는 $r_{32} = b \times r_{12} + c \times r_{22}$로서 $r_{32} = b \times r_{12} + c$(Kenny, 1979: 28의 설명과 방정식)로 줄어든다. 이러한 첫 번째 법칙의 장점은 모든 유형의 방정식을 생성하는 데 사용할 수 있다는 것이다. 추적 규칙은 단지 재귀적 모형에서만 작동한다.

[그림 12-3] [그림 12-2]의 경로를 추정하기 위해 [그림 12-1]의 자료 사용

모형이 적정하다는 가정하에서 해당 경로는 한 변수가 다른 변수에 미치는 표준화된 효과를 나타낸다.

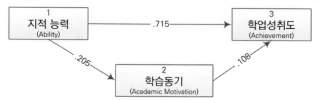

이 유형의 해석은 표준화 회귀계수의 해석과 동일하다. 이 공식을 면밀히 살펴보면, 회귀계수에 대한 제2장의 결과와 매우 유사하다는 것을 알 수 있다. 사실, 이 공식은 표준화 회귀계수의 공식이다. 경로를 풀기 위해 대수학을 사용할 필요 없이 훌륭한 전통적인 다중회귀분석을 이용하면 된다.

다중회귀분석을 사용하여 경로를 풀려면, 지적 능력과 학습동기를 학업성취도에 회귀하라. 이 회귀분석에서 얻은 β는 **지적 능력**과 **학습동기**로부터 **학업성취도**에 이르는, 이전에 계산된 표준화 경로와 동일하다. **지적 능력**에서 **학습동기**에 이르는 경로는 지적 능력을 학습동기에 회귀한 회귀분석을 통해 추정된다. 이 두 회귀모형과 관련된 결과 부분은 [그림 12-4]에 나와 있다. 첫 번째 회귀계수표(Coefficients)는 첫 번째 회귀모형(지적 능력과 학습동기를 학업성취도에 회귀한 회귀모형)으로부터 나온 결과로, 학업성취도에 이르는 경로를 추정한 것이다. 두 번째 회귀계수표는 두 번째 회귀모형(지적 능력을 학습동기에 회귀한 회귀모형)의 분석 결과로, 학습동기에 이르는 경로의 추정값을 보여 준다. 이 결과를 [그림 12-3]과 비교해 보라. 우리는 또한 이러한 표부터 b를 비표준화된 경로계수로 해석할 수 있다.

앞서 다중회귀분석을 수행한 것과 동일한 방식으로 출력 결과와 모형을 사용하고 해석할 수 있다. 따라서 [그림 12-3]의 경로모형은 학생의 **지적 능력**을 고려한 후 **학습동기**가 **학업성취도**에 중간 정도의 영향(제4장에서의 경험칙을 적용하면)을 미친다는 것을 알려 준다.[3] 결과적으로, **지적 능력**은 **학습동기**에 대한 중간 정도의 영향과 **학업성취도**에 대한 매우 강한 영향을 미친다. 나머지 회귀분석의 출력 결과도 이전과 동일한 방식으로 사용할 수 있다. 다른 형태의 MR과 마찬가지로 비표준화 경로계수의 추정값으로 사용된 비표준화 회귀계수는, 예를 들어 변수가 의미 있는 행렬로 되어 있을 때 해석에 더 적합할 수 있다. 현재 예제에서는 표준화 회귀계수가 아마도 더 해석하기 쉬울 것이다(학습동기로부터 학업성취도에 이르는 비표준화 경로와 표준화 경로가 왜 동일한지 궁금할 수 있다. 그 이유는 두 변수의 SD가 동일하기 때문이다). 아울러, 경로계수에 대한 통계적 유의도와 신뢰구간을 검정하기 위하여 출력 결과에 나타난 t값 및 표준오차를 사용할 수 있다. **학습동기**로부터 **학업성취도**에 이르는 (비표준화) 경로계수에 대한 95% 신뢰구간은 .066~.155이다.

---

3) .05 이상의 표준화 계수는 작은 값이고, .10 이상은 중간 정도의 값, 그리고 .25 이상을 큰 값으로 간주한다는 경험칙은 주로 학교학습 이론에 대한 영향력을 다루기 위해 적용된다.

[그림 12-4] 경로를 추정하기 위한 동시적 다중선형회귀모형의 적용

Model Summary

Model	R	R Square	F	df1	df2	Sig. F
1	.745[a]	.554	620.319	2	997	.000

a. Predictors: (Constant), MOTIVATE, ABILITY

Coefficients[a]

Model		Unstandardized Coefficients		Standardized Coefficients			95% Confidence Interval for B	
		B	Std. Error	Beta	t	Sig.	Lower Bound	Upper Bound
1	(Constant)	-3.075	1.627		-1.890	.059	-6.267	.118
	ABILITY	.477	.014	.715	33.093	.000	.448	.505
	MOTIVATE	.108	.022	.108	5.022	.000	.066	.151

a. Dependent Variable: ACHIEVE

Model Summary

Model	R	R Square	F	df1	df2	Sig. F
1	.205[a]	.042	43.781	1	998	.000

a. Predictors: (Constant), ABILITY

Coefficients[a]

Model		Unstandardized Coefficients		Standardized Coefficients			95% Confidence Interval for B	
		B	Std. Error	Beta	t	Sig.	Lower Bound	Upper Bound
1	(Constant)	36.333	2.089		17.396	.000	32.235	40.432
	ABILITY	.137	.021	.205	6.617	.000	.096	.177

a. Dependent Variable: MOTIVATE

[그림 12-3]에 제시된 모형은 완전히 완성된 것은 아니다. 개념적으로나 통계적으로, 그 모형은 **학업성취도** 또는 **학습동기**에 대한 모든 영향을 포함하고 있지 않다는 것은 명확하다. 의심할 여지 없이, 고등학교 학업성취도에 영향을 미치는 다른 많은 변수, 즉 가족배경, 수업활동, 과제 등을 생각할 수 있다. 또한 학습동기에 미치는 영향은 어떠할까? **지적 능력**만이 .205 수준에서 **학습동기**에 영향을 미친다면, 분명 많은 영향이 설명되지 않는다. [그림 12-5]에 제시된 모형은 d1과 d2로 표시된 모형에 '교란(disturbance)'을 포함함으로써 이러한 결함을 수정한다. 교란은 모형에 제시된 영향 이외의 산출물변수에 대한 **다른 모든**(all other) 영향을 의미한다. 따라서 원으로 표시된 변수 d2는 **지적 능력**과 **학습동기** 이외에 **학업성취도**에 미치는 모든 영향을 나타낸다. 교란은 **측정되지 않은**(unmeasured) 변수라는 것을 나타내기 위해 원 또는 타원으로 둘러싸여 있다. 우리는 분명히 **학업성취도**에 영향을 미치는 모든 변수를 측정하여 모형에는 포함시키지는 않았다는 것이다. 따라서 교란은 측정변수라기보다 비측정(unmeasured)변수이다.

[그림 12-5] 추정된 결과의 교란을 포함하는 완전하고 표준화되었으며 해결된 모형
교란은 모형에 포함된 변수 이외의 결과변수에 대한 다른 모든 영향을 의미한다.

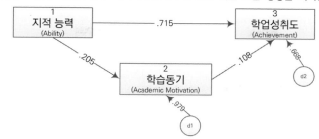

교란이 모형에 포함된 변수 이외에 산출물에 대한 다른 모든 영향을 나타낸다고 말할 때, 이 설명이 가장 합당할 것이다. 교란은 모형의 변수에 의해 남겨지거나 설명되지 않는 것으로 묘사된 잔차와 어떤 식으로든 연관되어야 한다고 생각할 수도 있다. 이렇게 생각했다면, 여러분 스스로에게 휴식과 초콜릿으로 보상하라. 왜냐하면 교란은 기본적으로 MR의 잔차와 동일하기 때문이다. 여러 연구 및 통계자료에서 이 두 개의 용어가 동일한 개념을 설명하는 데 사용되는 예제를 보았을 것이다. 이것은 이러한 실제의 또 다른 예이다. 많은 자료에서 이러한 영향을 설명하기 위해 교란이라는 용어를 사용하지만 (Bollen, 1989; Kenny, 1979), 다른 자료에서는 **잔차(residual)**라는 용어를 계속 사용하고 있으며, 또 다른 자료에서는 단순히 이러한 외부 영향을 **오차(errors)**로 지칭하기도 한다. 교란과 관련된 경로계수는 각 회귀방정식에서 $1 - R^2$의 제곱근인 $\sqrt{1 - R^2}$으로 계산된다. [그림 12-4]에 다시 초점을 두라. **지적 능력과 학습동기**를 학업성취도에 회귀한 첫 번째 회귀방정식에서 $R^2 = .554$이고, 따라서 d2에서 학업성취도에 이르는 경로계수값은 $\sqrt{1 - R^2} = .668$이다. **학습동기**에 관련된 교란의 경로계수도 쉽게 계산할 수 있다.

주의사항

원인과 결과에 대한 이 모든 논의에 대해 약간 기분이 언짢을 수도 있겠다. 결과적으로, 기초통계학에 대한 하나의 기본적인 규칙을 깨뜨리지는 않았는가? 상관관계에서 인과관계를 추론하지는 않았는가? 만약 그러한 불안감이 든다면, 첫째, 이와 동일한 제1장의 주제에 대한 간단한 퀴즈를 다시 읽어 보기를 바란다. 둘째, 상관관계에서 인과관계를 추론하지 않았다는 것을 지적하고자 한다. 그렇다. 상관관계가 존재하였지만, 인과관계의 추론으로 이끌지도 않았고, 심지어 그것을 고려하지도 않음을 기억하라. 한 변수에서 다른 변수로의 경로를 도출할 때 인과관계를 추론하였을 뿐, 상관관계를 고려하지 **않고** 경로를 그렸다. 상관관계의 크기 또는 부호(정적 또는 부적), 그 어느 것도 원인과 결과에 대한 고려에 반영되지 않았다.

그렇다면 원인과 결과에 대한 이러한 추론을 어떤 방식으로 하였고, 또한 추론할 수 있었는가? 그러한 추론이 행해지고, 따라서 경로를 구성하기 위해서는 몇 가지 증거가 사용된다. 첫째, **이론(theory)**이다. 학교학습이론은 일반적으로 학습동기와 지적 능력(또는 이와 유사한 구인) 둘 다를 학업성취도에 영향을 미치는 영향요인으로 포함하며, 따라서 **지적 능력과 학습동기**에서 **학업성취도**에 이르는 경로를 정당

화한다(Walberg, 1986). 또한 공식적인 이론이 유용하지 않더라도, 비공식적인 이론은 종종 그러한 결정에 대한 근거를 제시한다. 관찰 교사와 얘기해 보면, 자녀의 학습동기 수준을 높임으로써 학업성취도가 향상될 가능성에 대해 쉽게 알 수 있다.

둘째, **시간 우선순위(time precedence)**에 주의를 기울여야 한다. 우리가 아는 한, 인과관계는 시간을 거슬러 일어날 수 없으므로, 한 변수가 다른 변수보다 시간적으로 먼저 발생한다는 것을 입증할 수 있다면, 경로를 그리는 것은 한층 쉬워진다. 이것이 종단자료(longitudinal data)가 연구에서 매우 가치 있는 한 가지 이유이다. '원인(cause)'이 발생한 이후에 '결과(effect)'가 측정될 때, 원인−결과를 추론하는 것에 대해 확신을 가질 수 있다. 그러나 횡단면 자료(cross−sectional data)에서도 논리적인 시간 우선순위를 결정하는 것이 종종 가능하다. 현재 예제에서 지적 능력은 학생이 학교를 다니기 시작할 때부터 상대적으로 안정된 특성인 것으로 잘 알려져 있다. 논리적으로 보면, 어릴 때부터 안정된 **지적 능력**은 고등학교 학습동기와 학업성취도 이전에 발생하므로, **지적 능력**에서 **학습동기**와 **학업성취도**에 이르는 경로를 그려야 한다. 더 놀라운 예제를 든다면, 모형에 **성별(Sex)** 변수가 있다고 가정해 보자. 거의 모든 사람에게 생물학적 **성별**은 개념적으로 안정되어 있다. 따라서 이 변수가 관측될 때마다, 개념상 논리적으로 발생하는 변수보다 먼저 성별을 배치할 수 있을 것이다.

셋째, 관련 연구에 대한 능숙한 이해가 필요하다. 이전 연구를 통해 특정한 인과관계가 적절하다는 것을 강조할 수 있다. 만약 그렇지 않다하더라도, 적어도 이전 연구에서 B가 A에 영향을 미치는 것이 아니라 A가 B에 영향을 미친다고 주장한 연구자의 논리를 이해하는 데 도움이 된다.

아마도 논리, 관찰, 이해 및 상식의 조합으로도 볼 수 있는 이른바 논리가 네 번째이자 마지막 증거이다. 비공식적인 이론이라고 명명했던 그래프로 돌아가 보자. 교사는 매일 수업 시간에 학생을 관찰한다. 그는 학습과정의 예리한 관찰자이다. 교사에게 "학생의 학습동기 수준이 학습에 영향을 미치는 것과 학습이 학습동기에 영향을 미치는 것 중 어느 것이 더 가능성이 높은가?"라고 묻는다면, 대부분은 전자의 가능성을 선택할 것이다. 그러한 추론을 도출하기 위해 같은 종류의 절차를 이용할 수 있다. A가 B에 영향을 주고, 그 이후에 B가 A에 영향을 주는 방법을 가정해 보자. 고려 중인 현상에 대해 잘 알고 있다면, 그리고 주의 깊게 관찰해 왔다면, 한 방향으로 가는 원인을 쉽게 가정할 수 있지만, 반대방향으로 가는 것을 가정하기 위해서는 정신적인 충격이 필요할 수도 있다. 이 논리적인 문제는 종종 인과성의 특정 방향이 반대 방향보다 훨씬 더 그럴듯하다는 것을 시사한다.

다시 말하면, 이러한 일련의 증거는 우리가 원인과 결과에 대한 추론을 하는 방법이다. 일단 그와 같은 추론을 하면 상관관계는 단순히 계산을 위한 연료를 제공할 뿐이다.

보다 공식적으로, 인과성에 대한 타당한 추론을 도출하기 전에 세 가지 조건이 필요하다[이러한 조건에 대한 추가 논의는 Kenny(1979)와 Kline(2016)를 인과관계의 개념에 대한 포괄적인 논의는 Pearl(2009), Pearl과 MacKenzie(2018)을 참고하기 바란다]. 첫째, 고려되는 변수 간의 관계가 설정되어야 한다. 두 변수가 연관되어 있지 않으면, 그것들은 **인과적으로(causally)** 연관되어 있지 않다. 이 조건은 일반적으로 변수 간에 상관관계가 존재할 때 충족된다(예외가 있지만). 둘째, 이미 논의된 바와 같이, 추정된 원인은 추정된 결과보다 시간 우선순위를 가져야 한다. 인과관계는 시간을 거슬러 작동하지는 않는다. 셋째, 변수 간의 관계가 허구 관계(spurious relation)가 아니라 실제 관계(true relation)이어야 한다. 이는 가장 충족시키기 어려운 조건이며, 생략된 공통원인의 문제라고 일컬었던 것의 핵심에 도달하는 것이다. 다음 장에서 이 문제를 더 깊게 조사하겠지만, 이 장에서는 이 조건이 모든 공통원인이 고려되어야 한다는 것에 주목하기 바란다. 이 세 가지 조건이 충족되면, 인과관계를 추론하는 것은 매우 합리적이다. 비실험적 연구를 그렇게 흥미롭고 도전적인 것으로 만드는 것은 종종 이 세 가지 조건을 충족시킨다는 것을 어느 정도는 확신하지만 완벽하게 확신할 수는 없다는 것이다(그러나 밝혀진 바와 같이, 실험적 연구에서도 이 조건의 충족 여부를 결코 확신할 수는 없다).

주어진 내용의 이해를 돕고자, 원인을 의미하는 것에 대해 명확히 할 필요가 있겠다. 하나의 변수가 다른 변수의 '원인이 된다(causes)'고 말할 때, 한 변수가 직접적으로, 그리고 즉시 다른 변수의 변화를 야기한다는 것을 의미하지는 **않는다**. 예를 들어, 흡연으로 인해 폐암이 발생한다고 해서 흡연자가 반드시 그리고 즉시 폐암에 걸린다는 것을 의미하지는 않는다. 여기에서 의미하는 바는 흡연을 하면 흡연의 결과로 폐암이 걸릴 확률이 높아진다는 것이다. 따라서 원인이라는 용어는 확률적인 진술이다.

전문용어 및 표기법

경로분석을 소개하면서 SEM의 전문용어(jargon) 중 일부를 사용하였다. 확장된 예제로 이동하기 전에 익숙해질 수 있도록 이러한 전문용어를 익히는 데 약간의 시간을 할애하겠다. 모형 외부의 다른 영향을 나타내는 변수를 경로분석에서는 흔히 교란(disturbance)이라고 부르지만, 많은 연구자는 이미 친숙한 용어인 잔차(residuals)를 사용하고 있다. 또한, 기호화할 수는 있으나 측정할 수 없는 변수는 일반적으로 원형 또는 타원형으로 표시되고, 이와는 대조적으로 측정변수, 즉 자료 내에서 측정된 변수는 일반적으로 직사각형으로 표시된다. 경로 또는 화살표는 추정된 원인에서 추정된 결과에 이르는 영향을 나타내지만, 곡선의 양방향 화살표는 인과관계가 아닌 상관관계를 나타낸다.

재귀적 및 비재귀적 모형

[그림 12-2]와 [그림 12-3]의 모형은 **재귀적(recursive)** 모형이라고 하는데, 이는 경로와 추정된 원인이 한 방향으로만 이동한다는 것을 의미한다. 모형에서 피드백 루프(feedback loop)를 사용하여 두 변수가 서로 영향을 주고받도록 지정할 수도 있는데, 이러한 모형은 **비재귀적(non-recursive)** 모형이라고 한다. 변수 2(Variable 2)가 변수 3(Variable 3)에 영향을 주고(경로 c) 받는다고(경로 d) 가정하는 예제가 [그림 12-6]에 나와 있다. 추적 규칙을 사용해서는 비재귀적 모형에 대한 방정식을 풀 수 없지만, 첫 번째 법칙을 사용하여 올바른 방정식을 생성하는 것은 가능하다(p. 306의 [각주 2]를 참고하기 바란다). 마찬가지로, 비재귀적 모형은 다중회귀분석을 통해 추정할 수는 없다(모형을 MR로 추정할 수는 있지만, 결과는 정확하지 않을 수 있다). 전문화된 SEM 소프트웨어 또는 2단계 최소제곱회귀분석(two-stage least squares regression) 방법을 사용하여 비재귀적 모형을 추정할 수 있다. 그러나 이러한 추정은 종종 지루한 추정과정이 뒤따른다[그리고 잠시 후에 알 수 있듯이, 그(this) 모형은 추정할 수 없다]. 특히 SEM에 익숙하지 않은 사람에게는 그 결과가 상호적(reciprocal)이고 결정함으로써 추정된 원인과 결과에 대한 어려운 문제를 해결하는 것이 유혹적이다. **학습동기가 학업성취도에 영향을 미치는지 또는 학업성취도가 학습동기에 영향을 미치는지**를 결정할 수 없는가? 경로를 양방향으로 그려본다! 그러나 일반적으로 이것은

결정이라기보다 오히려 모호한 표현에 가깝다. 비재귀적 모형에는 과소식별상태(under-identification)를 피하기 위해 추가적인 제약을 필요로 하며, 경험상 그러한 결정을 내리는 데 어려움을 겪을 때 실제 그 결과가 예상했던 방향대로 있었음을 보여 주는 경우가 종종 있다. 그렇다고 해서 올바른 인과관계의 방향에 관한 결정을 내릴 때 무신경한 태도를 취하라고 제안하는 것은 아니다. 때로는 어려운 작업과 깊은 통찰이 필요하다. 그 대신 비재귀적 모형을 기본 모형으로 가정함으로써 인과관계를 설정하는 작업을 피하려고 노력해서는 안 된다는 것을 주장하고자 한다. 인과관계에 대한 실질적이고 구체적인 질문이 있거나 효과가 실제로 양방향으로 나타나는 것처럼 보이는 경우, 그러한 모형을 저장하라. 몇몇 저자(예: Kenny, 1979)는 재귀적 모형을 위계적 모형(hierarchical models)으로, 비재귀적 모형을 비위계적 모형(non-recursive models)으로 나타내지만, 순차적 회귀모형(sequential regression)을 경우에 따라서 위계적 회귀모형(hierarchical regression)이라고 부르기 때문에 혼동을 줄 수 있다.

[그림 12-6] 비재귀적 모형

해당 모형은 과소식별상태이며, 추가적인 가정 없이는 추정할 수 없다.

모형 식별

[그림 12-3]에 표시된 모형은 **적정식별(just-identified)** 모형이다. 단순한 의미에서 이것이 의미하는 바는 모형을 추정하기에 충분한 정보를 가지고 있다는 것이다. [그림 12-1]에서부터 [그림 12-3]까지를 다시 살펴보자. 3개의 미지수([그림 12-2]에서의 세 개의 경로)를 가지고 있고, [그림 12-1]의 세 개의 상관계수를 이용하여 이 세 경로를 풀 수 있다. 즉, 경로를 풀기에 충분한 정보가 있다는 것이다. 비재귀적 모형인 [그림 12-6]의 모형은 **과소식별(under-identified)** 모형으로, 여전히 세 개의 상관관계가 있지만 추정해야 하는 경로는 네 개이다. 몇 가지 가정을 추가하지 않는다면(예를 들어, 경로 c와 d가 동일하다는), 해당 모형의 경로는 풀 수 없다.

이와는 대조적으로, [그림 12-7]에 표시된 모형은 **과대식별(over-identified)** 모형이다. 경로의 수보다 상관계수의 수가 더 많다. 결과는 경로 a와 b를 풀 수 있는 두 개의 연립방정식을 실제로 개발할 수 있다는 것이다. 추적 규칙에서 생성된 세 가지 방정식을 고려하자.

$$r_{13} = b, \quad r_{12} = a, \quad r_{23} = ab$$

[그림 12-7] 과대식별모형

경로는 여러 방법으로 추정될 수 있다.

예를 들어, 이 방정식을 사용하여 a에 관해 풀면(그리고 b에 대입하면) 방정식 $a = r_{12}$와 $a = r_{23}/r_{13}$을 생성할 수 있다. 그리고 b에 관해 풀면, $b = r_{13}$ 및 $a = r_{23}/r_{12}$가 된다. 처음에는 경로마다 서로 다른 두 개의 추정값이 계산될 가능성이 문제인 것처럼 여겨질 수도 있다. 그러나 동일한 경로에 대한 두 개의 추정값이 매우 유사하다면 그것이 무엇을 의미하는지 잠시 생각해 보자. 경로를 여러 가지 방법으로 예측할 수 있고 항상 동일한 결과를 얻을 수 있는 모형을 더 많이 신뢰하지 않겠는가? 지금 당장 이 주제를 더 깊이 탐구하지는 않겠지만, 나중에 다시 돌아올 것이다. 그동안 과대식별모형은 문제가 되지 않았고, 오히려 과대식별상태가 모형의 품질을 평가하는 데 도움이 될 수 있다고 생각하자.

이 논의에서는 여기에 제시된 것보다 훨씬 더 복잡할 수 있는 모형식별의 주제를 단순화하는 것에 대해 다루었다. 예를 들어, 모형의 일부분을 과대식별하고 다른 부분을 과소식별하는 것이 가능하다. 모형 식별을 결정하기 위해 제시된 기본 규칙, 즉 상관계수의 수와 미지수(경로의 수)의 비교는 실제로 모형 식별에 필요하지만 불충분한 조건이다. 그러나 이 규칙은 일반적으로 이 장과 다음 장에 제시되는 유형의 단순경로분석에 잘 작동한다. 단순하거나 복잡한 모형의 식별에 대한 보다 더 자세한 설명은 Bollen(1989)을 참조하기 바란다.

외생변수와 내생변수

구조방정식모형에 있어서 모형에서 추정된 원인(예: [그림 12-3]의 지적 능력)을 종종 **외생**(exogenous)변수라고 한다. 의학이나 생물학에서 외생이란 '신체 외부에 원인을 가지고 있다'는 것을 의미한다(Morris, 1969: 461). 외생변수는 모형 밖에 원인을 가지고 있거나 모형에서는 고려되지 않은 원인을 가지고 있다. 보다 간단히 설명하면 외생변수는 화살표가 향하지 않는(화살표를 받지 않는) 변수이다. 이와는 대조적으로 모형에서 다른 변수에 의해 영향을 받는 변수, 즉 화살표가 그쪽으로 향하는 변수는 **내생**(endogenous)변수라고 한다. [그림 12-3]에서 **학습동기**(Motivation)와 **학업성취도**(Achievement)는 모두 내생변수이다.

측정변수와 비측정변수

교란에 대한 논의에서 일반적으로 경로모형에서 비측정(unmeasured)변수를 원 또는 타원으로 표현한다는 것에 주목하였다. 비측정변수는 경로모형에 포함시키는 변수이지만, 자료에는 이러한 변수의 측정값이 없다. 여기에서 다루게 될 유일한 비측정변수가 바로 교란이다. 그러나 이후 장에서는 다른 유형의 비측정변수에 초점을 맞추는데, 그러한 비측정변수를 **잠재**(latent)변수 또는 잠재**요인**(factor)이라고도 한다.

직사각형으로 표현되는 변수는 자료에서 실제 측정된 값을 갖는 측정(measured)변수이다. 여기에는 모든 종류의 문항, 척도 및 합성변수가 포함된다. 실제로 교란과 잔차를 제외하고, 이 책에서 지금까지 논의한 모든 변수는 측정변수이다. 측정변수는 또한 **명시**(manifest)변수 또는 **관측**(observed)변수라고 도 한다.

📈 보다 복잡한 예제

이제 경로분석의 기본적 사항을 다루었으므로, 예제를 보다 현실적인 수준으로 확장해 보자. 이제 가족배경 특성, 지적 능력, 학습동기, 그리고 학술적 수업활동이 고등학교 학업성취도에 미치는 영향에 초점을 맞출 것이다. 이것은 제9장의 동일한 자료, 동일한 예제이지만, 여기에서는 경로분석의 형식이다. 경로분석의 결과를 다른 형태의 다중회귀분석 결과와 비교하면 큰 도움이 되고, 두 방법 모두에 대한 중요한 개념을 보여 준다.

경로분석 수행 단계

다음은 경로분석을 수행하는 단계이다(Kenny, 1979; Kline, 2016).

모형 개발

경로분석의 첫 번째 단계는 공식적 또는 비공식적 이론, 사례 연구, 시간 우선순위 및 논리를 기반으로 모형을 개발하고 경로를 작성하는 것이다. [그림 12-8]은 이러한 변수가 어떻게 서로 관련되어 있는지에 대한 모형 또는 이론을 보여 준다. 학교학습이론은 **지적 능력**(예를 들어, 능력, 적성, 이전 학업성취도), **학습동기**(내적 동기, 인내심), **수업활동**(학습의 양, 학습시간, 학습의 기회)을 반영하는 변수를 학습 및 **학업성취도**에 영향을 미치는 요인으로 일관되게 포함한다(Walberg, 1986). 따라서 학교학습이론은 지적 능력, 학습동기 및 학업성취도에 이르는 경로를 지지한다. 다른 여러 방법으로도 이러한 경로를 쉽게 정당화할 수 있다.

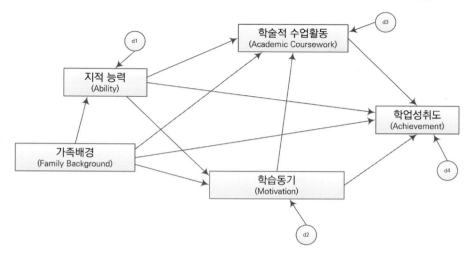

[그림 12-8] 가족배경, 지적 능력, 학습동기 및 학술적 수업활동이 학업성취도에 미치는 영향에 대한 모형

가족배경은 기본적으로 배경변수이다. 이는 모형을 타당하게 만드는 데 필요한 것으로 보이기 때문에 모형에 포함되지만(즉, 여러 변수와 함께 학업성취도의 공통원인이라고 볼 수 있다), 저자는 모형에서 다른 변수 중 어떤 것에 미치는 영향에 대해서는 별로 관심이 없다. 그러나 이 변수를 배경변수로 고려한다고 해서 모형 내에서 이 변수를 첫 번째로 배치하는 것을 정당화하는 것은 아니다. 그러나 가족배경이 시간상 다른 변수보다 먼저 발생할 가능성은 이러한 경로를 그리는 데 사용할 수 있으며, **배경변수**(background variable)의 개념은 종종 시간과 관련이 있음을 알 수 있다. 현재의 경우, **가족배경**은 학부모의 변수이고, 대부분의 구성요소(학부모의 교육수준, 직업 상태)는 자녀가 태어나기 전에 많은 가정에서 이미 정해졌을 가능성이 크다. 학부모가 여전히 학교에 다니고 있거나 자녀가 태어났을 때 아직 고용되어 있지 않은 경우에도 시간 우선순위는 **가족배경**에서 모형의 다른 변수로 이동하는 것처럼 보인다. 그것에 대해 생각해 보자. 학부모의 사회경제적 지위(SES)가 자녀의 능력(또는 학습동기 등)에 영향을 미칠 가능성이 더 높은가? 아니면 자녀의 능력이 학부모의 SES에 영향을 미칠 가능성이 더 높은가? 두 번째 경우(자녀의 능력이 학부모의 SES에 영향을 미치는 것)가 가능하다고 생각하지만, 그럴듯한 시나리오를 생각해 내려면 발상의 전환이 필요하다. 이러한 추론은 **가족배경**에서 모형의 다른 각 변수까지의 경로를 그리는 데 사용될 수 있다.

이전 연구와 함께, 시간 우선순위를 사용하여 **지적 능력**에서 모형의 각 후속 변수에 이르는 경로를 정당화하는 데 사용될 수도 있다. 능력, 지능 또는 학업적성은 초기 초등학교 수준부터 비교적 안정적이며, **지적 능력**이 학습동기에서 **학업성취도**에 이르기까지 삶과 학교교육의 다양한 측면에 영향을 미친다는 충분한 증거가 있다(Jensen, 1998).

이는 **학습동기**에서 **수업활동**에 이르는 경로를 만들어 낸다. 동등한 지적 능력과 가족배경을 가진 두 명의 고등학생을 상상해 보자. 한 학생은 비교적 쉬운 고등학교 강좌를 수강하고, 다른 학생은 미적분학, 물리학 및 고급 영어와 같은 강좌를 수강하는 상황을 상상하기는 어렵지 않다. **학습동기**, 즉 학교에서 열심히 일하고 인내하고 싶은 욕망, 학교 수업과 학교에서 배우는 것이 자신의 미래에 중요할 것이라는 기대감은 이 학생들 간의 중요한 차이일 것이다. 여러분 중 많은 사람이 아마도 다른 사람이 그저 그

럭저럭 살아가는 것에 비해 힘든 강좌를 수강하는 것에 매우 의욕적이었던 자신의 가족, 형제자매 또는 자녀에게서 그러한 예를 생각해 볼 수 있다. 본질적으로, 높은 수준의 학습동기를 가진 학생은 다른 조건이 동일하다면 학습동기의 수준이 낮은 학생보다 좀 더 힘든 강좌 위주로 수강하게 된다고 가정하는 것은 매우 이치에 맞다[Keith와 Cool(1992)은 수업활동 2년 전에 학습동기를 측정함으로써 이 시간 우선순위를 더욱 강화하였다].

이러한 추론은 모형의 경로 방향을 정당화하지만, 모형에 포함되는 **변수(variable)**의 경우는 어떠한가? 특히 모형에 포함되어야 하지만 포함되지 않은 변수가 있는가? 중요한 공통원인을 놓치고 있는 것은 아닌가? 모형에 불필요한 변수가 들어 있지는 않은가? 다음 장까지 이러한 문제에 대한 심도 있는 논의를 잠시 미룰 것이다. 그러나 이론과 이전 연구의 결과가 이러한 질문에 대한 해답을 구하는 데 도움이 될 수 있음을 간단히 밝히는 바이다.

모형식별상태 확인

모형을 추정하기 위해, 해당 모형이 적정식별(just-identified)인지, 과대식별(over-identified)인지 확인할 필요가 있다. [그림 12-8]에 제시된 모형은 적정식별인 상태이다. 상관행렬은 10개의 상관계수를 포함하며 추정해야 할 10개의 경로가 있다. 따라서 해당 모형은 적정식별인 것으로 보이며, 그렇게 추정할 수 있다.

모형에 포함된 변수 측정

다음으로, 모형의 변수를 측정하는 방법을 결정해야 한다. 이는 관심 있는 구인을 측정하기 위해 설계된 검사와 문항을 선택한 다음 참가자 표본에 이러한 척도를 시행하는 것이다. NELS 자료와 같은 기존 자료를 사용할 때, 이는 관심 있는 변수를 측정하는 문항이 이미 참가자 표본에 시행되었는지 확인하는 것을 의미한다. 현재 사례에서 모형의 변수는 HSB(High School and Beyond) 자료세트에서 이미 측정되었다. 저자는 이러한 구인을 측정하기 위해 문항과 합성변수를 선택하였다.

모형 추정

다음 단계는 모형을 추정하는 것이다. 현재 다중회귀분석을 사용하여 그러한 모형을 추정하는 방법을 논의하고 있다. 다음 장에서는 SEM 소프트웨어를 사용하여 해당 모형을 추정하는 방법을 배울 것이다. MR을 사용하여 **학업성취도**로 가는 경로를 추정하기 위해, **가족배경**, **지적 능력**, **학습동기** 및 **수업활동**을 **학업성취도**에 회귀한다. 회귀분석 결과의 일부는 [그림 12-9]와 같다. 회귀분석의 b와 β는 각 변수에서 **학업성취도**까지의 비표준화 경로계수와 표준화 경로계수의 추정값이다. R^2은 교란([그림 12-8]의 d4)에서 **학업성취도**에 이르는 경로를 계산하는 데 사용된다. $\sqrt{1 - R^2} = \sqrt{1 - 0.629} = .609$이다.

[그림 12-9] 학업성취도에 이르는 경로를 추정하기 위한 동시적 회귀분석 사용

Model Summary

Model	R	R Square	Adjusted R Square	Std. Error of the Estimate
1	.793[a]	.629	.627	6.103451

a. Predictors: (Constant), COURSES, FAM_BACK, MOTIVATE, ABILITY

Coefficients[a]

Model		Unstandardized Coefficients		Standardized Coefficients	t	Sig.	95% Confidence Interval for B	
		B	Std. Error	Beta			Lower Bound	Upper Bound
1	(Constant)	6.434	1.692		3.803	.000	3.114	9.753
	FAM_BACK	.695	.218	.069	3.194	.001	.268	1.122
	ABILITY	.367	.016	.551	23.698	.000	.337	.398
	MOTIVATE	1.26E-02	.021	.013	.603	.547	-.028	.054
	COURSES	1.550	.120	.310	12.963	.000	1.315	1.785

a. Dependent Variable: ACHIEVE

학술적 수업활동에 이르는 경로는 **가족배경, 지적 능력** 및 **학습동기**를 수업활동에 회귀함으로써 추정되며, d3에서 **수업활동**에 이르는 경로는 해당 회귀분석에서의 R^2을 이용하여 추정된다($R^2 = .348$). 이 회귀분석 결과는 [그림 12-10]과 같다. **학습동기**에 이르는 경로는 **가족배경**과 **지적 능력**을 학습동기에 회귀한 회귀분석으로 추정되며, **가족배경**에서 **지적 능력**에 이르는 경로는 **가족배경**을 **지적 능력**에 회귀한 회귀분석에 의해 추정된다. 관련 회귀분석 결과는 [그림 12-11]과 같다.

[그림 12-10] 동시적 다중회귀분석을 통한 학술적 수업활동에 이르는 경로 추정

Model Summary

Model	R	R Square	Adjusted R Square	Std. Error of the Estimate
1	.590[a]	.348	.346	1.617391

a. Predictors: (Constant), MOTIVATE, FAM_BACK, ABILITY

Coefficients[a]

Model		Unstandardized Coefficients		Standardized Coefficients	t	Sig.	95% Confidence Interval for B	
		B	Std. Error	Beta			Lower Bound	Upper Bound
1	(Constant)	-3.661	.433		-8.454	.000	-4.511	-2.811
	FAM_BACK	.330	.057	.165	5.827	.000	.219	.442
	ABILITY	4.99E-02	.004	.374	13.168	.000	.042	.057
	MOTIVATE	5.34E-02	.005	.267	10.138	.000	.043	.064

a. Dependent Variable: COURSES

[그림 12-11] 학습동기 및 지적 능력에 이르는 경로 추정

Model Summary

Model	R	R Square	Adjusted R Square	Std. Error of the Estimate
1	.235[a]	.055	.053	9.729581

a. Predictors: (Constant), ABILITY, FAM_BACK

Coefficients[a]

Model		Unstandardized Coefficients		Standardized Coefficients	t	Sig.	95% Confidence Interval for B	
		B	Std. Error	Beta			Lower Bound	Upper Bound
1	(Constant)	39.850	2.279		17.488	.000	35.379	44.322
	FAM_BACK	1.265	.339	.127	3.735	.000	.601	1.930
	ABILITY	.101	.023	.152	4.495	.000	.057	.146

a. Dependent Variable: MOTIVATE

Model Summary

Model	R	R Square	Adjusted R Square	Std. Error of the Estimate
1	.417[a]	.174	.173	13.640426

a. Predictors: (Constant), FAM_BACK

Coefficients[a]

Model		Unstandardized Coefficients		Standardized Coefficients	t	Sig.	95% Confidence Interval for B	
		B	Std. Error	Beta			Lower Bound	Upper Bound
1	(Constant)	100.000	.431		231.831	.000	99.154	100.846
	FAM_BACK	6.255	.432	.417	14.494	.000	5.408	7.102

a. Dependent Variable: ABILITY

[그림 12-12]는 모든 표준화 경로계수를 추가한 경로모형을 보여 준다. 교란으로 인한 경로를 포함하여, 각 경로의 출처를 이해하기 위해서는 [그림 12-12]의 모형을 회귀분석의 결과와 비교해 보아야 한다.

[그림 12-12] 학업성취도를 설명하는 추정된 모형

모든 표준화 경로와 교란을 나타내고 있다.

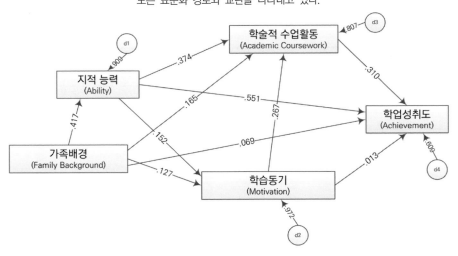

해석: 직접효과

그렇다면 이 결과는 무엇을 말해 주는가? 학업성취도에 이르는 경로에 우선적으로 초점을 맞춘다면,

이러한 연구결과와 해석은 제10장의 네 가지 변수를 학업성취도에 회귀한 동시적 다중회귀분석에서 얻은 것들과 동일하다. **지적 능력** 및 **학술적 수업활동** 모두 **학업성취도**에 큰 영향을 미친다(.551와 .310). 반면, **가족배경**은 작지만 통계적으로 유의한 영향(.069)을 미쳤다. 제10장에서 언급한 동일 자료의 동시적 회귀분석 결과와 마찬가지로, **학습동기**가 **학업성취도**에 미치는 영향은 작았으며 통계적으로도 유의하지 않았다.

그러나 경로모형에는 **학술적 수업활동, 학습동기** 및 **지적 능력**에 미치는 영향에 대한 정보도 포함되어 있기 때문에, 단일 동시적 회귀분석보다 훨씬 많은 것이 포함되어 있다. 이 변수 중 어떤 것이 고등학교에서 학생이 수강하는 강좌에 영향을 미치는가? 가설에 의하면(그리고 모형의 적절성을 고려할 때), 학생의 **학습동기** 수준은 **학술적 수업활동**에 강한 영향(.267)을 미치는 것으로 나타났다. 즉, 학습동기의 수준이 높은 학생은 그렇지 않은 학생에 비해 보다 더 다양한 강좌를 수강한다(어려운 강좌도 수강한다). **수업활동**에 가장 큰 영향을 미치는 것은 **지적 능력**이었다(.374). 지적 능력 수준이 높은 유능한 학생일수록 고등학교에서 더 많은 강좌를 선택한다. 마지막으로, **가족배경**도 어느 정도는 **수업활동**(.165)에 영향을 미쳤는데, 이는 좋은 가족배경을 가진 학생은 그렇지 않은 학생에 비해 다양한 강좌를 선택할 가능성이 더 높다는 것을 의미한다.

해결된 모형은 또한 **가족배경**과 **지적 능력**이 **학습동기**에 영향을 미치는 정도를 알려 준다. 지적 능력과 가족배경 수준이 모두 높을수록 학습동기 수준 또한 높다. 그리고 보다 더 높은 수준의 가족배경을 가진 학생은 보다 더 높은 수준의 **지적 능력**을 보여 준다.

부가적으로, 교란에서 내생변수 각각에 이르는 경로를 주목하자. 일반적으로, 이 값은 모형에서 왼쪽으로 갈수록 작아진다. 이 현상을 너무 많이 읽을 필요는 없다. **학업성취도**는 그것을 향하는 4개 경로와 그것을 설명하는 네 가지 변수를 가지고 있는 반면, **지적 능력**은 하나의 설명변수(가족배경)가 있다. 다른 조건이 모두 동일하다면, [그림 12-12]의 모형은 **지적 능력**보다 **학업성취도**의 분산을 보다 더 많이 설명해야 하는 것은 당연하며, 따라서 교란에서 **학업성취도**에 이르는 경로는 더 작아야 한다.

간접효과와 총효과

[그림 12-12]의 모형은 통상적인 MR에서 얻을 수 있는 것 이상의 여러 정보를 포함한다(예: 제10장). 이 분석 결과는 **학습동기**가 **수업활동**에 영향을 미치고, 차례로 **학업성취도**에 영향을 미친다는 것을 시사한다. 이는 타당한 해석이다. 더 동기화된 학생은 고등학교에서 더 많은 수업활동에 참가하고, 이러한 수업활동은 차례로 학생의 학업성취도를 향상시킨다. 따라서 **학습동기**가 **학업성취도**에 직접적인 영향을 미치지는 않지만, **수업활동**을 통해 간접적인 영향을 미친다. 사실, 이러한 간접효과를 쉽게 계산할 수 있다. **학습동기**부터 **수업활동**에 이르는 경로와 **수업활동**에서 **학업성취도**에 이르는 경로의 계수를 곱한다(.267 × .310 = .083). 이것이 수업활동을 통한 학업성취도에 대한 학습동기의 간접효과이다. 또한 직접효과와 간접효과를 합하여 **학업성취도**에 대한 **학습동기**의 **총(total)**효과를 계산할 수 있다(.083 + .013 = .096).[4]

지적 능력이나 **가족배경**의 간접효과와 총효과를 계산하는 것은 조금 더 복잡한데, 이는 모형 내에서 더

---

4) 총효과는 총 인과적 효과(total causal effects)라고도 한다. 상관계수의 비인과적(또는 허구적) 부분을 결정하기 위해 원래의 상관계수에서 총 인과적 효과를 빼는 것도 가능하다.

멀리 뒤로 갈수록(왼쪽으로 갈수록) 더 많은 간접효과가 있기 때문이다. 예를 들어, **학업성취도**에 대한 **지적 능력**의 간접효과를 계산하려면, **수업활동**(.374 × .310＝.116), **학습동기**(.152 × .013＝.002), **학습동기**를 통한 **수업활동**(.152 × .267 × .310＝.013)을 고려해야 한다. 그다음, 이러한 간접효과를 합하여 전체 간접효과인 .131(＝.116 ＋ .002 ＋ .013)을 계산하고, 직접효과(.551)를 추가하여 총효과인 .682를 얻게 된다. 〈표 12-1〉은 **학업성취도**에 대한 각 변수의 표준화된 직접 및 간접효과, 총효과를 보여 준다. **학업성취도**에 대한 **가족배경**의 간접효과와 총효과를 계산하여 직접 계산한 결과와 일치하는지 확인하기 바란다. 또한 **학업성취도**에 대한 **수업활동**에는 간접효과가 없음을 유의하라. 물론 이는 현재 모형에는 **수업활동**과 **학업성취도** 간의 중재변수(intervening variable)가 포함되어 있지 않기 때문이다. 만약 포함된다면, **수업활동**에도 간접효과를 고려할 수 있을 것이다.

〈표 12-1〉 학교학습변수들이 고등학교 학업성취도에 미치는 표준화된 직접효과, 간접효과, 총효과

변수	직접효과	간접효과	총효과
학술적 수업활동(Academic Coursework)	.310	―	.310
학습동기(Academic Motivation)	.013	.083	.096
지적 능력(Ability)	.551	.131	.682
가족배경(Family Background)	.069	.348	.417

총효과와 간접효과를 추정하기 위한 순차적 회귀분석 사용

이 책의 제1부에서는 동시적(또는 강제 입력) 및 순차적(위계적) 회귀분석에서 얻은 결과의 차이에 초점을 맞추었다. 이러한 차이에 대한 이유는 동시적 회귀분석이 직접효과에 초점을 두는 반면, 순차적 회귀분석은 총효과에 초점을 두기 때문이다. 이 장에서는 동시적 선형회귀분석에 의한 b와 β가 경로분석에서의 직접효과에 대한 추정값으로 사용할 수 있다는 것을 보았다. [그림 12-13]은 제10장에서 재현한 학교학습이론 모형의 변수를 **학업성취도**에 회귀한 순차적 회귀분석 결과 중 일부를 보여 준다. 이 그림은 회귀계수 표를 보여 주며, 독립변수가 모형에 나타나는 순서에 따라 회귀방정식에 입력된다. 즉, 첫 번째 (외생) 변수(**가족배경**)가 먼저 입력되었고, 그다음으로 **지적 능력** 등이 순서대로 입력되었다. 각 독립변수가 모형에 추가될 때마다 표준화 회귀계수 β에 초점을 두라. 이 회귀계수는 그림에서 이탤릭체로 진하게 표시되어 있다. 이 회귀계수를 〈표 12-1〉에 표시된 총효과와 비교하면, 반올림에 의한 오차 내에서 동일하다는 것을 알 수 있다. 따라서 순차적 회귀분석을 사용하여 경로모형의 산출물에 대한 각 변수의 총효과를 추정할 수 있다. 이를 위해, 모형에서 입력되는 순서대로 각각의 추정된 원인에 대한 내생변수의 회귀분석을 수행하면 된다. 각 단계에서 입력되는 독립변수에 대한 β는 내생변수에 대한 해당 변수의 표준화된 총효과의 추정값이다. 마찬가지로, 각 단계에서 입력되는 독립변수에 대한 b는 비표준화된 총효과의 추정값이다. 그러나 만약 총효과의 통계적 유의도에 관심이 있다면, 모형에 포함된 모든 독립변수를 고려하여 자유도를 수정해야 한다. 즉, 각 회귀방정식에서의 자유도보다는 $df = 995 = N - k - 1$을 사용하여 t-분포에 의한 통계적 유의도를 살펴보아야 한다. 이 방법을 사용하면, 간단한 뺄셈을 통해 간접효과를 계산할 수 있다. 즉, 산출물에 대한 각 변수의 총 간접효과를 추정

하기 위해 총효과에서 직접효과를 뺀다. 〈표 12-1〉의 간접효과를 계산하려면 이 감산 방법을 시도하기 바란다.

제9장에서는 매개(mediation)라는 주제에 대해 어느 정도 깊이 있게 초점을 두었다. 간접효과는 매개와 동의어라는 것을 기억하라. 따라서 제9장에서 논의된 방법을 사용하여, 이 모형에서 간접효과의 표준오차, 신뢰구간 및 통계적 유의도를 계산할 수 있다. 또한 제9장에서 언급된 매개에 관한 Kris Preacher의 웹페이지(www.quantspy.org/sobel)를 참고하라. 대안적으로 후속 장들에서 볼 수 있는 바와 같이 직접효과, 간접효과 및 총효과의 표준오차를 계산해 주는 SEM 프로그램을 사용하여 모형을 추정할 수 있다.

[그림 12-13] 학업성취도에 미치는 각 변수의 총효과를 추정하기 위한 순차적 다중회귀분석 사용
간접효과는 총효과에서 직접효과를 빼서 계산하게 된다.

Coefficients[a]

Model		Unstandardized Coefficients B	Std. Error	Standardized Coefficients Beta	t	Sig.	95% Confidence Interval for B Lower Bound	Upper Bound
1	(Constant)	50.000	.288		173.873	.000	49.436	50.564
	FAM_BACK	*4.170*	.288	*.417*	14.494	.000	3.605	4.735
2	(Constant)	4.557	1.559		2.923	.004	1.498	7.617
	FAM_BACK	1.328	.232	.133	5.729	.000	.873	1.782
	ABILITY	*.454*	.015	*.682*	29.416	.000	.424	.485
3	(Constant)	.759	1.766		.430	.667	-2.706	4.224
	FAM_BACK	1.207	.231	.121	5.221	.000	.753	1.661
	ABILITY	.445	.015	.667	28.768	.000	.414	.475
	MOTIVATE	*9.53E-02*	.021	*.095*	4.439	.000	.053	.137
4	(Constant)	6.434	1.692		3.803	.000	3.114	9.753
	FAM_BACK	.695	.218	.069	3.194	.001	.268	1.122
	ABILITY	.367	.016	.551	23.698	.000	.337	.398
	MOTIVATE	1.26E-02	.021	.013	.603	.547	-.028	.054
	COURSES	*1.550*	.120	*.310*	12.963	.000	1.315	1.785

a. Dependent Variable: ACHIEVE

또한 모형의 각 내생변수에 대한 각 변수의 총효과를 계산할 수 있다(학업성취도에 대한 효과 이외에도). 예를 들어, **수업활동**에 대한 각 변수의 총효과를 추정하기 위해, **가족배경**을, 그다음으로 **지적 능력**을, 그리고 그다음으로 **학습동기**를 수업활동에 순차적 회귀한다. 각 단계에서 입력되는 변수의 회귀계수는 **수업활동**에 대한 총효과와 동일하다. 다중회귀분석의 마지막 단계에 있어서의 회귀계수는 **수업활동**에 대한 각 변수의 직접효과와 동일하다. 간접효과는 각 변수의 총효과에서 직접효과를 뺀 값으로 계산할 수 있다.

경로모형에 포함된 5개의 변수만 고려하더라도 경로계수를 곱하고 합하여 간접효과와 총효과를 직접 손으로 계산하는 것은 상당히 지루한 작업이다. 그러한 계산을 비교적 용이하게 수행하기 위한 몇 가지 방법이 있다. 여기에서 설명한 순차적 회귀분석을 사용하여 총효과를 추정한 다음 뺄셈으로 간접효과를 계산하는 것이 가장 쉬운 방법 중 하나이며, 이 방법은 앞에서 언급한 순차적 회귀분석과 동시적 회귀분석 간의 혼란스러운 관계를 조명할 수 있는 장점이 있다. 동시적 및 순차적 회귀분석이 서로 다른 이야기를 다루는 이유는 서로 다른 질문에 집중하기 때문이다. 동시적 회귀분석은 직접효과에 초점을 두는 반면, 순차적 회귀분석은 총효과에 초점을 둔다. 또한 순차적 회귀분석은 일련의 회귀분석에서 적절한 입력순서의 중요성을 설명하기를 희망한다. 순차적 회귀분석의 결과를 인과관계로 해석하려면,

변수를 적절한 인과적 순서에 따라 입력해야 한다.

총효과와 간접효과를 추정하는 이 방법은 효과가 있기는 하지만, **왜(why)** 효과가 있는지는 분명하지 않을 수 있다. 인과관계에 있어서 마지막 변수 이전에 위치한 변수인 수업활동의 직접효과는 총효과와 동일하다는 것을 기억하라. 물론, 그 이유는 수업활동과 학업성취도 간에는 중재변수(intervening variables)나 매개변수(mediating variables)가 없고, 따라서 간접효과가 없기 때문이다. 결국, 학업성취도에 대한 수업활동의 총효과와 직접효과는 같다. 따라서 한 변수가 다른 변수에 미치는 영향은 **어떠한 중재변수도 없을 때** 직접효과가 된다. 따라서 총효과를 계산하는 한 가지 방법은 중재변수를 제거하는 것이다.

본질적으로, 순차적 회귀분석을 통해 얻고자 한 것은 중재변수를 일시적으로 제거하는 것이다. [그림 12-14]부터 [그림 12-16]까지를 주의 깊게 살펴보자. 가족배경을 학업성취도에 회귀한 순차적 회귀분석의 첫 번째 단계는 [그림 12-14]와 같은 모형을 추정하는 것이다. 그 모형에서는 가족배경과 학업성취도 간에 있는 모든 중재변수가 제거된다. 가족배경의 총효과는 중재변수가 없거나 세 개 또는 심지어 30개의 중재변수가 있는지 여부에 관계없이 동일하게 유지된다. 총효과는 **항상 동일하다.** 그러므로 중재변수를 제거한 상태에서 이 모형을 추정하면 직접효과와 총효과는 동일하다. 그런 다음, 이 회귀분석에서의 회귀계수(.417)를 모든 중재변수가 있는 전체 모형의 총효과 추정값으로 사용할 수 있다. [그림 12-15]는 지적 능력과 학업성취도 간의 중재변수를 제거한 결과이다. 가족배경과 지적 능력을 학업성취도에 회귀한 순차적 회귀분석의 두 번째 단계는 [그림 12-15]의 모형을 조작한 것으로서, 지적 능력과 학업성취도 간에 중재변수가 없기 때문에 지적 능력의 회귀계수는 학업성취도에 대한 지적 능력의 총효과를 추정한 것이다. 마지막으로, 순차적 회귀분석의 세 번째 단계인 [그림 12-16]에 제시된 모형은 학업성취도에 대한 학습동기의 총효과 추정값을 제공한다.

모형 해석

이러한 결과를 해석함과 동시에 동시 및 순차적 회귀분석의 관계를 더 깊게 이해해 보자. [그림 12-12]의 학습동기에 집중해 보자. 경로모형과 〈표 12-1〉은 학업성취도에 대한 학습동기의 영향이 직접적이 아닌 간접적임을 시사한다. 학습동기는 학생이 고등학교에서 행한 수업활동에 영향을 미침으로써 학업성취도에 영향을 미친다. 학습동기가 높은 학생은 학문지향적인 강좌를 더 많이 수강하고, 이러한 강좌는 차례로 학업성취도를 향상시킨다. 수업활동은 학습동기가 학업성취도에 미치는 영향을 매개한다. 이와는 대조적으로, 지적 능력이 학업성취도에 미치는 영향은 주로 직접적이다. 지적 능력의 일부 영향은 간접적이며, 학습동기와 수업활동을 통해 지적 능력이 높은 학생은 그렇지 않은 학생에 비해 평균적으로 높은 학습동기와 더 많은 수업활동을 이수한다. 그러나 그 영향의 대부분은 직접적인 것이다. 즉, 지적 능력이 높은 학생은 학업성취도도 높다. 다시 말해서, 동시적 회귀분석은 직접효과에 초점을 두고 순차적 회귀분석은 총효과에 초점을 둔다.

[그림 12-14] 학업성취도에 미치는 가족배경의 총효과를 추정하기 위해 사용한 모형

[그림 12-15] 학업성취도에 미치는 지적 능력의 총효과 추정

총효과는 순차적 회귀분석에서 해당 변수를 추가함으로써 얻게 되는 β(또는 b)를 통해 추정된다.

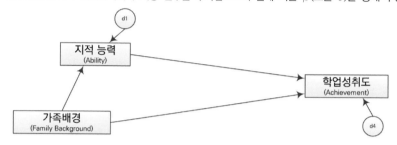

[그림 12-16] 학업성취도에 미치는 학습동기의 총효과 추정

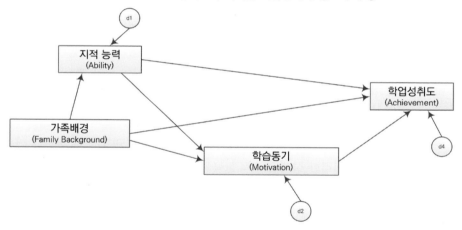

　　이러한 논의가 경험을 통해 얻게 되는 경로모형의 아름다움을 보여 주기를 바란다. 경로모형을 통해 직접효과 및 간접효과에 집중할 수 있다. 매개효과라고도 하는 간접효과는 종종 영향이 어떻게 발생하는지를 이해하는 데 필수적이다. **학습동기가 어떻게 학업성취도에 영향을 미치는가?** 한 가지 중요한 방법은 학생이 고등학교에서 수강하기 위해 선택한 강좌에 영향을 미치는 것이다. 더 높은 학습동기를 가진 학생은 더 많은 수업활동에 참여하고, 이 수업활동은 학업성취도를 높인다. 종종 경로모형이 없는 일반 MR로 자료를 분석하는 경우, 이러한 간접효과를 이해하지 못한다. 경로분석을 수행할 때는 세 가지 유형의 효과를 모두 계산하고 해석해야 한다. 직접효과를 찾고 그것이 어떻게 발생하는지 궁금한 경우, 경로모형에 몇 가지 그럴듯한 매개변수를 통합하여 이러한 효과가 어떻게 발생하는지 이해할 수 있는지 확인해 보라. 예를 들어, 신체적 학대가 아동의 향후 사회적 지위에 영향을 미친다고 가정해 보자. 이러한 아동의 사회적 행동(예: 공격)이 이러한 효과를 매개하거나 부분적으로 설명하는지 궁금해할 수 있

다. 즉, 학대받는 아동은 향후 사회적 지위의 하락을 초래할 정도로 공격적으로 행동할 가능성이 높은가(Salzinger et al., 2001)?

경로분석에는 다중선형회귀분석에 비해 여러 장점이 있다. 경로도는 종종 추정된 원인과 결과가 정확히 무엇인지를 회귀계수표보다 정확하게 보여 준다. 경로분석에서의 경로도에 의한 인과성 가정의 명백함이 연구자로 하여금 인과성 가정뿐만 아니라 이 가정(이론과 이전 연구)을 만드는 근거를 고려하도록 만들 가능성이 더 높다고 생각한다. 다른 것이 없다면, 경로모형의 작성은 적어도 원인과 결과에 대한 비공식적 이론이다. 이미 논의한 바와 같이 경로분석은 동시적 및 순차적 회귀분석에 의해 전달되는 다양한 이야기를 활용한다. 이러한 이유로 경로분석(과 SEM)은 종종 비실험적 연구를 위한 최상의 분석방법이라고 생각한다.

요약

이 장에서는 많은 내용을 다루었다. 새로운 논점을 다루고 MR이라는 모험에서 여러 모호한 부분을 명확히 하는 계기가 되었기를 희망한다. 이 장에서는 일반적으로 SEM 또는 SEM의 가장 단순한 형태인 경로분석을 소개하였다.

이 장에서는 **지적 능력**, **학습동기** 및 **학업성취도**와 관련된 간단한 모형을 소개하였다. 초기의 불가지론적 모형은 단순히 세 변수 간의 상관관계를 보여 주었는데, 이는 **학습동기**가 **학업성취도**에 미치는 영향을 이해하고자 하는 연구 관심 질문을 알려 주지 않았기 때문에 만족스럽지 못한 해결책이었다. 연구 관심사를 생각하고 이론, 논리 및 선행 연구의 조합을 사용하여, 몇 가지 일반적인 인과적 진술을 할 수 있었다. ① **학습동기**와 **학업성취도**가 인과적으로 관련된 경우, **학습동기**는 **학업성취도**에 영향을 미치지만, 반대 방향으로는 영향을 미치지 않는다. ② **지적 능력**은 **학습동기**와 **학업성취도** 모두에 영향을 미칠 수 있다. 약한 인과적 순서를 의미하는 이러한 설명은 **지적 능력**이 **학습동기**와 **학업성취도** 모두에 영향을 미치고, **학습동기**가 **학업성취도**에 영향을 미치는 것으로 간주되는 경로모형으로 변환된다. 특히 상관관계는 경로를 작성하는 데 사용되지 않았다. 이제 3개의 미지수(3개의 경로)와 3개의 자료(상관계수)가 있으며, 대수학을 사용하여 경로에 대한 방정식을 생성하고 이를 추정할 수 있었다.

대수학을 사용하여 경로를 해결할 수 있지만, 단순한 재귀적 모형의 경우, 경로는 일련의 동시적 회귀분석에서의 표준화 또는 비표준화 회귀계수와 동일하다. 세 변수 모형의 경우, **지적 능력**과 **학습동기**에서의 표준화 경로계수의 추정값을 제공하는 β를 얻기 위해(그리고 비표준화 경로계수의 추정값인 b를 얻기 위해), **지적 능력**과 **학습동기**를 **학업성취도**에 회귀한 회귀분석을 수행하였다. **지적 능력**에 대한 **학습동기**의 두 번째 회귀분석을 통해 **지적 능력**부터 **학습동기**에 이르는 경로에 대한 추정값을 추정하였다. 교란(또는 잔차)의 영향은 각 회귀방정식에서 $\sqrt{1-R^2}$으로 추정된다. 교란은 모형에 포함된 변수 이외에 다른 모든 변수가 가지는 영향을 나타내며, 원 또는 타원으로 둘러싸인 변수로 표시된다.

인과관계를 추론하는 데 어떤 증거가 사용되었는가? 상관관계는 아니다. 그 대신에 공식적·비공식적 이론, 시간 우선순위, 연구되는 현상에 대한 이해 및 논리에 초점을 두었다. 좀 더 공식적인 수준에서 원인과 결과의 타당한 추론을 위해서는 세 가지 조건이 필요하다. 변수 간에 함수적 관계가 있어야 하고, 원인은 (실질적으로 또는 논리적으로) 결과에 시간적으로 우선해야 하며, 그 관계는 허구적이지 않아야 한다.

우리는 경로분석에서 접하기 쉬운 몇 가지 전문용어를 다루었다. 연구를 수행하면서 관측되는 측정변수는 직사각형으로 표시된다. 비측정변수 또는 잠재변수는 원 또는 타원으로 표시된다. 교란은 모형에서는 고려하지 않은 비측정변수를 나타낸다. 교란은 또한 잔차 또는 오차라고도 한다. 재귀적 모형은 화살표가 한 방향으로만 표시되고, 비재귀적 모형은 피드백 루프 또는 화살표가 양방향으로 표시된다. 적정식별상태의 모형은 경로를 추정할 수 있는 충분한 정보를 가지고 있는 모형이며, 과대식별상태의 모형은 필요로 하는 정보보다 더 많은 정보를 가지고 있기 때문에, 둘 이상의 방법으로 경로의 일부를 추정할 수 있는 모형이다. 과소식별상태의 모형은 경로를 추정하기 위한 정보보다 더 많은 경로를 가진다. 따라서 과소식별상태의 모형은 추가적인 제약을 가하지 않으면 경로를 추정할 수 없다. 외생변수는 추정된 원인이며 화살표가 향하지 않는 변수를 의미한다. 내생변수는 추정된 결과이며 모형에서 화살표가 가리키는 경로를 가진다. 이러한 전문용어의 대부분은 [그림 12-17]에 요약되어 있다.

[그림 12-17] 경로분석의 전문용어에 대한 요점 정리

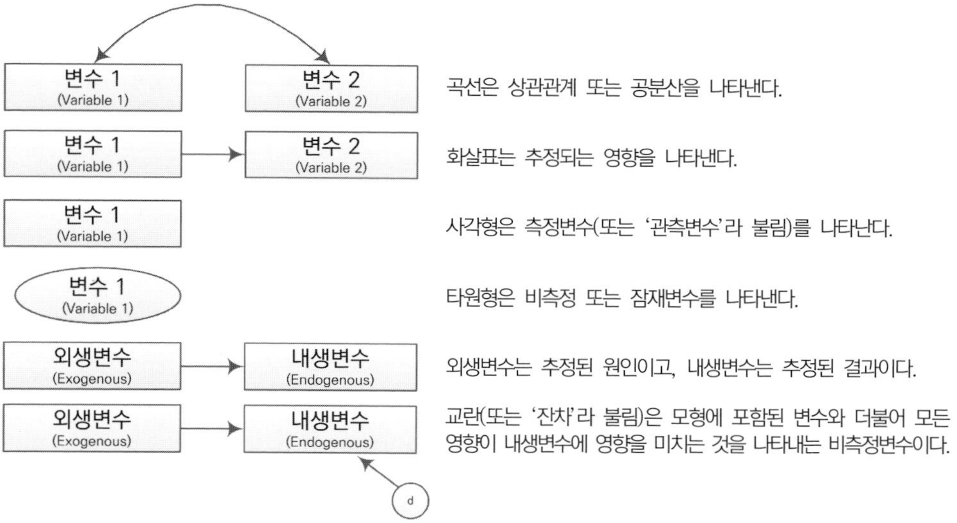

제10장의 자료를 사용하여 경로분석을 실시하였으며, 이 자료는 동시적 및 순차적 회귀분석 결과의 차이점을 강조하는 데 사용되었다. 이론, 시간 우선순위, 선행 연구 및 논리를 바탕으로 가족배경, 지적 능력, 학습동기 및 학업성취도에 대한 모형을 개발하였다. 경로 및 교란은 일련의 동시적 다중회귀분석을 통해 추정되었다. 모형의 정확성을 고려할 때, 지적 능력과 수업활동이 학업성취도에 큰 영향력을 미쳤고, 가족배경의 영향은 비교적 작았으며, 학습동기는 별다른 영향을 미치지 않는다는 결과를 얻었다. 모형을 추가적으로 살펴본 결과, 학습동기가 고등학생이 받은 수업활동에 강한 영향을 미치고, 결과적으로 수업활동을 통해 학업성취도에 대한 간접적인 영향을 미치는 것으로 나타났다. 우리는 이러한 두 경로계수를 함께 곱함으로써 간접효과를 계산할 수 있었다. 학습동기에 대한 학업성취도의 총효과를 추정하기 위해 직접효과에 간접효과를 더하였다. 총효과에 초점을 둘 때 학습동기는 학업성취도에 영향을 미쳤고 학습

동기의 수준이 높은 학생은 심화 수업활동에 참여하며, 이러한 수업활동은 차례로 학생의 학업성취도를 향상시킨다.

총효과를 추정하는 보다 쉬운 방법은 순차적 회귀분석을 이용하는 것이다. 이를 위해, **가족배경을 학업성취도**에 회귀시킨 다음, **지적 능력**, **학습동기**, 그리고 **수업활동**을 순차적으로 추가하였다. 입력순서에 따라 추가된 각 독립변수와 관련된 β는 표준화된 총효과를 나타낸다. 따라서 **학습동기**가 모형에 추가되었을 때, β는 .096인 총효과이다. 이 절차는 관심변수와 결과변수 간에 중재변수가 존재하는지 여부에 관계없이 총효과가 동일하므로 타당하다 하겠다. 중재변수를 제거하면, 총효과는 직접효과와 동일하게 된다. 그런 다음, 총효과에서 직접효과를 빼 간접효과를 추정한다.

이 장에서는 경로분석의 기초를 설명하는 것 외에도, 제1부의 마지막 주제인 동시적 및 순차적 회귀분석 결과 간의 명백한 차이점을 논의하였다. 경로분석은 직접효과와 간접효과에 초점을 맞출 수 있고, 간접효과는 하나의 효과가 어떻게 작용하는지를 설명하는 데 유용하다고 주장했다. 따라서 중재변수 또는 매개변수를 모형에 추가함으로써 효과가 어떻게 발생하는지 이해할 수 있다. 경로모형은 또한 지나치게 모호한 상태로 남겨둔 것, 즉 변수가 인과적으로 어떻게 관련되어 있는지에 대한 연구자의 이론을 명확하게 만들기 때문에 유용하다. 저자는 경로분석을 설명적·비실험적 연구를 위해 MR을 사용하는 최선의 방법이라고 생각한다.

EXERCISE 연습문제

1. 〈표 12-2〉는 이 장의 예제에서 사용된 변수의 평균, 표준편차 및 상관계수를 보여 준다. 다섯 가지 변수에 대한 경로모형을 다시 분석하라[SPSS 사용자의 경우, 웹사이트(www.tzkeith.com)의 'motivate 5 var path.sps' 파일은 이 프로그램을 사용하여 그러한 행렬의 분석 방법을 보여 준다]. 모든 경로와 교란을 계산 하여 직접효과, 간접효과 및 총효과를 표로 작성하고, 그 결과가 앞의 결과와 일치하는지 확인하라.

〈표 12-2〉 학교학습 관련 변수의 평균, 표준편차 및 상관계수

	가족배경 (family background)	지적 능력 (ability)	학습동기 (motivation)	수업활동 (coursework)	학업성취도 (achievement)
N	1000	1000	1000	1000	1000
M	0	100	50	4	50
SD	1	15	10	2	10
가족배경	1				
지적 능력	.417	1			
학습동기	.190	.205	1		
수업활동	.372	.498	.375	1	
학업성취도	.417	.737	.255	.615	1

2. **가족배경**, 8학년 때 GPA, 10학년 때 **자아존중감**, 10학년 때 **통제소재**, 그리고 10학년 때 사회과 과목의 학 업성취도 시험점수를 사용하여 경로모형을 구성하라. 어떤 변수가 어떤 변수에 영향을 미쳤는지를 어떻게 결정하였는가? 어떤 결정이 가장 어려웠는가? 결정된 사항을 보다 잘 전달하기 위해 어떤 자료를 사용하 였는가?

3. 문제 2에서 고려하고 있는 모형이 적정식별, 과대식별, 또는 과소식별 중에서 어떤 식별상태인가? 모형이 과소식별상태인 경우, 모형을 추정하기 위해 적정식별상태로 만들 수 있는지 확인하라.

4. NELS 자료에서 BYSES, BYGrads, F1Cncpt2, F1Locus2 및 F1TxHStd 변수를 선택하라. 변수의 척도를 이 해하기 위해 변수(예를 들어, 기술통계량을 활용하여)를 확인하라. 또한 결측으로 처리되어야 하는 값이 코 딩되어 있지는 않은지 확인하라.

5. NELS 자료의 변수를 사용하여 모형을 추정하라(문제 4). 직접효과와 교란을 계산하여 모형에 적용하라. 총 효과를 계산하고 직접효과, 간접효과 및 총효과의 표를 작성하라. 직접효과, 간접효과 및 총효과의 관점에 서 모형을 해석하라.

6. 여러분의 모형과 그에 따른 해석을 동료와 비교하라. 얼마나 많은 사람이 여러분과 같은 방식으로 경로모 형을 그렸는가? 얼마나 많은 사람이 다르게 그렸는가? 이러한 서로 다른 모형은 결과와 해석에서 어떤 차 이가 있는가?

7. Curtis Hansen(1989)은 화학산업 노동자의 사고에 대한 효과의 경로모형을 검정하였다. 일부 자료의 시뮬레이션 버전은 제12장(예를 들어, 'Hansen accident data.sav', 다른 형식으로도 제공)의 웹사이트 (www.tzkeith.com)에 있다. 분석에 대한 지침은 다음과 같다. 능력, 성격 특성 및 직무 특성이 근로자의 사고율에 미치는 상대적인 영향은 어떠한가? [그림 12-18]은 이 질문에 답하기 위해 고안된 모형을 보여 준다. 기계에 대한 이해(자료세트에서는 Mechanical Comprehension)는 기계적 추론에 대한 근로자의 이해를 측정하는 척도이다. 사회적 부적응은 MMPI(다면적 인성검사)에서 파생된 50개의 항목으로서, 일반적인 사회 부적응을 평가하기 위해 Hansen(1989)에 의해 고안되었다. 이 두 변수는 모형의 외생변수이다. MMPI에서 파생된 주의산만척도는 산만함을 측정하기 위해 고안된 것으로, 특히 산만함을 유발시키는 '신경학적 불안'(Hansen, 1989: 83)이라는 특성을 평가하기 위해 고안되었다. 직무 위험 수준은 가능한 각 직무의 '책임 및 사고 잠재력'(Hansen, 1989: 84)을 1에서부터 35까지의 등급으로 평가되었다. 최종 내생변수는 사고 지속성으로서, 이는 근로자의 사고 횟수와 각 근로자의 사고가 발생한 년도의 수를 더한 값이다. 다중회귀분석을 사용하여 그림에 표현된 모형을 추정하라. 모형의 식별상태는 어떠한가? 직접효과와 교란을 계산하고 이를 모형에 적용하라. 사고 지속성에 대한 총효과를 계산하고, 직접효과, 간접효과 및 총효과의 표를 만들며, 그 결과를 해석하라. 사고 지속성에 대한 중요한 효과는 무엇인가? 유의한 간접효과가 있는가? 그렇다면 해석하라. 사고 지속성에 대한 가장 큰 총효과를 미치는 변수는 무엇인가?

[그림 12-18] 능력, 개인 특성, 및 직무 특성이 산업 환경에서의
사고 횟수 및 사고 지속성에 미치는 결과에 대한 경로모형

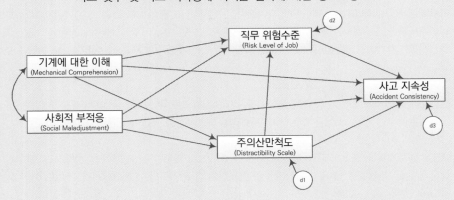

제13장 **경로분석: 가정과 위험**

경로분석은 마술이 아니다. 그것은 인과성을 증명하지 못한다. 암퇘지의 귀로 비단 지갑을 만들 수 없다. 빈약한 자료를 타당한 인과적 결론으로 변환할 수는 없는 노릇이다. 다중회귀분석처럼, 경로분석을 위한 가정과 경로를 추정하기 위해 다중회귀분석을 사용한다. 다중회귀분석처럼 경로분석 또한 남용될 소지가 있다. 이 장에서는 이러한 가정과 경로분석의 위험에 대해 논의하고자 한다. 그리고 남용으로 인한 위험을 피하는 방법도 논의할 것이다.

가정

지금까지 경로모형을 추정하기 위해 다중회귀분석을 사용해 왔기 때문에, 다중회귀분석의 기본 가정이 경로분석에도 적용된다는 것은 놀라운 일이 아니다. 제10장에서 논의한 바와 같이, 다음과 같은 가정이 포함된다.

1. 종속변수는 독립변수의 선형함수이다. 또한 모형의 인과적 방향이 정확해야 한다.
2. 각 사람(또는 다른 관찰)은 모집단에서 독립적으로 추출되어야 한다.
3. 오차는 정규분포를 따르고, 독립변수의 모든 값에 대해 상대적으로 일정하다.

다중회귀분석은 오차가 독립변수와 상관관계가 없거나, 경로분석의 전문용어로 교란이 외생변수와는 상관관계가 없다고 가정한다. 따라서 경로모형(또는 다중회귀모형)의 기초가 되는 인과적 메커니즘은 하나의 변수가 다른 변수에 미치는 영향의 정확한 추정값을 제공하기 위하여 회귀계수를 위해 동일한 제약조건을 준수해야 한다. 이 가정은 또한 몇 가지 추가 가정을 암시한다. 다음의 조건이 위배된다면, 경로계수(회귀계수)는 그 영향의 부정확하고 잘못된 추정값을 가질 것이다.

1. 인과관계의 역방향은 성립하지 않는다. 즉, 모형은 재귀적이다.
2. 외생변수는 완벽하게 측정된다. 즉, 완전히 신뢰할 수 있고 타당한 측정값이다.
3. '평형상태에 도달하였다'(Kenny, 1979: 51). 이 가정은 인과적 과정이 작동할 기회를 가졌다는 것을 의미한다.
4. 추정된 원인과 추정된 결과에 대한 어떠한 공통원인도 무시되지 않았다. 모형은 그러한 모든 공통

원인을 포함한다(Kenny, 1979).

만약 제10장의 가정과 유사하다고 생각한다면, 이는 대단한 통찰력이다. 그것은 사실상 같지만, 경로분석의 용어로 작성한 것뿐이다. 이러한 가정은 또한 회귀계수를 인과적 또는 설명적인 방식으로 해석하고자 할 때마다 필요하다.

(두 번째 세트 중) 첫 번째 가정(인과관계의 역방향은 성립하지 않는다.)은 실제로는 두 가지이다. 먼저, 경로가 정확한 방향으로 그려져 있음을 의미한다. 이미 이 작업이 어떻게 수행되었는지에 대해 논의했으며, 이 장과 이후 장에서 이 중요한 문제를 계속 논의할 것이다. 또한 앞서 표시한 바와 같이, 모형은 다른 변수를 유발하거나 영향을 미치는 피드백 루프나 변수가 없는 재귀적 모형을 의미한다. 이러한 모형을 추정하는 방법이 있기는 하지만, 일반적인 다중회귀는 비재귀적 모형에 대한 타당한 방법은 아니다.

두 번째 가정은 단지 이상적인 상태에 근접할 수 있음을 의미한다. 우리 모두는 특히 사회과학 분야에는 완벽한 측정이라는 것이 없다는 것을 알고 있다. 잠재변수 SEM에 대한 논의가 시작되면, 이 가정에 대한 위배가 얼마나 심각하고 가정의 위배에 대해 무엇을 할 수 있는지를 살펴볼 것이다. 일단, 저자는 외생변수에 대한 점수가 합리적으로 신뢰할 수 있고 타당하게 거의 해를 끼치지 않는다면, 영향에 대한 추정값이 지나치게 편향되지 않았음을 의미한다는 것에 간단히 언급할 것이다.

세 번째 가정은 인과적 과정이 작동할 기회를 가졌다는 것이다. 학습동기가 학업성취도에 영향을 미친다면, 이 과정은 아마도 일정 시간이 소요되며 이 시간이 경과한 이후에는 실제적으로 영향을 미치게 된다. 이 가정은 모든 인과관계 연구에 적용된다. 아동이 어떤 처치를 받은 후 종속변수를 측정하는 실험을 고려해 보자. 이러한 측정을 너무 빨리 하거나 처치가 효과적이지 않으면 처치가 가져올 수 있는 실제 효과를 발견하지 못할 것이다. 필요한 시간은 연구 중인 과정에 따라 달라진다.

최종 가정은 가장 중요한 것으로서 이 책에서 반복해서 강조하였다. 생략된 공통원인의 위험은 특히 경로분석과 비실험적 연구에서 도달하는 인과적 결론에 가장 큰 위협이 되기 때문에 한층 더 깊은 조사가 이루어져야 할 것이다. 다시 한번, 이러한 가정이 MR의 모든 설명적인 사용에 적용된다는 것을 상기시키고자 한다.

📈 공통원인의 위험성

만약 지역 초등학교의 모든 학생에게 게티스버그 연설(Gettysburg Address)을 읽도록 한 후, 각 학생이 2분 이내에 정확하게 읽은 단어의 수를 기록하였다고 하자. 또한 각 학생의 신발 크기를 측정하였다고 가정해 보자. 이러한 읽기 능력과 신발 크기의 관련성을 고려하면, 이 두 변수 간에 상당한 상관관계를 발견할 수도 있다. 이 상관관계는 [그림 13-1]의 윗부분에 두 변수 간의 곡선으로 그려져 있다. 그러나 신발 크기가 (그림의 중간 부분에서와 같이) 읽기 능력에 영향을 미친다는 결론을 내리는 일은 어리석은 것이고, 아울러 읽기 능력이 신발 크기에 영향을 미친다는 결론 또한 어리석은 일이다. 그 이유는 [그림 13-1]의 아랫부분에 표현된 바와 같이, 신발 크기와 읽기 능력에 모두 영향을 미치는 제3의 변수인 연령 또는 성장(growth)이 있다는 것이다. 고학년 학생은 평균적으로 몸이 더 크고, 따라서 신발 크기도 더 크며, 저학년 학생보다 읽기를 더 잘한다. 그림의 아랫부분은 이러한 변수 간의 진정한 인과관계를 보여 준다. 신발 크기와 읽기 능력 모두 연령에 영향을 받기 때문에 상관관계가 존재하게 된다. 신발 크기와 읽기 능력 간의 상관관계는 허구적 상관관계의 본질이다. **허구적 상관관계**(spurious correlation)라는 용어는 한 변수가 다른 변수에 영향을 미치는 형태로, 두 변수의 상관성이 존재하는 것이 아니라 두 변수에 모두 영향을 미치는 제3의 변수로 인해 두 변수의 상관성이 존재한다는 것을 의미한다(Simon, 1954).

[그림 13-1] 경로형식으로 표현된 허구적 상관관계

신발 크기와 읽기 능력이 서로 연관되어 있더라도 신발 크기가 읽기 능력에 영향을 미치지 않을 뿐만 아니라 읽기 능력이 신발 크기에도 영향을 미치지 않는다. 두 변수 모두에 영향을 미치는 연령이나 성장과 같은 제3의 변수가 있다. 신발 크기와 읽기 능력의 이러한 공통원인이 바로 두 변수의 연관성을 유발하는 이유이다.

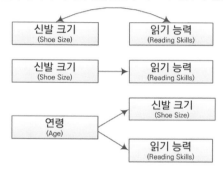

이 예제는 공통원인을 고려하지 않은 경우에 발생하는 문제의 본질에 대해 설명한다. 신발 크기가 읽기 능력에 영향을 미치는 것으로([그림 13-1]의 중간 부분) 가정한 'reading−shoe size' 자료에 경로분석을 적용하면, 그 결과가 어리석은 짓을 의미하지는 않겠지만, 신발 크기가 읽기 능력에 엄청난 영향을 미쳤다는 것은 알려 준다. 그 이유는 그 분석에서의 공통원인인 연령의 통제에 소홀했기 때문이다. 만약 연령을 통제한다면, 읽기 능력에 대한 신발 크기의 명백한 영향이 0으로 줄어들 것이다. 이 모형은 매우 중요하다. 추정값이 정확하기 위해서는 추정된 원인과 추정된 결과의 중요한 공통원인을 통제해야 한다. 이 문제점은 공통원인의 생략, 허구적 상관관계, 모형 설정오류(misspecification) 또는 제3의 변수 문제라고 한다.

연구 예제

보다 현실적인 예제를 통해 문제를 자세히 설명하고자 한다. **학부모참여가 학생의 학습을 향상시킨다**는 충분한 증거가 있지만(Christenson, Rounds, & Gorney, 1992), 학습에 대한 학부모참여 효과의 추정결과는 연구마다 다양하다. [그림 13−2]는 **학부모참여가 10학년 GPA에 미치는 영향**을 의미하는 그럴듯한 모형을 보여 준다. 이 모형에서 학부모참여는 자녀에 대한 부모의 교육목표와 학교에 대한 학부모와 자녀 간의 의사소통의 조합으로 정의되었다. **학부모참여 및 10학년 GPA의 잠재적 공통원인인 배경변수에**는 학생의 민족배경(과소대표된 소수민족),[1] 가족배경 특성 및 이전 학업수행(이전 학업성취도)이 포함된다. 이 중 마지막 변수에 집중해 보자. 이전 학업성취도는 미래의 모든 학습을 위한 기초를 형성하기 때문에

학생의 현재 학업수행에 확실히 영향을 미친다. 그러나 학생의 이전 학업수행이 학생의 학교교육에 대한 학부모참여에도 영향을 미칠 것인가? 그렇다고 볼 수 있다. 이전 학업수행이 일반적인 학부모참여와, 특히 자녀의 미래 교육 달성에 대한 학부모의 열망(학부모참여의 구성요소 중 하나) 모두에 영향을 미친다. 이전 연구로 돌아가서 학생의 이전 학업수행이나 적성이 실제로 학부모의 참여수준에 영향을 미친다는 것을 알게 되었다. 다시 말해서 이전 학업성취도(Parent Involvement) 또는 적성은 **학부모참여**와 현재 GPA의 공통원인으로 볼 수 있다.

[그림 13-2] 학부모참여가 고등학교 GPA에 미치는 영향에 관한 모형

해당 모형은 적정식별상태이며 재귀적이다.

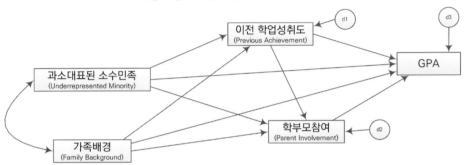

NELS 자료를 사용하여 모형을 추정하였고, 표준화된 결과는 [그림 13-3]과 같다. 학부모참여는 학생의 GPA에 중간 정도의 효과($\beta = .16$)가 있는 것으로 나타났다. 분석 결과는 또한 **이전 학업성취도**에 대한 가정이 정확하다는 것을 보여 준다. 모형이 적절하다는 가정하에서 **이전 학업성취도**는 GPA(.417)와 **학부모참여**(.345) 모두에 큰 영향을 미쳤다. 따라서 **이전 학업성취도**는 학부모참여와 현재 성적에 중요한 공통원인으로 보인다.

[그림 13-3] 다중회귀분석을 통해 추정된 학부모참여 모형

이전 학업성취도가 학부모참여와 GPA에 미치는 영향에 주목하라.

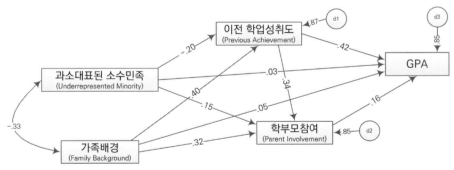

---

1) 과소대표된 소수민족(Underrepresented Ethnic Minority) 또는 URM은 코드화되어서 아프리카계 미국인, 히스패닉, 원주민 출신 학생이 1로 코딩되고, 아시아계와 백인계 학생은 0으로 코딩되었다. URM은 입학과 같은 대학 환경에서, 그리고 과학, 기술, 공학 분야에서 종종 사용되는 범주이다. 예를 들어 http://www.nacme.org/underrepresented-minorities을 보라. 제7장에서 언급한 바와 같이 만약 주된 관심이 민족배경이 성취도에 미치는 영향에 있다면, 아시아계 대 백인, 히스패닉계 대 백인 등과 같은 일련의 범주형 변수를 사용하는 것이 더 나을 것이다. 그러나 여기에서 URM은 1차 관심변수라기보다는 우리가 통제하는 배경변수로 포함된다.

 학생의 이전 학업수행에 대한 중요성을 간과하였다면 어떤 일이 발생했을까? 모형에 **이전 학업성취도**를 포함하지 않았다면 어떤 일이 발생했을까? 이 중요한 공통원인을 무시하였다면 어떻게 되었을까? 공통원인의 생략으로 인한 결과는 [그림 13-4]에 나와 있는데, 이 모형에서는 **이전 학업성취도**가 포함되지 않았다. 이 중요한 공통원인이 통제되지 않은 것이다. 그 결과, 이 모형은 **학부모참여**가 GPA에 미치는 영향을 지나치게 과대추정하고 있다. 이 모형에서의 그 효과는 이전 모형에서는 .16에 비해 .29이다. 결과적으로, 이 중요한 공통원인을 생략함으로써 **학부모참여**가 GPA에 미치는 영향이 과대추정되었다.

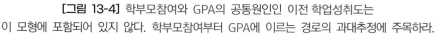

[그림 13-4] 학부모참여와 GPA의 공통원인인 이전 학업성취도는
이 모형에 포함되어 있지 않다. 학부모참여부터 GPA에 이르는 경로의 과대추정에 주목하라.

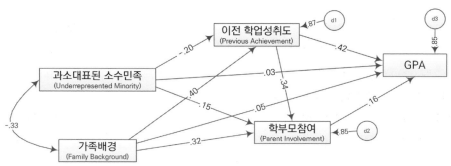

 이 예제는 알려져 있는 공통원인을 경로모형에 포함시켜야 하는 중요성을 보여 준다. 이 예제는 또한 이러한 공통원인을 무시함으로써 초래하게 되는 가장 빈번한 결과를 보여 준다. 모형에서 공통원인을 생략하면, 한 변수가 다른 변수에 미치는 효과의 크기가 과대추정된다.[2] 마지막으로, 이 예제는 학업성취도에 대한 학부모참여의 효과에 관한 다양한 연구결과의 그럴듯한 이유를 보여 준다. 모든 연구가 이전 학업성취도에 대해 통제되지는 않았다(물론 여러 가능성 있는 설명도 있다). 중요한 공통원인을 무시함으로써 연구자가 특정 효과를 과대추정하는 연구가 단지 학부모참여에 관한 연구만은 아니다. 예를 들어, Page와 Keith(1981)에서 Coleman, Hoffer와 Kilgore(1981)가 학업성취도 및 사립학교 재학 여부의 잠재적인 공통원인으로 고려한 학생의 능력을 무시함으로써 학생의 학업성취도에 대한 사립학교의 교육효과가 과대추정된다는 것을 보여 주었다. 사실 비실험적 연구결과를 의심하는 경우, 오해를 불러일으키는 결과에 대한 이유로 중요한 공통원인이 생략된 것은 아닌지 먼저 찾아보아야 한다.

 [그림 13-4]의 분석 결과를 통해서는 중요한 공통원인을 놓치고 있다는 것을 알려 주는 것은 아무것도 없음을 주목하기 바란다. 분석 그 자체는 아무것도 밝혀내지 못하였다. 경고도 없었다. 그렇다면 연구와 관련된 모든 공통원인을 포함시켰다는 것을 어떻게 알 수 있을까? 관련 이론과 이전 연구에 대한 올바른 이해가 이 치명적인 위험을 피할 수 있는 열쇠이며, 이는 먼저 모형을 한번 그려보는 것과 같다.

---

2) 추정된 원인과 추정된 결과 모두에 공통원인이 양(+)의 영향을 미친다면, 그 원인을 방치함으로써 원인이 결과에 미치는 영향을 과대평가하는 사태를 초래할 것이다. 공통원인이 두 변수 중 하나에 음(-)의 영향을 미친다면, 과소평가로 이어지고, 두 변수 모두에 음(-)의 영향을 미친다면 과대평가로 이어질 것이다.

모든 원인이 아닌 공통원인

불행히도, 경로분석(그리고 일반적인 비실험적 연구)에 서툰 대부분의 초심자는 추정된 원인과 추정된 결과의 공통원인을 무시하는 것에 대해 두려워하고, 공통원인일 것으로 생각할 수 있는 거의 모든 변수를 모형에 포함시킨다. 다른 연구자는 공통원인에 대한 경고를 오해해서 추정된 원인이나 추정된 결과 둘 중 하나가 될 법한 모든 가능한 원인을 모형에 포함시키려고 한다. 두 가지 접근법 모두 모형에 부담이 될 뿐만 아니라 검정력을 약화시키는 분석(회귀모형에서의 자유도를 감소시킴으로써), 즉 정보를 제공하기보다는 혼란을 가중시킬 가능성이 있는 분석을 초래한다(그리고 너무 많은 변수를 포함함으로써 갖게 되는 추가적인 위험에 대하여 좀 더 알고 싶으면, Darlington, 1990, 제8장 또는 Darlington & Hayes, 2017, 제17장을 참고하라).

저자는 공통원인이 아닌 변수를 회귀모형에 포함시킨다고 해서 회귀계수의 추정값은 변하지는 않는다는 것(그러나 어떤 상황에서 그것은 통계적 검정력을 높여 준다. Darlington & Hayes, 2017, 제17장)을 제9장에서(그리고 제4장의 [각주 2]에서) 보여 주었다. 여기에서는 현재 예제를 사용하여 이 사실을 다시 입증하고자 한다. [그림 13-3]에 다시 초점을 두어 보자. 이 모형의 경우, 이 모형에 학부모참여에 대한 모든 원인을 포함시킬 필요가 없을 뿐만 아니라, 이 모형에 GPA에 대한 모든 원인을 포함시킬 필요가 없다. GPA에만 영향을 미치는 변수가 수백 가지나 되기 때문에, 이것은 참으로 다행스러운 일이다. 모형에 포함시킬 필요가 있는 모든 것은 학부모참여와 GPA의 공통원인이다. 과소대표된 소수민족(URM)이 학부모참여와 GPA에 미친 영향에 주목하라. URM은 학부모참여에 영향을 미친다. 다른 조건이 모두 동일하다면, 과소대표된 소수민족 학생은 백인이나 아시아계 후손인 학생보다 더 큰 학부모참여를 보이는 것으로 나타났다(URM 학생은 1로, 백인/아시아계 학생은 0으로 코딩되었다). 그러나 일단 모형에 있는 다른 변수가 통제된다면, URM은 GPA에 어떠한 유의한 영향도 미치지 않는다($\beta = -.03$). 모형에 포함되었음에도 불구하고, URM이 학부모참여와 GPA는 공통원인이 아닌 것으로 나타났다. 만약 공통원인이 아니면 모형에 포함시킬 필요가 없다는 주장이 사실이라면, 모형에서 URM의 배제는 학부모참여와 GPA에 미치는 영향의 정도에 관한 추정에는 거의 영향을 미치지 않아야 한다. [그림 13-5]에서 볼 수 있는 바와 같이, URM을 배제하면 .160에서 .165(반올림하여 .17)로 바뀔 정도로 미세한 영향만을 미쳤다. 우리는 학부모참여와 GPA에 미치는 영향의 추정값에 중대한 영향을 미치지 않으면서 이 모형에서 URM을 제외시킬 수 있다. 다시 말해서, 만약 타당하다면 모형에는 추정된 원인과 결과에 대한 공통원인이 포함되어야 하지만 모든 원인을 포함할 필요는 없다.[3]

---

3) 공통원인이 아닌 변수를 모형에 포함시킴으로써 얻는 여러 이점이 있을 수 있다. 예를 들어, 비공통원인을 과대식별상태의 모형에 포함시키는 경우가 있으며, 그 이점은 다음 장에서 논의할 것이다.

[그림 13-5] 이 모형에서 URM은 제외되었다. URM은 유의한 공통원인이 아니었다. [그림 13-3]에서 알 수 있는 바와 같이, 그것은 GPA가 아닌, 학부모참여에만 영향을 미친다. 따라서 이 모형에서 URM을 제외한 것이 학부모참여가 GPA에 미치는 영향의 추정값에 거의 영향을 미치지 않는다.

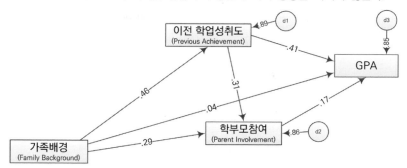

진실험과 공통원인

공통원인을 고려하지 않음으로써 발생되는 위험을 제거하면, 진실험(true experiments)을 통해 인과관계에 대한 강력한 추론이 가능해진다. 일반적으로 참가자가 실험집단(experimental group)과 통제집단(control group)에 **무선으로 할당되는** 실험 연구는 비실험적 연구보다 내적 타당도가 더 높다. 즉, 비실험적 연구보다 원인 및 결과에 대한 추론이 일반적으로 덜 위험하다. [그림 13-6]은 이러한 강점의 이유를 보여 준다. 행동장애를 가진 아동을 두 가지 유형의 처치, 즉 집단치료(group therapy)와 행동수정(behavior modification)에 무선으로 할당하고 행동개선(behavior improvement)의 측정 결과를 종속변수로 사용하여 실험을 수행한다고 가정해 보자. [그림 13-6]은 경로분석 형태로 이 실험을 나타내고 있으며, 두 치료의 상대적 효과의 추정값을 제공하는 더미변수 **집단치료** 대 **행동수정**의 경로를 보여 준다. 그러나 부모, 친구, 교사에 이르기까지 다양한 변수가 아동의 행동에 영향을 미친다. 실험에 대한 분석을 수행할 때 왜 이러한 외부변수를 고려할 필요가 없는가? **행동에 대한 다른 영향**을 고려할 필요가 없는 이유는 그것들이 처치집단에 할당과 **행동**의 공통원인이 아니기 때문이다. 이러한 **다른 영향**이 **행동**에 영향을 미치지만, 동전 던지기와 같이 치료집단에 대한 할당이 무선이었기 때문에 **치료**(Therapy) 대 **행동수정** 집단의 할당에는 영향을 미치지 않았다. 이것이 진실험이 그렇게 강력한 이유이다. 진실험은 여전히 원인과 결과에 대한 추론을 필요로 하지만, 무선할당 행위는 추정된 원인과 추정된 결과의 가능한 모든 공통원인을 효과적으로 배제하기 때문에 그 추론을 그렇게 강력하게 할 수 있다. 무선할당은 어떤 다른 변수도 추정된 원인에 영향을 미치지 않도록 보장한다.

[그림 13-6] 경로형식으로 표현한 진실험

두 집단[집단치료(Group Therapy) 대 행동수정(Behavior Modification)]으로의 무선할당 덕분에 행동(결과)에 영향을 미치는 변수는 원인(처치집단)에는 영향을 미치지 않게 된다. 무선할당은 공통원인을 통제하게 되는데, 이것은 분석에서 행동에 미치는 다른 요인을 굳이 통제할 필요가 없는 이유이다.

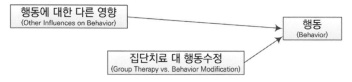

중재(매개)변수

모형이 추정된 원인과 추정된 결과의 모든 공통원인을 포함해야 한다는 경고를 고려할 때, 이것이 중재(intervening)변수[또는 매개(mediating)변수]에 어떻게 적용되는지 궁금할 수 있다. 또한 한 변수가 다른 변수에 미치는 영향을 **매개하는** 모든 변수를 포함해야 하는가? 대답은 그럴 필요가 없다는 것이다. 매개변수는 영향이 어떻게 발생하는지를 설명하는 데 도움이 되기 때문에 흥미롭지만, 모형을 타당하게 만들기 위해 반드시 필요한 것은 아니다. 즉, 그것은 뜻밖의 횡재인 것이다. 항상 다른 여러 매개변수를 포함할 수 있기 때문에, 모형을 타당하게 만드는 데 매개변수가 군이 필요한 것이 아니라는 것은 다행스러운 일이다. 현재 예에서, 과제와 TV시청시간이 학부모참여가 GPA에 미치는 영향을 매개하는지 궁금할 것이다(Keith et al., 1993 참고). 즉, 학부모는 자신의 자녀인 청소년에게 보다 많은 과제를 완성하도록, 그리고 되도록 TV시청시간을 줄이도록 영향력을 행사함으로써 청소년의 학습에 부분적으로 영향을 미치는가? 이러한 변수들이 실제로 학부모참여가 GPA에 미치는 영향을 매개한다고 가정해 보자. 그렇다면 과제의 영향이 수행시간 등에 의해 매개되었는지 궁금할 것이다. 흡연이 폐암에 미치는 영향은 걷보기에 직접적인 관계가 있다고 해도, 간접효과, 즉 흡연이 폐의 발암물질 축적에 미치는 영향, 이러한 화학물질이 개별 세포에 미치는 영향 등을 가정하고 검정할 수 있다. 다시 말해서, 모형을 타당하게 만들기 위해 간접효과를 포함할 필요는 없지만, 그러한 간접효과는 효과가 **어떻게** 발생하는지를 이해하는 데 도움이 된다.

현재 예제에서, 우리의 주요 관심사는 **이전 학업성취도가 GPA에 미치는 영향**이라고 가정해 보자. 학부모참여라는 매개변수를 고려하지 않고 **이전 학업성취도가 GPA에 미치는 직접적인 영향**을 조사하는 분석을 수행한다면, 표준화된 직접효과(그리고 총효과)는 .472가 된다. 간접효과와 총효과를 계산해 보면, [그림 13–3]의 **이전 학업성취도가 GPA에 미치는 영향**의 총효과 또한 .472라는 것을 알 수 있다. 매개변수(또는 개입변수)가 모형에 포함된 경우, 총효과는 변경되지 않으며(직접효과는 변한다), 간접효과가 모형 타당성을 위해 반드시 필요한 것은 아니다.

그러나 모형 타당성에는 필요하지 않더라도, 간접효과는 종종 이해를 돕는 역할을 한다. 현재 예제는 **학부모참여가 GPA에 정적(+) 영향**을 미치고 있음을 보여 준다. 그러나 그 영향은 어떻게 발생하는가? 과제와 TV시청에 의한 가능한 매개를 검정한 선행연구는 사실 과제가 학부모참여가 학습에 미치는 영향을 부분적으로 매개하지만, TV시청은 그렇지 않다는 것을 시사한다(Keith et al., 1993). 더 적극적으로 참여하는 학부모는 자녀에게 더 많은 과제를 하도록 격려하고, 구슬리거나 강요하며, 이러한 과제는 차례로 그들의 학업성취도를 높인다. 또한 학부모의 참여가 청소년의 TV시청시간을 줄이도록 영향을 미치지만, TV시청은 학업성취도에는 거의 영향을 미치지 않는 것으로 보인다. 따라서 TV시청은 학부모참여가 학업성취도에 미치는 영향을 매개하는 것으로는 보이지 않는다. 특정 연구 분야에서 전문적으로 수행할수록 간접효과 또는 매개효과에 대해 질문하는 경향이 있다. 사실, 실험을 수행하는 연구자조차도 간접효과가 종종 흥미로울 수 있다. 실험처치(예를 들어, 기존 유형의 상담 대비 새로운 유형의 상담)가 효과적이라고 가정해 보자. 그다음에 그 이유를 합리적으로 생각할 수 있다. 새로운 상담방법이 문제파악을 개선하거나, 중재시간을 단축하거나, 평가를 보다 더 완전하게 했기 때문인가? 매개변수의 또 다른 이점은 경로분석에 포함된 인과 추론을 강화하는 데 도움이 될 수 있다는 것이다. 논리적으로, 어떤 변수가 산출물에 영향을 미치는지와 **그 영향이 발생하는** 메커니즘을 모두 설명할 수 있다면, 연구자의 인과적 주장을 더 신뢰할 수 있다. 만약 폐에 발암물질이 축적되어 흡연이 폐암에 미치는 간접적인 영향을 입증할 수 있다면, 흡연자의 다른 특성(Pearl, 2009)과는 달리 흡연이 폐암의 원인이 되는 경우를 부각시킬 수 있을 것이다. 매개변수의 검정에 대한 추가 정보는 Baron과 Kenny(1986), Hayes(2018) 또는 MacKinnon(2008)를 참고하라. 또한 제9장에서 매개에 관한 이전의 논의를 참고하라.

다른 가능한 위험

잘못된 방향으로의 경로 설정

경로분석(그리고 일반적인 비실험적 연구)에서 발생할 수 있는 또 다른 위험은 경로는 잘못된 방향으로 설정할 수 있다는 것이다. 이 위험에 내포된 의미는 이러한 실수가 어디에서 발생하는지에 따라 다르다.

[그림 13-7]은 10학년 GPA가 8학년 **학부모참여**에 영향을 미치는 것으로 잘못 가정한 모형을 보여 준다. 해당 모형은 원인은 시간을 거슬러 올라갈 수 없다는 주요한 가정 중 하나를 위배하기 때문에 분명 불가능한 것이다. GPA 변수는 10학년 때 발생하지만(실제로는 9학년과 10학년 GPA의 척도이다), **학부모참여** 변수는 8학년 때 발생한다. 따라서 [그림 13-7]의 모형은 원칙적으로는 분명히 불가능하지만, 다중회귀분석에는 모형이 잘못되었다는 사실을 알려 주는 내용도 없고, 그림에도 없다. 실제로 해당 모형은 10학년 GPA가 8학년 **학부모참여**에 미치는 중간 정도의 영향에 대해 완전히 잘못된 결론을 이끌어 내고 있다. 분명히 두 주요 관심 변수 간의 화살표가 잘못된 방향으로 그려지면, 그 결과는 완전히 오도될 것이다.

[그림 13-7] 이 모형에서는 GPA와 학부모참여 간의 경로가 잘못된 방향으로 설정되어 있다. 그러나 그 어떠한 분석 결과도 특정 경로의 방향이 잘못 설정되었다는 것을 알려주지 않는다.

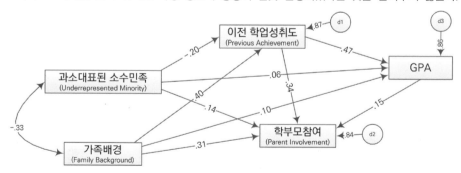

이와는 대조적으로 [그림 13-8]은 **이전 학업성취도**와 **학부모참여** 사이의 경로가 잘못된 방향으로 설정된 모형을 보여 준다. **이전 학업성취도**는 학부모참여와 GPA의 잠재적 **공통**원인으로 모형에 포함되었기 때문에, [그림 13-8]의 모형은 더 이상 이 변수를 공통원인으로 통제할 수 없다. 다시 말해서, 어떠한 분석 결과에도 이 모형이 잘못 설정되었음을 알려 주는 것은 없다. 그러나 이 경우와 같이, 잘못된 경로가 주요한 인과변수와 통제변수 사이에 놓이는 경우, 이를 찾아내는 것이 오해를 불러일으킬 만한 것은 아니다. 실제로 모형에 포함된 각 변수의 직접효과는 [그림 13-3]에 제시된 '올바른' 모형의 경우와 동일하다. 이는 GPA에 대한 모든 경로가 동시적 MR을 통해 추정되며, [그림 13-3]과 [그림 13-8]에 제시된 모형의 경우, 두 개의 동시적 MR 모두 모형에 포함된 4개 변수 각각을 GPA에 회귀시켰다는 것을 깨달았을 때 의미가 있다. [그림 13-8]에서 잘못된 것은 **총효과**이다. [그림 13-3]에서 **이전 학업성취도**는 학부모참여를 통한 GPA에 간접적인 영향을 미치므로, 총효과는 .472이고 직접효과는 .417이다. [그림 13-8]에서 이전 학업성취도는 인과관계 사슬의 마지막 변수이므로, GPA에 직접효과와 총효과는 모두 .417이다. 학부모참여의 경우는 그 반대이다. '올바른' 모형([그림 12-3])에서, 학부모참여는 GPA에 간접적인 영향을 미치지 않았기 때문에, 직접효과와 총효과는 모두 .160이다. [그림 13-8]에서는 **학부모참여**가 이전 학업성취도를 통한 GPA에 간접적인 영향을 미치므로 총효과를 .294로 과대평가한다. 간접효과와 총효과를 직접 계산하여 그것이 다른 사람의 결과와 일치하는지를 확인하면서 두 모형 간의 차이를 이해해야 한다.

경로가 잘못된 방향으로 설정된 변수가 덜 중심적인 변수 중 두 개일 경우, 주요 관심변수의 추정에 거의 또는 전혀 영향을 미치지 않아야 한다. 예를 들어, 현재 예제에 상관관계가 아닌 **과소대표된 소수민족**에서 **가족배경**으로의 경로가 추가되었다고 가정해 보자. 더 나아가, 그 경로를 잘못된 방향(가족배경에서 URM으로)으로 설정하는 잘못을 저질렀다고 가정해 보자. 이러한 실수는 GPA에 대한 **학부모참여**의 직접효과, 간접효과 또는 총효과에 대한 추정에는 아무런 영향을 미치지 않는다.

[그림 13-8] 이 모형에서는 학부모참여와 이전 학업성취도 간의 경로가 잘못된 방향으로 설정되어 있다. 두 변수의 직접효과는 동일하지만, 간접효과와 총효과는 [그림 13-3]의 '올바른' 모형의 결과와 차이가 있다.

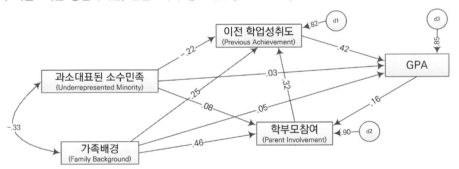

요약하면, 최종 내생변수가 잘못된 위치에 있을 경우 모든 영향에 대한 추정값은 잘못된 것이다. 주요 인과변수에 잘못된 방향으로 설정된 경로가 있는 경우(주요 관심사의 **효과**는 아니지만), 직접효과의 추정값은 여전히 정확할 수 있지만 간접효과와 총효과는 정확하지 않을 수 있다. 배경변수에 잘못된 방향으로 설정된 경로가 있는 경우, 이러한 오류는 주요 원인변수에서 주요 결과로의 효과 추정값에 영향을 미치지 않을 가능성이 높다. 이러한 의견은 다중회귀분석을 통해 추정되는 적정식별모형에 적용되지만 더 복잡한 모형의 경우에도 완전히 동떨어진 의견은 아니다.

상호적 인과관계?

잘못된 방향으로 설정된 경로로 인한 문제를 감안한다면, 열린 마음을 가지고 변수가 상호적

(reciprocal) 방식으로 인과관계에 놓여 있음을 선언할 수 있는데, 상호적 방식에서는 a가 b에 영향을 미칠 뿐만 아니라 b도 a에 영향을 미친다. 개발 단계에서는 이러한 유혹에 굴복하지 말자! 실제로 비재귀적 모형을 추정하는 것은 가능하지만, 다중회귀분석을 사용하여 추정할 수는 없다. 후속 장에서 논의될 SEM 프로그램을 사용하여 비재귀적 모형을 추정할 수는 있지만, 그러한 모형은 쉽지 않을 뿐만 아니라 그 결과 역시 항상 명확한 것은 아니다. 경험상, 상호효과는 생각만큼 일반적이지는 않다. 상호효과가 실제로 존재한다고 생각하거나 단순히 확실하지 않은 경우가 아니라 인과방향에 대한 합법적이고 실질적인 의문이 있는 경우 비재귀적 모형의 사용을 보류한다.

이러한 딜레마에 대한 최악의 해결책은 어느 것이 '가장 효과적인지'를 확인하기 위해 회귀분석을 통해 두 가지 경로 모두를 시도해 보는 것이다. 우리는 경로분석의 결과를 통해서는 현재의 모형에 잘못된 경로가 설정되어 있다는 것을 알 수 없다는 사실을 이미 알고 있다. 마찬가지로, 분석 결과는 어느 방향이 최선인지를 알려 주지 않는다. 다시 말해서, 이론이나 선행연구 및 논리적 사고가 그러한 판단을 내리는 데 적합한 도구이다.

다중회귀분석을 통해 추정된 적정식별상태의 경로분석 결과가 인과관계에 대한 결정을 알려 줄 수는 없지만 SEM 프로그램을 통해 추정된 과대식별상태의 모형이 실제로 그러한 결정을 내리는 데 도움이 될 수 있음을 알아두기 바란다. 추가적으로, SEM 프로그램을 통해 추정된 비재귀적 모형은 한 변수가 다른 변수에 어떻게 영향을 미치는지에 대한 원리와 과정을 이해하는 데 유익하다. 이 쟁점들에 대해서는 나중에 다루겠다.

비신뢰도와 비타당도

회귀계수 및 경로계수의 인과적 해석에 기초가 되는 하나의 가정은 외생변수가 거의 완벽한 신뢰도와 타당도를 가지고 측정된다는 것이다. 현재 모형으로는 URM이 이 가정을 거의 충족시킬 수는 있지만, **부모교육, 학부모 직업 상태**, 그리고 가족 소득으로 이루어진 합성변수인 **가족배경**(Family Background) 변수는 확실히 충족되는 것은 아니다. 명백히 이 가정이 규칙적으로 위배되지만, 가정의 위배에 따른 영향과 적용 가능한 해결책에 대한 논의는 이후 장으로 미루고자 한다.

📈 위험의 대처

경로분석의 두 가지 주요한 위험요소는, ① 모형에서 주원인(primary cause)과 주효과(primary effect)로 생각하는 변수의 중요한 공통원인을 포함시키지 않고, ② 잘못된 방향으로 경로를 그린다는 것이다. 즉, 원인과 결과를 혼동한 것이다. SEM의 전문용어에서, 이것은 일반적으로 모형설정 오류(specification errors) 또는 모형의 오류(errors in the model)라고 한다. 이 두 가지 중에서 첫 번째 오류가 보편적이라 할 수 있다. 대부분의 경우, 경로를 잘못된 방향으로 설정할 때 이러한 오류는 매우 분명하게 나타나야 한다. 이러한 오류를 피하기 위해 무엇을 할 수 있는가?

저자의 첫 번째 응답은 "SEM의 위험한 세계에 오신 것을 환영합니다."이다. 좀 더 진지하게, 이와 같은 위험이 그 연구가 어떻게 분석된다 하더라도, **어떠한** 비실험적 연구에도 동일한 위험이 발생할 수 있다는 것을 상기할 필요가 있다. 저자의 의견으로는 경로분석과 SEM의 한 가지 이점은 분석하기에 앞서 어떤 이론의 조건을 모형을 통해 도식화하여 표현할 수 있다는 것이다. 다중회귀모형에 대한 설명을 검토하는 것보다 경로모형을 검토할 때 잘못된 방향에 대하여 미처 생각지 못한 공통원인 및 인과관계의 가정을 발견하는 것이 훨씬 더 쉽다. 더 나아가, 이러한 위험은 원인과 결과를 추론하고자 하는 **모든** 실험적 또는 비실험적 연구에 적용된다. 올바른 실험은 공통원인의 위험에서 한발 물러남으로써 원인과 결과에 대한 강한 추론을 가능하게 하지만, 처치집단에 대한 무선할당의 진실험적 이상에서 벗어날수록 그 위험은 더욱더 현실이 된다. 실제로, 준실험적 연구[예: 무선할당보다는 대응집단(matched groups)을 사용한 연구]에 대한 많은 우려는 측정되지 않은 공통원인에 대한 우려로 이어진다. 또한 진실험을 통해 독립변수와 추론되는 원인을 능동적으로 처리하게 되고, 결과적으로 진실험에서 인과관계의 방향을 되도록 명확하게 할 수 있다.

분석 자체로는 이러한 오류를 방지하지 못한다는 것을 확인하였다. 언제 모형이 잘못 설정되었는지 또는 어느 시점에서 중요한 공통원인이 무시되었는지를 알려 주지 않는다. 그렇다면 이러한 오류를 피하는 방법은 무엇인가? 후렴구처럼 매번 반복되는 주의사항으로 돌아가 보자. ① 관련 이론을 이해해야 한다. ② 연구 문헌을 잘 알고 있어야 한다. ③ 잠재적인 공통원인과 방향 설정에 있어 잠재적 문제점 등을 해결하는 데 노력해야 한다. ④ 모형을 신중하게 그려야 한다.

이러한 우려와 위험은 다른 사람의 연구를 읽는 독자 또는 소비자의 입장에 놓이는 경우에도 적용된다. 다른 사람의 비실험적 연구를 읽으면서 연구자가 추정된 원인과 추정된 결과의 중요한 공통원인을 무시하지는 않았는지 스스로에게 물어야 한다. 만약 그러하다면, 연구결과는 오도된 것이며 한 변수가 다른 변수에 미치는 영향을 과대평가(또는 과소평가)할 수 있다. 그러나 수박 겉핥기 식의 분석으로는 충분하지 않다. 단순히 "변수 Z가 변수 X와 Y의 공통원인이라고 생각한다."라는 식으로 말하는 것은 타당하지 않으며, 참으로 우려하게 한다. 당연히 이전의 연구나 분석을 통해 변수 Z가 실질적으로 중요한 공통원인이라는 것을 증명할 수 있어야 한다. 마찬가지로 비실험적 연구의 경우에도 어떤 인과적 가정이 바뀌었는지에 대해 주의를 기울여야 한다. 다시 말해서 이론과 연구, 논리 또는 자신의 분석을 통해 잘못된 인과적 방향을 입증할 수 있어야 한다.

우리는 측정오류와 그 결과에 따른 위험성을 다시 한번 검토할 것이다. 그동안 모든 변수, 그리고 특히 외생변수에서 점수가 가능한 한 신뢰할 만하고 타당한지를 확인하기 위해 노력해야 한다.

📈 검토: 경로분석 단계

경로분석에 포함된 단계를 검토하여 위험을 신중하게 고려하였는지를 살펴보자.

1. 먼저 주어진 문제에 대해 생각해 본다. 관심변수 간에 어떤 인과관계가 내포되어 있는가?
2. 잠정적인 모형을 그려본다.
3. 관련 이론 및 연구를 검토한다. 어떤 변수가 분석에 포함되어야 하는가? 관련된 공통원인은 포함해야 하지만, 변수 모두를 포함하지는 않아야 한다. 관련 이론과 연구에 대한 심도 있는 검토는 인

과관계의 방향에 대한 문제를 해결하는 데 도움이 될 것이다. "구조방정식모형분석에 대한 연구는 쉬운 부분과 어려운 부분으로 나눌 수 있다"(Duncan, 1975: 149). 이 단계는 구조방정식모형분석의 어려운 부분이다.

4. 모형을 수정한다. 모형은 되도록 단순해야 하지만, 필요한 변수는 모두 포함되어야 한다.

5. 표본을 수집하고 모형의 변수를 측정하거나 변수가 이미 측정된 자료를 찾는다. 신뢰할 수 있고 타당한 척도를 사용한다.

6. 모형의 식별상태를 확인한다. 모형이 적정식별상태인지 또는 과대식별상태인지를 확인한다.

7. 모형을 추정한다.

8. 경로도에 모형의 추정값(경로 및 교란)을 채운다. 추정된 경로가 예상만큼 큰가(작은가)? 즉, 양(+)으로 예상한 경로가 양으로 추정되었는가? 음(−)으로 예상한 경로가 음으로 추정되었는가? 0으로 예상한 경로가 0으로 추정되었는가? 이러한 예상이 충족된다는 것이 모형의 신뢰도를 상승시킨다.

9. 결과를 작성하고, 이를 출간한다.

일부 저자는 8단계와 9단계 사이에 **이론 트리밍**(theory trimming)을 추천한다. 이론 트리밍이란 통계적으로 무의미한 경로를 삭제하고 모형을 재추정하는 것을 의미한다. 개인적으로는 이에 동의하지 않는다. 특히 여러 회귀분석을 사용하여 경로를 추정하는 경우 더욱 그러하다. 다음 장에서 이 문제에 대해 다시 논의할 것이다.

📈 요약

이 장은 회귀모형의 기본 가정인 선형성, 독립성, 등분산성을 반복하면서 시작하였다. 회귀계수를 통해 영향에 대한 정확한 추정을 하기 위해서 오차는 외생변수와는 아무런 관련이 없어야 한다. 역인과관계(reverse causation) 또한 없고, 외생변수가 완벽하게 측정되며, 평형이 달성되고, 모형에서 생략된 공통원인이 없는 경우, 이 가정은 완전히 충족된다.

이러한 가정은 경로분석의 위험에 대한 논의로 이어진다. 공통원인(추정된 원인과 추정된 결과 모두에 영향을 미치는 변수)이 모형에서 생략된다면, 이로 인해 한 변수가 다른 변수에 미치는 영향의 추정이 달라진다. 가장 흔한 결과는 영향에 대한 과대평가를 초래한다는 것이다(물론, 과소평가가 발생하기도 한다). **허구적 상관관계**는 생략된 공통원인의 결과이며, 따라서 생략된 공통원인은 상관관계에서 인과관계를 추론하는 것에 대한 경고의 주요 이유이다. **학부모참여**가 10학년 GPA에 미치는 영향을 검정한 연구의 예제를 통해 공통원인을 생략하였을 때의 결과를 설명하였다. **학부모참여와** GPA의 공통원인인 **이전 학업성취도**가 모형에서 생략되었을 때, **학부모참여**가 GPA에 미치는 영향이 과대평가되었다. 비실험적 연구에서는 공통원인의 누락이 다양한 연구결과의 원인일 수 있다.

공통원인을 포함해야 한다는 경고는 추정된 원인과 추정된 결과에 대한 모든 원인을 포함해야 한다는 명령으로 해석되어서는 안 된다. 원인과 결과 모두에 영향을 미치는 변수만이 포함되어야 한다. 모형에서 **민족배경**을 삭제함으로써 단순 원인과 공통원인의 차이를 설명하였다. URM은 **학부모참여**에 영향을 미치지만 GPA에는 영향을 미치지 않으므로, 두 변수의 **공통원인**이 아니다. 결과적으로 URM이 모형에서 제거되었을 때, 학부모참여가 GPA에 미치는 영향에 대한 추정값은 거의 변하지 않았다. 진실험에서 인과관계에 대한 이와 같은 강한 통계적 추론이 가능한 주된 이유는 무선할당의 과정을 통해 종속(결과)변수의 모든 원인을 모두 통제할 수는 없지만 독립(원인)변수와 종속변수의 공통원인을 배제할 수 있기 때문이다.

공통원인을 포함해야 한다는 경고가 매개변수 또는 중재변수로까지 확장되는 것은 아니다. 중재변수가 모형에 포함되면 총효과는 동일하게 유지되지만, Y에 대한 X의 직접효과 중 일부는 중재변수를 통한 간접효과가 된다. 중재변수는 효과가 어떻게 발생하는지 설명하는 데 도움이 되지만, 모형의 타당성을 확보하기 위해 반드시 포함될 필요는 없다.

문제의 범위가 관련된 경로에 따라 다르지만, 경로가 잘못된 방향으로 설정되는 경우 영향이 잘못 추정된다. 결과에서 원인에 이르는 잘못된 경로가 설정되는 경우, 그 결과는 명백히 잘못된 것이고, 오해를 불러일으킨다. 만약 잘못된 경로가 중요한 인과변수와 다른 인과변수 중 하나를 연결시킨 것이라면, 이러한 오류는 총효과에 영향을 미치지만, 직접효과에는 영향을 미치지 않는다. 잘못 설정된 경로에 배경변수 중 일부가 관련된 경우, 주요 관심사의 추정에는 거의 영향을 미치지 않는다(물론, 주의 깊은 독자는 그 결과를 신뢰하지 않겠지만). 다음 장에서 이 위험을 재검토할 것이다.

그렇다면 모형이 올바르게 설정되었는지를 어떻게 확인할 수 있는가? 관련 이론 및 선행연구에 대해 잘 알고 있어야 한다. 모형에서 변수들이 서로 어떻게 연관되어 있는지 생각해야 한다. 필요하다면 종단자료를 사용하여 인과적 가정을 강화하라(예: b가 a에 영향을 미치는 것보다 a가 b에 영향을 미친다는 가정). 연구문헌을 통해 가능한 공통원인에 대해 고민하고 조사하라. 필요한 경우, 연구문헌 자체에서 공통원인을 검정하라. 실제로 모형의 적절성을 확보하기 위해 해야 할 일의 대부분은 모형을 처음 설정하기 위해 필요한 조언(이론, 선행연구 및 논리)으로 이어진다.

또한 다른 사람의 비실험적 연구에 대한 독자 또는 비평가의 입장에서 혹시 소홀히 다루었을지도 모르는 공통원인에 대해 단순히 추측하는 것만으로는 충분하지 않다는 것을 언급한 바 있다. 이론, 선행연구, 또는 독립적인 분석을 통해 그러한 비판을 증명할 수 있어야 한다. 마지막으로, 이러한 위험은 어떠한 방식으로 분석되더라도 모든 비실험적 연구에 적용된다는 점을 주목해야 한다. 경로모형의 한 가지 이점은 모형을 도식화할 수 있다는 것이 종종 오류와 가정을 보다 명확하게 하고, 따라서 수정할 수 있는 가능성을 높인다는 것이다. 다음 장에서는 완벽한 측정 가정에 대한 위배를 다루고자 한다.

EXERCISE 연습문제

1. 이 장에서 언급된 학부모참여와 관련된 모든 분석을 NELS 데이터를 사용하여 수행하라. NELS에 나열된 변수는 다음과 같다. **과소대표된 소수민족=URM, 가족배경=BySES, 이전 학업성취도=bytests, 학부모참여=Par_Inv, GPA=FfuGrad.** 그 결과를 제13장의 내용과 비교하라.

    a. 관심 있는 변수 중 하나의 원인을 생략할 때와 공통원인을 생략할 때, 어떤 일이 발생하는지를 이해해야 한다([그림 13-3]과 [그림 13-4]). **가족배경**은 학부모참여와 GPA의 공통원인인가, 그렇지 않으면 단순 원인인가? 모형에서 삭제해 보라. **학부모참여**에서 GPA에 이르는 경로는 어떠한가?

    b. **학부모참여**가 없는 모형을 분석하라. GPA의 각 변수에 대한 직접효과, 간접효과 및 총효과를 계산하라. [그림 13-3]과 같은 모형을 완성하라. 직접효과, 간접효과 및 총효과를 비교하라.

    c. [그림 13-3]과 같은 모형을 분석하되, URM에서 **가족배경**에 이르는 경로를 고려하라. 그런 다음, **가족배경**에서 URM에 이르는 경로를 고려한 모형을 분석하라. 어느 것이 올바른 모형인가? 어떻게 그 결정을 내렸는가? 방향에 대한 이러한 변화가 학부모참여가 GPA에 미치는 영향을 추정할 때 어떤 영향을 미쳤는가?

2. 익숙하고 관심 있는 연구 주제에서 경로분석 또는 다중회귀분석을 사용한 논문을 찾아보라. 논문 저자의 모형이 논문에 그려지지 않은 경우, 내용을 통해 해당 모형을 설정할 수 있는지를 확인하라. 저자는 인과적 가정이나 경로를 어떻게 정당화하였는가? 이에 동의하는가? 그렇지 않으면 경로 중 일부가 잘못된 방향으로 설정되어 있다고 생각하는가? 모형에 포함되지 않은 명백한 공통원인이 있다고 생각하는가? 중요치 않게 다룬 어떠한 공통원인이 있음을 보여 줄 수 있는가? 논문에 상관행렬이 포함되어 있다면, 그 결과를 재현할 수 있는지 확인하라. 추정된 모형을 그려 보라.

3. 제12장에서는 **가족배경**(BYSES), 8학년 때의 GPA, 10학년의 **자아존중감**(F1Concpt2), 10학년의 **통제소재**(F1Locus2), 10학년의 **사회과 학업성취도**(F1TxHStd) 변수를 이용하여 경로모형을 구축하고 검정하였다. 이 분석을 참조하거나 다시 실행하라. 일관성을 유지하기 위해 **사회과 학업성취도**를 최종 내생변수로 사용하라.

    a. **자아존중감**과 **통제소재**가 **사회과 학업성취도**에 미치는 직접효과에 주목하라. **자아존중감**과 **통제소재**가 GPA에 미치는 영향에 주목하라. 8학년 때 GPA는 이러한 변수와 사회과 학업성취도의 공통원인인가? 이제 모형에서 8학년 때 GPA를 제거하라. **자아존중감**과 **통제소재**가 사회과 성취도에 미치는 직접효과는 어떻게 되는가? 원래 모형의 효과와 비교하여 그 차이점을 설명하라.

    b. **자아존중감**에서 **통제소재**에 이르는 경로를 그렸는가? 그렇지 않으면, **통제소재**에서 **자아존중감**에 이르는 경로를 그렸는가? **사회과 학업성취도**에 대한 이들 두 변수의 직접효과, 간접효과 및 총효과를 계산하라. 그 경로를 어느 방향으로 설정하였든 간에, 방향을 바꾼 후 모형을 다시 추정하라. **사회과 학업성취도**에 대한 이들 변수의 직접효과, 간접효과 및 총효과를 다시 계산하라. 그 차이점을 설명하라.

제14장 SEM 프로그램을 사용한 경로모형분석

이 시점에 이르기까지 경로모형(다중회귀모형뿐만 아니라)의 분석을 위해 다중회귀분석을 사용하여 왔다. 또한 이러한 분석을 위해 전적으로 구조방정식모형분석(SEM) 프로그램을 사용할 수도 있다. 이 장에서 그러한 전환을 시도하고자 한다. 간단한 경로분석의 결과는 SEM 또는 MR 분석을 사용하여 얻은 결과와 동일하지만, SEM 프로그램은 더 복잡한 모형을 분석하고 과대식별상태의 모형을 분석할 때 진정한 이점을 갖는다.

SEM 프로그램

수많은 SEM 프로그램을 사용할 수 있고, 이 모든 프로그램은 단순한 경로모형부터 잠재변수 구조방정식모형에 이르기까지 모든 것을 분석할 수 있다. LISREL(Linear Structural Relations, Jöreskog & Sörbom, 1996; Mels, 2006)이 최초의 프로그램이며 여전히 널리 사용되고 있다. 자세한 내용은 www.ssicentral.com을 참고하라. 다른 프로그램으로는 EQS(Bentler, 1995, www.mvsoft.com)와 Mplus(Muthén & Muthén, 1998–2012, www.statmodel.com)가 있다. 이 프로그램들은 각각 장점이 있다. 예를 들어, Mplus는 범주형 변수를 분석하기 위한 정교한 기능을 가지고 있으며, 아마도 가장 유연한 프로그램이다. 이러한 프로그램들은 일반적으로 학계 연구자에게는 500~600달러 정도로 판매하고 있고, 대부분 시험 버전이나 평가판을 사용하며, 학생에게는 할인된 가격을 적용한다. R(무료 통계 프로그래밍 언어) 사용자에게는 OpenMx(http://openmx.psyc.virginia.edu/; Boker et al., 2012), sem(https://cran.r-project.org/web/packages/semi; Fox, 2006), 그리고 lavaan(http://lavaan.ugent.be/; Beujean, 2014; Rosseel, 2012) 등의 적어도 세 가지 무료 SEM 추가 기능이 있다. Onyx는 Amos와 마찬가지로 그래픽 인터페이스를 사용하는 무료 독립 SEM 프로그램(http://onyx.brandmaier.de/)이다. 범용 통계 프로그램인 SAS(www.sas.com/en_us/software/stat.html)와 STATA(www.stata.com/)도 SEM 기능을 갖추고 있다.

Amos와 Mplus

저자가 선호하는 교육용 프로그램은 Amos(Analysis of Moment Structures; Arbuckle, 2013; www.spss.com/amos)라고 불리는 프로그램이지만, Mplus도 정기적으로 사용한다. Amos는 그래픽 방식을 사용하며, 아마도 가장 직관적이고 사용하기 쉬운 SEM 프로그램일 것이다. 매력적인 경로도(지금까지 본 모든 경로모형은 Amos을 통해 산출된 것이다.)를 생성하고 이를 분석하기 위해 사용할 수도 있다. 이 글을 쓰는 시점에서 Amos의 학생용 가격은 Windows 부가기능용 SPSS로(Mac 버전이 없다), 연간 약 50달러이다. 최신 버전의 사용 설명서는 SPSS 웹사이트(제품 지원)의 PDF 문서로도 제공되며, 14일 동안 무료 시험판으로 프로그램을 다운로드할 수 있다. 물론 SEM 프로그램을 사용하여 이러한 문제를 분석할 수도 있고 다른 프로그램을 사용해도 된다. 이미 언급한 바와 같이, 상용 SEM 프로그램에서 사용할 수 있는 학생판 또는 시험 버전도 있다.

웹사이트(www.tzkeith.com)에는 Amos 및 Mplus 입력 및 출력[각 장(chapter)당 하나 이상의]에 대한 수많은 예제가 있다. 통계 프로그램은 지속적으로 개정되므로, 이 웹사이트에서 본문에 수록된 최신 정보를 확인하기 바란다. 어떤 프로그램을 사용하든 프로그램 사용에 대한 기본 사항을 제공하는 사용 설명서를 다운로드하거나 구입해야 한다. 다양한 SEM 프로그램에 대한 수많은 정보 출처가 있다. 예를 들어, Amos를 사용하는 경우 https://stat.utexas.edu/images/SSC/documents/SoftwareTutorials/AMOS_Tutorial.pdf에서 사용설명서를 다운로드하는 것이 좋다. 이 웹사이트에는 다른 SEM 및 일반 통계 프로그램에 대한 사용설명서가 있으며, 물론 자료가 추가되고 있다. 일반적으로 후속 모형을 추정하기 위해 Amos 또는 Mplus를 사용하겠지만, 제시되는 대부분의 정보는 일반적인 SEM 프로그램에 적용할 수 있다.

SEM 프로그램의 기초

지금까지 경로분석에 대해 배웠던 모든 내용은 Amos 및 기타 SEM 프로그램으로 구현될 것이다. [그림 14-1]은 제13장에서 처음 제시한 학부모참여모형의 기본 SEM(Amos) 버전을 보여 준다. 이전의 모든 예제에서와 마찬가지로 사각형은 측정변수를 나타내며, 타원은 측정되지 않거나 잠재변수(이 예제에서는 오차)를 나타낸다. 직선 화살표는 경로 또는 효과의 추정량을 나타내고, 곡선의 양방향 화살표는 상관계수(또는 표준화되지 않은 계수인 공분산)를 나타낸다. [그림 14-1]에서의 새로운 측면 중 하나는 교란에서 내생변수에 이르는 경로 옆에 있는 1.0의 값이다. 이 경로는 교란에 대한 측정의 척도를 간단히 설정하게 된다. 비측정변수에는 자연적인 척도가 없다. 비측정변수인 교란에서 측정변수까지의 경로를 1.0의 값으로 설정하는 경우, 단지 교란이 측정변수와 동일한 척도를 가져야 한다고 SEM 프로그램에 말하고 있을 뿐이다(실제로는 .80이나 2.0 등과 같은 아무 숫자를 사용해도 된다. 그러나 1.0이 가장 일반적이며 가장 간단하다). 다른 잠재변수를 사용하는 경우에도 동일한 규칙을 사용한다. 잠재변수의 척도를 설정하기 위해 각 잠재변수에서의 경로를 1.0의 값으로 맞출 것이다. 현실적으로는 이러한 제약조건(또는 오차의 척도를 설정하는 다른 방법)이 없다면, 모형은 과소식별상태에 놓인다. 어떤 프로그램을 사용하느냐에 따라 오차에서 내생변수에 이르는 경로가 자동적으로 1.0의 값으로 설정될 수도 있다(예를 들어, 이는 Mplus에서는 기본적으로 발생한다).

[그림 14-1] Amos SEM 프로그램으로 그린 제13장의 학부모참여모형

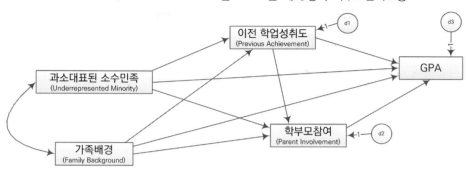

교란의 분산을 1.0의 값으로 고정하여 척도를 설정할 수도 있다. 모든 실질적인 결과는 동일하다. 사실, 우리가 인지하지 못하더라도 다중회귀분석의 결과와 정확히 일치한다. 경로를 추정하기 위하여 다중회귀모형을 사용할 때, 교란의 분산을 1.0의 값으로 설정하고, 교란에서 내생변수에 이르는 경로를 프로그램에서 추정한다(경로를 1.0로 설정하면, 프로그램에서 교란의 분산을 추정한다). 우리는 Amos로 두 가지 방법을 선택할 수 있다. 여기에서는 1.0의 값으로 경로를 설정하는 가장 보편적인 방법을 고려한다.

<표 14-1> 학부모참여 경로 예제를 위한 변수의 평균, 표준편차, 표본크기 및 상관계수

변수	소수민족 (URM)	사회경제적 지위 (Byses)	이전 학업성취도 (Bytests)	학부모참여 (Par_inv)	GPA (Ffugrad)
URM	1.000				
BYSES	−.333	1.000			
BYTESTS	−.330	.461	1.000		
PAR_INV	−.075	.432	.445	1.000	
FFUGRAD	−.131	.299	.499	.364	1.000
M	.207	.047	52.323	.059	5.760
SD	.406	.766	8.584	.794	1.450
N	811.000	811.000	811.000	811.000	811.000

📈 학부모참여 경로모형의 재분석

[그림 14-1]의 모형은 Amos에 의한 분석에 필요한 기본 입력사항을 보여 준다(이 모형은 'PI Example 1.amw'라는 이름으로 웹사이트에 들어 있다). 물론 자료를 추가하여 분석할 수 있다. Amos를 포함한 대부분의 SEM 프로그램은 분석을 위한 입력사항으로 상관행렬 및 표준편차를 사용한다. 이 예제에서의 행렬은 SPSS 파일(PI matrix, 'listwise.sav')과 Excel 파일(PI matrix, 'listwise.xls')로 저장되어 있다. 행렬은 〈표 14-1〉에도 나와 있다. 변수명은 NELS의 원자료와 동일하다. NELS 자료를 사용하여 행렬을 만드

는 데 사용한 SPSS 명령문은 'create corr matrix in spss.sps' 파일에 들어있다.

Amos를 통한 학부모참여 경로모형 추정

자료를 사용하여 Amos(또는 다른 SEM 프로그램)를 통해 모형을 추정할 수 있다. 이 모형의 표준 출력 결과는 [그림 14-2]와 같다. 이 결과를 제13장의 결과와 비교하라. 교란부터 내생변수에 이르는 경로와 관련된 숫자가 없다는 것을 제외하고, 모든 결과가 동일해야 한다. [그림 14-3]은 모형에 대한 비표준화 출력 결과를 보여 준다. 교란부터 내생변수에 이르는 경로를 1.0으로 설정하고 교란의 분산을 추정하였다는 것을 기억하라. 교란 옆에 있는 숫자는 분산의 추정값을 의미한다. 두 개의 외생변수 위에 있는 숫자 역시 분산을 의미한다. 다시 말해서 이 결과는 제13장의 회귀분석 결과와 일치한다.

[그림 14-2] Amos를 통해 추정한 학부모참여모형

표준화 경로계수 추정 결과는 다중회귀분석을 통해 추정한 제13장의 결과와 동일하다.

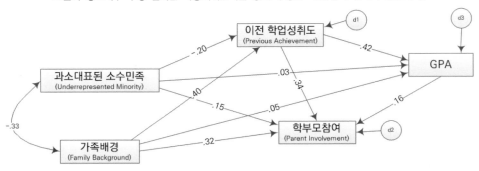

[그림 14-3] 학부모참여모형의 비표준화 경로계수 추정 결과

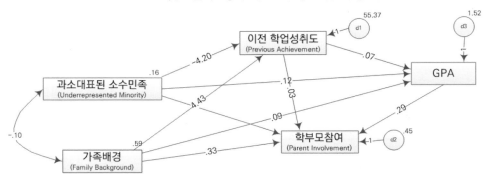

[그림 14-4] 비표준화 경로계수(regression weights), 표준오차, 표준화 경로계수, 그리고 표준화값(critical ratio)을 보여 주는 SEM 프로그램(Amos) 출력 결과

Regression Weights

			Estimate	S.E.	C.R.	P	Label
bytests	<---	byses	4.431	.362	12.229	***	
bytests	<---	URM	-4.195	.684	-6.131	***	
par_inv	<---	bytests	.032	.003	10.034	***	
par_inv	<---	URM	.286	.063	4.525	***	
par_inv	<---	byses	.333	.036	9.345	***	
ffugrad	<---	bytests	.070	.006	11.406	***	
ffugrad	<---	par_inv	.292	.064	4.528	***	
ffugrad	<---	byses	.093	.069	1.354	.176	
ffugrad	<---	URM	.124	.117	1.057	.290	

Standardized Regression Weights

			Estimate
bytests	<---	byses	.395
bytests	<---	URM	-.198
par_inv	<---	bytests	.345
par_inv	<---	URM	.146
par_inv	<---	byses	.321
ffugrad	<---	bytests	.417
ffugrad	<---	par_inv	.160
ffugrad	<---	byses	.049
ffugrad	<---	URM	.035

Covariances

			Estimate	S.E.	C.R.	P	Label
URM	<-->	byses	-.103	.011	-8.996	***	

Correlations

			Estimate
URM	<-->	byses	-.333

Variances

	Estimate	S.E.	C.R.	P	Label
URM	.164	.008	20.125	***	
byses	.586	.029	20.125	***	
d1	55.369	2.751	20.125	***	
d2	.452	.022	20.125	***	
d3	1.521	.076	20.125	***	

물론 SEM 프로그램에서 이러한 단순 경로도 이상의 자세한 출력 결과를 얻을 수도 있다. [그림 14-4]는 출력 결과의 한 부분을 보여 준다. 이것은 Amos의 출력 결과이지만 다른 SEM 프로그램에서도 이와 유사한 결과물을 얻을 수 있다. 출력 결과의 윗부분('Regression Weights')은 비표준화 경로계수의 추정값을 보여 준다. 예를 들어, 첫 번째 행은 BYSES(가족배경)에서 BYTests(이전 학업성취도)에 이르는 비표준화 경로계수가 4.431임을 보여 준다(변수명 이외에 더 긴 변수의 레이블을 나열할 수도 있지만, 이 결과물에서는 변수명만 표시되어 있다). S.E.로 표시된 열은 추정된 경로계수의 표준오차(standard error)를 나타내며, C.R.(Critical Ratio)로 표시된 열은 각 경로계수에 대한 t-값을 의미한다(t = 경로계수/표준오차로서 t의 절대값이 2보다 큰 것은 통계적으로 유의한 것으로 간주한다). P로 표시된 열은 각 경로계수에 관련된 유의확률을 나타낸 것으로 ***의 표시는 .001보다 작은 유의확률을 의미한다. 그다음 부분('Standardized Regression Weights')은 표준화 경로계수를 보여 준다. 당연히 해당 출력 결과는 제13장의 SPSS결과와

일치한다. 그다음 부분에는 두 개의 외생변수 간 공분산 및 상관계수, 두 개의 외생변수의 분산 및 세 개의 내생변수의 교란의 분산이 포함되어 있다.

SEM 프로그램은 또한 표준화 경로와 표준화되지 않은 경로 모두에 대한 직접효과, 간접효과 및 총효과의 표를 생성한다. 현재 예제의 표는 [그림 14-5]에 나와 있다. 표는 열(원인)에서 행(결과)으로 읽으면 된다. 따라서 첫 번째 표의 왼쪽 하단에 제시된 대로 **가족배경**(BYSES)이 GPA(ffugrad)에 미치는 비표준화 경로의 총효과는 .544이다. 이 결과를 이전 장의 결과와 비교해 보라.

[그림 14-5] 학부모참여모형에 포함된 각 변수의 총효과, 직접효과 및 간접효과

Total Effects

	byses	URM	bytests	par_inv
bytests	4.431	-4.195	.000	.000
par_inv	.474	.153	.032	.000
ffugrad	.544	-.127	.080	.292

Standardized Total Effects

	byses	URM	bytests	par_inv
bytests	.395	-.198	.000	.000
par_inv	.458	.078	.345	.000
ffugrad	.287	-.035	.472	.160

Direct Effects

	byses	URM	bytests	par_inv
bytests	4.431	-4.195	.000	.000
par_inv	.333	.286	.032	.000
ffugrad	.093	.124	.070	.292

Standardized Direct Effects

	byses	URM	bytests	par_inv
bytests	.395	-.198	.000	.000
par_inv	.321	.146	.345	.000
ffugrad	.049	.035	.417	.160

Indirect Effects

	byses	URM	bytests	par_inv
bytests	.000	.000	.000	.000
par_inv	.141	-.134	.000	.000
ffugrad	.450	-.251	.009	.000

Standardized Indirect Effects

	byses	URM	bytests	par_inv
bytests	.000	.000	.000	.000
par_inv	.136	-.068	.000	.000
ffugrad	.238	-.070	.055	.000

간접효과 및 총효과의 통계적 유의도를 평가하는 것도 가능하다. Amos에서 이것은 부트스트랩(bootstrapping) 절차를 통해 행해진다(**부트스트랩방법**은 기존 표본에서 더 작은 무선표본을 반복적으로 추출하는 절차라는 매개에 관해 논의했던 제9장을 상기하라. 부트스트랩을 사용하여 모든 계수의 표준오차에 대한 추정값, 심지어 표준오차의 표준오차도 계산할 수 있다. 부트스트랩은 일반적으로 표준오차, 신뢰구간 및 간접효과의 통계적 유의도를 계산하는 선호방법으로 인식된다는 점도 상기하라). 예를 들어, [그림 14-6]은 학부모참여모형의 변수와 그 표준오차를 보여 준다. 이 정보를 이용하여 각 간접효과에 대한 z값을 계

산하여 통계적 유의도를 결정할 수 있다. 이 작업은 그림의 맨 아래에 있다. 따라서 SEM 프로그램은 매개의 통계적 유의도에 대한 직접적인 검정을 가능하게 한다(제9장의 매개변수 부분을 참고하라). Amos는 또한 **표준화된 간접효과와 총효과**, 그것의 표준오차 및 통계적 유의도를 제공한다(표준화된 간접효과는 그림에 나와 있다).

[그림 14-6] 학부모참여모형의 (표준화와 비표준화 모두) 간접효과, 표준오차 및 통계적 유의도

Indirect Effects

	byses	URM	bytests	par_inv
bytests	.000	.000	.000	.000
par_inv	.141	-.134	.000	.000
ffugrad	.450	-.251	.009	.000

Standardized Indirect Effects

	byses	URM	bytests	par_inv
bytests	.000	.000	.000	.000
par_inv	.136	-.068	.000	.000
ffugrad	.238	-.070	.055	.000

Indirect Effects - Standard Errors

	byses	URM	bytests	par_inv
bytests	.000	.000	.000	.000
par_inv	.018	.026	.000	.000
ffugrad	.045	.066	.002	.000

Standardized Indirect Effects - Standard Errors

	byses	URM	bytests	par_inv
bytests	.000	.000	.000	.000
par_inv	.017	.013	.000	.000
ffugrad	.023	.018	.013	.000

Indirect Effects - Two Tailed Significance (BC)

	byses	URM	bytests	par_inv
bytests	...	...	...	...
par_inv	.001	.001	...	...
ffugrad	.001	.001	.001	...

Standardized Indirect Effects

	byses	URM	bytests	par_inv
bytests	...	...	...	...
par_inv	.001	.001	...	...
ffugrad	.001	.001	.001	...

📈 SEM 프로그램의 장점

과대식별모형

[그림 14-7]은 과제가 GPA에 미치는 영향의 잠재적인 모형을 보여 준다. 이 모형을 위해, 소수민족, 가족배경 및 이전 학업성취도는 8학년 때 측정되었으며, 앞에서 고려한 방식대로 정의되었다[소수민족 또는 소수민족 배경(ethnic minority background)=소수민족=1, 백인=0, 가족배경=BYSES, 이전 학업성취도=BYTests]. 과제 변수는 8학년과 10학년 모두에서 각 과목의 과제를 수행하는 데 소요된 시간에 대한 학생의 보고서

에 근거하여 측정하였다. 그것은 시간이 지남에 따른 평균 과제의 척도로 간주할 수 있다. **성적**은 10학년 때 학생의 GPA(영어, 수학, 과학 및 사회)이다.

[그림 14-7] 과제가 고등학생의 성적에 미치는 영향을 검정하는 과대식별모형

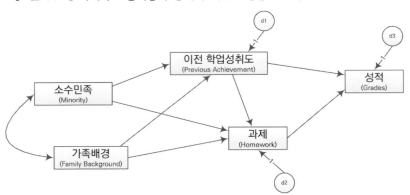

몇 가지 잠재적인 경로는 설정되지 않는다는 점에 유의하라. **소수민족**과 **가족배경**에서 **성적**에 이르는 경로는 없다. 경로를 설정한다는 것이 무언가를 의미하는 것처럼, 경로를 설정하지 않는 것 또한 무언가를 의미하는 것이고, 실제로 경로를 설정하는 것보다 **더 강력한 표현**일 수 있다. 어떤 경로를 설정할 때는 한 변수가 다른 변수에 어떤 영향을 미칠 수 있다는 것을 의미한다. **가족배경**에서 **성적**에 이르는 경로가 **설정되지 않았다는** 것은 **가족배경**부터 **성적**에 이르는 경로가 0의 값이라고 생각한다는 것이다. 실제로 경로를 설정하지 않는다는 것은 경로를 설정하고 그 경로를 0의 값으로 고정하거나 제한하는 것과 같다. 또한 그 모형에서는 **소수민족**과 **가족배경**이 **성적**에 영향을 미치는 유일한 방법은 **과제**와 **이전 학업성취도**를 통해서이며, 따라서 **성적**에 직접효과를 미치지 않고, 모형의 다른 변수를 통한 간접효과만 고려한다는 명확한 개념을 명시하고 있다. 이전 연구와 논리를 토대로, 이 가설은 일반적인 방식으로 개발되었다. 실제로 **소수민족**과 **가족배경**이 **성적**에 미치는 직접효과가 작은 **학부모참여**모형을 이 두 변수에서 **성적**에 이르는 경로를 배제한 것에 대한 하나의 근거로 삼을 수 있다.

제12장에서 해당 모형이 과대식별상태라는 것을 밝힌 바 있다. 즉, 추정해야 할 경로보다 많은 정보가 있음을 의미한다. 변수 간에 10개의 상관계수가 있지만, 8개의 모수(7개의 경로계수와 하나의 상관계수)만을 추정하게 된다. 또한 대수학을 활용하여 경로를 추정한다면, 몇 가지 경로를 추정할 수 있는 여러 가지 공식을 생각해 낼 수 있다. 두 가지 다른 방식으로 계산된 경로 추정 결과가 유사하지 않다는 것은 모형의 진실성에 대해 의문을 제기할 수 있는 반면, 유사성은 모형에 대한 확신을 더할 수 있기 때문에 제12장에서 이 접근방법이 이점을 가질 수 있다고 주장한 바 있다.

SEM 프로그램의 한 가지 이점은 과대식별모형에 대한 이러한 유형의 피드백을 제공한다는 것이다. 이 방법은 앞서 설명한 것과는 다르다. 프로그램은 경로를 여러 가지 다른 방법으로 추정하지 않고 다른 추정 결과와도 비교할 수 없도록 한다. 그 대신에, 프로그램은 행렬을 비교하고 자료에 대한 모형적합도를 평가한다. [그림 14-7]의 모형을 분석할 때, 이 절차가 어떻게 작동하는지 볼 수 있다.

<표 14-2> 과제 모형 예제를 위한 엑셀파일의 내용

rowype_	varname_	소수민족 (Minority)	가족배경 (FamBack)	이전 학업성취도 (PreAch)	과제 (Homework)	GPA (Grades)
n		1000	1000	1000	1000	1000
corr	Minority	1				
corr	FamBack	−0.3041	1			
corr	PreAch	−0.3228	0.4793	1		
corr	Homework	−0.0832	0.2632	0.2884	1	
corr	Grades	−0.1315	0.2751	0.4890	0.2813	1
stddev		0.4186	0.8311	8.8978	0.8063	1.4790
mean		0.2718	0.0025	52.0039	2.5650	5.7508

주: 이 행렬은 Amos을 통한 분석에 필요한 형식으로 이루어져 있다. 이것은 rowtype_, varname_으로 이루어진 열과 n, corr, stddev, mean(반드시 필요한 것은 아니다.)으로 이루어진 행으로 구성된다.

자료(상관행렬, 표준편차, 평균 및 표본크기)는 Excel 및 SPSS 파일('homework overid 2018.xls' 및 'homework overid 2018.sav') 모두에 포함되어 있다. 해당 자료는 〈표 14−2〉에 나와 있다.[1] 파일에는 표준편차, 표본크기 및 상관관계가 포함되어 있다. 평균이 포함되어 있지만, 필수적이거나 분석되지는 않았다. 그림에 표시된 모형은 Amos의 입력형태로 사용되었으며, 웹사이트의 'homework path 1.amw'에 들어 있다.

[그림 14−8]은 추정된 표준화 경로모형을 보여 준다. 경험칙에 의하면, 과제는 10학년 GPA에 중간 정도의 영향을 미친다(.15). **이전 학업성취도**는 과제에 강한 영향을 미치는데, 영향의 '빈익빈 부익부'를 의미한다. 즉, 높은 수준의 학업성취도를 달성한 학생일수록 더 많은 과제를 수행하고, 이 과제는 차례로 학교성적을 향상시킨다. **가족배경**도 과제에 중간 정도의 영향을 미치지만, **민족배경(소수민족)**은 아무런 영향도 미치지 않는다.

[그림 14-8] 과제 모형에 대한 표준화 경로계수 결과

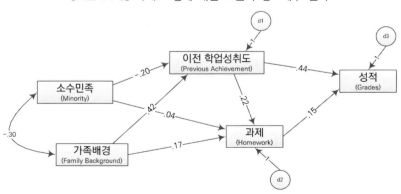

모형의 과대식별상태를 이용하여 모형을 평가할 수 있는 방법은 무엇인가? 경로분석의 첫 번째 예제에서 대수학의 사용, 추적 규칙 및 변수 간의 상관관계를 통해 어떻게 경로를 추정하였는지를 상기해 보라. Amos는 본질적으로 모형의 사양과 상관행렬(실제로는 분산−공분산행렬이고, 나중에 이 부분을 다룰 것이다.)을 입력 정보로 사용하였으며, 프로그램은 이러한 정보를 사용하여 경로를 추정하였다. 상관관계를 사용하여 경로를 풀 수 있다면, 반대로 수행할 수는 없는 것인가? 즉, 경로를 이용하여 상관관계를 구할 수는 없는 것인가? 사실상, 정확히 상관관계를 구할 수 있다. SEM 프로그램은 추정된 경로모형(예를 들어, [그림 14−8])을 사용하여 모형에 의해 기대되는(추정되는) 상관행렬을 계산할 수 있다.[2] 과대식별모형의 경우, 이러한 추정 행렬과 실제 행렬은 어느 정도 차이가 있다. 실제 상관행렬과 Amos 출력 결과의 추정 상관행렬은 [그림 14−9]에 나와 있다. 상관계수가 대부분 동일하지만, 왼쪽 하단(성적과 가족배경)의 상관계수에서는 실제값과 추정값 간에 약간의 차이가 있다. SEM 프로그램은 자료에 대한 모형 적합도를 평가하고, 이를 위해 이 두 행렬 간의 유사성 또는 비유사성 정도를 고려한다. 이 정보는 모형의 문제점 진단 및 수정에도 유용하게 사용된다.

[그림 14-9] 실제(입력) 상관(Sample Correlations) 행렬과 과제
모형에 의해 추정된 상관(Implied Correlations) 행렬 비교

Sample Correlations

	Minority	FamBack	PreAch	Homework	Grades
Minority	1.000				
FamBack	-.304	1.000			
PreAch	-.323	.479	1.000		
Homework	-.083	.263	.288	1.000	
Grades	-.132	.275	.489	.281	1.000

Implied (for all variables) Correlations

	Minority	FamBack	PreAch	Homework	Grades
Minority	1.000				
FamBack	-.304	1.000			
PreAch	-.323	.479	1.000		
Homework	-.083	.263	.288	1.000	
Grades	-.156	.254	.489	.281	1.000

상관 대 공분산

더 나아가기 전에, 공분산행렬(covariance matrices)에 관한 추가적인 고려사항으로 상관행렬(correlation matrices)에 대한 우리의 생각을 강화할 때이다. 대부분의 SEM 프로그램은 상관행렬 대신 분산−공분산

---

[2] 어떻게 그렇게 할 수 있는가? 추적 규칙을 사용하면 상당히 쉽게 해결할 수 있다. 예를 들어, 모형에 의해 추정된 소수민족과 성적 간의 상관관계를 계산하기 위해 소수민족과 성적 간의 가능한 경로 추이를 표시한다(여기에서 →는 경로를 나타내고, ⌒ 는 상관관계를 나타낸다).

1. 소수민족 → 이전 학업성취도 → 성적 + 소수민족 → 이전 학업성취도 → 과제 → 성적 + 소수민족 → 과제 → 성적 = −.20 × .44 + −.20 × .22 × .15 + −.40 × .15 = −.089,

2. 소수민족 ⌒ 가족배경 × (가족배경 → 이전 학업성취도 → 성적 + 가족배경 → 이전 학업성취도 → 과제 → 성적 + 가족배경 → 과제 → 성적) = −.30 × (.42 × .44 + .42 × .22 × .15 + .17 × .15) = −.067.

이를 다 더하면, 그 값은 −.156이고, 이는 소수민족과 성적 간의 추정된 상관계수에 해당한다. 또 다른 방법으로, 1에 열거된 경로 추이는 성적에 미치는 소수민족의 총효과이고, 2에 열거된 경로 추이는 성적에 대한 가족배경의 총효과, 그리고 소수민족과 성적 간의 상관계수의 곱이다.

행렬을 분석하도록 설정한다. 일부 SEM모형분석의 문제에서는 분석할 행렬의 유형에 관계없이 실질적으로 동일한 결과를 얻을 수 있지만, 그 결과가 다른 경우 분산-공분산행렬을 분석해야 한다(Cudeck, 1989; Steiger, 2001; 이 문제에 대한 추가 논의를 참조하기 바람). 쉬운 해결책은 상관행렬이 아닌 분산-공분산행렬을 분석하는 습관을 가지는 것이다(하나의 대안으로 상관행렬을 분석하기 위해 특별히 설계된 Statistica 프로그램의 일부인 SEPATH와 같은 프로그램을 사용하는 방법이 있다).

두 변수의 공분산은 상관계수와 각 변수의 표준편차의 곱($CoV_{xy} = r_{xy} \times SD_x \times SD_y$)으로 표현되므로, 변수의 분산 또는 표준편차를 알게 되면, 상관계수에서의 공분산을 쉽게 계산할 수 있다는 것을 제1장에서 다루었다. 실제로 이것은 Amos가 수행하는 방식이다. 상관행렬과 표준편차를 입력하고, 그 프로그램은 입력 정보에서 공분산행렬을 생성한다. 공분산행렬은 [그림 14-10]의 맨 윗부분에 나와 있다. 공분산은 대각선 아래에 표시되며, 분산은 대각선에 표시된다. 분산-공분산행렬 대비 상관행렬에 대한 또 다른 생각은 상관행렬이 모든 변수가 z-점수(표준화)로 변환된 이후에 계산된 표준화된 공분산행렬이라는 것이다.

[그림 14-10] 과제 모형에 대한 실제 및 추정 공분산행렬과 비표준화 및 표준화 잔차 행렬

Sample Covariances

	Minority	FamBack	PreAch	Homework	Grades
Minority	.175				
FamBack	-.106	.690			
PreAch	-1.201	3.541	79.092		
Homework	-.028	.176	2.067	.649	
Grades	-.081	.338	6.429	.335	2.185

Implied (for all variables) Covariances

	Minority	FamBack	PreAch	Homework	Grades
Minority	.175				
FamBack	-.106	.690			
PreAch	-1.201	3.541	79.081		
Homework	-.028	.176	2.067	.649	
Grades	-.097	.311	6.428	.335	2.185

Residual Covariances

	Minority	FamBack	PreAch	Homework	Grades
Minority	.000				
FamBack	.000	.000			
PreAch	.000	.000	.010		
Homework	.000	.000	.000	.000	
Grades	.015	.027	.001	.000	.000

Standardized Residual Covariances

	Minority	FamBack	PreAch	Homework	Grades
Minority	.000				
FamBack	.000	.000			
PreAch	.000	.000	.003		
Homework	.000	.000	.001	.000	
Grades	.776	.662	.002	.000	.001

모형적합도와 자유도

SEM 프로그램은 일반적으로 실제 분산-공분산행렬과 추정 분산-공분산행렬을 비교한다. Amos의 관련 출력 결과 중 일부, 실제 공분산행렬(sample covariances), 추정 공분산행렬(implied covariances), 그리고 잔차 공분산행렬(residual covariances)이 [그림 14-10]에 제시되었다. 잔차 공분산행렬은 실제 행렬에서 추정 행렬을 뺀 결과이다. 직관적으로, 이들 행렬 간의 차이인 잔차가 크다는 것은 모형에 문제가 있음을 알려 준다. 표준화된 공분산행렬로부터의 잔차인 **표준화** 잔차가 더욱 유용하다. 이것은 z점수와 같이 표준화되어 있어서 경험칙을 통해 그 절대값이 2보다 큰 표준화 잔차가 모형의 부적합 영역을 알려 준다. 표준화 잔차값은 표본크기에 따라 다르므로, 표본크기가 큰 표본에서는 작은 표본보다 훨씬 더 큰 값을 생성한다. 따라서 모형 전반에 대한 적합도를 측정하는 통계량으로 해당 모형이 적합하지 않다는 것을 알게 되면, 절대값이 큰 잔차에 초점을 맞출 필요가 있다.

〈표 14-3〉은 또 다른 유용한 행렬을 보여 주는데, 이는 실제 상관관계와 모형에 의해 추정 상관관계의 차이[[그림 14-9]에서 실제 상관관계(Sample Correlations)에서 추정 상관관계(Implied Correlations)를 뺌]이다. 향후 살펴보겠지만, 이 행렬은 모형의 문제점을 분리하여 이해하는 데 유용하다. 예를 들어, Kline(2016)은 그 절대값이 .10보다 큰 '상관계수 잔차(correlation residuals)'를 가진 변수를 조사할 것을 권장하였다. 이 행렬은 모든 SEM 프로그램에서 생성되지는 않지만(예를 들어, Amos 또는 Mplus에서는 생성되지 않는다), Excel 등을 이용하여 실제 상관행렬의 값에서 추정 상관행렬의 값을 뺀 후 생성할 수 있다. 표에서 볼 수 있는 바와 같이, 과제에 의해 추정된 **소수민족과 성적** 간의 상관계수는 실제 상관계수보다 약간 크다. 이와는 대조적으로, **가족배경과 성적** 간의 실제 상관계수가 모형에 추정 상관계수보다 약간 크다.

〈표 14-3〉 실제 상관계수와 과제모형에 의한 추정 상관계수의 차이

	소수민족 (Minority)	가족배경 (FamBack)	이전 학업성취도 (PreAch)	과제 (Homework)	GPA (Grades)
Minority					
FamBack	0				
PreAch	0	0			
Homework	0	0	0		
Grades	.025	.022	0	0	

두 개의 경로만이 제한된 이 예제에서는 이러한 행렬 간의 잔차가 그다지 유용하지는 않지만, 더 복잡한 잠재변수 모형에 초점을 맞춘다면, 표준화된 분산-공분산행렬의 잔차와 상관행렬의 잔차가 부적합 **영역을** 결정하는 데 매우 유용할 것이다. 그러나 실제 공분산행렬과 추정 공분산행렬 간의 차이가 모형 적합도에 대한 또 다른 척도의 출처이기 때문에, 실제 행렬과 추정 행렬 그리고 두 행렬의 차이에 초점을 맞추었다.

모형의 과대식별 **정도**를 수치화할 수 있다. 현재 모형에는 모형을 적정식별상태로 만들 수 있는 두 개

의 경로가 있다(소수민족 및 가족배경에서 성적에 이르는 경로). 따라서 모형은 자유도가 2이다. 보다 정확하게는 다음 단계를 고려하여 자유도를 계산할 수 있다.

1. 수식 $[p \times (p+1)]/2$를 사용하여 행렬의 분산 및 공분산의 개수를 계산한다. 여기에서 p는 모형에 포함된 변수의 개수이다. 현재 모형의 경우 $[5 \times (5+1)]/2 = 15$개의 분산 및 공분산이 있다.

2. 모형에서 추정되는 모수의 개수를 센다. 외생변수 간의 공분산, 외생변수의 분산 및 교란의 분산을 잊지 않도록 한다. 현재 모형에서는 7개의 경로, 외생변수 간의 공분산, 두 개의 외생변수의 분산 및 세 개의 교란의 분산을 추정하는 등 전체 13개의 모수에 대한 추정이 이루어진다.

3. 자유도는 분산 및 공분산의 개수에서 추정된 모수의 개수를 뺀 값으로 계산된다. 현재 모형에서는 자유도가 $2(= 15 - 13)$이다.

모형의 자유도는 전체 모형의 과대식별 정도를 제공한다. 자유도는 또한 모형의 간명성에 대한 편리한 지수를 제공한다. 과학적으로 간명성(parsimony)을 중요하게 생각한다. 어떤 현상에 대한 두 가지 설명이 똑같이 좋은 경우(또는 SEM에서 똑같이 잘 맞는 경우), 일반적으로 단순하고 간결한 설명을 선호한다. 자유도는 경로모형의 간명성의 지표이다. 자유도가 클수록 추정하기 전에 더 많은 제약식(0의 값이나 또는 특정한 값으로)이 존재하고, 따라서 모형의 간명성이 증가하게 된다.

실제 행렬과 추정 행렬의 차이는 모형이 자료를 얼마나 잘 설명하는지의 증거를 제공한다. 이 차이는 과대식별모형에 대해 여러 가지 적합도 통계량(fit statistics) 또는 적합도지수(fit indexes)를 생성하는 데 사용된다. 문자 그대로 수십 개의 적합도지수가 있는데, 적합도의 다양한 다른 측면을 살펴보기 위한 다양한 지수가 있다. 여기에서는 보편적으로 사용되는 몇 가지 지수에 초점을 맞추고자 한다[Hoyle, 1995; Hu & Bentler, 1998, 1999; Marsh, Hau, & Wen, 2007; 적합도 통계량에 대한 최신 정보를 위해 David Kenny의 웹페이지(http://davidakenny.net/cm/fit.htm)를 참조하기 바란다].

χ^2지수는 가장 널리 인용되는 적합도 척도로서,[3] 모형의 적합도에 대한 통계적 가설검정을 가능하게 하는 이점이 있다. 그것은 모형이 '맞다(참이다 또는 안성맞춤이다)'일 확률을 결정하는 데 자유도와 함께 사용될 수 있다. 흥미롭게도, SEM에서 되도록 χ^2의 값이 작고 통계적으로 유의하지 않기를 원한다. 현재 예제에서는 $\chi^2 = 2.166$이고, 자유도가 $df = 2$이며, 모형이 참일 확률은 .338이다. 이것은 무엇을 의미하는가? 실제 행렬과 추정 행렬이 통계적으로 유의한 차이를 보이지 않으므로, 모형과 자료가 서로 일치한다는 것을 의미한다. 모형과 자료가 일치한다면, 모형은 자료를 생성**할 수 있으므로**, 연구해 온 현상이 어떻게 작동하는지에 대한 적절한 근사치를 제공할 수 있다. 즉, 모형은 현실을 비슷하게 만들어 낼 수 있고, 그것이 결국 자료에 부합하는 모형이라는 것이다. 한 가지 주목할 만한 것은 적합도 통계량은 모형이 사실인지의 여부를 증명하지 못하고, 심지어 인과관계를 증명하지도 못한다. 적합도지수가 좋으면, 해당 모형이 자료를 잠정적이기는 하지만, 합리적으로 잘 설명한다는 것을 알려 줄 뿐이다. 결과적으로, 이러한 지수는 자료에 대한 설명의 질에 대해 이전 장에서 논의했던 것보다 더 많은 피드백을 준다.

---

3) 저자는 그것이 카이−제곱이어야 한다는 것을 잘 알고 있지만, 관습적으로 그것은 카이−제곱이다.

[그림 14-11]은 Amos 출력 결과에 들어 있는 적합도지수를 보여 준다. 다른 SEM 프로그램에서도 많은 적합도지수의 목록을 제공하며, 그중 다수는 동일하다(일부는 다른 이름으로 명명되어 있다). 처음 몇

[그림 14-11] 과제(Homework) 모형의 적합도지수

Model Fit Summary

CMIN

Model	NPAR	CMIN	DF	P	CMIN/DF
Default model	13	2.166	2	.338	1.083
Saturated model	15	.000	0		
Independence model	5	817.868	10	.000	81.787

RMR, GFI

Model	RMR	GFI	AGFI	PGFI
Default model	.008	.999	.994	.133
Saturated model	.000	1.000		
Independence model	1.998	.715	.572	.477

Baseline Comparisons

Model	NFI Delta1	RFI rho1	IFI Delta2	TLI rho2	CFI
Default model	.997	.987	1.000	.999	1.000
Saturated model	1.000		1.000		1.000
Independence model	.000	.000	.000	.000	.000

Parsimony-Adjusted Measures

Model	PRATIO	PNFI	PCFI
Default model	.200	.199	.200
Saturated model	.000	.000	.000
Independence model	1.000	.000	.000

NCP

Model	NCP	LO 90	HI 90
Default model	.166	.000	8.213
Saturated model	.000	.000	.000
Independence model	807.868	717.735	905.396

FMIN

Model	FMIN	F0	LO 90	HI 90
Default model	.002	.000	.000	.008
Saturated model	.000	.000	.000	.000
Independence model	.819	.809	.718	.906

RMSEA

Model	RMSEA	LO 90	HI 90	PCLOSE
Default model	.009	.000	.064	.854
Independence model	.284	.268	.301	.000

AIC

Model	AIC	BCC	BIC	CAIC
Default model	28.166	28.324	91.967	104.967
Saturated model	30.000	30.181	103.616	118.616
Independence model	827.868	827.929	852.407	857.407

ECVI

Model	ECVI	LO 90	HI 90	MECVI
Default model	.028	.028	.036	.028
Saturated model	.030	.030	.030	.030
Independence model	.829	.738	.926	.829

HOELTER

Model	HOELTER .05	HOELTER .01
Default model	2763	4248
Independence model	23	29

행과 열에 초점을 두어 보자. 추정된 모형([그림 14-7]의 모형)은 '기본 모형(Default model)'이라고 명명되어 있다. 첫 번째 숫자 열은 모형에서 추정된 모수의 개수(Number of Parameters: NPAR)를 나타내며 (13개의 모수가 추정되었음을 기억하라), 두 번째 숫자 열은 χ^2(CMIN이라고 명명되어 있으며, 값은 2.166임)을 보여 준다. 이 값에 이어, 자유도($df = 2$)와 χ^2 및 자유도에 관련된 확률(.338)이 제시되었다.

'포화모형(Saturated model)'이라고 명명된 행은 적정식별상태의 모형과 관련되어 있다. 적정식별모형에서는 15개의 모수를 추정할 수 있으므로 자유도는 $df = 0$이다. 포화모형에서 추정 분산-공분산 행렬은 실제 행렬과 동일하므로 적정식별모형과 관련한 χ^2은 0이다. 다시 말해서, 적정식별모형은 자료에 완벽하게 부합한다. 그렇다면 왜 적정식별모형을 계속해서 추정하지 않는가? 그 이유는 모형의 간명성을 중요하게 여긴다는 것이다. 과대식별모형은 적정식별모형보다 간명하다. 현재의 과대식별모형은 적정식별모형만큼이나 자료에 적합하다(통계적으로 유의하지 않은 χ^2에 대한 또 다른 해석). 따라서 과대식별모형이 당연히 자료에 잘 맞고 더 간명한 모형이기 때문에 과학적 관점에서 더 바람직한 모형이라 할 수 있다.

'독립모형(Independence model)'이라고 명명된 행은 모형의 변수가 서로 독립이라고 가정한 모형을 의미한다. **영모형**(null model)이라고도 불리는, 이 모형은 어떠한 경로나 상관관계도 설정하지 않고, 5개의 변수로 나타낼 수 있다(따라서 이 모형은 5개 변수의 분산으로 추정할 수 있다). 이것은 또한 현재 모형의 모든 경로와 상관계수를 0의 값으로 제한하여 나타낼 수도 있다. 다시 말해서, 독립모형은 변수 간에 어떠한 관련도 없다고 가정한다. 포화모형과 독립모형은 본질적으로 이론적 모형을 비교할 수 있는 두 가지 양극단을 제공한다. 포화모형은 최상의 적합모형을 제공하고, 독립모형은 최하의 적합모형을 제공한다. 적합도지수의 일부는 이러한 양극단의 모형을 이용한다.

다른 적합도 척도

χ^2은 모형적합도 측정의 필요성을 충족시키는 것처럼 보인다. 만약 그것이 통계적으로 유의하지 않다면 모형이 실제를 설명할 수 있다는 증거를 가지고 있고, 만약 그것이 통계적으로 유의하다면 모형은 자료를 설명하지 않는다. 왜 다른 적합도지수가 필요한가? 불행하게도, χ^2은 모형적합도를 측정하는 데 있어 몇 가지 문제점을 가지고 있다. 첫째, χ^2은 표본크기와 밀접한 관련이 있다. 실제로 χ^2은 모형적합도에 사용되는 함수(Amos의 출력 결과에서는 FMIN)의 최소값에 N−1배로 계산된다. 따라서 동일한 행렬과 표본크기가 1,000이 아닌 10,000인 경우, $\chi^2 = 2.166$인 현재의 값보다 약 10배나 더 클 것이다. $\chi^2 = 21.66$(N 대신 N−1을 사용하여 계산되기 때문에, 실제로 $\chi^2 = 21.68$)이고, $df = 2$이므로, 통계적으로 유의하고($p < .001$), 따라서 모형이 자료에 부합하지 않는다는 결론에 이르게 된다. 이는 표본크기가 1,000인 경우와는 정반대의 결과이다(SEM의 경우, 자유도는 표본크기가 아니라 모형에 포함된 제약의 수에 따라 달라진다). χ^2의 이러한 약점이 여러 다른 적합도지수가 개발되어 온 하나의 이유이다. 대부분의 SEM 이용자는 χ^2을 보고하지만, 다른 적합도 통계량도 보고한다.

몇몇 적합도지수는 기존 모형의 적합도를 영모형 또는 독립모형의 적합도와 비교한다. 비교적합도지수(Comparative Fit Index: CFI)와 Tucker-Lewis지수(TLI 또는 Nonnormed Fit Index: NNFI)는 이러한 두 가지의 일반적인 지수이다. CFI는 영모형에 비해 적합도가 향상된 모집단 추정값을 제공한다(영모형이 가장 일반적인 비교대상이지만, CFI는 더 제한적이지만 실질적으로 의미 있는 모형으로 계산할 수도 있다). TLI는 모형의 간명성을 약간 조정한 형태이고, 표본크기와는 상대적으로 독립적이다(Tanaka, 1993). 두 적합도지수 모두 1.0에 근접하는 값이 더 적합함을 나타낸다. 일반적인 경험칙에 따르면, .95 이상의 값은 모형적합도가 우수하다는 것을 의미하고, .90 이상의 값은 적정 수준의 적합도를 의미한다(Hayduk, 1996: 219; Hu & Bentler, 1999).

χ^2 및 이와 관련한 확률이 가지고 있는 또 다른 문제점은 대부분의 연구자가 모형이 실제에 근접하도록 설계되었다고 주장하지만, p값은 주어진 모형이 모집단에 완벽하게 적합할 확률을 나타낸다는 것이다. 근사 제곱근평균제곱오차(Root Mean Square Error of Approximation: RMSEA)는 근사적 모형적합도를 평가하기 위해 설계되었으며, 따라서 모형을 평가하는 데 보다 더 합리적인 기준을 제공한다. RMSEA가 .05보다 작으면, '자유도에 대한 모형의 근접 적합도'(Browne & Cudeck, 1993: 144), 다시 말해서, 좋은(good) 근사값을 시사한다. Browne와 Cudeck(1993)은 RMSEA가 .08 이하인 모형은 적정 수준의 적합도를 나타내며, .10 이상인 모형은 빈약한(poor) 적합도를 나타낸다고 추측하였다. RMSEA를 이용한 연구는 모형적합도에 대한 전반적인 척도로서의 사용(Fan et al., 1999)과 더불어 이러한 경험칙을 지지한다(.05 이하의 값은 좋은 적합도를 시사한다. Hu & Bentler, 1999). RMSEA의 또 다른 장점으로는 RMSEA의 신뢰구간을 계산할 수 있는 능력, 즉 RMSEA를 '빈약한(poor) 적합도의 영가설을 검정하기 위해' 사용하는 능력(Loehlin & Beaujean, 2017: 71) 및 RMSEA를 사용하여 검정력을 계산할 수 있는 능력(MacCallum, Browne, & Sugawara, 1996)이 있다. 개념적으로, RMSEA는 자유도에 따른 부적합 정도를 나타내는 것으로 생각할 수 있다.

적합도(또는 부적합도)에 대한 마지막으로 유용한 척도는 표준화된 제곱근평균제곱잔차(Standardized Root Mean Square Residual: SRMR)이다. 우리는 모형을 추정하기 위해 사용하는 실제 공분산행렬과 모형에 의한 추정 공분산행렬 간의 차이를 논의함으로써 적합도 관련 주제에 접근하였다. 이러한 차이를 평균하면, SRMR을 얻게 된다[음(−)의 차이값을 양(+)의 차이값으로 상쇄하지 않으려면, 먼저 차이값을 제곱한 다음, 최종적으로 차이값의 평균에 제곱근을 취해야 한다]. SRMR은 제곱근평균제곱잔차의 표준화된 버전이다. 상관계수는 표준화된 공분산 버전이므로, SRMR은 개념적으로 측정변수 간의 실제 상관계수와 모형에 의한 예측 상관계수 간의 평균 차이와 같다. Hu와 Bentler(1998, 1999)는 모의실험 연구를 통해 SRMR이 적합도지수 중 가장 우수하다고 제안하고, .08 미만의 값은 자료에 대한 모형의 좋은 적합도를 시사한다(이 값이 조금 높다고 판단하여 .06을 SRMR을 위한 합리적 기준으로 고려하기도 한다). SRMR은 Amos에서는 자동으로 생성되지 않지만 쉽게 얻을 수 있다['Plugins' 메뉴를 선택한 다음, 표준화된 RMR (Standardized RMR)을 선택하라].

저자는 현재 단일모형에 대한 적합도의 주요 적합도지수로 RMSEA를 사용하고 있으며, SRMR, CFI, 또는 TLI, 때로는 그 밖의 적합도지수로 보완된다. 곧 알게 되겠지만, 경쟁모형의 적합도를 비교하는 것도 실제로 가능하고 매우 바람직하다. 이를 위해 또 다른 적합도지수를 사용할 수도 있다. 그러나 적합도지수에 관한 사고와 연구는 끊임없이 발전하고 있다. 이렇게 쓰면서 저자가(또는 다른 사람이) 하는 충고는 10년 전에 저자가 했던 것과 다르며, 앞으로 10년 동안 충고할 것과 다를 수도 있다. 이러한 유동성 상태 때문에, 그리고 적합도지수에 대한 많은 조언이 사용자의 경험에 기초하기 때문에, 저자의 조언 또한 다른 사람의 그것과 다를 수 있다. 적합도지수에 대한 추가 의견은 이 장의 끝에 있는 절을 참고하라.

[그림 14-11]에 다시 초점을 두어 보자. 과제 모형의 RMSEA는 .009이었고, 90% 신뢰구간은 .000~.064 (그림에서 Lo90-Hi90)이었다. CFI와 TLI는 각각 1.0과 .999이었다. 그림에 나타나지는 않았으나, 해당 모형의 SRMR은 .0085로서 실제 상관관계와 예측 상관관계의 평균 차이는 .0085에 불과하다. 모든 적합도지수는 모형에 대한 자료의 적합도가 우수하다는 것을 보여 주고 있다. 따라서 모형은 실제로 자료를 생성할 수 있다.

경쟁모형 비교

SEM 프로그램의 또 다른 주요 장점은 적합도 통계량을 통해 경쟁이론모형(그리고 경쟁모형에 포함된 가설)을 비교하는 데 사용할 수 있다는 점이다. 예를 들어서 설명해 보자.

과제의 효과에 관한 문헌을 읽은 후, 과제와 학교 학습이 서로 관련이 없다는 증거를 발견하였다고 가정해 보자. 아마도 그 증거는 과제가 학업성취도나 성적에 실질적인 영향을 미치지 않는다는 것을 시사하는 연구 형태일 것이다. 또는 아마도 그 증거는 과제가 실제로 학교 학습에 영향을 미쳐서는 안 된다는 것을 암시하는 비공식적 이론의 형태일 것이다. 어떤 경우든, 이 가설을 구현한 모형과 초기모형을 비교함으로써 이것을 검정할 수 있다([그림 14-8]). 그러한 모형 중 하나는 **이전 학업성취도**에서 **과제**에 이르는, 그리고 **과제**부터 **성적**에 이르는 경로를 삭제할 것이다. 이 모형은 학생의 이전 학업성취도가 과제를 완성하는 데 소비되는 시간에는 아무런 영향을 미치지 않으며 과제에 소요되는 시간 또한 학생의 성적에는 영향을 미치지 않는다고 주장한다. 다시 말해서, 이 모형은 과제가 학업성취도와는 효과 (effect)(이전 학업성취도부터 과제에 이르는 경로) 또는 영향(influence)(과제로부터 성적에 이르는 경로)으로서 아무런 관련이 없다는 가설을 구체화한 것이다.

이 모형의 표준화된 결과가 [그림 14-12]에 나타나 있으며, 또한 관련된 적합도지수의 일부를 보여 준다. 주로 RMSEA(.128)에 초점을 두는데, 이는 모형의 자료에 대한 빈약한 적합도를 시사한다. 이러한 사정은 TLI(.797)와 자유도가 $df = 4$인 $\chi^2 = 69.91$에 의해 뒷받침된다. 이와는 대조적으로, CFI(.919) 와 SRMR(.071)은 그저 그러한(so-so) 모형임을 시사한다. 이 모형은 다른 것 중에서 특히 다양한 적합도 통계량이 종종 서로 다른 적합 정도를 제시하고, 분리하여 사용할 경우 서로 다른 결론을 유도할 수 있는 좋은 예제이다. 그럼에도 불구하고 혼합 적합도와 RMSEA에 중점을 두고 판단한다면, 이 모형은 자료에 부합하지 않는다고 결론짓고 결과적으로 해당 모형은 과제와 학교학습의 유의한 관련성의 예제로는 사용할 수 없음을 알 수 있다.

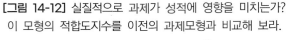

[그림 14-12] 실질적으로 과제가 성적에 영향을 미치는가?
이 모형의 적합도지수를 이전의 과제모형과 비교해 보라.

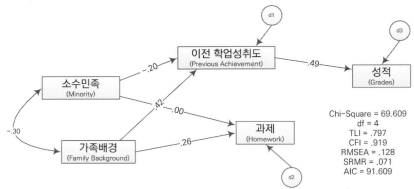

그러나 과제가 학업성취도에는 아무런 영향을 미치지 않는다는 가설에 근거한 이 모형의 결과를 초기모형의 결과와 비교하면, 중요한 질문에 더욱 직접적으로 답할 수 있다. 초기모형은 적합도가 우수한 반면, 이 모형([그림 14-12])은 그렇지 않았다. 그러나 두 모형의 적합도 간에 유의미하거나 통계적으로 유의한 **차이가** 있는가? 적합도지수를 사용하여 이러한 비교를 수행할 수도 있다. 흥미롭게도 χ^2은 단일모형에 대한 적합도지수로서는 약간의 문제가 있지만[이후에는 '독립적(stand-alone)' 적합도지수라고 부르겠다], 종종 경쟁모형을 비교하는 데 잘 작동한다. 더 나아가 그 모형들이 내포되어 있는(nested) 경우(어떤 모형에 포함된 몇 개의 경로를 삭제하여 다른 모형이 만들어짐을 의미함), 그 비교는 질적인 것이 아니라 지극히 통계적인 것이다.

두 모형이 내포관계에 있을 때, 더 간명한 모형(추정되는 모수가 더 적은 모형)일수록 더 큰 자유도와 더 큰 χ^2을 가질 것이다(자유도는 간명성 척도라는 것을 기억하라). 그래서 덜 간명한 모형에 대한 χ^2과 자유도를 더 간명한 모형에서 뺀다. 그 결과로 얻게 되는 χ^2의 변화($\Delta\chi^2$) 또한 χ^2분포를 따르게 되고, 두 모형 간 자유도 변화와 비교할 수 있다. 다시 말해서, 하나의 모형에서 특정한 경로 또는 상관관계를 삭제하여 다른 모형이 파생되는 경우, 이를 내포관계에 있다고 한다. 간명한 모형(하나 이상의 경로가 삭제됨으로써 더 큰 자유도를 지닌 모형)은 초기모형의 하위집합이 되고, 그 초기모형 내에 내포된다.

[그림 14-12]에서 보여 주는 모형[과제영향없음모형(no-homework-effects model)]은 [그림 14-7]에서 보여 주는 모형(초기모형)보다 더욱 간명하고, 더욱 제약적인 버전이다. 초기모형에서 추정된 두 경로는 과제영향없음모형에서는 0의 값으로 제한된 것이다. 따라서 이 모형은 초기모형 내에 내포된다. 과제영향없음모형은 $\chi^2 = 69.609$이고, 자유도는 $df = 4$이다. 과제영향없음모형부터 초기모형($\chi^2 = 2.166$, $df = 2$)에 해당하는 값을 빼서 $\Delta\chi^2 = 67.443$과 $\Delta df = 2$를 얻었다. χ^2분포에서 관련 확률을 계산하면, $p < .001$임을 알 수 있다.[4] 결과적으로, 과제영향없음모형에 대한 추가적인 제약은 $\Delta\chi^2$의 유의한 증가를 초래하게 된다.

$\Delta\chi^2$이 통계적으로 유의하다는 것은 과제영향없음모형이 초기모형보다 적합도가 떨어질 뿐만 아니

---

4) 예를 들어, χ^2과 df를 Excel의 두 셀에 입력한다. 다른 셀을 클릭한 후 삽입, 함수(Function)를 선택한 후 CHIDIST를 클릭하고 표시된 지시대로 진행한다. 그러면 표시된 df에서의 χ^2과 관련된 유의확률을 얻게 된다.

라 통계적으로도 훨씬 더 악화되었다는 것을 의미한다. 과제영향없음모형이 초기모형보다 간명하기는 하지만 모형의 적합도의 관점에서는 너무 큰 비용을 치르는 것이므로, 모형에 대한 이러한 제약조건을 거부하고 초기모형을 고수하게 된다. 따라서 과제를 수행하는 데 드는 시간이 학업성취도와는 무관하다는 가설을 기각할 수 있다.

경쟁모형을 비교하는 과정은 경쟁모형과 그에 따른 가설을 검정하는 데 사용할 수 있지만, 선호하는 모형에 대한 연구자의 믿음을 강화하거나 약화시키는 데 사용할 수도 있다. "하나의 모형이 자료에 합리적으로 상당히 적합하다는 사실은 더 잘 적합한 대안모형이 있을 수 없다는 것을 의미하지는 않는다. 기껏해야 주어진 모형은 자료에 대한 잠정적인 설명을 가능하게 하는 것일 뿐이다. 이러한 설명을 기꺼이 인정하는 자신감은 부분적으로는 다른 경쟁관계의 모형을 검정하였고, 어느 정도의 가능성을 확인하였는가에 따라 다르다."(Loehlin & Beaujean, 2017: 63)

또한 초기모형을 개발할 때 했던 가정을 검정하기 위해 $\Delta\chi^2$을 사용할 수도 있다. **소수민족**과 **가족배경**이 학생의 **성적**에 어떠한 직접적인 영향도 미치지는 않지만, 그 효과는 **이전 학업성취도**와 **과제**를 통해 간접적인 영향을 미친다고 가정하였다. 이와 관련된 중재변수를 포함시킨 후 모형적합도의 변화를 연구함으로써 이 가정이 실제로 지지되는지 여부를 검정할 수 있다. 〈표 14-4〉는 이미 논의된 두 모형의 적합도 통계량과 함께 배경효과(Background Effect)라고 명명된 모형, 즉 **가족배경**에서 **성적**에 이르는 경로를 포함한 모형을 보여 준다. 표를 통해 알 수 있듯이 배경효과모형은 초기모형보다 덜 간명하다. 배경효과모형의 자유도는 $df = 1$이고, $\Delta\chi^2 = .837$이며, 따라서 통계적으로 유의하지 않다. 결국 두 모형은 거의 동일한 모형적합도를 지닌다. 제약조건이 더 적은 모형(배경효과모형)이라도 통계적으로 항상 더 좋은 적합도를 보이는 것은 아니다. 다시 말해서, 두 모형은 동일한 설명력을 가진다. 이 경우, 더 간명한 초기모형을 선호하게 된다. 그러므로 **가족배경**은 다른 변수를 통해서만 **성적**에 영향을 미친다는 초기 가정이 뒷받침된다(이 책의 앞부분에서 저자는 합리적인 표본크기로 대략적으로 2 정도의 t값이 통계적으로 유의하다는 사실을 기억할 것을 제안하였다. 또한 자유도 $df = 1$에서 약 3.9 정도의 $\Delta\chi^2$이 통계적으로 유의하다는 것 또한 기억할 필요가 있다).

〈표 14-4〉 과제와 고등학생의 성적에 미치는 영향에 관한 대안모형의 적합도지수 비교

모형 (Model)	χ^2	df	$\Delta\chi^2$	Δdf	p	RMSEA (90% CI)	SRMR	CFI	AIC
초기 (initial)	2.166	2				.009 (.000−.064)	.009	1.000	28.166
과제영향없음 (No Homework Effects)	69.609	4	67.433	2	<.001	.128 (.103−.155)	.071	.919	91.609
배경영향 (Background Effect)	1.329	1	.837	1	.360	.018 (.000−.089)	.008	1.000	29.329

Amos 출력 결과에서 CR(Critical Ratio 또는 z)에 초점을 둠으로써 **가족배경**에서 **성적**에 이르는 경로의 통계적 유의도를 평가할 수 있었다는 점에 주목하라. z값이 .915로, 통계적으로 유의하지 않기 때문에,

가족배경이 성적에 미치는 직접효과가 없다는 초기 가정을 뒷받침한다. 단일모수를 검정될 때, $\Delta\chi^2$과 z값은 일반적으로 항상은 아니지만 동일한 결론을 도출한다. $\Delta\chi^2$은 한 모형에 대한 여러 가지 변화의 통계적 유의도를 검정하는 데 사용될 수 있지만, z값[5]은 한 번에 하나의 모수에만 적용된다.

초기모형 내에서 0으로 제한했던 두 개의 경로(가족배경에서 성적에 이르는, 소수민족에서 성적에 이르는)를 모두 추정할 수 있었다. 이 경우, 새로운 모형은 χ^2과 df 모두 0으로써 적정식별상태가 될 것이다. 따라서 새로운 모형과 초기모형을 비교하는 $\Delta\chi^2$은 초기모형의 χ^2값(2.166, $df = 2$)과 동일하며, 통계적으로 유의하지 않았다($p = .338$). 엄밀히 말하면, 이러한 비교를 통해 과대식별모형에 대해 검정하는 것은 모형 전체에 대한 것이 아니라 모형의 과대식별상태의 제한(제약)이라는 것을 분명히 알 수 있다.

또한 적합도 통계량을 사용하여 모형을 정리할 수도 있다. 소수민족에서 과제에 이르는 경로는 초기 과제모형에서 통계적으로 유의하지 않았다. 고려할 만한 충분한 가치가 있는 하나의 대안모형은 이 경로가 삭제된 모형이다. 이러한 변화로, $\Delta\chi^2$은 통계적으로 유의하지 않았다. 이처럼 더 간명한 모형은 초기모형과 마찬가지로 자료에 부합하였다. 모형을 정리하기 위해 $\Delta\chi^2$과 기타 적합도 통계량을 사용하는 것이 합리적이지만, 이 과정은 이전의 모형 비교와는 근본적으로 다르다는 것을 기억할 필요가 있다. 이전의 모형 비교는 이론과 선행연구에서 도출된 가설을 검정하기 위해 설계되었다. 통계적으로 중요하지 않은 경로를 제거하기 위한 모형수정은 이론적인 것이 아니라 자료 자체를 기반으로 한다. 따라서 자료에 기반을 둔 모형이 새로운 자료에 의해 검정될 때까지는 이론에서 도출된 모형과 동일한 가중값을 부여해서는 안 된다. 자료에 기반을 둔 모형을 빈번하게 수정하는 경우, 이론적 검정 연구라기보다 탐색적 연구를 수행하고 있음을 인식해야 한다.

다시 말해서, 경험칙은 $\Delta\chi^2$이 통계적으로 유의하다면 더 간명한 모형이 그렇지 않은 모형에 비해 통계적으로 훨씬 더 나쁜 적합도를 가지고 있다는 것을 의미한다. 따라서 이 방법을 사용하면 간명하지 않은 모형을 선호하여 이보다 더 간명한 모형을 기각하게 된다. 반면에, $\Delta\chi^2$이 통계적으로 유의하지 않다면, 두 모형 모두 (합리적인 오차 범위 내에서) 자료에 적합하다는 것을 의미한다. 간명성이 중요한 요소이기 때문에, 이 경우 더 간명한 모형을 받아들이고 그렇지 않은(덜 간명한) 모형을 기각하게 된다.

〈표 14-4〉는 또한 경쟁모형 비교에 사용할 수 있는 적합도지수가 하나 더 포함되어 있다. AIC(Akaike Information Criterion: 아카이케 정보 기준)는 결과가 새로운 표본으로 교차검증될 때 선택될 모형을 선택하는 경향이 있다는 점에서 유용한 교차검증(cross-validation)지수이다(Loehlin & Beaujean, 2017). AIC의 또 다른 유용한 특징은 내포관계에 있지 않은 경쟁모형을 비교하는 데 사용할 수 있다는 것이다. AIC값이 작을수록 좋다. 따라서 〈표 14-4〉의 모형을 비교하기 위해 AIC를 사용한다면, 경쟁모형보다 초기모형을 계속 선호할 것이다. 또 다른 관련 적합도지수로 BIC(Bayesian Information Criterion: 베이지안 정보 기준, Amos 출력 결과에서는 BIC)이 있다. BIC는 AIC보다 더 강한 간명성 보정이 포함되어 있다. 저자가 현재 자주 사용하고 있는 또 다른 관련 지수는 표본크기가 보정된 BIC인 aBIC이다. 이 적합도지수의 간명성 보정은 AIC와 BIC 두 지수의 간명성 보정 사이에 놓인다. aBIC는 현재 Amos에서 계산되지는 않지만, 다른 적합도 관련 정보를 이용하여 비교적 쉽게 계산할 수 있다[David Kenny의 웹사이트(http://

---

5) [역자 주] 원서에는 t값이라고 되어 있으나, 이전 맥락을 고려해 볼 때, z값을 의미하는 것이 올바른 것 같다. 따라서 t값을 z값으로 수정·제시하였다.

davidakenny.net/cm/fit.htm)를 참고하라]. Amos 사용설명서는 해당 프로그램에서 사용되는 적합도지수를 계산하는 방법을 보여 준다. aBIC는 Mplus 프로그램에서 계산된다.

〈표 14-4〉는 90% 신뢰구간과 함께 RMSEA의 값을 보여 준다. 이 값은 또한 비공식적으로 가장 낮은 RMSEA를 가지는 모형을 선택하고, 더 공식적으로 한 모형의 RMSEA값을 다른 모형의 90% 신뢰구간과 비교함으로써 경쟁모형을 비교하는 데 사용할 수도 있다. 두 가지 방법 중 어떤 방법을 사용하더라도 과제영향없음모형보다 초기모형이 자료에 더 부합하고 배경효과모형과 비교해도 더 간명한(적어도 동등한 적합도) 것으로 선호할 것이다. 일부 연구자는 CFI를 사용하여 동일성에 대한 검정을 통해 경쟁모형을 비교하기도 한다(예를 들어, Cheung and Rensvold, 2002, 제20장을 보라).

저자는 현재 경쟁모형이 내포관계에 있고 표본크기가 적절한 수준(예를 들어, 150~1,000)이라면, 경쟁모형을 비교하기 위한 주요 지표로 $\Delta\chi^2$을 사용한다. 내포관계에 있지 않은 모형의 경우, AIC 및 aBIC가 경험상 좋은 성능을 보여 주었다.

📈 보다 더 복잡한 모형

동등모형 및 비동등모형

동등모형

제13장에서 적정식별모형에서의 경로방향이 반대로 설정되면 어느 방향이 옳고 그른지에 대한 경고 없이 완전히 다른 결론에 도달할 수 있음을 확인하였다. 다시 말해서, 반대로 설정된 경로를 가지고 있는 모형들은(예: [그림 13-3] 및 [그림 13-7])은 동등(equivalent)하며 모형의 적합도로는 이 두 모형을 구별할 수 없다. 두 적정식별모형이 자료에 완벽하게 부합하기 때문에 적합 정도를 통해서는 모형을 구별할 수 없다.

SEM 프로그램을 통해 과대식별모형을 분석하는 데 있어 한 가지 장점은 자료에 대한 모형의 적합 정도에 대한 적합도지수를 제공한다는 것이다. 이러한 적합도지수를 이용하여 모형을 비교하고, 적합도가 낮은 모형을 기각하며, 적합도가 높은 모형을 잠정적으로 받아들이게 된다. 한 가지 명확하지 않은 것은 사실상 동등관계에 있는 과대식별모형을 얻을 가능성이 있다는 것이다. 동등모형(equivalent model)은 초기모형과 동일한 값의 적합도지수를 가지므로, 적합도를 근거로 초기모형과 동등모형을 구별할 수는 없다. 종종 모형의 적합도를 변경하지 않고도 경로를 반대로 바꾸거나 상관관계가 있는 경로를 대체할 수 있다. 예를 들어, [그림 14-13]은 과제에서 **이전 학업성취도**에 이르는 경로를 반대방향으로 설정한 분석 결과를 보여 준다([그림 14-8]과 비교해 보라). [그림 14-13]에서 볼 수 있듯이, χ^2, df 및 RMSEA는 모두 이 모형의 초기 분석에서와 동일하다([그림 14-11], 제시되지는 않지만, 나머지 적합도지수도 모두 동일하다). 과제와 이전 학업성취도 사이의 경로가 서로 반대방향으로 설정된 두 모형은 통계적으로 동등관계에 있으며 구별될 수 없다. 실제로, 대부분의 최종목표로 삼는 모형에는 수많은 동등관계의 모형이 있다. 특정 모형에 중점을 두는 경우, 반드시 동등관계의 모형을 고려해야 한다.

Stelzl(1986), Lee와 Hershberger(1990)는 동등관계의 모형을 생성하기 위한 규칙을 마련하였다. 이 규칙의 요점은 다음과 같이 간략하게 정리되어 있다. 여기에서는 초기모형이 재귀적 모형이라고 가정하였다.

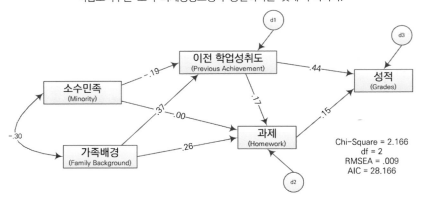

[그림 14-13] 동등모형
이전 학업성취도에서 과제에 이르는 경로가 반대로 설정되어 있지만
적합도지수는 초기 과제영향모형과 동일하다는 것에 주목하라.

1. 적정식별모형의 경우, a부터 b에 이르는 경로(→로 표시)는 b부터 a에 이르는 경로(→)로 또는 a와 b의 상관관계(a와 b가 모두 외생변수인 경우)로 대체할 수 있다. 내생변수는 단순한 상관관계를 갖지 않을 수 있으나, 그 변수의 오차는 상관관계를 가질 수 있다.[6] 따라서 내생변수 a로부터 내생변수 b에 이르는 경로는 a와 b의 오차 간의 상관관계로 대체할 수 있다(이러한 상관관계를 ⌢ 으로 표현하겠다). 이러한 모든 가능성이 동등관계에 있으므로, ⌢ 를 ←로 대체할 수 있다. 이것은 단순히 적정식별모형이 모두 자료에 완벽하게 부합하므로 통계적으로 동등관계에 있다는 것을 설명하는 또 다른 방법이다.

2. 보다 중요한 것은 과대식별모형의 경우 모형의 일부분만 식별할 수 있다. 모형의 적정식별상태에 해당하는 부분에 대해서도 이와 동일한 규칙이 적용된다. 즉, →을 ←이나 ⌢ 로(또는 그 반대로) 바꿀 수 있으며, 모형은 모두 동등관계에 놓인다. 예를 들어, [그림 14-13]에서의 모형은 **과제** 변수를 통해 적정식별상태에 놓인다. 이것이 **과제−이전 학업성취도**의 경로를 바꾸어도 여전히 동등모형을 가질 수 있는 이유이다.

3. 모형에서 과대식별상태에 해당하는 부분에 대해 a와 b가 동일한 원인을 갖는 경우 →(a로부터 b에 이르는 경로)는 ⌢ 또는 ←로 대체할 수 있다. 따라서 [그림 14-7]의 모형에서는 두 개의 변수(**과제와 성적**)가 동일한 원인을 갖지 **않으므로**, 그 경로를 역으로 바꾸면 동등모형이 생성되지 않는다.

4. 모형에서 과대식별상태에 해당하는 부분에 대해 a와 b가 동일한 원인을 갖는 경우, 그 대체가 조

---

6) 상관된 교란(correlated disturbance)은 무엇을 의미하는가? [그림 14-14]의 모형 C에 초점을 맞추면, d1과 d2 사이에 서로 상관된 교란이 있다. 교란은 모형에 표시된 변수를 제외한 해당 변수의 다른 모든 영향을 의미한다. [그림 14-14]의 모형 C에서 d1과 d2 사이의 상관관계는 이전 학업성취도와 과제에 대한, 소수민족과 가족배경을 제외한 다른 모든 영향이 서로 상관되어 있음을 의미한다. 이는 모형에는 포함되지 않았으나, **이전 학업성취도와 과제**의 다른 공통원인이 있을 수 있다는 것이다. 또한 서로 상관된 교란은 불가지론적 인과관계를 나타내기 위해 사용될 수도 있다. 즉, **이전 학업성취도와 과제**가 인과적인 관계를 갖지만, 그 방향을 알지 못한다고 생각한다. 〈부록 C〉에서 볼 수 있듯이, 부분상관계수를 통한 한 가지 유용한 방법은 교란 간의 상관관계를 나타내는 것이다.

금 더 복잡하다. b의 원인이 a의 모든 원인을 **포함한다면**, a부터 b에 이르는 경로는 ⌒ 로 대체할 수 있다. 과제에서 성적에 이르는 경로를 d2와 d3 사이의 상관관계가 있는 교란으로 대체할 수 없는데, 이는 성적의 원인이 과제의 모든 원인을 포함하지는 않기 때문이다. 소수민족과 가족배경은 과제에 영향을 미치지만, 성적은 그렇지 않다. 그리고 b가 a의 모든 원인을 포함한다면, 상관관계가 있는 교란은 a부터 b에 이르는 경로로 대체할 수 있다.

[그림 14-14]는 원래의 과제모형([그림 14-7]이나 [그림 14-14]의 모형 A)과 동등관계에 있는 여러 모형을 보여 준다. 각 모형이 초기모형과 동등관계에 있는 이유를 이해할 필요가 있다. 최종모형([그림 14-14]의 모형 F)이 도출되는 방식인 이 규칙을 반복적으로 적용할 수 있다는 것은 주목할 만하다. 각 모형의 유도과정은 [각주 7][7]에 설명되어 있다.

[그림 14-14] 동등모형

모든 모형은 모형 A와 동등한 관계이며, 적합도지수로는 구별되지 않는다.

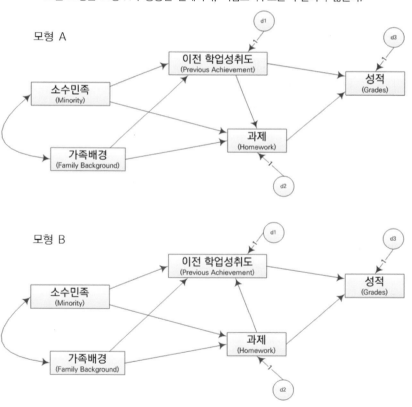

---

7) 모형 B, C, D는 규칙 2를 적용하여 생성하였다. 과제와 소수민족, 그리고 과제와 가족배경의 경로방향을 반대로 설정한 모형 E 역시 규칙 2의 적용을 통해 생성되었다. 모형 F는 모형 E를 기반으로 하는데, 모형 E와 마찬가지로 과제와 성적은 공통원인을 갖고 있다. 따라서 규칙 3을 모형 E에 적용하여 성적에서 과제에 이르는 경로를 반대로 설정할 수 있다. 모형 E와 모형 F는 비재귀적 모형이다. 예를 들어, 모형 F의 경우 과제는 가족배경에 영향을 미치고 가족배경은 이전 학업성취도에 이전 학업성취도는 다시 과제에 영향을 미치게 된다.

[그림 14-14] (계속)

모형 C

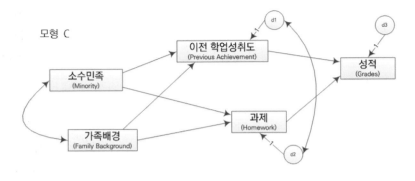

모형 D

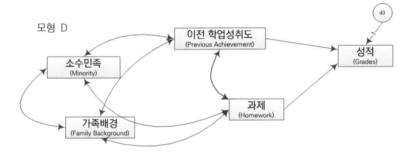

모형 E

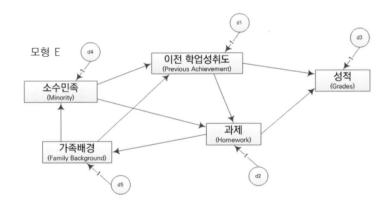

모형 F

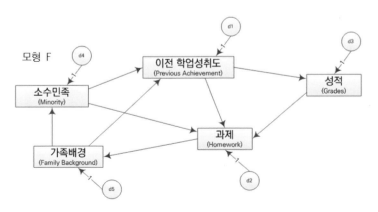

[그림 14-14]를 통해 알 수 있듯이, 동등모형이 존재한다는 것이 연구의 인과관계에 대한 결론을 위협할지도 모른다는 것은 명백해 보인다. 이 모든 모형이 연구자의 선호모형과 통계적으로 큰 차이를 보이지 않는 경우, 예를 들어 **과제**가 **이전 학업성취도**에 영향을 주는 대신 **이전 학업성취도**가 **과제**에 영향을 준다는 것을 어떻게 주장할 수 있는가? 선택된 모형에 대한 대안모형을 생성하고 이를 고려하는 것을 권한다. 초기모형만큼이나 의미 있는 대안모형을 발견할 수도 있고, 초기모형에 대해 익숙해지기 시작할 수도 있다. 동등모형을 고려하고 그 모형을 수정하거나 출간하기 전에 모형추론을 방어하는 편이 더 좋다. 그러나 동등모형의 위협에 대한 현실적인 해결책은 강력한 모형을 고안하는 방법과 동일한데, 이는 논리적이면서도 실제 시간 우선순위를 고려하고 관련 이론 및 연구를 토대로 작성하며 관련된 변수를 신중하게 검토하는 것이다.

그러나 이와 같은 사항을 고려하였음에도 동등모형이 그럴듯하게 남아 있다면 무엇을 해야 하는가? 향후 살펴보겠지만, 가능한 해결책 중 하나는 **비동등모형**(nonequivalent model)을 고안하는 것이다. 또 다른 가능성은 종단자료(longitudinal data)를 사용하는 것이다.

Lee와 Hershberger(1990)의 규칙은 비재귀적 모형의 일부에 적용되지만, 여기에서 제시된 규칙은 관심 있는 대부분의 모형에 적용될 것이다. 자세한 내용은 Lee와 Hershberger(1990)를 참고하기 바란다. 그 규칙도 Herberberger(2006)와 Kline(2016)에 의해 요약되어 아주 분명하게 보여 준다. MacCallum, Wegener, Uchino와 Fabrigar(1993)는 동등모형을 고려하지 않은 경우에 발생하는 문제점을 분명하게 보여 준다.

방향성 재검토

과대식별모형 중 일부가 동등관계에 있다면, 다른 과대식별모형은 동등관계에 있지 않고 동일한 규칙을 사용하여 비동등모형을 생성할 수 있다. 결과적으로, 이러한 사실이 적정식별모형에서 부딪히게 되는 하나의 문제점, 즉 인과방향에 관한 불확실성을 해결하는 데 도움이 될 수 있다. 주지한 바와 같이, 동등모형의 문제는 SEM 해석의 위험이지만 동등모형의 규칙에 대한 이해는 비동등모형의 개발 및 검정으로 이어질 수 있으며 이는 대단한 행운이다.

[그림 14-15]는 과제모형의 또 다른 버전을 보여 주는데, **과제**에서 **성적**에 이르는 경로가 바뀌었고 **성적**에서 **과제**에 이르는 경로로 대체되었다. 이러한 경로방향은 시간 우선순위에 따르면 이해가 되지 않는 부분이다(과제는 8학년과 10학년의 정보를 포함하지만, 성적은 10학년의 정보이다). 제13장에서 설명한 바와 같이, 적정식별상태의 모형을 추정한 것이라면, 분석을 통해 해당 모형이 옳지 않다는 것을 말해 줄 수 있는 것은 아무것도 없을 것이다. 현재 모형은 과대식별상태이다. 더욱 중요한 것은 그 모형이 초기모형과 동등하지 않다는 것이다. **성적**과 **과제**는 공통원인을 가지고 있지 않으므로(규칙 3), 경로가 뒤바뀐다 하더라도 동등모형이 생성되지 않는다. 모형이 동등하지 않으면 적합도지수가 모형의 오류를 발견하는 데 도움이 될 수 있는가? 한마디로 말하면 그렇다.

[그림 14-15] 과제에서 성적에 이르는 경로를 반대로 설정하게 되면 비동등 과제모형이 생성된다.

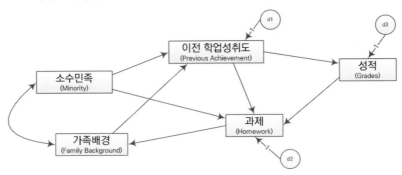

[그림 14-16]은 몇 가지 관련된 적합도지수를 통해 모형의 '잘못된 방향'으로 인한 문제점을 해결한 경우를 보여 준다. RMSEA(또는 다른 '독립형' 적합도지수)를 살펴보면, 해당 모형은 충분히 받아들일 만하다. 그러나 그 모형을 초기의 '올바른' 과제모형([그림 14-8])과 비교하는 것이 매우 중요하다. 두 모형이 중첩되지 않았으므로 $\Delta\chi^2$을 사용할 수는 없는데, 이는 하나의 모형에서 특정 경로를 삭제한다 하더라도 다른 모형에 도달할 수 없기 때문이다. 실제로 두 모형은 동일하게 간명하다(동일한 자유도를 가진다). 그러나 AIC를 이용하여 비내포모형(non-nested model)을 비교할 수 있다. [그림 14-16]과 초기모형([그림 14-11])의 AIC를 비교하면, 초기모형의 AIC(28.166)가 더 작다. AIC에 대한 경험칙은 작은 값을 가지는 모형을 더 선호한다는 것이다. 따라서 과제에서 성적에 이르는 경로가 잘못 설정된 모형보다는 초기모형을 선호하게 된다. 비동등모형을 적절하게 잘 사용한다면 방향성에 대한 끊임없는 질문에 대한 해답을 찾을 수 있다.

[그림 14-16] 비동등 과제모형의 자료에 대한 적합도가 좋지 않음을 보여 준다.

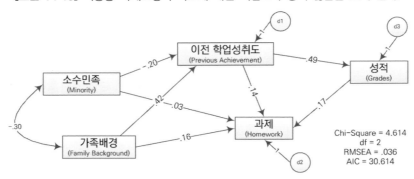

이것이 왜 효과가 있는지 궁금할 것이다. 적합도지수의 기원, 즉 실제 상관-공분산행렬과 모형에 의해 예측된 행렬의 비교에 대해 생각해 보자. 간단히 말해서, [그림 14-16]은 [그림 14-8]에 제시된 모형과 약간 다른 공분산행렬을 의미하며 [그림 14-8]에 제시된 모형에 의해 추정된 행렬은 실제 행렬과 더 유사하다.

실질적으로, 이러한 비동등모형을 개발하는 가장 손쉬운 방법은 문제가 되는 변수 중 특히 특정한 한 변수에 영향을 미치는 몇몇 변수를 포함시키는 것이다. 즉, 추정된 원인에는 영향을 미치지만 추정된 결과에는 영향을 주지 않는 변수와 추정된 결과에는 영향을 미치지만 추정된 원인에는 영향을 미치지 않는 변수를 모형에 포함시킨다. 따라서 제13장에서 살펴본 바와 같이, 비공통원인이 모형을 타당하게 하는 데 반드시 필요한 것은 아니지만, 다른 문제를 처리하는 데 도움이 될 수 있다는 것을 알 수 있다. 이와 마찬가지로, 중재(매개)변수는 비동등모형을 개발하는 데 도움이 될 수 있으므로, 이러한 목적을 위해서도 유용하게 쓰일 수 있다.

비재귀적 모형

SEM 프로그램의 또 다른 장점은 비재귀적 모형(nonrecursive model) 또는 피드백 루프(feedback loop)가 있는 모형을 분석하는 데 사용할 수 있다는 것이다. 배우자의 결혼 신뢰도와 다른 가까운 남녀 관계에 미치는 영향에 관심이 있다고 가정해 보자. 배우자에 대한 신뢰도가 부분적으로는 자신의 개인적·심리적 특성에 영향을 받을 수도 있다. 그러나 자신의 신뢰도는 배우자의 신뢰도에 의해 영향을 받을 수 있고, 그 반대도 가능하다. 만약 자신의 아내를 더 많이 신뢰한다면, 그녀 또한 자신을 더 많이 신뢰하게 될 것이다. 신뢰에는 상호효과가 있을 가능성이 높다. 이론적 모형은 [그림 14-17]에 제시된 것과 비슷할 수 있다. 모형은 배우자에 대한 자신의 신뢰도가 자신의 특성(자아존중감 및 상대방의 통제 욕구에 대한 지각)뿐만 아니라 배우자의 신뢰도에 의해 영향을 받는다고 가정한다. 해당 모형은 John Butler(2001)가 제안하고 검정한 모형 중 단순 버전이다.

추적 규칙이 비재귀적 모형에는 적용되지 않지만, 경로분석의 첫 번째 법칙을 사용하여 경로에 대한 수식을 개발할 수 있음을 기억하라. [그림 14-17]에 제시된 모형에 대한 방정식을 개발하면, 재귀적 모형과는 달리 그것이 다중선형회귀모형의 회귀계수를 추정하기 위한 방정식과는 완전히 다르다는 것을 발견하게 된다. 이것은 단순히 비재귀적 모형을 사용하면 일반적인 다중선형회귀분석으로는 그 경로를 추정할 수 없다는 것을 의미한다.

[그림 14-17] 부부간의 신뢰에 대한 상호효과를 검정하기 위한 비재귀적 모형

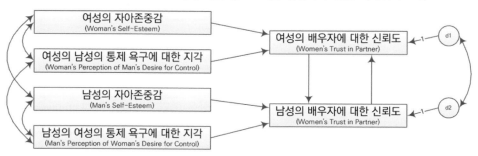

그러나 SEM 프로그램을 사용하면, [그림 14-17]과 같은 모형을 추정할 수 있다. 이러한 분석의 일부 결과는 [그림 14-18]에 제시되었다. 각 배우자의 신뢰도가 실제로 다른 배우자의 신뢰도에 의해 영향을 받고 있음을 알려 준다. 자아존중감은 신뢰도에 정적(+) 영향을 미치고, 통제 욕구에 대한 지각은 비록 그 영향의 상대적 크기가 남성과 여성에 따라 달랐지만, 부적(-) 영향을 미치고 있다. 연습문제를 통해 해당 모형에 대해 다시 살펴볼 기회를 가질 것이다(원래 논문에는 상관행렬이나 공분산행렬이 포함되어 있

지 않으므로, 이러한 분석 결과를 산출한 자료는 모의실험을 통해 생성된 것이다. 그러나 그 결과는 원래 논문의 결과와 일치한다).

[그림 14-18] 부부신뢰모형의 표준화된 추정 결과

이 자료는 Butler(2001)의 연구에 근거하여 모의 생성하였다.

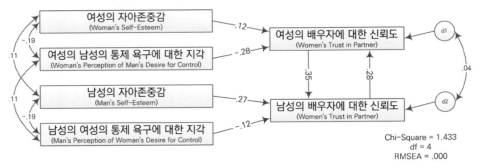

상호효과(reciprocal effect)를 기대하는 질문에 대한 해답을 얻기 위해 비재귀적 모형을 사용하는 예제로 [그림 14-18]의 모형을 제시하였다. 이러한 상호효과는 부부 또는 다른 형태의 커플을 대상으로 한 자료의 분석에서는 보편적인 것이다. 많은 SEM 사용설명서에서 광범위하게 분석되고 사용된 예제로서 가장 잘 알려진 비재귀적 모형 중 하나는 사회학자인 Otis Dudley Duncan과 그의 동료가 서로 간의 직업적·교육적 열망에 대한 친구의 영향력을 추정하기 위해 고안된 것이다(Duncan, Haller, & Portes, 1971). 예상한 대로, 비재귀적 모형도 인과관계의 문제점을 해결하는 데 사용된다(예: Reibstein, Lovelock, & Dobson, 1980).

그러나 비재귀적 모형은 이와 같은 간단한 개요보다 훨씬 복잡하며, 이 책의 범위를 벗어난다. 비재귀적 모형에 대해 관심이 있다면, 그 모형을 훨씬 더 깊이 연구해야 한다. Kline(2016)과 Loehlin과 Beaujean(2017)은 그에 대한 보다 더 상세한 소개를 제공한다. Rigdon(1995)은 비재귀적 모형의 식별문제에 대한 자세한 논의를 제시하였고, Hayduk(1996)은 비재귀적 모형과 관련된 흥미로운 문제를 제시하였다.

종단모형

변수 간의 상호효과에 관한 질문에 답하는 또 다른 방법은 종단모형(longitudinal model)을 고려하는 것이다. 실제로 과제모형에 초점을 맞춘다면, 그것이 이 기법을 활용한다는 것을 알 수 있다. 그 모형은 이전 학년에서 학업성취도(8학년의 **이전 학업성취도**)를 통제한 상태에서, 과제가 이후 학년에서 학습(이에 따른 GPA)에 미치는 영향에 초점을 둔다.

직무 **스트레스**와 **정서적 피로감**은 상호작용 효과가 있는가? [그림 14-19]는 영국에서 조사된 내과의사를 대상으로 앞의 질문에 답하기 위해 고안된 종단모형을 보여 준다(McManus, Winder, & Gordon, 2002). 내과의사들은 1997년과 2000년 두 차례에 걸쳐 조사되었다. 모형의 변수는 모두 측정변수이다. 자료('stress burnout longitudinal.xls')와 해당 모형은 웹사이트('stress burnout longitudinal 5.amw')에 있다.

[그림 14-19] 종단자료를 통해 추정된 스트레스와 정서적 피로감 간의 상호효과

이 모형은 내과의사(McManus et al., 2002)가 참여한 연구에 기초한 것이다.

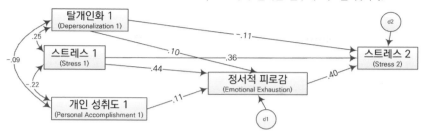

[그림 14-19]의 모형은 과대식별상태($df = 1$)로서, **개인 성취도 1**에서 **스트레스 2**에 이르는 경로가 없다. 그 결과, **스트레스**와 **정서적 피로감** 간에 사실상 상호효과가 있음을 시사하고 있다. **스트레스**는 **정서적 피로감**을 증가시키고, 이로 인해 **스트레스**를 증가시킨다. **스트레스 1**이 **정서적 피로감**(완전 매개)을 통한 간접효과에 의해서만 **스트레스 2**에 영향을 미친다고 가정하는 모형을 이 모형([그림 14-19])과 비교하는 것은 대단한 가치가 있다.

종단모형은 심지어 동등모형이 있는 경우에도 설정된 경로의 추론을 뒷받침하는 데 도움이 될 수 있다. **정서적 피로감**이 1997년에 측정되고, 2000년에 **스트레스**가 측정된 것이라면, 동시에 측정된 경우에 비해 **정서적 피로감**부터 **스트레스**에 이르는 경로가 적절한 방향이라고 쉽게 주장할 수 있다. 저자는 여전히 비재귀적 모형과 종단모형의 영향력의 방향에 관한 질문에 대답할 수 있는 능력이 과소평가되는 것을 원치 않는다. 그 결과가 항상 원하는 것만큼 분명하지는 않다. 그 가능성을 설명하기 위해 매우 분명하고 명확한 예제를 살펴보았다.

[그림 14-20]은 패널모형(panel model)이라고 알려진 특수한 유형의 종단모형을 보여 준다. 패널모형에는 둘 이상의 변수 조합이 두 번 이상 측정된다. 그것은 상호 인과성(reciprocal causation)의 질문을 검정하거나 인과적 우위에 관한 문제를 해결하는 데 자주 사용된다. [그림 14-20]의 모형은 NELS 전체 자료(NELS의 하위표본에는 포함되지 않은 12학년의 자료가 포함되었다.)로 검정할 수 있다. **학업성취도 검사**(동일하거나 유사한 검사)와 **통제소재** 측정은 3회에 걸쳐 실시된다. 그림을 통해 알 수 있듯이, 모형은 자유도 $df = 15$를 가지고 있다. 만약 매 시점에서의 **학업성취도**에서 다음 시점의 **통제소재**에 상당한 영향을 미쳤으나 그 반대 방향으로는 유의한 결과가 나타나지 않았다면(**통제소재**는 **학업성취도**에 영향을 미치지 않았다), **학업성취도**에서 **통제소재**에 이르는 경로를 지정하는 것이 후속 횡단연구 또는 종단연구에서는 보다 더 편할 것이다. 8학년에서 두 관심 변수(**학업성취도 8**, **통제소재 8**)에 대한 상관된 교란(correlated disturbance)에 주목하라. 이 경우, 상관된 교란은 두 가지 목적이 있다. 8학년 때의 **학업성취도**와 **통제소재** 간에는 어떤 영향도 설정하지 않았고(아마도 다른 관측시점에서도 추가적인 상관된 교란이 필요할 것이다), 우리가 고려하지 않은 이러한 변수의 다른 공통원인이 있을 수 있다는 점을 고려할 수 있다. 패널 내의 측정값과 종단모형 내에서의 측정값 간의 시차(time lag) 덕분에 인과관계의 방향을 지정하는 것에 관한 우려가 해소되는 측면이 있지만, 그 시차는 인과관계의 과정이 제대로 작동할 수 있도록 충분히 길어야 한다는 것을 명심해야 한다. 종단모형과 패널모형에 대한 보다 자세한 내용은 Little(2013)을 참고하라. 이 모형의 잠재변수 버전은 제18장에서 분석된다.

[그림 14-20] 통제소재가 학업성취도에, 그리고
그 역(vice versa)에 미치는 영향의 정도를 결정하기 위해 설계된 잠재적 종단패널모형

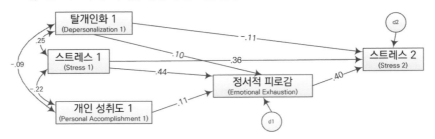

📈 조언: MR 프로그램 대 SEM 프로그램

적정식별모형인 경우, SEM 프로그램은 MR 프로그램과 마찬가지로 경로분석에 대해 동일한 정보를 제공한다는 것을 이미 확인하였다. 그러나 과대식별모형인 경우, SEM 프로그램을 사용할 때 몇 가지 이점이 있다. 둘 중 하나를 선택해야 한다면 어느 것을 사용해야 하는가? 이와 관련된 조언(advice)은 다음과 같다.

1. 적정식별상태의 단일 재귀적 모형을 분석하는 경우, MR 프로그램이나 SEM 프로그램 모두 정상적으로 작동한다.

2. 과대식별모형을 분석하거나 여러 경쟁모형을 비교하는 경우, SEM 프로그램을 사용하라. 비재귀적 모형을 분석하는 경우에도 SEM 프로그램을 사용하라.

3. 경로분석을 수행하기 위해 MR 프로그램을 사용하는 경우 과대식별모형을 지정하는데, 실질적인 이점은 없다. 대신, 모형적합도에 대한 질적 평가를 위해서는 도움이 된다. 이는 선행연구 및 이론에 근거하여 어떤 경로가 0의 값에 근접하는지, 어떤 경로가 큰 값을 가지는지, 어떤 경로가 정적(+)이나 부적(−)인 값을 가지는지 등을 분석 이전 단계에서 예측해야 한다는 것을 의미한다. 이러한 예측결과가 반드시 공식적으로 만들어질 필요는 없지만, 각 경로가 어떠한 형태일지에 대해 충분한 시간을 가지고 생각해 볼 필요가 있다. 분석 이후에는 예측결과가 어떤 양상을 보이는지 확인하라. 분석하기 전에 예측된 경로가 기대한 바와 같이 0의 값으로 추정되었다면, 해당 모형이 그동안의 연구현상의 실제 작동방식에 충실한 근사치라는 것을 믿을 수 있게 된다. 반면에, 많은 예측이 잘못 이루어졌다면 해석에 있어 더욱 신중해야 하고 모형을 재검토하여 분석 결과를 다시 확인해야 한다.

4. 경로분석을 수행하기 위해 SEM 프로그램을 사용하는 경우, 적정식별모형보다는 과대식별모형을 설정하는 것이 좋다. 다시 말해서, 현재 모형을 이론과 선행연구에 바탕을 둔 모형과 비교하는 데 시간을 할애해야 한다. 그러한 정보를 기반으로 0으로 설정할 수 있는 경로가 있는가? 만약 있다면, 그 경로를 모형에서 삭제하라(이후의 모형에서는 해당 경로의 효과가 없다는 가설을 항상 검정할 수 있다). 즉, 적정식별모형을 실행한 후 통계적으로 유의하지 않은 경로를 확인하기보다는 자료

분석 이전에 효과가 없다는 가설을 미리 지정해 두는 것이 바람직하다. SEM 프로그램을 사용하는 경우, 경쟁모형을 비교하여 검정할 수 있는 실질적인 가설도 고려해야 한다.

📈 조언: 적합도 척도

경로분석(또는 CFA나 잠재변수 SEM)을 수행하기 위해 SEM 프로그램을 사용하는 경우, 과대식별모형을 적합하기 위해 노력하고, 모형을 평가하기 위해 적합 정보를 활용하며, 경쟁모형을 비교해야 한다. 적절한 적합도지수에 대한 앞의 조언을 통합하고 확장하려는 시도를 통해, 이 절을 기술하는 것이 조금 두렵다. 간단히 말해서 모형의 특성(예를 들어, 표본크기, 변수의 개수, 자유도, 모형 설정 오류 및 고유분산의 수)을 고려할 때 저자의 조언은 종종 잘못된 것일 수 있다. 그러나 초보자인 경우라면 어디선가는 시작해야 한다. 이 절의 마지막 부분에 기술된 주의사항도 참고하라.

단일모형 평가

이 장의 앞부분에서 언급하였듯이, RMSEA, SRMR, CFI 및 TLI는 단일모형의 적합도를 평가하는 데 유용한 '독립형(stand-alone)' 적합도지수라고 한다. CFI와 TLI의 경우, 저자는 보통 둘 중 하나를 사용한다. 이러한 적합도지수에 대한 공통기준은 〈표 14-5〉에 나와 있다. 앞에서 언급하였듯이, 이러한 연구결과는 일반적으로 모의실험을 통해 뒷받침되었다(Hu & Bentler, 1998, 1999). Hu와 Bentler(1999)는 SRMR 및 CFI와 같은 적합도지수를 조합하여 사용하도록 권장하였다. 그러나 문제는 그리 간단치 않다. 최근 연구에서는 모형적합도가 우수한 모형과 그렇지 않은 모형을 구분하는 기준에 잠재적인 문제점을 보여 주었다(Chen et al., 2008; Fan & Sivo, 2007; Marsh, Hau, & Wen, 2004). 많은 것이 적합도지수에 영향을 미치므로 엄격한 구분 기준을 준수하는 것으로는 효과가 없다. 예를 들어, RMSEA와 관련하여 "저자의 분석에 따르면 특정 수준의 검정력 또는 제1종 오류의 확률(유의수준)을 달성하기 위한 기준값의 선택은 모형 설정, 자유도 및 표본크기에 따라 다르다"(Chen et al., 2008: 462). 저자는 〈표 14-5〉에 열거된 기준을 지속적으로 사용하지만, 좋은 모형과 나쁜 모형을 구분하는 고정된 기준으로는 사용하지 않는다. 모든 적합도지수가 좋으면 해당 모형을 사용해도 괜찮다. 일부 적합도지수가 양호하나 일부 지수가 좋지 않은 경우, 그 이유를 이해하고 개선방법을 조사하려고 노력해야 한다. Loehlin과 Beaujean은 두 개의 시계를 가진 남자는 결코 지금이 몇 시인지 확신할 수 없다는 격언을 회상시켰다(Loehlin & Beaujean, 2017, 제2장). 시계들이 매우 유사한 시각을 나타낸다면, 정확한 시간을 알 수 있을 것이다. 그것들이 서로 다른 시각을 알려준다면 더 면밀히 조사하는 것이 좋다.

〈표 14-5〉 적합도 통계량 및 적합도지수의 요점 정리

적합도지수	유용한 경우와 기타 정보	일반적인 기준
χ^2	N = 75~400인 독립형 척도인 경우 유용. df와 함께 통계적 유의도 평가	유의하지 않음(non-significance)은 모형을 지지함

$\triangle\chi^2$	$N \leq 1,000$인 경쟁, 내재모형 비교	유의하지 않음(non-significance)은 더 큰 df를 가진 모형을 지지함. 유의함은 더 작은 df를 가진 모형을 지지함
RMSEA	독립형 적합도 척도. RMSEA의 신뢰구간을 계산하고, 도출된 RMSEA가 어떤 값(예: .05)과 통계적으로 유의하게 차이가 있는지를 검정할 수 있음	$\leq .05$ = 좋은 적합도(good fit) [근접한 적합도 (close fit)] $\leq .08$ = 적절한 적합도(adequate fit) $\geq .10$ = 빈약한 적합도(poor fit)
SRMR	독립형 적합도 척도. 직관적으로 흥미를 끔	비록 $\leq .06$이 더 나은 기준일 수 있지만, $\leq .08$ = 좋은 적합도
CFI	독립형 적합도 척도. 몇몇 연구는 $\triangle$CFI가 동일성(invariance) 검정에 유용할 수 있다고 주장한다(제20장 참고).	$\geq .95$ = 좋은 적합도 $\geq .90$ = 적절한 적합도
TLI	독립형 적합도 척도	$\geq .95$ = 좋은 적합도 $\geq .90$ = 적절한 적합도
AIC	내포(nested) 또는 비내포(non-nested) 경쟁모형 비교	작을수록 더 좋음
BIC	AIC와 동일하지만 간명성이 더 뛰어남	작을수록 더 좋음
aBIC	AIC와 동일하며, 간명성 측면에서는 AIC와 BIC 중간 정도임	작을수록 더 좋음

단일모형에 대한 적합도의 기본 척도로 χ^2을 사용하는 것에 복잡한 감정을 가지고 있다. 다른 연구자는 이 지수를 더 많이 지지한다는 것을 알아야 한다. 예를 들어, Kline(2011)은 항상 χ^2 및 이와 관련된 df와 p값을 보고하고, 통계적으로 유의한 χ^2을 갖는 모형의 경우 부적합의 원인으로 잔차상관행렬을 신중하게 검토할 것을 제안하였다. 저자는 χ^2에 그다지 매혹된 편은 아니지만, 대부분의 대표본(수천 건의 사례) 연구에서는 χ^2이 표본크기에 너무 큰 영향을 받으면 대체로 통계 결과가 유의하게 되는 경향을 보인다. 그러나 표본크기가 75~200 또는 400 정도인 경우, 이 조언이 나쁘다고 볼 수만은 없다 (http://davidakenny.net/cm/fit.htm, 2018년 3월 22일 기준). 더 큰 표본을 사용하면, χ^2은 '독립형(stand-alone)' 측정도구로는 유용하지 않다고 생각한다. 보다 일반적인 값일수록 더욱 유용하다. 선호하는 적합도지수로 측정했을 때 모형적합도가 좋지 않다면 더 면밀하게 조사해야 한다. 잔차 상관관계와 표준화 잔차(공분산)는 이를 수행하기 위한 훌륭한 자원이다. 수정지수(modification indices)(그리고 이와 관련된 기대모수의 차이)도 유용하다(Heene et al., 2012). 이에 대한 내용은 후속 장에서 논의할 것이다.

선호하는 적합도지수가 다르다는 것은 몇 가지 중요한 점을 시사하고 있다. 첫째, 여러 저자가 여러 가지 적합도 척도를 강조하고 다양한 조언을 제공한다. 둘째, 다양한 적합도지수의 성능에 대한 지식은 시간이 지남에 따라 증가할 것이며, 적합도지수와 관련된 일반적인 지혜도 시간이 지남에 따라 변할 것이다. 연구를 위한 SEM의 책임자가 되려면, 새로운 개발에 적용할 필요가 있다. 이미 Kenny의 웹페이지를 유용한 조언을 구할 수 있는 하나의 출처로 언급한 바 있다. 아마도 그는 자신의 조언을 계속 업데이트하고 있을 것이다. 또한 연구 분야의 관습과 규범에 주의를 기울여야 한다. 왜냐하면 이러한 연구

분야는 영역에 따라 다를 수 있기 때문이다. 셋째, 모형이 자료에 잘 부합하는 경우에도 모형이 정확할 뿐만 아니라 '진실'이 밝혀졌음을 의미하는 것은 아니다. 동등관계에 있거나 더 좋은 대안모형이 있을 수도 있다. 그리고 연구자의 모형이 모든 대안을 뛰어넘는다 하더라도 그것은 단지 모형일 뿐이다. 그것은 모형에서 고려하는 변수 간의 측정된 관계를 설명하는 데 필요한 작업이고, 그 변수는 연구자가 고려할 수 있는 무한한 개수의 변수 중 일부분이다. 넷째, 연구자가 절대로 범하지 않아야 하는 것은 자신이 선호하는 특정 모형을 뒷받침하기 위해 개인의 입맛에 맞는 적합도지수만을 선택하는 것이다. 시간이 지남에 따라 적합도지수에 대한 선호도는 바뀌지만, 그 변화는 특정 모형을 뒷받침하고자 하는 의지가 아니라 지식과 경험에 기반을 두어야 한다.

경쟁모형 비교

좋은 모형의 구조에 관한 명확하면서도 경험칙이 부재하다는 것과 좋은 모형이 '올바른(correct)' 모형을 의미하지는 않는다는 것이 바로 다섯 번째 중요한 점을 강조하고 있다. 즉, 비록 독립형 적합도지수가 매우 유용하지만, 경쟁관계에 있는 대안모형의 적합도를 비교할 수 있을 때 더욱 유용하다. 이미 언급한 바와 같이, 모형이 내포관계에 있고 합리적인 표본크기(최대 750~1,000 정도)가 주어진다면, $\Delta\chi^2$이 이 목적에 유용하다는 것을 밝혔다. 또한 AIC 및 기타 정보 기준 지수도 유용하며, 모형이 내포관계에 있지 않더라도 활용할 수 있다. 다양한 정보 기준 지수(AIC, BIC, aBIC)는 모형의 간명성에 대해 서로 다른 보정값(가중값)을 부여한다[Mulaik(2009)는 간명성에 대한 보정값이 표본크기에 따라 다르지만, 표본크기가 증가할수록 보정값이 미미해짐을 보여 주었다]. 적어도 최근 연구에서 저자는 aBIC가 지나치게 엄격한 상태와 지나치게 관대한 상태 사이에서 행복한 중간을 제공한다는 것을 발견하였다(비록 AIC가 최근 우리의 연구집단이 수행한 확인적 요인분석 시뮬레이션 연구에서 더 잘 작동하는 것처럼 보였지만: Keith, Caemmer, & Reynolds, 2016). 이러한 모든 적합도지수(AIC, BIC, aBIC)는 경쟁모형을 비교할 때만 유용하며, 그 값이 작을수록 좋다.

마지막으로, '독립형' 적합도지수가 일반적인 용어는 아니다. 그것이 '독립형' 적합도지수 대비 경쟁모형을 비교하기 위한 유용한 척도라는 것을 이야기하는 것이 더 적절하다고 생각한다. 그러나 이러한 생각이 보편적이지는 않다. 일반적으로, 연구자는 CFI 및 TLI와 같은 척도를 증분적합도지수(incremental fit indexes) 또는 상대적합도지수(relative fit indexes)[대상모형(target model)을 영모형(null model)과 비교하므로]라고 지칭하고, RMSEA, SRMR, 때로는 χ^2과 같은 척도를 절대적합도지수(absolute fit indexes)로 지칭한다. 추가 분류는 연구자마다 다르다. Kenny(1979)는 경쟁모형의 비교에만 유용한 AIC와 같은 지수에 대해 '비교적합도(comparative fit)'지수를 추가하고(http://davidakenny.net/cm/fit.htm, 2018년 3월 22일 기준), 다른 연구자는 AIC 및 관련 척도를 정보-이론적 척도(information-theoretic measures)(예: Arbuckle, 2017)와 관련짓는다.

〈표 14-5〉는 지금까지 논의된 적합도지수와 단일모형 또는 경쟁모형을 평가하기 위한 유용성을 보여 준다. 일부 다른 지수도 포함되어 있다.

📈 요약

이 장에서는 많은 부분을 다루었고, 그에 따른 정리가 필요하겠다. 이 장에서 다중선형회귀분석을 사용하여 경로모형을 추정하는 것에서 SEM 프로그램을 사용하여 구조경로모형을 추정하는 것으로 전환하였다. 여러 가지 프로그램을 사용할 수 있으며, 프로그램마다 장점이 있다. 대부분의 프로그램에는 웹사이트에서 다운로드할 수 있는 학생용 버전 또는 시험용 버전이 있다. 이러한 학생용 버전은 모든 기능을 갖춘 프로그램과 동일하게 작동되지만, 일반적으로 분석에서 고려할 수 있는 변수의 개수가 제한되어 있다. 무료 통계 프로그램 언어인 R에서 사용할 수 있는 SEM 추가 기능이 있다. 이 책에서는 Amos 프로그램을 사용하여 SEM 프로그램을 설명하였다. 도식과 설명은 다른 SEM 프로그램으로 쉽게 변환할 수 있어야 하며, 웹사이트는 여러 SEM 프로그램의 입력과 출력을 보여 준다.

경로분석에 대한 이전의 모든 논의를 통해 SEM 프로그램을 통한 경로분석으로 직접 변환된다. 예시를 위해, Amos 프로그램을 사용하여 제13장의 학부모참여경로모형을 다시 추정하였다. Amos 프로그램의 한 가지 장점은 경로모형을 작성하는 것이 모형의 설정으로 활용되고 자료와 더불어 경로도를 작성하는 것만으로도 분석을 수행하기에 충분하다는 것이다. 학부모참여 예제의 재분석을 위해 경로도를 작성하는 것은 경로모형을 개발하기 위해 이전에 이용한 방법들과 유사하였다. 한 가지 차이점이 있다면, 관례에 따라 교란에서 내생변수에 이르는 경로값을 1로 설정하였다는 것이고, 이로써 교란의 분산을 추정할 수 있었다(선형회귀분석에서는 교란의 분산값을 1로 가정하였지만, 경로는 추정하였다). 비측정 잠재변수에 대해서도 이와 같은 규칙을 적용하는데, 잠재변수에서 측정변수에 이르는 경로값을 1로 설정함으로써 잠재변수의 분산을 설정하게 된다. 이 관례는 잠재변수의 분산이 측정변수의 그것과 동일하다는 것을 의미한다.

SEM 프로그램(여기서는 Amos)의 출력 결과에는 표준화와 비표준화 경로모형뿐만 아니라 상세한 출력 결과가 포함되어 있다. 상세한 출력 결과에는 비표준화 경로계수의 표준오차 및 관련 t값(또는 z값)뿐만 아니라 직접효과, 간접효과 및 총효과의 표를 포함하고 있다.

그다음 예제는 **과제완료 소요 시간**이 고등학교 성적에 미치는 영향의 정도를 결정하기 위해 고안된 과대식별모형에 관한 것이었다. 모형에는 고려될 수 있는 모든 경로가 포함되지는 않았으며, 이는 경로를 작성하기는 하나 그 값을 0으로 제한하는 것과 같은 설정이다. 추정된 모형은 **과제**가 **성적**에 중간 정도(moderate) 영향을 미치고 있으며, **이전 학업성취도와 가족배경은 과제완료 소요 시간**에 중간 정도에서 강한(strong) 영향을 미치는 것으로 나타났다.

이전 장에서 모형의 적합도에 대한 피드백을 제공하기 위해 과대식별모형을 사용할 수 있다고 언급한 바 있다. SEM 프로그램의 주요 장점은 그러한 피드백을 제공한다는 것이다. 경로를 추정하기 위해 공분산을 사용할 수 있고, 그 반대로 추정된 경로를 이용하여 공분산을 추정할 수도 있다. 추정된 경로모형을 사용하여 공분산을 해결할 수 있다. 모형이 과대식별상태라면, 이 두 행렬(실제 공분산행렬과 추정된 공분산행렬) 간에는 어느 정도 차이가 난다. 적합도 통계량 또는 적합도지수는 이러한 유사성 또는 비유사성의 정도를 설명하고 자료를 설명하는 데 주어진 모형이 얼마나 적합한지에 대한 피드백을 제공한다.

모형의 자유도는 모형의 과대식별상태의 정도 또는 모형의 간명성을 나타낸다. 과제모형의 자유도는 $df = 2$이고, 이는 모형에서 두 개의 경로를 삭제한 결과이다. 되도록 많은 경로를 0의 값(또는 특정한 값)으로 제한하면 할수록 모형이 간명해지고 자유도 또한 증가한다.

여러 적합도지수가 SEM 프로그램에 의해 제공된다. 그 중에서 단일모형에 대한 주요 지수로서 근사제곱근평균제곱오차(RMSEA)에 초점을 두었다. RMSEA 값이 .05 이하인 경우 좋은(good) 적합도를, .08 이하인 경우 적절한(adequate) 적합도를 시사한다(Browne & Cudeck, 1993). 또한 단일모형의 적합도를 평가하는 방법으로 비교적합도지수(CFI)와 Tucker-Lewis지수(TLI)를 사용하는 방법에 대해서도 논의하였다. 이러한 적합도지수의 경우, .95 이상의 값은 좋은(good) 적합도를, .90 이상의 값은 적절한(adequate) 적합도를 나타낸다. 표준화된 제곱근잔차(SRMR)는 직관에 의한 적합도지수이며, 측정변수 간의 실제 상관관계와 모형에 의한 예측 상관관계 간의 평균 차이를 나타낸다. SRMR값이 .08(또는 .06) 이하인 경우 좋은(good) 적합도를 나타낸다. χ^2은 자유도 및 그것과 관련한 유의확률과 함께 모형의 적합도를 평가하는 데 사용되며, 통계적으로 유의한 χ^2의 값은 적합도가 없음을, 유의하지 않은 값은 적합도가 있음을 의미한다. χ^2은 보편적으로 많이 사용되고 있지만, 일반적으로 단일모형의 적합 정도를 측정하는 데 문제가 있다.

SEM 프로그램과 적합도 척도의 주요 장점은 경쟁관계의 이론 모형을 비교하는 데 사용할 수 있다는 것이다. 초기 과제모형의 적합도를 여러 경쟁모형과 비교하였다. 이러한 비교를 통해, 각 모형에 구현된 기본 가설을 검정하였다. 저자는 χ^2을 단일모형의 적합도 척도로서 사용하는 것을 과소평가하지만, 내포모형(하나의 모형이 다른 모형의 제약에 의해 생성된다.)의 경우, χ^2이 두 모형을 비교하는 유용한 도구가 될 수 있다고 주장한 바 있다. 더욱 간명한 모형(더 큰 df를 갖는 모형)일수록 더 큰 χ^2의 값을 가질 것이다. df의 변화에 비해 χ^2의 변화가 통계적으로 유의하다면, 경험칙에 따라 덜 간명한 모형을 선호하게 된다. 그러나 $\Delta\chi^2$의 값이 통계적으로 유의하지 않으면, 더 간명한 모형을 선호하게 된다. 4에 가까운 $\Delta\chi^2$은 $df = 1$에서 통계적으로 유의하다. 경쟁모형을 비교하기 위한 또 다른 적합도지수로는 AIC와 표본크기에 의해 조정된 aBIC가 있으며, 작은 값을 가질수록 모형의 적합 정도는 더 좋아진다.

변수끼리 서로 영향을 주고받는 경쟁적인 가설을 표현한 경쟁모형을 과대식별모형과 비교할 수 있지만, 선호모형과 동등관계에 있는 여러 모형이 있을 수 있다. 이러한 동등모형은 영향에 대한 경쟁적인 가설을 나타낼 수 있지만, 선호모형과의 차이가 크지 않을 수도 있다. 동등모형을 생성하기 위한 규칙을 간략하게 설명하였고, 자신의 모형을 개발할 때와 마찬가지로 동등모형을 고려해야 한다고 언급하였다. 이론, 선행연구 및 시간 우선순위 등을 신중하게 고려하여 우선적으로 타당한 모형을 작성하는 것과 동일한 방식을 취해야 동등모형에 의한 위협을 미연에 방지할 수 있다.

동등모형의 이면에는 과대식별상태이면서 내포관계에 있지 않고 연구자에 의해 고려되는 모형과는 동등관계에 놓여 있지 않은 모형이 존재한다는 것이다. 이러한 모형은 경로모형에 대한 위협을 검정하고 기각하는 데 매우 유용하다. 동등모형을 생성하기 위한 규칙을 이해한다면, 비동등모형을 생성할 수 있다. 과제에서 성적에 이르는 경로를 반대로 설정한 비동등한 과제모형을 검정하였고, 그 결과를 설명하였다.

SEM 프로그램의 다른 장점은 비재귀적 모형을 분석하는 데 사용될 수 있고, 종단모형의 검정력을 증가시킬 수 있다는 것이다. 종단자료는 인과관계의 방향을 명확히 함으로써 동등모형에 의해 제기되는 몇 가지 문제점을 극복하는 데 유용하다. 상세한 수준은 아니지만 비동등모형에 대해 설명하였다.

경로모형을 분석하는 두 가지 방법에는 일반적인 통계분석 프로그램을 활용한 다중회귀분석과 SEM 프로그램이 있다. 경로분석을 수행하기 위해 MR을 사용하면, 과대식별모형을 개발하는 데 실질적인 이점은 없다. 그러나 SEM 프로그램을 사용하는 경우, 프로그램에서 제공하는 적합 정보로 인해 과대식별모형을 개발할 만한 충분한 가치가 있다. 이와 유사하게, 과대식별모형이나 경쟁모형의 비교 또는 더 복잡한 경로모형의 형태에 관심이 있다면, SEM 프로그램을 사용하여 이러한 모형을 추정하도록 권장한다.

EXERCISE 연습문제

1. 이 장에서 사용한 **과제모형**을 재현하라. 그 결과가 일치하는지 확인하라(Amos 이외의 프로그램을 사용하는 경우, 추정 결과에 약간의 차이가 있을 수 있다). 검정할 만한 추가 모형이 있는가?

2. NELS 자료를 사용하여 **과제모형**과 유사한 형태를 추정하라.

3. 과대식별모형을 소개하는 절에서 "경로를 설정하지 않는 것은 경로를 설정하되 그 경로값을 0으로 고정하거나 제한하는 것과 같다."라는 진술이 맞는지 확인하라. **과제모형**을 사용하여, 예를 들어 **이전 학업성취도**에서 **성적**에 이르는 경로를 제한한 후 모형의 적합도를 확인하라. 이제 그 경로를 삭제하라. 추정 결과가 동일한가? 두 모형에 대한 모수의 추정값은 동일한가?

4. [그림 14-14]에 해당하는 동등모형에 초점을 두라. 동등모형과 초기모형([그림 14-14]의 모형 A)의 차이점에 유의하라. 각 동등모형을 생산하는 데 사용된 규칙은 무엇인가? [각주 6]에서 나타난 모형과 실제 답변을 확인하라. 실제로, 두 모형이 동일하다는 것을 입증하기 위해 두 모형 중 하나 또는 두 모형 모두를 추정하라.

5. Henry, Tolan과 Gorman-Smith(2001)는 소년의 폭력과 비행에 대한 또래의 영향을 조사하였다. [그림 14-21]은 저자들의 연구에서 추출한 하나의 모형인 '완전매개' 모형을 보여 준다. **가족관계**란 가족결속(family cohesion), 가족에 대한 믿음(beliefs about family) 및 **가족구조(Family Structure)**에 대한 측정값을 이용한 합성변수로서, 높은 점수가 더 좋은 가족임을 의미한다. 폭력과 비행 변수는 또래 및 개인에 대한 폭력적·비폭력적 비행범죄의 빈도를 측정한 것이다. 모형은 종단자료에 의한 것으로, **가족관계**는 12세, **또래집단(Peer)**은 14세, 그리고 **개인특성(Individual)**은 17세 때 측정한 것이다. 해당 모형은 웹사이트의 'henry et al.amw' 파일에도 포함되어 있다.

　원래 논문에서 보고된 것과 동일한 자료는 SPSS파일 'Henry et al.sav' 또는 Excel 파일 'Henry et al.xls'에 있다. 해당 모형을 분석하고 해석하라. 어떤 변수가 소년 비행에 더 중요한 영향을 미쳤는가? 비행을 일삼는 또래인가? 그렇지 않으면 폭력적인 또래인가? 어떤 변수가 소년 폭력에 더 중요한 영향을 미쳤는가? **가족관계**가 **개인의 폭력**과 **비행**에 미치는 간접효과는 어떠했는가? **가족관계**가 결과변수에 직접적인 영향을 미치는지의 여부를 결정하기 위해 대안모형을 검정하라[Henry 등(2001)에는 변수 간의 상관관계가 실려 있다. 이 예제에서 사용된 자료는 이러한 상관관계를 모방하도록 설계된 모의실험에 의한 자료이다. 여기에서 사용된 **가족관계** 변수는 원래 논문에서 소개한 세 변수의 조합이다].

[그림 14-21] Henry 등(2001)의 모형

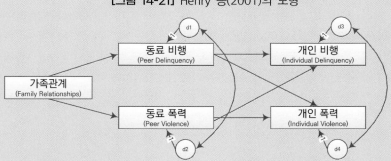

6. 우선 [그림 14-17]의 비재귀적 모형을 추정하라. 모형(trust nonrecursive model1.amw) 및 자료(trust norec sim data.xls)는 앞서 소개한 웹사이트에 포함되어 있다. 둘째, 남성의 신념이 그의 배우자에게 영향을 미치지만, 그 반대는 아니라고 가정해 보자. 여성의 신뢰로부터 남성의 신뢰에 이르는 경로를 연관된 교란과 함께 삭제하라. 이 두 모형은 서로 내포관계에 있는가? 왜 그러한가? 두 모형의 적합도를 비교하라. 모형의 비교를 통해 어떤 결론에 도달하는가?

7. 제4장의 연습문제 6에서 "공통원인의 특성과 비공통원인(non-common causes)이 회귀분석에 포함되어 있을 때 무슨 일이 일어나는지를 좀 더 심층적으로 탐색해 보기 위해서 설계되었다. 우리는 여기에서 이러한 자료의 분석에서 시작하여 공통원인의 특성과 비공통원인을 더 완전히 탐색할 수 있는 도구를 가질 때인 제9장과 제2부에서 공통원인의 특성과 비공통원인으로 되돌아올 것이다."라고 하였다. 이 예는 제9장에서도 공통원인 대 비공통원인의 영향을 설명하기 위해 사용되었다.

이제 이들 자료와 이 주제를 좀 더 완벽하게 탐색할 수 있는 도구가 있다. 검토를 위해, 이 연습문제를 위한, 모두 X_1, X_2, X_3 및 Y_1로 표시된 변수를 포함하고 있는 세 개의 자료파일이 있다. 첫 번째 파일 (common cause 1.sav)의 자료의 경우, X_2는 X_3과 Y_1 모두에 영향을 미쳤다(그것은 공통원인이었다). 두 번째 파일(common cause 2.sav)에서, 변수 X_2는 Y_1에 어떠한 영향도 미치지 않았다. 세 번째 파일 (common cause 3.sav)에서, 변수 X_2는 변수 X_3에 어떠한 영향도 미치지 않았다.

SEM 프로그램을 사용하여 이 자료를 분석하라. 세 개의 자료세트 모두에 대해 추정해야 하는 모형은 [그림 14-22]에 제시되었다. 모든 자료세트에 있는 변수 간의 상관관계를 계산하고 검토하라. 모든 상관계수가 통계적으로 유의한가?

[그림 14-22] 공통원인과 비공통원인, 그리고 경로계수의 추정값에 대한 효과 이해

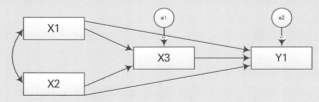

이제 세 개의 자료세트 모두를 대해 제시된 모형을 분석하라. 자료세트 2의 경우, X_2가 Y_1에 미치는 영향은 기본적으로 0이라는 것에 주목하라. 자료세트 3의 경우, X_2가 X_3에 미치는 영향은 어떠한가? X_2가 어느 한 모형에서 X_3과 Y_1의 공통원인인가? 이제 각 모형에서 X_3이 Y_1에 미치는 영향에 주목하라. 변수 X_2가 모형에서 제거된다면, 이 경로는 어떻게 되는가?

모형에 변수 X_2가 없는 각 자료세트를 분석하라. X_3에서 Y_1으로의 경로의 크기는 어떻게 되는가?

연구결과가 공통원인과 비공통원인에 대한 통제의 본질에 의미하는 바를 고려해 보라.

제15장 오차: 연구의 골칫거리

하나의 변수가 다른 변수에 미치는 영향의 추정량으로서 회귀계수(경로계수)를 해석하는 데 필요한 가정을 기억할 필요가 있다.

1. 인과관계의 역은 존재하지 않는다. 즉, 모형은 재귀적이다.
2. 외생변수는 완벽하게 측정된다. 즉, 완전히 신뢰할 수 있고 타당하다.
3. 평형상태에 도달하였다. 이 가정은 인과관계의 과정이 작동할 때까지는 기회가 주어져 있다는 것을 의미한다.
4. 추정된 원인과 결과의 공통원인은 하나도 무시되지 않는다. 즉, 모형은 그러한 모든 공통원인을 포함한다(Kenny, 1979: 51).

우리는 공통원인을 무시했을 때의 결과와 같은 몇 가지 가정을 다루어 왔고, 두 번째 가정으로 돌아갈 것이라고 약속하였다. 두 번째 가정은 외생변수를 완벽하게 또는 거의 완벽하게 측정한다는 가정이며, 일상적으로 가장 빈번하게 위배된다. 완벽한 측정은 거의 불가능하다. 그러나 이 가정의 위배가 연구에 어떠한 영향을 미치는가? 또한 내생변수의 부정확한 측정은 경로모형의 추정에도 영향을 미친다.

측정의 신뢰도와 타당도에 관한 문제는 경로분석과 다중회귀분석에 근간을 둔 연구뿐만 아니라 모든 연구에 영향을 미친다는 점은 주목할 만한 가치가 있다. 많은 사람은 측정(measurement)을 통계(statistics)와 분리된 것으로 생각하지만, 그것들은 필연적으로 서로 얽혀 있다. 실험실의 경우, 연구자의 실험조건(외생변수)은 명료하고 잘 측정될 수 있지만[예를 들어, 처치집단(treatment group)과 통제집단(control group)], 종속(내생)변수(예를 들어, 자아존중감)는 신뢰도가 떨어질 수 있다. 이러한 신뢰도의 결여는 의미 있는 결과물조차도 통계적으로 유의하지 않은 것으로 판단하는 등 실험에서의 처치의 효과에 대한 과소평가를 초래한다. 응용연구 분야에서는 실험처치를 제공할 책임이 있는 사람마다 처치법에 차이가 있을 수 있다. 독서교육을 위한 두 가지 방법의 효과를 비교하기 위해 고안된 실험을 담당하는 교사는 실험 절차 이외의 다른 방법을 사용할 수도 있다. 이는 독립(외생)변수에 대해 신뢰도를 떨어뜨리고 타당하지 않은 것으로 보이게 하며 연구결과를 흐리게 한다. 실제로, 의사결정에 대한 측정 결과는 모든 삶의 측면에 영향을 미친다. 의사는 혈압측정에 따라 고혈압 약제를 처방하거나 처방하지 않을 것이다. 그러나 어떤 피험자의 혈압측정을 신뢰할 수 없다면, 그 사람은 불필요한 처치를 받거나 반드시 필요한 처치를 받지 못하게 된다. 신뢰할 수 없는 측정 등을 이유로 자동차 수리에 많은 비용이 소비될 수 있다.

측정의 정확도는 이러한 측정을 통해 이루어지는 모든 연구 및 결정에 지대한 영향을 미친다. 그 이유는 무엇인가?

비신뢰도의 영향

신뢰도의 중요성

고전적 측정이론에서는 어떤 집단의 사람에게 실험이나 설문조사 또는 그 밖의 측정을 실시할 수 있는데, 측정점수에는 차이가 있기 마련이다. 어떤 사람은 높은 점수를, 다른 사람은 낮은 점수를 받게 된다. 측정점수에 오류가 있다는 것을 알게 되는 경우도 있다. 모든 측정 결과에는 오류가 내재되어 있다. 측정점수의 이러한 측면이 [그림 15–1]에 제시되어 있다. V는 측정자료 내의 총분산(total variance)을 나타내는데, 오차로 인한 분산(V_e)과 실제 측정점수의 분산(V_t)으로 나눌 수 있다. 즉, $V = V_e + V_t$이다. 이 정의를 사용하면, 신뢰도는 총분산 대비 실제 측정점수의 분산비율이다(V_t / V). 측정자료 내의 오차가 증가할수록 어떤 사람의 측정점수가 실제 분산의 결과일 가능성이 줄어들고, 결과적으로 측정 결과에 대한 신뢰성이 떨어진다는 측면에서 그 의미가 있다.

[그림 15-1] 신뢰도라는 분산의 정의

신뢰도는 총분산(V) 대비 진점수분산(V_t)의 비율을 의미한다.

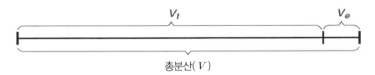

총분산(V)

[그림 15–2]는 경로분석의 형식으로 나타낸 비신뢰도(unreliability)의 영향을 보여 준다. 이 그림에서 어떤 사람의 측정점수는 그 사람의 **진점수**(true score)와 **측정오차**(errors of measurement)에 의해 영향을 받는다. 이 그림에서 오차는 V_e이고, 진점수는 V_t이다. 실제로, 측정한 점수는 해당 모형에서의 유일한 측정변수이다. 점수의 진점수와 오차는 모두 측정할 수도 없고 알려지지도 않았다.

실험, 측정, 설문조사 또는 그 밖의 다른 측정에 대한 신뢰도는 한 측정 결과가 다른 측정 결과와 가질 수 있는 상관관계에 큰 의미를 둔다. 일반적으로, 어떤 변수는 진점수와의 상관관계를 가지는 측정점수와 서로 연관되어 있다. 즉, 다른 변수는 일반적으로 V_e의 부분이 아니라 [그림 15–1]에 표시된 변수의 V_t 부분과 서로 연관되어 있는 것이다. 이것은 측정품질이 통계 및 연구에 영향을 미치는 이유이다. 신뢰도가 낮은 측정은 변수 간의 상관관계를 제한한다. 상관계수는 선형회귀분석, 경로분석, 분산분석 (ANOVA) 및 일반선형모형에서의 여러 방법론에 기초한 통계량이므로, 신뢰할 수 없는 측정 결과는 이러한 모든 방법론을 통해 한 변수가 다른 변수에 미치는 영향을 과소평가하는 현상을 초래한다.

[그림 15-2] 경로형식을 통한 신뢰도 정의

한 사람의 시험(또는 측정)점수는 알려져 있지 않은 진점수와 오차에 의해 영향을 받는다.

비신뢰도가 경로 결과에 미치는 영향

측정오차(measurement error)는 경로분석 결과에 어떠한 영향을 미치는가? [그림 15-3]은 제14장의 과제모형에 대한 결과를 보여 준다. 그 모형에서는 실현 여부와 관계없이 모형의 모든 변수가 오차 없이 완벽하고 신뢰할 만한 수준으로 측정되었다고 가정한다. 연구자의 입장에서 모형에 포함되는 변수가 서로 다른 수준의 오차를 가지고 측정된다는 것을 인식하지만, 적어도 모형 자체에는 오차가 없다고 가정한다.

[그림 15-3] 제14장에서 소개한 과제효과모형

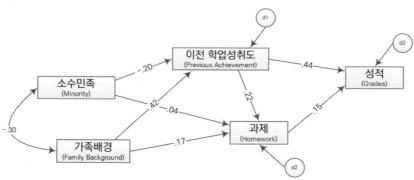

과제 변수에 주목해 보자. 과제는 학생이 여러 학업 영역에서 과제에 소비하는 평균시간을 학생 스스로 보고한 것을 근거로 생성된다. 질문에 대한 답변이 자체 보고(self-report)의 형태를 취할 뿐만 아니라, 더 중요한 것은 학생에게 일주일 평균시간을 대략적으로 질문하였기 때문에, 이 변수에 오차가 어느 정도 내재되어 있다는 것은 의심할 여지가 없다. 과제 변수의 신뢰도는 약 .70이며, 오차에 의한 분산(오차분산)은 약 30%를 차지한다. 경로모형에서 이러한 추정 결과를 얻는다면 경로의 추정 결과에 어떠한 영향을 미치게 되는가?

[그림 15-4]는 과제 변수에서 이러한 비신뢰도(신뢰도=.70, 오차=.30)를 나타내는 모형을 보여 준다. [그림 15-3]의 .15에서 [그림 15-4]의 .19에 이르기까지 과제가 성적에 미치는 영향이 증가하였다. 이것이 의미하는 바는 [그림 15-3]에서처럼 오차가 내재된 과제 변수가 완전히 신뢰할 수 있다고 가정했을 때, 과제가 성적에 미치는 실제 영향을 과소평가하였다는 것이다. 이와는 대조적으로, 과제 변수에 내재된 오차를 인식할 때 더욱 더 현실적이고 큰 영향의 추정값을 얻게 된다. 이는 모형에서 가장 일반적인 오차의 영향이다. 비신뢰도는 한 변수가 다른 변수에 미치는 영향의 추정값을 인위적으로 줄인다.

[그림 15-4] 오차의 영향

이 모형에서는 과제 변수의 비신뢰도를 인식하고 이를 고려하였으며,
이를 통해 성적에 미치는 과제의 명백한 영향이 증가하였다.

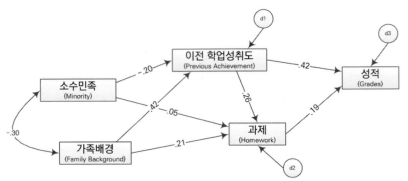

[그림 15-4]에 제시한 모형의 다른 경로 중 대부분이 [그림 15-3]의 그것들과 다르다는 점에 주목하라. 실제로, **과제**에 이르는 모든 경로는 그 크기가 증가하였으며, **이전 학업성취도**에서 **성적**에 이르는 경로는 다소 감소하였다. **과제** 변수에 내재된 오차를 인식함으로써, 결과적으로 모형의 경로가 많이 변화하게 된다.

그러나 **과제**는 모형에서 완벽할 정도로 신뢰할 만한 변수가 아니다. **성적**은 어떠한가? **성적** 또한 학생의 자체 보고를 기반으로 생성하였으며, 교사 간의 채점 기준의 차이, 교사가 만든 시험과 성적에 관한 다른 요소에 대한 비신뢰도, 그리고 교사의 성적 채점 방식에서 나타나는 다른 변수(예를 들어, 학생의 명확한 관심과 동기)를 포함한 학생 학습의 척도로서의 **성적**이 지니고 있는 잘 알려진 문제점이 있다. **성적**에 대한 이러한 결함을 감안할 때, 신뢰도를 최대 80%(오차분산은 20%)로 평가하는 것이 합리적이다.

[그림 15-5]는 **성적** 변수에 대한 이러한 오류수준을 인식한 결과를 보여 준다(모형에 포함된 다른 모든 변수에 대해서는 완벽한 신뢰도를 가정한다). 이 모형에서 [그림 15-3]의 모형과 비교했을 때, **이전 학업성취도**(.44에서 .50으로)와 **과제**(.15에서 .17로) 모두에서 **성적**에 이르는 경로의 크기가 증가하였다.

[그림 15-5] 오차의 영향

이 모형에서는 성적 변수에 내재된 오차를 고려한 분석 결과를 보여 주고 있다.

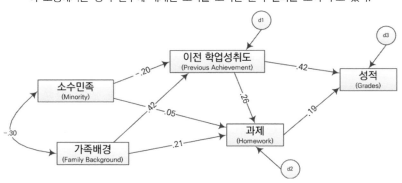

이 추정값으로 명확하게 파악할 수는 없지만, 해당 변수가 외생적 변수인지 내생적 변수인지에 따라

신뢰도가 떨어지는 효과가 다르다. 간단히 말해서, 외생변수에 내재된 오차는 통계적 유의도뿐만 아니라 표준화 경로와 비표준화 경로 모두에 영향을 미친다. 오차가 내재된 변수 이외의 다른 외생변수에서의 경로 또한 영향을 받을 수 있다. 이와는 대조적으로, 내생변수에 내재된 오차는 표준화 경로에만 영향을 미치고, 비표준화 경로에는 아무런 영향을 주지 않는다. [그림 15-5]에 제시된 모형에 대한 비표준화 경로는 표준화 경로의 차이에도 불구하고 [그림 15-3]에 제시된 모형의 경로와 동일하다. 이러한 차이는 외생변수의 오차가 내생변수의 오차보다 더 중요한 이유이다. 변수가 모형의 중간에 위치해 있을 때, 즉 어떤 변수의 입장에서는 외생변수로, 다른 변수의 입장에서는 내생변수로 볼 수 있는 위치에 놓여 있을 때, 과제에 내재된 오차를 인식한 예제에서와 같이 오차의 결과는 더욱 복잡하다([그림 15-4]). 결론은 측정오차가 효과의 추정에 영향을 미치지만, 외생변수의 경우에는 그 문제가 더욱 심각하다는 것이다(보다 더 자세한 내용은 Bollen, 1989, 제5장; Rigdon, 1994; Wolfle, 1979를 참고하라).

이러한 예제는 단일변수에서 비신뢰도를 수정하였다. 모형의 모든 변수에서 신뢰할 수 없다는 것을 인식한다면 어떻게 되는가? 그것에 대해 생각해 보면, 모형의 모든 변수는 어느 정도 신뢰할 수가 없다. 심지어 가장 신뢰할 수 있는 변수인 **소수민족** 배경조차도 약간의 측정오차가 있을 수 있다. 학생은 설문조사의 질문을 정확하게 읽지 않을 수 있고, 합법적으로 하나 이상의 민족집단에 속한다고 주장하는 학생에게도 단 하나의 응답만 허용되며, 일부 학생은 고의적으로 잘못된 응답을 표시하고, 학생이 응답에 코딩하는 과정에서 오류가 발생할 수도 있다. 이유가 무엇이든 간에, 이 변수에서조차도 약간의 오차가 있을 수 있다.[1]

[그림 15-6] 오차의 영향

이 모형에서는 모형에 포함된 모든 변수에 내재된 오차를 고려하였다.
경로계수 추정값을 [그림 15-3]의 결과와 비교해 보라.

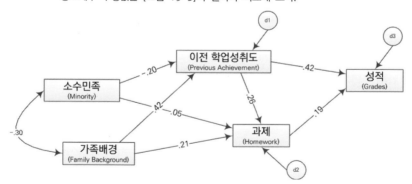

[그림 15-6]에 제시된 모형은 모형에 포함된 모든 변수에 내재된 측정오차를 인식하도록 시도한 것이다. 이 예제에서는 오차가 **과제** 변수에 대한 총분산의 30%, **성적**에 대한 총분산의 20%, **소수민족**에 대한 총분산의 5%, **가족배경**에 대한 총분산의 20% 그리고 **이전 학업성취도**에 대한 총분산의 10% 정도를 차지한다고 가정하였다. 이는 그럴듯한 추정값이다. 모형에 포함된 모든 모수 추정값이 [그림 15-3]에 제시

---

[1] 이 예제 중 일부는 사실상 무선오차(random error)가 아닌 체계적 오차(systematic error)이므로 신뢰할 수 없는 것으로는 간주되지 않는다. 직접적인 항목에 포함될 수 있는 오차를 고려하기 위해 몇몇 예제를 포함하였다.

된 것과 달라졌다는 점에 유의하라. 대부분의 추정값이 크기 면에서 증가하였지만, **소수민족에서 이전 학업성취도에 이르는 경로는 감소**하였다([그림 15-3]의 .20에서 [그림 15-6]의 .17로). 모형의 변수에 내재된 측정오차를 인식한다는 것은 비록 항상은 아니지만, 종종 한 변수가 다른 변수에 미치는 영향을 과대추정한다. 이러한 측정오차의 복잡한 패턴으로 인해 추정값이 증가하기도 하고, 감소하기도 하며, 동일하게 유지되는 경우도 있다.

이러한 예제는 측정오차가 경로분석에서 하나의 변수가 다른 변수에 미치는 영향의 추정값에 미치는 영향을 보여 준다(MR, ANOVA 등에서도 동일하다). 그러한 영향에 대한 잘못된 추정을 피하기 위해 연구자는 무엇을 할 수 있는가? 더 나은 척도를 얻기 위해 노력하지만, 어떠한 척도가 오차가 없지는 않다. 또한 각 변수의 신뢰도에 대한 추정값과 감쇠보정(correction for attenuation)을 위한 일반공식을 사용하여 모형에 포함된 모든 변수 간의 상관관계를 보정할 수 있다. 공식은 $r_{T_1 T_2} = r_{12}/\sqrt{r_{11} \times r_{22}}$ 이다. 여기에서 $r_{T_1 T_2}$는 보정된 '진(true)' 상관계수이고, r_{12}는 원래(original) 상관계수이며, r_{11}과 r_{22}는 두 변수 각각의 신뢰도이다. 이 공식은 여러 가지 이유로 인해 만족스럽지 않다. 첫째, 모형 검정과 보정을 분리한다. 사실, 그 과정은 통계에 대한 숭배에 가까운 기운이 느껴진다. 둘째, 추정값을 제공하는 여러 연구와 마찬가지로 신뢰도에 대한 여러 추정값이 있는 경우, 어떤 추정량을 사용해야 하는지 분명하지 않다. 반대로, 주어진 척도에 대해 신뢰도에 대한 추정값을 사용하지 못할지도 모른다. 마지막으로, 이 방법이 척도의 비신뢰도를 다루지만 비타당도(invalidity)에 관한 문제는 고려하지 않는다.

📈 비타당도의 영향

타당도의 의미와 중요성

비타당도(invalidity)가 영향(effects)에 대한 추정값에 어떠한 영향을 미치는가? 고전적 측정이론에서 볼 때, 타당도(validity)는 신뢰도(reliability)의 하위개념으로 볼 수 있다. 다음 예제는 이러한 측정 개념이 어떻게 관련되어 있는지를 보여 준다. 독해력(reading comprehension)이 일련의 비행(delinquent behavior)에 미치는 영향에 관심이 있다고 가정해 보자. 이를 위해 독해력을 측정하게 된다. 여러 가지 독해력 측정검사는 서로 다른 종류의 측정방법을 사용한다는 것을 발견하게 될 것이다. 예를 들어, 검사 1에서는 연구참여자가 한 페이지에서 한 구절을 읽은 후, 다음 페이지에서는 그 구절에서 읽은 내용을 가장 잘 나타내는 그림을 하나(네 가지 선택사항 중 하나) 선택하도록 한다. 이와는 대조적으로, 검사 2에서는 참여자로 하여금 한 구절을 읽게 한 후(예를 들어, "일어서시오", "탁자 주위를 걸으시오", "그다음 자리에 앉으시오"), 그 구절이 요구한 것을 하도록 한다. 검사 3에서는 '빈칸 채우기(cloze)' 절차를 사용한다. 즉, 참여자는 하나 또는 여러 단어가 빠진 구절을 읽은 다음, 텍스트의 의미에 따라 누락된 단어를 채우게 한다.

이러한 검사 각각은 독해력을 어느 정도 측정하는 것은 분명하다. 그러나 각 검사는 독해력 이외의 다른 것도 측정한다. 검사 1은 또한 읽은 내용을 그림으로 변환하는 능력을 측정한다. 검사 2는 읽은 내용을 행동으로 옮기는 능력을 측정한다. 검사 3은 해당 구절에 삽입될 때 가장 의미가 있을 법한 단어를 지식저장고에서 꺼내는 능력을 측정한다. 각 검사는 이러한 특수한 능력을 신뢰할 만한 수준으로 측정할 수 있지만, 이러한 능력은 독해력과는 다르다.

이러한 특수한 능력으로 인한 점수의 차이에는 관심이 없다. 실질적인 관심사는 텍스트를 그림으로 변환하는 능력(검사 1)이나 비행 측정방법에 의해 부가적으로 측정되는 특수한 능력이 아닌, **독해력**(reading comprehension)이 비행에 미치는 영향이다. 그러나 특수한 능력으로 인한 독해력의 차이는 보정을 통해 제거되지 않을 수도 있다. 왜냐하면 이러한 능력은 안정적으로 측정되고, 오차로 인한 것이 아니기 때문이다.

[그림 15-7]에서 볼 수 있는 바와 같이, 앞에서 소개한 신뢰도에 대한 분산의 정의를 확장할 수 있는데, 신뢰도를 의미하는 분산의 진점수(V_t)를 더 분해할 수 있다. 독해력의 예제에서는 각 검사에 대한 분산의 진점수를 이루는 한 요소는 이 세 가지 검사가 공통으로 갖는 분산, 즉 공통분산(V_c)이다. 세 가지 독해력 검사가 공통적으로 측정하는 것이 바로 독해력이다! 그러나 각 검사는 또한 특수한 능력을 측정하고, 신뢰도를 구성하는 이 요소는 특수분산의 의미이며, V_s로 표현된다. 공통분산(V_c)은 각 검사의 타당도에 대한 추정값이므로, 타당도가 신뢰도의 하위집합임을 입증한다. 각 검사의 고유분산인 V_s는 때로는 **특이성**(specificity) 또는 고유분산(unique variance)이라고도 한다. 현재 설정된 목적에 비추어, 고유분산은 비타당도를 의미하며, 독해력이 비행에 미치는 영향에 대한 연구에서 고려할 필요가 있다.

[그림 15-7] 분산의 진점수는 공통분산(V_c)과 고유 또는 특수분산(V_s)으로 구분된다. 타당도는 공통분산과 관련되어 있다.

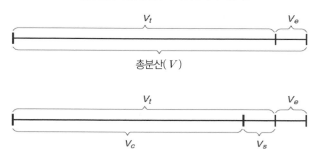

비타당도의 이유

이러한 비타당도(invalidity)는 어떻게 고려할 수 있는가? 문제를 개념화하는 또 다른 방법은 [그림 15-8]과 같은 경로모형이다. 경로도는 세 가지 독해력 검사(Reading Comprehension Tests)에 대한 개인별 점수의 영향을 보여 준다. 각 검사에 대한 개인별 점수는 처음에는 개인의 독해력 수준에 의해 영향을 받는다. 독해력[독해력의 진수준(true level)]은 비측정된(unmeasured) 변수 또는 잠재변수이므로 타원으로 묶여 있다. 각 검사에 대한 개인별 점수는 오차(비신뢰도)에 의해, 그리고 각 검사에 의해 측정된 그 사람의 고유한(unique) 기능(skills)(텍스트를 그림으로 변환하는 능력 등)의 수준에 의해 영향을 받는다. 이것들도 비측정된 변수들이다. 물론, 주요 관심사는 독해력 잠재변수에 있다.

[그림 15-8] 타당도를 이해하기 위한 경로모형 사용

각 개인의 세 가지 독해력 검사점수는 독해력 수준의 진수준과 각 검사의 고유한 특성에 의해 영향을 받는다.

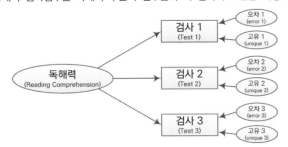

[그림 15-8]은 단지 또 다른 경로모형을 나타낸 것이고, 제12장에서 경로모형을 추정한 것과 매우 동일한 방식으로 모형을 추정할 수 있다. [그림 15-9]는 각 변수와 경로에 대해 오차와 고유분산을 결합한 수정모형을 보여 준다. 연립방정식을 구성하는 데 도움이 되도록 경로에 명칭이 붙어 있다. [그림 15-10]은 세 가지 검사 간의 상관관계를 보여 준다. 제12장에서와 마찬가지로, 추적 규칙을 활용하여 다음의 연립방정식을 만들 수 있다.

$$r_{12} = ab,$$
$$r_{13} = ac,$$
$$r_{23} = bc.$$

[그림 15-9] 독해력 측정모형

독해력으로 세 가지 검사결과에 대한 경로를 추정하기 위한 방정식을 생성할 수 있다.

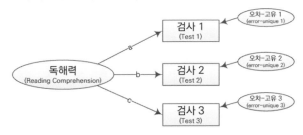

[그림 15-10] 경로를 추정하기 위해 사용하는 세 가지 검사결과 간의 상관관계

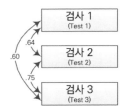

처음 두 방정식을 결합하면, $r_{12}r_{13} = abac$이고, 이 값은 $a^2bc = r_{12}r_{13}$ 또는 $a^2 = r_{12}r_{13}/bc$로 요약할

수 있다. 세 번째 방정식에서 $bc = r_{23}$이므로, $a^2 = r_{12}r_{13}/r_{23}$이고, $a = \sqrt{r_{12}r_{13}/r_{23}}$이다. 또한 $b = \sqrt{r_{12}r_{23}/r_{13}}$와 $c = \sqrt{r_{13}r_{23}/r_{12}}$의 해(solution)를 구할 수 있다. 방정식의 해를 상관계수값으로 대체하면, $a = .716$, $b = .894$, $c = .839$이다. [그림 15-11]은 경로계수의 추정값이 표시된 모형이다.

[그림 15-11] 추정된 독해력 측정모형

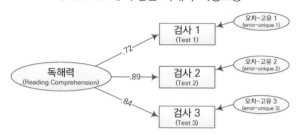

흥미롭게도 [그림 15-11]의 경로를 추정함으로써 단순한 형태의 확인적 요인분석(CFA)을 완성하였다. [그림 15-12]는 SPSS의 세 검사결과에 대한 요인분석 결과를 보여 준다. 출력 결과에 나타난 요인부하량(factor loadings)은 **독해력** 잠재변수로부터 세 가지 읽기 **검사**에 이르는 경로와 동일하다.[2] 이 예제는 요인분석의 기저가 되는 인간의 사고를 분명히 보여 준다. 즉, 세 가지 검사에 대한 개인별 점수에 영향을 미치는, 그리고 그 영향이 조금씩 다른 잠재(latent) 또는 비측정된(unmeasured) 변수 또는 요인(factor)이 있다. 이 예제는 또한 몇 가지 용어의 동등성(equivalence)도 분명히 보여 준다. 잠재변수나 비측정된 변수라고 부르는 것은 요인분석에서 **요인**(factor)과 동일하다. 이러한 잠재변수 또는 요인은 또한 오차가 관여된 정상적인 수준의 측정변수보다는 우리가 관심을 가지고 있는 **구인**(constructs)에 훨씬 더 가깝다.

[그림 15-12] 요인분석을 통해 해결된 독해력 측정모형
해당 측정모형은 (확인적) 요인분석이다.

Factor Matrix[a]

	Factor
	1
TEST_1	.716
TEST_2	.893
TEST_3	.839

Extraction Method: Principal Axis Factoring.
a. 1 factors extracted. 11 iterations required.

물론, 주요 관심사는 **독해력**이 **비행**에 미치는 영향이었다. **독해력** 잠재변수를 추정하기 위한 모형을 풀수 있기 때문에, [그림 15-13](비행을 측정할 수만 있다면)에서처럼 **독해력**이 **비행**에 미치는 영향을 분석

---

[2] 예제는 매우 간단하기 때문에 결과가 모두 동일하다. 더 많은 항목과 여러 요인이 존재하는 경우, CFA의 결과는 SPSS의 탐색적 요인분석(Explanatory Factor Analysis: EFA)의 결과와 다르고 이러한 EFA의 결과 또한 방법 및 가정에 따라 달라진다. 이 예제는 요인분석이 무엇인지에 대한 체험 목적으로는 유용하다.

하는 데 잠재변수를 사용할 수도 있다.

[그림 15-13] 비행에 미치는 독해력의 효과를 정밀하게 추정하기 위해
구조방정식모형 내에 독해력 요인(잠재변수)을 사용할 수 있다.

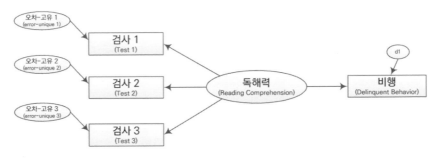

📈 잠재변수 SEM과 측정오차

　좀 더 일반적인 문제로 돌아가 보자. 이는 완벽하지 않은 측정에 기인하는 문제에 대한 해결책은 모든 상관관계를 감쇠보정하는 것이 아니라 경로모형에서의 각 구인에 대한 여러 측정값을 얻고, 그 항목을 개별적으로 요인분석하며, 원래의 문항이나 검사가보다는 경로분석에서 요인점수를 사용하는 것이다. 이 과정은 측정값에서 비타당도와 비신뢰도를 제거하고(왜냐하면 측정에서 비타당도를 제거하는 것이 비신뢰도를 제거하는 것이기 때문이다.) 관심 있는 구인에 더 가까이 다가가게 한다. 이 해결책은 개념적으로는 의미가 있지만, 단점도 있다. 다단계 과정은 여러 요인분석[측정모형(measurement model)]을 경로모형[구조모형(structural model)]의 검정과 분리한다. 따라서 모든 분석을 동시에 수행할 수 있도록 하는 것이 바람직하다.

　이것이 잠재변수 SEM이 하는 것이다. 그것은 CFA와 그 결과로 얻은 요인을 이용한 경로분석을 동시에 수행한다. 이 과정에서 잠재변수 SEM은 하나의 변수가 다른 변수에 미치는 영향을 추정하는 것에서 비신뢰도와 비타당도의 영향을 제거한다. 이렇게 함으로써 그 방법은 우리가 실제로 관심을 가지고 있는 구인(constructs)에 더 근접하게 된다. 따라서 **독해력** 척도가 **비행** 척도에 미치는 영향에 대한 연구를 수행하는 대신에, **진(true)** 독해력이 **진(true)** 비행에 미치는 영향에 대한 연구에 더 근접할 수 있다. 또 다른 예제로는, 소득(income)이 직무만족도(job satisfaction)에 미치는 영향에 관심이 있다고 가정해 보자. 보고된 소득(누군가가 설문조사에서 보고한 숫자)이 직무만족도의 인식에 미치는 영향에는 별다른 관심이 없는 반면, **진(true)** 소득이 **진(true)** 직무만족도에 미치는 영향에 관심이 있다고 해 보자. 다시 말해서, 비타당도와 측정오차를 제거하고 진(true) 관심 구인을 얻기를 원한다. 마찬가지로, 사회적 기술(social skills)이 또래수용(peer acceptance)에 미치는 영향을 연구한다면, 누군가의 사회적 기술에 대한 인식이 또래수용에 대한 인식에 미치는 영향에는 별다른 관심이 없다. **실제(real)** 사회적 기술이 **실제(real)** 또래수용에 미치는 영향에 관심이 있다. 잠재변수 SEM은 이러한 분석수준에 근접하도록 도와준다.

잠재 SEM 모형

[그림 15-14]는 일반적인 잠재변수 SEM을 보여 준다. 잠재변수 SEM과 관련된 전문용어를 상기한다면, 잠재변수(latent variable)는 비측정된 변수 또는 요인(factor)과 동일하다. 잠재변수는 측정변수로부터 추론하고, 연구에 대한 진정한 관심사인 구인(constructs)에 더 가깝게 접근한다. 잠재변수는 원 또는 타원형으로 둘러싸여 있다. 측정변수(measured variable)는 관측변수(observed variable) 또는 명시변수(manifest variable)라고도 한다. 이 변수는 검사, 설문조사, 관찰, 인터뷰 또는 그 밖의 방법을 통해 실제로 측정하는 변수이다. 측정변수는 직사각형으로 둘러싸여 있다. 읽기시험에서의 점수, 과제에 소비한 시간에 관한 조사 문항, 놀이터에서 관찰한 사회적 상호작용에 관한 기록, 그리고 컴퓨터 작업에서의 오류수는 모두 측정변수의 예이다. 실제 독해력, 실제 과제에 소비한 시간, 실제 사회적 수용도, 그리고 실제 정신적 정보처리 속도는 이러한 측정변수를 통해 결정하기를 기대하는 잠재변수이다. 연구에서 측정변수보다는 잠재변수에 거의 항상 관심을 두지만, 종종 잠재변수의 근사값으로 오차가 내재된 측정변수에도 만족해야 한다. 잠재변수 SEM이 반드시 그렇지는 않다!

[그림 15-14] 잠재변수 SEM

이 모형은 요인과 측정변수 간의 CFA와 잠재변수 간의 경로분석을 포함한다.

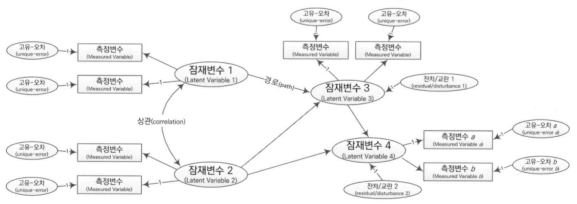

모형 이해

잠재변수에서 측정변수에 이르는 경로구조를 종종 **측정모형**(measurement model)이라고 한다. 그것은 모형의 모든 잠재변수에 대한 동시적 확인적 요인분석이다. 잠재변수 간의 경로 및 상관관계 구조를 **구조모형**(structural model)이라고 한다. 잠재변수에 대한 경로모형이라고 보면 된다.

언뜻 보기에, 측정변수와 내생잠재변수 모두 이 변수를 가리키는 작은 원 모양의 잠재변수를 가진다는 것이 혼란스러울 수도 있다. 그러나 이전에 이에 대해 정의한 바와 같이, 경로모형의 내생변수는 해당 변수를 가리키는 잠재변수를 가지고 있는데, 이 잠재변수를 일반적으로 잔차(residuals) 또는 교란(disturbances)이라고 한다. 교란은 모형에 포함된 변수 이외의 **다른**(other) 모든 영향을 나타내는 것으로서, **내생**(latent) 잠재변수와 동일하다. 모형에 제시된 변수 이외에도 잠재변수에 대한 다른 모든 영향을 설명할 필요가 있다. 다시 말해서, 교란이나 잔차(또는 오차)로 알려진 잠재변수에 대해서 설명할 필요가 있다. 측정변수에 이르는 경로를 가지는 작은 원 모양의 잠재변수는 하나의 (잠재)변수가 다른 변수에 실제로 미치는 영향에 초점을 두는 경우, SEM에서 고려대상에서 제거하고자 하는 고유 및 오류 분산을 나타낸다. 이러한 고유 및 오류 분산은 단순히 오류 또는 때때로 LISREL의 표현법에 따라 그리스문자(theta delta, theta epsilon 등)로 표현된다. 보다 일반적으로는 두 유형의 변수(오차 및 교란) 모두를 오차(errors)라고도 한다.

사실, 오차와 교란을 동일한 방식으로 생각할 수 있다. [그림 15-14]에서 **잠재변수 2**와 **잠재변수 3**이 **잠재변수 4**에 유일하게 영향을 미치는 변수는 아니다. 모형 밖의 수많은 다른 영향이 있을 수 있다. **잔차/교란 2**는 모형에서 제시된 영향 이외에 **잠재변수 4**에 대한 다른 모든 영향을 나타낸다. 마찬가지로, **잠재변수 4**가 **측정변수 a**에만 영향을 미치는 것은 아니다. 고유 및 오차 분산은 이 변수와 다른 측정변수에도 영향을 미친다. '고유 오차 a(Unique error a)'는 이러한 영향을 나타낸다. 저자는 계속해서 교란과 오차를 다르게 간주하겠지만, 이 두 가지 모두 측정변수와 잠재변수에 대한 '모든 다른 영향'이라고 생각할 수 있다.

[그림 15-15] 과제모형의 잠재변수 버전

소수민족을 제외한 모든 구인은 여러 측정값에 의해 표시되어 있다.
제18장에서 이 모형을 조사하고 검정할 것이다.

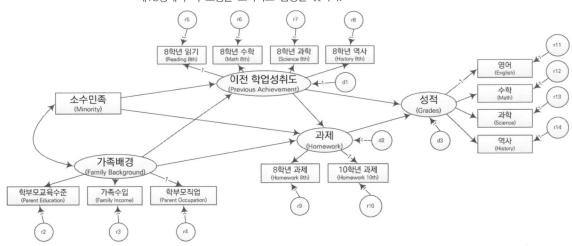

[그림 15-15]는 지난 몇 장에서 사용된 과제모형에 대한 잠재변수 SEM 버전을 보여 준다. **소수민족**을 제외한, 모형의 각 변수는 여러 측정변수를 통해 측정되었기 때문에 잠재변수에 의해 추정할 수 있다. 이 모형에서 단일 항목으로 색인화된 **소수민족**은 여전히 이 모형에서 측정변수이다. 이 모형에 대해서는 다음 장에서 더 자세히 살펴볼 것이다. 현재 주목해야 할 점은 측정변수가 아닌 잠재변수를 사용하면 **과제가 성적**에 미치는 영향의 추정값이 .15(경로분석에서)에서 .20(잠재변수 SEM에서. 추정값은 그림에는 제시되지 않았다.) 이상으로 증가한다는 점이다. 다시 말해서, 잠재변수 분석은 모형에서 고려사항에서 측정오차를 제거하여 실제 관심사인 구인의 수준(level)(예를 들어, **과제 및 성적**)에 가까워질 수 있는 장점이 있다. 따라서 이 모형의 잠재변수 추정값은 더 정확한 추정값이어야 한다.

이 예제는 후속 장들에서 더 자세하게 살펴볼 것이다. 그러나 우선 CFA 또는 잠재변수 SEM의 측정모형 부분을 다음 장에서 먼저 다룰 것이다.

이 장을 마무리하기 전에, 여기에서 논의된 문제, 즉 연구에서 불완전한 측정의 영향이 모든 연구에 적용된다는 것을 다시 한번 강조하고자 한다. 이 장에서는 비실험적 연구(경로분석과 SEM 분석)에서 측정오차가 미치는 영향에 초점을 두었다. 그러나 측정오차는 ANOVA, 상관분석, MR 또는 SEM 등의 분석방법에 상관없이 실험적 연구와 비실험적 연구 모두에 영향을 미친다.

📈 요약

인과관계의 방식으로 회귀(경로)계수를 해석하는 데 필요한 한 가지 가정은 외생변수가 오차 없이 측정된다는 것이다. 현실적으로 이 가정이 거의 충족되지 않으므로, 한 변수가 다른 변수에 미치는 영향에 대한 추정값이 이 가정의 위배로 인해 영향을 받았는지를 알 필요가 있다. 이 논의를 확장하기 위해, 저자는 비신뢰도 및 비타당도가 단순히 경로분석 및 MR뿐만 아니라 모든 유형의 연구에 영향을 미친다는 점을 지적하였다. 독립변수(외생변수)와 종속변수(내생변수)의 측정문제는 연구결과에 지대한 영향을 미친다.

신뢰도는 오차의 반대 의미이다. 오차가 포함된 측정값은 신뢰할 수 없으며, 신뢰할 만한 측정값에는 오차가 거의 없다. 진점수분산(true score variance)을 점수 집합의 총분산(total variance)에서 오차분산(error variance)을 뺀 것으로 생각함으로써 분산의 관점에서 신뢰도를 고려할 수 있다. 경로분석 형식에서, 측정값에 대한 개인의 점수는 측정값에 대한 실제 점수와 측정오차의 두 가지에 의해 영향을 받는다고 생각할 수 있다. 진점수와 측정오차의 영향은 잠재변수이지만, 측정을 통해 관측한 점수는 측정변수이다. 다른 변수는 일반적으로 진점수와 상관관계가 있지만 오차와는 상관관계가 없기 때문에, 이러한 개념은 연구 목적에 중요하다. 이러한 이유로 측정의 신뢰도는 한 변수가 다른 변수와 가질 수 있는 상관관계의 상한을 설정한다(그 이상의 상관관계를 가짐에도 불구하고). 결과적으로, 신뢰할 수 없는 측정은 큰 영향을 작아 보이게 하고, 통계적으로 유의한 영향을 중요하지 않게 보이도록 한다.

지금까지 논의한 경로모형은 모형의 모든 측정변수가 완전히 신뢰할 만한 수준으로 측정되었다고 가정한다. 일련의 모형에서 저자는 이러한 측정값의 비신뢰도를 인식하고 이를 정량화한 경우 어떤 일이 일어나는지를 보였다. 비신뢰도가 고려된 모형에서는 한 변수가 다른 변수에 미치는 영향이 뚜렷하게 변하고 일반적으로는 증가한다. 결과적으로, 모형에서 비신뢰도를 고려하면 한 변수가 다른 변수에 미치는 영향에 대한 추정값이 일반적으로 증가한다.

그러나 신뢰도만이 고려해야 할 측정의 측면은 아니다. 타당도의 측면 또한 있다. 측정이 어느 정도는 신뢰할 만하지만, 관심 있는 주요 능력보다는 약간의 고유한 능력에만 집중하는 경향이 있다. 다시 말해서, 측정 자체는 신뢰할 만하지만 그것이 우리가 관심을 가지는 구인 자체의 타당한 척도는 아닐 수도 있다. 결과적으로, 타당도는 신뢰도의 일부이다. 구인의 다양한 척도를 사용함으로써 타당한 측정값, 즉 연구의 관심사인 구인에 더욱더 접근할 수 있다.

잠재변수 SEM은 이러한 여러 척도를 사용하여 연구자의 주요 관심사인 구인에 더 가까이 다가가려고 한다. 잠재변수 SEM을 사용하면 중요한 잠재변수가 다른 잠재변수에 미치는 영향에 대한 경로분석과 더불어, 진정한 관심의 잠재변수를 얻기 위해 연구에서 측정변수에 대한 확인적 요인분석을 동시에 수행한다. 이 과정에서 잠재변수 SEM은 한 변수가 다른 변수에 미치는 영향을 고려할 때, 비신뢰도와 비타당도의 영향을 제거하고 불완전한 측정 문제를 피할 수 있다. 이 과정에서 잠재변수 SEM은 주요 관심 질문인 한 구인이 다른 구인에 미치는 영향에 더 가까워진다.

　이러한 논의는 다중선형회귀분석과 경로분석에서 불완전한 측정으로 인한 영향에 초점을 두었지만, 측정은 분석이 이루어지는 모든 유형의 연구에 영향을 미친다는 점을 주목해야 한다. 잠재변수를 SEM에 추가하면 측정문제를 고려할 수 있고 따라서 통제할 수도 있다.

EXERCISE 연습문제

1. 관심 분야에서 연구조사 하나를 선택하라. 잠재변수, 즉 저자가 관심을 가진 구인을 기술하라. 독립변수를 포함하는 구인은 무엇인가? 종속변수를 포함하는 구인은 무엇인가? 이러한 구인에 접근하도록 사용된 측정변수는 무엇인가?

2. 어떻게 하면 이 연구를 측정변수의 연구에서 잠재변수의 연구로 변환할 수 있는가? 연구자의 독립변수와 종속변수에 대한 여러 가지 척도를 포함시키는 방법을 생각해 보라. 측정변수와 잠재변수를 모두 포함하는 모형을 그려 보라.

3. 측정변수에서 잠재변수로의 전환은 어떠한 이점이 있는가? 이 전환으로 인한 영향의 추정값은 어떻게 되는가?

4. 잠재변수 SEM(SEM 또는 공분산구조분석이라고도 한다.)을 이용한 관심 분야의 논문을 찾고 이를 검토하라. 저자는 측정변수 대신 잠재변수를 사용하는 이유에 대해 논의하였는가? 잠재변수를 신뢰도 및 타당도와 연결시켰는가? 저자는 교란을 어떻게 명명하였는가? 측정변수의 오차와 고유분산은 어떻게 명명하였는가?

제16장 확인적 요인분석(CFA) I

📈 요인분석: 측정모형

이 장에서는 구조방정식에서 일반적으로 **확인적 요인분석**(Confirmatory Factor Analysis: CFA)이라 알려진 **측정모형**(measurement model)에 대해서 자세히 살펴볼 예정이다. 아주 기본적인 단계에서 요인분석은 감소방법, 즉 다수의 측정값을 몇 개의 측정값으로 감소시키는 방법을 말한다. 이 방법은, ① 서로 상관이 높은 척도나 문항을 하나의 요인으로 묶거나, ② 하위에 속하는 문항을 서로 다른 요인으로 분류하는 것을 모두 포함한다. 문항 간에 상관이 높은 주요 이유는 그것이 같은 구인(constructs)을 측정하고 있기 때문이다. 따라서 요인분석은 공통된 구인이 일련의 척도나 문항으로 측정된다는 통찰(insight)을 제공한다. 그리고 이러한 통찰은 요인분석이 검사, 설문지, 다른 측정에서의 내적 타당도를 확보하는 주요한 방법이라는 것을 증명한다. 우리는 또한 요인분석을 수렴타당도(convergent validity)와 확산타당도(divergent validity)를 확보하는 방법, 즉 문항이 같은 구조를 측정하는 요인으로 분류될 때(수렴타당도) 또는 문항이 각각 분리된/다른 구조를 측정하는 요인으로 분류될 때(확산타당도)를 각각 생각해 볼 수 있다.

(이 책에서는 다루지 않지만) **탐색적** 요인분석(Exploratory Factor Analysis: EFA)에서 연구자는 일련의 문항이나 척도가 작은 단위의 능력, 특성, 구인을 측정한다고 미리 가정한다. 의사결정은 분석에 사용할 요인을 추출하는 방법, 유지할 요인의 수를 결정하는 방법, 사용할 요인회전방법에 대한 것이다. 이러한 결정에 대한 선택과 데이터가 주어지면, 분석 결과는 문항은 문항의 총 갯수보다 더 적은 수의 요인을 측정함을 나타낸다. 예를 들어, 13개의 척도를 가진 요인분석이 4개의 구인을 측정한다고 가정해 보자. 분석 결과는 각 척도의 4개 구인에 대한 요인부하량을 포함한다. 만약 사각회전(oblique rotation)이 사용되었다면, 각 요인 간의 상관 정도도 알 수 있다. 이때, 연구자는 기저에 존재하는 구인을 반영한 요인의 이름을 정할 수 있다. 이러한 구인은 요인부하량, 관련 이론, 선행연구 결과를 토대로 결정된다.

확인적 요인분석에서 연구자는 선행연구 결과나 관련 이론을 토대로 기저에 존재하는 요인이나 구인을 먼저 결정한다. 경로분석에서와 마찬가지로, 우리는 관심 있는 연구 주제와 관련된 변수를 반영한 모형을 제안한다. 적합도지수는 이러한 모형이 데이터를 얼마나 잘 설명하는지에 대한 피드백을 제공한다. 저자는 이러한 두 가지 방식에서의 차이가 '탐색적'과 '확인적' 요인분석이라는 용어에서의 차이를 명확히 보여 준다고 생각한다. 첫 번째 방식(EFA)에서 연구자는 분석 결과를 사용하여 다양한 척도가 측정한 것을 결정하는 반면, 두 번째 방식(CFA)에서 연구자는 우선 다양한 척도가 측정할 것에 대해서 미리 결정하고, 분석 결과를 통해 이러한 예측이 얼마나 정확한지를 파악한다. 이러한 이분법은 명백히 단순하다. EFA를 확인적 차원에서 사용할 수도 있고, CFA를 탐색적 차원에서 활용할 수도 있지만, 이러한 구분은 꽤 유용하다.

요인분석의 발전은 인지이론과 인지검사의 발전과 연관이 있다. 초기인지이론 연구자는 인지의 본질과 측정에 활용하기 위해 요인분석방법을 발전시켰다. 요인분석은 인지검사의 타당도를 지지하거나 평가하는 주요한 방법으로 꾸준히 활용되어 왔다. 이러한 이유에서 저자는 인지검사 자료를 활용하여 CFA에 대해 설명하고자 한다. 이것은 CFA에 관한 두 개의 장 중 하나임을 주목하라. 우리는 잠재변수 SEM에 대해 좀 더 학습한 후에 보다 심화된 CFA 주제로 되돌아올 것이다.

📈 DAS-II를 사용한 예시

『The Differential Ability Scale (2nd ed.)』(DAS-II; Elliott, 2007)은 아동인지검사에 가장 자주 이용되는 검사이다. DAS-II는 언어적(verbal) 하위검사와 비언어적(nonverbal) 하위검사로 구성되어 있고, 두 살 반에서 18세까지의 아동과 청소년에게 적절한 검사이다. DAS-II는 학습, 행동, 또는 적응에 문제가 있는 아동이나 청소년에 대한 심리적인 평가에서 중요한 부분을 차지한다. 이 검사는 특별한 프로그램(예: 학습장애를 지니고 있는 아동이나 영재 프로그램)에 참여한 학생을 평가하고, 학습, 행동 그리고 신경학적인 문제를 진단하거나 그러한 문제들을 경감시키는 중재 프로그램과 관련된 정보를 제공하는 데 활용될 수 있다.

DAS-II의 구조

DAS-II가 다양한 연령의 아동을 평가하는 각각 다른 평가로 구성되어 있음에도 불구하고, 21개의 모든 검사는 평균적으로 3~5세의 아동을 대상으로 하는 검사로 표준화되어 있다. 우리는 이 중 4개의 기저구조를 측정하는 12개의 검사를 분석할 예정이다. 검사의 이름과 DAS-II의 이론적 구조(structure)는 [그림 16-1]에 제시되어 있다. 각각의 검사가 세부적으로 자세히 명시되지는 않았지만, 각 검사는 언어적 능력과 비언어적 능력을 측정한다. 예를 들어, '단어유사성'이라는 하위검사는 검사자인 아동에게 세 개의 단어가 공유하는 구조에 대해 설명할 것을 요구한다. 반면에, '패턴구축'이라는 하위검사는 그림을 보고 두 개의 색 블록을 가지고 기하학적 패턴을 만들어낼 것을 요구한다. DAS-II의 저자에 따르면, 이 검사는 언어적 추론(언어적 추론능력), 비언어적·귀납적 추론(비언어적 추론능력), 시각적-공간적 추론(공간적 추론능력), 그리고 단기기억(작동기억 능력)[그리고 여기에서 논의되지 않은 몇 개의 다른 능력, 즉 결정성 지능(Crystallized Intelligence) 또는 Ge; 유동성 지능(Fluid Intelligence), Gf; 시각처리(Visual Processing), Gv; 그리고 단기기억(Short-Term Memory), Gsm이라 불리는 이러한 능력을 볼 수 있다.]을 측정한다. [그림 16-1]은 어떠한 하위검사가 어떠한 능력을 측정하고자 고안되었는지를 보여 준다. 이러한 구조는 실제 검사에서의 점수에 반영된다. 예를 들어, 7세 이상의 아동의 경우, 각 구인 당 두 검사에서의 점수는 언어적 추론능력, 비언어적 추론능력, 공간적 추론능력, 그리고 작동기억능력 합성점수(composite scores)를 형성하기 위하여 합산된다.

[그림 16-1] 초기 DAS-II 모형

DAS-II는 단기기억(short-term memory)과 더불어 언어(verbal), 비언어(nonverbal),
그리고 공간추론능력(spatial reasoning skills)을 측정하는가?

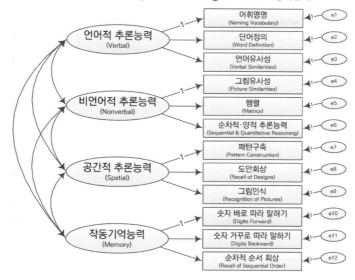

초기모형

[그림 16-1]은 또한 DAS-II의 기저 구인, 즉 타원형으로 표현된 잠재변수와 사각형의 측정변수로 표현된 여덟 개의 하위검사(연구자가 얻게 되는 실제 측정값)에 대한 확인적 요인모형의 기초를 보여 준다(실제로 [그림 16-1]은 Amos에서의 입력값이다). 이 그림에서 화살표는 이러한 검사나 모형에서의 인과관계를 명확하게 만든다. 경로는 기저구조에서부터 하위검사까지 연결되어 개인의 언어적 추론능력에 대한 암묵적 가정을 반영하고 있다. 예를 들어, 각 개인의 언어적 추론능력 수준은 **단어정의** 하위검사에서의 개인점수에 주요한 영향을 미치는 반면, 각 개인의 시각적 공간능력 수준은 **패턴구축** 하위검사에서의 개인점수에 주요한 영향을 미친다. 검사가 측정하고자 설계된 구인이 하위검사에서의 개인점수에 주요한 영향을 미치지만, 각 하위검사에서의 개인점수는 또한 비신뢰도와 각 검사의 고유한 특성에 의해 영향을 받는다는 것을 제15장을 통해 알고 있다. 후자, 즉 각 검사의 고유한 특성이 개인점수에 영향을 받는다는 것은 또한 직관적으로 타당하다. 비록 **패턴구축**과 **도안회상**(아동은 복잡한 도안을 기억에서 도출한다.)은 분명히 시각 및 공간적 추론능력 둘 다를 요구함에도 불구하고, 2차원 그림의 3차원 형태로의 심상적 전환(**패턴구축**) 대 시각과 공간기억능력(**도안회상**)과 같이 분명히 다른 고유한 기능을 요구한다. 이러한 고유한 기능과 비신뢰도는 e1부터 e12로 명명된 각 하위검사를 가리키는 작은 잠재변수로 표현된다. 예를 들어, e7은 공간지각능력(Spatial Ability)을 제외하고 **패턴구축** 하위검사에서 아동의 점수에 대한 모든 영향을 나타낸다.

잠재변수는 척도가 부여되지 않고, 모형을 추정하기 위해서는 연구자가 이러한 잠재변수에 척도를 부여해야 한다. 또한 잠재변수에 척도를 부여하는 한 가지 방법은 하나의 측정변수와 잠재변수 간의 요인부하량을 1로 고정시키는 것이다. 이는 [그림 16-1]에 나와 있다. 언어적 추론능력 요인의 척도는 '**어휘명**' 하위검사와 동일하게 설정되어 있다. 어떠한 측정변수를 척도 부여 기준으로 삼을지는 임의적이다. 저자는 단순하게 각 요인의 척도를 가장 처음에 위치한 측정변수를 활용하여 설정하였다. 만약 측정변수를 이용하여 잠재변수에 척도를 부여하는 절차를 생략한다면, 모형은 과소추정될 것이다. Kline(2016: 148)은 이 방법을 'ULI(Unit Loading Identification)'이라 명명하였다. 오차분산에 대한 척도는 그에 상응하는 하위검사와 동일하게, e1은 '어휘명명'과, e2는 '단어정의'와 동일하게 설정되는 것처럼 설정된다. 연구자는 또한 요인의 척도를 요인분산을 1로 설정함으로써 부여할 수 있다.

[그림 16-1]에 제시한 모형은 DAS-II로 측정될 수 있는 기저구조 간의 상관관계도 포함한다. 일반적으로 인지검사나 인지요인에서 이러한 상관관계는 정적인 것으로 나타난다(Carroll, 1993). [그림 16-1]에 제시한 모형은 이 장의 폴더에 있는 웹사이트(www.tzkeith.com)에 'das 2 first order 1.amw'라는 이름으로 저장되어 있다. Mplus 스크립트도 사용할 수 있다.

<표 16-1> 5~8세까지의 DAS-II를 위한 평균공분산행렬표

rowtype_	varname_	wdss	vsss	sqss	soss	rpss	rdss	psss	pcss	nvss	mass	dfss	dbss
cov	wdss	91.52											
cov	vsss	58.43	104.34										
cov	sqss	42.21	53.06	94.14									
cov	soss	50.34	54.85	54.15	113.43								
cov	rpss	27.88	36.19	44.16	40.00	102.09							
cov	rdss	31.19	44.29	49.98	48.46	48.19	99.74						
cov	psss	36.86	41.62	39.46	37.48	33.56	41.31	106.38					
cov	pcss	37.21	48.52	54.01	48.53	40.82	55.81	38.72	84.74				
cov	nvss	53.94	59.64	44.16	52.13	33.62	44.43	39.34	46.83	102.13			
cov	mass	41.67	47.50	60.40	54.75	40.01	41.38	39.48	47.34	40.06	104.59		
cov	dfss	44.45	51.76	46.54	61.56	32.91	46.32	37.07	44.28	49.54	39.66	121.52	
cov	dbss	41.78	50.76	52.77	62.90	37.51	47.28	36.98	47.58	43.47	51.09	56.20	103.25
n		800	800	800	800	800	800	800	800	800	800	800	800
mean		50.03	50.21	49.99	49.94	50.01	49.75	49.92	50.07	50.22	50.26	50.02	49.65

주: 변수명: wdss=단어정의(Word Definition); vsss=언어유사성(Verbal Similarities); sqss=시간적·양적 추론(Sequential & Quantitative Reasoning); soss=순차적 순서 회상(Recall of Sequential Order); rpss=그림인식(Recognition of Pictures); rdss=도안회상(Recall of Designs); psss=그림유사성(Picture Similarities); pcss=패턴구축(Pattern Construction); nvss=어휘명명(Naming Vocabulary); mass=행렬(Matrices); dfss=숫자 바로 따라 말하기(Digits Forward); dbss=숫자 거꾸로 따라 말하기(Digits Backward)

DAS-II 매뉴얼에는 2세 반에서 17세까지 각 연령대의 하위검사 간 상관관계, 평균과 표준편차값이 정리된 표가 포함되어 있다. 이러한 하위검사에서 5세부터 8세까지의 평균 공분산행렬값은 <표 16-1>과 같다. 이 행렬은 DAS-II가 연령대별로 동일한 기저구조를 측정하는지를 결정하기 위한 확인적 요인분석의 결과로 산출되었다(Keith, Low, Reynolds, Patel, & Ridley, 2010). 12개의 하위검사에서 공분산행렬은 [그림 16-1]에 나타난 모형을 추정하기 위해 사용되었다. 이러한 공분산행렬은 엑셀 파일

'DAS 2 cov.xls'와 SPSS 파일 'DAS 2 cov.sav'에 포함되어 있다. 총 표본크기는 800개이다.

표준화 그리고 비표준화 결과: 초기모형

[그림 16-2]는 DAS-II 모형 초기분석의 표준화 결과들을 보여 준다. 먼저 적합도지수를 살펴보면, 근사치 제곱근평균제곱오차(Root Mean Square Error of Approximation: RMSEA)가 .046으로, 기준치인 .05보다 낮아 이 모형은 적합한 것으로 나타났다. 표준화된 제곱근평균제곱잔차(Standardized Root Mean Square Residual: SRMR)는 .027로, 이는 실제 상관행렬과 추정된 상관행렬 간의 평균 차이가 .027임을 의미한다. TLI(그리고 제시되지는 않았지만 CFI)는 기준치인 .95보다 높아 모형이 적합함을 지지하였다. 이러한 기준에 근거해 볼 때, DAS-II 모형은 자료를 설명하기에 충분히 적합한 것으로 보인다. 다시 말해서, 실제로 DAS-II를 기반하는 모형이 실제로 우리가 DAS-II 하위검사에서 관측할 수 있었던 상관이나 공분산을 산출할 수 있으며 DAS-II의 이론적 구조를 지지한다. 그러나 χ^2이 통계적으로 유의한 것으로 나타났는데(127.355 [47], $p < .001$), 이는 다른 모형적합도지수와 대비해 볼 때 모형이 자료를 설명하는 데 적합하지 않음을 시사한다. 이 장의 뒷부분에서는 이러한 부적합을 유발시키는 원인을 검토할 것이다. 모형 자체에 주목해 보면, 대부분의 하위검사가 기저 능력이나 구조를 측정하는 데 상대적으로 꽤 적절한 강한 값임을 알 수 있다. 언어적, 비언어적 추론, 공간적 추론, 그리고 작동기억능력 요인에의 요인부하량이 모두 .6 또는 그 이상이었다. 다만, '그림유사성' 하위검사와 '그림인식' 하위검사의 비언어적 추론능력 요인과 공간적 추론능력 요인의 요인부하량은 .6보다 낮아(.54와 .59) 예외적인 것으로 나타났다. 대부분의 값이 통계적으로 유의했음에도 불구하고, 요인 간에는 낮은 경향을 보였다. 동일한 요인에서는 대부분의 하위검사가 유사한 요인부하량을 보였다. 물론 강한 요인부하량을 보인 하위검사도 존재하기는 하였다(예를 들어, 언어유사성, 순차적·양적 추론능력, 패턴구축). 이러한 요인부하량의 차이는 이러한

[그림 16-2] 초기 DAS-II 4요인모형의 표준화 추정값

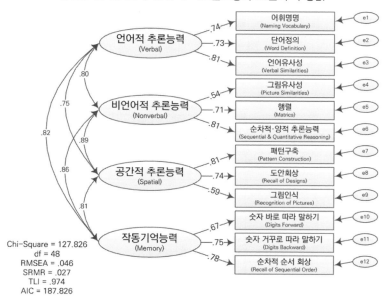

하위검사로 측정된 공통구인이 더 잘 측정됨을 뜻한다. 예를 들어, '순차적·양적 추론능력'은 '그림유사성'보다 기저구조를 더 잘 측정하는 것으로 나타났다. 또한 이러한 결과는 잠재적 요인이 서로 상관관계를 가지며, 이는 .75에서 .89의 값을 보임을 의미한다.

[그림 16-3]은 요인부하량의 비표준화 추정값['회귀가중값(Regression Weight)']과 표준오차, z값[결정계수 또는 CR(critical ratio)], 그리고 p값(모두 .001보다 작음)을 보여 준다. 잠재변수에 척도를 부여하기 위해 사용된 요인부하량은 1로 고정되었고, 이 값은 통계적 유의도를 검정하는 데 활용되지는 않았다는 점에 주목하라. 추정값은 통계적 유의도를 검정하는 데 활용되었지만, 제약이 있는 모수는 활용되지 않았다. 그림의 두 번째 부분은 요인부하량의 표준화 부하량['표준화 회귀가중값(Standardized Regression Weights)']으로, 잠재변수의 공분산값과 상관값이 나타나 있다. 모든 추정된 경로값(요인부하량)과 공분산은 통계적으로 유의하였고($z > 2$), 표준화 부하량값은 모형에 나타난 것과 일치하였다는 점에 주목하라.

[그림 16-3] 초기 DAS-II 4요인모형의 비표준화 및 표준화 계수 출력 결과

Regression Weights

			Estimate	S.E.	C.R.	P
nvss	<---	Verbal	1.0000			
wdss	<---	Verbal	.9418	.0489	19.2542	***
vsss	<---	Verbal	1.0996	.0526	20.8866	***
psss	<---	Nonverbal	1.0000			
mass	<---	Nonverbal	1.3056	.0926	14.0950	***
sqss	<---	Nonverbal	1.4059	.0936	15.0205	***
pcss	<---	Spatial	1.0000			
rdss	<---	Spatial	.9822	.0468	20.9828	***
rpss	<---	Spatial	.7949	.0485	16.3777	***
dfss	<---	Memory	1.0000			
dbss	<---	Memory	1.0346	.0576	17.9493	***
soss	<---	Memory	1.1187	.0609	18.3809	***

Standardized Regression Weights

			Estimate
nvss	<---	Verbal	.7395
wdss	<---	Verbal	.7333
vsss	<---	Verbal	.8052
psss	<---	Nonverbal	.5414
mass	<---	Nonverbal	.7102
sqss	<---	Nonverbal	.8082
pcss	<---	Spatial	.8139
rdss	<---	Spatial	.7370
rpss	<---	Spatial	.5906
dfss	<---	Memory	.6692
dbss	<---	Memory	.7535
soss	<---	Memory	.7780

Covariances

			Estimate	S.E.	C.R.	P
Verbal	<-->	Nonverbal	33.4641	3.0790	10.8684	***
Verbal	<-->	Spatial	42.0275	3.2851	12.7934	***
Verbal	<-->	Memory	45.4283	3.6929	12.3016	***
Nonverbal	<-->	Spatial	37.2672	3.2043	11.6305	***
Nonverbal	<-->	Memory	35.2301	3.2871	10.7175	***
Spatial	<-->	Memory	44.8726	3.5411	12.6721	***

Correlations

			Estimate
Verbal	<-->	Nonverbal	.8049
Verbal	<-->	Spatial	.7509
Verbal	<-->	Memory	.8239
Nonverbal	<-->	Spatial	.8922
Nonverbal	<-->	Memory	.8561
Spatial	<-->	Memory	.8100

표준화 모형 검정

모형에서 잠재변수에 척도를 부여하는 또 다른 방법은 요인분산을 1로 설정(요인당 하나의 요인부하량을 1.0으로 설정하는 것 대신에)하는 것이다. 그러한 표준화 모형(standardized model), 또는 UVI(Unit Variance Identification)(Kline, 2016: 199)를 DAS-II에 적용한 것이 [그림 16-4]에 나와 있다. 요인부하량을 설정하는 방법보다 SEM과 덜 일치하지만, 요인분산방법(factor variance method)은 두 가지의 장점을 가지고 있다. 첫째, 그것은 모든 요인부하량의 통계적 유의도 검정(CFA 연구에서 종종 가장 관심 있는)을 수행한다. 둘째, 이 방법은 요인 간에 **표준화된**(standardized) 공분산(즉, 상관관계)을 산출한다. 상관행렬은 행렬에 있는 변수를 표준화(즉, 분산을 1.0으로 설정)한 결과인 표준화된 공분산행렬(standardized covariance matrix)이라는 점을 기억하라. 대안적으로, 상관행렬을 모든 분산이 1.0으로 설정된 또 다른 분산-공분산행렬이라고 생각할 수 있다. 그러므로 연구자가 CFA에서 요인분산을 1로 고정하면, 요인의 표준화된 공분산행렬을 산출해 낼 수 있다. [그림 16-5]는 UVI를 활용했을 때의 **비표준화된**(unstandardized) 분석 결과를 나타낸다. 그림에서 공분산(상관)값은 [그림 16-2]의 표준화된 분석 결과의 상관값과 같다(그러나 요인부하량은 여전히 행렬을 가지는 비표준화된 값이다).

[그림 16-4] 초기 DAS-II 모형을 구체화하기 위한 대안적인 표준화방법
이 방법을 사용하여, 잠재변수의 척도를 요인부하량을 제약하는 것 대신에 분산을 1로 설정할 수 있다.

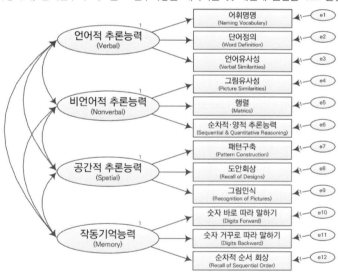

[그림 16-5] 표준화된 모형을 사용한 비표준화된 해(solution)

요인공분산(factor covariances)이 [그림 15-2]의 요인상관(factor correlations)과 동일하다는 점에 주목하라.

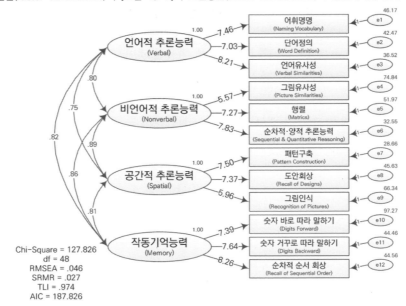

표준화된 요인공분산이 지닌 장점은 경쟁모형을 비교하고자 할 때 나타난다. 비언어적 추론능력 요인과 공간적 추론능력 요인 간에 높은 상관(.89)이 있음을 주목하라. 연구자는 이 상관관계가 1.0과 통계적으로 유의하게 다른지 아닌지, 즉 두 요인이 통계적으로 구분이 가능한지에 대해 아마 궁금해할 것이다. 연구자는 요인상관을 1.0으로 설정한 모형과 원래의 기본모형을 비교하여 이 가설을 검정해 볼 수 있다. 그러나 모형에서의 제약은 **비표준화된**(unstandardized) 모형에만 적용 가능하다. 그러므로 연구자가 요인상관을 1.0(또는 어떤 다른 값)으로 설정하고자 한다면, 표준화 모형을 이용하여 요인상관과 요인공분산이 서로 같게 설정되어야 한다[나중에 제시하겠지만, 몇 가지 다른 제약도 또한 요인의 식별성(distinguishability)을 검정하기 위해 필요하다].

비록 CFA의 주요 결과(대표적으로 적합도지수와 표준화값)는 일반적으로 어떠한 방법이 사용되든 동일하지만, 몇몇 결과는 ULI(요인부하량을 1로 설정) 또는 UVI(요인분산을 1로 설정) 방법이 사용되었는지의 여부에 따라 약간 달라질 수 있다. 마찬가지로, 요인부하량이 UDI 방법을 사용하여 1로 설정되면 분석 결과는 변하지 않는다(그러나 때때로 그러하기도 하다). 특히 비표준화 모수 추정값과 표준오차는 두 방법에서 각기 다르게 산출될 수 있고, z값(결정적인 범위) 또한 다를 수 있다. 이는 하나의 방법에서 요인부하량 또는 요인공분산이 통계적으로 유의했을지라도 다른 방법에서는 그렇지 않을 수 있음을 의미한다[보다 더 자세한 정보는 Millsap(2001)을 참고하라. 이 논문에서는 여러 요인에서의 부하량을 검정하는 복잡한 모형의 경우, 요인부하량 중 어느 것을 1로 고정시켰는지에 따라 모형적합도가 달라질 수도 있다는 것을 보여 준다].

다음 주제로 넘어가기 전에, 오차분산의 고유값에 대해 알아보자. $e1$은 46.17, $e2$는 42.47이다. 이러한 값은 다양한 하위검사에서의 오차분산의 결합된 추정값을 의미한다. 이 값을 비교함으로써, 연구자는 분산-공분산행렬에서 대각선으로 나열된 변수의 분산값을 비교할 수 있다(〈표 16-1〉 참조). 이는 단어정의(Word Definitions) 하위검사의 절반으로 오차와 고유분산값과 같다.

📈 경쟁모형 검정

첫 번째 예시는 하나의 확인적 모형의 적합도를 검정하였다. 그러나 SEM에서처럼 더 강력한 방법은 대안모형과 경쟁모형의 비교를 통해 이루어진다. 저자는 DAS-Ⅱ 예시를 활용하여 이 방법을 간략히 설명할 것이다.

지금까지 보여 준 모형에서는 각각의 하위검사가 하나의 그리고 단 하나의 기반이 되는 공통능력이나 요인만을 측정하는 것을 가정해 왔다는 점에 주목하라. 그러나 검사에 의해 측정되는 구인(constructs)은 이보다 훨씬 더 복잡할 수 있고, 종종 훨씬 더 복잡하다. 실제로, DAS-Ⅱ의 몇몇 하위검사는 하나 이상의 기반이 되는 능력을 측정할 수 있다. 예를 들어, **도안회상** 하위검사는 피험자인 아동에게 몇 초 전에 본 도안을 기억해서 그릴 것을 요구한다. 이 검사가 시각적·공간적 추론과 더불어(또는 대신에) 단기기억능력을 요구한다고 가정하는 것이 적절하지 않다고 볼 수 있는가?

타당한 교차부하량 검정

[그림 16-6]은 도안회상이 공간적 추론능력과 작동기억능력 요인 모두에 적재되도록 함으로써 이러한 가능한 교차부하량(cross-loading)을 검증하는 모형을 보여 준다. 초기모형은 [그림 16-6]의 모형에서 **작동기억능력**부터 도안회상에 이르는 경로(부하량)을 0으로 제약함으로써 이 모형에서 파생될 수 있기 때문에, [그림 16-6]의 모형과 초기모형(예: [그림 16-1])은 서로 내포되어 있다는 점에 주목하라. 따라서 [그림 16-1]의 모형은 [그림 16-6]에 제시된 모형 내에 내포되어 있다. [그림 16-7]은 이 모형의 표준화부하량을 몇몇 적합도지수와 함께 제시하였다.

[**그림 16-6**] 도안회상이 시각적·공간적 추론능력과 작동기억능력을 측정하는지의 여부를 검정하는 대안모형
이 모형과 초기모형은 내포되어 있다.

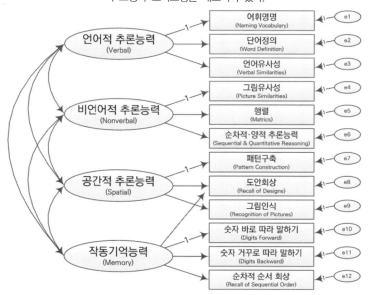

DAS-II 대안적 교차부하량모형은 자료를 설명하는 데 적합하였다. 주요 독립형(stand-alone) 적합도지수 중 하나인 RMSEA는 두 개의 요인을 가진 모형이 표준화된 검사자료를 잘 설명하고 있음을 보여 주었다. 다른 적합도지수(SRMR, TLI) 또한 좋은 적합도지수를 나타냈다. 만약 연구자가 각 모형의 적합도를 분리해서 생각한다면, 이 모형은 물론이고, 네 개의 요인을 가진 모형도 (일정 수준의) 적합도를 만족시켰다고 결론내릴 수 있다. 그러나 연구자의 주요 관심은 두 모형의 상대적인 적합도이다. 특히 연구자는 3요인모형이 교차부하량이 없는 초기모형에 비해 어떠한지(얼마나 나은지)에 관심이 있다. 교차부하량이 있는 모형은 초기모형에 비해 덜 간명하다. [그림 16-7]의 교차부하량모형은 자유도가 47인 반면, [그림 16-2]의 초기모형은 자유도가 48이다. 자유도는 추정되도록 자유롭게 두기보다는 특정 값으로 제약된 모수를 말한다. 따라서 자유도가 증가할수록 간명성은 증가한다. 만약 두 모형의 적합도가 모두 좋다면, 연구자는 초기모형(더 간명한 모형)을 선호한다. 모형적합도가 동일한가? 이 질문에 답하기 위해서는 적절한 적합도지수를 가지고 경쟁모형을 비교해야 한다.

[그림 16-7] 교차부하량모형의 표준화 추정값과 적합도

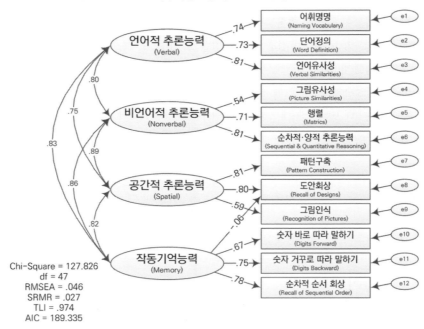

제14장에서 저자는 $\Delta\chi^2$은 내포되어(nested) 있는, 즉 한 모형이 하나 이상의 모수를 고정함으로써 다른 모형을 도출할 수 있을 때 경쟁모형을 비교하기 위한 좋은 방법이라고 주장하였다. 두 모형은 실제로 내포되어 있다. [그림 16-6]의 모형에서 [그림 16-1]의 모형을 도출하기 위해서 **작동기억능력** 요인에 대한 **도안회상** 요인의 부하량을 0으로 제약하기만 하면 된다.

〈표 16-2〉는 두 모형을 비교한 $\Delta\chi^2$을 보여 준다. $\Delta\chi^2$에 따르면, 초기모형이 모형 2(두 요인에 도안회상이 적재된 모형)보다 적합도가 약간 더 좋지 않다. 그러나 만약 두 모형이 내포되어 있다면, 더 제약이 많은 모형(더 큰 df를 가지고 있는 모형)이 제약이 더 적은 모형에 비해 χ^2의 차원에서 항상 적합도가

더 좋지 않다. 문제는 적합도가 '얼마나 나쁜가'이다. 자유도를 증가시키는 것이 의미가 없을 정도로 이 문제가 사소한가, 아니면 큰 문제인가? 적합도를 악화시키는 제약이 '가치' 있는지 여부를 판단하는 일반적인 방법은 $\Delta\chi^2$의 통계적 유의도를 검정하는 것이다. 이 또한 표에 제시되어 있다. 새로운 경로/요인부하량값이 추가될 때, χ^2은 단지 .491만큼 줄어들고, 이 차이는 통계적으로 유의하지 않다 ($p = .483$)(df가 1이고 $p < .05$일 때, $\Delta\chi^2$이 3.9 이상 되어야 통계적으로 유의하다고 말할 수 있다). 이것은 무슨 의미인가? 만약 $\Delta\chi^2$이 통계적으로 유의하지 않다면, 연구자는 제약이 더 많은, 즉 df가 더 많은 모형을 선호한다. 이는 교차부하량모형보다 초기 4요인모형을 잠정적으로 채택하고, 두 모형 간의 차이에 관한 가설을 기각한다는 것을 의미한다. 다시 말해서, 자료는 **도안회상**이 **공간적 추론능력** 요인과 **작동기억능력** 요인 모두에 교차부하되었다는 것을 지지하지 않는다. 그것은 **도안회상**이 실제로 단기기억이 아니라 시각적·공간적 추론능력을 측정하고 있음을 나타낸다.

<표 16-2> 적합도 통계량 및 적합도지수의 요점 정리

모형	χ^2	df	$\Delta\chi^2$	df	p	AIC	aBIC	RMSEA	TLI	CFI	SRMR
1. 초기 4요인	127.826	48				187.826	233.023	.046	.974	.981	.027
2. 중복적재된 도안회상	127.335	47	.491	1	.483	189.335	236.038	.046	.974	.981	.027
3. 3요인([그림 15-8])	163.651	51	35.825	3	<.001	217.651	258.328	.053	.966	.974	.029
4. 비언어적·공간적 상관 = 1	156.698	49	28.872	1	<.001	214.698	258.388	.052	.966	.975	.028
5. 동등상관	163.651	51	6.953	2	.031	217.651	258.328	.053	966	.974	.029

주: 모형 5를 제외하고, 모든 모형은 모형 1과 비교된다. 모형 5의 $\Delta\chi^2$은 이전 모형(모형 4)과 비교된다.

3요인 결합 비언어적 추론능력모형

비록 저자가 DAS-II가 4개의 기저구인을 측정해야 한다고 주장해 왔지만, 이미 **비언어적 추론능력** 요인과 **공간적 추론능력** 요인 간에는 매우 높은 상관관계(.89)가 있다는 것을 주목해 왔다. 만약 이 두 요인이 실제로 동등하다면, 이 둘을 하나의 요인으로 취급할 수 있는가? 우리는 **공간적 추론능력** 하위검사와 **비언어적 추론능력** 하위검사는 단일기저능력을 측정하는 것으로 고려되어야 한다고 쉽게 주장할 수 있다. 결국, 이 검사 대부분은 일정 수준의 공간적 인식과 비언어적 추론을 요구한다. 왜 이 두 요인을 나누는가? 우리는 사전에 가진 논리와 사후에 자료에서 얻은 근거를 가지고 또 다른 가능한 모형, 즉 두 요인을 하나의 요인으로 합친 모형을 얻어낼 수 있다. [그림 16-8]은 그러한 가능한 3요인모형을 보여 준다. 비록 명확하지는 않지만, 이 모형은 [그림 16-1]에서 [그림 16-5]까지에 있는 모형에 내포되어 **있다.** 이 3요인모형은 다음의 제약조건이 성립하면 [그림 16-4]에 제시된 모형과 동등하다.

1. 비언어적 추론능력과 공간적 추론능력 간 상관을 1.0(표준화 모형에서)으로 설정한다. 이 제약은 근원적으로 요인을 동등화시킨다.

2. 나머지 요인 간의 상관을 모두 동일하게 설정한다. 즉, **작동기억능력-공간적 추론능력** 요인 간 상관을 **작동기억능력-비언어적 추론능력** 요인 간 상관과 같게 설정하고, **언어적 추론능력-공간적 추론능**

력 요인 간 상관을 언어적 추론능력–비언어적 추론능력 요인 간 상관과 같게 설정한다. Amos에서는 각각의 상관값을 알파벳으로 입력한다(예를 들어, 첫 번째의 두 상관관계는 a로, 두 번째의 두 상관관계는 b로 설정한다). 이러한 제약을 함으로서 모수가 자유롭게 추정되지만, 같은 알파벳으로 설정된 값은 같은 값으로 산출된다. 이 외에 다른 SEM 프로그램은 동등화에 대한 나름의 제약 방법이 존재한다.

[그림 16-8] DAS-Ⅱ의 또 다른 경쟁모형

이 모형은 비언어적 추론능력과 공간적 추론능력 요인을 단일의 비언어적 추론능력 요인으로 통합한다.

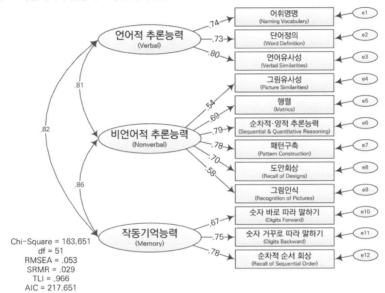

모형이 서로 내포된 관계이기 때문에, $\Delta\chi^2$은 경쟁모형 간 비교에 활용될 수 있다. 이 모형은 초기 4요인모형보다는 간명하다(독자는 먼저 왜 3요인모형이 초기모형보다 간명한지에 대해 이해하고 있어야 한다). 그러므로 만약 두 모형이 동일한 모형적합도를 가진다면, **비언어적 추론능력** 요인이 결합된 더 간명한 3요인모형을 선호할 것이다.

[그림 16-8]에 제시된 바와 같이, 3요인 결합 비언어적 추론능력모형(three-factor combined Nonverbal model)은 독립형(stand-alone) 적합도지수 대부분(RMSEA를 제외하고)에 근거해 볼 때 그 자료에 대해 좋은 적합도를 보여 주었지만, 이 모형의 경우 χ^2도 상당히 증가하였다. 4요인모형은 χ^2이 127.826 ($df=48$)인 반면, 3요인 결합 비언어적 추론능력(Combined Nonverbal)모형은 χ^2이 163.651($df=51$)이었다. 차이값을 보면, $\Delta\chi^2=35.825(df=3)$이고, 이는 통계적으로 유의하다($p<.001$). 이것은 4요인모형에 비해 간명하기는 하지만, 3요인 결합 비언어적 추론능력모형이 4요인모형뿐만 아니라 DAS-Ⅱ 하위검사, DAS-Ⅱ 구조 간의 관계를 설명하지 못함을 의미한다. 달리 말해서, **비언어적 추론능력과 공간적 추론능력**이 실제로 통계적으로는 구분이 가능하다. [그림 16-1]에서부터 [그림 16-4]까지 제시된 모형이 [그림 16-8]에 제시된 모형보다 DAS-Ⅱ 자료를 더 잘 설명한다. 따라서 이 분석은 이 분석에서 사용

된 DAS-II 검사는 3개의 기저능력보다는 4개의 기저능력을 측정하는 것으로 해석되어야 함을 시사한다. 이 모형의 적합도지수는 〈표 16-2〉에 제시되어 있다.

$\Delta \chi^2$이 경쟁/내재모형을 비교하기 위한 주요 방법이기는 하지만, 또한 AIC, aBIC와 같은 [비내재된 (non-nested)] 모형을 비교하는 데 유용하다고 논의했던 다른 적합도지수도 언급할 만한 가치가 있다. AIC(또는 aBIC)에 대한 한 가지 원칙은 그것이 더 낮은 값을 가진 모형을 선호한다는 것이다. 다시 한번, 모형을 비교하기 위하여 AIC 또는 aBIC를 이용한다면, 4요인모형이 더 우수하다. 우리의 주요 기준에 따르면, 4요인모형이 3요인모형에 비해 더 좋은 적합도를 보였다. 〈표 16-2〉는 또한 표준화된 4요인모형을 3요인모형으로 바꾸기 위한, 앞에서 개관한 두 단계에 대한 모형적합도를 포함하고 있다(저자는 여기에서 분석이나 모형을 보여 주지는 않지만, 여러분이 그것을 수행해 보기를 권한다). 첫 번째 단계에서 비언어적 추론능력-공간적 추론능력 요인 간의 요인상관(표준화된 공분산)은 1로 고정되었다. 두 번째 단계에서, 비언어적 추론능력-언어적 추론능력(Verbal) 요인과 공간적 추론능력-언어적 추론능력 요인 간의 상관은 동일하게 고정되었으며, 비언어적 추론능력-작동기억능력 요인과 공간적 추론능력-작동기억능력 요인도 마찬가지이다. 두 번째 단계에서 사용된 적합도지수는 [그림 16-8]에서 제시된 3요인모형에서의 적합도지수와 같다. 코멘트로서 저자는 두 단계에서 이러한 분석을 수행하는 것이 필요하다고 믿지는 않지만, 그것은 어떻게 수행되었는지를 이해하는 데 도움이 된다.

다음 주제로 넘어가기 전에, 왜 이 방법이 두 요인을 하나로 단순히 합치는 방법과 같은지에 대해 생각해 보자. 우리가 검정하고 있는 것은 비언어적 추론능력-공간적 추론능력 요인이 실제로 동일한 요인으로 고려되어야 하는지의 여부이다. 그것이 '동일한(the same)' 요인이 되기 위해서는 무엇이 요구되는가? 첫 번째로 그리고 분명히 그것은 서로 완벽한 상관관계를 가져야 한다. 그러나 완벽한 상관관계만으로는 충분하지 않다. 비언어적 추론능력-공간적 추론능력 요인이 실제로 '동일'하다면, 그것은 또한 다른 요인과 정확히 동일한 관계(상관관계)를 가져야 한다. 요인상관을 동일한 값으로 고정하는 두 번째 단계는 요인이 '동일한 요인'이라는 요건의 이 부분을 충족한다.

📈 모형적합도와 모형수정

어떤 모형이 적합도가 좋지 않을 때의 한 가지 일반적인 반응은 그 모형을 수정하기 위하여 해당 모형의 여러 가지 측면을 좀 더 구체적으로 검토해 보는 것이다. 그러한 것은 실제로 유용하며 필요하기 때문에, 저자는 여러분이 이렇게 해 보는 것을 하지 말라고 하지는 않겠지만, (선행 모형을 검정하는 것과는 반대로) 모형개발과 탐색에 주로 참여하지 않는 한, 가끔씩만 그렇게 해 보기를 권한다. 저자만이 모형수정(model modification)에 관하여 이러한 상반된 견해를 피력하는 것은 아니다. "통계학자로서 나는 수정지수(modification indices)에 대해 심히 의구심을 가지고 있다. 그러나 자료분석가로서 나는 그것이 정말로 훌륭하다고 본다"(LISREL 저자 중 한 사람인 Dag Sorbom, Wolfle, 2003: 32에서 인용됨). 이러한 과정에 도움을 줄 수 있는 몇 가지 인쇄자료가 있다.

수정지수

　적합도지수의 활용에 관하여 보다 더 상세히 설명하기 위하여, [그림 16-8]의 3요인 결합 비언어적 추론능력모형을 검토해 보자. 이 모형을 초기 4요인모형(예: [그림 16-1])과 비교하는 것이 아니라 3요인 모형에서 시작한다면, 4요인이 더 좋다는 것을 이해할 수 있는가? 수정지수나 다른 상세한 적합도 통계 값이 우리가 결론내린 것이 더 좋은 모형이었음을 보여 줄 수 있는가? 그리고 우리가 이 모형에 가할 필요가 있는 다른 변화가 있는가?

[그림 16-9] 3요인 결합 비언어적 추론능력모형의 수정지수

Modification Indices

Covariances:

			M.I.	Par Change
e11	<-->	Nonverbal	5.334	2.320
e11	<-->	Verbal	5.116	-3.381
e8	<-->	Verbal	4.521	-3.288
e8	<-->	e7	21.895	7.878
e8	<-->	e9	14.549	8.641
e6	<-->	e8	5.886	-4.243
e5	<-->	e7	6.381	-4.414
e5	<-->	e12	7.027	5.542
e5	<-->	e10	7.128	-6.454
e5	<-->	e8	21.672	-9.739
e5	<-->	e6	21.896	8.493
e4	<-->	Verbal	10.847	5.969
e4	<-->	e6	4.884	-4.551
e2	<-->	Nonverbal	5.909	-2.399
e2	<-->	e7	4.741	-3.500
e2	<-->	e8	15.275	-7.488
e2	<-->	e5	4.273	4.107
e2	<-->	e4	4.568	4.787
e1	<-->	e7	6.716	4.340
e1	<-->	e11	6.197	-4.838
e1	<-->	e8	4.259	4.120
e1	<-->	e6	4.944	-3.870
e1	<-->	e5	4.929	-4.596

Regression Weights:

			M.I.	Par Change
pcss	<--	rdss	10.309	.072
dfss	<--	mass	4.597	-.064
rpss	<--	rdss	6.734	.078
rdss	<--	pcss	7.334	.079
rdss	<--	rpss	9.224	.081
rdss	<--	mass	10.490	-.085
rdss	<--	wdss	9.454	-.086
sqss	<--	mass	10.718	.075
mass	<--	rdss	10.090	-.088
mass	<--	sqss	6.989	.076
psss	<--	wdss	5.161	.074
wdss	<--	rdss	10.836	-.083

　[그림 16-9]는 이 모형에 대한 Amos 결과로부터 도출된 수정지수를 보여 준다. 몇몇 프로그램에서는 모든 수정지수가 산출된다. Amos에서는 일정 수준, 즉 수정지수의 크기가 4(3.9, 약 4는 $df = 1$인 통계적으로 유의한 $\Delta\chi^2$의 값임을 기억하라.)보다 큰 수정지수만 계산된다. 그림은 기본값을 보인다. 모형적합도가 좋지 않을 때, 모수의 제약을 없앰으로써 모형적합도를 좋게 만들 수 있다. 모수의 제약을 해제하면, 자유도를 감소시키고 $\Delta\chi^2$을 좋게 만들 수 있다. 이러한 과정은 df의 감소가 $\Delta\chi^2$의 감소에 유익

한지를 반영한 것이다. 수정지수는 모수제약을 풀어 줄 때 $\Delta\chi^2$이 최소값인지에 대한 추정값을 의미한다. 수정지수는 공분산과 회귀가중값으로 표현된다(예를 들어, 첫째 줄에는 수정지수가 5.334로 기재되어 있다. 실제 결과가 분산으로 표기되기는 하지만, 4 이상 되는 수정지수는 없다. 따라서 표 안에 빈칸이거나 수치가 표기되지 않았다).

e5와 e6 간 공분산의 수정지수는 21.896이라는 것에 주목하라. 이를 통해 e5와 e6의 공분산에 제약을 풀어줌으로써 $\Delta\chi^2$이 최소 21.896만큼 감소했음을 알 수 있다. df가 1에서 $\Delta\chi^2$이 통계적으로 유의하게 감소하기는 하였지만, 이러한 변화가 이론적으로 타당한지에 대해서 고려해 볼 필요가 있다. e5와 e6은 각각 행렬과 순차적·양적 추론능력의 고유분산값이다. "Par Change"라고 표시된 열은, 이 제약을 풀었을 때 산출되는 모수(공분산)의 기대값을 보여 준다. 제약을 푼다는 것은 이 두 고유분산이 서로 상관관계가 생기도록 만든다는 것을 의미한다. 모수변화의 기대값은 정적(positive)이다(이는 제약을 풀었을 때 비표준된 모수의 기대값을 말한다). 이 공분산(상관)의 제약을 풀면, 행렬과 순차적·양적 추론능력의 고유 분산이 비언어적 추론능력이 각 하위검사에 미치는 영향 이상으로 관련이 있다고 생각한다는 것을 시사한다. 모두 비언어적 추론능력에 의해 영향을 받기 때문에, 요인은 서로 상관관계가 있지만, 다른 이유에서도 서로 상관관계가 있을 수 있는가? 다시 말해서, 행렬과 순차적·양적 추론능력은 비언어적 추론능력 요인 이외에 공통적인 어떤 것을 측정하는가? 다른 분석을 고려해 볼 때, 이 질문에 답하는 것은 꽤 쉽다. 그렇다. 이 두 하위검사는 공간적 추론능력과 분리된 더 좁은 비언어적 추론능력 요인을 측정할 가능성이 있다. 패턴구축과 도안회상 하위검사의 고유분산 간 공분산에 대한 제약을 풀어줄 수 있음을 시사하는 e7과 e8의 공분산에 대한 수정지수(21.895)에 주목하라. 다시 한번, 4요인해법에 대한 우리의 지식을 고려해 볼 때, "그렇다. 이 두 하위검사는 실제로 공통적인 어떤 것, 즉 비언어적 추론능력 요인과 별개의 공간적 추론능력 요인을 측정한다."라고 말할 수 있다.

만약 3요인 결합 비언어적 추론능력모형에서 시작해서 수정지수를 읽는 데 능숙하거나 DAS−II의 기초가 되는 이론에 관한 지식이 있다면, 수정지수는 아마도 이 요인을 두 개의 요인으로 분리하라고 제안했을 수도 있다. 이 예시는 또한 수정지수를 해석하는 것이 결코 쉬운 일만은 아니라는 것을 보여 준다.

[그림 16−9]의 다른 큰 수정지수는 e5와 e8 간이다(21.672). 이 수정지수는 행렬 하위검사의 고유분산과 도안회상 하위검사의 고유분산 간의 공분산을 풀어주면, $\Delta\chi^2$이 최소 21이 된다는 것을 시사한다. 행렬과 도안회상 요인이 별도의 능력을 측정한다는 것을 4요인모형에서 알 수 있기 때문에, 수정지수에 의한 이 '시사'는 이전 것과는 반대 방향으로 보인다. 그러나 모수의 기대되는 변화량은 음수값이라는 데 주목하라. 이 연구결과는 차례로 이 두 검사가 3요인 결합 비언어적 추론능력모형이 예측하는 것보다 더 적게 공통적으로 측정한다는 것을 시사한다. 다시 한번, 우리의 추가적인 지식을 고려할 때, 이 연구결과는 또한 이 두 하위검사를 별도의 요인에 배치할 가능성을 시사한다. 문제는 우리가 이 추가적인 지식을 가지고 있지 않았다면, 그 연구결과가 이 가능성을 시사했을지 여부이다!

수정지수를 사용하기 위한 일반적인 경험칙이 있다. 가장 큰 수정지수값을 검토하라. 실제 연구 상황에서 연구자는 이 모형에 제시된 수정지수보다 검토해야 할 수정지수를 훨씬 더 많이 가질 수도 있다는 점에 주목하라. '크다'의 기준은 무엇인가? χ^2과 같은 수정지수는 표본크기에 따라 다르다. 모형이 훨씬 더 적합하지 않거나 표본크기가 더 큰 경우, 수정지수는 더 크고, 대부분의 수정지수가 4 이상의 크기를 가질 것이다. 그러므로 다른 수정지수값보다 상대적으로 훨씬 더 큰 수정지수값을 검토해야 한다. 다시 한번, 수정지수란 df가 1에서 해당 모수의 제약을 풀었을 경우 χ^2에서 예상되는 최소 감소량을 보여 준다. 다음으로, 이론과 선행연구를 통해 각각의 변화가 정당화될 수 있는지 여부를 고려하라. 이론적으로 가장 타당하면서 동시에 모형적합도가 가장 크게 개선되는 단일 변경을 수행한 다음, 모형을 다시 추정한다. 그런 다음, 이 과정을 몇 번이고 반복할 수 있다. 일반적으로 수정지수를 사용하여 한 번에 여러 번 변경하지는 않는다. 매번 추가적으로 변경할 때마다 수정지수가 다를 수 있기 때문이다. 수정지수를 활용하는 것은 주의가 필요하다. 수정지수를 검토한 **후** 모형수정을 정당화하는 것이 너무 쉽다는 것을 알게 될 것이다. 이론과 선행연구를 고려하여 신중하게 정당화하라. 만약 수정지수를 보고, 그 모형 변경 이전에 생각했어야 했기 때문에 이마를 탁 쳤다면, 그 모형 변경은 아마도 합리적일 것이다. 모형수정을 하고 이에 대한 이론적 고찰을 나중에 실시하는 것은 잘못된 일이다.

수정지수에 대한 마지막 참고사항이다. 두 번째 표에 나온 수정지수[회귀가중값(Regression Weights)] 중 어느 것도 특별히 크지 않았지만, 크기가 컸다면, 그리고 하위검사와 요인 사이에 있다면, 그것은 다른 요인에 대한 검정의 교차부하량을 허용할 가능성을 시사했을 것이다.

잔차

모형적합도가 좋지 않은 이유를 이해하기 위해 검토해야 하는 적합도의 또 다른 측면은 〈표 16-3〉에 제시된 표준화 잔차[표준화 잔차 공분산(Standardized Residual Covariances)] 행렬이다(이 행렬은 또한 [그림 16-8]의 모형을 분석한 결과이기도 하다). 다양한 적합도 통계량이 실제 공분산행렬과 모형에 의해 추정되는 공분산행렬 간의 일관성을 검토한다는 제14장을 기억하라. 이 두 행렬의 차이는 잔차 공분산행렬이다. 표준화 잔차 공분산행렬을 단순히 이 잔차를 비교할 수 있도록 동일한 표준화된 척도에 놓는다. 이 행렬은 〈표 16-3〉에 제시되어 있다.

〈표 16-3〉 3요인 결합 비언어적 추론능력모형의 표준화 잔차 공분산

	pcss	soss	dbss	dfss	rpss	rdss	sqss	mass	psss	vsss	wdss	nvss
pcss	.000											
soss	−.548	.000										
dbss	.192	−.040	.000									
dfss	−.455	.173	−.130	.000								
rpss	−.226	−.383	−.111	−1.014	.000							
rdss	*1.614*	−.411	.264	.353	*1.910*	.000						
sqss	−.196	−.095	.693	−.411	−.125	−.815	.000					
mass	−.891	1.163	1.169	−1.123	−.238	*−1.981*	*1.609*	.000				
psss	−.288	−.680	.050	.322	.377	.533	−.936	−.052	.000			
vsss	.420	−.207	−.166	.447	−.655	−.531	.650	.387	1.291	.000		
wdss	−1.036	.552	−.581	.295	−1.372	*−2.297*	−.316	.610	1.480	.108	.000	
nvss	1.012	.227	−1.052	1.005	−.316	.489	−.542	−.609	1.366	−.348	.365	.000

표준화 잔차 공분산

이 행렬에 대해서도 부호에 관계없이 상대적으로 큰 값을 찾고 있다. 한 가지 경험칙에 따르면, 절대 크기가 2.0보다 큰 표준화 잔차 공분산(일반적으로 표준화 잔차라고 일컬어짐)을 조사할 것을 제안한다. 그러나 표준화 잔차는 표본크기에 따라 달라지기 때문에, 표본크기가 클수록 2보다 큰 표준화 잔차가 많지만, 표본크기가 작을수록 이 수준에 도달하는 표준화 잔차가 거의 없거나 아예 없을 수 있다. 다시 한번, 상대적으로 큰 값에 초점을 두라. 이러한 값은 표에서 굵게, 그리고 이탤릭체로 표시된다. 현재 예제, 즉 3요인 결합 비언어적 추론능력 DAS-II 모형의 경우, **도안회상**과 **단어정의** 간에 2.0보다 큰 값은 단 하나만 있다(-2.297).

이 값은 무엇을 의미하는가? 이 행렬이 어떻게 만들어졌는지 다시 생각해 보자. 실제 공분산행렬에서 내포된 공분산행렬을 빼서 잔차를 생성한다. 추정된 공분산행렬은 실제 관측된 공분산행렬에서 뺄셈을 통해 잔차를 산출해 냈다. 이러한 잔차들을 표준화시켜서 표준화 잔차 행렬이 만들어진다. 양수값은 두 측정값 간의 **실제** 상관이 **추정된** 상관보다 크다는 것을 의미하고, 음수 잔차는 그 반대의 경우이다. 양수의 표준화 잔차는 두 변수 간의 측정된 상관을 모형이 잘 추정하지 못함을 의미하는 반면, 음수는 모형이 변수 간의 관계에 대한 관측값을 적절하게 추정하고 있음을 의미한다. 따라서 양수값을 갖는 잔차가 모형수정의 측면에서는 더 정보를 많이 가지고 있다. 모형을 수정했을 때 모형적합도가 얼마나 더 좋아질지를 말해 주기 때문이다.

현재 예시에서 가장 큰 값은 **도안회상**(rdss)과 **단어정의**(wdss) 간의 -2.297이다. 이 값은 음수인데, 그것은 모형(이러한 하위검사가 비언어적 추론능력과 언어적 추론능력 요인에 부하되고, 두 요인은 .81의 상관관계를 가지고 있는)이 **단어정의**와 **도안회상** 간의 상관관계가 설명하는 것보다 더 많은 것을 설명함을 시사한다. 요인에 대한 하위검사의 부하량과 요인 간의 상관관계를 고려할 때, 이 두 하위검사가 실제보다 훨씬 더 높게 상관되어 있을 것으로 예상된다. 따라서 이러한 표준화 잔차는 우리가 그것에 대해 무엇을 해야 하는지 명확하지 않지만, 우리가 수정지수로 본 것과는 다른 지엽적[1] 부적합도의 측면을 암시하는 것으로 보인다.

다른 더 큰 표준화 잔차(1.5보다 큰 값은 강조되었음)는 수정지수와 같은 맥락에서 사용된다. **도안회상**과 **패턴구축**, 그리고 **도안회상**과 **그림인식**은 높은 양수값의 표준화 잔차를 보여 준다. 이 모형은 **도안회상**과 다른 두 개의 공간적 추론능력(Spatial) 하위검사 간의 상관을 적절하게 설명하지 못한다. 유사한 맥락에서, 모형은 **행렬**과 **순차적·양적 추론능력** 하위검사(둘 다 비언어적 추론능력의 척도임) 간의 상관을 적절하게 설명하지 못한다. 그러나 **행렬**과 **도안회상**(4요인모형은 이 두 가지 다른 능력을 측정한다.) 간의 상관은 더 잘 설명한다. 만약 우리가 능력이 충분하고 이론적 배경이 타당하다면, 여섯 개의 하위검사가 하나보다는 두 개의 요인으로 묶여야 한다는 점을 알 수 있을 것이다. 다음으로 높은 요인부하량은 **도안회상**의 하위검사가 모형적합도를 낮게 만드는 주요 요인임을 알려 준다.

---

1) **[역자 주]** 표준화 잔차는 지엽적 정보, 즉 각 변수를 수정했을 때의 모형적합도에서의 변화를 의미하고, 수정지수는 전체적 정보, 즉 모형 자체를 수정했을 때의 모형적합도에서의 변화를 의미한다.

잔차상관

〈표 16-4〉는 잔차상관행렬을 보여 준다. 제14장에서 살펴보았듯이, 잔차상관행렬이란 실제 상관행렬과 모형으로 추정된 상관행렬 사이의 잔차를 나열한 것이다. 대부분의 SEM 프로그램이 표의 아랫부분은 산출해 주지 않는다(Amos만 잔차상관행렬을 산출해 준다). 그러나 이 행렬은 쉽게 계산해 낼 수 있다. 실제 관측된 표본상관행렬과 모형으로 추정한 상관행렬 간의 차이를 엑셀(Excel)에 복사, 붙여넣기한 후 각각의 값을 빼서 잔차상관행렬을 구할 수 있다. 이 행렬에서 큰 값, 특히 절댓값이 .6 이상인 값들은 강조 표시되어 있다. 물론 이전 표에서도 이러한 맥락에서 큰 값이 강조되어 있다. 그러나 〈표 16-4〉에서는 상관 차이를 보여 주기 때문에 해석 가능하다는 장점이 있다. 도안회상과 단어정의 간의 값인 −.088은 두 하위검사에서의 실제 상관값이 모형으로 추정한 상관값에 비해 .088만큼 작다는 것을 의미한다. 만약 [그림 16-8]에 제시된 모형에 주목한다면, 언어적 추론능력 요인에 대한 단어정의의 표준화 요인부하량이 .73이고, 비언어적 추론능력 요인에 대한 도안회상의 표준화 요인부하량이 .70이며, 두 요인 간 상관이 .81이라 할 수 있다. 그러므로 두 하위검사 간의 추정된 상관은 .41(=.73×.70×.81)이다. 이 두 하위검사 간의 실제 상관은 .32이고, 차이는 −.09이다. 이 모형은 두 하위검사 간의 상관을 실제 값보다 더 높게 추정하였다.

〈표 16-4〉 3요인 결합 비언어적 모형(Three-Factor Combined Nonverbal Model)의 잔차상관

	pcss	soss	dbss	dfss	rpss	rdss	sqss	mass	psss	vsss	wdss	nvss
pcss	0											
soss	−.022	0										
dbss	.008	−.002	0									
dfss	−.018	.007	−.005	0								
rpss	−.009	−.015	−.004	−.038	0							
rdss	*.065*	.016	.010	−.014	*.073*	0						
sqss	−.008	−.004	.028	−.016	−.005	−.033	0					
mass	−.036	.045	.045	−.043	−.009	−*.078*	*.065*	0				
psss	−.011	−.026	.002	.012	.014	.020	−.036	−.002	0			
vsss	.017	−.008	−.007	.017	−.025	−.021	.026	.015	.048	0		
wdss	−.040	.022	−.023	.011	−.051	−*.088*	−.012	.023	.055	.004	0	
nvss	.040	.009	−.041	.038	−.012	.019	−.021	−.023	.051	−.014	.015	0

표준화 잔차와 잔차상관 모두 큰 양수값의 의미에 주목한다. 물론 큰 음수값 또한 모형에 추가할 수 있는 새로운 제약을 제안하는 것으로 보기도 한다. 비록 잔차가 수정지수에 비해 해석하기가 다소 더 어렵기는 하지만, 일정한 유형을 보여 준다. 따라서 이러한 유형을 통해 모형에 경로나 상관이나 다른 부차적인 요인을 추가해야 할지에 대한 정보를 얻을 수 있다.

잔차상관은 표준화 잔차와 동일한 모형부적합(misfit)에 관한 정보를 제공해 준다. 그 장점은 이러한 잔차가 친숙한 척도, 즉 상관계수 척도를 사용한다는 점이다. 결과적으로, 연구자는 문제가 있는 값에 대한 비공식적인 경험칙을 고안할 수 있다. 예를 들어, Kline은 .10보다 큰 '상관잔차(correlation residuals)'는

잠재적으로 문제가 된다고 주장한다(Kline, 2016: 240). 또한 Kline은 모형의 χ^2이 통계적으로 유의할 때마다 잔차상관을 검정해 보아야 한다고 제안한다. 저자도 적합도지수 중 어떤 것이 적합하지 않은 것으로 보일 때 이렇게 하는 것이 좋다고 생각한다.

모형제약의 추가와 z값

이미 논의한 바와 같이, 모형에서의 제약을 제거함으로써 모형을 수정할 수 있다. 이전에 0으로 고정했던 모수를 자유모수로 취급하여 추정함을 의미한다. 이렇듯 제약을 제거하면, 항상 카이제곱이 좋아진다. 그러나 이것은 모형의 간명성을 떨어뜨린다. 제약을 풀어 주는 것은 모형적합도의 측면에서는 유리하다. 모형수정에서의 또 다른 방법은 제약을 추가하는 것이다. 이는 이전에 자유모수로 취급하던 것을 0 또는 다른 일정한 값으로 고정함을 의미한다. 예를 들어, z값의 측면에서 몇몇 요인부하량이 통계적으로 유의하지 않을 때, 연구자는 이러한 값을 0으로 고정, 즉 이 경로를 없애는 방법을 고려해 볼 수 있다. 모형에서 제약을 추가하는 것은 더 큰 (더 나쁜) χ^2을 의미하지만 간명성은 증가한다. $\Delta\chi^2$이 통계적으로 유의하지 않다면 이러한 제약이 타당하다. 이와 같은 법칙은 다른 수정지수에도 적용될 수 있다. 제약을 푸는 것은 모형적합도를 좋게 만드는 반면, 제약을 추가하는 것은 모형적합도를 나쁘게 만든다. 예외는 이러한 지수 중 모형간명성을 설명하는 지수는 제약이 증가할수록 좋아지고, 제약이 제거될수록 나빠진다. 우리가 논의해 왔던 지수 중 TLI, RMSEA, aBIC, 그리고 (일반적으로) AIC도 간명성을 추구한다. 실제로, AIC와 관련된 적합도지수(예: BIC)는 '과대적합(overfitting)' 또는 적합도를 증진하기 위해서 작고, 표본구체적인(sample-specific)[2] 변화만을 만드는 것을 방지하기 위하여 고안되었다.

주의할 점

저자는 다시 한번 모형을 수정할 때 주의를 기울이기를 권한다. 지나친 모형수정은 SEM과 CFA의 추정적인 확인적(confirmatory), 이론 검정(theory-testing)의 본질에서 멀어지게 할 수 있으며, 심지어 잘못된 모형을 만들어 낼 수 있다(MacCallum, 1986). 몇몇 저자는 SEM와 CFA의 활용 간의 유용한 차이점을 이론 검정 대(對) 보다 더 탐색적인 측면에 두었다(Joreskog & Sorbom, 1993). 저자는 이것은 유용한 차이점이라고 생각하며, 여러분이 이러한 연속선상에서 어디에 있는지 알아보기를 권한다. 만약 여러분의 모형을 지나치게 수정한다면, 그 모형을 새로운 자료를 사용하여 재검정해 보지 않는 한 여러분이 행하고 있는 것을 이론 검정이라 생각해서는 안 된다.

📈 위계적 모형

고차모형 정당화와 설정

지금까지의 분석은 [그림 16-1]에서의 모형이 [그림 16-7]과 [그림 16-8]에서의 모형보다 DAS-II의 구조를 보다 더 명료하게 표현해 주고 있음을 보여 주었다. 그러나 [그림 16-1]의 모형도 완벽하지는 않

---

2) [역자 주] 전체적인 경향보다는 현재 주어진 자료를 설명하는 데 초점을 둔

다. [그림 16-1]에 나타난 것처럼, DAS-II는 4개의 요인으로 세분화된 전체적인 일반적 인지능력을 측정하기 위해 설계되었다. [그림 16-10]에 제시된 모형은 DAS-II의 기저모형을 좀 더 정확히 반영하고 있다. 1차의 요인 간 상관을 가진 모형보다 2차 이상의 고차상관을 가진 위계적 모형이다. 이러한 유형의 (고차 요인을 가지고 있는) 위계적 모형은 일반적으로 고차모형(higher-order model)이라 일컬어진다. 다른 유형의 위계적 모형(이중요인모형)은 또한 다루어질 예정이다(Keith & Reynold, 2018 또는 Reynold & Keith, 2013을 참고하라).

[그림 16-10] DAS-II의 고차모형

이 모형은 DAS-II가 네 가지의 포괄적인 인지능력 요인과 더불어 일반지능도 측정한다는 것을 구체적으로 보여 준다.

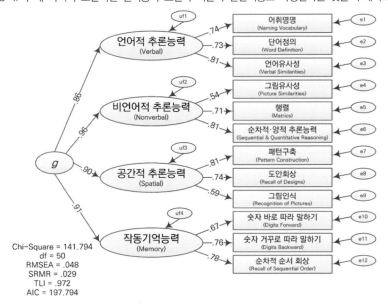

고차모형을 개발하고 추정하는 데는 여러 가지 이유가 있다. 지능 분야에서, 고차모형은 1차 모형보다 일반적으로 받아들여지는 지능이론[예: 3층이론(three-stratum theory) 또는 Cattell-Horn-Carroll이론, Carroll, 1993]과 더 일치하며, 대부분의 지능검사의 실제 구조와 더 일치한다. 고차모형과 그 밖의 위계적 모형은 많은 다른 연구 분야에서 동등하게 관련될 수 있다. 또한 고차모형은 1차 요인을 더 잘 이해할 수 있다. 1차 요인이 하위검사가 측정한 것을 이해하는 데 도움이 되었던 것처럼, 2차 요인은 1차 요인을 더 잘 이해하는 데 도움이 될 수 있다.

고차 CFA를 추정하는 메커니즘도 코멘트가 필요하다. 2차 요인(g)의 척도는 1차 요인(g)에서 1차 요인 중 하나로 가는 경로를 1.0으로 고정함으로써 1차 요인과 동일한 방식으로 설정된다. 또한 g의 분산을 1.0으로 고정하여 척도를 설정할 수 있다(이 경우, 경로를 1.0으로 설정하여 1차 요인의 척도를 설정해야 하므로, 1차 요인 결과는 표준화되지 않는다). 고차모형은 1차 요인이 uf1에서 uf4까지(고유요인 분산을 위해) 명명된 작은 잠재변수를 가지고 있다는 점에서 1차 모형과 다르다. 이러한 잠재변수는 다른 교란/잔차변수와 동일한 본질적 의미를 갖는다. 그것은 g를 제외한 1차 요인(언어적·비언어적 추론 등)에 대한 모든 영향을 나타낸다. 다시 말해서, **화살표가 가리키는 어떠한 변수도 (측정변수이든 잠재변수이든) 변**

수에 대한 다른 모든 영향을 나타내기 위해 잠재 교란/고유 변수를 포함해야 한다. 마지막으로, 여기에 표시된 모형에는 세 가지 수준(측정변수, 1차 요인 및 2차 요인)이 포함되지만, 추가 수준이 가능하며, 동일한 방법을 사용하여 추정할 수 있다.

고차모형분석 결과

[그림 16-11]은 고차요인분석에서의 모형적합도와 추정된 모수값을 보여 준다. 1차 요인부하량은 초기 분석 결과, 즉 1차 요인분석 결과와 같다. [그림 16-2]에서처럼, 항상 같지는 않지만 매우 유사하다. 이는 1차 요인분석과 고차요인분석의 근본적인 차이가 다음과 같기 때문이다. 고차요인분석은 구체적인 구조를 가진 1차 요인 간의 상관(공분산)을 설명한다. 1차 요인모형은 **하위검사**가 서로 상관관계가 있는 이유를 설명하는 데 도움이 된다. 즉, 8개의 하위검사에서 학생이 일정 수준에서 부분적으로 수행하게 하는 네 가지 능력이 있기 때문이다. 2차 모형은 네 가지 **요인** 간의 상관관계에 대한 이유를 설명할 수 있는 가능성을 추가한다. 왜냐하면 부분적으로 더 좁은 네 가지 능력에 영향을 미치는 하나의 일반적인 지적 능력 요인이 있기 때문이다. 개념적으로, 잠재변수(2차)의 요인분석은 측정변수(1차)의 요인분석과 동일하다.

χ^2의 통계적 유의도를 제외하고 모형적합도는 좋은 편이다. 모든 지수는 모형적합도가 좋은 수준임을 나타낸다. 수정지수를 살펴보면, 표준화 잔차와 상관잔차가 초기의 4요인모형과 동일한 수준을 보였다.

요인 간 상관을 설명하기 위해 초기의 4요인모형에 몇 개의 경로를 추가한 고차요인모형을 보면, 1차 요인모형보다 고차요인모형이 제약이 더 많고 더 간명한 모형임을 알 수 있다(Rindskopf & Rose, 1988).

[그림 16-11] 고차 DAS-Ⅱ모형의 표준화 추정값

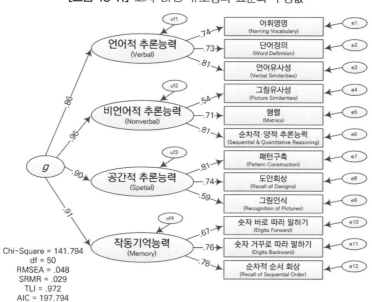

1차 요인모형은 요인상관에 어떠한 제약도 존재하지 않는다. 반면에, 고차요인모형은 요인상관이 하나의 잠재변수, 즉 g로 취급된다. 따라서 연구자는 이 두 모형을 서로 내재된 관계로 취급하여, $\Delta\chi^2$을 가지고 모형 간 비교가 가능하다. 이 예시에서 $\Delta\chi^2 = 13.968$ [2], $p = .001$일 때, 간명성의 측면에서 χ^2이 증가하는 것이 가치가 없기 때문에, 연구자는 고차요인모형을 기각 가능하다. 마찬가지로, AIC와 BIC는 4요인 1차 모형에 비해 고차모형이 더 나쁘다. 그러나 일반적으로 이러한 방식으로(내포된 모형으로) 1차 모형과 고차모형을 비교하지 않는다. 적어도 지능 분야에서 그러한 모형은 불가지론적인, 비고차(non-higher-order)모형과 비교하기 위해 적합도지수에 의존하지 않고 순수하게 이론적 근거로 정당화되는 것으로 보인다. 또한, 이론가는 1차 요인과 g(Carroll, 1993, 제16장) 사이에 중간요인이 있을 가능성을 인식하고 있으며, 그러한 인자는 정확하다면 고차모형의 적합도를 향상시킬 것이다. 예를 들어, DAS-II를 사용하면, 비언어적 추론능력 요인과 공간적 추론능력 요인의 고유분산이 상관되도록 허용하면, 1차 모형과 마찬가지로 적합한 고차모형이 생성될 수 있다(Keith et al., 2010). 이 '오차상관(correlated error)'을 허용하는 것은 통계적으로 비언어적 추론능력과 시각적-공간적 추론능력이 g 사이에 중간요인을 설정해 두는 것과 같다. 아니면 저자의 마음속에는 고차지능모형에 대한 약한 부분이 있을 수도 있다.

지금부터는 여분의 자유도 2가 어디서 발생했는지에 대해 논의해 보자. 1차 요인모형에서, 1차 요인 사이에 6개의 공분산과 1차 요인 자체의 분산이 4개 존재한다. 변수가 총 p개일 때, 분산/공분산행렬에서 자유모수는 $\frac{p \times (p+1)}{2}$개이다. 이 경우에는 $\frac{4 \times (4+1)}{2} = 10^{3)}$개이다. g요인의 분산과 새로운 교란의 분산(uf1부터 uf4까지)과 함께, 2차 요인과 1차 요인 사이 3개의 부하량을 추정하기 위해 이 자유모수 중 8개가 고차요인모형에서의 추정에 활용된다. 따라서 10개의 자유모수 중 8개가 추정에 활용되었으므로, 2개의 df가 발생한다. 이것은 만약 단지 3개의 1차 요인이 존재한다면, 그 모형의 고차요인 부분은 적정하게 추정될 것임을 의미한다. 따라서 이 두 모형은 동일한 모형적합도를 가지게 되며, 모형 간 비교는 통계적으로 불가능하다. 단지 두 개의 1차 요인만 가지고 고차요인모형을 만든다면 모형의 고차요인 부분은 과소추정되고, 추가적인 제약(두 개의 2차 요인부하량을 동일하게 제약하는 것)을 하지 않으면 추정은 불가능하다. 그러한 모형의 고차요인 부분이 추정 가능한 상태인지에 대해 주의할 필요가 있다(모형 추정에 대해서는 제12장에서 논의하였다).

고차요인모형을 다루는 이유 중 하나는 1차 요인에 대해 이해하기 위함이다. 실제로 2차 요인부하량은 흥미로운 주제이다. 가장 큰 값은 비언어적 추론능력 요인이다. 따라서 비언어적 추론능력은 1차 요인의 가장 지적으로 상위에 존재하는 개념이다. 이 연구결과는 이 요인에 대한 과제(tasks)의 기초가 되는 연역적 그리고 귀납적 추론이 일반지능의 본질에 가깝다는 것을 시사한다.

총효과

심리측정 분야 연구자는 어떠한 하위검사가 전반적인 일반지능요인과 가장 높게 관련되어 있는지를

---

3) [역자 주] 원서에는 $\frac{4 \times (5+1)}{2} = 10$으로 되어 있으나, 수식에서 p가 4이기 때문에 $\frac{4 \times (4+1)}{2} = 10$이어야 한다. 따라서 이를 수정·제시한다.

이해하는 데 관심이 있다. 하위검사에서의 경로를 곱하여, 이러한 고차능력의 요인부하량을 산출한다 (예: 단어정의의 g요인에 대한 부하량은 $.86 \times .73 = .63$이다). 만약 이러한 과정이 친숙하게 들린다면, 그렇게 해야 한다. 우리는 단순히 각 하위검사에 대한 g의 간접효과를 계산하고 있다. 이 모형에서 어떠한 직접효과도 존재하지 않기 때문에, 즉 g요인에서의 총효과가 1차 요인을 매개하기 때문에, 모든 간접효과는 직접효과라고도 볼 수 있다. [그림 16-12]는 1차 요인과 하위검사에 대한 g요인의 표준화된 총효과를 제시한다(어떠한 이유로, [그림 16-12]에서 하위검사 순서는 [그림 16-11]의 하위검사 순서와 거의 반대이다). g요인에서 하위검사까지의 총효과는 굵은 글씨로 되어 있다. 그림에 제시되어 있듯이, **순차적 · 양적 추론능력(sqss)** 하위검사는 가장 큰 총효과(.770)를 보인다. 따라서 이 결과로 비추어 볼 때, 이 하위검사가 g요인과 가장 유사성이 높거나 g요인이 다른 하위검사에 비해 이 하위검사에 미치는 영향이 크다는 것을 의미한다.

[그림 16-12] 고차모형의 표준화된 총효과

굵은 글씨로 된 계수는 하위검사가 g에 미치는 총효과이다.
이것은 또한 고차 g 요인에 대한 하위검사의 부하량으로 간주될 수 있다.

Standardized Total Effects, Higher-Order Model

	g	Memory	Spatial	Nonverbal	Verbal
Memory	.913	.000	.000	.000	.000
Spatial	.903	.000	.000	.000	.000
Nonverbal	.955	.000	.000	.000	.000
Verbal	.858	.000	.000	.000	.000
pcss	**.736**	.000	.815	.000	.000
soss	**.709**	.776	.000	.000	.000
dbss	**.693**	.758	.000	.000	.000
dfss	**.608**	.665	.000	.000	.000
rpss	**.531**	.000	.588	.000	.000
rdss	**.667**	.000	.738	.000	.000
sqss	**.770**	.000	.000	.806	.000
mass	**.682**	.000	.000	.714	.000
psss	**.516**	.000	.000	.540	.000
vsss	**.692**	.000	.000	.000	.807
wdss	**.626**	.000	.000	.000	.730
nvss	**.635**	.000	.000	.000	.740

이중요인모형 정당화와 설정

위계적 모형의 또 다른 유형은 이중요인모형(bifactor model)이다. 내포요인모형(nested-factors model) 또는 직접위계모형(direct hierarchical model)과 같은 다른 용어로 이 모형을 접해 본 적이 있을 것이다. DAS의 이중요인모형 버전은 [그림 16-13]에 제시되어 있다. 고차요인모형과 마찬가지로, 이 모형은 언어적 추론능력, 비언어적 추론능력, 그리고 다른 1차 요인과 함께 가장 일반적인 요인인 G를 포함하고 있다. 그러나 이중요인모형에서 가장 좁은 의미이자 일반적인 요인의 형태는 1차 요인이다. 반면에, 고차요인모형에서 가장 일반적인 요인의 형태는 고차요인이며, 이는 1차 요인 간의 상관/공분산을 설명하기 위해 설정된 구성요소이다. 이중요인모형에서 일반적인 요인의 형태는 1차 요인이기 때문에, 지능모형에서 이것은 (2차 또는 고차요인을 상징하는) g 대신 G라고 표기된다.

이중요인모형의 다른 측면을 살펴보자. 우선, 좁은 의미의 요인일수록 다른 요인과 상관관계가 존재하지 않으며, 가장 일반적인 요인인 *G*와도 상관관계가 없다. 만약 연구자가 이러한 상관관계를 모형에서 모두 존재하는 것처럼 설정한다면, 모형은 과소추정되거나 추정이 불가능해진다. 모형은 이론을 반영하기 때문에, 이중요인모형은 넓은 의미의 능력과 *G*가 다른 요인과는 연관성이 없다는 것을 의미한다. 또한 이러한 이중요인모형은 DAS가 두 가지를 측정함을 보여 준다. DAS의 하위검사가 일반적인 하나의 능력을 측정하도록 설계되었다는 점과 4개의 기저구조가 존재한다는 점이다. 또한 하나의 넓은 의미의 능력과 *G*가 ULI(요인부하량 고정 방식)로 척도 부여가 되었다는 것도 알 수 있다. 물론 UVI 방식으로도 이 두 요인의 척도를 부여할 수 있다.

[그림 16-13] DAS-II의 이중요인 위계적 모형

이 모형은 G와 1차 요인으로서의 포괄적인 능력 모두를 포함하고 있다.

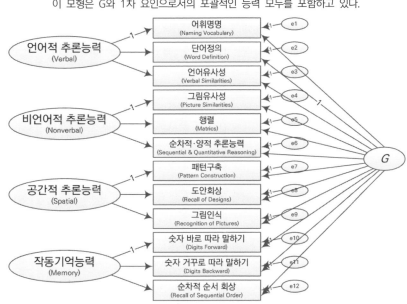

이중요인모형분석 결과

이중요인모형을 처음 분석할 때는 [그림 16-14]에 제시된 바와 같이 e6의 분산이 음수라는 에러 메세지가 출력될 것이다. 제곱값인 분산은 음수가 될 수 없으므로 모형분석은 진행되지 않는다. '헤이우드(Heywood) 사례'라고 명명되는 이 문제는 요인분석에서 매우 자주 발생한다. 확인적 요인분석에서 헤이우드 사례는 경로에서의 오차분산이 음수로 나오거나 변수의 분산이 100% 또는 100% 이상 설명되기 때문에 발생한다. 현재 예시에서 **비언어적 추론능력** 요인과 G요인이 **순차적·양적 추론능력** 검사에서 분산의 100% 이상 설명하기 때문에 발생하였다. 이러한 문제는 비단 요인분석에서만 발생하는 것은 아니다. 고차요인모형이나 1차 요인모형에서도 발생한다. 이를 해결하는 일반적인 방법 중 하나는 음분산을 0으로 고정시키는 것이다.[4]

---

4) 고차지능모형에서는 유동지능(Gf, DAS-II에서 비언어적 추론 요인으로 대표)과 관련하여 헤이우드(Heywood) 사례가 종종 발생한

[그림 16-14] 초기 이중요인모형에 대한 오류 메시지

분산은 음수일 수 없다.

The following variances are negative. (Group number 1 - initial model)

e6
-35.264

[그림 16-15]는 **순차적 · 양적 추론능력** 오차(e6)를 0으로 고정시킨 이중요인분석의 표준화된 결과를 보여 준다. 그림에서 볼 수 있는 바와 같이, 모형적합도는 좋은 편이다. RMSEA = .043, SRMR = .025, TLI = .977이다. 실제로 이중요인모형은 고차요인모형보다 더 좋은 적합도를 보인다. AIC = 175.844로, 고차요인모형의 AIC = 197.794보다 낮다.

[그림 16-15] 표준화된 이중요인모형 결과

잔차 e6과 연계되어 있는 분산은 추정할 수 있도록 하기 위하여 1로 설정되었다.
비언어적 추론능력의 음수 요인부하량에 관하여 설명해 주는 교재를 참고하라.

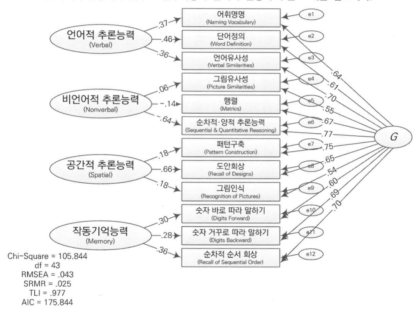

적합도 외에, 분석 결과 중 아마도 의심을 불러일으킬 만한 부분이 존재한다. **비언어적 추론능력** 요인의 하위검사에서 두 개의 음수 결과값이 산출된 것이 그 예이다. 이는 **그림유사성** 하위검사가 참조변수, 즉 잠재변수에 척도를 부여하기 위한 값으로 활용되었기 때문이다. **비언어적 추론능력**과 **행렬** 간 또는 **비언어적 추론능력**과 **순차적 · 양적 추론능력** 간의 요인부하량이 1로 고정되지 않았다면, **그림유사성** 하위검사가

다. 이것이 발생하면, *g*에서 Gf로 가는 경로가 1에 가깝거나 1을 초과할 수 있으며, 연관된 고유요인분산은 음수로 나타날 것이다. [그림 16-11]에서 *g*에서 **비언어적 추론능력**의 부하량이 1에 가까운 것에 주목하라. 이러한 결과는 *g*와 Gf 요인이 분리될 수 없다는 것을 암시한다. 어떤 연구자는 이 결과를 토대로 Gf 요인이 *g*와 중복된다고 주장하는 반면, 다른 연구자는 *g*가 불필요하다는 것을 나타낸다고 주장한다. 이미 언급한 것처럼, 음수분산을 해결하는 방법 중 하나는 값을 0으로 고정하는 것이다. 이것은 값이 0에 비교적 가까울 때는 성립하지만, 큰 음수의 값(모형에 문제가 있음을 암시)일 때는 논리에 맞지 않는다. 값을 양수의 값으로 제약하는 등 음수분산을 해결하는 방법은 다양하다.

더 작은 음수값이나 양수값으로 산출되었을 것이다.

G요인과 하위검사 간의 요인부하량은 대부분 통계적으로 유의하였다. [그림 16-12]와 같이, 우리는 고차요인모형에서 하위검사가 g요인에 미치는 각각의 영향이 얼마나 유사한지에 대해서도 살펴볼 수 있다. 비록 크기에서의 순위가 약간은 바뀔 수 있지만, 고차요인모형에서 g요인을 가장 잘 측정하는 하위검사는 이중요인모형에서 G요인을 가장 잘 측정하는 하위검사와 같다. 반면에, 이중요인모형에서 4개의 일반적인 요인에 대한 부하량이 고차요인모형에서 이러한 부하량보다 얼마나 작은지에 대해서도 생각해 볼 수 있다. 실제 수치상으로는 이러한 차이가 나타나지는 않지만, 경로/요인부하량 중 몇몇은 통계적으로 유의하지 않다. 왜 그러한가? 간단한 대답은 광범위한 능력이 한 모형 대 다른 모형에서 다른 의미를 갖는다는 것이다. 고차요인모형에서 1차 부하량은 이러한 능력이 하위검사에 미치는 영향을 보여 준다. 이중요인모형에서 광범위한 능력은 G가 **통제된 상태에서** 이러한 능력이 하위검사에 미치는 영향을 나타낸다. 다시 말해서, 이중요인모형에서 이것은 광범위한 능력의 고유한 영향이거나, G가 통계적으로 제거된 상태에서 광범위한 능력의 영향이다. 두 가지 유형의 영향(G의 영향이 제거되거나 제거되지 않은)은 모두 흥미로울 수 있지만, 다른 의미와 해석을 가지고 있다.

이러한 두 모형은 또한 지능의 본질에 대해 상당히 다른 이론을 암시한다. 고차요인모형은 표시된 12개의 검사가 서로 상관관계가 있는 주된 이유는 네 가지 기저 인지능력을 측정하기 때문이라고 말한다. g는 이러한 광범위한 인지능력에 영향을 미치고, g는 간접적으로만 특정 검사에 영향을 미친다. 이와는 대조적으로, 이중요인모형은 이 12개의 검사 간에 상관관계가 있는 두 가지 이유가 있다고 말한다. 첫째, 그것은 모두 G를 측정하고, 둘째, 그것은 서로 독립적인 다른 광범위한 인지능력을 측정한다. 이중요인모형에서 G는 구체적인 검사에 직접적인 영향을 미친다. 고차요인모형에서 g는 그것이 기반하고 있는 광범위한 인지능력의 본질에 의해 이해될 수 있으며, 그러한 인지능력은 대체로 g와 관련하여 이해될 수 있다. 이중요인모형의 경우 G의 본질은 구체적인 검사에 참조될 수 있다.

위계적 모형 비교

이중요인모형과 마찬가지로, 고차모형에 대해 유사한(작은) 부하량을 얻을 수 있으며, 그렇게 하면 차이점(또는 공통점)을 이해하는 데 도움이 된다. 그렇게 하는 한 가지 방법은 [그림 16-16]에 나와 있다. 이전 고차모형의 경우, 저자는 1차 요인에 대한 교란에서의 경로가 1이고 고유 요인분산을 추정했다고 명시했다(즉, uf1~uf4에 대한 ULI 사양). 이와는 대조적으로, [그림 16-16]에서는 교란 식별에 UVI가 사용되었다. 이 설정을 사용하면, 다양한 DAS-II 하위검사에 대한 uf1~uf4의 간접효과를 계산할 수 있다. 이러한 간접효과는 일반적으로 이중요인모형에서 광범위한 능력에 대한 하위검사 부하량과 매우 유사하다. 이것이 의미하는 바를 생각해 보라. uf1~uf4까지는 일단 g가 고려되면, 광범위한 능력에 대한 다른 모든 영향을 나타낸다. 따라서 이러한 간접효과는 일단 g가 제거되면, 하위검사에 대한 광범위한 능력의 고유한 영향을 나타낸다. 따라서 관심이 있는 경우 g를 제거한 하위검사에 대한 광범위한 능력의 영향에 대한 추정값을 얻을 수 있다. 이러한 추정값은 실제로 흥미로울 수 있으며, 실제로 고차요인분석의 탐색적 방법으로 알려진 Schmid-Leiman 전환이라는 방법과 동일하다.

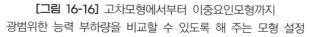

[그림 16-16] 고차모형에서부터 이중요인모형까지
광범위한 능력 부하량을 비교할 수 있도록 해 주는 모형 설정

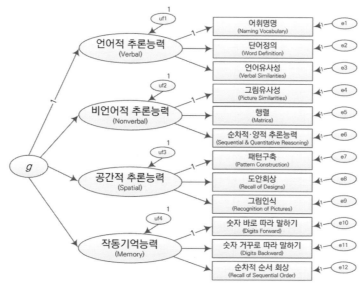

　일반적으로, 이중요인모형과 고차요인모형을 내재되지 않은 모형으로 취급하지만, 이중요인모형에서 고차요인모형으로 발전시키는 것이 가능하다. 두 모형 간의 df 차이를 주목하라. e6 분산이 0으로 제약되기 전에, 이중요인모형은 $df = 42$인 반면, 고차모형의 경우에는 $df = 50$으로, $\Delta df = 8$이었다. g에 직접적으로 8개의 하위검사(4개의 광범위한 능력 각각에 대해 2개씩)에 대해 고차모형에서 요인부하량을 허용한다면, 그 모형은 이중요인모형과 동등하고 같은 적합도를 가질 것이다(현재 예제의 경우, e6 분산을 0으로 다시 한번 제약할 필요가 있을 것이다). 다시 말해서, g에서부터 **단어정의와 언어유사성**으로, **행렬과 순차적·양적 추론능력** 등으로 가는 경로를 추가하고 동등한 (해석이 불가능할 가능성이 높지만) 모형을 얻을 수 있다. 대안적으로, 고차요인모형에서 g는 광범위한 능력을 통해서만 하위검사에 영향을 미치기 때문에, 하위검사와 g요인 간 요인부하량에 제약을 가한다. 따라서 비례제약(이 책의 범위를 넘어가는 주제)을 추가하여 이중요인모형에서 고차모형으로 이동하는 것이 가능하다(Yung, Thissen, & McLeod, 1999). 이러한 이해 단계에서 깨달아야 할 중요한 것은 고차모형이 더 제약된 버전의 이중요인모형과 같다는 것이다. 따라서 이중요인모형은 일반적으로 더 제약된 고차모형보다 잘 또는 더 잘(χ^2을 사용하여) 적합할 것이다.

　이중요인모형은 현재 유명하며[저자의 동료인 Tiffany Whitaker는 이것을 CFA의 '작은 블랙 드레스(little balck dress)'[5]라고 지칭하였다], 실제로 고차요인모형에 비해 몇 가지 장점을 가지고 있다(Chen, West & Sousa, 2006; Reise, 2012). 이 중 가장 중요한 장점은 이중요인모형이 고차요인모형에 비해 모형적합도가 좋거나 또는 더 좋다는 점이다($\Delta\chi^2$에 기초해 볼 때, 이전 예제를 참고하라). 연구자는 G요인과 광범위한 요인 간의 관계를 덜 설정하는 것(이중요인모형)을 잘 정의되어 있기보다(그것은 실제로 그들 간에 관

---

5) **[역자 주]** 블랙 이브닝 드레스(black evening dress) 또는 칵테일 드레스(cocktail dress)라고도 불리며, 미국에서는 여성들이 한 벌 정도는 가지고 있는 필수적인 의상이라고 여겨진다. 여기서는 'CFA의 필수 아이템' 정도로 이해하면 될 것이다.

련이 없다고 설정한다.) 불가지론적인 것으로(그들이 어떻게 관련되어 있는지 명확하지 않다.) 간주할 수 있다. 이러한 생각의 변화로 인해 일반적이고 광범위한 요인이 어떻게 관련되어 있는지 명시하는 이론이 없거나 이 점에서 그 이론이 정의되지 않은 경우, 이중요인모형은 위계적 모형에 대한 좋은 선택으로 보일 것이다. 저자는 이것이 지능 분야에서는 그렇지 않지만, 위계적 CFA가 관심 있는 다른 많은 분야에서는 그럴 수 있다는 것에 주목하겠다.

물론 이중요인모형에도 단점은 존재한다. 지금 시점에서는 다음의 두 가지가 명확하다. 모형은 이론을 기반으로 하고 연구자가 선택한 모형은 연구문제와 연관성이 있다. 몇몇 연구자는 고차요인모형과 이중요인모형을 같은 맥락에서 사용하는데 그들은 그들 나름의 이론을 반영한다. 만약 이러한 모형 중 하나가 연구문제와 연관이 있다면 이 모형이 연구에 활용되어야 한다. 하나의 이론이 이중요인모형의 측면에서 연구모형의 기저구조를 하나의 방식으로 설명하였다면, 또 다른 이론은 고차요인모형의 측면에서 연구모형의 기저구조를 또 다른 방식으로 설명할 수 있다. 이 경우, 연구자는 두 가지를 비교해야 한다. 물론 이중요인모형의 적합도가 대체로 좋다는 사실은 염두에 두어야 한다. 이러한 비교는 연구문제의 검정에 기반이 된다.

이중요인모형의 또 다른 문제는 추정이 항상 쉽지는 않으며, 추정 결과가 모호하다는 점이다. 이전 예시에서, 모형 추정을 가능하도록 하기 위해 하나의 오차분산에 제약을 가한다. 추정에서의 문제를 줄이기 위해 모형은 두 개의 요인을 모형에 설정해 둔다. 결과적으로 '초기값', 즉 이 값이 추정을 통해 산출될 것으로 예상되는 값을 미리 설정하는 것은 더 이상 이상한 일이 아니다. 어떻게 하는지에 대해서 알아보아야 하지만, 대부분의 SEM 프로그램에서 이를 실행하는 것은 쉽다. 만약 요인 간의 상관관계가 없다면, 각각 3개 이상의 측정변수를 가지고 있거나 과소추정될 수 있다.[6] 때때로 여러분은 모형을 추정하는 방법에 따라 이중요인모형에 대해 다른 결과를 얻을 수 있다. 현재 예시에서 두 번째 하위검사를 각 요인의 참조변수로 제약했을 때(즉, **그림유사성** 대신에 **행렬** 부하량을 1로 고정), 표준화된 요인부하량의 추정값은 크기는 동일하지만 통계적 유의도에서 이전과는 다른 양상을 보였다(예를 들어, **순차적·양적 추론능력**과 **비언어적 추론능력** 간의 부하량이 초기분석에서는 통계적으로 유의하지 않았지만, 이중요인모형에서는 통계적으로 유의하였다). UVI 방식을 사용했을 때(요인분산을 1로 고정), 훨씬 적은 수의 요인부하량이 통계적으로 유의하지 않았다. 저자가 초기모형을 Mplus에서 분석했을 때, e5의 분산은 음수였다. 반면에, Amos에서는 e6의 분산이 음수였다. 이러한 차이는 몇 개의 요인분산의 크기가 작거나 추정방법이 다르거나 통계적으로 유의하지 않아 발생한 것이다. 그러나 이유가 무엇이든 간에 이러한 차이를 밝히는 것은 필요하며, 저자의 경험으로 비추어 볼 때 고차요인모형보다 이중요인모형에서 더 자주 발생한다.

이중요인모형의 마지막 단점은 잘못된 모형을 만들 수 있다는 점이다(Maydeu-Olivares & Coffman,

---

6) 흥미로운 수수께끼가 있다. 요인끼리 상관이 존재할 때, 각각 두 개의 측정변수로만 요인을 설명하는 것이 가능하다(비록 권장하지는 않지만). 그러므로 가령 상관된 2개 요인, 네 개의 측정변수 모형은 자유도가 1일 것이다. 그러나 요인이 상관이 되지 않을 경우, 각 요인은 식별을 위해 최소 3개의 측정변수가 요구되고, 각 요인에 측정변수 3개가 있는 것은 완전 식별을 나타낸다[이중요인(bifactor) 예시에서 나타남]. 이는 만약 2요인모형이 요인에 3개 이하의 변수가 포함되면 연구자가 추가적인 제약을 만들거나(두 요인부하량을 같도록 제약) 직관과 반대로 제약을 해제(그 요인이 다른 요인과 상관이 되도록 함)해야 함을 의미한다. 2요인모형을 사용할 때 두 개의 측정변수로만 요인이 설명되었다면, 연구자가 그 문제를 해결하기 위해 어떤 방법을 사용했는지 명시해야 한다. 식별의 이러한 수수께끼는 종종 '경험적 과소식별' 현상을 야기하기도 하는데, 이는 모형에서 요인 간 상관이 발생하지만 상관이 작고 유의하지 않음을 나타낸다. 문제가 되는 요인이 3개 이하의 측정변수를 포함한다면, 그것은 과소식별될 것이다. 경험적 과소식별 현상은 1차 요인모형에도 적용된다(Kenny, 1979).

2006; Murray & Johnson, 2013). 예를 들어, 시뮬레이션 연구는 심지어 고차요인모형이 올바른 모형인 경우에도 이중요인모형이 고차요인모형보다 자료에 더 잘 적합할 수 있음을 보여 준다(Murray & Johnson, 2013). 이중요인모형은 또한 무선적이고 가능성이 낮은 자료를 적합시킬 수 있다(Bonifay & Cai, 2016; Mansolf & Reise, 2017; Reise, Kim, Mansolf, & Widaman, 2016). 이러한 이유로, 비록 가능하기는 하지만 고차요인모형과 이중요인모형 간의 $\Delta\chi^2$ 비교는 유용하지 않을 수 있다(Mansolf & Reise, 2017).

고차요인모형과 비교하여, 이중요인모형에 대한 저자의 현재 견해는 이중요인모형이 가장 일반적인 요인이 더 구체적인 요인과 어떻게 관련되어야 하는지에 대해 불가지론적이거나 불분명할 때 실제로 유용한 모형이 될 수 있다는 것이다. 마찬가지로, 기본적인 자료구조가 이중요인모형과 같은 것에 적합하다고 믿는다면 그러한 경우에도 역시 사용되어야 한다. 그러나 안내(guiding) 이론이 가장 일반적인 요인과 더 구체적인 요인 간의 고차적 관계를 구체화할 때, 이중요인모형 결과는 오해의 소지가 있을 수 있다. 저자는 또한 두 모형을 조합하여 해석하고, 결과의 유사점과 차이점을 주목하는 것이 유용하다고 생각한다(지능의 예는 Reynolds & Keith, 2017을 참고하라). 그러나 저자는 이러한 잠정적인 결론이 5년 후에 지지될지 확신할 수 없다. 이중요인모형의 오랜 역사에도 불구하고, 우리는 여전히 이 모형에 대해서 공부하고 있다! 이 두 방법의 보다 자세한 비교는 이미 열거한 참고문헌 중 몇 개를 참고하라(Chen, West & Sousa, 2006; Mansolf & Reise, 2017; Murray & Johnson, 2013; Reise, 2012). 저자의 동료와 저자는 지능자료를 사용하여 두 모형을 비교하였으며(예를 들어, Keith & Reynolds, 2018; Reynolds & Keith, 2013, 2017), Mansolf와 Reise(2017), Mulaik과 Quartetti(1997), Yung 등(1999)은 몇 가지 중요한 통계적 비교를 보여 준다.

📈 모형제약의 추가적 사용

종종 하나의 측정변수만 가진 요인을 모형에 설정하는 것이 유용하다. 앞서 살펴보았듯이, 여러 측정변수를 필요로 하는 잠재변수 모형에서 이것은 아마도 불가능해 보일 것이다. 하나의 측정변수만으로는 측정모형이 과소추정된다. 그러나 이 문제를 해결하는 여러 가지 방법이 존재한다.

이 예제의 경우, DAS는 **작동기억능력** 요인만이 하나의 측정변수인 **숫자 바로 따라 말하기** 하위검사 점수를 가진다. 이러한 자료의 빈약성을 감수하고도 **작동기억능력** 요인을 가진 모형을 설정할 수 있는가? 여기에는 여러 가지 해결책이 존재한다. [그림 16−17]에서 볼 수 있는 바와 같이, 하나의 방법은 **작동기억능력** 요인이 **숫자 바로 따라 말하기** 하위검사라는 하나의 측정변수만 가지는 상황을 바탕으로 한다. 이러한 모형은 추정하기가 어렵다. 왜냐하면 다른 추가적 제약 없이 모형이 과소추정 상태이기 때문이다. 연구자는 고유−오차분산의 값을 일부 값으로 고정함으로써 SEM(그리고 CFA)에서 단일지표 잠재변수를 추정하는 문제를 해결할 수 있다. 이 제약은 모형을 적정 추정 상태로 만들어 준다.

물론 연구자는 고유−오차분산을 0으로 제약할 수도 있다. 이러한 접근방법은 측정변수가 오차 없이 측정되었고 측정변수와 요인이 완벽하게 동일함을 의미한다. 연구자가 이것을 인지함과 관계없이 이것은 경로모형을 분석할 때(그리고 다중회귀분석을 할 때) 연구자가 하고 있던 것이다. 연구자는 단일척도가 관심 있는 구인의 완벽하게 타당하고 신뢰할 수 있는 지표라고 가정하였다.

또 다른 방법은 그것을 알거나 또는 추정할 수 있다면, 모형에서 측정변수의 추정된 **신뢰도(reliability)**를 활용하는 것이다. 1−신뢰도는 측정변수에서 오차의 추정된 비율을 의미한다. 만약 이 값과 분산을 곱하면, 오차에 대한 측정변수의 영향이 산출된다. [그림 16−17]은 이러한 방법을 활용한 모형을 나타낸다. 5~8세까지의 연구대상의 **숫자 바로 따라 말하기** 하위검사에 대한 추정된 신뢰도(내적 신뢰도)는 .91이고(Elliott, 2007), 분산은 121.523이다. 따라서 **처리속도(Speed of Processing)**(U9)를 위한 오차분산을 위해 사용된 추정값의 10.94이다.

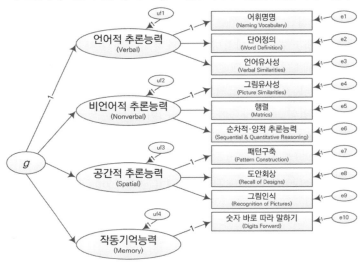

[그림 16-17] 단일지표(single-indicator) 요인모형분석
이 모형에서, 작동기억능력(Memory) 요인은 하나의 측정변수만을 가지고 있다.

$$V_e = (1 - r_{tt})\,V = (1 - .91) \times 121.523 = 10.937$$

모형의 이 부분에 대해 알아보자. 척도를 부여하기 위해 각 요인과 연결된 측정변수 중 하나의 경로는 1로 고정된다. 단 하나의 차이점은 요인과 측정변수가 연결된 경로는 오직 한 개라는 점이다. 또한 척도를 부여하기 위해 고유분산과 하위검사 간의 경로도 1로 고정된다. SEM 프로그램으로 경로분석을 할 때, 잔차에서의 경로를 분석하거나 잔차분산을 추정한다. 일반적으로 연구자는 고유−오차분산에서 경로를 설정하여 1로 고정하고, 고유분산이나 잔차분산을 추정할 수 있다. 하나의 측정변수를 가지고 연구자는 고유−오차분산을 고정함과 동시에 경로를 설정하여 모형을 추정한다. e10 옆에 10.94라는 값은 이 절차로 산출된 값이며, 이 값으로 고정되면 모형을 추정할 수 있다. 이는 단일측정변수를 가진 잠재변수모형을 다루는 일반적인 방법이다. 보다 자세한 내용은 Hayduk(1987, 제4장)을 참고하라. 실제로 여기서 제시된 방법은 이전 장에서 오차의 정도에 따른 영향을 보여 준다(비록 저자는 그림에 그 모형의 이러한 측면을 보여 주지는 않았지만). 또한 이 방법은 신뢰도와 타당도를 설명해 주기도 한다. 신뢰도의 활용은 아주 보수적인(하한선의) 고유분산과 오차분산을 알려 준다(e10). [그림 16−11]에 제시된 복잡한 고차요인모형에서 **숫자 바로 따라 말하기** 하위검사의 고유−오차분산은 67.91이다. 몇몇 연구자는 단일

측정변수 분석에서 요인부하량과 경로에 대한 추정값을 범위로 나타낼 것을 추천한다.

분석 결과는 [그림 16–18]에 제시되어 있다. 이러한 방식으로 **작동기억능력** 요인은 다른 요인보다 g 요인에 작은 크기의 요인부하량을 가진다. 그리고 이것은 세 개의 측정변수를 가진 고차요인모형에서보다도 작은 값이다.

[그림 16-18] 작동기억능력 요인에 대하여
하나의 지표(indicator)만을 가지고 있는 모형의 표준화된 해(solution)

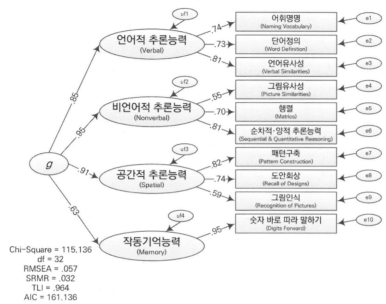

비록 이 방법이 연구자로 하여금 단일측정변수만으로도 추정을 가능하게 하지만, 여러 가지 측정변수를 가진 요인보다 더 적은 양의 정보를 제공해 준다. 현재 예시에서 모형은 연구자에게 **작동기억능력**(Memory) 요인에 대한 g 요인의 상대적인 영향을 보여 준다. 그러나 **숫자 바로 따라 말하기** 하위검사의 본질이나 **작동기억능력** 요인의 본질에 대해서는 정보를 거의 주지 않는다. 많은 수의 SEM 사용자가 단일측정변수를 까다로운 방법이라고 생각하지만, Hayduk(1987)은 이 방법이 경로분석과 SEM에서 장점을 가진다고 말한다.

[그림 16-19] 지표가 하나뿐인 변수에 대한 대안적인 해결책

여기에서는 숫자 바로 따라 말하기 검사에 대한 오차분산을 0으로 고정했는데, 그것은 본질적으로 하위검사가
완벽히 타당하며, 작동기억능력 요인과 그 하위검사가 동일하다는 것을 말해 준다.

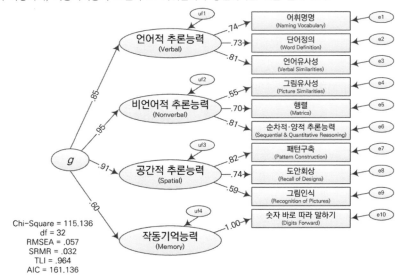

단일변수요인을 다루는 두 개의 대안적인 방법이 대해 간략히 살펴보자. [그림 16–19]에는 e10의 고유–오차분산을 0으로 고정했을 때의 추정 결과가 제시되어 있다. 모형적합도는 [그림 16–18]과 같지만, 숫자 바로 따라 말하기 하위검사와 작동기억능력 요인에 대한 1차, 2차 요인부하량은 달랐다. 세 번째 방법은 [그림 16–20]에 제시되어 있다. 숫자 바로 따라 말하기 하위검사가 g요인에 직접적으로 연결되어 있는 모형이다. 이때 연구자는 기본적으로 숫자 바로 따라 말하기 하위검사가 일반지능과는 다른 무엇을 측정하는지 모른다고 말한다. 지금 당장은 이것이 명확하지 않을지라도 이 모형은 통계적으로나 개념적으로나 이전 모형과 동일하다. [그림 16–19]에서 e10이 0으로 고정되었을 때, 작동기억능력 요인과 숫자 바로 따라 말하기 하위검사는 같은 것으로 취급된다. 숫자 바로 따라 말하기 하위검사와 2차 요인인 g요인 간의 부하량은 두 모형([그림 16–19]와 [그림 16–20])에서 모두 동일하다. 단일지표 잠재변수를 사용하든 아니든, 세 모형을 모두 추정해 볼 것을 권한다. 이를 통해 잠재변수와 대안적인 방법에 대해 더 많이 이해할 수 있게 된다. 여기에 제시된 표준화값과 더불어 비표준화 추정값을 주의 깊게 검토하라.

[그림 16-20] 단일지표를 처리하는 또 다른 방법

비록 아주 달라 보이지만, 이 모형은 이전 모형과 상호대체할 수 있다.

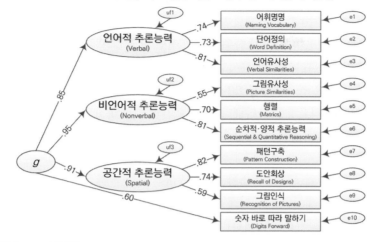

```
Chi-Square = 115.136
      df = 32
   RMSEA = .057
    SRMR = .032
     TLI = .964
     AIC = 161.136
```

DAS-Ⅱ가 실제로 작동기억의 단일척도만 포함하고 있다면, DAS에서 **숫자 바로 따라 말하기** 검사와 **작동기억능력** 요인에 의해 측정되는 구인의 본질을 더 잘 이해할 수 있는 더 강력한 방법이 있다. 이러한 더 강력한 방법은 DAS-Ⅱ를 다른 관련 요인과 함께 알려진 작동기억 척도들을 포함하는 다른 검사로 요인분석하는 것이다. 예를 들어, Stone(1992)은 두 검사에서 측정된 구인을 더 잘 이해하기 위해 또 다른 지능검사인 수정판 아동용 웩슬러지능검사(Wechsler Intelligence Scale for Children-Revised)(Wechsler, 1974)와 함께 원래의 DAS를 분석하였다.

이 장에서의 예시는 기존 척도의 타당도를 검정하는 데 초점을 두어왔다. CFA는 또한 이론을 검정하기 위해 사용될 수 있다. 저자는 지능 분야에서의 3층이론(three-stratum theory)을 언급하였다. DAS-Ⅱ는 3층이론에서 몇 가지 중요한 구인을 측정하는 것으로 보이며, 따라서 3층이론을 사용하여 DAS-Ⅱ가 무엇을 측정하는지 더 잘 이해할 수 있다. 또한 이러한 과정을 통해 연구자는 이론의 타당도를 검정할 수 있다. 3층이론에서 구인에 대한 여러 가지 척도를 개발하면, CFA가 3층파생모형(three-stratum-derived model)이 그럴듯한 대안이론보다 자료에 더 적합한지 여부를 결정하기 위하여 사용될 수 있다 (더 많은 정보를 얻으려면, Keith & Reynolds, 2018을 참고하라).

📈 요약

이전 장에서는 완전한 잠재변수 SEM에 대해 소개하였다. 이 장에서는 이 모형의 측정모형 부분에 초점을 두었다. 밝혀진 바와 같이, SEM에서 측정모형 부분은 일반적으로 확인적 요인분석(CFA)이라 알려진, 그 자체로 유용한 방법론이다. 요인분석의 역사는 지능검사의 역사와 매우 얽혀 있기 때문에, 이 장은 지능의 공통척도인 DAS-II의 분석을 통해 CFA를 설명하였다.

예에서는 추정상 4개의 기저구인을 측정하는 DAS-II의 12개 하위검사를 사용하였다. 요인과 하위검사(즉, 잠재변수와 측정변수) 간의 관계를 보여 주는 모형을 설정하였다([그림 16-1]). 모형은 요인에서 하위검사까지의 경로를 사용하여 어떤 하위검사가 어떤 요인을 부하 또는 측정하는지 지정한다. 다른 경로모형에 대한 규칙과 일관되게, 각 하위검사는 또한 네 가지 잠재요인을 넘어 하위검사에 대한 모든 다른 영향을 나타내는 작은 잠재변수도 있다. CFA/측정모형의 경우, 이러한 다른 영향은 고유 또는 특정 영향과 함께 일련의 측정오차를 나타낸다. 잠재요인의 척도와 요인 간의 고유분산 및 상관관계를 설정하기 위한 제약조건이 추가됨에 따라, DAS-II의 기초가 되는 개념모형은 검정 가능한 확인적 요인 모형이다.

우리는 DAS-II 표준화 표본에서 도출한 자료로 DAS-II 모형을 추정하였다. 이전 장의 자료를 활용했을 때 초기모형 적합도는 좋은 수준이다(예: RMSEA=.046, SRMR=.027). 그리고 대부분의 하위검사가 요인과 밀접한 관련이 있는 것으로 나타났다. 즉, 측정변수와 요인 간의 경로, 또는 요인부하량은 일반적으로 높았다. 이러한 요인부하량을 해석하는 또 다른 방법은 잠재구조(예를 들어, 언어적 추론능력 또는 공간적 추론능력)가 하위검사에 강한 영향을 가지고 있음을 검정하는 것이다. 요인, 또는 잠재 구인은 또한 실질적으로 서로 상관관계가 있으며 모든 상관관계는 .75 이상이었다. 이러한 연구결과는 잠재적이고 일반적인 능력이 실질적으로 서로 관련되어 있음을 시사한다.

잠재변수의 척도를 설정하는 일반적인 방법은 각 잠재변수에서 하나의 경로를 1로 설정하는 것으로, 변수의 척도를 측정변수와 동일하게 설정하는 것이다(Unit Loading Identification: ULI 접근방법, Kline, 2016). 다른 방법은 잠재변수의 분산을 1로 설정하는 것이다(Unit Variance Identification: UVI 접근방법). 1차 요인을 사용하면, 상관행렬이 표준화된 변수 간의 공분산행렬에 불과하기 때문에, 이 방법은 비표준화된 해법(solution)의 요인공분산을 요인 **상관관계(correlations)**로 전환한다. 이 방법론은 요인 상관관계에 대한 가설을 검정하는 데 유용할 수 있다. 그것은 또한 통계적 유의도에 대한 모든 요인부하량을 검정할 수 있다.

적합도 통계량을 사용하여 경쟁 경로모형을 검정할 수 있는 것처럼, 대안적인 경쟁 CFA 모형도 검정할 수 있다. 초기 4요인 DAS-II 모형을 교차요인부하량모형과 대안적인 3요인모형과 비교하여 경쟁모형의 검정을 설명하였다. 두 경우 모두 초기모형이 경쟁모형보다 자료에 더 적합하였다.

모형수정을 위해 정보를 얻어야 할 때, SEM 프로그램의 다른 측면이 유용하게 활용될 수 있다. 수정지수와 표준화 잔차 공분산은 더 좋은 모형적합도를 얻기 위해 어떤 제약을 풀어주어야 하는지에 대한 정보를 준다. 잔차상관은 표준화 잔차 공분산보다 이해하고 활용하기에 훨씬 쉬운 행렬이다. 잔차상관은 대다수의 SEM 프로그램에서 산출해 주지는 않지만 계산하기는 쉽다. 모형수정을 위해 자료를 활용하는 것은 더 좋은 모형적합도를 가질 수는 있지만 간명성은 떨어진다(더 복잡한 모형이다). z(CR)값을 사용하는 것은 제약을 활용하는 것과 마찬가지이며, 이는 간명성은 좋아지지만 모형적합도는 동일하다. 모형수정을 위해 이 방법을 사용하거나 탐색적 목적에서 확인적 요인분석을 활용하는 것은 이론 검정의 차원에서 권장되지 않는다. 모형수정은 논리적으로, 이론적으로, 선행연구 기반에서 타당한 것이어야 한다.

우리는 종종 고차 또는 다른 위계적 모형에 관심이 있다. 지능 분야는 고차모형으로 가득 차 있지만, 그러한 모형은 다른 분야에서도 관련이 있을 수 있다. DAS-II 예제의 경우, 종종 일반지능에 대해 g로 상징되는 더 일반적인 요인이 네 가지 잠재변수 각각에 영향을 미치고, 이는 다시 하위검사에 영향을 미친다는 가설을 세웠다. 달리 표현하면, 고차모형은 잠재요인 간의 상관관계가 각 요인이 부분적으로 다른 더 일반적인 요인에 의해 영향을 받는 산물이라고 설명한다.

일반적으로 이중요인모형으로 알려진 대안적인 위계적 모형도 설명되고 DAS-II 자료로 검정되었다. 이중요인모형은 최근 몇 년 동안 새로운 인기를 끌어 왔으며, 때로는 위계적 모형의 더욱 더 불가지론적인 버전으로 간주된다. 언제나 그렇듯이, 저자는 여러분이 기저이론을 신중히 고려하고 그 이론을 여러분의 모형을 인도하도록 할 것을 촉구한다.

이러한 잠재변수 중 일부가 고유-오차분산을 어떤 값으로 제약함으로써(예: [그림 16-14]의 e10) 단일측정변수만 포함하는 경우, 잠재변수 또는 요인을 모형분석할 수 있다. 고유-오차분산을 추정하는 일반적인 방법은 측정변수의 신뢰도에 대한 추정값을 사용한다(따라서 특정 분산이 아닌 오차분산만 모형분석한다). 이것은 단일지표만 가지고 있을 때 유용한 방법이지만, 변수가 오류가 없는 것은 아니다. 이 방법은 CFA 및 SEM 모형 모두에서 사용될 수 있다. 이 장은 CFA의 다른 사용에 대한 팁으로 마무리되었다.

EXERCISE 연습문제

1. 이 장에서 서술된 분석을 시행하라. 초기 4요인모형은 홈페이지(www.tzkeith.com)에 'DAS-Ⅱ first 1.amw' 로 찾을 수 있으며, 'das 2 cov.xls' 또는 'DAS 2 cov.sav'에서 데이터를 확인할 수 있다.

2. 'DAS 5-8 simulated 6.sav'과 'DAS 5-8 simulated 6.xls'은 DAS-Ⅱ 모의자료의 500개 사례를 포함하고 있다.

   1) 모의자료를 사용하여, 이 장에 나타난 1차 요인분석을 시행하라. 분석 결과를 해석하라. 그 결과는 이 장(그리고 연습문제 1)에서의 결과와 어떻게 비교되는가? 이 분석에 따라, 이 장에서 했던 것과 다른 결론을 도출할 것인가?

   2) 적합도지수에 주목하라. 제16장에서의 분석과 어떤 부분이 가장 많이 변화했고, 그 이유는 무엇인가?

   3) 분석 결과를 살펴볼 때, 분석 결과에서 시사되는 다른 가설이나 모형이 있는가? 만약 있다면, 이러한 분석을 시행하고, 그 분석 결과를 해석하라.

3. NELS 자료는 학생의 **자아존중감**과 **통제소재**를 사정하기 위해 고안된 일련의 문항을 포함하고 있다. 먼저, 원자료 파일(ByS44a~ByS44m)의 문항에 대한 기술통계량을 확인하라. 일부 문항은 긍정적으로 표현되었고, 다른 문항은 부정적인 표현되었다는 것에 주목하라. 척도(1=강한 긍정~4=강한 부정)가 주어졌을 때, 긍정적으로 표현된 문항의 경우, 더 큰 숫자는 실제로 더 나쁜 **자아존중감** 또는 **통제소재**를 나타낸다. 모든 문항에 대해 높은 점수가 더 나은 심리건강을 나타낼 수 있도록, 긍정적인 단어를 사용한 문항이 역코딩된 'sclocus matrix.sav' 또는 'sclocus matrix.xis' 파일의 행렬자료를 분석할 것을 권장한다. 역코딩된 문항은 행렬과 [그림 16-21]에서 "r"로 끝난다. 원자료를 분석한다면, 저자는 이 문항을 역코딩할 것을 추천한다.

   [그림 16-21]은 저자가 추천하는 모형이다. 모형이 잘 적합되지 않음을 알 수 있다(저자는 $\chi^2 = 768.855$, $df = 64$, $CFI = .780$을 얻었다). 먼저, 문항 문구(〈표 16-5〉 참고)를 검토하라. 적합도를 개선하기 위해 모형을 어떻게 수정할 수 있는가? (이것을 모형을 수정하는 비공식적 이론 방법이라고 생각하라.) 이러한 수정으로 적합도가 통계적으로 유의한 수준으로 개선되는가? 이제 수정지수와 표준화 잔차를 살펴보라. 상관잔차표(단순상관행렬에서 추정된 상관관계를 뺀 값)를 생성하라. 이러한 다양한 힌트를 바탕으로 어떤 수정을 할 수 있는가? 이제 그 모형은 얼마나 적합한가?

[그림 16-21]

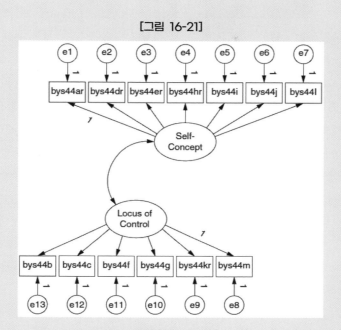

<표 16-5> 자아개념과 통제소재 문항에 대한 변수명과 레이블

변수명	레이블(label)
bys44a	나는 내 자신에 대해 만족한다.
bys44b	내 인생에 대한 충분한 통제권을 가지고 있지 않다.
bys44c	힘들게 일하는 것보다 행운이 더 중요하다.
bys44d	나는 가치있고, 다른 사람들과 동등한 사람이다.
bys44e	나는 다른 사람들만큼 일을 잘 할 수 있다.
bys44f	내가 출세할 때마다 무언가가 나를 멈춰 세운다.
bys44g	계획이 잘 안 풀려서 나를 불행하게 만든다.
bys44h	전반적으로 나는 나 자신에게 만족한다.
bys44i	나는 가끔 정말 쓸모없게 느껴진다.
bys44j	나는 때때로 내가 전혀 잘하지 못한다고 생각한다.
bys44k	내가 계획을 세울 때 나는 그것들을 실행할 수 있다.
bys44l	나는 별로 자랑할 게 없다고 느낀다.
bys44m	내 인생에서 기회와 행운이 더 중요하다.

　얼마나 많은 수정이 행해졌는가? 확인적 분석에서 탐색적 분석으로 선을 넘어갔는가? 한 걸음 물러서서 여러분의 모형을 좀 더 넓게 생각해 보라. 모형이 두 개 이상의 요인을 갖는 것으로 더 잘 생각할 수 있는가? 지저분한 문항을 삭제하는 것이 가치가 있는가? 수업시간에 여러분의 모형과 생각에 대해 논의하라.

제17장 통합: 잠재변수 SEM 소개

MR을 넘어서는 우리의 모험에 대한 진행 상황을 살펴보자. MR을 사용하여 경로분석을 수행하는 방법을 알고 있다. 이 경험에는 표준화 및 비표준 경로 추정, 교란($\sqrt{1-R^2}$) 계산, 두 가지 다른 방법을 사용한 직접, 간접 및 총효과 계산 및 비교가 포함된다. 우리는 Amos와 다른 SEM 프로그램을 사용하여 경로모형을 추정하는 것으로 전환하고, 표준화 및 비표준화 효과와 직접, 간접 및 총효과의 추정에 다시 초점을 맞추었다. 어느 쪽이든 가능하지만, Amos를 사용하여 교란으로부터 경로 추정에서 교란의 분산 추정으로 전환하였다. 적정식별모형, 과대식별모형 및 과소식별모형을 정의하였으며, 저자는 SEM 프로그램을 사용하여 과대식별모형을 추정하되, 모형이 적정식별된 경우 MR 또는 SEM 프로그램을 사용할 것을 제안하였다. 과도하게 식별된 모형에 대한 적합도지수를 조사하였고, 단일모형을 평가하는 데 유용한 몇 가지와 경쟁모형을 비교하는 데 유용한 몇 가지를 강조하였다. 동등모형, 비재귀모형, 종단자료에 간략하게 초점을 두었다. 측정오차가 경로분석, MR, 비실험적 연구 및 연구에 미치는 영향에 초점을 맞추고, 이러한 위협을 회피하는 방법으로 잠재변수를 사용하는 것을 고려하기 시작하였다. 확인요인분석을 통해 잠재변수, 그 의미 및 추정에 대한 지식을 확장하였다.

📈 통합

이 장에서는 이 모든 조각을 잠재변수 구조방정식모형분석에 통합하기 시작할 것이다. 제15장에서 언급한 바와 같이, 잠재변수 SEM을 연구과제에 관련된 구인이 서로에게 미치는 영향에 관한 경로분석과 함께 이러한 구인의 확인요인분석으로 고려할 수 있다. 이러한 이유로 많은 저자는 잠재변수 SEM의 구성요소 간의 개념적 차이를 나타내기 위해, 그것을 각각 측정모형(measurement model)과 구조모형(structural model)(예: Mulaik & Millsap, 2000)이라고 부른다. 비록 이러한 측정과 구조 부분의 분리는 통계적으로 필요하지 않지만 개념적으로, 특히 이 단계의 학습에서는 매우 유용할 수 있다.

[그림 17-1]은 검토를 위해 잠재변수 SEM의 구성요소를 보여 준다. 측정모형은 8개의 측정변수에서 4개의 잠재변수를 추정하는 것으로 구성된다. 구조모형은 4개의 잠재변수 중 4개의 경로와 1개의 상관으로 구성된다. 경로를 가리키는 각 변수에는 해당 변수를 가리키는 잔차-교란-오차 용어가 있으며, 이는 해당 변수를 가리키는 변수 이외의 다른 모든 영향을 나타낸다. 이러한 잔차 중 일부는 측정된 변수의 고유-오차분산을 나타내며, 이 잔차가 기반이 되는 잠재변수 이외의 측정된 변수에 대한 나머지 영향이다. 일부 잔차는 잠재변수에 대한 교란항을 나타내며, 이는 다른 잠재변수를 제외한 나머지 모든

잠재적 변수에 대한 영향을 의미한다. 이 중 일부는 고유-오차분산이고, 일부는 교란이라고 부르지만, 오차와 잔차라는 용어는 상당히 상호 교환적으로 사용된다.

[그림 17-1] 완전 잠재변수 SEM모형

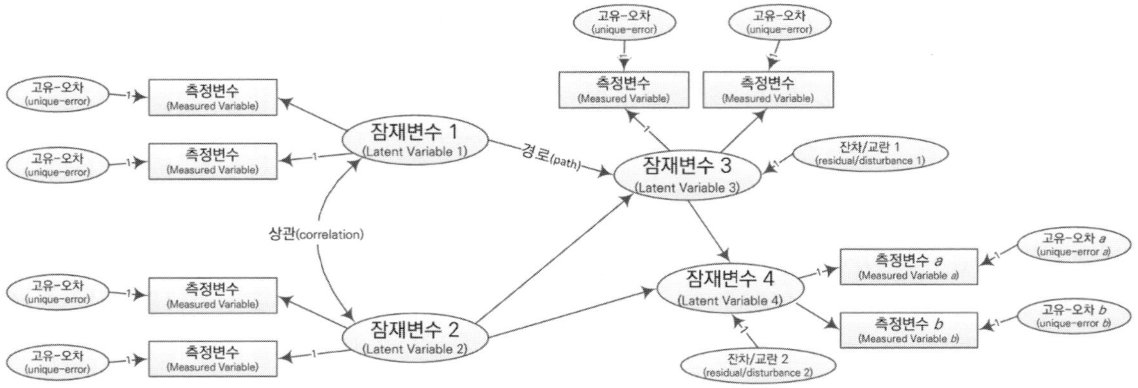

잠재변수 1에 잔차가 왜 없는지에 대해 궁금할 것이다. 이는 잠재변수 1에 경로가 없기 때문이다. 즉, 잠재변수 1이 외생변수이기 때문이다. 고유-오차분산과 잔차를 포함한 각각의 잠재변수는 하나의 경로를 1로 고정함으로써 척도를 가지게 된다. 예를 들어, 잔차/교란 2로 명명된 잠재변수는 잠재변수 4로 명명된 잠재변수와 같은 척도를 갖는다. 이 잠재변수는 측정변수 *a*와도 같은 척도를 갖는다. 이 모형과 이전 장에서 살펴본 CFA 모형의 가장 큰 차이점은 잠재변수 간의 상관관계가 경로로 대체되었다는 점이다. 결과적으로, 경로를 가진 잠재변수는 잔차도 갖는다. 물론 이 차이는 변수의 상관행렬과 변수 간의 경로 간의 차이와도 일맥상통한다. 이를 이해하기 위해 시간을 들여 모형을 살펴볼 것을 권한다.

📈 예제: 동료거절의 영향

개관, 자료, 그리고 모형

Eric Buhs와 Gary는 SEM을 활용하여 유치원 학생의 학업적 · 정서적 적응에 동료거절이 어떠한 영향을 미치는지에 대해서 연구하였다(Buhs & Ladd, 2001). [그림 17-2]에 해당 연구모형이 나타나 있다. 측정변수가 있는 잠재변수는 다음과 같은 특징을 갖는다.

[그림 17-2] 동료거절(Peer Rejection)이 학업적·정서적 적응(Academic and Emotional Adjustment)에 미치는 영향에 관한 초기모형

이 모형은 Buhs와 Ladd(2001)에서 추출되었다.

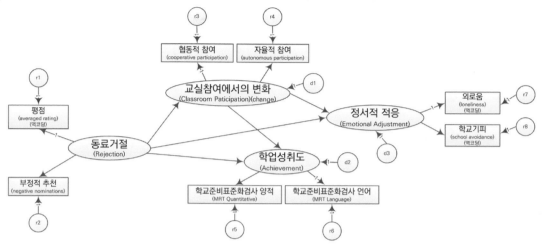

1. **동료거절**: 학급의 다른 아동에 의해 평가된, 그리고 각 아동이 부정적으로 추천된 횟수(다른 아동이 놀기를 원치 않는 경우)(부정적 추천)에 의한 각 아동에 대한 평균 사회성측정점수(여기에서 평점은 잠재변수인 '거절'의 부정적인 명명과 일관성이 있도록 역코딩하였다.)로 지수화된다.

2. **교실참여에서의 (이전 점수로부터) 변화**: 학생의 **협동적 참여**(예: 의무를 수용하는 것)와 **자율적 참여**(예: 자기 주도성)에 대한 교사의 점수로 추정된다.

3. **학업성취도**: 저자들은 이 변수를 적응의 한 측면이라 생각하였으며, 학교준비표준화검사(Metropolitan Readiness Test, Nurss & McGauvran, 1986) 중 언어와 양적 하위검사점수로 추정된다.

4. **정서적 적응**: 학교에서 외로움과 학교기피 정도에 대한 학생 스스로의 평정 점수로 지수화된다. 이 변수는 긍정적인 변수명(적응)과 일관성이 있도록 역코딩되었다.

Buhs와 Ladd의 논문은 추가적인 중재변수[부정적인 동료 처치(Negative Peer Treatment)]와 동료거절을 측정하는 변수를 설정하였다. 모형을 단순화하기 위해, 이러한 변수는 이 장에서는 다루지 않았다. 이 모형은 종단모형이다. 거절 변수는 가을에 측정되었고, 다른 변수는 봄에 측정되었다(더 자세한 내용은 Buhs & Ladd, 2001 참조).

이전의 경로모형, 즉 제14장의 과제모형에서 대부분의 변수는 합성점수로 되어 있다(예를 들어, 학업성취도는 4개 점수의 합성점수이다). Buhs와 Ladd(2001)도 같은 방식을 취하였다. 그러나 양적과 언어 변수를 학업성취도 **합성**(composite) 변수에 추가하는 대신에, 그들은 이 두 척도를 학업성취도 잠재변수의 지표로 사용하였다. 독립변수의 **적정가중조합**(optimally weighted combination)에서 결과변수를 예측하는 다중회귀에 대한 제1부의 논의를 기억하라. 개념적으로, SEM에서 잠재변수는 유사하다. 그것은 측정된 변수의 적정가중조합이다.

그 모형은 **측정된**(measured) 변수에서 추정된다. 자료의 일부가 〈표 17-1〉에 제시되어 있다(그리고

웹사이트에 'bubs & ladd data.sav'와 'bubs & ladd data.xls'라는 이름으로 된 자료파일로 저장되어 있다). 그 자료파일에는 잠재변수에 상응하는 변수는 존재하지 않는다. 잠재변수 또는 요인은 측정변수에서 추정되기 때문이다. 이것이 아직도 명확하지 않다면, 잠재변수를 측정변수에서 추정하는 **가상변수(imaginary variables)**라고 생각하라[실제 자료파일에서, 변수명은 표와 Amos 모형에서 사용된 변수명의 축약버전이지만, 그것은 자기설명적(self-explanatory)이어야 한다. 여기에서와 웹사이트에 포함되어 있는 자료는 실제 자료가 아닌, 논문에 제시된 상관행렬, 평균, 표준편차로부터 시뮬레이션된 자료이다. 총 표본크기는 399개이다. 측정변수 중 세 개는 변수명과 같으며, 따라서 해석하기가 훨씬 수월하다].

〈표 17-1〉 예제 자료: 동료거절(Peer Rejection) 예제에 대한 측정변수

아동 (Child)	평점 (Averaged Rating)	부정적 추천 (Negative Nominations)	협동적 참여 (Cooperative Participation)	자율적 참여 (Autonomous Participation)	양적 (Quantitative)	언어 (Language)	외로움 (Loneliness)	학교기피 (School Avoidance)
1	−1.33	−1.09	1.19	.69	7.47	6.30	2.09	2.48
2	1.32	55	−.13	−.07	2.72	2.76	1.42	2.16
3	−.64	−1.09	−.29	−1.26	6.40	5.39	1.59	1.38
4	1.42	−.36	−.19	−.56	.99	1.05	.94	2.13
5	.58	−.01	−.36	−.13	2.80	3.56	.36	2.20
6	−1.20	−1.51	.04	.07	7.07	7.79	1.37	2.03
7	.42	.39	−.25	.40	3.68	3.47	2.08	3.00
8	−.40	−.81	.78	1.03	7.03	4.94	2.03	2.61
9	1.99	1.89	−.45	−.66	1.51	5.08	.66	.99

이 분석이 보다 복잡하다는 것은 제1부에 나온 내용, 즉 항상 분석을 수행하기 전에 데이터를 검토해 보라는 조언을 무시하라는 의미는 아니다. 분석이 더 복잡해질수록 이 조언은 더욱더 중요해진다. SEM을 수행하기 전에, 데이터 파일에 평균, 표준편차, 최소값, 최대값은 반드시 확인해 보아야 한다. SEM을 수행할 때, 왜도와 첨도를 확인하는 습관을 가져야 한다. 현재 데이터를 가지고, 측정변수가 그것이 양수든 음수든, 의미 있는 척도를 가지는 경우는 많지 않다. 예를 들어, 평균값은 학급 전체를 표준화한 값이다. 기술통계량은 [그림 17-3]에 나와 있다.

[그림 17-3] 시뮬레이션된 동료거절 자료에 대한 기술통계량

Descriptive Statistics

	N	Minimum	Maximum	Mean	Std. Deviation	Skewness		Kurtosis	
	Statistic	Statistic	Statistic	Statistic	Statistic	Statistic	Std. Error	Statistic	Std. Error
ave_rat	399	-2.33	3.10	.1200	.95000	.101	.122	.011	.244
neg_nom	399	-2.37	2.64	-.1000	.90000	.186	.122	-.140	.244
coop	399	-1.38	1.88	.0000	.60000	.145	.122	-.256	.244
auto	399	-1.71	1.96	.0000	.62000	.135	.122	.043	.244
quant	399	-.86	11.91	5.3800	1.98000	-.150	.122	.472	.244
lang	399	.51	10.47	5.3600	1.78000	-.010	.122	-.302	.244
lone	399	-.02	3.12	1.5100	.56000	-.047	.122	-.182	.244
schavoid	399	.12	4.11	2.0500	.67000	.133	.122	-.128	.244
Valid N (listwise)	399								

[그림 17-4] 동료거절 초기모형의 측정모형 부분

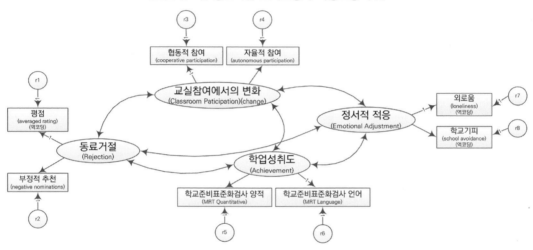

현재 모형에서 저자는 측정변수의 고유−오차분산을 r1부터 r8로, 잔차를 d1부터 d3으로 표기하였다. 고유−오차분산이 잠재변수를 제외한 측정변수에 영향을 미칠 수 있는 요인을 포괄하는 개념이라는 것을 염두에 두어야 한다. 또한 잔차는 다른 잠재변수를 제외하고 하나의 잠재변수에 영향을 미칠 수 있는 요인을 모두 포함하는 개념이다.

측정모형(Measurement Model)

측정모형은 [그림 17−4]에 제시되어 있다. 변수의 위치를 제외하고, 모형은 지난 장의 확인적 요인모형과 유사하다. 모형은 4개의 잠재변수(**동료거절, 정서적 적응** 등)와 8개의 측정변수(**평점, 부정적 추천** 등)를 가지고 있다. 각각의 잠재변수는 하나의 요인부하량을 1로 고정함으로써 척도를 부여받는다. 각각의 고유−오차 (잔차) 변수도 하나의 경로를 1로 고정하여 척도를 설정한다.

구조모형(Structural Model)

모형의 구조적 부분은 한 잠재변수가 다른 잠재변수에 미치는 영향에 대한 가설의 도식적인 표현인 [그림 17-5]에 제시되었으며, 모형에서 내생 잠재변수에 대한 교란을 포함하고 있다. 그 모형은 동료거절이 학생의 교실참여를 통해 직접적이고 간접적으로 모두 정서적 적응에 미치는 영향을 검정한다.

[그림 17-5] 동료거절 초기모형의 구조모형 부분

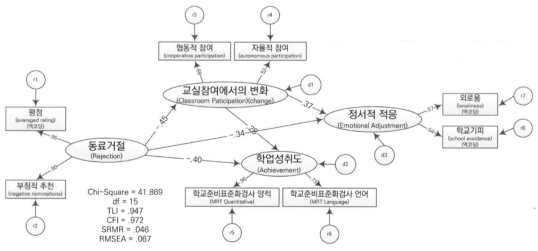

완전한 SEM 모형([그림 17-2])은 자유도가 15이다. 측정모형에서의 자유도는 14([그림 17-4])이다. 모든 요인부하량[예를 들어, 동료거절과 협동적 참여 또는 외로움에서의 한 경로]은 모형에 포함되지 않는다. 이러한 제약으로 인해 자유도가 14가 된다. 구조모형에서의 *df*는 1([그림 17-5])이다. 이는 학업성취도와 정서적 적응 간의 경로를 생략함으로써 발생한다. 이 모형은 웹사이트에 'Buhs & Ladd model 1.amw'로 저장되어 있다. 제시된 각주는 자유도 계산방법을 보여 준다.[1]

[그림 17-6] 동료거절 초기모형에서 도출된 표준화 추정값들

이 모형은 자료에 적절하지만(adequate) 좋은(good) 적합도를 가지고 있지는 않다.

Chi-Square = 41.869
df = 15
TLI = .947
CFI = .972
SRMR = .046
RMSEA = .067

---

1) 측정모형과 구조모형의 자유도를 계산하는 식은 다음과 같다. 8개의 측정변수로는 분산/공분산행렬에 36개의 요소가 있게 된다. $\frac{p \times (p+1)}{2} = \frac{8 \times 9}{2} = 36$ 측정모형에서 우리는 22개의 모수를 추정한다. 요인 간 상관/공분산 6개, 요인부하량 4개(척도를 고정하기 위해 각 요인마다 첫 번째 요인부하량은 1이라는 것을 기억하라), 요인분산 4개, 고유-오차분산 8개(r1~r8)이다. 측정모형의 자유도는 36-22=14이다. 완전 잠재변수 SEM에서는 21개의 모수를 추정한다. 고유-오차분산 8개, 요인부하량 4개, (외생변수, 동료거절의) 요인분산 1개, 오차 3개(d1~d3), 경로 5개로 21개가 된다. 이 모형에서는 자유도가 36-21=15이다. 자유도를 고려하는 또 다른 방법은 측정모형과 구조모형으로 배분하는 것이다([그림 17-3] 대 [그림 17-4]). 이미 계산된 것처럼, 측정모형은 14의 자유도를 설명한다. 구조모형에서 요인상관 6개는 5개의 경로로 대체되며, 추가 자유도 1개가 발생한다.

결과: 초기모형

모형([그림 17-2])은 Amos를 활용하여 원자료로 분석되었다(〈표 17-1〉과 'buhs & ladd data.sav' 또는 'buhs & ladd data.xls'). [그림 17-6]은 표준화 추정값과 모형적합도를 보여 준다. 모형은 적절하지만 좋지 않은 적합도를 보여 주었다. RMSEA는 .05보다 크지만 .08보다는 작다(.067, 90% 신뢰구간은 .043∼.092이다). SRMR은 .046이다. CFI는 .95보다 크지만 TLI는 일반적인 기준치인 .95보다 작았다. 그림에는 제시되지 않았지만, χ^2 또한 통계적으로 유의하였다($p < .01$). 이는 좋지 않은 모형적합도를 의미한다. 또한 모형은 적절하지만 좋지 않은 적합도를 보여 주었다. 모형적합도 전체는 [그림 17-7]에 제시되었다. 모형이 적절한 적합도를 가지고 있기 때문에, 분석 결과를 해석할 수 있다. 이 장의 말미에서 모형적합도에 대해 보다 자세히 살펴보고, 모형이 어떻게 수정되어야 하는지에 대해 다룰 것이다.

[그림 17-7] 초기 동료거절모형의 적합도지수

Model Fit Summary

CMIN

Model	NPAR	CMIN	DF	P	CMIN/DF
Default model	21	41.869	15	.000	2.791
Saturated model	36	.000	0		
Independence model	8	972.032	28	.000	34.715

RMR, GFI

Model	RMR	GFI	AGFI	PGFI
Default model	.047	.974	.938	.406
Saturated model	.000	1.000		
Independence model	.504	.574	.453	.447

Baseline Comparisons

Model	NFI Delta1	RFI rho1	IFI Delta2	TLI rho2	CFI
Default model	.957	.920	.972	.947	.972
Saturated model	1.000		1.000		1.000
Independence model	.000	.000	.000	.000	.000

Parsimony-Adjusted Measures

Model	PRATIO	PNFI	PCFI
Default model	.536	.513	.520
Saturated model	.000	.000	.000
Independence model	1.000	.000	.000

FMIN

Model	FMIN	F0	LO 90	HI 90
Default model	.105	.068	.028	.126
Saturated model	.000	.000	.000	.000
Independence model	2.442	2.372	2.125	2.637

RMSEA

Model	RMSEA	LO 90	HI 90	PCLOSE
Default model	.067	.043	.092	.110
Independence model	.291	.276	.307	.000

AIC

Model	AIC	BCC	BIC	CAIC
Default model	83.869	84.841	167.637	188.637
Saturated model	72.000	73.666	215.603	251.603
Independence model	988.032	988.403	1019.944	1027.944

[그림 17-8]은 경로와 요인부하량의 비표준화 추정값을 보여 준다. 비표준화 계수, 표준오차, z값이 제시되어 있다. 모든 추정값은 통계적으로 유의하였다. z값은 모두 2보다 큰 값이었다.

[그림 17-8] 비표준화 및 표준화 경로 및 부하량, 표준오차, 그리고 결정계수(C.R.)

Regression Weights

			Estimate	S.E.	C.R.	P
Classroom_Participation_(change)	<---	Rejection	-.205	.034	-6.055	***
Emotional_Adjustment	<---	Classroom_Participation_(change)	.289	.098	2.944	.003
Achievement	<---	Rejection	-.578	.105	-5.526	***
Achievement	<---	Classroom_Participation_(change)	.886	.274	3.236	.001
Emotional_Adjustment	<---	Rejection	-.118	.034	-3.430	***
NEG_NOM	<---	Rejection	.802	.057	14.157	***
AVE_RAT	<---	Rejection	1.000			
COOP	<---	Classroom_Participation_(change)	1.000			
AUTO	<---	Classroom_Participation_(change)	.788	.141	5.596	***
LONE	<---	Emotional_Adjustment	1.000			
SCHAVOID	<---	Emotional_Adjustment	1.140	.223	5.104	***
LANG	<---	Achievement	1.000			
QUANT	<---	Achievement	1.465	.134	10.901	***

Standardized Regression Weights

			Estimate
Classroom_Participation_(change)	<---	Rejection	-.451
Emotional_Adjustment	<---	Classroom_Participation_(change)	.372
Achievement	<---	Rejection	-.403
Achievement	<---	Classroom_Participation_(change)	.281
Emotional_Adjustment	<---	Rejection	-.335
NEG_NOM	<---	Rejection	.803
AVE_RAT	<---	Rejection	.949
COOP	<---	Classroom_Participation_(change)	.682
AUTO	<---	Classroom_Participation_(change)	.520
LONE	<---	Emotional_Adjustment	.567
SCHAVOID	<---	Emotional_Adjustment	.540
LANG	<---	Achievement	.726
QUANT	<---	Achievement	.957

표준화 결과

분석 결과의 의미에 주목해 보자([그림 17-6]). 주요 관심사는 **동료거절**이 유치원 학생의 **학업성취도**와 **정서적 적응**에 미치는 영향이었다. **동료거절**이 **학업성취도**에 미치는 표준화된 직접효과는 −.40인 반면, **동료거절**이 **정서적 적응**에 미치는 표준화된 직접효과는 −.34이다. 두 효과는 모두 통계적으로 유의하였고, 큰 값이었다. 모형의 적절성을 고려할 때, **동료거절** 잠재변수의 SD 변화를 살펴보면, **정서적 적응**의 SD는 .34만큼 줄어들고, **학업성취도**의 SD는 .40만큼 줄어들며, 다른 값은 동일하다. 이러한 연구결과는 **동료거절**이 유치원 학생의 후속적인 **적응**에 학업적으로 그리고 정서적으로 둘 다에 미치는 영향이 강함을 시사한다. 분명히 **동료거절**은 해로운 영향을 미칠 수 있다.

비표준화 결과

비표준화 계수에 주목해 보자([그림 17-8]). **동료거절**이 **정서적 적응**에 미치는 비표준화된 직접효과는 −.118이다. 이는 **거절** 잠재변수가 1단위 변화할 때마다 **정서적 적응**은 .118만큼 감소함을 의미한다. 이 문장의 의미를 이해하기 위해서 척도에 대해 이해할 필요가 있다. **동료거절** 잠재변수는 측정된 **평점** 변수와 같은 척도를 가진다. 반면에, 정서적 적응은 외로움 변수와 같은 척도를 가진다. 평점 변수는 3점 척도를 가지지만, 각각의 유치원 학생의 점수 평정은 3점 척도의 총합으로 이루어져 있다. 더 나아가, 이러한 점수는 각 반마다 다르게 표준화된다(Buhs & Ladd, 2001). 이는 좋은 접근 방식이기는 하지만, 평점 변수는 비표준화 행렬이며 **동료거절** 잠재변수는 아직 직접적으로 해석하기에는 준비가 되지 않았음을 의미한다. 저자에 따르면, 외로움 변수는 5개의 변수의 합성점수로 척도를 구성한다(Buhs & Ladd). 이 척도의 평균과 표준편차는 각 점수들의 평균을 의미한다. 이 변수의 비표준화 행렬, 따라서 **정서적 적응**의 잠재변수는 해석이 불가능하다. 다른 연구와 비교할 때 목적상 유용할지라도, 비표준화 계수는 아직 해석이 불가능하다. 따라서 앞에서 언급한 바와 같이 표준화 계수로 해석하는 것이 지금은 최선의 방법이다.

매개

직접효과를 넘어 더 많은 흥미로운 연구결과가 이 모형에 포함되어 있다. 연구자들의 주요 관심은 **교실참여**가 **동료거절**이 정서적 적응에 미치는 영향을 **매개했는지**이다. 다시 말해서, 동료거절이 **교실참여**를 통해 적응에 미치는 **간접**효과는 무엇이었는가? [그림 17-8]에서 **동료거절**은 **교실참여**에 강력한 영향을 미쳤다(-.45)는 것에 주목하라. 즉, 거절한 학생은 거절당하지 않은 학생보다 낮은 교실참여도를 보여 준다. 다음으로, 교실참여는 **학업성취도**(.28)와 **정서적 적응**(.37)에 강력한 영향을 미친다. 즉, 참여한 학생은 높은 학업성취도와 정서적 적응을 보여 주었다. 따라서 **동료거절**이 두 적응 변수(학업적·정서적 적응)에 미치는 간접효과도 상당하며, **교실참여**는 **동료거절**이 적응에 미치는 영향을 부분으로 매개한다.

간접효과와 총효과

[그림 17-9]는 잠재변수가 서로 간에 미치는 표준화된 직접, 간접, 총효과를 보여 준다. **동료거절**은 **학업성취도**(-.126)와 **정서적 적응**(-.168)에 중간 정도의 그리고 부적 간접효과를 가진다. 그림에는 제시되지 않았지만, 이러한 효과는 또한 통계적으로 유의하였다(Amos 또는 다른 SEM 프로그램에서 부트스트랩을 통해 검정됨). 비록 이러한 효과는 **동료거절**이 각 변수에 미치는 직접효과보다 더 작았지만, 그것이 유의하고 교실에서 학생의 참여가 동료거절이 적응에 미치는 영향을 매개한다는 것을 보여 준다. 동료에게 거절당한 학생은 더 적은 학급참여도를 보여 주었는데, 그것은 결과적으로 낮은 수준의 학교 정서적 적응과 학업성취도를 초래한다. **동료거절**이 학업적(학업성취도), 정서적 적응 변수에 미치는 직접효과와 간접효과 모두 음수값이었기 때문에, 총효과는 훨씬 더 컸다(학업성취도에서 -.529, 정서적 적응에서 -.503). 물론 이러한 직접·간접효과를 손으로 직접 계산할 수도 있다. 예를 들어, **동료거절**이 **교실참여**를 통해 학업성취도에 미치는 간접효과는 -.127 = -.451 × .281이다. 총효과는 -.530 = -.127 × -.403이다(반올림의 오차 범위 내에서 그림과 동일한 수치임). 좀 더 복잡한 그림에서는 이러한 계산도 좀 더 복잡해진다.

[그림 17-9] 초기 거절모형의 표준화된 총효과, 직접효과, 간접효과

Standardized Total Effects

	Rejection	Classroom_Participation _(change)	Achievement	Emotional_ Adjustment
Classroom_Participation_(change)	-.451	.000	.000	.000
Achievement	-.529	.281	.000	.000
Emotional_Adjustment	-.503	.372	.000	.000

Standardized Direct Effects

	Rejection	Classroom_Participation _(change)	Achievement	Emotional_ Adjustment
Classroom_Participation_(change)	-.451	.000	.000	.000
Achievement	-.403	.281	.000	.000
Emotional_Adjustment	-.335	.372	.000	.000

Standardized Indirect Effects

	Rejection	Classroom_Participation _(change)	Achievement	Emotional_ Adjustment
Classroom_Participation_(change)	.000	.000	.000	.000
Achievement	-.126	.000	.000	.000
Emotional_Adjustment	-.168	.000	.000	.000

경쟁모형

아마도 현재 모형이 제대로 설정되었는지 궁금할 것이다. 예를 들어, 학업성취도와 정서적 적응이 서로 연관되는 **유일한 방법**은 동료거절과 교실참여에 의해서 영향을 받는 그것 둘 다에 의해서라고 가정하는 것이 합리적인가?

[그림 17-10]은 어떤 학업성취도가 정서적 적응에 영향을 주는 대안적 모형을 보여 준다. 이 경쟁모형의 기저 논리는 단순하다. 즉, 유치원의 방향의 주요한 구성요소인 학업적으로 성공한 아동은 결과적으로 유치원의 학업적 측면에서 어려움을 겪는 아동보다 정서적으로 더 잘 적응할 것이다. 이 그림에서 볼 수 있는 바와 같이, 이 모형은 그 자료에 대해 좋은 적합도를 가졌다. 특히 RMSEA는 .048, TLI와 CFI는 .95 이상이었다.

보다 직접적으로, 이 모형의 적합도와 초기모형의 적합도를 비교해 볼 수 있다. 두 모형은 내포된 관계이기 때문에, $\Delta\chi^2$을 이용하여 모형 비교가 가능하다. 이 학업성취도영향(Achievement Effect) 모형의 적합도 통계량은 〈표 17-2〉에서 볼 수 있다. 표에 볼 수 있는 바와 같이, 학업성취도가 정서적 적응에 영향을 미치도록 설정된 모형은 초기모형보다 더 작은 χ^2을 가지며, 이러한 $\Delta\chi^2$은 통계적으로 유의하였다($\Delta\chi^2$ [1 df] = 15.095, $p < .001$). 비록 초기모형이 더 간명하지만, $\Delta\chi^2$이 통계적으로 유의할 때, 경험칙에 따르면 자료에 더 적합한 모형을 선택하기 위해 더 간명한 모형은 선택하지 않는다. 이러한 경우, [그림 17-10]에 제시된 모형이 더 적합한 모형이다. 간명성의 감소는 χ^2의 감소보다 더 가치 있다.

[그림 17-10] 동료거절이 교육적 · 정서적 적응에 미치는 영향에 대한 대안적인 학업성취도영향모형

이 모형은 학업성취도[교육적 적응(Educational Adjustment)]에서 정서적 적응으로의 경로가 포함되어 있다.

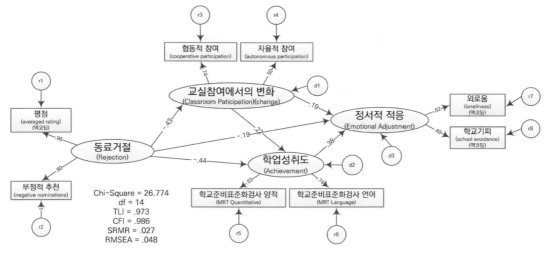

<표 17-2> 동료거절 대안모형의 적합도 비교

모형 (Model)	χ^2	df	$\Delta\chi^2$	df	p	AIC	TLI	CFI	SRMR	RMSEA (90% CI)
초기 (initial)	41.869	15				83.869	.947	.972	.046	.067 (.043−.092)
학업성취도영향 (Achievement Effects)	26.774	14	15.095	1	< .001	70.774	.973	.986	.027	.048 (.018−.075)

　　초기모형에 비해 학업성취도영향을 인정한 모형을 볼 때, 이 모형의 의의는 무엇인가? [그림 17−10] 에 나타난 결과에 따르면, 학업성취도는 정서적 적응에 강력한 영향을 미친다는 것을 시사한다(β = .38). 만약 이 모형이 맞는다면, 학업성취도는 동료거절과 정서적 적응 간에 존재하는 중요한 매개변수인 것 같다. 즉, 거절당한 경험이 있는 학생은 학문적으로 고통을 받고, 이러한 학문적 어려움은 결과적으로 학교에서의 낮은 적응 수준을 초래한다.

　　모형에서의 이러한 변화는 또한 동료거절과 교실참여 모두가 정서적 적응에 미치는 직접효과를 대한 상당히 감소시켰다([그림 17−6]의 모형과 [그림 17−10]의 모형을 비교해 보라.). 그러나 만약 두 모형에서 동료거절이 정서적 적응에 미치는 총효과를 비교하면, 두 총효과가 거의 비슷함을 알 수 있다. 왜 그러한지에 대해 잠시 생각해 보자. 모형을 고려하고 있는 한, 학업성취도영향모형([그림 17−10] 참고)을 사용하면 SEM의 구조적 부분(잠재변수 사이의 경로)이 적절하게 추정 가능함을 주목할 필요가 있다. 즉, 측정모형의 경우, 잠재변수들 간에 6개의 상관관계가 있으며, [그림 17−10]에 표시된 모형의 경우, 이러한 6개의 상관관계는 모두 잠재변수 간의 6개의 경로를 추정하는 데 사용된다. 마지막으로, 이러한 결과는 시뮬레이션된 자료를 사용하였음을 주목하라. 저자는 이 경로를 추가하였다면 실제 자료의 적합도가 이렇게 향상됐을지 모르겠다.

다른 가능한 모형

저자가 왜 그 반대가 아니라, **학업성취도**에서 **정서적 적응(Adjustment)**으로 향하는 경로를 그렸는지 의문을 가질 수 있다. 이러한 결정은 주로 논리에 기반하였다. 저자는 **학업성취도** 측정변수에 의해 사정되는 기술과 능력 유형은 **정서적 적응** 잠재변수에 의해 사정되는 외로움과 학교 기피의 정도보다 훨씬 안정적이다. 이 두 개의 잠재변수가 의미하는 바에 따르면, **학업성취도**가 **정서적 적응**에 미치는 영향이 **정서적 적응**이 **학업성취도**에 미치는 영향에 비해 경향성이 더 강하다고 볼 수 있다. 어떻게 생각하는가? 이러한 방향성이 맞는가, 아니면 반대의 방향이 맞는가? 이 연습을 수행하는 것은 흥미롭지만, 이 모형을 연습 이상의 것으로 검토한다면 이러한 가능성 중 어느 것이 더 가능성이 높은지 확인하기 위해 관련 이론과 선행연구를 검토할 필요가 있을 것이다. 그러한 이론과 연구를 사용하여 연구를 설계하고 적절한 방향으로 경로를 그릴 것이다.

왜 반대 방향으로 그려진 경로를 사용하여 모형을 추정하여 해당 모형이 어떻게 적합한지 알아보지 않는지 의문을 가질 수도 있다. 제14장의 동등화모형에 대한 규칙을 다시 생각해 보자. 불행히도 두 모형은 통계적으로는 동일하다. 모형적합도가 같다. 대안적인 적응영향모형은 해석에 있어서 다른 함축적 의미를 갖지만, 자료만 가지고는 어떠한 모형이 맞는지에 대해서는 알 수 없다. 대안적인 모형을 분석하고, 해석하며, 어떠한 해석이 더 적절한지에 대해 판단을 내리는 것은 적합하지 않다. 아마도 우리는 두 방향성을 모두 가진 비순환적 모형을 그릴 수 있으며, 어느 것이 더 강력한지에 대해 살펴볼 수 있을 것이다. 이러한 방법은 둘 다 비효과적이다. 구조모형은 과소추정된다. 두 모형에서의 차이를 밝히는 것이 연구목적 중 하나라면, 두 결과변수의 비공통원인(noncommon causes)을 구축하여 비등가(nonequivalent) 또는 비재귀적(nonrecursive) 모형을 검정할 수 있다. 마찬가지로, 종단자료가 도움이 될 것이다. 현재 모형과 자료로 이 결정을 내리기 위해 이론과 선행연구에 의존해야 한다.

[그림 17-11] 동료거절 영향에 관한 또 다른 대안모형

이 불가지론적(agnostic) 모형은 정서적 적응과 학업성취도 간에 알려지지 않은 인과관계를 설정하였다.
이 모형은 이전의 학업성취도영향모형과 동등하며 통계학적으로 차이가 없다.

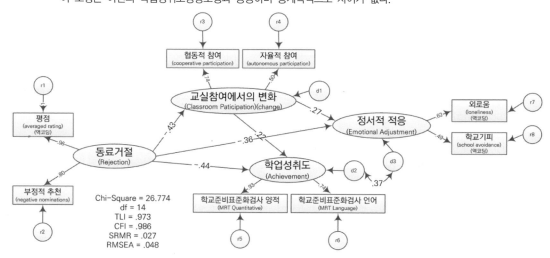

이론과 선행연구가 경로의 방향성에 대해서 정보를 주지 않는다면 어떠한가? 하나의 옵션이 [그림 17-11]에 제시되어 있다. 이 모형에서 **학업성취도**와 **정서적 적응** 변수의 교란 간의 상관관계를 허용한다. 또한 이 모형은 [그림 17-10]의 모형과 같다. 그러므로 적합도지수는 같고, 자료만 가지고는 두 모형 중 어느 모형이 맞는지에 대해서는 알 수 없다. 그러나 교란 간의 상관관계는 변수 간의 인과관계에 대한 가정을 뒷받침한다. 교란은 모형에서 잠재변수와 연결된 변수 외에 잠재변수에 영향을 미칠 수 있는 다른 모든 원인을 포괄한다. 교란 간의 상관관계를 설정하는 것은 이러한 다른 요인이 서로 관계가 있음을 의미한다. 다시 말해서, **정서적 적응**과 **학업성취도** 간의 관계는 모형에서 나타난 경로 외에 다른 관계가 존재함을 나타내지만, 이러한 다른 관계가 무엇인지에 대해서는 알 수 없다. 특히 이러한 상관된 교란은 두 변수 간에 인과관계가 있지만, 방향은 알 수 없음을 의미한다. 상관된 교란은 또한 **정서적 적응**과 **학업성취도** 모두에 영향을 미치나 모형에는 포함되지 않은, 측정되지 않은 공통의 원인인 다른 변수가 존재함을 뜻한다. 이러한 상관관계는 어떠한 상관관계도 모두 의미할 수 있다. a가 b를 유발하거나, b가 a를 발생시키거나, 또는 제3의 변수인 c가 a와 b 모두에 영향을 미칠 수도 있다. 모형은 모두 동일하기 때문에, 자료만 가지고는 결정을 내릴 수 없다. 그러나 일반적인 규칙에 따르면, [그림 17-10]의 인과적 관계가 [그림 17-11]의 애매한 관계보다 나아 보인다. 그러나 인과관계의 방향성을 결정하기 위해서 관련 이론과 선행연구를 통해 타당한 뒷받침이 필요하다. 다음 장에서는 인과관계의 방향에 대해서 다시 다루어 보고자 한다.

[그림 17-12] 초기 동료거절모형의 수정지수

Modification Indices

Covariances

	M.I.	Par Change
d3 <-->d2	12.075	.086
r7 <-->d2	16.425	.120
r7 <-->r5	4.590	.073
r4 <-->r5	7.147	.101
r4 <-->r6	10.334	-.117

Regression Weights

		M.I.	Par Change
Achievement	<--- Emotional_Adjustment	4.714	.522
Emotional_Adjustment	<--- Achievement	7.159	.046
QUANT	<--- AUTO	5.448	.250
LANG	<--- AUTO	8.107	-.294
LONE	<--- Achievement	9.785	.065
LONE	<--- QUANT	9.925	.041
LONE	<--- LANG	9.972	.046
AUTO	<--- LANG	4.345	-.033

모형수정

앞에서 언급한 경쟁모형은 모형적합도보다는 논리에 의해 설정되었다. 경쟁모형을 고려하지 않는다면, 수정지수(MIs)나 표준화 잔차(또는 상관잔차)가 이에 대해서 추가 정보를 제공하는가? [그림 17-12]는 초기모형([그림 17-6]에서)에 비해 수정지수가 4.0 이상 나는 것을 보여 준다. 대부분의 수정지수가

타당하지 않더라도, 몇몇은 언급할 필요가 없다. 가장 큰 지수는 **외로움**의 잔차($r7$)와 **학업성취도**의 교란 ($d2$) 간의 상관−공분산의 제약을 없앰으로써 χ^2이 최소 16.425만큼 감소할 수 있음을 시사한다. 이러한 수정은 타당성이 별로 없다. 그러나 다음으로 가장 큰 수정지수($d3$과 $d2$ 간 공분산의 경우, 12.075)는 타당하다. 이 수정지수는 만약 공분산의 제약이 없어진다면, 모형이 통계적으로 적합함을 의미한다. 회귀계수(경로)에서의 수정지수에 주목해 보자. 그들이 가장 큰 수정지수가 아니라면, 처음의 두 숫자는 **학업성취도**와 **정서적 적응** 간의 관계에 주목함으로써 모형적합도가 더 좋아짐을 의미한다. 그러므로 수정지수가 학업성취도영향 모형에 직접적으로 의미하지 않더라도, 방향성에 대한 정보를 제공한다.

⟨표 17−3⟩은 표준화된 공분산 잔차와 변수 간의 상관잔차를 보여 준다. 이러한 잔차는 초기모형이 **외로움**과 MRT 양적−언어 점수 간의 상관과 **언어**와 **학교회피** 간의 상관을 적절히 설명하지 못한다. 잔차 상관표도 이러한 잔차가 유의하다는 것을 보여 준다. 모형은 MRT 언어 검사와 **외로움** 척도 간의 상관이 .144임을 예측하는 반면, 측정변수 간의 실제 상관은 .301이고, 차이가 .157이다(실제 상관과 추정된 상관은 표에 나타나지는 않았지만, Amos나 다른 SEM 프로그램을 가지고 쉽게 구할 수 있다). 다시 한번, 이전에 이 모형을 생각하지 않은 경우, 잔차를 통해 학업성취도영향모형의 방향으로 이동할 수 있다.

<표 17-3> 초기 동료거절모형의 표준화된 공분산잔차와 상관잔차

표준화된 공분산잔차(Standardized Residual Covariance)							
	QUANT	*LANG*	*SCHAVOID*	*LONE*	*AUTO*	*COOP*	*AVE_RAT*	*NEG_NOM*
QUANT	0							
LANG	0	0						
SCHAVOID	.682	1.260	0					
LONE	2.968	3.096	0	0				
AUTO	.321	−1.821	−.008	−1.089	0			
COOP	−.608	−.488	−.128	−.444	.313	0		
AVE_NOM	.006	−.235	.236	−.053	.760	−.286	0	
NEG_NOM	.433	−.104	−.536	.741	.333	−.983	.014	0

상관잔차(Residual Correlations)							
	QUANT	*LANG*	*SCHAVOID*	*LONE*	*AUTO*	*COOP*	*AVE_RAT*	*NEG_NOM*
QUANT	0							
LANG	0	0						
SCHAVOID	.035	.064	0					
LONE	.152	.157	0	0				
AUTO	.016	−.093	−.001	−.055	0			
COOP	−.031	−.025	−.007	−.023	.016	0		
AVE_NOM	.001	−.013	.012	−.003	.039	−.015	0	
NEG_NOM	.024	−.005	−.028	.038	.017	−.051	.001	0

만약 모든 경로가 통계적으로 유의해서 제거하는 것이 불가능하다면 다양한 추정값의 통계적 유의도에 대해 다시 검정할 것이다. [그림 17-8]에서 볼 수 있는 바와 같이, 모든 경로는 통계적으로 유의하다. 여기에서 제시하지는 않았지만, 학업성취도영향모형에서도 모든 경로가 통계적으로 유의하다. 이전에서 살펴보았듯이 반복이 필요하다. 수정지수 또는 다른 방법에 기반하여 집중적으로 수정된 모형은 새로운 자료를 가지고 검정될 때까지는 탐색적이고 잠정적인 모형으로 간주해야 한다.

📈 요약

이 장에서는 우선 잠재변수를 가진 구조방정식모형을 집중적으로 살펴보았다. 이러한 SEM은 연구에서 다루고자 하는 다양한 구조에 대한 확인적 요인분석과 구조 간의 효과에 대한 경로분석을 동시에 다룬 것이라 할 수 있다. 이 장에서는 잠재변수 SEM의 구성요소에 대해 복습하고, 연구 측면에서 확장된 예시에 대해 설명하였다.

개념적으로, 잠재변수 SEM을 연구에서의 측정변수에 내포된 구조에 대한 확인적 요인분석과 잠재변수에 대한 경로분석을 동시에 고려한 것이라고 보기도 한다. 측정모형은 측정변수에 내재된, 측정변수의 원인으로 간주되는 잠재변수, 구조, 또는 요인을 포괄한다. 측정모형에는 각 변수의 고유 및 오차 분산을 나타내는 측정변수 당 하나씩의 잠재변수 또는 구인/잠재변수를 제외한 측정변수의 다른 모든 원인을 포함하고 있다. 구조모형은 내생 잠재변수(잠재변수를 가리키는 화살표가 있는 원인들과는 다른 잠재변수의 모든 다른 원인들)에 대한 교란과 함께 잠재변수 간의 경로와 공분산을 포함하고 있다. 어떤 변수가 교란이나 고유-오차분산을 나타내는 잠재변수를 필요로 하는지 아는 것은 SEM 방법론을 처음 접하는 사람에게는 종종 혼란스럽다. 가장 기계적 수준에서, 경로를 가진 잠재변수는 자신에게 영향을 미칠 수 있는 다른 잠재변수도 포함해야 한다. 측정변수의 경우, 이러한 다른 잠재변수가 고유-오차분산이다. 잠재변수의 경우, 이러한 다른 영향은 일반적으로 경로분석에서 발생하는 교란 또는 다중회귀분석에서 발생하는 잔차의 선을 따라 발생하는 교란을 나타낸다. 사실, 몇몇 방법론자는 모형을 측정모형(확인적 요인분석 모형)으로 따로 분석한 후에 구조모형을 추가하여 분석하는 방법을 권장한다. 여기에서 우리는 과정을 사용하지 않았지만, 특히 복잡한 모형이나 연구의 초기 단계에서 유용할 수 있다.

이 장에서 사용된 연구 예제는 동료거절이 유치원 학생의 학업적·정서적 적응에 미치는 영향에 관한 연구에 기반하였다(Buhs & Ladd, 2001). 이 예제에서는 실제 자료를 모방하기 위해 시뮬레이션된 자료를 사용하여 실제 연구에서 분석된 모형과 유사하게 (그러나 더 작게) 모형을 분석하였다. 초기모형은 각각 두 개의 측정변수를 가진 네 개의 잠재변수를 포함한다(잠재변수 당 더 좋은 측정값이 실제로 더 바람직하지만, 우리의 관심은 더 작고 더 다루기 쉬운 예에 있었다). 개념적 목적상 측정모형과 구조모형을 분리하였지만, 분석을 위해서는 분리하지 않았다. 초기모형은 상당히 간명했으며(df = 15), 잠재변수와 측정변수 간의 요인부하량을 그리지 않았듯이 측정모형에서 (요인부하량에) 제약을 가해서 자유도를 확보하였다.

초기모형은 자료에 대해 적절한 적합도를 가졌으며, 동료에 의한 **거절**은 낮은 후속 **학업성취도**와 학교관련 **정서적 적응**을 초래하였음을 시사하였다. 이러한 영향의 일부는 **교실참여**를 통해 간접적이거나 매개되었다. 즉, 거절당한 학생들은 낮은 학급참여율을 보였고, 이는 더 낮은 학업성취도와 적응을 초래하였다. 따라서 세 가지 유형의 효과, 즉 직접, 간접, 총효과는 흥미로우며 해석 가능하다.

학업성취도와 **정서적 적응** 간의 추가적인 경로를 가진 대안모형 또한 추정되었다. 이러한 변화는 χ^2에서 통계적으로 유의한 향상을 초래하였다. 이러한 대안적인 학업성취도영향모형은 초기모형에 비해 자료를 더 잘 설명한다고 볼 수 있다. 대안모형은 직접, 간접 그리고 총효과 모형에 대해 또 다른 해석을 가능하게 한다. 또한 이 모형에서의 구조모형 부분은 자유도 1을 할당한다.

연구자는 여기서 안주할 것이 아니라, 어떠한 모형이 정확한지에 대해서도 생각해 보아야 한다. 이 장에서는 학업성취도영향모형에 대한 두 개의 대안모형을 제시하였다. 비록 이 두 모형이 학업성취도영향모형과 통계적으로는 구분이 불가능하지만, 이들은 다른 해석과 함의를 가지고 있다. 이 장에서는 표준화 추정값을 통해 대안모형이 개념적이 아닌 통계적으로 학업성취도영향모형과 동일함을 보였다. 이러한 혼란은 모형을 설정할 때 이론적·논리적 선행연구를 살펴보는 것이 얼마나 중요한지에 대해 시사한다. 또한 이러한 동등한 모형은 연구 주제에 보다 적절히 답하기 위해서 연구를 제대로 설계하는 것의 중요성에 대해 보여 준다.

이 장의 마지막 절에서는 SEM 프로그램 출력에서 더 자세한 적합도 통계량 중 일부를 살펴보았다. 수정지수와 초기모형에 대한 표준화 잔차 공분산과 상관은 학업성취도영향모형에서 우리가 수행한 변화를 암시하였다(그러나 그것은 또한 다른 동등하고 구별할 수 없는 모형도 제안하였다). 비록 대안적인 학업성취도영향모형이 (초기모형과) 같은 위치에 존재한다(동일하다)고 해도, 자료와 결과의 검토에 앞서 고안된 대안모형은 일반적으로 광범위한 자료중심 모형수정에서 파생된 모형보다 더 많은 신뢰도가 부여되어야 한다. 후속 모형에서 제약했을 수 있는 어떠한 통계적으로 중요하지 않은 경로나 요인부하량도 없었다.

자세히 다루지는 않았지만, 동일한 모형은 항상 존재하고, 이들은 너무 복잡한 통계적 분석이 아닌 이러한 (이론 등) 표준에 대비하여 검정되어야 한다. 연구자들은 몇몇 모형을 검정하거나 기각할 수 있지만, 아마도 대안적인 해석이 가능한 모든 대안모형을 검정하거나 평가하지는 않을 것이다. 미처 생각하지 못한 것은 대안모형이 서로 구분이 불가능하다는 점이다. 가장 기초적인 단계에서 모형은 항상 이론, 생각, 그리고 이전 연구의 관점에서 다시 생각해 보아야 한다. "구조방정식모형 연구는 두 부분으로 나뉜다. 쉬운 부분과 어려운 부분이 그것이다."(Duncan, 1975: 149) 어려운 부분은 타당하고 이론기반의 모형을 설정하는 것이다. 다시 말해서, SEM의 가장 위험한 부분에 온 것을 환영한다.

EXERCISE 연습문제

1. 구조방정식모형 프로그램을 사용해서 Buhs와 Ladd 모의 데이터('Buhs &Ladd data.sav' 또는 'Buhs &Ladd data.xls')를 분석하라(만약 Amos를 사용한다면, 초기모형이 'Buhs &Ladd 1.amw'로 저장되어 있다. Mplus 명령문은 온라인에서 찾을 수 있다).

   1) 이 장에 논의된 모형을 추정하라. 모수 추정값, 표준오차, 적합도지수, 수정지수, 표준화 잔차에 대해 연구하라.

   2) 모형을 해석하라. 직접효과와 더불어 간접효과와 총효과를 모두 해석하는 것을 명심하라.

   3) 초기모형과 경쟁모형[학업성취도영향(Achievement Effect) 모형]을 비교하라. 이 모형이 더 나은 대안인 것에 동의하는가? 이 모형을 지지하는 이론적 · 논리적 연구의 증거는 무엇이 있는가? 어떤 증거가 모형에 반대되는가?

   4) 검정하고 싶은 다른 대안모형이 있는가? 모형의 상대적 적합도를 평가하고 결과를 해석하면서 검정하라.

   5) 연구자가 누락한 다른 공통요인이 있는가? 어떻게 측정되지 않은 공통요인의 가능성을 완전하게 조사할 수 있는가?

2. [그림 17-13]은 헤드스타트(Head Start)에 참여가 아동의 인지능력에 미치는 영향을 검정하는 모형이다. 이 예시는 논쟁적 준실험의 전형적인 재분석이다. 저자는 다른 것 중 Kenny(1979)와 Bentler와 Woodward(1978)의 연구에서 제시된 그것의 변형을 보았다. 모형에서 측정된 배경변인은 부와 모의 교육 성취도, 부의 직업적 지위, 가족 소득이다. 헤드스타트는 참가자의 인지적 능력을 향상시킬 것으로 기대되었고, 잠재적 **인지능력** 결과는 두 개의 검사, 즉 **일리노이심리언어검사**(Illinois Test of Psycholinguistic Abilities: ITPA)와 **대도시학습준비도검사**(Metropolitan Readiness Test: MRT)의 점수로 표시되었다. 헤드스타트 변수는 더미변수로, 참가한 아동은 1, 통제집단의 아동은 0으로 코딩하였다. 데이터는 〈표 17-4〉에 나타난다. 이 자료는 초기 헤드스타트 평가의 백인 아동 303명의 자료이며, 148명은 여름에 헤드스타트에 참석했고, 155명은 참석하지 않았다. 이 예시가 논란이 되는 이유를 알고 싶다면, **헤드스타트**와 두 개의 인지적 결과의 상관에 주목하라. 둘 다 음의 값이 나왔으며(−.10, −.09), 이는 **헤드스타트**가 **인지능력**에 부적인 영향을 미침을 시사한다. 이 모형은 가족의 배경변인을 고려했을 때 헤드스타트의 결과를 살펴보는 여러 모형 중 하나의 가능한 모형이다. 상관과 표준편차가 여기와 'head start.xls' 엑셀 파일에 포함되어 있다[이 데이터의 표시에는 대부분 표준편차가 포함되어 있지 않다. 표준편차와 평균은 Magidson과 Sörbom(1982)의 데이터에서 추정하였다]. 모든 연속변수는 표준화된 값이다.

[그림 17-13] 헤드스타트 참여가 아동의 인지능력에 미치는 잠정적인 효과를 검정하기 위한 모형

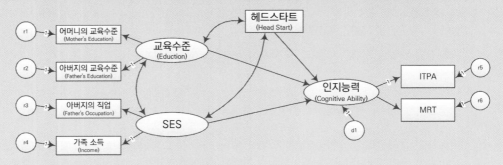

1) 모형을 설정하고 추정하라. 모형의 구조적 부분이 적합 또는 과적합인가? 모형의 적합도를 평가하고, 적합하다면 모수 추정값에 집중하라. 결과에 따르면, **헤드스타트**는 **인지능력**에 정적인 영향, 부적인 영향 또는 아무 영향도 미치지 않는가? 모형의 다른 측면들도 해석하라.

2) **헤드스타트**에서 **인지능력**으로의 경로를 0으로 고정하고 초기모형과 이 모형의 적합도를 비교하라. 여전히 이전과 같은 결론으로 도달되는가?

3) 검정하고 싶은 다른 대안모형이 있는가? 그것은 초기모형과 동등한가? 모형의 상대적 적합도를 평가하고 결과를 해석하는 것에 주의하면서 모형을 검정하라.

4) 모형이 누락한 다른 공통요인이 있는가? 어떻게 측정되지 않은 공통요인의 가능성을 완전하게 조사할 수 있는가?

3. Kimmo Sorjonen과 동료는 SEM을 사용해서 지능, 원래 가족의 사회경제적 지위, 감정적 능력(군대 징병의 시기에)이 35~40세 스웨덴 남성의 직업적 지위에 주는 상대적 영향에 대하여 추정하였다(Sorjonen, Hemmingsson, Lundin, Falkstedt, & Melin, 2012). 연구자들은 이 변수의 상대적 영향과 그 영향이 교육 정도에 어느 정도로 매개되는지에 관심이 있었다. [그림 17-14]는 연구자의 모형을 보여 준다(1 상관오차 제외). 논문과 유사한 결과를 나타내기 위해 1,000개의 사례로 모의자료가 형성되었고, 이는 웹사이트에서 'Sorjonen et al simulated 7.sav'의 파일에서 찾을 수 있다(실제 연구는 N수가 48,000명 이상). 모의자료는 원자료의 평균과 분산을 모방하기 위해 설계되었지만, 척도에서 엄격하지 않았기 때문에 문항에 (불가능하게) 음의 값이 있다는 점에 주의하라. 분석의 변수에 대한 간단한 설명은 〈표 17-4〉에서 볼 수 있다. 보여지는 모형을 추정하라. 최종 결과변수(직업)의 직접, 간접, 총효과로 표를 만들어라. 어느 변수가 남성의 궁극적인 직업에 가장 중요한 영향을 미치는가? 어느 변수가 덜 중요한가? 결과를 해석하라. 이 모형에 특이한 점은 없는가?

[그림 17-14] Sorjonen 등(2012) 연습을 위한 모형

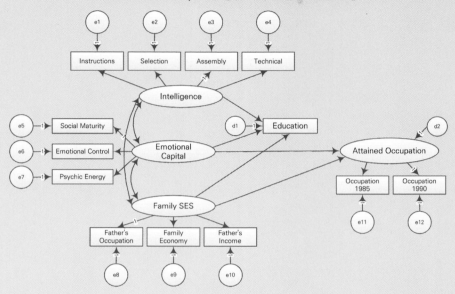

<표 17-4> Sorjonen 등(2012) 예제에서 사용된 변수

변수명	그림에서 명칭	설명
Instructions		언어적 지능과 귀납법적 추론에 관한 간단한 척도
Selection		언어적 지능과 귀납법적 추론에 관한 간단한 척도
Assembly		시각적–공간적 추론에 관한 간단한 척도
Technical		'기계적 능력(mechanical ability)'과 '기술적 이해(technical understanding)' (p. 270)에 관한 간단한 척도
Pop Occ	Father's Occupation	인구조사로부터 추출된, 5점 척도로 된 직업 상태
Fam Economy	Family Economy	1969/70년 징병시기에 평가된, 매우 가난함(1)에서 매우 좋음(5)까지 가족의 경제적 평판에 관한 참여자의 평정
Pop Income	Father's Income	1970년 인구조사 자료에서 추출된, 참여자 아버지의 수입에 관한 원래 기록
Maturity	Social Maturity	1969/70년에 무책임······과 부적응 대 '책임감······ 독립심······ 그리고 외향성'(p. 271)에 관한 심리학자의 평정
Control	Emotional Control	신경질과 걱정 대 평온에 관한 심리학자의 평정
Energy	Psychic Energy	독창성 결여 대 독창성과 아이디어에 관한 심리학자의 평정
Occ 85	Occupation 1985	1985년 인구조사로부터 추출된 직업 상태
Occ 90	Occupation 1990	1990년 인구조사로부터 추출된 직업 상태
Education		1990년 인구조사 자료로부터 추출된 교육수준(7점 척도)

제18장 잠재변수모형 II: 다집단모형, 패널모형, 위험과 가정

　　이전 장에서는 잠재변수를 활용한 구조방정식을 소개하고 알아보았다. 이 장에서는 다른 예제를 활용하여 더 깊은 논의를 해 보고자 한다. 우리는 더 심화된 주제와 비실험적 연구에서의 의미 있는 연구를 수행하기 위한 노력을 계속해 나갈 것이다. 이 장에서는 이전에 다루었던 두 가지 복잡한 주제, 즉 단일지표 변수와 상관오차를 주로 살펴보고자 한다.

단일지표와 상관오차

잠재변수 과제모형

　　[그림 18-1]은 제14장에서의 과제모형을 잠재변수 버전으로 변환한 것이다. 모형의 주요 변수는 8학년과 10학년 학생의 과제수행 소요 시간 평균을 지수화한 과제, 그리고 (학생의 졸업 성적표에 기재된) 영어, 수학, 과학, 역사-사회의 고등학교 GPA 점수에서 추정된 잠재변수인 학생의 고등학교 GPA이다. 모형의 다른 측정변수는 다음과 같다.

1. 읽기, 수학, 과학, 역사-사회의 8학년 학업성취도 검사/시험 성적(이전 학업성취도)
2. 학부모교육수준 성취도, 가족수입, 학부모의 직업적 지위(가족배경). 이러한 변수는 일반적으로 학부모의 자료에서 얻어진다. 학부모직업과 학부모교육수준은 아버지 또는 어머니가 보고한 것 중 높은 값을 바탕으로 한다.
3. 소수민족집단 구성원은 1로, 그리고 백인은 0으로 코딩된 인종적 배경(소수민족)

[그림 18-1] 과제(Homework)가 고등학교 GPA에 미치는 영향에 관한 잠재변수모형

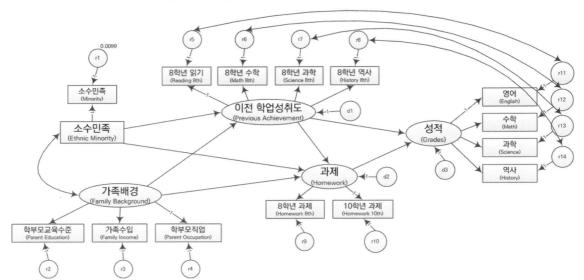

이전의 과제모형을 떠올려 보면, 대부분의 변수는 합성변수이다. 예를 들어, **이전 학업성취도**는 4개의 8학년 학업성취도 검사점수를 합성한 것이다. 현재 모형에서 이러한 구성요소는 함께 추가되어 합성되지는 않지만, 모형에서 잠재변수의 측정지표의 역할을 한다. 예를 들어, 4개의 8학년 학업성취도 검사점수를 합산하여 **이전 학업성취도** 합성변수를 만들어 내는 대신에, 4개의 8학년 학업성취도검사는 이전 학업성취도 잠재변수의 지표로 활용된다.

모형은 측정변수의 공분산행렬에서 추정될 것이다. 공분산행렬은 〈표 18-1〉에 제시되고 웹사이트 (www.tzkeith.com)에 'hw latent matrix.sav' 또는 'hw latent matrix.xls'이라고 명명된 상관행렬과 표준편차에서 생성된다. 파일에 있는 변수명은 (그림에서 보여 주는 바와 같은 변수명이라기보다) Amos 모형의 변수명에서 따온 것이다. 그것은 독자에게 친숙하거나 설명적이어야 한다. 이 자료는 NELS 자료에서 8학년부터 12학년 학생 성적표 중 무선으로 선택한 1,000개의 사례이다. 현재 모형에서 저자는 측정변수의 고유-오차분산을 $r1$부터 $r14$로 표기하였고, 잠재변수의 잔차를 $d1$부터 $d3$으로 표기하였다.

잠재변수 각각은 단일 요인부하량(측정변수와 잠재변수를 연결한 경로)을 1로 고정함(ULI)으로써 척도를 부여받았다. 각각의 고유-오차(잔차) 분산은 각각에 대응하는 측정된 변수와의 경로를 1로 고정함으로써 척도를 가진다.

이 모형은 학생의 이전 학교 수행을 통제한 상태에서 과제소요시간이 이후 GPA에 미치는 영향을 검정한다. 두 배경변수, 즉 **소수민족** 배경과 **가족배경**이 **이전 학업성취도**와 **과제**를 경유하여 **성적**에 간접적으로만 영향을 미치는 것으로 설정하지만, 두 배경변수는 통제되었다. 이 모형은 제14장의 경로모형의 잠재변수 버전이고, 그 모형과 마찬가지로, 이론과 선행연구에 의해 지지된다는 점에 주목하라.

<표 18-1> 잠재변수 과제(Homework)모형에서 측정변수 간의 상관계수, 평균, 표준편차

변수	Minority	BYPARED	BYFAMINC	PAROCC	BYTXRSTD	BYTXMSTD	BYTXSSTD	BYTXHSTD	HW_8	HW10	ENG_12	MATH_12	SCI_12	SS_12
Minority	1.000													
BYPARED	0.169	1.000												
BYFAMINC	0.278	0.526	1.000											
PAROCC	0.242	0.629	0.524	1.000										
BYTXRSTD	0.204	0.386	0.288	0.339	1.000									
BYTXMSTD	0.161	0.430	0.335	0.362	0.714	1.000								
BYTXSSTD	0.231	0.384	0.293	0.322	0.717	0.719	1.000							
BYTXHSTD	0.210	0.396	0.308	0.346	0.731	0.675	0.728	1.000						
HW_8	0.003	0.168	0.075	0.105	0.226	0.271	0.221	0.168	1.000					
HW10	0.056	0.208	0.155	0.173	0.219	0.286	0.206	0.207	0.271	1.000				
ENG_12	0.098	0.334	0.243	0.260	0.524	0.565	0.450	0.491	0.204	0.313	1.000			
MATH_12	0.071	0.285	0.220	0.218	0.418	0.587	0.415	0.409	0.173	0.289	0.761	1.000		
SCI_12	0.083	0.294	0.209	0.231	0.484	0.576	0.493	0.476	0.192	0.282	0.803	0.759	1.000	
SS_12	0.111	0.328	0.253	0.265	0.519	0.567	0.485	0.519	0.181	0.284	0.851	0.745	0.795	1.000
SD	0.445	1.284	2.523	21.599	10.290	10.380	10.318	10.181	1.131	1.903	2.674	2.747	2.682	2.874
M	0.728	3.203	9.917	51.694	51.984	52.545	51.883	51.653	1.731	3.381	6.250	5.703	5.952	6.418

단일지표 잠재변수

또한 이 모형은 몇몇 특성을 가지고 있다. 첫째, **소수민족의 잔차(r1)와 관련된 값**(.0099)에 주목하라. 잠재변수 **소수민족**은 단일측정변수(소수민족)로 지수화되었고, 측정모형의 이 부분은 추가적인 제약 없이 과소추정된다. 제16장에서 논의한 바와 같이, 단일측정변수를 가지는 요인을 다루는 가장 일반적인 방법은 측정변수의 고유—오차분산을 특정한 값, 1에서 측정변수의 추정된 신뢰도를 뺀 값으로 제약하는 것이다. 아마도 이렇게 질문할 것이다. 왜 변수가 인종처럼 신뢰하기 어려움에도 명백한 값을 가져야 하는가? 인종적 정체성에 관한 학생의 보고는 다양한 양상을 보이겠지만, 완벽하지는 않더라도 신뢰할 만하다. 학생은 설문문항을 잘못 읽을 수도 있거나 변덕 때문에 응답을 정확하지 않게 표시할 수도 있다. 인종적 배경이 혼합되어 있는 학생은 하나 이상의 인종 집단에 속해 있음에도 하나의 집단만 선택할 수 있다. 컴퓨터 자료에 포함된 학생의 응답은 전사(transcription) 오차를 만들어 내기도 한다. 이러한 모든 가능성은 약간의 오차를 발생시킨다. 이러한 이유에서 저자는 **소수민족 변수의 신뢰도**를 대략 .95로 추정하였다. 따라서 **소수민족 측정변수의 변산성의 5%는 비신뢰도**, 또는 오차에 기인한다. 소수민족 변수의 분산은 .198(〈표 17−1〉에서 $SD^2 = .445^2 = .198$이다.)이고, 이 분산의 5%는 .0099이다. 소수민족 변수의 오차분산은 이 값으로 제약된다(저자는 신뢰도라는 용어를 여기서 꽤 느슨하게 사용할 것이다. 엄격히 말하자면, 신뢰하기 어렵다는 것은 무선오차를 말하는 반면에 이 예시는 무선적이고 체계적인 오차이다. 구조방정식에서 오차분산의 추정값은 이 둘을 모두 포함한다).

상관오차

이 모형은 **학업성취도** 점수와 이후 성적의 고유−오차분산 간의 상관을 포함한다. 예를 들어, 이 모형은 8학년 수학 학업성취도 점수의 고유−오차분산이 12학년 수학 GPA의 고유−오차분산과 상관관계를 가짐을 모형화한다. 개념적으로 이처럼 상관관계를 가지는 오차는 수학 시험점수와 **수학** 성적이, 일반적으로 **이전 학업성취도**가 전반적인 **성적**에 미치는 영향을 뛰어넘는 공통요인을 공유하고 있음을 의미한다. 만약 이에 대해 생각한다면, '공통요인'을 수학 시험점수와 수학 성적이 공유하는 공통점, 구체적인 수학 학업성취도라고 명명할 수 있을 것이다. 또한 이 모형은 읽기와 **영어**, **과학** 시험과 성적, **역사−사회** 시험과 성적 간에 오차상관 또한 포함한다. 이러한 상관관계를 가진 오차는 종단모형, 하나에 대해 한 번 이상 반복측정하거나 (현재 모형처럼) 두 개의 다른 시점에서 긴밀한 연관성을 가진 측정을 할 때 일반적으로 나타난다. 실제로 고유−오차분산의 상관 가능성을 설명할 수 있는 것은 구조방정식의 중요한 장점이다.

완전한 SEM([그림 18-1])은 자유도가 66이다. 64개의 자유도는 모형의 측정 부분에 존재한다. 단순히 모형에 포함될 수 있었던 모든 요인부하량(예를 들어, **과제**에서 8학년 **읽기**나 학부모 직업에 연결된 경로 등)은 포함되지 않는다. 이러한 제약은 $df = 64$에 포함된다. 구조모형은 $df = 2$를 형성한다. 이는 소수민족과 가족배경에서 성적 간의 경로를 0으로 제약함으로써 얻어진다. 이 장의 조금 뒷부분에서는 측정모형을 따로 분리하여 추정하고, 이를 구조모형에 추가할 것이다.

[그림 18-2] 잠재변수 과제모형의 표준화된 결과

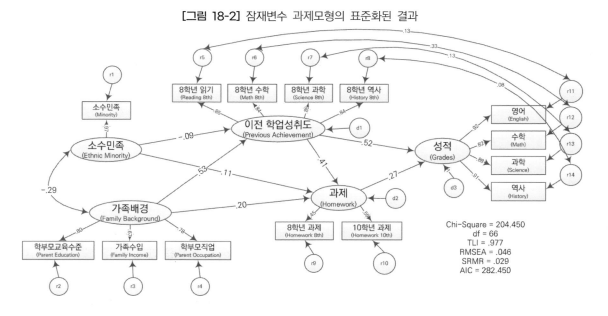

결과

모형([그림 18-1]과 'hw latent 1.amw' 파일)과 자료(〈표 18-1〉과 'hw latent matrix.xls' 파일)는 Amos로 분석되었다. [그림 18-2]는 상대적 적합도지수와 표준화 추정값 결과가 제시되어 있다. 모형은 적절한 수준의 적합도를 보였다. RMSEA는 .05보다 낮았고(.046, 90% 신뢰구간은 .039−.052), TLI와 CFI는 모두

.95보다 높았다. 이 모형의 SRMR은 .029로, 모형에 포함된 행렬이 실제 상관행렬과 다른 정도가 평균적으로 .029 정도 밖에 안 된다는 것을 의미한다. 모든 적합도지수는 [그림 18-3]에 나와 있다(지금은 적합도지수의 의미에 대해 복습하기 좋은 시간이며, 그것에 대한 논의는 제14장에 제시되어 있다). 모형이 일반적으로 좋은 적합도를 보였기 때문에, 추정 결과를 해석할 수 있다. 이 장의 후반부에서는 모형이 어떻게 수정되어야 하는지를 살펴보기 위해 적합도지수 관련 정보에 대해서 보다 자세히 다룰 예정이다.

[그림 18-3] 초기 과제모형의 적합도지수

Model Fit Summary

CMIN

Model	NPAR	CMIN	DF	P	CMIN/DF
Default model	39	204.450	66	.000	3.098
Saturated model	105	.000	0		
Independence model	14	8383.652	91	.000	92.128

RMR, GFI

Model	RMR	GFI	AGFI	PGFI
Default model	1.389	.972	.955	.611
Saturated model	.000	1.000		
Independence model	24.569	.310	.204	.269

Baseline Comparisons

Model	NFI Delta1	RFI rho1	IFI Delta2	TLI rho2	CFI
Default model	.976	.966	.983	.977	.983
Saturated model	1.000		1.000		1.000
Independence model	.000	.000	.000	.000	.000

Parsimony-Adjusted Measures

Model	PRATIO	PNFI	PCFI
Default model	.725	.708	.713
Saturated model	.000	.000	.000
Independence model	1.000	.000	.000

FMIN

Model	FMIN	F0	LO 90	HI 90
Default model	.205	.139	.099	.186
Saturated model	.000	.000	.000	.000
Independence model	8.392	8.301	8.003	8.605

RMSEA

Model	RMSEA	LO 90	HI 90	PCLOSE
Default model	.046	.039	.053	.825
Independence model	.302	.297	.308	.000

AIC

Model	AIC	BCC	BIC	CAIC
Default model	282.450	283.639	473.852	512.852
Saturated model	210.000	213.201	725.314	830.314
Independence model	8411.652	8412.079	8480.361	8494.361

[그림 18-4]에 비표준화 계수, 표준오차, 기각 비율(z값)을 포함한 요인부하량과 경로에 대한 세부사항이 제시되어 있다. 추정된 모든 모수는 통계적으로 유의하였다(z가 2보다 큰 값이었다). [그림 18-5]는 공분산, 상관, 분산이 제시되어 있다. 공분산은 r8과 r14 사이의 공분산만 제외하고는 모두 통계적으로 유의하였다. 8학년 역사 점수와 12학년 역사 성적 간의 오차상관은 통계적으로 유의하지 않았다. 필요하다면, 모형적합도에서 주목할 만한 손실이 발생하지 않는다면 후속 모형에서 이것을 제거할 수 있다.

[그림 18-4] 초기 잠재변수 과제모형의 비표준화 및 표준화 요인부하량과 경로들

Regression Weights

			Estimate	S.E.	C.R.	P
Previous_Achievement	<---	Family_Background	.278	.020	13.649	***
Previous_Achievement	<---	Ethnic_Minority	-1.774	.646	-2.748	.006
Homework	<---	Family_Background	.013	.004	3.120	.002
Homework	<---	Previous_Achievement	.053	.008	6.640	***
Homework	<---	Ethnic_Minority	.281	.123	2.292	.022
Grades	<---	Previous_Achievement	.145	.012	12.574	***
Grades	<---	Homework	.601	.132	4.566	***
Minority	<---	Ethnic_Minority	1.000			
parocc	<---	Family_Background	1.000			
byfaminc	<---	Family_Background	.100	.005	19.214	***
bypared	<---	Family_Background	.062	.003	21.607	***
bytxrstd	<---	Previous_Achievement	1.000			
bytxmstd	<---	Previous_Achievement	.997	.030	33.737	***
bytxsstd	<---	Previous_Achievement	.990	.030	33.520	***
bytxhstd	<---	Previous_Achievement	.967	.029	32.909	***
eng_12	<---	Grades	1.000			
Math_12	<---	Grades	.896	.024	37.813	***
Sci_12	<---	Grades	.957	.022	43.683	***
ss_12	<---	Grades	1.062	.022	48.194	***
hw10	<---	Homework	1.000			
hw_8	<---	Homework	.453	.060	7.549	***

Standardized Regression Weights

			Estimate
Previous_Achievement	<---	Family_Background	.529
Previous_Achievement	<---	Ethnic_Minority	-.087
Homework	<---	Family_Background	.198
Homework	<---	Previous_Achievement	.413
Homework	<---	Ethnic_Minority	.108
Grades	<---	Previous_Achievement	.518
Grades	<---	Homework	.274
Minority	<---	Ethnic_Minority	.975
parocc	<---	Family_Background	.776
byfaminc	<---	Family_Background	.667
bypared	<---	Family_Background	.805
bytxrstd	<---	Previous_Achievement	.855
bytxmstd	<---	Previous_Achievement	.844
bytxsstd	<---	Previous_Achievement	.846
bytxhstd	<---	Previous_Achievement	.837
eng_12	<---	Grades	.924
Math_12	<---	Grades	.820
Sci_12	<---	Grades	.878
ss_12	<---	Grades	.914
hw10	<---	Homework	.592
hw_8	<---	Homework	.451

해석

결과의 의미에 대해 주목해 보자. 첫째, 우리의 주요 관심은 과제가 GPA에 미치는 영향이다. 이미 언급한 바와 같이, 이 영향은 통계적으로 유의하였다[그림 18-4]의 과제 → 성적으로의 경로를 보자]. 표준화계수는 .27이다. 과제 잠재변수가 1 *SD*만큼 변화함에 따라 성적은 .027 *SD*만큼 변화함을 의미한다. 다른 값은 모두 동일하다. (모형의 적합도가 보장된다면) 이 연구결과는 과제수행 소요 시간이 이후 GPA에 강한 영향을 미친다는 것을 시사한다. 이 영향은 (10학년이 아닌 12학년이라는 더 긴 기간을 설정했음에도 불구하고) 이전에 측정변수만 활용하여 경로분석을 한 결과보다 더 큰 값이다. 그리고 우리가 과제가 학습에 미치는 영향을 다중회귀로 검정할 때 제1부에서 보여 준 영향보다도 크다. 제15장에서 살펴보았듯

[그림 18-5] 초기 과제모형에서 추정된 모수치(parameter)의 공분산, 상관계수, 분산

Covariances

			Estimate	S.E.	C.R.	P
Family_Background	<-->	Ethnic_Minority	-2.136	.277	-7.705	***
r5	<-->	r11	.704	.248	2.842	.004
r6	<-->	r12	2.856	.342	8.346	***
r7	<-->	r13	.920	.285	3.225	.001
r8	<-->	r14	.533	.277	1.926	.054

Correlations

			Estimate
Family_Background	<-->	Ethnic_Minority	-.294
r5	<-->	r11	.128
r6	<-->	r12	.331
r7	<-->	r13	.130
r8	<-->	r14	.082

Variances

	Estimate	S.E.	C.R.	P
Family_Background	280.913	21.615	12.996	***
Ethnic_Minority	.188	.009	21.232	***
d1	53.163	3.516	15.122	***
d2	.915	.182	5.017	***
d3	3.150	.202	15.596	***
r1	.010			
r4	185.127	13.024	14.215	***
r3	3.528	.193	18.267	***
r2	.580	.046	12.691	***
r5	28.555	1.718	16.617	***
r6	31.233	1.822	17.145	***
r7	30.165	1.768	17.059	***
r8	30.864	1.775	17.390	***
r11	1.052	.075	14.108	***
r12	2.378	.122	19.536	***
r13	1.653	.094	17.617	***
r14	1.364	.090	15.125	***
r10	2.352	.202	11.633	***
r9	1.018	.058	17.553	***

이, 연구에서 변수의 척도는 항상 오차가 가득하다. 잠재변수 SEM은 한 변수가 다른 변수에 미치는 영향에 대한 비신뢰도와 비타당도를 제거한다. 추정 과정에서 측정오차를 제거하는 가장 큰 효과는 한 변수가 다른 변수에 미치는 영향을 보다 명확하게 볼 수 있다는 점이다. 현재의 과제모형과 이전 버전을 비교함으로서 이 영향은 더 잘 설명된다. 현재의 잠재변수모형은 과제가 학습에 미치는 진짜 영향을 보다 정확히 나타낸다. 실제 관심을 가지고 있는 구인(constructs)의 수준에 더욱 가까이 다가가기 때문이다.

비표준화 계수

비표준화 계수([그림 18-6])에 주목해 보자. 과제가 성적에 미치는 영향에 대한 비표준화 추정값은 .60이다. 이는 과제 잠재변수에서 1단위 변화함에 따라, 성적은 .60점 증가함을 의미한다. 이 문장의 의미를 이해하기 위해서는 여기에 포함된 척도에 대해서 이해할 필요가 있다. 과제 잠재변수는 측정된 10학년 과제 변수와 같은 척도를 갖도록 설정되어 있다. 반면에, 성적 잠재변수는 측정된 영어 GPA 변수와 같은 척도를 갖는다. 만약 10학년 과제 변수가 단순히 시간척도로 측정되었고, 영어 GPA 변수가 4.0 척도로 측정되었다면 해석은 꽤 쉬운 편이다. 불행히도 두 변수에 내포된 척도는 의미가 없다. 저자가 비표준화 계수보다는 표준화 계수를 해석하는 것에 더 의미를 두었기 때문이다. 10학년 과제 측정변수는

[그림 18-6] 초기 과제모형의 비표준화 결과

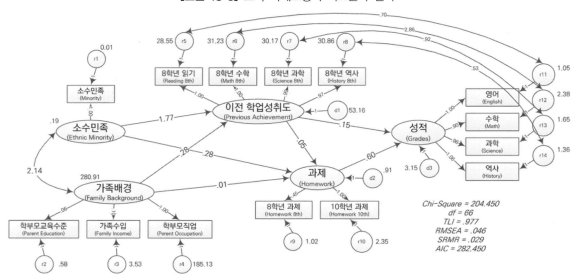

F1S36A1과 F1S36A2의 두 문항으로 측정되었다(학교 내에서 과제수행 사용 시간과 학교 밖에서 과제수행 사용 시간). 저자는 각 문항의 척도를 0(없음)부터 9(한 주에 15시간 이상, 저자는 이 척도를 8학년 과제 문항과 동일하게 만들기 위해 0부터 7까지의 척도로 바꾸었다.)까지로 변경하였다. NELS 자료에서 과제 척도는 과제가 학습에 미치는 영향의 곡선적 본질을 설명하도록 고안되었다. 영어 GPA 척도는 0(평균이 F)부터 12(A+)까지이다. 다시 한번, 비표준화 계수는 이상적인 값보다는 해석하기가 어렵다.

과제에 미치는 영향, 간접효과와 총효과

모형에는 대다수의 흥미로운 연구결과가 포함되어 있다. 분석은 **과제**가 **성적**에 영향을 미치고 있음을 나타내지만, 이는 또 다른 궁금증을 자아낸다. 모형에 포함된 다른 변수 중에서 **과제**에 영향을 미치는 변수는 무엇인가? 즉, 누가 과제에 더 많은 시간을 소비하는가? **이전 학업성취도**는 과제에 강력한 영향(표준화값으로 .41)을 미치고 있다. 높은 수준의 학업성취도를 보인 학생은 낮은 수준의 학업성취도를 보인 학생에 비해 과제에 더 많은 시간을 사용하였다. 이러한 **과제** 시간에서의 증가는 또한 더 높은 **성적**을 야기시켰다. **가족배경** 계수는 더 유리한 배경을 가진 학생이 더 높은 8학년 학업성취도(.53)와 더 많은 과제를 완료한다(.20)는 것을 시사한다. 학생의 **인종적 배경**은 8학년 학업성취도에 작은 영향(−.09)을 미칠 뿐이었다. **소수민족**은 **과제**에는 정적 영향(.11)을 미쳤다. 소수민족 변수(1=소수민족, 0=백인)의 코드화를 고려할 때, 소수민족 배경의 학생이 백인 학생보다 더 높은 수준의 과제 시간을 보고한다는 것을 의미한다. **소수민족−과제** 경로에 대한 비표준화 계수(.28)는 소수민족 학생이, 모형의 다른 변수가 통제된 상태에서, 백인 학생보다 과제 시간 척도에서 .28점 더 높게 보고한다는 것을 보여 준다.

[그림 18-7] 초기 과제모형의 표준화된 총효과, 직접효과, 간접효과

Standardized Total Effects

	Ethnic_Minority	Family_Background	Previous_Achievement	Homework	Grades
Previous_Achievement	-.087	.529	.000	.000	.000
Homework	.072	.417	.413	.000	.000
Grades	-.025	.388	.631	.274	.000

Standardized Direct Effects

	Ethnic_Minority	Family_Background	Previous_Achievement	Homework	Grades
Previous_Achievement	-.087	.529	.000	.000	.000
Homework	.108	.198	.413	.000	.000
Grades	.000	.000	.518	.274	.000

Standardized Indirect Effects

	Ethnic_Minority	Family_Background	Previous_Achievement	Homework	Grades
Previous_Achievement	.000	.000	.000	.000	.000
Homework	-.036	.219	.000	.000	.000
Grades	-.025	.388	.113	.000	.000

[그림 18-7]은 잠재변수 간의 표준화된 간접 및 총효과(물론 직접효과도)를 보여 준다. **소수민족** 또는 **가족배경**에서 성적으로 향하는 경로가 없기 때문에, 물론 이러한 변수가 성적에 미치는 어떠한 직접효과도 존재하지 않는다는 점에 주목하라. 그러나 **가족배경**은 주로 **이전 학업성취도**에 미치는 영향(이전 학업성취도가 성적에 미치는 영향의 .529배, 즉 .631 × .529 = .334)을 통해 **성적**에 커다란 간접효과(.388)를 미친다. **가족배경**이 과제를 통하여 **성적**에 미치는 간접효과는 더 작지만 여전히 의미가 있다(.198 × .274 = .054). **가족배경**이 성적에 미치는 어떠한 직접효과도 없기 때문에, 총효과는 간접효과와 동일하다. 반면에, **소수민족**이 성적에 미치는 총효과는 아주 작다(-.025). 그것은 통계적으로 유의하지 않았으며(부트스트랩이 간접 및 총효과의 표준오차를 추정하기 위해 사용되었을 때), 심지어 통계적으로 유의하더라도, 저자는 아마도 그것을 유의하지 않다고 생각할 것이다. 이러한 효과가 매우 작은 이유는 **이전 학업성취도**를 통한 **소수민족**이 미치는 부적 간접효과는 과제를 통한 정적 간접효과에 의해 상쇄되기 때문이다.

측정변수의 오차를 설명하는 단일지표변수의 사용에서, **소수민족** 잠재변수는 모형에서 다른 모든 잠재변수의 역할을 한다. 소수민족의 잠재변수와 측정변수의 (표준화된) 요인부하량은 .97이다([그림 16-2]). 이 값은 단순히 오차분산을 고정시키는 신뢰도 추정값의 함수이다(표준화 추정값은 $\sqrt{r_{tt}}$ 와 동일한데, 여기에서 r_{tt}는 오차를 제약하기 위해 사용된 신뢰도 추정값이다). 또 다른 방법은 **소수민족**을 잠재변수(변수에 오차가 내포되어 있다고 여기지는 않는다.)가 아닌 측정변수로 취급하는 것이다. 이러한 (측정) 변수에서 오차가 내포되어 있다고 여기는 것은 **소수민족**에서의 영향에 대한 표준화 추정값은 우리가 오차를 고려하지 않고 산출한 추정값보다 약간 크다.

저자는 간단히 소수민족 변수의 신뢰도에 대해 학습된 추측을 유도하였음을 주목하라. 만약 신뢰도 추정값이 변수, 또는 유사한 변수에서 가능하다면 이를 활용하기는 하지만, 때때로는 추측이 최선이 방책이다. 이 경우, 이러한 변화를 만들었을 때 모수에 무슨 일이 일어났는지를 보다 잘 이해하기 위해 신뢰도의 다른 값(예를 들어, .95 대신에 .90이나 .98)들을 활용하는 것도 가치 있다/좋은 시도이다.

[그림 18-2]로 돌아가서 오차상관에 주목한다면, **수학**(Math) 시험과 후속 **역사**(History) 성적 간의 오차상관이 상당한 값(.33)임을 알 수 있을 것이다. 이는 이러한 척도가 일반적인 학업성취도가 전체 성적에

미치는 영향을 넘어 실제로 공통적인 무언가를 공유하고 있음(구체적인 수학 학업성취도)을 시사한다. 다른 오차상관은 이보다 작은 값이지만, 하나(8학년 역사−역사)를 제외한 모든 값이 통계적으로 유의하였다. 오차상관의 존재에 대한 기대는 합리적이라고 할 수 있다.

경쟁모형

소수민족과 가족배경이 실제로 이전 학업성취도와 과제를 통해서만 성적에 간접적으로만 영향을 미치는지 궁금할 수 있다. 초기모형과 경로가 소수민족과 가족배경에서 성적으로 추정되는 모형을 비교함으로써, 이 가설을 검정해 볼 수 있다. 이 모형에 대한 적합도 통계량은 〈표 18-2〉에서 직접적인 배경영향이라고 명명된 부분에 제시되어 있다. 배경변수가 성적에 직접적으로 영향을 미치는 것으로 설정된 모형은 더 작은 χ^2(202.263)을 산출하지만, χ^2에서의 변화는 통계적으로 유의하지 않다 ($\Delta\chi^2 = 2.187$, $df = 2$, $p = .335$). $\Delta\chi^2$이 통계적으로 유의하지 않을 때, 가장 좋은 방법은 [그림 18-2]의 초기모형처럼 보다 간명한 모형을 선호하는 것이다. 다시 말해서, 소수민족과 가족배경이 성적에 직접적으로가 아닌 간접적으로만 영향을 미치는 것으로 보인다(그리고 소수민족의 영향은 유의하지 않았다).

〈표 18-2〉 대안적인 과제 모형의 적합도 비교

모형	χ^2	df	$\Delta\chi^2$	df	p	CFI	SRMR	RMSEA (90% CI)	AIC
1. 초기 (Initial)	204.450	66				.977	.029	.046 (.039−.053)	282.450
2. 직접배경영향(Direct Background Effects)	202.263	64	2.187	2	.335	.976	.029	.047 (.039−.054)	284.263
3. 오차상관없음 (No Correlated Errors)	319.412	70	114.962	4	<.001	.961	.031	.060 (.053−.066)	389.412
4. 과제영향없음 (No Homework Effects)	235.867	67	31.417	1	<.001	.972	.039	.050 (.043−.057)	311.867
5. 측정모형 (Measurement Model)	202.263	64	2.187	2	.335	.976	.029	.047 (.039−.054)	284.263
6. 측정된 인종 (Ethnic Measured)	204.450	66					.029	.046 (.039−.053)	282.450

주: 초기모형과 비교된 모든 모형

고유−오차분산이 유사한 검사와 성적 간에 서로 상관이 있다는 가정이 실제로 필요한가? 이 가정의 진실성 여부를 검정하기 위해, 모형에서 오차상관을 제거하고 초기모형과 오차상관없음모형의 모형적합도를 비교해 볼 수 있다. 이 새로운 모형은 초기모형에 비해 간명하다. 추정해야 할 모수가 4개(4개의 오차상관) 더 적기 때문이다. 그러므로 만약 모형적합도가 둘 다 좋다면, 더 간명하고 오차상관이 없는 모형을 선호할 것이다. 모형적합도는 〈표 18-2〉에 제시되어 있다. 오차상관의 제거는 $df = 4$에서 $\Delta\chi^2$

이 114.962만큼 발생하게 하였다. 이러한 χ^2의 증가는 통계적으로 유의하다. 이는 오차상관이 없는 모형이 보다 간명하기는 하지만, 초기모형에 비해 통계적으로 유의할 만큼 모형적합도가 나빠졌음을 의미한다. 만약 $\Delta \chi^2$이 통계적으로 유의하다면 덜 간명한 모형을 선호한다. 간명성이 증가한다고 해서 모형적합도가 나빠지는 것을 방관해서는 안 된다. 초기모형은 이러한 변수의 성적에 대한 영향을 더 잘 나타낸다. 오차상관이 필요하다[또한 이 모형의 RMSEA가 특별히 좋지 않고 심지어 90% 신뢰구간이 좋은 모형의 기준(.05)을 포함하고 있지 않다는 사실은 언급할 가치가 없다/명백하다. 심지어 RMSEA가 유일무이한 모형적합도지수로 활용된다 하더라도, 아마도 이 모형을 기각해야 할 것이다].

또한 초기모형과 과제에서 성적으로의 경로를 0으로 제약한 모형을 비교함으로써, 과제가 성적에 미치는 영향의 통계적 유의도를 직접적으로 검정하기를 원할 수도 있다. 이전의 두 경쟁모형은 본질적으로 초기모형의 기초가 되는 가정을 검정한 반면, 이 경쟁모형은 연구를 안내하는 실질적인 연구질문인 과제가 고등학교 성적에 영향을 미치는지 여부를 검정한다. 이 모형의 적합도는 〈표 18–2〉에 요약되어 있다. 과제영향없음모형을 초기모형과 비교했을 때, $\Delta \chi^2$은 31.417($df=1$, $p<.001$)이다. 과제영향없음모형은 보다 간명하기는 하지만, (여분의 df에서) 간명성은 모형적합도 측면에서 모형적합도가 꽤 나빠진다. 즉, $\Delta \chi^2$의 증가는 통계적으로 유의하다. 실제로 과제는 고등학교 GPA에 강력하고 통계적으로 유의한 영향을 미친다. 물론 초기모형([그림 18–4])의 과제에서 성적으로의 경로를 분석함으로써 이와 동일한 결론을 얻을 수 있지만, 모형적합도를 활용하여 모형의 다른 측면을 검정하는 것만큼이나 시간이 소요된다.

[그림 18-8] 단일지표 잠재변수보다 측정변수인 소수민족이 사용된 잠재변수 과제모형

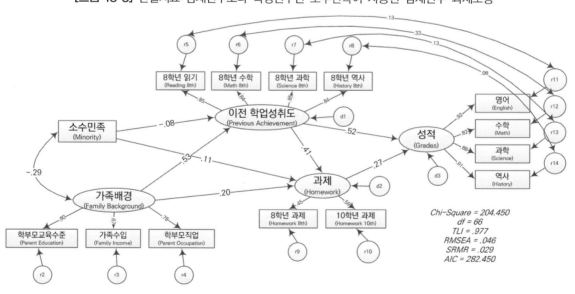

두 개의 추가적인 모형의 적합도가 〈표 18–2〉에 제시되어 있다. 모델 5는 측정모형, 즉 측정변수가 [그림 18–2]에 제시된 동일한 요인에 적재되지만, 그 요인 자체는 단순히 서로 상관되는 것이 허용된 CFA 모형에 대한 적합도를 보여 준다. 앞에서 언급한 바와 같이, 이러한 유형의 모형은 완전한 구조모

형과 이러한 모형의 모형적합도를 비교하기 전에 검정된다. 〈표 18-2〉에서 볼 수 있는 바와 같이, 이러한 측정모형과 초기모형의 모형적합도에서 차이는 사소하고 통계적으로 유의하지 않다. 따라서 완전한 SEM이 합리적인 것으로 결정할 수 있다. 또한 이 모형의 적합도는 배경변수의 효과가 직접적으로 설정된 모형 2의 적합도와 동일하다는 것에 주목하라. 이유에 대해서 명확히 이해할 필요가 있다.

표에서 보여 주는 최종모형은 단일지표인 **소수민족** 잠재변수를 측정된 **소수민족** 변수로 대체하였다. 이 모형의 표준화 추정값 결과 또한 [그림 18-8]에 제시되어 있다. 단일지표를 가지는 잠재변수를 단일측정변수로 대체하는 것은 모형적합도를 전혀 변화시키지 않는다. 잠재변수에서 단일지표를 활용하는 목적은 모형적합도를 개선시키려는 것이 아니라, 모형에서의 영향의 추정값을 보다 정확하게 산출하기 위함이다. 표준화경로 추정값의 변화가 아주 작다는 사실은 **소수민족**의 오차변수 추정값이 상당히 작기 때문에 (그리고 신뢰도의 추정값이 매우 크기 때문에) 발생한 것이다.

모형수정

사후적인 모형수정을 고려해야만 하는가? 한 가지 가능한 모형수정은 이미 논의되었다. **역사** 시험점수와 **역사** GPA 간의 오차분산을 0으로 제약하여 이 고유-오차분산 간에 상관관계가 없는 것으로 설정하는 것이다. 이러한 추가적인 제약은 모형적합도를 나쁘게 만든다(χ^2을 증가시킨다). 그러나 이러한 변화는 통계적으로 유의하지 않다.

모형을 수정하면 모형적합도가 **향상되는지** 궁금할 것이다. 초기모형의 적합도가 좋은 편이기 때문에, 이러한 변화는 모형적합도가 나쁜 경우에 비해 선호도가 떨어진다. 그러나 만약 이전 장에서 언급된 개념을 강요할 다른 이유가 없다면, 이것은 알아볼 필요가 있다. [그림 18-9]에는 4보다 큰 수정지수(공간상 제약 때문에 전체가 제시되지는 않았다.)를 보여 준다. 가장 큰 수정지수는 r6과 d2 간의 공분산 수정지수이다. 이는 8학년 수학 시험에 대한 측정오차와 **과제**에 대한 교란 간의 상관에서의 제약을 해제함으로써 χ^2이 적어도 28.05만큼 작아질 수 있음을 의미한다. 이러한 변화를 허용하는 것은 모형에 제시된 것 외에 **수학** 시험과 **과제**가 무언가를 공유하고 있거나 공통원인을 가지고 있음을 의미한다. 만약 우리가 시도한다면 왜 이러한지에 대해 설명할 수 있을지라도, 이러한 상관관계를 허용하는 이유에 대한 실제 이론적 근거는 존재하지 않는다. 또 다른 가능성은 **수학** 시험의 고유-오차분산과 **성적**에 대한 교란 간의 공분산을 해제하는 것이다(수정지수=21.132). 그러나 이러한 변화 또한 타당성이 부족하다. 유사한 맥락에서 회귀가중값의 수정지수는 **과제**에서 **수학 학업성취도** 시험 점수로의 경로(20.912)를 허용하거나 **과학** 성적에서 **수학** 시험 점수로의 경로(21.287)를 허용하는 것을 고려해 볼 수도 있다. 다시 한번, 이러한 수정지수는 8학년 수학 시험 점수가 모형에서 부적합한 일반적인 원인일 수 있음을 시사하는 것 외에는 거의 의미가 없다.

[그림 18-9] 초기 과제모형의 수정지수

Covariances

			M.I.	Par Change
r9	<-->	d3	5.461	-.155
r14	<-->	d2	4.042	-.133
r12	<-->	r13	10.441	.222
r8	<-->	d2	6.712	-.769
r8	<-->	r9	6.483	-.531
r7	<-->	Ethnic_Minority	6.788	-.216
r7	<-->	d3	10.663	-1.230
r7	<-->	r11	11.075	-.794
r7	<-->	r8	6.160	2.866
r6	<-->	Ethnic_Minority	9.522	.251
r6	<-->	Family_Background	8.285	9.729
r6	<-->	d2	28.049	1.526
r6	<-->	d3	21.132	1.688
r6	<-->	r9	7.955	.571
r6	<-->	r13	6.817	.697
r6	<-->	r8	13.541	-4.148
r2	<-->	Ethnic_Minority	17.664	.053
r2	<-->	d1	5.900	.564
r3	<-->	Ethnic_Minority	17.316	-.115
r1	<-->	r7	5.743	-.197
r1	<-->	r6	6.493	.205
r1	<-->	r2	18.380	.053
r1	<-->	r3	17.347	-.114

Regression Weights

			M.I.	Par Change
hw_8	<---	bytxmstd	4.546	.007
Sci_12	<---	Math_12	5.365	.038
Sci_12	<---	bytxmstd	5.329	.010
eng_12	<---	bytxsstd	6.293	-.010
bytxhstd	<---	hw_8	7.752	-.479
bytxsstd	<---	Ethnic_Minority	4.822	-1.004
bytxsstd	<---	Grades	6.760	-.209
bytxsstd	<---	Sci_12	4.924	-.159
bytxsstd	<---	eng_12	11.603	-.246
bytxsstd	<---	Minority	4.891	-.961
bytxmstd	<---	Ethnic_Minority	5.668	1.065
bytxmstd	<---	Homework	20.912	1.024
bytxmstd	<---	Grades	16.586	.321
bytxmstd	<---	hw_8	15.357	.655
bytxmstd	<---	hw10	9.557	.307
bytxmstd	<---	ss_12	11.112	.219
bytxmstd	<---	Sci_12	21.287	.324
bytxmstd	<---	Math_12	10.536	.228
bytxmstd	<---	eng_12	16.159	.284
bytxmstd	<---	bypared	5.130	.334
bytxmstd	<---	Minority	5.737	1.018
bypared	<---	Ethnic_Minority	15.925	.277
bypared	<---	Homework	5.914	.084
bypared	<---	Grades	4.378	.026
bypared	<---	hw_8	4.089	.053
bypared	<---	eng_12	5.345	.025
bypared	<---	bytxmstd	4.416	.006
bypared	<---	Minority	16.129	.265
byfaminc	<---	Ethnic_Minority	15.531	-.598
byfaminc	<---	Minority	15.698	-.572
Minority	<---	bypared	4.393	.022
Minority	<---	byfaminc	8.266	-.015

[그림 18-10]은 모형에서 부적합도의 원인을 분리하는 다른 방법 중 하나인 표준화 잔차 공분산을 보여 준다. 특별히 큰 표준화 잔차는 없으며, 이는 모형적합도에 대한 전반적인 만족도와 일치한다. 만약 무선적으로 큰 수준의 표준화 잔차를 +2의 값으로 설정한다면, 행렬에서 3개의 큰 값이 존재한다. **수학** 시험 점수가 모형적합도를 해치는 원인이라면, 이러한 큰 값 중 두 개는 8학년 **수학** 시험(bytxmstd)과 연관이 있다. 이는 모형이 수학 시험과 8학년 과제 시간(hw_8) 또는 12학년 과학 GPA 간의 상관을 적절하게 설명하지 못함을 시사한다. 또한 여기에서 제시되지는 않았지만, 이 값은 가장 큰 잔차상관이다. 그러나 그것들은 8학년 수학시험(bytxmstd)과 12학년 과학 GPA 간의 큰 값 중 여전히 작은 값이다. 세 번째로 큰 표준화 잔차(그리고 상관잔차)는 모형이 **소수민족** 측정변수와 **가족수입** 간의 상관을 완벽하게 설명해 주지는 않음을 보여 준다. 그 이유에 대해서 생각해 볼 수 있지만, "이전에는 왜 이런 생각을 하지 못했을까!"라는 말을 스스로에게 반문하게 된다. 모형적합도를 좋게 만들기 위해 모형에서의 제약을 해제해야 하는 가장 설득력 있는 이유는 아마 생각하지 못할 것이다.

잠재변수 패널모형

제14장에서 우리는 종단자료에 적절한 모형 중 하나로 패널모형을 검정해 보았다. 지금부터 우리는 잠재변수와 오차상관에 대한 이해를 넓히고 이 주제에 대해 보다 깊이 논의해 보자.

[그림 18-11] 통제소재가 학업성취도에 미치는 영향과
함께 학업성취도가 후속되는 통제소재에 미치는 영향을 비교하기 위하여 설계된 잠재변수 패널모형

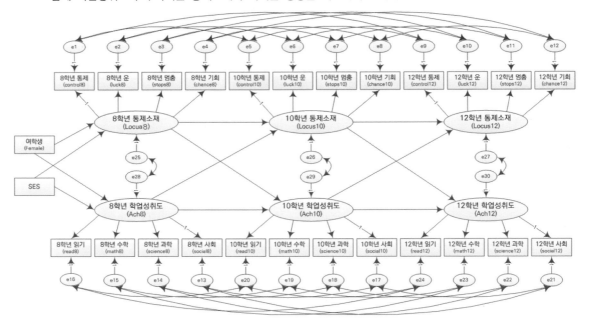

　　[그림 18-11]은 학업성취도가 통제소재에 미치는 영향과 통제소재가 학업성취도에 미치는 종단적 영향에 대해 알아보기 위해 설정한 잠재변수 패널모형이 제시되어 있다. 제1부에서 언급했던 통제소재에 대해 다시 생각해 보자. 이는 사람들이 자신에게 무슨 일이 일어날지를 스스로 통제할 수 있거나 (내재 통제소재와 높은 점수) 자신의 인생이 외부의 다른 요인에 의해 통제 당함을 인지하는 (외재 통제소재와 낮은 점수) 정도를 의미한다. 내재적 통제소재를 가지고 있는 학생은 아마도 열심히 공부하거나 추가적인 공부(우리는 잠재적인 몇몇 매개변수를 가정해 볼 수 있다.)로 인해 높은 수준의 학업성취도를 보일 것이다. 그러나 높은 학업성취도를 보인 학생은 (높은 학업성취도를 바탕으로) 내재적 통제소재를 더 개발할 것이다. 이러한 두 가지 가능성은 그림에 반영되어 있고, 이러한 패널모형으로 검정될 수 있다. 둘 중 어느 모형이 더 가능성이 높은지에 대해서 잠시 생각해 보자. 또는 둘 다 가능성이 있다고 보는가?

[그림 18-10] 과제모형의 표준화 잔차

표준화 잔차 공분산(Standardized Residual Covariance)

	hw_8	hw10	ss_22	Sci_12	Math_12	eng_12	bytxhstd	bytxsstd	bytxmstd	bytxrstd	bypared	byfaminc	parocc	Ethnic
hw_8	.000													
hw10	.136	.000												
ss_22	−1.180	−.105	−.027											
Sci_12	−.580	.137	−.284	−.176										
Math_12	−.623	1.108	.212	1.243	.813									
eng_12	−.531	.681	.141	−.303	.399	−.045								
bytxhstd	−.618	−1.204	.014	−.180	−.919	−.424	.051							
bytxsstd	.969	−1.310	−.582	−.781	−.878	−1.714	.537	.038						
bytxmstd	2.508	1.122	1.704	2.482	1.129	1.509	−.846	.095	−.149					
bytxrstd	1.047	−.997	.216	−.280	−.959	−.530	.373	−.162	−.265	−.067				
bypared	.768	.619	1.130	.391	.894	1.206	.685	.190	1.551	.105	.000			
byfaminc	−1.382	−.031	.346	−.721	.237	−.038	−.055	−.606	.639	−.854	−.318	.000		
parocc	−1.037	−.263	−.490	−1.202	−.915	−.735	−.427	−1.259	−.064	−.891	.105	.165	.000	
Ethnic	.598	−.851	.421	1.147	1.233	.871	−.378	−.960	1.223	−.041	1.908	−2.684	−.590	.000

저자는 8학년부터 12학년의 NELS 자료를 활용하여 이 모형을 추정해 보았다. (상관과 *SD*를 가진) 이 자료는 'sc locus ach matrix n12k.xls'이다. 학업성취도 검사점수, 사회 경제적 지위, 여성인지 여부(성별, 0=남성, 1=여성) 변수가 포함되어 있다. 통제소재 잠재변수는 8학년에서 4개의 문항으로 지수화되어 있다.

BYS44B: 나는 내 인생의 방향성에 대해 통제하고 있지 않다(그림에는 control 8로 제시).
BYS44C: 내 인생에서 운이 좋음은 성공을 위해 열심히 일하는 것보다 중요하다(luck 8).
BYS44F: 매 순간 무엇 또는 누군가 나를 멈추게 하는 것보다 앞서려고 노력한다(stop 8).
BYS44M: 기회나 행운은 내 인생에서 일어나는 일에서 매우 중요하다(chance 8).

동일한 문항이 10학년과 12학년에도 활용/측정되었다. 웹사이트에 각 변수에 대한 더 많은 정보를 가진 파일('Codebook for sc locus ach data.docx')이 제공되어 있다.

통제소재 측정변수와 학업성취도 측정변수는 두 개의 측정 시점 각각에서 오차상관을 갖는다는 점에 주목하라. 이는 타당하다. 예를 들어, 시점 8(Time 8)에서의 통제변수는 일반적인 통제소재(의 개념)를 넘어선 10학년 통제 및 12학년 통제와 무언가를 공통적으로 공유한다. 통제소재의 잔차와 학업성취도는 또한 각 시점에서 상관을 갖는다. 패널모형을 활용하는 이유는 영향력의 주요한 방향을 결정하기 위해서이다. 따라서 각 시점에서 인과적 영향 관계는 설정되지 않지만, 상관관계와 같은 인식이 불가능한(무언가 알 수 없는) 인과관계는 허용된다.

그러나 그림은 꽤 엄격한 버전의 패널모형을 보여 준다. 성별이나 SES의 배경변수가 8학년 성적 변수를 경유하여 10학년 성적 변수에만 영향을 미친다는 사실/가설을 반영한다. 마찬가지로, 8학년 성적의 기저구조(통제소재와 학업성취도)는 10학년 성적 변수를 경유하여 12학년 성적 통제소재와 학업성취도에 간접적으로만 영향을 미친다. 검정 가능한 대안적 모형으로서 모형 변형도 가능하다. 연습삼아 이것 (모형 변형, 대안적 모형에 대한 검정)을 해 볼 수 있을 것이다.

표준화 추정값이 [그림 18-12]에 제시되어 있다. 일반적인 기준에서 볼 때, 모형적합도는 적절한 수준이었다. RMSEA = .050, CFI = .964, SRMR = .044. χ^2은 아주 크고 통계적으로 유의하였다($\chi^2[262] = 790167$, $p < .001$). 그러나 표본크기는 12,000개 이상이었다. 이처럼 표본크기가 클 때, 심지어 통계적 유의도를 판단하기에 너무 작은 값이라 하더라도 모형에서 모든 경로와 상관관계는 통계적으로 유의하다. 이와 같이 적절한 수준의 모형적합도를 보일 때, 이러한 결과는 영향의 주요한 방향이 통제소재에서 학업성취도로 향하는 것이 아니라 학업성취도에서 통제소재로 향하는 것임을 시사한다. 높은 수준의 학업성취도를 보인 학생은 그 결과로 (높은 학업성취도 수준으로 인해) 내재적 통제소재를 가지는 경향을 보인다. 통제소재가 후속 학업성취도 결과에 미치는 영향은 무시할 만한(매우 작은) 수준이다. 또한 8학년 학업성취도는 10학년 학업성취도(.93 × .14=.13)와 10학년 통제소재(.10 × .54=.05)를 경유하여 12학년 학업성취도에 간접적인 영향을 미친다.

[그림 18-12] 패널모형의 표준화 결과

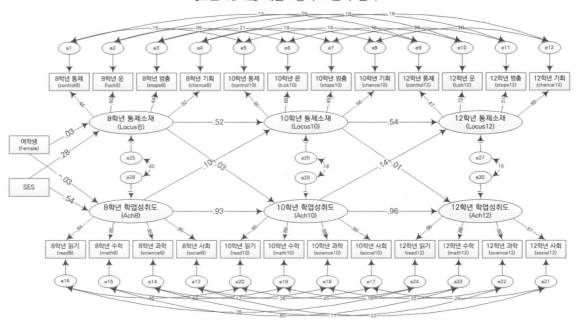

앞에서 설명한 바와 같이, 패널모형은 영향의 주요한 방향을 이해하는 데 유용하다. 또한 이 모형은 발달과정에 대한 설득력 있는 해석을 설명하는 데 활용 가능하다. 이 경우, 통제소재와 학업성취도가 고등학교 중반부에 서로 어떠한 관련을 맺고 있는지를 살펴볼 수 있다. 패널모형 관련 주제의 표면을 다시 한번 살펴보자. Little의 문헌은 패널모형과 종단 SEM에 대해 더 많은 정보를 제공하는 좋은 참고자료가 된다(Little, 2013). 유치원부터 8학년까지의 사회적 기능과 학업성취도를 이용한 패널모형의 예는 Caemmer와 Keith(2015; 실제로 이 연구경험은 저자가 이 책에서 패널모형을 설명하는 데 관심을 갖게 하였다.)를 보라. 제21장에서 우리는 시간이 지남에 따라 속성(attributes)이 어떻게 발달하는지에 대한 질문에 대답하는 또 다른 방법인 잠재성장모형을 공부할 것이다.

📈 다집단모형

이전의 과제모형은 **소수민족** 배경 변수를 포함하였다. 이 변수는 아주 단순한 이유에서 모형에 포함되었다. 분석에서 모형을 타당하게 만들기 위해 **소수민족** 변수가 고려될 필요가 없었음에도 불구하고 이와 유사한 모형에서 자주 배경변수로 활용되었기 때문이다. 그러나 우리의 분석이 **소수민족**이 고등학교 GPA에 어떠한 영향도 미치지 않고, 소수민족 학생이 **백인** 학생보다 과제에 더 많은 시간을 소비한다는 것을 시사하였다는 점에서 **소수민족** 변수의 결과는 흥미로웠다. 아마도 우리의 목적을 위해 더 중요한 것은 **소수민족** 변수를 포함시키는 것이 단일지표 잠재변수의 활용에 대한 설명을 가능하게 하였다는 것이다.

인종집단 간 다집단 과제모형

지금부터 우리는 또 다른 가능성에 대해서 고려해 보고자 한다. 그동안 **소수민족** 배경은 GPA에 어떠한 영향도 미치지 않음을 시사해 왔다. 그러나 **과제**가 학생의 인종집단에 따라 GPA에 다른 영향을 미친다고 볼 수도 있다. 예를 들어, 선행연구는 과제가 주류 학생과는 반대로 소수민족 학생의 학습결과에 더 커다란 영향을 미칠 수 있음을 시사해 왔다(Keith, 1993. Keith & Benson, 1992). 이는 과제를 더 많이 요구하는 교사나 학교가 과제를 모든 학생의 학업성취도를 높이는 수단으로 활용하거나, 심지어 소수민족 학생을 위한 학습에서 훨씬 더 큰 증가를 가져올 수 있다는 것을 의미한다. 이러한 종류의 추측이 방법론적으로 친숙하게 들린다면, 그래야만 할 것이다. 우리가 말하고자 하는 것은 **인종배경과 과제**가 **성적**에 미치는 영향에서 **상호작용**(interaction)을 검정하는 가능성이다. 이를 달리 말하면, 우리는 **인종배경**이 **과제**가 **성적**에 미치는 영향을 **조절하는지** 여부에 관심이 있다.

개념적으로 소수민족 학생과 백인 학생을 위한 과제모형을 별도로 분석한 다음, 두 집단에 대하여 과제가 성적에 미치는 영향을 비교함으로써 이 가설을 검정할 수 있다.[1] 그러한 모형은 [그림 18-13]에 예시되어 있다. **소수민족** 학생을 위한 모형을 분석하고 **과제**에서 **성적**까지의 경로에 대한 비표준화값(그림에 물음표로 표시됨)을 찾을 수 있다. 그런 다음, **백인** 학생을 위한 모형을 분석하고 동일한 경로를 조사할 수 있다. 제2장에서 회귀계수에 대해 검정한 것처럼, 회귀계수 중 하나에 95% 신뢰구간을 두고 다른 값이 이 구간 내에 있는지 확인할 수도 있다.

다음으로 넘어가기 전에, **소수민족**이 모형에 나타나지 않은 이유에 대해 이해하였는지를 명확히 해야

---

1) Mplus, Steiger의 SEPATH, LISREL을 포함한 여러 프로그램에는 이미 수정 프로그램이 내장되어 있다.

한다(이 변수는 전체 표본을 각각의 하위 표본집단으로 나누는 기준이 되기 때문이다). 또한 저자가 비표준화 경로를 사용하는 이유에 대해서도 알고 있어야 할 것이다(그 이유에 대해서는 제2장을 복습하기를 바란다).

집단 간 모수 제약

이러한 방법이 가능할지라도 이 경로의 동일성과 모형의 다른 측면을 집단 간 비교 검정하는 더 나은 방법이 있다. Amos와 다른 SEM 프로그램에서 일반적으로 같은 모형을 두 개 이상의 집단에서 검정하는 것을 의미하는 **다집단(Multi-Group: MG), 다표본(multisample)** 모형을 검정하는 것이 가능하다. 이와 같은 MG(다집단) 모형에서 집단 간 모수를 동일하게 제약하고 이러한 제약모형의 모형적합도를 비제약 모형의 적합도와 비교하는 것이 가능하다. 예시는 다음과 같다.

[그림 18-13]은 다집단분석의 기본적인 또는 초기모형이다. 동일한 모형이 각 집단(소수민족과 백인)에서 설정되었으며, 각 집단에서 설정된 모형은 각 자료의 행렬에서 추정되었다. 두 모형은 단일분석에 의해 추정되었다. 따라서 [그림 18-13]은 한 집단에서의 투입 모형이다(각 집단을 분석할 때 활용된 모형이다). 다른 집단에 대한 모형도 동일하다. Amos에서 Analyze 메뉴에 있는 Manage Groups 옵션으로 실행 가능하다. 다른 SEM 프로그램의 매뉴얼에 다집단분석을 수행하는 나름의 방법이 설명되어 있을 것이다. 'initial multi group model. amw' 파일은 초기모형을, 'minority matrix.xls'과 'white matrix.xls' 파일은 모형 추정에 필요한 상관행렬, 평균, 표준편차의 Excel 버전 파일이다.[2]

[그림 18-13] 주류(majority) 학생과 소수민족(minority) 학생에 대한
과제가 성적에 미치는 영향에 관한 초기 다집단분석
이 모형은 집단 간에 어떠한 제약도 가하지 않았다.

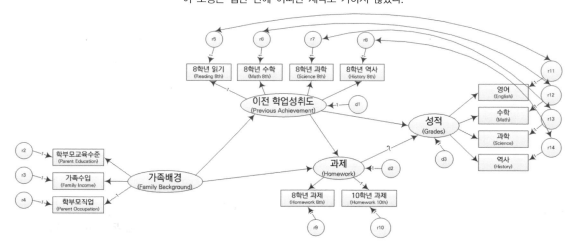

이러한 초기모형에는 두 집단 간 어떠한 제약도 존재하지 않는다. 과제에서 성적으로의 경로는 소수민

---

[2] Amos를 포함한, 대부분의 SEM 프로그램을 통해서는 두 집단을 나누기 위해 선택 또는 집단 변수를 사용한 단순 원자료 파일의 분석도 가능하다. 여기에서는 프로그램의 구체적인 측면까지 깊이 탐구하지는 않겠지만 그러한 기능이 가능하다는 것을 알아 두면 좋다.

족과 백인 학생에게 동일하게 제약되지 않았으며, 다른 어떤 제약도 설정되지 않았다. 그 이유는 이것이 그러한 제약조건을 가진 모형을 비교할 기준모형(baseline model)을 나타내기 때문이다. MG 분석의 모형적합도는 '모든 집단의 **모든** 모형'(Jöreskog & Sörbom, 1993: 54)의 적합도를 나타낸 것이다. 집단 간에 어떠한 제약도 없는 경우, 다집단분석의 χ^2과 자유도는 주류집단 모형과 소수집단 모형을 별도로 분석하고 그 값을 함께 더한 것과 같다(χ^2이 항상 같은 것은 아니지만, 꽤 유사한 값을 보인다).

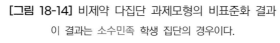

[그림 18-14] 비제약 다집단 과제모형의 비표준화 결과
이 결과는 소수민족 학생 집단의 경우이다.

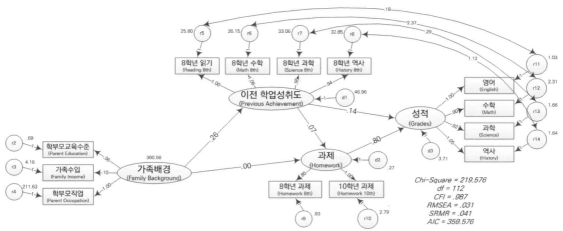

[그림 18-14]와 [그림 18-15]는 소수민족집단과 주류집단에 대한 비제약 다집단모형의 비표준화 추정값을 각각 보여 준다. 먼저, 모형적합도에 주목하라. 초기 다집단분석의 χ^2은 219.576, 자유도는 12이다. 반면에, 분석을 분리하여 시행하면 소수민족 학생의 χ^2은 92.097($df = 56$), 백인 학생의 χ^2은 127.401($df = 56$)이고, 이를 합산하면 219.498($df = 112$)이다. 집단 간 어떠한 제약도 없는 초기모형은 두 집단을 각각 분리했을 때와 동일한 모형적합도(χ^2)를 갖는다. 다집단분석에서의 RMSEA는 .031이고, 이는 좋은 적합도임을 시사한다. 그러나 Steiger(1998)는 RMSEA를 분석된 집단의 수의 제곱근에 곱함으로써, RMSEA는 다집단분석에서 교정되어야 한다고 주장하였다.

$$
\begin{aligned}
RMSEA_{\text{교정된}} &= RMSEA \times \sqrt{\text{집단의 수}} \\
&= .031 \times \sqrt{2} \\
&= .044
\end{aligned}
$$

[그림 18-15] 비제약 다집단 과제모형의 비표준화 결과

이 결과는 백인 학생 집단의 경우이다.

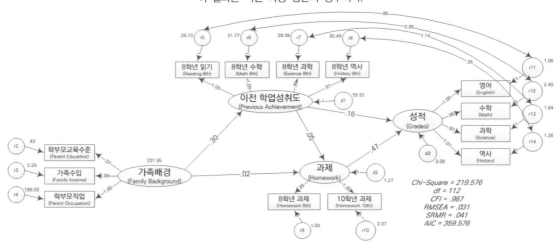

이러한 교정된 값 .044는 두 집단을 별도로 분석했을 때 RMSEA(.041, .049)의 평균값에 가깝지만, 또한 두 집단 간 자료에 대한 좋은 모형적합도를 시사한다. 비록 그림은 교정되지 않은 값을 보여 주지만, 교정된 값은 적합도 표(〈표 18-3〉)에서 사용되었다. 다른 적합도지수(CFI, SRMR) 또한 집단 간 자료에 대한 좋은 적합도를 시사한다. 초기모형은 좋은 모형적합도를 보이며, 후속 모형을 비교하는 데 좋은 기준모형의 역할을 할 수 있을 것이다.

〈표 18-3〉 다집단 과제모형 비교

모형	χ^2	df	$\Delta\chi^2$	df	p	CFI	SRMR	RMSEA	AIC	aBIC
1. 모든제약해제 (All Free)	219.576	112				.987	.041	.044	359.576	480.795
2. 요인부하량비교 (Compare Loadings)	235.591	121	16.015	9	.067	.986	.044	.042	357.591	521.436
3. 과제영향비교(Compare Homework Effects)	236.522	122	.931	1	.335	.986	.044	.042	356.522	517.681
4. 모든영향비교(Compare All Effects)	241.323	126	4.801	4	.308	.986	.048	.042	353.323	503.738
5. 모든모수동일(All Parameters Invariant)	288.262	147	46.939	21	.001	.983	.054	.044	358.262	452.271

주: 이전 모형과 비교된 각 모형

물론, 주요 관심사는 **과제**에서 **성적**으로의 경로가 집단 간 동일한지 여부이다. 소수민족 학생의 경우 비표준화 영향이 .80인 반면, 주류 학생의 경우 이 값은 .47이었다. 아마도 과제는 두 집단에서 각각 다른 영향을 미칠 것이다! 만약 표준오차(소수민족 학생의 경우 .637, 주류 학생의 경우 .114)를 사용한다

면, 두 모수가 서로 다르지 않다고 말하며, 이러한 검정을 보다 직접적으로 수행하고 싶을지도 모른다. 흥미롭게도, 소수민족 학생과 주류 학생을 위한 표준화된 경로는 거의 동일하다(.24, .25). 이는 표준화 계수와 비표준화 계수가 집단 간 동일성 문제에 대해 서로 다른 답을 산출할 수 있다는 사실을 다시 한번 명확히 보여 준다(다시 한번, 그러한 비교를 위해 표준화 계수와는 달리 비표준화 계수에 초점을 두어야 하는 이유는 제2장에 설명되어 있다).

기준모형(baseline model)은 적절한 수준의 모형적합도를 가지고 있다. 이제 모형에 제약을 가한 몇 몇 모형과 기준모형을 비교해 보자. Amos에서 집단 간 제약을 추가하는 방법은 숫자가 아닌 문자를 가 지고 모수를 고정하는 것이다. 예를 들어, **과제**에서 **성적**으로의 경로를 *a*(또는 'path1', 또는 다른 명칭)로 집단 간 동일하게 설정할 수 있다. 이러한 제약은 이 모수가 집단 간에 동일하게 제약된 채 (비표준화) 추정되도록 한다. Mplus에서는 괄호 안에 숫자나 문자를 기입하여 동일화 제약을 설정하기도 한다[예를 들어, 과제와 성적 간의 경로에 대해 두 집단 모두에 (1)로].

측정 제약

우리의 주요 관심사가 **과제**에서 **성적**으로의 경로를 집단 간에 비교하는 데 있지만, 비교될 첫 번째 모 형은 실제로 다른 조합의 제약을 포함하고 있다. [그림 18-16]에 제시된 모형은 잠재변수와 측정변수 사이의 요인부하량이 집단 간 동일하게 설정되었다. 제시된 모형은 **소수민족** 학생을 위한 설정이다. 이 전의 모든 모형에서처럼 잠재변수와 연결된 요인부하량 중 하나는 1로 설정되어 있다. 그러나 다른 요 인부하량은 구체적인 값(요인부하량에 대해 fl2부터 fl14)으로 설정되어 있다. 만약 제시한다면, **백인** 학생 을 위한 모형은 요인부하량이 모두 같은 제약을 가지고 있다. 그러므로 이러한 요인부하량은 **소수민족** 학생과 **백인** 학생에 대해 동일하게 제약되어 있다.

(논의를) 요인부하량에 대한 제약부터 시작하는 이유는 무엇인가? 기본적으로 이러한 제약은 잠재변 수(과제, 성적 등)가 두 집단에서 서로 같음을 의미한다. 이러한 설정은 우리가 집단 간 같은 것을 측정하 는 것을 의미하며, 주로 관심을 가지고 있는 변수가 **소수민족** 학생 집단과 **백인** 학생 집단에서 동일하게 측정되었음을 뜻한다. 과제가 각 집단별로 다른 의미를 가진다면 이것의 의미는 무엇일지 잠시 생각해 보자. 과제가 한 집단에서는 어떠한 의미를 가지고 다른 집단에서는 또 다른 의미를 가진다면, 과제가 두 집단 간 동일한 영향을 가지고 있다고 생각하는 것 자체가 타당하지 않다. 집단 간 측정모형(요인구 조)에서의 차이는 측정되는 구조에서의 차이를 의미한다. 또한 이러한 비교의 단계를 집단 간 요인 또는 측정모형의 **동일성**(invariance) 검정이라고 명명하는 것을 들어 본 적이 있을 것이다(이 주제에 대해서는 제19장에서 다루게 될 것이다).

[그림 18-16] 집단 간에 동일하게 제약된 요인부하량을 가지고 있는 다집단 과제모형

소수민족 학생을 위한 모형 세부사항, 요인부하량은 주류 학생과 동일한 값(예: fl2, fl3)으로 제약되었다.

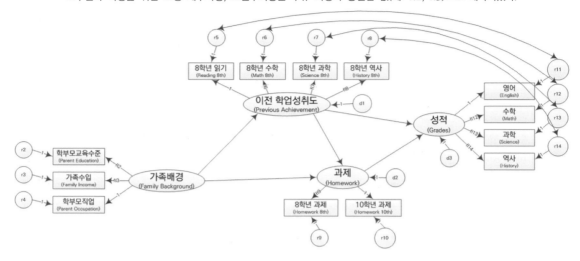

〈표 18-3〉에는 요인부하량비교모형의 모형적합도가 초기모형과 대비하여 제시되어 있다. 이 모형에서는 9개의 자유도가 증가하였다. 9개의 요인부하량이 집단 간 동일하게 제약되었다(잠재변수 당 하나의 요인부하량이 이미 1로 두 집단 간 동일하게 제약되었다). 이 모형은 초기모형에 비해 간명하다. 따라서 χ^2이 더 크다. 그러나 $\Delta\chi^2$은 통계적으로 유의하지 않는데, 이는 추가적인 제약이 적정함을 의미한다. 잠재변수의 요인부하량을 집단 간에 동일하게 설정하는 것은 기각될 수 없다. 측정변수는 소수집단과 다수집단 모두에서 동일함을 의미한다. 잠재변수는 집단 간 동일한 의미를 가진다. 집단 전반에 걸쳐 동일한 기저구조를 측정하고 있다는 것을 감안할 때, 이러한 잠재구조가 집단 전반에 걸쳐 서로 동일한 **영향**(effects)을 미치는지 여부를 결정할 수 있다.

과제가 집단 전반에 걸쳐 동일한 영향을 미치는가?

모형 비교에서 다음 단계는 우리가 가장 흥미를 가지고 있는 질문에 답하는 것이다. 과제가 성적에 미치는 영향은 집단 전반에 걸쳐 동일한가? 소수집단에 대해 설정된 모형은 [그림 18-17]에 제시되었다. 이 모형에서 마지막 모형(요인부하량비교모형)에 설정된 제약은 유지되고, 하나의 새로운 제약이 추가된다. 두 집단에서 과제에서 성적에 이르는 경로는 a로 설정되고, 이는 경로가 자유롭게 추정되지만 비표준화 경로는 집단 전반에 걸쳐 동일하게 제약됨을 의미한다.

과제영향비교모형의 $\Delta\chi^2$과 다른 적합도지수는 〈표 18-3〉에 제시되어 있다. $\Delta\chi^2$은 통계적으로 유의하지 않았다. 과제가 성적에 미치는 영향을 소수민족 학생과 주류 학생에 동일하게 설정한 추가 제약은 통계적으로 유의한 모형적합도의 감소를 유발하지 않았다. 이는 학생이 어떠한 소수민족 배경에 속하는지 여부에 관계없이 과제가 고등학교 학생의 성적에 거의 동일한 영향을 미치는 것으로 보인다. 학생이 과제에 시간을 소비할 때, 인종배경이 무엇이든 관계없이(적어도 소수민족/백인으로의 대분류의 경우) 성적에 동일한 영향을 미칠 것이다. 이렇게 말하는 또 다른 방식은 고등학교 성적에 미치는 영향에

있어 **인종배경과 과제 간에 어떠한 상호작용도 없다**(no interaction) 또는 인종배경은 과제가 성적에 미치는 영향을 **조절하는**(moderate) 것 같지는 않다는 것이다. 따라서 SEM에서 범주형 변수와 연속형 변수 간에 상호작용(조절)을 검정하는 방법을 알았다. 제22장에서는 잠재적 연속변수 간에 상호작용을 검정하는 방법을 학습할 것이다.

[그림 18-17] 과제가 집단 간에 고등학교
GPA에 미치는 영향의 동일성을 검정하는 다집단 과제모형

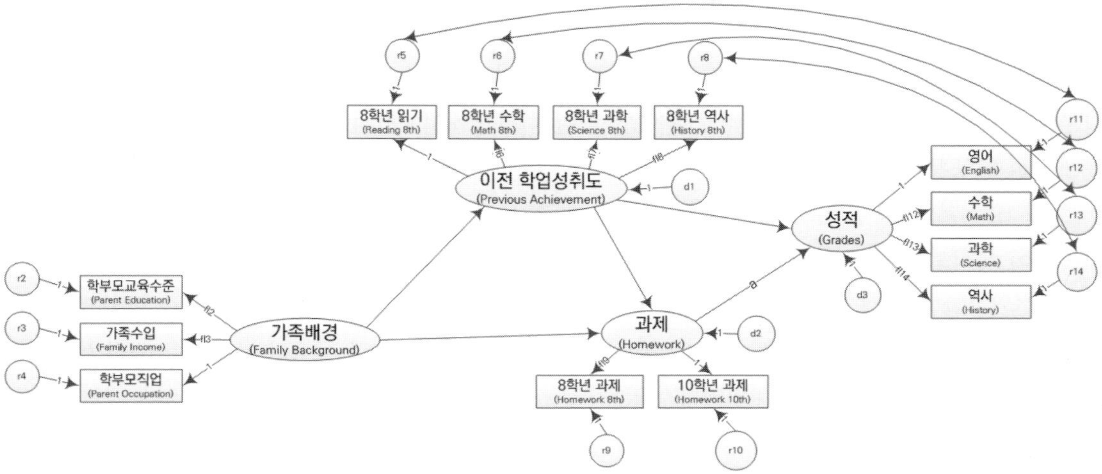

다른 영향

다집단분석에서 주요 관심이 되는 다른 비교도 존재한다. 두 집단 모두에서 과제가 성적에 동일한 영향을 미치는 것으로 나타나지만, 모형에서 다른 변수가 집단 전반에 걸쳐 동일한 영향을 미치는지도 궁금할 것이다. 본질적으로 우리는 모형에서 다른 변수에 미치는 영향에서 어떤(any) 변수가 인종배경과 상호작용하는지 묻고 있다. 이러한 가능성을 검정하기 위해 단순히 다른 모든 경로(가족배경에서 이전 학업성취도로의 경로 등)를 집단 전반에 걸쳐 동일하게 설정할 수 있다. 이 모형의 경우, 과제영향비교모형 외에도 네 가지 추가 제약조건이 필요하다. 이 모든영향비교(Compare All Effects) 모형의 결과는 〈표 18-3〉에 제시되었다. 이렇듯 제약이 보다 많은 모형은 통계적으로 유의한 $\Delta\chi^2$을 야기하지 않았다. 이러한 모형은 하나의 잠재변수가 다른 잠재변수에 미치는 영향이 집단 간 동일하다는 결론을 이끌어 내지 못하였다. 모형에 있는 변수는 소수민족 학생과 주류 학생에 대해 서로 동일한 영향을 미친다.

지금까지 어떤 모형도 측정오차나 교란에 대한 제약을 두지 않았다. 이러한 유형의 모수는 오차의 한 종류로, 측정오차($r2$부터 $r14$)이거나 모형에서 다른 변수에 의해 설명되지 않은 분산의 나머지($d1$부터 $d3$)이다. 이러한 모수는 실제로 모형의 실질적인 부분을 나타내지 않으므로, 집단 간 동일할 것이라고 기대하는 것은 합리적이지 않을 수 있다(Marsh, 1993). 마찬가지로 저자는 외생변수(가족배경)의 분산이나 상관오차(시험점수와 그에 상응하는 성적 간의)이 집단 전체에서 동일해야 하는 실질적인 이유를 생각할 수 없다. 이러한 이유로 오차, 분산 그리고 공분산은 어떤 모형에서든 집단 간에 동일하게 제약되지 않으며, 이러한 제약 없이 합리적으로 모형을 검정하는 것을 중단할 수 있었다. 그러나 현재의 연구 목

적을 위해서는 이러한 비실질적 모수가 집단 전체에서 실제로 동일한지 확인하는 것이 유익할 것이다.

모든 모수가 동일한 모형을 분석한 결과는 〈표 18-3〉의 아래에 제시되어 있다. 이 모형에서는 13개의 측정오차($r2$부터 $r14$), 잔차, 가족배경 잠재변수의 분산, 그리고 4개의 오차상관이 두 집단 간에 동일하게 제약되었다. 이러한 21개의 추가적인 제약은 통계적으로 유의한 $\Delta \chi^2$을 야기시켰다. 이러한 두 집단 간 동일화 제약은 통계적으로 유의한 모형적합도의 증가도 유발하였다. 오차와 모형의 덜 중요한 다른 측면은 예상한 대로 집단 간에 동일하지 않았다. 만약 필요하다면, 차이가 어디서 생겼는지를 알아보기 위해 작은 단위에서 이러한 모수를 제약하거나 제약을 해제할 수 있다(보다 덜 형식적인 방법에서 차이를 살펴보기 위해 [그림 18-14]와 [그림 18-15]에 제시된 모형에서 비표준화 추정값을 비교할 수도 있다). 그러나 모형 비교에서 주요 기준으로 aBIC를 활용한다면, 모든모수동일모형이 가장 적합한 모형이라고 결론내릴 수 있다. 제20장에서 살펴보겠지만, 동일성 검정에서 CFI의 차이를 활용하는 방법에 대해 시뮬레이션 연구를 통해 알아볼 것이다.

[그림 18-18]과 [그림 18-19]는 모든영향비교모형의 **소수민족** 학생과 **백인** 학생 각각에서의 표준화 추정값이 제시되어 있다(이는 표의 마지막 모형 옆에, 모형 4[3])로 나타나 있다). 물론 이 모형에서 요인부하량과 경로는 집단 간에 동일하게 설정되어 있다. 따라서 **비표준화된** 추정값은 **소수민족** 학생과 **백인** 학생 간에 동일하게 산출될 것이다. 그러나 표준화 추정값에서는 집단 간 사소한 차이가 존재하였다. 비표준화 계수는 집단 간 비교에 활용되었다. 표준화 추정값은 각 집단에서의 해석에서만 활용되었다. 그럼에도 불구하고, 영향에 대한 해석은 각 집단에서 유사했으며, 이전 장에서 언급한 전반적인 모형에서의 추정값 해석과 유사하였다.

[그림 18-18] 과제와 다른 효과(influences)가 소수민족 학생의 GPA에 미치는 영향에 관한 표준화 추정값
이 연구결과는 모든 효과가 집단 간에 동일하게 제약되는 모형에 적합하다(모형 4: 모든영향비교).

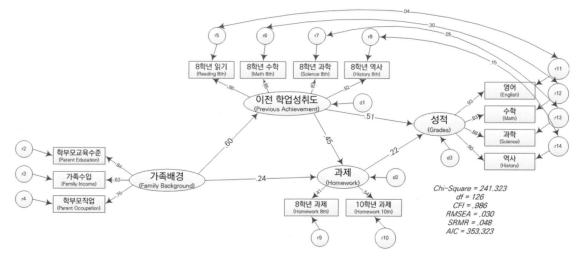

---

3) [역자 주] 원서에는 모형 5(Model 5)라고 명시되어 있으나, 〈표 18-3〉을 보면, 모든영향비교모형은 모형 4이다. 따라서 여기와 [그림 18-18]의 제목부분도 함께 수정 · 제시한다.

요약: 다집단모형

이러한 일련의 분석은 SEM에서 내포된, MG모형의 비교를 통해 상호작용 검정을 수행하기 위한 방법을 명확하게 보여 주었다. 이 방법은 단일 범주형 변수와 단일 연속형 변수 간의 상호작용을 검정하거나 모형의 **모든(all)** 다른 변수 간의 상호작용을 검정하는 것에 활용되었다. 이러한 폭넓은 지향성은 근본적으로 "백인 학생의 학습에 영향을 미치는 요인이 **소수민족** 학생에게도 중요한가?"라는 질문이 있을 때, 전체 모형이 집단 간 비교가 가능한지 그리고 흥미로운지(연구 주제와 연관이 있는지)에 대해 고려하게 한다. 이러한 질문은 일반적이다. 예를 들어, 1980년대에 논란의 중심에 있던 「A Nation at Risk」 (National commission on Excellence in Education, 1983) 리포트의 한 가지 결과는 이상적이고 학문적인 고등학교 교육과정을 제안한 것이었다(Bennett, 1987). 칼럼니스트 William Rasberry(1987)는 이러한 교육과정이 백인과 중산층 청소년에게 잘 작동해야 한다는 데 동의하였지만, **소수민족** 배경 출신 청소년에게도 똑같이 잘 작동할지 의문을 가졌다. 이 질문에 답을 하는 하나의 방법은 다양한 인종집단 간에 다집단 학교학습모형을 검정하는 것이다(Keith & Benson, 1992).

[그림 18-19] 백인 학생에 대한 모든영향비교모형의 표준화 추정값

표준화 추정값은 제약이 **비표준화** 모수값에 행해졌기 때문에 집단 간에 차이가 있다.

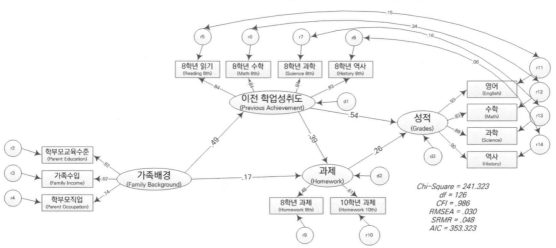

후속 모형 검정의 신성시되는 순서는 없다. 제약이 가장 많은 모형에서 시작하여 점차 모수에서의 제약을 해제하는 것이 가장 논리적으로 옹호할 수 있는 수준의 순서이다. 일련의 제약을 각각 다르게 적용하는 것 또한 효과적이다. 예를 들어, 과제영향비교모형에서부터 모든영향비교모형까지 한 번에 하나의 모수를 제약할 수 있다. 모형비교 과정에서 주로 고려해야 하는 것은 논리적이고 체계적인 맥락에서 이를 수행해야 한다는 점이다. 무엇이 제약되고 있고 무엇이 각 단계에서 검정되지 않아야 하는지, 그리고 모형비교가 연구문제와 밀접한 관련이 있는지를 고려해야 한다. 이후 제20장에서는 CFA의 보다 더 발전적인 측면에 대해서 살펴볼 예정이다. 이를 통해 동일성 검정의 각 단계의 의미에 대해 보다 더 논의해 볼 것이다.

이러한 분석에서 가끔 검정되는 추가적인 모형이 하나 더 있다. 또한 **소수민족** 청소년에 대한 전반적

인 공분산행렬과 백인 청소년의 그것을 비교할 수 있다. 추정되는 모든 모형이 공분산행렬에서 시작되었음을 생각해 보자. 따라서 만약 두 공분산행렬이 집단 간 동일하다면, 모형의 **모든(all)** 측면이 집단 간 동일하지만 모형에는 설정되지 않았음을 의미한다. 이러한 비교는 다음의 사실을 설명한다. 모형이 무엇인지에 대해서는 고려하지 않지만, 모형이 무엇이든 집단 간에 동일하다고 할 수 있다. 그러므로 이러한 모형은 내재된 관계를 가지지만, 모든 모수가 동일한 모형에 비해 제약이 적다. 그리고 두 집단에서의 차이는 **특정(particular)** 모형을 설정하는 데 드는 비용이다.

이 예시는 MG모형이 SEM에서 범주형 변수와 다른 변수 간의 상호작용을 검정하는 방법임을 설명하였다. 또한 이 책의 제22장에서 소개될 SEM에서 연속형 변수 간의 상호작용을 검정하는 방법도 있다. Schumacker와 Marcoulides(1998)의 연구는 이 방법에 대해 더 많은 정보를 제공하는 참고문헌이다. Kline(2011) 또한 그러하다. Mplus 최신버전은 이전에 비해 더 쉬운 방식으로 이를 수행하게 해 준다. 집단 간 동일성 구조를 검정할 때, 평균과 절편의 동일성을 검정하는 것이 가능하다. 이 주제는 후속 장에서 다룰 것이다.

📈 위험 재검토

제13장에서 논의했던 내용을 재검토해 보면, 우리는 특정한 경로분석의 위험성과 일반적인 비실험적 연구에 대해 살펴보았다. 과대추정모형의 장점(제14장)과 마지막 장들에서 살펴본 잠재변수 모형과 관련된 주제에서 과대추정모형을 SEM 프로그램을 활용하여 분석한 결과인 모형적합도나 잠재변수의 장점이 이러한 위험에 의해 다소 감소될 수도 있는지와 같은 궁금증을 가지게 되었을 것이다. 이에 대해 살펴보자.

누락된 공통원인

이 책 전반에 걸쳐 저자는 비실험 연구의 가장 큰 위험은 추정된 원인과 추정된 결과의 중요한 공통원인을 분석에 포함시키는 것을 소홀히 할 가능성이라고 주장해 왔다. 앞에서 살펴본 바와 같이, 소홀히 된 공통원인은 한 변수가 다른 변수에 미치는 영향의 추정값을 부정확하게 만들 것이다. 모형적합도와 잠재변수가 이러한 위험을 통제하는가? 공통원인을 소홀히 할 때 SEM 프로그램이 알려 주는가? 불행히도 그렇지 않다. 일반적으로 그렇게 하지 않는다.

[그림 18-20]은 이 장의 서두에서 분석했던 과제모형을 보여 준다. **이전 학업성취도**는 성적과 과제의 중요한 공통원인임이 명백하다. 이전 학업성취도는 과제($\beta = .41$)와 성적($\beta = .52$)에 커다란 영향을 미치고 있다. 만약 이 변수를 모형에서 제거하면 어떻게 되는가? 모형적합도나 다른 측면의 피드백이 이러한 제거로 인해 발생한 문제를 알려 줄 것인가?

[그림 18-20] 초기의, 잠재변수 과제모형

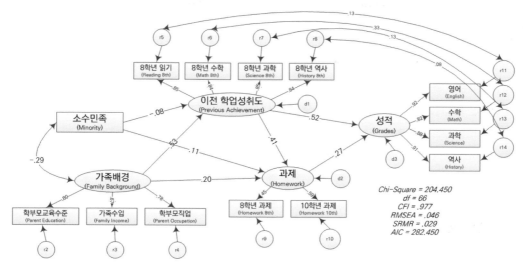

[그림 18–21]은 **이전 학업성취도**를 제거한 모형의 분석 결과를 보여 준다. 선행연구에서 고려되고 예상되었듯이, **과제**가 **성적**에 미치는 명백한 영향이 선행연구에 비해 급격하게 달라졌다. 또한 이전에 논의된 바와 마찬가지로, 중요한 공통원인을 생략하는 것은 **과제**가 **성적**에 미치는 영향에 대한 추정값을 부풀린다. 이 모형에서 과제의 표준화 영향은 .66이었는데, 이는 이전의 그림에서의 .27보다 많이 부풀려진 값이다.

[그림 18-21] 이전 학업성취도 변수가 제거된 과제모형

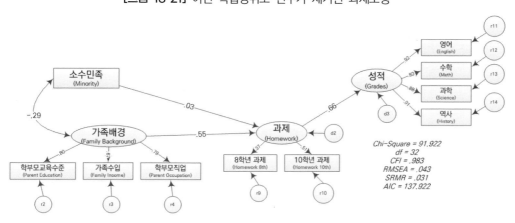

모형에 함께 제시된 모형적합도를 살펴보자. 분명히 그것은 중요한 공통원인이 모형적합도를 감소시키는 경우의 예시가 되지는 않는다. 실제로 모형적합도는 모형에서 **이전 학업성취도**를 제거했을 때 더 좋았다! (물론 모형에 다른 변수가 있으면 형식적으로 카이제곱값을 비교할 수 없지만, 비공식적인 단계에서 공통원인을 제거한 모형이 더 좋은 모형적합도를 보이기도 한다. 공통원인이 제거된 모형의 AIC 또한 낮은데, 이는 더 좋은 모형적합도를 의미한다.) 마찬가지로 중요한 변수를 생략한 것과 같이 무언가를 잘못하였다

면, 모형적합도 관련 정보에서 알아낼 수 있는 것은 없다. 이 예시에서 설명한 바와 같이, 잠재변수 구조방정식의 모형적합도는 생략된 공통원인의 위험에 대해 방어해 주지 않는다. 그것은 연구자에게 어떠한 오류도 알려 주지 않는다. 만약 중요 변수의 생략에 대해 생각하였다면 오류를 발견하는 것은 타당하다. 모형적합도는 모형**에서**(in) 변수가 적합한지에 대해서만 알려 준다. 모형에 포함되지 **않은**(not) 것에 대해서는 알려 주지 않는다.

반대로 **이전 학업성취도**가 실제로 **과제**와 **성적**에서의 공통원인인지를 알고 싶다면, 모형에 이 변수를 투입하여 **이전 학업성취도**와 **과제** 또는 **성적** (또는 둘 다) 간의 경로를 설정하여 이를 0으로 제약하여야 한다. 이러한 경우, 모형적합도는 통계적으로 유의한 감소를 보일 것이다. 그러나 공통원인은 일반적으로 검정하고자 하는 모형에 포함되어야 한다.[4]

잘못된 방향을 가진 경로

비실험적 연구에서 다른 주요한 위험은 무엇인가? 실제로 원인이 되는(또는 그 반대인) 변수를 추정하는 것이 영향을 미치는가? [그림 18-22]에는 잘못된 방향을 가진 경로를 포함한 모형의 분석 결과가 제시되어 있다. 실제로 많은 모형과는 달리, 우리는 모형 설정을 잘못할 수도 있다. **성적** 변수가 **과제** 변수에 비해서 늦게 측정되기 때문이다. 제14장에 언급한 동일모형을 설정하는 법칙을 활용할 때, 이 모형은 [그림 18-2](그리고 [그림 18-20])의 초기모형과 동일하지 **않다**(not). 과제와 성적 변수는 그것을 가리키는 같은 변수를 가지고 있지 않고, 경로는 뒤바뀔 수 없으며, 모형은 여전히 동일하다. 그러나 두 모형은 내재적 관계가 아니다. 그것들은 같은 자유도를 가지기 때문이다. 따라서 두 모형은 내재된 관계를 바탕으로 하지 않는 모형적합도(예: AIC)를 활용하여 비교 가능하다. 올바른 방향성의 경로를 가진 모형([그림 18-2], [그림 18-20])은 실제로 낮은 AIC와 적절한 수준의 모형적합도를 가진다. 이러한 예시에서 우리는 심지어 변수의 올바른 순서에 대해 선행지식이 없다 하더라도 타당한 방향성의 경로를 가진 모형을 선택하게 된다. 타당한 조건하에 동일하지 않은 과대추정모형을 가지고 잘못된 방향의 경로를 그리는 위험에서 보호받을 **수도**(may) 있다.

잠정적인 인과관계에 대해 다중회귀보다 잠재변수 SEM이 더 나은지가 궁금할 것이다. 제13장에서 언급한 회귀계수를 영향으로 해석하는 데 필요한 가정에 대해서 다시 생각해 보자.

1. 반대의 방향성을 가진 인과관계는 없다.
2. 외생변수는 완벽하게 측정되었다.
3. 인과과정은 평형상태이다.
4. 공통원인은 무시/생략될 수 없다.

---

4) 신중하게 계획된 과대적합모형을 통해서 모형에 포함되지 않은 헤아릴 수 없는 변수가 있는지 확인하는 것은 가능하다고 생각한다. 그러한 모형은 관심 변수 간의 경로와 변수 간 오차상관를 포함할 것이다. 그러나 일상적인 사용 시 잠재변수 SEM모형이 측정되지 않은 공통요인의 위험을 겪을 일은 흔하지 않다.

[그림 18-22] 이 모형에서 과제에서 성적으로의 경로가
올바르지 않게 거꾸로 되어 있다. 이 모형은 초기모형보다 더 나쁜 적합도를 가지고 있다.

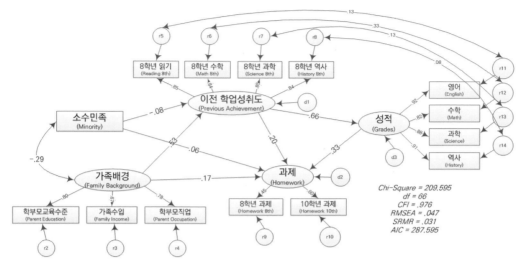

이미 살펴본 바와 같이, 잠재변수를 추가하는 것은 구체적으로 불완전한 측정을 의미한다(가정/위험 2). SEM모형은 반대 방향의 인과관계를 검정할 수 있으며, 만약 주의를 기울여 설정되었다면(우리가 증명하였던 것처럼) 한 방향성의 영향과 이를 비교한 검정(가정/위험 1)이 가능하다. 공통원인 관련 주제는 아마도 선행연구와 이론을 주의 깊게 고려함으로써 보다 일반적이고 적절하게 설명된다. 평형상태 관련 쟁점 또한 통계적이지는 않지만, 비재귀 SEM모형으로 가장 잘 설명될 수 있다(Kline, 2016, 제6장). 가장 중요한 것은 SEM을 가지고 연구문제에 답하기 위해서는 통계적 방법보다는 연구 주제 관련 분야에 대한 이해가 필요하다.

📈 요약

이 장에서는 이전 장의 논의를 복습하고 잠재변수 SEM과 관련하여 보다 심화된 주제에 대해서 살펴보았다. 우리는 이전의 과제모형을 잠재변수 버전으로 추정하였다. 이 모형은 두 가지 흥미로운 특성, 즉 단일측정지표를 가진 잠재변수의 추정과 고유-오차분산 간의 상관관계를 가지고 있다.

잠재변수 과제모형은 단일측정변수[소수민족(Ethnic Minority)]로 지수화된 하나의 잠재변수[소수민족(Minority)]를 포함하였다. 이렇게 하는 이유는 단순히 측정변수를 활용한다기보다는 측정변수에 내재된 오차 추정값을 모형에 포함시키고 분석을 통해 이 오차를 설명하기 위함이다. 예시에서 소수민족(Minority) 변수는 .95의 신뢰도를 갖는 것으로 추정되었고, 따라서 소수민족(Ethnic Minority)에서 분산 중 5%는 오류로 인해 발생한 것이라 할 수 있다. 모형에서 이러한 정보를 활용하기 위해, 측정된 소수민족 변수의 오차분산을 전체 분산의 5%가 되도록 제약하였다.

또한 과제모형은 8학년 학업성취도 검사점수와 해당 분야에서의 고등학교 성적간에 고유-오차분산 간에 상관관계가 있다고 설정하였다. 이러한 오차상관을 설정한 이유는 특정 분야(예: 수학)에서 성적과

시험이 단순히 일반적인 학업성취도가 일반적인 성적에 미치는 영향 이상을 공유할 수 있을 것이라는 점을 알았다. 초기와 후속 비교 분석은 이러한 오차상관이 실제로는 중요하며, 모형에서 이를 제거하는 것은 통계적으로 유의한 모형적합도의 감소를 야기시킨다는 것을 보여 주었다.

통제소재와 학업성취도의 잠재변수 패널모형은 오차 및 잔차상관을 훨씬 많이 활용하였다. 이러한 종단모형은 발달과정을 이해하거나 인과관계의 발생 순서를 검정하기 위해 자주 활용된다.

우리는 SEM에서 범주형 변수와 다른 변수 간의 상호작용을 검정하기 위한 방법으로 다집단모형을 활용하였다. 이 방법을 설명하기 위해 소수민족(Ethnic Minority)과 백인 청소년을 위한 과제모형을 별도로 분석하여 과제가 성적에 미치는 영향이 두 집단 모두에서 동일한지 여부를 판단하고자 하였다. 이 예에서는 모수값이 집단 간에 동일하도록 점진적으로 제한하고, 이러한 제약조건의 실행 가능성을 검정하기 위해 $\Delta\chi^2$을 사용하였다. 예제에서 구인(잠재변수)은 집단 간에 동일하였으며, 모형에서의 변수도 집단 간에 서로 동일한 영향을 미친다는 것을 보여 주었다. 과제는 소수민족과 백인 청소년의 학습에도 동일한 영향을 미치는 것으로 보인다. 인종(Ethnic)배경(적어도 여기에서 사용된 조악한 분류를 사용하여)은 과제가 성적에 미치는 영향을 조절하지 않는다.

이 장에서의 마지막 부분은 이전에 논의했던 구조방정식, 경로분석, 다중회귀 그리고 비실험적 연구 간의 관계에서 발생할 수 있는 몇 가지 문제점에 대해 다루었다. 이러한 문제점으로 인해 모형적합도나 SEM의 다른 장점이 감소되는가? 모형에서 중요한 공통원인을 소홀히 할 때, 잠재변수 SEM의 적합도 통계량이나 다른 측면에서 아무것도 경고해 주지 않았음을 보여 주었다. 반면에 적합도 척도는 잘못된 방향으로 그려진 경로를 가진 모형을 추정했을 때 경고를 해 주었다. 이것은 단지 과대추정모형을 활용할 때나 동일하지 않은 두 모형의 적합도를 비교하고 있었기 때문이다. 물론 우리는 이 방향성에 대한 질문을 명시적으로 검정하였다. 만약 그렇게 하지 않았다면, 우리가 [그림 18-22]에서 제시한 모형에서 실수를 하였다는 것을 알지 못했을 것이다. 잠재변수 SEM 방법론은 생략된 공통원인의 위험으로부터 보호해 주지는 않지만, 비동일성 모형을 구인하기 위해 신중하게 계획한다면, 잘못된 방향으로 그려진 경로의 위험으로부터 보호받을 수 있다.

EXERCISE **연습문제**

1. [그림 18-1]에서 보여 준 모형부터 시작해서 일련의 완전한 과제모형을 분석하라. 여러분의 결과가 여기에서 제시된 것과 일치하는지를 확인하라(다른 프로그램으로 인해 약간의 차이가 있을 수 있다). 만약 분석할 수 있는 변수의 수를 제한하는 학생버전 프로그램을 사용하고 있다면, **인종(Ethnic) 변수, 가족수입, 과학시험과 역사시험 및 성적 변수**를 제거해 보라. 축소된 모형을 추정하라. 여러분의 결과를 이 장에 제시된 결과와 비교하라. 그 결과는 유사한가?

   1) 모수 추정값과 표준오차, 적합도지수, 수정지수, 표준화 잔차를 공부하라. 모형에 수정을 할 사항이 있는가? 그것이 이론적으로 정당한가?

   2) 모형을 해석하라. 반드시 직접효과와 더불어 간접효과와 총효과 모두를 해석하라.

   3) 모형을 앞서 언급한 두 개의 경쟁모형과 비교하라(직접배경영향모형과 과제영향없음모형).

2. Nancy Eisenber와 동료(2001)는 어머니의 정서가 어린 아동의 행동문제와 사교능력에 미치는 영향을 결정하기 위하여 연구를 수행하였다. 연구 관심사 중 하나는 이 효과가 아동 고유의 정서 조절에 의해 매개되는지에 관한 것이었다. [그림 18-23]은 그러한 모형을 나타낸다. 이 모형은 더 적은 수의 변수를 포함하지만, 여전히 선행연구의 흥미로운 측면을 담고 있다. **어머니의 긍정적 표현능력**은 아동에게 긍정적인 감정을 표현하는 것을 상징하며, 어머니 자신에 의해 평가되거나 행동 관찰을 통해 평가되었다. 아동의 **규제, 외현화, 사교역량**은 아동의 특성을 나타내는 잠재변수로, 어머니와 교사에 의해 평가되었다. 모형은 어머니에 의한 아동 점수와 선생님이 평가한 아동 점수 간에 오차상관을 포함한다. 이 모형은 Amos 파일인 'Eisenberg et al 1.amw'에서 찾을 수 있다. 연구의 상관행렬과 관련된 부분을 모방하기 위해 설계된 모의데이터는 웹사이트의 엑셀 파일 'Eisenberg et al 2001.xls'와 SPSS 파일 'Eisenberg et al 2001.sav'에서 찾을 수 있다. 데이터의 변수명과 모형의 표시는 〈표 18-4〉에 제시되었다.

   1) 모형을 추정하라. 적합도에 주목해서 적합하다고 판단되면 모형을 해석하라.

   2) 오차상관이 없는 모형을 추정하라. 모형의 적합도에 무슨 일이 발생하는가? 모수가 정당화되는가?

   3) 이 모형의 적합도를 **어머니의 표현능력**이 아동의 두 결과변수에 직접효과를 갖도록 한 모형의 적합도와 비교하라. 적합도의 변화에 근거하여, **어머니의 표현능력**이 행동문제와 사교역량에 미치는 영향을 아동의 규제능력이 완전히 또는 부분적으로 매개한다고 할 수 있는가?

   4) 허용 모형의 직접, 간접, 총효과를 계산하고 해석하라.

   5) 관심의 대상이 되는 다른 대안모형을 검정하라.

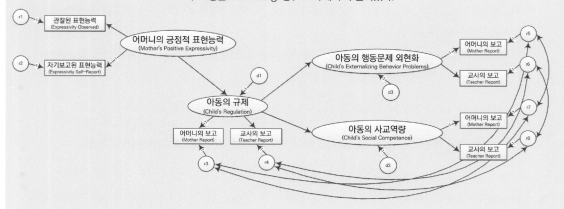

[그림 18-23] 어머니의 정서적 표현(emotional expression)이
아동의 산출물(outcomes)에 미치는 영향을 검정하는 모형
이 모형은 Eisenberg 등(2001)에서 추출되었다.

<표 18-4> 공분산

변수명(Eisenberg et al 2001.xls)	([그림 18-23]로부터의) 변수명
Exp_mo	관찰된 표현능력
Exp_msr	자기보고된 표현능력
Reg_mr	어머니의 보고(아동의 규제)
Reg_tr	교사의 보고(아동의 규제)
Exter_mr	어머니의 보고(아동의 행동문제 외현화)
Ext_tr	교사의 보고(아동의 행동문제 외현화)
Soc_mr	어머니의 보고(아동의 사교역량)
Soc_tr	교사의 보고(아동의 사교역량)

3. 통제소재와 학업성취도의 잠재변수 패널모형을 분석하라. 자료는 'sc locus ach matrix n12k.xls' 파일에서 찾을 수 있으며, 변수에 대한 자세한 설명은 관련된 코드북 파일에 나타난다. 그림에서 나온 것처럼 모형을 추정하라. 분석 결과가 이 장에 제시된 결과와 같도록 하라.

    1) 측정변수의 성격을 보아 모형적합도를 향상하기 위해 연역적으로 추가할 오차상관은 없는가? 특히 통제소재 문항이 일반적인 통제소재 이외의 다른 것을 공통적으로 측정한다는 점을 고려하라.

    2) 적합도를 향상시키기 위해 모형에 수정을 가할 부분을 찾으려면 수정지수와 표준화 잔차를 살펴보라. 수정에 이론적으로 정당한 이유가 있는가? 일반적으로 적합한 모형의 수정지수가 어떻게 크게 나타날 수 있는가?

    3) 이 장의 다집단 부분에서 모수를 동일하게 고정한 개념을 사용해서 통제요인의 요인부하량을 시간에 따라 동일하게 제약하라. 즉, 8학년 운, 10학년 운, 12학년 운의 부하량을 동일하게, 8학년 멈춤, 10학년 멈춤, 12학년 멈춤의 부하량을 동일하게 등으로 제약하라. 학업성취도 요인부하량에도 동일하게 하라. $\triangle$CFI가 절대값 .01보다 클 때의 기준을 적용하여 모형수정이 타당한지 결정하라. 이는 요인동일성의 한 종류로, 제20장에서 이것과 $\triangle$CFI 기준이 자세히 설명될 것이다.

    4) 적합도에 기초하여 학업성취도(Ach)가 통제소재에 영향을 주는지, 통제소재가 학업성취도에 영향을 주는지 두 모형을 분석하여 결정하라. 이 비교에서 $\triangle\chi^2$은 왜 좋은 선택이 아닌가? 대신에 무엇을 측정할 수 있는가?

    5) SES가 10학년의 통제소재와 학업성취도에 직접효과가 있는가에 대답하기 위해 대안모형을 분석하라. 그리고 12학년의 통제소재가 학업성취도에 주는 직접효과를 검정하라. 이 효과가 통계적으로 유의한가? 의미가 있는가? 어떻게 결정했는가?

    6) 8학년 통제소재가 12학년 통제소재에 영향을 주고, 8학년 학업성취도가 12학년 학업성취도에 영향을 주도록 한 대안모형을 검정하라. 이 효과가 통계적으로 유의한가? 의미가 있는가? 어떻게 결정했는가?

4. 학업성취도는 여학생 대 남학생의 통제소재에 다른 영향을 미치는가? 여학생과 남학생을 위한 [그림 18-24]에 제시된 모형을 사용하여 다집단분석을 수행하라. 자료(NELS 자료의 하위세트)는 원자료 파일 'ach locus sex data 2.sav'에 있다. 그 변수들은 상당히 자체설명적(self-explanatory)이어야 한다. SES 변수는 학부모교육, 직업 상태 및 가족수입의 합성변수이다. 8학년 학업성취도 잠재변수는 읽기, 수학, 과학, 사회 과목의 8학년 시험점수로 지수화되었다. 10학년 통제소재 변수는 학생에게 〈표 18-5〉[5]에 제시된 진술에 대한 동의를 묻는 항목에 의해 추정된 잠재변수이다. 이 진술은 외재적 통제소재를 지지하지만, '매우 동의함(strongly agree)'은 1의 값을 갖고, '매우 동의하지 않음(strongly disagree)'은 4의 값을 가지므로, 높은 점수는 내재적(더 건강한) 통제소재를 나타낸다.
다음 세 개의 다집단모형을 추정하라.

---

5) **[역자 주]** 원서에는 Table 18.4, 즉 〈표 18-4〉로 되어 있으나, Table 18.5, 즉 〈표 18-5〉가 올바르기 때문에 〈표 18-5〉로 수정하였다.

1) 집단 간에 어떠한 제약도 없는 모형

2) 두 집단 간에 모든 요인부하량이 동일하게 제약된 모형

3) 집단 간에 8학년 학업성취도에서 10학년 통제소재[6]까지의 경로가 동일하게 제약된 모형

[그림 18-24]

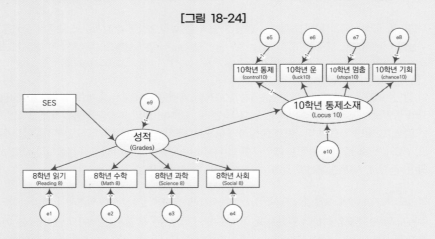

<표 18-5> 파일 'ach locus sex data 2'에 있는 통제소재 문항

변수	기술
F1S62b	나는 내 삶이 나아가고 있는 방향에 대한 충분한 통제력을 가지고 있지 않다. (I don't have enough control over the direction my life is taking)
F1S62c	내 인생에서 성공을 위해서는 행운이 열심히 일하는 것보다 더 중요하다. (In my life, good luck is more important than hard work for success)
F1S62f	출세하려고 할 때마다 뭔가 또는 누군가가 나를 막는다. (Every time I try to get ahead, something or somebody stops me)
F1S62m	기회와 행운은 내 인생에서 일어나는 일에 매우 중요하다. (Chance and luck are very important for what happens in my life)

이 세 개의 모형을 비교하는 적합도 표를 준비하라. χ^2, df, $\Delta\chi^2$, Δdf, 확률, RMSEA, CFI, SRMR, AIC 또는 교수자가 권장하는 지수를 포함하라. 초기모형의 적합도를 평가하라. 모형 1과 모형 2를 비교하고, 모형 2와 모형 3을 비교하여 결론을 내릴 수 있는 내용을 설명하라. 어떤 모형이 가장 적합한가? 그것은 무엇을 의미하는가? 가장 많이 지지되는 모형의 결과들을 해석하라. 그 결과는 무엇을 의미하는가? 여러분의 삼촌(전문용어가 없는 현실세계의 해석)에게 할 수 있는 대로 설명하라.

추가 점수: 제시된 모형은 [그림 18-11]에 제시된 패널모형의 하위세트이다. 그러나 8학년 학업성취도가 10학년 학업성취도에 미치는 영향의 추정값은 [그림 18-12]에 제시된 영향과는 상당히 다르다. 왜 그러한가?

---

6) [역자 주] 원서에는 Locus8로 되어 있으나, [그림 18-24]에서는 Locus10으로 되어 있어 Locus10, 즉 10학년 통제소재로 수정하였다.

제19장 SEM에서의 잠재평균

우리가 지금까지 살펴본 모형들은 분산이나 공분산을 분석하는 것에만 주목하였다. 구조방정식이라는 명칭을 고려해 볼 때 이것은 그다지 놀라운 일은 아니다. SEM은 **공분산(covariance)** 구조를 분석하는 것이기 때문이다. 그러나 SEM에서 평균을 분석하는 것도 가능하다. 그리고 이것은 명확한 이점도 존재한다.

사실상, 이미 평균에 대한 분석을 포함한 여러 가지 모형을 분석해 보았다. 예를 들어, 제17장에서 헤드스타트(Head Start) 자료를 분석하는 예시가 바로 이것이다. 헤드스타트 변수에서 통제집단은 0, 실험집단은 1로 코딩되었다. 이 장에서 살펴본 바와 같이, 헤드스타트에서 인지적 능력으로의 경로의 비표준화 추정값은 [사회경제적 지위(SES)와 교육 변수를 통제한 상태에서] 인지능력 잠재변수에서 통제집단과 실험집단의 평균 차이를 의미한다. 그러므로 SEM에서 더미변수를 포함시키는 것은 잠재평균을 분석하는 하나의 방법이다. 우리는 이 방법에 대해서 보다 깊게 논의할 것이다. 그리고 보다 완전한 방법에 대해서 자세히 다룰 것이다. 잠재평균은 CFA에서도 중요한 주제이다.

잠재평균에 주목해야 하는 이유는 무엇인가? 헤드스타트(Head Start) 예시에서 언급한 바와 같이, 분석에서 평균을 포함시키는 것은 실험처치가 몇몇 결과변수에서 차이를 만드는지를 이해하는 데 도움이 된다. 이는 크게 부담이 되는 일은 아니다. 분산분석(ANOVA)으로 이 질문에 답할 수도 있다. 모든 문제에 접근하는 이유는 무엇인가? 돋보기가 하는 일을 전자현미경으로 보는 이유는 무엇인가? 가장 큰 장점은 SEM이 측정변수보다는 잠재변수에 주목한다는 것이다. 그 결과, 잠재평균을 포함한 SEM은 실험처치가 오류가 많은 측정변수(인지적 능력의 단일측정점수)보다는 연구 주제와 관련된 기저구조(예: 인지적 능력)에서의 차이를 유발하는지를 결정하도록 도와준다. 물론 SEM은 성별, 인종, 또는 가족구조에서의 차이와 같은 범주형 변수에서 잠재평균 차이도 검정해 준다. 또한 SEM은 ANOVA에서 당연하게 여기는 가정들에 대해서도 검정해 준다.

제18장에서 다양한 인종집단에서 과제가 학업성취도에 미치는 가능한 차별적인 영향을 조사할 때, SEM에서 상호작용(조절)을 검정하는 방법에 대해서 알아보았다. 이전 분석 모형에서 소수민족(대 백인) 변수를 가지고, 인종배경이 학업성취도(잠재평균 차이)에 미치는 주효과를 분석하였다. 잠재평균을 활용하여 다집단분석을 할 때, 단일분석을 통해 두 질문, 주효과와 상호작용에 대해 검정할 수 있다.

잠재평균은 확인적 요인분석에서도 관심의 대상이다. 제18장에서 집단 간 영향의 차이를 검정하기 전에 기저구조의 동일성을 검정하는 것의 중요성에 대해 언급한 적이 있다. 이 예시에서는 과제모형에서의 기저구조가 집단 간 과제 영향의 차이를 검정하기 전에 동일한지 여부를 점검해 보았다. 동일성 검정의 필요성은 잠재평균 분석에도 적용된다. 또한 CFA에서 잠재평균을 포함시키는 것이 가능한지에 대한 것도 중요한 연구 질문 중 하나이다. 예를 들어, 오차가 존재하는 측정변수가 아닌 잠재변수에서 집단 간 차이가 존재하는지에 관심이 있을 수 있다.

우리는 준비 단계부터 시작할 것이다. 회귀분석에서의 기울기, 절편 그리고 평균을 복습하고, SEM에서 평균과 절편을 통합하는 방법에 대해서 살펴볼 것이다. 예시를 통해 SEM에서 측정된 평균과 절편을 추정하는 방법도 논의할 것이다. 이는 SEM모형에서 잠재평균과 절편을 추정하기 위한 단계이며, 두 방법은 이러한 목적을 달성하기 위해 제시될 예정이다. 단일집단 SEM에서 하나 이상의 더미변수를 포함하는 것은 이미 설명되었지만, 잠재평균 측면에서 강조되지는 않았었다. 또한 다집단분석의 측면에서, 단일 잠재변수 분석을 통해 주효과와 상호작용을 검정하는 방법도 다룰 것이다.

📈 준비단계

SEM에서 평균과 절편 제시

SEM에서 잠재평균에 대해 언급했었지만, 실제로는 평균과 절편 모두에 관심이 있다[저자는 때때로 이것을 결합하여 '평균구조(mean structures)'라고 언급하기도 한다]. 다중회귀를 언급할 때 절편을 언급했었지만, 이를 복습하고 SEM의 맥락에서 살펴보기로 하자.

[그림 19-1]은 10학년 수학 성적과 10학년 과제(학교 밖에서 과제수행 사용 시간) 간의 회귀분석 결과를 보여 준다. 자료는 'math & hwork means.sav' 파일에 있다. 이는 NELS(National Education Longitudinal Study)의 하위 자료이다. 그림에는 두 변수의 기술통계량과 회귀계수값(절편과 회귀계수)이 나타나 있다. 또한 그림에는 회귀선과 함께 산점도가 제시되었다.

표와 그래프는 회귀계수가 무엇인지를 알려 주기 위해 제시되었다. 즉, **절편(intercept)**(47.74)은 과제 변수에서 0의 값을 가지는 학생의 **종속(dependent)** 변수에서의 예상된 값이다. 과제를 하지 않은 학생의 수학 학업성취도 검사에서의 예상되는 점수는 47.74점인 것이다. 비표준화 회귀계수(1.57)는 회귀선의 기울기이다. 다른 조건이 동일할 때, 과제에 소요하는 시간이 1단위 증가할 때 수학 학업성취도 검사에서의 점수는 1.57점 증가함을 의미한다.

[그림 19-2]는 평균과 절편의 추가적인 설정을 통해 SEM(Amos) 형식에서 동일한 회귀의 비표준화 결과를 나타낸다.[1] 이전 모형에서 비표준화 계수인 경로값(1.57)은 수학 학업성취도와 과제 시간 간 회귀관계의 기울기이다. 과제 사각형 위에 제시된 값은 과제 변수의 평균(2.42)과 분산(2.53)(과제 SD의 제곱, 즉 $1.5922 =$ 과제 분산, 즉 2.53)을 의미한다. 수학 사각형 위에 제시된 값(47.74)은 회귀에서의 절편이다. 잔차(d1)의 옆에 제시된 값은 교란의 평균과 분산이다. 대부분의 경우, (오차항을 포함한) 잠재변수의 평균이 0이라고 가정한다. 보다 명확히 하면, 평균은 외생변수로 추정되지만, 절편은 내생변수로 추정된다. [그림 19-3]은 이러한 구성요소들을 이후 SEM 그림에서도 활용할 것이다.

---

[1] Amos에서는 'View-Analysis Properties' 메뉴의 Estimation 탭 'Estimate means and intercepts'를 클릭하면 이것이 가능하다. 여기에 나타난 그래픽 입출력은 Amos 형식이다. Amos를 통해 동일한 추정값을 얻고 싶다면, View-Analysis Properties-Bias에서 설정 하나를 변경해야 한다. 'covariances supplied as input'과 'covariances to be analyzed'에 'unbiased'를 선택하라. 적은 표본으로는 Amos의 기본 설정이 회귀에서 다양한 결과를 제시할 것이다. 차이에 대한 추론은 Amos 매뉴얼(22판 매뉴얼의 pp.242-243)의 16번 예시를 참조하거나 'unbiased'를 검색하라.

[그림 19-1] 수학 학업성취도가 과제에 미치는 영향에 관한 회귀분석 결과

Descriptive Statistics

	Mean	Std. Deviation	N
Math MATH STANDARDIZED SCORE	51.5465	9.56419	500
Homework TIME SPENT ON HOMEWORK OUT OF SCHOOL	2.42	1.592	500

Coefficients[a]

		Unstandardized Coefficients		Standardized Coefficients			95.0% Confidence Interval for B	
Model		B	Std. Error	Beta	t	Sig.	Lower Bound	Upper Bound
1	Constant (Intercept)	47.743	.754		63.359	.000	46.262	49.223
	Homework TIME SPENT ON HOMEWORK OUT OF SCHOOL	1.569	.260	.261	6.037	.000	1.058	2.080

a. Dependent Variable: Math MATH STANDARDIZED SCORE

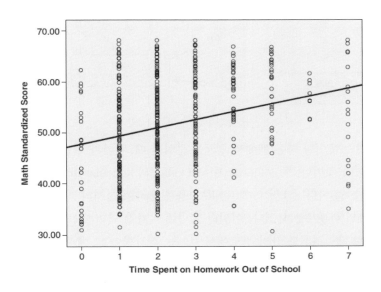

[그림 19-2] SEM (Amos) 형식으로 제시된 회귀분석 결과

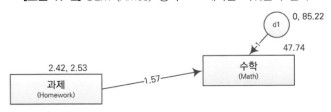

[그림 19-3] 평균과 절편의 분석 결과가 포함된, SEM 결과(비표준화 결과)의 구성요소

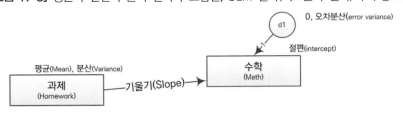

[그림 19-4] 평균과 절편이 추정되었을 때 RAM 형식을 사용하여
제시된 회귀분석 결과와 제시형식

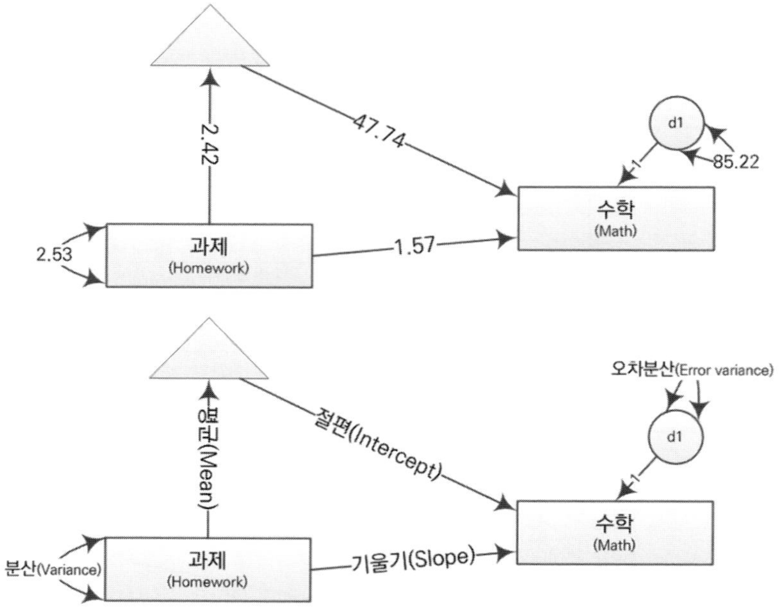

구조방정식을 다루는 관련 논문이나 다른 책에서 평균을 분석할 때, 평균과 절편을 그림으로 제시하는 또 다른 방법을 접할 수 있을 것이다. 즉, McArdle과 McDonald의 Reticular Action Modeling(RAM) 형식(McArdle & Mc Donald, 1984)이다. [그림 19-4]는 RAM을 활용하여 현재의 회귀를 제시(윗부분)하고, 이 형식의 구성요소를 나열(아랫부분)하였다. 이전의 그림에서 가장 의미 있는 점은 삼각형을 포함시켰다는 것이다. 과제와 수학 학업성취도 간의 경로에서 보이는 삼각형이 그 예시이다. 1이 기재된 삼각형의 존재는 평균과 절편이 모형에서 분석되었음을 알려 준다(여러분은 이 그림이 의미하는 바와 같이 과제와 수학 변수의 회귀값을 1로 고정하고 일반적인 통계 프로그램을 활용했을 때 같은 결과를 얻을 수 있다). 삼각형에서 외생변수(과제)로 연결된 경로는 이것의 평균을 의미한다. 삼각형에서 내생변수(수학)로 연결된 경로는 이것의 절편을 의미한다. 과제와 교란을 연결한 곡선의 양방향 화살표(⌒)는 분산을 의미한다(변수가 자기 자신을 가리킬 때는 공분산을 의미한다).

물론 여기에서 사용한 예시는 잠재평균이나 절편보다는 측정 평균과 절편을 포함한다. 그러나 그림으로 표현하는 방법은 쉽게 일반화할 수 있다. 저자는 처음 제시한 시각적 표현양식([그림 19-2], [그림 19-3])을 더 선호한다. 그리고 이 방법을 이후 평균구조를 가진 SEM을 표현하는 데 활용할 것이다. 그러나 평균의 추정을 삼각형으로 표현하는 것이 훨씬 일반적이기 때문에, 아마도 이것이 더 친숙하게 느껴질 것이다.

단일집단 구조방정식모형에서 평균과 절편 추정

[그림 19-5]는 제18장에서 처음 분석될 때의 잠재변수 과제모형이 변형된 버전이다. 이 모형은 소수민족 변수를 제외함으로써 단순화되었다. 사용된 자료 또한 다르다. 자료(homework means.sav)는

NELS의 하위표본이지만, 원래 활용했던 자료와는 달리 8학년부터 12학년의 자료를 포함하고 있다. 또한 외생변수는 모형 단순화를 위해 삭제되었다.

[그림 19-5] 잠재변수 과제모형을 위한 설정

평균과 절편이 포함되어 있다.

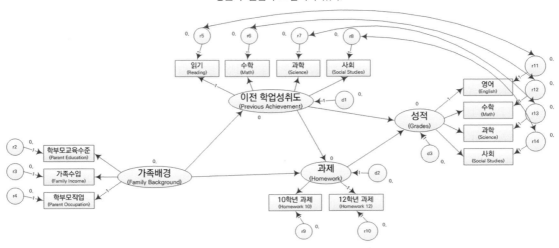

모형에서 변수의 기술통계량은 [그림 19-6]에 제시되었다. 모형의 변수 대부분은 이전에 설명되었다. 두 개의 과제 변수(f1s36a2, f2s25f2)는 10학년과 12학년 학생이 학교 밖에서 과제수행 사용 시간을 기입한 변수이다. 측정된 성적 변수는 학생의 성적표에서 추출한 값이다.

[그림 19-6] 잠재변수 과제모형에서 변수의 기술통계량

Descriptive Statistics

	N	Minimum	Maximum	Mean	Std. Deviation
parocc PARENT OCC STATUS COMPOSITE	991	7.32	81.87	51.5851	21.35184
byfaminc Family Income	958	1.00	15.00	9.8518	2.58663
bypared PARENTS' HIGHEST EDUCATION LEVEL	999	1	6	3.13	1.259
bytxrstd READING STANDARDIZED SCORE	971	23.098	67.499	51.29714	9.996038
bytxmstd MATHEMATICS STANDARDIZED SCORE	970	30.282	71.222	51.54440	9.891007
bytxsstd SCIENCE STANDARDIZED SCORE	969	26.505	75.973	51.20633	10.003315
bytxhstd HISTORY/CIT/GEOG STANDARDIZED SCORE	968	24.183	69.508	51.41394	9.687334
eng92 average grade in english	980	.00	11.25	6.1230	2.64740
math92 average grade in math	981	.00	11.50	5.5223	2.62251
sci92 average grade in science	986	.00	11.50	5.7884	2.63468
soc92 average grade in social studies	989	.00	11.67	6.2334	2.80404
f1s36a2 TIME SPENT ON HOMEWORK OUT OF SCHOOL	954	0	7	2.53	1.683
f2s25f2 TOTAL TIME SPENT ON HMWRK OUT SCHL	904	0	8	3.37	1.965
Valid N (listwise)	798				

[그림 19-5]처럼 설정된 모형은 이전 모형과 매우 유사해 보인다. 이 모형과 이전 모형에서의 가장 큰 차이점은 모든 잠재변수 옆에 0이라는 값이 표시되어 있다는 점이다. 이러한 값들은 외생변수(가족배경 변수, r1, d1, 그리고 다른 변수들)의 잠재평균이며 내생변수(과제, 성적)의 잠재절편이다. (CFA를 다룬 장에서) 잠재변수에 대해서 처음으로 논의하기 시작했을 때, 잠재변수는 원래 척도를 가지고 있지 않기 때문에 하나의 요인부하량을 1로 고정(ULI)하거나 잠재변수의 분산을 1로 고정(UVI)하는 방법 중 하나로 잠재변수의 척도를 부여해야 한다고 언급한 바 있다. 마찬가지로, 잠재변수는 자연적으로 평균을 갖지 않으며 일반적으로 모든 잠재변수의 **평균(means)**을 0으로 설정해야 한다.

이러한 모형 변화는 평균과 절편을 설정함으로써 이루어진다. 이러한 설정은 프로그램에 따라 다르다. 예를 들어, Amos에서는 'analysis properties(분석 속성)'의 'estimation(추정)', 'estimate means and intercepts(평균과 절편 추정)'의 메뉴를 선택해야 한다([그림 19-7]). 이 옵션이 선택되었을 때 Amos는 잠재변수의 평균과 절편을 0으로 설정한다. 반면에, Mplus에서는 평균구조를 추정하는 것이 기본값이다. MODEL=NOMEANSTRUCTURE 옵션을 ANALYSIS 명령에 입력하면 평균과 절편을 추정하지 않을 수 있다.

[그림 19-7] 평균구조를 추정하기 위한 Amos 설정

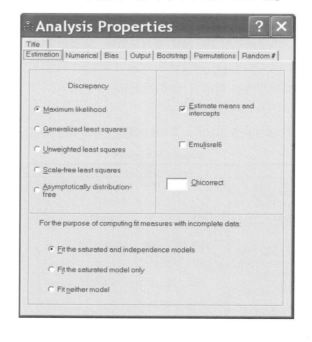

평균과 절편이 추정된 분석에서의 표준화 결과값은 이러한 추정 없이 한 분석의 결과와 같아 보인다 ([그림 19-8]). 실제로 다른 제약이 없을 때, 평균과 절편이 분석되지 않았다면 모형적합도와 자유도는 동일하다. 그림에 제시되었듯이, 모형적합도는 적절한 수준이다. CFI는 .993, RMSEA는 .032로, 일반적인 기준보다 좋은 편이다. 그림에는 제시되지 않았지만 SRMR 또한 좋았다(.023, 이에 대해서는 뒤에 더 언급할 것이다). 이러한 모형적합도를 기반으로 모수를 해석할 수 있다. 학교 밖에서 과제수행 사용 시간

(Homework)은 학교 **성적**에 강한 직접효과(.32)를 가진다. 그리고 **이전 학업성취도**와 **가족배경** 특성은 **과제**에 소요되는 시간에 각각 강력한 그리고 중간 정도의 조절효과를 가지고 있다.

[그림 19-8] 잠재변수 과제모형의 표준화 추정값

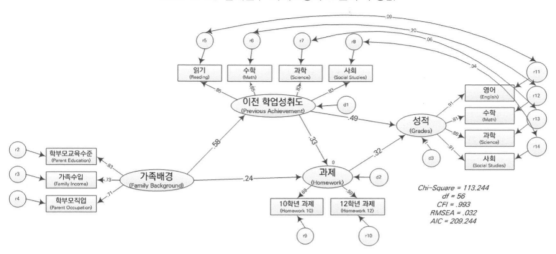

평균과 절편의 추정에서 비표준화 추정값은 이전의 모형보다 훨씬 복잡하다. [그림 19-9]는 새로운 모수의 비표준화 추정값이 제시되어 있다. 측정변수의 잔차와 잠재변수의 교란을 포함한 각 잠재변수는 평균(또는 절편)이 0이다. 이들은 외생변수의 평균이며, 내생변수의 절편이다. 어떠한 차이가 존재하는가? 만약 변수가 다른 변수에 영향을 미치지 않으면 평균이 추정된다. 반대로, 변수가 다른 변수에 영향을 미치면 절편이 추정된다. 다시 말해서 잠재변수가 화살표를 받는다면, 이 변수는 절편을 가진다. 그림에서는 잠재 과제 변수가 이러한 예시이다. 잠재변수를 가리키는 어떠한 화살표도 없는 모든 잠재변수는 평균을 가진다. 이것은 **가족배경**, r9, r10, d2를 포함한다. 다시 한번, **잠재**(latent)변수의 이러한 모든 평균과 절편은 0으로 설정된다.

반면에, 이 값들(평균과 절편)이 측정변수에서 자유롭게 추정, 즉 0으로 고정되지 않는다고 생각해 보자. 두 개의 **과제** 측정변수 위와 오른쪽에 있는 숫자(2.48, 3.28)는 측정된 절편이다. 왜 평균이 아니고 절편인가? 측정변수가 내생변수이기 때문에, **10학년 과제 10**은 부분적으로 **과제** 잠재변수에 의해 야기되는 변수이다.

[그림 19-9] 잠재변수 과제모형에서 평균과 절편의 위치를 보여 주는, 비표준화 모형 결과에서 도출된 세부내용

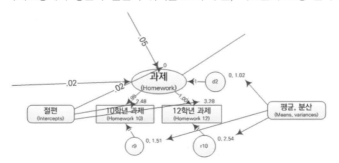

평균과 절편의 구분은 처음에는 혼란스러울 것이다. 그러나 절편이 평균과 연관이 있지만 모형에서 다른 영향 요인은 통제된다고 생각해 보자. 다중회귀에서 절편이 회귀선과 Y축의 교점에 형성된다는 사실을 상기시켜 보면, 절편은 영향요인(원인변수)의 값이 0일 때 결과변수의 예측된 점수라 할 수 있다. 따라서 잠재 **과제** 변수의 값이 0일 때, 10학년 과제의 예측된 평균점수는 2.48이며 의 경우는 3.28이다. 만약 영향변수의 다른 값에서 결과변수의 예측값이 알고 싶다면 회귀식에서 X의 값을 대체하면 된다. $Y' = a + bX$. 잠재 **과제** 변수의 평균이 0이기 때문에, 이러한 값들(2.48, 3.28)은 **10학년 과제**와 **12학년 과제**의 모형—추정된(model—implied) 평균이다. [그림 19-10]은 같은 분석에서의 보다 자세한 결괏값이다. 이는 모든 측정변수의 절편을 이 변수의 모형 예측된 평균과 같게 설정한 모형이다. 이러한 측정변수에 영향을 미치는 요인은 잠재변수뿐이며, 이러한 잠재변수의 평균은 0으로 제약되었기 때문이다. 잠재변수의 평균이 0이라는 것이 이 함수에서의 기본 가정이다.

다집단의 평균을 추정할 때, 측정된 절편과 모형 예측된 평균 간의 동일성은 성립하지 않을 수 있다. 다집단분석에서 몇몇 집단의 경우에는 실제로 잠재변수의 평균과 절편을 추정하게 되기 때문이다(기술적으로 평균과 절편 그 자체가 아니라, 한 집단과 다른 집단의 차이 값을 추정하기 때문이다). **잠재**(latent) 평균과 절편에서의 다집단 간 **차이**(difference)를 분석하는 것은 SEM에서 평균과 절편의 추정을 추가하는 주요한 이유이기도 하다.

SPSS로 계산된 예측된 평균은 실제 평균값과 거의 유사하다([그림 19-6]). 자료에 결측값이 존재할 때 SPSS와 Amos(그리고 다른 SEM 프로그램)가 평균을 다르게 계산하는 것을 제외하고, 이 값은 아마도 동일할 것이다. 대부분의 SEM 프로그램은 최대우도를 활용하지만, SPSS는 완전제거(listwise deletion)나 각각의 평균을 분리하여 따로 계산한다. 그 이상인 값은 이후에 논의하도록 하자.

[그림 19-10] 절편(Intercepts) 대 추정된 평균(Implied Means), 과제모형

Intercepts:

Variable	Estimate	S.E.	C.R.	P
parocc	51.388	.679	75.639	***
byfaminc	9.841	.083	118.357	***
bypared	3.128	.040	78.528	***
bytxrstd	51.257	.320	160.308	***
bytxmstd	51.493	.316	162.994	***
bytxsstd	51.179	.320	160.071	***
bytxhstd	51.373	.310	165.851	***
eng92	6.074	.085	71.860	***
math92	5.482	.084	65.648	***
sci92	5.770	.084	68.619	***
soc92	6.207	.089	69.581	***
f2s25f2	3.280	.065	50.293	***
f1s36a2	2.481	.055	45.432	***

Implied Means

f1s36a2	f2s25f2	soc92	sci92	math92	eng92	bytxhstd	bytxsstd	bytxmstd	bytxrstd	bypared	byfaminc	parocc
2.481	3.280	6.207	5.770	5.482	6.074	51.373	51.179	51.493	51.257	3.128	9.841	51.388

만약 평균과 절편의 차이가 아직도 명확하지 않다면, 혼자라고 생각하지 말자. 그리고 대부분의 시간을 이러한 구분이 그렇게 중요하지 않다고도 생각하자. 아마 이러한 이유에서 많은 저자가 단순이 모형에서 평균과 절편을 포함하는 이러한 과정을 '평균구조(mean structures)'분석이라고 명명할 것이다. 저자 또한 그렇게 할 것이다.

관련 요점

평균구조가 추정되는지 여부와 관계없이 모형적합도는 같다고 언급했었다. 실제로 모든 모수값, 즉 비표준화 및 표준화 경로, 요인부하량은 평균구조가 추정되는지 여부와 관계없이 항상 동일하다. 모형 적합도와 모수값이 같다면, SEM에서 평균구조의 추정이 어려운 이유는 무엇인가? 이러한 난감한 상황들을 추가적인 비용없이 이를 시행하는 이유는 무엇인가?

다음 단계

평균구조를 추정하는 몇 가지 타당한 이유가 존재한다. 우선, 이러한 논의는 다집단 SEM과 CFA에서 평균과 절편을 추정하는 데 필요한 사전단계이다. 평균구조에 대한 분석은 다집단분석에서 매우 흥미로운 정보이다. 다집단에서 첫 번째를 제외하고 모든 집단에서의 잠재평균과 절편 간 차이를 추정하는 것은 가능하다. 잠재변수에 대해 생각하고 구인수준(construct level), 즉 측정된 과제 변수가 아닌 실제 과제 변수, 간단한 자기보고식으로 측정된 행복 변수가 아닌 실제 행복 변수일수록, 잠재평균을 가지고 집단 간 **실제 평균 차이**(true mean differences)에 가까이 갈 수 있다. SEM에서 잠재평균과 절편에서의 차이를 추정하는 것은 이 장에서 가장 중요한 주제이다. CFA에서 이러한 차이를 추정하는 것은 다음 장에서 다룰 예정이다.

결측값

Amos를 활용할 때, SEM에서 평균과 절편을 추정하는 두 번째 이유는 Amos가 결측값이 존재하는 원자료 분석에서 이를 **필요로 하기**(require) 때문이다. Amos를 활용한 분석에서는 행렬자료 또는 원자료를 분석할 때 결측값이 없는 자료이어야 한다는 사실을 다시 생각해 보자. 예시 자료는 모형의 각 측정 변수에서 결측값을 포함한다([그림 19-6]에서 *N*으로 표기). 만약 'Estimate means and intercepts(평균과 절편 추정값)' 옵션을 누르지 않고 과제모형을 추정한다면, Amos는 분석을 실행되지 않고 에러 메시지를 표시할 것이다. "결측값이 있는 자료를 분석하기 위해서는 평균과 절편을 추정해야 합니다." 이제 분석을 어떻게 해야 하는지에 대해 알게 되었다.

불행히도, 결측된 관찰이 있을 때 Amos는 필요로 하는 모든 결과를 제시해 주지 않는다. 특히 결측자료가 있을 때, 분석 결과는 표준화 잔차나 수정지수를 제시해 주지 않는다. 이러한 정보는 모형수정을 할 때 유용하다. 부스트래핑(bootstrapping) 또한 불가능하다. 그리고 Amos는 SRMR도 계산해 주지 않는다. 분석의 준비단계에서 행렬 자료를 분석하는 방법은 원자료 분석을 통해 모든 분석의 단계를 이중 검사(double check) 하는 것이다. 또 다른 방법은 이러한 제약이 없는 프로그램을 사용하는 것이다. 비록 Mplus는 자료가 결측되었을 때 평균구조의 추정을 필요로 하지만, SRMR과 부스트래핑(bootstrapping)을 실행해 준다. 실제로 이 장의 앞부분의 잠재 변수 과제모형에 제시된 SRMR(.023)은 Mplus를 활용하여 산출한 값이다.

결측자료(missing data)가 존재할 때, SEM 프로그램에서 원자료를 이용하는 이유는 무엇인가? SPSS의 완전제거(listwise deletion)나 목록제거(pairwise deletion)처럼 SEM 프로그램에서 결측자료 대체행렬을 생성하지 않고 분석을 하는 이유는 무엇인가? 완전제거와 같은 방식으로 결측자료를 모두 제거하는 방법은 어떠한가? Amos와 다른 SEM 프로그램이 결측자료를 다룰 때 활용하는 보다 복잡한 방법을 완전정보최대우도(Full Information Maximum Likelihood: FIML) 추정방법이라 한다. 결측자료는 대부분의 연구에서 발생한다. 결측자료를 다루는 전통적인 방법은 평균, 공분산, 분산의 추정을 왜곡시킬 수 있다 (Wothke, 2000). 최대우도추정법을 포함하는 최근의 방법은 일반적으로 모형의 모수를 정확하게 추정하고 방법론자에게 추천받는다(Enders, 2010; Enders & Bandalos, 2001; Graham, 2009; Muthén, Kaplan, & Hollis, 1987; Schafer & Graham, 2002). 결측값과 관련된 쟁점은 제22장에서 다룰 예정이다.

자유도 계산

모수들이 추가적으로 추정되기 때문에 평균을 추정할 때 자유도 계산이 약간 다르다. 현재 예시([그림 19-5])에서, 13개의 측정변수가 있다. 따라서 분산-공분산행렬에서 91개($=\frac{p \times (p+11)}{2}$ 또는 $=\frac{13 \times (13+11)}{2}$)의 측정 문항에 13개의 측정변수 평균을 더하여, 자유도는 총 104이다. 평균구조를 추정할 때 대안적으로 사용하는 공식을 보면, $\frac{p \times (p+3)}{2} = \frac{13 \times (13+3)}{2} = 104$개의 정보, 여기서는 '적률(moment)' 행렬이라 지칭하는, 조각이 존재한다.

모형에서 몇 개의 모수가 자유롭게 추정되어야 하는가?

1. 4개의 경로
2. 10개의 요인부하량
3. 4개의 오차 공분산
4. 13개의 오차분산, 3개의 잔차분산 그리고 외생 잠재변수의 분산 1개
5. 13개의 측정변수 절편

총 48개의 자유 추정 모수가 존재한다. df는 적률(평균, 분산, 공분산)의 개수에서 추정된 모수의 개수를 뺀 값, 즉 104-48=56이다. [그림 19-8]에 제시된 바와 같이 모형의 df는 실제로 56이다.

📈 개요: 잠재평균에서 두 가지의 차이 검정 방법

지금까지 소개한 방법은 잠재평균과 절편을 추정하기 위해 기초공사를 하는 준비단계이다. 이번 주제를 시작하기 전에 어떤 내용을 다룰지에 대해 개요를 살펴볼 필요가 있다. [그림 19-11]은 제18장의 잠재변수 과제모형의 변형이다. 이 모형은 여학생은 1, 남학생은 0으로 코딩된 외생 더미변수 **여학생**을 포함하고 있다. 모형에서, **여학생**[2]에서 **과제**로의 굵은 선에 주목하라. 이것은 무엇을 나타내는가? 만약 이 경로가 통계적으로 유의하고 양의 값을 갖는다면, (**가족배경**과 **이전 학업성취도**에 대해 설명함과 동시에)

---

2) [역자 주] 원서에서는 **성별**(Sex)로 되어 있으나, [그림 19-11]을 보면 **여학생**(Female)이다. 따라서 역자는 이것 및 이와 관련된 부분을 함께 수정하여 제시한다.

[그림 19-11] SEM에서 평균과 절편 차이를 검정하는 한 가지 방법

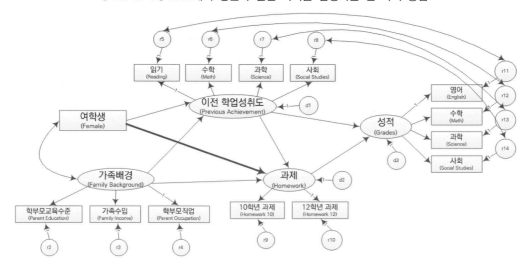

평균적으로 여학생이 남학생보다 더 많은 과제를 하고 있음을 시사한다. 이러한 결과는 여학생이 남학생보다 **과제**에서 더 높은 평균을 가지고 있음을 시사한다(엄밀히 말하면 여학생이 남학생보다 더 높은 절편을 가지고 있음을 시사한다. 제7장에서 살펴본 바와 같이 두 회귀선이 평행하다고 상상해 보자. 하나는 여학생의 회귀선, 다른 하나는 남학생의 회귀선이다. 이때 여학생의 회귀선이 남학생의 회귀선보다 높게 존재한다). 즉, 이 결과는 **여학생**이 과제에 미치는 **주효과**(main effect)라 할 수 있다. 이러한 방법이 SEM모형에서 잠재평균과 절편을 추정하는 하나의 방법이다. 반대로, 만약 경로가 통계적으로 유의하고 음의 값을 갖는다면, 그것은 다른 것이 동일하다고 할 때 남학생이 여학생에 비해 더 많은 과제를 하고 있음을 시사한다.

[그림 19-12] 성별로 과제가 성적에 미치는 상이한 영향을 검정하기 위한 다집단분석

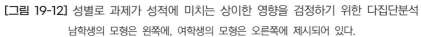
남학생의 모형은 왼쪽에, 여학생의 모형은 오른쪽에 제시되어 있다.

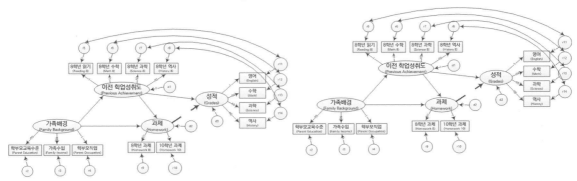

제18장에서 살펴본 바와 같이, 다표본(multi-sample) 또는 다집단(multigroup: MG)모형을 활용하여, SEM에서 범주형 변수와 연속형 변수 간의 상호작용을 검정하는 것이 가능하다. 현재 예시를 보면, 모형에서 **여학생** 변수를 제거하고 하나의 모형은 남학생에 대해, 다른 하나의 모형은 여학생에 대해 별도로

분석할 수 있다([그림 19-12]). MG모형으로 분석한 결과, 남학생 대 여학생의 과제에서 성적으로의 (비표준화) 경로의 크기에서 차이는 과제가 성적에 미치는 영향은 성별에 따라 다른 영향을 미침을 시사한다. 예를 들어, 남학생보다 여학생 집단에서 이 경로값이 더 크다면 과제가 성적에 미치는 영향은 여학생 집단에서 더 크며, 과제에 소요되는 시간이 늘어날수록 성적에 미치는 영향이 남학생 집단보다 여학생 집단에서 더 크게 나타났다. 차이에서의 통계적 유의도는 남학생 집단에서의 경로와 여학생 집단에서의 경로를 동일하게 제약하고 모형적합도를 검정함으로써 알 수 있다([그림 19-12]에 제시되어 있다). 다시 한번, 이러한 다집단 접근방법은 성별과 과제가 성적에 미치는 영향에 대해 상호작용하는지 여부를 검정한다. 제7장과 제18장에서 설명한 상호작용을 설명하는 방법을 사용하기 위해서는, 만약 누군가가 과제가 성적에 미치는 영향에 대해서 묻는다면 다음과 같이 대답할 필요가 있다. "이것은 당신이 남학생인지 여학생인지 여부에 따라 다르다." 대안적으로, 이러한 결과는 성별이 과제가 성적에 미치는 영향을 조절함을 의미한다고 말할 수 있다.

[그림 19-13] 평균과 절편이 포함되어 있는 다집단모형

이 모형은 동일한 분석에서 평균과 절편의 차이와 차이를 나타내는 효과(상호작용)를 추정한다.

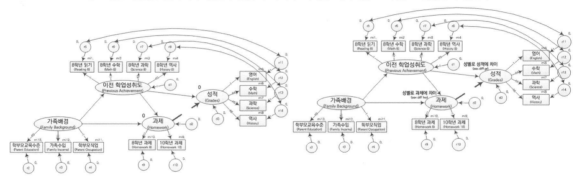

SEM에서 평균구조를 검정하는 두 번째 방법은 다집단방법을 이용하기는 하지만, 단일분석으로 주효과와 상호작용 효과를 분석하는 것이다([그림 19-13]). 이러한 방법은 '다집단 평균 및 공분산 구조(multi-group mean and covariance structure)' 또는 'MG-MACS' 방법이라고 일컬어진다. 이전의 다집단 분석방법에서, 남학생 집단과 여학생 집단에 각각 모형이 설정되었다. 상호작용 효과를 검정하기 위해 과제에서 성적으로의 경로는 집단 간 제약이 되기도 하고 자유롭게 추정되기도 하였다. 그러나 평균과 절편은 다집단모형에서 추정되었다. 성별이 과제에 미치는 주효과의 통계적 유의도는 남학생 집단과 여학생 집단에서 과제의 절편을 0으로 동일하게 제약한 모형과 과제의 절편을 하나의 집단(이 경우, 여학생 집단)에서만 자유롭게 추정되도록 만든 모형을 비교함으로써 검정되었다. 다른 특정한 제약을 가진 채로, 여학생 집단에서 과제의 절편[그림의 오른쪽에 성별로 성적에 차이(sex diff hw)로 표기됨]은 [그림 19-11] 모형의 성별과 과제 간의 경로의 비표준화 추정값과 같았다. 두 경우에서 이러한 값은 남학생 집단과 비교했을 때 여학생 집단의 절편 간 **차이**를 의미한다. 이는 여학생 집단과 비교했을 때 남학생 집단이 과제에 소요하는 시간의 평균 차이의 실제값이다.

📈 예제: 최면과 열감

단일집단 더미변수 방법

Elkins와 동료들은 유방암 생존 여성의 열감(hot flashes)을 조절하기 위한 실험처치로서 최면(hypnosis)을 사용하였다. 폐경기와 열감은 항암화학요법의 흔한 부작용이다(Elkins et al., 2008). 열감 증상이 있는 60명의 여성은 무선으로 최면중재(5주) 또는 무처치 통제집단에 할당되었다. 열감 빈도와 강도를 포함한 다양한 산출물(outcomes)은 사전−사후검사 통제집단 실험설계를 통해 사정되었다. 결과는 MANCOVA(Multivariate Analysis of Covariance)로 분석되었다. 최면집단은 통제집단에 비해 열감 빈도와 강도에서 크고 통계적으로 유의한 감소 효과를 보였다.

여기에서는 SEM을 활용하여 Elkins의 데이터의 시뮬레이션 버전을 분석하고, 평균과 절편을 분석하기 위해 두 가지 방법을 활용하였다. 시뮬레이션된 원자료('hot flash imulated.sav')는 더 큰 표본을 가지고 있다. 통제집단과 최면치료집단 각각에 48명의 여성이 포함되어 있다.

초기모형은 [그림 19−14]에 제시되어 있다. 다섯 개의 측정변수가 모형에 포함되어 있다. 그 중 4개의 측정변수는 열감과 관련이 있다. 열감 점수(매일 측정한 열감의 빈도와 강도의 비율 조합)의 사전측정값 및 사후측정값(HF1, HF2), 간섭 점수(열감이 일상에 지장을 주는 정도)의 사전측정값 및 사후측정값(Int1, Int2). **최면** 변수는 통제집단에서 여성은 0으로, 실험(최면)집단에서 여성은 1로 코딩된 더미변수이다(이 변수는 원자료에서는 'Group'으로 명명되어 있다). 사전검사 열감 척도는 잠재 **열감 사전검사** 점수의 지표로 사용되었고, 사후검사 척도는 잠재 **열감 사후검사** 점수의 지표로 사용되었다. 두 개의 측정값 및 잠재변수에서 높은 점수일수록 더 나쁜 결과, 즉 열감이 좀 더 자주 더 심각하게 발생하며 열감이 일상에 지장을 주는 정도가 더 크다는 것을 나타낸다. 모형은 측정(잔차)에서의 오차 간 상관을 허용하였는데, 이는 두 가지 경우에서 같은 시점에 측정이 이루어졌기 때문이다. **최면 변수와 열감 사전검사** 점수 간에 어떠한 상관(공분산)도 없다는 것에 주목하라. 집단에 대한 할당이 무선이었기 때문에, 집단구성원 자격(**최면집단 대 통제**)은 열감의 초기 강도와 무관해야 한다. 이러한 가정은 분석을 통해 검정될 수 있다.

[그림 19-14] 최면이 열감의 심각도와 간섭에 미치는 영향을 검정하기 위하여 설계된 더미변수모형

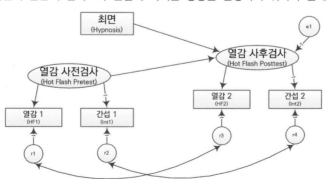

이 모형은 이전 장에서 분석한 모형과 유사하다. 이 모형에서는 평균과 절편에 대한 추정이 명확하게 이루어지지는 않는다. 대신에, 잠재 열감 사후검사 변수의 절편이 더미 **최면** 변수에서 **열감 사전검사**로의

경로로 제시되어 있다. 우리가 평균과 절편의 추정을 추가하여 시행할 수는 있지만 이 예시에서는 하지 않았다. 더 나아가 저자는 이전 장에서 실시한 것과 유사한 이 분석방법과 MG–MACS 방법 간의 공통점과 차이점을 제시하고자 하였다. 자료의 기술통계량은 [그림 19–15]에 집단별(Group)로 제시되어 있다.

[그림 19-15] 열감 자료의 기술통계량

Report

Group		HF1	int1	HF2	int2
0 Control	Mean	17.0769	46.3125	15.5078	42.2500
	Std. Deviation	10.82255	21.39413	11.20556	21.84228
	Minimum	1.50	2.00	.64	10.00
	Maximum	38.01	82.00	39.07	93.00
	N	48	48	48	48
1 Hypnosis Intervention	Mean	14.3963	39.0000	5.0361	10.8750
	Std. Deviation	11.34721	18.37320	5.08552	10.73595
	Minimum	1.56	9.00	.00	.00
	Maximum	46.35	69.00	22.31	34.00
	N	48	48	48	48
Total	Mean	15.7366	42.6562	10.2719	26.5625
	Std. Deviation	11.11146	20.17337	10.13013	23.27538
	Minimum	1.50	2.00	.00	.00
	Maximum	46.35	82.00	39.07	93.00
	N	96	96	96	96

비표준화 추정값은 [그림 19–16]에 제시되어 있다. 모형은 적절한 수준의 적합도를 보였다. CFI는 좋은 편(>.95)이었고, χ^2은 통계적으로 유의하지 않았다. RMSEA는 .08로 그렇게 나쁜 수준은 아니었다. RMSEA는 작은 표본(Hu & Bentler, 1998), 자유도가 작은 모형(Kenny, Kaniskan, & McCoach, 2011)에서는 이러한 형식으로 활용되곤 한다. 실제 행렬과 예측된 행렬 간의 상관의 평균적인 차이는 .071이다. 다시 한번, 이러한 적합도지수는 자료에 대해 적절한 모형적합도임을 시사한다.

[그림 19-16] 열감모형의 비표준화 결과

통제집단에 속한 여학생과 비교했을 때 열감집단에 속한 여학생이 평균적으로
열감 잠재변수에서 28점 더 낮은 점수를 받았다.

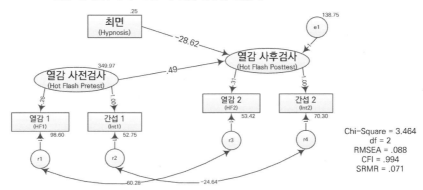

　　모형을 통한 추정 결과 중 가장 흥미로운 점은 **최면**에서 **열감 사전검사** 잠재변수로의 경로(−28.62)이다. **최면** 더미변수가 0은 통제집단을, 1은 최면 실험집단을 의미하도록 코딩되었기 때문에, 이 계수 (−28.62)는 사전점수를 통제했을 때, 열감 사후검사 잠재변수에서 통제집단에 비해 실험집단이 28점 더 낮음을 나타낸다. 이것은 무엇을 의미하는가? 이러한 결과를 이해하는 방법은 여러 가지가 존재한다. 잠재변수는 측정변수 **간섭 2**와 같은 척도를 갖는다. 잠재변수와 **간섭 2** 간의 경로가 1로 고정되었기 때문이다. 즉, **간섭 2** 변수는 잠재 사후검사 변수의 척도를 부여하는 데 활용되었다. 측정변수 **간섭 2**는 ([그림 19−15]의 전체 표본에서) 전반적인 SD가 23이다. 이는 최면치료가 (잠재) 열감 변수에서 큰 감소를 초래하였다고 볼 수 있다. 실험집단의 SD가 통제집단의 SD보다 컸다. 다음 결과([그림 19−17])에 제시되었듯이, 이 값은 통계적으로도 유의하였다. [그림 19−17]의 표준화 추정값은 최면효과의 중요성을 보여 준다. **최면**(집단)과 **열감 사후검사** 변수 간의 경로는 −.693이다. **최면**집단에서의 SD 변화를 보면, $1SD$ 변화할 때마다 **열감**은 .693만큼 감소하였다. 전체 여성의 절반이 각각의 집단(통제와 최면)에 속하기 때문에, **최면** 측정변수의 SD는 .5이다. 그러므로 통제집단에 비해 **최면**집단은 **열감** 측정변수의 값이 $1.386SD(=2 \times .693)$만큼 낮다. [그림 19−16]과 [그림 19−17]의 나머지 결과에 대해서는 더 이상 논의하지 않겠지만, 나머지 계수에 대해서 명확하게 이해하고 해석할 수 있는지를 점검해야 한다.

[그림 19-17] 열감변수모형의 표준화 및 비표준화 모수 추정값

Regression Weights

			Estimate	S.E.	C.R.	P	Label
HFPost	<---	Group	-28.615	3.165	-9.040	***	
HFPost	<---	HFPre	.487	.196	2.487	.013	
Int1	<---	HFPre	1.000				
HF1	<---	HFPre	.260	.112	2.310	.021	
Int2	<---	HFPost	1.000				
HF2	<---	HFPost	.310	.037	8.436	***	

Standardized Regression Weights

			Estimate
HFPost	<---	Group	-.693
HFPost	<---	HFPre	.441
Int1	<---	HFPre	.932
HF1	<---	HFPre	.439
Int2	<---	HFPost	.927
HF2	<---	HFPost	.659

Covariances

			Estimate	S.E.	C.R.	P	Label
r1	<-->	r3	60.277	10.877	5.542	***	
r2	<-->	r4	-24.643	55.335	-.445	.656	

Correlations

			Estimate
r1	<-->	r3	.831
r2	<-->	r4	-.405

앞에서 언급한 바와 같이, 실험집단을 무선으로 할당하는 방법을 사용하는 것이 가능하다. 초기모형에서 **최면집단**과 **사전검사** 점수 간의 상관관계는 존재하지 않는다. 〈표 19-1〉에 제시된 것처럼, **최면집단** 더미변수와 **열감 사전검사** 간의 공분산을 설정하는 것은 χ^2의 감소와 RMSEA 및 SRMR의 향상을 야기한다. 그러나 χ^2의 감소는 통계적으로 유의하지 않았다. 결과적으로, 무선할당은 성공적이고 두 집단은 잠재 사전검사에서 통계적으로 동일했다고 결론지을 수 있다. 반면에 **최면집단**에서 **열감 사후검사**로의 영향을 0으로 제약하는 것은 통계적으로 유의한 χ^2의 상승을 야기하였다. 이는 최면처치가 통계적으로 유의한 효과를 가지고 있음을 보여 준다.[3]

〈표 19-1〉 대안적이 MIMIC 열감모형의 적합도

모형	χ^2	df	$\Delta\chi^2$	Δdf	p	RMSEA	SRMR	CFI
초기(Initial)	3.464	2				.088	.071	.994
사전검사 자유추정(Pretests Vary)	.087	1	3.377	1	.066	.000	.007	1.000
효과 없음(No Effect)	16.079	2	15.992	1	< .001	.272	.113	.939

주: 이전 모형과 비교된 각 모형

Elkins 등(2008)의 연구는 MANCOVA를 활용하여 열감 자료를 분석하였다. MANOVA에 익숙한 독자는 아마도 현재의 분석이 MANOVA와 MANCOVA에 어떻게 상응하는지에 대해 궁금할 것이다. 제1장에서 언급한 것처럼, MANOVA(그리고 MANCOVA)는 SEM의 하위집단이다. MANOVA는 본질적으로 다수의 종속변수를 단일 잠재 종속변수로 통합한다. SEM의 장점은 공변인(사전검사) 또한 하나 이상의 잠재변수로 모형에 포함시킬 수 있으며, 결과적으로 낮은 신뢰도와 낮은 타당도의 영향을 최소화할 수 있다. MANCOVA에서는 측정된 각각의 사전검사가 개별적으로 고려되며, 측정값은 완벽한 신뢰도를 갖는다고 가정한다(Arbuckle, 2017, example 9와 13 비교). 신뢰도가 낮은 외생변수는 경로분석, 회귀 그리고 일반선형모형(general linear model)에 기초한 다른 분석에서 특히 위험하다는 오차에 관한 장(제15장)을 회상해 보라. ANCOVA와 MANCOVA에서의 공변인은 외생변수이며, 공변인의 낮은 신뢰도는 효과의 추정값에 영향을 줄 수 있다. SEM과 MANCOVA 간의 일치에 대해 더 많은 정보를 얻으려면, Cole, Maxwell, Arvey와 Salas(1993)이나 Green과 Thompson(2006)을 참고하라.

MG-MACS 접근방법

[그림 19-18]은 평균과 절편을 명시적으로 추정하는 다집단 접근방법인 MG-MAC 접근방법을 통해 열감 자료를 분석하기 위한 모형 설정을 보여 준다. 위쪽에 제시된 모형은 통제집단의 모형이며, 아래쪽에 제시된 모형은 실험(최면)집단의 모형이다. 다른 다집단모형에서처럼 범주형 집단변수는 모형에서 제거되지만 두 모형을 구분짓는 데 활용된다. 즉, 위쪽에 제시된 모형은 통제집단 자료를 분석할 때만

---

3) 세 번째 모형에서는 최면에서 사후검사의 경로를 0으로 제약함과 동시에 최면과 사전검사 간에 공분산은 허용하였다(두 번째 모형처럼). '사전검사 자유추정(Pretesets Vary)' 모형을 기각했기 때문에, 세 번째 모형의 공분산을 0으로 제약하고 초기모형과 비교하는 것이 타당하다. 그러나 식별의 문제로 인해 모형이 분석되지는 않을 것이다.

사용되며 아래쪽에 제시된 모형은 실험집단 자료를 분석할 때만 사용된다[Amos에서 단일 원자료만 가지고 두 집단을 분석하기 위해, 어떤 변수가 집단구분변수인지(여기에서는 집단변수)와 각 집단을 의미하는 값이 무엇인지를 프로그램에 입력할 필요가 있다. 이는 데이터를 설정하는 창에서 실행할 수 있다].

다집단모형에 대한 우리의 이전 논의에서처럼, 잠재 **열감 사전검사**에서 열감 1로의 경로는 [요인부하량(factor loading: f1)을 1로 만드는 것처럼] 두 집단 모두 f1로 설정한다. 이는 요인부하량이 추정되기는 하지만 집단 간에 동일하게 제약된다는 것을 의미한다. 유사하게, **열감 사후검사**에서 열감 2로의 경로는 두 집단 모두 f2로 제약한다. 이러한 제약은 잠재변수가 집단 간 동일한 기저구인을 가지고 있음을 반영하는 것이다[이 주제, 즉 동일성(invariance)에 대해서는 다음 장에서 좀 더 살펴볼 것이다].

[그림 19-18] MG-MACS모형을 통한 열감 실험 분석

집단 간의 모형 제약에 주목하라.

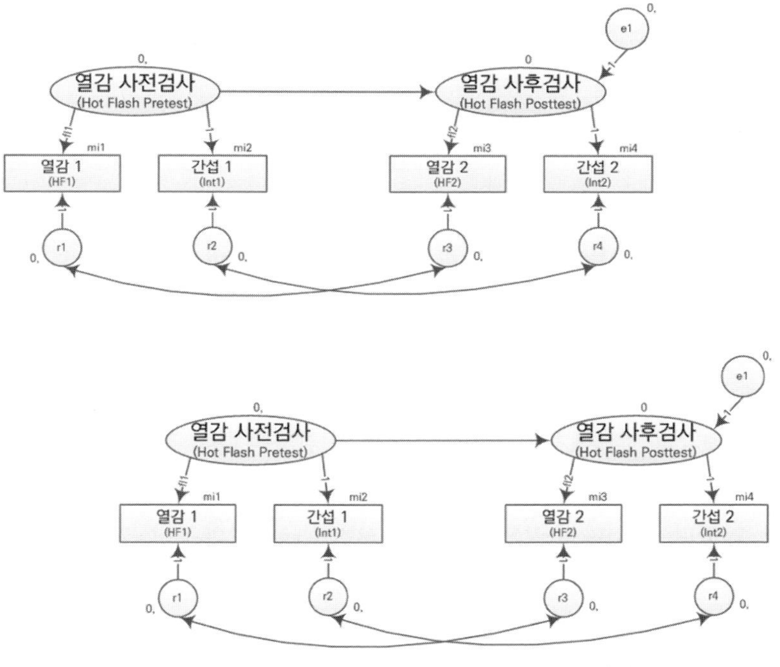

MG-MACS 모형에서의 제약에 대해 한 단계 더 나아가 보자. [측정된 절편인(measured intercepts: mi)] mi1부터 mi4의 값들은 두 집단 간 측정변수 각각의 절편이 동일하도록 제약되었다. 집단 간 요인부하량을 동일하게 제약하는 것은 동일한 측정단위의 척도를 부여하는 것이다. 측정변수의 절편을 동일하게 하는 것은 이러한 척도에 동일한 시작점, 또는 0을 부여하는 것이다. 측정변수 절편의 동일성은 동일성의 또 다른 측면이다. SEM모형에서 평균구조의 추정값을 추가하는 것처럼 우리가 고려해야 할 사항 중 하나이다.

이전의 평균모형 그림에서처럼 잠재평균의 대부분(열감 사전검사, r1, e1 등)과 내생변수(열감 사후검사)의 잠재 절편은 0으로 설정되었다. 앞에서 언급한 바와 같이, 일반적으로 모든 잠재변수의 평균을 0으로 설정[Amos에서는 'estimate means and intercepts(평균과 절편 추정값)'를 선택함으로써 자동으로 설정된다.]

한다. **최면집단**에서 **열감 사후검사**의 잠재 절편은 예외이다. 이 집단의 경우, 그 값은 제약되지 않으며 자유롭게 추정된다. 이러한 차이(잠재 절편을 한 집단에 대해서는 0으로 제약하고 다른 집단에 대해서는 어떠한 제약도 하지 않는)의 결과는 두 번째 집단에 대한 값은 통제집단 대 실험집단에 대한 잠재 절편에서의 **차이**(difference)라는 것이다. 따라서 이것은 최면처치의 주효과에 관한 검정이다.

여기에 절편과 평균을 제약함으로써 무엇을 하고 있는지에 대해 생각하는 한 가지 방법이 있다. [그림 19-15]의 자료를 보면, 두 개의 열감 사후검사 측정값, 즉 **열감 2**와 **간섭 2**에서 **최면집단**이 통제집단보다 더 낮은 점수를 받는 것이 분명하다. 측정 절편(mi3, mi4)은 동일하게 제약하고 잠재 절편은 다르게 허용함으로써, **열감 2**와 **열감 2**에서의 이러한 차이는 **열감**의 **실제**(true)(잠재, 기저)수준이 집단 간에 차이가 있기 때문이라고 말할 수 있다. 다시 말해서, 이 표현은 사후검사에서 열감의 실제 평균수준이 통제집단과 실험집단의 여성에 따라 다르며, 실제(즉, 잠재)변수에서의 이러한 차이는 측정변수를 다르게 만드는 원인임을 말해 준다. 측정변수 평균에서의 차이는 잠재평균에서의 차이로 완전히 설명된다. 이에 관한 또 다른 기계적인 사고방식은 측정절편을 동일하게 제약함으로써 어떤 차이를 잠재변수 수준에서 보이도록 강요하였다는 것이다.

다음은 언급할 만한 가치가 있는 몇 가지 다른 요점이다.

1. 이미 언급한 바와 같이, 이 방법은 단일집단의 잠재평균과 절편을 추정하는 데 활용할 수 없다(최소한 약간의 다른 제약없이는 불가능하다). 물론, 이미 살펴본 바와 같이 프로그램에서 단일집단에 대한 평균과 절편을 추정하도록 할 수 있지만, **잠재**(latent) 평균과 절편은 최소 하나의 집단에서는 반드시 0으로 설정되어야 한다. 따라서 이 방법을 사용하여 잠재평균과 절편을 추정하려면 다집단 접근방법이 반드시 사용되어야 하며, 잠재평균과 절편은 그 집단 중 하나에서 0으로 제약되어야 한다. 그런 다음, 평균과 절편에서의 차이를 결정하기 위하여 다른 집단 또는 집단들에서 이러한 제약을 풀 수 있다. 또한 앞에서 사용했던 더미변수 접근방법을 사용하여 확실히 집단 간 평균과 절편을 추정할 수 있다. 그러나 우리는 곧 MG-MACS 접근방법의 몇 가지 이점을 알게 될 것이다.

2. 실험 연구를 수행할 때, 다른 집단이 통제집단으로부터 벗어나는 정도를 추정하기 위하여 0으로 제약된 집단이 통제집단일 가능성이 높다.

3. 사전검사 평균(**열감 사전검사**)은 두 집단 모두에 대해 0으로 제약된다. 무선할당은 여성들을 각 집단에 배정하기 위해 사용되었고, 집단은 잠재 사전검사에서 서로 동일하다고 가정하였다. 단일집단 더미변수 분석에서처럼, 이 경우에 **최면집단**의 사전검사 점수를 자유롭게 추정한 뒤에 모형적합도의 변화를 검정함으로써 이 가정의 타당도를 검정할 수 있다. 마찬가지로, **최면집단**의 사후검사에서 어떠한 차이도 없다는 가설을 추가적으로 검정하기 위해 **최면집단**의 잠재 절편(**열감 사후검사**)을 0으로 제약할 수 있다.

MG-MACS 모형의 비표준화 결과는 [그림 19-19]에 그림의 형태로 [그림 19-20]에 문자의 형태로 제시되어 있다. [그림 19-19]의 윗부분은 통제집단에 대한 결과이다. 그림에서 볼 수 있는 바와 같이, 열감모형의 초기버전은 모형적합도가 꽤 좋은 편이다. χ^2은 통계적으로 유의하지 않았으며, CFU는 .986이다. RMSEA는 .09로 우리의 기준보다 높았지만, 실제 상관행렬과 예측된 상관행렬 간의 평균적인 차이가 .008 정도였다.

[그림 19-19] 열감 MG-MACS모형 결과

최면집단의 절편 차이(열감 사후잠재변수 위에 제시됨)는 최면집단에 속한 여학생이 통제집단에 속한 여학생보다 평균적으로 28점 더 낮음을 보여 준다.

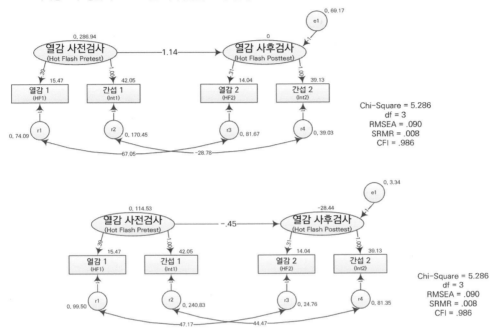

요인부하량이나 사전검사에서 사후검사로의 경로와 같이 분석 결과의 대부분은 이미 친숙하므로 이를 논의하기 위해 시간을 소요하지 않겠다. 그림의 윗부분에 주목해 보자. 잠재 **열감 사전검사** 위의 값은 평균과 분산을 나타낸다. 평균은 0으로 제약되었고, 분산은 286.94였다(통제집단의 경우). 사후검사의 경우, 표시된 값(0)은 절편인데, 그것은 통제집단에 대해 0으로 설정되어 있다. 과제모형에서처럼 측정변수의 위와 오른쪽에 있는 값은 측정변수 각각의 절편이다. 즉, 이 값들은 잠재변수가 0으로 제약되었을 때, 모형에 의해 예측된 측정변수에서의 값이다(절편은 독립변수가 0으로 제약되었을 때 예측된 결과변수값이다. 측정변수의 경우, 독립변수 또는 외생변수는 잠재변수이다). 잠재변수의 평균이 0이기 때문에 측정변수 절편에 대해 제시된 값은 통제집단의 측정변수에 대한 예측평균이다.

[그림 19-19]의 아랫부분은 최면 실험집단의 값들이다. 여기에서 주목해야 할 결과는 **열감 사후검사**의 절편값, 즉 −28.44이다. 이 결과는 **열감 사후검사**에서 통제집단에 비해 **최면집단**이 평균적으로 28점 더 낮음을 의미한다. 이 값은 더미변수 방법에서 산출한 값(−28.62)과 유사하기는 하지만 완전히 동일하지는 않다. 두 집단 간 차이는 더 존재한다. 예를 들어, 실험집단의 기울기는 음의 값(−.45)이지만, 통제집단에서의 값은 양수(1.14)였다.

[그림 19-20]은 **통제집단**과 **최면집단**에서의 추정값을 표의 형태로 제시한 것이다. **통제집단**에 대한 값은 왼쪽에, **최면집단**에 대한 값은 오른쪽에 있다. 절편의 표를 보면, **최면집단**의 절편은 **통제집단**에 비해 실제로는 통계적으로 유의한 차이가 존재하였다. 모형은 두 집단의 열감 점수가 실험의 시작단계에

서는 통계적으로 동일하지만, 최면처치가 5주 동안 진행된 후에는 통계적으로 유의한 더 낮은 빈도의, 덜 강한 정도의, 덜 방해받는 열감의 양상을 실험집단에서 보일 것이라 가정한다.

[그림 19-20] 최면이 열감에 미치는 영향에 관한 상세 결과, MG-MACS모형

Regression Weights: (Control group)

			Estimate	S.E.	C.R.	P	Label
Hot Flash_Post	<---	Hot Flash_Pre	1.139	.277	4.110	***	
Int1	<---	Hot Flash_Pre	1.000				
HF1	<---	Hot Flash_Pre	.388	.116	3.350	***	fl1
Int2	<---	Hot Flash_Post	1.000				
HF2	<---	Hot Flash_Post	.312	.037	8.346	***	fl2

Regression Weights: (Hypnosis group)

			Estimate	S.E.	C.R.	P	Label
Hot Flash_Post	<---	Hot Flash_Pre	-.452	.460	-.982	.326	
Int1	<---	Hot Flash_Pre	1.000				
HF1	<---	Hot Flash_Pre	.388	.116	3.350	***	fl1
Int2	<---	Hot Flash_Post	1.000				
HF2	<---	Hot Flash_Post	.312	.037	8.346	***	fl2

Standardized Regression Weights: (Control group)

			Estimate
Hot Flash_Post	<---	Hot Flash_Pre	.918
Int1	<---	Hot Flash_Pre	.792
HF1	<---	Hot Flash_Pre	.607
Int2	<---	Hot Flash_Post	.959
HF2	<---	Hot Flash_Post	.587

Standardized Regression Weights: (Hypnosis group)

			Estimate
Hot Flash_Post	<---	Hot Flash_Pre	-.936
Int1	<---	Hot Flash_Pre	.568
HF1	<---	Hot Flash_Pre	.384
Int2	<---	Hot Flash_Post	.498
HF2	<---	Hot Flash_Post	.309

Intercepts: (Control group)

	Estimate	S.E.	C.R.	P	Label
Int1	42.049	2.049	20.526	***	mi2
HF1	15.474	1.101	14.057	***	mi1
Int2	39.132	2.719	14.394	***	mi4
HF2	14.044	1.261	11.138	***	mi3

Intercepts: (Hypnosis group)

	Estimate	S.E.	C.R.	P	Label
Hot Flash_Post	-28.440	3.168	-8.976	***	
Int1	42.049	2.049	20.526	***	mi2
HF1	15.474	1.101	14.057	***	mi1
Int2	39.132	2.719	14.394	***	mi4
HF2	14.044	1.261	11.138	***	mi3

Covariances: (Control group)

			Estimate	S.E.	C.R.	P	Label
r1	<-->	r3	67.054	18.192	3.686	***	
r2	<-->	r4	-28.775	99.659	-.289	.773	

Covariances: (Hypnosis group)

			Estimate	S.E.	C.R.	P	Label
r1	<-->	r3	47.166	10.684	4.415	***	
r2	<-->	r4	44.469	37.891	1.174	.241	

Correlations: (Control group)

			Estimate
r1	<-->	r3	.862
r2	<-->	r4	-.353

Correlations: (Hypnosis group)

			Estimate
r1	<-->	r3	.950
r2	<-->	r4	.318

Variances: (Control group)

	Estimate	S.E.	C.R.	P	Label
Hot Flash_Pre	286.937	150.460	1.907	.057	
e1	69.165	50.508	1.369	.171	
r2	170.452	126.116	1.352	.177	
r1	74.086	19.745	3.752	***	
r4	39.028	108.603	.359	.719	
r3	81.670	19.874	4.109	***	

Variances: (Hypnosis group)

	Estimate	S.E.	C.R.	P	Label
Hot Flash_Pre	114.534	70.836	1.617	.106	
e1	3.336	52.506	.064	.949	
r2	240.833	75.359	3.196	.001	
r1	99.498	23.842	4.173	***	
r4	81.354	25.702	3.165	.002	
r3	24.764	5.666	4.370	***	

[그림 19-21]은 두 집단에 추정된 행렬의 값들을 보여 준다. 일전에 저자는 외생변수에서는 평균이 추정되지만 내생변수에서는 절편이 추정됨을 언급한 적이 있다. 여전히 독자 중 측정변수를 포함한 내생변수의 평균을 추정하는 것에 관심을 가지는 독자가 있을지도 모른다. 표에 추정된 평균이 제시되어 있으며, 이는 모형에서 예측된 평균값을 나타낸다. 만약 사용한 프로그램이 RAM 유형의 표기방법을 활용한다면([그림 19-14]), 예측된 평균은 아마도 다양한 결과변수에 일정한 총효과의 일부로서 제시될 것이다. 만약 이러한 추정이 어떻게 이루어졌는지를 이해하고 싶다면, 일반적인 회귀분석에 대해 다시 생각해 보자. $Y' = a + bX$. 종속(내생)변수의 예측값은 절편과, 회귀계수(경로, 기울기, 또는 요인부하량)에 독립(외생)변수의 값을 곱한 값을 더한 결과와 같다. 만약 X의 평균이 이 방정식의 결과로 대체된다면 이는 Y의 예측된 평균값이다. 그러므로 통제집단에서 열감 1의 예측된 평균값은 15.47이다. 이 값은 다음과 같이 도출된다. 잠재 열감 사전검사 평균은 0, 기울기는 .39, 절편이 15.47이면, Y의 예측된 평균값은 다음과 같다.

$$Y' = a + bX$$
$$Y' = 15.47 + .39 \times 0$$
$$Y' = 15.47$$

[그림 19-21] 추정된 행렬과 평균, MG-MACS모형

Implied (for all variables) Covariances (Control group)

	Hot Flash_Pre	Hot Flash_Post	HF2	Int2	HF1	Int1
Hot Flash_Pre	286.937					
Hot Flash_Post	326.818	441.407				
HF2	102.025	137.797	124.686			
Int2	326.818	441.407	137.797	480.435		
HF1	111.352	126.828	106.647	126.828	117.298	
Int1	286.937	326.818	102.025	298.042	111.352	457.389

Implied (for all variables) Covariances (Hypnosis group)

	Hot Flash_Pre	Hot Flash_Post	HF2	Int2	HF1	Int1
Hot Flash_Pre	114.534					
Hot Flash_Post	-51.799	26.762				
HF2	-16.170	8.355	27.372			
Int2	-51.799	26.762	8.355	108.116		
HF1	44.447	-20.102	40.891	-20.102	116.747	
Int1	114.534	-51.799	-16.170	-7.330	44.447	355.367

Implied (for all variables) Correlations (Control group)

	Hot Flash_Pre	Hot Flash_Post	HF2	Int2	HF1	Int1
Hot Flash_Pre	1.000					
Hot Flash_Post	.918	1.000				
HF2	.539	.587	1.000			
Int2	.880	.959	.563	1.000		
HF1	.607	.557	.882	.534	1.000	
Int1	.792	.727	.427	.636	.481	1.000

Implied (for all variables) Correlations (Hypnosis group)

	Hot Flash_Pre	Hot Flash_Post	HF2	Int2	HF1	Int1
Hot Flash_Pre	1.000					
Hot Flash_Post	-.936	1.000				
HF2	-.289	.309	1.000			
Int2	-.465	.498	.154	1.000		
HF1	.384	-.360	.723	-.179	1.000	
Int1	.568	-.531	-.164	-.037	.218	1.000

Implied (for all variables) Means (Control group)

Hot Flash_Pre	Hot Flash_Post	HF2	Int2	HF1	Int1
0	0	14.044	39.132	15.474	42.049

Implied (for all variables) Means (Hypnosis group)

Hot Flash_Pre	Hot Flash_Post	HF2	Int2	HF1	Int1
0	-26.44	5.166	10.692	15.474	42.049

이는 실제값인 17.08과 비교된다. 통제집단과 실험집단에 대한 잠재 사전검사 평균을 서로 다르도록 설정한다면, 실험집단에 대한 사전검사 평균의 값은 0이 아닌 다른 값이 될 수 있다.

〈표 19-2〉는 집단 간 사전검사를 다르게 설정했을 때와 초기모형의 모형적합도가 비교되어 있다. 표를 보면 알 수 있는 바와 같이, 이러한 모형은 초기모형보다 더 적합하다. 그러나 $\Delta\chi^2$에서 차이는 통계적으로 유의하지 않았으며, 우리의 기준(만약 $\Delta\chi^2$이 통계적으로 유의하지 않으면 제약이 더 많은 모형을 선택해야 한다.)에서 볼 때 결과 해석을 위해 초기모형에 집중해야 할 것이다.

〈표 19-2〉 MG-MACS 열감 모형을 초기모형(Initial Model) 및 수정된 초기모형[초기 2(Initial 2)]과 비교

모형	χ^2	df	$\Delta\chi^2$	Δdf	p	RMSEA	SRMR	CFI
1. 초기(Initial)	5.286	3				.090	.008	.986
2. 사전검사다름(Pretests Differ)	1.789	2	3.497[a]	1	.061	.000	.007	1.000
3. 가설검정(Test Assumptions)	84.615	12	79.329[b]	9	<.001	.254	.128	.566
4. 기울기자유추정(Slopes Vary)	44.252	11	40.363[a]	1	<.001	.179	.047	.801
5. 초기 2(Initial 2)	6.927	5	1.641[b]	2	.440	.064	.012	.988
6. 주효과없음(No Main Effect)	67.312	6	60.385[c]	1	<.001	.330	.120	.633
7. 기울기차이없음(No Slope Difference)	22.496	6	15.569[c]	1	<.001	.171	.011	.901

[a] 이전 모형과 비교된 모형 [b] 초기모형과 비교된 모형 [c] 초기 2 모형과 비교된 모형

두 가지 방법 비교

MG-MACS 방법을 쓸 때 무엇을 걱정해야 하는가? 해야 할 일이 많아 보이며, 범주형 변수를 더미변수로 활용했을 때와 이것을 분석에서 활용할 때 같은 정보를 얻을 수 있다. 여러 가지 이유가 존재하겠지만, 가장 주요한 이유는 더미변수 방법이 몇 가지 가정을 필요로 하는데 이러한 가정들이 분석에서 검정이 되지 않는다는 점이다. MANCOVA에서는 이것이 필요하기는 하지만, 완전한 신뢰도를 갖춘 공변인에 대해서는 이러한 가정들을 검정하지 않는다. 더미변수를 활용한 SEM에서 이러한 가정은 (검정될수는 있지만) 필수가 아니다. 유사하게 MG-MACS 방법을 활용할 때 가정을 고려할 수는 있지만 더미변수 방법으로 이를 검정하지는 않는다.

이러한 가정은 무엇인가? 대부분의 가정은 두 집단(통제, 최면) 간에 동일한 제약을 함으로써 이루어진다. [그림 19-14]와 [그림 19-16]에서처럼, 더미변수 접근방법을 사용하면 두 집단이 단일모형에서 분석되었기 때문에 거의 모든 모수가 **통제**와 **최면**집단에 대해 동일하도록 제약되었다. 요인부하량과 측정된 절편은 두 모형에서 같도록 제약되었다(우리는 의식적으로 이들을 MG-MACS 모형에서도 제약한다). 그리고 이러한 동일성의 수준은 잠재평균과 절편을 비교하기 위해 필요하다. 그러나 오차분산(error variance: ev)($r1$, $r2$ 등)과 오차공분산(error covariance: cv) 또한 집단 간 동일하게 제약된다. 이러한 제약은 더미변수 방법에서 분리된 집단은 존재하지 않는다는 사실을 바탕으로 한다. 그러므로 집단 간 다른 추정값을 허용하지 않는다. 마지막으로, **열감 사전검사**에서 **열감 사후검사**로의 경로(잠재 사후검사와 잠재 사전검사에 대한 회귀식의 기울기)는 집단 간에 동일하게 제약되었다. 다중회귀분석에 관한 절에서 ANCOVA에서 동일한 기울기에 대한 요건은 항상 합리적인 것은 아니며, SEM에서 평균 추정에 대한 더미변수 접근방법의 동일한 기울기에 대한 유사한 요건도 합리적이지 않을 수 있음을 보았다.

[그림 19-22] 열감모형의 더미변수 버전과 동일한 결과를 얻기 위하여 필요한 MG-MACS모형의 모형 제약

이것은 가정이 행해졌지만 더미변수모형에서는 검정되지 않았음을 나타낸다.

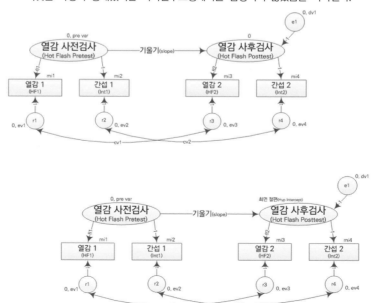

MG-MACS 모형을 사용하여 이러한 제약의 타당도를 검정하는 것이 가능하다. [그림 19-22]는 이러한 모형에서 필요로 하는 제약을 통제집단(윗부분)과 실험집단(아랫부분)으로 나누어 제시하였다. 하나를 제외한 모든 모수, 즉 요인부하량, 절편, 분산, 오차분산(ev), 공분산(cv), 사전검사의 평균, 기울기는 두 집단에서 동일하게 제약되었다는 것에 주목하라. 집단 간 다르게 추정되도록 허용한 하나의 모수는 **열감 사후검사**의 절편이다. 이 모수는 통제집단에서는 0으로 제약되었지만, **최면**집단에서는 최면 절편 (Hyp_intercept)으로 명명되고 자유롭게 추정되었다. 이 모형에서 제약과 자유모수의 조합이 정확히 설정된다면, 절편에서의 차이와 같은 모수 추정값들은 그 모형에서 동일한 제약을 가지고 있기 때문에, 초기 더미변수모형에서의 연구결과와 같아야 한다.

[그림 19-23]은 최면집단에 대한 비표준화 결과를 보여 준다. 우선, **최면**집단에 대한 절편값, 즉 [그림 19-16]에서 집단 더미변수에서 **열감 사후검사**로의 경로값과 동일한 값인 −28.62에 주목하라. 요인부하량, 절편 등 다른 모든 값은 초기 더미변수모형과 동일하다는 것에 주목하라. 이제 예를 들어 RMSEA가 .254(교정하면 .359)이고, CFI가 .566인 이 모형이 자료에 얼마나 빈약하게 적합한지에 주목하라. 이러한 연구결과는 무엇을 의미하는가? MIMIC 모형으로 분석했을 때 모형적합도는 적절한 수준이었다. 그러나 MG-MACS 모형을 가지고 분석했을 때는 좋지 않은 적합도를 보였다. 두 방식에서 발생한 차이는 MG-MACS 모형에서는 더미변수 방법에서는 검정하지 않은 가정을 고려했기 때문이다. 그리고 이러한 가정을 검정했을 때 이 가정은 지지를 받지 못하였다. 다시 말해서, 더미변수 방법에서는 다양한 모수에 대한 동일성 가정이 잠재적으로 충족되는 것으로 하였지만, MG-MACS 방법에서는 이러한 동일성 제약이 충족하지 않는 경우에 대해서 검정하였다. 이 모형과 초기모형은 서로 내포되어 있으므로 두 모형의 적합도를 비교할 수 있다. 이러한 비교결과는 〈표 19-2〉에 제시되었으며, 볼 수 있는 바와 같이 가설검정모형이라고 명명된 이 모형은 초기모형보다 통계적으로 훨씬 더 심하게 적합하지 않다.

[그림 19-23] 열감모형의 더미변수 버전이 토대하고 있는 가정을 검정한 모형 결과

결과는 최면집단의 경우이다.

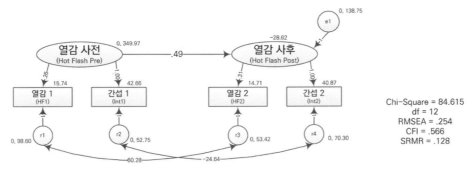

이미 언급한 바와 같이, 기울기가 집단 간 동일하다는 가정은 특히 의심받을 수 있으며 기울기자유추정모형([그림 19-19])에서의 검정은 **통제집단**과 **최면집단**이 서로 다름을 보여 준다. 〈표 19-2〉의 모형 4(Model 4)는 이러한 제약이 제거된 모형이다. 그러므로 '기울기자유추정'모형은 가설검정모형에서의 모든 제약을 유지하지만 기울기는 자유롭게 추정되도록 한 것이다. 표에 제시되었듯이, 기울기 동일성

을 제거하는 것은 가설검정모형보다 더 좋은 모형적합도를 보이며, 이는 통계적으로도 유의하였다. 그럼에도 불구하고, 초기모형에 비해 이 모형의 적합도는 좋지 않았다($\Delta\chi^2 = 38.966[8]$, $p < .001$). 따라서 제약이 더 적은 초기모형을 선택해야 한다. 또한 수정지수를 바탕으로 다른 모형수정을 시도해 볼 수 있다.

주효과와 상호작용 검정

이 장의 앞부분에서 MG-MACS 방법의 장점 중 하나로 단일분석을 통해 주효과와 상호작용 효과를 검정할 수 있다는 것을 언급한 적이 있다. 기울기의 차이를 검정하는 것은 상호작용 효과의 존재 여부를 검정하는 것이다. 사전검사에서 사후검사로의 경로(기울기)를 집단 간 다르게 추정되도록 함으로써(그리고 동일한 기울기를 가진 모형과 비교함으로써), 사전검사가 사후검사에 미치는 영향에서 처치와 상호작용하는지 여부를 검정하였다. 결과적으로 두 변수는 서로 상호작용하며, 잠재 사전검사는 여학생이 통제집단에 속하는지 아니면 실험집단에 속하는지에 따라 잠재 사후검사에 각각 다른 영향을 미친다는 것을 시사하였다.

그러나 비록 기울기자유추정모형은 가설검정모형보다 통계적으로 훨씬 더 적합하지만, 여전히 형편이 없는 적합도를 나타냈기 때문에 비교는 그다지 이상적이지 않다. 이전으로 다시 돌아가서, 주효과와 상호작용 질문을 다시 살펴보되 모형적합도가 더 좋은 기준모형(baseline model)을 사용해 보자. 결과는 [그림 19-20]에 제시되어 있다. $r2$와 $r4$ 간의 공분산은 두 집단 모두에서 통계적으로 유의하지 않았다. 〈표 19-2〉에 제시된 '초기 2' 모형은 $r2$와 $r4$ 간의 공분산이 제거되어 있다. 이러한 공분산은 필요하지 않으므로, 이 모형은 합리적이며 공분산을 제거하면 모형에 두 가지의 추가 자유도를 제공할 것이다. 표에서 보여 주는 바와 같이 모형은 자료를 잘 적합시킨다. 이러한 제약으로 인해 χ^2은 약간 증가하였으나 $\Delta\chi^2$은 통계적으로 유의하지 않았다. 따라서 이 모형은 추가적인 비교를 위한 좋은 기준선을 제공한다. **통제집단**과 **최면집단**에 대한 모수 추정값은 [그림 19-24]의 왼쪽과 오른쪽 각각에 제시되어 있다.

[그림 19-24] 통제집단(Control Group)과 초기 2(Initial 2) MG-MACS 최면모형의 최면집단의 모수 추정값

Regression Weights: (Control group - Initial model 2)

			Estimate	S.E.	C.R.	P
Hot Flash_Post	<---	Hot Flash_Pre	1.169	.274	4.27	***
Int1	<---	Hot Flash_Pre	1.000			
HF1	<---	Hot Flash_Pre	.416	.098	4.244	***
Int2	<---	Hot Flash_Post	1.000			
HF2	<---	Hot Flash_Post	.320	.036	9.009	***

Regression Weights: (Hypnosis group - Initial model 2)

			Estimate	S.E.	C.R.	P
Hot Flash_Post	<---	Hot Flash_Pre	-.191	.199	-.962	.336
Int1	<---	Hot Flash_Pre	1.000			
HF1	<---	Hot Flash_Pre	.416	.098	4.244	***
Int2	<---	Hot Flash_Post	1.000			
HF2	<---	Hot Flash_Post	.320	.036	9.009	***

Standardized Regression Weights:
(Control group - Initial model 2)

			Estimate
Hot Flash_Post	<---	Hot Flash_Pre	.912
Int1	<---	Hot Flash_Pre	.748
HF1	<---	Hot Flash_Pre	.620
Int2	<---	Hot Flash_Post	.933
HF2	<---	Hot Flash_Post	.593

Standardized Regression Weights:
(Hypnosis group - Initial model 2)

			Estimate
Hot Flash_Post	<---	Hot Flash_Pre	-.345
Int1	<---	Hot Flash_Pre	.641
HF1	<---	Hot Flash_Pre	.452
Int2	<---	Hot Flash_Post	.627
HF2	<---	Hot Flash_Post	.401

Intercepts: (Control group - Initial model 2)

	Estimate	S.E.	C.R.	P
Int1	42.076	2.048	20.541	***
HF1	15.623	1.109	14.092	***
Int2	38.97	2.708	14.389	***
HF2	14.276	1.245	11.469	***

Intercepts: (Hypnosis group - Initial model 2)

	Estimate	S.E.	C.R.	P
Hot Flash_Post	**-28.308**	**3.176**	**-8.912**	***
Int1	42.076	2.048	20.541	***
HF1	15.623	1.109	14.092	***
Int2	38.97	2.708	14.389	***
HF2	14.276	1.245	11.469	***

'주효과없음'모형에서, (통제집단의 절편이 모든 분석에서 그러했던 것처럼) 최면집단의 잠재 사후검사 절편은 0으로 제약되었다. 그러므로 이 모형은 통제집단과 최면집단 간에 평균(절편)에서의 차이가 존재하지 않도록, 그리고 처치가 열감의 강도나 방해에 아무런 효과도 없도록 설정되었다. 표에서 볼 수 있는 바와 같이, 이러한 제약은 초기 2 모형에 비해 빈약한 전반적인 적합도와 $\Delta\chi^2$에서 통계적으로 유의한 증가를 초래하였다. $\Delta\chi^2$에서 통계적으로 유의한 변화를 고려해 볼 때, 우리는 덜 제약된 또는 초기 2 모형을 선호할 것이다. 다시 말해서 **최면** 처치가 여성의 열감의 강도, 빈도, 방해요인에 아무런 영향도 미치지 않았다는 가설을 기각해야 한다. 이러한 연구결과는 [그림 19-24]의 초기 2 모형에서 **최면** 집단에 대한 잠재 절편에 대해 보여 준 크고 통계적으로 유의한 영향과 일치한다.

'기울기차이없음'모형은 초기 2 모형과 같은 설정을 가지고 있지만, 사전검사에서 사후검사로의 경로가 통제집단과 **최면**집단에 대해 동일하게 제약되어 있다. 〈표 19-2〉에서 볼 수 있는 바와 같이, 이러한 제약은 초기 2 모형과 비교했을 때 크고 통계적으로 유의한 $\Delta\chi^2$을 초래하였다. 따라서 사전검사가 통제집단과 실험집단 모두에 대한 사후검사에 동일한 영향을 미쳤다는 가설을 기각해야 한다. [그림 19-24]에서 볼 수 있는 바와 같이, 사전검사에서 사후검사까지의 **통제**집단 경로는 양수이며 크고(표준화경로값=.912) 통계적으로 유의하였다. 최면(실험)집단의 경우, 효과는 음수이며 통계적으로 유의하지 않았다. **최면**집단에 속한 여성의 경우, 열감의 사전검사 수준은 열감의 사후검사 수준에 어떠한 영향도 미치지 않았다. 열감의 초기 수준이 사후검사 수준에 미치는 영향은 무엇인가? 상호작용이라는 용어가 다음과 같은 것을 알려 준다. 그것은 상황에 따라 다르다. 여학생이 통제집단에 속하는지 또는 실험집단에 속하는지 여부에 따라 달라진다. 이 연구에서 주효과와 상호작용은 모두 통계적으로 유의하였다.

다른 기술적인 쟁점

행렬 대 원자료 분석

이 장에서는 더미변수에서 MG-MACS 방법의 연속성에 대해 설명하기 위해 원자료를 활용하여 모형을 분석하였다. 동일한 원자료(hot flash simulated.sav)는 두 분석에도 사용되었다. 다른 SEM 분석에서 행렬자료를 가지고도 동일한 분석이 가능하다. 그러나 두 방법(더미변수 대 MG-MACS 방법)에서는 각각 다른 행렬을 필요로 한다. 더미변수 방법은 단일집단으로서의 자료를 분석하기 때문에 단일행렬이 필요하다. 반면에 MG-MACS 방법은 두 개 이상의 집단의 자료를 분석하기 때문에 두 개 이상의 행렬을 필요로 한다. 〈표 19-3〉에는 더미변수 방법의 행렬이, 〈표 19-4〉에는 MG-MACS 방법에서의 두 행렬 (위쪽: 통제집단 행렬, 아래쪽: 최면집단 행렬)이 제시되어 있다. MG-MACS 방법은 평균이 제시된 각각의 열을 포함한 이러한 행렬에서 평균과 절편을 분석하였기 때문이다. 반면에 〈표 19-3〉에는 평균이 제시되어 있지 않지만, 집단(Group) 변수가 상관행렬에 제시되어 있다(물론 행렬에 평균의 열을 포함시킬 수 있지만 필요하지 않다. 이 모형에서 평균과 절편이 분석되지 않기 때문이다).

<표 19-3> 더미변수 방법을 통해 분석된 열감 예제의 상관행렬 및 *SD*

변수	집단(Group)	HF1	HF2	Int1	Int2
집단(Group)	1.000				
HF1	−.121	1.000			
HF2	−.520	.718	1.000		
Int1	−.182	.409	.342	1.000	
Int2	−.678	.248	.642	.426	1.000
SD	.503	11.111	10.130	20.173	23.275

$N=96$

<표 19-4> MG-MACS 방법을 통해 분석된 열감 예제의 상관계수, *M* 및 *SD*

변수	HF1	HF2	Int1	Int2
통제집단(Control Group) $n=48$				
HF1	1.000			
HF2	.880	1.000		
Int1	.481	.436	1.000	
Int2	.516	.552	.632	1.000
M	17.077	15.508	46.313	42.250
SD	10.823	11.206	21.394	21.842
최면집단(Hypnosis Group) $n=48$				
HF1	1.000			
HF2	.732	1.000		
Int1	.307	−.027	1.000	
Int2	−.290	.057	−.042	1.000
M	14.396	5.036	39.000	10.875
SD	11.347	5.086	18.373	10.736

자유도(df) 계산

초기 MG-MACS 모형의 df가 3이라는 것은 어떻게 알 수 있는가? 각각의 두 집단에 4개의 측정변수가 있다. 따라서 통제집단에서 14, 최면집단에서 14, 총 28개의 분석 대상(평균, 분산, 공분산)이 존재한다. 통제집단에서 15개의 모수(요인부하량 2개, 경로 1개, 측정된 절편 4개, 분산 6개, 공분산 2개)가 모형에서 추정된다. 최면집단에서는 10개의 모수가 추정된다. 요인부하량 2개, 절편 4개는 통제집단과 같은 값으로 제약되었지만, 열감 사후검사에서의 절편은 자유롭게 추정되었다. 분석 대상에서 추정된 모수의 개수를 계산하면 자유도, 즉 28−(15 + 10)=3이 된다.

📈 요약

　지금까지는 SEM에서 (초기에는) 측정변수, (최근에는) 잠재변수의 경로와 상관(공분산)을 추정하기 위해 공분산을 활용해 왔다. 또한 SEM에서 평균구조(평균과 절편)를 추정하는 것이 이 장의 주요한 주제였다. 복습 차원에서 우선 평균과 절편에 대해서 경로분석의 형태로 회귀분석을 실시하였다. 외생변수에서 평균을 추정하고, 내생변수에서는 절편을 추정하였다. 이때, 내생변수의 경우 상응하는 외생변수의 추정된 평균을 0으로 고정한 것이다. 잠재변수모형에서는 이것이 조금 더 복잡한 형태로 나타난다. 잠재변수의 측정된 지표변수는 (잠재변수에 의해 과대 추정되는) 내생변수이기 때문이다. 만약 이에 대한 이해가 조금 혼란스럽다면 절편을 경로로 연결된 변수에 의해 조정된 추정 평균이라고 생각하면 된다. 일반적으로 잠재변수의 평균은 0이라 가정한다.

　평균구조의 추정이 추가될 때, 단일집단 분석은 크게 변화하지 않는다. 분석 결과는 조금 더 복잡하지만, 그것은 평균과 절편이 분석에서 제외되었을 때와 같다. 그러나 결측값이 존재할 때, 많은 수의 SEM 프로그램은 평균과 절편의 분석을 필요로 한다. 제2부의 요약 단원에서는 결측값에 대해서 다룰 예정이다. 여기에서는 단순히 대부분의 SEM 프로그램에서 결측값을 고려할 때(최대우도추정법) 더 많은 장점이 있다고만 알아두면 된다.

　경로를 추정하는 것에 초점을 두어왔지만, 이전 장에서 다룬 몇몇 예시에서 평균구조에 주목할 필요도 있다. 더미 외생변수가 모형에 포함될 때(제17장에서의 헤드스타트 예제와 제18장에서의 인종집단을 고려한 과제 예시), 이러한 더미 외생변수에서 추정한 경로는 집단 간 잠재 결과변수의 절편이다. 다시 말해서, 이러한 경로는 잠재 결과변수에서의 집단 간 차이나 잠재 (실제) 결과변수에서의 집단변수의 주효과를 추정한다.

　평균과 절편의 추정은 다집단분석을 시행할 때 더 흥미로운 결과를 낳는다. 다집단 평균 및 공분산 구조(MG-MACS)분석은 단일분석에서 평균구조와 공분산 구조를 동시에 검정하도록 해 준다. 이전 장에서 단일분석에서 더미변수를 포함한 주효과를 추정하고 집단 간 별도의 다집단분석을 통해 상호작용(조절)을 검정했었다. 만약 이것에 대해 이해가 명확하지 않다면 제18장을 복습하라. 또한 MG-MACS는 더미변수모형을 활용할 때보다 이러한 모형을 더욱 완벽히 검정하도록 도와준다.

　예시를 활용하여, 평균구조를 추정하기 위한 두 접근방법(더미변수 대 MG-MAC 접근방법) 간의 유사점과 차이점을 설명하였다. 폐경기 후 유방암 생존자에게 열감에 대한 최면의 영향력이 어떠한지에 대해 실험 시뮬레이션 데이터를 활용하여 분석하였다. 첫 번째 분석에서 더미변수는 통제집단과 실험(최면)집단을 구분짓는 기준으로 활용되었다. 이러한 더미변수에서 열감 잠재 결과변수(열감 점수와 열감이 일상생활에 미치는 영향력으로 지수화된 값)로 이어진 경로는 잠재 결과변수에 영향(치료 효과)이 있었다. 열감에 대한 사전점수와 간섭변수는 통제되었다. 잠재변수의 사용은 측정된 결과변수보다 관심을 가지고 있는 변수(열감의 빈도, 강도, 간섭)와 유사한 장점을 보였다. 이것은 (이러한 분석에서 더욱 자주 활용되는 방법인) 다분산 공분산분석(Multivariate Analysis of Covariance: MANCOVA)과 유사한 결과를 보였다. 이 분석방법 또한 결과변수를 잠재변수로 취급한다. 그러나 MANCOVA에서는 사후검사점수를 오차 없는 두 개의 분리된 공분산으로 취급한다. 오차와 관련된 장(제15장)에서 우리는 오차가 존재하는 외생변수를 마치 오차가 없는 것처럼 다루는 방법의 위험성에 대해 언급한 적이 있다.

다음으로, 분석한 예시는 평균과 절편을 분석하기 위한 다집단모형이다. 요인부하량과 측정변수 절편은 (통제집단 대 실험집단) 집단 간 동일하게 제약되었다. 사전검사 점수의 잠재평균은 두 집단에서 0으로 제약되었다. 열감에 대한 사전검사 잠재변수에서 피실험자가 두 집단 중 실험집단에 속하는 것이 무선으로 할당되었기 때문이다. 분석에서 사후검사 잠재 절편(사전검사점수로 보정된 사후검사점수)은 두 집단에서 0으로 제약되었다. 활용된 모형은 집단구분에 따른 치료효과를 살펴보는 모형이다. (실제로, 여기서는 첫 번째 분석인) 또 다른 분석에서 사후검사에서의 잠재 절편은 최면집단에서는 자유롭게 추정되었다. 집단구분에 따른 최면(치료)효과를 살펴보는 모형이다. MG-MACS에서 한 집단의 평균과 절편은 0으로 설정되고, 다른 집단의 값은 자유롭게 추정된다. 여기에서 발생한 차이는 집단구분에서 기인한 것이라 할 수 있다. 모형적합도는 치료효과를 고려하지 않은 모형보다 좋다. 그리고 절편에서의 차이 값은 크며 통계적으로 유의하였다. 따라서 최면은 열감의 빈도, 강도, 간섭요인에서 큰 감소를 유발했으며, 이는 통계적으로도 유의하였다.

MG-MACS 모형에서 절편의 차이값은 유사하였지만, 더미변수모형에서 치료(최면)집단변수에서 열감 결과변수로 향하는 경로값과 동일하지는 않았다. 이 두 계수의 차이는 다음의 가정에 기인한다. 더미변수모형에서는 이 값이 포함되기는 하지만 검정되지 않는다. 이러한 가정이 MG-MACS 모형에서는 명확(분산, 공분산, 기울기를 집단 간 동일하게 제약)할 때, 처치효과의 추정값은 두 모형에서 같아진다. 그러나 이러한 제약은 모형적합도를 나쁘게 만들기도 한다. 더미변수에 대한 이러한 가정은 타당하지 않다고 볼 수 있다. 이것이 바로 MG-MACS 모형의 장점이다. 이 모형은 평균구조를 추정할 때 더미변수 방법에서 다루기는 하지만 검정되지 않는 가정을 검정해 준다.

이러한 예시에서는 원자료를 분석하였다. 행렬자료를 가지고도 두 가지 형태의 분석이 모두 가능하다. 그러나 행렬은 각각의 분석방법에서 다른 형태를 가진다. 더미변수 방법에서 단일 행렬이 활용되고 행렬에서 변수 중 하나는 더미변수(집단 간 구분 변수)이다. 평균구조에 대한 분석이 필요하지는 않다. MG-MACS 방법에서는 집단 간 분리된 행렬이 필요하다. 그리고 집단(통제집단 또는 실험집단) 변수는 행렬에는 제시되지 않는다. MG-MACS 방법에서는 평균과 절편을 추정한다. 이는 집단 간 차이가 잠재변수의 평균과 절편에서의 차이로 나타나기 때문이다. MG-MACS 방법에서 활용하는 행렬은 측정변수의 평균도 포함하고 있어야 한다.

EXERCISE 연습문제

1. 이 장에서 사용된 열감 분석, 더미변수 모형과 MG-MACS 모형을 둘 다 재생산하라. 제시된 결과와 결과가 동일하게 하라. 검정해야 할 추가적인 모형이 있는가?

2. [그림 19-25]는 과제(Homework)가 12학년의 GPA에 미치는 영향의 MG-MACS 분석을 위한 초기모형이다. 그림은 남학생 모형이다. Amos용 초기모형(변수명은 있지만 집단 간 제약은 없음)을 웹사이트(www.tzkeith.com)에서 찾을 수 있다. 분석을 위한 원자료 또한 웹사이트에서 찾을 수 있다(homework means.sav).

[그림 19-25] 과제와 성적의 수준 및 과제가 남학생 대 여학생의 고등학교
성적에 미치는 영향을 연구하기 위한 초기 MG-MACS모형

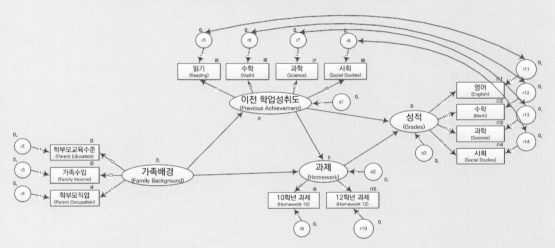

MG-MACS 분석을 위해, 이 모형을 발전시키라(여학생 집단을 추가하고, 집단 간 제약을 가하라). 초기모형에서는 두 집단 모두 **가족배경, 이전 학업성취도, 과제, 성적**의 잠재평균/절편값을 0으로 제약하라. 두 번째 모형에서는 여학생의 과제와 성적 절편이 다르도록 하라. 여학생이 과제나 성적에 있어 유의하게 높거나 낮은 수준을 나타내는가(다른 변수가 통제되었을 때)? 세 번째 모형에서는 **과제가 성적에 미치는 영향**이 집단 간 다르도록 하라. 과제가 성적에 주는 영향이 남학생과 여학생 간에 동일한가? 또는 과제의 효과가 성별에 따라 달라지는가?

연구 결과를 해석하라. 이전 문단에서 질문된 문제에 답하라.

3. [그림 19-26]은 성별(Sex)이 8학년에서 10학년의 통제소재(또는 8학년 통제소재를 통제한 상태에서 10학년 통제소재)의 변화에 미치는 영향을 검정하기 위해 설계된 더미변수모형을 보여 준다. NELS 자료를 사용하여 모형을 분석하라. 성별 변수를 재코딩하거나 새로운 여학생 변수를 만들어서 남학생은 0으로, 여학생은 1로 코딩하라. 그 모형을 분석하라. 남학생 또는 여학생은 10학년 때 더 높은(더 내적) 통제소재를 가지고 있는가?

모형의 MG-MAC 버전을 분석하라. 10학년 때, 절편 차이와 학업성취도가 통제소제에 미치는 영향에서의 차이 모두를 검정하라.

[그림 19-26] 8학년과 10학년 남학생 대 여학생의 통제소재에서의
차이를 연구하기 위한 초기 더미변수 모형

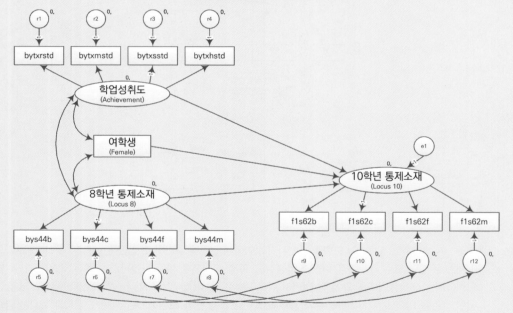

제20장 확인적 요인분석(CFA) II: 동일성과 잠재평균

지금까지는 SEM에서의 잠재평균 관련 주제에 대해서 소개하였다. 이제 CFA에서 잠재평균분석과 더불어, CFA에 관한 주제를 다시 다룰 수 있다. 다집단(multi-group) SEM에 관한 초기 논의에서 처음 소개된 주제인 동일성(invariance) 검정의 틀 안에서 CFA를 다시 다룰 것이다. 이것은 추가적인 탐색을 필요로 하는 중요한 주제이다. 비록 측정된 평균과 잠재평균에 대한 검정 없이 동일성에 관한 여러 측면을 검정하는 것이 가능하며 심지어 일반적이지만, 여기에서는 먼저 평균과 절편을 가지고 있는 동일성 검정에 초점을 맞출 것이다. 따라서 이 장은 측정변수 절편에서의 동일성을 포함하여 집단 간 구인(constructs)에서 동일성을 검정하기 위해 요구되는 단계에 관하여 좀 더 구체적으로 초점을 맞출 것이다. 이는 잠재평균에서의 차이를 검정하게 해 준다. 이러한 논의의 일환으로 각 단계에서 개념적으로 검정되어야 할 것과 그러한 검정을 행하기를 원하는 이유에 대해서도 다룰 것이다. 그런 다음, 평균에 초점을 두지 않고 동일성 검정에 관심이 있다면 취할 수 있는 단계에 관하여 조금 더 구체적으로 살펴볼 것이다. 마지막으로, (이전 장에서처럼) 어떻게 이러한 동일한 정보 중 상당수가 분석에 범주형 변수를 추가함으로써, 그러나 타당할 수도 있고 그렇지 않을 수도 있는 몇 가지 가정을 추가함으로써 얻을 수 있는지를 살펴볼 것이다.

📈 평균을 가진 동일성 검정

CFA에 관한 도입 장에서 요인분석과 지능에 관한 주제가 서로 깊은 연관이 있었기 때문에 부분적으로 지능에 관한 선행연구에서 가져온 하나의 예시에 초점을 두었다. 우리는 다시 그렇게 할 것이다. 그 예시는 일반지능과 특수지능에 있어서 가능한 성별 유사성과 차이점에 관심을 가졌던 Matthew Reynolds와 동료들이 수행한 연구에서 가져온 것이다(Reynolds, Keith, Ridley, & Ptel, 2008). 선행연구는 성별 간 약간의 일관된 차이(예를 들어, 남학생이 공간적 추론에 관한 측정에서 일반적으로 더 높은 수준의 수행을 보여 주었다.)뿐만 아니라 어떠한 차이도 없는 분야와 연구 간에 많은 일관되지 않는 결과를 보여 주었다. Reynolds와 동료들은 6세부터 18세까지의 피험자의 표준화 KABC-II(Kaufman Assessment Battery for Children-Second Edition) 자료를 분석하였다(Kaufman & Kaufman, 2004). 그들은 일반지능과 다섯 개 이상의 특수한 지적 능력을 모두 연구하기 위하여 지능에 관한 고차모형을 사용하였다. 그들은 여러 연구결과에서 일관성이 없는 한 가지 이유는 연구자들이 종종 사용된 특정 척도에 의해 불분명하게 되었을 가능성이 있는 합성점수(composite scores)와 같은 측정변수를 연구해 왔기 때문이라고 추론하였다.

잠재변수는 어떠한 실제적 차이들에 대해 보다 더 정확한 추정값을 제공해야 한다.

〈표 20-1〉 15세에서 16세 청소년의 KABC-II 하위검사에 관한 설명

하위검사	설명
알아맞히기 (Riddles)	피험자는 검사자가 기술하는 물체나 아이디어를 지적하거나 말한다.
언어지식 (Verbal Knowledge)	단어의 의미나 일반적인 정보에 관한 질문에 대한 답을 나타내는 그림을 가리킨다.
표현어휘 (Expressive Vocabulary)	사진 속의 물체를 말한다.
형태 완성 (Gestalt Closure)	완성되지 않은 흑백 도안으로부터 완전한 대상이나 행동을 기술한다.
삼각형(Triangles) [무제한(Untimed)]	모형 그림을 맞추기 위하여 두 가지 색깔이 칠해진 삼각형 조각을 배치한다.
블록 세기 (Block Counting)	몇몇 블록은 분명하게 보이고 다른 블록은 추정되거나 또는 단지 부분적으로만 보일 때 그림 속에 있는 블록을 센다.
배회자 (Rover)	개가 지도에 있는 뼈를 찾을 수 있도록 가장 효과적인 길을 결정한다. 그 길은 다양한 장애물을 처리해야 한다.
수수께끼 그림 (Rebus)	검사자는 수수께끼 그림(단어를 나타내는 사진)의 의미를 가르친다. 피검사자는 문장이나 구로 되어 있는 일련의 수수께끼 그림을 읽는다.
지연된 수수께끼 그림 (Rebus Delayed)	초기 훈련 후 15~25분 뒤에 일련의 수수께끼 그림을 읽는다.
아틀란티스 (Atlantis)	검사자는 만화 물고기와 물체에 대한 이름을 가르친다. 피험자는 그 후에 검사자가 그것들을 말할 때 올바른 그림을 지적한다.
지연된 아틀란티스 (Atlantis Delayed)	초기 훈련 후 15~25분 뒤에 아틀란티스 물체를 지적한다.
어순 (Word Order)	검사자가 물체 이름을 말하고, 피험자는 동일한 순서로 그 물체의 그림을 가리킨다. 나중의 물체는 조정적인 방해 과제를 가진다.
숫자 회상 (Number Recall)	검사자가 말한 숫자를 회상한다.
손동작 (Hand Movements)	검사자가 행한 일련의 손동작을 반복한다.

Reynold 등(2008)에서 수정·보완됨

여기에서는 하나의 연령집단(15세에서 16세)의 자료를 약간 다른 관점에서 활용할 것이다. 구체적으로, KABC-II가 해당 연령집단에 속해 있는 남학생과 여학생에 대해 동일한 구인을 측정하는지를 검정하는 데 관심이 있다. 설명을 용이하게 하기 위하여, 더 적은 수의 구인과 단지 1차 요인(first-order factors)에만 초점을 둘 것이다. 그 자료(상관행렬, 평균, 표준편차)는 'kabc cfa matrices.xls'라는 엑셀 파일의 첫 두 개의 시트에 있다. 세 번째 시트는 이 장의 후반부에서 사용될 것이다. 결측값이 있는 일부 자료는 대체되었다.

[그림 20-1] 15~16세 청소년을 위한 KABC-Ⅱ의 요인구조(factor structure)

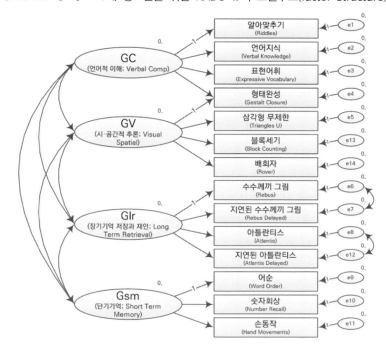

⟨표 20-1⟩은 이 장에서 사용된 다양한 KABC-Ⅱ 하위검사에 관한 간단한 설명을 보여 주며, [그림 20-1]은 이러한 검사가 측정한 것으로 가정되는 구인, 즉 예측되는 요인구조를 보여 준다. 구인 Gc는 결정적 지능(crystallized intelligence)으로 알려진 것이며, 언어적 이해(verbal comprehension) 또는 언어적 추론(verbal reasoning)이라고 간주될 수도 있다. Gv는 시·공간적 추론(visualspatial reasoning), Glr은 장기기억 저장과 재인(long-term storage and retrieval), 그리고 Gsm은 단기기억(short-term memory)을 나타낸다. 제시된 바와 같이, 대부분의 하위검사는 시·공간적 추론능력과 언어적 추론능력을 모두 요구하는 것으로 생각되는 형태 완성을 제외하고, 단일 구인을 측정하는 것으로 보인다. 형태 완성의 경우, 아동은 미완성인 그림을 기술하거나 이름을 붙일 것으로 가정된다는 전제하에 이는 타당해 보인다. 이 모형은 각 검사 쌍 중 하나의 검사가 다른 검사 후에 측정되기 때문에 공분산을 가지는 두 쌍의 검사에서의 잔차를 허용한다. 예를 들어, 지연된 수수께끼 그림 하위검사에서 아동은 수수께끼 그림 하위검사에서 처음에 제시되었던 상징과 연관된 이름을 회상해 내야 한다. KABC-Ⅱ는 또한 여기에서 분석되지 않은 다른 능력도 측정하기 위하여 설계되었다는 점에 주목하라.

다시 한번, 이 장에서는 KABC-Ⅱ를 통해 측정된 구인이 성별 간에 동일한 방법으로 측정되고 있는지, 또는 측정이 동일하게 이루어지고 있는지에 관심이 있다. 우리는 집단 간 측정동일성(measurement invariance)에 관심이 있다. 향후 살펴보겠지만, 동일성에 관한 꽤 느슨한 정의부터 엄격한 정의에 이르기까지 CFA을 사용하여 모형화될 수 있는 측정동일성에는 다양한 수준이 있다. 우리는 각 수준의 동일성을 검정하기 위해 요구되는 단계와 각 수준이 무엇을 의미하는지에 초점을 둘 것이다.

측정동일성 단계

구조동일성

동일성 검정에서 첫 번째 단계는 흔히 구조동일성(configural invariance)이라 일컬어진다. [그림 20-1]에 제시된 모형은 다집단모형을 통해, 그러나 집단 간에는 모수에 제약 없이(각 요인의 참조변수지수를 1로 고정하는 것을 제외하고 0과 자유부하량으로 고정하는 것은 동일한 패턴임) 추정된다. 다시 말해서, 이러한 수준의 동일성의 경우 간단히 두 집단이 동일한 요인모형을 유지하도록 설정할 수 있다. 동일한 요인부하량 패턴을 유지하는 것과 마찬가지로, 요인부하량 값이 집단 간에 동일해야 한다는 어떠한 기준(specification)도 없다. 향후에 살펴보겠지만, 이 모형의 χ^2은 각 집단을 개별적으로 분석한 뒤에 χ^2 값을 합산한 것과 동일할 것이다. 이러한 수준의 동일성은 일반적으로 구조동일성이라 일컬어지는데, 그것은 검사를 통해 측정된 것의 구조(structure)가 각 집단 간(이 예시에서는 남학생과 여학생)에 동일한 배열(configuration)을 보여 줌을 의미한다.[1]

[그림 20-2]는 남학생과 여학생 각각에 동일한 요인 배열을 가진 모형이 정의되었다는 점에 주목하라. 왼쪽은 남학생 모형, 오른쪽은 여학생 모형이다. 이 모형은 요인의 명칭을 좀 더 짧게 한 것을 제외하고 [그림 20-1]과 동일하다. 두 성별 모두에서 잠재능력변수에 척도를 부여하기 위해 하나의 요인부하량은 1로 고정되었다. 동일성 검정의 경우, 이 방법(ULI)은 요인의 척도를 설정하기 위하여 사용되어야 한다. 각 수준의 동일성을 위한 평균구조를 추정할 필요가 없지만(그리고 이 장의 후반부에서 그러한 모형을 살펴보겠지만), 여기에서 그렇게 행해 왔다. 모든 잠재변수(능력 구인들과 잔차/오차)의 평균은 0으로 고정되었다. 비록 그림에서는 명확히 표현되지는 않았지만, 측정변수(하위검사)의 절편은 두 집단 모두에서 자유롭게 추정되었다.

이 모형의 표준화 결과값의 그래프는 [그림 20-3]에서 볼 수 있다. 이것은 다집단모형이기 때문에, 두 집단 간의 모형적합도를 나타내는 단지 한 세트의 적합도지수만이 제시되었다. 제시된 적합도지수는 Amos를 통해 도출된 것임에 주목하라. 다른 프로그램도 집단별로 별도로 몇 개의 적합도지수를 제공할 수 있다(예를 들어, Mplus는 각 집단의 기여도를 χ^2으로 제공한다). 이 모형은 (2집단을 위해 교정된) RMSEA =.035, SRMR=.047, CFI=.988로 나타나 여학생과 남학생 집단 모두에서 적절한 수준의 모형적합도를 보여 준다. 이 모형과 후속 모형의 적합도지수는 또한 〈표 20-2〉에 제시되었다. 우리는 이 모형을 이후에 진행될 모형 비교에서의 바람직한 기저모형으로 활용할 수 있다.

---

1) 저자는 동일성 검정에서 이것은 '첫 번째 단계(first step)'이지만, 꼭 그럴 필요는 없다고 본다. 대부분 첫 번째 단계로 분산/공분산행렬의 동일성을 검정한다. 또한 매우 엄격한 모형에서 시작하여 점차 모수 제약을 푸는 것도 합리적이다. 몇몇 단계의 순서는 고정되었지만(예를 들어, 잠재평균 차이검정에 앞서 절편동일성이 성립해야 한다), 다른 방법에서는 방법론 학자들마다 다른 순서를 제안한다 (Vandenberg & Lance, 2000). 이 장이 진행됨에 따라 유사한 변형을 소개할 것이다.

[그림 20-2] 구조동일성모형

남학생과 여학생 모두 동일한 요인구조를 보여 주지만, 어떠한 집단 간 제약도 행해지지 않았다.

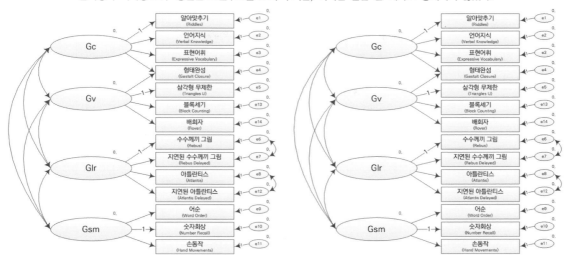

[그림 20-3] 구조동일성 결과, 표준화 추정값

남학생의 결과는 왼쪽에, 여학생의 결과는 오른쪽에 제시되었다.

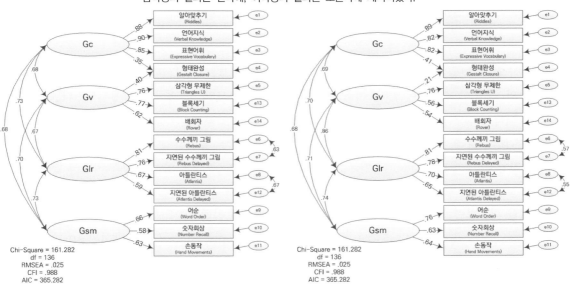

그림에서 볼 수 있는 바와 같이, 이 모형은 여학생과 남학생 집단 모두에서 비슷한 표준화 추정값을 산출하였다. 대부분의 요인부하량과 요인상관이 상당하고 합리적인 수준의 크기를 가지고 있어서, 모든 값은 합리적이다. 아마도 가장 큰 차이점은 시·공간적 추론 요인에 관한 **형태 완성** 하위검사의 요인부하량일 것이다. 즉, 남학생 집단=.40, 여학생 집단=.21이다. 그러나 이러한 차이를 확대해석해서는 안 된다. 첫째, 집단 간 차이를 비교하기 위해서는 표준화 추정값보다 비표준화 추정값을 비교해야 한다는 점을 회상하라. 둘째, 동질성 검정의 다음 단계로 비표준화 요인부하량이 성별 간에 통계적으로 유의한 차이를 보이는지 검정할 것이다.

<표 20-2> 15세와 16세 남학생과 여학생의 KABC-II에 관한 요인구조의 동일성 검정

모형	χ^2	df	$\triangle\chi^2$	$\triangle df$	p	RMSEA	RMSEA*	SRMR	CFI	AIC
1. 구조(Configural)	161.282	136				.025	.035	.047	.988	365.282
1a. 남학생(Male)	83.047	68				.039	.039	.047	.987	185.047
1b. 여학생(Female)	78.234	68				.031	.031	.043	.990	180.234
2. 행렬(Metric)	172.236	147	10.954	11	.447	.024	.034	.051	.988	354.236
3. 절편(평균 자유 추정) [Intercept (means vary)]	181.305	157	9.069	10	.526	.023	.033	.051	.989	343.305
4. 하위검사 잔차(Subtest residuals)	204.322	173	23.017	16	.113	.025	.035	.050	.986	334.322
5. 요인분산(Factor variances)	208.217	177	3.895	4	.420	.024	.034	.056	.986	330.217
6. 요인공분산(Factor covariances)	214.034	183	5.817	6	.444	.024	.034	.055	.986	324.034
7. 요인 평균(Factor means)	243.743	187	29.709	4	<.001	.032	.045	.057	.974	345.743
7a. Ge 평균 동일(Ge means equal)	214.347	184	.313	1	.576	.024	.034	.055	.986	322.347
7b. Gv 평균 동일(Gv means equal)	220.222	184	6.188	1	.013	.026	.037	.055	.983	328.222
7c. Glr 평균 동일(Glr means equal)	218.091	184	4.057	1	.044	.025	.035	.055	.984	326.091
7d. Gsm 평균 동일(Gsm means equal)	217.654	184	3.620	1	.057	.025	.035	.056	.985	325.658
7e. Ge와 Gsm 평균 동일(Ge and Gsm means equal)	221.081	185	7.047	2	.029	.026	.037	.056	.984	327.081

* 집단의 수로 보정된 RMSEA
주: 모형 2~7까지는 이전 모형과 비교되었다. 모형 7a~7e는 모형 6과 비교되었다.

앞에서 언급한 바와 같이, 구조동일성모형의 χ^2은 분석을 별도로 실시하였다면, 남학생과 여학생 집단 모형의 χ^2의 합이 되어야 한다. 이 모형에 관한 적합도 정보도 〈표 20-2〉에 제시되었다. 그것은 남학생과 여학생 집단의 모형적합도 모두 적절한 수준이고, 구조동일성모형의 χ^2은 남학생과 여학생 각각의 χ^2(161.282 대 161.281)의 합과 거의 유사함을 보여 준다. 동일한 관계가 AIC에서도 유지되지만, 구조동일성모형의 CFI와 SRMR은 평균값에 더 가깝다. RMSEA는 별도의 남학생과 여학생 모형의 경우보다 구조동일성모형의 경우가 다소 더 좋아 보이지만, RMSEA는 집단의 수를 이용하여 보정되어야 한다는 점을 회상하라(Steiger, 1998). RMSEA*로 표시된 열은 보정된 RMSEA, 즉 보고된 RMSEA에 집단의 수의 제곱근을 곱한 것(RMSEA × $\sqrt{2}$)을 보여 준다. 이러한 보정은 이 원고를 쓸 당시의 Amos에서는 필요하다(그러나 Mplus에서는 필요하지 않다). 보정이 필요한지의 여부를 결정하기 위해서는 여러분이 사용하고 있는 프로그램이 무엇인지를 확인하라.

구조동일성모형을 검정하기 전 또는 후에 각 집단별로 요인구조를 검정하는 것은 일반적이며(그러나 항상 해야 하는 것은 아니다), 몇몇 저자는 이것을 정규적으로 행하기를 권장한다(예: Brown, 2015). 이 접근방법은 선택한 모형이 각 집단에 적합한지 여부를 검정하고, 따라서 구조동일성을 검정하기 전에 모형 조정을 허용한다는 점에서 권장할 점이 많다. 저자는 이 검사의 경우 요인구조가 아주 잘 이해되었기 때문에 이 사례에서는 이 단계가 필요하지 않다고 생각하였다. 아울러 구조동일성모형도 적합해서 저자는 단지 동일성 검정의 다음 단계로 나아가고자 하였다. 한편, 만약 이것이 보다 탐색적인 분석이거나 이 첫 번째 단계에서 제기된 질문이 있다면, 집단별로 별도의 분석을 하는 것이 집단 차이의 본질을 이

해하는 데 더 도움이 될 것이다. 아마도 그 모형은 한 집단에게는 적합하지만 다른 집단에게는 그렇지 않을 것이다. 아마도 한 하위검사는 한 집단의 교차부하량(cross-loading)을 가져야 하지만 다른 집단은 그렇지 않아야 하며, 또는 두 하위검사들이 한 집단과 오차상관을 가져야 한다. 한두 개의 변화는 상당히 타당할 수 있을 것이며, 그러한 변화가 크지 않다면 여전히 구조동일성 또는 부분 구조동일성에 문제가 없다고 결론내릴 수도 있을 것이다. 집단 간 해석에서 **실재적인(substantive)** 차이를 초래하는 어떤 변화는 동일성이 결여되었음을 시사한다. 물론 '실재적인' 차이가 무엇인지는 이견이 있을 수 있다.

이 장 전체에서 검정하고 있는 동일성에 관한 뛰어난 참고문헌은 이것과 다른 주제에 관한 조언을 제공해 줄 것이다. 그러나 **만약 요인구조(요인 수, 교차부하량, 오차공분산)에 어떤 변화를 줄 필요가 있다면, 이 시점이 변화를 줄 때**라는 것에 주목하라. 후속되는 모형은 단순히 집단 간의 동일성 제약을 추가한다.

행렬동일성

동일성 검정에서 다음 단계는 흔히 행렬동일성(metric invariance) 또는 요인부하량 동일성(factor loading invariance)이라고 일컬어진다. 그것은 또한 약한 요인동일성(weak factorial invariance)[다음 단계인 강한 요인동일성(strong factorial invariance)과 반대로]이라고 알려져 있다(Meredith, 1993; Meredith & Teresi, 2006)[2]. 이 단계의 경우, 요인이 하위검사에 미치는 부하량은 남학생과 여학생 모두 동일하게 제약된다. 이 단계의 설정값은 [그림 20-4]에서 볼 수 있다. Gc가 언어지식에 미치는 부하량은 남학생과 여학생 모두 gcl1(GC 부하량이 1인 경우)로 설정되었다는 점에 주목하라. 두 집단에 이미 1로 설정되었으며 잠재요인을 밝혀내기 위해 사용된 부하량을 제외하고 모든 다른 부하량도 집단 간에 동일하게 제약되었다. 하위검사의 특정한 분산(e1에서 e11까지), 요인분산 그리고 요인공분산을 포함하여, 요인모형의 모든 다른 측면은 집단 간에 바뀔 수 있도록 허용되었다는 점에 주목하라. 이 단계에서 평균과 절편을 추정할 필요는 없지만(뒷부분에서 보다 심층적으로 논의될 것임), 만약 평균과 절편이 추정된다면 절편은 집단 간에 바뀔 수 있도록 허용되지만 요인 평균은 두 집단 모두 0으로 제약된다(여기에서 그러한 것처럼).

〈표 20-2〉는 이 모형의 적합도지수를 보여 준다. 표에서 볼 수 있는 바와 같이, 모형적합도는 자료에 적합하다(RMSEA=.034, SRMR=.051, CFI=.998). 이 모형은 구조모형에 내포되어 있으며 행렬동일성모형에서의 χ^2의 증가는 통계적으로 유의하지 않다($\Delta\chi^2(11) = 10.954$, $p = .447$). 따라서 행렬동일성모형에서 요인부하량 동일성 제약은 타당한 것으로 받아들일 수 있다. 이 장의 후반부에서 설명되는 바와 같이, 동일성 모형을 비교하기 위하여 다른 적합도지수(예: ΔCFI)를 사용하는 것도 일반적이다.

행렬동일성을 가정할 때 그것은 무엇을 의미하는가? 행렬동일성의 경우, 비표준화부하량은 두 집단 모두 동일하다. 요인부하량은 잠재요인에 대한 측정변수의 관계를 알려 준다. 이러한 수준의 동일성은 잠재변수의 척도(scales)가 남학생과 여학생 모두에서 동일하다는 것을 의미한다. 다시 말해서, 이러한 결과는 잠재변수에서 각 단위가 변화하는 경우 하위검사 점수는 남학생과 여학생 모두 동일한 양만큼

---

2) 엄밀히 말하면 약한, 강한, 엄격한 종류의 동일성은 모두 측정동일성의 한 형태이다(Widaman & Reise, 1997). 모두 도구의 측정과 관련이 있기 때문이다. 대부분의 저자는 요인부하량 또는 약한 측정동일성을 '측정동일성'의 용어로 사용할 것이다.

증가한다고 가정하는 것이 타당하다는 것을 의미한다. 따라서 예를 들어, 장기기억 재인(Glr)의 실제 수준이 10점 정도 높아진다면 **수수께끼 그림** 하위검사 점수가 남학생의 경우에도 10점, 여학생의 경우에도 10점씩 높아질 것이다(두 집단의 비표준화 부하량이 1.0이기 때문에). 마찬가지로, 이 예의 경우, **아틀란티스** 하위검사 점수는 남학생과 여학생 모두 9점씩 높아질 것이다(두 집단의 비표준화 부하량=.916×Glr에서의 10점 증가=9.16).

[그림 20-4] 성별 간 행렬동일성 검정을 위한 모형 설정

요인부하량은 두 집단 간에 동일하게 제약되었다.

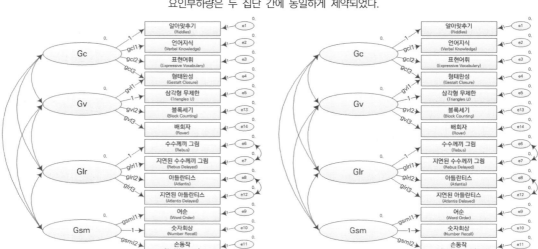

반대로 만약 행렬동일성이 확보되지 않았다면 그것이 무엇을 의미하는지를 생각해 보라. 만약 Glr 요인의 경우 행렬동일성이 확보되지 않았다면, 그것은 잠재변수에서의 10점 향상이 청소년 남학생과 여학생의 하위검사에서 상이한 점수의 향상을 초래한다는 것을 의미한다. 하나의 유추로서 가장 커다란 물고기를 잡으면 우승을 하는 낚시 경쟁을 생각해 보라. 저자는 저자가 잡은 물고기를 미터 자(meter stick)를 사용하여 측정하고, 여러분은 야드 자(yard stick)를 사용하여 측정한다고 생각해 보라. 저자는 저자가 잡은 물고기가 여러분의 자로 25단위 정도 긴 여러분의 물고기와 비교해 보았을 때 저자의 자로 35단위 정도 길다는 것을 알았다. 저자가 우승한 것이 맞는가? 그렇지 않다. 만약 그것을 동일한 단위, 즉 동일한 행렬로 변환한다면, 저자의 물고기는 35cm이지만 여러분의 물고기는 64cm이다. 동일한 구인을 측정하기 위해서는 두 도구(검사, 척도, 자)를 동일하게 척도화(scaling)할 필요가 있다. 행렬동일성은 두 집단 간에 동일한 척도를 사용하는 것을 의미하며, 그것은 또한 요인이 집단 간에 동일한 '것(thing)'을 나타낸다는 것을 의미한다. 또 다른 예로, 두 곳의 다른 도시에서 한 달 동안 매일의 온도를 측정하지만, 여러분은 한 도시에서는 화씨 온도계를 사용하고 다른 도시에서는 섭씨 온도계를 사용한다고 생각해 보라. 측정척도가 다르기 때문에 비교를 하는 것은 의미가 없을 것이다.

처음 다중집단 분석을 논의했을 때 언급한 바와 같이, 이러한 수준의 동일성의 경우 잠재변수는 동일한 의미를 가지며 집단 간에 동일한 구인을 나타낸다고 결론지을 수 있다. SEM에서 이러한 수준의 동일성은 한 잠재변수가 다른 잠재변수에 미치는 영향(경로)을 비교하기 위하여 요구되는 최소수준이다. 따

라서 이것이 CFA 모형보다 SEM이라면, 이제 집단 간에 한 잠재변수가 다른 잠재변수에 미치는 영향(예: Gc가 Gr에 미치는 영향)을 타당하게 비교할 수 있다. CFA(그리고 SEM)에서 행렬동일성이 확보되었다면 집단 간에 요인분산과 공분산을 비교하는 것은 타당하다(Brown, 2015).

행렬동일성이 확보되지 않았다면 집단 간에 구별하기 위하여 하나의(또는 몇 개의) 요인부하량을 허용함으로써, 그러나 모든 다른 부하량은 동일하게 제한함으로써 부분행렬동일성을 검정할 수 있다 (Byrne, Shavelson, & Muthén, 1989). 만약 행렬동일성 단계가 모형적합도에서 상당한 감소를 초래한다면 이 옵션을 추구할 수 있을 것이다. 집단 간에 변화가 허용되어야 하는 부하량을 구별해 내기 위하여 수정지수를 사용할 수 있다. 어떤 그러한 하위검사는 절편동일성 단계에서도 동일하게 자유롭게 되어야 한다. 그러한 모형의 복잡성과 비교 숫자가 주어진다면, 또한 각 단계에서 동일성 검정을 기각하기 위하여 보다 더 보수적인 수준의 통계적 유의도(예: $p < .01$ 또는 $p < .001$)를 선택·사용할 수 있다. 이러한 이유 때문에, 몇몇 연구자는 동일성 검사를 평가하기 위하여 $\Delta \chi^2$ 대신에 △CFI나 몇몇 다른 적합도 지수에서의 △을 사용할 것을 제안해 왔다(Cheung & Rensvold, 2002). 이러한 관점에서 한 단계에서 다른 단계로 변화할 때 CFI가 $-.01$ 이상 차이가 나면 그 단계에서 측정동일성이 담보되지 못한 신호라고 보아야 한다. 저자의 경험상, △CFI 기준은 동일성을 검정하는 데 효과적이다.

다중회귀에서 범주형과 연속형 변수를 다루었던 절(제7장)에서 우리는 검사 편향에 관한 쟁점을 논의하였다. 동일성 검정은 구인타당도에서 편향이라고 일컬어졌던 편향에 대한 훨씬 더 기본적인 질문에 답하기 위하여 흔히 사용되었다. 현재 예시에서 행렬동일성이 충족되지 않는다면, KABC-II는 남학생과 여학생에서 각각 다른 구조(어떤 의미에서는 단어 중에서)를 측정한다고 결론내리게 된다. 이러한 편향에 대한 검정은 집단 간 검사와 다른 척도에 대한 일반적인 질문에 답한다. 즉, "확실히 XYZ 검사는 백인 중산층 학생의 지능을 측정하지만, 소수민족 배경 학생의 경우에는 아마도 다른 어떤 것, 즉 아마도 시험 보는 기술을 측정할 것이다."와 같이 흔히 표현되는 답이다. 또는 현재 예제의 경우, "확실히 **형태 완성, 삼각형, 블록 세기, 배회자** 하위검사는 남학생 집단의 시·공간적 추론 능력을 측정하지만, 여학생 집단에서는 아마도 기계적-공간적(mechanical-spatial) 문제에 대한 노출 정도를 측정할 것이다". 두 가지 사례에서, 질문자는 도구에 의해 측정된 구인이 집단 간에 차이가 있음을 시사하고 있다. 집단 간 행렬동일성을 만족시키는 것은 집단 간에 어떠한 그러한 편향도 존재하지 않음을 시사한다(그러나 나중에 살펴보겠지만, 다른 문제점도 여전히 존재할 수 있다).

절편동일성

평균구조를 사용한 동일성 검정은 또한 측정원점동일성(scalar invariance), 절편동일성(intercept invariance), 또는 강한 요인동일성(strong factorial invariance)과 같은 몇 가지 이름으로 불리기도 한다. 저자는 절편동일성이 추가적인 제약을 행하고 있는 것을 명확하게 해 주기 때문에, 절편동일성이라는 용어를 사용한다. 저자는 측정원점동일성이라는 용어가 더 일반적이라고 믿는다. 절편/측정원점동일성은 행렬동일성의 모든 제약뿐만 아니라 대응되는 측정변수의 **절편**이 집단 간에 동일하도록 제약된다는 추가적인 제약을 포함한다. 여학생 집단에 대한 이 단계를 위한 설정(setup)은 [그림 20-5]에 제시되어 있다. i1, i2, i3 등과 같은 값이 하위검사 다음에 있음을 주목하라. 이러한 표식은 각 하위검사의 절편을 의미하며, 동일한 표식이 남학생 집단에서도 사용되었다. 따라서 측정된 절편의 값은 남학생과 여학생 집단 모두에서 동일하게 제약되었다.

[그림 20-5] 측정변수절편을 위한 동일성 설정하기

남학생과 여학생 집단을 위한 절편에 대해 동일한 이름이 주어졌다. 따라서 이것은 집단 간에 동일하게 제약되었다(절편동일성). 동시에 한 집단의 잠재요인평균은 자유롭게 추정된다.

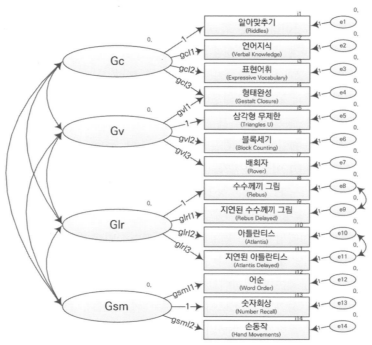

또한 요인 평균에서의 제약(Gc, Gv 등)이 여학생 집단에서는 제거되었다는 점에 주목하라. 이전 모형인 행렬동일성 모형에서 잠재평균은 남학생과 여학생 집단 모두에서 0으로 설정되었다. 이 단계에서, 남학생 집단의 잠재요인 평균은 여전히 0으로 제약되어 있지만, 여학생 집단의 잠재요인평균은 남학생 요인 평균과는 다르게 허용되었다. 이러한 자유모수 대 제약모수의 조합은 하위검사에서의 절편(그리고 결과적으로 평균)에서의 어떤 차이가 그 하위검사에 특수한 어떤 것보다 잠재변수(Gc, Gv 등)의 평균에서의 **실제(true)** 차이의 결과라는 것을 의미한다. [그림 20-6]은 한 요인이나 변수를 가리키는 삼각형이 그것의 평균이나 절편의 추정값을 나타내는 RAM 형식을 활용하여 이 동일한 모형의 일부분을 보여 준다.

절편동일성모형의 적합도는 〈표 20-2〉에 제시되었으며, 여학생 집단의 비표준화 추정값은 [그림 20-7]에 제시되었다. 표와 그림에서 보는 바와 같이, 절편동일성모형의 적합도는 적절한 수준이다. 우리의 현재의 목적보다 더 중요한 것은 $\Delta\chi^2$은 통계적으로 유의하지 않으며, △CFI는 −.01(.988−.989=−.001)보다 작기 때문에 행렬동일성모형에 비해 모형적합도가 더 좋다는 점이다. 또한 AIC는 행렬동일성모형과 대비해 볼 때 절편동일성의 경우에 더 낮은데, 이는 또한 이 모형에서 부여된 제약들이 지지를 받는다는 점에 주목하라.

[그림 20-6] RAM형 표시법을 사용한 절편(강한) 측정단위 동일성모형의 일부분

남학생의 경우, 모든 잠재변수평균이 0으로 설정되었기 때문에 남학생 모형은 상수(삼각형)에서 요인으로 가는 화살표가 하나도 없다. 아울러 상수에서 하위검사(절편을 나타냄)로 가는 경로는 남학생과 여학생 집단 모두에서 동일하게 제약되었다.

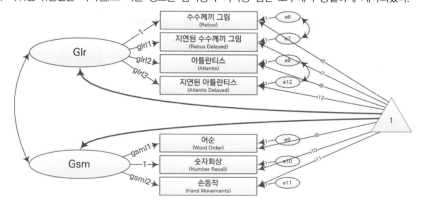

남학생과 여학생 집단에 대한 보다 더 상세한 모형 출력 결과(output)는 [그림 20-8]부터 [그림 20-10]까지 제시되었는데, 왼쪽은 남학생의 결과이며 오른쪽은 여학생의 결과이다. 이 그림에는 제약된 많은 상세사항이 나와 있으므로 얼마간의 시간을 들여 이것을 살펴볼 것이다. 저자는 여러분이 스스로 두 집단의 결과를 비교해 보며 다양한 분석을 행하는 방법과 해석하는 방법을 이해하기 위해 그러한 분석을 수행해 보기를 권한다.

[그림 20-7] 여학생 집단의 절편(강한) 동일성 결과

요인 위에 있는 값은 0이라고 코딩된 집단(남학생 집단)과의 평균에서의 차이를 나타내며, 그 옆은 요인동일성 값을 나타낸다.

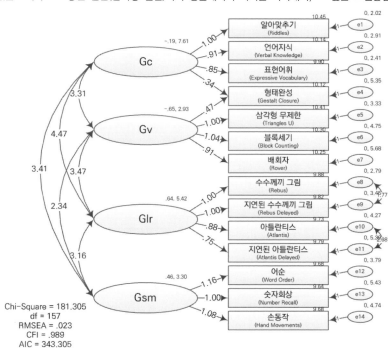

[그림 20-8]은 두 집단의 비표준화 및 표준화 요인부하량(잠재변수에서 측정변수까지의 경로)을 보여 준다. 비표준화 부하량 표는 이러한 값이 행렬동일성모형에서 원래부터 행해진 제약과 함께 실제로 집단 간에 동일하게 제약되었음을 보여 준다. 'Label'이라고 명명된 열은 모형 설정에서 각 모수에 붙인 명칭을 보여 준다. 물론 이것은 Amos에서 동일성(equality) 제약이 행해지는 방법이다. 다른 프로그램은 다른 방법을 사용할 것이다.3) 남학생과 여학생 집단 모두 1로 제약되지 않은 모든 요인부하량에 대해 동일한 명칭을 부여하였다는 점에 주목하라(물론 각 모수에 다른 명칭을 부여할 수 있으며, 그런 다음 프로그램에 그것을 동일하게 제약한다고 알려 줄 수 있다. 보다 상세한 내용은 Amos 매뉴얼을 참고하라). 두 번째 세트의 표는 표준화 부하량을 보여 준다. 만약 이것을 집단 간에 비교해 보면, 그것들이 유사하지만 남학생과 여학생 집단에서 동일하지는 않다는 것을 알게 될 것이다. 왜 그러한가? 다시 한번, 집단 간에 동일하게 제약된 것은 비표준화값(경로, 부하량 등)이지 표준화값이 아니다. 다중회귀에서 살펴본

[그림 20-8] 절편동일성 검정에 대한 상세 결과

Estimates (male - intercepts equal)

Regression Weights: (male - intercepts equal)

			Estimate	S.E.	C.R.	P	Label
RIDDLES	<---	Gc	1.000				
VERB_KNO	<---	Gc	.908	.046	19.861	***	gcl1
EXP_VOC	<---	Gc	.847	.045	18.664	***	gcl2
TRIAN_UN	<---	Gv	1.000				
REBUS	<---	Glr	1.000				
REBUS_D	<---	Glr	.999	.047	21.261	***	glrl
ATLANTIS	<---	Glr	.880	.084	10.486	***	glrl2
WORD_ORD	<---	Gsm	1.161	.134	8.664	***	gsml1
NUM_REC	<---	Gsm	1.000				
ATLANT_D	<---	Glr	.749	.079	9.535	***	glrl3
BLOCK_C	<---	Gv	1.038	.098	10.600	***	gv2
HAND_MOV	<---	Gsm	1.075	.132	8.162	***	gsml2
ROVER	<---	Gv	.909	.099	9.161	***	gvl3
GESTALT	<---	Gc	.335	.073	4.620	***	gcl3
GESTALT	<---	Gv	.467	.115	4.062	***	gvl1

Estimates (female - intercepts equal)

Regression Weights: (female - intercepts equal)

			Estimate	S.E.	C.R.	P	Label
RIDDLES	<---	Gc	1.000				
VERB_KNO	<---	Gc	.908	.046	19.861	***	gcl1
EXP_VOC	<---	Gc	.847	.045	18.664	***	gcl2
TRIAN_UN	<---	Gv	1.000				
REBUS	<---	Glr	1.000				
REBUS_D	<---	Glr	.999	.047	21.261	***	glrl1
ATLANTIS	<---	Glr	.880	.084	10.486	***	glrl2
WORD_ORD	<---	Gsm	1.161	.134	8.664	***	gsml1
NUM_REC	<---	Gsm	1.000				
ATLANT_D	<---	Glr	.749	.079	9.535	***	glrl3
BLOCK_C	<---	Gv	1.038	.098	10.600	***	gv2
HAND_MOV	<---	Gsm	1.075	.132	8.162	***	gsml2
ROVER	<---	Gv	.909	.099	9.161	***	gvl3
GESTALT	<---	Gc	.335	.073	4.620	***	gvl3
GESTALT	<---	Gv	.467	.115	4.062	***	gvl1

Standardized Regression Weights: (male - intercepts equal)

			Estimate
RIDDLES	<---	Gc	.884
VERB_KNO	<---	Gc	.903
EXP_VOC	<---	Gc	.843
TRIAN_UN	<---	Gv	.789
REBUS	<---	Glr	.820
REBUS_D	<---	Glr	.770
ATLANTIS	<---	Glr	.611
WORD_ORD	<---	Gsm	.685
NUM_REC	<---	Gsm	.588
ATLANT_D	<---	Glr	.601
BLOCK_C	<---	Gv	.730
HAND_MOV	<---	Gsm	.604
ROVER	<---	Gv	.618
GESTALT	<---	Gc	.382
GESTALT	<---	Gv	.373

Standardized Regression Weights: (female - intercepts equal)

			Estimate
RIDDLES	<---	Gc	.889
VERB_KNO	<---	Gc	.827
EXP_VOC	<---	Gc	.833
TRIAN_UN	<---	Gv	.684
REBUS	<---	Glr	.813
REBUS_D	<---	Glr	.782
ATLANTIS	<---	Glr	.704
WORD_ORD	<---	Gsm	.734
NUM_REC	<---	Gsm	.615
ATLANT_D	<---	Glr	.601
BLOCK_C	<---	Gv	.632
HAND_MOV	<---	Gsm	.668
ROVER	<---	Gv	.547
GESTALT	<---	Gc	.329
GESTALT	<---	Gv	.285

---

3) Mplus는 일반적인 동일성 제약에 대해 이 방법을 사용하지만, 동일성 검정에 관한 각종 기본값과 손쉬운 방법을 가지고 있다. 이 장과 관련된 예는 www.statmodel.com을, 자세한 사항은 www.tzkeith.com을 보라. 자동 동일성 검정을 위한 한 가지 좋은 지름길은 명령어 MODEL=CONFIG METRIC SCALAR의 추가인데, 그것은 이들 3개의 모형에 대한 적합도지수와 비표준화 결과를 산출한다. 비록 저자는 언제나 프로그램을 고르고 주문에 동의하지 않지만, Amos 또한 동일성 검정을 자동화할 수 있다. [그림 20-13]은 이러한 접근방법의 산물이다[분석(Analyze) 메뉴 하의 다중 집단 분석(Multiple Group Analysis)].

바와 같이, 표준화 계수는 비표준화 계수에서, 그리고 관련된 변수의 분산에 영향을 받는다는 것을 회상하라. 회귀분석에서처럼 $\beta = b \dfrac{SD_x}{SD_y}$ 또는 $= b \sqrt{\dfrac{V_X}{V_Y}}$ 이며, 이 모형에서는 분산 중 어떠한 것도 동일하게 제약되지 않으므로 표준화 부하량도 집단 간에 동일하지 않다.

[그림 20-9]는 집단 간의 측정 절편값을 보여 준다. 다시 한번, 이 모형에서 각 측정변수의 절편은 남학생과 여학생 집단 모두에서 동일하게 제약되어 있다. 절편이 집단 간에 동일하게 제약되어 있기 때문에, 잠재변수의 평균이 집단 간에 차이를 보이는 것이 가능하다. 절편 제약이 없으면 모형이 과소추정되기 때문에(절편과 요인 평균을 추정하기 위하여 14개의 하위검사 평균을 사용하게 된다.) 잠재변수의 평균을 집단 간에 다르게 할 수가 없다. 이전 장에서 살펴본 바와 같이, 우리가 말하고 있는 것은 다양한 하위검사의 평균에서 보여 주는 차이는 잠재변수에서의 실제 평균 차이의 결과라는 것이다. 여학생 집단의 잠재평균 차이는 그림의 하단에서 볼 수 있다. 남학생 집단에서 잠재평균은 0으로 설정되었고, 따라서 여학생 집단에서 보여 주는 값은 여학생 집단에서 0에서의 차이를 나타낸다는 것을 회상하라. 따라서 Gc 잠재요인의 경우, 청소년 여학생 집단은 남학생 집단들보다 −.194 정도의 차이가 있는데, 이는 여학생 집단이 남학생 집단과 비교해 볼 때, 2/10 정도 더 낮은 점수를 의미한다. 그러나 이 값은 통계적으로 유의하지 않는데, 이는 아마도 실제 값이 0이거나 남학생 집단의 점수와 차이가 없다고 보아야 함을 의미한다. 그러나 Gv와 Glr의 잠재평균 차이가 통계적으로 유의하였다. 이러한 결과는 시·공간적 추론 잠재요인의 경우 남학생 집단의 점수가 여학생 집단의 점수보다 통계적으로 유의하게 더 높으며 (−.648), 장기기억 재인 잠재요인의 경우 여학생 집단의 점수가 남학생 집단의 점수보다 통계적으로 유의하게 높음(.638)을 시사한다. 우리는 이러한 결과로 되돌아가며, 후반부에서 그것을 좀 더 심층적으로 살펴볼 것이다.

[그림 20-9] 절편동일성 검정에 대한 상세 결과 (계속)

Intercepts: (male - intercepts equal)

			Estimate	S.E.	C.R.	P	Label
RIDDLES			10.449	.270	38.696	***	i1
VERB_KNO			10.143	.244	41.656	***	i2
EXP_VOC			9.898	.235	42.187	***	i3
GESTALT			10.116	.196	51.520	***	i4
TRIAN_UN			10.414	.210	49.680	***	i5
REBUS			9.877	.223	44.251	***	i8
REBUS_D			9.822	.231	42.556	***	i9
ATLANTIS			9.730	.228	42.613	***	i10
WORD_ORD			9.676	.217	44.639	***	i12
NUM_REC			9.642	.206	46.824	***	i13
HAND_MOV			9.677	.216	44.874	***	i14
ATLANT_D			9.795	.203	48.228	***	i11
BLOCK_C			10.297	.228	45.162	***	i6
ROVER			10.254	.221	46.420	***	i7

Intercepts: (female - intercepts equal)

			Estimate	S.E.	C.R.	P	Label
RIDDLES			10.449	.270	38.696	***	i1
VERB_KNO			10.143	.244	41.656	***	i2
EXP_VOC			9.898	.235	42.187	***	i3
GESTALT			10.116	.196	51.520	***	i4
TRIAN_UN			10.414	.210	49.680	***	i5
REBUS			9.877	.223	44.251	***	i8
REBUS_D			9.822	.231	42.556	***	i9
ATLANTIS			9.730	.228	42.613	***	i10
WORD_ORD			9.676	.217	44.639	***	i12
NUM_REC			9.642	.206	46.824	***	i13
HAND_MOV			9.677	.216	44.874	***	i14
ATLANT_D			9.795	.203	48.228	***	i11
BLOCK_C			10.297	.228	45.162	***	i6
ROVER			10.254	.221	46.420	***	i7

Means: (female - intercepts equal)

		Estimate	S.E.	C.R.	P
Gc		-.195	.351	-.554	.580
Gv		-.648	.260	-2.489	.013
Glr		.638	.307	2.079	.038
Gsm		.464	.246	1.890	.059

[그림 20-10]은 집단 간 공분산(covariances), 상관(correlations), 분산(variances)에 관한 정보를 보여준다. 이 값 중 어떤 것도 집단 간에 제약되지 않았지만, 후속 모형에서는 이러한 제약을 추가할 수 있다.

이제 집단 간 절편동일성, 측정원점 동일성, 강한 동일성을 확실하게 알았다. 그것은 실제적인 수준에서 무엇을 의미하는가? 한 가지 의미는 이미 제시되었다. 즉, 절편동일성은 하위검사(측정변수)에서 집단 간 평균에서의 차이는 하위검사에 대한 특수한 어떤 것에 대한 차이가 아니라, 기저가 되는 잠재변수에서의 **실제 차이**(true difference)의 결과라는 것을 의미한다. 절편은 독립변수(요인)의 값을 0으로 제약했을 때 종속변수(하위검사)의 평균값이다. 절편동일성이 의미하는 바에 대하여 생각해 보는 또 다른 방법은 각 측정변수가 남학생 집단의 경우에도 여학생 집단의 경우처럼 동일하게 0점을 갖는다는 것이다. 즉, 측정변수의 척도가 동일한 지점에서 출발한다. 행렬동일성은 척도가 집단 간에 동일한 행렬을 사용한다는 것을 의미하며, 절편동일성은 척도가 동일한 지점에서 시작한다는 것을 의미한다.

[그림 20-10] 절편동일성 검정에 대한 상세 결과, 세 번째 부분

Covariances: (male - intercepts equal)

			Estimate	S.E.	C.R.	P
Gc	<-->	Gv	4.228	.742	5.701	
Gc	<-->	Glr	4.900	.815	6.009	***
Gsm	<-->	Gc	3.393	.665	5.102	***
Gv	<-->	Glr	3.191	.601	5.309	***
Gsm	<-->	Gv	2.419	.499	4.848	***
Gsm	<-->	Glr	2.695	.546	4.934	***
e8	<-->	e9	1.812	.624	2.906	.004
e10	<-->	e11	3.936	.686	5.737	***

Covariances: (female - intercepts equal)

			Estimate	S.E.	C.R.	P
Gc	<-->	Gv	3.314	.587	5.650	***
Gc	<-->	Glr	4.475	.748	5.985	***
Gc	<-->	Gsm	3.413	.643	5.309	***
Gv	<-->	Glr	3.474	.566	6.142	***
Gv	<-->	Gsm	2.343	.462	5.072	***
Glr	<-->	Gsm	3.164	.594	5.325	***
e8	<-->	e9	1.767	.537	3.291	.001
e10	<-->	e11	2.679	.542	4.945	***

Correlations: (male - intercepts equal)

			Estimate
Gc	<-->	Gv	.677
Gc	<-->	Glr	.725
Gsm	<-->	Gc	.678
Gv	<-->	Glr	.675
Gsm	<-->	Gv	.691
Gsm	<-->	Glr	.711
e8	<-->	e9	.613
e10	<-->	e11	.678

Correlations: (female - intercepts equal)

			Estimate
Gc	<-->	Gv	.702
Gc	<-->	Glr	.697
Gc	<-->	Gsm	.681
Gv	<-->	Glr	.871
Gv	<-->	Gsm	.753
Glr	<-->	Gsm	.748
e8	<-->	e9	.570
e10	<-->	e11	.558

Variances: (male - intercepts equal)

	Estimate	S.E.	C.R.	P
Gc	8.930	1.262	7.078	***
Gv	4.372	.779	5.611	***
Glr	5.114	.946	5.409	***
Gsm	2.806	.666	4.216	***
e1	2.494	.426	5.861	***
e2	1.663	.317	5.249	***
e3	2.603	.387	6.733	***
e4	3.594	.460	7.819	***
e5	2.657	.475	5.599	***
e8	2.495	.631	3.955	***
e9	3.504	.732	4.786	***
e10	6.652	.902	7.373	***
e12	4.283	.686	6.242	***
e13	5.315	.736	7.224	***
e14	5.652	.795	7.110	***
e11	5.074	.685	7.406	***
e6	4.124	.633	6.515	***
e7	5.860	.784	7.470	***

Variances: (female - intercepts equal)

	Estimate	S.E.	C.R.	P
Gc	7.609	1.049	7.256	***
Gv	2.933	.583	5.034	***
Glr	5.424	.943	5.752	***
Gsm	3.298	.747	4.414	***
e1	2.021	.389	5.197	***
e2	2.907	.432	6.723	***
e3	2.414	.366	6.597	***
e4	5.346	.640	8.354	***
e5	3.334	.487	6.840	***
e8	2.787	.567	4.918	***
e9	3.446	.635	5.430	***
e10	4.273	.606	7.053	***
e12	3.794	.620	6.120	***
e13	5.429	.729	7.449	***
e14	4.739	.678	6.991	***
e11	5.391	.697	7.737	***
e6	4.754	.645	7.377	***
e7	5.685	.719	7.911	***

만약 이와 다른 경우, 즉 척도가 동일한 시작점을 가지고 있지 않는다고 생각해 보라. 예를 들어, 속도계가 망가져서 10mph가 넘기 전까지는 속도가 기록되지 않고, 실제 속도는 10mph로 일정하게 기록된다고 생각해 보라. 이때 받게 될 모든 속도위반 티켓에 대해 생각해 보라! 측정된 속도는 부분적으로 실제(잠재) 속도일 수도 있지만, 또한 부분적으로 올바르지 않은 출발점의 속도측정값을 가지고 있을 수 있다. 다른 예로서, 두 곳의 다른 도시에서 한 달 동안 매일 온도를 측정하였다고 가정해 보라. 한 도시에서는 섭씨 척도의 온도계를 사용하지만, 다른 도시에서는 켈빈 척도(Kelvin scale, 동일한 척도이지만 0점이 섭씨 −273°인 척도)의 온도계를 사용하였다고 하자. 척도가 다른 0점을 가지고 있기 때문에 평균 온도는 다를 것이다.

또한 실제적인 수준에서 볼 때, 절편동일성은 몇몇 합성변수의 평균을 비교하고자 할 때 가정된다(그러나 거의 검정되지는 않았다). 다시 말해서, 몇몇 합성변수에 있어 집단 간 평균을 비교할 때 강한 측정동일성은 성립된다고 가정한다(우리가 그것을 알든 그렇지 않든). Brown(2015)은 광장공포증(agoraphobia, 사람이 많거나 탁 트인 곳과 같이 탈출하기 어려운 공간에서 느끼는 비합리적인 두려움)을 측정하기 위해 설계된 문항의 예를 사용하였다. 남학생과 비교해 볼 때 여학생이 고립된 지역을 혼자 걸을 때(광장공포증의 한 가지 지표), 심지어 기저가 되는 광장공포증과 동일한 수준의 공포감을 느낄 때 더 많은 공포감을 느낀다고 표현할 것으로 예상할 수 있다. 그렇다면 이것은 성별 간에 해당 문항에 대한 절편에서의 차이로 나타날 것이다. 광장공포증 관련 연구에서 절편동일성을 검정하지 않거나 고려하지 않는다면, 이러한 차이는 잘못된 결론을 도출할 수 있다. 4~5개의 광장공포증 문항이 단순 합산되면, 실제로는 하나의 문항에만 성별 간 차이가 있음에도 불구하고 여학생이 더 높은 수준의 광장공포증을 가지고 있다고 결론을 내려 버릴 수 있다. 이 예는 또한 절편에서의 차이가 종종 무엇을 의미하는지를 보여 준다. 즉, 보다 일반적인 요인(광장공포증)을 넘어 어떤 문항에 영향을 미치는 약간 더 특수한 요인(예: 공격에 대한 두려움)이 있다는 것이다.

우리는 행렬동일성(또는 행렬동일성 결여)과 관련하여 구인타당도에서의 편향에 대해 논의하였다. 마찬가지로, 절편동일성 결여는 집단 간 구인편향(construct bias)을 시사한다. 우리가 **배회자** 하위검사의 Gv 요인(부분절편동일성, 다음 참고)에서 절편동일성 결여를 발견하였다고 가정해 보자. 그것은 심지어 잠재변수 Gv 평균에서의 차이를 고려한 후에도 한 성별이 이 검사에서 체계적으로(systematically) 높거나 낮은 점수를 얻었음을 의미한다. 다시 말해서, 그러한 결과는 **배회자** 검사가 Gv에서 보다 더 낮은 점수를 받은 집단에게 공평한 척도는 아니라는 것을 시사하는데, 이는 해당 검사가 그 집단의 점수를 체계적으로 과소추정했기 때문이다. 마찬가지로, 이 경우에 이 검사를 사용한 종합점수는 한 집단 대 다른 집단에 대한 체계적인 편향을 보여 줄 수 있다.

절편동일성에 관한 주제와 관련하여 몇 가지 추가적인 고려점이 있다. 첫째, 행렬동일성과 절편동일성 모형이 실제로 내포되어 있는지 의문을 가질 수 있다. 한마디로 내포된 관계는 한 모형이 모수에 제약을 가함으로써 다른 모형을 도출해 낼 수 있는 관계이다. 행렬동일성에서 절편동일성으로 나아감에 따라, 14개의 제약(한 집단의 절편은 다른 집단의 절편과 동일하게 제약됨)을 추가하지만, 4개의 이전 제약은 자유롭게 추정(여학생 집단의 잠재요인평균 차이는 자유롭게 추정됨)되어 왔다. 이것에 대하여 궁금해한다면 여러분에게는 좋은 일이지만, 그 모형은 실제로 내포되어 있다. **행렬동일성(metric invariance)**

모형을 추정하는 또 다른 방법은 참조변수(요인부하량이 1인 변수. 예를 들어, **알아맞히기, 삼각형**)의 절편을 집단 간에 동일하게 제약하되, 여학생 집단에서는 요인 평균을 자유롭게 추정되도록 하는 것이다. 이러한 대안적 행렬동일성모형은 자유도가 동일하고(4개의 제약이 추가되고, 4개의 제약이 사라졌기 때문에) 모형적합도도 동일하다. 추정 결과도 동일하다. 다음으로, 이 모형을 절편동일성모형으로 바꾸기 위해서는 나머지 10개의 절편이 집단 간에 동일하게 제약될 필요가 있다(이때 df는 10이 증가함).

둘째, 평균구조를 추정하지 않고 처음 두 개의 동일성 검정 단계를 검정하는 것이 가능하며, 실제로 그렇게 한다. 모형적합도와 모형 결과는 여기서 보이는 것과 동일할 것이다. 물론, 절편동일성을 검정하기 위하여 평균과 절편을 추정할 필요가 있다. 그러나 여기에서 초점은 평균구조를 추정하지 않고도 구조동일성과 행렬동일성을 추정하고, 그런 다음 이 모형을 절편동일성모형과 비교하는 것이 충분히 수용 가능하다.

셋째, 저자의 경험상 완벽한 절편동일성은 종종 행렬동일성보다 충족시키기가 더 어렵다(그래서 저자는 이 주제에 대해서 동일한 것을 연구했으며, 저자보다 훨씬 더 많은 지식을 가지고 있는 다른 사람에 대해 이야기해 왔다). 완벽한 절편동일성이 성립하지 않을 때, 한 가지 옵션은 하나 이상의 집단에서 절편에 대한 제약을 선택적으로 해제시킴으로써 부분절편동일성(partial intercept invariance)을 검정하는 것이다(Byrne et al., 1989). 그러한 모형 제약해제 방법에 대한 대안은 분석 결과(예: 수정지수)의 탐색을 통해 또는 이론적 배경에 기초하여 찾아낼 수 있다(Reynolds & Keith, 2013). 이미 언급한 바와 같이, 부분절편동일성이 발생하는 가장 일반적인 이유는 모형화되지 않은 사소한 특수(또는 일반) 요인이 존재하기 때문이다. 광견병공포증의 예를 회상해 보라. 사후모형비교에서처럼 결과기반(results-based) 부분절편동일성 제약해제 방법은 거의 시행되지 않는다. 부분동일성에 대한 이유를 모형 검정 이전보다 그 사실 이후에 제시하는 것이 더 쉽다!

얼마나 많은 부하량 또는 절편이 다를 수 있고, 모형은 동일하지 않은 것과 반대로 여전히 부분적으로 동일한 것으로 간주될 수 있는가? 가장 중요한 것은 부분적으로 동일한 것으로 간주되려면 하나의 요인은 (참조변수와는 다른) 적어도 하나의 다른 동일성 지표를 갖도록 모형을 설정하는 것이다(Byrne et al., 1989). 부분절편동일성에 대해 보다 자세히 알고 싶으면, Byrne, Shavelson과 Muthen(1989), Gregorich (2006), Reynolds와 Keith(2013), Vandenberg와 Lance(2000)를 참고하라. 이러한 잠재적 문제점에 대한 또 다른 가능한 해결책은 우리가 모형을 비교하기 위하여 사용해 왔던 $\Delta\chi^2$ 검정이 지나치게 민감하다는 것을 인식하는 것과 동일성 검정을 위한 대안(예: △CFI)을 사용하는 것이다(Cheung & Reynolds, 2002). 비교되는 집단이 많은 경우, 절편동일성은 지원되지 않는 경우가 많다. 이 경우에는 전통적인 동일성 검정의 대안으로 '다중집단 요인분석 배열(multiple group factor analysis alignment)'이라고 알려진 방법이 제안되었으며, 절편동일성이 지원되지 않는 경우에도 집단 요인 평균과 분산을 추정할 수 있다 (Asparouhov & Muthen, 2014; 예를 들어, Marsh et al., 2017 참고).

넷째, 그리고 마지막으로 문항수준의 분석을 수행할 때(예: 광장공포증 사례), 어떤 문항에 대해 절편동일성이 성립되지 않았을 때 이 연구결과는 심리측정 문헌에서 차별문항기능기법(Differential Item Functioning: DIF)이라고 알려진 것에 관한 증거이다.

잔차동일성

동일성 검정에서 적어도 현재의 설명에서 마지막 단계는 측정변수를 위한 잔차분산(그리고 만약 있다면, 공분산)도 집단 간에 동일하게 할 필요가 있다. Meredith(1993)는 이것을 '엄격한(strict)' 측정단위 동일성(factorial invariance)이라고 명명하였다. 그것은 때때로 '동일한 고유성(invariant uniquenesses)'이라고도 일컬어진다(Vandenberg & Lance, 2000). 이러한 수준의 **측정단위(factorial)** 동일성은 **측정(measurement)** 동일성과 동일하다. 즉, 측정된 점수의 평균과 분산에서의 모든 차이는 잠재 요인들에서의 평균과 분산/공분산에서의 차이로 완벽하게 설명된다.

모든 연구자가 잔차동일성이 또는 다음 단계인 동일성 검정에서 필요하다고 생각하지는 않는다(Vandenberg & Lance, 2000). 행렬동일성은 절편동일성보다 먼저 검정되어야 하고, 절편동일성은 잠재평균에서의 차이를 검정하기 전에 충족되어야 한다. 그러나 엄격한 측정단위 (잔차) 동일성은 절편동일성을 검정한 바로 뒤에 행해질 필요는 없다. 많은 저자는 잠재평균, 또는 다음으로 잔차에서의 동일성을 상대적으로 사소하고 아마도 별로 중요하지 않은 문제로 생각하는 요인분산과 공분산에서의 실재적인 차이를 검정하곤 한다. 저자는 몇 가지 이유때문에 잔차동일성을 여기에서 다음 단계로 제시한다. 첫째, 구조(configural), 행렬(metric), 절편(intercept), 그리고 잔차(residual)동일성은 모두 **측정동일성(measurement invariance)**의 각 측면에 초점을 두고 있다. 동일성의 다른 측면(잠재평균과 분산)은 동일성의 **구조적(structural)** 측면으로 간주될 수 있다. 다시 말해서, 구조동일성에서 잔차동일성까지는 측정변수가 잠재변수와 어떻게 관련이 있는지에 초점을 둔다. 다른 측면들은 잠재변수 자체에 초점을 둔다. 둘째, 만약 두 개의 하위집단을 더 큰 하나의 집단에서 무작위로 선택한다면, 요인분산과 공분산에서의 동일성을 반드시 기대할 필요는 없으며(Meredith, 1993; Widaman & Reise, 1997), 따라서 이러한 것은 후속 단계에서 고려되어야 한다. 마지막으로, 이러한 후속적인 동일성 검정 순서는 대부분의 경우 연구결과에서 거의 차이를 보이지 않아야 한다. 현재의 예를 사용하여, 동일성 검정의 순서를 바꾸는 것(예: 잠재평균을 다음에 검정하는 것 vs 일련의 과정에서 마지막에 검정하는 것)은 각 단계와 연관된 χ^2에서 매우 작은 차이를 보였다. 만약 고유분산, 잠재분산, 공분산, 평균 등과 같은 측정의 상이한 측면을 구별하기 위하여 이 모형의 설명력을 믿는다면 이것은 타당하다.

잔차동일성 모형 하위검사의 경우, 14개 KABC-II 하위검사를 위한 잔차분산(또한 오차 또는 고유분산으로 알려진)은 남학생과 여학생 집단 모두 동일하게 제약되었다. 두 하위검사의 잔차공분산(**수수께끼 그림**과 **지연된 수수께끼 그림**, **아틀란티스**와 **지연된 아틀란티스** 간의) 또한 두 성별 간 동일하게 제약되었다. 이러한 제약은 [그림 20-11]에서 모수 명칭을 위해 사용된 명칭에서 볼 수 있다. 이 그림은 남학생 집단을 위한 것이다. 여학생 집단에게도 동일한 모수 명칭이 사용되었다. 따라서 제약된 값은 두 성별 간에 동일하다. 잔차동일성모형의 적합도는 〈표 20-2〉에 제시되었다. 다시 한번, 모형적합도는 적절한 수준이었고, χ^2에서의 차이는 통계적으로 유의하지 않았다. 부가적인 제약은 χ^2이 약간 증가하는 데 '기여(worth)'한다. 따라서 우리는 잔차동일성모형을 KABC-II의 성별 간 구조를 적절하게 표현하는 모형이라고 받아들일 수 있을 것이다. △CFI 기준을 살펴보는 것 또한 잔차동일성 단계를 지지한다.

[그림 20-11] 잔차(엄격한)동일성

잔차동일성 하위검사는 집단 간에 동일하게 제약되었다.

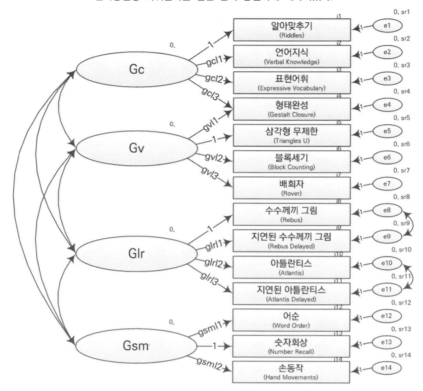

　행렬동일성이나 절편동일성보다 잔차동일성을 확보하기가 더 어렵다. 이것이 충족되지 않으면, 다른 유형의 동일성에서처럼 측정변수 잔차 중 몇 개를 집단 간에 다르게 추정되도록 제약을 해제함으로써 부분잔차동일성을 달성할 수 있다. 잔차동일성은 또한 이전에 살펴본 다른 동일성 유형만큼 중요하지는 않다. Widaman과 Reise가 언급한 바와 같이, 행렬(약한)동일성과 절편(강한)동일성이 '대부분의 실재적인 연구문제'를 위해 가장 중요하며, 잔차(엄격한)동일성은 "있으면 좋지만 필요하지는 않다"(1997: 296). 행렬동일성은 한 변수가 다른 변수에 미치는 영향이 집단별로 어떠한 차이를 보이는지(예를 들어, 구조방정식에서 경로를 비교하는 것과 같이)를 비교할 때 필요하며, 절편동일성은 집단 간 평균구조를 비교할 때 필요하다. 그러나 잔차 또는 엄격한 동일성을 추가하는 것은 "요인 평균과 분산에서의 집단 간 차이가 완벽하게 하위검사 점수에서의 집단 간 차이를 설명한다."(Reynolds & Keith, 2013: 45; Meredith & Teresi, 2006 비교)는 것을 의미한다. 앞에서 언급한 측정동일성과 구조동일성 간의 차이를 회상해 보라. 여기에서는 구조동일성을 검정하는 방법을 측정동일성을 검정하는 방법으로 설명하였다. 잔차 또는 엄격한 "동일성은 집단 간 차이는 단지 잠재변수에서의 집단 간 차이에서 기인하기 때문에 측정동일성과 동일하다"(Reynolds & Keith, 2013: 74; Meredith & Teresi, 2006 비교). 강한 동일성이 요인 평균과 측정평균의 비교를 타당하게 해 주는 것처럼, 엄격한 동일성은 측정변수의 분산과 공분산의 비교를 타당하게 해 준다(Greorich, 2006). 이 마지막 말은 관측변수가 요인과 측정오차(엄격한 동일성모형에서 제약된 값) 모두에 의해 영향을 받기 때문에 해당된다.

구조동일성: 동일한 요인 분산

측정잔차에서의 동일성을 검정하면 측정동일성 검정과 관련된 단계를 완료한다. 후속 단계는 CFA 모형의 구조적 측면에서의 **실재적인 차이**(substantive differences), 즉 잠재변수의 특성(분산과 평균)과 그것이 어떻게 관련되어 있는지(공분산)를 검정한다. 이러한 것은 종종 구인(constructs)이 집단 간에 다른지 여부와 어떻게 다른지와 같이, 관심 구인들의 본질에 대한 실재적인 연구문제를 반영한다. 반면에, 동일성의 측정 측면은 측정도구가 집단 간에 동일하게 작동하는지 여부를 묻는다(관심 구인을 정확하게 사정하기 위하여). 그래서 현재 예시에서, Reynolds와 그의 동료들의 주요 관심사는 지능의 여러 측면에서 남학생과 여학생 집단 간에 평균 수준에서 차이가 있는지 여부를 알아보는 것이었다(2008). 선행연구는 지능의 여러 측면에서 남학생과 여학생 간에 차이가 있음을 시사해 왔다. 선행연구는 또한 남학생 집단이 정규곡선의 양 끝에서 과밀집되어(overpopulate) 있고, 따라서 여학생 집단보다 지능에서 더 큰 분산을 보인다는 것을 시사해 왔다(Johnson, Carothers, & Deary, 2008). Reynolds와 그의 동료들은 또한 이러한 가능성도 검정하였다.

측정동일성과 구조동일성이 각기 다른 지향점을 가지고 있기 때문에, 몇몇 방법론자는 모형적합도를 판단하는 데 각기 다른 기준을 사용해야 함을 제안하였다. 예를 들어, Little은 다음을 제안하였다. 측정모형의 전체 모형적합도를 판단하기 위해 유일무이한 적합도지수를 제안하는 것에 집중하여 '모형화 논리(modeling rationale)'의 사용 가능성에 대해 제안하였고, 구조모형의 적합도를 비교하기 위해, '통계적 논리(statistical rationale)'(예: $\Delta\chi^2$의 통계적 유의도)의 사용 가능성에 대해 제안하였다(Little, 1997: 58–59). 다른 연구자는 동일성 검정에서의 CFI와 같이 적합도지수의 변화를 판단하기 위한 경험칙을 제공하였다(Cheung & Rensvold, 2002; Meade, Johnson, & Braddy, 2008). 또 다른 가능성은 측정동일성을 판단할 때와 실질적인 가설 검정에서의 각기 다른 판단기준(예: 각각 $p < .01$ 대 $p < .05$)을 사용할 것을 제안하기도 하였다. 현재 저자는 일반적으로 측정동일성 검정에는 0.01 미만의 △CFI을 사용하고 실재적인(구조동일성) 검정에는 $\Delta\chi^2$을 사용한다.

구조적 모수에서의 차이를 검정할 때, 대부분의 방법론자는 요인분산, 그다음으로 요인공분산을 동일하게 제약하는 것부터 시작한다. 이는 요인 간에 어떻게 관련이 있는지를 분석하기 전에 변수가 어떻게 다른지를 연구하는 데 타당성을 부여한다. [그림 20-12]에는 여학생 집단에서 다른 모수는 동일하게 제약한 구조동일성 검정 모형이 제시되어 있다. 또한 우리는 다음 두 모형에서도 이 그림을 보게 될 것이다. 그림의 4개의 요인(fv1, fv2 등)의 오른쪽 위에 적힌 값은 요인분산의 제약을 나타낸다.

〈표 20-2〉에서 볼 수 있는 바와 같이, 이러한 첫 번째 구조제약(요인분산이 동일)은 χ^2에서 3.895의 증가를 초래하였는데, 이는 자유도 4에서 통계적으로 유의하지 않았다. 전반적인 모형적합도는 적절한 수준이다. 따라서 제약은 합리적인 것이었고, 4개의 잠재요인의 분산이 15~16세의 남학생 및 여학생 집단에서 서로 같다고 결론내릴 수 있다. 남학생과 여학생은 언어적 추론, 시·공간적 추론 등에서 같은 정도의 변화 가능성, 정규곡선에서 같은 정도의 넓이를 보였다. 이미 언급한 바와 같이, 요인분산(추가적으로 비표준화 요인부하량 또한)은 집단 간 동일하게 제약되어 있기 때문에 (비록 여기에서는 이러한 동일성이 제시되지는 않았지만) 표준화 요인부하량은 집단 간 동일하다.

[그림 20-12] 모든 제약이 집단 간에 동일하게 제약되었다.

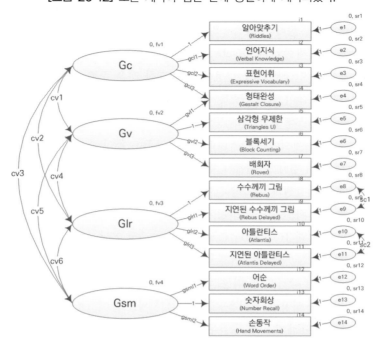

요인분산의 동일성을 차례로 검정하는 것이 가능하고, 또한 만약 각각의 요인이 성별 간 동일한 분산을 보이는지를 결정하는 것도 검정 가능하다. 이를 사전에 계획하거나 이 단계에서 모형적합도가 감소하는 것을 보고 결정할 수도 있다. 그러므로 만약 이 단계에서 통계적으로 유의한 χ^2값의 증가를 찾아낸다면, 다음 단계에서 집단 간 분산의 차이가 어디에 존재하는지를 결정하기 위해 각 분산을 차례로 검정할 수 있다. 통계적으로 유의할 때, 우리는 15~16세의 남학생과 여학생이 내포된 잠재 기저구조에서 다른 정도의 변화 가능성을 보인다고 결론지을 수 있다. 동일성 검정의 본 단계에서 얻게 된 이러한 결론은 검사도구보다는 측정된 기저구조에 주목한다. 그러므로 요인분산(그리고 공분산과 평균)에서의 동일성은 심지어 완벽한 검사도구라 하더라도 예측되어서는 안 된다. "만약 동일성 제약을 행렬(잠재요인들의 분산-공분산행렬)에 부여하는 것이 모형적합도를 나쁘게 만든다 하더라도, 집단 간을 동일하게 제약을 가한 최종모형은 우아하다." 따라서 우리의 모형은 꽤 우아하다!

동일한 요인공분산

[그림 20-12]는 요인공분산(cv1, cv2 등)에서의 동일화 제약을 보여 준다. 〈표 20-2〉의 모형 6에서 보듯이, 6개의 동일화 제약을 추가하는 것은 작지만 통계적으로 유의하지는 않은 χ^2에서의 증가를 보여 주고, 다른 모형적합도지수 또한 여전히 적절한 수준을 보인다. 따라서 우리는 각 요인이 다른 요인과 맺고 있는 관계(공분산)가 집단 간 동일하다고 결론내릴 수 있다.

만약 요인분산과 요인공분산이 집단 간 동일하다면, 요인 간 상관은 집단 간 동일할 것이다. 상관은 두 변수의 표준편차 또는 분산에 대해 설명함으로써 표준화된 공분산의 표준화값이다. 공분산과 반대로, 요인상관을 명시적으로 검정하는 것은 팬텀변수를 추가함으로써 가능하다(Little, 1997과 비교). 그러나 이 방법은 이 책의 범위를 넘어서는 내용이다. 초기의 확인적 요인분석을 다룬 장에서의 (UVI 제약을 가진) 표준화모형을 가지고 이를 실행할 수 있다. 그러나 이 방법은 요인상관의 동일성을 검정하는 것과 함께 이전에 언급한 동일성 검정의 단계들을 혼동하는 것이다.

동일한 요인 평균

마지막 단계는 집단 간 잠재변수의 평균에서의 동일성을 검정하는 것이다. [그림 20-12]에 제시된 그림은 이 모형의 사양을 보여 준다. 여학생 집단의 요인 평균은 이 모형에서 모두 0으로 제약되고, 남학생 집단의 요인 평균은 다른 모든 모형에서 0으로 제약되었다. 그러므로 이 모형에서 절편은 집단 간 동일하게 제약될 뿐만 아니라 두 집단 모두에서 요인 평균이 0으로 제약된다. 모형적합도는 〈표 20-2〉에 제시되어 있다(모형 7). 〈표 20-2〉의 모형 7에 제시되었듯이, 다른 적합도지수에 따르면, 이러한 제약은 통계적으로 유의한 χ^2의 증가와 함께 주목할 만한 모형적합도의 감소를 야기시켰다. 이러한 결과는 Gc, Gv와 같은 잠재변수의 평균 수준에서 남학생과 여학생 집단 간 차이가 존재함을 시사한다. 또한 이러한 결과는 절편동일성모형의 세부 결과와 동일하다. 여학생 집단이 **장기기억재인능력(Glr)**에서 통계적으로 더 높은 수준을 보였고, 남학생 집단이 **시·공간적 추론능력(Gv)**에서 더 높은 능력을 보였다.

다음의 5개의 모형 7a부터 7e는 이러한 결과를 뒷받침해 준다. 모형 7a부터 7d는 평균 차이에서 각 요인을 각각 검정해 준다. Gv 요인의 평균을 남학생 집단과 여학생 집단 간에 동일하게 제약하는 것은 χ^2에서 통계적으로 유의한 증가를 야기시킨다(모형 7b). 마찬가지로, Glr 요인의 평균을 동일하게 제약하는 것도 같은 결과를 보였다(모형 7c). 이러한 결과는 절편동일성에서의 결과와 같다. 반면에, Gsm 요인의 평균을 집단 간 동일하게 제약하는 것은 이러한 감소를 보이지는 않았다. 그러나 흥미로운 것은 Gc 요인과 Gsm 요인의 평균을 동시에 동일하게 제약한 (그러나 Glr 요인과 Gv 요인의 평균에 대한 제약은 해제한) 모형은 요인공분산에 동일화 제약을 가한 모형(모형 6)보다 모형적합도가 좋지 않았다($\Delta\chi^2$은 통계적으로 유의하였다). 아마도 Gc와 Gsm 모두 남학생과 여학생 집단에서 다르지 않더라도, 이 둘을 모두 동일하게 제약하는 것은 χ^2의 차이를 통계적으로 유의한 수준까지 만들어 낸다. 어떻게 결론지을 수 있을까? 저자의 생각에는 Gc와 Gsm은 평균과 분산에서 동일화 제약을 가하는 것이 타당하다. 반면에, **장기기억재인능력(Glr)** 요인과 **시·공간적 추론능력(Gv)** 요인이 남학생 집단과 여학생 집단 모두에서 동일하게 잘 측정되었지만 남학생과 여학생은 이러한 능력에서 다른 능력 수준을 보여 주었다. 여학생은 더 높은 장기기억재인능력을 가지고 있고, 남학생은 더 높은 시·공간적 추론능력을 가지고 있는 것으로 보인다.

요인 평균에서의 차이를 검정하기 전에 분산과 공분산의 동일성을 검정하는 것은 불필요하다. 다만, 잠재평균의 차이를 검정하기 전에 절편동일성(또는 부분절편동일성)을 검정하는 것은 필요하다. 마찬가지로, 행렬동일성(또는 부분행렬동일성)은 요인분산과 공분산에서의 차이를 검정하기 전에 필요하다.

이 부분은 두 가지 목적이 있다. 확인적 요인분석에서 평균과 절편의 추정이 소개되었고, 확인적 요인분석에서 동일성 검정 단계의 세부적 과정을 논의해 보았다. 기저구조 측정에서 동일성을 검정하는 것은 중요한 주제이며, 다집단 확인적 요인분석에서 유용하다. 우리가 이것을 인지하든 그렇지 않든, 이러한 동일성은 집단 간 비교를 하는 모든 연구에서 기본 가정이 된다. 만약 이러한 동일성을 증명하였다면, 우리의 연구는 훨씬 강력한 것이 된다. 이전 장에서 논의했듯이, 하나의 잠재변수가 다른 잠재변수에 미치는 영향에서의 집단 간 차이를 비교하기 위해 행렬동일성을 검정하는 것은 필요하다(제18장). 또한 집단 간 잠재평균과 절편을 비교하기 위해서 절편동일성을 검정하는 것도 필요하다(제19장). 아마도 잠재변수 분석에서만 이러한 주제를 다루고 싶겠지만, 이러한 접근은 매우 근시안적인 것이다. 연구에 포함되는 대부분의 변수는 실제로는 잠재변수이다. 즉, 우리는 일반적으로 기저구조와 각각의 영향력에 관심이 있으며, 측정/관찰된 것은 대부분 이러한 기저구조의 불완전한 형태이다. 만약 비교하고자 하는 집단 간 동일성을 검정한다면, 우리의 연구는 변수 간의 영향에 대한 보다 강력한 증거가 될 수 있다.

대안모형 사양

여기에서 저자는 초기모형 사양(specification)의 기준으로 요인식별에 대한 ULI 접근방법을 사용하여 왔다. 이것은 가장 일반적인 접근방법이며, Amos와 Mplus에서 자동 동일성 검정(automatic invariance-testing)의 기초를 형성한다. 이 접근방법의 한 가지 단점은 요인당 하나의 지표(집단에 걸쳐 부하량이 1로 고정된 지표)가 통계적 유의도에 대해 검정되지 않고, 모든 모형에 대해 집단 전체에서 동일하게 제약된다는 것이다. 다른 기준변수를 사용하여 분석을 다시 수행하고 모든 결과가 여전히 허용 가능한지 확인하는 것이 문제인 경우 쉬운 해결책이다. 이 예제에서는 각 요인의 지표로 서로 다른 하위검정을 사용한 경우, 모든 모형적합도와 모든 결론이 동일하였다. 비표준화 부하량과 요인 평균 추정값과 같은 일부 값은 서로 다른 척도를 사용했기 때문에 차이가 있었지만, 모형에 대한 표준화 결과와 결론 및 모형 모수의 통계적 유의도는 동일하였다. 그러나 모형 사양에는 다른 대안이 있다. 제안사항에 대해서는 Brown(2015)과 Kline(2016)을 참고하라.

측정변수의 분산/공분산행렬

대다수의 방법론자는 실제로 집단 간 공분산(분산/공분산) 비교를 동일성 검정의 가장 첫 단계로 제안하였다. 왜인지 궁금하지 않은가? CFA를 해결하는 방법을 생각해 보라. 분석에서 '연료(동기)'는 무엇인가? CFA는 공분산행렬에서 시작된다. 공분산행렬은 요인부하량, 잔차분산, 요인분산과 공분산을 추정하는 데 활용된다. 따라서 공분산행렬이 집단 전체에서 동일하다면, (평균구조를 제외한) 요인구조도 집단 전체에서 동일해야 한다. 달리 말하면, 요인 관련 추정값은 공분산행렬에 내포되어 있다. 따라서 공분산행렬의 동일성 검정은 측정도구가 여러 집단에 걸쳐 동일한 구조를 측정하고 있는지 여부를 판단해야 하지만, 해당 구인이 무엇인지 **정확히 지정하지 않는다**. 만약 이러한 동일성 검정이 측정변수의 평균에 대한 제약까지 내포하도록 확장된다면, 적률행렬의 동일성 검정(평균, 분산, 공분산) 또한 절편동일성과 요인 평균 동일성의 단계를 포함한다.

[그림 20-13]에 제시된 모형은 집단 간 공분산과 적률행렬의 동일성을 검정하기 위한 것이다. 이 모형은 복잡하지만 세 유형의 제약을 포함하고 있다.

[그림 20-13] 집단 간 적률행렬동일성 검정

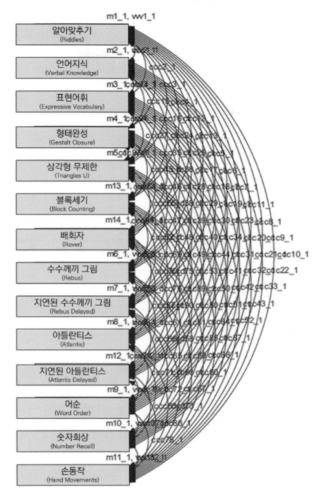

1. 측정변수(하위검사)의 분산. 남학생 집단에서는 vvv1_1부터 vvv14_1로 명명되어 있다(비록 여기에 제시되지는 않았지만, 여학생 집단에서는 vvv1_2부터 vvv14_2로 명명되어 있다).

2. 측정변수의 공분산. 남학생 집단에서는 ccc1_1부터 ccc91_1로, 여학생 집단에서는 ccc1_2부터 ccc91_2로 표시되어 있다.

3. 측정변수의 평균. 남학생 집단에서는 m1_1부터 m14_1로 여학생 집단에서는 m1_2부터 m14_2로 표시되어 있다.

[Amos를 사용하는 사용자의 경우, 이러한 제약은 분석(analysis) 탭의 다집단(multiple-groups) 옵션을 사용하면 자동적으로 생성된다.]

〈표 20-3〉에는 모형의 적합도지수가 제시되어 있다. 첫 번째 모형은 집단 간 제약이 부여되지 않은 모형이다. 이 모형은 단순히 평균, 분산 그리고 공분산을 추정한다. 집단 간 제약이 존재하지 않는다. 예를 들어, CFA에서처럼 요인부하량이 0으로 제약되는 것은 존재하지 않는다. 또한 집단 간 제약도 존재

하지 않는다. 그 어떠한 제약도 모형에 없으므로, 이 모형은 자유도가 0이며 완벽한 모형적합도를 보인다. 표에 있는 값을 포함할 필요는 없지만, 이러한 '제약없음'모형이 모형 비교의 후속 단계에서 기저모형임을 명확히 하기 위해 여기에서 설정해 보았다. 두 번째 모형은 측정변수의 분산과 공분산이 남학생과 여학생 집단에서 동일하게 제약된 모형이다(이 모형은 이전에 목록화된 값 중 처음 두 세트를 포함한다). 표에서 볼 수 있는 바와 같이 이 모형은 자료를 완벽히 설명하였다(완벽한 모형적합도, CFI=1, RMSEA=0을 보였다). 심지어 이 모형의 $\Delta\chi^2$은 통계적으로 유의하지 않았다(저자는 일반적으로 복잡한 모형에서 이것을 기대하지 않으며 이 모형에서는 유일무이한 모형적합도를 사용할 것을 강조한다). 이는 동일성 검정의 세부사항과 궤를 같이하는 것이다. 요인부하량, 잔차분산, 요인분산 그리고 요인공분산은 성별 집단 간에 모두 동일하다. 이러한 검정은 공분산행렬의 동일성에 대한 Box의 M 검사와 같다.

〈표 20-3〉 분산/공분산과 적률행렬동일성 검정

모형	χ^2	df	$\Delta\chi^2$	Δdf	p	RMSEA	RMSEA*	SRMR	CFI	AIC
1. 제약없음	.000	0				.000	.000	.000	1.000	476.000
2. 분산 & 공분산동일	98.155	105	98.155	105	.669	.000	.000	.038	1.000	364.155
3. 평균동일	139.586	119	41.431	14	.000	.024	.034	.038	.991	377.586

* 집단의 수로 보정된 RMSEA
주: 모든 모형은 이전 모형과 비교되었다.

만약 분산/공분산이 동일한 모형의 적합도가 좋지 않다면, 이것은 무엇을 의미하는가? 이는 측정에서 하나 이상의 측면(부하량, 잔차분산 등)이 집단 간 동일하지 않음을 의미한다(그리고 이러한 측면은 전체 모형의 적합도를 감소시키기에 충분하다). 만약 이러한 경우라면, 다음 단계는 〈표 20-2〉와 〈표 20-4〉에 제시된 동일성 검정의 세부 단계를 거칠 필요가 있다.

〈표 20-3〉에 제시된 세 번째 모형은 하위검사의 평균을 남학생 집단과 여학생 집단 모두 동일하게 제약하였다. 표에서 볼 수 있는 바와 같이, 이러한 제약은 통계적으로 유의한 χ^2의 증가를 야기시켰다. 이를 모형을 판단하는 기준으로 삼는다면, 이 결과에 대해 조금 더 생각해 볼 필요가 있다고 결론내렸을 것이다. 모형적합도를 감소시키는 요인이 하위검사의 평균 차이에서 기인한 것인지, 아니면 잠재요인의 평균 차이에서 기인한 것인지에 대해 검정함으로써 이를 알아볼 수 있다. 우리의 이전 동일성 검정은 평균 차이가 Gv 요인과 Glr 요인에서 남학생 집단과 여학생 집단의 유의한 차이에서 비롯된 것임을 시사한다.

〈표 20-3〉의 최종모형의 적합도를 유일무이한 적합도지수로 판단한다면, 분산, 공분산, 평균이 두 집단 간 모두 동일하다고 결론내릴 수 있다. 현재 예시에서, 평균에 제약을 추가하는 것은 모형적합도를 감소시키지만, 전반적인 모형적합도를 나쁜 수준까지 감소시키지는 않는다(감소된다고 하더라도 적절한 수준 내에서 변화할 뿐이다). 이러한 연구결과는 독립 F 검정에서 통계적으로 유의하지 않은 결과가 나왔지만, 세부적으로 평균 비교를 했을 때 통계적으로 유의한 차이가 존재할 수 있는 상황과 유사하다.

언급한 바와 같이, 많은 방법론자는 이를 동일성 검정의 첫 단계라고 주장한다(그리고 저자도 종종 연

구에서 이것을 사용한다). 그들은 또한 이러한 모형적합도가 집단 전체에서 적절한 수준을 만족시킨다면 세부적인 동일성 검정은 필요하지 않다고 주장한다. 이는 완벽히 타당하다. 그러나 현재 예시는 또한 전체 행렬(지금의 경우, 적률 행렬)이 적절한 수준의 적합도를 보이지만, 세부적인 동일성 검정이 모형의 몇몇 측면에서 차이를 보일 수도 있음을 설명해 주었다. 즉, 이 단계에서 전반적으로 좋은 모형적합도는 보다 세부적인 단계에서 측정 또는 구조동일성에서 실제로 존재하는 집단 간 차이를 감추고 있을지도 모른다. 연구에서 어떠한 절차로 이를 실행해야 하는가? 항상 연구의 목적을 고려하고 답하고자 하는 연구문제를 바탕으로 진행해야 한다. 현재 예시가 반영하고 있는 연구에서 연구자는 남학생과 여학생 집단이 지능의 다른 유형에서 평균 차이를 보이는지에 대해 알고 싶어 한다(Reynolds et al., 2008). 그러므로 절편과 요인 평균에서의 비교를 세부적으로 수행하는 것은 타당하다. 반면에, 연구 목적이 한 변수가 다른 변수에 미치는 영향에서 집단 간 차이를 알아보는 것이라면, 이러한 영향에서의 차이를 비교하기 전에 집단 간 분산/공분산행렬이 적절한 적합도를 보이는지를 증명하는 것이 동일성을 검정하는 데 필요하다. 만약 어떠한 방법을 취해야 하는지 확신이 없다면 상세한 동일성 검정이 가장 안전할 것이다.

〈표 20-4〉는 평균과 절편이 추정되었을 때 이러한 동일성 검정의 단계를 요약해서 나타낸 것이다. 또한 표에서는 각 단계에서 동일성의 의미도 다시 한번 제시되어 있다. 사용될 수도 있고 그렇지 않을 수도 있기 때문에, 적률행렬 비교는 0단계로 제시되어 있다.

평균이 없는 동일성 검정

많은 연구자가 평균구조에서의 차이를 검정하지 않고 동일성 검정을 수행한다. 예를 들어, 나라별로 표준화한 측정값을 가지고 나라별 동일성을 검정하는 것에 관심이 있다고 가정해 보자. 척도가 그러한 방식으로 개발되었기 때문에 모든 측정변수는 국가 간에 동일한 평균을 가질 것이다(예: Chen, Keith, Weiss, Zhu, & Li, 2010). 또는 아마도 잠재변수(예: 과제)가 집단 전반에 걸쳐 다른 잠재변수(예: 제17장에서처럼 성적)에 동일한 영향을 미치는지 여부에 대해서만 관심이 있을 수 있다. 이러한 경우, 절편과 평균은 관심/연구의 대상이 아니다. 이유가 무엇이든 간에 모든 연구자가 동일성 검정에서 평균구조의 동일성을 검정하는 것은 아닐 것이다[그러나 평균구조를 항상 포함해야 한다는 주장에 대해서는 Little(1997)을 참고하라]. 이 절에서는 평균구조가 포함되지 않은 동일성 검정의 단계를 간단하게 개괄한다.

평균구조가 동일성 검정의 일부분이 아닐 때, 동일성 검정은 다음의 단계를 따른다.

1. 구조동일성(동일한 요인 패턴)
2. 행렬동일성
3. 측정변수의 잔차분산 및 공분산의 동일성
4. 요인분산의 동일성
5. 요인공분산의 동일성

<표 20-4> 평균과 절편 동등성 검정 단계

모형	통칭	집단 간 모형 제약	의미	충족 시, 실제적 함의
0. 동일행렬	적률행렬동일성	• 분산, 공분산, 측정된 변수의 평균 • 잠재변수 없음	• 집단 간에 동일 구조를 측정함(구인에 대한 증명 없음)	• 한 변수가 다른 변수에 미치는 영향(SEM의 경로)을 집단 간에 비교할 수 있음 • 증명되지 않는 경우, 부적합 원인을 찾으려면 다음의 세부 단계가 필요함 • 이러한 총괄적인 검정은 특정 모수의 차이를 없앨 수 있음
측정동일성				
1. 구조동일성	패턴동일성	• 동일 패턴의 고정된 자유부하량 • 모든 집단의 요인 평균을 0으로 제약	• 집단 간 요인이 유사함	
2. 행렬동일성	약한 측정동일성, 요인부하량동일성	• 요인부하량을 동일하게 제약 • 모든 집단에서 요인 평균을 0으로 설정	• 서로 다른 집단에서 구조는 동일 척도를 가짐 • 집단 간 동일구조로 측정됨 • 측정변수의 변화 차이는 잠재변수에서 기인함	• 한 변수가 다른 변수(SEM의 경로)에 미치는 영향을 집단 간에 비교할 수 있음 • 절편동일성 검정 전에 요구되는 단계
3. 절편동일성	강한 측정동일성	• 행렬동일성 + 절편. 요인 평균이 **한 집단에서만** 0으로 제약됨	• 척도는 집단 간에 동일한 출발점(0점, 절편)을 가짐 • 측정변수의 평균 차이는 잠재변수에서 기인함	• 잠재변수(또는 합성변수)에 대한 평균을 집단 간에 유효하게 비교할 수 있음 • 이 단계는 잠재평균을 비교하기 전에 요구됨
4. 잔차동일성	엄격한 측정동일성, 고유한 동일성, 동일한 오차분산	• 절편동일성 + 측정변수의 잔차분산(공분산)	• 측정변수의 차이는 잠재변수에서 기인함	• 측정변수의 분산과 공분산을 유효하게 비교할 수 있음
구조동일성				
5. 동일한 요인분산	동일한 요인분산	• 행렬동일성 + 분산동일성	• 잠재변수는 집단 간에 동일한 분산을 가지는가?(이 모형과 다음 모형은 집단 간 차이에 대한 실질적인 문제의 검정에 사용될 수 있음)	• 잠재변수에 대한 정규곡선은 동일하게 넓거나 좁게 나타남
6. 동일한 요인공분산	동일한 요인공분산	• 분산동일성 + 공분산동일성	• 잠재변수는 서로 다른 집단 간에 동일한 관계를 유지하는가?	• 집단 간에 분산과 공분산이 모두 동일하다면, 집단 간에 요인상관도 동일함
7. 동일한 요인 평균	동일한 요인 평균	• 절편동일성 + 두 집단의 잠재변수 평균을 0으로 제약	• 잠재변수의 실제 평균은 집단 간에 동일함	• 실제 평균이 관심 구인에서 동일함 • 잠재평균의 집단 간 차이에 대한 실재적인 문제를 검정하는 데 사용됨

또한 분산/공분산행렬의 동일성을 검정하는 단계를 0단계로 추가할 수 있다. 동일한 일련의 단계에서 모든 연구자가 동일한 수행을 하는 것은 아니다. 그러나 대부분은 두 번째 단계(행렬동일성)를 가장 중요하게 생각하며, 후속 단계는 수행하기 전에 반드시 충족되어야 할 단계로 생각한다. 사실상 단순히

모형에서 평균과 절편 검정을 비활성화[예를 들어, Amos에서는 'estimate means and intercepts(평균과 절편 추정값)' 상자를 체크하지 않거나, Mplus에서는 'MODEL=NOMEANSTRUCTURE'라고 명령문을 입력함. 이때 결측값이 없는 것으로 가정함]으로써 이러한 동일성 검정을 수행할 수 있다. 이 단계는 〈표 20-5〉에 요약 제시되어 있다.

〈표 20-5〉 평균과 절편을 고려하지 않는 동일성 검정 단계

모형	통칭	집단 간 모형 제약	의미	충족 시, 실제적 함의
0. 동일 행렬	공분산행렬동일성	• 측정변수의 분산, 공분산 • 이 모형에는 잠재변수가 없음	• 집단 간에 동일구조를 측정함(구조에 대한 증명 없음)	• 한 변수가 다른 변수에 미치는 영향(SEM의 경로)을 집단 간에 비교할 수 있음 • 증명되지 않는 경우, 부적합 원인을 찾으려면 다음의 세부 단계가 필요함 • 이러한 총괄적인 검정은 특정 모수의 차이를 없앨 수 있음
측정동일성				
1. 구조동일성		• 동일 패턴의 고정된 자유부하량 • 모든 집단의 요인 평균을 0으로 제약	• 집단 간 요인이 유사함	
2. 행렬동일성	약한 측정동일성, 요인부하량동일성	• 요인부하량을 동일하게 제약	• 서로 다른 집단의 구조가 동일 척도임 • 집단 간 동일구조로 측정됨 • 측정된 변수의 변화 차이는 잠재변수에서 기인함	• 한 변수가 다른 변수(SEM의 경로)에 미치는 영향을 집단 간에 비교할 수 있음
3. 잔차동일성	동일한 고유성, 동일한 오차분산	• 행렬동일성 + 측정변수의 잔차분산(공분산)	• 측정변수들의 분산과 공분산의 차이는 잠재변수에서 기인함	
구조동일성				
4. 동일한 요인분산	동일한 요인분산	• 행렬동일성 + 분산동일성	• 잠재변수는 집단 간에 동일한 분산을 가지는가?(이 모형과 다음 모형은 집단 간 차이에 대한 실질적인 문제의 검정에 사용될 수 있음)	• 잠재변수에 대한 정규분포 곡선은 동일하게 넓거나 좁게 나타남
5. 동일한 요인공분산	동일한 요인공분산	• 분산동일성 + 공분산동일성	• 잠재변수는 서로 다른 집단 간에 동일한 관계를 유지하는가?	• 집단 간에 분산과 공분산이 모두 같다면, 집단 간에 요인 상관도 동일함

〈표 20-6〉에는 15-16세 집단에서 KABC-II 자료를 가지고 검정한 모형적합도가 제시되어 있다. 대부분의 모형적합도는 평균구조를 가지고 분석했을 때(〈표 20-2〉와 〈표 20-3〉에 제시됨)의 첫 세 개

모형(행렬동일성과 같은 행렬들)과 동일하다. 심지어 평균과 절편이 분석되었을 때, 그것은 이 단계(분산/공분산행렬들, 구조동일성, 행렬동일성을 비교하는 단계들)에서 모형에 고려되지 않았다. 이렇듯 모형적합도에서 유사성이 존재하기 때문에, 몇몇 연구자는 첫 세 단계를 평균과 절편을 추정하는 것 없이 수행하고, 〈표 20-4〉에 제시된 나머지 단계를 추가적으로 추정한다. 저자는 만약 평균구조를 분석한다면 모든 단계를 수행할 것을 권장한다.

〈표 20-6〉 평균과 절편(절편 동일성)을 고려하지 않는 요인구조 동일성 검정

모형	χ^2	df	$\Delta\chi^2$	Δdf	p	RMSEA	RMSEA*	SRMR	CFI	AIC
0. 동일행렬	98.155	105				.000	.000	.038	1.000	308.155
1. 구조	161.282	136				.025	.035	.047	.988	309.282
2. 행렬	172.236	147	10.954	11	.447	.024	.034	.051	.988	298.236
3. 하위검사잔차	194.894	163	22.658	16	.123	.026	.037	.051	.985	288.894
4. 요인분산	198.633	167	3.739	4	.442	.025	.035	.057	.986	284.633
5. 요인공분산	204.635	173	6.002	6	.423	.025	.035	.056	.986	278.635

* 집단의 수로 보정된 RMSEA
주: 모형 2~5까지는 이전 모형과 비교되었다.

AIC는 평균을 포함하든 그렇지 않든 동일한 모형적합도의 규칙을 제외한다. 이는 〈표 20-2〉와 〈표 20-3〉에 제시된 모형 및 〈표 20-6〉에 제시된 모형과 다르다. 공식이 자유도가 아닌 모형의 모수의 개수에 의존하기 때문에, 그리고 평균과 절편이 분석될 때 모형이 더 많은 모수를 포함하고 있기 때문에, AIC는 다르다. 동일한 논리가 모형적합도지수와 연관된 다른 것(예: aBIC)에도 적용된다.

고차요인모형

CFA에 관한 이전 장에서 우리는 CFA 모형의 고차요인 버전을 분석해 보았다. 해당 장에서 언급한 바와 같이, 지능을 포함한 기저구조에 존재하는 이론은 이러한 기저구조가 2차 또는 심지어 고차요인구조를 포함함으로써 더 잘 이해될 수 있다. 이는 1차 요인구조를 설명하는 데 도움이 된다. KABC-II의 기저에 존재하는 이론은 본질적으로 위계가 존재한다. 따라서 측정도구에 대한 연구를 할 때 위계적 또는 고차요인모형이 타당하다. 동일성 검정의 단계는 고차요인모형에서 쉽게 일반화가 가능하다.

[그림 20-14]는 KABC-II의 고차요인 버전을 보여 준다. 이 모형은 다음의 구성요소, 즉 1차 요인부하량, 2차 요인부하량, 하위검사의 절편, 1차 요인의 절편, 하위검사의 잔차분산과 공분산, 1차 요인(e15부터 e18)의 고유요인분산(만약 적용 가능하다면, 공분산), 2차 요인분산 평균(g로 표기)으로 이루어져 있다. 이전 모형에서 동일성의 다른 측면을 검정하기 위해 이러한 모수를 집단 전체에 동일하게 제약할 수 있었다.

[그림 20-14] KABC-Ⅱ의 고차요인모형

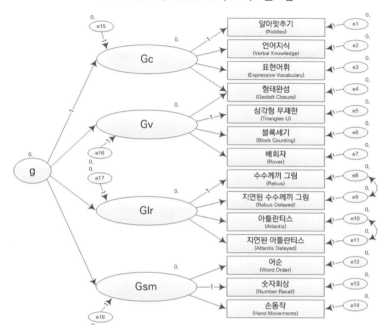

　　〈표 20-7〉은 그림과 같이 고차요인모형에서 동일성을 검정하는 단계가 제시되어 있다. 이전 모형에서, 일부 단계의 순서는 고정되어 있지 않았다. 저자는 1차 요인모형에서의 단계와 유사하게 2차 요인모형의 단계를 설정하였지만, 연구 목적에 맞게 수정이 가능하다. 예를 들어, Reynolds와 동료들(2008)은 지능의 여러 유형에서 남학생 집단과 여학생 집단이 잠재평균 차이를 보이는지에 주로 관심이 있었다. 결과적으로 그들은 2차 요인에서의 평균과 1차 요인에서의 절편을 그들의 연구에서 마지막 두 단계로 설정하였다. 여기에서는 이것을 다루지 않지만 두 가지 요점에 주목하고자 한다. 첫 번째 요점은 요인모형에서 2차 요인 부분, 2차 요인부하량, 1차 요인 절편 등이 측정모형이 아닌 구조모형으로 고려된다는 점이다. 이 범주화에는 두 가지 이유가 존재한다. 첫째, 이러한 모수는 1차 요인공분산과 평균에서 추정된다(1차 요인부하량 등은 측정변수의 공분산과 평균에서 추정되는 것과 유사하다). 1차 요인공분산과 평균은 〈표 20-4〉에서 구조모형의 일부로 인식된다. 〈표 20-7〉에서 왜 그것들이 포함되지 않았는가? 둘째, '구조모형'이라는 용어는 일반적으로 잠재변수가 다른 잠재변수와 어떻게 연관을 맺고 있는지를 지칭하는 단어이다. 요인모형의 2차 요인 부분은 잠재변수와 다른 변수의 관계를 정확히 다룬다.

〈표 20-7〉 고차요인모형의 동일성 검정 단계

모형	통칭	집단 간 모형 제약	의미	충족 시, 실제적 함의
0. 동일행렬	적률행렬동일성	• 분산, 공분산, 측정된 변수의 평균 • 이 모형에는 잠재변수 없음	• 집단 간에 동일구조를 측정함(구조에 대한 증명 없음)	• 한 변수가 다른 변수에 미치는 영향(SEM의 경로)을 집단 간에 비교할 수 있음 • 증명되지 않는 경우, 부적합 원인을 찾으려면 다음의 세부 단계가 필요함

측정동일성

1. 구조동일성		• 1차 요인 및 2차 요인의 고정된 요인부하량과 자유롭게 추정되는 요인부하량이 동일한 패턴을 가짐. 1차 요인 절편과 2차 요인평균은 모든 집단에서 0으로 제약됨	• 집단 간 요인이 유사함	
2. 행렬동일성 (1차 요인)	약한 측정동일성, 요인부하량동일성	• 요인부하량을 동일하게 제약 • 모든 집단에서 요인의 절편과 평균을 0으로 설정	• 서로 다른 집단에서 1차 요인 모형 구조는 동일척도를 가짐 • 집단 간 동일구조로 측정됨 • 측정변수의 변화 차이는 잠재변수에서 기인함	• 한 변수가 다른 변수(SEM의 경로)에 미치는 영향을 집단 간에 비교할 수 있음 • 절편동일성 검정 전에 요구되는 단계
3. 절편동일성	강한 측정동일성	• 행렬동일성 + 절편 • 1차 요인 절편은 한 집단에서만 0으로 제약됨. 2차 요인평균은 두 집단에서 모두 0으로 제약됨	• 척도는 집단 간에 동일한 출발점(0점, 절편)을 가짐 • 측정변수의 평균 차이는 잠재변수에서 기인함	• 잠재변수(또는 합성변수)에 대한 평균을 집단 간에 유효하게 비교할 수 있음 • 이 단계는 잠재 평균을 비교하기 전에 요구됨
4. 잔차동일성	엄격한 측정동일성, 동일한 고유성, 동일한 오차분산	• 절편동일성 + 측정변수의 잔차분산(공분산)은 집단 간에 동일	• 측정변수의 차이는 잠재변수에서 기인함	

구조동일성

5. 2차 요인 부하량 동일성		• 4단계 + 집단 간 2차 요인 부하량 동일하게 설정. 모든 집단의 2차 요인평균은 0으로 설정	• 2차 요인은 집단 간에 동일한 평균을 가짐	
6. 1차 요인 절편동일성		• 5단계 + 두 집단 모두 1차 요인 절편을 0으로 설정. 한 집단에만 2차 요인 평균을 0으로 설정	• 1차 요인 잠재변수에서 집단 간에 평균 차이가 없음	
7. 1차 요인 고유분산동일성		• 6단계 + 집단 간에 1차 요인 고유분산을 동일하게 함	• 1차 요인의 고유한 측면(2차 요인에 의해 설명되지 않음)은 집단 간에 동일함	
8. 2차 요인 분산동일성		• 7단계 + 집단 간에 2차 요인 분산을 동일하게 함	• 2차 요인은 집단 간에 동일하게 변화함	
9. 2차 요인 평균동일성		• 8단계 + 집단 간에 2차 요인 평균을 동일하게 함	• 2차 요인평균은 집단 간에 동일함	

두 번째 요점은 2차 요인동일성모형이 1차 요인 절편의 본질을 다룬다는 점이다. 만약 이러한 절편이 1차 요인의 고유한 측면의 차이를 반영하는 이유가 여전히 명확하지 않다면, 이전 장에서 평균과 절편에 대한 설명을 복습해야 한다. 둘째, 4~6단계를 설정하는 데 있어서 대안적인 방법을 고려해 볼 수 있다. 표에 제시된 공통적인 방법은 하나의 집단에서의 1차 요인 절편을 0으로 제약하고 다른 집단의 절편

을 자유롭게 추정하게 두는 것이다(2차 요인 평균은 모든 집단에서 0으로 제약한다). 이러한 모형에서 1차 요인 절편에서의 차이는 2차 요인을 통제한 상태에서 1차 요인에서의 차이를 반영한다. 7단계에서 1차 요인의 평균을 동일하게 설정하고 모형적합도에 어떠한 일이 생기는지 보기 위해 (2차 요인을 통제함과 동시에) 1차 요인 절편은 두 집단에서 모두 0으로 제약된다(여기에서 2차 요인 평균과 한 집단을 제외하고 모든 집단에서 자유롭게 추정되도록 한다). 동일한 모형을 설정하는 대안적인 방법은 1차 요인 절편을 두 집단 모두에서 0으로 고정하지만(4~6단계), 고유요인의 평균을 한 집단(현재 예시에서는 여학생 집단)에서는 자유롭게 추정하게 하는 것이다. 이 방법을 활용할 때 1차 요인 고유평균에서의 차이는 원래 방법에서 1차 요인의 절편에서 차이와 같은 값을 보여 줄 것이다. 7단계에서 우리는 두 집단에서 고유요인의 평균을 동일하게 제약할 것이다. 두 번째 방법은 모형 간에 무엇을 비교할지를 좀 더 명확히 보여 준다.

제18장에서 서로 다른 위계적 구조를 이중요인모형을 가지고 검정하였다. 이중요인모형에서 모든 요인이 1차 요인이기 때문에, (비록 두 단계 이상의 단계에서 보다 광범위하거나 전반적/일반적으로 동일성을 검정할지라도) 이 모형에서 동일성을 검정하는 단계는 〈표 20-4〉에 제시된 것과 같다.

📈 단일집단, MIMIC 모형

이전 장에서 MG-MACS의 동일성(또는 비동일성)과 평균구조를 검정하는 모형으로써 단일집단/더미 변수/MIMIC(복수지표와 복수원인) 방법을 설명하였다. 더미변수 방법으로 전부는 아니지만 동일성의 몇몇 측면을 검정할 수 있다. 이러한 모형은 확인적 요인분석에서 특별한 이름을 가지고 있다. 그것은 일반적으로 복수지표와 복수원인(Multiple Indicators and Multiple Causes)의 앞 글자를 딴 명칭인 MIMIC 모형으로 알려져 있다. MIMIC 모형은 다수의 지표변수를 잠재변수가 가질 때 측정변수가 하나 (또는 그 이상)의 잠재변수에 영향을 미치는 것을 다룬다. 대안적으로, MIMIC 모형을 공변량이 있는 CFA 모형 또는 요인에 영향을 미치는 하나 이상의 측정변수가 있는 CFA 모형으로 생각할 수 있다.

1차 요인 KABC-II의 MIMIC 버전은 [그림 20-15]에 제시되어 있다(이 모형은 여전히 MIMIC 모형으로 지칭된다. 즉, 심지어 **여학생**이라는 단일 원인이 있다 하더라도 다수의 원인을 가진 모형이라고 본다). 이 모형에서 남학생 집단과 여학생 집단을 각각 분리해서 분석을 수행하기보다는 단일집단을 분석한다. 두 집단 대신에 집단 변수는 모형에서 단일 **성별(Sex)** 변수로 포함된다(행렬에서는 sex_d임. 남학생은 0, 여학생은 1로 코딩되었으며, 따라서 그림에서는 여성으로 표기됨). 이 분석에 쓰인 자료는 MG-MACS 자료와 같은 엑셀 파일(kabc cfa matrices.xls)이지만, 세 번째 시트가 상관행렬, 평균, 표준편차를 가진 자료이다.

[그림 20-15] MIMIC 접근방식을 사용하여 잠재평균의 집단 차이 검정
측정동일성에 대한 많은 양상이 검정되기보다는 추정되었지만, 절편동일성은 검정될 수 있다.

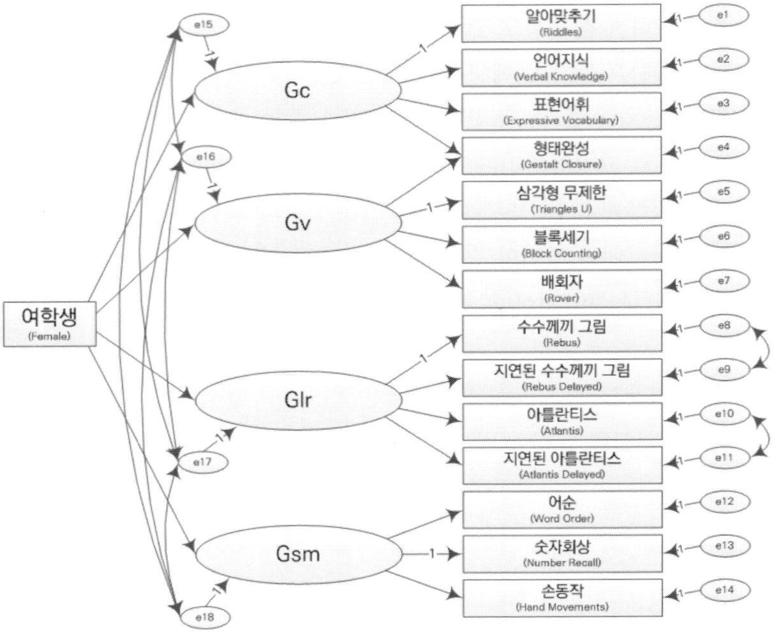

　근본적으로 모형은 전형적인 1차 요인 CFA 모형이지만 단일측정된 범주형 변수인 1차 요인에 각각 영향을 미치는 여학생 변수를 갖는다. 반면에, 1차 요인모형은 요인 간 상관(공분산)을 갖는다. 이 모형에서 이러한 상관은 잔차 간의 상관을 보인다. 외생변수는 서로 상관을 가질 수 없지만, 그 잔차는 상관을 가질 수 있다. 저자의 경험상, 이렇듯 상관관계를 가지는 잔차는 다음이 필요하다. 초보자는 자주 잊지만, 나쁜 수준의 모형적합도를 보고 모형이 적절하지 않음을 빨리 알 수 있다(얼마나 나쁜 적합도이어야 하는지 궁금한가? 상관을 가진 잔차 없이, CFI=.801, RMSEA=.133이다. 여학생[4]은 1차 요인 간의 상관을 명백하게 설명해 주지 못한다!).

　[그림 20-16]은 비표준화 추정값을 도식으로 나타낸 것이다. 자료의 모형적합도는 대부분의 경험칙에서 볼 때 적절한 수준이다. 비표준화 추정값이 제시되어 있다. 저자가 잠재변수에서 남학생 집단과 여학생 집단의 차이를 비교해 보고자 하였기 때문이다. MG-MACS 모형에서는 남학생 집단과 비교하여 여학생 집단의 잠재평균에서의 차이를 추정하였다. MIMIC 모형에서는 1차 요인 각각에서 여학생 더미 변수를 이용하여 경로를 추정하였다. Gv 요인에서 이 경로는 -.65이다(또는 소수점 셋째 자리에서 -.653이다). 남학생은 0으로, 여학생은 1로 코딩되었기 때문에 Gv 요인에서 여학생의 점수가 남학생에 비해 .653만큼 낮음을 의미한다. 0으로 코딩된 남학생에서 1로 코딩된 여학생으로 영향이 미친다고 할 때, 1단위의 변화(성별이 0에서 1로 변화)가 Gv 요인에서 .653만큼의 변화를 야기시켰다.

---

4) **[역자 주]** 원서에서는 성별(Sex)로 되어 있지만, [그림 20-16]과 관련 설명 내용을 보면, 여학생이 올바른 것으로 판단된다. 따라서 성별이 아닌, 여학생으로 수정·제시한다.

[그림 20-16] MIMIC 결과

[그림 20-9]에서 보여 준 잠재평균에서의 차이와 비표준화 추정 비교

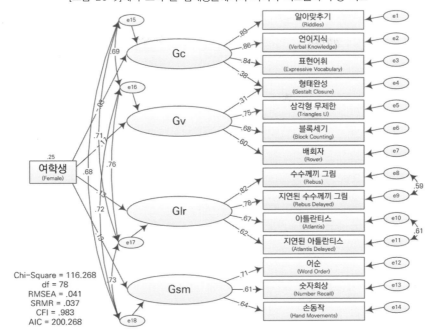

이러한 결과는 MG-MACS 모형에서 동일성 검정을 할 때 7단계(요인공분산의 동일성)의 변화를 통해 알게 된 것과 동일하다. 남학생의 측면에서 .653만큼의 차이가 있었다. 이 모형에서는 잠재평균이 동일하게 제약됨은 제외하고 다른 모든 모수를 모형에 포함시킨다. 실제로 [그림 20-17]에서 볼 수 있는 바와 같이, 평균 차이의 모든 추정값을 보면 MIMIC 모형에서의 추정값(그림의 왼쪽)과 MG-MACS 모형에서의 추정값(그림의 오른쪽)은 동일하다. MIMIC 모형에서 이러한 차이에서의 추정값은 외생변수에서 내생변수로 향하는 경로의 비표준화 추정값의 표에 제시되었다(중요한 값은 굵은 글씨로 표시되어 있다). MG-MACS 모형에서는 남학생 집단과 비교한 여학생 집단의 평균 차이 표로 제시되어 있다. 다른 차이와 비교했을 때, MG-MACS 모형에서 Glr 요인에서 여학생 집단의 차이를 발견할 수 있다. 이 값은 [그림 20-17]의 왼쪽에 .623으로 제시되어 있고, 이는 오른쪽(MG-MACS)에도 (.623으로) 표시되어 있다.

[그림 20-17] MIMIC 모형 대 MG-MACS 모형의 상세한 결과

다시 sex_d에서 잠재요인까지 그림 절반 오른쪽에서 보여 준 잠재평균 값의 추정 비교

Regression Weights: (MIMIC)

			Estimate	S.E.	C.R.	P
Gv	<---	Sex_d	-.653	.262	-2.492	0.013
Gsm	<---	Sex_d	.466	.246	1.896	0.058
Gc	<---	Sex_d	-.196	.350	-.560	0.575
Glr	<---	Sex_d	.623	.305	2.040	0.041
RIDDLES	<---	Gc	1.000			
VERB_KNO	<---	Gc	.908	.046	19.626	***
EXP_VOC	<---	Gc	.848	.045	18.669	***
TRIAN_UN	<---	Gv	1.000			
REBUS	<---	Glr	1.000			
REBUS_D	<---	Glr	1.005	.047	21.241	***
ATLANTIS	<---	Glr	.900	.087	10.368	***
WORD_ORD	<---	Gsm	1.155	.134	8.623	***
NUM_REC	<---	Gsm	1.000			
ATLANT_	<---	Glr	.777	.081	9.618	***
BLOCK_C	<---	Gv	1.011	.098	10.349	***
HAND_MOV	<---	Gsm	1.079	.132	8.145	***
ROVER	<---	Gv	.905	.099	9.149	***
GESTALT	<---	Gc	.358	.076	4.712	***
GESTALT	<---	Gv	.426	.120	3.547	***

Means: (MAG-MACS, female - 7. factor cov)

	Estimate	S.E.	C.R.	P
Gc	-.196	.350	-.560	.576
Gv	-.653	.263	-2.487	.013
Glr	.623	.306	2.037	.042
Gsm	.466	.246	1.893	.058

저자가 MIMIC 모형의 결과를 MG-MACS의 7단계 결과와 비교하는 이유는 무엇인가? 이는 모형이 요인 평균을 집단 간 동일하게 제약하는 것을 제외하고 요인부하량, 측정변수의 절편 및 잔차, 요인분산과 공분산과 같은 모든 추정값을 가지고 있기 때문이다. 또한 이와 같은 제약은 우리가 이를 아는지 여부와 관계 없이 MIMIC 모형에서도 적용되었다. MIMIC 분석에서는 오직 하나의 집단만 존재하기 때문에, 오직 한 세트의 요인부하량, 잔차, 요인분산, 요인공분산이 존재한다. 그들은 남학생과 여학생 집단에서 동일하다. 측정변수의 절편에서는 어떠한가? MIMIC 모형에서 **여학생** 범주형 변수에서 1차 요인으로의 경로인 잠재평균이 어떻게 다른지를 다시 생각해 보자. 만약 모형이 측정변수 절편의 차이를 포함한다면, **여학생**에서 하위검사로의 경로라는 형태로 이와 유사하게 MIMIC 모형에 포함되어 있다. **여학생**에서 측정변수 중 어떠한 것으로의 경로가 없다는 사실은 측정변수 절편이 집단 간 동일하게 제약되어 있음을 의미한다. 반면에, 만약 **부분**(partial)절편동일성을 검정하고자 한다면 **여학생**에서 하나 이상의 측정변수로의 경로를 모형에 포함시킴으로써 이를 수행할 수 있다.

만약 모형을 좀 더 복잡하게 만들고자 한다면 MIMIC 모형의 모든 기본 가정이 명확해야 한다. MIMIC 모형은 다음과 같은 것이 이 집단 전체에 걸쳐 모두 동일하다고 가정한다.

① 요인부하량
② 측정변수 절편
③ 측정변수 잔차
④ 요인분산
⑤ 요인공분산

이 중 오직 하나, 측정변수 절편은 MIMIC 모형에서 집단 간 검정이 가능하다.

다시 말해서, MIMIC 모형은 측정변수의 분산/공분산행렬이 집단 전체에서 동일함을 가정한다. 그리

고 이 가정은 행렬(〈표 20-3〉) 간 비교를 통해 검정될 수 있다. 그러므로 만약 모형 간 비교를 통해 주로 알아보고자 하는 것이 남학생과 여학생이 여러 유형의 지능에서 평균 차이를 보이는지를 결정하기 위함이라면, 집단 간 공분산행렬을 비교하는 것이 합리적인 방법이라 할 수 있다. 만약 이러한 비교가 적절한 수준의 모형적합도를 보여 준다면 MIMIC 모형에서 잠재평균을 비교하는 것이 가능해진다. MIMIC 모형에 제시되었듯이, **여학생**에서 모든 하위검사로의 경로를 비교하여 절편동일성을 검정할 수 있다(그러나 잠재요인 간에는 경로가 존재하지 않는다). 반면에, 만약 집단 간 측정동일성을 검정하는 것이 주요 목적이라면, 〈표 20-4〉에 제시된 동일성 검정의 세부단계를 거쳐야 한다. MG-MACS와 MIMIC 모형을 더 자세히 비교하여 알고 싶으면 Hancock(1997), 또는 현재와 같은 예시를 위해 Reynolds 등 (2008)을 참고할 수 있다.

📈 요약

이 장에서는 확인적 요인분석에서 평균구조를 추정하는 것에 주목하였다. 우리는 집단 간 잠재변수를 비교하기 전에 확인적 요인분석에서 집단 간 동일성 검정이 무엇인지, 어떠한 절차를 거치는지를 주로 살펴보았다. 이전 장에서는 잠재평균에 대해, **잠재**변수의 평균과 절편의 차이를 검정하기 위해, 요인 부하량을 제약하는 것과 집단 간 측정변수의 절편을 동일하게 만드는 것의 필요성에 대해 논의하였다. 이 장에서 설명한 바와 같이, 이러한 전제조건은 절편 또는 측정원점(scalar) 또는 강한 요인동일성으로 명명된다. 동일성과 관련된 주제와 각 단계에서 얻게 되는 정보의 의미를 좀 더 깊이 있게 살펴보는 것은 가치가 있다. 우리는 여기서 남학생과 여학생 집단의 전반적인 지능을 KABC-II로 측정하여 이것 (동일성 검정)을 해 보았다.

평균구조가 추정될 때, 측정동일성을 검정하는 일반적인 단계는 다음과 같다.

1. 고정된 또는 자유롭게 추정되는 요인부하량이 집단 간에 동일한 패턴을 가지고 있는지를 검정하는 구조동일성이다.
2. (비표준화) 요인부하량 값이 집단 간 동일하게 제약되는지를 검정하는 약한 요인동일성 또는 요인 부하량동일성이라고도 알려진 행렬동일성이다. 만약 성립한다면 측정의 척도가 집단 간에 동일하며, 이는 기저에 존재하는 잠재변수에서 1단위 변화하는 것이 두 집단(또는 더 많은 집단)에서 측정 변수에서 (1단위) 변화하는 것과 동일함을 의미한다. (확인적 요인분석에서) 집단 간 요인분산과 공분산을 비교하기 위해, 또는 (구조방정식에서) 집단 간 영향력(경로)을 비교하기 위해 행렬동일성은 검정될 필요가 있다.
3. 측정변수 절편값이 집단 간에 동일하게 제약되었는지를 검정하는 측정원점동일성 또는 강한 요인 동일성이라고도 알려진 절편동일성이다. 동시에 잠재변수의 평균이 하나의 집단에서는 자유롭게 추정되도록 한다. 이러한 제약은 측정변수에서의 차이가 기저에 존재하는 잠재변수의 실제 평균 차이에서 기인함을 의미한다. 절편동일성은 또한 측정변수가 집단 간 동일한 시작점을 가지고 있음을 뜻한다. (확인적 요인분석에서는) 집단 간 요인 평균을 비교하기 위해, (구조방정식에서는) 잠재

변수(또는 합성변수)의 평균과 절편을 비교하기 위해 절편동일성을 검정할 필요가 있다.

4. 측정변수 잔차분산(그리고 만약 있다면, 공분산)이 집단 간 동일하게 제약되었는지 검정하는 엄격한 측정동일성이라고도 알려진 잔차동일성이다. 이 제약은 측정에서의 오차가 집단 간 동일함을 의미한다. 만약 잔차동일성이 성립한다면, 측정변수에서의 차이가 잠재변수로 인해 발생한 것임을 뜻한다.

모든 연구자가 동일한 순서로 검정을 하는 것은 아니며, 다른 연구자는 다른 단계를 제안함을 염두에 두어야 한다(예를 들어, 적률행렬의 동일성을 검정하기도 한다).

만약 행렬동일성이 성립되면 CFA에서 잠재변수의 분산과 공분산의 동일성을 검정하는 것이, 또는 구조방정식에서 (잠재변수 간의) 영향의 동일성을 검정하는 것이 가능해진다. 만약 절편동일성이 성립되면, 집단 간 잠재변수의 평균과 절편의 차이를 검정하는 것이 가능해진다. 그러나 측정변수가 기저구조(측정동일성)을 얼마나 잘 측정하는지보다는 일반적으로 이러한 검정은 잠재변수의 본질에 대한 가설을 검정한다.

평균과 절편 없이 동일성 검정을 수행하는 것이 가능하다. 이렇게 하는 이유와 수행하는 단계는 다음 장에서 다룰 예정이다. 더 나아가, 1차 요인이 2차 요인의 지표로 고려되는 고차요인모형에서 동일성을 검정하는 것 또한 가능하다.

만약 측정도구의 타당성을 검정하기 위함이라면 동일성 관련 주제는 적용 가능하다. 집단 간 비교 연구를 수행할 때 측정 관련 쟁점에서 이것(측정동일성 검정)은 중요하다. 둘 또는 그 이상의 집단 사이에 하나의 변수가 다른 변수에 미치는 영향(구조방정식에서는 경로, 다중회귀에서는 회귀계수)을 비교하는 것은 집단 간 행렬동일성이 존재함을 가정한다. 집단 간 잠재 또는 합성변수의 평균을 비교하는 것은, 비교하고자 하는 변수에서 집단 간 절편동일성이 존재함을 가정한다. 이 장에서 여학생과 같이 집단이 연구 주제와 관련된 변수를 기반으로 하는지 여부 또는 실험 연구에서 처치집단을 비교하고자 할 때 이러한 경고(지침)를 적용한다. 이는 비실험적·준실험적·실험적 연구에서 모두 동일하게 적용할 수 있다. 동일성은 중요하고 우리는 이제 이를 검정할 도구를 모두 갖추었다. 이 장에서 언급된 자원은 이 주제에 대한 추가적인 다른 주제로 나아가기 위한 좋은 장소이다.

EXERCISE 연습문제

1. 이 장에 제시한 분석을 수행하라. 데이터는 'kabc cfa matirces/xls' 파일에서 찾을 수 있다. 처음 두 개의 시트는 각각 남학생과 여학생의 행렬을 포함한다. 세 번째 시트는 행렬에 **성별(Sex)**을 부분으로 포함하는 행렬을 나타낸다(MIMIC 모형에 대해). 웹사이트(www.tzkeith.com)에서 Amos와 Mplus를 위한 모형의 초기 설정을 찾을 수 있다.

2. 이 장에서 구체적으로 서술되지는 않았지만, 고차 동일성 검정을 수행하라. 각 모형에 대해 〈표 20-8〉의 자유도와 동일하게 하라.

<표 20-8> 고차 동일성 검정의 자유도

구조	140
행렬	151
절편	161
잔차	177
2차 행렬	180
2차 절편	183
2차 잔차	187
2차 분산/공분산	188
2차 평균	189

3. NELS의 자아개념과 통제소재의 간략한 척도의 성별(Sex)에 대한 동일성을 검정하라. 이 척도의 구조는 [그림 20-18]에 제시되었다. 문항의 내용은 〈표 20-9〉에서 볼 수 있다. 남학생과 여학생에 대해 별도의 시트가 있는(전체 행렬에 대한 시트도 있다) 엑셀 파일 'sc loc matrix 2.xls'에서 자료를 찾을 수 있다. 4개의 자아개념 문항이 역코딩되어 높은 점수가 긍정적인 자아개념 또는 내적 통제소재를 나타내는 것을 주목하라. 또한 아래의 그림이 단지 '개념적 모형'을 나타냄을 기억하라. 이 모형에는 오차 또는 다른 주요한 모형 요소가 포함되어 있지 않다(그러나 여러분의 모형은 이 요소를 포함해야 한다).

   1) 집단 간 구조동일성을 검정하라. 이 단계에서는 평균과 절편을 추정할 필요는 없다(그러나 권장한다).

   2) 문항 BYS44Dr과 BYS44Er의 측정오차 간에 공분산을 추가하라.

   3) 집단 간 행렬동일성을 검정하라.

   4) 절편동일성을 검정하라(이 단계에서는 평균과 절편을 추정할 필요가 있다).

   5) 결과에 따르면, 자아개념과 통제소재에 전반적 잠재평균 수준에 남학생과 여학생의 차이가 있는가? 이 결론을 어디서 도출했는가? 만약 차이점이 있다고 결론을 내렸다면, 어떤 성별이 더 많은 점수를 얻었으며 얼마나 차이가 나는가?

[그림 20-18] 3번의 개념모형: 남학생과 여학생의 자아개념과 통제소재 동일성

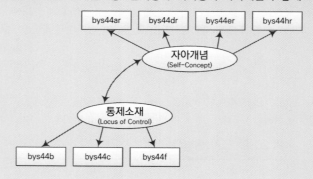

<표 20-9> 3번의 자아개념과 통제소재 문항

각 문항의 응답은 1(매우 동의함)부터 4(매우 동의하지 않음)로 이루어졌다. 긍정적인 문항은 역코딩되어, 높은 점수는 높은 자아개념 또는 높은 (내적) 통제소재를 나타낸다.

변수	표시
bys44ar	나는 나 자신에 대해 좋게 생각한다. (역코딩)
bys44b	나는 내 인생에 충분한 통제소재가 없다.
bys44c	열심히 일하는 것보다 운이 더 중요하다.
bys44dr	나는 다른 사람만큼 가치 있는 사람이다. (역코딩)
bys44er	나는 다른 사람과 마찬가지로 잘할 수 있다. (역코딩)
bys44f	내가 앞으로 나아갈 때마다 무엇인가 나를 멈춘다.
bys44hr	대체로 나는 내 자신에 만족한다. (역코딩)

6) 모형제약과 적합도지수를 사용해서 통제소재의 잠재평균 동일성을 검정하라. 통제소재의 수준에 남학생과 여학생이 차이가 있는가? 왜 그러한 결론에 도달하였는가?

7) 모형제약과 적합도지수를 사용해서 자아개념의 잠재평균 동일성을 검정하라. 자아개념의 수준에 남학생과 여학생이 차이가 있는가? 왜 그러한 결론에 도달하였는가? 질문 f와 g에 기초하여 결과를 해석하라(누가 얼마만큼 높은 점수를 받았는가?).

8) 질문 a부터 g의 모형에 대한 적합도지수를 표로 제시하라. 수정된 RMSEA 지수를 포함하라.

9) 질문 a의 구조동일성을 수용하는가? 행렬동일성과 절편동일성은 수용하는가? 이유를 간략하게 설명하라.

제21장 **잠재성장모형**

이 장에서는 잠재성장곡선모형으로도 불리는 잠재성장모형(LGM)에 대해 다룰 것이다. 이러한 모형은 종단적 변화의 과정을 더욱 면밀하고 명확하게 살펴볼 수 있게 해 준다. LGM을 통해 연구할 수 있는 예시는 아동의 학습과정, 청소년 행동문제의 발달적 궤적, 노년기의 인지기능 쇠퇴, 아동 신장의 발달적 궤적 등이다.

앞의 예시를 생각해 보자. 이전 장에서는 학업성취도에 영향을 주는 다양한 변인(과제 등)에 대해 알아보았다. 이후에는 이전 학업성취도를 통제하면서 학업성취도에 잠재적인 영향을 주는 다른 변인에 대해 살펴보며, 이 변인이 시간의 흐름에 따라 발생한 학업성취도의 변화에 영향을 미쳤는지 탐색하였다. 제14장과 제18장의 패널모형은 시간에 따른 통제소재와 학업성취도의 잠재적인 영향을 사정하기 위해 설계되었다. 아마도 이 모든 모형에 내재된 기본적인 질문은 학습과 학업성취도의 실제 **성장 (growth)**에 무엇이 영향을 주는가이다. 비록 이것이 예시에 나타난 근본적인 질문이라 해도 직접적으로 그 질문에 도달할 수는 없었다. LGM을 통해서는 직접적인 접근이 가능하다. LGM은 학업성취도의 초기 수준과 성장에 미치는 영향에 대해 알아보는 것이 가능하다. 그리고 학업성취도와 학습의 성장이 이후의 변인에 미치는 영향에 대해 알아보는 것도 가능하다.

우리는 이 책의 초기 장에서 처음 다루었던 기울기와 절편에 관한 주제를 다시 한번 검토하면서 이 장을 시작할 것이다. [그림 21-1]의 그래프는 유아기 종단연구(Early Childhood Longitudinal Study: ECLS, https://nces.ed.gov/ecls/kindergarten.asp)에서 추출한 10명의 수학시험 자료를 보여 준다. 시험은 간단한(숫자 지식) 문항부터 고급(대수학) 문항으로 이루어져 "개념 지식, 절차적 지식, 문제 해결"을 측정하기 위해 설계되었다(DiPerna, Lei, & Reid, 2007: 372). 이 점수는 유치원의 가을과 봄, 1학년의 가을과 봄, 3학년의 봄, 5학년의 봄에 측정된 아동의 수학능력과 지식의 연속적인 측정으로 구성된다. 3학년과 5학년 평가에는 조금 더 어려운 문항이 포함되었지만 이들은 같은 능력을 측정하였다. **아동 1(Child 1)**이라 표시된 선에 주목하라. 이 여학생은 비교적 잘 개발된 수학능력으로 유치원을 시작했고 꾸준한 향상을 나타냈다. 반면, **아동 2(Child 2)**는 낮은 수학능력으로 유치원을 시작했고 5학년 봄을 지나며 더 뒤처졌다. 이것은 성경 마태복음 제25장 29절의 "무릇 있는 자는 받아 충족하게 되고 없는 자는 그 있는 것까지 빼앗기리라."라는 구절에서 비롯된, 그 악명 높은 '마태복음 효과(Matthew effect)'의 예시이다.

[그림 21-1] 유아기 종단연구에서 추출한 학생 10명의 유치원에서 5학년까지의 수학 점수

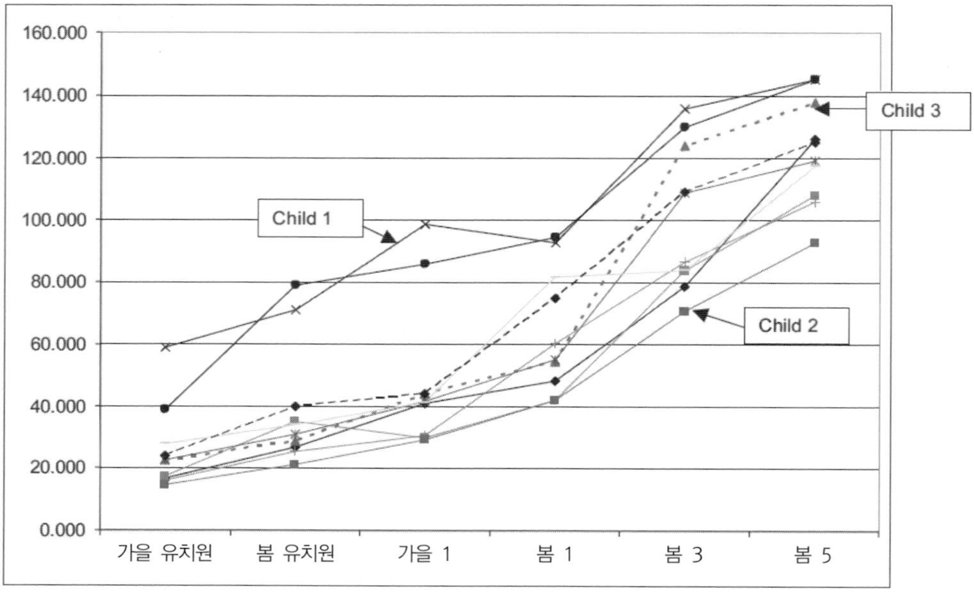

원자료는 흥미롭지만, 일관성 있는 패턴을 보인다면 우리는 그것을 설명할 수 있을 것이다. 이를 하기 위한 한 가지 방법은 시점 1(time 1), 시점 2(time 2)의 아동 점수를 연관시키는 것이다. 또는 유치원, 1, 2, 3학년의 점수에 X학년의 점수를 회귀시켜서 5학년의 수학능력을 설명하는 데 유치원 수준의 점수가 특별하게 관련이 있는지 확인할 수 있다. 이러한 논의가 지금까지의 지향점이 되어 왔다.

<표 21-1> 아동 1(child 1)에 대한 [그림 20-1]로부터의 수학(Math) 점수

수학(Math)	시점(Time)
58.810	0
71.070	1
98.800	2
92.950	3
135.600	4
145.270	5

또 다른 방법은 아동마다 회귀선을 만들고 독립적으로 회귀분석을 시행하는 것이다. 이러한 지향점에서 각 아동의 자료는 <표 21-1>에서 보여 주는 것과 같으며 수학시험의 각 시행에 대한 점수는 첫 번째 열에, 시행 시점은 두 번째 열에 제시되었다. 이러한 배열에서 유치원 가을학기(Fall K) 시행은 시점 0(time 0)이며 유치원 봄학기(Spring K) 시행은 시점 1(time 1)로, 5학년 봄학기(Spring 5) 시행은 시점 5(time 5)까지 이어진다. 제시된 자료는 아동 1(Child 1)의 자료이다. 이 아동의 수학점수를 점수를 획득한 시점에 회귀시키는 것이 가능하다. 만약 그렇게 한다면 다음의 회귀방정식을 얻을 것이다.

$$예상되는 \ 수학점수 = a + b \times 시점(Time) = 56.128 + 17.715 \times 시점(Time)$$

이 회귀방정식이 **아동 1(Child 1)**의 수학 성장을 나타내는 식이다. 아동의 예상되는 초기 수학 학업성취도 수준은 절편을 통해 설명되는데, 56.128의 값을 나타낸다. 절편은 독립변수(시점)가 0일 때 종속변수(수학)의 예상수준을 알려 준다는 것을 기억하라. 현재 사양에서 독립변수가 0이라는 것은 **시점 0(Time 0)**을 나타내며, 이는 **유치원 가을학기(Fall K)**의 점수를 나타낸다. [그림 21-2]는 **아동 1**의 회귀선을 보여주며, 그것을 같은 아동의 원자료와 비교한다. 이 회귀선의 기울기(17.715)는 절편보다 더 흥미롭다. 기울기는 이 아동의 수학점수의 예상되는 성장값을 나타낸다. **아동 1**의 수학점수는 측정이 바뀌면서 평균 17.7점 상승하였다. 우리는 이 선을 통해 **시점 6(Time 6)**의 수학점수가 대략 163이라고 예측할 수 있다(시간 간격이 일정하지 않다는 사실은 현재는 무시하라). 기억할 것은 아동의 원자료를 설명하는 데 회귀선이 실제로 도움을 준다는 점에 주목하라.

[그림 21-2] 아동 1의 수학점수와 시점에 따른 수학점수 회귀선

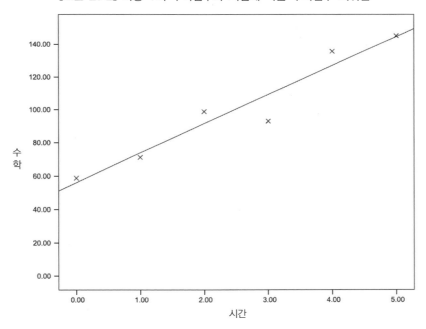

우리는 [그림 21-1]에 나온 10명의 아동에게 각각 회귀를 시행할 수 있다. 이 10개의 회귀분석 결과가 [그림 21-3]에 제시되었다. 각 선은 각 아동이 한 시점에 얻은 수학점수의 회귀를 상징한다. 모든 아동마다 절편은 수학의 초기값 예상치를 상징한다. 회귀선의 기울기는 각 아동의 수학 성장 예상값을 상징한다. **아동 2(Child 2)**의 회귀선에 주목하라. 해당 아동은 대략 5.6점(절편)의 수학점수로 유치원을 시작했으며, 이는 10명의 아동 중 낮은 편에 속하였다(X축의 영점이 Y축의 0점보다 오른쪽에 있는 것에 주목하라). 심지어 해당 아동의 수학점수 성장률 또한 그림의 다른 아동에 비해 낮게 나타났다(기울기 15.8 대 기울기 19.6). 이 아동은 수학에 대한 중재가 필요하다.

[그림 21-3] ECLS에서 추출한 학생 10명의 회귀선

수학점수는 시험 시행 시점에 회귀한다(유치원에서 5학년까지).

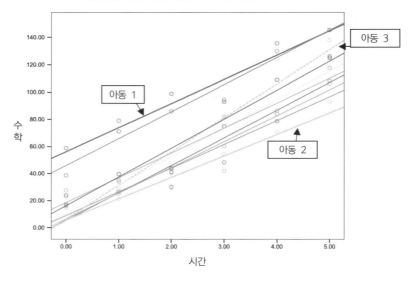

그러나 **아동 3**(Child 3)을 보라(점선). 비록 해당 아동은 다른 아동보다 낮은 수학점수로 유치원을 시작하였지만(절편=6.3), 성장률은 평균을 초월하였다(기울기=24.9). 그러므로 5학년 때 해당 아동의 수학점수는 평균 이상이었다. 어떤 방식이든 해당 아동의 선생님과 학부모가 수학을 잘 가르치는 것으로 보인다.

앞의 문단에서 알 수 있듯이, 우리는 아동의 절편과 기울기의 평균을 구해서 아동의 수학 평균 초기값과 유치원에서 5학년까지의 평균 성장률을 구할 수 있다. 이것은 유치원에서의 수학 지식에 대한 평균 초기값과 평균 성장률에 대해 흥미로운 정보를 제공할 것이다. 우리는 절편의 표준편차를 통해 초기 수학 지식의 개인적 차이에 대한 추정값을 확인할 수 있으며, 기울기의 표준편차를 통해 성장의 개인적 차이에 대한 추정값을 얻을 수 있다.

더 좋은 점은 잠재변수방법을 사용하여 아동의 '실제' (잠재) 성장 또는 기울기에 대한 '실제(true)' (잠재) 절편 또는 시작지점에 더 가까워질 수 있다. 이것이 LGM이 하는 일이다. 이제 그 방법을 설명하는 예시에 대해 살펴볼 것이다.

📈 무조건적 성장모형 또는 단순성장모형

복잡한 잠재변수모형을 추정할 때 많은 SEM 사용자가 2단계 과정을 사용한다는 것을 기억하라. 먼저, 측정모형을 추정한 후 구조모형을 추가시킨다. LGM 사용자 또한 대부분 모형의 성장 부분을 먼저 추정한 후에 성장에서 영향을 받는 변수나 성장의 영향을 추가함으로써 비슷한 과정을 추구한다. 모형의 성장 부분에만 초점을 맞추는 초기모형은 종종 무조건모형(unconditional model)이라 불리는데, 이는 성장 부분이 모형의 다른 변수에 의존하지 않는(조건을 받지 않는) 것을 의미한다. 이러한 초기모형을 단순히 '변화모형(change model)'이라고 부르기도 한다(Kline, 2016). 여기서 저자는 이 모형을 단순성장모형(simple growth model)이라고 부를 것이다['단순(simple)'은 상대적인 용어라는 것을 이해해야 한다!].

'math growth final.sav' 파일에는 아동 1,000명의 수학점수(다른 정보 포함)로 형성된 자료가 들어있다. 자료는 DiPerna, Lei와 Reid(2007)의 연구에 대략적인 기반을 두고 있다. 그 연구에서 연구자들은 ECLS의 자료를 사용해 유치원부터 3학년까지 수학능력의 성장을 연구하였다. 연구자들은 유치원에서 측정된 아동 행동(내적·외적 행동의 교사 평가)과 다른 특징(인지능력)이 성장에 미치는 영향에 대해 알고 싶어 하였다. 우리가 사용할 모의 자료는 다섯 번(유치원과 1, 2, 3, 4학년)에 걸쳐 일정하게 원점수 단위로 수학능력을 측정한다. 유치원에서 측정된 아동과 학부모 변인도 포함되어 있다. 이는 **여학생**(0=남학생, 1=여학생), **학부모교육수준**[11학년(11)부터 박사학위(20) 중 가장 높은 수], **인지능력**(표준 IQ 검사, $M=100$, $SD=15$), 초기 평가 시 **연령**(개월 수)으로 구성되어 있다. 이 자료의 기술통계량은 [그림 21-4]에 나와 있다. 수학 성적의 평균이 점차 증가하는 사실에 주목하라. [그림 21-5]를 살펴보면, 실제로 이 평균은 직선에서 거의 벗어나지 않는다(모의자료의 장점).

[그림 21-4] 유치원에서 4학년까지의 모의자료 기술통계량

Descriptive Statistics

	N	Minimum	Maximum	Mean	Std. Deviation
math1	1000	39.871148	107.642878	70.13811900	9.254201322
math2	1000	46.730771	113.480272	79.61711846	1.02109861E1
math3	1000	49.790040	128.998535	88.54294497	1.12984577E1
math4	1000	56.005987	136.398892	96.95733842	1.28533857E1
math5	1000	64.127584	150.988747	1.05854571E2	1.46851370E1
sex	1000	0	1	.51	.500
age	1000	61.12	74.51	68.5182	2.02936
ParEd	1000	11.00	20.00	16.1330	1.39329
Cognitive	1000	37.00	148.00	101.00010	14.99453
Valid N (listwise)	1000				

[그림 21-5] 시점에 따른 평균 수학 점수

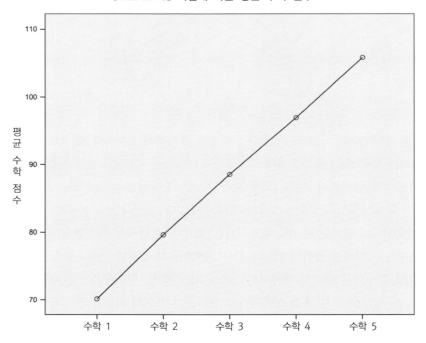

[그림 21-6]은 수학능력의 성장을 이해하기 위해 설계된 단순성장모형을 추정하는 사양을 나타낸다. 모형은 아동 1,000명의 관찰된 수학점수가 두 개의 잠재변수, 수학능력의 초기값인 절편과 성장을 나타내는 기울기의 산물이라 제시한다. 여기에서는 잠재변수를 절편과 기울기로 명명하였지만, '**초기수학수준**'이나 '**수학성장**'도 동일하게 유효할 것이다[초기는 유치원 가을학기(Fall K)를 의미한다]. 이 모형에서 우리가 주요하게 알고 싶어 하는 것은 이 잠재변수 두 개의 평균과 분산이다. 이것이 무엇을 의미하는지 생각해 보라. 절편의 평균은 표준오차가 없는 초기 수학능력의 평균 수준을 나타내며, 이전 회귀 예시에서의 절편의 평균과 개념적으로 유사하다. 잠재절편의 분산은 다소 복잡하지만, 아동 간 절편의 차이(variation)를 나타낸다. [그림 21-3]을 다시 보면, 모든 아동이 같은 절편을 가지는가? 물론 그렇지 않다. 그리고 모든 아동이 같은 수준의 수학 지식을 가지고 유치원에 입학할 것이라 기대하지 않는다. 우리는 잠재절편의 분산을 통해 절편의 분산을 추정할 수 있다. 잠재기울기 변수의 평균은 평가에 따른 아동 1,000명의 성장 수준의 평균을 나타낸다. 절편에 관해서는 모든 아동이 같은 기울기를 나타내지 않는다. 어떤 아동은 더 많은 성장을 나타내고 어떤 아동은 덜 나타낸다. 잠재기울기의 분산 추정값은 아동이 나타내는 성장의 차이 정도를 추정하는 데 사용된다. 다른 잠재변수 분석에 있어서는 오차와 측정의 고유분산이 분석에서 분리되고, 절편과 기울기 변수가 실제 관심변수(예: 수학능력의 실제 변화 비율)를 더 알아내도록 한다.

[그림 21-6] 수학 점수의 초기 단순 또는 무조건 성장모형

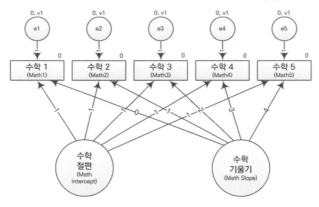

모형과 그것의 제약은 평균구조를 가진 CFA 모형과 유사하게 보이지만 중요한 차이점이 있다. 이전 모형에서는 잔차의 평균 또는 측정오차와 고유분산(e1에서 e5)이 0으로 설정되었다. 그러나 이 모형과 앞의 모형의 차이점을 살펴보라. 먼저, 모두 제약된 '요인부하량(factor loading)'에 주목하라. **수학절편** 잠재변수에서 각 수학시험의 경로는 모두 1로 제약되어 있다. 일반 회귀분석에서 절편을 추정하는 방법은 Y변수를 X변수와 1로 제약된 변수로 회귀시키는 것이다. 절편에서 측정변수의 경로를 1로 고정하는 것은 이 잠재변수가 LGM에서 절편이 되도록 한다. **수학기울기** 잠재변수에서 측정된 수학시험의 경로는 0부터 연속적으로 증가되는 값으로 제약된다. 0으로 제약된 첫 번째 부하량은 수학 1을 성장의 시작점으로 알려 준다. 이 제약은 두 번째 잠재변수가 잠재기울기 변수의 역할을 하도록 한다. 우리는 이 장의 후반에서 다른 대안과 사양을 알아볼 것이다.

측정된 수학시험의 절편이 모두 0으로 제약된 것에도 주목하라. 이것은 우리가 평균구조와 주로 하는 것과는 다르다. 덜 명백하지만 관련이 있는 것은 잠재절편과 잠재기울기 변수의 평균이 0으로 제약되지 않았다는 것이다. 이것이 평균구조를 가진 표본 하나를 분석할 때 잠재변수를 0으로 설정하지 않은 첫 번째 예시이다. 우리는 이렇게 하지 않았는데, 이것이 LGM에서 주요 관심사인 잠재절편과 잠재기울기 추정 중 하나이기 때문이다. 우리는 측정변수 절편을 0으로 설정(측정절편은 측정변수 직사각형 위 오른쪽에 표시)하여 본질적으로 평균을 측정변수 수준이 아닌 잠재변수 수준으로 제약하기 때문에 단일집단분석에서 이를 달성할 수 있다.

모형은 잠재절편과 잠재기울기가 상관이 있도록 해 준다. 절편과 기울기는 종종 상관을 나타낸다. 앞의 예시의 마태복음 효과를 떠올려 보면, 학문적으로 부유한 이는 더 부유해지고 빈약한 사람은 더 빈약해진다. 수학능력에서도 이러한 현상이 일반적이라면, 두 변수가 양의 상관관계가 있다고 기대할 수 있다. 다른 분야의 연구에서는 절편과 기울기가 음의 상관관계를 보이는 것이 흔한 일이기 때문에 낮은 수준에서 시작한 사람도 높은 수준에서 시작한 사람을 따라잡을 수 있다.

모형은 또한 모든 잔차가 동일하도록 하는데(모두 v1의 값을 가진다), 이는 오차와 고유분산이 한 시점과 다른 시점에서 동일함을 나타낸다. 흥미롭게도, 이는 반복측정 ANOVA에서 가정되지만 검정되지 않는 가설 중 하나이다. 이 가설을 비제약적 모형과 비교함으로써 LGM에서 검정할 수 있다. 또한 한 시점과 다음 시점의 잔차가 상관이 있는 '지연 자기상관(lag one autocorrelation)'으로 설정할 수도 있다. 성장과정과는 다른 이유로 인접한 측정 간 상관이 발생한다는 것은 일리가 있다. 예를 들어, 어떤 학생은 이전 시험 시행의 문항을 기억할 수 있다. 모형을 설정하는 단계는 다음과 같다.

1. 관심 있는 종단자료에 영향을 미치는 두 개의 잠재변수, 즉 절편 또는 시작수준을 나타내는 잠재변수와 기울기 또는 성장을 나타내는 잠재변수를 포함하라. 절편에서 각각 측정된 종단 변수로의 경로를 1로 제약하라. 기울기에서 측정된 종단변수의 경로를 선형으로 제약하라. 제약을 0으로 시작하고, 순차적으로 하나씩 경로를 증가시켜라(이전 예시에서는 0, 1, 2, 3, 4). 이 식별에는 다양한 대안이 있지만 이것이 가장 공통적인 방법이며, 특히 제한적인 발달의 시간 개념에서 사용된다.
2. 잔차(오차)의 평균을 0으로 제약하라(만약 자동으로 되어있지 않다면).
3. 종단 측정변수의 절편을 0으로 제약하라.
4. 절편과 기울기의 분산을 둘 다 자유롭게 추정하라.
5. 절편과 기울기가 상관관계가 되도록 하라.
6. 잔차의 분산을 동일하게 제약하라(완화될 수 있음).

또한 이 모형이 자료에 대해 설명하는 것을 간단하게 복습하자. 이 모형에 따르면, 이 표본의 다섯 가지 수학점수는 두 가지 영향을 받은 산물이다. 수학능력의 초기수준(절편)과 발달과 교육의 결과로 향상된 수학능력의 성장이다. 이 두 영향(오차 포함)은 시간에 따른 성적의 향상과 분산, 공분산의 주요 근원이다. 이 모형은 점수 간 공분산의 또 다른 원인인 절편과 기울기가 공변(covary)으로 추정되는 것을 가능하게 한다. 데이터에 대한 모형의 적합도지수를 통해 점수에 대한 설명이 어느 정도로 데이터와 일치하는지를 알 수 있다.

[그림 21-7]은 초기무조건모형의 비표준화 결과값을 나타낸다. TLI(.995)와 SRMR(.006)은 데이터에 대해 모형이 적합하다는 수치로 나타나지만, RMSEA는 우리가 원하는 것보다 조금 높은 수치이다(.069). 그러나 우리는 자유도가 작은 모형에서 RMSEA가 포화된다는 것을 알고 있으며, RMSEA의 90% 신뢰구간(.055-.084)은 근소하지 않은 적합도로 가설을 기각할 수 있다는 것을 나타낸다(.10의 값을 포함하지 않기 때문에). 대부분의 다른 모수는 통계적으로 유의하고 합리적이다. 모형은 14의 자유도를 가진다. 행렬에는 20개의 적률(15개의 분산과 공분산, 5개의 평균)이 있으며, 이는 절편과 기울기의 평균과 분산, 오차분산 1(모두 같은 값으로 제약했기 때문에 1), 절편과 기울기의 공분산을 추정하기 위해 사용된다. 자유도는 20-(4 + 1 + 1)=14이다.

[그림 21-7] 초기 단순성장모형의 비표준화 결과값

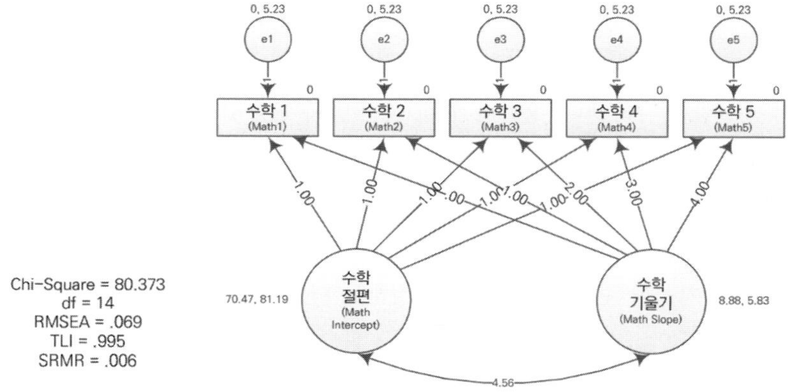

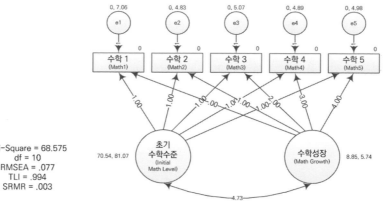

[그림 21-8] 수정된 단순성장모형

여기에서 잔차분산에 대한 동일성 제약이 완화되었다.

[그림 21-8]은 초기 단순성장모형을 수정한 모형이다. 이 모형은 잔차분산에 대한 동일성 제약을 제거한 모형이다. 또한 이전 모형에 비해 대안적인 명칭을 사용한다. 예를 들어, 수학절편 대신 초기수학수준을 사용하며, 수학기울기 대신 수학성장을 사용한다. 모형은 초기모형보다 적합도 측면에서도 개선되

었지만($\Delta\chi^2 = 11.798[4]$, $p = .019$), RMSEA와 TLI는 악화되었다(간명성을 보상으로). 적합도의 개선에도 불구하고 초기모형의 정확성과 간명성이 더 매력적이다. 실제로 초기모형의 전반적으로 양호한 적합도를 보아 두 번째 모형을 비교할 생각도 하지 않았을 수 있다.

그러므로 우리는 초기모형([그림 20-7])을 합리적인 단순성장모형으로 수용할 것이며, 결괏값을 더 세부적으로 살펴볼 것이다. 세부적인 결괏값의 일부가 [그림 21-9]에 제시되었다. 그것은 두 잠재변수에서 다섯 개의 수학 측정변수로의 비표준화 · 표준화 경로를 나타내는데, 이는 그다지 흥미롭지는 않다. 이미 수행한 분석과는 달리, 이 값은 모두 제약되었기 때문에 표준오차나 유의도 수준이 존재하지 않는다. 그러나 모든 제약이 의도한 역할을 하고 있는지 확인하기 위해 비표준화값을 살펴보는 것은 유용하다. 모형을 살펴보면, 잠재절편(초기수준)으로부터의 경로는 모두 1로 제약되었고, 잠재기울기(성장) 변수에서의 경로는 0, 1, 2, 3 등의 순으로 제약된 것을 알 수 있다. 수준과 성장 변수로부터 표준화된 계수는 SEM보다 LGM에서는 관심이 덜 집중되는 부분이다.

[그림 21-9] 초기 성장모형에 대한 세부적인 결괏값

이러한 결과는 [그림 21-7]에서 보여 준 모형과 대응한다. 꼭 볼 필요는 없지만 확인해 볼 가치는 있다.

Regression Weights: (equal residuals)

			Estimate	S.E.	C.R.	P	Label
math1	<---	Math_Intercept	1.000				
math1	<---	Math_Slope	.000				
math2	<---	Math_Intercept	1.000				
math2	<---	Math_Slope	1.000				
math3	<---	Math_Intercept	1.000				
math3	<---	Math_Slope	2.000				
math4	<---	Math_Intercept	1.000				
math4	<---	Math_Slope	3.000				
math5	<---	Math_Intercept	1.000				
math5	<---	Math_Slope	4.000				

Standardized Regression Weights: (equal residuals)

			Estimate
math1	<---	Math_Intercept	.969
math1	<---	Math_Slope	.000
math2	<---	Math_Intercept	.895
math2	<---	Math_Slope	.240
math3	<---	Math_Intercept	.797
math3	<---	Math_Slope	.427
math4	<---	Math_Intercept	.699
math4	<---	Math_Slope	.562
math5	<---	Math_Intercept	.613
math5	<---	Math_Slope	.657

관심 대상이 되는 주요 연구결과는 잠재 수학절편과 수학기울기 변수의 평균과 분산이다. 이는 [그림 21-7](두 개의 잠재변수 옆의 평균, 분산)과 [그림 21-10]([그림 21-10]에는 표준오차와 z값 포함)에서 볼 수 있다. 기준 잠재평균 또는 **초기수학수준**은 70.47이며, 이는 초기수학 측정변수의 평균(70.14)에 가까운 값이다. 두 수치가 동일하지 않은 이유는 잠재절편이 측정오차, 선형궤적의 편차 등을 고려하기 때문이다. 이 값은 이 1,000명의 아동의 실제 수학학업성취도의 초기평균수준을 가장 잘 추정한 값이다. 초

기수학수준(절편)의 분산은 81.19이며, 이 값은 통계적으로 유의하다. 이 연구결과는 아동의 수학능력의 초기수준에 상당한 차이가 있음을 의미한다. 아마도 우리가 다음 단계에서 추가하는 변수, 즉 수학능력의 초기수준과 성장을 설명하기 위해 고안된 변수 중 일부는 이 분산의 일부를 설명하는 데 도움이 될 것이다.

[그림 21-10] 계속해서, 초기 단순성장모형에 대한 세부적인 결괏값

이 표는 주요 관심사에 대한 결과를 보여 준다.

Means			Estimate	S.E.	C.R.	P	Label
Math_Intercept			70.467	.291	242.547	***	
Math_Slope			8.877	.080	111.354	***	

Covariances			Estimate	S.E.	C.R.	P	Label
Math_Intercept	<-->	Math_Slope	4.559	.741	6.153	***	

Correlations			Estimate
Math_Intercept	<-->	Math_Slope	.210

Variances			Estimate	S.E.	C.R.	P	Label
Math_Intercept			81.187	3.774	21.513	***	
Math_Slope			5.826	.284	20.486	***	
e1			5.228	.135	38.710	***	v1
e2			5.228	.135	38.710	***	v1
e3			5.228	.135	38.710	***	v1
e4			5.228	.135	38.710	***	v1
e5			5.228	.135	38.710	***	v1

[그림 21-7]과 [그림 21-10]은 또한 잠재 수학성장(또는 수학기울기) 변수의 통계적으로 유의한 평균(8.88)과 분산(5.83)을 보여 준다. 둘 다 통계적으로 유의하다. 평균 수학성장에 대한 통계적으로 유의한 값은 아동이 평균적으로 통계적으로 유의한 성장을 보인다는 것을 의미한다. 분산이 통계적으로 유의하다는 것은 이러한 아동의 개별 기울기에 상당한 변산성이 있다는 것을 의미한다. 따라서 예를 들어([그림 21-3]과 같이), 어떤 아동이 상당히 가파른 기울기(빠른 성장)를 가지고 있고 어떤 아동은 훨씬 더 완만한 기울기(더 느린 성장)를 가지고 있다. 이 기울기는 충분한 변산성이 있어서 값이 통계적으로 유의하다.

이 그림들에 포함된 마지막으로 흥미로운 연구결과는 잠재 초기수학수준 변수와 수학성장 변수 간 공분산($4.56, p < .001$)과 상관(.21)이다. 예상된 것처럼, 양의 상관은 높은 수준의 초기 수학능력을 가진 아동이 더 빠른 속도로 그 수준을 발전시킨다는 것을 의미한다. 상관이 크지는 않지만 통계적으로 유의하다.

이미 언급한 바와 같이, 모형은 아동이 수학시험에서 얻는 점수의 원인이 세 가지라는 것을 나타낸다. 즉, 그들의 점수는 수학능력의 전반적인 초기수준과 시간이 지남에 따라 나타나는 성장, 오차(선형 성장의 편차 포함)의 결과이다. 이 정보를 사용하여, 연속적인 수학시험 시행 각각에 대한 예상되는 또는 모형 추론되는 평균을 계산할 수 있다. 수학 1 변수의 추정된 평균값은 잠재 초기수학수준(70.47)이다. 수

학 2 변수의 추정된 평균값은 **초기수학수준**에 1을 더한 후 잠재 기울기를 곱한 값(8.88)이며, 수학 3 변수의 추정된 평균은 70.47 + 28.88, 또는 88.22(조정 오차 포함)이다. 이 값들과 **수학 4, 수학 5**의 값이 [그림 21-11]에 나와 있지만(추정된 평균) [그림 21-7]을 통해 쉽게 계산될 수 있다. 물론 모형에서 추정된 공분산과 상관은 추적 규칙(tracing rule)을 사용하여 [그림 21-7]과 [그림 21-9], [그림 21-10]의 자료에서 계산할 수 있다.

[그림 21-11] 공분산, 상관관계와 평균은 초기 단순성장모형에 의해 추정된다.

Implied Covariances

	math5	math4	math3	math2	math1
math5	216.108				
math4	183.016	166.206			
math3	155.152	138.940	127.956		
math2	127.288	116.902	106.517	101.359	
math1	99.423	94.864	90.305	85.746	86.415

Implied Correlations

	math5	math4	math3	math2	math1
math5	1.000				
math4	.966	1.000			
math3	.933	.953	1.000		
math2	.860	.901	.935	1.000	
math1	.728	.792	.859	.916	1.000

Implied Means

	math5	math4	math3	math2	math1
	105.977	97.099	88.222	79.345	70.467

이 단순성장모형을 통해 우리는 아동의 유치원부터 4학년까지의 수학능력의 발달, 성장, 궤적을 모형화할 수 있었다(비록 모의자료일지라도). 분석은 선형성장모형이 이러한 성장을 실제로 설명할 수 있으며 이 기간 동안 아동은 상당한 성장을 보인다는 것을 시사한다. 또한 이 표본의 아동 간에 이러한 발달과정에는 수학능력의 초기시작수준과 시간이 지남에 따라 나타나는 성장 모두에서 상당한 차이(variation)가 있다. 수학능력의 초기수준과 성장은 약하지만 정적 상관관계가 있으며, 이는 수학능력에서 초기수준이 높은 아동이 낮은 수준의 초기능력으로 시작하는 아동보다 평균적으로 더 많은 성장을 보인다는 것을 의미한다.

📈 조건적 성장모형 또는 성장 설명

여러분에 대해 잘 모르지만, 저자는 이 분석이 꽤 흥미롭다고 생각한다. 우리가 실제로 성장과 변화의 과정을 모형화할 수 있다고 상상해 보라! 그러나 해설식 광고(infomercial)에서 말하는 것처럼, "기다려라, 훨씬 더 많은 것이 있다!". 다음 단계는 초기수학능력과 수학능력의 성장에 **영향을 미칠 수 있는** 변수를 이해할 수 있는지 확인하기 위해 모형에 다른 변수를 추가하는 것이다.

[그림 21-12]는 조건적 성장모형(conditional growth model)을 보여 주는데, 성장 모수가 네 가지의 가

능한 영향에 조건적 · 의존적이기 때문에 조건적 성장모형으로 명명되었다. 이 네 가지의 새로운 변수는 **여학생, 학부모교육수준, 인지능력**, 그리고 **연령**이다. 각 변수에 대한 코딩은 이 장의 앞부분에서 설명되었다. 각 변수는 아동의 초기수학능력수준과 성장수준에 영향을 미치는 것으로 가정된다. 여러분은 아마도 각 경로를 비교적 쉽게 정당화할 수 있을 것이다. 따라서 경로는 각 외생변수에서 잠재 **초기수학수준**과 **수학성장** 변수로 그려진다.

[그림 21-12] 인지능력, 학부모교육수준, 다른 배경 변인이 유치원에서의 수학능력과
유치원에서 4학년까지 수학능력 성장에 미치는 영향을 검정하기 위한 모형 사양

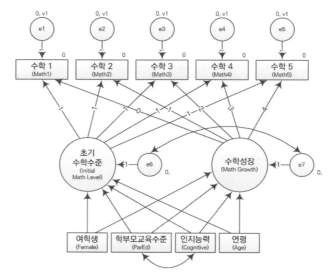

모형 사양은 이전 분석에 기초한다. 경로는 잠재 **초기수학수준**과 **수학성장** 변수에서 각 측정된 **수학** 변수로 그려진다. 이전 분석 결과를 고려해 볼 때, 잔차(오차) 간 공분산이 허용되지 않았고 잔차분산은 동일하도록 제약되었다. 이미 언급한 바와 같이, 경로는 가능한 외생적인 영향에서 초기수준과 성장 변수로 그려진다. 이전 모형에서는 절편(초기수학수준)과 기울기(수학성장) 변수가 상관될 수 있도록 하였다. 조건적 성장모형에서 이러한 변수는 이제 내생적이기 때문에 직접적으로 상관될 수 없다. 그 대신에, 그들의 교란은 상관관계가 있어 동일한 일을 수행한다(일부 SEM 프로그램은 기정(default)으로 변수와 교란 사이에 이러한 구분을 분명히 하지 않는다). **인지능력**과 **학부모교육수준** 변수는 상관관계가 허용되지만, 다른 외생변수는 모두 상관관계가 없을 것으로 예상된다. **인지능력** 점수가 원점수라면 **연령**과 상관관계가 있을 것으로 예상되지만, 그것은 연령으로 보정된 표준점수이다. 모형 사양의 다른 측면은 모두 이전 분석과 일치한다.

[그림 21-13]은 이러한 분석에 대한 그래픽 출력을 나타내며 그림의 상단에는 비표준화모형이, 하단에는 표준화모형이 제시되어 있다. 그림에서 볼 수 있는 바와 같이, 모든 적합도지수는 모형이 자료에 완벽하게 적합하다는 것을 시사한다.

[그림 21-13] 수학능력 초기수준과 유치원에서 5학년까지 수학능력 성장에 대한
여학생, 학부모교육수준, 인지능력과 연령의 영향

첫 번째 모형은 비표준화 영향을, 아래 모형은 표준화 영향을 보여 준다.

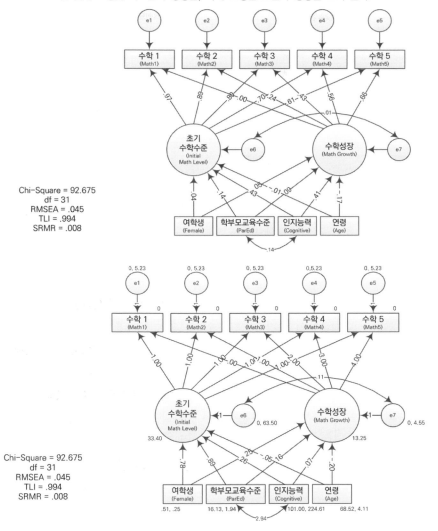

설명변수가 추가됨에 따라 우리의 관심은 성장모형의 측면에서 본질적으로 성장에 영향을 주는 새로운 변수로 이동한다. 학부모교육수준과 같은 변수 중 일부는 의미 있는 수치인 반면, 인지능력과 같은 다른 변수는 덜 의미가 있다. 회귀분석과 다른 SEM과 마찬가지로 비표준화된 수치는 의미 있는 수치를 가진 변수에 유용하다. 인지능력의 경우, 표준화된 효과(아래 그림)가 더 해석하기 쉽다. 표준화된 효과는 한 변수가 다른 변수에 주는 상대적인 효과를 비교하는 과정에도 유용하다. 효과의 표준오차와 통계적 유의도는 [그림 21-14]에서 볼 수 있다.

[그림 21-14] 초기수학수준(Initial Math Level)과 수학성장(Math Growth)에 대한
배경변인 영향, 표준오차, 통계적 유의도

Regression Weights:

			Estimate	S.E.	C.R.	P	Label
Initial_Math_Level	<---	Sex	.777	.517	1.504	.133	
Initial_Math_Level	<---	ParEd	.887	.187	4.736	***	
Math_Growth	<---	ParEd	.160	.052	3.095	.002	
Initial_Math_Level	<---	Cognitive	.256	.017	14.702	***	
Math_Growth	<---	Cognitive	.067	.005	13.864	***	
Math_Growth	<---	Age	-.201	.035	-5.733	***	
Initial_Math_Level	<---	Age	-.051	.127	-.400	.689	
Math_Growth	<---	Sex	.246	.143	1.722	.085	
math1	<---	Initial_Math_Level	1.000				
math1	<---	Math_Growth	.000				
math2	<---	Initial_Math_Level	1.000				
math2	<---	Math_Growth	1.000				
math3	<---	Initial_Math_Level	1.000				
math3	<---	Math_Growth	2.000				
math4	<---	Initial_Math_Level	1.000				
math4	<---	Math_Growth	3.000				
math5	<---	Initial_Math_Level	1.000				
math5	<---	Math_Growth	4.000				

[그림 21-13]에 제시된 결과를 살펴보면, **여학생**[1]이 **초기수학수준**과 **수학성장** 모두에 정적(+) 영향을 미친다는 것을 시사한다. **여학생**에서 초기수준으로의 경로가 .78이라는 것은 여학생(1로 코딩)이 남학생보다 잠재 **초기수학수준** 변수가 .78점 높았다는 것을 의미한다. 그러나 **여학생**이 **초기수학수준**과 **수학성장**에 미치는 이러한 영향은 통계적으로 유의하지 않았기 때문에([그림 21-14] 참조) 영효과(zero effect)로 간주되어야 한다. 이와 다르게, **학부모교육수준**은 수학능력의 **초기수학수준**과 **수학성장** 모두에서 통계적으로 유의한 영향을 나타내었다. 학부모교육수준이 1년 증가할수록 아동은 초기수학수준보다 평균적으로 .89점 높은 점수를 받았다. 또한, 학부모교육수준이 1년 증가할수록 모형의 다른 변수(예: **인지능력**)를 통제한 상태에서 수학능력 성장은 .16점 증가하였다. **연령**은 **수학성장**에 통계적으로 유의하게 부적(-) 영향을 미쳤다. 첫 번째 측정에서 연령이 많았던 아동은 연령이 낮았던 아동보다 측정에 따라 낮은 성장을 나타냈다(연령이 많을수록 한 달에 -.20점). 이 연구결과는 자녀가 아직 유치원에 갈 준비가 안 되었으며, 유치원에 갈 연령이 될 때까지 기다리는 부모의 결과일 수 있다.

인지능력은 **초기수학수준**과 **수학성장**에 통계적으로 유의한 영향을 미쳤다. 이 영향은 또한 훨씬 더 크게 나타났다([그림 21-13]의 아래 그림). 높은 수준의 인지능력을 가진 아동은 높은 수준의 수학능력 초기수준을 가진다. 인지능력이 $1SD$만큼 증가할수록, 초기수학능력은 $.43SD$만큼 증가하였다. 높은 인지적 능력을 가진 아동일수록 낮은 능력을 가진 아동보다 성장을 더 많이 보였다. 인지능력이 $1SD$ 증가할 때마다 수학기울기, 또는 매해 수학능력의 성장이 $.41SD$ 증가하는 결과를 낳았다. 표준화 모형에서 볼 수 있는 바와 같이, 이는 수학능력과 수학능력의 성장에 가장 큰 영향력이다(물론 이것은 모의자료라는 사실을 염두에 두라). 그러나 인지능력에 대한 연구결과는 DiPerna 등(2007)의 연구결과와 상당히 일치한

---

1) **[역자 주]** 원서에는 **성별(Sex)**로 되어 있으나, [그림 21-13]을 보면, **여성**으로 되어 있다. 독자의 혼란을 방지하기 위하여, 이를 수정 · 제시한다.

다]. **학부모교육수준**은 그다음으로 **수학절편**(초기수학수준)에 강한 영향을 미쳤으며(.14), **연령**은 수학능력 성장(기울기)에 두 번째로 강한 영향을 미쳤다(−.17).

그 결과에 관한 두 가지 다른 측면도 언급할 가치가 있다. 첫 번째로 극복할 점은 잠재변수의 교란 간(e6과 e7) 공분산/상관이 이전의 잠재변수 간 상관에 비해 상당히 감소하였으며 더 이상 통계적으로 유의하지 않은 것이다. 이 모형은 이 상관이 부분적으로 **인지능력**이 초기수학수준(표준화 계수 .43)과 **수학성장**(.41)에 미치는 영향의 결과임을 시사한다. 경로분석을 처음 논의할 때 배웠던 추적 규칙을 사용했을 때, 이 영향이 단순성장모형의 절편과 기울기 간 상관의 .17을 설명하는 것을 알 수 있다. 그러므로 인지능력은 어느 정도 초기수학수준과 수학성장의 공통요인이라 할 수 있다. 달리 표현하면, 수학능력의 초기수준과 수학성장이 상관이 되는 이유에서 큰 부분을 차지하는 것은 그것이 전반적인 인지능력에 크게 영향을 받는 것이다. 똑똑한 아동일수록 그렇지 않은 아동에 비해 초기수학수준이 높고 수학을 더 빠르게 학습한다. 그러나 이 원래의 상관이나 감소를 너무 많이 이용하지는 말라. 만약 모형에서 다른 초기수준을 결정하였다면(현재 모형에서는 기울기에서 0의 경로를 가진 시점인 유치원으로 초기수준이 설정되어 있다.) 조건모형과 무조건모형의 상관은 다를 것이다.[2] 두 번째로 주목할 점은 초기수학수준과 성장교란, 즉 e6과 e7의 분산은 여전히 상당히 그리고 통계적으로 유의하다는 것이다(여기에는 제시되지 않았다). 설명변수는 아동의 초기수학수준의 변화 또는 그러한 수학성장의 모든 변화를 설명해 주지는 않는다.

여러 개의 경로와 교란 간 상관은 통계적으로 유의하게 나타나지 않았다. 따라서 두 번째 모형에서는 e6과 e7 간의 상관과 함께 이러한 경로(여학생에서 **초기수학수준**과 **수학성장**으로의 경로, **연령**에서 **초기수학수준**으로의 경로)가 제거되었다. 이 수정된 모형은 우리의 공통기준을 적용했을 때, 자료에 완벽한 적합도를 보여 주며(χ^2 [35] = 98.63, RMSEA=.043, TLI=.993, SRMR=.017), $\Delta\chi^2$은 통계적으로 유의하지 않았다(χ^2 [4] = 5.69, p = .22). 이 정돈된 모형은 수학능력의 발달과 성장, 그 성장에 영향을 미치는 변수에 대해 더 간명하게 설명한다. 나머지 영향의 크기는 초기모형과 거의 변하지 않았기 때문에, 여기에서는 제시되지 않았다(그러나 추가적인 분석을 시행하고 해석하기를 권장한다).

📈 추가 쟁점

자료 요건

이제 잠재성장모형(LGM)과 그것을 어떻게 시행하고 해석하는지에 대해 기본적인 이해가 되었을 것이다. 이제 LGM을 수행하는 데 있어 필요한 몇 가지 요소에 대해 다룬 후에 설정과 분석의 변화에 대해 살펴볼 것이다.

명백하게 LGM을 수행하기 위해서는 종단자료가 필요하다. 즉, 동일한 대상에 대해 반복적으로 측정된 자료가 필요하다. 시점별로 다른 개인에게 측정된 자료는 충분하지 않을 것이다[창의성 있게 두 시점

---

[2] '모형에서 다른 초기수준을 결정하였다면'이 무엇을 의미하는가? 성장에서 수학점수로의 경로는 0, 1, 2 등으로 설정되었다. 이 점수는 처음 점수를 −1, 두 번째를 0, 세 번째를 1 등으로 설정되었을 수도 있다. 이것은 두 번째 측정값을 초기수준으로 만들며, 기울기와 절편의 상관이 다르게 나타났을 것이다. 이 상관을 과대해석하지 말라.

의 자료를 합한 연구를 보고 싶다면, Ferrer와 McArdel(2004)을 참고하라]. LGM 자료에 필요한 또 다른 조건은 다음과 같다.

1. 최소한 세 시점에서 측정된 자료가 필요하며, 네 번 이상의 측정은 더 많은 자유도를 허용한다.

2. 매 시점마다 같은 구인을 측정해야 하며, 원점수처럼 수치적으로 성장을 볼 수 있는 자료이어야 한다. 앞서 학업성취도 자료를 사용한 많은 예시에서는 표준화된 점수를 수치로 사용하였다. 그러한 점수는 ECLS 자료($M = 50$, $SD = 10$)에서 얻을 수 있지만, 각 시점마다 표준화가 다른 점이 자료에서의 성장 측면을 파괴하기 때문에 작동하지 않을 것이다. 그러므로 이미 언급한 바와 같이, 반복적으로 실행되는 검사가 LGM에서 흔히 사용된다. ECLS 자료로 성장을 보여 줄 수 있는 단일 연속척도를 만들기 위해 문항반응이론(IRT)이 사용되었다. 비록 고학년에서는 이전 검사보다 더 어려운 문항을 포함하였다 할지라도, 이전 문항과 같은 영역을 측정했으며 같은 척도에 위치되었다. 그 결과는 5학년 점수가 유치원 점수와 같은 의미를 가지는 유치원에서 5학년까지의 아동의 수학능력을 측정하는 데 적절한 연속적인 도구로 나타났다.

3. 종단 측정의 시간 간격은 연구의 모든 참가자에게 동일해야 한다. 그러므로 우리의 모의자료에 있는 모든 아동의 자료는 유치원, 1학년, 2학년, 3학년, 4학년 가을 학기에 측정하였다. 다음에서 조사될 것처럼 이 시간 간격은 동등할 필요는 없다. 모든 대상이 같은 간격으로 측정되는 한 연구 설계 시 유치원의 가을 학기와 봄 학기, 1학년의 봄 학기, 3학년의 봄 학기 등으로 측정될 수 있다. 시간 간격이 동일하지 않을 때 자료를 다루는 여러 방법이 있지만 이 장의 범위를 벗어난다(예: McArdle, Hamagami, Meredith, & Bradway, 2000; Mehta & West, 2000).

4. 여기에서 사용된 것과 같이, 원자료는 항상 LGM 분석에 적합하다. 행렬자료도 평균이 포함된다면 사용할 수 있다. LGM 또한 잠재평균이 추정되는 다른 모형과 다른 방법이 없다. 이 장의 마지막 연습문제에서 두 종류의 자료를 사용할 기회를 줄 것이다.

모형 사양에서 차이

앞에서 언급한 것처럼, 한 측정에서 다음 측정으로의 간격은 동일하지 않아도 된다. 그러므로 예를 들어 청소년기의 마리화나와 다른 약물 사용의 성장에 대해 관심이 있다고 가정하자(S. C. Duncan, Duncan, Biglan, & Ary, 1998 참고). 여러분은 첫 번째와 두 번째 설문을 1년의 시간을 두고 시행하고, 세 번째 설문을 1년 반 후에 시행할 수 있다. 만약 사용량의 성장이 선형으로 증가할 것이라 예상하면, 측정변수의 기울기(성장) 경로를 흔하게 사용되는 0, 1, 2가 아니라 0, 1, 2.5로 설정할 수 있다.

성장이 선형이라고 가정하는 것이 필수적인 것은 아니다. 현재 예시인 수학 학업성취도를 고려해 보라. 심지어 동일한 간격의 측정이지만 수학능력의 성장이 선형이라고 가정할 수 있는가? 연령이 많은 (4학년) 아동보다 어린 아동(유치원)일수록 수학능력의 성장이 가파른 것이 더 그럴 듯하다. 비선형 성장을 모형화할 수 있는 방법은 다양하다. 회귀선의 곡선을 검정하는 것을 상기해 보라. LGM에서도 비슷한 것이 가능한데, 한 성장(기울기) 변수를 선형 성장으로 모형화하고, 다른 성장을 2차 성장으로 할 수 있다. Hancock, Harring과 Lawrence는 2차와 여러 다른 비선형 성장을 모형화하는 방법에 대해 설명하였다(Hancock, Harrings, & Lawernce, 2013). 처음 두 기울기의 부하량을 제약하고(0이나 1로) 다른 기울기 부하량을 자유롭게 추정하는 방법도 있다(잠재기초모형으로 알려진 방법). 연구자는 모형에 앞서서 기울기의 형태를 고려해야 하며, 항상 원자료를 평가해서 선형성에서 이탈할 가능성에 대해 생각해야 한다(Willett & Sayer, 1994).

여기에서 언급한 DiPerna와 동료들(2007)의 예시에 따르면, 연구자들은 각 측정마다 다른 시간과 수학능력의 비선형 성장 가능성에 직면하였다. 그들은 표본을 반으로 나누어서 처음 절반의 결과를 나머지 절반의 모형을 제약하는 데 사용하였다. 자료의 처음 절반에 대해서는[대응(calibration) 또는 연습 데이터], 처음 두 개의 측정된 수학 변수에 대해서는 잠재 기울기의 값이 0과 1로 제약되었다. 나머지 기울기에서 측정변수로의 경로는 자유롭게 추정되었다(앞에서 언급한 잠재기초모형). 조정 데이터의 값(0, 1, 3.2, 6)은 유효(validation) 자료(나머지 반)의 제약모수로 사용되었다. DiPerna 등(2007)의 예시에서는 LGM의 또 다른 변형에 대해 서술한다. 첫 번째 기울기에서 측정변수로의 경로가 대체로 0으로 설정되어 있고, 이는 아무 경로가 없는 것과 같은 의미이기 때문에, 어떤 연구자는 이 첫 번째 측정변수를 기울기 변수의 부하량으로 보여 주지 않는 경우도 있다.

제약을 완화시키고 추가하는 것은 가능하다. 여기에서 각 시점마다 측정변수의 오차분산을 동일하게 하는 것이 가능하지만(등분산성), 이것을 다르게 하는 것도 가능하다. 잔차 간 상관을 허용하는 것도 가능하다.

모형의 특정 측면을 검정하기 위해 단순성장(무조건)모형에 추가적 제약이 가해질 수 있다. 모형제약과 의미는 다음과 같다.

1. 오차분산 동일화(앞에서 논의됨)이다.
2. 잠재 절편과 기울기 사이의 0의 상관이다. 만약 이 모형이 뒷받침되면, 성장률이 초기 상태와 상관이 없다는 것을 의미한다.
3. 잠재 기울기 평균을 0으로 설정한다. 만약 지지된다면, 이 제약은 평균 성장이 0이지만 개인별로 성장의 양에는 변화가 있다는 것을 의미한다.
4. 기울기 변수의 분산을 0으로 고정한다. 이 모형은 성장에 개인적 차이가 없으며, 표본의 모든 개인이 같은 속도로 성장하였다는 것을 의미한다.
5. 잠재 기울기 변수의 부하량을 선형 시간 측정으로 고정(우리의 예시처럼)한다. 이 모형은 성장이 선형임을 의미한다.
6. 기울기의 평균과 분산 모두 0으로 고정한다. 이렇게 엄격한 '성장 없음' 또는 '엄격한 안정성' 모형은 표본의 어떤 개인과 성장을 경험하지 않았음을 의미한다(Stoolmiller, 1994).

여기에서 분석한 모형보다 잠재성장모형은 더 복잡할 수 있다. 우리는 초기수학능력수준과 그 능력의 성장에 영향을 줄 수 있는 변수를 탐색하였다. 이미 언급한 바와 같이, 다른 이후의 결과에 영향을 주는 절편과 성장에 대해 연구하는 것은 가능하다. 또한 다수의 절편과 기울기 변수를 포함해서 한 변수의 성장과 다른 변수의 성장의 관계를 연구하는 것도 가능하다. 예를 들어, 인지능력의 반복된 척도를 사용하여 인지능력의 성장이 수학능력의 성장과 관계가 있는지 알아볼 수 있다. 역동적 모형분석(dynamic modeling) 또는 잠재변화점수모형분석과 같은 고급방법을 통해서 한 변수가 다른 변수에 시간에 따라 주는 변화의 효과를 검정할 수 있다(McArdle et al., 2000; Reynolds & Turek, 2012).

고차성장 변수를 모형분석하는 것도 가능하다. 우리가 사용한 예시에서도 각 학년마다 숫자, 개념, 기하 등 다양한 수학 척도가 있었다. 그렇다면 여기에서 포함된 측정변수보다는 각 학년의 잠재 수학능력 변수를 가지는 것도 가능했을 것이다. 절편과 기울기 변수는 일련의 잠재변수에 의해 색인화될 수 있으며, 이를 '요인곡선(curve-of-factors)' 접근방법이라고 한다. 대안적으로, 각 수학의 구인(숫자, 개념, 기하)의 절편과 기울기를 명시한 후에 일반적 수학능력에 대해 고차 절편과 기울기를 명시했을 수 있다 [곡선요인(factor-of-curves) 접근방법]. 만약 이에 대해 더 알고 싶다면, 『An Introduction to Latent Variable Growth Curve Modeling』에 상세하게 기술되어 있다(Duncan, Duncan, & Strycker, 2006). McArdle의 『Annual Review of Psychology』 논문은 Little의 『Longitudinal Structural Equation Modeling』 (Little, 2013)에서처럼 다른 종단 SEM 모형의 맥락에 LGM 모형을 사용하는 것에 대해 잘 설명한다.

📈 기타 성장자료 분석방법

여기에서 사용한 방법처럼 변화와 성장자료(growth data)를 분석하는 방법이 있다. 전통적인 방법은 반복측정 ANOVA(repeated measures ANOVA: RANOVA)나 다변량 ANOVA(multivariate ANOVA: MANOVA)를 사용해서 반복측정된 자료를 분석하는 것이다. 그러나 RANOVA는 측정오차(e1부터 e5)가 동일하거나 독립적이라고 가정하지만 항상 합리적인 가정은 아니다. Kline이 언급한 바와 같이, 오차를 모형화할 수 있다는 점은 LGM의 큰 장점이다(Kline, 2016). ANOVA는 또한 여기에서 사용된 범주형과 연속형 변수보다는 일반적으로 범주형 독립변수에 초점을 둔다.

이 장의 초반에서 개인 성장곡선에 대한 초기 논의는 다수준모형분석(Multilevel Modeling: MLM)에 대한 소개(제11장 참조)를 상기시켰을 수 있다(제22장도 참고). 아마도 놀랍지도 않게 다수준모형분석은 LGM을 분석하는 데에도 사용될 수 있다(Singer & Willett, 2003). LGM을 사용해서 개인 내에 내포된 다중측정을 이해하는 데 초점을 맞춘다는 것을 기억하라. 이렇게 '안에 내포된(nested within)'이라는 표현이 바로 다수준모형분석(MLM)이 초점을 두는 것이다. LGM을 수행하기 위해 MLM을 사용하기 위해서, 개인은 두 번째 수준의 측정으로 간주되며, 반복측정은 개인 내에 구조화된다. 개념적으로 최소한 이 접근방법은 이 장의 시작부분에서 했던 것, 즉 개인, 시간과 관련된 회귀를 수행하고 그 결과를 개인에 걸쳐 공유하는 것과 매우 유사하다. LGM보다 MLM 접근방법이 가진 장점 중 하나는 개인별로 측정 횟수나 측정 간 간격이 동일하지 않아도 된다는 것이지만, 이러한 쟁점은 SEM에서도 쉽게 극복된다. 그러나 SEM을 사용하면, 더 복잡하고(예: 다중상관성장곡선) 더 유연한 모형을 사용할 수 있다.

요약

이전 장에서는 다양한 종단모형을 분석하기 위해 SEM을 사용하였다. 이제 잠재평균분석을 추가하여, 현재까지 나온 분석방법 중 가장 흥미로운 방법인 LGM 분석으로 그 범위를 확장시켰다. 우리는 성장에 미칠 수 있는 영향과 일부 발달과정에서 발생할 수 있는 성장의 영향을 포함하여 성장과 변화의 실제 과정을 더 완벽하게 연구하고 모형분석할 수 있다.

만약 동일한 사람을 대상으로 동일한 변수에 대해 시간에 따라 측정하였다면, 시간에 따른 각 사람의 측정점수에 대한 회귀가 가능할 것이다. 결국 각 사람에 대해 시간에 따른 점수의 회귀선을 얻을 수 있다. 각 회귀선에 대해, 절편은 변수에 대한 개인의 시작수준을 나타내며 기울기는 그 척도상에 개인의 성장을 나타낸다. 그런 다음, 개인별로 발생한 다양한 절편과 기울기의 평균을 구한다면 다수준모형분석을 통해 개념적으로 LGM과 유사한 것을 수행할 것이다.

SEM을 통해 LGM을 수행하기 위해 하나는 잠재절편(반복측정의 초기수준)을, 다른 하나는 잠재기울기(반복측정의 성장)를 나타내는 두 개의 잠재변수로, 색인화된 반복측정 세트를 가진 CFA처럼 보이는 어떤 것을 설정하였다. 이 장에 사용된 실제 예시에서 반복측정은 유치원부터 4학년까지의 아동의 (모의) 수학시험 점수로 구성되었다. 그러므로 절편 잠재변수의 추정된 평균과 분산은 아동의 수학 지식의 평균 초기수준과 아동별 점수의 차이를 나타낸다. 잠재기울기 변수에 대한 평균과 분산은 아동의 평균 성장과 아동별 성장의 차이를 나타낸다. 절편과 기울기 변수에 대한 요약 설명과 대체 명칭은 〈표 21-2〉에 정리되어 있다.

〈표 21-2〉 LGM 절편과 기울기 변수의 의미와 대체 명칭

잠재성정 변수	의미	대체 명칭
절편	구인의 초기수준	초기 (구인명) 수준, 초기상태, 수준
기울기	구인의 성장 또는 변화	(구인명) 성장, 선형 성장, 발달궤적, 추세

LGM의 모형설정도 CFA처럼 보이지만, 우리가 알던 것과는 조금 다르다. 절편 변수에서 반복측정변수로의 경로가 모두 1로 제약되었고(이 변수가 절편이라는 것을 강조한다), 잠재기울기 변수에서 반복측정 변수로의 경로가 0, 1, 2 등의 순차적인 값으로 제약되었다. 기울기 부하량에 대한 제약은 선형 성장을 시사하며, 첫 번째 측정(유치원)을 성장의 시작점으로 설정한다. 마지막으로, 반복측정(수학점수)에 대한 절편은 모두 0으로 설정되었다. 이를 통해 단일집단임에도 불구하고 잠재 절편과 기울기 변수의 평균을 추정하는 것이 가능하였다(이전에는 잠재평균을 추정하기 위해서는 다집단분석이 필요하였다). 분석에 요구되는 자료는 성장을 나타낼 수 있는 변수(예를 들어, 그것은 연령 내에서 표준화된 측정은 아니다.)에 대해 동일한 대상에게 반복적으로(일반적으로 세 번 이상) 측정된 자료이었다.

일단 '단순'성장모형을 추정하면, 수학능력의 초기수준과 수학능력의 성장에 영향을 미칠 가능성이 있는 변수를 탐색할 수 있었다. 모의화된 자료에서 학부모교육수준과 인지능력이 수학의 초기수준(절편)에 통계적으로 유의한 영향을 미치며 학부모교육수준, 인지능력 그리고 연령이 수학능력의 성장(기울기)

에 통계적으로 유의한 영향을 미친다는 것을 발견하였다. 이 예시에서는 수행되지 않았지만, 이러한 잠재 초기수준과 기울기 변수가 다른 변수(예: 학생의 이후 학업적 자아존중감)에 미치는 영향도 조사할 수 있을 것이다. 따라서 LGM을 통해 성장과정, 그 과정에 영향을 미치는 변수 그리고 결과를 연구할 수 있다.

물론 우리의 관심사가 항상 성장에만 있는 것은 아니다. 때때로 쇠퇴와 다른 발달과정에도 우리의 관심사가 있을 수 있다. 그러므로 LGM을 사용하는 사람이 어떤 발달과정의 궤적 탐색에 대해 말하는 것은 흔한 일이다. 이 장은 LGM을 판별하기 위한 대안적 방법에 대한 탐색과 설명으로 마무리되었다. 반복측정 ANOVA나 MLM을 포함한 다른 성장분석방법도 논의하였다. 물론 LGM과 함께 다중집단모형 및 고차모형을 포함하여 SEM에 대해 우리가 탐구한 다른 방법 중 일부를 사용할 수 있다.

EXERCISE 연습문제

1. 이 장에서 설명된 분석을 수행하라. 자료는 'math growth final.sav' 파일에서 찾을 수 있다. 웹사이트 (www.tzkeith.com)에서 Amos와 Mplus를 위한 모형의 초기 설정을 살펴보라.

2. 알코올중독자의 자녀인 것이 청소년의 음주행동에 영향을 미치는가? Curran, Stice와 Chassin(1997)은 3년 주기로 또래와 비교한 청소년의 알코올 성장률을 살펴보았다. 여기에서는 학부모의 알코올중독과 청소년의 반항심이 청소년의 음주행동 궤적에 영향을 미치는지 살펴보기 위해 이 자료의 일부를 사용할 것이다. 자료(행렬)는 'curran et al alcohol.xls' 파일에서 찾을 수 있으며, 10살에서 15살의 청소년 363명과 그들의 학부모의 응답에서 얻은 행렬이다. 변수에는 3년 간 학생의 자기보고식 음주행동(Adol1에서 Adol3)이 포함되는데, 이는 음주 빈도, 과음 빈도, 술이 취한 횟수를 응답한 문항의 점수의 합이다. 가능한 설명변수로는 학부모 알코올중독(학부모, 맞으면 1, 아니면 0), 시점 1(time 1)의 연령(Age)(몇 년), 청소년이 규칙 위반에 관한 여덟 가지 항목에 동의하는 것으로 등급을 매긴 합성함수인 자기보고식 반항심(Rebel)이 포함된다. 파일은 성별(Sex) 변수(0=여자, 1=남자)도 포함하지만, 이 문제에서는 사용되지 않는다. 이 설명에서 분석을 설정할 수 있는지 확인하라. 변수와 연구에 대한 자세한 설명을 위해서는 (그리고 한 집합 이상의 발달궤적을 가진 LGM을 위해서는) 원래 논문을 참고하라(Curran et al., 1997).

   1) 무조건적 LGM을 사용하여 청소년의 음주행동 발달궤적을 설명하라. Adol1에서 Adol3의 오차분산이 동일하도록 제약된 모형부터 시작하라. 두 번째 모형에서 이 제약을 풀었을 때에도 적합도가 향상되는가?

   2) Adol1과 Adol3의 오차분산을 0으로 제약해야 할 것이다(음수값을 피하기 위해). 이 모형의 적합도는 어떻게 되는가?(이 제약은 설명변수가 있는 조건 모형에는 필요하지 않을 것이다.)

   3) 최종 무조건모형을 해석하라. 음주 절편과 기울기의 평균과 분산이 무엇을 말하는가? 이 두 잠재변수는 상관관계가 있는가? 그 상관관계가 의미하는 것은 무엇인가?

   4) 연령, 학부모 알코올중독, 반항심 변수를 조건적 LGM의 가능한 설명변수로 추가하라. 학부모 알코올중독이 청소년의 음주행동에 영향을 미치는가? 청소년 반항심이 음주에 영향을 미치는가? 이 영향은 무엇을 의미하는가? 통계적으로 유의한 효과가 있다면 간략하게 해석하라. 현실적인 해석을 하도록 하라 (여러분의 할머니도 이해하실 수 있을 정도의).

   5) 여러 모형에 대한 적합도 표를 작성하라. χ^2과 df, $\Delta\chi^2$, Δdf, RMSEA, SRMR, CFA, AIC를 포함할 것을 제안하지만, 여러분의 교강사는 다른 선호도를 가지고 있을 수 있다.

제22장 잠재변수 상호작용과 SEM에서 다수준모형분석

이 장의 목적은 MR 측면에서 처음 언급한 몇 가지 주제를 SEM 관점에서 논의하는 것이다. 제2부에서는 SEM에서 다집단분석(multigroup analysis)을 사용하여 범주형 변수와 연속형 변수 간의 상호작용 검정에 대해 논의하였다. 이 장에서는 연속 잠재변수 간의 상호작용을 검정하는 방법을 살펴보고, 따라서 제8장에서 (MR 측면에서) 처음 제시한 주제를 확장한다. 제11장에서는 회귀 측면에서 다수준모형분석(multilevel modeling)을 간략하게 제시하였다. 여기에서는 측정변수와 잠재변수를 모두 사용하여 이러한 모형을 SEM 맥락에서 분석하는 방법을 알아보고자 한다.

제1부의 제11장에서처럼, 이 장은 제2부의 다른 장들에 대해 깊이 있게 설명하지 않는다. 저자의 주된 목적은 이러한 상당히 고급(advanced) 주제들이 존재한다는 것을 알리고 여러분이 발견할 수 있는 결과의 종류를 명확하게 보여 주는 것이다. 또한, 이 장은 제2부의 나머지 부분보다 프로그램을 보다 구체적으로(program specific) 제시한다. 이 책의 대부분에서, 저자는 지시문(directions)과 출력 결과(outputs)를 어떤 SEM 프로그램에서도 일반화할 수 있도록 만들기 위해 노력하였다(비록 저자는 그림을 그리고 출력 결과를 명확하게 보여 주기 위해 Amos를 사용하였고, 웹페이지는 Mplus 삽화를 포함하지만). 이 장에서는 Amos를 사용하여 많은 모형을 그릴 것이지만 모든 분석은 Mplus로 수행되었다. Mplus는 그러한 분석을 보다 광범위하고 쉽게 이용할 수 있도록 해 주었으며, 따라서 명확하게 보여 주기 위한 좋은 선택이다. 또한 잠재변수 상호작용 분석과 다수준모형분석을 분석하기 위해 다른 프로그램을 사용하기 위한 자원(resources)에 대해서도 논의할 것이다.

📈 연속변수 간 상호작용

제8장에서는 다중회귀분석에서 두 연속변수 간의 상호작용을 검정하기 위한 외적(cross products)의 사용에 대해 논의하고 분명하게 보여 주었다. 우리는 경로모형에서 상호작용하는 두 변수의 외적을 포함함으로써 경로모형(측정변수 SEM)의 상호작용을 검정하기 위해 동일한 방법을 사용할 수 있다. 그러나 관심을 가지고 있는 변수가 잠재변수일 때, 어떻게 그러한 검정을 할 수 있는지 의문이 들 수 있다.

제18장과 제19장에서는 관심변수 중 하나가 범주형 또는 그룹화된(grouping) 변수일 때, SEM에서 상호작용을 검정하기 위하여 다집단분석을 사용하는 방법을 살펴보았다. 다만 그러한 그룹화된 변수는 일반적으로 측정되고(그러나 예외로서 잠재혼합모형분석을 보라) 연속변수를 범주형 변수로 바꾸는 것은 일반적으로 좋지 않기 때문에, 두 변수 모두가 연속형 잠재변수인 상황에서는 잘 일반화되지 않는다.

MR에서 사용된 방법(외적을 만들고, 그것을 분석에서 사용하는 것)은 계속해서 잠재변수 SEM에서 실행 가능한 접근방법이다. 차이점은 잠재변수 SEM에서 이러한 외적이 **잠재 상호작용**(latent interaction) 항을 나타내는 지표로 사용된다는 것이다. 저자는 이것을 먼저 개념적으로, 그런 다음에 분석을 통해 분명하게 보여 줄 것이다.

[그림 22-1]은 이 책에서 자주 사용한 **과제모형**의 변형을 보여 준다. 오차, 교란 및 기타 세부사항은 이것이 주로 개념적 모형임을 분명히 하기 위해 포함하지 않았다. 이 모형에서 과제에 소비되는 시간은 고등학교에서의 학생의 학업성취도에 영향을 미친다고 가정한다. 제시된 모형은 NELS 자료세트의 8학년에서 12학년까지의 자료와 연결되어 있다. **성적** 측정변수는 고등학교 **영어**, **수학**, **과학**, **사회** 과목의 성적 최종 GPA로, 최저 0점부터 최고 12점까지 다양하였다. **과제** 측정변수는 학교 밖에서 일주일 간 과제 수행 사용 평균시간에 대한 학생보고이다. **가족배경과 이전 학업성취도**(8학년 시험점수)가 통제된다.

[그림 22-1] 학교 밖에서 끝마친 과제가 고등학교 성적에 미치는 영향을 검정하는 모형

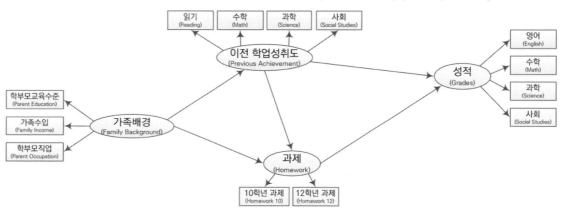

학생의 이전 학업성취도 수준에 따라 과제의 차별화된 영향에 대해 궁금해한다고 가정해 보자. 아마도 과제에 수행하는 데 소비된 시간이 학업성취도가 낮은 학생들에게 더 효과적일지 궁금할 것이다. (제8장에서) 과제시간이 성적에 미치는 영향에 대한 회수율(returns)이 감소하는 것으로 보이며, 추가시간은 어느 시점에서 더 작은 영향을 미친다는 것을 알았다. 아마도 과제는 또한 이미 학업성취도가 높은 학생에 비해 학업성취도가 낮은 학생에게 더 효과적이기 때문에, 이전 학업성취도에 근거한 회수율을 감소시킨다. 여기에서는 과제가 이후 성적에 미치는 영향이 학생의 이전 학업성취도에 따라 달라진다고 추측하면서 상호작용(조절)의 '~에 따라 다르다(it depends).'라는 용어를 사용하고 있다.

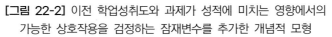

[그림 22-2] 이전 학업성취도와 과제가 성적에 미치는 영향에서의
가능한 상호작용을 검정하는 잠재변수를 추가한 개념적 모형

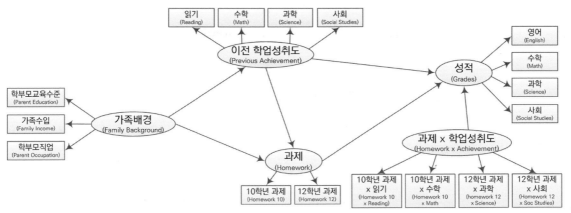

　[그림 22-2]에 제시된 모형에는 상호작용항이 잠재변수로 포함되며, 외적은 잠재변수를 나타내는 지표로 포함된다. 이는 잠재 상호작용 분석에 대한 '연산지표(product indicator)' 접근방법이 기반하고 있는 일반적인 개념이다(Marsh, Wen, Hau, & Nagengast, 2013; 저자는 이 장에서 그 용어를 사용할 것이다). 여기에는 몇 가지 변형이 있다. 이러한 접근방법은 사용된 측정 외적의 수와 유형, 모형에 필요한 제약조건, 잠재 상호작용항이 다른 잠재변수와 어떻게 관련되는지, 그리고 다양한 기타 세부사항에 따라 다르다. 예를 들어, Kenny와 Judd(1984)에 의해 개발된 원래의 '제약 접근방법(constrained approach)'은 상호작용을 검정한 두 변수에 대해 측정지표의 가능한 모든 외적을 사용한다. 따라서 이 예제에서 잠재 상호작용항에는 읽기 × 10학년 과제, 수학 × 10학년 과제 등을 포함한 여덟 가지 지표가 포함된다. 이 방법에는 상당한 비선형 매개변수 제약조건도 필요하다. 비제약 접근방법(Marsh, Wen, & Hau, 2004)은 외적을 적게 사용하고, 제약 접근방법의 비선형 제약을 요구하지 않으며, 잠재 상호작용항과 구인 잠재변수 간의 상관관계를 허용한다. 이 접근방법은 상호작용하는 것으로 생각되는 두 변수의 지표의 수가 같을 때 가장 잘 작동한다. Marsh와 동료들은 이것이 잘 작동하지 않을 때 몇 가지 대안을 제시한다(Marsh et al., 2013). 세 번째 변형에서는 잔차 외적 변수를 지표로 사용한다(Little, Bovaird, & Widman, 2006). 이 접근방법에서 측정된 외적은 각각 다른 지표로 회귀되며, 이러한 분석의 잔차는 잠재 상호작용 변수의 지표로 사용된다. 연산지표 접근방법에는 다른 변형이 있으며, 이는 계속적인 연구영역이다. 또한 모든 모형은 상호작용하는 것으로 생각되는 변수의 산출물(outcome)에 미치는 영향을 검정한다는 점에 주목하라. 이 예제의 경우, **이전 학업성취도와 과제** 또한 **성적**에 영향을 미친다.

　Mplus 프로그램은 응용연구자에게 훨씬 더 쉬운 접근방법을 구현한다. 이 접근방법은 Marsh와 동료에 의해 '분포분석(distribution analytic)' 접근방법(Marsh et al., 2013)으로 분류되며, Klein과 Moosbrugger(2000)의 잠재조절구조방정식(latent moderated structural equations) 접근방법에 기초한다. "분포분석 접근방법은 잠재 상호작용 효과에 의해 암시되는 산출물변수(outcome variables)의 지표에서 비정규성을 직접적으로 모형분석하여 잠재 비선형 효과를 추정한다"(Marsh et al., 2013: 290). 자세한 내용은 Mplus 웹사이트(www.statmodel.com)에서 제공되는 Muthen과 Asparouhov(2015)를 참고하라.

[그림 22-3] 성적에 미치는 영향에서, 과제와
이전 학업성취도 간의 가능한 상호작용을 검정하기 위한 Mplus 구문

```
ANALYSIS:
    TYPE=RANDOM;
    ALGORITHM=INTEGRATION;

MODEL:

    FAMBACK BY
        PAROCC
        BYPARED
        BYFAMINC;

    PREVACH BY
        BYTXRSTD
        BYTXMSTD
        BYTXSSTD
        BYTXHSTD;

    HW BY
        HW_10
        HW_12;

    GRADES BY
        ENG_12
        MATH_12
        SCI_12
        SS_12;

    BYTXRSTD    WITH ENG_12;
    BYTXMSTD    WITH MATH_12;
    BYTXSSTD    WITH SCI_12;
    BYTXHSTD    WITH SS_12;

    PREVxHW | PREVACH XWITH HW;

    PREVACH ON FAMBACK;
    HW ON PREVACH FAMBACK;
    GRADES ON PREVACH HW PREVxHW;
```

이러한 접근방법을 더 쉽게 만드는 것은 외적을 만들어 잠재변수의 지표로 사용할 필요가 없다는 것이다. 그 대신, 'XWITH' 명령이 상호작용을 검정하는 잠재변수를 지정하고, 그 상호작용을 명명하기 위해 Mplus 구문에 추가된다. 산출물(outcome) 잠재변수는 모형에 상호작용항을 더한 정규 변수에 대해 회귀된다[분석(ANALYSIS) 명령에 필요한 두 가지 변경사항도 있음]. [그림 22-3]은 여기에서 예시로 사용된 이전 학업성취도와 과제의 상호작용을 검정하는 데 필요한 Mplus ANALYSIS 및 MODEL 명령을 보여 주며, 명령의 특이한 부분이 강조 표시되어 있다.

[그림 22-4]는 분석에서 비표준화 출력 결과(unstandardized output)의 일부를 보여 준다. 비표준화 요인부하량(unstandardized factor loadings)과 비표준화 경로(unstandardized paths)를 보여 준다. 잠재 상호작용의 효과가 통계적으로 유의하지 않음을 나타내는 강조 표시된 선을 주목하라. [그림 22-5]는 해당 표준화 출력 결과를 보여 준다. 다시 한번, 잠재 상호작용의 효과는 작고 통계적으로 유의하지 않다. [그림 22-6]은 출력 결과의 비표준화 및 표준화 경로(비표준화/표준화)를 그림 형태로 보여 준다. Mplus 매뉴얼은 다음과 같이 상호작용을 보여 준다. 즉, 두 잠재변수의 상호작용을 나타내는 실선으로 이어지는 선은 다음과 같다(Mplus 다이어그램의 표시는 동일하지 않다). 저자가 교란, 오차상관, 요인부하량 등과 같이 포함될 수 있는 세부사항은 많이 포함하지 않았음을 주목하라.

[그림 22-4] 편집된 상호작용 분석으로부터의 Mplus 출력 결과(비표준화 계수)

```
MODEL RESULTS
```

	Estimate	S.E.	Est./S.E.	Two-Tailed P-Value
FAMBACK BY				
PAROCC	1.000	0.000	999.000	999.000
BYPARED	0.069	0.003	22.067	0.000
BYFAMINC	0.124	0.006	21.763	0.000
PREVACH BY				
BYTXRSTD	1.000	0.000	999.000	999.000
BYTXMSTD	0.976	0.028	34.829	0.000
BYTXSSTD	0.950	0.031	30.908	0.000
BYTXHSTD	0.931	0.028	33.100	0.000
HW BY				
HW_10	1.000	0.000	999.000	999.000
HW_12	1.004	0.105	9.561	0.000
GRADES BY				
ENG_12	1.000	0.000	999.000	999.000
MATH_12	0.875	0.023	37.663	0.000
SCI_12	0.961	0.022	44.127	0.000
SS_12	1.049	0.021	50.540	0.000
PREVACH ON				
FAMBACK	0.327	0.022	15.185	0.000
HW ON				
PREVACH	0.045	0.008	5.670	0.000
FAMBACK	0.018	0.005	4.002	0.000
GRADES ON				
PREVACH	0.138	0.012	11.655	0.000
HW	0.673	0.128	5.278	0.000
PREVXHW	-0.004	0.007	-0.506	0.613

[그림 22-5] 상호작용 분석으로부터의 표준화 출력 결과

```
STDYX Standardization
```

	Estimate	S.E.	Est./S.E.	Two-Tailed P-Value
FAMBACK BY				
PAROCC	0.710	0.020	35.951	0.000
BYPARED	0.834	0.018	47.186	0.000
BYFAMINC	0.728	0.021	34.803	0.000
PREVACH BY				
BYTXRSTD	0.855	0.011	78.047	0.000
BYTXMSTD	0.849	0.010	82.847	0.000
BYTXSSTD	0.818	0.012	66.243	0.000
BYTXHSTD	0.828	0.012	69.031	0.000
HW BY				
HW_10	0.688	0.042	16.463	0.000
HW_12	0.591	0.037	15.806	0.000
GRADES BY				
ENG_12	0.915	0.007	124.317	0.000
MATH_12	0.812	0.013	62.050	0.000
SCI_12	0.884	0.009	97.651	0.000
SS_12	0.909	0.008	109.291	0.000
PREVACH ON				
FAMBACK	0.578	0.028	20.473	0.000
HW ON				
PREVACH	0.332	0.054	6.109	0.000
FAMBACK	0.237	0.059	4.009	0.000
GRADES ON				
PREVACH	0.486	0.040	12.117	0.000
HW	0.321	0.051	6.303	0.000
PREVXHW	-0.015	0.029	-0.508	0.611

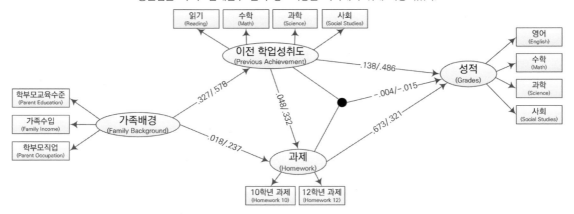

[그림 22-6] 이전 학업성취도가 과제가 성적에 미치는 영향을 조절하는지
여부에 대한 검정으로부터의 비표준화와 표준화 경로
둥근점은 이 두 잠재변수 간의 상호작용을 나타내기 위해 사용되었다.

이러한 연구결과는 **이전 학업성취도**와 **과제** 간의 상호작용 가능성에 대한 저자의 추측이 정확하지 않다는 것을 시사한다. 과제는 학생의 이전 학업성취도 수준에 따라 이후 성적에 차별적인 영향을 미치는 것으로 보이지 않는다. 이 책의 제1부에서 다중회귀분석에서의 상호작용 검정에 대한 초기 논의를 기억한다면 이는 놀라운 일이 아니다. 거기에서 저자는 비실험적 연구에서 상호작용은 상대적으로 드물고, 보통 그렇게 하는 것에 대한 이론적 또는 연구적 뒷받침이 있는 경우에만 이것들에 대해 검정해야 한다고 주장하였다. 여기에서 저자는 한 가지 가능한 **학업성취도×과제**(Achievement-by-Homework) 상호작용에 대한 추측을 만들어 냈지만 근거가 없는 것으로 보인다.

곡선효과 검정

이러한 연구결과는 **이전 학업성취도**와 **과제**가 이후 **성적**에 미치는 영향에는 상호작용하지 않음을 시사한다. 그러나 **과제**가 **성적**에 미치는 곡선효과(curvilinear effect)에 대한 증거를 찾았다는(제8장 참고) 것을 기억하라. 또한 다중회귀분석에서 분석에 관심변수의 제곱[예: 과제2(Homework2)]을 포함함으로써 회귀평면에서의 곡선에 대해 검정하였다는 것을 기억하라. 우리는 이 접근방법을 변수가 관심 결과(output)에 미치는 영향에서 변수 자체와 상호작용하는지 여부를 검정하는 것에 비유하였다. 동일한 과정이 잠재변수모형으로 일반화된다. 이 접근방법은 연산지표모형에서 또는 분포분석 접근방법으로 사용할 수 있다. 저자는 후자를 **과제**가 **성적**에 미치는 가능한 곡선효과에 대한 Mplus 분석을 사용하여 명확하게 보여 주고자 한다.

[그림 22-7]은 잠재 **과제** 변수가 **성적**에 미치는 비선형(이차)[non-linear (quadratic)] 영향을 검정하기 위한 Mplus용 입력파일의 일부를 보여 준다(전체 입력파일과 자료는 www.tzkeith.com에 있음). [그림 22-8]과 [그림 22-9]는 분석에서 비표준화 출력 결과와 표준화 출력 결과를 보여 준다. 이 그림에서 강조된 선에서 볼 수 있는 바와 같이, **과제² 변수**(HW_SQ)는 **성적**에 통계적으로 유의한 영향을 미쳤다(z-검정$=4.047$, $p < .001$). [그림 22-10]은 Mplus 다이어그램의 출력 결과(표준화)를 보여 준다.

[그림 22-7] 과제가 성적에 미치는 곡선효과를 검정하기 위한 Mplus 구문(제시를 위해 편집함)

```
TITLE: Homework Achievement Latent curve in regression line?

ANALYSIS:
    TYPE=RANDOM;
    ALGORITHM=INTEGRATION;

MODEL:

    FAMBACK BY
        PAROCC
        BYPARED
        BYFAMINC;

    PREVACH BY
        BYTXRSTD
        BYTXMSTD
        BYTXSSTD
        BYTXHSTD;

    HW BY
        HW_10
        HW_12;

    GRADES BY
        ENG_12
        MATH_12
        SCI_12
        SS_12;

    BYTXRSTD    WITH ENG_12;
    BYTXMSTD    WITH MATH_12;
    BYTXSSTD    WITH SCI_12;
    BYTXHSTD    WITH SS_12;

    HW_Sq | HW XWITH HW;

    PREVACH ON FAMBACK;
    GRADES ON PREVACH HW HW_Sq;
    HW ON PREVACH FAMBACK;


OUTPUT:  SAMPSTAT STDYX RESIDUAL TECH1 TECH8;
```

[그림 22-8] 과제가 성적에 미치는 곡선효과 검정에 대한 비표준화 결과

	Estimate	S.E.	Est./S.E.	Two-Tailed P-Value
FAMBACK BY				
PAROCC	1.000	0.000	999.000	999.000
BYPARED	0.069	0.003	22.117	0.000
BYFAMINC	0.124	0.006	21.762	0.000
PREVACH BY				
BYTXRSTD	1.000	0.000	999.000	999.000
BYTXMSTD	0.988	0.028	35.885	0.000
BYTXSSTD	0.960	0.029	32.713	0.000
BYTXHSTD	0.943	0.028	34.204	0.000
HW BY				
HW_10	1.000	0.000	999.000	999.000
HW_12	0.953	0.130	7.314	0.000
GRADES BY				
ENG_12	1.000	0.000	999.000	999.000
MATH_12	0.876	0.023	37.732	0.000
SCI_12	0.961	0.022	44.256	0.000
SS_12	1.050	0.021	50.437	0.000
PREVACH ON				
FAMBACK	0.325	0.021	15.396	0.000
GRADES ON				
PREVACH	0.137	0.012	11.716	0.000
HW	0.771	0.130	5.949	0.000
HW_SQ	-0.181	0.045	-4.047	0.000
HW ON				
PREVACH	0.044	0.008	5.268	0.000
FAMBACK	0.019	0.005	4.178	0.000

[그림 22-9] 과제와 과제^{2}가 성적에 미치는 영향에 대한 표준화 결과

STDYX Standardization

	Estimate	S.E.	Est./S.E.	Two-Tailed P-Value
FAMBACK BY				
PAROCC	0.710	0.020	35.928	0.000
BYPARED	0.833	0.018	47.273	0.000
BYFAMINC	0.729	0.021	34.922	0.000
PREVACH BY				
BYTXRSTD	0.852	0.011	79.185	0.000
BYTXMSTD	0.852	0.010	81.492	0.000
BYTXSSTD	0.819	0.012	67.191	0.000
BYTXHSTD	0.830	0.012	68.561	0.000
HW BY				
HW_10	0.714	0.055	13.015	0.000
HW_12	0.582	0.043	13.617	0.000
GRADES BY				
ENG_12	0.918	0.007	126.070	0.000
MATH_12	0.817	0.013	63.343	0.000
SCI_12	0.887	0.009	99.226	0.000
SS_12	0.912	0.008	111.206	0.000
PREVACH ON				
FAMBACK	0.579	0.028	20.562	0.000
GRADES ON				
PREVACH	0.472	0.038	12.325	0.000
HW	0.376	0.049	7.674	0.000
HW_SQ	-0.107	0.027	-3.947	0.000
HW ON				
PREVACH	0.307	0.057	5.415	0.000
FAMBACK	0.241	0.058	4.172	0.000

[그림 22-10] 과제가 성적에 미치는 곡선효과를 검정한 Mplus 다이어그램 출력 결과(표준화 계수)

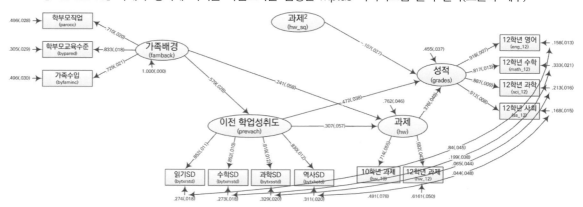

저자가 이 모형을 평가하기 위해 적합도 통계량을 참조하지 않은 이유가 궁금할 수 있다. 주된 이유는 사용된 추정방법이 주어졌을 때, Mplus는 매우 제한된 적합도 통계량만을 생성하기 때문이다. 이는 [그림 22-11]에 제시되었다. 저자는 이것을 몇 가지 방법으로 증가시키는 것이 가능하다고 생각한다. 첫째, 최대우도추정법을 사용하여 과제^{2}가 없는 모형(또는 이전 예에서는 이전 학업성취도 × 과제 상호작용항)을 추정하여 모형이 자료에 타당한 적합도를 제공하도록 할 수 있다. 이 모형에 대한 적합도 통계량은 [그림 22-12]에 제시되었다. 과제^2 변수를 포함하기 전에, 기본 과제모형이 자료를 잘 적합시킨다(예: RMSEA=.032, SRMR=.023).

[그림 22-11] 과제 곡선 예제에 대한 적합도 정보

이 유형의 분석에는 로그우도(log-likelihood)와 정보 기준만 제공된다.

```
MODEL FIT INFORMATION

Number of Free Parameters                         49

Loglikelihood

        H0 Value                          -32097.719
        H0 Scaling Correction Factor          1.0282
          for MLR

Information Criteria

        Akaike (AIC)                       64293.438
        Bayesian (BIC)                     64533.918
        Sample-Size Adjusted BIC           64378.291
          (n* = (n + 2) / 24)
```

[그림 22-12] 모형에서 과제^{2}가 없는 모형적합도

```
MODEL FIT INFORMATION

Number of Free Parameters                         48

Loglikelihood

        H0 Value                          -32104.831
        H1 Value                          -32048.152

Information Criteria

        Akaike (AIC)                       64305.662
        Bayesian (BIC)                     64541.235
        Sample-Size Adjusted BIC           64388.784
          (n* = (n + 2) / 24)

Chi-Square Test of Model Fit

        Value                                113.358
        Degrees of Freedom                        56
        P-Value                               0.0000

RMSEA (Root Mean Square Error Of Approximation)

        Estimate                               0.032
        90 Percent C.I.                        0.023     0.040
        Probability RMSEA <= .05               1.000

CFI/TLI

        CFI                                    0.993
        TLI                                    0.990

Chi-Square Test of Model Fit for the Baseline Model

        Value                               7792.886
        Degrees of Freedom                        78
        P-Value                               0.0000

SRMR (Standardized Root Mean Square Residual)

        Value                                  0.023
```

모형에 과제^2 변수를 추가하면, [그림 22-8]과 [그림 22-9]에서 이미 강조된 선에 의해 통계적 중요도 가 나타난다. 또 다른 가능한 방법은 [그림 22-7]에 표시된 입력을 다시 실행하되 과제^{2}에서 성적으로의 경로를 0으로 제약하는 것이다(GRADES ON HW_SQ@0). 그런 다음, AIC(또는 BIC 또는 aBIC)값을 사용 하여, 이 두 모형을 비교할 수 있다. 과제^{2}에서 성적으로의 경로를 가진 모형은 이 경로가 0으로 제약되 었을 때 aBIC값이 64378.291인 반면, aBIC값은 64388.790이었다. 더 작은 AIC와 aBIC값이 선호된다는 점을 감안할 때, 이 접근방법은 2차(HW_SQ) 영향을 허용하는 모형을 선호했을 것이다. 로그우도값에서 $\triangle\chi^2$을 추정할 수도 있지만, 이것이 얼마나 적절한지 잘 모르겠다.

또한 제7장과 제8장에서 저자의 조언은 상호작용과 곡선의 특성을 더 잘 이해하기 위해 그래프로 표시하라는 것이었다. 계수의 부호를 검사할 수도 있다. 과제 영향의 선형적 측면은 정적이었고 과제² 경로는 부적이었다. 〈표 8-1〉에 제시된 정보에 따르면, 결과 회귀선은 볼록한 모양으로 위쪽으로 경사져야 한다.

[그림 22-13] 해당 선에서 단일곡선을 허용하는(2차 영향), 과제가 성적에 미치는 영향에 대한 회귀선

이 그래프는 Mplus가 출력하는 요인점수 출력 결과의 산점도로부터 얻은 것이다.

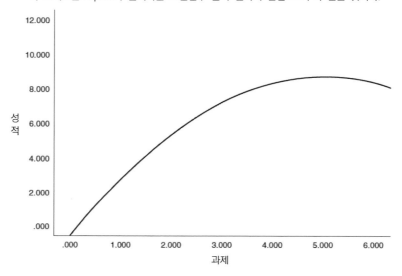

회귀선을 그래프로 표시할 수 있는 몇 가지 방법이 있다. 한 가지 가능성은 요인점수를 출력하고, 이를 사용하여 SPSS와 같은 프로그램에서 산점도를 생성하는 것이다(이 접근방법의 예를 위해서는 Cammerer, Maddocks, Keith, & Reynolds, 2018 참조). 이 절차에서는 측정모형, 즉 SEM모형에 사용되는 잠재변수의 CFA만 사용해야 한다. 이 CFA모형에는 과제² 변수가 포함되지 않는다. 이 작업은 [그림 22-13]에서 수행되었다. 그림에서는 SPSS에서 생성된 2차 회귀선을 자료점이 제거된 상태로 보여 준다. 요인점수(잠재변수와 마찬가지로)는 평균이 0이기 때문에, 저자는 HW_10과 ENG_12와 관련된 평균을 각각 과제와 성적 요인점수에 추가하였다(분석에서 참조변수였기 때문이다). 일반 통계 프로그램(예: SPSS)에서 또는 잠재변수의 평균을 적절한 값으로 제약하여 Mplus에서 이 작업을 수행할 수 있다. [그림 22-13]에 표시된 요인점수의 경우, 저자는 과제 변수와 성적 변수의 평균을 각각 2.526과 6.123으로 제약하였다. 2차 회귀선은 과제의 곡선효과의 본질을 잘 보여 준다. 상대적으로 과제를 적게 하는 학생의 경우 소비한 시간의 증가는 성적에서의 눈에 띄는 향상을 초래할 수 있지만, 학생이 많은 과제를 이미 마쳤을 때 증가는 성적에 거의 영향을 미치지 않을 것이다.

영향을 그래프로 표시하는 또 다른 방법은 Mplus 출력에서 파생된 회귀방정식인 성적 = .137 × 이전 학업성취도 + .771 × 과제 + .181 × 과제²를 사용하는 것이다. 그래프를 원래 척도에 다시 넣기 위해 적

절한 상수를 추가한 Excel을 사용하여 이 작업을 수행했을 때, 선은 [그림 22-13]에 표시된 것과 매우 비슷해 보인다. Mplus에서 도표(plot)를 생성할 수도 있지만, SPSS에서 생성된 도표나 Excel에서 생성된 도표만큼 유연하지 않다.

이 절이 잠재변수에 대한 상호작용과 2차 영향을 검정하는 방법에 대하여 간략하면서도 이해할 수 있는 소개를 제공하였기를 바란다. 확실히 이는 완전하지 않으며 저자도 제안된 방법 중 몇 가지만 설명하였을 뿐이다. 자세한 내용은 이미 언급된 Marsh 등(Marsh et al., 2013)을 참조하라. 또한 Klein과 Moosbrugger (2000), Kline(2016), Muthen과 Asparouhov(2015), 그리고 Schumacker와 Marcoulides(1998)도 보라. 다른 모형들의 입력 및 출력은 http://tzkeith.com에서 볼 수 있다.

📈 SEM에서 다수준모형분석

제11장의 후반부에서는 MR 측면에서 다수준모형분석(multilevel modeling)에 대한 주제를 간략하게 탐구하였다. 여기에서는 SEM 측면에서 동일한 주제를 탐구할 것이다. 이 절을 읽기 전에 해당 절을 검토하는 것이 유용할 수 있다. 이전 논의와 마찬가지로, 이번 논의는 비교적 간략하게 진행되며 단일 예시를 설명하는 데 초점을 맞추고, 해당 예시를 현재 SEM 준거틀(mental framework)에 맞추는 데 초점을 맞출 것이다. 저자는 SEM의 시각적·개념적 특성이 다수준 SEM(MLSEM)을 이해하는 데 도움이 되기를 바란다. 그러나 탐색되지 않은 많은 문제로 인해 단지 이 주제의 표면만을 다루고 있음을 명심하라. 또한 저자는 이 주제에 대해 아직 초보이기 때문에, 분명 MLSEM의 몇 가지 세부사항을 놓칠 것이라 생각한다.

물론 SEM 소프트웨어를 사용하여 제11장에서 MLM을 설명하기 위해 사용된 예를 분석할 수 있다. 여기에서는 그렇게 하지 않겠지만, 웹사이트(http://tzkeith.com)를 보라. 그러나 SEM/그림 제시를 사용하여 그 모형을 분명하게 보여 줄 가치가 있다. 그러한 분석의 경로모형이 [그림 22-14]에 제시되었다. 참고로 저자는 모형에 교란을 포함하지 않았다. 이 분석을 통해 SES가 학업성취도에 미치는 학교수준(학교 간)과 개인수준(학교 내)의 영향이 모두 있음을 알 수 있었다. 학교수준 회귀(SES에 따른 학업성취도)의 절편에서도 차이가 있었지만, 학교수준 SES 결과(학교수준 SES와 개인수준 SES의 상호작용을 검정하였지만, 상호작용을 발견하지 못하였다.) 학교 내 기울기는 차이가 없었다. 이 정보는 그림에서 보여 준다. 첫째, 그림은 SES가 학업성취도에 미치는 영향(아랫부분)을 개인수준(학교 내)으로 나타낸 것과 학교수준 SES가 학업성취도에 미치는 영향(학교 간, 또는 모형 간의 윗부분)을 나타낸 두 가지 경로모형을 보여 준다. 둘째, 학교 내 모형(within model)의 경우 SES에서 학업성취도로 가는 경로의 끝에 있는 둥근점은 학교 간 절편에서 차이가 있었음을 나타낸다. 셋째, s로 표시된 SES에서 학업성취도로 가는 경로의 중앙에 있는 둥근점은 학교 전체에 걸쳐 무선 기울기(random slopes)를 검정했음을 나타낸다.

[그림 22-14] 제11장의 MLM 모형을 SEM (Mplus) 형식으로 제시한 삽화(변형 1)

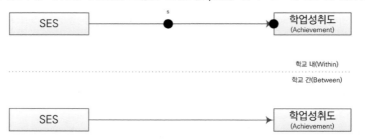

이것은 그러한 MLSEM 분석을 전달하는 한 가지 방법이며, Mplus 매뉴얼에 사용되는 제시유형과 유사하다(비록 무선절편이 주어지면, 학업성취도는 학교 간(between) 수준에서 잠재변수로 기호화될 가능성이 높지만). 이 표시방법은 매우 일반적이지만 다양한 표시방법을 볼 수 있다.

[그림 22-15]는 이 모형에 대한 대안적인 그림을 보여 준다(Stapleton, 2013과 유사). 이 그림은 각 측정변수가 학교 내 변수와 학교 간 변수를 모두 추정하는 데 사용된다는 것을 보여 준다. 이러한 변수는 측정되지 않지만 측정된 SES 및 학업성취도 변수에 의해 추정되기 때문에 잠재변수로 표시된다. 이러한 잠재변수는 또한 이러한 잠재변수가 분석에서 실제로 나타나지 않지만, 분석에 대한 좋은 사고방식임을 시사하기 위해 타원형 모양의 실선으로 제시되었다. 각 수준에서 SES는 학업성취도에 영향을 미치는 것으로 가정된다. 어떻게 이 모형이 잘못 식별되지 않고 작동할 수 있었는지 궁금할 것이다. 첫째, 이것이 개념적 모형이라고 생각해 보라. 둘째, 실제 MLM 모형은 개인수준 공분산행렬(모형 내의 경우)과 학교 간 공분산 모형(모형 간의 경우)에 의해 추정된다고 가정한다. 이러한 유형의 제시는 저자의 잠재변수 지향성을 보여 준다.

[그림 22-15] 제11장의 MLM 예제를 SEM (Stapleton) 형식으로 제시한 삽화(변형 2)

과제가 학업성취도에 미치는 영향

잠재변수 ML 분석을 간략하게 도식화해 보자. 단일 잠재 과제 변수가 잠재 학업성취도 변수에 영향을 미치는 예는 매우 간단하다. SES 합성변수는 또한 통제되었다. 분석은 Mplus에서 수행되며, 저자는 Stapleton(2013)이 권장하는 단계를 사용하지만 그녀만큼 자세한 분석을 제시하지는 않는다. 자세한 설명은 그녀의 문헌을 참조하고, 실제 Mplus 입력 및 출력은 웹사이트(tzkeith.com)를 참고하라.

[그림 22-16]은 분석의 기초가 되는 개념모형(conceptual model)을 보여 준다. 변수는 전에 본 적이

있는 변수이다. SES는 학부모교육, 부모의 직업상태 그리고 가족소득의 합성변수이다. 과제 잠재변수는 10학년과 12학년 학교 밖에서 끝마친 과제에 대한 학생보고에 의해 지수화되었다. 학업성취도 점수는 읽기, 수학, 과학 그리고 12학년 사회 시험점수이다. 학교마다 종종 다른 과제 정책, 또는 적어도 과제 문화가 있다는 것을 감안할 때, 개인(학교 내) 수준과 학교 간 수준 모두에서 과제의 영향을 사정하고자 하는 것은 타당해 보인다. 더 굵은 선으로 된 변수(측정변수와 잠재변수 모두)는 실제로 분석에 나타난다. 옅은 회색으로 표시된 변수는 분석을 위한 입력 또는 출력에 나타나지 않지만 휴리스틱 장치로 그림에 포함된다. 비록 모든 이전 분석은 이전 학업성취도 또는 능력이 과제와 현재 학업성취도의 공통원인일 가능성이 있음을 시사하지만, 예를 상당히 단순하게 유지하기 위해서 저자는 그 모형에 이전 학업성취도의 척도를 포함하지 않았음에 주목하라.

[그림 22-16] 잠재 다수준 과제-학업성취도 개념모형

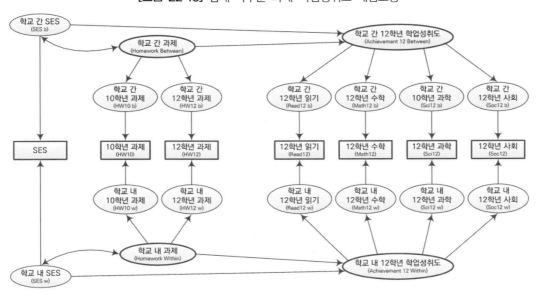

분석단계는 다음과 같은 것이 포함된다.

1단계, 모든 변수의 기술적 정보를 평가하라.
2단계, 군집 내와 군집 간 수준 모두에 대한 기준선 모형을 실행하라.
3단계, 군집 간 수준에서 포화된, 군집 내 수준에서 이론적 모형을 실행하라.
4단계, 군집 내 수준에서 포화된 군집 간 수준에서 이론적 모형을 실행하라.
5단계, 두 수준 모두에서 부과된 이론으로 모형을 실행하라.
6단계, 군집 내 수준에서 무선계수를 평가하라(Stapleton, 2013: 537−538).

1단계: 기술적 정보

자료는 NELS 기준 연도에서 2차 후속(8~12학년)까지 선택되었다. 저자는 20명 이상의 학생이 있는

학교를 선택하였다. 175개 학교, 4,020명 학생, 학교당 평균 23명의 학생이 표본으로 추출된 자료는 SPSS의 경우 'homework smaller for Mplus conversion 4.sav' 파일에, Mplus의 경우 'homework smaller 4.dat' 파일에 담겨 있다. SPSS를 통해 계산된 기본적인 기술적 정보(descriptive information), 즉 평균, 표준편차, 최소, 최대, 왜도 및 첨도는 〈표 22-1〉에 제시되었다. 이 단계에서 Stapleton은 또한 각 변수에 대해 '영(null)' 또는 '무조건(unconditional)' 모형분석을 권고하였다(2013: 538). 이 분석을 위해, 각 변수의 분산을 군집화 변수(이 경우, 학교 ID 변수)를 기준으로 군집 내 및 군집 간 성분으로 구분한다. 이 분석은 군집 간 대 총 분산(군집 간 + 군집 내)의 비율인 급내상관(Interclass Correlation: ICC)을 생성한다. 제11장에서 큰 급내상관은 군집 간 분산이 많고 다수준 분석이 필요하다는 것을 시사한다는 것을 상기하라. SES 변수에 대한 Mplus 구문과 편집된 출력 결과는 [그림 22-17]에서 볼 수 있다. 또한 Mplus 출력 결과에서 내(within)와 간(between)에 대해 강조 표시된 분산으로부터 ICC를 계산할 수도 있다는 것에 주목하라. 모든 변수에 대한 급내상관도 〈표 22-1〉에서 볼 수 있다.

[그림 22-17] 1단계, 가족배경(FamBack)(SES) 변수에 대한 Mplus 입력과 편집된 출력 결과

```
TITLE: Homework SEM Stapleton step 1a Famback

DATA:
     FILE IS homework smaller 4.dat;

VARIABLE:
     MISSING ARE ALL (-99);
     NAMES ARE sch_id bys81a bys81b bys81c bys81d f1s36a2 f2s25f2
     read12 math12 sci12 soc12 FamBack;

     USEVARIABLES ARE
       sch_id FamBack;

       CLUSTER = sch_id;

ANALYSIS:   TYPE = TWOLEVEL;
MODEL:
       %WITHIN%
         FamBack;
       %BETWEEN%
         FamBack;

OUTPUT:  STANDARDIZED SAMPSTAT;
```

	Intraclass Correlation
Variable	
FAMBACK	0.404

MODEL RESULTS

	Estimate	S.E.	Est./S.E.	Two-Tailed P-Value
Within Level				
Variances				
FAMBACK	0.399	0.012	32.955	0.000
Between Level				
Means				
FAMBACK	-0.031	0.041	-0.761	0.446
Variances				
FAMBACK	0.271	0.035	7.690	0.000

<표 22-1> MLSEM 예제에 대한 기술적 정보(1단계)

변수명 (그림)	변수명 (SPSS/Mplus)	N	최소	최대	M	SD	왜도	첨도	급내상관
SES	FamBack	4018	−1.95	2.67	−.01	.83	.51	.35	.404
HW10	f1s36a2	3857	0	7	2.66	1.78	.75	−.14	.128
HW12	f2s25f2	3695	0	8	3.51	2.03	.46	−.42	.105
Read12	f22xrstd/read12	3434	29.29	68.09	52.22	9.67	−.42	−.83	.166
Math12	f22xmstd/math12	3433	30.14	71.37	52.91	9.85	−.24	−.92	.222
Sci12	f22xsstd/sci12	3420	30.33	70.60	52.40	9.83	−.21	−.93	.179
Soc12	f22xhstd/soc12	3408	27.08	70.26	52.31	9.76	−.22	−.80	.178

2단계: 군집 내와 군집 간에 대한 기준선 모형

Stapleton(2013)이 언급한 바와 같이, SEM 프로그램에 의해 생성된 적합도지수는 군집 내 및 군집 간 분석의 두 수준 모두에서 부적합으로 인해 교란된다. 이 단계의 목적은 나중에 비교할 수 있도록 기준선 모형을 제공하는 것이다. CFI 및 TLI와 같은 적합도지수는 표적모형(target model)을 변수가 서로 관련이 없는 영(null)[기준선(baseline)]모형과 비교한다는 것을 기억하라. 단계 2의 목표는 군집 간(between) 모형에 대해 교란되지 않은 영모형을 제공하고, 군집 내(within) 모형에 대해 다른 교란되지 않은 영모형을 제공하는 것이다. 군집 내를 위한 기준선 모형을 제공하기 위해, 측정변수 간 공분산을 군집 내 수준에서 0으로 제약하고 변수가 군집 간 수준에서 자유롭게 공분산할 수 있도록 허용한다. Mplus 구문의 관련된 부분은 [그림 22−18]에서 볼 수 있다. 군집 간−기준선(between−baseline) 모형의 경우, 그 반대로 한다. 즉, 군집 간−수준(between−level) 공분산을 0으로 제약하고 군집 내−수준(within−level) 공분산을 자유롭게 추정한다. 군집 내−기준선 모형은 $\chi^2 = 9498.886, df = 21$을 산출하였고, 군집 간−기준선 모형의 경우에는 $\chi^2 = 842.022, df = 21$을 산출하였다. CFI를 다시 계산하기 위하여 3단계와 4단계에서 이 값을 사용할 것이다.

[그림 22-18] 단계 2a: 모형의 내(within) 부분에 대한 기준선 모형 생성

```
VARIABLE:
  MISSING ARE ALL (-99);
  NAMES ARE sch_id bys81a bys81b bys81c bys81d f1s36a2 f2s25f2
  read12 math12 sci12 soc12 FamBack;

  USEVARIABLES ARE
    sch_id FamBack f1s36a2 f2s25f2 read12 math12 sci12 soc12;

  CLUSTER = sch_id;

ANALYSIS:   TYPE = TWOLEVEL;
            ESTIMATOR IS ML;
MODEL:
  %WITHIN%
    FamBack WITH F1s36a2@0 f2s25f2@0 read12@0
      math12@0 sci12@0 soc12@0;
    F1s36a2 WITH f2s25f2@0 read12@0
      math12@0 sci12@0 soc12@0;
    f2s25f2 WITH read12@0 math12@0 sci12@0 soc12@0;
    read12 WITH math12@0 sci12@0 soc12@0;
    math12 WITH sci12@0 soc12@0;
    sci12 WITH soc12@0;

  %BETWEEN%
    FamBack WITH F1s36a2 f2s25f2 read12
      math12 sci12 soc12;
    F1s36a2 WITH f2s25f2 read12
      math12 sci12 soc12;
    f2s25f2 WITH read12 math12 sci12 soc12;
    read12 WITH math12 sci12 soc12;
    math12 WITH sci12 soc12;
    sci12 WITH soc12;
```

3단계와 4단계: 한 수준에서 이론 일치된 모형, 다른 수준에서 제약되지 않은 모형

3단계[군집 내 이론(theory within)]의 경우, 측정변수가 군집 간 수준에서 자유롭게 공분산할 수 있도록 하면서 [그림 22-16]의 아랫부분에 제시된 개념모형을 추정한다. 모형 2와 비교했을 때, 이 모형은 군집 간 수준에서 그 모형의 동일한 제약되지 않은 모형을 허용하지만, 군집 내 수준에서 가설화된 측정모형과 구조모형을 제약한다. 따라서 군집 내 수준에서 10학년 과제과 12학년 과제는 잠재 군집 내 **과제** 변수를 나타내는 지표로 사용되며, 읽기, 수학, 과학, 사회 측정 시험점수는 잠재 학교 내(within-school) **학업성취도** 변수의 지표로 사용된다. 이 단계는 학교 간(between-school) 수준도 있다는 것을 인식하면서(그러나 그 수준에서 부적합도를 최소화하면서) 학교 내 수준에서 모형적합도와 모수를 평가할 수 있다. 이 분석을 완수하기 위한 구문 중 관련 부분은 [그림 22-19]에서 볼 수 있다. 이 단계를 위해 생성된 적합도 정보는 [그림 22-20]에서 볼 수 있다. 이러한 것은 일반적으로 이러한 모형 검정의 단계를 지원하지만, 언급된 바와 같이 두 수준 모두에서 부적합도를 교란한다. SRMR은 모형의 내(within)와 간(between) 부분 모두에 대해 계산되지만, 심지어 거기에서도 모형의 제약되지 않는 본질을 고려할 때 모형의 간 부분에 대한 값이 생각하는 것처럼 완벽하지 않다는 것을 알 수 있다. 즉, 모형의 내 부분에서 부적합도는 간 부분으로까지 확장된다. 이는 SEM이 그 모형과 각 부분이 별개가 아닌 전체 모형을 위한 자료 간의 불일치를 최소화하려고 하기 때문에 그러하다.

[그림 22-19] 3단계를 위한 구문: 이론적 모형은 내(within) 수준에서 추정되며, 제약되지 않은 모형(자유롭게 상관된 모든 측정변수)은 간 수준에서 추정된다.

```
MODEL:
    %WITHIN%
        HWork_w BY f1s36a2 f2s25f2;
        Ach_w BY read12 math12 sci12 soc12;
        Ach_w ON HWork_w FamBack;
        HWork_w WITH FamBack;

    %BETWEEN%

        FamBack WITH F1s36a2 f2s25f2 read12
            math12 sci12 soc12;
        F1s36a2 WITH f2s25f2 read12
            math12 sci12 soc12;
        f2s25f2 WITH read12 math12 sci12 soc12;
        read12 WITH math12 sci12 soc12;
        math12 WITH sci12 soc12;
        sci12 WITH soc12;
```

Stapleton은 모형 3과 χ^2값과 모형 2a의 χ^2값을 사용하여 CFI를 다시 계산할 것을 권장하였다. CFI를 위한 공식은 $1 - \frac{\chi^2 - df(3:target)}{\chi^2 - df(2a:null)} = 1 - \frac{\chi^2 - df(3:표적)}{\chi^2 - df(2a:귀무)}$ 이며, 분자와 분모는 0의 최소값만 가질 수 있다는 조건이 추가되었다(다양한 적합도지수를 위한 공식은 Arbuckle, 2017, 부록 C 참고). 내(within) 이론적 모형[제약되지 않은 간(between) 수준]의 경우, CFI$= \frac{210.551 - 12}{9498.886 - 21} = .979$이다. 내 수준에서 이론적 모형을 실행한 결과, 모형은 자료에 좋은 적합도를 나타냈다. 이 모형은 학교 내(within-school) 수준에서 **과제**와 **SES**가 **학업성취도**에 미치는 영향을 설명하는 데 좋은 역할을 하는 것으로 보인다. 또한 이 두 모형의 AIC 또는 기타 정보 준거 적합도지수를 비교하는 것이 타당할 수 있다. 3단계 모형의 AIC는 127855.674인 반면, 2단계a 모형의 AIC는 128469.145이었다. AIC는 또한 군집 내 -수준(within-level) 이론적 모형을 지지한다.

[그림 22-20] 3단계에 대한 모형적합도 정보[내(within)내 이론적 모형]

```
MODEL FIT INFORMATION

Number of Free Parameters                         51

Loglikelihood

         H0 Value                          -63876.837
         H1 Value                          -63771.562

Information Criteria

         Akaike (AIC)                      127855.674
         Bayesian (BIC)                    128176.925
         Sample-Size Adjusted BIC          128014.870
           (n* = (n + 2) / 24)

Chi-Square Test of Model Fit

         Value                               210.551
         Degrees of Freedom                       12
         P-Value                              0.0000

RMSEA (Root Mean Square Error Of Approximation)

         Estimate                              0.064

CFI/TLI

         CFI                                   0.982
         TLI                                   0.936

Chi-Square Test of Model Fit for the Baseline Model

         Value                             10878.231
         Degrees of Freedom                       42
         P-Value                              0.0000

SRMR (Standardized Root Mean Square Residual)

         Value for Within                      0.023
         Value for Between                     0.005
```

4단계의 경우, 모형의 내와 간 부분의 구문을 반대로 하여 동일한 단계를 거친다([그림 22-16]과 같이 두 수준에서 동일한 모형을 지정한다고 가정). 즉, 이 단계의 경우 이론적 모형은 간 수준에서 지정되지만, 측정변수는 내 수준에서 자유롭게 공분산할 수 있다.

4단계의 경우, $\chi^2 = 16.928(12df)$이고, AIC=127662.051이다. 2단계b의 경우, $\chi^2 = 842.022(21df)$이고, AIC=128469.145이다. AIC는 4단계 모형의 경우 더 낮으며, 계산된 CFI는 .994이다. 이 단계는 간(between) 수준에서 이론적 모형의 실행을 지지한다.

모든 측정 및 구조 경로는 3단계에서 모형의 간 부분에 대해 통계적으로 유의하고 중요하며 타당하였다. 간 이론적 모형의 경우, **과제(간)**에서 **12학년 학업성취도**(간)까지의 경로를 제외하고 모든 경로와 요인부하량이 통계적으로 유의하였다. 비록 상당하기는 하지만, 이 경로는 통계적으로 유의하지 않았다($\beta = .248, p = .073$). 모형의 간 부분에 대한 표본크기(175개 학교)는 모형의 내 부분보다 훨씬 작다. 우리는 다음 모형에서 이러한 패턴이 반복되는지 볼 것이다.

5단계: 두 수준에서 이론적 모형

5단계는 내(within)와 간(between) 수준 모두에서 이론적 모형을 실행한다. [그림 22-21]에 볼 수 있는 바와 같이, 이것은 3단계에서의 내 구문에 4단계에서의 간 구문을 포함함으로써 이루어진다. 이 모형에 대한 적합도지수는 [그림 22-22]에 볼 수 있다. 이 모형의 표준화 결과는 [그림 22-23]에서 볼 수 있으며, 상세한 비표준화 결과의 일부는 [그림 22-24]에서 볼 수 있다. [그림 22-23]에서 볼 수 있는 모형은 [그림 22-16]에서 볼 수 있는 모형을 단순화하였다(그것은 출력 결과에서 실제 경로계수를 가지고 있는 변수만을 포함하고 있다).

[그림 22-21] 5단계(두 수준에서의 이론적 모형)를 위한 구문

```
TITLE: Homework Ach SEM; Step 5

DATA:
  FILE IS homework smaller 4.dat;
VARIABLE:
  MISSING ARE ALL (-99);
  NAMES ARE sch_id bys81a bys81b bys81c bys81d f1s36a2 f2s25f2
  read12 math12 sci12 soc12 FamBack;

  USEVARIABLES ARE
      sch_id FamBack f1s36a2 f2s25f2 read12 math12 sci12 soc12;

      CLUSTER = sch_id;

ANALYSIS:   TYPE = TWOLEVEL;
            ESTIMATOR IS ML;
MODEL:
      %WITHIN%
        HWork_w BY f1s36a2 f2s25f2;
        Ach_w BY read12 math12 sci12 soc12;
        Ach_w ON HWork_w FamBack;
        Hwork_w WITH FamBack;
      %BETWEEN%
        HWork_b BY f1s36a2 f2s25f2;
        Ach_b BY read12 math12 sci12 soc12;
        Ach_b ON HWork_b FamBack;
        Hwork_b WITH FamBack;

OUTPUT:   STANDARDIZED SAMPSTAT;
```

[그림 22-22] 5단계에 대한 모형적합도

```
MODEL FIT INFORMATION

Number of Free Parameters                        39

Loglikelihood

        H0 Value                          -63888.250
        H1 Value                          -63771.562

Information Criteria

        Akaike (AIC)                      127854.501
        Bayesian (BIC)                    128100.163
        Sample-Size Adjusted BIC          127976.238
          (n* = (n + 2) / 24)

Chi-Square Test of Model Fit

        Value                                233.377
        Degrees of Freedom                        24
        P-Value                               0.0000

RMSEA (Root Mean Square Error Of Approximation)

        Estimate                               0.047

CFI/TLI

        CFI                                    0.981
        TLI                                    0.966

Chi-Square Test of Model Fit for the Baseline Model

        Value                              10878.231
        Degrees of Freedom                        42
        P-Value                               0.0000

SRMR (Standardized Root Mean Square Residual)

        Value for Within                       0.023
        Value for Between                      0.019
```

[그림 22-23] 학교 내와 학교 간 모두가 추정된 이론적 모형을 가진, 5단계에 대한 표준화 모형 결과
이 모형은 초기 제시([그림 22-16])로부터 단순화되었다.

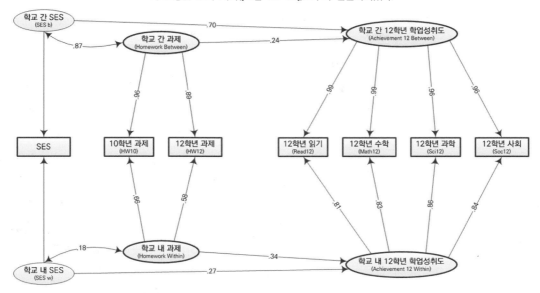

[그림 22-24] 내(within)와 간(between) 수준 모두에서 실행된 이론적 모형을 가지고 있는,
5단계에서 도출된 선택된 비표준화 출력 결과

```
MODEL RESULTS

                                                    Two-Tailed
                         Estimate    S.E.   Est./S.E.  P-Value

Within Level

 HWORK_W  BY
    F1S36A2              1.000      0.000    999.000    999.000
    F2S25F2              1.018      0.093     10.994      0.000

 ACH_W    BY
    READ12               1.000      0.000    999.000    999.000
    MATH12               1.004      0.019     53.480      0.000
    SCI12                1.073      0.019     55.187      0.000
    SOC12                1.037      0.019     55.113      0.000

 ACH_W      ON
    HWORK_W              2.229      0.223     10.007      0.000

 ACH_W      ON
    FAMBACK              3.028      0.208     14.556      0.000

 HWORK_W  WITH
    FAMBACK              0.121      0.017      7.001      0.000


Between Level

 HWORK_B  BY
    F1S36A2              1.000      0.000    999.000    999.000
    F2S25F2              0.955      0.079     12.158      0.000

 ACH_B    BY
    READ12               1.000      0.000    999.000    999.000
    MATH12               1.169      0.041     28.384      0.000
    SCI12                0.999      0.041     24.466      0.000
    SOC12                1.011      0.041     24.628      0.000

 ACH_B      ON
    HWORK_B              1.533      0.902      1.700      0.089

 ACH_B      ON
    FAMBACK              5.249      1.003      5.235      0.000

 HWORK_B  WITH
    FAMBACK              0.279      0.037      7.609      0.000
```

전체 모형은 우리가 일반적으로 사용했던 기준에 따라 잘 적합하며, SRMR에 따르면 모형의 내(within)와 간(between) 부분 모두 각각의 상관행렬을 잘 재산출하였다. 모형의 내 부분에 대한 계수는 3단계의 계수와 상당히 비슷했으며, 모형의 간 부분에 대한 계수는 4단계의 계수와 매우 유사하였다. 상당히 다른 계수는 한 수준 또는 두 수준 모두에서 모형의 불안정성을 시사한다(Stapleton, 2013).

연구결과는 학교 내에서 과제가 학업성취도에 커다란 영향을 미친다는 것을 시사한다($\beta = .34$). 학교 밖에서 주당 과제수행 사용 시간이 1단위로 증가할 때마다 학업성취도는 2.23포인트 증가한다(10학년 과제변수의 코딩으로 볼 때, 이것들은 1시간 증가가 아니다. 과제는 10학년 과제로, 12학년 학업성취도는 12학년 읽기로 색인되어 있다). SES는 또한 학교 내(within-school) 수준에서 학업성취도에 상당한 영향을 미쳤다.

학교 간(between-school) 수준에서 그리고 4단계와 마찬가지로, 과제[간(between)]가 12학년 학업성취도(Achievement)(간)에 미치는 영향은 통계적으로 유의하지 않았다. 학교수준(school-level)의 과제가 학교수준의 학업성취도에 영향을 미쳐야 한다고 생각하는 것이 상당히 타당했던 만큼, 이러한 기대는 뒷받침되지 않았다. 반면, SES는 크고 통계적으로 유의한 학교수준의 영향을 미쳤다($\beta = .70$). 한 학교의 평균 학업성취도 수준은 그 학교수준 SES와 매우 관련이 있다. 이러한 분석에서 내재된 집단평균 중심화를 고려할 때, 이러한 간 계수는 내(within) 모형 영향과 교란되어 있다. 그것은 빼거나 Mplus에서 모형 제약을 통해 통계적으로 보정할 수 있다(보다 자세한 정보는 Stapleton, 2013 참고). SES의 경우, 보정된 (맥락적인) 학교 간 영향은 5.249-3.028=2.120[비표준화 간 계수(unstandardized between coefficient)-비표준화 내 계수(unstandardized within coefficient)]이었다. 이 값은 통계적으로 유의하며 (출력 결과는 제시하지 않음) 동일한 SES 수준을 가지고 있지만 SES(SES는 z-점수의 평균이므로, 이는 SD 단위 차이에 가깝다는 것을 기억하라)에서 한 단위가 다른 학교에 다니는 두 학생의 성취도가 2점 조금 이상 차이가 난다는 것을 시사한다. 학교의 SES 수준은 정말로 중요하다(우리가 제11장에서 알게 되었던 것처럼). 또한 학교수준 SES와 학교수준 과제 간의 높은 상관관계를 주목하라. SES 수준이 더 높은 학교는 평균 과제 요구 수준도 더 높은 것으로 보인다.

6단계: 무선 계수

마지막 단계는 SES에서 학업성취도 또는 과제에서 학업성취도(또는 둘 다)로의 회귀계수가 학교마다 다를 수 있도록 허용한다. 즉, 아마도 SES는 B학교와 달리 A학교에서 학업성취도에 더 강한 영향을 미치거나, 과제는 다른 학교보다 한 학교의 학업성취도에 더 강한 영향을 미칠 것이다. 그러나 저자는 이러한 사양(specification) 중 하나(또는 둘 다)로 모형을 실행하는 데 성공하지 못하였다. 이는 숙제 측정변수와 간(between) 수준에서 경험적 과소식별에 대한 상대적으로 낮은 ICC 수준의 결과일 가능성이 있었다고 생각한다(경험적 과소식별에 관한 설명은 제16장, 각주 1 참고). 이것을 처리하고 원래 모형을 추정하는 몇 가지 가능한 방법은 웹사이트(http://tzkeith.com)를 참조하라. 그러나 여기에서 우리의 목적을 위해, 저자는 과제 변수 없이 모형을 분석할 것이다. [그림 22-25]는 학업성취도와 SES만 포함하는 모형을 위한 선택된 구문을 보여 준다. 이 구문의 구별되는 부분은 강조되며, ANALYSIS 행에 RANDOM 명령어를 추가하고, 명명하며(s1), SES에 대한 잠재 학업성취도 변수의 회귀분석을 위한 학교별 무선 경로/기울기를 MODEL % WITHIN % 문장의 일부로 정의하는 것을 포함한다.

[그림 22-25] 수정된 단계 6 모형에 대한 선택된 Mplus 구문

그 모형은 SES가 학업성취도에 미치는 영향만을 조사하고, 무선 기울기의 가능성을 검정한다.

```
TITLE: Homework Ach SEM; Step 6 SES only

DATA:
  FILE IS homework smaller 4.dat;
VARIABLE:
  MISSING ARE ALL (-99);
  NAMES ARE sch_id bys81a bys81b bys81c bys81d f1s36a2 f2s25f2
  read12 math12 sci12 soc12 FamBack;

  USEVARIABLES ARE
      sch_id read12 math12 sci12 soc12 FamBack;

      CLUSTER = sch_id;

ANALYSIS:    TYPE = TWOLEVEL RANDOM;
             ESTIMATOR IS ML;

MODEL:
      %WITHIN%

      Ach_w BY read12 math12 sci12 soc12;
      s1 | Ach_w ON FamBack;


      %BETWEEN%

      Ach_b BY read12 math12 sci12 soc12;
      Ach_b ON FamBack;

OUTPUT: SAMPSTAT;
```

분석을 통해 도출된 편집된 출력 결과는 [그림 22-26]에서 볼 수 있다. 적합도지수들은 제시하지 않았다. 무선계수(random coefficients)가 허용되는 경우, 그것들은 로그우도(Log-likelihood)와 정보 기준(Information Criteria)으로 제한된다. 이 모형에 대한 AIC=97049.741은 동일한 모형의 단계 5에 대한 AIC=97050.041(과제를 포함하지 않음)보다 매우 약간 낮았기 때문에, 무선 기울기의 추가를 지지하였다. 흥미롭게도 만약 aBIC 또는 BIC가 모형비교에 사용되었다면, 그들의 더 큰 절약에 대한 보상으로 이 모형의 단계 5 버전이 대신 지지되었을 것이다(모형 5와 6의 경우, 각각 aBIC=97115 대 97117, BIC=97185 대 97191).

[그림 22-26] 수정된 단계 6 모형에 대한 선택된 Mplus 출력 결과

그 모형은 SES가 학업성취도에 미치는 영향만을 조사하였고, 무선 기울기의 가능성을 검정하였다.

```
MODEL RESULTS

                                                      Two-Tailed
                      Estimate     S.E.    Est./S.E.   P-Value

Within Level

 ACH_W     BY
    READ12           1.000       0.000     999.000    999.000
    MATH12           1.002       0.019      52.885      0.000
    SCI12            1.074       0.020      54.737      0.000
    SOC12            1.038       0.019      54.943      0.000

 Residual Variances
    READ12          26.356       0.840      31.377      0.000
    MATH12          23.725       0.780      30.427      0.000
    SCI12           20.244       0.745      27.175      0.000
    SOC12           22.717       0.779      29.177      0.000
    ACH_W           45.397       1.700      26.708      0.000

Between Level

 ACH_B     BY
    READ12           1.000       0.000     999.000    999.000
    MATH12           1.296       0.087      14.871      0.000
    SCI12            0.982       0.077      12.734      0.000
    SOC12            0.997       0.076      13.135      0.000

 ACH_B     ON
    FAMBACK          3.607       0.443       8.135      0.000

 Means
    S1               3.727       0.231      16.113      0.000

 Intercepts
    READ12          52.259       0.197     265.264      0.000
    MATH12          52.919       0.221     239.550      0.000
    SCI12           52.425       0.215     243.597      0.000
    SOC12           52.324       0.214     244.405      0.000

 Variances
    S1               1.702       0.761       2.236      0.025

 Residual Variances
    READ12           0.204       0.243       0.841      0.401
    MATH12           0.578       0.320       1.805      0.071
    SCI12            1.412       0.331       4.265      0.000
    SOC12            1.354       0.341       3.970      0.000
    ACH_B            1.905       0.561       3.394      0.001
```

[그림 22-26]에서 보여 주는 출력 결과에서 주된 관심사는 S1에 대한 분산이다. 이 값이 통계적으로 유의하다는 사실은 학교 전체에 걸쳐 SES에서 잠재 학업성취도 변수로의 경로에 실제로 차이가 있다는 것을 의미한다(α = .05을 가정함). 그러나 이 값은 표준오차와 관련하여 크지 않으며, 만약 우리가 α = .01 또는 aBIC를 적합도지수로 선택하였다면, 이러한 경로가 결국 집단마다 다르지 않다는 결론을 내렸을 것이다.

저자는 이 축약된 예가 다수준분석이 SEM 준거틀(framework)에서 어떻게 작동할 수 있는지 맛보기를 바란다. 분명히 이것은 복잡한 주제이고 우리는 단지 그 표면을 살펴봤을 뿐이며, Mplus라는 단일 프로그램을 사용하여 그 방법을 설명하였다. 저자는 SEM 방향에서 많은 의미가 있기 때문에 Stapleton (2013)의 접근방법과 일련의 단계를 좋아한다. 또한 다른 방향과 다른 훌륭한 논의도 있다(예: Heck & Thomas, 2015, 제6장; Hox, 2018, 제15장; Muthen & Asparouhov, 2011; 그리고 물론 Mplus 매뉴얼, Muthen & Muthen, 2017). LISREL 및 EQS를 포함한(그러나 Amos는 제외), 다른 SEM 프로그램은 MLSEM을 수행한다.

비-ML SEM 대안

우리가 다수준 모형을 탐구하는 이유 중 하나는 NELS와 같은 복잡한 표본설계를 고려할 때 학생들이 학교 내에서 군집화되고 선택되기 때문에 영향의 표준오차가 부풀려질 가능성이 높기 때문이다. ICC가 클수록, 이러한 값은 더 과소평가된다. MLSEM은 NELS에서의 예제에서 학교 내와 학교 간 영향을 별도로 조사함으로써 이 문제를 해결했으며, 각 수준에서 영향의 중요도를 비교할 수 있는 추가적인 이점이 있다. 예를 들어, 개인수준(학교 내)의 과제영향이 이전 장에서처럼 계속 중요한 것으로 나타나는 반면, 학교수준 영향은 그렇지 않다는 것을 발견하였다. 이와는 대조적으로, 학교의 SES 수준은 학업성취도에 영향을 미치는 데 상당히 중요한 것으로 보인다.

[그림 22-27] MLSEM 대안을 위한 구문

이 분석에서는 표본유층을 고려하지만 다수준 구조를 분석하지는 않는다.

```
TITLE: Homework Ach SEM; Step 6 SES only

DATA:
  FILE IS homework smaller 4.dat;
VARIABLE:
  MISSING ARE ALL (-99);
  NAMES ARE sch_id bys81a bys81b bys81c bys81d f1s36a2 f2s25f2
  read12 math12 sci12 soc12 FamBack;

  USEVARIABLES ARE
      sch_id read12 math12 sci12 soc12 FamBack;

      CLUSTER = sch_id;

ANALYSIS:   TYPE = TWOLEVEL RANDOM;
            ESTIMATOR IS ML;

MODEL:
      %WITHIN%

      Ach_w BY read12 math12 sci12 soc12;
      s1 | Ach_w ON FamBack;


      %BETWEEN%

      Ach_b BY read12 math12 sci12 soc12;
      Ach_b ON FamBack;

OUTPUT: SAMPSTAT;
```

그러나 정말로 신경 쓰는 것은 개별 수준에서 이러한 변수의 영향뿐이지만, 우리는 어떤 영향이 통계적으로 유의하지 않을 때 그 영향이 통계적으로 유의하다는 결론을 내리지 않도록 올바른 표준오차를 가지고 있는지 확인하려고 한다. 또 다른 가능한 접근방법은 '설계기반 분석(design-based analysis)'인데, 그것은 "표본설계의 경우, 표준오차 추정값을 조정하지만, 표본설계를 명시적으로 모형분석하지는 않는다"(Stapleton, 2013: 528).

MLSEM를 위해 사용된 과제모형과 유사한 설계기반 Mplus 분석은 [그림 22-27](구문)과 [그림 22-28] (선택된 출력 결과)에 제시되었다. 이 그림에서 볼 수 있는 바와 같이, 개인수준의 학생 과제와 SES는 모두 12학년(=고등학교 3학년) 학업성취도에 통계적으로 유의하고 커다란 영향을 미쳤다. 비교의 방법으로 TYPE=COMPLEX 명령어를 사용하여 유층표본설계를 고려하지 않았다면 여전히 과제가 학업성취도에

미치는 비표준화 영향은 2.212로, 그러나 SE는 .179로 추정했을 것이다. 이와 같은 설계기반 분석은 종종 NELS와 같은 대규모 자료세트에 사용되는 표집가중값(sampling weights)을 고려할 수도 있다.

[그림 22-28] 과제가 학업성취도에 미치는 영향의 설계기반 분석으로 도출된 결과
표준오차는 학교별 유층에 기초하여 교정되었다.

```
MODEL RESULTS

                                                    Two-Tailed
                      Estimate     S.E.   Est./S.E.  P-Value

 HWORK_W   BY
     F1S36A2          1.000       0.000    999.000   999.000
     F2S25F2          0.954       0.053     17.840     0.000

 ACH_W    BY
     READ12           1.000       0.000    999.000   999.000
     MATH12           1.044       0.015     70.950     0.000
     SCI12            1.052       0.015     70.361     0.000
     SOC12            1.028       0.014     75.279     0.000

 ACH_W    ON
     HWORK_W          2.212       0.196     11.304     0.000

 ACH_W    ON
     FAMBACK          3.671       0.180     20.342     0.000

 HWORK_W  WITH
     FAMBACK          0.418       0.025     16.905     0.000

STANDARDIZED MODEL RESULTS


STDYX Standardization

                                                    Two-Tailed
                      Estimate     S.E.   Est./S.E.  P-Value

 HWORK_W   BY
     F1S36A2          0.725       0.022     32.734     0.000
     F2S25F2          0.606       0.020     30.133     0.000

 ACH_W    BY
     READ12           0.848       0.006    131.665     0.000
     MATH12           0.868       0.006    152.130     0.000
     SCI12            0.877       0.005    168.245     0.000
     SOC12            0.863       0.006    144.349     0.000

 ACH_W    ON
     HWORK_W          0.348       0.024     14.450     0.000

 ACH_W    ON
     FAMBACK          0.370       0.018     21.079     0.000

 HWORK_W  WITH
     FAMBACK          0.391       0.018     21.713     0.000
```

두 가지의 최종 요점은 ML 분석의 두 번째(또는 고차) 수준에서의 변수와 관련된다. 첫 번째는 우리의 예제 분석에서 수준 간(between-level) 변수의 해석에 관한 것이다. "개인수준(학교 내)의 과제영향이 이전 장에서처럼 계속 중요한 것으로 나타나는 반면, 학교수준 영향은 그렇지 않다는 것을 발견하였다. 이와는 대조적으로, 학교의 SES 수준은 학업성취도에 영향을 미치는 데 상당히 중요한 것으로 보인다." 라는 이전의 진술을 다시 읽어 보라. SES의 학교수준 영향을 이해하는 것은 아마도 꽤 쉬울 것이며, 학업성취도에 대해 보여 준 학교수준 영향의 연구결과는 이치에 맞을 것이다(그리고 이것은 부동산업자들이 듣기 좋은 소리이다). 그러나 학교수준의 **과제**의 의미는 조금 덜 명확하다. 개인수준 변수의 평균인 간(between) 수준의 변수가 항상 이해하기 쉬운 것은 아니다. 둘째, 진(眞) 학교수준 변수인 변수와 같이 간 수준에서만 나타나는 변수를 갖는 것은 물론 가능하다. 예를 들어, 학교유형 변수(공립 대 사립)는 우리 모형에서 내(within) 수준이 아닌 간 수준에서 적절하게 나타난다.

📈 요약

이 장에서는 잠재변수 간의 상호작용 검정과 다수준 SEM이라는 두 가지 고급 SEM 주제에 대해 매우 간략하게 소개하였다. 제1부에서는 MR에서 연속변수 간의 상호작용(조절)을 검정하는 방법에 대해 논의하였고, 제18장과 제19장에서는 변수 중 하나가 그룹화된 변수(실험/통제, 여성/남성 등)일 때 다집단 SEM을 이용한 상호작용 검정에 대해 논의하였다. 이 장에서는 연속적인 잠재변수들 간의 상호작용을 검정하는 것도 가능하다는 것을 알았다. 개념적으로 이 방법은 제1부에서 사용된 외적 접근방법의 확장이다. 상호작용할 것으로 예상되는 잠재변수의 측정된 지표의 외적을 만들고, 그러한 외적을 잠재 상호작용 변수의 지표로 사용한다. 예제에서는 다중 연속 지표를 가진 잠재변수인 **이전 학업성취도**와 **과제** 모두 이후의 학생 **성적**에 미치는 영향에 대해 상호작용하는지 여부를 검정하였다. 결과는 이러한 변수들이 상호작용하지 않는다는 것을 시사하였다. 즉, **과제**가 모든 수준의 **학업성취도**에 대해 **성적**에 유사한 영향을 미쳤다.

두 번째 분석에서는 잠재 **과제** 변수가 **성적**에 비선형적 영향을 미치는지 여부를 검정하였다. 제8장에서 변수의 외적을 회귀분석 자체에 입력하여 회귀평면에서 곡선을 검정할 수 있다는 것을 보았다. 회귀 분석에서 곡선은 어떤 산출물(outcome)에 대해 자신과 상호작용하는 변수로 생각할 수 있다. 따라서 SEM에서도 마찬가지로, 상호작용을 검정하는 것과 같은 방법으로 곡선효과를 검정할 수 있다. 잠재 **과제**^{2} 변수가 **성적**에 영향을 미치도록 허용하면 모형의 적합도가 향상되었고, 그 변수는 **성적**에 통계적으로 유의한 영향을 미쳤다. 또한 보이는 것처럼, **과제**는 학생이 얼마나 많은 과제를 하느냐에 따라 **성적**에 차별적인 영향을 미치는 것으로 보인다. 즉, 과제의 효과는 과제의 양에 따라 달라진다. 회귀방정식을 생성하고 요인점수를 사용하여 영향의 본질을 표시할 수 있었는데, 두 가지 모두 과제 시간에서의 각 추가시간 증가는 이전 시간 증가보다 **성적**에 더 작은 영향을 미친다는 것을 보여 주었다.

다수준 SEM을 분명하게 보여 주기 위해 다른 **과제모형**을 사용하였다. 제1에서는 SES에 대한 **학업성취도**의 다수준 회귀분석을 설명하였다. 여기에서는 SES가 학교 내(within-school)와 학교 간(between-school) 수준 모두에서 잠재 **학업성취도** 변수에 영향을 미치는 다수준 SEM모형을 개발하였다. 이 모형은 또한 학교 내와 학교 간 영향 모두로써 잠재 **과제** 변수를 통합하였다. 또한, 학교 내 영향과 학교수준 영향을 모두 검정하도록 설계된 일련의 다수준모형을 검정하는 것을 설명하였다. 주요 연구결과는 SES가 개인 /학교 내 모두에 영향을 미치며, 대규모 학교 간에 영향을 미치지만, **과제**의 영향은 주로 학생/내(within) 수준이었다는 것이었다. 또한 학교 간 SES의 영향에서 가능한 차이에 대한 증거를 발견하였다.

이 장에서 제시된 두 가지 주제에 대한 저자의 의도는 방법론에 대한 자세한 설명을 제공하는 것이 아니었다. 그 대신 여러분이 이미 이해하고 있는 어떤 것, 즉 다중회귀분석과 다중SEM을 사용하여 이러한 고급 주제를 이해하는 방법을 제공하기를 희망하였다. 추가 연구를 위해 두 가지 방법에 대한 참조문헌이 제공되었다.

EXERCISE 연습문제

1. 분석에서 잠재변수 간의 상호작용을 검정하거나 잠재변수에 대한 곡선효과를 검정한 관심 분야의 연구논문을 찾으라. 연구자는 상호작용/연산(product) 항을 만들기 위해 어떤 방법을 사용하였는가? 연구자는 여기에서 사용된 동일한 몇 가지 전문용어를 사용하였는가? 상호작용/곡선이 통계적으로 유의하였는가? 연구자는 그 결과를 어떻게 기술하였는가? 연구자는 상호작용 또는 곡선을 그래프로 제시하였는가? 연구자는 어떻게 그렇게 하였는가? 여러분은 이 장의 정보를 사용하여 연구결과를 이해할 수 있는가? 보고된 연구결과의 어떤 측면이 아직도 여러분을 어리둥절하게 하는가?

2. 다수준 SEM을 사용한 관심 분야의 연구논문을 찾으라. 그 연구는 측정변수(경로분석)에 또는 잠재변수(잠재변수 구조방정식모형)에 초점을 두었는가? MLM을 수행하기 위해 어떤 프로그램이 사용되었는가? 분석수준은 어떠한가? 각 수준에서 어떤 변수가 분석되었는가? 어떤 모형이 검정되었는가? 그것은 여기에서 검정한 모형과 비슷하였는가? 여러분은 이 장의 제안을 사용하여 그 MLSEM의 결과를 해석할 수 있었는가? 보고된 연구결과의 어떤 측면이 아직도 여러분을 어리둥절하게 하는가?

제23장 요약: 경로분석, CFA, SEM, 평균구조, 그리고 잠재성장모형

이 책의 제1부에서는 연구도구로서의 다중회귀를 알아보았다. 제2부에서는 이 책의 제목인 '넘어서' 부분에 초점을 맞추어서 경로분석, 확인적 요인분석, 구조방정식모형, 잠재성장모형에 대해 살펴보았다. SEM의 경우, 기본적인 모형에서 평균, 다집단, 상호작용항, 다수준을 가진 모형으로 이동하였다. 이 마지막 장은 제2부의 검토와 요약으로 시작할 것이다. 그 후, 이 책에서는 다루지는 않았지만 실제로 유의해야 할 여러 주제에 대해 간단히 논의할 것이다.

📈 요약

경로분석

기초

이 책에서는 기본적으로 한 변수가 다른 변수에 주는 영향에 대해 관심이 있다는 것을 가정하였다. 이 가정은 구조방정식의 변형에 대해 집중한 제2부에서 더 명확하게 드러난다. SEM에 대한 여정은 가장 기본적인 형태의 SEM인 경로분석에서 시작된다.

만약 선행연구, 관련 이론, 논리로 변수의 인과관계를 추론할 수 있다면, (몇몇 조건하에서) 변수 간의 상관과 간단한 수학을 이용해서 효과를 추정할 수 있을 것이다. [그림 23-1]은 변수 간의 인과관계를 경로로 나타낸 모형을 보여 준다. 경로는 약한 원인 순서를 나타내는데, 그것은 한 변수가 다른 변수에 직접적인 영향을 미치지는 않지만 두 변수 간에 인과관계가 있다면 그 영향은 보이는 것의 반대 방향이 아니라 보이는 방향 그대로라는 것을 의미한다. 만약 이 모형이 한 방향의 인과관계를 보여 주면, 수학을 포기하고 변수의 영향을 다중회귀분석을 사용해 추정할 수 있다. 이 추정값 또는 경로는 다중회귀의 표준화와 비표준화 회귀계수로 추정된다. 학업성취도에 대한 경로는 학업성취도에 대한 가족배경, 지적 능력, 학습동기, 수업활동의 동시적 회귀분석에 의해서 추정된다. 수업활동의 경로는 수업활동에 대한 가족배경, 지적 능력, 학습동기 등의 회귀분석으로 도출된 회귀계수를 사용해서 추정된다. d1부터 d4로 명명된 타원형의 변수가 대표하는 교란(disturbance)의 표준화 경로는 각 회귀방정식에서 $\sqrt{1-R^2}$에 따라 추정된다. 교란은 모형에서 변수에 영향을 주는 변수 이외의 모든 영향을 나타낸다. 많은 연구자는 교란 대신 잔차(residuals)(MR과 일관성 있게)나 오차(errors)와 같은 용어를 사용한다. 제1부의 탐색적 회귀에서 수행한 것과 같은 방법으로 경로를 해석한다. 표준화 경로(β)는 원인변수의 표준편차 단위의 변화에 따른 결과변수의 표준편차 단위 변화량을 나타내고, 비표준화 경로(b)는 원인변수의 1 단위 변화에 따른 결과변수의 변화량을 나타낸다.

[그림 23-1] 경로모형

경로는 한 변수의 다른 변수에 대한 추정된 영향을 나타낸다.

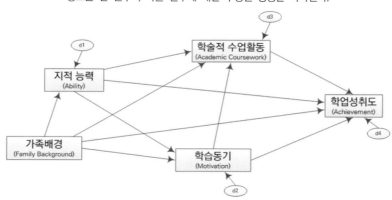

우리는 구조방정식모형에서 다루어야 할 전문용어와 기호에 대해 알아보았다. 연구에서 실제로 측정되는 측정변수는 직사각형으로 표시된다. 비측정 잠재변수는 원이나 타원으로 표시된다. 교란/잔차는 모형에서 고려되지 않는 비측정 변수를 상징한다. 재귀모형은 화살표가 한 방향으로만 가리키는 반면, 비재귀모형은 두 방향으로 가리키는 화살표나 피드백 고리를 가진다. 정확식별모형은 경로를 추정하기 위한 정보만을 가지고, 과대식별모형은 필요한 것보다 많은 정보가 있어서 어떤 경로는 한 방향 이상으로 추정할 수 있다. 과소식별모형은 경로를 추정하기 위한 정보보다 경로가 많은 것이며, 추가적인 제약 없이는 추정이 불가능하다. 외생변수(exogenous variable)의 원인은 모형 외부에서 발생한다. 외생변수는 변수를 향해 있는 경로가 없다. 내생변수(endogenous variable)는 영향(effect)이며, 모형에서 경로가 내생변수를 향해 있다. 이러한 대부분의 용어는 [그림 12-17]에 요약되어 있다.

경로는 한 변수가 다른 변수에 미치는 직접적인 영향의 추정값을 제공한다. 그것은 또한 [그림 23-1]에서 **학습동기**가 **수업활동**을 통해 **학업성취도**에 미치는 영향처럼 간접효과도 추정할 수 있다. 간접효과는 포함되는 경로를 곱해서 추정할 수 있으며, 또한 매개(mediation)라고도 불린다(특히 종단모형에서). **학습동기**가 **학업성취도**에 미치는 영향을 **매개하는**(mediates) 수업활동의 정도에 대해 관심이 있을 수 있다. 간접효과와 직접효과가 더해지면, 한 변수의 다른 변수에 대한 총효과 추정값을 제공해 준다. 총효과는 일련의 순차적 회귀분석에서 나온 회귀계수를 직접 사용해서 계산할 수 있다. 제1부는 어떤 종류의 MR을 사용할 것인지 질문하는 것으로 마무리되었다. 직접효과와 총효과, 매개에 대해 논의하기는 하였지만 이 구별은 경로분석의 발달로 더 분명해졌다. 동시적 회귀는 직접효과에 초점을 두는 반면, 순차적 회귀는 총효과에 초점을 둔다. 적어도 경로분석은 MR의 결과를 이해하고 정리할 만한 가치 있는 경험적 도구로 규정할 수 있다. 탐색적 비실험 연구에서 MR에 관심 있는 이들이 선택해야 할 방법이 경로분석이라는 것을 주장하였다.

이 과정에서 주목할 만한 점은 한 변수에서 다른 변수로의 영향을 판단할 때 논리, 이론, 선행연구를 토대로 판단하였다는 것이다. 상관은 이러한 결정을 알려 주지 않고, 인과모형을 만든 후 추정의 연료만 제공하였을 뿐이다. 인과관계의 타당한 추론을 하기 위해서는 변수 간에 함수 관계가 있어야 하며, 원인이 결과보다 시간적으로 앞서야 하고, 관계가 비논리적이어서는 안 된다. MR에서 경로의 타당한 추정을 제공하기 위해서는 추정된 원인과 결과에 어떠한 공통요인도 생략되지 않았고, 반대의 인과관계가 존재하지 않으며, 외생변수가 완벽하게 측정되었다는 것을 주장할 수 있어야 한다.

위험

경로분석의 가장 큰 위험은 공통요인이 생략되는 것이다. 모형에서 공통요인(추정된 원인과 결과에 영향을 주는 변수)이 생략되면, 한 변수에서 다른 변수로의 영향에 부정확한 추정값을 얻게 된다. 공통요인이 생략되는 문제는 비논리적 상관의 중심에 있으며, 결국 이것이 상관에게서 인과관계를 추론하는 것을 지양하라는 경고의 이유가 된다. 공통요인이 설명되면, 경로는 변수 간의 영향 관계를 정확하게 설명한다. 진실험(true experiments)은 원인과 결과의 강력한 증거를 제시해 주는데, 집단에 대한 무선할당이 공통요인의 가능성을 배제시키기 때문이다. 공통요인의 문제는 경로분석에만 있는 것이 아니라 모든 비실험(그리고 대부분의 준실험) 연구에서 중요한 문제이다. 공통요인이 생략되는 것은 그러한 연구에서 변산(variability)이 생길 수 있는 하나의 원인으로 작용할 수 있다. 만약 어떤 비실험 연구의 결과에 동의하지 않는다면, 연구에서 추정된 원인과 결과의 공통요인이 생략되었을 가능성에 주목하라. 그러나 단순히 탁상공론을 넘어서서 생략된 공통요인에 대한 **증거(evidence)**를 제시해야 할 것이다.

공통요인의 위험성이 모형에 변수에 대한 **모든(all)** 가능한 원인이 포함되어야 함을 의미하는 것은 아니다. 연구에서 어떤 변수가 내생변수에는 영향을 주지만 외생변수에는 영향을 주지 않는 경우라면, 반드시 포함되어야 하는 것은 아니다. 이와 비슷하게, 연구의 결과를 타당하게 만들기 위해 반드시 매개변인(intervening or mediating variable)을 포함해야 하는 것은 아니다. 그러나 매개변인은 **어떻게(how)** 한 변수가 다른 변수에 영향을 주는지를 이해할 수 있도록 도와줄 수 있다는 점에서 가치가 있다. 비공통(noncommon) 요인과 매개변인은 비동등 간명판별(overidentified)모형을 만드는 데 도움이 된다.

경로분석에서 또 다른 위험은 잘못된 방향으로 경로를 설정했을 때 발생하지만, 이 위험은 관련된 경로가 무엇인지에 따라 결정된다. 인과관계의 방향을 고려한 의사결정을 피하기 위해 상호적 경로(비재귀모형)를 사용해서는 안 된다. 비재귀모형은 재귀모형보다 복잡하며, 일반 회귀분석을 통해 추정될 수 없다. 심지어 더 나쁜 것은 한 방향으로 경로를 설정해서 다중회귀분석으로 모형을 추정한 후에 다른 방향으로 다시 설정하는 것인데, 결과는 어떠한 방향이 올바른지 알려주지 **않을(not)** 것이다.

이 두 가지 위험에 대한 해결책은 관련 이론과 선행연구에 정통하는 것이다. 모형의 변수에 대해 생각하고 서로 어떤 관련성이 있는지 고려하라. 필요할 경우, 종단자료를 사용하여 인과 가정을 보강하라 (예를 들어, b가 a에게 영향을 미치는 것보다 a가 b에게 영향을 주는 것이 맞다). 가능한 공통요인에 대해 생각하고 연구문헌을 통해 그것을 조사하라. 필요하다면 연구 자체에서 공통요인을 검정하라. 실제로 모형의 타당성을 보장하기 위해 해야 하는 것의 대부분이 애초에 모형을 개발할 때의 조언인 이론, 선행연구, 논리로 귀결된다. 일반적 다중회귀분석에 비해 경로분석이 가진 강점 중 하나는 모형의 도식적 제시(figural display)가 가정과 오차를 명백하게 보여 준다는 점이다.

SEM 프로그램을 사용한 경로분석

경로모형을 포함한 SEM을 분석하는 특별한 컴퓨터 프로그램들이 있다. 제14장에서 경로분석에 사용되는 프로그램을 설명하였다. 비록 예시에서는 AMOS를 사용하였지만, 그 개념은 다른 SEM 프로그램에 일반화되고 웹사이트에서 다른 여러 프로그램을 설명하는 것을 확인할 수 있다.

MR과 경로분석에 대한 지식은 곧바로 SEM 프로그램으로 변환된다. 비록 결과창의 생김새와 용어가 다를지라도 SEM 프로그램의 결과창은 비표준화 경로, 표준오차, 통계적 유의도, 표준화 경로, 상관, 공분산, 분산을 나타낼 것이다. 대부분의 프로그램은 또한 표준오차와 더불어, 직접, 간접, 총효과(표준화와 비표준화 모두)에 대한 표를 제공한다.

SEM 프로그램은 간명판별모형의 분석을 할 때 훨씬 더 가치 있다. 간명판별모형(경로 추정에 필요한 정보인 모수보다 관측된 정보의 수가 많음)은 양의 자유도를 가진다. 추정된 모형의 공분산행렬은 모형이 간명판별의 상태일 때와 어느 정도 다를 것이며, 이 두 행렬의 공통점과 차이점의 정도가 모형과 데이터의 적합도를 평가하는 데 사용될 수 있다. SEM은 다양한 적합도지수가 있으며, 모두 데이터에 대한 모형의 적합도를 평가하거나 추정된 모형이 자료를 생산할 수 있는 정도를 평가한다. 우리는 자료에 대한 단일모형의 적합도지수인 RMSEA, SRMR, CFI, TLI에 주목하였다. 비록 우리가 모형의 적합도에 대해 말할지라도 엄밀히 말하면 실제로 평가되는 것은 모형에서 간명판별된 제약(예: 0이나 다른 값으로 제약된 경로)의 정확성이다.

SEM 프로그램의 주요한 장점 중 하나는 경쟁이론모형의 비교를 할 수 있다는 점이다. 두 개의 모형이 내포되면(한 모형이 다른 모형의 제약된 형태), 두 모형의 χ^2에서의 차이를 통해 어느 모형이 데이터를 잘 설명하는지 판단하는 것이 가능하다. $\Delta\chi^2$이 통계적으로 유의하면, (Δdf를 비교했을 때) 적합도가 높고 간명도가 낮은 모형을 선택한다. $\Delta\chi^2$이 통계적으로 유의하지 않으면, 더 간명한 모형(df가 더 큰 모형)을 선택한다. 내포되지 않은 경쟁모형을 비교할 때는 AIC와 관련 지수(BIC, aBIC)가 사용된다. 저자는 적합도지수를 위한 경험칙에 관한 잠정적인 조언을 제공했지만(제14장), 적합도지수가 시간에 따라 변화한다고 생각하거나 연구 분야가 다른 이들은 다른 조언을 할 수 있다는 것 또한 언급하였다.

모든 간명판별모형은 적합도에 기초해서는 구별되지 않는 동일모형을 여러 개 가질 수 있다. 그러한 모형은 반대의 경로나 상관으로 대체된 경로를 포함할 것이다. 우리는 동일모형을 개발하는 법칙을 논의했고, 이 법칙은 적합도에 기초해 구별될 수 있는 비동일모형을 개발하는 데에도 유용하다. 신중하게 개발된 비동일모형은 MR로 추정되는 모형이 부딪힐 수 있는 잘못된 방향으로 경로를 그리는 문제를 피할 수 있다. SEM 프로그램은 비재귀모형 또한 분석할 수 있다.

만약 간명판별모형을 개발할 수 있다면, MR 프로그램 대신 SEM 프로그램을 사용하는 편이 나을 것이다. 경로모형을 추정하는 데 MR을 사용한다면 간명판별모형을 만들기 위해 노력하는 여러 이유가 있다. 그러나 만약 SEM 프로그램을 사용한다면 추정에 앞서 간명판별모형을 개발할 수 있는지 확인해야 한다. 어느 방법을 사용하든 간에 동일모형의 위험성에 주의하라.

오차

인과관계의 형태로 회귀(경로)계수를 해석하기 위한 하나의 가정은 외생변수가 오차 없이 측정되었다고 가정하는 것이다. 이 가정을 거의 충족하지 못하기 때문에 이러한 위반이 변수 간 영향의 추정값에 미치는 효과를 알아야 한다. 논의를 확장시키기 위해 비신뢰도(unreliability)와 비타당도(invalidity)는 경로분석과 다중회귀분석뿐만 아니라 **모든(all)** 종류의 연구에 영향을 준다고 언급하였다. 독립변수와 종속변수의 측정에 대한 문제는 연구결과에 영향을 준다.

신뢰도는 오차의 반대 개념이다. 오차가 많은 측정도구는 신뢰도가 낮고, 신뢰도가 높은 측정도구는 오차가 거의 없다. 진(true)점수 분산을 점수 집합의 전체 분산에서 오차분산을 제거한 분산의 관점에서 신뢰도를 고려해 볼 수 있다. 경로분석의 형태에서 측정도구에 대한 점수는 측정도구의 진점수와 오차의 두 가지 영향을 받는다고 볼 수 있다. 진점수와 오차 영향력은 **잠재변수(latent variable)**인 반면, 측정도구에서 실제로 얻은 점수는 **측정변수(measured variable)**이다. 다른 변수에서 일반적으로 진점수와는 상관이 있지만 오차와는 상관이 없기 때문에, 이 개념들은 연구 목적에 중요하다. 이러한 이유로 측정도구의 신뢰도는 변수 간 상관에 상한선을 설정한다. 신뢰도가 낮은 검사는 큰 효과를 작게 만들고 통계적으로 유의한 효과를 유의하지 않게 나타낼 수 있다.

MR과 경로모형은 모형의 변수, 특히 외생변수가 완벽한 신뢰도로 측정되었다고 추정한다. 우리는 모형의 변수에 신뢰도가 낮다면, 변수 간 영향에 대한 추정값이 부정확한 수치이거나 실제 효과의 과소추정값이라는 것을 입증하였다. 경로모형의 복잡성을 고려해 볼 때, 비신뢰도는 실제 효과의 과대 추정값도 야기할 수 있다.

측정요소 중 신뢰도뿐만 아니라 타당도 또한 고려해야 한다. 결국 타당도는 신뢰도의 부분집합이라 할 수 있다. 구인의 다양한 측정을 사용함으로써 타당한 측정과 연구에서 관심구인에 더 가까워질 수 있다.

잠재변수 SEM은 다양한 측정을 사용함으로써 연구에서 관심이 되는 구인에 더 가까워지게 되었다. 잠재변수 SEM을 통해 실제 관심 잠재변수를 얻기 위한 측정변수의 확인적 요인분석을 수행하는 동시에 이 잠재변수 간의 영향 관계를 경로분석으로 알아낼 수 있게 되었다. 이 과정에서 잠재변수 SEM은 한 변수에서 다른 변수로의 영향으로부터 불확실성과 비타당도의 효과와 함께 불완전한 측정의 문제를 제거한다. 이 과정을 통해 잠재변수 SEM은 주된 관심 질문이었던 하나의 **구인(construct)**이 다른 구인에 주는 영향에 더 가까워진다.

비록 우리의 논의가 MR과 경로분석에서의 불완전한 측정의 효과에 초점을 맞췄을지라도, 연구가 어떤 방식으로 분석되든 간에 측정은 모든 형식의 연구에 영향을 준다는 것을 기억해야 한다. SEM에 잠재변수가 추가되었기 때문에 측정 문제를 고려해서 모형에 추가하고 통제할 수 있게 되었다.

확인적 요인분석

두 개의 장에서는 잠재변수 SEM 모형의 측정부분인 확인적 요인분석에 초점을 맞추어 설명하였다. CFA는 연구에서 측정된 구인에 대한 가정에 초점을 맞추고 검정한다. 예를 들어, [그림 23-2]의 CFA 모형은 12개의 **측정(measured)**변수(DAS-II의 하위검사)가 실제로 네 가지, 즉 언어적 추론능력, 비언어적 추론능력, 공간적 추론능력, 작동기억능력의 보다 더 포괄적인 능력이나 구인의 반영이라고 주장한다. 이 모형의 추정과 관련된 적합도지수는 12개의 측정변수가 4개의 일반적인 잠재적 능력의 지표라고 추정하는 것이 합리적인 가정인지 알려 준다. 우리는 두 가지 방법으로 요인부하량(잠재변수에서 측정변수로의 경로)을 해석할 수 있다. 우선 확인적 요인분석 형태의 해석에서는 상응하는 요인을 측정하는 각 검사의 상대적인 타당도에 대한 증거로써 효과를 비교할 수 있다[CFA형(CFA-type) 해석]. 또한 이 경로를 측정변수에 대한 잠재변수의 영향으로 여길 수 있다[SEM형(SEM-type) 해석].

경로모형에서 모형의 변수 이외에 내생변수에 영향을 주는 모든 영향력을 설명하는 오차를 추가하였다. CFA 측정모형에서도 잠재변수 이외에 각 측정변수에 영향을 주는 모든 다른 영향력을 나타내는 잠재변수를 추가하였다. 이러한 '모든 다른 영향력(all other influences)'은 사실 비신뢰도, 비타당도 또는 측정의 오차이다. 예를 들어, 오차를 나타내는 잠재변수 e1은 **언어적 추론능력**을 제외하고 **어휘명명** 검사에 영향을 주는 다른 모든 영향력을 상징한다. 그러한 영향력에는 측정오차와 특정한 단어 지식과 같은 특정/고유 영향이 포함된다.

다른 형태의 SEM처럼, CFA에서도 다른 구인의 가설을 세우거나 같은 요인을 다르게 구성하는 경쟁 모형을 비교하기 위해 적합도지수를 사용할 수 있다. SEM 프로그램은 좋지 않은 적합도를 나타내는 모형을 수정하는 데 유용한 상세한 적합도지수를 제공할 수도 있다. 위계적 모형도 가능한데, 예를 들어 우리는 [그림 23-2]의 네 개의 잠재변수가 하나의 일반적 지능능력 요인의 반영이라는 가설을 세운 모형을 검정하였다.

[그림 23-2] 확인적 요인분석 모형

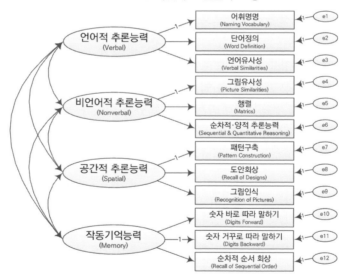

잠재변수 SEM

제17장에서 제19장과 제22장을 통해, 경로분석과 CFA를 잠재변수 SEM으로 통합하였다. 관심 구인의 다양한 측정으로, SEM은 모형에서 구인의 확인적 요인분석을 수행하는 동시에 구인 간의 영향에 대한 경로분석을 수행한다. [그림 23-3]에서는 동료거절이 유치원생의 학업과 정서적 적응에 미치는 영향을 검정하고자 설계된 모형을 볼 수 있다. 모형은 직사각형으로 나타난 측정변수 8개와 큰 타원으로

나타난 잠재변수 4개를 포함한다. 각 잠재변수에 설정된 경로를 보면, 구인 간에 어떠한 관계를 가정했는지를 알 수 있다. 그 모형은 동료거절이 학업과 정서적 적응에 영향을 미치는지, 이 영향이 아동의 교실참여에 의해 부분적으로 매개(간접효과)되는지를 검정하고자 하였다. 우리는 총효과, 간접효과, 직접효과가 모두 의미 있고 흥미로운 해석이 가능함을 발견하였다.

[그림 23-3] 잠재변수 구조동일모형

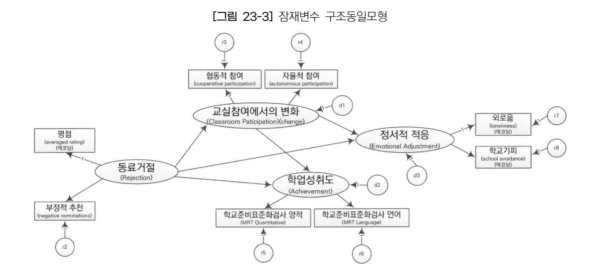

SEM의 네 가지 변형(경로분석, CFA, 잠재변수 SEM, 잠재성장모형) 모두 경쟁모형을 비교함으로써 모형에 대한 가설을 검정하는 것이 선호된다. "한 모형이 자료에 적정하게 적합하다는 사실이 더 나은 적합도를 가진 모형이 없을 것을 의미하지는 않는다. 주어진 모형은 기껏해야 자료의 잠정적인 설명을 나타낼 뿐이다. 모형이 받아들여지는 정도는 경쟁모형이 검정되고 부적합하다고 판단했는지에 따라 달라진다"(Loehlin & Beaujean, 2017: 63). 이 예시에서도 초기모형보다 논리적이고 적합도가 좋은 모형을 발견하였다. 또한 이 모형과는 다른 해석이 가능하지만 통계적으로 구별하기 어려운 두 개의 동일한 대안모형을 논의하였다.

우리는 [그림 23-3]의 모형보다 복잡한 모형을 쉽게 개발할 수 있다. 예를 들어, [그림 23-4]에서는 지표변수 하나로 설명되는 잠재변수를 가진 모형을 볼 수 있다. 모형은 오차상관을 포함하는데, 이는 한 구인에 대한 측정의 고유한 측면이 다른 구인에 대한 측정의 고유한 측면과 구인 간 영향력을 넘어 공유하는 것이 있음을 의미한다. 그러한 설정은 같은 측정을 여러 번 행하거나 다른 응답자가 다수의 구인에 대해 평가하도록 하는 종단적 연구에서 흔하게 나타난다. 예를 들어, 제17장의 연습문제에서 학부모와 교사 모두 다수의 구인에 대한 피드백을 제공하였다. 변수 간 영향 관계에서 응답자 간 분산을 통제하고 제거하기 위해 오차상관이 사용되었다. 잠재변수 패널모형(제18장)은 종단적 개발 과정과 변수끼리의 영향관계를 알아보기 위해 사용된다.

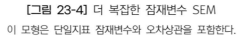

[그림 23-4] 더 복잡한 잠재변수 SEM

이 모형은 단일지표 잠재변수와 오차상관을 포함한다.

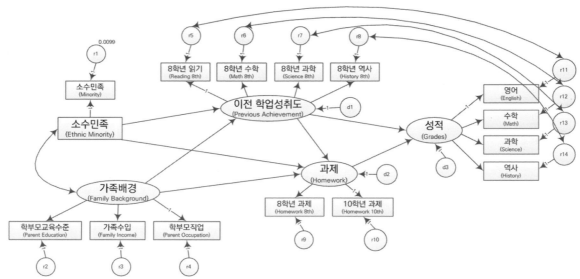

다중표본 SEM을 통해 SEM에서 명목변수와 다른 변수 간의 상호관계(조절효과)를 검정하는 것이 가능하다. 예를 들어, 우리는 과제모형을 소수집단과 다수집단의 학생을 대상으로 각각 시행하였다. 집단 간의 다양한 모수가 동일하도록 제약하고, 이 모형의 적합도를 제약이 없는 모형과 비교하였으며, **과제**(모형의 다른 변수 포함)가 **학업성취도**에 미치는 영향은 집단 간 동일하다는 것을 알 수 있었다. 즉, **과제**와 **인종배경**이 **학업성취도**에 미치는 영향에서 상호작용하지 않으며, **인종배경**은 **과제**가 **학업성취도**에 미치는 영향을 조절하지 않는다는 것을 알았다.

이는 또한 SEM에서 연속적인 잠재변수 간 상호작용(조절)을 검정하는 것이 가능하다. 개념적으로, 그 접근방법은 두 상호작용하는 변수의 외적이 그 외적을 생성하기 위해 사용된 변수와 더불어 분석에 포함되는, 제1부에서 사용된 방법의 확정이다. 잠재변수 SEM을 사용하면 상호작용하는 잠재변수의 측정된 변수 지표와 잠재 상호작용항의 지표로 사용되는 외적이 생성된다. 이러한 분석의 개념적 모형은 [그림 23-5]에서 볼 수 있다. 회귀 평면의 곡선에 대한 검정은 변수가 자신과 상호작용하는지 여부에 대한 검정으로 간주될 수 있기 때문에, 잠재변수의 비선형 영향을 검정하기 위해 동일한 방법을 사용할 수 있다. 우리는 과제 예제를 사용하여 Mplus에서 두 가지 방법을 설명하였다. 첫 번째 분석은 **이전 학업성취도**가 **과제**가 **성적**에 미치는 영향을 조절하지 않았다는 것을 시사하였다. 두 번째는 잠재 **과제** 시간 변수가 **성적** 산출물(outcome)에 관한 회수율(returns)을 감소시켰다는 것을 시사하였다. 즉, 적은 양의 과제를 끝낸 학생은 이미 많은 시간을 과제에 소비하고 있는 학생보다 과제 시간의 1시간 증가에서 더 많은 이익을 얻을 것이다.

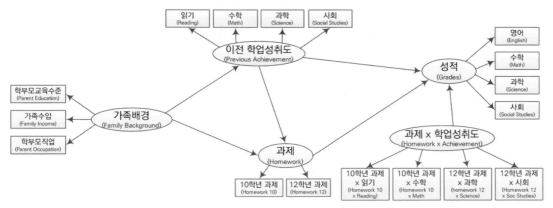

[그림 23-5] 이전 학업성취도와 과제가 성적에 미치는 영향에서의 가능한 상호작용을
검정하는 잠재변수를 추가한 개념적 모형

제1부에서는 학교 내에 내포된 학생과 같이 자료가 내포된 구조를 갖는 모형을 분석해야 하는 이유와 방법을 살펴보았다. 일부 SEM 프로그램을 통해, 이러한 다수준 모형을 분석하는 것도 가능하다. 우리는 이 방법을 설명하기 위해 과제모형을 다시 사용하였다. 이 분석의 기초가 되는 개념적 모형은 [그림 23-6]과 같다. 이러한 분석의 경우, 개인수준에서는 **과제**에 대한 효과가 크지만, 학교수준에서는 어떠한 통계적으로 유의한 영향도 없음을 알았다. 그러나 SES는 커다란 학교수준의 영향을 보여 주었다.

[그림 23-6] 개념적 모형, 과제와 SES가 12학년
학업성취도 검사점수에 미치는 다수준 영향

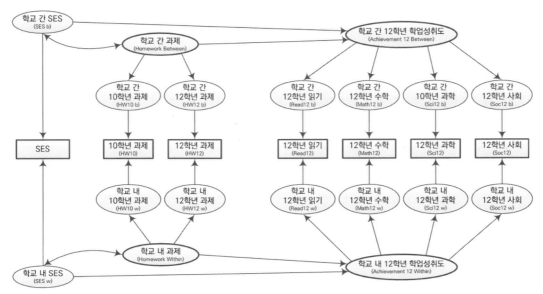

평균구조를 가진 SEM

제19장에서는 SEM의 잠재평균과 절편의 주제를 소개하였다. 이전 예시에서 잠재변수 SEM에 더미변

수를 추가함으로써 실제로 잠재평균을 추정했었지만, 이 장에서는 잠재평균의 추정에 관한 주제를 더 명확하게 설명하였다. 잠재평균에 대한 이해는 SEM에서 평균분석에만 장점이 있는 것이 아니라 이후의 동일성과 잠재성장모형의 주제에도 필요하기 때문에 중요하다.

[그림 23-7] 더미변수(MIMIC) 접근방식을 사용한 잠재 평균(절편) 차이 검정

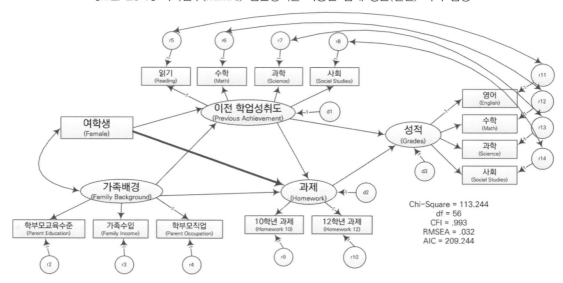

[그림 23-7]의 모형은 다른 것 중 성별이 과제에 소비한 시간에 미치는 영향을 검정하고자 한다. 여학생 더미변수(남자는 0, 여자는 1로 코딩)에서 과제로의 비표준화 경로는 잠재 과제 변수에 대한 남학생과 여학생의 차이를 나타낼 것이다. SEM의 장점 중 하나는 측정의 오차를 모형화함으로써 관심 구인에 더 가까워지는 것이 가능해진다는 점이다. 이러한 더미변수 모형은 이 장점을 평균 추정으로 확장하고, 남학생과 여학생의 과제에 소요되는 시간의 실제 차이에 더 가까워진다. 그러나 두 가지를 기억해야 한다. 첫째, 결과를 보더라도 남학생과 여학생의 과제 변수의 실제 평균 수준을 알 수 없다는 것이다. 대신, 이 경로는 잠재변수에 대한 남학생과 여학생의 **차이**(difference)를 알려 준다. 예를 들어, 양의 값 2는 평균적으로 여학생이 2점 높음을, 음의 값 −2는 남학생이 2점 높음(여학생이 2점 낮음)을 의미하는 값이다. 둘째, 각 값은 실제로는 절편의 차이값을 나타낸다. 회귀분석을 떠올려 보면, 절편은 독립변수의 값이 0인 종속변수의 예측값이었다. 따라서 이를 모형에서 다른 변수가 통제되었을 때 과제 잠재변수에 대한 남녀 평균 차이로 생각할 수 있다.

남학생과 여학생에게 과제가 어떻게 다른지에 대해 관심이 있었다면, 남녀 차이에서 과제가 성적에도 다른 영향을 미쳤는지 궁금할 수 있다. 제18장에서는 이러한 상호작용(조절)을 다집단(MG) 분석으로 검정하는 방법을 배웠다. 이 접근은 [그림 23-8]에도 나와 있는데, 여기에서는 (모수제약을 통해) 남학생 모형의 경로와 여학생 모형의 경로를 비교하였다. 이 다집단 접근에 평균과 절편 추정의 추가로 주효과(과제에 주는 성별의 효과)와 상호작용(성별 차이에서 성적이 과제에 주는 효과)을 하나의 분석에서 시행할 수 있게 되었다. 그렇게 하기 위해서, 연구자는 프로그램을 통해 평균과 절편을 추정하고, 모형 간

에 다양한 제약을 생성한다. 관심 대상인 평균과 절편은 한 집단에서 0으로 설정되고 다른 집단에서는 자유롭게 추정된다. 그러므로 더미변수 접근과 마찬가지로, 이 방법은 집단 간에 평균과 절편 **차이** (difference)를 추정하기 위해 사용된다.

[그림 23-8] 성별에 따라 학년이 과제에 미치는 영향을 검정하기 위한 다집단접근

남학생과 여학생에 대한 경로 a의 크기 차이(모형 제약을 통해 검정된)는 차별적 영향을 시사한다.

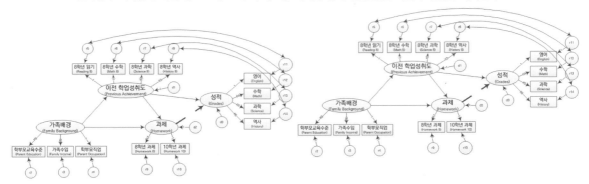

MG−MACS(multi−group mean and covariance structures analysis) 접근은 사후검사(그리고 사후검사)가 잠재변수인 실험자료를 분석할 때 유용하다. 이 접근을 설명하기 위해 열감에 최면이 미치는 영향에 관한 예시가 사용되었다. 많은 프로그램(AMOS와 Mplus를 포함한)에서 원자료에 결측값이 있을 때 평균 구조의 분석이 요구되기도 한다.

잠재평균과 동일성을 가진 CFA

잠재평균에 대한 분석은 확인적 요인분석에도 적용된다. 요인 평균의 차이를 검정하기 위해서는 측정변수의 요인부하량과 절편이 집단 간 동일하도록 제약된다. 한 집단의 잠재평균은 0으로 제약되며, 다른 집단(또는 집단들)의 평균은 자유롭게 추정된다. 추정된 잠재평균은 측정에 기반한 변수인 관심 구인의 집단 간 차이를 나타낸다.

제20장에서는 제18장에서 처음 언급되었던 측정동일성의 주제를 보다 더 심도 있게 소개하였다. 행렬(일명 약한)동일성은 집단 간 요인부하량이 동일함을 요하며, 집단 간 잠재변수의 분산과 공분산을 비교하고 싶을 때 요구된다. 그것은 또한 집단 간에 한 잠재변수에서 다른 잠재변수로의 경로를 포함하여 영향을 비교하기를 원할 때 요구된다. 절편(또는 강한)동일성은 집단 간 측정변수의 절편이 동일하도록 요구한다. 만약 절편동일성이 충족되면 집단 간 잠재평균의 차이를 확실하게 비교하는 것이 가능해진다. 이 장에서는 동일성 검정(측정과 실질적 비교를 모두 포함)에 연관되는 단계와 또 다른 단계가 열거되었다. 측정동일성이 CFA에는 적용되지 않는 것을 기억하는 것이 중요하다. 측정동일성은 집단 간 비교에서 가정되지만 검정되지 않는 경우가 많다. 두 집단 간의 평균 차이를 검정할 때(예: 전형적인 ANOVA에서), 종속변수의 절편동일성이 그럴듯할 것이라고 추정한다. 집단 간의 영향의 차이를 검정할 때(예: MR이나 ANOVA에서 상호작용을 분석할 때), 사용되는 측정에 측정동일성이 성립된다고 추정한다. 이 장에서는 이러한 가정이 동일성 비교를 통해 검정되는 방법을 소개하였다.

잠재성장모형

이 책에서 우리는 느슨하게 정의하자면 변화에 대해 관심을 보였다. 회귀계수에 대한 그럴듯한 해석 중 하나는 "X가 한 단위 증가할 때마다 Y는 몇 단위 증가할 것이다."라는 설명이다. 그러나 이러한 회귀의 대부분에 있어 어떤 것도 실제로 증가하거나 감소하지는 않았다. 대신, 한 수준에서의 개인과 다른 수준의 개인을 비교함으로써 그러한 변화를 나타낸 것이다. 이 책의 후반부에서는 결과에 대해 이전 점수를 통제한 변수의 효과를 살펴보는 종단적 경로모형을 탐색하였다. 패널모형은 한 시점의 변수에서 다른 시점의 변수에 대한 영향의 변화를 조사하는 데 더 분명해졌다.

잠재성장모형(LGM)을 통해서 처음으로 시간에 따른 변화를 실제로 모형화할 수 있게 되었다. 동일한 사람에게 동일한 변수의 측정을 세 시점 이상 행한다고 가정해 보라. 동일한 비표준화 척도를 고려했을 때, 반복측정으로 두 개의 근본적인 요인을 얻는 것이 가능하다. 하나는 반복측정의 잠재초기수준을 나타내는 요인이고, 다른 하나는 측정의 잠재성장을 나타내는 요인이다. 초기수준요인은 잠재절편으로 이해될 수 있으며, 성장요인은 반복측정의 잠재기울기로 볼 수 있다. 다른 잠재변수에서는 이 초기수준과 성장 잠재변수가 실제 측정보다 내재된 구인에 더 가까워질 것이다. 이것이 LGM에 내재된 생각이다. 제21장의 LGM 모형 예시는 [그림 23-9]에서 확인할 수 있다.

[그림 23-9] 잠재성장모형

절편 잠재변수는 초기수학수준의 평균과 분산을 추정한다. 기울기는 변수는 수학점수의 성장 추정값을 제공한다. 다른 잠재변수와 마찬가지로, 이러한 추정값은 측정된 변수보다 실제 관심 구인에 더 가깝다.

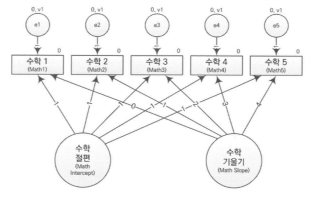

앞의 장에서는 집단 간 잠재평균과 차이를 추정하기 위해서 다집단이 요구된다는 것을 확인하였다. LGM에서는 이 제약에 반대 방향이 있다는 것을 볼 수 있다. 측정(반복)변수의 절편이 0으로 제약되면, 잠재 초기수준과 성장변수의 **평균**(means)을 추정할 수 있다. 결국, LGM을 통해서 반복측정된 변수의 초기수준에 대한 잠재(실제) 평균과 분산의 추정값을 얻을 수 있다. 우리는 그 변수에서 성장의 잠재(실제) 평균과 분산의 추정값도 얻을 수 있다. 이렇게 되면 잠재성장모형분석의 두 번째 단계인 구인의 초기값에 **영향**(influence)을 주는 변수와 구인의 성장에 영향을 주는 변수에 대한 탐색이 가능해진다. 대안적으로는 다른 변수의 초기값과 성장에 주는 영향을 탐색할 수 있다. 이처럼 잠재성장모형은 변화에 영향을 주는 변수와 다른 변수의 변화에 영향을 주는 변수의 연구를 가능하게 해 준다.

SEM의 적합도지수는 모형의 성격을 평가해 주기는 하지만 만능해결책은 아니라는 것을 다시 한번 되풀이할 가치가 있다. 특히 적합도지수는 비실험 연구에서 가장 큰 위험인 공통요인 생략에 대해 경고해 주지 않는다. 그러나 간명판별모형에 대해 신중하게 계획한다면 경로가 올바른 방향으로 그려졌는지에 대한 가설을 검정할 수 있을 것이다.

📈 불완전하게 다루거나 다루지 않은 쟁점

최대우도추정법

제1부에서는 최소제곱추정법에 대해 알아보았다. MR은 회귀식과 예측의 오차를 최소화하는 것으로 작동한다. 이와는 달리 SEM 프로그램은 일반적으로 최대우도추정법을 사용하도록 설정되어 있다. 오차를 최소화하는 대신에, ML은 표본자료에서 가장 나올 법한 추정값을 제공하도록 설계되었다. 단순화하면, 가능한 모수의 집합마다 이 추정값이 자료를 도출할 확률이 계산되며 가장 높은 확률을 가진 추정값이 사용된다.

간단한 포화판별모형에서는 최대우도법과 최소제곱법이 동일하기 때문에, MR과 SEM 프로그램의 추정 결과도 동일하다. 이 두 방법은 일반적으로 간명판별 경로모형에 대해 매우 유사한 결과를 도출할 것이다. 회귀계수에 대한 해석도 동일하다.

SEM 프로그램은 최대우도추정법을 사용하도록 설정되어 있지만, 다른 방법[예: 일반최소제곱법(Generalized Least Squares: GLS)]의 사용도 가능하다. 최대우도추정법에 대한 자세한 설명은 Eliason(1993)을 참고하고, SEM의 추정에 대한 자세한 설명은 Bollen(1989)이나 Loehlin과 Beaujean(2017)을 참고하라.

결측값

제19장(잠재평균)에서 SEM에서 결측값에 관한 주제를 다루었지만, 여기에서 그 주제를 반복하고 확장할 만한 가치가 있다. 제1부에서, MR에서 결측자료를 다루는 두 가지 일반적인 방법은 결측자료의 완전제거법(listwise deletion)(회귀에서 사용되는 변수에 결측정보를 가지고 있는 사례를 분석에 사용하지 않음)과 결측자료의 목록제거법(pairwise deletion)(변수에 결측값을 가지고 있는 사례가 해당 변수와의 상관을 계산하는 데 사용되지 않지만, 그 사례가 다른 상관을 계산하기 위해서는 사용됨)이 있다는 것을 언급하였다. 현재 모든 SEM 프로그램은 결측자료를 처리하기 위하여 일반적으로 **완전정보최대우도(Full Information Maximum Likelihood)** 또는 FIML 추정이라고 일컫는 보다 더 정교한 전략을 사용한다(Arbuckle, 1996).

그렇다면 무엇이 FIML(그리고 다음에서 논의될 다른 현대적인 결측자료 처리방법)을 더 낫게 만드는가? 방법론자는 종종 가능한 결측자료 메커니즘(mechanisms)을 구별하는데(Rubin, 1976) 이는 자료가 결측되는 이유를 생각하게 한다. 간단히 말해서, 결측의 원인은 무엇이며 우리가 분석하고 있는 변수와 어떤 관계가 있는가? 첫째, 완전무선결측(Missing Completely at Random: MCAR)이 있을 수 있다. 이것은 결측자료의 이유가 결측자료를 가지고 있는 변수의 값과 모형에 있는 다른 변수와 관련이 없는 이상적인 결측자료 시나리오이다. 예를 들어, 과제가 성적에 미치는 영향에 관심이 있는데, 설문에서 아무도 **성적**에 대해 응답하지 않았다고 가정해 보자. 결측자료에 대한 이유가 응답자의 **성적** 및 **과제**와 관련이 없다면,

자료는 MCAR인 것이다. 이 가능성이 [그림 23-10]의 위쪽에 설명되어 있다. 여기에서 결측자료에 대한 이유는 측정되지 않은(그리고 종종 알 수 없는) 변수로 나타난다. 중요한 것은 결측이유가 성적의 값과 관련이 없다는 것이다(이 모형은 익숙한 개념을 사용해서 결측자료의 개념을 설명하기 위해 만들어진 것임을 주의하라. 실제로 분석에 사용되는 모형은 아니다). 자료가 MCAR일 때, 결측자료를 처리하는 전통적인 방법과 현대적 방법 모두 SEM 모형에서 평균, 공분산, 분산, 효과에 대한 정확한 추정값을 제공한다. 그러나 분명히 MCAR은 꽤 강력한 가정이며 많은 연구에서 불합리할 가능성이 있는 가정이다.

[그림 23-10] 결측값에 대한 MCAR, MAR과 MNAR 메커니즘의 경로 그림

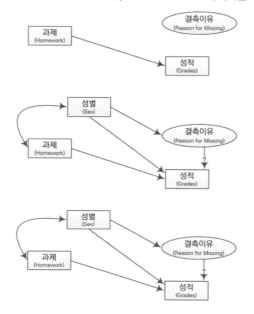

대안적으로 자료가 무선결측(Missing at Random: MAR)일 수 있다. [그림 23-10]의 중간 부분에 제시된 것과 같은 상황에서 결측자료에 대한 이유는 결측이 있는 변수의 값과 관련이 있을 수 있지만(예: 성적이 낮은 학생은 성적을 덜 보고하려는 경향이 있음), 모형에서 다른 변수가 통제되면 그 관계는 사라진다(예: 성별이 통제되었을 때). 이 시나리오에서 아마도 남학생이 여학생보다 성적을 보고할 가능성이 낮기 때문에, 이것이 성적 변수에서 결측자료가 생긴 이유일 수 있다. 그러나 성별이 통제되면 결측이유는 성적과 더 이상 관련이 없다. 즉, 결측이유에서 성적까지의 경로 a가 0으로 감소하는 것이다. 자료가 MAR일 때, FIML과 다른 최대우도법에 기반한 방법이 결측자료를 처리하는 전통적인 방법(예: 완전제거법, 목록제거법)보다 더 정확하게 추정한 모수 추정값(예: 효과)을 제공한다.

성별이 모형에 없고 통제되지 않았다면, 결측이유에서 성적으로의 경로가 0으로 감소하지 않을 것이라는 점에 주목하라. FIML이 MAR과 함께 작동하려면, 결측이유와 산출물(outcome) 간의 관계를 감소시키는 변수가 모형에 포함되어야 한다. 그것을 다음과 같은 방식으로 생각해 보자. 성별은 결측이유와 성적의 공통요인이다. 따라서 효과 추정값이 정확하게 추정되기 위해서는 공통요인인 성별을 모형에 포함하여야 한다. 자료가 MAR로 간주되기 위해서는 자료와 추정될 모형 모두 중요하다.

[그림 23-10]의 맨 아래 모형은 비무선결측(Missing Not at Random: MNAR)인 자료를 보여 준다. 이 시

나리오에서, 심지어 모형에서 다른 변수를 통제한 상태에서도 **결측이유**는 여전히 관심 변수의 값과 관련이 있다. 이 경우, 아마도 (그림에서 볼 수 있는 바와 같이) 모형의 다른 변수는 **성적의 결측이유**와 관련이 없다. 또는 (그림에 제시되지 않음) 아마도 그것들은 관련이 있을 수도 있지만(예: 아마도 성별에서 **결측이유**로의 경로가 있을 수도 있음), 다른 변수가 통제된 상태에서도 **결측이유가 성적**에 미치는 영향은 여전히 의미가 있다. 자료가 MNAR인 경우, MAR 자료를 위한 FIML 방법 또한 부정확할 수 있다(다른 방법도 마찬가지).

여기에서 몇 가지 요점을 언급할 필요가 있다. 첫째, 우리는 종종 결측자료 메커니즘을 이해하지 못한다. MCAR은 검정할 수 있지만 MNAR과 반대로 MAR 가정을 실제로 충족하는지 여부를 모르는 경우가 많다. 또한 MCAR 검정은 표본크기에 영향을 받는다. 이러한 이유만으로 결측자료의 완전제거법이나 목록제거법을 사용한 (또는 파일에서 결측값이 있는 모든 케이스를 삭제하는) 행렬을 만드는 것보다 SEM 프로그램의 결측자료 처리방법을 사용하는 것이 좋다. 또한 어떤 변수에 대한 결측이유는 MAR이고, 어떤 변수는 MNAR일 수 있기 때문에 MAR 가정이 명확하지 않은 경우에도 일반적으로 최대우도법이 선호된다. FIML 방법이 자료의 일부보다는 모든 자료를 사용한다는 것을 포함하여, SEM 프로그램에서 사용된 FIML 방법을 사용하는 데 있어 다른 장점들이 있다. 둘째, 모형과 분석에서 결측자료 메커니즘에 영향을 미치는 것으로 여겨지는 변수를 포함하는 것은 중요하다. 이러한 이유로, 결측자료방법론자들은 일반적으로 SEM 분석에 '보조변수(auxiliary variables)'를 포함할 것을 추천한다(Enders, 2006; Graham, 2009, 2012).

결측자료를 처리하는 다른 두 가지 방법도 고려할 만한 가치가 있다. 기대−최대화(Expectation−Maximization: EM) 알고리즘은 결측자료로 최대우도 추정값을 얻는 방법으로, 일반 통계 소프트웨어[예: SPSS에서는 결측값 분석(Missing Values Analysis) 추가 옵션]에서 사용할 수 있다. EM을 사용하면, 일반적으로 결측값이 있는 자료집합의 분산공분산행렬과 평균을 추정한 다음, SEM 프로그램에서 이 행렬을 사용한다. 따라서 EM을 사용하면 보조변수를 고려하는 것이 쉬워진다. 그러나 EM은 결측자료 패턴에 따라 다른 표본크기를 지정할 수 있으며, χ^2 추정값을 수정할 수도 있다(Enders & Peugh, 2004; Savalei & Bentler, 2009). 다중대체법(Multiple Imputation: MI)을 사용하면, 결측자료를 대체하기 위하여 최대우도법이나 베이지안(Bayesian) 방법을 사용하는 다양한 버전의 자료세트를 만들 수 있다. 이 다양한 자료세트는 분석되고, 모수 추정값, 표준오차, 적합도지수는 전체 자료세트에 걸쳐 요약된다. 그러나 MI는 각 모형마다 다중분석을 필요로 하는 점에서 이미 복잡한 방법을 더욱 복잡하게 만든다(비록 이 다중분석을 자동화하는 것이 종종 가능하지만). AMOS와 Mplus는 SEM 프로그램 중에서 MI를 수행할 수 있는 능력이 있으며, SAS와 독립실행형 결측자료 분석 프로그램(예: NORM, Schafer, 1997, 1999, https://methodology.psu.edu/publications/books/missing 참고)에서도 수행할 수 있다. 단일대체법(Single Imputation)도 가능하기는 하며, 결측자료의 양이 상대적으로 적을 때 좋은 선택일 수 있다(Widaman, 2006).

유감스럽게도, 결측자료가 있을 때 이 책에서 SEM을 설명하기 위해 주로 사용한 프로그램인 AMOS는 처음 모형을 분석할 때 일반적으로 살펴보는 상세한 적합도지수(즉, 수정지수, 표준화 잔차)를 제공해 주지 않으며 프로그램의 다른 측면(예: 부트스트래핑, SRMR)도 사용할 수 없다. 한 가지 방법은 Mplus와 같은 다른 프로그램을 사용하여 분석하는 것이다. Mplus는 결측자료가 있을 때에도 이 모든 정보를 제공해 준다. 또 다른 방법은 EM과 같은 방법을 사용하여 공분산행렬을 만들거나 MI나 단일대체법을 사용하여 완전한 자료세트를 생성한 후 AMOS에서 분석하는 것이다. 저자가 사용해 온 한 가지 방법은 SEM이나 CFA 모형에서 사용할 측정변수 중 공분산(그리고 평균)만 포함하는 모형을 지정하는 것이다. 이 모형에서 df는 0이다. 그런 다음, FIML을 사용하여 AMOS가 생성한 추정된 공분산행렬을 후속 분석에서 입력으로 사용할 수 있다. 이 접근방법은 EM의 장점 중 하나(보조변수 포함의 용이함)를 포함할 수 있을 것으로 보이지만, 이 접근방법을 뒷받침할 연구가 없다는 점에 유의하라. 이러한 2단계 유형의 접근방법(행렬을 추정한 후, SEM 모형을 추정하기 위해 그 행렬을 사용) 중 하나를 사용할 때, 저자는 또한 일반적으로 다시 원자료를 분석해서 결과가 동일한지 확인한다.

　다행히도, 최근 몇 년간 결측자료 분석기술이 급격하게 성장했기 때문에 이 주제에 대해 자세히 알고 싶은 독자를 위한 자료가 풍부하다. Enders는 이 주제에 대해 완벽한 책을 집필하였고(Enders, 2010), Graham의 논평 또한 완벽하다(Graham, 2009; 또한 Graham, 2012 참고). 이미 참조된 Widaman의 2006년 글에는 몇몇 완벽한 분석 권고가 있는데, 이는 다음과 같다.

> "분석 권고 3: 만약 자료집합의 결측자료의 양이 매우 적으면 단일대체법의 사용을 고려하라"(Widaman, p. 61). 모의실험 결과, 적은 양의 결측자료에도 FIML은 잘 작동하고 결측이 증가할수록 장점이 많아지기 때문에 FIML의 사용도 고려하라(C. K. Enders, 사적 대화, 2014. 4. 11.).
> "분석 권고 5: 만약 결측자료의 양이 적당하거나 많은 반면, 결측에 관련된 변수가 분석 모형에 포함되면, FIML 추정방법의 사용을 고려하라."(p. 62)
> "분석 권고 4: 만약 결측자료의 양이 적당하거나 많은 반면, 결측에 관련된 변수가 모든 분석에 포함될 수 없으면, 다중대체법을 사용하라."(p. 61) 다중대체법은 모형이 연속형, 범주형 변수를 포함할 때에도 권장된다(C. K. Enders, 사적 대화, 2014. 4. 11.).
> 어떤 접근방법을 선택하든, 결측자료를 처리하는 데 있어서 현대적 방법(FIML, EM, MI) 중 하나를 배우고 그것을 일상적으로 사용하라.

계획된 결측

　앞의 절을 포함하여, 결측자료를 처리하는 방법에 관하여 읽게 될 것 중 대부분은 그 주제를 골칫거리를 다루는 방법으로 접근한다. 결측자료는 연구를 하는 모든 사람에게 발생하는 흔한 현상이지만 골칫거리이다. 그러나 결측자료를 계획한다면 연구를 오히려 향상시킬 수 있다. 자료가 MCAR이나 MAR의 형태로 결측이 있을 때 현대적인 결측자료 방법론이 정확한 추정을 제공한다면, 자료수집 시 FIML(또는 다른 현대적 방법)로 자료를 분석하도록 자료가 MCAR(또는 MAR)로 수집되는 것을 계획할 수 있다. 이 계획을 통해 연구의 응답자 자료수요를 감축할 수 있다. 복잡한 CFA와 SEM에서 각 응답자에게 필요로 하는 많은 양의 자료를 생각해 보라. 만약 계획상 종단자료 수집이 필요하다면, 그 복잡성과 자료수요는 증가된다. 매우 복잡하고 시간이 많이 소요되는 작업임을 고려했을 때, 연구자는 모든 응답자에게 완전한 자료를 수집하는 것이 어떤 방법이든 힘들다고 생각할 것이다.

　결측자료를 미리 계획함으로써 자료수요를 줄이고 연구를 향상시킬 수 있다. 여러분이 다중지능 검사지로 CFA를 수행한다고 가정해 보자. 만약 응답자 일부는 검사지 A와 B를 가져가고, 다른 일부는 A와 C를, 일부는 A와 D를 가져가는 등 검사 형태가 무선으로 할당되면 자료는 분명 MCAR일 것이며 세 개의 측정으로 수집한 자료가 효과의 정확한 추정을 제공하는 하나의 분석으로 결합할 수 있을 것이다

(Caemmerer, 2017; Reynolds, Keith, Flanagan, & Alfonso, 2012 참고). 이러한 '참조변수(reference variable)' 접근에 대한 초기 설명은 McArdle을 참고하라(McArdle, 1994). 추가적인 설계와 개발은 Enders (2010)와 Rhemtulla와 Little(2012)를 참고하라.

표본크기, 모수의 수, 검정력

제1부의 요약에서는 MR에서의 표본크기(sample size)와 검정력(power)에 관한 쟁점을 간략하게 살펴보았다. MR과 넓은 범위에서 SEM은 대표본(large-sample) 기법이고 많을수록 좋다는 규칙을 가진다. 그러나 자료를 수집하기 위해 애쓰는 학생과 연구자는 MR에서처럼 SEM에서도 최소 표본크기에 대해 궁금해한다. 제1부에서 다중회귀에서 영가설을 기각할 만한 합당한 양의 표본크기를 결정하기 위해 검정력 분석 프로그램을 통해 수행된 분석을 살펴보았다.

SEM 연구를 위해서 MacCallum, Browne와 Sugawara(1996)은 표본크기와 df를 사용하여 RMSEA의 검정력을 계산하거나 df와 희망 검정력을 가지고 표본크기를 계산하는 방법을 소개하였다(검정력에 관한 논의는 Hancock & French, 2013과 Kaplan, 1995도 참고하라). 간단히 설명하면, 표본크기가 크고 df가 클수록 검정력이 높아진다. 즉, 복잡하고 제약이 많이 된 모형일수록 df가 작은 모형보다 검정력이 높다는 것이다. 이 글을 쓸 때, Kris Preacher의 Quantpsy.org 웹사이트(http://quantpsy.org/rmsea/rmsea.htm)는 RMSEA의 검정력을 계산하거나 모형의 RMSEA 목표값과 자유도를 가지고 원하는 수준의 검정력에 도달할 수 있는 최소한의 표본크기를 계산하는 R 유틸리티를 제공하고 있다. 또는 보통 다양한 모형의 적합도를 비교해서 나은 적합도를 찾는 것에 관심이 있기 때문에, 다른 유틸리티를 통해서 두 개의 내포된 모형 간에 RMSEA 차이를 찾는 데 필요한 표본크기를 알 수 있을 것이다(Preacher & Coffman, 2006).

그러나 일반적으로 경쟁모형을 비교할 때, ΔRMSEA가 아닌 $\Delta\chi^2$을 이용한다. Loehlin와 Beaujean (2017)의 글은 $\Delta\chi^2$을 이용하여 특정 모수(경로)의 존재나 부재를 파악하는 데 필요한 표본크기를 결정하는 방법을 보여 준다. 그러나 이것은 많은 노동력이 필요한 작업이다. Mplus 웹사이트(www.statmodel.com/power.shtml)에서는 그러한 분석을 할 수 있는 Mplus 명령문을 제공한다.

SEM 연구에서는 연구자가 표본크기와 추정 모수의 비율을 20:1로 맞추기를 노력하라는 경험칙이 존재한다($N:q$ 법칙, Jackson, 2007). 10:1의 $N:q$ 비율도 수용 가능하다(Kline, 2016).

SEM의 표본크기와 관련된 주제는 연구의 정확성과 안정성을 도모하는 데 있다. 일반적으로 SEM 연구에서는 표본크기가 최소 100이 되어야 한다는 규칙이 있다. 이 규칙은 100 이하의 표본크기로 수행한 연구의 문제점을 보여 주는 모의실험 연구에 기초한다(예: Boomsma, 1985; 또한 요약을 위해 Loehlin & Beaujean, 2017을 보라).

SEM 연구에서 중요하게 고려해야 할 점은 요인당 지표의 수이다. 비록 여기에서는 요인당 두 개(모형을 아주 간단하게 유지하기 위해)의 지표를 포함하는 모형을 제시하였지만, 요인당 세 개 이상의 지표를 갖기를 일반적으로 권장한다. 이 경험칙은 표본크기가 작을 때와 잠재변수 간 급내상관(intercorrelation)이 낮을 때 더 중요해진다. 지표가 많은 것은 요인의 안정적인 추정을 가능하게 해 주며, (더 많은 지표는 일반적으로 더 큰 df를 초래하기 때문에) 검정력이 높아진다. 그러나 Hayduk(1996)은 반대 입장을 제시하기도 한다.

이러한 것들은 많은 경험칙이며 몇 가지는 다른 답을 제시할 수도 있다! 그렇다면 불쌍한 연구자는 무엇을 해야 하는가? 모형을 그린 다음, 검정력 분석에 기반하여 필요한 표본의 크기를 추정하라. 또한 선행연구를 통해 RMSEA에서의 차이를 감지할 수 있는 타당한 크기의 표본크기를 탐색하라. 이 표본크기가 $N:q$ 법칙과 일치하는가? 이 두 방법이 연구가 가능한 표본크기를 제안하는가? 만약 크기가 200 이하라면, 200이나 150의 표본크기를 구할 수 있는가? 물론 200 이상의 표본을 구할 수 있으면, 그렇게 하는 것이 좋다. 또한 많은 자유모수를 가진 복잡한 모형은 더 많은 표본이 필요할 것이다. 마지막으로, 이 방법이 제안하는 것처럼 많은 표본크기를 구하지 않는다고 해서 모형을 사용할 수 없는 것은 아니다. 그러나 나중에 후회하는 것보다는 조심하는 편이 낫다. 많은 표본이 더 안전하다.

종단모형

이 책에서는 다양한 종류의 종단모형(longitudinal model)에 대해 논의하였다. 종단모형은 변화의 과정을 공부하는 것에 다가가는 것에 더해 분석에서 실제 시간 요소를 추가함으로 인과관계 순서에 대한 추론을 강화할 수 있다고 언급하였다. 만약 X가 Y보다 먼저 측정되었다면, X에서 Y의 경로를 그리는 것에는 오류가 발생할 가능성이 적다. 종단모형의 또 다른 불분명한 장점은 인과관계 추론에서 발생하는 가장 큰 위험인 예측된 원인과 결과의 공통요인을 생략하는 것을 통제하는 데 도움이 된다는 것이다. 제15장과 제18장(또한 [그림 23-7] 참고)의 과제모형을 고려해 보자. 두 모형의 경우, 과제가 성적에 미치는 영향을 조사하기 위해 **이전 학업성취도** 수준을 통제하였다. 그렇게 하는 것은 많은 공통요인을 통제한 것이라고 볼 수 있는데, 현재 성적이나 학업성취도에 영향을 주는 요인이 이전 학업성취도에 이어질 수 있기 때문이다. 이 생각이 과제모형에서는 정확하게 맞았다는 것에 주목하라. 이 모형의 배경변인은 **이전 학업성취도**와 **과제**를 통해서만 성적에 영향을 행사하였다. 그러나 늘 이러한 경우만 있는 것은 아니다. 적절하게 분석된 종단모형은 비실험 연구의 내재적 위험을 감소시킬 수 있지만 제거하기는 어렵다.

종단모형을 통해 우선되는 인과관계의 주장을 강화하는 것은 가능하지만, 불분명한 시간 선행(confused time precedence)의 위험에 대한 만병통치약은 없다. 예를 들어, 2016년에 **자아개념**을 측정하고 2018년에 (생물학적) **성별**을 측정하였다고 가정해 보자. 자료수집의 종단적인 성격에도 불구하고 **자아개념**에서 **성별**로의 경로를 설정하는 것은 잘못된 것이다. 때로는 논리적 시간 선행이 실제 시간 선행보다 중요하다.

역동적 모형

잠재변수 패널모형과 잠재성장모형의 소개로 시간에 따른 변수의 변화과정을 모형분석하고 검정하는 것에 가까워졌다. 잠재변화점수(Latent Change Score: LCS)모형으로 알려진 역동적 모형(dynamic modeling)은 잠재변수의 변화점수를 살펴보고, 한 변수의 변화가 다른 변수의 변화로 이어지는지 직접적으로 검정하며, 이 발상을 훨씬 확장시킨다. 이 주제는 매력적이지만 이 책의 범위를 벗어난다. 간략한 설명을 위해서는 Ferrer와 McArdle(2010)을 참고하라. 계획된 결측까지 포함한 인지발달 예시를 살펴보려면, Ferrer와 McArdle(2004)을 참고하라.

조형지표

이 책에서 논의한 모든 잠재변수는 측정된 지표의 원인을 잠재변수로 추정하는 반영적 지표모형 (reflective indicator models)이었다. 그러한 모형은 현재까지 가장 흔하게 사용되는 잠재변수모형으로, 요인의 측정지표에서 얻는 점수에 부분적으로 영향을 주는 근본적인 요인이 있다고 가정한다. 그러나 어떤 경우에는 측정변수에서 잠재변수까지의 방향으로 가는 화살표가 더 타당할 때도 있다. 예를 들어, GPA와 같은 변수가 근본적인 요인으로 받아들여지는가? 또는 GPA를 부분의 합으로 이루어진 합성변 수로 생각하는 것이 더 타당한가? 그렇다면 각 과목에 대한 학생의 GPA에서 전반적 GPA를 나타내는 잠 재변수로 화살표를 그릴 것이다. 이 경우, GPA는 반영지표보다는 조형지표(formative measure)로 알려 지게 된다. 우리는 **가족배경** 잠재변수와 관련하여 이 가능성에 대해 간략하게 논의하였다. 다시 한번, 이 주제는 이 책의 범위를 벗어나므로 이 주제에 대한 소개는 Kline(2016)을 참고하라. 이러한 모형은 추정 하기 까다로울 수 있다.

범주형 변수

제14장에서 처음으로 SEM프로그램에 대해 논의할 때, Mplus에는 범주형 산출물(outcome) 변수를 분석하는 정교한 방법이 있다고 언급하였다. 실제로 연속변수보다 범주에 기반한 요인과 잠재변수를 갖는 것이 가능하며, 모든 SEM 프로그램에는 범주형 변수와 거칠게 설정된 연속변수[리커트(Likert) 3점 척도]를 분석하는 역량이 있다고 생각한다. Mplus에 그러한 분석을 위한 옵션이 가장 많은 것으로 보인 다. 이러한 모형(비정규 자료를 포함)을 분석하는 데 필요한 정보와 제언을 위해서는 Finney와 DiStefano (2006)를 참고하라.

프로그램 간 차이점

만약 AMOS 이외의 다른 소프트웨어 프로그램을 통해 이 책의 예시를 실행하면, 이 책의 결과와 다른 결과를 발견할 수 있다[예를 들어, www.tzkeith.com에서 출력 결과(output)의 차이를 보라]. 이 차이가 발 생하는 이유 중 하나는 프로그램마다 공분산을 다르게 계산하기 때문이다. 예를 들어, AMOS는 분모 에 N을 사용하며(최대우도추정법), LISREL은 $N-1$(불편 추정값)을 사용한다. 그렇지만 차이는 매우 사 소하며, 특히 큰 표본에서 더 작게 나타난다. 만약 상당하게 다른 결과가 발생하면 둘 중 하나에 오류가 있는 것이기 때문에 분석을 꼼꼼하게 살펴보라.

모형의 인과관계와 진실성

여기에서는 매력적인 주제인 인과관계에 대한 논의로 이 부분을 끝내려고 한다. 저자는 인과관계의 문제와 비실험 연구방법으로 인과관계에 대한 타당한 추론을 하는 것의 절충안을 찾기 위해 노력하였 다. 어떤 독자는 틀림없이 그러한 추론을 할 수 있는 정도를 과장해서 도를 넘었다고 생각할 수도 있다. 다른 독자는 실제보다 축소하였다고 생각할 수도 있다. 이 주제는 계속해서 논의될 것이며, 이 책에서 해결되지 않을 것이다. 그럼에도 불구하고 이 영역의 놀랄 만한 발달에는 주의해야 한다. 예를 들어, Pearl(2009)와 그의 동료들(Pearl, Glymour, & Jewell, 2016; Pearl & MacKenzie, 2018)은 인과관계를 이해하고 입증하는 데 있어 상세한 발전을 이루었다. Shipley(2000)는 이러한 논쟁이 생물의 영역으로 옮겨 간 것을 알려 준다. 제1부에서처럼 개인적으로는 인과방식(결과에 대한 변수의 영향 탐색)을 사용해야 한다고 생각하지만, 그 말이 무엇을 의미하는지에 대해 명백하게 알고 있어야 한다고 생각한다. 연구에 이러한 말을 추가하는 것이 유용할 것이다(제8장에서 일부 수정).

> 이 연구에서 사용된 자료는 완전히 비실험적이라는 것을 기억해야 한다. 학업성취도에 주는 우울의 역할을 알아보기 위한 어떠한 실험도 있지 않을 것이며 있을 수도 없다. 결과적으로, 변수 간 효과를 논의하거나 결과를 설명하는 변수에 대한 모든 문장이 모형의 타당도에 의존한다는 것을 이해해야 한다. 다시 말해서, 만약 모형이 현실의 합리적인 반영이라면 모형에서 나온 추정 결과는 한 변수가 다른 변수에 미치는 영향의 정도를 나타낼 것이다. 만약 모형이 현실 반영에 타당하지 않았다면 영향에 대한 추정값은 정확한 추정값이 아니라고 할 수 있다.

동시에 우리는 이론과 선행연구 또는 종단자료와 모형의 사용을 포함하여 중요한 공통요인의 생략을 방지하는 데 도움이 되는 것에 항상 대응해야 한다. 이와 비슷하게, 비동등 간명판별, 종단적 모형은 잘못된 인과관계 순서에 대한 문제를 피하거나 검정하는 데 도움이 되기 때문에 활용해야 한다.

📈 추가 자료

이 책의 마지막 장을 통해 SEM을 연구에 위험이 될 정도만 소개하였다. SEM 연구에 정통하기 위해서는 연구수행 경험이 있어야 하며, 이는 추가적인 서적으로 보충되어야 한다. SEM과 MR을 이용한 비실험 분석의 세계를 탐험하는 것이 즐거웠기를 바란다. 또한 이 방법을 통하여 실험하고 기초능력을 발전시키기를 바란다. 다음에 소개하는 자료들이 좋은 출발점이 될 것이다.

입문 서적

읽어 보면 좋은 다양한 입문 서적은 다음과 같다.

Hoyle, R. H. (Ed.). (1995). *Structural equation modeling: Concepts, issues, and applications*. Thousand Oaks, CA: Sage.

Kline, R. B. (2016). *Principles and practice of structural equation modeling* (4th ed.). New York: Guilford.

Loehlin, J. C., & Beaujean, A. A. (2004). *Latent variable models: An introduction to factor, path, and structural analysis* (5th ed.). New York, NY: Routledge.

또한 다음을 보라.

Maruyama, G. M. (1998). *Basics of structural equation modeling*. Thousand Oaks, CA: Sage.

Schumacker, R. E., & Lomax, R. G. (2016). *A beginner's guide to structural equation modeling*

(4th ed.). New York, NY: Routledge.

경로분석과 SEM 문헌에 대한 우수하고, 역사적인 주석이 달린 서지목록은 다음을 보라.

Wolfe, L. M. (2003). The introduction of path analysis to the social sciences, and some emergent themes: An annotated bibliography. *Structural Equation Modeling, 10,* 1−34.

상위 수준 서적

SEM 기초를 넘어 상위 수준의 지식을 알고 싶다면, Taylor와 Francis가 출판한 『Structural Equation Modeling』을 추천한다. 또한 SEMnet 리스트서브에 참여하는 것도 좋다. 자세한 정보는 www.gsu.edu/~mkteer/semnet.html을 참고하고, 아카이브 사이트는 https://listserv.ua.edu/ archives/semnet.html 이다. 읽어 보면 좋은 책은 다음과 같다.

Bollen, K. A. (1989). *Structural equations with latent variables.* New York, NY: Wiley. (a classic reference text)

Bollen, K. A., & Long, J. S. (Eds.). (1993). *Testing structural equation models.* Newbury Park, CA; Sage.

Hancock, G. R., & Mueller, R. O. (2013). *Structural equation modeling: A second course* (2nd ed). Charlotte, NC: Information Age.

Hoyle, R. H. (Ed.). (2012). *Handbook of structural equation modeling.* New York, NY: Guilford.

Kaplan, D. (2009). *Structural equation modeling: Foundations and extensions* (2nd ed.). Los Angeles, CA: Sage.

Marcoulides, G. A., & Schumacker, R. E. (Eds.). (2001). *New developments and techniques in structural equation modeling.* Mahwah, NJ: Erlbaum.

Mulaik, S. A. (2009). *Linear causal modeling with structural equations.* Boca Raton, FL: Chapman & Hall/CRC.

Schumacker, R. E., & Marcoulides, G. A. (Eds.). (1998). *Interactive and nonlinear effects in structural equation modeling.* Mahwah, NJ: Erlbaum.

CFA에 관하여 좀 더 깊이 있게 살펴보려면, 다음의 책을 참고할 수 있다.

Brown, T. A. (2006). *Confirmatory factor analysis for applied research.* New York, NY: Guilford.

종단자료분석에 관한 주제에 대해 좀 더 깊이 있게 살펴보려면, 다음의 책을 참고할 수 있다.

Little, T. D. (2013). *Longitudinal structural equation modeling.* New York, NY: Guilford.

McArdle., J. J. (2009). Latent variable modeling of differences and changes with longitudinal data. *Annual Review of Psychology, 60*(1), 577–605. doi: 10.1146/annurev.psych.60.110707.163612

LGM에 관한 주제에 대해 좀 더 깊이 있게 살펴보려면, 다음의 책을 참고할 수 있다.

Bollen, K. A., & Curran, P. J. (2006). *Latent curve models: A structural equation perspective.* Hoboken, NY: Wtley.

Duncan, T. E., Duncan, S. C., & Strycker, L. A. (2006). *An introduction to latent variable growth curve modeling: Concepts, issues, and application* (2nd ed.). Mahwah, NJ: Erlbaum.

특정 SEM 프로그램에 대한 서적

몇몇 책은 특정 프로그램에 대한 것이며, 프로그램의 사용자 가이드에 제시된 예시를 넘어선 내용을 알고 싶다면 유용한 책은 다음과 같다.

Beaujean, A. A. (2014). *Latent variable modeling using R: A step–by–step guide.* New York, NY: Routledge.

Byrne, B. M. (1998). *Structural equation modeling with LISREL, PRELIS, and SIMPLIS: Basic concepts, applications, and programming.* Mahwah, NJ: Erlbaum.

Byrne, B. M. (2006). *Structural equation modeling with EQS: Basic concepts, applications, and programming* (2nd ed.). New York, NY: Routledge.

Byrne, B. M. (2010). *Structural equation modeling with Mplus: Basic concepts, applications, and programming* (2nd ed.). New York, NY: Routledge.

Byrne, B. M. (2016). *Structural equation modeling with Amos: Basic concepts, applications, and programming* (3rd ed.). New York, NY: Routledge.

SEM 결과 보고하기

SEM 결과는 확실히 복잡하고 종종 SEM 연구결과를 작성하는 것이 어려울 수 있다. 다른 연구자가 결과를 재생산할 수 있도록 충분한 설명을 제공해야 하지만, 너무 극단적으로 상세한 정보를 기록하는 것은 연구를 길고 재미없게 만든다. 어떤 것을 기록해야 하는지는 어떻게 결정할 수 있는가? 먼저 관심 영역의 모범 연구를 살펴보라. 그리고 나서 다음의 참고도서를 참고하라.

Appelbaum, M., Cooper, H., Kline, R. B., Mayo–Wilson, E., Nezu, A. M., & Rao, S. M. (2018). Journal article reporting standards for quantitative research in psychology: The APA Publications and Communications Board task force report. *American Psychologist, 73*, 3–25.

Boomsma, A. (2000). Reporting analyses of covariance structures. *Structural Equation Modeling, 7*, 461−483.

Hoyle, R. H., & Panter, A. T. (1995). Writing about structural equation models. In R. H. Hoyle (Ed.), *Structural equation modeling: Concepts, issues, and applications* (pp. 158−176). Thousand Oaks, CA: Sage.

McDonald, R. P., & Ho, M.−H. R. (2002). Principles and practice in reporting structural equation analyses. *Psychological Methods, 7*, 64−82.

주의사항

마지막으로, SEM 결과를 사용하고 보고하는 데 주의해야 할 점을 알려 주는 참고도서 목록을 소개한다.

Cliff, N. (1983). Some cautions concerning the application of causal modeling methods. *Multivariate Behavioral Research, 18*, 115−126.

Freedman, D. A. (1987). As others see us: A case study in path analysis. *Journal of Educational Statistics, 12*, 101−128.

Maccallum, R. (1986). Specification searches in covariance structure modeling. *Psychological Bulletin, 100*, 107−120.

Steiger, J. H. (2001). Driving fast in reverse: The relationship between software development, theory, and education in structural equation modeling. *Journal of the American Statistical Association, 96*, 331−338.

제18장에서 MR, 경로분석, SEM, 비실험 연구에서 일반적으로 발생하는 위험에 대해 간략히 알아보았다. 잠재변수 SEM의 또 다른 위험은 복잡성에 있다. 즉, 다른 방법처럼 오용되기가 쉽다. 이 책의 다음 부분에서는 SEM의 기초와 여러분을 전문가로 만들어 줄 정보에 대해 소개한다.

이 책의 이 부분까지 읽고 이해하였다면, SEM 연구를 사용하도록 잘 갖추어진 상태가 되어 있을 것이다. 여러분은 비실험 방법과 SEM에서 발생하는 주요 위험을 이해하며, 이 위험(예: 생략된 공통요인)은 비실험과 SEM 연구에서 여러분이 맞닥뜨릴 가장 심각한 문제가 될 것이다. 또한 SEM 연구에서 여러분과 다른 연구자가 살펴보아야 할 요소에 대한 기초 지식을 갖게 되었다.

그러나 복잡한 통계적 방법을 사용한 연구를 읽으며 중요한 결정을 유보하기는 쉽다. 결국 저자는 전문가이다. 그들이 무엇을 하는지 알 것이라고 가정할 수 있지 않겠는가? "복잡성에 현혹되지 말라"(Wampold, 1987: 311). SEM 연구에 능한 연구자가 되는 것은 어렵겠지만, 다른 연구방법에 필요한 정도와 동일하다. 물론 완벽한 연구가 없다는 것을 마음에 새겨야 한다. 어떠한 연구도 비난의 영향을 받지 않는 연구는 없기 때문에 여러분의 기준이 비현실적으로 높은 것을 경계하라.

이 주의점은 SEM 연구를 수행하는 연구자에게 더 중요하다. SEM은 마법이 아니다. 우리의 분석이 얼마나 정교하든 간에, 나쁜 자료를 좋은 자료로 바꿀 수 없고, 형편없는 설계를 강력하게 바꿀 수 없다. SEM이라 할지라도 돼지의 귀로 비단 지갑을 만들 수는 없다. 다른 연구방법과 마찬가지로, "통계적 수식(formulas)의 조작은 연구자가 이루고자 하는 바를 아는 지식을 대체할 수는 없다"(Blalock, 1972: 448).

SEM 연구를 하고자 하는 사람을 위해, 이 절에서는 위험에 빠뜨릴 만큼의 정보만 제공하였다. 이 장의 내용을 통해 SEM의 능력과 가능성에 대해 알고 관심 연구문제를 검정하는 데 사용해 보기 바란다. 이 방법에 대해 그저 탐색해 보고자 한다면 그렇게 하겠지만, 더 박식하고 경험 있는 사람과 함께 일하기를 권장한다. 일상적으로 SEM을 사용하고자 계획한다면 더 많은 서적을 읽어야 할 것이다. 이 절이 그 과정에 도움이 되기를 바란다. 조심하라. 그러나 그 경계로 더 많은 탐색을 그만두게 하지는 말라. SEM은 강력하고 매력적인 방법론이다. 그러므로 그것을 사용하라.

저자는 한때, [그림 23-11]의 모형의 최신버전인 "행복은 잠재변수이다(Happiness Is a Latent Variable)."라는 문구를 새긴 티셔츠를 제작하였다. 이 말에 담긴 다양한 의미를 이해할 것이라고 믿는다. 가장 기초적인 단계에서 행복이라는 변수는 실제로 잠재변수이다. 좀 더 포괄적으로, 현실 세계에서도 행복은 잠재변수이다. 그것은 정확하게 측정할 수는 없지만 다른 다양한 행동에서 지표를 얻을 수는 있다. 마침내 이 문장은 잠재변수 SEM에 대해 무언가를 말하기 위해 사용되었다. 이는 어렵고 겸손하며 매력적이고 만족스럽다. 저자가 이 방법론에 대해 배우고 적용하며 느낀 즐거움을 여러분도 경험할 수 있기를 바란다.

[그림 23-11] 행복은 잠재변수이다

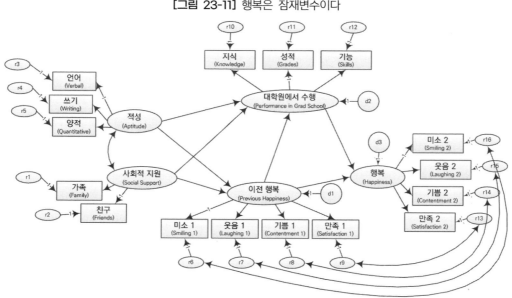

APPENDIX

부록

Multiple Regression and Beyond

부록 A 자료 파일

이 책과 함께 제공되는 저자의 웹사이트(www.tzkeith.com)는 이 책 전체에서 연구 예제로 사용된 자료를 포함하고 있다. 그것은 화면창의 'Data Files' 탭에 있다. 그곳에서 자료를 사용하는 이 책에 있는 각 장별로 하나의 zip 파일을 찾을 수 있다. 각 장을 위해 사용된 자료세트는 그 세트가 나타나는 해당 장에 대응하는 폴더 속에 포함되어 있다. 대부분의 파일은 몇 가지 포맷으로 제시된다. 원자료 파일은 SPSS '.sav' 파일로 이용할 수 있으며, 또한 일반적으로 엑셀(Excel) 형식('.xls' 또는 '.xlsx' 파일)과 일반텍스트(plain text) 파일들(통상적으로 '.txt' 또는 '.dat'라는 확장자를 가지고 있음)을 포함하여, 몇 가지 다른 형식으로 이용할 수 있다. SPSS 파일을 사용할 수 있다면, 그 파일은 일반적으로 가장 많은 정보[예: 값 설명(value labels), 결측값(missing values)]을 가지고 있다. 이러한 원자료 파일을 위한 저자의 두 번째 선택은 (거대한 NELS 자료세트를 제외하고) 엑셀(Excel) 파일을 사용하는 것이다.

이 책 제2부의 연구 예제들은 원자료와 행렬자료의 혼합(평균, SD, 그리고 상관계수)을 사용한다. 앞의 원자료에 대한 제안은 제2부의 장들을 위한 원자료 파일에 해당된다. 모든 SEM 프로그램에 의해 분석 가능한 행렬 파일은 일반적으로 엑셀(Excel) 파일과 SPSS 파일 둘 다가 제시된다. (예: Mplus를 사용할 때 유용한) 모든 자료세트의 일반텍스트 버전도 이용할 수 있다. 이러한 버전은 통상적으로 '.dat' 또는 '.txt'라는 확장자를 사용한다.

NELS 자료

이 책 전반에 걸쳐 사용된 NELS 자료세트에 해당하는 여러 zip 파일이 있다. 1,000개의 사례와 1,000개 이상의 변수를 포함한 기본 NELS 자료세트가 있다. 이 파일은 'NELS data.zip'이라고 명명되어 있다. 이 파일에는 이 책 전반에 걸쳐 다양한 분석에 사용되는 변수만 포함하거나 이러한 분석에 사용되는 변수(약 100개)를 만드는 데 사용되는 변수만 포함된 모든 변수가 있다. 이 zip 파일은 'Shorter version of the NELS data'라는 제목하에 나열되어 있다. 마지막으로, 더 큰 파일의 모든 변수에 대한 자세한 정보를 포함하는 자료사전(data dictionary)이 있다. 자료 zip 파일에는 여러 형식의 자료가 포함된다. 그것을 사용할 수 있다면, 분석을 위한 첫 번째 선택은 spss.sav 파일(예: 'n=l000, stud & par_3.sav')이어야 한다.

기본(대형) 자료의 경우, 원본 SPSS 파일을 SYSTAT, SAS Transport 및 일반 텍스트와 같은 여러 다른 형식으로 변환하였다. 변환은 DBMS/COPY 프로그램을 사용하여 수행되었다. SPSS 파일을 사용할 수 있다면, 자료의 원래 형태이기 때문에 그렇게 하는 것을 추천한다. 이 파일은 SPSS 휴대용 파일(portable file)(확장자 .por)로도 저장된다. SYSTAT와 SAS 파일도 깨끗하고 쉽게 사용할 수 있다(다만 두 프로그램의 사용자도 SPSS 파일을 사용할 수 있어야 한다). 이 더 큰 버전의 자료세트를 사용하면, 관심 있는 자체 연구 질문을 탐색할 수 있다.

변수 설명에서 약어 R은 응답자를 지칭한다. 따라서 R LIVES IN HOUSEHOLD WITH FATHER라고 설명된 변수 BYS8A는 그 응답자가 아버지와 함께 한 가족으로 살고 있음을 의미한다. 그 변수명은 이것이 기준년도(BY, 8학년) 학생(S) 변수임을 나타낸다. 변수는 그것이 자료세트에서 나타나는 순서대로 나열되어 있다. 만약 원한다면, 일단 그 자료를 통계 프로그램에 가지고 있으면, 그 변수를 알파벳 순서로 정렬할 수 있다.

부록 B 기초통계학 개념 개관

이 부록은 이 책에서 가정된 몇 가지 기본적인 통계학 개념을 간략히 개관하는 데 그 목적이 있다. 즉, 이 부록은 심층적으로 다루지 않고 광범위한 내용의 표면을 대충 훑어보며, 개념적인 개관과 기억을 되살리는 데 그 목적이 있다. 만약 더 많은 배경지식 또는 검토가 필요하다면, 수많은 우수한 개론서를 이용할 수 있다. 저자가 좋아하는 개론서 중 하나가 Howell(2013)의 『심리학을 위한 통계방법(Statistical Methods for Psychology)』이다.

왜 통계학이 필요한가? 어떤 통계학 강좌를 신청하거나 수강할 때 그것에 대해 궁금해했을지도 모르지만, 이제 그 질문을 다시 생각해 보자. (처치를 하지 않은 통제집단의 청소년과 비교했을 때) 특정 유형의 치료법이 우울 증상이 있는 청소년의 우울 증상에 미치는 영향을 조사해 보는 어떤 실험을 수행한다고 가정해 보자. 처치집단에 대해서는 무선할당을 사용하였고, 무선할당은 효과적이었다고 가정해 보자. 6개월 동안의 처치를 마친 후, 우울 증상 척도에 관한 자료를 수집한다. 왜 통계량을 계산하는가? 처치가 효과적이었는지 여부를 결정하기 위해 왜 그 자료를 날카롭게 보지 않는가?

[그림 B-1] 집단 간의 커다란 차이
자료가 항상 이처럼 보인다면, 통계적 유의도 검정을 거의 할 필요가 없다.

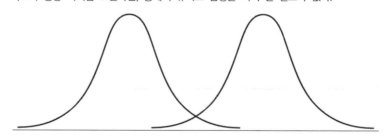

실험집단의 거의 모든 사람이 통제집단의 모든 구성원보다 이 사후검사에서 더 잘 수행하였다면, 실제로 통계량을 계산할 아무런 이유도 없다. 여러분은 간단히 그 자료를 그래프로 나타내고(예: [그림 B-1]), 어떤 분별력 있는 사람은 여러분이 그 처치의 효과성을 보여 주었다는 데 동의할 것이다. 여러분의 자료는 '양안외상검사(interocular trauma test)'를 통과할 것이다. 즉, 그 자료는 강력하게 느껴질 것이다.

그러나 사회과학 연구는 거의 이렇게 분명하지 않다. 보다 더 흔한 것은 두 집단 간에 상당한 중첩이 있어서 그 자료를 날카롭게 보는 분별력 있는 사람은 그 처치가 효과적이었는지 또는 그렇지 않았는지에 관해 동의하지 않을 가능성이 높다(예: [그림 B-2]). 그것이 통계학이 필요한 이유, 집단 간의 차이가 아주 크고, 충분히 특이해서 그 처치가 효과적이었다고 확신을 가지고 말할 수 있는지 또는 보다 더 일반적으로 두 변수(이 사례에서는, 처치와 결과) 간의 관계가 아주 커서 그것은 우연히 발생하지 않았다고 가정할 수 있는지의 여부를 결정할 수 있도록 도와주는 것이다.

[그림 B-2] 더 흔하게 볼 수 있는 자료 형태

통계적 검정 없이는 두 집단이 정말로 다른지를 말하기 어렵다.

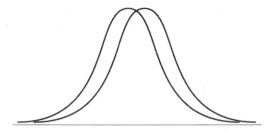

이러한 종류의 추론은 영가설 유의도 검정(null hypothesis significance testing)의 개념과 관련이 있다. 조금 더 공식적으로, 두 집단이 통계적으로 유의하게 다른지의 여부를 결정하기 위해서 검정을 할 때, 기초가 되는 논리는 이렇다. 첫째, 모집단에서 그 집단이 실제로는 다르지 않다고 가정한다. 그런 다음, 관심 있는 통계량(예: 두 평균 간의 차이)을 계산하고 다음과 같은 질문을 한다. 실제로, 두 집단이 모집단에서 다르지 않다면, 표본의 크기가 정해져 있을 때, 우연에 의해서만 이렇게 큰 차이를 얻을 확률은 어느 정도인가? 만약 그렇게 큰 차이를 얻을 기회가 가령 25%라면, 소수의 연구자만이 그 집단은 다르다고 기꺼이 말할 것이다. 즉, 그는 우연(chance)을 집단 간 차이의 원인이라고 기각할 수 없다고 말할 것이다. 많은 연구자는 아주 큰 차이를 얻어서 그것이 우연에 의해서 일어날 확률이 5% 이하이기를 요구한다. 다른 연구자는 그 차이가 아주 커서 그것이 우연에 의해서 일어날 확률이 단지 1% 밖에 안 되기를 요구한다. 물론 이러한 경험칙은 어떤 것이 통계적으로 유의하다는 것을 결정하기 위한 기준로서 흔히 사용되는 값은 $p < .05$와 $p < .01$이다. 우리가 통계적으로 유의하다고 말할 때, 우리가 말하고 있는 것은 "우연에 의해서만이 발생할 정도로, 이러한 종류의 차이를 얻는 것은 매우 특이할 것이다. 우리는 이렇게 큰 차이를 100번 중 5번 (또는 1번) 정도밖에 못 얻는다. 그러므로 우연과는 다른 어떤 것이 있어야 한다. 나는 집단을 구성하기 위하여 무선할당을 했기 때문에, 그 다른 것은 단지 처치일 수밖에 없다. 그러므로 나는 그 처치가 아마도 효과가 있었을 것이라고 결론지을 수 있다."이다. 그 동일한 논리가 상관계수, 회귀계수, F값 등의 검정에 적용된다.

이 논리는 항상 깔끔한 것이 아니며, 여러 해 동안 비판을 받아왔지만(예: Cohen, 1994), 그것은 꽤 잘 작용하며 사회과학에 꽤 기여해 왔다. 그러나 그것은 이 부록의 뒷부분에서 그리고 이 책 전반에 걸쳐 논의된 바와 같이, **효과크기**(effect size)와 **신뢰구간**(confidence interval)에 초점을 맞추어 확실히 보강되어야 한다.

📈 기초통계

평균

여러분은 일련의 점수를 어떻게 기술하는가? 전체 가능한 점수가 140점인 어떤 시험에서 교수님이 여러분에게 123점을 받아야 한다고 말하였다고 가정해 보자. 행복한가? 또는 당혹스러운가? 교수님이 항상 90% 동일한 A형 척도를 사용하지 않는다면, 아마도 더 많은 정보를 원할 것이다. 그 시험에서 보통의(average) 점수가 어느 정도인지 알기를 원할 것이다. 통계학에서는 일반적으로 '보통(average)'을 평균(mean)이라 정의한다. 일련의 측정값의 평균은 단순한 수학적 평균이다. 즉, 평균을 구하기 위해서 점수를 합산하고 점수의 수로 나눈다. 여기에서 저자는 평균을 기호 M을 사용하여 나타낼 것이다.

분산과 표준편차

이 시험에서 점수의 평균이 110이었다고 가정해 보자. 이제 행복한가? 또는 실망스러운가? 아마도 행복할 것이다. 여러분은 평균 이상의 점수를 획득하였지만, 얼마나 더 많이 평균 이상인가? 평균이 무엇인지에 관한 어느 정도의 이해가 필요할 뿐만 아니라, 일련의 점수에서 변산도(variability)가 무엇인지에 관해서도 어느 정도의 이해가 필요하다. 만약 그 반의 학생 중 99%가 100∼120 사이의 점수를 받았다면, 여러분은 아마도 꽤 기쁠 것이다. 여러분은 꽤 높은 평균 이상의 점수를 받았다. 점수들의 범위(range)도 실제로 변산도의 한 척도이지만, 통계학에서는 점수의 세트에서의 변산도의 척도로서 분산(variance)을 더 흔히 사용한다.

개념적으로 분산(V)은 일련의 점수들에서의 평균, 제곱된 차이이다. 세트에 있는 모든 점수에서 평균 점수를 뺀다. 만약 이 수를 합산하면[$\sum(X-M)$], 평균 이하의 점수를 받은 학생의 음수 값이 평균 이상의 점수를 받은 학생의 값을 없애 버리기 때문에 0의 값을 얻을 것이다. 이 문제를 성공적으로 해결하기 위하여, 합산을 하기 전에 각 편차를 제곱한 다음 그 평균을 구하기 위해 점수의 수로 나눈다.

$$V = \frac{\sum(X-M)^2}{N}$$

실제로 분산의 경우, 많은 통계값의 경우처럼 일반적으로 N보다는 오히려 점수의 수−1, 즉 $N-1$로 나눈다. 그 이유는 일반적으로 표본분산을 계산하며, $N-1$을 사용하면 N을 사용하여 구할 수 있는 것보다 더 나은 모집단의 분산의 추정값을 제공해 주기 때문이다. 따라서 새로운 수식은 다음과 같다.

$$V = \frac{\sum(X-M)^2}{N-1}$$

비록 유용하기는 하지만, 분산을 계산하기 위하여 평균에서의 편차를 제곱해야 했기 때문에, 분산은 원래의 측정 단위가 아니다. 원래의 행렬로 되돌아가도록 변환하기 위해서는 분산의 제곱근을 구하는 것이 쉽다. 이 새로운 변산도척도를 표준편차(standard deviation: SD)($SD = \sqrt{V}$)라고 일컫는다. SD는 측정의 원래 단위로 되어 있는 변산도의 한 척도이기 때문에 측정에서 유용하다. 만약 통계학 시험에서의 점수가 123점이었고, 그 시험의 M과 SD가 각각 110과 5라는 것을 알고 있다면, 이제 평균보다 2 SD 이상 점수를 획득하였다는 것을 알게 된다.

z점수는 SD 단위로 변환된 점수이다. 만약 저자의 점수가 평균보다 $2SD$ 이하였다면, 저자의 z점수는 −2일 것이다. z점수 1.5는 M보다 $1\frac{1}{2}$ SD 이상 높다는 것을 의미한다. z점수 0은 정확히 평균에 있는 점수와 대응된다. z점수는 모든 다른 유형의 표준점수의 기원이어서, z점수를 다른 유형의 표준점수로 쉽게 변환할 수 있다.

분포

흔히 알고 있는 바와 같이, 많은 자연현상과 사회현상은 정규곡선(normal curve) 또는 벨 곡선(bell curve)과 같은 모양의 빈도분포(frequency distribution)를 가지고 있다. 예를 들어, [그림 B−3]은 이 책과 함께 제공되는 웹사이트(www.tzkeith.com)에 있는 NELS 자료의 기준년도 과학(Science) 시험에 관한 학생의 점수에 대한 빈도분포를 보여 준다. 막대그래프상에 있는 각 막대는 그 시험의 2.5점 범위를 나타내며, 막대의 높이는 그 범위 내에 있는 점수를 가지고 있는 학생의 수를 나타낸다. 보는 바와 같이, 그 자료는 막대그래프 위쪽이 제시된 정규곡선과 상당히 근접한 모양이다.

자료가 정규곡선과 같은 모양일 때, 이 곡선은 그 자료의 M과 SD를 사용하여 매우 정확하게 기술될 수 있다[여러분은 왜도(skew: 분포가 한 쪽 방향 또는 다른 쪽 방향에서 쭉 늘어진 꼬리를 가지고 있는지 여부)와 첨도 (kurtosis: 분포의 평평함 또는 뾰족함)에 초점을 둠으로써 이 기술(description)을 훨씬 더 개선할 수 있다. 자료가 정규곡선과 같은 모양일 때, 그 분포와 그 분포를 기술하는 통계값 간의 관계도 또한 잘 정의된다. 그래서 예를 들어, 학생 중 약 68%가 평균보다 $+1SD$와 평균보다 $-1SD$ 사이의 점수([그림 B-4]에서 볼 수 있는 바와 같이)를 받을 것이다. 약 96%는 평균보다 $-2SD$와 평균보다 $+2SD$ 사이의 점수([그림 B-5] 참조)를 받을 것이다. 여러분은 또한 특정 점수의 백분위 순위(percentile rank)를 결정하기 위하여 이 정보를 사용할 수 있다.

[그림 B-3] NELS 자료로부터 도출된 기준년도 과학시험점수의 빈도분포
자료는 정규곡선과 매우 동일한 모양이다.

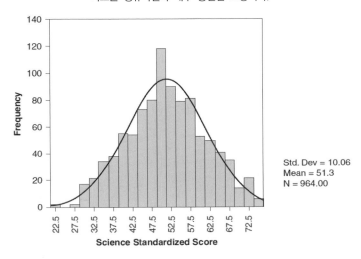

[그림 B-4] 사례 중 68%가 정규곡선에서 평균으로부터 $\pm 1SD$ 사이에 분포한다.

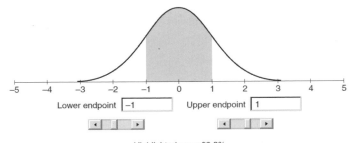

[그림 B-5] 평균으로부터 $\pm 2SD$가 정규곡선에서 사례들 중 약 96%를 포함한다.

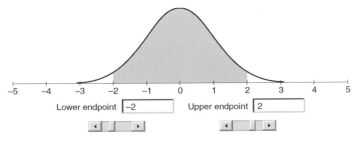

여러분이 다른 시험에서 평균보다 $+1 SD$ 점수를 받았다고 가정해 보자. 시험을 본 사람 중 50%가 평균 이하이고, 34%(68%를 2로 나눈 값)가 평균과 평균보다 $+1 SD$ 사이의 점수를 받았다. 그래서 여러분은 이 시험을 본 사람 중 84%(50% + 34%)보다 더 높은 점수를 받았다. 이 정보는 [그림 B-6]에 요약되어 있다[이 정규곡선은 stat www.stat.berkeley.edu/~stark/SticiGui/index.htm에 있는 P. B. Stark의 SticiGui 도구(tools) 중 정규확률 도구(tool)를 사용하여 그려졌다]. 따라서 그것은 통계학 시험에서 받은 점수-평균보다 $+2 SD$ 이상-가 매우 우수했음을 보여 준다!

[그림 B-6] 평균보다 $+1 SD$는 84번째 백분위수(percentile)에 해당된다. 즉, 시험을 본 사람 중 84%가 평균보다 $+1 SD$ 이하의 점수를 받는다.

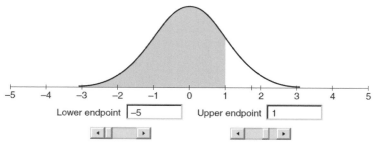

이것도 흡족하기는 하지만, 가령 평균보다 $1.75 SD$에 해당하는 퍼센트를 알기를 원할 수도 있다. 그 대신, 98번째 백분위수의 점수가 (표준편차 단위로 된) 정규곡선상의 어디에 위치하는지 알기를 원할 수도 있다. 이러한 목적을 위해, z분포나 z분포표(또는 웹에서 이용할 수 있는 다양한 도구)를 이용할 수 있다. 거기에서 z점수 1.75를 찾아볼 수 있고, .9599의 값을 찾을 수 있는데, 그것은 z점수 1.75가 다른 점수보다 95.99% 더 높음을 의미한다. 이 책에서 저자는 여러분이 그러한 분포표의 전자버전(electronic version)을 사용하기를 권장해 왔다. 예를 들어, 엑셀(Excel)에서 한 셀(cell)을 클릭한 다음, '수식(Formulas)'과 '함수 삽입(Insert Function)'을 클릭하라. (정규, 표준분포를 위해서) 'NORMSDIST'라 불리는 함수를 찾고, 그것을 사용하라. 1.75를 입력하면, 엑셀(Excel)은 .9599의 값을 보고할 것이다.[1] 저자는 또한 위에서 언급했던 SticiGui 도구를 권장한다([그림 B-7] 참조). 통계학 시험

---

1) [역자 주] 이미 제1장의 7) [역자 주]에서 설명한 바와 유사하게, 여기에서 설명한 엑셀(Excel)을 사용하여 z점수의 값을 찾는 계산방법도 아마도 Excel 2016 이전 버전의 경우인 것으로 보인다. 이 책을 번역하는 시점에서 가장 최신 버전인 Excel Office 365 한글버전을 기준으로 이 과정을 다시 설명하면 다음과 같다.
 ① 엑셀(Excel) 프로그램을 열고, 마우스로 시트(Sheet)의 적당한 빈 칸을 클릭한 후, '수식' 탭 클릭 → ② '수식' 탭을 클릭하면 왼쪽 첫 번째에 있는 '함수삽입' 클릭 → ③ '함수 마법사' 팝업창에서 '함수 검색(S):' 아래 부분에 있는 입력상자에 'NORMSDIST'를 직접 입력한 수 '검색(G)' 버튼을 클릭하거나 '함수 선택(N):' 아래에 있는 리스트를 아래로 스크롤하여 'NORMSDIST'를 찾은 후 확인 버튼 클릭 → ④ '함수 인수' 팝업창의 NORMSDIST 부분에, 다음 그림과 같이, Z 칸에 1.75 입력 → ⑤ 해당 화면의 맨 아래 왼쪽 부분에 있는 '수식 결과' 값 확인

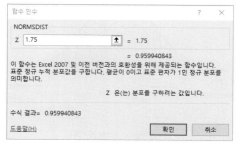

에서 여러분이 받은 123점으로 되돌아와 보자. 그런데 그것은 평균보다 +2.6 *SD*이었다. 해당되는 백분위 순위는 얼마인가? 엑셀(Excel)에 의하면, 이 값은 99.53 백분위 순위에 해당한다. 아주 잘하였다!

[그림 B-7] 96번째 백분위수는 평균보다 +1.75*SD*에 해당한다.

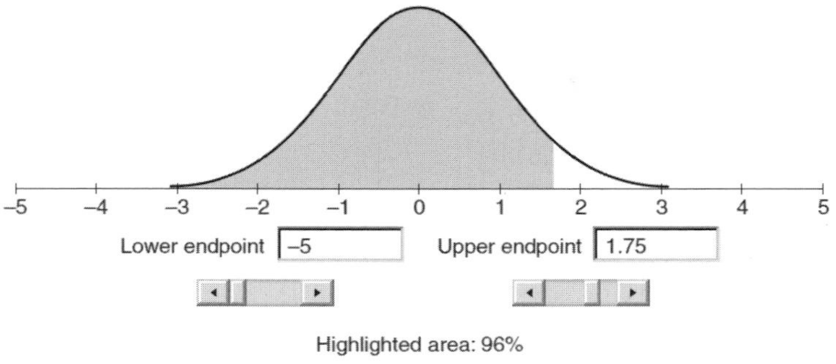

Lower endpoint −5   Upper endpoint 1.75

Highlighted area: 96%

표준오차

여러분이 기준년도의 과학 시험점수를 위해 NELS에서 다섯 개 사례를 무선표집하고 이 다섯 개의 점수의 평균을 계산한다고 가정해 보자. 그 평균은 전체 표집 1,000명의 평균과 동일한가? 그렇지 않다. 우리가 더 큰 집단에서 작은 표집을 했기 때문에 그것은 다소 다를 것이다. 저자가 이것을 처음 했을 때 다섯 개 사례의 평균은 53.50이었으며, 다섯 개 사례의 두 번째 표집에서 과학시험의 평균은 51.47이었고, 세 번째 표집의 평균은 47.55였다. 저자가 이것을 계속해서 한다면 무엇을 발견할 수 있을 것이라 생각하는가? 이 평균을 빈도분포도에 그래프로 나타낸다면 그것은 어떻게 보이는가? 여러분이 "정규곡선"이라고 답하였다면, 잘하였다! 그렇다. 우리는 평균의 정규곡선을 얻게 될 것이다. [그림 B-8]은 200명의 그러한 표집에 대한 빈도분포와 정규곡선을 보여 준다. 평균이 개별점수보다 더 안정적이기 때문에 그것은 원래 점수의 정규곡선보다 더 좁다. 평균의 정규곡선의 *SD*는 4.59였으며, 개별 점수의 분포의 경우는 10.6이었다.

[그림 B-8] NELS 자료 과학시험에서 도출된, 매 다섯 개 사례의 200개 무선표집의 평균

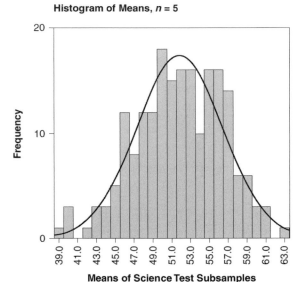

Std. Dev = 4.59
Mean = 51.9
N = 200.00

이렇게 연습한 이유는 우리가 모집단에서 어떤 표집을 선택할 때 그 표집정보(이 사례의 경우, 표집평균)가 모집단을 반영한다고 가정하고 있기 때문이다. 그러나 막대그래프에서 이러한 가정이 때때로 더 정확하고 때때로 덜 정확하다는 것을 알 수 있다. 다섯 사람의 표집평균 모두가 전체평균에 근접한 것은 아니었다. 흥미로운 것은 이러한 평균의 분포의 SD는 평균분포에서 변산도의 양(오차의 양)에 대한 유용한 정보를 제공한다는 것이다. 작은 SD를 가진 좁은 곡선은 표집 중 대부분이 실제 평균에 관한 꽤 정확한 예측값을 제공한다는 것을 알려 준다. 큰 SD를 가진 넓은 곡선은 예측값 중 많은 것이 오차를 내재하고 있을 것이라는 것을 알려 준다. 이러한 SD는 어떠한 평균의 추정값에서나 내재되어 있을 가능성이 있는 오차를 나타내기 때문에, 그것은 평균의 표준오차(standard error of the mean)라는 특별한 명칭을 가지고 있다.

실제로, 우리는 더 큰 모집단으로부터 더 적은 표집을 반복적으로 선택하지는 않는다. 대신에, 단일표집과 표집의 크기의 특성으로부터 표준오차(Standard Error: SE)를 추정할 수 있다. 다른 것이 동일하다면, 각 하위표집의 n이 더 크면 클수록 평균의 정규곡선은 점점 더 좁아질 것이다. 따라서 표집크기(sample size)가 커지면 SE는 줄어든다. 아울러 많은 다른 통계값, 예를 들어 회귀계수의 SE를 추정할 수 있고 이러한 모수(parameters)의 통계적 유의도를 검정하기 위하여 이 정보를 사용할 수 있다.

신뢰구간과 통계적 유의도

평균의 정규곡선은 다른 정규곡선과 동일한 속성을 가지고 있기 때문에, 정규곡선에 관한 지식을 이 평균의 정규곡선에 적용할 수 있다. 사례의 68%가 평균을 중심으로 ±1 SD 사이에 분포하고 있기 때문에, 평균에 관한 표집에서 그 평균의 68%가 47.31과 56.49(평균의 전체평균 ± SE, 또는 51.9 ± 4.59) 사이에 분포한다는 것을 알고 있다. 이제 단 하나의 평균만을 표본한다면 이 정보를 역으로 사용할 수 있다. 표집했던 첫 번째 평균은 53.50이었다. 저자는 이 값에 SE를 더하고 뺄 수 있으며, 전체평균의 가능하다고 생각되는 값에 대하여 우리는 48.91~58.09 ($M ± SE$ 또는 53.50 ± 4.59) 범위에 평균의 실제 (모집단) 값이 포함된다고 68% 확신할 수 있다."와 같은 진술을 할 수 있을 것이다. 이러한 SE의 사용은 신뢰구간(Confidence Interval: CI)이라고 하며, 이 경우 68% 신뢰구간이다. 또 다른 가능한 해석은 "이 모집단에서 표본을 수집하고 신뢰구간을 반복적으로 계산한다면, 그러한 CI의 약 3분의 2가 평균의 참값(true value)을 포함할 것이다."이다(Cumming & Finch, 2005에 기초한 두 가지 해석; 또한 Cumming et al., 2012 참고)(실제로 단일평균을 표본으로 추출할 경우, 평균의 SE에 대한 추정값은 약간 다를 수 있지만 이 그림에서는 4.59 값을 계속 사용할 것이다).

68%는 사용하기에 가장 편리한 숫자는 아니다. 그 횟수의 90%(또는 95%)에 대해 이야기하는 것이 더 편리하곤 하다. 그러나 정규곡선의 특성을 알고 있기 때문에 이러한 변환을 하는 것이 쉽다. 그 곡선의 90%를 포함하기 위해서, SE에 1.65를 곱한다. 평균에서 정상곡선의 95%를 포함하기 위해서 SE에 1.96을 곱한다. 이미 언급한 바와 같이, 평균(또는 어떤 다른 통계값)으로부터의 일련의 오차범위를 **신뢰구간(Confidence Interval: CI)**, 즉 90% CI 또는 95% CI라 부른다. CI는 어떤 모수(parameter)의 가능하다고 생각되는 범위에 관한 추정값과 그 모수의 추정값이 적재한 오차가 얼마나 발생할 가능성이 있는지를 알려 주기 때문에 매우 유용하다.

어떤 통계값의 SE는 또한 t-검정의 차이에서의 통계적 유의도를 검정하기 위해 사용될 수 있다. 집단평균 간의 차이를 검정하는 t-검정(이 부록의 뒷부분에서 논의함)에 가장 익숙할지 모르지만, t-검정은 또한 어떤 통계값(예: 회귀계수)이 그것의 SD로 나누어지는($t = $ 통계값 / $SE_{통계값}$) 일반적인 통계 수식이다. 우리는 t-검정과 관련된 모든 종류의 질문을 검정할 수 있다. t-검정에서 t는 실제로 표집크기에 따라(표집크기가 큰 경우, t 분포는 z 분포와 동일하다.) 달라지는 일련의 분포이며, 우리는 어떤 특정 표집크기를 가지고 있는 특정 t값을 얻을 확률을 분포표[또는 엑셀(Excel) 또는 확률계산기]에서 찾을 수 있다. 우연에 의해서 얻을 확률이 작다면(가령, 5% 이하일 확률), 그 모수가 통계적으로 유의하다고 말한다.

자유도

우리가 사용하는 대부분의 통계값은 자유도(degrees of freedom: *df*)에 수반한다. 개념적으로 *df*는 그 명칭이 시사하는 바, 즉 어떤 특정 모수가 자유롭게 변화할 수 있는 정도이다. NELS 자료(과학시험)로부터 다섯 개의 사례를 도출하고 평균을 계산했던 예제로 되돌아가 보자. 다섯 사례의 값은 45.23, 47.66, 47.38, 60.39, 66.84였으며 평균은 53.50이었다. 이 평균값이 **주어졌을 때(given)** 그 다섯 개의 사례 중 얼마나 많은 것이 다른 값을 가질 수 있는가? 가령, 첫 번째 값이 45.23 대신에 44.23이었다고 해 보자. 여전히 동일한 평균을 얻을 수 있는가? 예를 들어, 마지막 값이 66.84 대신에 65.84라면, 그렇다. 실제로 다섯 개의 점수 중 네 개의 점수(*N*−1)가 바뀔 수 있으며, (최종 점수를 조정함으로써) 여전히 동일한 평균을 얻을 수 있다. 이것이 자유도의 본질(자료에서 얼마나 많은 조작의 여지 또는 자료에서 독립적인 정보 조각의 수를 가질 수 있는가)이며, 수식에서 종종 *N* 대신에 *N*−1을 사용하는 이유이다. 제2부에서 살펴본 바와 같이, SEM은 자유도를 계산하기 위해 *N*을 사용하는 예외적인 경우이다.

상관관계

상관계수(correlation coefficient)는 두 변수가 관련되어 있는 정도, 즉 그것이 서로 관련되어 있는 정도를 나타낸다. 상관관계는 통계학에서 가장 기본적인 개념 중 하나이며, 이 책에서 제시된 모든 것의 기초이다. 그러나 상관계수가 존재하지 않는다면, 어떻게 두 변수가 관련되어 있는 정도를 정확히 나타내는 그러한 지수 또는 단 하나의 숫자를 제안할 수 있는지 잠시 생각해 보자.

[그림 B-9] 지능과 학업성취도 검사에서 받은 30명의 점수 도표

산포도는 두 검사가 밀접하게 관련되어 있음을 보여 준다.

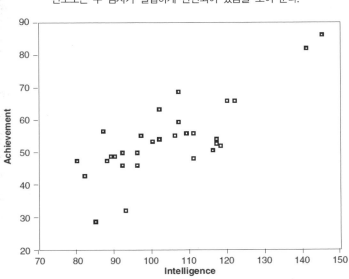

여러분은 아마도 두 변수를 함께 그래프로 그리는 것에서 시작할 것이다. [그림 B−9]는 산포도(scatterplot), 즉 두 변수[지능(intelligence)검사점수와 학업성취도(achievement)검사점수]에 관한 한 집단의 고등학교 학생의 점수를 보여 준다. 지능검사의 평균은 100이고, *SD*는 15이다. 학업성취도의 경우, *M* = 50, *SD* = 10[이것은 측정의 일반적인 척도이다. 첫 번째는 편차(deviation) IQ척도, 두 번째는 *T*척도라고 알려져 있다.]이다. 도표의 오른쪽 위쪽 구석에 있는 자료점에 주목하라. 이 점수는 자료세트에 있는 24번째 학생의 점수이다. 그 학생은 지능검사에서

는 145점(수평축 또는 X축)을, 그리고 학업성취도검사에서는 86점(수직축 또는 Y축)을 획득하였다. 각각의 다른 자료점은 한 학생의 두 척도의 점수를 나타낸다. 이 두 변수가 매우 높게 서로 상관되어 있다고 말할 수 있는가? 그 렇다. 지능검사에서 높은 점수를 획득한 학생은 또한 학업성취도검사에서도 일반적으로 높은 점수를 획득하였으 며, 한 시험에서 낮은 수준의 점수를 획득한 학생은 다른 시험에서도 일반적으로 낮은 수준의 점수를 획득한다는 것이 분명하다. 따라서 이것이 상관계수에서 찾을 수 있는 한 가지 측면이다. 그것은 등급순위가 두 변수에서 동일 하게 유지되는 정도, 즉 한 변수에서의 높은 점수는 다른 변수에서도 높은 점수를 보이는지 등을 나타낸다.

그러나 우리는 두 변수를 동일한 척도상에 표시함으로써 조금 더 정교하고 조금 더 명료하게 할 수 있다. [그림 B-10]은 그 동일한 두 변수를 z점수로 변환한 후, 그것을 제시한 산포도를 보여 준다. 이제 그 두 척도는 직접적으 로 비교 가능하다. 그래서 이제 z점수가 그 두 검사에서 동일하제 유지되는 정도를 물을 수 있다. 이러한 추론은 Karl Pearson이 현재 Pearson의 적률상관계수(product moment correlation)라고 알고 있는 것을 고안했을 때 다 음과 같은 그의 추론과 유사할 것이다. 즉, 두 개의 다른 척도에 대한 z점수들은 어느 정도나 동일하게 vs 어느 정 도나 상이하게 유지되는가?

[그림 B-10] z점수로 나타낸 지능(Intelligence)-학업성취도(Achievement) 자료 도표

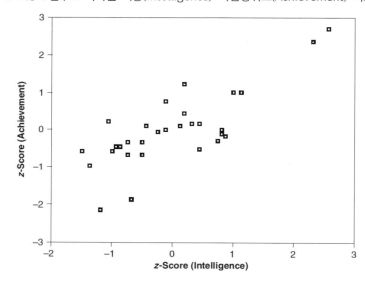

상관계수에 관한 이러한 설명을 전제로 하나의 수식을 개발해 보자. 우리가 말하고자 하는 수식들은 두 세트의 점수가 동일 vs 상이하게 유지되는 정도를 표시한다. 다시 말해서, 우리는 이러한 점수에 있어서의 평균 차이에 관 심이 있다. 이러한 차이의 정도에 관하여 이해하기 위해 한 도구에서 각 학생의 z점수를 다른 도구에서 그 학생의 z점수로 뺄 수 있다. 그런 다음, 이 값을 제곱하고(그것을 그냥 합산하면 음수값이 양수값을 삭감하기 때문에), 그 것을 합산한 다음, $N-1$[N 대신에 $N-1$을 사용하여 분산(variance)을 하는 이유에 대한 논의 참조]로 나눈다. 이 제 그 수식은 다음과 같다(Cohen et al., 2003).

$$\sum \frac{(z_x - z_y)^2}{N-1}$$

만약 산포도에서 보여 주는 자료에 대한 상관계수를 계산한다면 .44의 값을 얻을 것이다(이 예제의 자료는 웹

사이트 www.tzkeith.com의 MRB2_App_Basics 폴더의 'IQ Achieve.sav'와 'IQ Achieve.xls'에 담겨 있다).

이 값이 의미하는 바는 무엇인가? 만약 두 척도(measures)가 완벽하게 관련이 있다면, 즉 z점수에서 어떠한 차이도 없다면 수식은 0의 값을 보고한다. 이와는 대조적으로, 만약 그 두 척도가 완벽하게 역(逆)이어서 첫 번째 시험에서 높은 점수를 받았던 학생이 두 번째 시험에서는 낮은 점수를 받았다면(그리고 그 반대로) 4에 가까운 값을 얻을 것이다. 마지막으로, 그 두 시험이 관련이 없어서 지능검사에서의 점수가 학업성취도검사에서의 점수에 그 어떤 정보도 제공해 주지 않는다면 그 수식은 2 정도의 값을 산출한다. 우리의 척도(scale)는 0에서 2에서 4까지 분포한다. 비록 점점 더 근접해 간다고 하더라도, 이것은 매우 논리적인 척도는 아니기 때문에 약간의 조정을 해 보자.

그 척도(scale)를 다음과 같이 보다 더 의미 있는 척도로 쉽게 변환할 수 있다.

$$r = 1 - \frac{1}{2}\left(\sum \frac{(z_x - z_y)^2}{N-1}\right)$$

우리는 앞에서 도출한 상관계수를 2로 나누고 1에서 그 값을 뺀다. 이렇게 바꾸면, 상관계수는 .778($r = .778$)이다. 더 나아가, 우리의 새로운 상관계수는 훨씬 더 논리적이다. 그것은 두 변수가 관련이 없다는 것을 의미하는 0에서 두 변수가 정확히 동일한 z점수를 가지고 있음을 의미하는 1까지 분포한다. 아울러, 그 척도는 관계(relation)의 방향을 알려 준다. 만약 그것이 양수라면 한 척도에서 높은 점수는 또 다른 척도에서 높은 점수와 짝을 이룬다는 것을 의미한다. 만약 그것이 음수라면 한 척도에서 높은 점수는 다른 척도에서 음의 점수와 짝을 이룬다.

또한 z점수를 비교하는 것을 명확하게 해주는 r의 또 다른 수식은 다음과 같다.

$$r = \frac{\sum(z_x - z_y)}{n-1}$$

보통은 이러한 수식 중 어느 하나를 사용하여 r을 계산하지는 않을 것이다(몇 가지 계산상의 지름길을 허용하는 하나의 수식이 있다). 그러나 그것은 두 척도의 z점수에서의 유사성과 차이점을 찾고 있다는 것을 분명하게 해 준다(좀 더 자세한 내용은 Cohen et al., 2003, 제2장 참고). 심지어 더 나아가, 우리는 통계 프로그램을 사용하여 그 상관계수를 계산할 수 있다. 이 값을 SPSS에 의해 계산된 값과 대비시켜 검토해 보자. [그림 B-11]에서 보여 주는 바와 같이 이 값도 .778이다.

[그림 B-11] 지능과 학업성취도 점수의 상관계수(그리고 그것의 통계적 유의도)

Correlations

		IQ	ACHIEVE
IQ	Pearson Correlation	1	.778**
	Sig. (2-tailed)	.	.000
	N	30	30
ACHIEVE	Pearson Correlation	.778**	1
	Sig. (2-tailed)	.000	.
	N	30	30

**. Correlation is significant at the 0.01 level (2-tailed).

피어슨 상관계수(Pearson correlation coefficient)는 한 척도에서 높은 점수가 다른 척도에서 낮은 점수와 짝을 이루는 완전한 관계를 시사하는 −1.0에서부터 완전한 정적 관계를 시사하는 +1.0까지 분포할 수 있다. 두 척도 간의 0의 상관관계는 z점수 간에 어떠한 관계도 없음을 시사한다. 즉, 두 시험의 점수 간에는 아무런 관계가 없다. [그림 B-12]에서 [그림 B-14]까지는 이러한 관계를 보여 주는데, 그것은 높은 부적 상관관계([그림 B-12], $r = -.905$), 거의 0의 상관관계([그림 B-13], $r = -.067$), 그리고 높은 정적 상관관계([그림 B-14], $r = .910$)의 산포도를 보여 준다.

[그림 B-12] 높은 음의 상관관계($r = -.905$)의 산포도

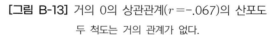

[그림 B-13] 거의 0의 상관관계($r = -.067$)의 산포도
두 척도는 거의 관계가 없다.

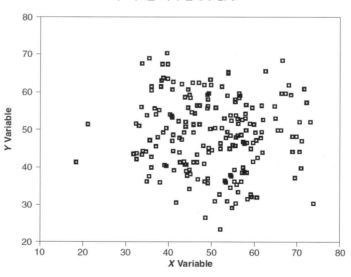

[그림 B-14] 높은 양의 상관관계($r=.910$)의 산포도

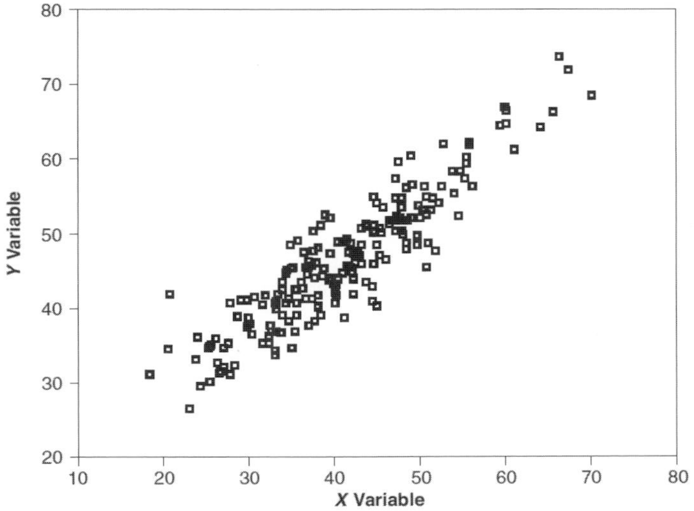

r의 통계적 유의도

수식 $t = r\sqrt{N-2}\,/\,\sqrt{1-r^2}$ 을 사용하여 통계적 유의도를 검정하기 위하여 상관계수가 사용될 수 있다. 그런 다음, '참(true)' 모집단 값이 0이라고 가정할 때, 이 크기의 값을 얻을 가능성이 얼마나 되는지를 결정하기 위하여 $N-2df$를 가진 t값을 찾아볼 수 있다. 다음과 같이, 현재 예제, 즉 지능과 학업성취도검사 간의 상관계수를 사용하여, 6.56의 값을 얻는다. 자유도는 28이다. 그 상관계수는 실제로 0과는 통계적으로 유의하게 다르다($p < .001$).

$$t = \frac{r\sqrt{N-2}}{\sqrt{1-r^2}}\,^{2)}$$

$$= \frac{.778\sqrt{30-2}}{\sqrt{1-.778^2}}$$

$$= \frac{4.117}{.628}$$

$$= 6.56$$

학습하는 동안, 스피어만의 등위상관계수(Spearman's rho)와 양류상관계수(point-biserial correlation coefficient)[3]와 같은 다른 다양한 상관계수를 접하게 될 것이다. 스피어만의 등위상관계수는 그 변수가 순위(rankings)일 때 적절하다. 양류상관계수는 한 변수가 연속적(continuous)이고 다른 변수는 이분법적(dichotomous)일 때 적절하다. 그것은 어떻게 계산되는가? 사실상 이러한 두 가지 유형의 상관계수[파이(ϕ)와 더불어 두 개의 이분법적 변수를 가진 상관계수]는 앞에서 도출했던 상관계수에 대한 지름길이다. 그것은 우리가 손으로 통계값을 계산했을 때 여러 날에 걸쳐 얻어 낸 결과물이며, 자료의 특성(예: 이분법적)을 가정하면 계산하는 데 있어 몇 가지 지름길을 취할 수 있다. 컴퓨터 시대에 이러한 세 가지 유형의 상관계수는 표준 r을 사용하여 쉽게 계산할 수 있다. 달리 표현하

---

2) **[역자 주]** t값을 구하는 수식은 $t = \dfrac{r\sqrt{N-2}}{\sqrt{1-r^2}}$ 이다. 그러나 원서에서는 $t = \dfrac{\sqrt{N-2}}{\sqrt{1-r^2}}$ 로 잘못되어 있어, 올바른 수식으로 대체하여 제시하였다.

3) **[역자 주]** '점이연상관계수', '양분점상관계수', '양분상관계수', '점이연상관' 등과 같이 다양한 명칭으로도 불린다.

면, 이 세 가지 유형의 상관계수는 다른 유형의 자료를 사용한다는 것을 제외하고 피어슨의 적률상관계수(Pearson r) 와 실제로 어떠한 차이도 없다. 좀 더 자세한 정보를 원한다면, Howell(2010)을 참고하라.

t-검정

여러분이 심리학이나 교육학 배경을 가지고 이 책을 읽고 있다면, 회귀분석보다는 t-검정이나 ANOVA에 대해 더 많은 경험을 가지고 있을 것이다. 예를 들어, 여러분이 읽은 연구 중 많은 것이 이러한 방법을 사용했을 가능성이 있다. 실험 연구에 매우 적절한 이러한 방법은 회귀분석과는 근본적으로 다른 어떤 것이라고 생각하기 쉽다. 그렇지는 않다. 즉, t-검정과 ANOVA는 이 책의 앞부분에서 설명한 바와 같이 단지 MR의 부분집합들이다. 여기에서 저자는 이러한 방법의 사용을 간략히 검토하고 그것을 컴퓨터 출력 결과를 사용하여 설명할 것이다.

이러한 통계분석(t-검정과 ANOVA)은 참여자가 한 집단 또는 다른 집단에 할당되고 다른 실험처치가 주어지는 실험 연구에서는 특히 유용하다. t-검정과 ANOVA의 주요한 차이는 t-검정은 독립변수가 단 하나이고 두 개의 집단만 있을 때 적절한 반면, ANOVA는 두 개 이상의 집단과 하나 이상의 독립변수를 가지고 있을 때 사용될 수 있다. 한 가지 예제로서, 인지행동요법(Cognitive Behavior Therapy: CBT)이 청소년기 여학생의 우울 증상에 미치는 영향에 관심이 있다고 가정해 보자. 아마도 40명의 우울 증상이 있는 여학생의 표집에서 선택된 각 여학생이 CBT 집단 또는 대기자 명부 집단(처치가 효과적인지 실험을 한 다음 처치를 받을 학생)에 무선으로 할당된 어떤 실험을 마련할 것이다. 모의화된 자료는 웹사이트의 MRB2_App_Basics 폴더에 있는 't test.sav'와 't test.xls' 자료 세트 속에 포함되어 있다. 〈표 B-1〉은 그 사례 중 몇 개를 보여 준다. 첫 번째 칼럼은 집단(1=실험 또는 CBT 집단, 그리고 0=통제 또는 대기자 명부 집단)을 보여 주며, 두 번째 칼럼은 처치 후 우울 증상 척도에서 여학생이 받은 점수(높은 점수는 더 많은 우울 증상을 나타내며, 따라서 더 나쁘다.)를 보여 준다.

<표 B-1> t-검정 예제로부터 도출된 자료의 일부

Group	Depress
0	66
0	63
0	44
0	56
0	62
0	65
0	35
0	62
0	76
.	.
.	.
.	.
1	60
1	56
1	59
1	47
1	47
1	49
1	45
1	63
1	57
1	30

[그림 B-15]는 이 자료를 SPSS를 사용하여 t-검정을 한 결과의 일부를 보여 준다. 실험처치 후, 우울 증상 척도에서 통제집단의 평균점수는 59.65인데 반해, 실험집단의 평균점수는 49.25였다. 척도에서 높은 점수는 우울 증상이 더 심함을 나타낸다고 가정하면 실험집단이 통제집단보다 실제로 우울 증상이 덜 심한 것으로 나타났다. 집단 간의 이러한 차이는 통계적으로 유의한가? [그림 B-15]의 두 번째 표는 t-검정 결과를 보여 준다. 집단 간 차이와 관련된 t값은 3.20이었다. 자유도가 38($N-2$)인 경우, 우연히 이렇게 큰 t값을 얻을 확률은 .003 또는 1,000번 중 3번이다. 통계적 유의도에 대한 일반적인 기준을 사용할 때 집단 간 차이는 실제로 통계적으로 유의하였다. 여학생이 두 집단에 무선으로 할당되었기 때문에 그 차이에 대한 다른 그럴듯한 설명(예: 처치를 받았던 여학생은 처음부터 우울 증상이 덜 심하였다.)을 효과적으로 배제해서 CBT 처치는 아마도 실제로 효과적이었을 것이라고 결론내릴 수 있다[이 책에서는 대안적인 설명으로부터의 그러한 배제를 다른 명칭으로 '추정된(presumed) 원인과 추정된 결과 간에 어떠한 공통된 원인도 없음을 보장'이라고 부를 것이다].

[그림 B-15] 모의화된 CBT 실험에 대한 t-검정 결과

Group Statistics

	GROUP Treatment group	N	Mean	Std. Deviation	Std. Error Mean
DEPRESS Depressive symptoms	0 Control	20	59.65	9.599	2.146
	1 CBT, Experimental	20	49.25	10.915	2.441

Independent Samples Test

		t-test for Equality of Means						
							95% Confidence Interval of the Difference	
		t	df	Sig. (2-tailed)	Mean Difference	Std. Error Difference	Lower	Upper
DEPRESS Depressive symptoms	Equal variances assumed	3.200	38	.003	10.40	3.250	3.820	16.980

t-검정에 대한 일반적인 수식은 $t = (M_{실험집단} - M_{통제집단})/SE_{실험집단-통제집단}$ 또는 실험집단과 통제집단 간 평균 차이를 그 차이의 표준편차로 나눈 것이다. t의 절대값에 주로 관심이 있기 때문에, 어느 집단에서 어느 집단을 빼는지는 정말로 중요하지 않다. df는 $N-2$이다.

비록 이러한 평균 비교의 과정은 두 변수를 상관짓는 과정과 매우 다른 것 같지만, 그것은 실제로 동일한 과정이다. 저자가 본문에서 보여 준 바와 같이, 우리가 t-검정을 했던 두 변수(집단과 우울 증상 점수)를 상관짓는다면 동일한 결과를 얻을 것이다.

효과크기

두 집단이 통계적으로 유의하게 차이가 있다는 것을 아는 것도 흥미롭기는 하지만 그 차이는 큰가? 작은가? 또는 그 중간 어디쯤인가? 개인적으로 이것이 회귀분석의 한 가지 장점이다. 즉, 다중상관계수와 표준화 회귀계수를 사용하여 효과크기에 관한 지수를 자동적으로 얻는다. 두 집단 실험 연구에서 흔히 사용되는 효과크기(effect size)에 관한 수많은 척도가 있는데, 가장 흔히 사용되는 것은 d일 것이다. d의 수식은 $d = (M_{실험집단} - M_{통제집단})/SD$ 또는 두 집단 간 차이를 SD로 나눈 것이다(d를 z점수와 어느 정도 비슷하다고 생각하라). 현재 예제의 경우, d는 .910 [$d = (49.25 - 59.65)/11.431$; 부호는 무시하라.]이다. 일반적인 경험칙에 의하면, 비록 특정 연구 분야에 따라 다른 경험칙을 갖는 것이 가능하며 바람직하지만 d가 .80 이상이면 큰(작음=.20, 중간=.50, 큼=.80; Cohen, 1988) 것으로 간주된다. 이러한 일반적인 경험칙에 의하면, 모의화된 자료에서 CBT는 우울 증상에 큰 효과를 가지고 있었다.

📈 ANOVA

분산분석(analysis of variance: ANOVA)은 어떤 실험에서 두 집단 이상일 때, 또는 독립변수가 하나 이상일 때 적합하다. 그것은 또한 하나의 독립변수와 단 두 개의 집단을 가진 실험의 자료를 분석하기 위해서 사용될 수 있으며, t-검정과 동일한 결과를 제공해 줄 것이다.

t-검정과의 일관성

[그림 B-16]은 CBT, 즉 위의 우울 증상 예제에 대한 ANOVA 결과를 보여 준다. 맨 아래 표는 ANOVA의 경우, t-검정처럼 사후검사에서 두 집단 간 차이가 통계적으로 유의하였음을 보여 준다. F통계값은 자유도가 1과 38일 때 10.239였다. 즉, 그러한 F는 집단 간에 어떠한 실제적인 차이가 없다면 일어날 가능성이 거의 없다($p = .003$). F는 t^2과 동일하며, t-검정 결과와 동일한 수준의 통계적 유의도를 보여 준다.

[그림 B-16] 모의화된 CBT 실험에 대한 ANOVA 결과

그 결과는, 비록 $F = t^2$이지만, t-검정 결과와 동일하다.

Between-Subjects Factors

			Value Label	N
GROUP Treatment group	0		Control	20
	1		CBT, Experimental	20

Descriptive Statistics

Dependent Variable: DEPRESS Depressive symptoms

GROUP Treatment group	Mean	Std. Deviation	N
0 Control	59.65	9.599	20
1 CBT, Experimental	49.25	10.915	20
Total	54.45	11.431	40

Tests of Between-Subjects Effects

Dependent Variable: DEPRESS Depressive symptoms

Source	Type III Sum of Squares	df	Mean Square	F	Sig.	Partial Eta Squared
GROUP	1081.600	1	1081.600	10.239	.003	.212
Error	4014.300	38	105.639			
Corrected Total	5095.900	39				

F에 대한 일반적인 수식은 $F = \dfrac{V_{집단\ 간}}{V_{집단\ 내}}$, 즉 집단 간 차이를 집단 내 평균 차이로 나눈 것이다. 실제로 $V_{집단\ 간}$을 구하기 위하여 집단평균의 분산(각 집단에서 n를 제곱)을 계산할 수 있으며, $V_{집단\ 내}$를 구하기 위하여 그 집단의 분산의 가중평균을 구할 수 있다. F통계값은 두 개의 자유도 값을 필요로 하는데, 그것은 일반적으로 (집단 내) 처치와 오차에 상응한다. ANOVA의 전체 d는 $N-1$과 동일하다. 처치의 df는 집단의 수-1이며, 오차항의 df는 $df_{전체} = df_{집단}$과 동일하다.

그것은 집단평균을 비교하는 t-검정 대 분산을 분석하는 ANOVA와는 다른 어떤 것을 하고 있는 것 같을 수도 있다. 그러나 F에 대한 일반적인 수식은 등식의 분자에서의 분산은 **집단평균**(group means)의 분산이라는 것을 보여 준다. 그러하다. 그 과정은 본질적으로 동일하다. 저자는 ANOVA는 MR을 통해 구해질 수 있다는 것을 본문에서 보여 줄 것이다. 여러분이 그 본문 자체를 읽을 때, ANOVA에서의 F에 대한 수식과 회귀분석에 대한 F의 수식의 일반적인 유사성을 주목해야 한다. 둘 다 독립변수에 의해 설명된 분산을 설명되지 않고 남아 있는 분산으로 나눈다.

효과크기, η^2 과 f^2

수많은 효과크기 척도가 ANOVA를 위해서도 이용 가능하다. [그림 B−16]은 에타제곱($\eta^2 = .212$)을 보여 준다. η^2은 우리가 보는 바와 같이, 그것은 그 동일한 문제에 대한 회귀분석에서 도출된 R^2과 동일하기 때문에, 우리의 목적상 효과크기의 커다란 척도이다. η^2에 대한 일반적인 기준은 작음=.01, 중간=.10, 그리고 큼=.25이다. 또 하나의 일반적인 효과크기 척도인 Cohen의 f(Cohen's f, 또는 f^2)는 수식 $f^2 = \dfrac{\eta^2}{(1-\eta^2)}$ 을 사용하여 η^2으로 계산될 수 있다. 제4장에서 언급한 바와 같이, f^2에 대한 일반적인 기준은 .02는 작은 효과, .15는 중간 정도의 효과, 그리고 .35는 커다란 효과를 나타낸다는 것이다(Cohen et al., 2003: 95).

요인 ANOVA

CBT, 즉 우울 증상 예제를 조금만 더 고찰해 보기 위해, CBT가 우울 증상이 있는 청소년기 남학생뿐만 아니라 여학생에게도 정적인 영향을 미치는지 여부에 관심이 있다고 가정해 보자. 여러분은 남학생과 여학생 모두를 사용하여 새로운 실험을 수행할 수 있다. 그러나 CBT가 양쪽 성별에게 동일한 영향을 미치는지 여부가 명확하지 않아서, 두 번째 독립변수로 성별을 추가한다. ANOVA식 표현으로, 이제 2×2 요인 ANOVA(factorial ANOVA)에 의하여 분석하는 데 적절한 설계를 가지고 있다. 그 분석은 CBT의 영향, 성별의 영향, 그리고 남학생과 여학생에 대한 CBT의 미분적 영향(differential effects)(우울 증상에 영향을 미치는 집단과 성별 간의 상호작용)이 있는지 여부를 결정할 것이다.

[그림 B−17]은 2×2 요인 ANOVA 출력 결과 중 일부를 보여 준다. 자료는 웹사이트의 MRB2_App_Basics 폴더에 'cbt 2way.sav'와 'cbt 2way.xls'라는 파일 속에 있다. 그림의 맨 아래 표에서 보여 주는 바와 같이, 집단(Group) [CBT 대 통제집단(Control)]은 이 모의화된 자료에서 우울 증상(Depressive Symptoms)에 중간에서 큰 정도의 영향을 미쳤으며, 이 영향은 통계적으로 유의하였다($\eta^2 = .192$, $F = 18.091$ [1, 76], $p < .001$). 평균을 검토해 보면, 실험집단(CBT)의 청소년이 통제집단보다 적은 우울 증상을 가지고 있었음을 보여 준다. 성별은 통계적으로 유의하지 않는($p = .069$) 작은 영향을 미쳤으며, 상호작용도 통계적으로 유의하지 않았다($p = .563$).

[그림 B-17] CBT 대 어떠한 요법도 사용하지 않는 것이
남학생과 여학생의 우울 증상에 미친 영향을 비교하기 위한 요인 ANOVA 결과

Between-Subjects Factors

			Value Label	N
GROUP CBT vs Control	.00		Control	40
	1.00		CBT	40
SEX Girls vs Boys	.00		Girls	40
	1.00		Boys	40

Descriptive Statistics

Dependent Variable: DEPRESS Depressive Symptoms

GROUP CBT vs Control	SEX Girls vs Boys	Mean	Std. Deviation	N
.00 Control	.00 Girls	60.500	11.4455	20
	1.00 Boys	54.650	13.0557	20
	Total	57.575	12.4754	40
1.00 CBT	.00 Girls	48.850	8.2798	20
	1.00 Boys	45.800	9.7257	20
	Total	47.325	9.0480	40
Total	.00 Girls	54.675	11.4900	40
	1.00 Boys	50.225	12.2149	40
	Total	52.450	11.9936	80

Tests of Between-Subjects Effects

Dependent Variable: DEPRESS Depressive Symptoms

Source	Type III Sum of Squares	df	Mean Square	F	Sig.	Partial Eta Squared	Noncent. Parameter	Observed Power[a]
GROUP	2101.250	1	2101.250	18.091	.000	.192	18.091	.987
SEX	396.050	1	396.050	3.410	.069	.043	3.410	.446
GROUP * SEX	39.200	1	39.200	.337	.563	.004	.337	.088
Error	8827.300	76	116.149					
Corrected Total	11363.800	79						

a. Computed using alpha = .05

그 자료는 [그림 B-18]에 도식화되었는데, 그것은 이러한 유형의 실험에서의 자료를 요약하는 데 뛰어난 방법이다. 그것은 실험집단의 남학생과 여학생이 CBT로부터 혜택을 받았음을 분명하게 보여 준다. 그것은 또한 두 집단의 남학생이 여학생보다 다소 더 적은 증상을 보이는 것으로 나타나지만, ANOVA 결과는 이 차이가 통계적으로 유의하지 않다는 것을 보여 준다. 두 선이 기본적으로 평행하다는 사실은 ANOVA 분석 결과 상호작용항(interaction term)이 유의하지 않다는 것을 재확인시켜 주며, CBT는 남학생과 여학생 모두에게 유사한 영향을 미친다는 것을 보여 준다.

[그림 B-18] 요인 ANOVA 예제의 평균 그래프

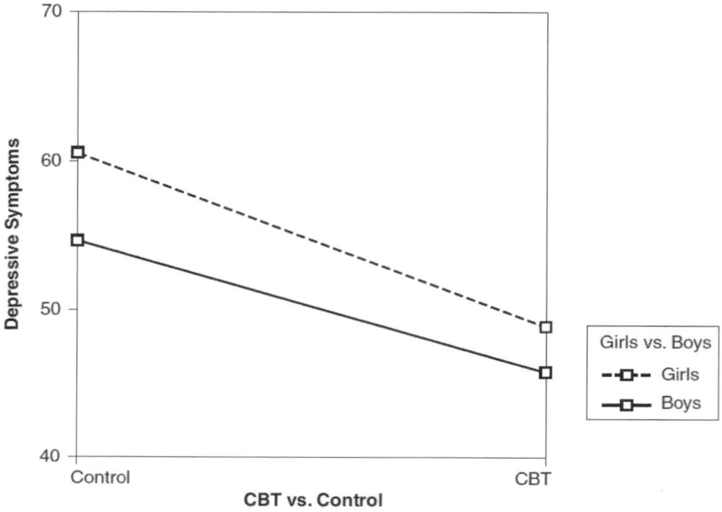

저자는 이 간략한 검토가 여러분의 마음을 통계학으로 되돌려 주어서 여러분이 MR과 SEM을 탐색하기 시작하도록 준비시키기를 희망한다. 추가적인 검토가 필요하다면 Howell(2013)이 우수하다. 훨씬 더 점진적인 검토를 위해서는 Kranzler(2018)가 우수한 자원이다.

부록 C 편상관계수와 준편상관계수

이전 장들에서, 준편상관계수(semipartial correlation)에 관한 주제를 다루었으며, 그것이 $\triangle R^2$과 t에 어떻게 관련되어 있는지도 언급하였다. 저자는 또한 제2장에서 "~이 통제된 상태에서(controlling for)"의 의미에 관한 쟁점을 처음으로 제기했을 때 편상관계수(partial correlations)와 준편상관계수를 언급하였다. 이 부록에서는 편상관계수와 준편상관계수의 주제에 좀 더 구체적으로 초점을 두고자 한다. 저자는 이 주제를 몇 가지 이유 때문에 부록에 배치하였다. 그것인 다른 장들의 흐름과 실제로 잘 어울리지 않으며, 이 책의 독자 모두가 흥미를 느끼는 것은 아닐 수 있는 주제이다. 아울러, 비록 그 주제는 이 책의 제1부에 더 잘 어울리지만 경로모형과 SEM 모형에 대한 개관을 한 후에 더 잘 이해될 수 있을 것이다.

편상관계수

편상관계수(partial correlations)는 두 변수 간의 상관관계인데, 설명될 필요가 있는 다른 변수도 있다. 여러분은 또한 제거된 다른 변수 또는 통제된 다른 변수의 효과를 가지고 있는 두 변수 간의 상관관계로 기술되는 편상관계수를 들어 보았을 수도 있다. 설명을 위해 한 가지 예를 사용해 보자.

예: 낙천주의와 통제소재

[그림 C-1]은 NELS 데이터에서 추출된 몇 가지 변수 간의 상관계수를 보여 준다. 낙천주의(optimism)는 저자가 학생의 미래에 대한 전망(outlook)에 관한 11개의 질문을 통해 만들어 낸 합성변수이다(F1S64A부터 F1S64K까지; F1S64L은 사용되지 않았음). "미래가 어떨 것인지에 대해 생각해 보라. 다음 중 어떤 것을 할 가능성이 있는가?

고등학교를 졸업할 것이다.
대학교를 갈 것이다.
보수를 잘 받는 직업을 가질 것이다.
집을 가질 것이다.
즐기면서 할 수 있는 직업을 가질 것이다.
행복한 가정생활을 할 것이다.
대부분의 시간을 건강한 상태로 살아갈 것이다.
원하는 나라 어디에서나 살 수 있을 것이다.
공동체에서 존경을 받을 것이다.
의지할 수 있는 좋은 친구가 있을 것이다.
여러분의 삶이 부모님의 삶보다 더 좋은 것으로 밝혀질 것이다."

[그림 C-1] 낙천주의(Optimism), 통제소재(Locus of Control), 학부모참여(Parent Involvement), SES, 그리고 성적(Grades) 간의 0차 순위 상관계수

표의 아래쪽 반은 낙천주의 및 통제소재와 통제된 또는 '편상관된(partialed out)' 다른 변수 간의 편상관계수를 보여 준다.

Correlations

Control Variables			optimism Level of optimism, 10th grade	f1locus2 LOCUS OF CONTROL 2	par_inv Parent involvement	byses SOCIO-ECONOMIC STATUS COMPOSITE	bygrads GRADES COMPOSITE
-none-ᵃ	optimism Level of optimism, 10th grade	Correlation	1.000	.364	.315	.204	.299
		Significance (2-tailed)		.000	.000	.000	.000
		df	0	799	799	799	799
	f1locus2 LOCUS OF CONTROL 2	Correlation	.364	1.000	.243	.203	.253
		Significance (2-tailed)	.000		.000	.000	.000
		df	799	0	799	799	799
	par_inv Parent involvement	Correlation	.315	.243	1.000	.419	.391
		Significance (2-tailed)	.000	.000		.000	.000
		df	799	799	0	799	799
	byses SOCIO-ECONOMIC STATUS COMPOSITE	Correlation	.204	.203	.419	1.000	.342
		Significance (2-tailed)	.000	.000	.000		.000
		df	799	799	799	0	799
	bygrads GRADES COMPOSITE	Correlation	.299	.253	.391	.342	1.000
		Significance (2-tailed)	.000	.000	.000	.000	
		df	799	799	799	799	0
par_inv Parent Involvement & byses SOCIO-ECONOMIC STATUS COMPOSITE & bygrades GRADES COMPOSITE	optimism Level of optimism, 10th grade	Correlation	1.000	.284			
		Significance (2-tailed)		.000			
		df	0	796			
	f1locus2 LOCUS OF CONTROL 2	Correlation	.284	1.000			
		Significance (2-tailed)	.000				
		df	796	0			

a. Cells contain zero-order (Pearson) correlations.

합성점수에서 높은 점수를 받은 학생은 상당히 낙천적인 미래관을 가진 반면, 낮은 점수를 받은 학생은 미래에 대해서 보다 더 비관적이었다. 이 변수의 이분적인 특성은 로지스틱 회귀분석을 설명하기 위하여 제10장에서 사용되었다. F1Locus2는 **통제소재** 척도이다. 내적 통제소재를 지닌 학생은 높은 점수를 받은 반면, 외적 통제소재를 지닌 학생은 낮은 점수를 받았다. Par_Inv는 학부모가 학교와 교육에 대해 자녀와 의사소통하는 정도와 더불어, 그들이 자녀에 대해 가지고 있는 교육적 분위기라고 정의되는 학부모의 교육에의 참여도 척도이다. BySES와 ByGrads는 SES(가족배경)와 우리가 이전에 사용해 왔던 GPA 합성점수이다.

이 합성점수를 11개 문항의 평균으로 쉽게 만들 수 있지만, 여기에서 저자는 적절한 변수만을 포함한 NELS 데이터의 하위집합을 사용하였다. 그렇게 한 이유는 어떠한 결측자료를 가지고 있는 자료세트(dataset)를 만듦으로써 다음의 상이한 방법 모두가 결측자료를 동일한 방식으로(결측자료의 완전제거법) 처리하도록 하기 위해서이다. 사용되는 방법이 다르면, 편상관계수와 준편상관계수의 추정값 중 일부는 방법에 따라 상이할 것이다. 그 자료는 웹사이트 www.tzkeith.com의 'nels optimism partial 11 item.sav'파일 속에 담겨 있다.

[그림 C-1]에서 보여 준 출력 결과는 SPSS 편상관계수 프로시저로부터 도출된 것이다. 표의 상단부는 어떤 다른 변수가 통제되지 않은 상태에서 분석에 사용된 변수 간의 상관계수들을 보여 준다. 따라서 표의 '통제변수(Control Variables)' 밑에 있는 첫 번째 컬럼의 해당 부분은 '해당사항 없음(none)'이라고 표기되어 있다. 이 책의 앞부분에서, 저자는 단순 피어슨 상관계수(simple Pearson correlation coefficients)는 종종 0차 상관계수(zero-order correlations)라고 불린다고 언급했었다. 따라서 이 표의 밑부분에 있는 주(note)는 이 상관계수를 0차[피어슨(Pearson)] 상관계수라고 명명하고 있다. 이것은 단순히 이러한 상관계수가 어떠한 다른 변수도 통제되지 않은 상관계수라는 것을 의미한다. 관심 있는 주요 상관계수는 변수 **낙천주의**와 **통제소재** 간의 상관계수, 즉 .36이다. 더 높은 내적 통제소재를 가지고 있는 청소년이 또한 더 낙천적이다. 그러나 또한 이러한 관심이 있는 주요 변수는 다른 변수와 작은(small)에서 보통 정도(moderate)의 상관계수, 즉 대부분이 .2에서 .3 범위 내에 있음을 보여 준다는 것에 주목하라. 따라서 일단 이러한 변수를 통제하거나 그것의 효과를 제거하면 **낙천주의**와 **통제소재** 간의 상관계수는 낮아질 가능성이 있다.

[그림 C-1]의 아랫부분은 **학부모참여**, SES, 그리고 기준년도의 GPA가 통제된 상태에서 **낙천주의**와 **통제소재** 간의 편상관계수를 보여 준다. 예상한 바와 같이, 일단 이러한 배경변수가 통제되면, 편상관계수는 0차 상관계

수보다 더 낮다(.284 또는 반올림하여 .28). 저자는 이 편상관계수를 $pr_{낙천주의-통제소재\cdot학부모참여, SES 성적}=.28$ $(pr_{Optimism-Locus\cdot Parent, SES, Grades}=.28)$이라고 표기할 것이다. 여기에서 pr은 편상관계수를, ·은 "…이 통제된 상태에서(controlling for…)"를 나타낸다. 이것이 회귀계수처럼 상당히 흡사하게 들린다면, 그러하다. 우리는 MR에서의 회귀계수를 하나 이상의 배경변수가 통제된 상태에서 한 변수가 다른 변수에 미치는 영향을 나타낸다고 말하였다. MR로부터 도출된 이러한 회귀계수는 또한 때때로 **편**(partial)회귀계수라고 불린다. 차이점은 편상관계수는 상관계수라는 점이다. 즉, 편상관계수는 어떠한 방향적인 속성도 가지고 있지 않으며, 어떠한 원인과 결과에 관한 시사점도 없거나 또 다른 변수에서 한 변수를 예측할 수도 없다. 경로분석에 대한 서두에서, 저자는 불가지론적 (agnostic) 모형에 대하여 언급하였다. 편상관계수는 불가지론적 회귀계수와 흡사하다. 다시 한번, 이러한 편상관은 **학부모참여**, SES 및 성적의 영향이 통제되거나 제거된 상황에서 **낙천주의**와 **통제소재** 간의 상관관계로 고려될 수 있다.

편상관계수 이해

MR에 관한 처음 논의를 회상한다면, "…의 효과가 제거된(with the effects of … removed)"이라는 구문 또한 익숙하게 들릴 것이다. 제3장에서 잔차를 기술하기 위하여 이 구문을 사용하였다는 것을 회상하라. 거기에서는 **과제**와 **학부모교육수준**의 성적에의 회귀에서 도출된 잔차를 과제와 학부모의 교육수준의 효과가 제거된 성적을 나타내는 것으로 기술하였다. 그렇다면 편상관계수는 어떤 식으로든 잔차와 관련이 있는가? 그렇다. 편상관계수를 계산하는 한 가지 방법은 각 관심변수(**낙천주의**와 **통제소재**)를 통제변수(**학부모참여**, SES 그리고 **성적**)에 회귀하고, 그 잔차를 저장하는 것이다. 그러면 이 잔차는 통제변수의 효과가 제거된 **낙천주의**와 **통제소재**를 나타낸다. 따라서 이 두 잔차 간의 상관계수는 학부모참여, SES 그리고 성적의 효과가 제거된 낙천주의와 통제소재 간의 편상관계수와 동일하다. (각각에서 학부모참여, SES 그리고 성적의 효과가 제거된) 낙천주의와 통제소재 잔차 간의 상관계수는 [그림 C-2]에서 보여 준다. 즉, 그 값(.28)은 [그림 C-1]에서의 편상관계수와 동일하다.

[그림 C-2] [SES, 성적, 그리고 학부모참여가 통제된 상태에서] 낙천주의와 통제소재 잔차 간의 상관계수는 이러한 배경변수가 통제된 상태에서의 낙천주의와 통제소재 간의 편상관계수와 동일하다.

Correlations

		Opt_Res Optimism Unstandardized Residual	Loc_Res Locus Unstandardized Residual
Opt_Res Optimism Unstandardized Residual	Pearson Correlation	1	.284**
	Sig. (2-tailed)		.000
	N	801	801
Loc_Res Locus Unstandardized Residual	Pearson Correlation	.284**	1
	Sig. (2-tailed)	.000	.
	N	801	801

**. Correlation is significant at the 0.01 level (2-tailed).

[그림 C-3]은 경로분석을 사용하여 잔차와 편상관계수 간의 관계를 보여 준다. 경로분석에서의 교란(disturbance)은 MR에서의 잔차(residuals)와 동일하다는 것을 회상하라. 따라서 교란 d1은 SES, 학부모참여, 그리고 GPA가 통제된 **낙천주의**를 나타내며, d2는 이 세 개의 변수가 통제된 **통제소재**를 나타낸다. 따라서 두 잔차 간의 상관계수는 SES, 성적, 학부모참여가 통제된 상태에서 **낙천주의**와 **통제소재** 간의 편상관계수이다. 분석된 모형인 [그림 C-4]는 다시 한번 .28이 편상관계수 프로시저에서, 그리고 잔차 간의 상관계수에서 도출된 편상관계수와 동일함을 보여 준다.

[그림 C-3] 경로분석 형태에서의 편상관계수, 잔차 간의 상관계수는 편상관계수이다.

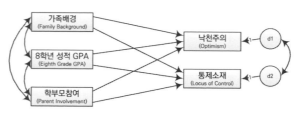

📈 편상관계수 사용

왜 편상관계수를 사용하는가? 한 가지 가능성 있는 이유는 여러분이 관심 있는 두 변수에 대한 인과적 진술을 하지 않고 분명한 통제변수를 설명하기를 원할 때이다. 대안적으로, 여러분은 두 변수 간에 상관관계가 겉으로만 그럴싸한지(spurious)의 여부, 즉 각각의 결과(product)가 하나 이상의 공통원인에 의해 영향을 받는지에 관심이 있을 수 있다. 현재 예시를 사용할 경우, 학생의 낙천주의 수준과 통제소재 간의 상관관계가 실제적인지(nonspurious)의 여부 또는 SES, 학부모참여, 그리고 성적의 배경변수(가능성 있는 공통원인)를 고려한 후에도 상관관계가 존재하는 정도에 관심이 있을 수 있다. 설명적인 견지에서 볼 때, 이 모든 변수가 서로 영향을 미치는지에 관심을 가질 수 있지만, 낙천주의가 통제소재에 영향을 미치는지, 또는 그 역인지를 결정할 수 없다. 비록 [그림 C-3]과 [그림 C-4]에서 볼 수 있는 모형이 어느 변수가 원인이고 어느 변수가 결과인지를 결정하는 데 도움을 주지 않겠지만, 그것은 다른 관련 변수(이것은 관련 변수라고 가정된다.)가 통제된 상태에서도 그 변수는 여전히 어떤 식으로든 관련이 있다는 것을 결정하도록 해 준다. 경로모형에서 편상관계수의 또 다른 가능한 의미는 모형에서 고려되지 않은 이 두 변수의 또 다른 공통원인이 있을 수 있다는 것을 인정하는 것이다.

[그림 C-4] 해결된 경로모형은 이전 그림에서의 추정값을 가지고 있는 편상관계수와 동일함을 보여 준다.

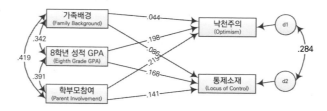

편상관계수는 또한 매개(mediation)에 관한 연구(Baron & Kenny, 1986 참고)에서 종종 사용된다. 그러나 이 책의 제1부와 제2부에서 논의된 바와 같이, 저자는 매개에 관한 대부분의 질문은 경로분석과 SEM에서의 간접효과를 통해 더 쉽게 검정될 수 있다고 생각한다.

준편상관계수

준편상관계수(semipartial correlation)[또는 **부분(part)** 상관계수로 알려진]의 경우, 배경 또는 통제변수의 효과는 관심을 두고 있는 단 **하나의(one)** 변수에서만 제거되어 왔다. 예제가 [그림 C-5]에 제시되었는데, 그것은 SES, **학부모참여**, GPA의 효과가 **낙천주의**에서 제거된(그러나 **통제소재**에서는 제거되지 않은), 통제소재와 **낙천주의** 간의 준편상관계수를 보여 준다. 낙천주의의 잔차와 통제소재 변수 간 상관계수는 이 준편상관계수와 동일하다. 즉, $sr_{통제소재-(낙천주의 \cdot 학부모참여, SES, 성적)} = .27 (sr_{Locus-(Optimism \cdot Parent, SES, Grades)} = .27)$이다(이 표현방법에서 **낙천주의**와 통제변수들 주변의 괄호는 통제변수가 **통제소재**가 아닌 **낙천주의**로부터 편상관되어 있음을 보여 준다. sr은 준편상관계수를 의미한다).

[그림 C-5] 경로분석 형태로 된 준편상관계수 또는 부분 상관계수

통제변수의 효과는 통제소재가 아닌 낙천주의에서만 제거되었다. 준편상관계수는
낙천주의 잔차와 통제소재 변수 간의 상관계수와 동일하다.

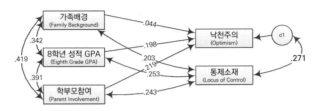

준편상관계수에 관한 이러한 기술(description)을 전제로 해 볼 때, 또한 MR에서의 잔차를 사용하여 준편상관계수를 비교하는 것이 가능할 것이다. 다시 한번, 우리의 관심사는 **낙천주의**에서 배경변수 영향이 제거된 상태에서 **통제소재**와 **낙천주의** 간의 상관계수에 있다. 이것은 낙천주의 잔차(통제된 SES, 성적, 학부모참여)와 원래의 **통제소재** 변수를 상관지어야 함을 의미한다. [그림 C-6]은 그 값이 .271임을 보여 준다. 이 값은 경로모형에서 보여 준 것과 동일하다.

[그림 C-6] 잔차를 통해 준편상관계수 계산하기

통제소재 변수는 낙천주의 잔차와 상관되어 있다.

Correlations

		Opt_Res Optimism Unstandardized Residual	f1Locus2 LOCUS OF CONTROL 2
Opt_Res Optimism Unstandardized Residual	Pearson Correlation	1	.271**
	Sig. (2-tailed)		.000
	N	801	801
f1Locus2 LOCUS OF CONTROL 2	Pearson Correlation	.271**	1
	Sig. (2-tailed)	.000	
	N	801	801

**. Correlation is significant at the 0.01 level (2-tailed).

많은 통계 프로그램은 준편상관계수를 직접적으로 계산하지는 않는다. 예를 들어, SPSS에는 어떠한 준편상관계수 프로시저도 없다. 그러나 제5장에서는 MR 출력 결과(output)에서 준편상관계수를 얻는 몇 가지 방법을 보았다. 예를 들어, 몇몇 프로그램에서는 MR 출력 결과의 일부로서 준편상관계수를 요구할 수 있다. 또한 **제곱된**(squared) 준편상관계수는 회귀식에 마지막으로 입력된 변수의 고유분산, 즉 ΔR^2과 동일하다는 것을 회상하라.

준편상관계수를 계산하기 위하여 MR을 사용하는 것에 대하여 유일하게 다루기 힘든 부분이 상관되어 있는 두 변수 중 어느 것이 통제된 배경변수이고 어느 것이 그렇지 않은지를 이해하는 것이다. 편상관계수와는 달리, 준편상관계수는 대칭적이지 않다. 즉, $sr_{통제소재-(낙천주의 \cdot 학부모참여, SES, 성적)} \neq sr_{낙천주의-(통제소재 \cdot 학부모참여, SES, 성적)}$ $[sr_{Locus-(Optimism \cdot Parent, SES, Grades)} \neq sr_{Optimism-(Locus \cdot Parent, SES, Grades)}]$이다. 준편상관계수를 계산하기 위하여 MR을 사용할 때, 산출물(outcome)변수 또는 종속변수는 통제되지 않는(또는 괄호 밖에 있는) 반면, 통제된 변수는 예측

변수 중 하나로 간주된다. 다음은 제5장에서 인용한 것이다. "개념적으로, $X2$, $X3$ 등의 영향이 $X1$으로부터 제거된 상태에서의 $X1$에 대한 Y의 상관계수이다. 그것은 $sr_{y(1 \cdot 23)}$으로 기호화될 수 있는데, 괄호는 $X2$와 $X3$의 영향이 $X1$에서는 제거되었지만 Y로부터는 제거되지 않았다는 것을 보여 준다."(p.115) 따라서 $sr_{통제소재-(낙천주의 \cdot 학부모참여, SES, 성적)}$ ($sr_{Locus-(Optimism \cdot Parent, SES, Grades)}$)을 계산하기 위해서는 **통제소재**를 SES, **학부모참여**, **성적** 그리고 **낙천주의**로 회귀할 필요가 있다.

저자는 **통제소재**를 동시적 회귀분석을 통해 SES, **학부모참여**, **성적**에 회귀시킨 다음, 순차적으로 **낙천주의**를 회귀모형에 추가하였다. [그림 C-7]은 **낙천주의**를 추가함으로써 R^2에서의 변화가 .073임을 보여 준다. 준편상관계수는 다시 한번 반올림의 오차 내에서 다른 추정값과 마찬가지로 $\sqrt{\Delta R^2}$ 또는 $\sqrt{.073} = .270$과 동일함을 회상하라. 이것이 의미하는 바를 생각해 보라. 준편상관계수제곱근은 다른 변수가 고려된 이후에 **낙천주의**가 **통제소재**에서 설명하는 고유분산과 동일하다. 이것은 또한 [그림 C-5]에 초점을 둘 때 이해될 수 있다. 이미 SES, **성적**, **학부모참여**가 **낙천주의**에 미치는 어떤 효과를 제거하였다. 그렇다면, **낙천주의**가 **통제소재**에서 설명할 수 있는 고유측면은 무엇인가?

[그림 C-7] MR을 사용하여 준편상관계수 계산

낙천주의가 회귀모형에 마지막으로 입력되었을 때 R^2의 변화의 제곱근은 배경변수의 영향이 낙천주의로부터
제거되었을 때의 통제소재[산출물(outcome)]의 준편상관계수와 동일하다.

Model Summary

Model	R	R Square	Adjusted R Square	Std. Error of the Estimate	Change Statistics				
					R Square Change	F Change	df1	df2	Sig. F Change
1	.307a	.094	.091	.59007	.094	27.664	3	797	.000
2	.409b	.167	.163	.56608	.073	69.982	1	796	.000

a. Predictors: (Constant), par_inv Parent Involvement, bygrads GRADES COMPOSITE, byses SOCIO-ECONOMIC STATUS COMPOSITE

b. Predictors: (Constant), par_inv Parent Involvement, bygrads GRADES COMPOSITE, byses SOCIO-ECONOMIC STATUS COMPOSITE, optimism Level of optimism, 10th grade

[그림 C-8]은 이 동일한 회귀모형의 두 번째 부분에서 산출된 계수의 표를 보여 준다. 표의 마지막 세 줄은 네 개의 변수(SES, **성적**, **학부모참여**, 그리고 **낙천주의**) 각각과 **통제소재** 간의 원래 상관계수를 보여 준다. 종속변수와 각각의 독립변수 양자 중 다른 세 가지 변수가 편상관된(partialed out), 각 변수와 통제권 간의 편상관계수와 회귀식의 독립변수 측에서만 다른 세 가지 변수가 제거된 각 변수와 통제권 간의 준편(부분)상관계수, 따라서 첫 번째 부분상관계수(**낙천주의**, .271, 진하게 표시됨)는 **낙천주의**에서 SES, **성적** 그리고 **학부모참여**가 제거된 **낙천주의**와 **통제소재** 간의 준편상관계수를 보여 준다. 다음으로, **학부모참여**의 계수(Coefficient)는 **학부모참여**에서 SES, **성적** 그리고 **낙천주의**가 제거된 **학부모참여**와 **통제소재** 간의 준편상관계수를 보여 준다.

[그림 C-8] MR로부터의 추가적인 출력 결과(output)

몇몇 프로그램(예: SPSS)은 요구할 경우 준편상관계수를 출력할 것이다. 또한 t값으로부터 준편상관계수를 계산할 수 있다.

Coefficients[a]

Model		Unstandardized Coefficients		Standardized Coefficients	t	Sig.	Correlations		
		B	Std. Error	Beta			Zero-order	Partial	Part
1	(Constant)	-1.530	.167		-9.186	.000			
	optimism Level of optimism, 10th grade	.310	.037	.291	8.366	.000	.364	.284	**.271**
	byses SOCIO-ECONOMIC STATUS COMPOSITE	.060	.030	.073	2.007	.045	.203	.071	.065
	bygrads GRADES COMPOSITE	.096	.032	.111	3.018	.003	.253	.106	.098
	par_inv Parent Involvement	.061	.030	.078	2.042	.041	.243	.072	.066

a. Dependent Variable: f1locus2 LOCUS OF CONTROL 2

제5장에서 언급한 바와 같이(p.110. 각주 2), 각 계수의 출력 결과에 제시된 t값으로부터 준편상관계수를 다음 수식을 사용하여 계산할 수 있다.

$$sr_{y(1\cdot234)} = t\sqrt{\frac{1-R^2}{N-k-1}}$$

통제소재-낙천주의 준편상관계수의 경우, t값([그림 C-8] 참조)은 8.366(또한 진하게 표시됨)이다. 따라서 수식은 다음과 같다.

$$sr_{통제소재(낙천주의 \cdot SES, 성적, 학부모참여)} = sr_{Locus(Optimism \cdot SES, Grades, Parent)} = t\sqrt{\frac{1-R^2}{N-k-1}}$$

$$= 8.366\frac{\sqrt{1-.167}}{801-4-1}$$

$$= .271$$

(R^2과 df는 [그림 C-7] 참조)

마지막으로, 내 동료인 Matt Reynolds가 지적한 바와 같이 b에서 준편상관계수를 계산하는 것이 가능하다. b에서 β를 계산하기 위한 공식을 회상하라. $\beta = b\frac{SD_x}{SD_y}$. SD값을 **낙관주의의 SD**를 위한 공식에 있는 **낙관주의 잔차(residual)**로 대체하면(즉, SD_x 자리에), .270의 값을 얻을 수 있다. 이는 반올림 오차 내에서 다양한 그림에서 볼 수 있는 준편상관계수와 동일하다. 이 방법은 아마도 계산에 사용할 방법은 아니지만, 준편상관계수가 b와 그리고 β와 어떻게 관련되어 있는지를 이해하는 데 도움이 된다.

준편상관계수 활용

저자의 경험상, 준편상관계수를 가장 흔히 사용하는 것은 어떤 산출물(outcome)을 설명하는 데 있어 예측변수(predictor)의 고유분산을 기술하고자 하는 경우이다. 모형에서 변수가 정확하다면 제곱된 준편상관계수는 결과를 설명하는 데 있어 각 독립변수의 고유분산의 추정값을 제공한다. sr^2은 각 변수가 회귀식에 마지막으로 추가되었을 때 얻어진 $\triangle R^2$값과 동일하다.

(제곱되지 않은) 준편상관계수는 또한 회귀모형에서 변수의 상대적인 중요도를 기술하기 위하여 사용될 수 있

다. 그렇게 활용하는 경우(그리고 다시 한번 회귀모형이 정확한 경우), 준편상관계수는 각 변수가 결과에 미치는 상대적인(relative) 직접효과를 나타내는 β와 매우 동일한 방식으로 해석된다. 실제로, 몇몇 저자는 이러한 목적으로 사용하는 경우 회귀계수보다 준편상관계수가 더 낫다고 권장한다(예: Darlington & Hayes, 2017).

결론

편상관계수와 준편상관계수는 MR에 유용한 부속물(adjuncts)이며, 그것 자체로서도 유용한 절차(procedures)이다. 비록 이 책의 주요 초점이 MR과 관련 방법을 설명적인 방식으로 사용하는 데 있었지만, 연구질문은 항상 이러한 틀에 적합한 것은 아니다. 때때로 일련의 배경변수가 두 변수 간의 기존 상관관계를 설명하는 정도, 즉 상관관계가 겉으로만 그럴싸할(spurious) 수 있는 정도에 관심이 있다. 대안적으로, 그러한 배경변수가 통제된 상태에서도 상관관계가 여전히 존재하는지 또는 배경효과가 통제된 상태에서도 핵심변수가 결과를 예측하는지를 보여 주는 데 관심이 있을 수 있다. 편상관계수와 준편상관계수는 이러한 경우에 유용하다. 이 짧은 부록에서는 몇 가지 다른 방향에서 이러한 개념을 접근해 왔다. 편상관계수와 준편상관계수를 도출하고 설명하는 모든 다른 방법을 이해할 필요는 없다. 그것 중 한두 가지만 반향을 일으켜서 이러한 개념에 대해 편안함을 느끼고 이해하면 된다.

부록 D 이 책에서 사용된 기호

기호	정의
a	회귀식에서 절편
AIC	Akaike 정보지수(Akaike information criterion). SEM에서 적합도지수 중 하나
b	비표준화 회귀계수
BIC	Bayesian 정보지수(Bayesian information criterion). SEM에서 적합도지수 중 하나
CFI	비교적합도지수(Comparative fit index), SEM에서 적합도지수 중 하나
CI	신뢰구간
CoV_{xy}	X와 Y의 공분산
d	SEM에서 교란(disturbance), MR에서 잔차(residual)와 동일. d는 또한 실험 연구에서 두 집단을 비교할 때 효과크기의 척도 중 하나는 나타내기 위해 사용된다.
df	자유도
e	오차
f^2	ANOVA와 MR에서 사용되는, 효과크기 척도. R^2으로부터 계산된다.
F	R^2의 통계적 유의도 또는 실험에서 집단 간 차이를 검정하기 위하여 사용되는 ANOVA 통계값
g	범주형 변수에서 집단의 수. g는 또한 일반지능 요인을 나타내기 위해서 흔히 사용된다.
k	회귀분석에서 독립변수의 수
M	평균
MI	SEM에서 수정지수
N	피험자수, 샘플크기
P	확률
r	상관계수, 피어슨(Pearson) 적률상관계수, 영차(zero-order)상관계수. r은 또한 때때로 SEM과 CFA에서 고유분산(unique variance)과 오차분산(error variance)(또는 잔차)을 나타내기 위해 사용된다.
r_{tt}	신뢰도계수
R	다중상관계수
R^2	다중상관제곱. 분산은 일련의 독립변수에 의해 종속변수에서 설명된다.
$RMSEA$	근사치오차평균제곱근(Root Mean Square Error of Approximation). SEM에서 적합도지수 중 하나
SD	표준편차
SE	회귀계수의 SE에서처럼(SE_b), 표준오차
sr	준편상관계수. 한 변수가 회귀식의 마지막에 추가되었을 때 $\sqrt{\triangle R^2}$과 동일하다.
$SRMR$	표준화평균제곱근잔차, SEM에서 적합도지수 중 하나

ss	제곱합. 분산의 한 척도. R을 계산하고 회귀식의 통계적 유의도를 결정하기 위해 사용된다.
t	t-검정에서처럼 t-검정은 회귀계수, 평균 그리고 많은 다른 모수치의 통계적 유의도를 검정하기 위하여 사용된다.
T 점수	$M=50$, $SD=10$인 표준화점수
TLI	터커 루이스지수(Tucker Lewis Index). 또한 $NNFI$(Non-Normed Fit Index; 비표준적합도지수)로도 알려져 있다. 적합도지수 중 하나
u	SEM에서 고유분산과 오차분산
V	분산
X	독립변수
Y	종속변수
Y'	예측된 Y
z	z점수에서처럼. $M=0$, $SD=1$인 표준화점수. 모든 다른 유형의 표준점수의 기초
α	알파. 확률수준
β	베타. 표준화 회귀계수
Δ	델타. ΔR^2에서처럼 차이를 나타내기 위해서 사용된다.
η^2	에타제곱. R^2과 동일한 ANOVA에서 효과크기를 나타내는 척도
χ^2	카이제곱. SEM모형에서 흔히 사용되는 적합도척도

부록 E 유용한 수식

수식	목적
$F = \dfrac{ss_{\text{회귀모형}}/df_{\text{회귀모형}}}{ss_{\text{잔차}}/df_{\text{잔차}}}$	회귀모형의 통계적 유의도 검정
$F = \dfrac{R^2/k}{(1-R^2)/(N-k-1)}$	회귀모형의 통계적 유의도 검정
$R^2 = \dfrac{ss_{\text{회귀모형}}}{ss_{\text{전체}}}$	R^2 계산
$b = \dfrac{\text{상승분}}{\text{증가분}} = \dfrac{M_y - a}{M_x - 0}$	비표준화 회귀계수 또는 회귀선의 기울기
$t = \dfrac{b}{SE_b}$	회귀계수의 통계적 유의도 검정
$Y = a + b_1 X_1 + b_2 X_2 \cdots + e$	일반적인 회귀식 형태
$\beta = b\dfrac{SD_x}{SD_y}, \;\; b = \beta\dfrac{SD_y}{SD_x}$	표준화 회귀계수를 비표준화 회귀계수로, 또는 그 역으로 변환
$SD = \sqrt{V}, \;\; V = SD^2$	표준오차를 분산으로 변환
$r_{xy} = \dfrac{CoV_{xy}}{SD_x SD_y}$	공분산에서 상관계수 계산
$\beta_1 = \dfrac{r_{y1} - r_{y2}r_{12}}{1 - r_{12}^2}$	두 개의 독립변수를 가지고 있는 회귀모형에서 β를 계산하기 위한 수식
$R_{12}^2 = \dfrac{r_{y1}^2 + r_{y2}^2 - 2r_{y1}r_{y2}r_{12}}{1 - r_{12}^2}$	두 개의 독립변수를 가지고 있는 회귀모형에서 R^2을 계산하기 위한 수식
$f^2 = \dfrac{R^2}{1 - R^2}$	R^2으로부터 계산된 Cohen의 f^2 일반적인 효과크기 척도
$F = \dfrac{R_{12}^2 - R_1^2/k_{12} - k_1}{(1 - R_{12}^2)/(N - k_{12} - 1)}$	회귀식에서 순차적으로 추가된 변수의 통계적 유의도를 검정하기 위하여 사용되는, R^2에서의 변화($\triangle R^2$)에 대한 통계적 유의도
$f^2 = \dfrac{R_{y.12}^2 - R_{y.1}^2}{1 - R_{y.12}^2}$	R^2에서의 변화에서 계산된 Cohen의 f^2 일반적인 효과크기 척도
$V_e = (1 - r_{tt})V$	한 척도의 신뢰도와 그것의 전체 분산에서 오차분산을 계산하기 위한 수식. SEM에서는 단일지표잠재변수를 위해 사용된다.
$r = \dfrac{\sum z_x z_y}{n - 1}$	피어슨(Pearson) 적률상관계수를 계산하기 위한 수식

참고문헌

Aberson, C. L. (2010). *Applied power analysis for the behavioral sciences*. New York, NY: Routledge.

Aiken, L. S., & West, S. G. (1991). *Multiple regression: Testing and interpreting interactions*. Thousand Oaks, CA: Sage.

Alexander, K. W., Quas, J. A., Goodman, G. S., Ghetti, S., Edelstein, R. S., Redlich, A. D., ⋯ & Jones, D. P. H. (2005). Traumatic impact predicts long-term memory for documented child sexual abuse. *Psychological Science, 16*, 33–40. doi: 10.111 l/j.0956–7976.2005.00777.x

Alexander, R. A, & DeShon, R. P. (1994). Effect of error variance heterogeneity on the power of tests for regression slope differences. *Psychological Bulletin, 115*, 308–314.

Allison, P. D. (1999). *Multiple regression: A primer*. Thousand Oaks, CA: Pine Forge.

American Psychological Association. (2010). *Publication manual of the American Psychological Association* (6th ed.). Washington, DC: Author.

Appelbaum, M., Cooper, H., Kline, R. B., Mayo–Wilson, E., Nezu, A. M., & Rao, S. M. (2018). Journal article reporting standards for quantitative research in psychology: The APA Publications and Communications Board task force report. *American Psychologist, 73*(1), 3–25. doi:10.1037/amp0000191

Arbuckle, J. L. (1996). Full information estimation in the presence of incomplete data. In G. A. Marcoulides & R. E. Schumacker (Eds.), *Advanced structural equation modeling* (pp. 243–278). Mahwah, NJ: Erlbaum.

Arbuckle, J. L. (2017). *IBM SPSS Amos 25 user's guide*. Crawfordville, FL: Amos Development Corporation.

Asparouhov, T., & Muthen, B. (2014). Multiple–group factor analysis alignment. *Structural Equation Modeling: A Multidisciplinary Journal, 21*(4), 495–508. doi:10.1080/ 1070551 l.2014.919210

Baron, R. M., & Kenny, D. A. (1986). The moderator–mediator variable distinction in social psychological research: Conceptual, strategic, and statistical considerations. *Journal of Personality and Social Psychology, 51*, 1173–1182.

Beau jean, A. A. (2014). *Latent variable modeling using R: A step-by-step guide*. New York, NY: Routledge.

Belli, R. F. (2016). Toward reconciliation of the true and false recovered memory debate. In R. Burnett (Ed.), *Wrongful allegations of sexual and child abuse* (pp. 255–270). New York, NY: Oxford University Press.

Bennett, W. J. (1987). *James Madison high school: A curriculum for American students*. Washington, DC: U.S. Department of Education.

Bentler, P. M. (1995). *EQS structural equations program manual*. Encino, CA: Multivariate Software.

Bentler, P. M., & Woodward, J. A. (1978). A Head Start reevaluation: Positive effects are not yet demonstrable. *Evaluation Quarterly, 2*, 493–510.

Berry, W. D. (1993). *Understanding regression*

assumptions. Thousand Oaks, CA: Sage.

Birnbaum, M. H. (1979). Procedures for the detection and correction of salary inequities. In T. H. Pezzullo & B. E. Brittingham (Eds.), *Salary equity* (pp. 121–144). Lexington, MA: Lexington Books.

Blalock, H. M. (1972). *Social statistics* (2nd ed.). New York, NY: McGraw–Hill.

Boker, S. M., Neale, M. C., Maes, H. H., Wilde, M. J., Spiegel, M., Brick, T. R., ··· Brandmaier, A. (2012). *OpenMx user's guide.* Charlottesville, VA: University of Virginia.

Bollen, K. A. (1989). *Structural equations with latent variables.* New York, NY: Wiley.

Bollen, K. A., & Curran, P. J. (2006). *Latent curve models: A structural equation perspective.* Hoboken, NY: Wiley.

Bonifay, W., & Cai, L. (2017). On the complexity of item response theory models. *Multivariate Behavioral Research, 52*(4), 465–484. doi: 10.1080/00273171.2017.1309262

Boomsma, A. (1985). Nonconvergence, improper solutions, and starting values in LISREL maximum likelihood estimation. *Psychometrika, 50,* 229–242.

Boomsma, A. (2000). Reporting analyses of covariance structures. *Structural Equation Modeling, 7,* 461–483.

Borsboom, D. (2006). The attack of the psychometricians. *Psychometrika, 71,* 425–440.

Brady, H. V., & Richman, L. C. (1994). Visual versus verbal mnemonic training effects on memory–deficient and language–deficient subgroups of children with reading disability. *Developmental Neuropsychology, 10,* 335–347.

Bremner, J. D., Shobe, K. K., & Kihlstrom, J. F. (2000). False memories in women with self–reported childhood sexual abuse: An empirical study. *Psychological Science, 11,* 333–337.

Brown, T. A. (2015). *Confirmatory factor analysis for applied research* (2nd ed.). New York, NY: Guilford.

Browne, M. W., & Cudeck, R. (1993). Alternative ways of assessing model fit. In K. A. Bollen & J. S. Long (Eds.), *Testing structural equation models* (pp. 136–162). Newbury Park, CA: Sage.

Bryk, A. S., & Raudenbush, S. W. (1992). *Hierarchical linear models.* Thousand Oaks, CA: Sage.

Buhs, E. S., & Ladd, G. W. (2001). Peer rejection as an antecedent of young children's school adjustment: An examination of mediating processes. *Developmental Psychology, 37,* 550–560.

Butler, J. K. (2001). Reciprocity of dyadic trust in dose male–female relationships. *Journal of Social Psychology, 126,* 579–591.

Byrne, B. M. (1998). *Structural equation modeling with LISREL, PRELIS, and SIMPLIS: Basic concepts, applications, and programming.* Mahwah, NJ: Erlbaum.

Byrne, B. M. (2006). *Structural equation modeling with EQS: Basic concepts, applications, and programming* (2nd ed.). New York, NY: Routledge.

Byrne, B. M. (2010). *Structural equation modeling with Mplus: Basic concepts, applications, and programming.* New York, NY: Routledge.

Byrne, B. M. (2016). *Structural equation modeling with Amos: Basic concepts, applications, and programming* (3rd ed.). New York, NY: Routledge.

Byrne, B. M., Shavelson, R. J., & Muthen, B. O. (1989). Testing for equivalence of factor covariance and means structures: The issue of partial measurement invariance. *Psychological Bulletin, 105,* 456–466.

Caemmerer, J. M. (2017). *Beyond individual tests: The effects of children's and adolescents' cognitive abilities on their achievement.* Doctoral dissertation, University of Texas, Austin, TX.

Caemmerer, J. M., & Keith, T. Z. (2015). Longitudinal, reciprocal effects of social skills and achievement from kindergarten to eighth grade. *Journal of School Psychology, 53*(4), 265–281. doi:10.1016/

j.jsp.2015.05. 001

Caemmerer, J. M., Maddocks, D. L. S., Keith, T. Z., & Reynolds, M. R. (2018). Effects of cognitive abilities on child and youth academic achievement: Evidence from the WISC−V and WIAT−111. *Intelligence, 68*, 6−20.

Carroll, J. B. (1963). A model for school learning. *Teachers College Record, 64*, 723−733.

Carroll, J. B. (1993). *Human cognitive abilities: A survey of factor-analytic studies.* New York, NY: Cambridge University Press.

Carter, S. P., Greenberg, K., & Walker, M. S. (2017). The impact of computer usage on academic performance: Evidence from a randomized trial at the United States Military Academy. *Economics of Education Review, 56*, 118−132. doi: 10.1016/j.econedurev. 2016.12.005

Chen, F. F., West, S. G., & Sousa, K. H. (2006). A comparison of bifactor and second−order models of quality of life. *Multivariate Behavioral Research, 41*, 189−225.

Chen, F., Curran, P. J., Bollen, K. A., Kirby, J. R., & Paxton, P. (2008). An empirical evaluation of the use of fixed cutoff points in RMSEA test statistic in structural equation models. *Sociological Methods & Research, 36*, 462− 494.

Chen, H.−Y., Keith, T. Z., Chen, Y.−H., & Chang, B.−S. (2009). What does the WISC−IV measure for Chinese students? Validation of the scoring and CHC−based interpretive approaches in Taiwan. *Journal of Research in Education Sciences, 54*(3), 85−108.

Cheung, G. W., & Rensvold, R. B. (2002). Evaluating goodness−of−fit indexes for testing measurement invariance. *Structural Equation Modeling, 9*, 233−255.

Christenson, S. L., Rounds, T., & Gorney, D. (1992). Family factors and student achievement: An avenue to increase students' success. *School Psychology Quarterly, 7*, 178−206.

Cleary, T. A. (1968). Test bias: Prediction of grades of Negro and white students in integrated colleges. *Journal of Educational Measurement, 5*, 115−124.

Cliff, N. (1983). Some cautions concerning the application of causal modeling methods. *Multivariate Behavioral Research, 18*, 115− 126.

Cohen, J. (1968). Multiple regression as a general data−analytic system. *Psychological Bulletin, 70*, 426−443.

Cohen, J. (1978). Partialed products are interactions; partialed powers are curve components. *Psychological Bulletin, 85*, 114−128.

Cohen, J. (1983). The cost of dichotomization. *Applied Psychological Measurement, 7*, 249− 253.

Cohen, J. (1988). *Statistical power analysis for the behavioral sciences* (2nd ed.). Hillsdale, NJ: Erlbaum.

Cohen, J. (1994). The earth is round (p⟨.05). *American Psychologist, 49*, 997−1003.

Cohen, J., & Cohen, P. (1983). *Applied multiple regression/correlation analysis for the behavioral sciences* (2nd ed.). Hillsdale, NJ: Erlbaum.

Cohen, J., Cohen, P., West, S. G., & Aiken, L. S. (2003). *Applied multiple regression/correlation analysis for the behavioral sciences* (3rd ed.). Hillsdale, NJ: Erlbaum.

Cole, D. A., Maxwell, S. E., Arvey, R., & Salas, E. (1993). Multivariate group comparisons of variable systems: MANOVA and structural equation modeling. *Psychological Bulletin, 114*, 174−184.

Coleman, J. S., Hoffer, T., & Kilgore, S. (1981). *Public and private schools.* Washington, DC: U.S. Department of Education.

Cooper, H. (1989). *Homework.* New York, NY: Longman.

Cooper, H., Robinson, J. C., & Patall, E. A. (2006). Does homework improve academic achievement? A synthesis of research, 1987−2003. *Review of Educational Research, 76*, 1−62. doi:10.3102/00346543076001001

Cronbach, L. J., & Snow, R. E. (1977). *Aptitudes and instructional methods: A handbook for research on interactions.* New York, NY: Irvington.

Cudek, R. (1989). Analysis of correlation matrices using covariance structure models. *Mulitvariate Behavioral Research, 27*, 269–300.

Cumming, G., & Finch, S. (2005). Inference by eye: Confidence intervals and how to read pictures of data. *American Psychologist, 60*, 170 180. doi:10.1037/0003066X.60.2.170

Cumming, G., Fidler, F., Kalinowski, P., & Lai, J. (2012). The statistical recommendations of the American Psychological Association Publication Manual: Effect sizes, confidence intervals, and meta-analysis. *Australian Journal of Psychology, 64*(3), 138–146. doi:10.1111/j.1742–9536.2011.00037.x

Curran, P. J., Stice, E., & Chassin, L. (1997). The relation between adolescent alcohol use and peer alcohol use: A longitudinal random coefficients model. *Journal of Consulting and Clinical Psychology, 65*(1), 130–140. doi:10.1037/0022–006x.65.1.130

Darlington, R. B. (1990). *Regression and linear models.* New York, NY: McGraw–Hill.

Darlington, R. B., & Hayes, A. F. (2017). *Regression analysis and linear models: Concepts, applications, and implementation.* New York, NY: Guilford.

DiPerna, J. C., Lei, P.–W., & Reid, E. E. (2007). Kindergarten predictors of mathematical growth in the primary grades: An investigation using the Early Childhood Longitidinal Study–Kindergarten cohort. *Journal of Educational Psychology, 99*, 369–379. doi: 10.1037/022–0663.99.2.369

Duckworth, A. L., & Seligman, M. E. P. (2005). Self-discipline outdoes IQ in predicting academic performance of adolescents. *Psychological Science, 16*, 939–944.

Duncan, O. D. (1975). *Introduction to structural equation models.* New York, NY: Academic Press.

Duncan, O. D., Haller, A. O., & Portes, A. (1971). Peer influences on aspirations: A reinterpretation. In H. M. Blalock (Ed.), *Causal models in the social sciences* (pp. 219–244). New York, NY: Aldine.

Duncan, S. C., Duncan, T. E., Biglan, A., & Ary, D. (1998). Contributions of the social context to the development of adolescent substance use: A multivariate latent growth modeling approach. *Drug and Alcohol Dependence, 50*, 57–71.

Duncan, T. E., Duncan, S. C., & Strycker, L. A. (2006). *An introduction to latent variable growth curve modeling: Concepts, issues, and application* (2nd ed.). Mahwah, NJ: Erlbaum.

Eberhart, S. W., & Keith, T. Z. (1989). Self-concept and locus of control: Are they causally related in secondary students? *Journal of Psychoeducational Assessment, 7*, 14–30.

Eisenberg, N., Gershoff, E.T., Fabes, R. A., Shepard, S. A., Cumberland, A. J., Losoya, S. H., … Murphy, B. C. (2001). Mothers' emotional expressivity and children's behavior problems and social competence: Mediation through children's regulation. *Developmental Psychology, 37*, 475–490.

Eliason, S. R. (1993). *Maximum likelihood estimation: Logic and practice* (Sage University Paper series on Quantitative Applications in the Social Sciences, series no. 07–096). Newbury Park, CA: Sage.

Elkins, G., Marcus, J., Stearns, V., Perfect, M., Rajab, M. H., Ruud, C., … Keith, T. Z. (2008). Randomized trial of a hypnosis intervention for treatment of hot flashes among breast cancer survivors. *Journal of Clinical Oncology, 26*, 5022–5026.

Elliott, C. D. (2007). Differential Ability Scales (2nd ed.). San Antonio, TX: Harcourt Assessment.

Enders, C. K. (2006). Analyzing structural equation models with missing data. In G. R. Hancock & R. O. Mueller (Eds.), *Structural equation modeling: A second course* (pp. 313–342). Greenwich, CT:

Information Age.

Enders, C. K. (2010). *Applied missing data analysis*. New York, NY: Guilford.

Enders, C. K., & Bandalos, D. L. (2001). The relative performance of full information maximum likelihood estimation for missing data in structural equation models. *Structural Equation Modeling, 8*, 430–457.

Enders, C. K., & Peugh, J. L. (2004). Using an EM covariance matrix to estimate structural equation models with missing data: Choosing an adjusted sample size to improve accuracy of inferences. *Structural Equation Modeling, 11*, 1–19.

Fan, X., & Sivo, S. A. (2007). Sensitivity of fit indexes to model misspecification and model types. *Multivariate Behavioral Research, 42*, 509–529.

Fan, X., Thompson, B., & Wang, L. (1999). Effects of sample size, estimation methods, and model specification on structural equation modeling fit indexes. *Structural Equation Modeling, 6*, 56–83.

FAQ: How do I interpret odds ratios in logistic regression?. Retrieved May 31, 2018, from https://stats.idre.ucla.edu/other/mult-pkg/faq/general/faq-how-do-i-interpret-odds-ratios-in-logistic-regression/

Faul, F., Erdfelder, E., Buchner, A., & Lang, A.-G. (2009). Statistical power using G*Power 3.1: Tests for correlation and regression analyses. *Behavior Research Methods, 41*, 1149–1160.

Faul, F., Erdfelder, E., Lang, A.-G., & Buchner, A. (2007). G*Power 3: A flexible statistical power analysis program for the social behavioral, and biomedical sciences. *Behavior Research Methods, 39*, 175–191.

Ferrer, E., & McArdle, J. J. (2004). An experimental analysis of dynamic hypotheses about cognitive abilities and achievement from childhood to early adulthood. *Developmental Psychology, 40*, 935–952.

Ferrer, E., & McArdle, J. J. (2010). Longitudinal modeling of developmental changes in psychological research. *Current Directions in Psychological Science, 19*, 149–154. doi:10.1177/0963721410370300

Finney, S. J., & DiStefano, C. (2006). Non-normal and categorical data in structural equation modeling. In G. R. Hancock & R. O. Mueller (Eds.), *Structural equation modeling: A second course* (pp. 269–314). Greenwich, CT: Information Age.

Fox, J. (2006). Structural equation modeling with the sem package in R. *Structural Equation Modeling, 13*, 456–486.

Fox, J. (2008). *Applied regression analysis and generalized linear models* (2nd ed.). Thousand Oaks, CA: Sage.

Fredrick, W. C., & Walberg, H.J. (1980). Learning as a function of time. *Journal of Educational Research, 73*, 183–204.

Freedman, D. A. (1987). As others see us: A case study in path analysis. *Journal of Educational Statistics, 12*, 101–128.

Fritz, M. S., & MacKinnon, D. P. (2007). Required sample size to detect the mediated effect. *Psychological Science, 18*, 233–239.

Gage, N. L. (1978). *The scientific basis of the art of teaching*. New York, NY: Teachers College Press.

Graham, J. W. (2009). Missing data analysis: Making it work in the real world. *Annual Review of Psychology, 60*, 549–576.

Graham, J. W. (2012). *Missing data: Analysis and design*. New York, NY: Springer-Verlag.

Green, S. B. (1991). How many subjects does it take to do a regression analysis? *Multivariate Behavioral Research, 26*, 499–510.

Green, S. B., & Thompson, M. S. (2006). Structural equation modeling for conducting tests of differences in multiple means. *Psychosomatic Medicine, 68*, 706–717.

Gregorich, S. E. (2006). Do self-report instruments allow meaningful comparisons across diverse population groups? Testing measurement invariance using the confirmatory factor analysis framework. *Medical Care, 44*, 578–594.

Hancock, G. R. (1997). Structural equation modeling methods of hypothesis testing of latent variable means. *Measurement and Evaluation in Counseling and Development, 30*, 91–105.

Hancock, G. R., & French, B. F. (2013). Power analysis in structural equation modeling. In G. R. Hancock & R. O. Mueller (Eds.), *Structural equation modeling: A second course* (2nd ed.). Charlotte, NC: Information Age.

Hancock, G. R., & Mueller, R. O. (Eds.). (2013). *Structural equation modeling: A second course.* Charlotte, NC: Information Age.

Hancock, G. R., Harring, J. R., & Lawrence, F. R. (2013). Using latent growth models to evaluate longitudinal change. In G. R. Hancock & R. O. Mueller (Eds.), *Structural equation modeling: A second course* (pp. 171–196). Charlotte, NC: Information Age.

Hansen, C. P. (1989). A causal model of the relationship among accidents, biodata, personality, and cognitive factors. *Journal of Applied Psychology, 74*, 81–90.

Hayduk, L. A. (1987). *Structural equation modeling with LISREL: Essentials and advances.* Baltimore, MD: Johns Hopkins University Pres.

Hayduk, L. A. (1996). *LISREL issues, debates, and strategies.* Baltimore, MD: Johns Hopkins University Press.

Hayes, A. F. (2018). *Introduction to mediation, moderation, and conditional process analysis: A regression-based approach* (2nd ed.). New York, NY: Guilford.

Heck, R. H., & Thomas, S. L. (2015). *An introduction to multilevel modeling techniques: MLM and SEM approaches using Mplus* (3rd ed). New York, NY: Routledge.

Heck, R. H., Thomas, S. L., & Tabata, L. N. (2014). *Multilevel and longitudinal modeling with IBM SPSS* (2nd ed의미 있 New York, NY: Routledge.

Heene, M., Hilbert, S., Freudenthaler, H. H., & Biihner, M. (2012). Sensitivity of SEM fit indexes with respect to violations of uncorrelated errors. *Structural Equation Modeling, 19*(1), 36–50. doi:10.1080/ 10705511.2012.634710

Henry, D. B., Tolan, P. H., & Gorman–Smith, D. (2001). Longitudinal family and peer group effects on violence and nonviolent delinquency. *Journal of Clinical Child Psychology, 30*, 172–186.

Hershberger, S. L. (2006). The problem of equivalent structural equation models. In G. R. Hancock & R. O. Mueller (Eds.), *Structural equation modeling: A second course.* Greenwich, CT: Information Age.

Hintze, J.M., Callahan, J. E., III, Matthews, W. J., Williams, S. A. S., & Tobin, K. G. (2002). Oral reading fluency and prediction of reading comprehension in African American and Caucasian elementary school children. *School Psychology Review, 31*, 540–553.

Hosmer, D. W., Lemeshow, S., & Sturdivant, R. S. (2013). *Applied logistic regresssion* (3rd ed.). Hoboken, NJ: Wiley.

Howell, D. C. (2013). *Statistical methods for psychology* (8th ed.). Belmont, CA: Wadsworth.

Hox, J. J., Moerbeek, M., & van de Schoot, R. (2018). *Multilevel analysis: Techniques and applications* (3rd ed.). New York, NY: Routledge.

Hoyle, R. H. (Ed.). (1995). *Structural equation modeling: Concepts, issues, and applications.* Thousand Oaks, CA: Sage.

Hoyle, R. H. (Ed.). (2012). *Handbook of structural equation modeling.* New York, NY: Guilford.

Hoyle, R. H., & Panter, A. T. (1995). Writing about structural equation models. In R.H. Hoyle (Ed.), *Structural equation modeling: Concepts, issues, and applications* (pp. 158–176). Thousand Oaks, CA: Sage.

Hu, L., & Bentler, P. M. (1998). Fit indices in covariance

structure modeling: Sensitivity to underparameterized model misspecification. *Psychological Methods, 3*, 424–453.

Hu, L., & Bentler, P. M. (1999). Cutoff criteria for fit indexes in covariance structure analysis: Conventional criteria versus new alternatives. *Structural Equation Modeling, 6*, 1–55.

Jensen, A. R. (1998). *The g factor: The science of mental ability*. Westport, CT: Praeger.

Johnson, W., Carothers, A., & Deary, I. J. (2008). Sex differences in variability in general intelligence: A new look at the old question. *Perspectives on Psychological Science, 3*, 518–531.

Jöreskog, K. G. (1971). Simultaneous factor analysis in several populations. *Psychometrika, 36*, 409–426).

Jöreskog, K. G., & Goldberger, A. S. (1975). Estimation of a model with multiple indicators and multiple causes of a single latent variable. *Journal of the American Statistical Association, 70*, 631–639.

Jöreskog, K. G., & Sorbom, D. (1993). *LISREL 8: Structural equation modeling with the SIMPLIS command language*. Hillsdale, NJ: Erlbaum.

Jöreskog, K. G., & Sorbom, D. (1996). *LISREL 8 user's reference guide*. Lincolnwood, IL: Scientific Software.

Judd, C. M., & Kenny, D. A. (1981). Process analysis: Estimating mediation in treatment evaluations. *Evaluation Review, 5*, 602–619.

Kaplan, D. (1995). Statistical power in structural equation modeling. In R.H. Hoyle (Ed.), *Structural equation modeling: Concepts, issues, and applications* (pp. 100–117). Thousand Oaks, CA: Sage.

Kaplan, D. (2009). *Structural equation modeling: Foundations and extensions* (2nd ed.). Los Angeles, CA: Sage.

Kaufman, A. S., & Kaufman, N. L. (2004). *Kaufman Assessment Battery for Children* (2nd ed.: Technical manual). Circle Pines, MN: American Guidance Service.

Keith, T. Z. (1993). Causal influences on school learning. In H. J. Walberg (Ed.), *Analytic methods for educational productivity* (pp. 21–47). Greenwich, CT: JAI Press.

Keith, T. Z., & Benson, M. J. (1992). Effects of manipulable influences on high school grades across five ethnic groups. *Journal of Educational Research, 86*, 85–93.

Keith, T. Z., & Cool, V. A. (1992). Testing models of school learning: Effects of quality of instruction, motivation, academic coursework, and homework on academic achievement. *School Psychology Quarterly, 7*(3), 207–226.

Keith, T. Z. et al. (1986). Parental involvement, homework, and TV time: Direct and indirect effects on high school achievement. *Journal of Educational Psychology, 78*(5), 373–380.

Keith, T. Z., & Reynolds, M. R. (2018). Using confirmatory factor analysis to aid in understanding the constructs measured by intelligence tests. In D. P. Flanagan & E. M. McDonough (Eds.), *Contemporary intellectual assessment: Theories, tests, and issues* (4th ed.). New York: Guilford.

Keith, T. Z., Caemmerer, J. M., & Reynolds, M. R. (2016). Comparison of methods for factor extraction for cognitive test–like data: Which overfactor, which underfactor? *Intelligence, 54*, 37–54. doi: 10.1016/ j.intell.2015.11.003

Keith, T. Z., Diamond–Hallam, C., & Fine, J. G. (2004). Longitudinal effects of in–school and out–of school homework on high school grades. *School Psychology Quarterly, 19*, 187–211.

Keith, T. Z., Keith, P. B., Troutman, G. C., Bickley, P. G., Trivette, P. S., & Singh, K. (1993). Does parental involvement affect eighth– grade student achievement? Structural analysis of national data. *School Psychology Review, 22*, 474–496.

Keith, T. Z., Kranzler, J. H., & Flanagan, D. P. (2001). What does the Cognitive Assessment System (CAS) measure? Joint confirmatory factor analysis of the CAS and the Woodcock−Johnson Tests of Cognitive Ability (3rd edition). *School Psychology Review, 30*, 89−119.

Keith, T. Z., Low, J. A., Reynolds, M. R., Patel, P. G., & Ridley, K. P. (2010). Higher−order factor structure of the Differential Ability Scales−II: Consistency across ages 4 to 17. *Psychology in the Schools, 47*, 676−697. doi: 10.1002/pits. 20498

Keith, T. Z., Reimers, T. M., Fehrmann, P. G., Pottebaum, S. M., & Aubey, L. W. (1986). Parental involvement, homework, and TV time: Direct and indirect effects on high school achievement. *Journal of Educational Psychology, 78*, 373−380.

Kenny, D. A. (1979). Correlation and causality. New York, NY: Wiley.

Kenny, D. A. (2008). Reflections on mediation. Organizational *Research Methods, 11*, 353−358.

Kenny, D. A., & Judd, C. M. (1984). Estimating the nonlinear and interactive effects of latent variables. *Psychological Bulletin, 96*, 201− 210.

Kenny, D. A., Kaniskan, B., & McCoach, D. B. (2011). *The performance of RMSEA in models with small degrees of freedom*. Unpublished manuscript. University of Connecticut.

Kerlinger, F. N. (1986). *Foundations of behavioral research* (3rd ed.). New York, NY: Holt, Rinehart and Winston.

Kirk, R. E. (2013). *Experimental design: Procedures for the behavioral sciences* (4th ed.). Thousand Oaks, CA: Sage.

Klecka, W. R. (1980). *Discriminant analysis*. Thousand Oaks, CA: Sage.

Klein, A., & Moosbrugger, H. (2000). Maximum likelihood estimation of latent interaction effects with the LMS method. *Psychometrika, 65*(4), 457−474. doi:10.1007/bf02296338

Kline, R. B. (1998). *Principles and practices of structural equation modeling*. New York, NY: Guilford.

Kline, R. B. (2006). Reverse arrow dynamics: Formative measurement and feedback loops. In G. R. Hancock & R. O. Mueller (Eds.), *Structural equation modeling: A second course* (pp. 43−68). Greenwich, CT: Information Age.

Kline, R. B. (2016). *Principles and practice of structural equation modeling* (4th ed.). New York, NY: Guilford.

Kling, K. C., Hyde, J. S., Showers, C. J., & Buswell, B. N. (1999). Gender differences in self−esteem: A meta−analysis. *Psychological Bulletin, 125*, 470−500.

Kohn, A. (2006). *The homework myth: Why our kids get too much of a bad thing*. Cambridge, MA: Da Capo Press.

Kranzler, J. H. (2018). *Statistics for the terrified* (6th ed.). Lanham, MD: Rowman & Littlefield.

Kranzler, J. H., Miller, M. D., & Jordan, L. (1999). An examination of racial/ethnic and gender bias on curriculum−based measurement of reading. *School Psychology Quarterly, 14*, 327−342.

Krivo, L. J., & Peterson, R. D. (2000). The structural context of homicide: Accounting for racial differences in process. *American Sociological Review, 65*, 547−559.

Lee, S., & Hershberger, S. L. (1990). A simple rule for generating equivalent models in covariance structure modeling. *Multivariate Behavioral Research, 25*, 313−334.

Little, T. D. (1997). Mean and covariance structures (MACS) analyses of cross−cultural data: Practical and theoretical issues. *Multivariate Behavioral Research, 32*, 53−76.

Little, T. D. (2013). *Longitudinal structural equation modeling*. New York, NY: Guilford.

Little, T. D., Bovaird, J. A., & Widaman, K. F. (2006). On the merits of orthogonalizing powered and product terms: Implications for modeling interactions among latent variables. *Structural Equation Modeling, 13*, 497−519.

Loehlin, J. C. (2004). *Latent variable models: An introduction to factor, path, and structural analysis* (4th ed.). Mahwah, NJ: Erlbaum.

Loehlin, J. C., & Beaujean, A. A. (2017). *Latent variable models: An introduction to factor, path, and structural analysis* (5th ed.). New York, NY: Routledge.

Lott, J. R. (2010). *More guns, less crime: Understanding crime and gun-control laws* (3rd ed.). Chicago, IL: University of Chicago Press.

MacCallum, R. C. (1986). Specification searches in covariance structure modeling. *Psychological Bulletin, 100*, 107−120.

MacCallum, R. C., Browne, M. W., & Sugawara, H. M. (1996). Power analysis and determination of sample size for covariance structure modeling. *Psychological Methods, 1*, 130− 149.

MacCallum, R. C., Wegener, D. T., Uchino, B. N, & Fabrigar, L. R. (1993). The problem of equivalent models in applications of covariance structure analysis. *Psychological Bulletin, 114*, 185−199.

MacKinnon, D. P. (2008). *Introduction to statistical mediation analysis.* New York, NY: Psychology Press.

MacKinnon, D. P., Krull, J. L., & Lockwood, C. M. (2000). Equivalence of the mediation, confounding, and suppression effects. *Prevention Science, 1*(4), 173−181.

MacKinnon, D. P., Lockwood, C. M., Hoffman, J. M., West, S. G., & Sheets, V. (2002). A comparison of methods to test mediation and other intervening variable effects. *Psychological Methods, 7*, 83− 104.

Magidson, J., & Sorbom, D. (1982). Adjusting for confounding factors in quasi−experiments: Another reanalysis of the Westinghouse Head Start evaluation. *Educational Evaluation and Policy Analysis, 4*, 321−329.

Mansolf, M., & Reise, S. P. (2017). When and why the second−order and bifactor models are distinguishable. *Intelligence.* doi: 10.1016/j.intell. 2017.01.012

Marcoulides, G. A., & Schumacker, R. E. (2001). *New developments and techniques in structural equation modeling.* Mahwah, NY: Erlbaum.

Marsh, H. W. (1993). The multidimensional structure of academic self−concept: Invariance over gender and age. *American Educational Research journal, 30*, 841−860.

Marsh, H. W., Guo, J., Parker, P. D., Nagengast, B., Asparouhov, T., Muthen, B., & Dicke, T. (2017). What to do when scalar invariance fails: The extended alignment method for multi−group factor analysis Comparison of latent means across many groups. *Psychological Methods.* doi:10. 1037/met0000113

Marsh, H. W., Hau, K. T., & Wen, Z. (2004). In search of golden rules: Comment on hypothesis−testing approaches to setting cutoff values for fit indexes and dangers in overgeneralizing Hu and Bentler's (1999) findings. *Structural Equation Modeling, 11*, 320−341.

Marsh, H. W., Wen, Z., & Hau, K. T. (2004). Structural equation models of latent interactions: Evaluation of alternative estimation strategies and indicator construction. *Psychological Methods, 9*, 275−300.

Marsh, H. W., Wen, Z., Hau, K. T., & Nagengast, B. (2013). Structural equation models of latent interaction and quadratic effects. In G. R. Hancock & R. O. Mueller (Eds.), *Structural equation modeling: A second course* (2nd ed., pp. 267−308). Greenwich, CT: Information Age.

Maruyama, G. M. (1998). *Basics of structural equation modeling.* Thousand Oaks, CA: Sage.

Maxwell, S. E., & Cole, D. A. (2007). Bias in cross−

sectional analyses of longitudinal mediation. *Psychological Methods, 12*(1), 23–44. doi:10.1037/1082–989X.12.1.23

Maydeu–Olivares, A., & Coffman, D. L. (2006). Random intercept item factor analysis. *Psychological Methods, 11*, 344–362. doi:10.1037/1082–989X.11.4.344

McArdle, J. J. (1994). Structural factor analysis experiments with incomplete data. Multivariate *Behavioral Research, 29*, 409– 454.

McArdle, J. J. (2009). Latent variable modeling of differences and changes with longitudinal data. *Annual Review of Psychology, 60*(1), 577–605. doi:10.1146/annurev.psych.60. 110707.163612

McArdle, J. J., & McDonald, R. P. (1984). Some algebraic properties of the rectiulcar action model for moment structures. *British Journal of Mathematical and Statistical Psychology, 37*, 234–251.

McArdle, J. J., Hamagami, F., Meredith, W., & Bradway, K. P. (2000). Modeling the dynamic hypotheses of Gf–Gc theory using longtitudinal life–span data. *Learning & Individual Differences, 12*, 53–79.

McDonald, R. P., & Ho, M.–H. R. (2002). Principles and practice in reporting structural equation analyses. *Psychological Methods, 7*, 64–82.

McManus, I. C., Winder, B. C., & Gordon, D. (2002). The causal links between stress and burnout in a longitudinal study of UK doctors. *Lancet, 359*, 2089–2090.

Meade, A. W., Johnson, E. C., & Braddy, P. W. (2008). Power and sensitivity of alternative fit indices in tests of measurement invariance. *Journal of Applied Psychology, 93*, 568–592.

Mehta, P. D., & West, S. G. (2000). Putting the individual back into individual growth curves. *Psychological Methods, 5*(1), 23–43. doi:10.1037/1082–989x.5.1.23

Mels, G. (2006). *LISREL for Windows: Getting started guide*. Lincolnwood, IL: Scientific Software International, Inc.

Menard, S. (1997). *Applied logistic regression analysis*. Thousand Oaks, CA: Sage.

Meredith, W. (1993). Measurement invariance, factor analysis, and factorial invariance. *Psychometrika, 58*, 525–543.

Meredith, W., & Teresi, J. A. (2006). An essay on measurement and factorial invariance. *Medical Care, 44*(11, Suppl 3), 569–577.

Millsap, R. E. (2001). When trivial constraints are not trivial: The choice of uniqueness constraints in confirmatory factor analysis. *Structural Equation Modeling, 8*, 1–17.

Millsap, R. E. (2007). Invariance in measurement and prediction revisited. *Psychometrika, 72*, 461–473. doi: 10.1007/s11336–007–9039–7

Morris, W. (Ed.). (1996). *The American heritage dictionary of the English language*. Boston, MA: Houghton Mifflin.

Mueller, R. 0 . (1995). *Basic principles of structural equation modeling: An introduction to LISREL and EQS*. New York, NY: Springer– Verlag.

Mulaik, S. A. (2009). *Linear causal modeling with structural equations*. Boca Raton, FL: Chapman & Hall/CRC.

Mulaik, S. A., & Millsap, R. E. (2000). Doing the four–step right. *Structural Equation Modeling, 7*, 36–73.

Mulaik, S. A., & Quartetti, D. A. (1997). First–order or higher–order general factor? *Structural Equation Modeling, 4*, 193–211.

Murray, A. L., & Johnson, W. (2013). The limitations of model fit in comparing the bi–factor versus higher–order models of human cognitive ability structure. *Intelligence, 41*, 407–422. doi: 10.1016/j.intell.2013.06. 004

Muthen, B. O., & Asparouhov, T. (2011). Beyond multilevel regression modeling: Multilevel analysis in a general latent variable framework. In J. J. Hox & J. K. Roberts (Eds.), *Handbook of advanced multilevel analysis* (pp. 15−40). New York, NY: Routledge.

Muthen, B. O., & Asparouhov, T. (2015). *Latent variable interactions*. Retrieved from www. statmodel. com.

Muthen, B. O., Kaplan, D., & Hollis, M. (1987). On structural equation modeling with data that are not missing completely at random. *Psychometrika, 52*, 431−462.

Muthen, L. K., & Muthen, B. O. (1998−2017). *Mplus user's guide* (8th ed.). Los Angeles, CA: Muthen & Muthen.

Muthen, L. K., & Muthen, B. O. (2002). *How to use a Monte Carlo study to decide on sample size and determine power*. Retrieved March 26, 2003, from http://www.statmodel.com/ index2.html

National Commission on Excellence in Education. (1983). *A nation at risk: The imperative for educational reform*. Washington, DC: U.S. Government Printing Office.

Neyt, B., Omey, E., Baert, S., & Verhaest, D. (in press). Does student work really affect educational outcomes? A review of the literature. *Journal of Economic Surveys*. doi: 10.1111/joes.12301

Nurss, J. R., & McGauvran, M. E. (1986). *The Metropolitan Readiness Tests*. New York, NY: Psychological Corporation.

Page, E. B., & Keith, T. Z. (1981). Effects of U.S. private schools: A technical analysis of two recent claims. *Educational Researcher, 10*(7), 7−17.

Park, J. S., & Grow, J. M. (2008). The social reality of depression: DTC advertising of antidepressants and perceptions of the prevalence and lifetime risk of depression. *Journal of Business Ethics, 97*, 379−393. doi: 10.1007/sl0551−007−9403−7

Pearl, J. (2009). *Causality: Models, reasoning, and inference* (2nd ed.). New York, NY: Cambridge University Press.

Pearl, J., & MacKenzie, D. (2018). *The book of why: The new science of cause and effect*. New York: NY: Basic Books.

Pearl, J., Glymour, M., & Jewell, N. P. (2016). *Causal inference in statistics: A primer*. New York, NY: Wiley.

Pedhazur, E. J. (1997). *Multiple regression in behavioral research: Prediction and explanation* (3rd ed.). New York, NY: Holt, Rinehart & Winston.

Peugh, J. L., & Enders, C. K. (2005). Using the SPSS Mixed procedure to fit cross−sectional and longitudinal multilevel models. *Educational and Psychological Measurement, 65*, 717− 741.

Pituch, K. A., & Stevens, J. P. (2016). *Applied multivariate statistics for the social sciences: Analyses with SAS and IBM's SPSS*. New York, NY: Routledge.

Pituch, K. A., Whittaker, T. A., & Stevens, J. P. (in press). *Intermediate statistics: A modern approach* (4th ed.). New York, NY: Routledge.

Preacher, K. J. (2015). Advances in mediation analysis: A survey and synthesis of new developments. *Annual Review of Psychology, 66*(1), 825−852. doi: 10.1146/ annurev−psych−010814−015258

Preacher, K. J., & Coffman, D. L. (2006, May). *Computing power and minimum sample size for RMSEA*. Retrieved from http:// quantpsy.org/

Quirk, K. J., Keith, T. Z., & Quirk, J. T. (2001). Employment during high school and student achievement: Longitudinal analysis of national data. *Journal of Educational Research, 95*, 4−10.

Raju, N. S., Bilgic, R., Edwards, J. E., & Fleer, P. F. (1999). Accuracy of population validity and cross−validity estimation: An empirical comparison of formula−based, traditional empirical, and equal weights procedures. *Applied Psychological Measurement, 23*, 99−115.

Ras bash, J., Steele, F., Browne, W. J., & Goldstein, H. (2017). *A User's Guide to MLwiN, v3.01*. Bristol, UK: Centre for Multilevel Modelling, University of Bristol.

Rasberry, W. (1987, December 30). *Learn what the smart*

kids learn? Washington Post, p. A23.

Raudenbush, S. W., & Bryk, A. S. (2002). *Hierarchical linear models: Applications and data analysis methods* (2nd ed.). Newbury Park, CA: Sage.

Raudenbush, S. W., Bryk, A. S., Cheong, Y. F., Congdon, R., & du Toit, M. (2011). *HLM 7: Linear and nonlinear modeling.* Skokie, IL: Scientific Software International, Inc.

Reibstein, D. J., Lovelock, C. H., & Dobson, R. DeP. (1980). The direction of causality between perceptions, affect, and behavior: An application to travel behavior. *Journal of Consumer Research, 6,* 370–376.

Reise, S. P. (2012). The rediscovery of bifactor measurement models. *Multivariate Behavioral Research, 47,* 667–696. doi:10.1080/00273171. 2012.715555

Reise, S. P., Kim, D. S., Mansolf, M., & Widaman, K. F. (2016). Is the bifactor model a better model or is it just better at modeling implausible responses? Application of iteratively reweighted least squares to the Rosenberg Self-Esteem Scale. *Multivariate Behavioral Research, 51,* 818–838.

Rentzsch, K., Wenzler, M. P., & Schtitz, A. (2016). The structure of multidimensional self-esteem across age and gender. *Personality and Individual Differences, 88,* 139–147. doi:10.1016/j.paid. 2015.09.012

Reynolds, M. R., & Keith, T. Z. (2013). Measurement and statistical issues in child psychological assessment. In D. H. Soklofske, V. L. Schwean & C. R. Reynolds (Eds.), *Oxford handbook of child and adolescent assessment* (pp. 48–83). New York, NY: Oxford University Press.

Reynolds, M. R., & Keith, T. Z. (2017). Multi-group and hierarchical confirmatory factor analysis of the Wechsler Intelligence Scale for Children— Fifth Edition: What does it measure? *Intelligence.* doi: 10.1016/ j.intell.2017.02.005

Reynolds, M. R., & Turek, J. J. (2012). A dynamic developmental link between verbal comprehension-knowledge (Ge) and reading comprehension: Verbal comprehension-knowledge drives positive change in reading comprehension. *Journal of School Psychology, 50*(6), 841–863. doi:10.1016/j.jsp.2012.07.002

Reynolds, M. R., Keith, T. Z., Flanagan, D. P., & Alfonso, V. C. (2012). A cross-battery, reference variable, confirmatory factor analytic investigation of the CHC taxonomy. *Journal of School Psychology, 51*(4), 535–555.

Reynolds, M. R., Keith, T. Z., Ridley, K. P., & Patel, P. G. (2008). Sex differences in latent general and broad cognitive abilities for children and youth: Evidence from higher- order MG-MACS and MIMIC models. *Intelligence, 36,* 236–260.

Rhemtulla, M., & Little, T. D. (2012). Planned missing data designs for research in cognitive development. *Journal of Cognition and Development, 13,* 425–438. doi: 10.1080/15248372.2012.717340

Rigdon, E. E. (1994). Demonstrating the effects of unmodeled random measurement error. *Structural Equation Modeling, 1,* 375–380.

Rigdon, E. E. (1995). A necessary and sufficient identification rule for structural models estimated in practice. *Multivariate Behavioral Research, 30,* 359–383.

Rindskopf, D., & Rose, T. (1988). Some theory and applications of confirmatory second-order factor analysis. *Multivariate Behavioral Research, 23,* 51–67.

Rosenthal, R., & Rubin, D. B. (1979). A note on percent variance explained as a measure of the importance of effects. *Journal of Applied Social Psychology, 9,* 395–396.

Rosseel, Y. (2012). lavaan: An R package for structural equation modeling. *Journal of Statistical Software, 48*(2), 1–36.

Rubin, D. B. (1976). Inference and missing data. *Psychometrika, 63,* 581–592.

Salzinger, S., Feldman, R. S., Ng—Mak, D. S., Mojica, E., & Stockhammer, T. F. (2001). The effect of physical abuse on children's social and affective status: A model of cognitive and behavioral processes explaining the association. *Development and Psychopathology, 13*, 805—825.

Savalei, V., & Bentler, P. M. (2009). A two—stage approach to missing data: Theory and application to auxiliary variables. Structural Equation Modeling: A *Multidisciplinary Journal, 16*, 477—497. doi: 10.1080/ 10705510903008238

Schafer, J. L. (1997). *Analysis of incomplete multivariate data.* New York, NY: Chapman & Hall.

Schafer, J. L. (1999). *NORM user's guide: Multiple imputation of incomplete multivariate data under a normal model.* University Park, PA: The Methodology Center, Penn State. Retrieved from http://methodology.psu. edu

Schafer, J. L., & Graham, J. W. (2002). Missing data: Our view of the state of the art. *Psychological Methods, 7*, 147—177.

Schmidt, F. L., & Hunter, J. E. (2014). *Methods of meta-analysis: Correcting error and bias in research findings* (3rd ed.). Thousand Oaks, CA: Sage.

Schumacker, R. E., & Lomax, R. G. (2016). *A beginner's guide to structural equation modeling* (4th ed.). New York, NY: Routledge.

Schumacker, R. E., & Marcoulides, G. A. (Eds.). (1998). Interactive and nonlinear effects in structural equation modeling. Mahwah, NJ: Erlbaum.

Sethi, S., & Seligman, M. E. P. (1993). Optimism and fundamentalism. *Psychological Science, 4*, 256—259.

Shipley, B. (2000). *Cause and correlation in biology.* Cambridge, UK: Cambridge University Press.

Simon, H. A. (1954). Spurious correlation: A causal interpretation. *Journal of the American Statistical Association, 48*, 467—479.

Singer, J. D. (1998). Using SAS PROC MIXED to fit multilevel models, hierarchical models, and individual growth models. *Journal of Educational and Behavioral Statistics, 24*, 323—355.

Singer, J. D., & Willett, J. B. (2003). *Applied longitudinal data analysis: Method for studying change and event occurence.* New York, NY: Oxford University Press.

Sobel, M. E. (1982). Asymptotic confidence intervals for indirect effects in structural equation models. *Sociological Methodology, 13*, 290—312.

Sorjonen, K., Hemmingsson, T., Lundin, A., Falkstedt, D., & Melin, B. (2012). Intelligence, socioeconomic background, emotional capacity, and level of education as predictors of attained socioeconomic position in a cohort of Swedish men. *Intelligence, 40*, 269 277. doi: 10.1016/ j.intell. 2012.02.009

Stapleton, L. M. (2013). Multilevel structural equation modeling techniques with complex sample data. In G. R. Hancock & R. 0. Mueller (Eds.), *Structural equation modeling: A second course* (2nd ed., pp. 521—562). Charlotte, NC: Information Age.

Steiger, J. H. (1998). A note on multiple sample extensions of the RMSEA fit index. *Structural Equation Modeling, 5*, 411—419.

Steiger, J. H . (2001). Driving fast in reverse: The relationship between software development, theory, and education in structural equation modeling. *Journal of the American Statistical Association, 96*, 331—338.

Stelzl, I. (1986). Changing the causal hypothesis without changing the fit: Some rules for generating equivalent path models. Multivariate *Behavioral Research, 21*, 309— 331.

Stone, B. J. (1992). Joint confirmatory factor analyses of the DAS and WISC—R. *Journal of School Psychology, 30*, 185—195.

Stoolmiller, M. (1994). Antisocial behavior, delinquent peer association, and unsupervised wandering for boys: Growth and change from childhood early adolescence. *Multivariate Behavioral Research, 29*, 263– 288.

Tanaka, J. S. (1993). Multifaceted conceptions of fit in structural equation models. In K. S. Bollen & J. S. Long (Eds.), *Testing structural equation models* (pp. 10–39). Newbury Park, CA: Sage.

Teigen, K. H. (1995). Yerkes–Dodson: A law for all seasons. *Theory and Psychology, 4*, 525–547.

Thompson, B. (1998, April). *Five methodology errors in educational research: The pantheon of statistical significance and other faux pas*. Invited address presented at the annual meeting of the American Educational Research Association, San Diego.

Thompson, B. (1999, April). *Common methodology mistakes in educational research, revisited, along with a primer on both effect sizes and the bootstrap*. Invited address presented at the annual meeting of the American Educational Research Association, Montreal.

Thompson, B. (2002). What future quantitative social science research could look like: Confidence intervals for effect sizes. *Educational Researcher, 31*(3), 25–32.

Thompson, B. (2006). *Foundations of behavioral statistics*. New York, NY: Guilford.

Tiggeman, M., & Lynch, J. E. (2001). Body image across the life span in adult women: The role of self–objectification. *Developmental Psychology, 37*, 243–253.

Tufte, E. R. (2001). *The visual display of quantitative information* (2nd ed.). Cheshire, CT: Graphics Press.

Vandenberg, R. L., & Lance, C. E. (2000). A review and synthesis of the measurement invariance literature: Suggestions, practices, and recommendations for organizational research. *Organizational Research Methods, 3*, 4–70.

VanDerHeyden, A. M., Witt, J. C., Naquin, G., & Noell, G. (2001). The reliability and validity of curriculum–based measurement readiness probes for Kindergarten students. *School Psychology Review, 30*, 363–382.

Walberg, H. J. (1981). A psychological theory of educational productivity. In F. H. Farley & N. Gordon (Eds.), *Psychology and education* (pp. 81–110). Berkeley, CA: McCutchan.

Walberg, H. J. (1986). Synthesis of research on teaching. In M. C. Wittrock (Ed.), *Handbook of research on teaching* (3rd ed., pp. 214–229). New York, NY: MacMillan.

Wallis, C. (2006, August 29). *The myth about homework*. Time.

Wampold, B. E. (1987). Covariance structures analysis: Seduced by sophistication? *Counseling Psychologist, 15*, 311–315.

Wechsler, D. (1974). *Manual for the Wechsler Intelligence Scale for Children* (Revised ed.). New York, NY: Psychological Corporation.

Wechsler, D. (2003). *Wechsler Intelligence Scale for Children* (4th ed.). San Antonio, TX: Psychological Corporation.

Wicherts, J. M., & Millsap, R. E. (2009). The absence of underprediction does not imply the absence of measurement bias. *American Psychologist, 64*, 281–283. doi: 10.1037/ a0014992

Widaman, K. F. (2006). Missing data: What to do with or without them. In K. McCartney, M. R. Burchinal & K. L. Bub (Eds.), *Best practices in quantitative methods for developmentalists* (pp. 42–64). Monographs of the Society for Research in Child Development, 71 (3, Serial No. 285).

Widaman, K. F., & Reise, S. P. (1997). Exploring the measurement invariance of psychological instruments: Applications in the substance use domain. In K. J. Bryant, M. Windle & S. G. West (Eds.), *The science of prevention: Methodological advances from alcohol and substance abuse research* (pp. 281–324). Washington, DC: American Psychological Association.

Willett, J. B., & Sayer, A. G. (1994). Using covariance structure analysis to detect correlates and predictors of individual change over time. *Psychological Bulletin, 116*, 363– 381.

Williams, P. A., Haertel, E. H., Haertel, G. D., & Walberg, H. J. (1982). The impact of leisure-time television on school learning: A research synthesis. *American Educational Research Journal, 19*, 19–50.

Wolfie, L. M. (1979). Unmeasured variables in path analysis. *Multiple Linear Regression Viewpoints, 9*(5), 20–56.

Wolfie, L. M. (1980). Strategies of path analysis. *American Educational Research Journal, 17*, 183–209.

Wolfie, L. M. (2003). The introduction of path analysis to the social sciences, and some emergent themes: An annotated bibliography. *Structural Equation Modeling, 10*, 1–34.

Wothke, W. (2000). Longitudinal and multi-group modeling with missing data. In T. D. Little, K. U. Schnabel & J. Baumert (Eds.), *Modeling longitudinal and multilevel data: Practical issues, applied approaches, and specific examples.* Mahwah, NJ: Erlbaum.

Yung, Y. F., Thissen, D., & McLeod, L. D. (1999). On the relationship between the higher-order factor model and the hierarchical factor model. *Psychometrika, 64*, 113–128.

찾아보기

내용

저자 소개

Timothy Z. Keith

Timothy Z. Keith는 텍사스대학교(University of Texas, Austin) 교육심리학 교수이다. 그는 확인적 요인분석, 다중회귀분석, 그리고 구조방정식모형분석 전문가이며, 특히 복잡한 분석방법론을 학교심리학(school psychology) 실제에 적용하는 데 뛰어난 자질을 가지고 있다.

Keith 교수의 연구는 지능검사의 타당도와 그 결과가 도출되는 이론을 포함하여 지능의 본질과 측정에 초점을 맞추고 있다. 그의 연구는 학교심리학 분야의 3대 학술지로부터 상을 받았으며, APA의 학교심리학분과로부터 수석과학자상을 받았다.

역자 소개

노석준(Seak-Zoon Roh)

전남대학교 교육학과(교육학사)
전남대학교 대학원 교육학과(교육학석사)
인디애나대학교 교수체제공학과(교육이학석사)
인디애나대학교 교수체제공학과(Ph. D.)
현 성신여자대학교 사범대학 교육학과 교수

e-mail: szroh@sungshin.ac.kr

다중회귀분석과 구조방정식모형분석:
다중회귀분석을 넘어
Multiple Regression and Beyond:
An Introduction to Multiple Regression and Structural Equation
Modeling, 3/E

2024년 4월 10일 1판 1쇄 인쇄
2024년 4월 20일 1판 1쇄 발행

지은이 • Timothy Z. Keith
옮긴이 • 노석준
펴낸이 • 김진환
펴낸곳 • ㈜ 학지사

     04031 서울특별시 마포구 양화로 15길 20 마인드월드빌딩
대 표 전 화 • 02)330-5114　　팩스 • 02)324-2345
등 록 번 호 • 제313-2006-000265호

홈 페 이 지 • http://www.hakjisa.co.kr
인스타그램 • https://www.instagram.com/hakjisabook

ISBN 978-89-997-3111-2　93310

정가 37,000원

출판미디어기업 **학지사**

간호보건의학출판 **학지사메디컬** www.hakjisamd.co.kr
심리검사연구소 **인싸이트** www.inpsyt.co.kr
학술논문서비스 **뉴논문** www.newnonmun.com
교육연수원 **카운피아** www.counpia.com
대학교재전자책플랫폼 **캠퍼스북** www.campusbook.co.kr